Berichte aus der Biologie

Wolfgang Licht

# Bestimmungsschlüssel zur Flora des Gargano
## (Süd-Italien)

Shaker Verlag
Aachen 2008

**Bibliografische Information der Deutschen Nationalbibliothek**
Die Deutsche Nationalbibliothek verzeichnet diese Publikation in der Deutschen
Nationalbibliografie; detaillierte bibliografische Daten sind im Internet über
http://dnb.d-nb.de abrufbar.

ISBN 978-3-8322-7763-5
ISSN 0945-0688

Shaker Verlag GmbH • Postfach 101818 • 52018 Aachen
Telefon: 02407 / 95 96 - 0 • Telefax: 02407 / 95 96 - 9
Internet: www.shaker.de • E-Mail: info@shaker.de

# Vorbemerkung

Dieser Schlüssel, in seiner ersten Ausgabe (1985) etwa 25 Seiten stark, diente vor allem den studentischen Teilnehmern unserer bis zum Jahr 2000 regelmäßig dort durchgeführten Geländepraktika als Bestimmungshilfe. Erfahrungen mit dem eigenen „Herbarium Garganicum" – immerhin über 6000 Aufsammlungen von ca 1000 Taxa – und die freundliche Mithilfe revidierender Kolleginnen und Kollegen haben mich dazu veranlasst, den Schlüssel – die bis dato siebte Ausgabe der laufenden Zählung – erneut zu überarbeiten. Anlass war auch das Erscheinen einer – wie zu hoffen ist – nomenklatorisch stabilisierenden Checklist zur Flora Italiens (CONTI & al. 2005, 2006). Ansonsten ist die Grundkonzeption stets die gleiche geblieben: Alle in FENAROLIS „Florae Garganicae Prodromus" genannten Taxa – incl. der taxonomischen Kategorie „var.", soweit von FENAROLI anerkannt – sind berücksichtigt oder zumindest genannt, auch wenn sie unplausibel oder taxonomisch irrelevant sind. Hinzu kommen die eigenen Neunachweise und neue Nennungen aus der Literatur (hier ist vor allem BISCOTTI 2002 als Quelle zu nennen) und aus sonstigen – nicht immer zuverlässigen – Quellen, soweit sie uns zugänglich geworden sind; eine kritische Bewertung der Meldungen erfolgte dabei nur in Ausnahmefällen, da einer solchen Bewertung oftmals eine Quellendiskussion zu Grunde gelegt werden müsste, die nicht Aufgabe eines Bestimmungsschlüssels ist. – Ebenfalls eingeschlüsselt sind eine Reihe von Taxa, deren Vorkommen am Gargano möglich ist, zumal dann, wenn sie mit genannten, aber unplausiblen Arten verwechselt werden können. Insgesamt umfasst der vorliegende Schlüssel damit ca 2200 Arten zuzüglich über 400 subspezifische Taxa. Dass von den 2200 Arten ca 400 auf dem Gargano wahrscheinlich gar nicht vorkommen, der Schlüssel also genau genommen überfrachtet ist, wird dieser Vollständigkeit halber billigend in Kauf genommen. Weitere knapp 100 sicher irrtümlich gemeldete (Unter-) Arten freilich sind nur namentlich genannt. – Nutzpflanzen ohne Ausbürgerungstendenz sind in der Regel nicht eingeschlüsselt; lediglich einiger auffällige Bäume und Sträucher sind – zumindest im Gehölzeschlüssel – aufgenommen.

Grundlage des Schlüssels sind naturgemäß PIGNATTIS „Flora d' Italia" (1982) und die Flora Europaea, in schwierigeren Fällen auch weitere Floren (vgl. Literaturverzeichnis). Großes Augenmerk wurde auch den neueren monographischen Bearbeitungen einzelner Taxa in der italienischen Literatur gewidmet. Dabei wurden stets vor allem die Artbeschreibungen verwendet, um einen den Verhältnissen am Gargano angepassten Schlüssel aufzubauen und wenig anschauliche Alternativen wie „einjährig vs. mehrjährig" oder die Form unterirdischer Organe als einzige Alternative zu vermeiden. Überhaupt wurde versucht, ein möglichst umfangreiches Bündel diakritischer Merkmale zu formulieren, um auch zur ungünstigen Jahreszeit ein Ergebnis zu ermöglichen. Ein Nachteil dieses Bestrebens ist freilich eine oft fehlende Gewichtung dieser Merkmale und die häufige Verwendung bisweilen unzuverlässiger metrischer Kriterien.

Anschrift des Verfassers:
Dr. W. Licht
Institut für Spezielle Botanik der Universität
D-55099 Mainz
wlicht@uni-mainz.de

# Inhalt

**Einleitende Kapitel**

**Bestimmungsschlüssel**

# Zur Flora des Gargano

Aktualisierte Fassung eines Vortrags. Eine Kurzfassung ist bereits erschienen in: 37. Hess. Floristentag – Tagungsbeiträge. – Schr.reihe Umweltamt Darmstadt **17** (H. 2), 37-40 (2003)

Der Gargano, der „Sporn" am italienischen Stiefel, liegt auf der gleichen geografischen Breite wie Rom. An drei Seiten wird er von der Adria umschlossen, als seine (süd)westliche Abgrenzung gelten traditionell der Torrente Candelaro bzw. – im Nordwesten – der Fiume Fortore. In dieser Umgrenzung umfasst er etwa 2000 qkm. Wir schließen uns hier diesen Grenzen an, obwohl sie aus vegetationskundlicher Sicht zu weit gefasst sind: Das landwirtschaftlich intensiv genutzte Gebiet um Apricena gehört bereits der apulischen Tiefebene an und ist botanisch nicht sehr reichhaltig. Das stellenweise brackig-sumpfige Gebiet rund um den Lago di Lesina an der nordwestlichen Küste hingegen ist botanisch wie zoologisch außerordentlich wertvoll, hat aber, was die kennzeichnenden Artengarnituren betrifft, mit dem „eigentlichen" Gargano wenig zu tun. Dieser „eigentliche" Gargano findet seine Westgrenze vielmehr in einem flachen Bogen vom Ostzipfel des Lesina-Sees bis unterhalb von Rignano, in etwa der 200-m-Höhenlinie folgend.

Die lange Küstenlinie und die erwähnte, sich im (Süd-)Westen anschließende heiße und trockene apulische Tiefebene (der Tavoliere) bedingen den insulären Charakter des Gargano. Er besteht aus Kalken, ist orografisch reich gegliedert und steigt bis knapp über 1000 m an. Damit umfasst er – neben einer abwechslungsreichen, wenn auch stark touristisch beeinflussten Küstenzone – drei Höhenzonen: Eine von Ölbaum und *Pinus halepensis* geprägte mediterrane, eine vor allem durch laubwerfende Eichen und *Fraxinus ornus* gekennzeichnete submediterrane und – nach einer Übergangszone mit Edellaubhölzern – eine mediterran-montanen Zone mit Buche, die übrigens bis zu einer Meereshöhe von 270 m hinabreichen kann. Neben diesen Gehölzformationen sind vor allem die artenreichen Xeroagramineten und unterschiedliche Garigue-Typen von besonderer floristischer Bedeutung. Weite Teile haben heute den Status eines Nationalparks, eine Bezeichnung allerdings, die inhaltlich mit dem erheblich restriktiveren deutschen Begriff nicht verglichen werden kann.

## Allgemeines

Drei Höhenzonen, reiche orografische Gliederung und – zumindest in Teilen des Zentrums und des Ostens – nur relativ extensive Nutzung lassen eine reiche, vielfältige Vegetation erwarten. Eine gründliche floristische Bearbeitung des Gebietes erfolgte seit ca 1811. FENAROLI (1966ff) hat alle Fundmeldungen bis 1972 zusammengetragen und nennt in seinem „Prodromus" ca 2.300 Taxa, davon allerdings 335 als ssp. oder var.; das wäre >1/3 der gesamten italienischen Flora. Diese Zahl – obwohl vielfach zitiert – ist aber mit Sicherheit revisionsbedürftig:

• Rund 160 Taxa sind Einzelnachweise von vor 1850, weitere rund 160 solche von 1850-1930. Etliche dieser Taxa mögen früher vorgekommen sein, sind inzwischen aber sicher verschwunden, weil die entsprechenden Biotoptypen inzwischen fehlen – v.a. durch Trockenlegung von Naßgebieten und Küstensümpfen wegen Malaria. Heute ist die – trotz „Nationalpark" fortschreitende – Hauptgefahr die touristische Erschließung der Küstenzonen und die damit verbundene Zerstörung von Dünen und Halophyten-Standorten.

• Bei zahlreichen Einzelmeldungen sollte eine Fehlbestimmung in Betracht gezogen werden, insbesondere, wenn ein Vorkommen aus arealgeografischen oder ökologischen Gründen sehr unwahrscheinlich ist. Bei einigen in FENAROLI zitierten alten Angaben fragt man sich schon, was der Autor nun eigentlich tatsächlich vorgefunden hat, wenn er so unverwechselbare Taxa wie *Pedicularis comosa* (1847, Rabenhorst) oder *Helleborus foetidus* (1812, Basilice) vom Gargano meldet und möchte schon aus diesem Grund nicht ausschließen, dass solche Arten tatsächlich am Gargano vorgekommen sind.

• Fehlbestimmungen können natürlich auch bei verwechslungsträchtigen Arten eintreten; ein Taxon wird dann nicht nur unter seinem eigenen Namen, sondern auch unter dem einer ähnlichen Art geführt. Insbesondere sind hier die die sog. „Artenzwilligen" zu verstehen, s.u.

- Etliche (v.a. subspezifische) Taxa sind obsolet, auch nomenklatorische Doppelnennungen (ein Taxon wird mehrfach unter verschiedenen Synonymen geführt) dürften vorkommen. FENAROLI war sich dieser Schwächen seiner Listen durchaus bewusst, sah sich aber außerstande, diese nomenklatorischen und taxonomischen Schwierigkeiten aufzuarbeiten und bezeichnete seine Zusammenstellung trotz ihres umfassenden Charakters deshalb bewusst nur als „Prodromus".
- Dieser Reduzierung der Taxa-Zahl stehen von FENAROLI nicht genannte Neufunde gegenüber. Deren Zahl dürfte um die 100-150 liegen. SIGISMONDI & TEDESCO (1994:33) nennen eine Größenordnung von Zehnern, wir selbst haben innerhalb über 20 Jahren ca 70 Neufunde belegt. Insgesamt sind 1800-1900 aktuelle Taxa eher realistisch.

Zurück zu den „Artenzwillingen". Darunter verstehen wir folgenden Fall: Werden 2 ähnliche Taxa gemeldet, so besteht häufig der Anfangsverdacht, dass nur eines davon vorkommt, das dann je nach Autor mit dem einen (richtigen) oder anderen Namen, dem des „Zwillings" belegt, wird, der aber im Gebiet gar nicht vorkommt. Dies gilt zumal dann, wenn kaum ein Finder *beide* Arten nennt, obwohl das Taxon ziemlich häufig ist, also auch zahlreiche Nennungen vorliegen. Zwei Beispiele:

- *Alyssum montanum* bzw. *diffusum* ist auf offenen Standorten, z.B. trockenem Grasland oder felsigen Plätzen, verbreitet und häufig. Beide Namen werden in FENAROLI (1966) je 16x genannt, aber nur 2 Gewährsmänner nennen beide Arten gleichzeitig. Dabei gibt es bei dem einen Autor (Tenore 1827) nomenklatorische Probleme, die eine Zuordnung der Namen zu bestimmten Taxa erschweren (seine Abb. von *A. diffusum* jedenfalls ähnelt eher *A. montanum* im heutigen Sinn), die zweite Quelle (Porta & Rigo 1875) will beide Taxa in der gleichen Gegend (Monte S. A.) gefunden haben, was in solchen Fällen immer „leicht verdächtig" ist. Da man das durchaus häufig vorkommende Taxon gewissermaßen nicht übersehen *kann*, liegt der Schluss zwingend nahe, dass es nur *ein* – unterschiedlich bezeichnetes – *Alyssum* (unserer Ansicht nach *A. montanum*) aus dieser Gruppe gibt, obwohl PIGNATTI (**1**:427) und ATLAS FLORAE EUROPAEAE (**11**: Karte 2479 bzw. 2482) beide Arten für den Gargano nennen.
- Regelmäßig findet sich in *Pteridium*-Beständen eine *Aristolochia*, die je nach Autor *A. pallida* s.l. (also unter Einschluss von *A. lutea*, die ja erst seit kurzem unterschieden wird) (12) bzw. „*longa*" (11 Nennungen, davon 6 von Martelli 1893) benannt wird. Kein einziger Autor nennt beide Arten; sollten wirklich beide Arten vorkommen (und, der Zahl der Nennungen nach, auch etwa gleich häufig), so wäre es sehr unwahrscheinlich, dass ein Sammler bei 6 Belegen nur die *eine* Art gefunden haben will.

Insgesamt ist dieser Fall nicht selten. *Schoenoplectus tabernaemontani / lacustris*, *Hippocrepis ciliata / multisiliquosa*, *Carex otrubae / vulpina* sowie *Lotus cytisoides / creticus* sind einige weitere Beispiele, bei denen wir – gewissermaßen bis zum Beweis des Gegenteils – davon ausgehen, dass jeweils nur die erstgenannte Art auch tatsächlich am Gargano vorkommt.

Bisweilen freilich ist es möglicherweise ohnehin nur eine nomenklatorische Frage. So verweist die FLORA IBERICA (**4**:169) *Alyssum diffusum* in die Synonymie von *A. montanum* (eine sehr elegante Lösung des Problems); *Aristolochia longa* ist nach CONTI & al. (2005 bzw. 2006) ein Synonym zu *A. lutea*, also *A. pallida* s.l. (was aber für *A. longa* sensu PIGNATTI sicher nicht zutrifft, wie die Knollenform erweist), und ob die Frage, was unter „*Lotus creticus*" eigentlich zu verstehen ist, inzwischen endgültig geklärt ist, bleibt hier offen.

Das häufige Auftreten nicht genau zuzuordnender Taxa (gemeint ist *nicht* das Auftreten nicht genau zuzuordnender *einzelner Aufsammlungen* bzw. Einzelindividuen eines Taxons!) kann – abgesehen von unzureichenden diakritischen Schlüssel-Merkmalen – vor allem zwei Gründe haben: Es haben sich (a) hybridogene Populationen etabliert, oder es handelt sich, der insulären Situation des Gargano entsprechend, (b) um „neoendemische Formenschwärme".

Für (a) gibt es ein gutes Beispiel innerhalb der Gattung *Limonium*. FENAROLI (1973) nennt u.a. *L. cancellatum* (8 Nennungen) und *L.* „*oleifolium*" (d.h. *L. virgatum*)(15 Nennungen). Wir selbst hatten sie 7 bzw. 10x im Herbar. Die beiden Arten sind leicht zu unterscheiden. Eine offenbar dritte Art aus dieser Gruppe war jedoch zunächst nicht anzusprechen. Eine Revision durch ERBEN (München) ergab nun, dass diese „dritte Art" das eigentliche *L. virgatum* ist, während das von uns als

„*L. virgatum*" angsprochene Taxon offenbar eine Hybridbildung *L. virgatum x cancellatum* darstellt. Während diese nun – zumindest an der Nordküste – v.a. auf Fels weit verbreitet ist, fand sich die „echte" *L. virgatum* (bisher) nur an einer Stelle, einem „Salzsumpf" mit *Juncus acutus* und *maritimus*, also viel seltener und zudem in einem ganz anderen Biotop-Typ als die Hybride (und als *L. cancellatum*). Damit gehören übrigens, nebenbei bemerkt, wohl auch einige Literatur-Nennungen von „*L. oleifolium*" zu dieser Hybride. Dass dies bislang nicht aufgefallen ist, mag daran liegen, dass die Hybride in Verzweigung, Behaarung und floralen Maßen viel stärker *L. virgatum* ähnelt.

Die in (b) bezeichneten Fälle sind schwieriger zu fassen. Hierher ist z.B. die Sektion *Cynanchicae* der Gattung *Asperula* zu zählen. Aus dieser Sektion sind in der Region und den östlich daran anschließenden Inseln sowie dem dalmatinischen Festland „gegenüber" eine Reihe endemischer bzw. vikariierender Taxa beschrieben worden (vgl. EHRENDORFER in PIGNATTI **2**:357). Allein vom garganischen Festland zählt FENAROLI (1973) 7 Taxa auf, die sich auf 3 Arten verteilen. EHRENDORFER fasst davon 3 Taxa als *A. aristata* ssp. *scabra* zusammen. Für den Gargano bzw. für Apulien nennt er *A. garganica* (= *A. longiflora* sensu FENAROLI?) und *A. cynanchica* (ohne die beiden in FENAROLI genannten Varietäten, die, als Arten gefasst, Inselendemiten der Westküste Italiens sind). Eine, wie man sieht, ziemlich verwirrende Situation – nicht nur nomenklatorisch, wie sich bald herausstellte: Eine Anwendung der literaturbekannten diakritischen Merkmale auf die eigenen 17 Belege führte zu keinem befriedigenden Bestimmungsergebnis. Auch eine Revision durch KRENDL (Wien) – immerhin ein Mitautor von *Asperula garganica* H.P.R. ex Ehrend. & Krendl – konnte vielfach keine klare Zuordnung liefern (z.B. 8x „*A.* cf. *cynanchica*"). Wir haben es also bei den garganischen Populationen mit einem (?) in sich formenreichen Taxon zu tun, das unter Verwendung herkömmlicher Kriterien nicht bestimmbar ist. Ob bei diesem Formenschwarm Hybridisierung eine wesentliche Rolle spielt, sei dahingestellt. Klare „Elterntaxa" böten sich dafür nicht an. – Diese „Nicht-Bestimmbarkeit", um es nochmals zu betonen, ist taxonspezifisch und betrifft nicht nur einzelne Exemplare. Ein vermehrtes Sammeln nützt deshalb auch wenig, es erhöht höchstens die Variationsbreite, ohne dass sich „Ausreißer" herauskristallisierten, die dann eliminiert werden könnten. Ob sich die Situation durch die Beschreibung neuer Taxa bereinigen ließe, sei dahingestellt. In Anbetracht der am Gargano nachweisbaren Variabilität der traditionell zur Bestimmung der *Cynanchicae* herangezogenen Merkmale erscheint es eher fraglich.

(c) Ähnlich gelagert wie bei den *Cynanchicae* ist der Fall von *Scorzonera villosa*. Zumindest wird diese kennzeichnende Pflanze xerischer Standorte in der Literatur meist dieser Art zugerechnet (in FENAROLI 1974 43 Nennungen!). Nun ist *S. villosa* durch kahle oder behaarte („*S. villosiformis*") Früchte von „10-12" mm gekennzeichnet und durch einen Pappus, der höchstens 2x so lg ist wie der Fruchtkörper. Dieser Pappus ist – in der für den Gargano gemeldeten ssp. *columnae* – in der unteren Hälfte gefiedert. Dies unterscheidet sie von *S. hirsuta* (FENAROLI 1974: 5 Nennungen, alle vor 1900) mit stets behaarten Früchten von „7-9" mm und einem Pappus, der >2x so lang und durchweg gefiedert ist. Eine genauer vermessene Stichprobe von 22 der 35 eigenen Aufsammlungen ergab (teilweise innerhalb der gleichen Population) dicht behaarte neben kahlen, kurz bedornten Früchte von (5-)6-9(-12) mm Länge. Der Pappus war in den meisten Fällen mit 20-25 mm Lge >2x so lang und ± stets nur in der unteren Hälfte gefiedert. Insgesamt also eine ausgewogene Mischung von Merkmalen der beiden genannten Arten. Auch hier bringen vermehrte Belege keine Klärung, eher im Gegenteil: hätte man nur wenige Belege und – durch Zufall – nur solche aus den Randbereichen des Spektrums, würde man vielleicht nicht zögern, bei Anwendung der bekannten Unterscheidungsmerkmale darin 2 Taxa zu erkennen.

(d) Fälle der beschriebenen Art gibt es in der garganischen Flora leider nicht wenige. Sie finden sich fast durchweg in offenen, xerischen Biotopen. Sie sind dort meist auch keineswegs selten, sondern gehören im Gegenteil oft zu den kennzeichnendsten Elementen. Der Formenkreis um *Leontodon crispus* etwa gehört sicher dazu („*L. intermedius*", „*L. apulus*") möglicherweise auch *Armeria* „*canescens*", *Onosma echioides* s.l., die Artengruppe *Potentilla detommasii / recta / hirta*, die Gattung *Polygala* sowie die *Linum*-Arten „*L. tommasinii*" und das sehr seltene *L. campanulatum*, deren beider taxonomischer Status dringend überprüft werden müsste, nicht nur, weil das Letztgenannte nach PIGNATTI (**2**:21) nur in NW-Italien vorkommen soll.

## Endemismus?

Die oben angeführte Bezeichnung „neoendemisch" für Formenschwärme nach dem Muster von *Asperula* bedarf noch einer näheren Begründung. Neoendemismen setzen bekanntlich Isolation voraus, sind also – soweit es sich um räumliche Isolation handelt – ein Phänomen der Inselbiogeografie. In der Tat sollte man bei einem zerklüfteten, immerhin stellenweise 1000 m NN überschreitenden mediterranen Gebirgsstock, an drei Seiten vom Meer und an der vierten von einer ausgedehnten Tiefebene ganz anderer Natur begrenzt – insgesamt also eine klassische „Insel" darstellend – endemische Taxa erwarten. Eine der Merkwürdigkeiten der garganischen Flora ist nun aber, dass genau dies *nicht* der Fall ist. Von dem runden Dutzend in diesem Zusammenhang genannter Taxa (Orchideen bleiben hier unberücksichtigt)

- ist rund die Hälfte von zweifelhafter taxonomischer Berechtigung (z.B. *Carex extensa* ssp. *viestina, Lathyrus venetus* var. *latifolius* oder bestimmte Formen von *Cytisus decumbens*)

- ist *Aubreta columnae* ssp. *italica* nicht auf den Gargano beschränkt

- gehört der einzige „altbekannte" Endemit auf Art-Niveau *(Asperula garganica)* der oben bereits kritisch betrachteten Gruppe der *Cynanchicae* an, ist nomenklatorisch verworren und zudem nur sehr mangelhaft belegt (die häufige Nennung des Taxons in der neueren Literatur jedenfalls ist zumindest großenteils sicher irrtümlich; vgl. dazu auch DI PIETRO & WAGENSOMMER 2008)

- bedürfen die zwei oder drei erst jüngst beschriebenen Taxa wie *Allium garganicum* „nom. prov." (BRULLO & al. 2007) noch der taxonomischen und chorologischen Abklärung

- sodass schließlich nur 3 Taxa übrigbleiben: *Campanula garganica* ssp. *garganica, Micromeria fruticosa* var. *italica* (die einer taxonomischen Überpüfung bedarf) und die in der italienischen Literatur erst in CONTI & al. (2006) anerkannte *Viola merxmuelleri.* Das ist ein Endemismus-Anteil von <0,2 %.

Da, wie oben erwähnt, in einem Gebiet wie dem Gargano Endemiten quasi zwingend erwartet werden können, muss deren Fehlen einen Grund haben. Ein Grund könnte sein, dass die Endemitenbildung gewissermaßen erst eingesetzt und sich noch nicht in klassisch umgrenzten Taxa manifestiert hat. Die besprochenen „Formenschwärme" wären dann die noch wenig fixierte Vorstufe, eine Matrix, aus der heraus sich (möglicherweise) „echte" Endemiten entwickeln könnten. Molekulare Methoden könnten hier sicher wertvolle Hinweise zum „evolutionären Niveau" dieser Populationen liefern. Bis dahin, das muss betont werden, gibt es für diese Hypothese keinerlei direkte Beweise, und die Flora des Gargano gehört zu den außerordentlich seltenen Fällen, deren Besonderheit eben gerade darin besteht, praktisch *keine* Endemiten aufzuweisen.

Ein anderes in diesem Zusammenhang zu nennendes Phänomen wird vor allem von italienischen Autoren über den Gargano häufig postuliert, der sog. Gigantismus (LAURIOLA & PALMIERI 1994:23), auch Makrosomatismus genannt (SIGISMONDI & TEDESCO 1994:42). Danach sollen sich garganische Populationen mancher Taxa von der „Normalform" durch größere Dimensionen unterscheiden. Als Beispiel werden gerne die – in der Tat beachtlichen – Baumriesen („i patriarchi verdi") der Foresta Umbra zitiert. Ob man dabei jedoch wirklich von einem qualitativen Sprung reden kann, der zudem eine ganze Population betreffen müsste und nicht nur Einzelindividuen, erscheint eher fraglich. Außerdem ist nicht einzusehen, warum sich Gigantismus als Folge insulärer Isolation ausgerechnet an Bäumen mit ihrer langen Generationsdauer äußern sollte. Und obwohl auch die Maße bei Krautigen tatsächlich oft am oberen Ende der in der Literatur angegebenen Spannbreite zu liegen scheinen – die oben erwähnte *Carex „viestina"* ist ja genau genommen nur ein spezieller Fall dieses Umstandes –, erscheint Gigantismus als bestimmendes Element der garganischen Flora wenig belegt.

## Pflanzengeografische Anmerkungen

Ein in der Literatur immer wieder zu findender Hinweis betont den „ostmediterranen" Einschlag der garganischen Vegetation; so lautet der Untertitel zu BISCOTTI (2002) „Un pezzo di Balcani in Italia". Anlass zu dieser Feststellung sind einige in der Tat recht spektakuläre Fälle, so z.B. das Areal von *Inula verbascifolia, Lomelosia (Scabiosa) dallaportea* oder neuerdings (BRULLO & al. l.c.) der *Allium stamineum*-Gruppe. Auch der Umstand, dass eine weitere Subspecies von *C. garganica* (die

Nominatform hatten wir ja als garganischen Endemiten kennengelernt) auf Kephallonia vorkommt, wird gerne zitiert; vgl. dazu unten.

Einer genaueren Analyse hält dieser Feststellung aber wohl nicht stand. Dies gilt insbesondere dann, wenn man die Mediterraneis nicht nur in einen östlichen und westlichen Teil gliedert – was offenbar auf die normative Kraft von RIKLI (1943-1948) zurückgeht –, sondern dem zentralen Teil pflanzengeografische Eigenständigkeit zubilligt, wie dies vielleicht am überzeugendsten auf der Karte in MEUSEL, JÄGER & WEINERT (1965) dargestellt ist. Damit entfällt nämlich nicht nur die bei RIKLI längs durch die Adria laufende Grenze zwischen „West" und „Ost", es werden vielmehr im Gegenteil Abschnitte der ostitalienischen Küste, Istrien und die Westküste der Balkan-Halbinsel zu einer einheitlichen „zirkumadriatischen Provinz" zusammengefasst, für deren Konstituierung es in der Tat gute Gründe gibt – z.b. Areale wie die oben genannter Taxa, die sich damit nicht als „ost-mediterran", sondern als transadriatisch erweisen. Akzeptiert man diese Provinz, entfällt auch eine Diskussion darüber, ob der Apennin als Grenze zwischen Ost- und West-Mediterraneis (so in ZO-HARY 1966 und TUTIN & al., z.B. 2:468) vielleicht geeigneter ist. Außerdem wird damit dem Umstand Rechnung getragen, dass sich der „garganische Bezirk" (so in MEUSEL & al. l.c.), der submediterranen Unterregion angehörig, vom übrigen (eu-)mediterranen Apulien deutlich unter-scheidet; die wesentlichen Unterschiede der chasmophytischen Vegetation des Gargano im Vergleich zu denen des übrigen Apuliens z.B. haben kürzlich DI PIETRO & WAGENSOMMER (2008) überzeugend dargelegt.

Das heißt natürlich nicht, dass ostmediterrane Elemente dem Gargano fehlten. Ihr Anteil an der Gesamtflora beträgt (incl. der südost-europäischen) überschlägig 7% (bei den Orchideen sogar 13%). Andererseits sind westmediterrane und mediterran-atlantische Arten aber mit etwa 14% doppelt so häufig, und geradezu extrem hoch ist der Anteil ozeanischer Flechten (THÜS & LICHT 2006). Unter diesen Umständen kann man JÄGER (1968) durchaus beipflichten, der gerade dem Gargano eine niedrigere Kontinentalitätsstufe zuweist als dem größten Teil der restlichen Ost-hälfte Italiens. – Allerdings sollte man bei der Analyse dieser Verhältnisse vielleicht nicht die gar-ganische Flora in ihrer Gesamtheit betrachten, sondern stärker zwischen den einzelnen Forma-tionen differenzieren. So ist ein wesentlicher Grund für den relativ hohen Prozentsatz ozeanischer Elemente die Existenz einer artenreichen Buchenwald-Vegetation, die zwar als Formation zu den anerkannten Besonderheiten des Gargano zählt, floristisch aber wenig Spezielles zu bieten hat.

Amphi- oder – wenn sich die Vorkommen auf die West- und Ostküste beschränken – transadriati-sche Taxa gibt es übrigens überraschend viele, wenn man den doch recht speziellen Zuschnitt dieses Arealtyps bedenkt. Ein sehr lehrreiches Beispiel – die isophyllen Campanulen – haben PARK & al. (2006) kürzlich beschrieben, wo glaubhaft gemacht wird, dass die nächste Verwandte von Campanula garganica ssp. garganica nicht die in diesem Zusammenhang stets genannte ssp. cephallenica darstellt sonders ssp. acarnica vom griechischen Festland, und dass die Besied-lungsrichtung von Ost nach West erfolgt ist. – Für diese amphiadriatische Region ist der Gargano das wichtigste Teilareal auf italienischem Gebiet (ein weiteres, wenn auch nicht so auffällig, ist der Mte. Conero, vgl. z.B. BIONDI 1989); darin beruht ganz wesentlich seine pflanzengeografische Be-deutung. Das war natürlich schon früher aufgefallen und hat zu Spekulationen über eine unter-gegangene Landbrücke Anlass gegeben, deren Reste einige zwischen Gargano und Dalmatien liegende Inseln sein sollten (Tremiti, Pianosa, Palagruza ...), wobei auch auf die ähnliche Geologie des Gargano und der dalmatinischen Küstenbereiche verwiesen wurde. ENGLER (1879) hat sie sogar in seinen „Versuch einer Entwicklungsgeschichte der Pflanzenwelt" aufgenommen, und auch BIONDI (1989) greift auf sie zurück. Schon WITTE (1965, dort weitere Literatur) hat jedoch eine solche Brücke eher skeptisch gesehen. Aus biogeografischer Sicht ist sie in der Tat keine Notwendigkeit für die Erklärung transadriatischer Areale. Denn einmal lassen sie sich ohne Schwierigkeiten von amphiadriatischen Arealen durch Verlust der nördlichen Teilareale „ableiten", zum anderen muss man sich vergegenwärtigen, dass die gesamte nördliche Adria im Zusammen-hang mit kaltzeitlichen Regressionen Festland war und man gewissermaßen „trockenen Fußes" von Dalmatien zum Gargano gelangen konnte bzw. – eine wichtige Detailfrage – umgekehrt.

Diese Umstände sind Anlass genug, sich grundsätzliche Gedanken über die Besiedlung des Gar-gano (also die „Wanderwege" garganischer Pflanzen) zu machen. Dessen vom Apennin mit ver-gleichbaren Höhenlagen und ähnlichen sonstigen geomorphologischen Strukturen abgesprengte

Lage lässt sich, weniger italozentrisch betrachtet, auch als Insel auffassen, die von Dalmatien nicht (wesentlich) weiter entfernt ist als vom Apennin. Unter diesen Umständen ist es theoretisch völlig offen, ob sich isolierte garganische Vorkommen von Arten wie z.B. *Cardamine bulbifera* aus einer Besiedlung vom Apennin oder von Dalmatien aus erklären lassen, es also nicht nur trans-adriatische *Taxa* sondern auch transadriatische *Teilareale* bestimmter Taxa gibt; in zahlreichen Fällen wie dem von *Coronilla valentina* (Karte in BIONDI 1989), *Aurinia leucadea* (Karte 2530 in ATLAS FLORAE EUROPAEAE 11) oder *Orchis (Aceras) anthropophora* (Karte in AHRNS 2002) drängt sich diese Vermutung geradezu auf. Mit traditionellen morphologisch-floristischen Techniken lässt sich diese Frage wohl nicht beantworten. Nur mit molekularen Methoden lässt sich (eventuell) klä-ren, ob z.B. die auf dem Gargano subendemische ssp. *italica* von *Aubrieta columnae* mit der ssp. *columnae* näher verwandt ist (was für eine Besiedlung vom Apennin aus sprechen würde) oder mit der ssp. *croatica* aus Dalmatien.

Für die Küstenpflanzen *Cakile maritima* und *Eryngium maritimum* sind solche amphi- bzw. trans-adriatischen Teilareale übrigens sehr wahrscheinlich geworden: Molekulare Untersuchungen zeig-ten (CLAUSING & al. 2000), dass Individuen aus Kroatien und vom Gargano näher miteinander ver-wandt sind als diese mit anderen italienischen Herkünften. Bei *Salsola kali, Halimione portulacoi-des* und *Crithmum maritimum* unterscheiden sich die amphiadriatischen bzw. amphiadriatisch-bal-kanischen Populationen genetisch von denen des übrigen Mittelmeeres (KADEREIT & al. 2005). Man könnte in solchen Fällen von „kryptischen Transadriaten" (bzw. allgemein von „kryptischen Arealen") sprechen.

## Schluss

Wir sehen: Am Gargano existieren floristische und taxonomische Probleme, die z.T. wichtige Ele-mente kennzeichnender Formationen betreffen. Die Gründe hierfür sind sicher unterschiedlich. Als wesentlich postuliert wird hier der Umstand, dass die quasi-insuläre Lage des Gargano eine En-demitenbildung begünstigt, die sich aber „noch nicht" in klar umgrenzten (bzw. klar erkannten) Taxa manifestiert. Beweise dafür liegen allerdings nicht vor und sind wohl mit traditionellen Metho-den der Taxonomie und Floristik – also z.B. dem Vergleich von Herbarbögen – auch kaum zu ge-winnen, weil diese Beweise auf phylogenetischer Verwandtschaft und nicht auf Ähnlichkeitskrite-rien taxonomisch niedrigster Rangstufen basieren müssten.

Allgemein gilt: Für die Interpretation von Pflanzenarealen genügt dessen reale (genauer: aktuelle) Gestalt oft nicht, da sich Gesamtareale auch als Summe von Teilarealen auffassen lassen. Diese können eine durchaus unterschiedliche Einzelentwicklung durchlaufen und deshalb auch unter-schiedliche Beweiskraft haben. So zeigt das oben erwähnte Gesamtareal von z.B. *Cakile* eine typische azonale Küstenverbreitung, ein Vergleich einzelner Populationen dagegen beweist die Existenz einer amphiadriatischen Florenregion. Hier gilt in erhöhtem Maße, dass solche Aussa-gen, für Floristik und Arealkunde gleichermaßen bedeutsam, zur Zeit nur mittels molekularer Me-thoden zu machen sind. Eine verstärkte Zusammenarbeit zwischen der traditionellen Floristik und der molekular arbeitenden Botanik wäre also außerordentlich wünschenswert. Der Gargano je-denfalls liefert genügend Beispiele für diese Frage.

## Zum Aufbau des Schlüssels

Schlüsselalternativen sind nach dem Muster **1.** / **1+** aufgebaut. In Fällen, wo die Beibehaltung einer Schlüsseldichotomie reiner Formalismus wäre – und solche Fälle sind nicht selten – sind mehr als 2 Alternativen im Gebrauch; sie sind dann mit **1a**, **1b**, **1c** (selten auch mehr) bezeichnet. Ein einführender Schlüssel zum Bestimmen der Familie sowie Schlüssel für Holzgewächse (vorwiegend nach vegetativen Merkmalen) und Wasserpflanzen sind vorangestellt. Dann folgen die Schlüssel für Pteridophyten und Gymnospermen, danach die Familien der Angiospermen in alphabetischer Reihenfolge. Ein weiterführender Schlüssel bis zur Art findet sich – wiederum in alphabetischer Reihenfolge – im Anschluss, falls die Gattung nicht durch nur ein Taxon vertreten ist; in diesem Fall wird das Taxon gleich im Gattungsschlüssel genannt. Bei größeren Familien wird der Name der Gattung aber an seiner alphabetischen Position mit Querverweis noch einmal aufgegriffen, um lästiges Suchen im Gattungsschlüssel bzw. das Nachschlagen im Register zu vermeiden. Gegebenenfalls werden dort dann auch weitere Hinweise gegeben oder Synonyme angeführt.

Die _Nomenklatur_ der Arten und Unterarten richtet sich fast durchweg nach CONTI & al. (= CL bzw. CL2, vgl. Lit.), auch dort, wo sie – „aus garganischer Sicht" – nicht recht zufriedenzustellen mag. Auf die Angabe von Autoren konnte so im Allgemeinen verzichtet werden. Abweichende Benennungen in FENAROLI und/oder PIGNATTI werden stets erwähnt, abweichende Rangstufen nur, wo erforderlich. Darüber hinaus gehende Synonyme werden nur in Ausnahmefällen genannt. Leider ist in CL die Nennung – auch häufig verwendeter – Synonyme nicht immer vollständig, sodass in Einzelfällen Probleme in der Synonymisierung auftreten oder – in sehr seltenen Fällen – die Verwendung der Nomenklatur von CL sogar nicht möglich ist; dies ist immer gesondert vermerkt. Im Übrigen haben sich bei den Synonymisierungen der Namen sicher Fehler eingeschlichen, die wir zu entschuldigen bitten. – Die Benennung der in CL nicht berücksichtigten Rangstufen (z.B. var.) oder Taxa (z.B. nicht anerkannte subspecies) erfolgt normalerweise nach der Original-Quelle (zumeist FENAROLI); sie sind auf nomenklatorische Gültigkeit nicht geprüft. Solche in CL nicht berücksichtigten oder nicht anerkannten Taxa werden dann angeführt, wenn sie in der Literatur (noch) vielfach genannt werden oder wenn ihre Unterscheidung zur näheren Kenntnis der garganischen Flora beitragen könnte. Eine Bewertung der taxonomischen Einstufung – also z.B. die Frage betreffend, ob es sich überhaupt um ein eigenständiges Taxon handelt – ist damit ausdrücklich nicht verbunden. Dies betrifft vor allem die Kategorie „var.", die in FENAROLI vielfach genannt wird; hier verwendeten wir vor allem die Merkmale aus FIORI.

Bisweilen führt der Gattungsschlüssel zu einer ganzen _Gattungsgruppe_ („Gattung s.l.", Tribus), z.B. wenn sich die Arten der Gattungsgruppe leichter unterscheiden lassen als die einzelnen Gattungen; diese Methode hat schon PIGNATTI mit Erfolg angewendet (z.B. **2**:476: _Satureja_ und _Micromeria_). Sie wird hier insbesondere auch da angewendet, wo die Aufspaltung einer Gattung s.l. noch nicht lange üblich ist und z.B. nur in CL oder CL2, nicht aber in PIGNATTI und FENAROLI durchgeführt wird (vgl. z.B. _Anthemis_ oder _Scabiosa_). Dann wird der Name der Gattung „s.l." in der Synonymie abgekürzt. So bedeutet _Chamaemelum (A.) nobile_ im Artenschlüssel „_Anthemis_ s.l.": _Chamaemelum nobile = Anthemis nobilis_

Die _Familien_ werden in „traditionellem" Umfang aufgefasst. Bei den Liliaceen s.l., deren Aufgliederung inzwischen auch in vielen Bestimmungsbüchern durchgeführt wird, und bei den Scrophulariaceen, wo dies in absehbarer Zeit zu erwarten ist, sind die aktuelleren Zuordnungen aber erwähnt. Entsprechendes gilt für manche Gattungsabgrenzungen innerhalb der Orchideen.

Neben allgemein verständlichen werden die folgende *Abkürzungen* benutzt. Spezielle, nur für bestimmte Familien gebrauchte Abkürzungen sind im Kopf des betreffenden Gattungsschlüssels zu finden.

| | | | |
|---|---|---|---|
| B. | Blatt | bisw. | bisweilen |
| -b. | -blatt | br. | breit |
| Blü. | Blüte | d. | der, die, das |
| Fr(kn). | Frucht(knoten) | DM | Durchmesser |
| Gr. | Griffel | dtl. | deutlich |
| Infl. | Infloreszenz | ggfs. | gegebenenfalls |
| K. | Kelch | hfg | häufig |
| Kr. | Krone | -j. | -jährig |
| Per. | Perianth / Perigon | jg | jung |
| Spr. | Blattspreite | -l. | -lich |
| Stg. | Stengel, Sprossachse | lg | lang |
| Stgb. | Stengelblatt | p.p. | (pro parte) zum Teil |
| Stp. | Stipel(n) | s. | sehr / siehe / sensu (vgl. unten) |
| Tep. | Tepalen | slt. | selten |
| Tlfr. | Teilfrucht (Balg, Nüsschen, Klause usw.) | u./od. | und/oder |
| | | -zlg | -zählig |
| (g) | nur gepflanzt, bisw. subspontan | zml. | ziemlich |
| | | zstr. | zerstreut |
| | | | |
| | | agg. | Aggregat (~ Gruppe ähnl. Arten) |
| I-XII | Blütezeit | s. Autor | sensu Autor (Taxon im Sinne von ...) |
| <, > | kleiner, größer als | s.l. | sensu lato (im weiten Sinn) |
| → | (Verweispfeil) | s.str. | sensu stricto (im engen Sinn) |

Bei zahlreichen Taxa finden sich weitere *ergänzende Angaben:*

| | |
|---|---|
| Or.-Lit. | Original-Literatur (z.B. die unten genannten oder andere Floren sowie die bei den betreffenden Taxa genannte spezielle Literatur) |
| Pg, Fen, FE, AFE, CL, CL2 | siehe Literatur-Verzeichnis; ggfs. Zusätze 1-n für die Bände bzw. Folgen |
| // | nach CL bzw. CL2 nicht in Apulien (und damit auch nicht auf dem Gargano)(gilt nur für sp. und ssp., vgl. „CL") |
| //̷ | nach CL bzw. CL2 nicht in Apulien, es liegt aber ein eigener oder geprüfter fremder Beleg vom Gargano vor. – Bloße Literaturangaben zum Vorkommen in Apulien werden nicht berücksichtigt |
| C̶L̶ | Nicht in CL erwähnt (d.h. nach dieser Quelle nicht Bestandteil der italienischen Flora oder unberücksichtigtes Synonym)(gilt nur für sp. und ssp., da Kategorien unterhalb ssp. in CL grundsätzlich nicht berücksichtigt werden) |
| (Garg. mögl.) | Bisher keine Meldung vom Gargano, aber Vorkommen möglich (z.B. wegen Verwechslungsgefahr oder Ausbreitungstendenz der Art) |
| (Garg. fragl.) | für Gargano genanntes, aber sehr unwahrscheinliches Taxon |
| (v) | möglicherweise verschollen: Plausible (wenn auch nicht immer gesicherte) Angabe, vor 1915 zum einzigen oder letzten Mal genannt (nur bei autochthonen Taxa) |
| | Der Hinweis „fragl." bzw. „(v)" entfällt, wenn das Taxon in Apulien gemäß CL überhaupt nicht vorkommt [//] |

*Domatium:* Auffällige Haarbüschel oder Poren in den Nervenwinkeln der Blattunterseite von Holzgewächsen; hfg von Milben bewohnt

Der Begriff *„Karunkula"* wird für alle Samenanhängsel benutzt

*Karpophor:* Kleines Stielchen der Fr. (des Frkn.) innerhalb des K. (Andere Bedeutung bei den Umbelliferen!)

*Staminat:* Blüte nur mit Staubblättern („männlich"); *karpellat:* Blüte nur mit Fruchtknoten („weiblich")

*Krb. genagelt:* Das Krb. gliedert sich in einen schmalen, basalen, meist im K. steckenden „Nagel" und eine ± plötzlich verbreiterte, oft ± rechtwinkelig vom Nagel abstehende „Platte"

Wegen der breiten Schwankungen werden Höhe der Pflanze und Blütezeit zumeist nur dann angegeben, wenn sie von bestimmungstechnischer (diakritischer) Bedeutung sind. Dies gilt auch für die Angaben zu Biotop-Typen

Angegebene Maße beziehen sich, wenn nicht anders erwähnt, auf die Länge des betreffenden Organs. Die Angabe m x n bedeutet Länge x Breite

Weil kein sachlicher Grund besteht, „ssp." durch „subsp." zu ersetzen, verwenden wir – in Singular und Plural – das kürzere „ssp."

*Hinweis:*

Es ist zu erwarten, dass sich in Taxonomie und Nomenklatur der italienischen Taxa in den nächsten Jahren einiges ändern wird; dies hängt nicht zuletzt mit den mittels molekularer Methoden neu gewonnenen Erkenntnissen zusammen. Außerdem ist am Gargano natürlich immer noch mit dem Auffinden neuer, hier nicht berücksichtigter Taxa zu rechnen. Es ist deshalb angedacht, von Zeit zu Zeit – z.B. in jährlichen Abständen – einen entsprechenden verbessernden oder ergänzenden Beitrag ins Internet zu stellen. Es kann sich also lohnen, etwa ab Ende 2009 unter „supplementum_florae_garganicae" danach zu suchen.

Für ergänzende Hinweise, Hinweise auf Fehler und Verbesserungsvorschläge sowie Neufunde bin ich stets dankbar (wlicht@uni-mainz.de)

# Literatur

## Literatur zum Bestimmungsschlüssel
**Fett** gedruckt sind die hier im Schlüssel verwendeten Abkürzungen

*Grundlagen:*
BISCOTTI, N. (2002): Botanica del Gargano. – San Severo (2 Bände, 467 S. fortlaufend paginiert)
CONTI, F., ABBATE, G., ALESSANDRINI, A. & BLASI, C. (Eds.) (2005): An Annotated Checklist of the Italian Vascular Flora. - Roma (Palombi) 420 S. [= „**CL**" (← Check-List)]
CONTI, F. & al. (2006)[2007]: Integrazioni alla checklist della flora vasculare italiana. - Natura Vicentina **10**:5-74. Vicenza (= „**CL2**")
FENAROLI, L. (1966-1974): Florae Garganicae Prodromus pars 1-4. - Webbia (Firenze): 1: **21**:839-944 (1966); 2: **24**:435-578 (1970); 3: **28**:323-410 (1973); 4: **29**:123-301 (1974) (= „**Fen** [1-4]")
FENAROLI, L. (1972) [1974]: Catalogus Taxonomicus Florae Garganicae. - Atti Ist. Bot. Univ. Pavia. ser. 6, **8**:27-176. - Der größte Teil der nur im Catalogus (und nicht auch in Fen 1-4) genannten Taxa sind aus BASILICE (1812/1813) übernommen, es sind also sehr alte (und oft einzige) Nennungen

*Wichtige Floren:*
CASTROVIEJA, S. & al. (Koordinatoren)(1986 ff): Flora Iberica. - Madrid (im Erscheinen)
FIORI, A. (1923-1929): Nuova Flora analitica d'Italia **1-2**. - Firenze
PIGNATTI, S. (1982): Flora d'Italia **1-3**. - Edagricole (Bologna) (= „**Pg**")
TUTIN, T.G. & al (Begr. / Eds.) (1968ff) Flora Europaea **1**: 2. Aufl. (1993); **2-5**: 1. Aufl. (1968-1980)(= „**FE**")

*Gelegentlich wurden herangezogen:*
DAVIS, P.H. (Ed.)(1965-1985): Flora of Turkey **1-9**. - Edinburgh
GÖTZ, TH. (2005): Alpenflora. - http://www.tkgoetz.homepage.t-online.de/alpenflora.doc (im Erscheinen; Stand 23.9.2006)
HEGI, G. (Begr.)(1906 ff): Illustrierte Flora von Mitteleuropa. 1. Aufl. 1906-1931, 2. und 3. Aufl. unvollständig bzw. im Erscheinen mit wechselnden Erscheinungsorten
HEß, H.E., LANDOLT, E. & HIRZEL, R. (1976-1980): Flora der Schweiz, 2. Aufl. **1-3**. - Zürich
JALAS, J. & al. (Begr.)(1972-2004): Atlas Florae Europaeae, Hefte 1-13. - Helsinki (im Erscheinen) („**AFE**").
Anmerkung: Der Gargano umfasst in diesem Werk 2 Felder (= mögliche Punkte): Während der östliche Punkt dem Gargano – und nur diesem – zuzuordnen ist, umfasst das Feld des westlichen Punktes nur zur (östlichen) Hälfte den Gargano. Eine Meldung vom westlichen Punkt bedeutet also nicht zwangsläufig, dass das Taxon auch *vom Gargano* gemeldet ist. – Die Grenze zwischen östlichem und westlichem Feld verläuft etwa von der Ostecke des Lesina-Sees bis Rignano
ROTHMALER, W. (Begr.) (2002): Exkursionsflora von Deutschland **4** (Kritischer Band). - Heidelberg & Berlin
SEBALD, O., SEYBOLD, S. & PHILIPPI (Eds.)(1993-1998): Die Farn- und Blütenpflanzen Baden-Württembergs **1-8**. - Suttgart
STRID, A. & al. (Eds.)(1997+2002): Flora Hellenica **1-2**. Königstein bzw. Ruggel (im Erscheinen)
ZÁNGHERI, P. (1976): Flora Italica **1** und **2**. - Padova
Sowie in Einzelfällen noch weitere Floren
Spezial-Literatur ist in gekürzter Form bei den einzelnen Taxa angegeben

*Wichtige Literatur zu Neunachweisen:*
BISCOTTI, N., ANGELICCHIO, N. & VELOCE, M. (1989): Il verde del Gargano – La flora erbacea. - Quad. della Comunità montagna del Gargano **1**. 100 S.
FIORENTINO, M. & RUSSO, S. (2002): Piante rare e minacciate del Parco nazionale del Gargano. - Bibliotheca verde **6**. Edizioni del Parco. Foggia (Grenzi). 207 S.
FORTE, L. & al. (2002): The vascular Flora of the „Bosco Isola" at Lesina (Foggia-Apulia). - Flora Medit. **12**:33-92
GARGANOVERDE (Zugriff Januar 2006): Flora del Parco Nazionale del Gargano. - www.garganoverde.it
– Die meisten Beiträge stammen von A. AUGELLO und finden sich auch unter www.flora.garganoverde.com

LAURIOLA, P. & PALMIERI, N. (1994): Parco nazionale del Gargano. - Schena Ed., Brindisi. 236 S.

LICHT, W. & WAGENSOMMER, R.P. (2008): Nuove acquisizioni per la flora della Puglia. - Inform. Botanico Ital. **40**:15-22

SIGISMONDI, A. & TEDESCO, N. (1994): Il parco nazionale del Gargano. - M. Adda Ed., Bari. 215 S.

WAGENSOMMER, R.P. (2006-2008): (Schriftliche und mündliche Mitteilungen)

*Unpublizierte Exkursionsberichte aus dem Internet:*
Die Meldungen *neuer* Taxa in diesen Protokollen sind meist nicht plausibel, dem einleitend formulierten Grundsatz folgend sind diese Taxa aber zumindest erwähnt

HARTL, H. (1992): Pflanzenliste von der Gargano-Exkursionen 11.-17.4.92 (Kompilation: L. Schulz). - Naturwissenschaftl. Verein f. Kärnten, Fachgruppe Botanik. - www.naturwissenschaft-ktn.at (Zugriff 25.2.2008)

HARTL, H. & PEER, TH. (2004): Pflanzenliste Apulien-Exkursion 3.-9.4.2004. (Tagesprotokolle) - Naturwissenschaftl. Verein f. Kärnten, Fachgruppe Botanik. - Zugriff s.o.

NATURETREK TOUR (2005a): GOUGH, S. & GRIFFITHS, T.: Flowers of Italy's Gargano Peninsula. - www.naturetrek.co.uk/gargano1%202005.doc (Zugriff 10.8.06):

NATURETREK TOUR (2005b): MILETO, R. & WINTER, ST.: Spring Flowers of the Gargano Peninsula. - www.naturetrek.co.uk/gargano2%202005.doc (Zugriff 10.8.06)

NATURETREK TOUR (2006 a): GOUGH, S.: Flowers of Italy's Gargano Peninsula – 23.-30. April 2006. - www.naturetrek.co.uk/ (Zugriff 10.8.06)

NATURETREK TOUR (2006 b): MILETO, R.: Flowers of Italy's Gargano Peninsula —30. April-8.May 2006. - www.naturetrek.co.uk/ (Zugriff 10.8.06)

NATURETREK TOUR (2007 a): GOUGH, S.: Flowers of Italy's Gargano Peninsula – 22.-29. April 2007; www.naturetrek.co.uk/ (Zugriff 25.2.08)

NATURETREK TOUR (2007 b): MILETO, R. & MITCHELL, J.: Flowers of Italy's Gargano Peninsula – 29. April -6. May 2007; www.naturetrek.co.uk/ (Zugriff 25.2.08)

*Zusätzliche Literatur zum Kapitel „Zur Flora des Gargano":*

AHRNS, Ch. (2002): Laichkrautgewächse und Orchideen als Extreme naturschutzrelevanter Arealdarstellung. - Pulsatilla (Bonn) **5**:11-36

BIONDI, E. (1989): Flora und Vegetation des Mte. Conero (zentraladriatische Küste), eine pflanzengeographische und pflanzensoziologische Studie. - Düsseldorfer Geobot. Kolloq. **6**:19-34

BRULLO, S., GUGLIELMO, A., PAVONE, P. & SALMERI, C. (2007): Cytotaxonomic considerations on *Allium stamineum* Boiss. group *(Alliaceae)*. - Bocconea **21**:325-343

CLAUSING, G., VICKERS, K. & KADEREIT, J.W. (2000): Historical biogeography in a linear system: genetic variation of Sea Rocket (*Cakile maritima*) and Sea Holly (*Eryngium maritimum*) along European coasts. - Molecular Ecology **9**:1823-1833

DI PIETRO, R. & WAGENSOMMER, R.P. (2008): Analisi fitosociologica su alcune specie rare e/o minacciate del Parco Nazionale del Gargano (Italia centro-meridionale) e considerazioni sintassonomiche sulle comunità casmofitiche della Puglia. - Fitosociologia **45**:177-200

ENGLER, A. (1879): Versuch einer Entwicklungsgeschichte der Pflanzenwelt. - Nachdruck J. Cramer (Lehre) 1972

KADEREIT, J.W., ARAFEH, R., SOMOGYI, G. & WESTBERG, F. (2005): Terrestrial growth an marine dispersal? Comparative phylogeography of fife coastal plant species at a European scale. - Taxon **54**:861-876

JÄGER, E. (1968): Die pflanzengeographische Ozeanitätsgliederung der Holarktis und die Ozeanitätsbindung der Pflanzenareale. - Feddes Repertorium **79**:157-335

MEUSEL, H., JÄGER, E. & WEINERT, E. (1965): Vergleichende Chorologie der zentraleuropäischen Flora **1**. - Jena

PARK, J.-M., KOVACIC, S., LIBER, Z., EDDIE, W.M.M. & SCHNEEWEISS, G.M. (2006): Phylogeny and biogeography of isophyllous species of *Campanula* (Campanulaceae) in the Mediterranean area. - Systematic Botany **31**:862-880

RIKLI, M. (1943-1948): Das Pflanzenkleid der Mittelmeerländer **1-3**. - Bern

THÜS, H. & LICHT, W. (2006): Oceanic and hygrophytic lichens from the Gargano-Peninsula (Puglia/South-Eastern-Italy). - Herzogia **19**:149-153

WITTE, G. (1965): Ergebnisse neuer biogeographischer Untersuchungen zur Verbreitung transadriatischer Faunen- und Floren-Elemente. - Bonner zool. Beitr. **16**:165-248

ZOHARY, M. (1966): Flora Palaestina **1** (Textband), Jerusalem

## Danksagungen

Folgende Damen und Herren haben im Rahmen ihrer Diplomarbeiten jeweils zahlreiche Belege gesammelt und dem „Herbarium Garganicum" zur Verfügung gestellt:
M. Bauch, B. Clemenz, Ch. Mirk, M. Quint, Dr. B. Schreiber und R. Stock.

Folgende Damen und Herren haben die angeführten Taxa des Herbars oder wesentliche Teile davon revidiert und/oder durch entsprechende Hinweise zur Gestaltung des Schlüssels beigetragen (Stand: 1.8.2008):
M. Bauch (*Fumana, Helianthemum*); Prof. Brandes (*Parietaria*); Dr. Bräuchler (*Micromeria fruticosa*); Prof. Erben (*Limonium*); Prof. Freitag (*Suaeda*); G. Gottschlich (*Hieracium*); Prof. Grau (*Myosotis*); Dr. Gutermann (*Vicia incana* und *pseudocracca*); Dr. R. Hand (*Thalictrum, Hedypnois, Hyoseris, Lactuca, Rhagadiolus, Sonchus, Tragopogon* s.l.); Prof. Heubl (*Polygala*); St. Jeßen (*Asplenium* s.l.); Dr. G. Kadereit (*Arthrocnemum, Chenopodium, Salicornia*); H. Kalheber (*Blackstonia, Bupleurum, Elaeoselinum, Hypericum, Lotus, Medicago, Potentilla, Scleranthus, Solanum, Valantia, Valerianella, Vicia sativa* agg., *Xanthium*); Dr. Kilian (*Crepis*); Dr. Krendl (*Rubiaceae*); K. Lewejohann (*Cyperaceae, Gramineae*); Dr. Liden (*Fumaria*); Dr. Lippert (*Crataegus*); Dr. Marchetti (*Asplenium, Polypodium*); Dr. Mayer (*Dipsacaceae*); Prof. Meusel (*Carlina*); Dr. Polatschek (*Erysimum*); Dr. Pusch (*Orobanche*), Dr. Quint (*Allium, Asphodelus*); Dr. Reichert (*Rosa, Arabis hirsuta* agg.); Prof. Sauer (*Pulmonaria*); N. Schmalz (*Orobanche*); Dr. Schmitt (*Characeae*); Prof. Scholz (*Gramineae*); Dr. Thiv (*Centaurium, Blackstonia*); Dr. Vitek (*Euphrasia*); Prof. Wagenitz (*Filago, Aster* s.l.); sowie weitere Kollegen, die Einzelbelege einer Prüfung unterzogen.

Herrn Dr. P. Schubert war viele Male unentbehrlicher Mitarbeiter bei der Durchführung der studentischen Exkursionen. Herrn R. P. Wagensommer vermittelte mir wichtige Hinweise zu italienischer Literatur und zur Synonymie kritischer Taxa.

Ihnen allen sei an dieser Stelle herzlich gedankt.

## EINFÜHRENDER SCHLÜSSEL
zum Bestimmen der Familie
Der Schlüssel ist knapp gehalten und berücksichtigt nicht immer alle Ausnahmen und Besonderheiten

## Gruppenschlüssel

**1a** Holzpfl.                                                  Schlüssel **Gehölze**
**1b** Wasserpfl.                                            Schlüssel **Wasserpflanzen**
**1c** „Blütenlose" Pfl. mit Sporangien auf der B.unterseite meist geteilter B. oder in zapfenartigen Aggregaten am Ende meist quirlförmig verzweigter Stg. oder Pfl. kriechend, gabelig verzweigt mit 4 Reihen paarweise ungleich großer Blättchen                               **Pteridophyta**
**1d** Blühende Land- oder Sumpfpfl. (Blü. aber oft sehr unscheinbar)
  **2.** Pfl. ohne erkennbares Chlorophyll (auch nicht in Teilen grün)                    **Gruppe V**
  **2+** Pfl. zumind. in Teilen grün
    **3.** Blü. nicht 3- bzw. 6-zählig u./od. Per. nicht aus trockenhäutigen Spelzen oder Pfl. dtl. holzig. B. meist netznervig, oft geteilt (Dikotyle)
    Zwischen **4.** und **4+** gibt es zahlreiche Grenzfälle. Ggfs. verfolge man beide Wege
    **4.** Per. meist einfach, unscheinbar, meist ± grünl., klein (<3 mm), oft auch fehlend, aber Pfl. bisw. mit auffälligen Hochb.                                              **Gruppe I**
    **4+** Per. stets vorhanden, ± ansehnlich (d.h. >3 mm u./od. ± auffällig gefärbt), meist (!) in K. und Kr. gegliedert
      **5.** Krb. frei, einzeln auszupfbar                                    **Gruppe II**
      **5+** Krb. zumind basal verwachsen, Kr. nur als Ganzes ablösbar              **Gruppe III**
    **3+** Blü. meist 3- bzw. 6-zlg. B. parallel- oder bogennervig, ungeteilt, oft grasartig; wenn (s. slt.) netznervig, Infl. meist ein von einem Hochb. umschlossener Kolben (Monokotyle)  **Gruppe IV**

## Gruppe I – Dikotyle Pfl. mit unscheinbarer Blütenhülle

**1a** Stg. oder B. sukkulent                                          *Chenopodiaceae*
**1b** Pfl. mit Milchsaft                                                *Euphorbiaceae*
**1c** Pfl. mit Brennhaaren                                        *Urticaceae (Urtica)*
**1d** B. unterseits abwischbar „bemehlt"                              *Chenopodiaceae*
**1e** Per. 3-zlg, gelb. Holzpfl.                                  *Santalaceae (Osyris)*
**1f** Pfl. ohne diese Merkmale
  **2.** Blü. in Köpfchen, dieses von einer gemeinsamen Hülle umgeben. Per. 5-zlg, Frkn. unterständig
    **3.** Krb. verwachsen. Pfl. bisw. distelartig                          *Compositae*
    **3+** Krb. frei. Pfl. stets distelartig                        *Umbelliferae (Eryngium)*
  **2+** Blü. anders angeordnet (bisw. in Knäueln, dann aber meist ohne gemeinsame Hülle) u./od. nicht sowohl 5-zlg als auch mit unterständigem Frkn.
    **4.** Nur grundständ. Rosette vorhanden. Blü. in (bisw. gestauchten) Ähren oder Kolben
                                                                       *Plantaginaceae*
    **4+** B. (auch) stg.ständig
      **5.** Blü. getrenntgeschlechtlich
        **6.** B. gefiedert, mit Stp. Blü. in Köpfchen                *Rosaceae (Sanguisorba)*
        **6+** B. nicht gefiedert
          **7.** Frkn. oberständig. B. nur slt. ganzrandig
          **8.** Frkn. 3-zlg, Narben 3-6 oder nur staminate Blü.              *Euphorbiaceae*

**8+** Pfl. einhäusig, Frkn. (meist) 2-zlg          *Chenopodiaceae (Atriplex)*
**7+** Frkn. unterständig, mit weißen Papillen. B. ± ganzrandig, mit häutigen Stp. Pfl. einj.
                                                    *Theligonaceae*
**5+** Blü. zwittrig
  **9a** B. (scheinbar) in 4- oder mehrzähligen Wirteln, ganzrandig
    **10.** Krb. verwachsen                          *Rubiaceae*
    **10+** Krb. frei. Pfl. mit häutigen Stp.          *Caryophyllaceae*
  **9b** B. (zumind. die unteren) gegenständig
    **11.** K. und Kr. 2-zlg. Frkn. unterständig      *Onagraceae (Circaea)*
    **11+** Blü. 4- oder 5-zlg. Frkn. oberständig
      **12.** Blü. 5-zlg; wenn 4-zlg, nicht in gestielten Köpfchen. B. bisw. mit Stp. oder gegen-
überstehende B. basal etwas verwachsen          *Caryophyllaceae*
      **12+** Blü. 4-zlg, in gestielten Köpfchen. B. meist >15 mm lg, stets stp.los
                                                    *Plantaginaceae*
  **9c** B. wechselständig
    **13.** B. (meist basal) an einer häutigen (und oft zerrissenen!) Stg.scheide (Ochrea) ent-
springend. Per. oft 3-zlg                        *Polygonaceae*
    **13+** Pfl. ohne Ochrea. Blü. nicht 3-zlg
      **14a** Blü. stets 4-zlg. Frkn. (scheinbar) unterständig. B. linealisch
        **15.** Unter jeder Blü. 1 Trag- und 2 Vorb. Staubb. 4-5. Fr. kahl *Santalaceae (Thesium)*
        **15+** Blü. einzeln oder in Büscheln. Staubb. 8. „Fr." (genauer: das Hypanthium, vgl. un-
ten) behaart                                   *Thymelaeaceae (Thymelaea)*
Der Frkn. wird in dieser Familie vom Kb-Tubus (Hypanthium) eingeschlossen und ist nur
scheinbar unterständig.
      **14b** Blü. 5-zlg, in (Doppel-)Dolden. Frkn. unterständig. B. meist geteilt    *Umbelliferae*
      **14c** Pfl. anders
        **16.** B. meist gestielt, mit wohlentwickelter (nicht linealischer) Spr.
          **17.** B. handförm. gebuchtet, mit Stp.            *Rosaceae*
          **17+** B. anders
            **18.** Gr. 1                          *Urticaceae (Parietaria)*
            **18+** Gr. oder Narben 2
              **19.** Per. ± spelzenartig, frei. Staubb. frei. Fr. eine ± einsamige Kapsel
                                                    *Amaranthaceae*
              **19+** Per. ± krautig, basal meist verwachsen. Staubb. dem Per. angewachsen.
Nussfr.                                          *Chenopodiaceae*
        **16+** B. linealisch, oft stachelspitzig              *Chenopodiaceae*

## Gruppe II – Dikotyle mit getrennten Kronblättern

**1.** Blü. zygomorph (bisw. nur wenig)
  **2.** Blü. in Doppeldolden. Nur Randblü. zygomorph                *Umbelliferae*
  **2+** Alle Blü. ± zygomorph, nicht in Doppeldolden
    **3.** Blü. gespornt
      **4.** Krb. 4. Blü. nicht blau (meist ± rötl.)                *Papaveraceae*
      **4+** Krb. 5. Blü. ± blau, ± gelb oder ± weiß
        **5.** Spr. ± handförmig geteilt, ohne Stp. Blü. fast immer blau      *Ranunculaceae*
        **5+** Spr. ungeteilt, meist mit gekerbtem Rand. Stp. dtl., bisw. geteilt    *Violaceae*
    **3+** Blü. nicht gespornt

**6a** Blü. >3 cm DM, vereinzelt. Krb. 4, weißl. (-rosa), mit vielen Staubb.　　*Capparidaceae*

**6b** Die beiden seitl. Kb. kronblattartig, das untere Krb. vorne gefranst. Blü. meist blau (slt. rötl., weißl. oder gelb), in Trauben　　*Polygalaceae*

**6c** Krb. 5(-6), K. „normal" ausgebildet (± grün) oder fehlend

　**7.** Krb. 5-6, apikal zerschlitzt, weißl. oder gelbl. Blü. in Trauben. Kapselfr.　　*Resedaceae*

　**7+** Krb. stets 5, das oberste meist dtl. größer und oft ± aufgebogen, die beiden untersten fast immer von den seitl. weitgehend verdeckt und zu einem „Schiffchen" verklebt. Staubb. 10. Blü. meist in Trauben, Dolden oder Köpfchen. Hülsenfr.　　*Leguminosae*

**1+** Blü. radiär

　**8a** Krb. 2　　　　　　　　　　　　　　　　　　　*Onagraceae (Circaea)*

　**8b** Krb. über 10

　　**9.** B. fleischig　　　　　　　　　　　　　　　　　*Aizoaceae*

　　**9+** B. nicht fleischig, bisw. einen 3-zlgen Quirl bildend　　*Ranunculaceae (Anemone s.l.)*

　**8c** Krb. 4 (Einzelne Blü. bisw. 5-zlg)

　　**10.** Frkn. dtl. unterständig, 4-zlg. Blü. gelb oder rot. B.rand meist (seicht) gezähnt. Fr. eine langgezogene („schotenähnliche") Kapsel　　*Onagraceae*

　　**10.** Frkn. oberständig

　　　**11.** B. gegenständig. Blü. meist weiß

　　　**12.** B. gefiedert. Nur mit Krb. Blü. >2 cm DM　　*Ranunculaceae (Clematis)*

　　　**12+** B. ungeteilt. Meist auch Kb. vorhanden. Blü. kleiner

　　　　**13.** Kb. dtl. 2-3-zähnig. Krb. 1 mm. Staubb. und Gr. stets 4　　*Linaceae (Radiola)*

　　　　**13+** Kb. nicht 2-3-zähnig. Krb. meist größer　　*Caryophyllaceae*

　　　**11+** B. wechselständig. Stets auch Kb. vorhanden, diese aber bisw. früh abfallend (dann aber B. meist nicht gefiedert oder Blü. nicht weiß)

　　　　**14.** Staubb. zahlreich. Blü. einzeln oder in Dolden

　　　　**15.** B. >2x so lg wie br. Blü. rot oder gelb, slt. weißl.　　*Papaveraceae*

　　　　**15+** B. ganzrandig, 1-2x so lg wie br. Blü. weißl.(-rosa).　　*Capparidaceae*

　　　　**14+** Staubb. bis 10

　　　　**16.** Staubb. 6 (s. slt. weniger). Infl. eine Traube　　*Cruciferae*

　　　　**16+** Staubb. meist 10. Infl. rispig. Blü. stets gelb, die Endblü. meist 5-zlg. Pfl. mit aromatischem Geruch　　*Rutaceae (Ruta)*

　**8d** Krb. 5(-10)

　　**17.** B. ausgeprägt fleischig, im Querschnitt flach oder rundlich　　*Crassulaceae*

　　**17+** B. nicht fleischig, stets flach

　　　**18.** B. gegenständig, slt. ± quirlig

　　　**19.** Staubb. meist 6. B. bisw. ± quirlig.

　　　　**20.** K. mit Außenkelch, daher insges. >6-zlg　　*Lythraceae*

　　　　**20+** Ohne Außenk. Meist salzbeeinflusste Standorte　　*Frankeniaceae*

　　　**19+** Staubb. nicht 6

　　　　**21.** B. handförm. geteilt oder gefiedert, dann bisw. nur Endfieder vorhanden. Fr. lg geschnäbelt. Blü. meist ± rot, slt. bläulich　　*Geraniaceae*

　　　　**21+** B. ungeteilt, oft lanzettl.-linealisch

　　　　　**22.** Staubb. ∞

　　　　　**23.** Pfl. einj. oder holzig. Kb. unterschiedl. groß, z.T. hinfällig. Krb. gelb, ± rosa oder weiß. B. meist mit hinfälligen Stp.　　*Cistaceae*

　　　　　**23+** Pfl. mehrj., krautig. Kb. gleichgroß, oft drüsig gesägt. Krb. stets gelb. B. ohne Stp., oft durchscheinend gepunktet　　*Guttiferae*

　　　　　**22+** Staubb. meist 5 oder 10, slt. fehlend. Blü. nicht einheitl. gelb

**24.** Blü. klein, weiß, mit gelbem Grund. Staubb. 5          *Linaceae*

**24+** Blü. reinweiß oder andersfarbig. Krb. oft ausgerandet oder gezähnelt. Staubb. 0-10. B. basal bisw. kurz verwachsen          *Caryophyllaceae*

  **18+** B. wechselständig oder als grundständige Rosette

    **25.** Blü. weiß (slt. rötl.) oder gelb, in (Doppel-)Dolden. B. meist gefiedert oder handförm. geteilt. Staubb. 5. Frkn. unterständig, mit 2 Gr.          *Umbelliferae*

    **25+** Infl. anders u./od. Frkn. oberständig

      **26a** Staubb. 5

        **27.** Kb. frei. Kapselfr.          *Linaceae*

        **27+** Kb. zu einer persistierenden Röhre verwachsen          *Plumbaginaceae*

      **26b** Staubb. 6-12

        **28.** Blü. 6-zlg. Krb. purpurn. B. ungeteilt          *Lythraceae*

        **28+** Blü. 5-zlg

          **29a** B. 3-zlg gefingert, mit oder ohne Stp. Fiedern hfg ausgerandet          *Oxalidaceae*

          **29b** B. gefiedert oder handförm. geteilt (dann B.abschnitte meist gezähnelt), mit Stp.

            **30.** Fr. stachelig. Wuchs prostrat. Pfl. einj.          *Zygophyllaceae (Tribulus)*

            **30+** Fr. nicht stachelig          *Rosaceae*

          **29c** B. vorne (tief) eingeschnitten (dann Pfl. einj.) oder gekerbt (dann Pfl. mit Brutknöllchen zumind. an der Stg.basis), ohne Stp. Frkn. dtl. 2-zlg          *Saxifragaceae*

      **26c** Staubb. >12

        **31.** Staubb. zu einer Röhre verwachsen. Blü. mit Außenkelch, oft ± rötl.          *Malvaceae*

        **31+** Staubb. frei

          **32.** B. mit Stp. Bisw. mit Außenkelch, dann aber Blü. nicht rötl.          *Rosaceae*

          **32+** B. ohne Stp. Stets ohne Außenkelch

            **33.** B. ungeteilt bis gelappt          *Ranunculaceae*

            **33+** B. tief geteilt bis gefiedert, stets wechselständig

              **34a** Blü. >8 cm DM, rot          *Paeoniaceae*

              **34b** Krb. gefranst          *Resedaceae*

              **34c** Weder/noch          *Ranunculaceae*

## Gruppe III  −  Dikotyle mit verwachsener Krone

**1.** Pfl. windend oder rankend

  **2.** Pfl. mit Ranken          *Cucurbitaceae*

  **2+** Stg. windend

    **3a** B. wechselständig. Pfl. mit großen Trichterblü.          *Convolvulaceae*

    **3b** B. gegenständig. Pfl. mit Milchsaft          *Asclepiadaceae*

    **3c** B. (scheinbar) quirlständig, mit Haft-Häkchen          *Rubiaceae*

**1+** Pfl. weder windend noch rankend

  **4.** Blü. in kompakten Köpfchen, diese von einer gemeinsamen Hülle umgeben. Randblü. bisw. strahlend. Staubb. (4 oder) 5

    **5.** Frkn. oberständig. Blü. 5-zlg, blau oder rosa. Köpfchen einzeln, ohne auffällig strahlende Randblü. Pfl. mit Grundb.-Rosette

      **6.** Blü. blau, zygomorph. Stg. beblättert. Grundb. spatelig          *Globulariaceae*

      **6+** Blü. rosa, radiär. Stg. unbeblättert. Grundb. ± grasartig          *Plumbaginaceae (Armeria)*

    **5+** Frkn. unterständig. Blü. entweder nicht 5-zlg und zygomorph oder Randblü. auffällig strahlend oder B. gegenständig

**7.** Blü. 4- oder 5-zlg, ± (!) radiär, die äußeren aber oft strahlend und dann zygomorph. Unterhalb des häutigen oder borstenförm. K. noch eine weiterer meist schüsselförm. Außenkelch. 1 Narbe. B. stets gegenständig         **Dipsacaceae**

**7+** Blü. entweder alle 5-zipfelige Zungenblü. oder alle kleine 5-zipfelige Röhrenblü. oder zentrale Blü. röhrenförm. und die Randblü. zungenförm., dann aber nur mit bis zu 3 Zipfeln. Ohne Außenkelch. 2 Narben. B. meist wechselständig, wenn gegenständig, Blü. nicht blau         **Compositae**

**4+** Infl. anders. Wenn Blü. kopfig gedrängt, ohne gemeinsame Hülle od. Staubb. 10

  **8.** Blü. ± zygomorph

    **9.** Zumind. die B. unterhalb der Infl. gegenständig. Staubb. 2-4

      **10.** Frkn. durch ein eingerieftes Kreuz vierteilig (Klausenfrucht)

        **11.** Blü. nur wenig zygomorph, bis 4 mm, in ausgeprägt ähriger Infl. B. geruchlos, tief gelappt oder gefingert (dann Pfl. strauchig)         **Verbenaceae**

        **11+** Merkmale nicht in dieser Kombination         **Labiatae**

      **10+** Frkn. bisw. eingerieft, aber nicht vierteilig

        **12.** Fr. mit gefiedertem Pappus (dann Blü. ± rot und bisw. ausgesackt oder gespornt) oder Pfl. auffällig dichasial verzweigt (dann Blü. s. klein und Fr. oft mit häutigem Kelch). Staubb. 1 oder 3. Alle B. gegenständig         **Valerianaceae**

        **12+** Pfl. anders. Staubb. 2 oder 4. B. im Infl.-Bereich meist wechselständig

          **13.** Blü. mit Ober- und Unterlippe, bisw. fast radiär         **Scrophulariaceae**

          **13+** Blü. in zylindr. Ähren, groß (ca 4 cm), meist ± rosa, nur aus einer 3-zlgen Unterlippe bestehend, Oberlippe aber optisch durch die des zweilippigen K. ersetzt   **Acanthaceae**

  **9+** Alle B. wechselständig

    **14.** Blü.hülle einfach, unten bauchig erweitert         **Aristolochiaceae**

    **14+** Blü.hülle doppelt

      **15.** B. 3-zlg. Blü. in gedrängter, oft kopfiger Infl. Staubb. 10         **Leguminosae**

      **15+** B. nicht 3-zlg. Staubb. 2-5

        **16.** Frkn. durch ein eingerieftes Kreuz (zwei- bis) vierteilig (Klausenfr.). Pfl. stets borstig behaart. Stbb. 5. Blü. blau oder ± fleischfarben         **Boraginaceae**

        **16+** Frkn. nicht vierteilig

          **17.** Staubb. 5. Blü. nur schwach zygomorph, oft ± gelb, nie reinblau

            **18.** Filamente höchstens am Grund behaart. Blü. dunkel geadert oder gefleckt. Pfl. stinkend         **Solanaceae** (Hyoscyamus)

            **18+** Zumind. einige Filamente wollig behaart. Blü. nicht dunkel geadert. Pfl. nicht stinkend, >50 cm         **Scrophulariaceae** (Verbascum)

          **17+** Staubb. 2 oder 4. Kr. meist dtl. zygomorph u./od. ± blau         **Scrophulariaceae**

**8+** Blü. radiär

  **19a** B. in „Quirlen". Kr. 4-zlg         **Rubiaceae**

  **19b** B. gegenständig, mit oder ohne Grundb.rosette

    **20a** Blü.hülle einfach, trompetenförm., mit ca 3 cm lgem Tubus, meist kräftig gefärbt, an der Basis von einer auffälligen, kelchartigen Hochb.-Hülle umgeben. Fr. schwarz, rippigwarzig (verwilderte Zierpflanze)         **Nyctaginaceae**

    **20b** Im Zentrum der cremeweißen Blü. eine nach oben weisende Ausstülpung („Nebenkrone")         **Asclepiadaceae**

    **20c** Krb. blau, asymmetrisch         **Apocynaceae**

    **20d** Pfl. ohne diese Merkmale

      **21.** Staubb. zwischen den Krb.-Zipfeln. Kr. in der Knospe gedreht, 4-10-zlg, ± rot (weiße Mutanten mögl.) oder gelb         **Gentianaceae**

      **21+** Staubb. vor den Krb-Zipfeln. Kr. stets 5-zlg, oft nur ganz basal verwachsen, in der Knospe nicht gedreht         **Primulaceae**

**19c** B. wechselständig oder nur Grundb.-Rosette vorhanden. Kr. stets 5-zlg

    **22.** Grundb. schildförm., fleischig             *Crassulaceae (Umbilicus)*

    **22+** Grundb. anders

      **23.** Frkn. unterständig

        **24.** Blü. getrenntgeschlechtl., hellgelb. Borstige, niederliegende Pfl.

                                            *Cucurbitaceae (Ecballium)*

        **24+** Blü. zwittrig, fast immer blau            *Campanulaceae*

      **23+** Frkn. oberständig

        **25.** Frkn. (tief) 4-teilig (slt. 2-3-teilig)       *Boraginaceae*

        **25+** Frkn. nicht 4-teilig

          **26.** Staubb. vor den Krb.-Zipfeln stehend. Frkn. 5-zlg

            **27.** Blü. vereinzelt                      *Primulaceae*

            **27+** Blü. gebüschelt, Blü.büschel aber bisw. in lockerer Infl. K. persistierend

                                            *Plumbaginaceae*

          **26+** Staubb. mit den Kr.zipfeln alternierend. Frkn. 2-zlg

            **28.** Narbe kopfig                      *Solanaceae*

            **28+** Narben 2                       *Convolvulaceae*

## Gruppe IV – Monokotyle

**1.** Pfl. windend oder kletternd. B. ± herzförm.

  **2.** Pfl. mit Dornen                     *Liliaceae (Smilax)*

  **2+** Pfl. ohne Dornen                  *Dioscoreaceae*

**1+** Pfl. weder windend noch kletternd

  **3.** Blü. sehr klein, getrenntgeschlechtl., in ausgeprägten Kolben

    **4.** Kolben von einem auffälligen Hochb. eingehüllt. B. netznervig     *Araceae*

    **4+** Kolben ohne Hochb. B. schmal, parallelrandig     *Typhaceae*

  **3+** Pfl. anders

    **5.** Per.b. weiß oder anders gefärbt, meist >4 mm lg

      **6.** Frkn. oberständig                     *Liliaceae*

      **6+** Frkn. unterständig

        **7a** Staubb. 1, mit der Narbe verwachsen. Blü. zygomorph, das nach unten weisende Per.b.
        ("Lippe") meist auffällig anders gestaltet            *Orchidaceae*

        **7b** Staubb. 3. Blü. radiär oder zygomorph (dann meist ± rosa)     *Iridaceae*

        **7c** Staubb. 6. Blü. radiär                *Amaryllidaceae*

    **5+** Per. unscheinbar (klein u./od. grünl. oder bräunl.), oft aus Spelzen bestehend oder nicht erkennbar

      **8.** Per. dtl. 6-zlg. Auch Staubb. (meist) 6.

        **9.** B. scheinbar nadelartig oder Blü. scheinbar auf der B.fläche inseriert     *Liliaceae*

        **9+** Pfl. binsen- oder grasartig, in diesem Fall aber B. in 3 Längszeilen am Stg. stehend und
        basal meist lg bewimpert                     *Juncaceae*

      **8+** Kein dtl. erkennbares Per. vorhanden. Staubb. meist 3 (oder Blü. eingeschlechtlich). B.
      stets grasartig, zumind. die unteren meist mit wohlentwickelter Scheide

        **10.** Stg. ("Halm") im Querschnitt rund (dann aber nicht binsenförm.) oder oval, nie 3-eckig.
        B. zumind. anfangs in 2 Längszeilen inseriert (später oft nicht mehr erkennbar). Am oberen
        Ende der Scheide meist ein häutiger Saum oder Haarkranz (Ligula). Narben 2 *Gramineae*

        **10+** Halm ± 3-eckig, seltener rund oder binsenartig. B. in 3 Längszeilen oder Halm ± blatt-
        los. Ligula fehlend oder nur angedeutet. Narben 2 oder 3 oder Blü. getrenntgeschlechtl.

                                                  *Cyperaceae*

## Gruppe V – Pfl. ohne erkennbares Chlorophyll

**1.** Pfl. windend. Blü. klein, in dichten Knäueln          *Convolvulaceae (Cuscuta)*

**1+** Pfl. nicht windend

  **2.** Blü. radiär, 4-zlg (zumind. die seitenständigen)

    **3.** Per. einkreisig, meist lebhaft gelbl. oder rötl., ca 4 mm. Obere (innere) Blü. einer Infl. staminat, untere karpellat. Pfl. bis 10 cm. Auf *Cistus* parasitierend      *Rafflesiaceae*

    **3+** Per. zweikreisig. Krb. bleich, 7-12 mm, basal ausgesackt. Pfl. >10 cm, zur Blü.zeit mit zurückgekrümmtem Infl.-Schaft. In Gehölzen      *Pyrolaceae*

  **2+** Blü. zygomorph, zweikreisig, nicht 4-zlg

    **4.** Kr. 5-zlg, verwachsen      *Orobanchaceae*

    **4+** Perigon 2x3-zlg, Kr. frei, das nach unten weisende Krb. als „Lippe" ausgebildet (vgl. **IV 7a**)      *Orchidaceae*

# GEHÖLZE

*Spr.grd:*   (Spreitengrund): Unterkante Spreite (basale Spreitengrenze)

*Nektarien:* Knötchenartige „Drüsen" am oberen Ende d. B.stiels *(Salicaceae, Prunus)* od. an den Sägezähnen des B.randes *(Salix, Rosaceae)*

s. *Taxon:* Verweis auf Schlüssel des betreffenden Taxons, dort weitere Bestimmung möglich

vgl. *Taxon:* Die Art/Gattung wird im Gehölze-Schlüssel auch an anderer Stelle aufgeführt; vgl. auch dort

*(Familie:)*   Hinweis auf Familienzugehörigkeit; vgl. gegebenenfalls den entsprechenden Schlüssel für weitere Merkmale, ergänzende Angaben usw.

Der Schlüssel verwendet vorwiegend vegetative Merkmale, generative Merkmale sind nur als Ergänzung beigegeben. Blühende Halb- und Zwergsträucher lassen sich meist auch (und oft besser) nach dem einführenden Familienschlüssel bzw. den betr. Gattungsschlüsseln bestimmen. Im Gattungsschlüssel finden sich bisw. auch ergänzende Angaben zu den Taxa

**Lit.:** GOETZ, E.: Die Gehölze der Mittelmeerländer. - Stuttgart (1975)

## Gruppenschlüssel

**1a** B. nadel- oder schuppenförmig und dann Zweige ± bedeckend                    **Gruppe I**

**1b** B. (an Größe u./od. Zahl) stark reduziert bis fehlend. Pfl. ± nur mit ihren grünen Sprossen assimilierend (Rutensträucher)                    **Gruppe II**

**1c** B. gefiedert oder doch bis zur Rhachis fiederteilig                    **Gruppe III**

**1d** B. ungeteilt, gelappt oder fiederschnittig (d.h. *nicht* bis zu einer Rhachis geteilt)

  **2.** B. gegen- oder quirlständig

    **3a** B. ganzrandig                    **Gruppe IV**

    **3b** B. gezähnt oder gekerbt                    **Gruppe V**

    **3c** B. tiefgelappt, handnervig

      **4.** Liane mit rau-stacheligem Spross. Stp. der gegenüberstehenden B. zumind. basal verwachsen *(Cannabaceae)*                    ***Humulus lupulus***

      **4+** (Strauch oder) Baum                    s. ***Aceraceae (Acer)***

  **2+** B. wechselständig

    **5.** Pfl. mit Wurzeln kletternd (slt. im Schatten nur am Boden kriechend). B. immergrün, zunächst 5-lappig, bei blühenden Pfl. ungelappt. Blü. klein, in Dolden. Fr. beerenartig, blauschwarz *(Araliaceae)*                    ***Hedera helix***

    **5+** Pfl. anders

      **6.** B. ganzrandig                    **Gruppe VI**

      **6+** B. gezähnt, gekerbt od. gelappt                    **Gruppe VII**

## Gruppe I – Blätter nadel- oder schuppenförmig

**1.** „B." scheinbar in wechselständigen „B."büscheln (in Wirklichkeit b.artigen Sprossbüscheln), stachelspitzig. Pfl. windend. Stg. fein gerillt und behaart *(Liliaceae)*                    ***Asparagus acutifolius***

**1+** Echte Nadel- oder Schuppenb. Nadeln bisw. gebüschelt, aber Pfl. nicht windend

  **2.** B. schuppenförmig, oft stumpf, den Zweigen ± anliegend

    **3.** B. gegenständig. Blü. ohne Kr. Zapfenfr. Pfl. harzig-aromatisch *(Gymnospermae)*

      **4.** ± Kugeliger Beerenzapfen, bis 1,5 cm DM. ± Strauch                    ***Juniperus phoenicea***

      **4+** Länglicher, über 2 cm lger holziger Zapfen. ± Baum (g)                    ***Cupressus sempervirens***

    **3+** B. wechselständig. Kr. 4-5-zlg. Pfl. nicht aromatisch riechend

      **5.** B. -2(,5) mm lg. Endzweige oft nur 1 mm dick. Blü. rosa                    s. ***Tamaricaceae (Tamarix)***

      **5+** B. 3-8 mm lg. Endzweige dicker. Blü. gelb. B. nach oben eingerollt, wie die jungen Triebe weißfilzig *(Thymelaeaceae)*                    ***Thymelaea hirsuta***

  **2+** B. nadelförmig

**6a** Nadeln zu 10-50 an Kurztrieben gebüschelt

**7.** Baum (g) vgl. Or.-Lit. *Larix* oder *Cedrus*

**7+** Strauch bis 50 cm. Zweige dicht behaart. Nadeln 4-6 mm vgl. **12+**
*Camphorosma monspeliaca*

**6b** Nadeln zu 3 (g) ***Pinus canariensis***

**6c** Nadeln zu 2 s. *Gymnospermae (Pinus)*

**6d** Nadeln einzeln (bei **12+** an Kurztrieben auch büschelig gehäuft)

**8a.** Nadeln wechselständig

**9.** B. sukkulent; Pfl. -60 cm hoch. Halophyt *(Chenopodiaceae)* ***Suaeda vera***

**9+** B. nicht sukkulent

**10.** B. einer Tannennadel ähnlich, mit glattem Rand. Meist baumförmig und >1 m hoch. In Wäldern *(Gymnospermae)*

**11.** Nadeln mit einem scheibenförmigen B.kissen ansitzend, vorne gerundet. Unterseits mit Wachsstreifen. Fr. in Zapfen (g) ***Abies***

**11+** Nadeln mit Stachelspitzchen, ohne Wachsstreifen. Fr. rot, beerenartig. Oft mehrstämmig ***Taxus baccata***

**10+** B. zumind am Rand feinborstig-rau. (Zwerg-) Sträucher bis ca 50 cm Höhe. Offene Standorte

**12.** B. 6-13 mm lg, ± parallelrandig. Pfl. ± locker behaart, oft drüsig. Xerische Standorte s. *Cistaceae (Fumana)*

**12+** B. 4-6 mm lg, 3-eckig-pfriemlich, an seitlichen Kurztrieben büschelig gehäuft. Stg. weißl. oder grau behaart. Pfl. nach Kampfer riechend. In Meeresnähe *(Chenopodiaceae)* ***Camphorosma monspeliaca***

**8b.** Nadeln gegenständig (wenn scheinbar in polymeren „Büscheln", Gegenständigkeit an der Anordnung der Seitenzweige erkennbar).

**13.** Pfl. (beim Zerreiben) gewürzhaft riechend. 4-teilige Klausenfrüchte *(Labiatae)*

**14.** B. 15-30x2-3 mm, unterseits weißfilzig. Pfl. 30 bis >100 cm ***Rosmarinus officinalis***

**14+** B. <2 mm br. und nur bis 12 mm lg, bes. trocken mit dtl. Drüsenpunkten, unterseits nicht weißfilzig. Pfl. 30-60 cm ***Thymus capitatus***

**13+** B. nicht gewürzhaft riechend. Kapselfrüchte

**15.** Pfl. 10-30 cm; B. <10 mm lg. Halbstrauch

**16.** B. drüsig, mit Stp., diese scheinbar büschelförm. angeordnet und etwa halb so lg wie die oberseits meist rauer Spr. *(Cistaceae)* ***Fumana thymifolia***

**16+** B. drüsenlos, ohne Stp., aber meist ebenfalls büschelig, zylindrisch, meist mit weißlichen Inkrustationen. Halophil s. *Frankeniaceae*

**15+** >30 cm hoher Strauch. B. 12-17 mm lg *(Cistaceae)* ***Cistus clusii***

**8c.** B. in 3-4-zähligen Wirteln

**17.** Nadeln oberseits mit 2 hellen Wachsstreifen, im Querschnitt flach oder rinnig. Pfl. harzig *(Gymnospermae)* ***Juniperus oxycedrus***

**17+** Rollblätter ohne Wachsstreifen, kurz gestielt s. *Ericaceae (Erica)*

## Gruppe II – Rutensträucher

**1.** Pfl. schachtelhalmartig gegliedert. Blü. s. unscheinbar

**2.** Glieder bis 1 cm. B. d. Achse angepresst. Zumind. junge Triebe fleischig. Halophyt s. *Chenopodiaceae*

**2+** Glieder lger. Pfl. strauchig, nicht an der Küste s. *Gymnospermae (Ephedra)*

**1+** Pfl. nicht so gegliedert; Blü. gelb (außer **7.** *Leguminosae*)

**3.** Pfl. mit kräftigen Sprossdornen

  **4.** Sprossdornen in den Achseln von B.dornen entspringend (B.narben daher fehlend)
                                                    *Ulex europaeus*

  **4+** Sprossdornen in den Achseln hinfälliger 3-zähliger B. entspringend, also zumind. B.narben
  vorhanden vgl. **III 10.**                                                  *Calicotome*

**3+** Pfl. ohne eigentliche Sprossdornen, Sprossenden aber bisw. zugespitzt

  **5.** (Frische) Zweige glatt, höchstens fein gerillt, ± binsenähnlich

    **6.** Zweige ± alle aufrecht, mit sehr lgen, markgefüllten Internodien. Blü. in endständ. Trauben; lge Hülsen. 50-200 cm                          *Spartium junceum*

    **6+** Infl. eine gestielte Dolde; Gliederhülse. 30-80 cm        *Coronilla juncea*

  **5+** Zweige kantig oder dtl. gefurcht

    **7.** Stg. auch in den Furchen kahl. B. stets einfach, ledrig, kahl, im Sommer oft abgefallen. Blü. radiär, 3-zlg, 1-2 mm DM. Rote Steinfr. (*Santalaceae*)        *Osyris alba*

    **7+** Meist untere B. 3-, obere 1-zählig, behaart. Blü. zygomorph, Hülsenfrucht

      **8.** Stg. behaart, <50 cm hoch. Fr. ± gleichmäßig behaart      *Cytisus decumbens*

      **8+** Stg. höchstens in den Furchen behaart, meist >100 cm hoch. Gr. auffällig lg, eingerollt. Fr. nur an den Nähten lg behaart        *Cytisus scoparius*

## Gruppe III – Fiederblätter

**1.** B. fiederschnittig, mit 4 Reihen eingerollter schuppiger Zipfel, weißfilzig behaart. 20-40 cm (*Compositae*)                              *Santolina chamaecyparissus*

**1+** B. nicht so

  **2.** B. gegenständig

    **3.** B. 5(-7)-zlg gefingert, gestielt (*Verbenaceae*)        *Vitex agnus-castus*

    **3+** B. gefiedert s.str., d.h. mit Rhachis

      **4.** B. doppelt gefiedert; Pfl. rankend      s. *Ranunculaceae (Clematis)*

      **4+** B. einf. gefiedert

        **5.** Pfl. mit Rhachisranken. Basale Fiedern meist unregelmäßig tief eingeschnitten (*Ranunculaceae*)                        *Clematis vitalba*

        **5+** Pfl. niemals rankend. Fiedern ± regelmäßig gesägt

          **6a** B. stets 5-zlg. Stipellen vorhanden (d.h. jede Fieder mit „eigenen Stipeln"). Mark in den Zweigen nicht auffällig. Infl. eine hängende Traube. Fr. eine aufgeblasene, zuletzt 3-4 cm lge Kapsel. Strauch (*Staphyleaceae*)        *Staphylea pinnata*

          **6b** B. 5(-9)-zlg. Stipellen fehlend. Fiedern bisw. mit asymmetrischem Grund. Knospen ± hell. Mark auffällig, weiß oder gelbbraun. Pfl. beim Zerreiben unangenehm riechend. Infl. rispig bis scheindoldig. Kleine Steinfrüchte      s. *Caprifoliaceae (Sambucus)*

          **6c** B. (5-)7-11-zlg. Stipellen fehlend. Knospen grünl., dunkelbraun oder schwarz. Mark nicht auffällig. Infl. rispig. Flügelnüsse      s. *Oleaceae (Fraxinus)*

  **2+** B. wechselständig

    **7a** B. 5-7-zlg handförmig gefiedert, d.h. ohne Rhachis; Halbstrauch (*Leguminosae*)
                                *Dorycnium pentaphyllum*

    **7b** B. 5-zlg, basales Fiederpaar sitzend; Rhachis ein gestieltes 3-zlges B. mit wohlentwickelten Stp. vortäuschend (*Leguminosae*)        *Dorycnium hirsutum*

    **7c** (vgl. noch **7d**) B. 3-zlg (bei **14a** *Pistacia vera* auch 1- od. 5-zlg); Stp., wenn vorhanden, dtl. von den Fiedern unterschieden (außer **14a** *Leguminosae*)

      **8.** B.rand gezähnelt, Nerven in die Zähne verlaufend. Pfl. ± drüsig, slt. >50 cm
                                    s. *Leguminosae (Ononis)*

**8+** Fiedern ganzrandig oder nur fein gesägt, dann Nerven nicht in die Zähne verlaufend. B. nicht drüsig, aber meist unterseits behaart

  **9.** Pfl. mit kräftigen Dornen.

    **10.** Zweige dtl. gerillt. K. kurz, gerade abgeschnitten. Meist hoher Strauch

                                s. *Leguminosae* (*Calicotome*)

    **10+** Zweige rund. K. lgröhrig. Zwergstrauch              **Cytisus spinescens**

  **9+** Pfl. dornenlos.

    **11.** Zweige ± drehrund; zumind. jge Zweige (meist) dtl. behaart

      **12.** Stp. bleibend, dtl.

        **13.** Stp. basal verwachsen, dem B. ± gegenüberstehend. B. stiel 4-8 cm, Fieder 3-7x1-3 cm. Pfl. stinkend. II-IV                             **Anagyris foetida**

        **13+** Stp. frei, seitl. ansitzend. B.stiel 1-2 cm lg, Fiedern 9-15x3-4 mm, unterseits silbrig behaart. V-VI                                **Argyrolobium zanonii**

      **12+** Stp. undeutl. oder (scheinbar) fehlend

        **14a** Meist kleiner (Nutz-)Baum von 2-5 m Höhe. B. (1-)3(-5)-zlg. Fiedern meist ca 4x2 cm, jung wie der B.stiel behaart. Steinfr. (g) *(Anacardiaceae)*    **Pistacia vera**

        **14b** Strauch >1 m; Fiedern meist über 4 cm lg, stumpf, stachelspitzig, in oder unterhalb der Mitte am breitesten. Infl. eine hängende Traube    **Laburnum anagyroides**

        **14c** Strauch 30-60 cm hoch. Fiedern kleiner, über der Mitte am breitesten

          **15.** Fiedern unterseits anliegend kurz behaart, vorne zugespitzt. Endfieder 20-24x7 mm. B. beim Trocknen schwarz werdend            **Cytisus nigricans**

          **15+** Junge B. unterseits wie die Triebe wollig (Lge der Haare am Spross ca 3 mm). Endfieder 25-30x13-16 mm                  **Cytisus hirsutus**

          vgl. auch **17+** *Cytisus villosus*

  **11+** Zweige gefurcht. Stp. undeutl. od. (scheinbar) fehlend

    **16.** B. bleibend. Jge Zweige behaart. Infl. eine endständige Traube. Fr. weichwollig

      **17.** Stp. undeutl., aber vorhanden. Jge Zweige mit meist 6-7 T-förm. Rippen, dunkel fein behaart. Fiedern annähernd gleich groß        **Teline monspessulana**

      **17+** Stp. völlig fehlend. Jge Zweige 5-kantig, bisw. fast zylindrisch, weiß-seidig behaart. Endfieder bis 24x10 mm, dtl. größer als Seitenfiedern    **Cytisus villosus**

    **16+** B. bald abfallend, d.h. zuletzt grüner Rutenstrauch. Blü. seitl. zu 1-3 mit auffällig lgem, eingerolltem Gr. Fr. nur auf den Nähten behaart vgl. **II 8+**    *Cytisus scoparius*

**7d** B. gefiedert, mit mind. 5 Fiedern und dtl. Rhachis, oder doch bis zu dieser fiederschnittig

  **18.** B. nicht eigentl. gefiedert, d.h. „Fiedern" nicht getrennt abfallend und zumind. mit br. Grund sitzend. Pfl. aromatisch riechend, ± halbstrauchig, bis 150 cm hoch

    **19a** B. seidig grau behaart, mit linealischen Zipfeln *(Compositae)* **Artemisia arborescens**

    **19b** B. ± kahl, ohne Stp., ± doppelt fiederschnittig. B.abschnitte längl.    s. *Rutaceae* (*Ruta*)

    **19c** B. ± kahl, mit linearen Stp., nur die größeren doppelt fiederschnittig. B.abschnitte lanzettlich-linealisch. Pfl. meist nur basal verholzt *(Zygophyllaceae)*    **Peganum hamala**

    **19d** Geruchlose sukkulente Pfl. der Strandfelsen vgl. auch *(Umbelliferae)*

                                       *Crithmum maritimum*

  **18+** B. aus einzelnen abgegliederten Fiedern zusammengesetzt

    **20.** B. doppelt gefiedert. Ziergehölze (g)

      **21.** Unpaarig gefiedert. Fiedern ± oval, gesägt, über 2 cm lg. Blü. violett, gelbe Steinfr. von 6-12 mm DM *(Meliaceae)*                  **Melia azedarach**

      **21+** Paarig gefiedert. Fiedern ganzrandig, oft linealisch, -1cm lg. Blü. (meist) gelb, in kleinen Köpfchen, mit auffälligen Staubb. Hülsen („Mimosen")    s. *Leguminosae* (*Acacia*)

    **20+** B. einfach gefiedert

      **22.** B. meist paarig gefiedert (vgl. aber **23.**!). Fiedern derb-ledrig

**23.** Fiedern länglich, oft nicht genau gegenständig und dann eine Endfieder vortäuschend. Rhachis geflügelt. Meist strauchförmig *(Anacardiaceae)*    ***Pistacia lentiscus***

**23+** Fiedern in dtl. Jochen angeordnet, rundl.-oval, oberseits stark glänzend. Große Hülsen. Baum, meist (g) *(Leguminosae)*    ***Ceratonia siliqua***

**22+** B. unpaarig gefiedert

   **24.** Fiedern gesägt oder gezähnt (bei **25.** *Ailanthus* bisw. nur 1 Zahn)

     **25.** Fiedern mit 1-wenigen Zähnen. B. insges. s. groß (bis >50 cm); (g), auf ruderalen Flächen aber gerne verwildernd *(Simaroubaceae)*    ***Ailanthus altissima***

     **25+** Fiedern gesägt

       **26.** Pfl. unbewehrt. Stp. fehlend oder früh abfallend.

         **27.** Fiedern grob gesägt, in jeden Zahn 1 Nerv laufend. Rhachis geflügelt. ± Immergrün. Jge Triebe rau behaart *(Anacardiaceae)*    ***Rhus coriaria***

         **27+** Rhachis nicht geflügelt. Sommergrün    **s. *Rosaceae (Sorbus)***

       **26+** Pfl. mit Stacheln. Stp. mit dem B.stiel ± verwachsen, bleibend
                                                           **s. *Rosaceae (Rosa)***

  **24+** Fiedern völlig ganzrandig

   **28.** Mit Stipulardornen. B. dtl. sommergrün. Fr. (Hülsen) lge am Baum bleibend *(Leguminosae)*    ***Robinia pseudacacia***

   **28+** Ohne Stipulardornen

     **29.** Fiedern zu 3-9, >2 cm lg, etwas ledrig    **s. *Anacardiaceae (Pistacia)***

     **29+** Fiedern kleiner u./od. zahlreicher *(Leguminosae)*

       **30.** B. stark behaart

         **31.** Fiedern mind. 13, grau-silbrig. In Strandnähe    ***Anthyllis barba-jovis***

         **31+** Fiedern 5, das basale Joch sitzend und Stp. vortäuschend. Rhachis verkürzt. Pfl. zottig vgl. **7b**    ***Dorycnium hirsutum***

       **30+** B. kahl bis spärl. behaart

         **32a** Infl. eine 4-8-blü. Traube. Fiedern zu 9-13, unter oder in der Mitte am breitesten, 17-20x10-15 mm. Hülsen aufgeblasen    ***Colutea arborescens***

         **32b** Infl. eine 3-12-blü. Dolde. Fiedern zu 3-15, über d. Mitte am breitesten, meist etwas kleiner. Gliederhülsen    **s. *Leguminosae***

         **32c** Infl. eine ∞-blü. ährenartige Traube. Fiedern zu 13-17. Fr. 1-samig, wie meist auch der K. drüsig (g)    ***Amorpha fruticosa***

## Gruppe IV – Blätter gegen- oder quirlständig, ganzrandig

**1.** B. nur z.T. gegenständig, teilweise auch wechselständig, sommergrün, ca 4-6x1 cm, im vordersten Drittel am breitesten. Bisw. manche Zweige dornenartig auslaufend. Kr. ± 6-zählig, rot. Fr. apfelähnl. Strauch od. kleiner Baum (g) *(Lythraceae)*    ***Punica granatum***

**1+** Alle B. gegen- bzw. quirlständig. Außer **9a** *Olea europaea* (mit unterseits silbrigen B.) stets ohne Sprossdornen

   **2.** Auf Eichen sitzender Halbschmarotzer. Blü. gelbl., Beere gelb, mit klebrigem Saft *(Loranthaceae)*    ***Loranthus europaeus***

   **2+** Pfl. im Boden wurzelnd

     **3.** Zumind. jge Triebe windend oder klimmend

       **4.** B. (scheinbar) quirlig, wie die Stg. mit Haft-Häkchen *(Rubiaceae)*    ***Rubia peregrina***

       **4+** B.wirtel 2(-3)-zlg. Ohne Haft-Häkchen

         **5.** Pfl. mit Milchsaft *(Asclepiadaceae)*

           **6.** B. handnervig, mit herzförm. Grund    ***Cynanchum acutum***

           **6+** B. fiedernervig, Spr.grd gestutzt bis gerundet    ***Periploca graeca***

**5+** Pfl. ohne Milchsaft                                                    s. *Caprifoliaceae (Lonicera)*

**3+** Aufrechter Strauch (slt. kleiner Baum)

**7a** Ältere Zweige mit Korkleisten vgl. **V 1.**                            *Euonymus europaeus*

**7b** B. sommergrün, 2-10 mm gestielt. Spr. ellipt.(-zugespitzt), ca 5-8x2-5 cm, zumind. unterseits stellenweise behaart

**8.** Spr. mit 3-4(-5) Paar dtl. bogenförm. Seitennerven, (unterseits) zstr. behaart. Ältere Zweige meist 2-4-kantig. Blü. radiär, 4-zlg, weiß oder gelb, in ± doldiger Infl.
                                                                             s. *Cornaceae (Cornus)*

**8+** Seitennerven nicht dtl. bogenförm. B. beiderseits weich behaart. Blü. zygomorph, ± weißl., zu 2 auf gemeinsamem Stiel                       s. *Caprifoliaceae (Lonicera)*

**7c** B. halbimmergrün, ca 2 mm lg gestielt, teilweise stumpf-oval (dann 1,5-2 cm lg), teilweise spitz-lanzettlich (10-25 mm br. und ca (2-)3x so lg), apikal oft mit kleinem Spitzchen, unterseits mit Drüsenpunkten. Blü. 4-zlg, weiß, in endständigen kleinen pyramidalen Rispen. Fr. schwarz *(Oleaceae)*                                          *Ligustrum vulgare*

**7d** B. immergrün, meist dtl. ledrig. Drüsenpunkte nur bei **11.** und **14+**

**9a** B. unterseits silbrig-schülfrig (außer bei Schattenformen), oberseits oliv, nicht auffällig dunkelgrün (in diesem Fall vgl. auch **19.**). Pfl. sonst kahl. Bisw. mit Sprossdornen (z.T. (g))
                                                                             s. *Oleaceae (Olea)*

**9b** B. (und meist auch jge Triebe) völlig kahl, Unterseite nicht silberschülfrig

**10.** Jge Zweige ± 2-4-kantig. Spr.grd stets keilförmig. Spr. 10-30x6-12 mm, Stiel höchstens 1 mm. B. beim Zerreiben oft ± aromatisch riechend

**11.** B. zugespitzt, 20-30 mm lg. Mittelnerv unterseits dtl. hervortretend. Spr. mit Drüsenpunkten. Blü. weiß, 5-zlg, einzeln od. gebüschelt. Fr. eine unterständige Beere. VI-VII *(Myrtaceae)*                                                    *Myrtus communis*

**11+** B. ± stumpf, 10-17 mm lg (slt. lger). Mittelnerv oberseits hervortretend. Blü. gelbl., meist 4-zlg, eingeschlechtlich. Fr. eine oberständige, 3-grifflige Kapsel. III-IV *(Buxaceae)*                                                      *Buxus sempervierens*

**10+** Jge Zweige rund oder undeutl. mehrkantig. B. nicht aromatisch riechend

**12.** B. mit keilförmigem Grund sitzend, mattgrau; in Strandnähe *(Chenopodiaceae)*
                                                                             *Atriplex portulacoides*

**12+** B. dtl. gestielt

**13.** Spr.grd gestutzt. B.stiel 2-4 mm. Pfl. niederliegend. Krb. blau, asymmetrisch *(Apocynaceae)*                                                              *Vinca minor*

**13+** Spr.grd keilförm. Höherer Strauch

**14.** B. 9-12x1,5-2 cm, 5-8 mm gestielt, oft zu dritt. Große, meist ± rötl., 5-zlge Blü. mit asymmetrischen Krb. Meist (g) *(Apocynaceae)*            *Nerium oleander*

**14+** B. (viel) kleiner, unterseits mit Drüsenpunkten, stets zu 2. Blü. 4-zlg *(Oleaceae)*
                                                                             *Phillyrea angustifolia*

**9c** B. (und meist auch jge Triebe) behaart oder bewimpert, unterseits auch weißfilzig, aber nicht schülfrig

**15.** B.rand fein bewimpert, Pfl. sonst kahl. Pfl. niederliegend. Krb. blau, asymmetrisch *(Apocynaceae)*                                                            *Vinca major*

**15+** B. und jge Triebe ± dtl. behaart

**16.** Stg. rund

**17.** B. über 4 cm lg, dtl. gestielt, oberseits kahl, auch unterseits oft nur am Spr.grd behaart, mit Haarbüschel-Domatien. Blü. weißl.(-rötl.), <1 cm DM. Infl. eine reichblütige Trugdolde. Beerenfr. *(Caprifoliaceae)*                          *Viburnum tinus*

**17+** B. anders, ohne Domatien, hfg etwas klebrig. Blü. zu 1-wenigen, meist >1 cm DM. Kapselfr.                                                           s. *Cistaceae*

**16+** Stg. vierkantig. 4-teilige Klausenfr. *(Labiatae)*

**18.** Strauch von 50-120 cm Höhe, im Mai meist schon verblüht. B. oberseits ± grün, unterseits weiß(-grau)filzig

**19.** Blü. ± b.achselständig, mit (incl. Zähnen) 8-10 mm lgem K. B. gestielt, ca 3-4x1 cm, oberseits auffällig dunkelgrün    ***Teucrium fruticans***

**19+** Blü. in 20-30-blü. Scheinquirlen. B. ca 6-9x2-3 cm, v.a. unterseits mit Sternhaaren    ***Phlomis***

**18+** Pfl. anders, meist kleiner    s. *Labiatae*

Nichtblühend kaum zu bestimmen; ggfs. greife man auf GÖTZ (S. 62 ff) zurück

## Gruppe V – Blätter gegenständig; Rand gezähnt, gesägt oder gekerbt

**1.** (Ältere) Zweige ± stumpf 4-kantig, mit Korkleisten. B. sommergrün. Spr. 45-70x23-35 mm, spitz. B.stiel 4-8 mm. Blü. 4-zlg. Fr. auffällig orange und rosa abgesetzt, „bischofsmützenförmig" *(Celastraceae)*    ***Euonymus europaeus***

**1+** Ohne auffällige Korkleisten. Fr. anders

**2.** Zweige rund. B. auch unterseits kahl. Strauch meist >1 m hoch. Blü. radiär, meist 4-zlg (auch 4- und 5-zlge Blü. am selben Strauch). Beeren oder Steinfr.

**3.** B. ohne Stp., immergrün, unterseits mit Drüsenpunkten, mit 4-12 Seitennervenpaaren, diese aber bisw. kaum zu erkennen    s. *Oleaceae (Phillyrea)*

**3+** B. mit Stp., ± sommergrün, mit 2-4 Nervenpaaren, höchstens doppelt so lg wie br.    s. *Rhamnaceae (Rhamnus)*

**2+** Zweige 4-kantig. Spr.grd gegenüberstehender B. durch eine Querlinie verbunden. Mit Lippenblü. bzw. 4-teiliger Klausenfr. *(Labiatae)*

**4.** B. außerhalb der Infl. dtl. gestielt. Pfl. meist >20 cm hoch

**5.** B. unterseits kahl. Pfl. oft zwischen dichtem Geäst anderer Sträucher emporklimmend, geruchlos. Blü. weiß, in Quirlen zu 1-4    ***Prasium majus***

**5+** B. dicht behaart, oft grau. Blü.quirle mehrzählig. Pfl. bisw. aromatisch riechend

**6.** Spr. 2-3x so lg wie br.

**7.** B. v.a. unterseits mit Sternhaaren, 6-9x2-3 cm vgl. **IV 19+**    *Phlomis*

**7+** B. mit einfachen (aber bisw. büschelig stehenden) Haaren dicht besetzt, oft zumind. einige mit basalen 1-2 abgesetzten Fiedern    s. *Labiatae (Salvia)*

**6+** Spr. 0,8-1,5x so lg wie br.

**8.** B.stiel -1cm. Spr. lger als br. Spr.grd gestutzt-keilförmig. B.rand regelmäßig gekerbt. K. 5-zähnig    ***Teucrium flavum***

**8+** Stiel 1-2 cm. Spr. bisw. breiter als lg, dann mit nierenförm. Spr.grd. Rand unregelmäßig gezähnt. K. 10-zähnig    ***Marrubium vulgare***

**4+** B. alle sitzend.

**9.** B. unterseits dicht filzig. Auch köpfchenartige Teilinfl. und Stg. weißgrau. Pfl. <20 cm hoch    ***Teucrium capitatum***

**9+** B. nicht weißl.-filzig, lineal, fiedrig gekerbt. Pfl. >30 cm    s. *Labiatae (Lavandula)*

## Gruppe VI – Blätter wechselständig, ganzrandig
Vgl. auch **IV 1.** *Punica granatum*

**1.** Pfl. mit auffälligen Merkmalen, nämlich:

**2a** Pfl. mit (reichl.) Milchsaft    s. *Euphorbiaceae*

**2b** B. unterseits mit silberschülfrigen Sternhaaren (g) *(Elaeagnaceae)*    ***Elaeagnus angustifolia***

**2c** Immergrüne rankende Pfl. B. stachelig, herzförm., bogennervig, an der Basis des B.stiels 2 kleine Ranken *(Liliaceae)*    ***Smilax aspera***

**2d** „B." eigentlich Flachsprosse (mit Blü. auf der „B.fläche"), sehr spitz, hart, dunkelgrün *(Liliaceae)*   *Ruscus aculeatus*

**2e** „B." eigentl. verbreiterte B.stiele (daher parallelnervig) (g) vgl. **20.**   *Acacia*

**1+** Pfl. ohne diese Merkmale

**3.** (Halb-)Strauch mit dtl. Spross- oder Stipulardornen

   **4.** B.stiel geflügelt (g)   s. *Rutaceae (Citrus)*

   **4+** B.stiel nicht geflügelt

     **5.** Pfl. mit (unverzweigten) Stipulardornen

      **6.** B. ca 2x so lg wie br., ganzrandig oder feingesägt, mit ±3 Hauptnerven. Blü. 5-zlg, gelb. Strauch von 1-4 m vgl. **VII 3+**   *Paliurus spina-christi*

      **6+** B. 0,6-1,5x so lg wie br. Blü. groß, 4-zlg, weiß oder ± rosa. Pfl. 30-80 cm hoch. Meist an Felsen und Mauern *(Capparidaceae)*   ***Capparis***

     **5+** Pfl. mit Sprossdornen

      **7.** Dornen verzweigt. Halbstrauch von 10-30(-50) cm Höhe. Blü. gelb *(Leguminosae)*   ***Genista sylvestris***

      **7+** Dornen unverzweigt. Strauch (meist) höher

       **8a.** Strauch bis 1 m hoch, Sprossdornen lg ausgezogen und blatttragend. B. immergrün, 1-4 cm lg, oblanzeolat (ca 3-4x so lg wie br.), mitunter mit 1-2 randlichen Zähnchen. Blü. klein, gelbl., 4-zlg. Gelbl. od. rötl. Steinfr. *(Rhamnaceae)*   ***Rhamnus lycoides***

       **8b.** Strauch meist >1 m, mit achselständigen Kurztriebdornen. B. ca 5-10x so lg wie br., basal verschmälert, aber nicht eigentlich gestielt, bisw. gebüschelt oder fast gegenständig. Blü. ± rötl.   s. *Solanaceae (Lycium)*

       **8c.** Strauch od. Baum. B. (2-)3x so lg wie br., zumind. jung unterseits behaart, ganzrandig oder ± gezähnt. Blü. weiß, Apfelfrucht von 1(-3) cm DM *(Rosaceae;* vgl. **VII 37+**)

        **9.** B. 3-7x1-3 cm, unterseits verkahlend bzw. mit abwischbarem Filz. Spr. meist ganzrandig, bisw. mit einzelnen Zähnchen   ***Pyrus spinosa***

        **9+** B. 6-12x2-4 cm, vor allem unterseits bleibend weich behaart. B. meist gezähnt, aber auch ganzrandig (mehrere B. prüfen!) vgl. **VII 38+**   *Mespilus germanica*

**3+** Pfl. ohne Dornen (aber B.rand bisw. stachelig)

  **10.** B. sukkulent, mit ± rundlichem Querschnitt. Halophyt

   **11.** B. meist 3-spitzig, >2 cm lg. Blü. gelb *(Compositae)*   ***Inula*** s.l. *(Limbarda crithmoides)*

   **11+** B. kleiner (8-15x1 mm), 1-spitzig. Blü. unscheinbar, in ähriger Infl. vgl. **I 9.**   *Suaeda vera*

  **10+** B. nicht sukkulent

   **12.** Jge Sprosse (hfg 3-)kantig gefurcht, gerillt oder geflügelt. Spr.grd meist keilförmig. Slt. >1 m hoch   s. *Leguminosae (Genisteae)*

Wenn Pfl. völlig kahl vgl. auch **II 7.**   *Osyris alba*

   **12+** Sprosse ± rund oder undeutl. stumpfkantig

    **13.** B. kahl (bei **19b** Domatien bewimpert)

     **14a.** B. grau, in den Stiel verschmälert, ei- bis rautenförmig, 2-7 cm lg, an der breitesten Stelle bisw. mit je 1 Zahn. Jge Zweige behaart, ältere grau-gelbl., lgsgestreift. Blü. unscheinbar. Fr. eine von 2 Vorb. eingehüllte Nuss. 0,5-2 m. Halophyt *(Chenopodiaceae)*   ***Atriplex halimus***

     **14b.** B. 4-6(-10)x2-4 mm, mit knorpeligem Rand und kurz gestielt. Stp. vorhanden, hfg bräunl. Blü. unscheinbar. 3-zlge Kapsel. 20-40 cm *(Euphorbiaceae)*   ***Andrachne telephioides***

     **14c.** Pfl. anders; B. >1 cm, grün. Blü. hfg ansehentlich

      **15.** B. gestielt

       **16.** B.stiel schmal geflügelt, von der Spr. durch eine Querlinie getrennt. B. von aromatischem Geruch. Oft mit Sprossdornen (g) vgl. **4.**   *Citrus*

       **16+** B.stiel ungeflügelt. Stets ohne Sprossdornen

**17.** Spr. kürzer bis kaum lger als br.

**18.** B. stiel >2 cm. Tiefrosa Schmetterlingsblü., Hülsenfr. Baum *(Leguminosae)*
***Cercis siliquastrum***

**18+** B.stiel <1cm. Bis 70 cm hoher Strauch vgl. **6+**        *Capparis*

**17+** Spr. mind. 1,5x so lg wie br., immergrün und ± ledrig

**19a** B. 2-3x so lg wie br., ± in der Mitte am breitesten, aromatisch riechend, unterseits in den Aderwinkeln meist mit Poren (= Domatien). B.rand oft gewellt *(Lauraceae)*
***Laurus nobilis***

**19b** B. 1,5-3x so lg wie br., nicht aromatisch riechend. Basale Domatien (bewimperte Grübchen) meist vorhanden. B.nerven dtl. bogenförmig. Mit hinfälligen Stp. vgl. **VII 19.**        *Rhamnus alaternus*

**19c** B. meist >3x so lg wie br., aromatisch riechend, oft etwas sichelförmig; breiteste Stelle nahe dem Spr.grd. Stets ohne Stp. und Domatien. Forstl. Nutzbaum
(g)        s. ***Myrtaceae*** *(Eucalyptus)*

**15+** B. sitzend (aber Spr.grd bisw. stark verschmälert)

**20.** „B." eigentl. blattartige B.stiele (Phyllodien), ± senkrecht stehend und mit völlig gleicher „Ober-" und „Unterseite", meist etwa 6-8x so lg wie br. Blü. (meist) in kl. gelben Köpfchen mit auffälligen Staubb. („Mimosen"). Hülsenfr. (g)
s. ***Leguminosae*** *(Acacia)*

**20+** B. waagrecht, mit dtl. unterscheidbarer Ober- und Unterseite. Blü. 4-zlg. Steinfr.
s. ***Thymelaeaceae*** *(Daphne)*

**13+** B. zumind. unterseits stellenweise behaart u./od. randl. bewimpert

**21.** B. mit Haarbüschel-Domatien, jg randl. bewimpert, sommergrün. Baum *(Fagaceae)*
***Fagus sylvatica***

**21+** B. ohne Domatien

**22.** B. oberseits kahl oder verkahlend (höchstens einige Haare bleibend), 3-9 cm lg. Blü. in Büscheln, Kätzchen oder ± vereinzelt

**23.** Strauch, 0,5-1,5 m hoch. B. etwa 10 mm br. u. 3-4x so lg, oblanzeolat, unterseits weißwollig, randl. zurückgerollt. Pfl. unregelmäßig dichotom verzweigt, mit ± endständigen Blütenbüscheln. Schon II-IV blühend, rötl. Steinfr. deshalb früh vorhanden *(Thymelaeaceae)*
***Daphne sericea***

**23+** Baum oder Strauch. B. ellipt. bis lanzeolat, meist >15 mm lg

**24.** B. ledrig, immergrün, unterseits (meist) mit Büschelhaaren. Zumind. einige B. mit Zähnchen am B.rand vgl. **VII 17.**        *Quercus ilex*
Die Art ist bezügl. Behaarung und randlicher Zähnung sehr polymorph

**24+** B. sommergrün *(Rosaceae)*

**25.** B. <2x so lg wie br.

**26.** Strauch. B. 3-5,5x2-4 cm, stumpf, höchstens mit einzelnen Kerben und 4-6 Paaren von Seitennerven. Stp. hinfällig. Fr. rot, 6-8 mm DM
***Cotoneaster tomentosus***

**26+** Baum. B. 5-9x3-5 cm, spitz, Seitennerven meist zahlreicher. Stp. bleibend, gesägt. Fr. apfelähnl. (nur (g)?)        ***Cydonia oblonga***

**25+** B. lanzeolat, >2x so lg wie br.

**27.** B. 6-12x2-4 cm, kaum gestielt, bleibend weich behaart vgl. **VII 38+**
*Mespilus germanica*

**27+** B. 3-7x1-2 cm, 1-2 cm gestielt, unterseits mit abwischbarem Filz, verkahlend vgl. **9.**        *Pyrus spinosa*

**22+** Halbstrauch, ± gänzl. grau oder weiß filzig behaart. Stets ohne Stp. Blü. in Köpfchen *(Helichrysum, Achillea, Phagnalon, Staehelina)*        s. ***Compositae***

## Gruppe VII – Blätter wechselständig; Rand gezähnt, gekerbt oder gelappt

**1.** Pfl. mit Dornen oder Stacheln

   **2a.** B. mit Stacheln und (v.a. unterseits) mit Sternhaaren. Blü. ± violett, Beere von 1-3 cm DM

                        s. *Solanaceae (Solanum)*

   **2b.** B. ± mit 3 Hauptnerven, 2-5x1-3 cm, mit (1-)2 Stipulardornen. (Jge) Sprosse meist zick-zackförmig *(Rhamnaceae)*

      **3.** Jge Zweige kahl. B. stets gesägt. Blü. weißl., Fr. olivenartig      ***Ziziphus zizyphus***

      **3+** Jge Zweige behaart. B. feingesägt bis ganzrandig. Blü. gelb, Fr. diskusförmig

                        ***Paliurus spina-christi***

   **2c.** Pfl. mit Sprossdornen oder Zweige doch dornig auslaufend. Stp. krautig, aber oft bald abfallend

      **4.** Unterer Teil des B. keilförmig in den Spr.grd verschmälert u./od. obere Hälfte tief geteilt. Stp. laubig entwickelt      s. ***Rosaceae (Crataegus)***

      **4+** Rand des basalen und des apikalen Teils des B. nicht auffällig unterschiedlich. B. niemals tief geteilt.

         **5.** B. <2 cm lg, meist nur s. kurz gestielt, bisw. z.T. gegenständig, gesägt bis ganzrandig. Blü. <1 cm DM      s. ***Rhamnaceae (Rhamnus)***

         **5+** B. 2 cm lg oder lger u./od. zumindest jg behaart. Blü. meist >1 cm DM *(Rosaceae)*

Viele der hier aufgeführten Rosaceen (Maloideen) lassen sich mittels vegetativer Merkmale nur schlecht verschlüsseln. Außerdem ist die Sprossdornenbildung bei einem Teil der hier genannten Arten eher fakultativ bzw. auf Einzelbelegen nicht zu erkennen; diese Taxa werden deshalb im Schlüsselsatz

         **1+** nochmals genannt

         **6.** Jge B. unterseits mit abwischbarem Filz, später ± verkahlend, 2-3x so lg wie br. Infl. schirmrispig

            **7.** Spr. 2-4x0,7-1,5 cm, Stiel 5-8 mm. Bedornung dtl. Fr. rot, 5 mm DM

                        ***Pyracantha coccinea***

            **7+** Spr. 3-7x1-3 cm, Stiel 10-20 mm. B.rand teilweise ganzrandig. Dornen oft nur schwach ausgebildet. Fr. ca 1 cm vgl. **VI 9.**      *Pyrus spinosa*

         **6+** Jge B. ohne abwischbarem Filz

            **8.** B. ca (1,5-)2-5x so lg wie br.

               **9a** B. 20-35x4-9 mm. Jge Zweige kahl. Fr. längl., 2-2,5 cm      ***Prunus webbii***

               **9b** B. 3-4x1,5-2 cm, mit schwach entwickelten Domatien (Hauptnerv vor allem basal behaart), 3-5 mm lg gestielt. Jge Zweige weich behaart. Steinfr. rund, 10-15 mm DM, blau bereift      ***Prunus spinosa***

               **9c** B. 6-10x2-4 cm. Junge Zweige ± dicht behaart, vorjährige ± kahl. Dornen spärlich, bisw. fehlend. B.zähnung mit rötl. Drüsen, nicht immer ausgebildet vgl. **38+**

                        *Mespilus germanica*

            **8+** B. ca 1-1,5x so lg wie br., ohne Domatien. Stiel 0,5-1,3x so lg wie d. Spr. Meist kleiner Baum, Dornen bisw. fehlend. Apfelfr. 1-3,5 cm DM      s. ***Rosaceae (Malus oder Pyrus)***

**1+** Pfl. unbewehrt, höchstens B.rand mit stechenden Zähnen

   **10.** B. handförmig gelappt mit fingerförm. Nervatur

      **11a** B. behaart, ohne Milchsaft. Hfg nur stark verholzte Stauden *(Malvaceae; vgl. dort)*

         **12.** B.lappen ganzrandig      ***Gossypium herbaceum***

         **12+** B.lappen gesägt      ***Malva***

      **11b** B. mit (wenig) Milchsaft, oberseits rau. Baum oder Strauch      s. ***Moraceae***

      **11c** B. unterseits weißfilzig, Zweige weißwollig. Baum vgl. **26.**      *Populus alba*

   **10+** B. fiedernervig; wenn ± bogennervig, dann nicht tief geteilt

      **13.** B. ± tief gelappt, stets mit (oft hinfälligen) Stp. B. hfg etwas ledrig, aber nicht immergrün

         **14.** Jederseits nur 2-4 ± spitze Lappen, auch Buchten dazwischen meist spitz *(Rosaceae)*

**15.** Spr.grd gestutzt. Lappen fein gesägt. B. >5 cm                    ***Sorbus torminalis***
**15+** Spr.grd keilig. Lappen mit einzelnen Zähnen. B. <5 cm vgl. **4.**          *Crataegus*
**14+** B.lappen >3, Buchten meist gerundet                         s. *Fagaceae (Quercus)*
**13+** B.rand gesägt oder gezähnt
**16.** B. immergrün, dtl. ledrig. B.zähnung bisw. stechend
**17.** Seitennerven direkt in die B.zähne verlaufend. B. unterseits mit Büschelhaaren, auch Stp. u. diesjährige Zweige ± dicht behaart. Eichelfr. *(Fagaceae)*          ***Quercus ilex***
Die Blattbehaarung ist bei Schattenformen hfg bis auf wenige Haare reduziert. Die B.zähnung kann (auch innerhalb eines Individuums) sehr unterschiedlich sein; vgl. auch **VI 24.**
**17+** B. unterseits kahl. B.nerven nicht direkt in die Zähne verlaufend. Beeren- oder Steinfr.
  **18.** B. jederseits mit 6-8 stacheligen Zähnen (diese bei alten Exemplaren auch fehlend), meist 5-7x3-4 cm, mit br. Stiel, glänzend-dunkelgrün. Nerven wenig hervortretend, aber B.rand oft etwas wulstig. Stp. fehlen. Rote Beeren *(Aquifoliaceae)*          ***Ilex aquifolium***
  **18+** B.(zähnung) anders
  **19.** Seitennerven dtl. bogenförmig, auch oberseits stark hervortretend. Domatien vorhanden. B.stiel -6 mm. Stp. hinfällig, aber Narben meist erkennbar. Reife Fr. fast schwarz *(Rhamnaceae)*          ***Rhamnus alaternus***
B.zähnung und -größe schwanken beträchtlich. Vgl. **VI 19b**
  **19+** Seitennerven zahlreich, wenig hervortretend. Domatien fehlend. B.stiel meist 5-10 mm lg. Zähnung stets relativ schwach. B. 8-15x2-4 cm, größte Breite hfg in der oberen Hälfte
    **20.** Stp.(-narben) fehlend. Jge Zweige drüsig. Fr. erdbeerähnlich. X-XI *(Ericaceae)*          ***Arbutus unedo***
    **20+** Stp. hinfällig, Narben aber meist sichtbar. Zweige kahl. Fr. 8-12 mm lg, schwarz, in aufrechten Trauben. IV-V *(Rosaceae)*          ***Prunus laurocerasus***
**16+** B. sommergrün, slt. etwas ledrig
  **21.** B. lanzettlich, groß (bis 20x8 cm!), unterseits verkahlend, scharf gesägt (B.zähne groß, grannenartig ausgezogen). (Zumind. teilweise (g)) *(Fagaceae)*          ***Castanea sativa***
  **21+** B. anders. >3 Zähne pro cm B.rand
    **22.** B. mit besonderen Merkmalen, nämlich:
      **23a.** Mit (wenig) Milchsaft. Spr.grd herzförm., mit ±3 Hauptnerven, ohne Drüsen (g) *(Moraceae)*          ***Morus nigra***
      **23b.** B.stiel (zumind. apikal) stark seitl. zusammengedrückt. B. 3-eckig-herzförm. oder rundl.; Spr.grd oft mit 1-2 Drüsen. Knospen harzreich. Vor dem Laubaustrieb blühend (hfg (g))          s. *Salicaceae (Populus)*
      **23c.** B. oval, am oberen Ende des B.stiels (meist zwei) drüsige Nektarien vgl. **30c**          *Prunus*
    **22+** B. ohne diese Merkmale
      **24.** B. unterseits silbrig-seidig oder ± weißfilzig, bisw. spät (!) verkahlend
      **25.** B. mind. 4x so lg wie br., unterseits (anfangs) anliegend seidig behaart, einfach gesägt. Blü. ± vor dem Laubaustrieb, zweihäusig, in Kätzchen (g?)          s. *Salicaceae (Salix)*
      **25+** B. höchst. 2x so lg wie br., unterseits weiß- bis graufilzig
        **26.** B. buchtig (am Kurztrieb) bis gelappt (am Langtrieb). Basale Seitennerven gefördert. B.stiel ca 2/5 d. Spr.lge. Jge Zweige dicht weißwollig. Blü. in Kätzchen (g?) *(Salicaceae)*          ***Populus alba***
        **26+** B. oval, 1-2-fach gesägt oder gekerbt. B.stiel meist kürzer *(Rosaceae)*
        **27.** B. 6-10 cm lg, 1-2-fach gesägt, Filz bleibend          s. *Rosaceae (Sorbus)*

**27+** B. 2-7 cm lg; weißer Filz von der B.unterseite abwischbar
vgl. **32.** *Amelanchier ovalis*
und **VI 9.** *Pyrus spinosa*
**24+** B. unterseits kahl bis dicht behaart, aber nicht bleibend filzig (vgl. **32.** und **38.**)
    **28.** B.rand einfach gesägt
      **29.** Spr.grd gerundet (slt. flach-keilig), gestutzt oder herzförmig
        **30a** Spr. kaum lger als br., mit ± gestutztem Grund. Ohne Domatien. B.stiel seitl. zusammengedrückt, ca so lg wie die Spr. oder dtl. lger *(Salicaceae)*    **Populus**
        **30b** Spr. kaum lger als br., meist dtl. herzförm. Mit dtl. Haarbüschel-Domatien. B.-stiel apikal ohne Nektarien. Stiel < Spr.
          **31.** Domatium gelbl., sich auffällig vom kahlen Blatt abhebend. Spr. 3-5 cm, 1-2 cm gestielt. Beim Trocknen sich schwärzend. Infl. kätzchenförmig, Fr.stand ein kl. Zapfen *(Betulaceae)* (g?)    **Alnus cordata**
          **31+** Domatium ± weißl. Spr. 4-12 cm lg, unterseits (zstr.) behaart. Stiel 3-5 cm. Jge Zweige meist behaart. Infl. 2-7-blü. mit Flügel am Infl.stiel *(Tiliaceae)*    **Tilia**
            Als (g) am Garg. mögl. ist auch *Tilia cordata* mit B. ähnl. **31.** und Infl. wie **31+**
        **30c** B. (1,5-)2(-3,5)x so lg wie br. Domatien meist vorhanden, aber nicht immer sehr dtl. B.stiel apikal meist mit ±2 Nektarien. Steinfr.    s. **Rosaceae** *(Prunus)*
        **30d** B. 1,3-2(,5)x so lg wie br., ohne Domatien und Nektarien. Spr.grd meist gestutzt bis breit-keilig. B.stiel nicht zusammengedrückt (vgl. auch oben **30a**)
      **32.** Unterseite jger B. mit abwischbarem Filz, später meist verkahlend. Strauch von 1-2 m. B. ca 25-35x15-25 mm, slt. größer. B.stiel etwa 1/4-1/3 so lg. *(Rosaceae)*    **Amelanchier ovalis**
      **32+** B. ohne abwischbarem Filz
        **33.** B. sehr variabel in Größe und Form, oval, mit etwas ausgezogener und oft gedrehter Spitze, unregelmäßig gezähnt, unterseits ± samtig behaart. Stp. wenig lger als br. oder auch fehlend. Adernetz oberseits vertieft, unterseits scharf hervortretend. Blü. in Kätzchen, zweihäusig *(Salicaceae)*    **Salix caprea**
        **33+** Stp. lanzettl. bis linear, aber früh abfallend. B. meist regelmäßig (bisw. drüsig) gesägt, ohne gedrehte Spitze. Blü. zwittrig, ± doldig angeordnet. Apfelfr. *(Rosaceae)*
          **34.** B. unterseits kahl od. höchstens auf den Nerven etwas behaart
            **35.** B. (meist) 4-7 cm lg und <1/2 so br., unterseits ± blaugrün, jederseits mit 4-9 B.nerven, von denen sich ein Teil apikal verzweigt. B.stiel 2-4 mm. Blü.stiele weißfilzig. Fr. ca 1 cm DM. Strauch von 0,5-1,5 m Höhe    **Sorbus chamaemespilus**
            **35+** B. ca 1-1,5x so lg wie br., ohne Domatien. Stiel 0,5-1,3x so lg wie d. Spr. Sprossdornen bisw. fehlend. Apfelfr. 1-3,5 cm DM. Meist kleiner Baum vgl. **8+**    *Rosaceae (Malus* oder *Pyrus)*
            Ähnl. verwilderte Obstbäume (vgl. **36./36+)**
          **34+** B. 4-7 cm lg, unterseits ± dauernd behaart (oft (g))
            **36.** B.stiel meist nur wenig kürzer als bis ebenso lg wie die 3-4 cm lge Spr. Spr.grd bisw. schwach herzförmig. Zähne an ausgewachsenen B. meist 0,2-0,5 mm lg (auch (g))    **Pyrus communis**
            **36+** B.stiel <3 cm, slt. bis 1/2 so lg wie die meist >4 cm lge Spr. Spr.grd höchstens gestutzt. Zähne meist 0,5 mm lg oder lger (auch (g))    **Malus domestica**
  **29+** Spr.grd dtl. keilförmig. Spr. ca 2-3x so lg wie br. B.stiel meist <1/3 Spr.lge
    **37.** 2 basalen Seitennerven gefördert (somit ±3 Hauptnerven vorhanden). Spr. ca 2x so lg wie br., meist mit lg ausgezogener Spitze, oberseits mit steifen Haaren,

unterseits graugrün-weichhaarig. Jge Zweige behaart. Weißl. Steinfr. von ca 1 cm DM *(Ulmaceae)*                                                                   ***Celtis australis***
**37+** Alle Seitennerven dtl. untergeordnet; Spr. (2-)3x so lg wie br. B.spitze nicht auffällig ausgezogen. Äste bisw. verdornt *(Rosaceae)*
    **38. B.** 3-7x1-3 cm, jg unterseits mit abwischbarem Filz, verkahlend, oft teilweise ganzrandig vgl. **VI 9.**                                              *Pyrus spinosa*
    **38+ B.** 6-12x2-4 cm, bleibend weich behaart, oft nur fein gesägt (mit drüsigen Zähnen) bis fast ganzrandig (z.T. (g)?)                    ***Mespilus germanica***
**28+** B.rand doppelt gesägt. Domatien meist vorhanden.
    **39a B.** lanzeolat, ca (1,5-)2x so lg wie br. B.stiel apikal mit (meist 2) Nektarien. Borke sich in Querstreifen ablösend („geringelt"). Blü. zwittrig, in Dolden *(Rosaceae)*
***Prunus avium***
    **39b B.** im Umriss ± 3-eckig, 3-6x2-4 cm, 1,5-2 cm lg gestielt, kahl, aber drüsig. Borke (teilw.) ± weiß. Jge Zweige warzig. Blü. in Kätzchen *(Betulaceae)*
***Betula pendula***
    **39c B.** im Umriss rundl., oval od. eiförmig, größer u./od. kürzer gestielt. Stiel ohne Nektarien. Borke anders
    **40. B.** 1,5-2x so lg wie br., ± rau, mit ± dtl. asymmetrischem Spr.grd. Zweige bisw. mit auffälligen Korkleisten. Blü. zwittrig, in Büscheln. Nussfr. mit umlaufendem Flügel                                                                          s. ***Ulmaceae*** *(Ulmus)*
    **40+** Spr.grd nicht dtl. asymmetrisch (bisw. schwach bei der strauchigen *Corylus*). Blü. einhäusig, zumind. staminate Blü. in Kätzchen                    s. ***Corylaceae***

# WASSERPFLANZEN

Hier sind nur Pflanzen eingeschlüsselt, die tatsächlich im Wasser wachsen, deren Vegetationskörper also – zumindest großenteils – von Wasser bedeckt ist oder auf dem Wasser schwimmt. Uferpflanzen, Arten der Röhrichte und der Sümpfe sind hier nicht berücksichtigt. Auch die meist sterilen, flottierenden Unterwasserformen mancher Gräser sind nicht enthalten

Pfl. des Brack- oder Meerwassers vgl. **1a, 14.**, **18a, 18c** und **11a**

Die *Characeae* (**1a**) sind eine Algengruppe. Sie werden – soweit aus dem Gebiet bekannt – hier eingeschlüsselt, weil sie einen einer Gefäßpflanze ähnlichen Vegetationskörper aufweisen

**1a** Pfl. mit meist 6-9-gliedrigen Astquirlen, spröde, b.- und blü.los. Astglieder mit mohnkorngroßen Antheridien bzw. Archegonien *(Characeae)*

   **2.** „Stg." längsgerieft, mit Längsreihen von papillen- oder dornförm. Vorsprüngen   ***Chara***

   **3.** Zwischen den Reihen der dornartigen Vorsprünge jeweils 1 Reihe von glatten Zellen. Pfl. graugrün. Bisher nur Brackwasser   ***Ch. vulgaris* ssp. *hispidula***

   **3+** Zwischen den Reihen papillenartiger Vorsprünge jeweils 2 Reihen von glatten Zellen. Pfl. braungrün. Süßwasser   ***Ch. globularis***

   **2+** „Stg." glatt. Die oberen Astquirle dicht gedrängt („fuchsschwanzähnl."). Brackwasser   ***Lamprothamnium papulosum***

Weitere Taxa sind möglich

**1b** Vegetationskörper wenige mm oder cm groß, schwimmend oder unter Wasser flutend, nicht dtl. in Stg. u. B. gegliedert, meist zu mehreren verbunden bleibend („Sprossverbände")   s. ***Lemnaceae***

**1c** Pfl. anders, ± dtl. in Stg. u. B. gegliedert

   **4.** Zumind. die untergetauchten Wasserb. in Zipfel geteilt, insges. bis 4 cm lg

   **5a** Überwasserb. in schwimmender Rosette, rautenförmig, vorderer B.rand gezähnt vgl. **11a**   *Trapa natans*

   **5b** Schwimmb.rosette fehlend oder vorhanden, dann diese B. aber nicht rautenförmig und Unterwasserb. stets wechselständig. Blü. mit dtl. Perianth

   **6.** Krb. weiß, basal gelb. Blü. radiär. B. ohne Fangblasen. Pfl. im Schlamm wurzelnd   s. ***Ranunculaceae* (*Ranunculus*)**

   **6+** Blü. gelb, gespornt. B. mit Fangblasen. Pfl. frei schwimmend   s. ***Lentibulariaceae***

   **5c** Schwimmb.rosette stets fehlend. Unterwasserb. quirlig, stets ohne Fangblasen. Blü. sehr unscheinbar

   **7.** B. 1-4x gabelteilig, B.zipfel 2-8, (meist) mit einzelnen Zähnchen   s. ***Ceratophyllaceae***

   **7+** B. kammförm. gefiedert. Zipfel nicht gezähnt   s. ***Halorhagaceae* (*Myriophyllum*)**

   **4+** B. ungeteilt, bisw. gekerbt oder gezähnt; wenn gefiedert, dann nicht haarfein zerteilt u./od. lger

   **8.** B. gefiedert od. fiederschnittig. Infl. eine Doppeldolde *(Umbelliferae)*

   **9.** B. mehrfach fiederschnittig, Zipfel ±1 mm br. Dolden 5-15-strahlig. K. und Gr. dtl. persistierend   ***Oenanthe***

   **9+** B. einfach gefiedert mit gezähnten, breiteren Fiedern (daneben slt. auch höher gefiederte Wasserb. mit linealen Zipfeln)

   **10a** Hüllb. meist 3-zipfelig. Stg. fein gerillt. Fiedern etwa 2x so lg wie br., unterstes Paar oft dtl. abgerückt, die randl. Zähne spitz und ungleich groß. Untere Doppeldolden oft ± seitenständig (blattgegenständig). Dolde 15-25-strahlig. Fr. ca 2 mm lg   ***Berula erecta***

   **10b** Hüllb. höchstens gezähnt. Stg. kantig gefurcht. Fiedern 3-4x so lg wie br., spitz gezähnt, unterstes Paar slt. abgerückt. Unterwasser-B. mit linealischen Zipfeln. Dolden 15-25-strahlig, ± endständig. Fr. ca 3 mm, mit ca 0,5 mm lgen K.zipfeln   ***Sium latifolium***

   **10c** Hüllb. 0(-2). Fiedern wie **10b**, aber Randzähne stumpfl. Dolden seitenständig, meist nur s. kurz gestielt, meist 4-10-strahlig. Hüllchen hautrandig. Fr. 1,3-2 mm   ***Helosciadium nodiflorum***

**8+** B. nicht gefiedert. Unterwasserb. bandförmig, linealisch oder lanzettlich, bisw. fehlend. Schwimmb. ungeteilt (oder fehlend). Blü. nicht in Doppeldolden

**11a** Schwimmb. rautenförmig. Unterwasserb. linealisch, aber hinfällig und bald durch paarige oder quirlständige assimilierende Wurzeln ersetzt, diese kammförmig zerschlitzte B. vortäuschend. Fr. ca 2,5 cm DM, mit 4 dornigen Fortsätzen; bisher nur in Form der Fr. nachgewiesen *(Trapaceae)* **Trapa natans**

**11b** Schwimmb. ± rundlich, >10 cm DM. Blü. groß, weiß, ca 10 cm DM *(Nymphaeaceae)* **Nymphaea alba**

**11c** Schwimmb. mind. 2x so lg wie br. oder fehlend. Blü. <3 cm, Fr. <2 cm

**12a** Zumind. Unterwasserb. in 8-16-zlgen Quirlen, linealisch. Süßwasser

**13.** Überwasserb. lanzeolat, in 3 bis >5-zlgen Quirlen. Blü. 4-zlg, weiß   s. *Elatinaceae*

**13+** Alle B. linealisch, in ca 10-12-zlgen Quirlen. Blü. ohne dtl. Perianth, mit 1 Staubb. u./od. 1 Gr. Pfl. habituell einem *Equisetum* ähnlich *(Hippuridaceae)*   **Hippuris vulgaris**

**12b** B. gegenständig, Überwasserb. aber bisw. rosettig gehäuft

**14.** Pfl. steif, zerbrechl., oft ± gabelig verzweigt. B. 1-nervig, gewellt u. grob gezähnt, 10-40x1-2 mm *(Najadaceae)*   **Najas marina**
Die Art ist salztolerant, wächst trotz ihres Namens aber auch im Süßwasser

**14+** Pfl. anders. Stets im Süßwasser

**15.** K. und Kr. 4-zlg, ± rosa. Überwasserb. meist vorhanden, aber nicht rosettig   s. *Elatinaceae*

**15+** Blü. einzeln, unter Wasser, auf ein Staubb. oder 1 vierteiligen Frkn. reduziert. Unterwasserb. gegenständig, Schwimmb.rosette fehlend oder sternförmig. Stg. mit mehrzelligen Schildhaaren (starke Lupe!)   s. *Callitrichaceae*

**12c** B. wechselständig

**16.** Per.b. (4-)5, basal verbunden, rosa. Blü. in walzl. Ähren. Schwimmb. lgl.-eiförmig, 5-12 cm lg, etwa von der Mitte (oder etwas höher) einer stg.umfassenden Tute ausgehend. Spr.grd gerundet bis schwach herzförmig *(Polygonaceae)*   **Persicaria amphibia**

**16+** Pfl. anders. Blü. 3-zählig u./od. sehr unscheinbar

**17.** Zumind. mit den Infl.schäften weit aus dem Wasser herausragend. Schwimm- bzw. Überwasserb. stets vorhanden, lg gestielt, mit ovaler bis herz-eiförm. Spr. Blü. in meist etagierten Quirlen. Innere Per.b. mind. 4 mm lg, weiß   s. *Alismataceae*

**17+** Pfl. anders, vor allem nicht oder nur wenig aus dem Wasser ragend. Blü. unscheinbar. B. meist mit häutiger Scheide

**18a** B. (nur Unterwasserb. vorhanden) 0,2-1(-2) mm br. u. 1-15 cm lg, 1-3-nervig

**19a** Infl. eine 4-8-blü. Ähre. B. apikal stets ganzrandig. Süß-, slt. auch Brackwasser   s. *Potamogetonaceae*

**19b** Infl. eine 2(-6)-blü., 2-5 cm lg gestielte „Dolde". B. 5-10 cm lg, apikal fein gezähnelt (an getrockneten B. schlecht zu erkennen). B.scheide apikal mit 2 1-2 mm lgen Zähnchen, ohne Ligula. Salzwasser *(Ruppiaceae)*   **Ruppia maritima**

**19c** Blü. einzeln. B. büschelig, mit glattem Rand und durchsichtiger Scheide am Grund. Meist Salz- und Brackwasser   s. *Zannichelliaceae*

**18b** Unterwasserb. 5-40 mm br. oder auf den Stiel reduziert. Pfl. bisw. mit Schwimmb. Blü. in walzl. Ähren. Süßwasser   s. *Potamogetonaceae*

**18c** B. 1-15 mm br. (vgl. auch *Potamogeton gramineus* aus dem Süßwasser), 5-70 cm lg, mehrnervig. Brackwasser und offenes Meer

**20.** B. 10-30x0,8-1,5 cm, alle dem kräftigen Rhizom direkt entspringend. B.reste als Faserhülle am Rhizom verbleibend. Infl. eine zusammengesetzte Ähre *(Zosteraceae)*   **Posidonia oceanica**

**20+** B. 5-70x0,1-0,8 cm, stg.ständig. Rhizom gestreckt

**21.** Seitenzweige basal charakteristisch geringelt. Apikaler B.rand fein gezähnelt (starke Lupe!). Alle Nerven schwach. Sprossbürtige Wurzeln und Blü. einzeln *(Zannichelliaceae)* ***Cymodocea nodosa***

**21+** Seitenzweige nicht geringelt. Apikaler B.rand völlig ungezähnt. Sprossbürtige Wurzeln mind. zu 2. Infl. ährenartig *(Zosteraceae)* ***Zostera marina***

# PTERIDOPHYTA

*Fi.:* Fieder; Fi. 2.O.: Fiedern 2. Ordnung usw.
*-f.:* -fach
*Spr.:* Wedelspreite
Die Meldung von *Blechnum spicant* ist sicher irrtümlich
**Lit.:** MARCHETTI in Ann. Mus. Civ. Rovereto **19**:71-231 (2003 [2004])

**1a** B. 1-wenige mm lg, spitz

**2a** B. in 4 Reihen, oval, in 2 unterschiedl. Größen, gezähnelt. Pfl. flach am Boden kriechend und einwurzelnd *(Selaginellaceae)* **Selaginella denticulata**

**2b** B. am Haupttrieb in mind. 5-zlgen Quirlen, 3-eckig, unter sich verwachsen und als Scheide die Knoten umhüllend. Pfl. krautig, aufrecht *(Equisetaceae)* **Equisetum**

**2c** B. zu 2(-3) quirlig. Pfl. halbstrauchig vgl. *Gymnospermae (Ephedra)*

**1b** B. meist 5-20 cm, räumlich-zweiteilig: einer sterilen Fi. (ein Blatt vortäuschend) steht eine sporangientragende ähren- od. rispenförm. Fi. gegenüber. Meist im Grasland *(Ophioglossaceae)*

**3.** Sterile Fi. ganzrandig, fertile ährenartig **Ophioglossum lusitanicum**

**3+** Beide Fi. gefiedert; fertile Fi. dadurch rispenartig *(//)* **Botrychium lunaria**

**1c** B. flach, meist „wedelförmig" und oft größer, außer **4.** zumindest fiederschnittig. Wenn B. unter 20 cm, hfg auf Felsen und Mauern. Sporangien stets unterseitig („typische" Farne, *„Leptosporangiatae")*

**4.** Spr. vollständig ganzrandig, lanzettl., mit herzförm. Basis. Sori in schrägstehenden Streifen. Schattige Wälder höherer Lagen **Phyllitis scolopendrium**

**4+**Spr. zumind. fiederschnittig

**5a** Spr. unterseits mit bräunl. Schuppen dicht bedeckt, höchst. 20 cm lg. 1-f. tief fiederschnittig **Ceterach**

**5b** Spr. unterseits dicht mit rötl. haarförm. Schuppen besetzt, 2-f. gefiedert *(//)* **Notholaena marantae**

**5c** Spr. unterseits ohne deckende Schuppen oder Haare. B. (außer **11.** *Polypodium*) einf. (dann Fi. dtl. getrennt) bis mehrf. gefiedert

**6.** Sporangien in linealischer Anordnung, dem Fi.rand parallel folgend; dieser ± zurückgebogen und d. Sporangien abdeckend

**7.** B.stiel mit zahlreichen Schuppen besetzt. Zurückgebogener B.rand hyalin, dtl. von d. Spr. abgesetzt und unregelmäßig gefranst. Pfl. mit Cumaringeruch, 5-15 cm hoch, an Felsen und Mauern **Cheilanthes acrostica**

**7+** B.stiel kahl. B.rand anders, nicht gefranst. Pfl. 10-200 cm hoch

**8.** Zarte Pfl. luftfeuchter Standorte, 10-40 cm hoch. Fied. keilförm., etwa so lg wie br., auf dünnen, schwarzen Stielchen **Adiantum capillum-veneris**

**8+** Pfl. (viel) höher (slt. unter 1 m), mit 2-3(-4)-f. gefied. Wedeln. Oft in großen Herden an Waldrändern, im Gebüsch, auf Grasland usw. **Pteridium aquilinum**

**6+** Sporangien/Sori auf d. Nerven d. Fi.spreite sitzend

**9a** Sori verlängert (lg-oval od. strichförmig). Indusium meist lge bleibend. B. klein, (incl. Stiel) höchstens 30(-40) cm lg; Stiel dabei oft lger als d. Spr. **Asplenium**

**9b** (Untere) Sori hakenförmig (wenn sehr reif, auch scheinbar rundl.!), Indusium bald schwindend. Wedel bis 100x40 cm groß, Spr. >2x so lg wie d. basal stark verbreiterte Stiel; dieser mit 2 Leitbündeln (Stiel durchbrechen! Wenn >4, vgl. *Dryopteris*). Fiedern ohne Stachelspitzchen **Athyrium filix-femina**

**9c** Auch junge Sori rundl. bis br.-elliptisch

**10.** Indusium (auch an jungen Sori!) fehlend

**11.** B. s. tief fiederschnittig (fast 1-f. gefied.), (meist) dtl. lger als br. und etwas ledrig. Sori in 2 Reihen auf jedem B.abschnitt **Polypodium**

**11+** B. zart, Umriss ± gleichseitig 3-eckig (basale Fi. jeweils etwa so groß wie d. Rest d. Spr.), 2-3-f. gefied. ((v); //?)      ***Gymnocarpium dryopteris***

**10+** Indusium (zumind. an jüngeren Sporangien) vorhanden

  **12a** Indusium schildförm., in d. Mitte fixiert (den Sorus also wie ein Regenschirm umschließend). Fi. etwas sichelförmig, Fi. 2.O. scharfgesägt, mit dtl. stachelförm. ausgezogener Spitze. Die der B.spindel benachbarte, spitzenwärts weisende Fi. 2.O. meist dtl. vergrößert. Spr. 30-70 cm lg und 3-5x so lg wie br, derb, oberseits dunkelgrün      ***Polystichum***

  **12b** Indusium seitl. fixiert, wie ein Buchdeckel über d. Sorus geklappt. Spr. 10-30 cm lg, 2-3x so lg wie br., weich. B. 2-f. gefiedert, ihr Stiel basal mit 2 Leitbündel      ***Cystopteris fragilis***

  **12c** Indusium nierenförm., in d. Bucht fixiert, im Umriss bisw. rundl. Spr. ca 20-100 cm lg, 1-mehrf. gefiedert, B.stiel mit 5 oder mehr Leitbündeln      ***Dryopteris***

**ADIANTUM** *(Adiantaceae)* Vgl. 8.      ***A. capillum-veneris***

**ASPLENIUM** *(Aspleniaceae)* (excl. **Phyllitis** und **Ceterach**)

Die Sporenlänge ist in vielen Fällen das wichtigste Merkmal. Dabei ist zu beachten: Das Exospor ist unter dem Mikroskop als scharfe Kontur meist gut zu erkennen. Dem Exospor ist außen noch ein unregelmäßiges Perispor *(perina)* aufgelagert. Die hier zitierten Längenangaben beziehen sich auf die scharfe Umgrenzung des Exospors! In MARCHETTI (2003) allerdings werden die größeren Durchmesser des Perispors angegeben

Ein Bestimmungsschlüssel nach Sporenmerkmalen ist in FERRARINI & al. (Webbia **40**:1-202, 1986) enthalten; der dort angegebene Durchschnittswert zur Sporengröße ist gerundet [in eckigen Klammern] vermerkt

Bastarde sind möglich und u.a. an den abortierten Sporen erkennbar

**1.** Spr. im Umriss linealisch, 1-f. gefied. Fi. ± oval, gezähnt      ***A. trichomanes***

  **a.** B.stiel und Rhizomschuppen rotbraun, letztere bis 3,5 mm lg. Fi. rundl.-eiförm., ± ganzrandig, (die oberen) sich randl. nicht berührend. Fiederpaare 10-25. Sporen hell, (3-)29-36 [31] µm. Kalkmeidend (//)      ssp. *trichomanes*

  **a+** Schuppen dunkelbraun, bis 5 mm. (Mittlere und obere) Fi. lgl.-parallelrandig, ± gezähnelt. Fiederpaare 15-35. Sporen (27-)34-43(-50) [38] µm      ssp. *quadrivalens*

    **b.** B. 10-20(-40) cm lg, Fi. sich meist nicht berührend und unterseits kahl. Sporen dunkel. Kalkindifferent (am Garg. zumind. vorherrschend)

    **b+** B. 2-15 cm lg, der Oberfläche „seesternartig" aufliegend. Fi. sich meist berührend oder sogar überdeckend, unterseits (oft nur spärl.) behaart oder drüsig. Rhachis dick (ca 1 mm DM), zerbrechlich, bisw. drüsig. Reife, frische Sporen bernsteinfarben, ± durchscheinend. Kalkstet (//)      ssp. *pachyrhachis*

**1+** Spr. im Umriss 3-eckig od. oval, 2-4-f. gefied. od. fiederschnittig

  **2.** B.stiel grün (nur am Grund braun), 1 mm dick. Fiedern insges. oft keilförm. Pfl. slt. >20 cm

    **3.** B. meist 5-10 cm, ± oval, 2-3-f. gefied., mit <6 Fi. 1.O. Fi. letzter O. br.-keilförm. bis rautenförm., vorne höchstens gezähnelt. Indusium gefranst. Sporen [51] µm. Gerne auf Mauern      ***A. ruta-muraria*** ssp. *r.-m.* incl. var. *brunfelsii*

    **3+** B. meist 10-25 cm lg, längl. 3-eckig, 3-4-f. gefied., mit >5 Fi. 1.O. Fi. letzter O. lineal-keilförm., an d. Spitze oft gabelig eingeschnitten. Schleier ganzrandig. Sporen [36] µm. In montanen Lagen, meist an Felsen      ***A. fissum***

  **2+** B.stiel bis mindestens zur Hälfte schwarzbraun, bis 2 mm dick. Spr. stets lg 3-eckig zugespitzt. Fi. letzter O. gezähnt, nur am Grund keilförmig. Pfl. 10-40 cm (*A. adiantum-nigrum*-Gruppe)

**4.** Sporen 25-35 [30] µm. Fi. 1. O. 10-25 Paare, in eine auffallend lge Spitze ausgezogen, diese meist nach vorne gekrümmt (und dann fast rhachisparallel nach vorne weisend). Fi. 2.O. tief fiederteilig (Wedel also fast 3-f. gefiedert). Fiederzähne meist sägezahnähnlich. Spr. 9-25x6-15 cm, meist < Stiel, Rhizomschuppen bisw. schwärzl., mit dicken Zellwänden (am Garg. weitaus vorherrschendes Taxon)                                                 *Asplenium onopteris*

**4+** Sporenlge 33-40 [38] µm. Fi. 1. O. 8-15 Paare, oft (!) allmählich und regelmäßig zugespitzt, oft aber auch wie bei der vorigen Art. Fi. 2.O. oft nur gezähnt od. eingeschnitten (Wedel dann nur 2-f. gefiedert). Fiederzähne seitl. leicht gerundet. Spr. 6-15x3-7 cm br., meist > Stiel. Rhizomschuppen stets dunkelbraun, mit dünnen Zellwänden                         *A. adiantum-nigrum*

**ATHYRIUM** *(Athyriaceae)* Vgl. **9b**                                    *A. filix-femina*

**BOTRYCHIUM** *(Ophioglossaceae)* Vgl. **3+** *(//)*                         *B. lunaria*

**CETERACH** *(Aspleniaceae)* Vgl. **5a**                                    *C. officinarum*
                                                                        = *Asplenium ceterach*
Zu den Sporenmaßen vgl. *Asplenium.* – Die Art ist im typischen Fall tetraploid (Sporenlge meist 35-40 µm). Diploide Formen (Sporenlge 28-35 µm) werden auch als ssp. *bivalens* (bzw. *C. javorkaeanum*) abgetrennt. AFE nennt für das Gebiet nur „ssp. *o.*", CL und MARCHETTI (2003) für Apulien beide ssp., dieser davon aber ssp. *bivalens* ausdrücklich für den Garg., der dort in der Tat zumindest zu überwiegen scheint. – Für S-Ital. wird auch *Asplenium ceterach* ssp. *cyprium* (CL) angegeben (Sporen meist 43-47x34-38: PINTER & al. in Org. Divers. Evol. **2**:299-311, 2002, sub ssp. *mediterraneum*)

**CHEILANTHES** *(Sinopteridaceae)* Vgl. **7.**                              *Ch. acrostica*
                                       = *Ch. pteridoides* = *Ch. fragrans* = *Notholaena a.*

**CYSTOPTERIS** *(Athyriaceae)* Vgl. **12b**                                 *C. fragilis*

**DRYOPTERIS** *(Aspidiaceae)*

**1.** B. 1-f. gefied. Wenn 2-f., Fi. 2.O. ungeteilt. Spr. zum Grund hin dtl. verschmälert (d.h. Gesamtumriss ± schmal-oval). B.stiel unten dicht, oben locker mit gelbbraunen Schuppen. Rhachis ohne gelbl. Drüsen                                                                       *D. filix-mas*
**1+** B. 2-3(-4)-f. gefied. Untere Fi. nicht dtl. kürzer als die mittleren. Fi. zumind. unterseits wie meist auch die Rhachis mit gelbl. Drüsen
**2.** Spreuschuppen mit dunklem Mittelstreifen. Spr. 1-2x so lg wie br. Fi. kurz, aber dtl. gestielt. Unterste, zum B.grund gerichtete Fi. 2.O. dtl. größer als die gegenüberstehende, zur Spitze gerichtete Fi. Fi. letzter O. mit aufgesetzter Stachelborste (//)                        *D. dilatata*
**2+** Spreuschuppen einfarbig, meist rötl.-braun. Fiedern spitz, aber ohne Stachelborste. Spr. 2-4x so lg wie br, Fi. oft um ihre Mittelrippe aus d. B.ebene herausgedreht, Fi. 2.O. beiderseits der Rhacheole ± gleich groß (*D. villarii* s.l.)
**3.** B.stiel dicht schuppig. Spr. stets beiderseits gelbdrüsig, 2(-3)f. gefiedert (//)    *D. villarii* s.str.
**3+** B.stiel locker schuppig. Spr. oft nur unterseits gelbdrüsig, 3-f. gefiedert         *D. pallida*

**EQUISETUM** *(Equisetaceae)*
Die Arten lassen sich auch an Hand von Stg.querschnitten bestimmen; vgl. Or.-Lit.
Wenn B. nur zu 2(-3) quirlig und Pfl. halbstrauchig vgl. *Gymnospermae (Ephedra)*
*Blü:* „Sporophyllzapfen"

*A. Fast immer verzweigte, zumind. teilweise grüne Sprosse*

**1.** Haupttrieb 50-200 cm hoch, elfenbeinfarben, Seitentriebe grün. B.scheiden d. Hauptstg. meist mit 20-30 Zähnen, diese 4-12 mm lg         **Equisetum telmateia**

**1+** Auch Haupttrieb grün (höchstens jg blassrötl.). Slt. üb. 80 cm.

  **2.** Keine quirlig stehenden Seitentriebe 2.O. B.scheiden 6-30-zähnig

    **3.** Unterstes Internodium d. Seitentriebs (nicht mit der basalen B.scheide d. Seitenachsen verwechseln!) nur 1/3-2/3 so lg wie d. dazugehörige B.scheide d. Haupttriebs. Zentralhöhle des Stg. 1/2-4/5 des gesamten DM ausmachend. Pfl. meist über 30 cm hoch

      **4.** Blü. mit aufgesetztem Spitzchen. B.scheide locker anliegend, mit 8-20 meist weißrandigen Zähnen, diese mit aufgesetzter (aber leicht abbrechender) Haarspitze. Stg. rau, ± reich verzweigt, Zentralhöhle 1/2-2/3 des DM         **E. ramosissimum**

      **4+** Blü. stumpf. B.scheide eng, mit 10-30 weißspitzigen Zähnen. Stg. glatt, meist nur basal etwas verzweigt, Zentralhöhle 4/5 des DM         **E. fluviatile**

    **3+** Unterstes Internodium des Seitentriebs mind. so lg wie die dazugehörige B.scheide des Haupttriebs (obere Stg.abschnitte prüfen). Zentralhöhle höchst. 1/3 des Stg.-DM ausmachend. Meist 15-40 cm hoch         **E. arvense**

  **2+** Seitentriebe mit quirlständ. Seitentrieben 2.O. B.scheide d. Haupttriebs 3-6-zipfelig (*//*)

        **E. sylvaticum**

*B. Gelbe bis braune, fertile, unverzweigte Triebe*

Nur die hier angeführten *Equisetum*-Arten bilden im Gebiet überhaupt rein fertile Triebe aus

**1.** Triebe (meist) >5 mm DM. B.scheiden mit 15-40 Zähnen. Blü. 4-8 cm lg     *E. telmateia*

**1+** Triebe schlanker. Scheiden mit 3-12 Zähnen. Blü. 1-4 cm

  **2.** Zähne (6-)10-12(-18)         *E. arvense*

  **2+** Zähne zu 3-6 zipfelförm. Lappen verwachsen         *E. sylvaticum*

**GYMNOCARPIUM** *(Aspidiaceae)* Vgl. **11+** ((v); *//*?)         **G. dryopteris**

**NOTHOLAENA** *(Sinopteridaceae)* Vgl. **5b** (*//*)         **N. marantae**

**OPHIOGLOSSUM** *(Ophioglossaceae)* Vgl. **3.**         **O. lusitanicum**

**PHYLLITIS** *(Aspleniaceae)* Vgl. **4.**         **Ph. scolopendrium**
        = *Asplenium phyllitis*

**POLYPODIUM** *(Polypodiaceae)*

**1.** Sori mit verzweigten Paraphysen (haarartigen Bildungen zwischen den Sporangien). Diese fast 1 mm lg, deren „Hauptachse" aus >5 Zellen bestehend. Annulus reifer Sporangien mit 4-10 dickwandigen und basal 2-4 unverdickten Zellen. Wedel 3-eckig bis oval, meist <2x so lg wie br. Fiedern nach oben rasch an Größe abnehmend. Rhizomschuppen 5-11 mm     **P. cambricum**
        = *P. australe*

**1+** Paraphysen meist fehlend; wenn vorhanden, unverzweigt (aber bisw. mit seitl. Drüsenköpfchen), viel kürzer. Wedel >2x so lg wie br. Rhizomschuppen meist nur 4-6 mm

  **2.** Annulus reifer Sporangien mit (5-)7-10(-14) dickwandigen und basal 2-4(-5) unverdickten Zellen. Der knorpelartige B.rand in den Buchten (meist) ohne Verbindung zum Mittelnerv (Durchlicht!). Wedel 3-4x so lg wie br. Seitennerven der untersten Fi. meist 3-4x gegabelt. Sori elliptisch. Sporen >70 (-90) µm (*//*)         **P. interjectum**

**2+** Annulus mit (8-)11-14(-17) verdickten und 0-1(-2) unverdickten Zellen. Knorpelrand mit Verbindung zum Mittelnerv (am besten in der Wedelmitte zu sehen). Wedel 4-5x so lg wie br. Seitennerven nur 2(-3)x gegabelt. Sori rund. Sporen <70 (75) µm (Garg. fragl.)

*Polypodium vulgare*

Gemeldet wird auch:

Paraphysen lg, >5-zellig, aber ± unverzweigt     *P. cambricum x P. interjectum*
*= P. x rothmaleri = P. x shivasiae*

**POLYSTICHUM** *(Aspidiaceae)*

**1.** B.stiel mit gelbbraunen Schuppen. Wedel basal nicht od. kaum verschmälert (unterste Fi. 1.O. >1/2 x so lg wie die mittleren), die Spr. bis 3x so lg wie der B.stiel. Fi. 2.O. s. kurz aber dtl. gestielt

*P. setiferum*

**1+** B.stiel mit dunkelbraunen Schuppen. Wedel basalwärts auffällig verschmälert (unterste Fieder <1/2 so lg wie die mittleren). Fi. 2.O. sitzend     *P. aculeatum*

**PTERIDIUM** *(Hypolepidaceae)* Vgl. **8+**     *P. aquilinum*

**SELAGINELLA** *(Selaginellaceae)* Vgl. **2a**     *S. denticulata*

# GYMNOSPERMAE
Nur autochthone Arten

**1.** Pfl. 20-50 cm, mit schachtelhalmartigen, gerillten Zweigen. B. schuppenförmig, gegenständig. Pfl. diözisch, karpellate Blü. zu 1-2, staminate in Büscheln. Fr. klein, beerenartig *(Ephedraceae)*
**Ephedra**

**1+** Pfl. nicht schachtelhalmartig, meist höher. B. (außer *Juniperus phoenicea*) nadelförm. Pfl. monözisch

   **2a** Nadeln 5-10 cm lg und (nur) bis 1 mm br. paarweise an Kurztrieben. Typische „Kiefernzapfen" ei- bis kegelförmig, 1-2 cm lg gestielt, erst mit den Ästen abfallend. Tiefe Lagen (oft auch
   (g)) *(Pinaceae)*                                              **Pinus halepensis**
   Von dieser Art existieren möglicherweise 2 Formen; vgl. Fen 1:859.
   Wenn Nadeln dicker u./od. Zapfen ± ungestielt: gepflanzte *Pinus*-Art. Für den Garg. werden genannt: *P. nigra* (ssp. *nigra* und *laricio*), *P. sylvestris, P. pinaster, P. pinea* und *P. canariensis.* – Or.-Lit.!

   **2b** Nadeln einzeln, 15-25x2 mm. Fr. leuchtend rot, beerenartig, einen einzelnen Samen nicht vollständig einhüllend. Schattige Wälder höherer Lagen *(Taxaceae)*     **Taxus baccata**

   **2c** B. in 3-zlgen Wirteln, nadel- oder schuppenförmig. Zapfen beerenartig (aber nicht leuchtend rot), 4-15 mm DM *(Cupressaceae)*               **Juniperus**

## EPHEDRA

**1.** Zweige letzter Ordnung <1 mm DM. B.scheiden häutig, braun, 1,5 mm. Karpellate Blü. einzeln. Felsige Standorte                                        **E. nebrodensis**
                                                  **= E. major**

**1+** Zweige >1 mm DM. Scheiden teilweise grün, meist 3 mm. Karpellate Blü. paarweise. Oft am Strand (Garg. fragl.)                                          **E. distachya**

## JUNIPERUS
Die Angabe von *J. excelsa* ist irrtümlich. Die Art fehlt in Italien

**1.** B. alle nadelförmig

   **2.** Nadeln oberseits mit 1 breiten weißl. Band. Jge Triebe 3-kantig. Reife Zapfen ± blau, 4-8 mm DM (v)                                           **J. communis**

   **2+** Nadeln oberseits mit 2 Bändern. Jge Triebe 4-kantig. Reife Zapfen rotbraun   **J. oxycedrus**

      **a.** Nadeln -2 mm br., spitz. Staminater Zapfen zur Blü.zeit 2,5-4 mm lg mit 9-12 Staubb. Jge karpellate Zapfen meist nicht blaubereift (pruinos), reif (VIII-IX) glänzend rotbraun, (6-)8-11 mm DM. Tragb. der Zapfen meist 3 mm. Vor allem im Hinterland         **ssp. o.**

      **a+** Nadeln -2,5 mm br., etwas stumpfl. Staminater Zapfen 3,5-6 mm lg, mit 15-20 Staubb. Karpellater Zapfen erst blau bereift, zur Reifezeit (IX-X) stumpf dunkelrotbraun, (8-)12-15(-19) mm DM. Tragb. 3-6 mm. Nur an der Küste, v.a. auf Sand         **ssp. macrocarpa**
      Die Angaben zum staminaten Zapfen und den Tragb. stammen von iberischem Material (ARISTA & al. in Flora **196**:114-120, 2001)

**1+** B. am Jungpfl. nadelförm., später alle schuppenartig, 1-2 mm lg, mit dtl. häutigem Rand. Zapfen 8-15 mm DM, dunkelrotbraun                             **J. phoenicea** (s.l.)

   **a.** Schuppenb. stumpf(l.). Zapfen ± kugelig, 8-12 mm DM. Wuchs meist prostrat. Zweigspitze die benachbarten Seitenzweige nur wenig übergipfelnd                       **ssp. ph.**

   **a+** B. spitz(l.). Zapfen ovoid, 12-14 mm. Wuchs aufrecht. Zweigspitze die Seitenzweige weit übergipfelnd. Sandküsten                                **ssp. turbinata**
   Ssp. *turbinata*, auch als Art geführt (*J. t.* = *J. oophora*), wurde früher höchstens als Varietät unterschieden. Deshalb gehören vielleicht alle strandnahen Nennungen von „*J. phoenicea*" zu „*J. turbinata*"

## ACANTHACEAE   ACANTHUS

**1.** Basale B. tief gebuchtet. B.lappen meist <3x so lg wie br., nicht dornig gezähnt (v)   ***A. mollis***
**1+** Basale B. fiederschnittig. B.lappen schmäler, mit weich-dornigen Zähnen (Garg. mögl.)
***A. spinosus***

## ACERACEAE   ACER
Die *Aceraceae* werden heute meist in die *Sapindaceae* eingeschlossen

**1.** B. 3-lappig (einzelne B. slt. angedeutet 5-lappig), mit 3 Hauptnerven
  **2.** Fr.flügel fast parallel vorgestreckt, d.h. nur einen spitzen Winkel (ca 30°) einschließend. B. unterseits kahl   ***A. monspessulanum***
  **2+** Fr.flügel fast horizontal spreizend. B. unterseits behaart vgl. **4.**   *A. campestre*
**1+** B. 5(-7)-lappig (untere Lappen jedoch meist kleiner), mit 5 Hauptnerven. Fr.flügel spreizend, einen Winkel von 45-180° einschließend
  **3.** B. nur bis höchstens auf 2/3 stumpf gelappt, Lappen desh. breiter als lg und gerundet. Winkel zwischen den Fr.flügeln 60-100°   ***A. opalus*** s.l.
  Vgl. auch D'ERRICO in Webbia **12**:41-120 (1956)
    **a.** B.unterseite (meist graufilzig) behaart, auch Blü.stiele meist behaart. Infl. ± aufrecht
ssp. *obtusatum*
= *A. obtusatum*
    Früher wurden unterschieden und beide Taxa vom Garg. gemeldet:
    **b.** B. insges. 5-9 cm lg und 6-11 cm br. Fr.flügel an der breitesten Stelle (6-)8-10 mm
*A. obtusatum* var. *o.*
    **b+** B. 10-14x12-18 cm. Fr.flügel (10-)12-17 mm br.   *A. obtusatum* var. *neapolitanum*
= *A. neapolitanum*
    **a+** Ausgewachsene B. unterseits und Blü.stiele kahl. Infl. bisw. hängend (g)   *A. opalus* s.str.
incl. *A. opulifolium*
  **3+** B. tiefer (bis fast zur Hälfte) geteilt, unterseits – außer evtl. in den Aderwinkeln (Domatien) – stets kahl
    **4.** B. (3-)5-8x(4-)6-10 cm; die beiden seitl. Lappen jederseits weit hinauf verwachsen, Mittellappen apikal meist 3-lappig. Infl. aufrecht. Fr.flügel fast horizontal spreizend, d.h. einen Winkel von 140-180° einschließend. Oft strauchig   ***A. campestre***
    Junge Zweige, Fr. und B.stiel sind normalerweise behaart. Kahle Formen wurden auch als ssp. *leiocarpum* (CL), Exemplare mit 3-lappigen B. auch als ssp. *marsicum* (nach CL ein zweifelhaftes Taxon) bezeichnet. Beide Taxa wurden vom Garg. gemeldet, doch gibt es alle Übergänge
    **4+** B. größer. B.lappen jeweils meist gekerbt od. gebuchtet. Meist Bäume
      **5.** B.lappen in eine lge Spitze ausgezogen, nicht stumpf gekerbt. B.stiel mit Milchsaft. Infl. aufrecht. Fr.flügel ähnl. **4.**
        **6.** (Größere) B.lappen jederseits mit (1-)2(-3) Sekundärlappen. Einschnitte zwischen den Lappen fast U-förmig (//; (g))   ***A. platanoides***
        **6+** Sekundärlappen (0-)1. Einschnitte V-förmig (//; (g))   ***A. cappadocicum*** ssp. *lobelii*
      **4+** B.lappen stumpf gekerbt-gezähnt. Einschnitte dtl. V-förmig. Ohne Milchsaft. Infl. hängend. Fr.flügel etwa 90° einschließend   ***A. pseudo-platanus***

## AIZOACEAE
Die Arten wurden bisher nur in Meeresnähe u./od. an Mauern gefunden
Das Vorkommen aller 4 Arten am Gargano wird in Pg ausdrücklich bestätigt

**1.** Pfl. grün. B. ca 1-1,5 cm br., im Querschnitt oft 3-eckig. Blü. gelb oder ± rot. Narben 12-14. Pfl. basal ± verholzt **Carpobrotus**

**1+** Pfl. von Papillen bedeckt und dadurch wie betaut aussehend. B. nur 3 mm br. oder insges. flach. Blü. weißl.(-rosa). Narben 4-5. Pfl. einj. **Mesembryanthemum**

## CARPOBROTUS

**1.** Staubb. purpurn. B. blaugrün, distal am breitesten, mit glattem Rand. Blü. 10-12 cm DM, ± rot **C. acinaciformis**

**1+** Staubb. gelb. B. basal am breitesten, am Rand gezähnelt. Blü. ca 6 cm DM, gelb oder purpurn **C. edulis**

## MESEMBRYANTHEMUM

**1.** B. linealisch-halbzylindrisch, 2-3 mm br. Blü. ca 1 cm DM, weißl. **M. nodiflorum**

**1+** B. flach, mit ± gewelltem Rand, 3-5 cm br. Blü. 2-3 cm DM, weißl. od. rosa **M. crystallinum**

## ALISMATACEAE

**1.** Tlfr. (bzw. Frkn.) 6, reif dtl. sternförm. spreizend. Blü.quirle 1-3. Überwasserb. 3-6x1-2 cm. Pfl. 5-40 cm (v) **Damasonium alisma**

**1+** Tlfr. viel mehr. Blü.quirle zu (3-)4-9. B. 10-12x3-6 cm. Pfl. 30-120 cm. Blü. öffnen sich erst gegen Mittag **Alisma plantago-aquatica**

## AMARANTHACEAE (excl. Chenopodiaceae) AMARANTHUS

Ähnl. wie bei Chenopodium (vgl. dort) muss mit weiteren Arten gerechnet werden. In Zweifelsfällen Or.-Lit. (auch wegen der Abb.) hinzuziehen

**1.** Tep. (4-)5. Pfl. stets aufrecht, mit verlängerten, end- bzw. seitenständigen (Teil-)Infl., diese ohne wohlentwickelte Laubb. Tragb. mit ausgeprägter Stachelspitze. Fr. eine Deckelkapsel

**2.** Stg. zumind. oberwärts behaart. Tep. spatelförmig, meist mit Stachelspitzchen. Vorb. mit lger, pfriemlicher Spitze, mind. so lg wie das Per. Per. (2-)2,5-3,5 mm. B. 3-8 cm (v) **A. retroflexus**

**2+** Stg. kahl. Tep. spitz (Garg. mögl.) Or.-Lit.

**1+** Tep. 2-3, nicht spatelförmig oder ausgerandet. Blü. auch oder vor allem in achselständigen Knäueln (Infl. also durchblättert). Tragb. meist ohne Stachelspitze. Pfl. oft niederliegend bis aufsteigend

**3.** Fr. eine Deckelkapsel. ± Alle Blü. in achselständigen Knäueln. Stg. fast immer kahl. B. bis 4 cm

**4.** Vorb. so lg wie das Per. (1,3-2 mm), apikal verschmälert, aber ohne lge Spitze. Samen ca 1,5 mm. Stachelspitzchen der B. <0,5 mm. Stg. grünl. oder rötl. (v) **A. graecizans**

Im Gebiet wahrscheinlich:

B. ca 1/2 so br. wie lg oder breiter. Samen scharfkantig. Stg. auch oben kahl **var. sylvestris**

**4+** Vorb. doppelt so lg wie das 0,7-1,2 mm lge Per., mit lg ausgezogener Spitze. Samen ca 0,8 mm. Stachelspitzchen der B. >0,5 mm. B.rand meist wellig. Stg. oft weißl. **A. albus**

**3+** Fr. geschlossen bleibend, bisw. unregelmäßig aufreißend (jedenfalls keine Deckelkapsel). Neben den achselständigen Blü.knäueln meist auch eine ährenartige Hauptinfl. (von bis zu 7 cm Lge) vorhanden, diese zuweilen auch dominierend. Vorb. eiförm., kürzer als das Per. B. bis 7 cm

**5.** Stg. oben dicht flaumig. Fr. (2,5-3 mm, mit 2-3 dtl.Lgsnerven) fast doppel so lg wie das Per. (ca 1,5 mm). B. fast nie mit einem Fleck. Pfl. bisw. mehrj.                    ***Amaranthus deflexus***

**5+** Stg. oben kahl. Die glatte oder kaum runzelige Fr. das 1,5-2 mm lge Per. kaum überragend. B. oft mit hellem oder dunklem Fleck                                                 *A. blitum* ssp. b.
                                                                                              = *A. lividus*
    **a.** Stg. bis 80 cm, weit hinauf rötl. gefärbt. B. kaum ausgerandet                        var. *b.*
    **a+** Stg. bis 30 cm, nur basal rötl. (Infl. grün). B. bis 4 mm ausgerandet           var. *ascendens*

## AMARYLLIDACEAE
*NK:* Nebenkrone (ring- oder tubusartiger Auswuchs der Kr.)

**1.** NK vorhanden
  **2.** Staubb. zwischen den Zähnen der NK entspringend, weit aus der Blü. herausragend. Per.-Tubus 5-8 cm. Infl. eine 5-10-blü. Dolde. B. 1-1,5 cm br. Kapsel ca 2 cm. Sandküsten. 30-50. VII-IX
                                                         ***Pancratium maritimum***
  **2+** Staubb. tief inseriert, nicht oder kaum aus dem Per.-Tubus herausragend. Blü. zu 1-8. B. 0,5-1,5 cm br. Slt. >30 cm. Nicht an Sandküsten                                      ***Narcissus***
**1+** NK fehlend (innere Tep. bei **3+** eine solche jedoch vortäuschend!). Blü. stets 1(-2). Pfl. <30 cm
  **3.** Blü. aufrecht, einer gelbblühenden Herbstzeitlose ähnl. Tep. ± gleich, 3-5 cm lg. B. zu mehreren. Meist IX-X                                                                        ***Sternbergia***
  **3+** Blü. nickend. Äußere Tep. 15-25 mm, weiß, innere 8-12 mm, grünspitzig. B. zu zweit. Meist III-V                                                                                     ***Galanthus***

## GALANTHUS

**1.** Pfl. im Frühjahr blühend                                                               ***G. nivalis***
Bisw. (nicht in CL) werden unterschieden:
    **a.** B. 3-7(-10) mm br., ± rinnig. Äußere Tep. 12-18 mm. Zwiebel -2 cm DM. II-IV       typ. Form
    **a+** B. mind. 10 mm br., ± plan. Äußere Tep. >20 mm. Zwiebel oft >2 cm DM. IV-V (v)
                                                                                      ssp. *imperati* (= var. *major*)
**1+** Herbstblüher (meist X), sonst ähnlich **a+** (*//*)                              ***G. reginae-olgae***
                                                                                      = *G. nivalis* ssp. *r.-o.*
Die Bedeutung der genannten Taxa ist sehr zweifelhaft

## NARCISSUS

**1.** NK einen Tubus bildend, dieser 2x hoch lg wie der DM. Blü. zu 1(-2), ± einheitl. (gold-)gelb (Kulturflüchtling)                                                                    ***N. pseudonarcissus***
**1+** NK höchstens 1/2 so hoch wie der DM, meist anders als die Per.-b. gefärbt
  **2.** Blü. zu 1(-2)(**3+ a+** auch mehr).Tep. weiß, NK orange gesäumt. B. meist 2-3
    **3.** IV-V. NK 2-3 mm hoch. Schaft ± zusammengedrückt, 20-30 cm. B. 4-8 mm br., ± plan
                                                                                              ***N. poeticus***
    **3+** VIII-XI. NK bis 1,5 mm. Schaft zylindrisch, slt. >20 cm. Auch B. zylindrisch, ca 2(-4) mm DM. Xerische Standorte                                                        ***N. serotinus***
Formenreich. Bisw. werden unterschieden:
    **a.** B. s. schmal, fast fädl., nach der Blü. erscheinend. Schaft 1-2-blü.          typ. Form
    **a+** B. bis 4 mm br., mit der Blü. erscheinend. Schaft oft 2-5-blü.              var. *elegans*

**2+** Blü. zu 3-8. Tep. weiß bis hellgelb. NK rein gelb. B. meist 4-6, ± plan, meist >1 cm br. III-V
(slt. auch schon im Winter)          ***Narcissus tazetta***
Formenreich (FIORI nennt 18 subspezif. Taxa!); CL unterscheidet:

  **a.** Tep. weiß, NK gelb. V.a. feuchtes Grasland          ssp. *t.*
                                        incl. ssp. *lacticolor* s. Fen?

  **a+** Tep. gelb(l.). V.a. montanes Grasland und Gebüsch
    **b.** Blü. ±35 mm DM. Tep. rein gelb. B. ausgeprägt glauk. 20-35 cm (*//*)    ssp.*aureus*
                                                       = ssp. *bertolonii*
    **b+** Blü. 35-50 mm DM. Tep. zitronengelb. B. grün. 30-50 cm (*//*)    ssp. *italicus*

## STERNBERGIA

**1.** B. >5 mm br., gleichzeitig mit der Blü. erscheinend. Infl.schaft mind. 4 cm lg. Per.-Röhre <1 cm.
Samen ohne Karunkula                                        ***St. lutea***
**1+** B. <5 mm br., bereits im Frühjahr erscheinend. Infl.schaft z.T. unterirdisch, sichtbarer Teil -2
cm. Per.-Röhre >2 cm. Samen mit Karunkula                    ***St. colchiciflora***

## ANACARDIACEAE

**1.** Zweige rauhaarig. Fied. unpaarig, (7-)11-15(-25), gesägt. Krb. grünl.-weiß. Steinfr. kugelig, 4-6
mm DM, kurz (drüsig) behaart                                 ***Rhus coriaria***
**1+** Zweige fein behaart bis kahl. Fied. (1-)3-10(-12), ganzrandig. Krb. fehlend    ***Pistacia***

## PISTACIA

**1.** B. und jge Äste kahl. Fied. (5-)8-10(-12). Fr. <10 mm lg. Meist strauchig
  **2.** B. paarig gefied., meist mit 8 oder 10 Segmenten, diese 22-30 mm lg und 1/4-1/2 so br. Apikale Fied. hfg versetzt und dann eine Endfieder vortäuschend. Rhachis geflügelt. Infl. ± zylindr.,
  Blü. rotbraun oder gelb. Fr. rötl. oder schwärzlich, ca 4 mm DM         ***P. lentiscus***
  **2+** B. unpaarig gefied., meist mit 7-9 Segmenten, diese meist 30-45 mm lg und halb so br. Rhachis ungeflügelt. Infl. pyramidal. Blü. bräunl. Fr. grünl. bis dunkelrot, ca 7 mm lg   ***P. terebinthus***
**1+** B. (wie die jgen Zweige) fein behaart, mit (1-)3(-5) Fiedern. Fr. 20x8-9 mm, mit essbaren Samen. Nutzbaum (g)                                                 ***P. vera***

## APIACEAE → Umbelliferae

## APOCYNACEAE (excl. Asclepiadaceae)

**1.** Krb. ausgebreitet, vorne schräg abgeschnitten (asymmetrisch)
  **2.** Blü. blau. Pfl. niederliegend. Schattige Standorte                    ***Vinca***
  **2+** Blü. rot, rosa oder weiß, slt. gelbl. B.stiel 5-8 mm, Spr. 9-12x1,5-2 cm. Aufrechter Strauch. An
  Böschungen, in Bachbetten usw. Meist (g)                    ***Nerium oleander***
**1+** Kr. glockig, 6 mm lg. B.stiel 1-2 mm, Spr. 2-4,5x0,5-1 cm. Bis 50 cm hohe Rhizomstaude san-
diger Küsten (*//*)                                          ***Trachomitum venetum***

# VINCA

| | |
|---|---|
| **1.** K.zähne lanzettlich, ca 2-3 mm lg. B. >2x so lg wie br., kahl (v) | ***V. minor*** |
| **1+** K.zähne pfriemlich, ca 10-15 mm. B. meist <2x so lg wie br. B.rand bewimpert | ***V. major*** |

## AQUIFOLIACEAE ILEX

B. wechselständig, jederseits mit 6-8 stacheligen Zähnen (bei alten Exempl. auch ganzrandig), auch unterseits kahl (Unterschied zu Quercus ilex!), glänzend-dunkelgrün. Zweihäusiger Strauch mit roten Beeren    ***I. aquifolium***
Die B. sind normalerweise ca 70-90x45 mm und spitz. Für den Garg. wird auch eine Form mit größeren (ca 100-125x80-90 mm), fast stumpfen B. gemeldet    var. *australis* (= var. *platyphylloides*)

## ARACEAE (excl. Lemnaceae)

*Spatha:* Auffälliges, meist helles Hüllblatt um die kolbenförm. Infl. (=*Spadix*). Diese besteht aus einem basalen fertilen (von der Spatha völlig eingeschlossenem) Abschnitt und einem apikalen sterilen Appendix („Keule")
Die (unteren) karpellaten und die staminaten Blü. folgen bei *Arisarum* direkt aufeinander, bei *Biarum* und *Arum* sind dazwischen fast immer sterile, fädliche Blü. eingeschaltet. Solche finden sich meist auch oberhalb der staminaten Blü. und sind bei *Biarum* auch zu bloßen „Staminodien" reduziert

**1.** B. basal verschmälert oder gestutzt, die oberen linealisch (ca 10-15x1 cm). Spatha 7-20 cm, innen violett, basal zu einem Tubus verwachsen. Spadix 10-40 cm. Fr. weiß    ***Biarum***
**1+** B. herz- oder pfeilförmig
  **2.** Spatha ca 4 cm lg, der obere, spreitige Teil viel kürzer als der röhrenförmige, unten verwachsene Teil, kapuzenförmig eingerollt, weißl., dunkel gestreift. Fr. grünl. X-V    ***Arisarum vulgare***
  **2+** Spatha gelbl., grünl. oder weißl., viel größer. Spreitiger Teil spitz bezipfelt, nicht gestreift. Basaler Teil ± ebenso groß, sich mit den Rändern nur überlappend. Fr. rot    ***Arum***

## ARUM

Von der Alternative **1.**/**1+** ist nur die Form der unterirdischen Organe durchgängig zutreffend
**Lit.:** BEDALOV & al. in Giorn. Bot. Ital. **127**:223-227 (1993)

**1.** Infl.schaft bis ca 0,7x so lg wie d. B.stiel. Spadix dtl. keulenförmig, d.h. apikal ± plötzl. verdickt (meist >0,5 cm), unangenehm riechend. Antheren (meist) gelb. (Ältere) Rhizome horizontal, Stg. nahe an einem Ende entspringend. Infolge seitlicher Auszweigungen des Rhizoms bisw. Herden bildend. III-V
  **2.** Spadix 7-12 cm, Keule meist gelb. Karpellate Zone >15 mm lg. Spatha meist 15-30(-40) cm lg und bis 10 cm br., sehr hell gelbgrün bis fast weiß. Spr. (vom Stielansatz bis zur B.spitze) bis 25 cm, ausgeprägt pfeilförmig, mit konkaven Rändern und auswärts gerichteten Basallappen, mit weißl. Nerven, (meist) ungefleckt, sich im Herbst entwickelnd    ***A. italicum***
  **2+** Spadix <9 cm, Keule meist purpurn bis violett. Karpellate Zone <15 mm. Spatha selten über 10-20x2-5 cm, blassgrün. B. kleiner, Seitenränder der unteren Hälfte parallel. B. oft gefleckt, sich im Frühjahr entwickelnd (*//*)    ***A. maculatum***
**1+** Infl.schaft (10-)15-30 cm, mind. 0,8x so lg wie die B.stiele und wie diese hoch hinauf violett. Spadix 3-8 cm, apikal nur wenig (<0,5 cm) verdickt, apikal violett, ± geruchlos. Spatha grünlichgelb. Antheren purpurn. Spr. slt. >12 cm, ohne weiße Nerven. Rhizom discoid, d.h. ± abgeflachtrundl. und nach oben wachsend, Stg. daher ± der Mitte entspringend und Tochterpflanzen dichte Gruppen bildend. VI-VIII    ***Arum cylindraceum***
= A. (*orientale* ssp.) *lucanum* = A. *alpinum* (ssp. *danicum*)

**BIARUM** Vgl. 1.                                                          **B. tenuifolium** s.l.
Nach BOYCE (in Aroideana **29**:2-36, 2006) kommen für das Gebiet („S-Italy") 2 ssp. in Betracht:
**a.** Staminodien (vgl. Anm. zur Fam.) hakenförm. Spatha verlängert, braun. Spadix >2x so lg wie die Spatha, niederliegend. Spr. schmal-lanzeolat bis linealisch, >15 cm lg, nach den Blü. erscheinend. Herbstblüher                                                          ssp. *t.*
**a+** Staminodien stiftförm. Spatha kurz, rötl. oder schwarzpurpurn. Spadix <2x so lg wie die Spatha, aufrecht. Spr. lanzeolat-elliptisch, aufrecht, -10 cm lg, mit den Blü. erscheinend. Frühjahrsblüher
(*//*)                                                          ssp. *abbreviatum*
                                                          = *B. cupanianum*
Die Berechtigung der Taxa wird auch bestritten


## ARALIACEAE   HEDERA

Pfl. mit Wurzeln kletternd oder am Boden kriechend. B. immergrün, zunächst 5-lappig, bei Pfl. mit Blü. oder Fr. ungelappt. Blü. klein, in Dolden                                        *H. helix*
Die reifen Fr. sind normalerweise dunkelviolett bis schwärzlich und haben einen DM von 5-8(-10) mm (ssp. *h.*). Eine bisw. verwilderte Zierpfl. (ssp. *poetarum*) hat goldfarbene, meist größere Fr.


## ARISTOLOCHIACEAE   ARISTOLOCHIA

Die Blüten bestehen (von unten nach oben) aus einem schmalen unterständigen Frkn., einer basalen Anschwellung des Per. (Utriculus), einem schmalen, sich (im Gebiet) nach oben zu erweiternden Tubus und einer ± flachen, spitz zulaufenden Zunge
Lit.: NARDI in Webbia **38**:221-300 (1984); MARTINI in Giorn. Bot. Ital. **124**:731-743 (1990)

**1.** Blü. gelb, zu 2-vielen in achselständigen Büscheln. Pfl. aufrecht, 20-100 cm (Garg. fragl.)
                                                          *A. clematitis*
**1+** Blü. einzeln in den Blattachseln. Pfl. slt. über 50 cm
   **2.** B. ± sitzend (B.stiel 0-3 mm), dtl. stg.umfassend, oberseits kahl. Blü.stiel 3-15 mm, (viel) lger als der entsprechende B.stiel. Fr. kugelig, 10-20 mm DM (v)                        *A. rotunda*
   **2+** B.stiel (2-)5-20(-30) mm, zumind. so lg wie d. Blü.stiel (diesen nicht mit dem schmalen unterständigen Frkn. verwechseln!). B. oberseits (immer?) spärl. behaart. Fr. längl. u./od. >20 mm DM
      **3.** Tubus -18 mm, im oberen Drittel nach außen gebeult („gebuckelt"). Blü.stiel 1-4 mm. Zunge lger als der Tubus. Knolle zylindrisch                                        *A. clusii*
                                                          = *A. longa* s. Pg (und Fen?), vgl. unten
      **3+** Tubus 10-45 mm, nicht gebuckelt (höchstens leicht gerundet). Blü.stiel 1-20 mm. Knolle ± kugelig (*A. pallida* s. Fen und Pg)
      Die Knollenform ist das einzige durchgängige Unterscheidungsmerkmal, in der Praxis aber kaum zugänglich
         **4.** Zunge („Z") meist 17-25 mm lg, Tubus („T") meist <20 mm lg. Z/T=1-1,6(-1,9)(*//*)
                                                          *A. pallida* s.str.
         **4+** Zunge meist 14-20 mm, Tubus (16-)19-28(-40) mm. Z/T=0,6-0,9                *A. lutea*
         Die Zungen*breite* ist – zumind. am Garg. – keine Unterscheidungsmerkmal
Nach CL2 ist „*A. longa* auct. Fl. Ital." ein Synonym zu *A. lutea*. Anders NARDI l.c. – *A. longa* s. Pg und FE 1:74 (in der 1., d.h. der FENAROLI vorliegenden Aufl.!) jedenfalls ist durch ein zylindrische Knolle gekennzeichnet und damit *A. clusii* zugehörig

## ASCLEPIADACEAE

Die *Asclepiadaceae* werden heute in die *Apocynaceae* eingeschlossen

**1.** B. 1-4 cm gestielt, herz- bis pfeilförmig, etwa 1,5-2x so lg wie br. Infl. doldig. Blü. weißl.-rosa, zwischen den Kr.zipfeln linealische Anhängsel. Verholzte Liane. VII-VIII   ***Cynanchum acutum***
*incl. var. monspeliacum*

**1+** B. basal gerundet, höchstens kurz gestielt. Kr. ohne Anhängsel. Ab V

**2.** Holzige Liane mit ovaten B. (größte B.br. also etwa in der Mitte). Kr. rötl., 2 cm DM. Fr. meist >10 cm lg (Garg. fragl.; (v))   ***Periploca graeca***

**2+** Aufrechte Staude. Größte B.br. nahe der Spr.basis. Kr. <1 cm DM. Fr. <5 cm
***Vincetoxicum hirundinaria***

**a.** Blü. cremeweiß. B. kurz zugespitzt. Pfl. behaart bis fast kahl, -120 cm   ssp. *h.*

**a+** Blü. gelbl., beim Trocknen nachdunkelnd. B. spitz. Pfl. stets fein behaart, -50 cm (Garg. mögl.)   ssp. *adriaticum*

## ASTERACEAE → Compositae

## BETULACEAE (excl. Corylaceae)

**1.** Borke dunkel. Junge Zweige klebrig. Spr.basis ± herzförmig. Domatium gelbl., sich auffällig vom kahlen Blatt abhebend. Beim Trocknen sich schwärzend (*H*; (g)?)   ***Alnus cordata***

**1+** Borke ± weiß. Junge Zweige warzig. B. im Umriss ± 3-eckig, drüsig. Spr.grund ± gestutzt (*//*)
***Betula pendula***

## BORAGINACEAE

*Schlundschuppen:* Einfaltungen am oberen Rand der Kr.röhre
*Tlfr.:*   entspricht „Klause" ((2-)4 pro Fr.)

**1.** Kr. radförmig, himmelblau, meist >1 cm DM, mit sehr kurzem Tubus. Konnektiv mit hornartigem Fortsatz. K. nur an d. Basis verwachsen, mit 8-13 mm lgen Zipfeln   ***Borago officinalis***

**1+** Kr.tubus wohl entwickelt, bisw. aber kurz. Konnektiv ohne Anhängsel

  **2.** Kr.tubus gekrümmt, Blü. daher zygomorph. Pfl. (meist) ein- bis zweij.

    **3.** Kr. blauviolett, mit 5 Schlundschuppen. Narbe kopfig. B. gezähnt, Zähne mit aufgesetzter Stachelborste von bis >2 mm Lge. Tlfr. mit Netzmuster. II-VI   ***Anchusella***

    **3+** Kr. ohne Schlundschuppen. Narbe zweispaltig. B. ganzrandig   ***Echium***

  **2+** Kr.tubus gerade, Blü. radiär

    **4.** Pfl. nur an d. B.rändern mit Borstenhaaren, B. sonst kahl (oberseits jedoch mit weißlichen Höckerchen). Tlfr. zu je 2 verbunden bleibend. Kr. 15-22 mm, langröhrig, meist ± gelb, jedenfalls nicht blau. B. stg.umfassend   ***Cerinthe***

    **4+** B. auch auf der Fläche (borstig) behaart

      **5.** Blü. einzeln b.achselständig. Obere B. ± gegenständig. Tragb. zur Fr.zeit mit 2 großen und wenigen kleinen Zähnen. Kr. purpur bis violett, 2-3 mm DM. K. z. Fr.zeit mehrfach vergrößert, auf herabgekrümmten Stielen (v)   ***Asperugo procumbens***

      **5+** Pfl. anders

        **6.** Tlfr. zumind. an den Kanten bestachelt. Kr. nicht weißl. oder gelbl.

**7.** Staubb. die Kr. überragend. Kr.röhre 2, Kr.saum 4-5 mm. Blü. weinrot-bräunl. Stg. >50 cm hoch, lg weichwollig behaart, an der Basis auf etwa 1,5 cm verdickt. Nur in höheren Lagen (v)   *Solenanthus apenninus*

**7+** Staubb. von der Kr. eingeschlossen. Pfl. meist ± grauhaarig

**8.** Tlfr. nur an den Kanten mit ankerähnl. Hakenstacheln. Blü. hellblau, 3-4 mm DM, vergissmeinnichtähnl. Infl. mit Tragb. 5-40 cm (//)   *Lappula squarrosa*

**8+** Tlfr. auf ihrer gesamten Außenseite bestachelt (Stacheln aber nicht immer gleich groß). Blü. größer   *Cynoglossum*

**6+** Tlfr. nicht bestachelt, höchstens warzig. Kr.röhre stets lger als ihr DM

**9.** Kr.zipfel die Richtung d. Kr.röhre fortsetzend (d.h. nach vorne gestreckt), oft s. klein. B. nicht stg.umfassend

**10.** B. <1(,5) cm br., fast parallelrandig. Blü. blassgelb, ohne Schlundschuppen. Trockene Standorte   *Onosma*

**10+** B. breiter, mit bogigem Rand. Blü. rötl., bläul. od. gelbl., mit Schlundschuppen. Oft schattige oder feuchte Standorte   *Symphytum*

**9+** Kr.zipfel ausgebreitet oder trichterförmig

**11.** Blü. weißl. od. gelbl.

**12.** Frkn. anfangs ungeteilt, Gr. somit apikal-endständig (nicht zwischen den Tlfr. eingesenkt). Teilinfl. dichtblü., einseitswendige, zurückgekrümmte „Ähren". Kr.röhre innen weder mit Schlundschuppen noch mit Haarbüscheln. Fr. mit einzelnen großen Warzen   *Heliotropium europaeum*

**12+** Frkn. vierteilig (mehrere Blü. überprüfen). Gr. im Zentrum eingesenkt. Infl. locker, durchblättert   *Lithospermum*

**11+** Blü. purpurn oder blau (weiße Mutanten mögl.)

**13.** Narbe gespalten, Staubb. ungleich lg. Pfl. ein- bis zweij. vgl. **3+**   *Echium* (*arenarium* und *parviflorum*)

**13+** Narbe kopfig

**14.** Infl. ohne Tragb. (slt. die untersten Blü. mit Tragb., dann Blü. nur ca 3 mm DM), einer ± lockeren Traube ähnl. Blü. -7 mm DM. Fr. glatt, dunkel   *Myosotis*

**14+** Infl. mit Tragb. Blü. oft größer

**15.** Kr.röhre ohne Schlundschuppen, aber mit Haarbüschel oder -ring. Blü. oft anfangs ± rot, später ± blau. Tlfr. 3-5 mm, glatt. Pfl. mehrj., meist in Gehölzen

**16.** B. alle ungestielt, ±1 cm br. Kr.zipfel radförm. ausgebreitet. Niederliegende, an d. Spitze bisw. einwurzelnde Stg.   *Lithospermum* s.l. (*Buglossoides purpureo-caeruleum*)

**16+** Grundb. gestielt od. in einen Stiel verschmälert, >3 cm br. Kr.zipfel trichterförm. Rhizompfl.   *Pulmonaria*

**15+** Kr.röhre mit kahlen od. behaarten Schlundschuppen. Tlfr. netzig od. grubig

**17.** Schlundschuppen kahl. Tlfr. meist 2, kurz gestielt. K. fast vollständig in 6 mm lge Zipfel geteilt. Pfl. etwas prostrat, daher meist nur 20 cm Höhe erreichend, mit abstehenden, ± stechenden Borsten, diese 1,5-2 mm lg. Stg.basis verholzt, unter der Rinde wie die Wurzeln braunpurpurn. III-V   *Alkanna tinctoria*

**17+** Schlundschuppen behaart. Tlfr. meist 3-4, einem basalen Kragen aufsitzend. Pfl. (meist) über 20 cm, aufrecht. Ab (IV) V   *Anchusa*

**ALKANNA** Vgl. **17.**   *A. tinctoria* = *A. tuberculata*

**ANCHUSA** (excl. **Anchusella**)
Lit.: SELVI & BIGAZZI in Plant Biosystems **132**:113-142 (1998)

**1.** Behaarung dimorph: Neben einer kurzen, feinen Behaarung auch steife, einem Knötchen aufsitzende, -3 mm lge Borsten. Tlfr. graubraun
**2.** Kr. 9-15 mm DM. K. bis fast zum Grund gespalten, z. Fr.zeit -20 mm. Tlfr. 6-8x2-3 mm
                                                                                                  **A. azurea**
                                                                                                  = *A. italica*
**2+** Kr. 4-8 mm DM. K. höchstens bis zur Hälfte gespalten, z. Fr.zeit -15 mm. Tlfr. ca 2-3x4mm
                                                                                                  **A. undulata** ssp. *hybrida*
                                                                                                  = *A. hybrida* s. Pg
**1+** Stg. mit meist ± weichen, abstehenden od. aufwärtsgerichteten Haaren von 1-1,7 mm Lge, ohne steife Borsten. Kr. 7-10 mm DM. K. zu ca 1/2 oder etwas tiefer gespalten, zur Fr.zeit bis 12 mm. Tlfr. dunkelbraun, 2-3x4-5 mm (*//*)                                              **A. officinalis**

**ANCHUSELLA** (= Anchusa p.p.) Vgl. **3.**                                                        **A. cretica**
                                                                                                  = *Anchusa c.* = *Anchusa variegata* s. Fen
*Anchusa variegata* s. FE und anderen ist ein Endemit der Ägäis. – Im Gegensatz zu gängigen Bestimmungsschlüsseln haben die Einzelblüten hoch hinauf linealische Tragb.

**ASPERUGO** Vgl. **5.** (v)                                                                       **A. procumbens**

**BORAGO** Vgl. **1.**                                                                             **B. officinalis**

**BUGLOSSOIDES** → **Lithospermum** s.l.

**CERINTHE** Vgl. **4.**                                                                           **C. major**
**a.** Antheren von der Kr.röhre meist eingeschlossen. Tlfr. ca 5-7x4-5 mm                         ssp. *m.*
**a+** Antheren wenig, aber dtl. herausragend. Tlfr. ca 2,5-4,5x2-3 (Garg. mögl.)                  ssp. *gymnandra*
Das Merkmal „Antheren" ist nicht sehr zuverlässig. Mehrere Blü. überprüfen! Ob das Merkmal Tlfr.-Größe auch für italienisches Material zutrifft, ist nicht erwiesen. Die Farbe der Kr. wird unterschiedl. angegeben

**CYNOGLOSSUM**

**1.** Infl. mit 1-2 cm lgen Tragb. Blü. 8-9 mm, erst ± rot, dann blau od. violett. Fr.stiel 10-15 mm, gekrümmt (Fr. deshalb abstehend). Meist <25 cm hoch                                             **C. cheirifolium**
**1+** Infl. ohne Tragb. Fr.stiel meist <10 mm. 15-80 cm
    **2.** Blü. ± graublau, mit dunkelviolettem, feinem Adernetz. Grundb. 2-3 cm br. Tlfr. ohne verdicktem Rand, daher oberseits konvex. Fr. zurückgekrümmt                                              **C. creticum**
    **2+** Blü. blau bis purpurn. Tlfr. mit verdicktem Rand, daher plan bis konkav. Fr.stiel abstehend bis aufrecht
        **3.** Blü. (trüb-)purpurn. Blü.k. 4-6 mm, Fr.k. 10 mm, mit stumpf-ovalen Zähnen. Grundb. 5-6 cm br. Tlfr. 5-7 mm, Stacheln gleich groß (zentral aber bisw. weniger). Fr.stiel 5-7 mm (*//*)
                                                                                                  **C. officinale**
        **3+** Blü. dunkelblau. K. 3 bzw. 5 mm, mit sehr schmalen Zipfeln. Grundb. -1 cm br. Tlfr. 7-10 mm, randl. Stacheln größer als die zentralen. Fr.stiel 3-5 mm (*//*)                            **C. columnae**

# ECHIUM

**1.** Alle Staubb. von d. Kr. eingeschlossen. Kr. meist 8-14 mm, 1-2x so lg wie d. K., oft nur sehr schwach zygomorph. Pfl. niederliegend-aufsteigend. III-V

**2.** Kr. dunkelblau, meist 6-10 mm. K. z. Blü.zeit 5-7 mm, zur Fr.zeit nur bis 11 mm vergrößert, die K. zipfel lineal-lanzeolat, nicht spreizend.. Basale B. slt. >5x1 cm. -20 cm. Oft in Küstennähe
*E. arenarium*

**2+** Kr. hellblau, meist 10-14 mm. K. anfangs 6-8, zur Fr.zeit bis auf 15(-20) mm vergrößert und mit spreizenden ovat-lanzeolaten Zipfeln. Basale B. meist 4-12x1-2,5 cm. -40 cm. Formenreich
*E. parviflorum*
incl. var. *tenorei*

Wenn K. schon zur Blü.zeit 8-10 mm und Blü. dtl. zygomorph vgl. auch Anm. zu **6+**     *E. sabulicola*

**1+** Zumind. 1-2 Staubb. die Kr. überragend. Diese meist 2-4x so lg wie d. K., stets dtl. zygomorph (Alternativschlüssel beachten)

**3.** Kr. zur Zeit der Vollblü. hell (bläul., weißl., fleischfarben oder rosa; getrocknet oft verbraunt oder mattgrau), bis 18 mm. 4-5 Staubb. weit herausragend

**4.** Kr. 8-12 mm, blass. Filamente und Antheren hell. Oft nur eine endständige (aber sehr große) Infl. vorhanden     *E. italicum*

CL unterscheidet 3 ssp. Davon sind am Garg. mögl.:

   **a.** Seitenzweige (Wickel) der endständigen Haupt-Infl. nur ausnahmsweise verzweigt, zuletzt bis ca 10 cm lg. Gesamte Infl. zur Blü.zeit fast zylindr., <50 cm lg und ca 5 cm br., zur Fr.zeit dtl. breiter     ssp. *i.*

   **a+** Zahlreiche Wickel verzweigt, zuletzt 15-20 cm lg. Infl. dtl. pyramidenförm., größer     ssp. *biebersteinii*

**4+** Kr. 13-18 mm, fleischfarben. Filamente rötl., Antheren bläul. Infl. basal meist mit kräftigen Seitenachsen     *E. asperrimum*

**3+** Kr. zur Zeit der Vollblü. dunkler (blau, violett u./od. purpurrot, auch getrocknet bläul. oder rötl.; während des Aufblühens auch rosa), (7-)10-30 mm

**5.** Kr. 15-30 mm, nur auf d. Nerven und am Rand behaart. Meist nur 1-2 Staubb. weit heraus-ragend, diese spärl. behaart. K. z. Blü.zeit 7-10 mm, später bis auf 15 mm verlängert. Grundb. meist 3-4x so lg wie br., mit dtl. Seitennerven. Stg. und B. mit ± weichen Haaren
*E. plantagineum*

**5+** Kr. meist ± gleichmäßig behaart, Grundb. meist schmäler, ohne dtl. Seitennerven. Stg. u./od. B. (auch) mit abstehenden, einem Knötchen aufsitzenden z.T. fast stechenden Borsten

**6.** Pfl. aufrecht. Meist 4-5 Staubb. (weit) herausragend (außer bei „var. *parviflorum*" s.d.), die-se völlig kahl. K. z. Blü.zeit 5-8 mm, z. Fr.zeit nicht wesentl. vergrößert. Tlfr. unregelmäßig gemustert     *E. vulgare*

Formenreich. Taxonomische Gliederung nach CL:

   **a.** Stg. mit Haaren und mäßig zahlreichen Borsten, diese auf einem blauen od. rötl. Knöt-chen sitzend. Kr. meist 15-20 mm, Kr.tubus < K. Tlfr. an den Kanten gezähnelt, an den Seiten gekörnelt     ssp. *v.*

   Bei Exemplaren mit einer Kr.-Lge von 7(-10) mm und mit Stamina < Oberlippe (var. *parviflorum*; nicht **2+** *E. parviflorum*!) handelt es sich wahrscheinlich nur um funktional weibliche Exemplare der ssp. *v.*

   **a+** Stg.borsten dicht (Pfl. daher ± graugrün), stechend, (auch) auf weißl. Knötchen. B. schmäler, randl. ± wulstig umgerollt, mit dtl. vorspringendem Mittelnerv. Kr. (15-)20-25 mm, Tubus so lg wie oder lger als der K. Tlfr. mit Höckerchen     ssp. *pustulatum*
= *E. v.* ssp. *grandiflorum* s. Fen.

**6+** Pfl. aufsteigend, sltener auch prostrat. Meist (vgl. unten) 1-2 Staubb. herausragend, diese bisw. behaart. Kr. 12-22 mm, K. 8-10 mm zur Blü.zeit, später auf 15-17 mm vergrößert, dicht weißborstig. Tlfr. gleichmäßig fein gepunktet. III-V (//)     *E. sabulicola*

Bei kleinblü. Exemplaren können auch alle Staubb. von der Krone eingeschlossen sein. Es handelt sich hier wohl um die gleiche Erscheinung wie bei „var. *parviflorum*" von **6. a.** *E. vulgare*

*Alternativschlüssel:*
Der Schlüssel verzichtet auf die Verwendung der Blü.farbe als diakritisches Merkmal

**1a** Alle Staubb. von d. Kr. eingeschlossen. Kr. meist 8-14 mm, kaum zygomorph    vgl. oben **1.**
**1b** 1-2 Staubb. herausragend. Kr. 12-30 mm. K. z. Blü.zeit 7-10 mm, z. Fr.zeit bis auf 17 mm verlängert. Ab III

**2.** Kr. nur auf den Nerven und am Rand behaart. Staubb. spärl. behaart. Stg. weichborstig. Pfl. aufrecht, ein- bis zweij.                                                          *Echium plantagineum*
**2+** Kr. ± gleichmäßig behaart. Staubb. behaart oder kahl. Pfl. aufsteigend, zwei- bis mehrj.
                                                                                      *E. sabulicola*
**1c** 4-5 Staubb. herausragend. Kr. 8-25 mm, ± überall behaart. K. z. Blü.zeit 6-7 mm, z. Fr.zeit höchstens bis 12 mm vergrößert. Stg. starkborstig. Pfl. zweij.

**3a** Kr. (8-)10-12 mm, außen mit Flaumhaaren und (bes. apikal) mit -1 mm lgen Borsten. K. dicht mit lgen Borsten besetzt, diese die kurzen Haare fast verdeckend. Infl. auffällig groß, oft ± pyramidal, aber basal nur slt. mit wohl ausgebildeten Seitenzweigen. Borsten oft gelbl., auf hellen Knötchen. Ab IV                                                                 *E. italicum*
**3b** Kr. 13-18 mm, sonst wie **3a**. Infl. basal meist mit Seitenzweigen. Borsten weiß, dicht stehend, dtl. stechend, auf hellen Knötchen. III-VI                                          *E. asperrimum*
**3c** Kr. (meist) 15-25 mm, ± nur mit Flaumhaaren. K. dicht kurz behaart mit zstr. lgen Borsten. Infl. zylindrisch. Stg.borsten mäßig dicht, weniger stechend, meist z.T. auf dunklen Knötchen bzw. Stg. dunkel gefleckt. Ab IV                                                          *E. vulgare*
Weitere Gliederung von **3a** und **3c** s. Hauptschlüssel

**HELIOTROPIUM** Vgl. **12.**                                                       *H. europaeum*

**LAPPULA** Vgl. **8.** (//)                                                        *L. squarrosa*

**LITHOSPERMUM** s.l. (= **Buglossoides** und **Lithospermum** s.str.)

**1.** Kr. weißl. oder gelbl. Wenn (slt.) ± blau, <10 mm lg. Pfl. ± aufrecht
**2.** Kr.röhre durch Schlundschuppen verschlossen. K. mit stumpfen Zipfeln, z. Fr.zeit 4-6 mm. Reife Tlfr. glatt, glänzend weiß. Pfl. mehrj., 30-100 cm, meist in Gebüschen und Wäldern. V-VII
                                                                       *Lithospermum officinale*
**2+** Kr.röhre mit Haarbüscheln anstatt von Schlundschuppen. K. mit spitzen Zipfeln, z. Fr.zeit 7-10 mm. Tlfr. braun, tuberkulat. Einj., 10-50 cm. Pfl. offener Standorte. I-VI (*Buglossoides (L.) arvensis* s. FE; evtl. Or.-Lit.!)
**3.** K. zur Blü.zeit mind. so lg wie der Kr.tubus. Kr. 6-9 mm lg, nicht rein blau. Tlfr. 2,5-4 mm, mit dtl. Tuberkeln. Fr.stiele apikal nicht oder nur wenig verdickt. B. bis 8 mm br. Stg. 20-50 cm, meist einzeln und aufrecht (für das Gebiet wahrscheinlich) *Buglossoides (L.) arvensis* s.str.
**3+** K. dtl. kürzer als der Kr.tubus. Kr. meist 4-7 mm, blau. Tlfr. 1,5-2,5 mm, Tuberkeln klein, flach. Fr.stiele apikal verdickt. B. slt. >4 mm br. Stg. meist zahlreich, slt. >20 cm, oft reich verzweigt und dann die seitl. Äste niederliegend-aufsteigend (Garg. mögl.)
                                                                   *Buglossoides incrassata* ssp. *i.*
                                                                        = *B.* = *L. gasparrinii* (p.p.)
**1+** Kr. tiefblau oder rötl., 14-20 mm lg, sonst ähnl. **2+**. Tlfr. ähnl. **2.** Niederliegende, an d. Spitze bisw. einwurzelnde Stg. Pfl. mehrj. Säume und lichte Gehölze
                                                              *Buglossoides (L.) purpureo-caeruleum*

# MYOSOTIS

**1.** Haare am K. alle gerade, aufrecht-angedrückt

**2.** Pfl. einj., 5-20 cm hoch. Blü. 3 mm DM. B. oberseits mit schräg abstehenden Haaren. Unterste Blü. mit Tragb. Fr.stiel oberwärts verdickt. Tlfr. <1,5 mm. ± Trockene Standorte. III-V **M. incrassata**

**2+** Pfl. mehrj., meist >20 cm hoch. Blü. 4-8 mm DM. B. oberseits angedrückt behaart. Tlfr. >1,5 mm. Feuchte Standorte. Ab VI (*M. scorpioides*-Gruppe)

**3.** Pfl. mit kriechender Grundachse. B.unterseite kahl oder mit 0,3 mm lgen, zur B.spitze gerichteten Haaren. Stg. stumpfkantig, unten meist aufrecht-abstehend behaart. Blü. bis 8 mm DM, Tlfr. bis 1,2 mm br. (*//*; mit der folgenden verwechselt?) **M. scorpioides**

**3+** Pfl. meist ohne kriechender Grundachse. (Basale) B. mit 0,6-1 mm lgen abstehenden bis rückwärts gerichteten Haaren. Stg. scharfkantig, unten oft abwärts-abstehend behaart. Blü. 4-6 mm DM, Tlfr. bis 0,8 mm br. (Garg. mögl.) **M. nemorosa**

**1+** K.haare zumind. teilweise hakig

**4.** Pfl. mehrj., Kr. mit radförmig ausgebreiteten Zipfeln, außer **b.** 5-9 mm DM. Fr.stiel (nicht Blü.-stiel!) (viel) lger als der K. Tlfr. 1,6-1,8x1-1,2 mm. B. bis 3 cm br. Pollenkörner 6,5 µm lg. Meist schattige Standorte **M. sylvatica**

    **a.** Fr.stiele bis 7(-8) mm

    **b.** Kr. nur bis 4 mm DM. K.zipfel so lg wie der Kr.tubus. Fr.k. offen (wenn geschlossen, vgl. auch **5.** *M. arvensis*). V-VII ssp. *subarvensis*

    **b+** Kr. (5-)6-7(-9) mm DM

    **c.** Hakenhaare am K. sehr dicht, K. desh. silbrig. K. lger als der Kr.tubus. Tlfr. ca 1,8x so lg wie br. Pfl. oft <25 cm. VI-VIII ssp. *cyanea*

    **c+** Hakenhaare am K. spärl. K. so lg wie der Kr.tubus. Tlfr. 1,2 mm br. und nur bis 1,5x so lg (nur bei dieser ssp. so!). Pfl. oft größer. VI-IX (Garg. fragl.) ssp. *s.*

    **a+** Untere Fr.stiele 8-15 mm, sehr zart. Fr.k. groß, sich kaum von den Stielen lösend. Pfl. kräftig, bisw. bis >40 cm hoch. Kr. 7(-9) mm DM. IV-VI (*H*) ssp. *elongata*

**4+** Pfl. ein- (bis zwei-)j. Kr. trichtrig, (1-)2-4(-5) mm DM. Fr.stiel lger bis kürzer als die K.

    **5.** Fr.stiele 1,5-3x so lg wie der K. Fr.stand etwa so lg wie der beblätt. Teil des Stg. Kr. 3-4 mm DM. Blü.k. 2-2,5, Fr.k. 4-5 mm, frisch geschlossen (wenn offen, vgl. auch **4. b.**). Reife Tlfr. schwärzl., 1,5-2,5 mm. Pollenkörner ca 10.5 µm (vgl. **4.**). Bis 30 (40) cm, oft schon von Grund an verzweigt **M. arvensis**

    **5+** Fr.stiele kürzer bis wenig lger als der K. Fr.stand (viel) lger als der beblätt. Teil des Stg. Kr. (1-)2-3 mm DM. Tlfr. <1,5 mm. Pfl. wenig und meist erst über der Mitte verzweigt

    **6.** Kr. von Anfang an blau. Kr.röhre < K. Reife Tlfr. (hell)braun. Blü.k. 1,5, Fr.k. 3-4 mm, geöffnet (Zipfel spreizend). Fr.stiel ± waagrecht abstehend, ± so lg wie der K. **M. ramosissima**

    **6+** Saum der Kr. zunächst gelbl., später ± rötlich und zuletzt blau. Kr.röhre zuletzt (!) doppelt so lg wie der zur Fr.zeit geschlossene K. Tlfr. schwarzbraun. Fr.stiele meist dtl. < als der K., schräg abstehend (Garg. fragl.) **M. discolor**

## ONOSMA

Die Gattung wird vielfach auch als Neutrum geführt

Lit.: PERUZZI & PASSALACQUA in Inform. Bot. Ital. **36**:162-164 (2004); Abb. der Haare in Pg **2**:400

**1.** Borstenhaare auf der B.oberfläche 1-1,5 mm lg, an der Basis mit 10-20 sternförmig ausgebreiteten Strahlen (*asterosetole*), diese 0,3-0,6 mm (also 1/3-1/4 so lg wie die Borste). Zwischen den Borstenhaaren keine einzelnen, kürzere Haare. Kr. außen ± gleichmäßig dicht behaart (*O. echioides* s.l.)

Die diskriminierenden Merkmale innerhalb der Sammelart sind unbefriedigend. Für den Garg. sind nachgewiesen:

**2.** Pfl. graugrün. Stg.borsten mäßig dicht, in der Mehrzahl abstehend. B. 2-3(-5) mm br., randl. teilweise zurückgerollt. Die oberen B. oft mit erweiterter Basis (5-8 mm) und dann fast schmal 3-eckig und halbstg.umfassend. Kr. wachsgelb                    ***Onosma echioides*** s.str.
= *O. e.* ssp. *columnae*
**2+** Pfl. weißgrau bis grünweiß. Stg.borsten sehr dicht, in der Mehrzahl anliegend. B. (1-)2-2,5(-3) mm br., oberseits gänzlich mit Sternhaaren bedeckt, basal nicht erweitert. Kr. crèmefarben
***O. angustifolia***
= *O. echioides* ssp. *a.*
**1+** Borstenhaare 1,5-2 mm, Strahlen meist 5-10, jeweils 0,1(-0,3) mm (also weniger als 1/5). Zwischen den Borsten auch dtl. kürzere Haare ohne Strahlen. Kr. außen papillös, aber nur an den Zähnen behaart (*//*)                    ***O. helvetica*** ssp. *lucana*

## PULMONARIA
**Lit.:** PUPPI & CRISTOFOLINI in Webbia **51**:1-20 (1996)

**1a** Sommerb. 10-25x5-10 cm, oberseits grün, bisw. gefleckt. Spr.basis in den Stiel verschmälert bis fast gestutzt, jedenfalls nicht cordat
**2.** Sommerb. mit dichtem Indument von kurzen (0,3-0,5 mm lgen) Haaren (diese bis zu 80 % des Induments ausmachend). Lgere Borsten zerstreut. Spr. meist undeutl. oder kaum gefleckt (dann aber Flecken meist scharf umgrenzt), gewellt, zml. plötzl. in den Stiel verschmälert. Infl. drüsig-klebrig. Kr.röhre innen meist ziemlich dicht behaart. Rhizom verlängert       ***P. apennina***
= *P. vallarsae* s. Fen, Pg usw. p.p.
*P. vallarsae* s.str. wird heute als endemisches Taxon der südöstl. Alpen betrachtet
**2+** Sommerb. mit zahlreichen kurzen (25-50%) und lgen Borsten. Spr. meist dtl. gefleckt (Flecken aber oft mit unscharfen Grenzen), meist nicht gewellt, allmählich in den Stiel verschmälert. Infl. spärl. drüsig, nicht klebrig. Kr.röhre innen spärlich behaart oder verkahlend. Rhizom kompakt (*//*)                    ***P. hirta***
= *P. saccharata* s. Pg = *P. picta*
Die „echte" *P. saccharata* kommt in Italien nicht vor. Auch die folgenden Taxa sind sicher Fehlmeldungen:
**1b** Basis der Sommerb. cordat, B. meist gefleckt. Kr. erst rot, später blauviolett       ***P. officinalis***
**1c** Sommerb. in den Stiel verschmälert, stets ungefleckt, frisch oberseits mit Grauschimmer. Kr. lila, nur s. slt. rot (~~CL~~)                    ***P. mollis***
hierzu: *P. molissima* s. Fen. (~~CL~~) und *P. montana* auct. (~~CL~~)

## SOLENANTHUS   Vgl. 7. (v)                    ***S. apenninus***

## SYMPHYTUM
**Lit.:** BOTTEGA & GARBARI in Webbia **58**:243-280 (2003)

**1.** Stg. von herablaufenden B. zur Gänze geflügelt. Kr.tubus 13-15 mm, meist ± violett, slt. weiß oder blassgelb. Filamente etwa so lg wie Antheren. Tlfr. glatt, glänzend. Stg. einer mehrköpfigen Rübe entspringend, daher oft in Gruppen. (30-)50-100 cm. V-VII (*//*)       ***S. officinale***
**1+** B. wenig herablaufend, Stg. deshalb nur in Teilen geflügelt. Blü. stets blassgelb. Tlfr. runzelig. Mit knotigem Rhizom, Stg. daher vereinzelt. Meist 15-40 cm. III-IV
**2.** Schlundschuppen < Kr.zipfel. K. (zur Blü.zeit!) 7-10, Kr. 15-20 mm (slt. kürzer, dann Verwechslungsgefahr mit **2+**). Filamente dtl. kürzer als die Antheren. Stg. mit wenigen Borsten von 1-1,2 mm. Rhizom verdickt, mit unregelmäßigen Knollen                    ***S. tuberosum***
Nach CL einzige Sippe in Italien!                    ssp. *angustifolium* (= ssp. *nodosum*)
**2+** Schlundschuppen die Kr.zipfel dtl. (1-3 mm) überragend. K. 6-7, Kr. (7-)10-12(-15) mm. Filamente etwa so lg wie d. Antheren. Stg.borsten 1,5-2 mm. Rhizom dünn, mit entferntstehenden rundlichen Knollen                    ***S. bulbosum***

## BRASSICACEAE → Cruciferae

## BUXACEAE BUXUS

Blü. gelbl., meist 4-zlg, eingeschlechtlich. Fr. eine oberständige, 3-grifflige Kapsel, zur Reife in 3 zweihörnige Teile zerfallend. B. immergrün, gegenständig. III-IV   **B. sempervirens**

## CACTACEAE OPUNTIA

1. Sprossglieder >20 cm lg. Pfl. >1 m hoch. IV-VI
2. Stacheln auf den Knötchen der Sprossglieder meist zu 0-2, insgesamt slt., bis 1 cm lg, daneben mit gelben Borsten. Fr. 5-9 cm lg, essbar (g)   **O. ficus-indica**
2+ Stacheln zu (1-)4-6 gebüschelt, bis 3 cm. Fr. kleiner (g)   **O. amyclaea**
   **= O. maxima**
1+ Sprossglieder <15 cm. Pfl. <0,5 m, niederliegend. Stacheln einzeln, 1-2 cm lg. VI-VII (Garg. mögl.)   **O. humifusa**

## CALLITRICHACEAE CALLITRICHE
Die *Callitrichaceae* werden heute meist in die *Plantaginaceae* eingeschlossen
Landformen lassen sich nur nach den Fruchtmerkmalen bestimmen
Die Schildhaare lassen sich mit starker Vergrößerung am besten am Stg. in der Nähe der Knoten erkennen

1. Schwimmb. 2-6 mm lg oder Schwimmb.-Rosette fehlend. Blü. alle unter Wasser. Pollenkörner farblos. Fr. 1-1,4 mm lg, vor allem bei Landformen bis 13 mm gestielt. Tlfr. (Klausen) elliptisch, schmal geflügelt. Gr. zurückgeschlagen und der Fr. angedrückt. Schildhaare mit elliptischer Scheibe, 8-16-zellig   **C. brutia**
1+ Schwimmb.-Rosette stets vorhanden. Schwimmb. >4 mm lg. Blü. (auch) über Wasser. Pollenkörner gelb. Alle Fr. fast sitzend. Gr. nicht der Fr. angedrückt. Schildhaare mit runder Scheibe
2. Fr. rundl., ca 1,7 mm DM, (hell-)braun. Klausen breit geflügelt. Gr. -3 mm lg, persistierend, aufrecht-abstehend (bei Landformen zurückgebogen). Schildhaare 8-10(-12)-zellig (Garg. mögl.)   **C. stagnalis**
2+ Fr. obovat, 1(-1,3) mm lg, schwärzl. Klausen nur apikal geflügelt. Gr. 1-2 mm lg, aufrecht, hinfällig. Schildhaare 12-15-zellig (v)   **C. palustris**

## CAMPANULACEAE
Weiße Mutanten sind möglich

1. Kr. blau, lger als die K.zipfel. Frkn. kaum lger als br. Pfl. meist mehrj.   **Campanula**
1+ Kr. (rötl. oder) (blau-)violett, ± radförmig, slt. lger als die K.zipfel. Frkn. stielförmig, mind. 5x so lg wie br. Pfl. stets einj., meist segetal oder ruderal   **Legousia**

## CAMPANULA

1. Zwischen d. K.zipfeln ein zurückgeschlagenes Anhängsel. Pfl. ein- oder zweij., ohne sterile Triebe. Pfl. ± rau behaart

**2.** Pfl. 20-60 cm, zweij. Grundb. mind. 4 cm lg. Kr. 17-40 mm lg, Kr.zipfel schräg aufrecht (//)
*Campanula sibirica*

**a.** K.anhängsel lanzeolat, meist < Frkn. Kr. 17-25 mm. Stg. einfach, nur an der Spitze verzweigt
ssp. *s.*

**a+** Anhängsel breiter, mind. so lg wie der Frkn. Kr. (20-)30-40 mm. Stg. kräftig (bis 5 mm DM)
ssp. *divergentiformis*

In Fen keine Angabe zur ssp., doch ist das Vorkommen der Art am Garg. ohnehin zweifelhaft

**2+** Pfl. bis 15 cm hoch, einj., oberwärts ± dichotom verzweigt. Grundb. ca 3x2 cm. Kr. 10-20 mm (vgl. Pg 2:689), Kr.zipfel waagrecht abstehend. Anhängsel > Frkn. (v; nur Tremiti?)
*C. dichotoma*

**1+** K. ohne Anhängsel

**3.** Pfl. einj., 5-25 cm, ± dichotom verzweigt, rau behaart. Kr. 3-5 mm lg. Fr. sternförmig von den K.zipfeln umgeben
*C. erinus*

**3+** Pfl. (zwei- bis) mehrj. Kr. größer

**4.** Pfl. niederliegend, bisw. Kissen bildend, -20 cm hoch, kahl („*C. barbeyi*") oder behaart (vgl. Fen 4:138f). Kr. weitglockig bis fast radförm., Kr.zipfel etwa 2x so lg wie d. Tubus. Fr. ohne Bildung spezieller Poren aufreißend. Meist an Mauern und Felsen
*C. garganica*

**4+** Wuchs aufrecht, 30-100 cm, mit endständiger Infl. Kr.zipfel höchstens so lg wie d. Tubus. Kr. meist dtl. glockig. Fr. (Kapsel) sich mit Poren öffnend

**5.** Blü. sitzend, kopfig oder büschelig gehäuft. K.zipfel lanzeolat, ca 6-7x1,5-2 mm. Kapselporen basal. Spr. d. unteren B. 1-2(-3) cm br. und 2-4x so lg, mit stumpf gezähntem Rand und ± ungeflügeltem Stiel. Obere B. (auch Involukralb.) lanzeolat, mit verbreitertem, ± halbstg.-umfassenden B.grund. Stg. meist rau behaart und stumpfkantig
*C. glomerata*

Formenreich. Die Art wird bisw. (nicht in CL) in mehrere ssp. gegliedert. Evtl. Or.-Lit.

**5+** Blü. dtl. gestielt

**6.** Zumind. d. unteren Stgb. herzförmig bis eilanzettl. (über 3 cm br.), gestielt und oft rau behaart. B.rand gekerbt oder gesägt. Kr.zipfel behaart. Kapselporen basal

**7.** Tragb. dtl. verkleinert (brakteoid). Stg. ± rund. Untere B. 2-3x so lg wie br. K.zipfel zuletzt zurückgeschlagen. Infl. ± einseitswendig (//)
*C. rapunculoides*

**7+** Tragb. nach oben nur wenig kleiner werdend. Stg. 4-kantig. Untere B. br. herzförmig, lg gestielt, nesselartig. K.zipfel aufrecht
*C. trachelium*

**6+** Auch die unteren Stgb. lanzettl., höchst. 1 cm br., ± ungestielt. Kr.zipfel kahl. Kapselporen apikal

**8.** Blü. 30-40 mm lg, Kr.zipfel etwa 1/4 so lg wie d. Tubus. Rhizompfl.
*C. persicifolia*

**8+** Blü. 10-20 mm. Kr.zipfel etwa so lg wie d. Tubus. Zweij. Pfl. mit verdickter Wurzel
*C. rapunculus*

Die Pfl. ist normalerweise wenig behaart bis kahl; wenn stärker rau behaarte (und deshalb bisw. fast weißl.) und Pfl. mit hfg ausladender Infl.
var. *hirta*

## LEGOUSIA
Alternativschlüssel beachten

**1.** K.zipfel dtl. lger als die Kr. Reife Fr. 15-25 mm

**2.** K.zipfel linealisch-lanzettl., meist >10 mm lg, zur Fr.zeit ± zurückgekrümmt. Filamente bewimpert
*L. falcata*

**2+** K.zipfel lanzeolat-ovat, ca 5 mm, aufrecht-abstehend. Filamente kahl
*L. hybrida*

**1+** K.zipfel kürzer bis etwa so lg wie die Kr., zur Fr.zeit ± zurückgekrümmt. Fr. 10-15 mm

**3.** K.zipfel zur Blü.zeit bis ca so lg wie das Ovar. Infl. rispig
*L. speculum-veneris*

**3+** K.zipfel bis 1/2 so lg wie das Ovar. Infl. traubig
*L. castellana*

*Alternativschlüssel:*

**1.** K.zipfel linealisch-lanzettl. (meist <1 mm br.), zur Blü.zeit kürzer bis etwa so lg wie das Ovar, an der Fr. abstehend bis zurückgekrümmt. Kr.zipfel bis 9 mm. Blü. meist violett

**2a** K.zipfel etwa so lg wie die Kr., zur Fr.zeit abstehend. Fr. apikal verschmälert. Stg. meist fein behaart. Infl. rispig *Legousia speculum-veneris*

**2b** K.zipfel etwa so lg wie die Kr., zur Fr.zeit hfg zurückgekrümmt. Stg. rau. Infl. eine durchblätterte Traube *L. castellana*

**2c** K.zipfel (2-)3x so lg wie die Kr., zur Fr.zeit hfg zurückgekrümmt. Fr. nicht verschmälert. Stg. kahl oder fein behaart. Infl. eine durchblätt. Traube *L. falcata*

**1+** K.zipfel lanzeolat-ovat (meist >1 mm br.), zur Blü.zeit ca 1/2 so lg wie das Ovar und ca 2x so lg wie die Kr., an der Fr. aufrecht(-abstehend). Fr. apikal dtl. verschmälert. Kr.zipfel ca 3 mm. Blü. meist rötl., terminal hfg ± doldig geknäuelt. Stg. kurzborstig, B.rand gewellt *L. hybrida*


## CANNABACEAE HUMULUS

Liane mit rau-stacheligem Spross. B. handförm. (3-)5-lappig. Stp. der gegenüberstehenden B. zumind. basal verwachsen. Blü. diözisch verteilt, weibl. in kl. Zapfen (v) *H. lupulus*


## CAPPARIDACEAE CAPPARIS

Lit.: HIGTON & AKEROYD in Bot. J. Linn. Soc **106**:104-112 (1991); FICI & GIANGUZZI in Bocconea 7:437-443 (1997; mit schönen Abb.)
Die Synonymisierung mit Fen und Pg ist problematisch

K. und Kr. 4-zlg. Blü. 4-7 cm DM, ± weiß oder rosa, mit zahlreichen Staubb. *C. spinosa* s.l.

**a.** B. (ob)ovat bis ellipt., (kahl oder) zumind. jg dicht fein behaart, die Mittelrippe in einer Stachelspitze von >0,3 mm endend. Stp. mind. (1,5-)2 mm, ± stechend. Fr. meist mit 3 Spalten sich öffnend. Hfg auf feinerdehaltigen Böden kriechend ssp. *sp.*
= *C. ovata* s. Pg und s. Fen

HIGTON & AKEROYD l.c. unterscheiden noch:

**b.** B. meist ovat. Mittelrippe auf der B.oberseite erhaben. B.stiel nicht gefurcht var. *sp.*

**b+** B. meist elliptisch bis obovat. Mittelrippe eingesenkt. B.stiel gefurcht. Blü. kleiner und stärker zygomorph als bei **b.** var. *canescens*

Es ist aber fraglich, ob sich diese Taxa am Garg. unterscheiden lassen

**a+** B. ovat bis rundlich, kahl oder spärl. behaart, bisw. fleischig. Spr.grund gerundet bis herzförm. Stachelspitze <0,3 mm. Stp. <2 mm, borstl., hinfällig. Fr. meist nur mit 1 Spalte sich öffnend. Meist auf Felsen oder Mauern, dabei Zweige oft hängend ssp. *rupestris*
= *C. spinosa* & *C. rupestris* s. Fen; = *C. spinosa* s. Pg


## CAPRIFOLIACEAE

**1.** B. unpaarig gefiedert *Sambucus*

**1+** B. ganzrandig. Stets holzig

**2.** Immergrüner Strauch. B. (oft nur am Stielansatz) mit Borsten- und Sternhaaren und mit Haarbüschel-Domatien. Blü. radiär, in reichblü. endständigen Trugdolden, mit 1 mm lger Kr.röhre. Fr. graublau *Viburnum tinus*

**2+** Sommergrün oder ± windend. Blü. zygomorph, mit 4-zlger Oberlippe und lger Kronröhre. B. stets ohne Sternhaare und Domatien. Fr. rot                    *Lonicera*

## LONICERA

**1.** Liane. Blü. >15 mm. Infl. 2-12-blü.

**2.** Infl. 6-12-blü., durch einen dtl. Stiel vom letzten B.paar abgesetzt. Jede Blü. mit eigenem rundl. Tragb. von 2-3 mm Lge. Kr.röhre 2,5-3 cm lg, 1-3x so lg wie der Saum. Gr. kahl
*L. etrusca*
incl. *L. dimorpha*

Für den Garg. werden gemeldet:

    **a.** Jge Äste und oft auch junge B. (v.a. die unteren) unterseits behaart          var. *e.*

    **a+** Jge Äste und B. kahl          var. *cyrenaica*

**2+** Infl. 2-6-blü., ± ungestielt, dem schalenförmig verwachsenen obersten B.paar somit aufsitzend. Einzelblü. ohne Tragb. Kr.röhre ca 2-2,5 cm lg. B. alle kahl

**3.** Pfl. immergrün. Kr.röhre 3-4x so lg wie der Saum, spärl. drüsig. Staubb. von der Krone eingeschlossen. Gr. behaart. Wenig duftend          *L. implexa*

**3+** Pfl. sommergrün. Kr.röhre 1-1,5x so lg wie der Saum, kahl od. zstr. behaart. Staubb. 5-10 mm aus der Kr. herausragend. Gr. kahl. Stark duftend          *L. caprifolium*

**1+** Strauch, 0,5-2 m. Blü. 10-13 mm, zu 2 auf einem gemeinsamen 15-20 mm lgem Stiel, die 2 Fr. basal miteinander verwachsen. B. beiderseits weichhaarig          *L. xylosteum*

Im Gebiet zu erwarten: Fr. schwarz          var. *nigra* Loisel. (≠ *Lonicera nigra* L.)

## SAMBUCUS

**1.** Infl. eine Trugdolde. Blü. weiß(-rosa). Fr. (blau-)schwarz

**2.** Pfl. krautig, 80-150 cm, meist herdenbildend. Stg. mit Lgsrippen. B. meist 7-9-zlg, am B.grund stipelartige Bildungen. Infl. -10 cm DM. Antheren (anfangs) rot          *S. ebulus*

**2+** Strauch oder kleiner Baum, -7 m hoch. Äste ohne Lgsrippen, Mark weiß. B. meist 5-zlg, ohne „Stp.". Infl. 10-20 cm DM. Antheren gelbl.          *S. nigra*

**1+** Infl. pyramidal-rispig. Blü. gelbl. Fr. rot. Mark gelbbraun. Strauch (//)          *S. racemosa*

## CARYOPHYLLACEAE
*AK:* Außenkelch
Die Krb. insbesondere der Silenoideen sind hfg genagelt (vgl. S. 15). An der Grenze zwischen beiden sind bisw. schuppenförm. Zipfel einer „Nebenkrone" ausgebildet

## Gruppenschlüssel

**1.** B. mit dtl. Stp. Pfl. meist ± niederliegend          **Gruppe I. Paronychioideae**
**1+** B. ohne Stp.

    **2.** K. freiblättrig, Krb. bisw. fehlend

        **3.** Kb. randl. drüsig bewimpert. Blü. weiß, mit gelbl. Schlund. Krb. nicht gespalten. Kapsel 10-fächrig vgl.          *Linaceae (Linum catharticum)*

        **3+** Kb. nicht so. Blü. meist weiß, aber ohne gelbl. Schlund. Krb. oft tief gespalten, bisw. auch fehlend. Fr. anders          **Gruppe II. Alsinoideae**

    **2+** Kb. verwachsen. Fast immer auch Krb. vorhanden          **Gruppe III. Silenoideae**

# I. Paronychioideae

**1.** Nussfr. Narben 1-2. Blü. in dichten Knäueln. Per. einfach. B. elliptisch

**2.** Pfl. einj. Blü. winzig. K. ca 0,5 mm, rein krautig, bisw. bespitzt, nicht jedoch die B.    *Herniaria*

**2+** Pfl. mehrj., mit holziger Stg.basis. K. hautrandig, wie die B. bespitzt (//)
        ***Paronychia polygonifolia***

**1+** 3-klappige Kapselfr. Narben 3. Per. (meist) doppelt. Pfl. stets einj.

**3.** B. verkehrt-eiförmig bis fast rundl. Blü. 1-3 mm, mit hinfälligen weißl. Krb.    *Polycarpon*

**3+** B. linealisch. Blü. meist rosa, größer    *Spergularia*

# II. Alsinoideae

**1.** Nussfr. Krb. stets fehlend. Gr. 2    *Scleranthus*

**1+** 3-10-zähnige oder -klappige Kapsel. Krb. meist vorhanden. Gr. 2-5

**2.** Kapselzähne der Griffelzahl (= n) entsprechend. B. stets linealisch

**3.** n = 3 (mehrere Blü. überprüfen!). Blü. (meist) 5-zlg. Kb. 3-nervig. Stg.basis bisw. holzig
        ***Minuartia***

**3+** n = 4. Auch Per. 4-zlg; Krb. bisw. fehlend. Pfl. meist <10 cm. Stg.basis nicht verholzt
        ***Sagina***

**2+** Kapselzähne doppelt so viele wie Gr. B. linealisch bis oval

**4.** Krb. 1/3 bis fast zum Grund 2-teilig (und dann 10 Krb. vortäuschend), slt. fehlend. Fr. mind. so lg wie der K.

**5.** Gr. (3-)5. Kapsel ± walzlich, reif (viel) lger als der K. und apikal oft gekrümmt, (6-)10-zähnig. B. höchstens basal verschmälert. Pfl. meist gleichmäßig behaart u./od. drüsig
        ***Cerastium***

**5+** Gr. 3. Kapsel eiförmig, 1-2x so lg wie der K., 6-klappig. Pfl. ohne Drüsen u./od. untere B. dtl. gestielt    ***Stellaria***

**4+** Krb. apikal zugespitzt oder abgerundet (höchstens gezähnelt), wenn fehlend, Fr. kürzer als der K. Gr. stets 3

**6.** Infl. eine 1-10-strahlige Dolde, deren Strahlen nach der Blü. herabgeschlagen. Krb. vorne fein gezähnelt, lger als die Kb. III-V    ***Holosteum umbellatum***

**6+** Infl. nicht doldig. Krb. kürzer als der K. (slt. fehlend) Ab IV

**7.** B. bis 2 cm lg, dtl. 3-nervig. Samen mit Anhängsel. Schattige Standorte    *Moehringia*

**7+** B. meist nur 0,5 cm lg, undeutl. 3-5-nervig. Samen ohne Anhängsel. Pfl. (im Gebiet!) meist drüsig. Sonnige Standorte    *Arenaria*

# III. Silenoideae

**1.** Mit AK. Gr. 2. Samen dorsiventral zusammengedrückt (schildförmig), mit bauchseitigem, nabelartigem Fleck (Hilum)

**2.** K. 5-kantig, mit 5 oder 15 Nerven (Rippen). AK ± trockenhäutig. Blü. meist <1 cm DM. Krb. ganzrandig bis ausgerandet    ***Petrorhagia***

**2+** K. ± zylindrisch, mit >20 Nerven. AK zumind. im Mittelteil krautig. Blü. meist größer. Krb. meist gezähnelt    ***Dianthus***

**1+** Ohne AK.

**3.** Gr. 3-5. K. 10- oder mehrnervig

**4.** Gr. und Kapselzähne 5. Blü. nicht weiß

**5.** Einj. Ackerunkraut. K.zipfel lanzettl., sternförmig ausgebreitet, die Krb. überragend. Kr. lila
        ***Agrostemma githago***

**5+** Kb. < Krb. Kr. purpurn. Pfl. mehrj.    ***Silene (coronaria)***

**4+** Gr. meist 3, Kapselzähne dann 6; slt. Gr. 5, dann Kapselzähne 10 oder nur Staubb. vorhanden. Blü. meist weiß(l.) oder ± rosa **Silene**
**3+** Gr. 2. Blü. ± rosa, slt. weißl.
  **6.** Pfl. kahl, >30 cm hoch. K. höchstens 6x so lg wie br. B. lanzeolat bis ovat. Samen nierenförm., mit seitl. Hilum
  **7.** K. glockig, mit 5 Flügeln. Blü. stets rosa. B. halbstg.umfassend. Pfl. blaugrün, einj.
                                                   **Vaccaria pyramidata**
  **7+** K. nicht geflügelt. Blü. rosa bis weißl. B. sitzend, dtl. 3-5-nervig. Pfl. mehrj., meist in Trupps **Saponaria officinalis**
  **6+** Pfl. drüsig, 10-30 cm, einj. K. zylindrisch, etwa 10x so lg wie br., 15-nervig. B. linealisch. Samen wie in **1.** **Velezia rigida**

**AGROSTEMMA** Vgl. III 5.                           **A. githago**

**ARENARIA**
Beide Arten gehören zu *A. serpyllifolia* agg.

**1.** Fr. ± kugelig bis eiförm. (d.h. <2x so lg wie br.), dtl. bauchig (d.h. spitzenwärts ± plötzl. verschmälert), derbwandig, meist lger als der 3-5 mm lge K. Fr.stiel bis 2x so lg wie der K. Samen meist >0,5 mm, schwarz. Blü. 5-8 mm DM. Infl. vielmals dichasial verzweigt. Pfl. (grau-)grün
                                             **A. serpyllifolia** s.str.
Formenreich, insbesondere die Behaarung betreffend. Gelegentlich werden unterschieden:
  **a.** Pfl. ± drüsig, Fr. fast kugelig (im Gebiet wohl vorherrschend)   ssp. *glutinosa* (= var. *viscida*)
  **a+** Pfl. nicht drüsig, behaart bis fast kahl. Fr. eiförm.                 ssp. *s.*
CL fasst beide Taxa zu *A. serpyllifolia* ssp. *s.* zusammen
**1+** Fr. konisch bis zylindrisch (d.h. unten kaum bauchig), (mindestens) 2x so lg wie br., so lg wie der 2,5-3,5 mm lge K. oder etwas kürzer, basal bis 1,3 mm br. Fr.stiel 2-3x so lg wie der K. Samen meist <0,5 mm, oft braun. Blü. kleiner. Infl. nur anfangs dichasial, bald monochasial („traubig“). Pfl. gelbgrün, schlaff **A. leptoclados**

**CERASTIUM**

**1.** Spitze der (äußeren) Kb. gebärtet, d.h. von Haaren dtl. überragt. Alle Tragb. ohne Hautrand. Pfl. stets einj., ohne sterile Triebe. Fr. 6-8(-9) mm
  **2.** Auch unterster (also primärer) Fr.stiel nicht lger (oft kürzer) als d. K. Infl. daher ± geknäuelt. Filamente kahl. Pfl. (frisch) oft gelblichgrün **C. glomeratum**
Die nachfolgend genannten Taxa sind von sehr geringem Wert und durch Übergänge verbunden; sie sind alle für den Garg. genannt
    **a1** Krb. > K.                                       var./fo. *spurium*
    **a2** Krb. ≤ K                                         var./fo. *g.*
    **a3** Krb. fehlend                                var./fo. *apetalum*
  **2+** Stiel zumind. der unteren Fr. dtl. lger als ihr K. Filamente am Grund behaart
                                          **C. brachypetalum** s.l. (= s. CL)
Die taxonomische Gliederung der Sammelart wird sehr uneinheitlich gehandhabt (hier nach CL). – Die Taxa werden teilweise auch als eigene Arten geführt
  **a.** Blü.stiele, Kb. und Stg. mit zahlreichen abstehenden (daneben bisw. auch anliegenden) Haaren

**b.** Infl. locker (untere Blü.stiele meist >2x so lg wie der K.). Krb. ca 3/4 so lg wie die Kb. Gr. 0,8-1 mm. Samen 0,5-0,6 mm. Stg.-Haare bis 1,5 mm (höchstens so lg wie der Stg.-DM) Die beiden folgenden Taxa kommen auch nebeneinander vor, zeigen alle Übergänge und sind als ssp. sicher zu hoch bewertet. Sie werden deshalb auch oft als ssp. *brachypetalum* bzw. *C. b.* s.str. zusammengefasst. – Merkmale nach FE:

   **c.** Pfl. drüsenlos (*//*)                 ssp. *b.*
                                                                             = *C. strigosum*

   **c+** Blü.stiele u./od. K. drüsig (drüsige und nichtdrüsige Haare etwa gleich häufig u./od. insgesamt mäßig dicht)(*H*)                  ssp. *tauricum*

  **b+** Infl. gedrängter (untere Blü.stiele slt. >2x so lg wie der K.). Krb. ca so lg wie der K. Gr. 0,8-1,5. Samen 0,6-0,8 mm. Stg.-Haare oft >1,5 mm lg. Pfl. stets reichdrüsig (Drüsenhaare an Blü.stiel und K. dicht, stets viel zahlreicher als drüsenlose Haare)                  ssp. *roeseri*
                                                                           = *C. luridum*

 **a+** Blü.stiele, Kb. und Stg. (vorwiegend) aufwärts-anliegend behaart, stets drüsenlos
                                                                  ssp. *tenoreanum*

**1+** Kb.spitze nicht gebärtet. Wenigstens die oberen Tragb. am Rand meist trockenhäutig

  **3.** Gr. 4, Kapselzähne entsprechend 8 (mehrer Blü. prüfen!). Fr.stiel slt. lger als die Fr. Krb. < Kb. Pfl. einj.                  ***Cerastium siculum***

  **3+** Gr. 5, Kapselzähne 10. Wenn einj., dann Fr.stiel meist dtl. lger als die Fr.

   **4.** Krb. 12-14 mm, 1,5-2x so lg wie d. K. Blü.stiele 10-30 mm. Pfl. mehrj.: Stg. einwurzelnd und so dichte, ± graugrüne Rasenpolster bildend (*//*)                  ***C. arvense***

   **4+** Krb. kleiner. Stg. nicht einwurzelnd

    **5.** Pfl. mehrj. (dies aber nur an den sterilen Seitentrieben zu erkennen). B. 15-20x4-7 mm. Fr. 9-11(-13) mm, etwa so lg wie ihr Stiel. Pfl. ± dicht abstehend behaart. Formenreich, v.a. bzgl. der slt. drüsigen Behaarung                  ***C. holosteoides***
                                              = *C. fontanum* ssp. *vulgare* usw. (incl. ssp. *triviale*)

    **5+** Pfl. einj. Fr. 6-8 mm. B. meist <15 mm lg. Pfl. fast immer drüsig

     **6.** Fr.stiel höchstens so lg wie die Fr. Wenigstens einige Blü. 4-zlg vgl. **3.**         *C. siculum*

     **6+** Fr.stiel (dtl.) lger als die Fr. Alle Blü. 5-zlg

      **7.** Krb. 1,2-2x so lg wie die Kb. Gr. 1,5-3 mm, zur Blü.zeit mind. 1,5x so lg wie das Ovar. Antheren (0,5-)0,7-1 mm. Nur oberste Tragb. schmal hautrandig, die übrigen meist ganz krautig und auch oberseits behaart                  ***C. ligusticum*** s.str.

      **7+** Krb. höchstens so lg wie die Kb., slt. wenig lger (dann Verwechslungsgefahr mit **7.**). Gr. etwa so lg wie Ovar, Antheren 0,2-0,7 mm

       **8.** Unterstes Tragb.paar rein krautig, vorne oft rötl. bespitzt, beiderseits behaart. Auch obere Tragb. oft ± krautig. Krb. bis 1/3 ausgerandet. Pfl. dunkelgrün, Stg. basal bisw. rötl.                  ***C. pumilum*** s.str.

       **8+** Auch unterstes Tragb.paar oberseits kahl und mit häutiger Spitze

        **9.** Unterstes Tragb.paar nur im vorderen 1/4 -1/5 schmal hautrandig. Staubb. meist 6-10. Krb. ca 1/4 ausgerandet. Fr. 7-8 mm, auf aufrecht-abstehenden Stielen. Samen braun. Pf. gelbl.-grün                  ***C. glutinosum***
                                              = *C. pumilum* ssp. *pallens*

        **9+** Auch unterstes Tragb.paar mind. zu 1/3 dtl. hautrandig. Krb. oft wenig ausgerandet, aber bisw. gezähnelt. Staubb. (meist) 5. Fr. 5-6 mm, deren Stiele zurückgeschlagen. Samen gelbl.-braun (*C. semidecandrum* s. FE und anderer)

         **10.** Krb. 2-lappig, > Filamente. Formenreich             ***C. semidecandrum*** s.str.

         **10+** Krb. meist unregelmäßig gezähnelt, höchstens so lg wie die Filamente
                                                    ***C. balearicum***

      Die Trennung der beiden Taxa auf Artniveau ist – trotz CL – fragwürdig

# DIANTHUS

**1a** Blü. zu wenigen gebüschelt, Büschel aber ohne Hochb.-Hülle und entlang dem Stg. angeordnet. AK bewimpert, meist 8-zlg (slt. mehr), mit lanzettl. B., etwa 1/2 so lg wie der K. Dieser 15-23x3 mm. Krb. rot, deren Platte stumpf-rhombisch, 5-10 mm. Pfl. >40 cm hoch    ***D. ciliatus***

**1b** Blü. endständig gebüschelt, Büschel von Hochb. umhüllt

**2.** Pfl. 15-30 cm, ein- oder zweij., auffällig dichotom, jeder Ast mit 1 endständigem Blü.büschel. Stg., B. und Hochb. rauhaarig. K. 15-20x2-3 mm, sich nach oben verjüngend. Platte der Krb. 5-6 mm, purpurn, dunkel punktiert    ***D. armeria***

**2+** Pfl. 20-70 cm, mehrj., meist nur mit einem endständigen Blü.büschel (*D. carthusianorum*-Gruppe)

**3.** K. 10-15x2-4 mm, sich nach oben verjüngend. K.tubus und Hochb. zumind. oberwärts purpurbraun. Krb. meist tiefrot. B.scheiden mind. 3x so lg wie der Stg.-DM    ***D. carthusianorum***

    **a.** Blü. zu 5-7(-12) gebüschelt. Platte >6 mm br. Stgb. 4 mm br. Pfl. meist >50 cm    ssp. *tenorei*

    **a+** Blü. zu 9-30 gebüschelt u./od. Platte 4-5 mm oder Pfl. kleiner und mit schmäleren Stgb. vgl. Or.-Lit. (z.B. Pg **1**:267; Garg. fragl.)    andere ssp.

**3+** K. 14-17(-24?)x3-5, meist zylindrisch und nur rotspitzig. (*D. balbisii*-Gruppe s. Pg; *D. ferrugineus* s. Fen)

    **4.** B. 1,5-2,5 mm br., nach oben eingerollt. Krb. dunkelviolett    ***D. vulturius***

    Nach CL in Apulien    ssp. *v.*

    **4+** B. 3-5 mm br., plan. Krb. rosa-violett    ***D. balbisii*** ssp. *liburnicus*

**1c** Blü. einzeln oder vereinzelt, meist (hell)rosa

**5.** Krb. 1/3 bis 1/2 zerschlitzt. AK etwa 1/2 so lg wie der K. B. 2-3 mm br., B.scheide slt. >3 mm    ***D. monspessulanum***

**5+** Krb. höchstens gezähnelt. AK kürzer. B. bis 2 mm br., B.scheide der oberen Stgb. bis 6 mm    ***D. sylvestris*** s.l.

Trotz CL taxonomisch, nomenklatorisch und chorologisch unzureichend geklärte Gruppe. „Ssp. *virgineus*" bleibt hier ungeklärt. Für den Garg. werden genannt:

    **a.** B. unterhalb der Infl. ± auf die Scheide reduziert, mit trockenhäutiger Spitze. AK 2(-4)-zlg, ± ohne Stachelspitze (d.h. obere Ränder ± gerade stumpfwinkelig aneinanderstoßend). K. 15-23x4-5 mm. K.zähne 2-3 mm, kurz ovat, stumpf, mit konvexen Rändern. Krb. sich meist nicht berührend. Platte ca 6 mm, ± ganzrandig. Pfl. glauk, nicht rötl. (*//*)    ssp. *tergestinus*

    **a+** Obere B.scheiden mit kurzer Lamina (3-12 mm) oder krautiger Spitze. AK 2-8-zlg, mit Stachelspitzchen. Krb. sich meist berührend, mit gezähnelter Platte

    **b.** AK (4-)6(-8)-zlg, mit S-förm. geschwungenem Rand und kurzem Spitzchen. K. 20-30x5-7 mm. K.zähne (4-)5-6 mm, mit geraden Rändern. Pfl. bisw. glauk    ssp. *garganicus* s. Pg
    = ssp. *longicaulis* sowie *D. garganicus* s. CL?

Die taxonomischen und nomenklatorischen Verhältnisse dieses Taxons (dieser Taxa?) sind derzeit besonders verworren. – Das Merkmal „glatter B.rand" (so in Pg) trifft für die garg. Populationen nicht zu

    **b+** AK 2(-4)-zlg, mit wohl entwickelter Stachelspitze, diese lger als br. K. meist violett, 13-19 mm (var. *s.*) bzw. nur mit rötl. Zähnen und 18-24 mm lg (var. *inodorus*). K.zähne wie bei **a.** Platte 8-12 mm. Pfl. grün, oberwärts bisw. rötl. (*//*)    ssp. *s.*

# HERNIARIA

**Lit.:** CHAUDHRI, M.N. (Paronychiinae) in Meded. Bot. Mus. Herb. Rijksuniv. Utrecht no **285** (1968)

**1.** Kb. kahl (slt. s. kurz behaart). B. bis 7 mm lg. Pfl. gelbgrün    ***H. glabra***

    **a.** Blü. ca 1,5 mm lg. Fr. meist dtl. lger als Kb. Pfl. rein krautig, ein- oder mehrj.    ssp. *g.*

    **b.** Ausgewachsene B. stets kahl. Jge B. bisw. am spitzennahen B.rand mit einzelnen Haaren    var. *g.*

**b+** B.rand kurz, aber dtl. behaart (Garg. fragl.) var. *setulosa*
= var. *subciliata* s. Fen?

**a+** Blü. 2-2,4 mm. Fr. höchstens wenig lger als der K. Stg. kurz behaart, basal holzig, oft mit spärl. sprossbürtigen Wurzeln. Stets mehrj. (//, aber Garg. mögl.) ssp. *nebrodensis*

**1+** K. wie die ± ganze Pfl. kurz steifhaarig. B. bis 12 mm, bisw. verkahlend. Fr. höchstens so lg wie die Kb. Pfl. einj. (*H. hirsuta* s. Fen und Pg)

**2.** Haare der Kb. gerade, 0,1-0,2 mm, im oberen Teil der Kb. dicker und -0,4 mm. Kb. ± gleichgroß. Staubb. meist 3-5 ***Herniaria hirsuta*** s.str.

**2+** K. mit 0,3-0,5 mm langen, meist hakigen Haaren, gemischt mit solchen von 0,1-0,2 mm. Die 2 äußeren Kb. zur Fr.zeit oft dtl. größer als die 3 inneren. Staubb. 2 (//) ***H. cinerea***
= *H. hirsuta* var. *c.*

**HOLOSTEUM** Vgl. II 6. *H. umbellatum*

**LYCHNIS** → Silene

## MINUARTIA
Die drüsige Behaarung kann sehr unterschiedlich entwickelt sein

**1.** Pfl. einj., zur Blütezeit ohne sterile Triebe. Krb. < Kb., slt. ± ebenso lg oder fehlend.

**2.** Blü.stiele höchstens so lg wie d. K., Infl. daher geknäuelt. Kb. 3-4(-5)x0,5 mm, Krb. – wenn überhaupt vorhanden – bis 1/2 so lg. Fr. höchstens so lg wie der K. Samen 0,4 mm, meist glatt. Stg. – außer bisw. (!) im Infloreszenz-Bereich – stets ± kahl, 5-10 cm ***M. mediterranea***
Entspricht **nicht** *M. verna* var. *mediterranea* s. Fen!

**2+** Blü.stiele größtenteils lger als Kb., Infl. daher locker. Krb. meist >1/2 so lg wie die 2-4 mm lgen Kb.

**3.** Krb. fast so lg wie der K., dieser meist 3-4 mm. Fr. 1-1,5x so lg wie der K. Samen dunkelbraun, 0,4-0,5(-0,7) mm, fein tuberkulat. -25 cm ***M. hybrida***
incl. var. *barrelieri*

Bisw. werden unterschieden:

**a.** Pfl. besonders im Infl.-Bereich drüsig. Kb. lineal-lanzettl., die seitl. Nerven parallel zum mittleren. Fr. schmal zylindrisch ssp. *h.*

**a+** Pfl. kahl. Kb. eiförm.-lanzettl., die seitl. Nerven gebogen. Fr. eiförm.-zylindrisch (GL) ssp. *vaillantiana*

Die Berechtigung der Taxa ist umstritten, ihre Verbreitung nicht näher bekannt; CL nennt nur ssp. *h.* (incl. „ssp. *vaillantiana*"?) Vgl. auch Anm. zur Gattung

**3+** Krb. dtl. < K., dieser <3 mm. Fr. höchstens so lg wie der K. Samen 0,3-0,4 mm, außer am Rücken glatt. Stg. -10 cm, oberwärts meist dicht drüsig behaart, unten häufig kahl (//) ***M. viscosa***

**1+** Pfl. mehrj., diesjährige Triebe einem holzigen Stämmchen entspringend. Krb. meist so lg wie d. K. oder etwas lger. Pfl. im Infl.-Bereich spärl. drüsig. Reife (!) Kapsel den K. meist überragend. Samen >0,5 mm, dorsal tuberkulat ***M. verna***

**a.** Spr. <0,3 mm br., B.basis aber mind. 3x so br. Stgb. oft sichelförm. zurückgebogen, mit B.büscheln in den Achseln. Fr. ca 3 mm, < K. Blühende Triebe 5-20-blü. Formenreich (vgl. p.1:205) ssp. *attica*
Fen: var. *mediterranea*

**a+** Spr. 0,35-0,7 mm br., Basis höchstens 2x so br. Stgb. ohne B.büschel. Fr. ca 5 mm, > K. Triebe meist 2-5-blü. Pfl. <10 cm (//) ssp. *v.*

*M. verna* ssp. *collina* (nur Alpen) und *M. setacea* (überhaupt nicht in Italien) sind aus der garg. Flora zu streichen (Verwechslungen mit **1+**)

## MOEHRINGIA

**1.** B.rand bewimpert. Kb. 4-5 mm, Mittelrippe bewimpert. Krb. 1/3-2/3 so lg. Staubb. 10. Samen glatt. Blü. alle 5-zlg. Vorb. (bzw. Brakteolen) in der Mitte der Blü.stiele inseriert        *M. trinervia*
**1+** (Obere) B. nicht bewimpert. Kb. 2-4 mm, kahl. Krb. rudimentär, bisw. 1/2 so lg. Staubb. 5(-8). Samen schwach tuberkulat. Brakteolen fehlend (Garg. mögl.)        *M. pentandra*

**PARONYCHIA** Vgl. I 2+ (*//*)        *P. polygonifolia*

## PETRORHAGIA

**1.** Infl. reich dichasial verzweigt, Blü. meist ± vereinzelt (vgl. aber Anm. zu **a.**). K. 3-7 mm. AK (meist) 4-zählig. Pfl. mehrjährig, oft ± schlaff        *P. saxifraga*
**a.** AK kürzer als der K.tubus. K. 3-6 mm, Krb. 4-5(-11?) mm. (Untere) B. im typischen Fall 0,3-0,4, slt. bis 1(,5) mm br. (*//*)        ssp. *s.*
Formenreich; vgl. Pg 1:264. – Die Blü. sind im typischen Fall vereinzelt. Wenn Blü. gebüschelt        var. *glomerata*
**a+** AK zur Blü.zeit so lg wie der K.tubus. K. 5-7, Krb. 7-10 mm. Untere B. 1-2,5 mm br. Zweige 5-15 cm, niederliegend, mit zahlreichen B.rosetten        ssp. *gasparrinii*
Die beiden Taxa werden nicht immer unterschieden. Für den Garg. werden beide Taxa genannt
**1+** Blü. meist zu 2-5 gebüschelt, Blü.büschel von trockenhäutigen Hochb. umgeben. K. 8-14 mm. AK meist 2-blättr. Pfl. einj., aufrecht
**2.** B.scheide <2,5 mm, bis 1,5x so lg wie br. B.rand gezähnelt. Hochb. meist 6, die äußeren stachelspitzig, die inneren ± stumpf. Pfl. kahl oder rau. Samen 1,3-1,9x0,8-1,1 mm DM, retikulat        *P. prolifera*
**2+** B.scheide 3-7 mm, mind. 2x so lg wie br. Rand d. mittl. Stgb. glatt, basale B. bisw. mit Zähnchen. Pfl. – v.a. im mittl. Stg.abschnitt – meist dicht drüsig. Hochb. meist 4, alle stachelspitzig. Samen 1-1,3x0,7-0,8 mm, tuberkulat        *P. dubia*
        = *P. velutina*

**POLYCARPON** Vgl. I 3.        *P. tetraphyllum* s.l. (= s. CL)
Die folgenden 3 Taxa werden in Pg 1:231f als Arten geführt. Die trennenden Merkmale sind aber nicht sehr ausgeprägt. Ob sie immer korreliert sind, sei dahingestellt

**a1** B. grün, fast durchweg in 4(-6)-zlgen (Schein-)Quirlen, nur die obersten gegenständig. Stg. reich verzweigt. Infl. ausgebreitet. Kb. ca 2(-3) mm. Staubb. 3-5. Stp. ± lg zugespitzt. Samen (zumind. in der Rückenfurche) tuberkulat. Ruderal (*#*)        ssp. *t.*
**a2** B. grün oder purpurn überlaufen, zumind. die mittleren (immer?) in 4-zlgen Quirlen. Stg. wenig verzweigt. Infl. zusammengezogen, wenigblütig. Kb. 3-3,5 mm. Staubb. 5. Stp. oval, ± stumpf. Samen glatt. Küstensande, Salzsümpfe        ssp. *alsinifolium*
**a3** (Zumind. die unteren) B. purpurn überlaufen, die unteren gegenständig, die ober(st)en quirlständig. Kb. ca 2(-3) mm. Staubb. 1-3. Stp. spitz. Stg. und Infl. wie **a2**, Samen wie **a1**. Ruderal (Garg. mögl.)        ssp. *diphyllum*

## SAGINA

**1.** Kb. alle gleich, stumpf. B. höchstens kurz bespitzt. Blü.stiele (und K.) meist kahl
**2.** Pfl. mehrj., Stg. wurzelnd. Fr.stiele zurückgebogen. Formenreich (v)        *S. procumbens*
**2+** Pfl. einj., Stg. aufsteigend oder aufrecht. Fr.stiele nicht abwärts gebogen. In Strandnähe        *S. maritima*

**1+** Kb. ungleich, die äußeren spitz oder kapuzenförmig zusammengezogen, mit Stachelspitze. B.spitze mit dtl. borstl. Stachelspitze. Blü.stiele und K. meist drüsig. Pfl. einj. (*S. apetala* s.l.)

    **3.** Kb. der reifen Fr. anliegend, fast so lg wie die Fr. Äußere Kb. spitz. B. kahl oder nur randl. bewimpert. Pfl. dunkelgrün                                        ***Sagina apetala*** s.str.
                                                                         = *S. ciliata*

    **3+** Kb. zuletzt sternförm abstehend, dtl. kürzer als die Fr. Äußere Kb. kapuzenförmig. B. bis zur Spreitenmitte bewimpert. Pfl. hellgrün (*//*)                                  ***S. micropetala***
                                                        = *S. apetala* ssp. *erecta*

**SAPONARIA** Vgl. III 7+                                                        ***S. officinalis***

## SCLERANTHUS
Fr.lge incl. Kb-Zipfel gemessen

**1.** Kb. (= Per.) weißl.-grün, stumpf, breit hautrandig, kaum lger als die Staubb. Fr. 3-6 mm. Staubb. 10. (Obere) B. meist wenig < Internodien. Pfl. mehrj. (v)                  ***Sc. perennis***
Formenreich (ggfs. Or.-Lit.). Im Gebiet möglich sind:
    **a.** Fr. 3-4,5 mm, Kb. ± aufrecht oder leicht einwärts gebogen                 ssp. *p.*
    **a+** Fr. 4,5-6 mm, Kb. ± abstehend                                    ssp. *marginatus*

**1+** Kb. grünl., spitz, dtl. lger als die meist 1-5 Staubb. Pfl. einj. (*Sc. annuus*-Gruppe)

**2.** Fr. 1,5-2,2(-3) mm, mit ungleich lgen K.zipfel, die 3 lgeren zur Fr.zeit einwärts gebogen. K. basal ± gerundet. Hautrand an den Kb. sehr unscheinbar. Infl. aus etagierten Knäueln bestehend. Internodien 2-5(-8) mm, meist < als die 4-6(-8) mm lgen B. Pfl. oft gelbgrün (*//*) ***Sc. verticillatus***
                                          = *Sc. annuus* ssp. *v.* = *Sc. polycarpos* ssp. *collinus*

**2+** Fr. 2,2-5 mm. K.zipfel gleichlg, spreizend oder aufrecht. Internodien >5, B. meist >6 mm

**3.** Fr. 3,5-5 mm, oft mit ± spreizenden Kb. und in den Stiel verschmälerter Basis. Internodien meist >10 mm, > als die B. Hautrand der Kb. dtl., an der Basis zusammen ca 1/4 der Kb-Breite ausmachend                                        ***Sc. annuus*** s.str.

**3+** Fr. 2,2-3(,5) mm. Kb. aufrecht, K.-Basis gerundet                        ***Sc. polycarpos*** s.str.

## SILENE s.l. (incl. **Lychnis**)
Mehrjährige Arten der Gattung lassen sich oft an den sterilen (Rosetten-)Trieben erkennen
*Karp.*: Karpophor. – Ein keulenförm. K. ist oft ein Hinweis auf ein lges Karp.

**1.** Gr. 5 od. Pfl. nur mit Staubb. Pfl. meist >30 cm
    **2.** Fr. 5-zähnig. Pfl. weißfilzig. Krb. dunkelpurpurn. Blü. zwittr.                  ***S. coronaria***
                                                                  = *Lychnis c.*

    **2+** Fr. mit 5 zuletzt fast immer 2-spaltigen (d.h. scheinbar 10) Zähnen oder Blü. staminat. Pf. nicht weißfilzig
        **3.** Krb. nicht ausgerandet. Blü. <8 mm DM, grünl.-weiß. Fr. -5 mm vgl. **10.**             *S. otites*
        **3+** Krb. ausgerandet bis tief geteilt. Blü. größer, Fr. 9-15 mm. Infl. armblütig. Pfl. ohne Rhizom
             **4.** Pfl. behaart. Blü. zweihäusig verteilt (Sterile Staubb. in karpellaten Blü. aber bisw. vorhanden). Karp. 0-3 mm. B. lanzeolat bis schmal oval, -3 cm br. Pfl. 2- bis mehrj.
                **5.** Blü. weiß, slt. rosa. K. >15 mm, K.zähne schmal 3-eckig, 4-7 mm. Krb. >25 mm lg. Stg.-haare bis ca 1 mm                                      ***S. latifolia***
                    **a.** Jge Fr. lger als br. K. mit kurzen Drüsenhaaren und dichten, flexuosen einfachen Haaren. K.zähne ca halb so lg wie der Tubus. Samen grau(-braun), plan. Blü. ± stets weiß
                                                            ssp. *alba*
                                                            = *S. alba*

                  **a+** Jge Fr. ± kugelig. K. neben den Drüsenhaaren nur ± spärl. mit geraden, nichtdrüsigen Haaren. K.zähne spitz, ca 2/3 so lg wie der Tubus. Samen lederfarben, Samenflächen

konkav. Blü. oft rosa. Behaarung angedruckt                    ssp. *latifolia*
= *S. latifolia* = *S. alba* ssp. *divaricata*

Das Unterscheidungsmerkmal „aufrechte" (bei **a.**) bzw. „abstehende" (**a+**) Kapselzähne ist wenig anschaulich und wird zudem hygroskopisch beeinflusst. Das Merkmal „Behaarung" ist – wie die Sippengliederung überhaupt – fragwürdig

**5+** Blü. hellpurpurn. K. <15 mm, Zähne breit 3-eckig, 2-3 mm. Krb. <20 mm. Stg. oberwärts -2,5 mm behaart. Nur in höheren Lagen (*//*; Verwechslung mit **5. a+**?)          *Silene dioica*

**4+** Pfl. kahl. Blü. zwittrig, rosa-violett, bis 2,5 cm DM. K. fast keulenförm., K.zähne 3-6 mm lg. Karp. 5-7(-12) mm, kahl. B. ± lineal, 2-3 mm breit. Pfl. einj.          *S. coelirosa*

**1+** Gr. 3, Kapsel 6-zähnig. Blü. (außer **10.** *S. otites*) stets zwittrig

**6.** K. 20-30-nervig, ± aufgeblasen. Fr. 7-13 mm

**7.** 20 K.nerven, meist netzartig verbunden. Pfl. drüsenlos, mehrj., meist >20 cm hoch
*S. vulgaris*

Die subspezifische Gliederung der formenreichen Art wird unterschiedlich gehandhabt; „ssp. *angustifolia*" wird auch in ssp. *vulgaris* inkludiert. – Merkmale v.a. nach Pg. Maße ohne Extremwerte. Ggfs. Or.-Lit.!

**a.** Basale (!) B. randl. bewimpert, ca 2x so lg wie br. Mittl. Stgb. meist 20-40x12-18 mm, zugespitzt. K. mit unauffälligen grünlichen Nerven. Steinige Standorte (*//*; vgl. auch **c+**)
ssp. *commutata*

**a+** Basale B. randl. kahl oder nur mit einzelnen Haaren, 2-10x so lg wie br.

**b.** B. meist nur -1 cm br., fleischig, stets kahl. Pfl. basal ± verholzt, mit dtl. verdickten Knoten. Gr. apikal nicht verdickt. In Strandnähe          ssp. *tenoreana*
= ssp. *angustifolia*

**b+** Größere B. >1 cm br., randl. bisw. mit einzelnen Wimpern oder gezähnelt, nicht fleischig. Stg. krautig.

**c.** B. wenigstens teilweise >3,5x so lg wie br., spitz (nicht zugespitzt), stets glattrandig. Gr. apikal verdickt. Fr. kugelig (?). Karp. 2,5-3,5 mm. K.-Nerven bisw. rötl. Pfl. aufrecht. Grasland, Wegränder          ssp. *v.*

**c+** Alle B. höchstens 3(,5)x so lg wie br., ± stumpf oder zugespitzt, oft gezähnelt oder gewellt. Gr. nicht verdickt. Fr. ovoid. Karp. 2 mm. Pfl. prostrat bis aufsteigend vgl. **a.**
ssp. *commutata*

**7+** 30 K.nerven. Blü. meist rosa. Pfl. einj., meist <20 cm hoch (*S. conica* s.l.)

**8.** K. 10-15 mm, zur Blü.zeit (immer?) ± obovoid. Karp. <1 mm. Nagel der Krb. < K.zähne, Platte 4-6 mm, 2-zipfelig, meist rosa. Fr. 8-10(-12) mm, Fr.stiele 5-10(-15) mm. Samen 0,6-0,9 mm. Tragb. 3-9-nervig. Stg. unten ohne Drüsenhaare, oberwärts und auf den K.nerven hfg drüsig          *S. conica* s.str.

**8+** K. 13-18 mm, zylindrisch. Karp. 1-4 mm. Nagel mind. so lg wie die K.zähne, Platte 7-9 mm, nur ausgerandet, oft weiß(l.). Fr. 7-8 mm, auf 5-25 mm lgen Stielen. Samen 0,8-1,1 mm. Pfl. (v.a. oben) dichtdrüsig (*//*, aber Garg. mögl.)          *S. subconica*
Der diagnostische Wert der drüsigen Behaarung ist strittig

**6+** K. 10-nervig, zur Blü.zeit nicht aufgeblasen (vgl. aber **21.**)

**9.** K. gänzlich kahl

**10.** Pfl. mehrj., mit Rhizom. K. 4-5 mm. Blü. oft zweihäusig, grünl.-weiß, in reichblü. Infl. Fr. -5 mm, Karp. ca 1 mm. Basale B. ± spatelförmig, Stgb. lineal-gekielt, 3-4 mm br.          *S. otites*
Bisw. (auch in CL) werden unterschieden:

**a.** Infl. dicht, mit bis zu 9 „Stockwerken". Unterster Infl.-Ast meist <10 cm. Fr. 3,5-5 mm (?), ihr Stiel etwa so lg wie der K. B. -8 mm br. Haare am Stg.grund meist 0,1-0,2 mm. Samen glatt. Pfl. bis 40 cm          ssp. *o.*

**a+** Infl. locker. Unterster Ast meist >10 cm. Fr. größer, Fr.stiele fast doppelt so lg wie der K. Haare meist 0,2-0,4 mm. Samen höckrig. Pfl. meist >40 cm          ssp. *pseudotites* s. CL
Ob die Merkmale korreliert auftreten, ist zweifelhaft. – Die Nomenklatur der ssp. *pseudotites* ist widersprüchlich. – Wahrscheinlich kommt nur eines der beiden Taxa auf dem Garg. vor

**10+** Pfl. einj. K. >7 mm. Blü. rot oder rosa, in (oft lockeren) Dichasien. Fr. 7-12 mm

**11.** Blü.stiele zuletzt 15-60 mm. Stg. basal meist nichtdrüsig behaart (slt. ganz kahl), unter den Knoten klebrig. K. meist 10-15 mm, mit einfachen Lgsnerven. Fr. 7-10 mm, Karp. 1-5 mm, kahl. Samen 0,8-1,0 mm. 30-60 cm (= *S. cretica* s. Pg und der meisten anderen Autoren)

    **12.** Platte auf 1/2 bis 2/3 eingeschnitten, hellrosa. Blü.stiele meist 30-60 mm. K. meist 10-12, Karp. 1,5-2,5 mm. Zipfel der Nebenkrone 1,5-2,5 mm (v)         **Silene cretica** s.str.

    **12+** Platte nur ausgerandet, dunkelrosa. Blü.stiele meist 15-40 mm. K. meist 12-15, Karp. 3-5 mm. Nebenkrone 1-1,5 mm (*#*)         **S. tenuiflora**

**11+** Blü.stiele 2-15 mm. Pfl. basal meist kahl, Internodien bisw. klebrig. K. ± dtl. netznervig. Pfl. slt. >40 cm

    **13.** Karp. spärl. behaart, 4-5 mm lg. Pfl. oben mit klebrigen Internodien. Nebenkrone dtl. Samen ±1 mm mit flachen, konischen Tuberkeln         **S. muscipula**

    **13+** Karp. ca 2 mm, kahl. Obere Internodien nicht klebrig. Nebenkrone <0,5 mm. Samen 1,3-1,5 mm, mit dtl., zylindrischen Tuberkeln (*//*)         **S. behen**

**9+** K. in irgendeiner Weise behaart

    **14.** Pfl. mehrj., >30 cm hoch. Blü. meist (grünl.-)weiß, ± in lockeren, thyrsischen Infl. Basale B. spatelförmig

        **15.** Karp. -2 mm. K. 10-16 mm, bauchig, d.h. größte K.breite schon zur Blütezeit in der unteren Hälfte, mit stark verlängerten, spitzen Zähnen. Schuppen der Nebenkrone 2-4 mm. Fr. meist 12-14 mm. Infl.-Achse drüsig. Obere B. eiförm.-lanzettl., Tragb. der Infl.-Äste ± plötzl. viel kleiner         **S. viridiflora**

        **15+** Karp. ca so lg wie die Fr., behaart. K. keulenförmig, d.h. größte Breite in d. oberen Hälfte. K. 15-20 mm, mit stumpfen Zähnen und Drüsenhaaren. Nagel der Krb. s. fein behaart. Fr. meist 8-10 mm. Infl.-Achse kahl, aber klebrig. Obere B. ± lineal         **S. italica** s.str.

        Mit *S.* (*italica* ssp.) *nemoralis* (Nagel kahl. Karp. > Fr.) ist im Gebiet nicht zu rechnen

    **14+** Pfl. einj., ohne sterile Triebe. Blü. ± rot oder ± weiß, meist in „traubige" (monochasialer) Infl. (nur am Grund bisw. eine dichasiale Verzweigung)

        **16.** K. 6-8 mm. Kr. klein, den K. höchstens 2 mm überragend. Fr. 5-6 mm, Karp. kahl, bis 2 mm. Samen 0,3-0,5 mm. Infl. zumind. an der Basis oft dichasial. Blü.stiele meist 1-2x so lg wie d. K., zur Fruchtzeit abstehend. B. oft sukkulent, auch die unteren <3 cm lg. Pfl. slt. >10 cm hoch, besonders oben abstehend drüsig behaart. Sandstrände         **S. sedoides**

        **16+** Merkmale nicht in dieser Kombination. Infl. meist monochasial. Wenn Karp. <3 mm, stets behaart. Samen stets >0,5 mm

            **17.** Karp. <2 mm, <1/3 so lg wie die Fr., fein behaart. Krb. bisw. < K., dieser 7-13 mm. Kb. spitz

                **18.** Samen 0,9-1,2 mm, geflügelt. Stg. nicht drüsig. Krb. meist < K. (vgl. auch **19. a+** *S. nocturna* var. *brachypetala*), bisw. fehlend, slt. > K. Fr. 4-6 mm. Untere Blü.stiele 1-3x so lg wie der K.         **S. apetala**

                **18+** Samen 0,7-1,0 mm, ungeflügelt. Stg. mit Drüsen und drüsenlosen Haaren. Fr. 6-12 mm. Krb. meist dtl.

            **19.** K. 7-13 mm, dtl. netznervig, mit kurzen, rückwärts gekrümmten drüsenlosen Haaren. Fr. 8-11 mm, ± zylindrisch (d.h. erst unmittelbar unter den K.zähnen verengt) bis wenig bauchig. Stg. mit drüsenlosen und (bes. oben) drüsigen Haaren         **S. nocturna**

                **a.** Blü. nur kurz gestielt, Infl. daher ± ährenförmig. Krb. zweispaltig, d. K. dtl. überragend         typ. var.

                **a+** Infl. lockerer. Krb. ausgerandet, vom K. eingeschlossen (vgl. **18.** *S. apetala!*)         var. *brachypetala*

                Beide Taxa werden für den Garg. gemeldet

            **19+** K. höchstens im oberen Drittel netznervig. Indument trimorph, aus sehr kurzen drüsenlosen, kurzen drüsigen und lang abstehenden Borstenhaaren bestehend. Krb. höchstens seicht gelappt. Filamente basal behaart. Fr. ovoid         **S. gallica**

                Früher wurden bisw. unterschieden und beide für den Garg. gemeldet:

**a.** Krb. bleichrosa. K. nicht rötl.                                    typ. Form

**a+** Krb. mit dunkelrotem Fleck. K. mit Rottönen          var. *quinquevulnera*

**17+** Karp. 3-7 mm, >1/3 so lg wie d. Fr. Krb. stets vorhanden, tief ausgerandet bis zwei-spaltig. K. 10-16 mm, Kb. (außer **20.**) stumpf

**20.** K. 14-16 mm, davon 2-3 mm lge spitze, bewimperte Zähne. K.-Nerven zumind. im oberen Drittel dtl. netznervig. Indument trimorph, mit lgen und kurzen drüsenlosen Haaren sowie (immer?) im Infl.-Bereich mit abstehenden kurzen Drüsen (am K. können die lgen Haare die kurzen verdecken). Karp. 5-6 mm, behaart. Fr. 8-10, Samen 1-1,2 mm. Stg. meist einzeln, aber Infl. basal meist 1x dichasial verzweigt    ***Silene bellidifolia***
Die Angaben zur Lge von K., Fr. und Karp. schwanken beträchtlich

**20+** K. mit stumpfen Zähnen und unvernetzten Nerven. Indument anders

**21.** K. 14-16 mm, zuletzt etwas aufgeblasen und desh. 4-7 mm br. K.-Nerven drüsig behaart, zwischen den Nerven ± rückwärts-angedrückte drüsenlose Haare. Infl. 4-5-blü., locker. Unterste Blü. 20-30, obere 3-6 mm gestielt, Stiele zunächst aufrecht, zur Fr.zeit abstehend bis herabgeschlagen. Karp. 3-5 mm, kahl. Fr. 9(-12) mm, Samen 1,3-1,4 mm. Ruderal    ***S. pendula***

**21+** K. 10-14 mm, nicht aufgeblasen. Karp. behaart. Fr. 6-10, Samen 1-1,5 mm. Stg. meist <30 cm. Sandstrände

**22.** Samen nicht geflügelt, ca 1 mm, hellbraun. Stg. zumind. oben (auch) mit ± klebrigen Drüsenhaaren (daher oft mit angeklebten Sandkörnchen). B. etwa 10x so lg wie br. Krb. ± weiß    ***S. niceensis***

**22+** Samen am Rücken mit 2 gewellten Flügeln, 1-1,5 mm, dunkelbraun. Pfl. drüsenlos. B. meist 2-4x so lg wie br. Krb. meist dtl. rosa (*S. colorata* s.l.)

**23.** K. (11-)12-14, Karp. 5-7, Fr. 7-9 mm    ***S. colorata*** s.str.

**23+** K. 10(-12), Karp. und Fr. je 4-5(-6) mm (*//*)    ***S. canescens***
Die sehr ähnliche *S. sericea* mit ungeflügelten Samen ist sicher eine Fehlmeldung

## SPERGULARIA

**1.** Jeweils 2 benachbarte Stp. an jungen Zweigen ca zur Hälfte verwachsen (Interfoliar-Stp.), eine Stg.-Scheide bildend. Fr. lger als der K. Samen zumind. teilweise geflügelt (vgl. aber **2+**), Samenkörper (ohne die Flügel) 0,6-1 mm DM. B. sukkulent

**2.** Pfl. >20 cm, mehrj., basal ± verholzt, mit kräftiger Wurzel. Blü. blassrosa, 8-12 mm DM. Kb. 4-6 mm. Staubb. meist 10. Fr. 6-12 mm, ca 2x so lg wie der K. Samen dunkelbraun, ± alle mit breitem Hautrand, dieser ganzrandig oder nur wenig gesägt. DM des Samenkörpers 0,7-1 mm
***Sp. media***
= *Sp. maritima*

**2+** Pfl. einj., 10-30 cm, mit zarter Wurzel. Krb. tiefrosa, am Grund weiß. Kb. 3-4 mm. Staubb. meist 1-5. Fr. 4-6 mm, nur wenig lger als der K. Samen hellbraun, 0,6-0,7 mm DM, z.T. breit geflügelt (dann Flügel meist ausgerandet bis zerschlitzt), z.T. ungeflügelt, slt. alle ungeflügelt. DM des Samenkörpers 0,6-0,7 mm    ***Sp. salina***
= *Sp. marina*

**1+** Stp. nur basal verwachsen. Fr. den K. meist nicht überragend. Samen braun bis fast schwarz, stets ungeflügelt. Pfl. meist ein- bis zweij.

**3.** Stp. lanzeolat, zugespitzt, etwa 2x so lg wie br., silberweiß glänzend. Auch obere Tragb. etwa so groß wie d. Stgb. Krb. ± einheitl. rosa. Staubb. (5 oder) 10. Samen ca 0,5 mm DM, dunkelbraun. B. dtl. (bis 0,3 mm) stachelspitzig. Nicht halophytisch    ***Sp. rubra***

**3+** Stp. 3-eckig, etwa so lg wie br. Tragb. dtl. < als Stgb. Halophyt.

**4.** Krb. einheitl. rosa. Kb. (3-)4 mm. Samen fast schwarz, mind. 0,5 mm. Staubb. meist 10. Infl. locker (die meisten Blü.stiele > K.)    ***Sp. nicaeensis***

**4+** Krb. ganz oder nur am Grund weiß. Kb. 2-3,5 mm. Samen braun, <0,5 mm. Staubb. meist 2-5. Infl. gedrängter (die meisten Blü.stiele < K.)    ***Sp. bocconii***

## STELLARIA

**1.** B. lanzettlich, alle sitzend, 30-80x5-7 mm, randl. rau. Stg. vierkantig. Kb. 6-9 mm, Krb. fast doppelt so lg, 1/3 bis 1/2 geteilt. Mehrj. Pfl. der Gebüsche und Wälder **St. holostea**

**1+** Zumind. untere B. gestielt, ± eiförm. Stg. rund. Krb. fast bis zum Grund geteilt

**2.** Krb. >5 mm, ca 2x so lg wie Kb. Stg. oben ringsum drüsig behaart. Untere B. meist mit ± herzförm. Spr.basis. Mehrj. Pfl. feuchter, schattiger Standorte (//) **St. nemorum**

**2+** Krb. höchstens wenig lger als der K., bisw. fehlend. Stg. nicht ringsum drüsig u./od. Krb. <5 mm. Untere B. mit abgerundeter Spr.basis. Pfl. ein- bis zweij., meist ruderal (*St. media* agg.)

**3.** Stg. mit (meist) 1 Haarleiste, sonst ± kahl (bei *St. neglecta* nicht sehr dtl.)

**4.** Krb. mind. so lg wie die 5-6,5 mm lgen Kb. Staubb. meist 10, Antheren anfängl. rot. Fr.stiele meist herabgeschlagen. Samen dunkel rotbraun, 1,3-1,6 mm, spitzwarzig (Warzen dtl. lger als br.). 20-60 cm **St. neglecta**

**4+** Krb. meist kürzer als der 2-5 mm lge K. oder fehlend. Staubb. meist 1-5. Samen <1,3 mm, stumpfwarzig. Slt. >30 cm

**5.** Krb. meist fehlend. Blü. herabgeschlagen, reife Fr. abstehend-aufrecht. Fr.stiele 2-4x so lg wie der K. Samen meist <0,8 mm, gelb- (slt. dunkel-)braun. Warzen breiter als hoch. Staubb. meist 1-3, mit graulila Antheren. Pfl. meist gelbgrün **St. pallida**

**5+** Krb. meist (s.u.) vorhanden, 2/3-1x so lg wie der K. Blü. aufrecht, Fr. herabgeschlagen. Fr.stiele 4-6x so lg wie der K. Samen meist 0,8-1,3 mm, dunkel-rotbraun. Staubb. (3-)5, mit purpurnen Antheren. Pfl. meist grasgrün **St. media**

Formenreich; am Garg. mögl.:

**a.** Krb. < Kb., bisw. fehlend

ssp. *m.*

**b.** Krb. ca 2/3 so lg wie der K. typ. var.

**b+** Krb. winzig oder fehlend var. *apetala*

**a+** Krb. so lg wie der K. (CL: zweifelhaftes Taxon) ssp. *romana*

**3+** Stg. rundum (drüsig) behaart, auch B. meist behaart. Kb. 4,5-7 mm, Krb. gleichlg oder etwas lger. Samen 1,3-1,5 mm, mit konischen Warzen **St. cupaniana**

**VACCARIA** Vgl. III 7. **V. pyramidata**
= V. hispanica

**VELEZIA** Vgl. III 6+ **V. rigida**

## CELASTRACEAE EUONYMUS

Blü. 4-zlg. Fr. auffällig orange und rosa abgesetzt, „bischofsmützenförmig". Junge Zweige meist 4-kantig, ältere Zweige mit Korkleisten. B. gegenständig. Spr. 45-70x23-35 mm **E. europaeus**

## CERATOPHYLLACEAE CERATOPHYLLUM

**1.** B. 3-4x gabelteilig, B.zipfel 5-8, weich, mit einzelnen Zähnchen. Fr. (sehr slt. vorhanden!) stachellos **C. submersum**

**1+** B. 1-2x gabelteilig, B.zipfel deshalb 2-4, starr, dicht stachelig gezähnt. Fr. an der Basis (meist) mit 2 lgen Stacheln (v) **C. demersum**

## CHENOPODIACEAE

Die *Chenopodiaceae* werden heute meist in die *Amaranthaceae* eingeschlossen
Der Schlüssel ist provisorisch. Es wird auf die Abb. der Or.-Lit. hingewiesen. – Von vielen der annuellen Arten liegen nur alte Nachweise vor; dies hat in diesem Fall jedoch nicht viel zu besagen („unattraktive" Gruppe, spontanes Auftreten). Insbes. bei *Atriplex* und *Chenopodium* sollte auch mit weiteren Arten gerechnet werden. – Auch nomenklatorische Probleme sind häufig
Die Orientierung der Fr. bzw. des dicht eingeschlossenen einzigen Samens ist oft taxonspezifisch. *Vertikal:* von Bauch- und Rückenseite zusammengedrückt; *horizontal:* von oben und unten zusammengedrückt

**1.** Stg. fleischig, gegliedert. B. gegenständige Schuppen, den Stg. umschließend, somit auch auch Verzweigungen gegenständig. Stets salzbeeinflusste Standorte
Diese Taxa sollten frisch bestimmt werden!
    **2.** Pfl. einj., alle Zweige aufsteigend-aufrecht, in einer Teilinfl. endigend. Samen mit ± anliegenden Hakenhaaren    ***Salicornia***
    **2+** Pfl. mehrj., basal meist verholzt. Zweige oft prostrat, z.T. steril. Samen unterschiedl.    ***Arthrocnemum*** s.l.
**1+** B. wohl ausgebildet. Stg. nicht fleischig-gegliedert
    **3.** B. ± gestielt, mit flächiger Spr. (vgl. aber *Atriplex littoralis*)
        **4.** Blü. eingeschlechtl. (Ein Großteil der) Fr. vertikal, von 2 Vorb. eingehüllt (bei *Atriplex sagittata* daneben auch horizontale Fr. ohne Vorb.-Hülle vorhanden)    ***Atriplex***
        **4+** Blü. zwittrig. Fr. alle horizontal, nicht von Vorb. eingehüllt
            **5.** Per.b. frei, einer Nussfr. anliegend    ***Chenopodium***
            **5+** Per.b. im unteren Teil mit einer Deckelkapsel verwachsen, Frkn. somit halbunterständig    ***Beta***
    **3+** B. linealisch od. schmalzylindrisch, ohne abgesetzten Stiel; meist in Meernähe
        **6.** B. stachelspitzig. Blü. zu 1(-3), in ± ähriger Infloreszenz. Pfl. stets einj., oft auf Sand
            **7.** Blü. nur mit Tragb., dieses nicht stechend. Infl. ca 5 mm br. B. flach, >1 mm br., basal nicht verbreitert. Im Bereich der B.knoten bisw. spärlich mit weichen Haaren. Per. aus einer dem Tragb. gegenüberliegenden Schuppe bestehend. Fr. dtl. vertikal, mit umlaufendem Flügel    ***Corispermum leptopterum***
            **7+** Blü. mit ± abstehenden steifen, stechenden Trag- und Vorb. (Brakteolen), Infl. daher insgesamt breiter. B. meist halbstielrund, <1 mm br., am Grund verbreitert. Mit kurzen, steifen Haaren, in den B.achseln Haarbüscheln oder kahl. Per.b. ±5, bisw. unterschiedl. groß, zur Reife am Rücken quergekielt od. -geflügelt    ***Salsola***
        **6+** B. stumpf oder ± spitz, aber ohne Stachelspitzchen, meist fleischig
            **8.** Pfl. kahl. Blü. in armblü. Knäueln, mit sehr kleinen Vorb.    ***Suaeda***
            **8+** Pfl. grauweiß behaart. Blü. ohne Vorb.
                **9.** Per. 5-zlg, jedes Per.b. mit 1 abstehenden, behaarten Stachelauswuchs. B. 5-15 mm lg. Fr. horizontal. Infl. (reich) verzweigt. Pfl. einj.    ***Bassia hirsuta***
                **9+** Per. 4-zlg, ohne Stachel. B. 4-6(-10) mm lg, teilw. in Büscheln. Fr. vertikal. Infl. ährig. Pfl. mehrj., verholzt, mit Kampfer-Geruch    ***Camphorosma monspeliaca***

## ARTHROCNEMUM s.l. (= **Arthrocnemum** s.str. und **Sarcocornia**)

*Herbarschlüssel:*

**1.** Blü. nach dem Abfallen am Stg. eine einheitl. Höhlung hinterlassend. Samen schwarz. Testa tuberkulat bis fast glatt. B.rand konkav    ***Arthrocnemum macrostachyum***
                        = *A. glaucum*

**1+** Blü. eine 3-teilige Höhlung hinterlassend. Samen (grau-)braun. Testa mit dtl. Emergenzen    ***Sarcocornia***

**2.** Testa mit schmalen konischen Höckern. Pfl. blau- oder graugrün, ohne unterird. Äste und höchstens basal sprossbürtig bewurzelt **Sarcocornia (Arthrocnemum) fruticosa**
**2+** Testa mit Hakenhaaren. Pfl. anfangs grün, später rötl. oder bräunl., mit ausgeprägter sprossbürtiger Bewurzelung und meist mit unterirdischen Stg. **S. (A.) perennis**

_Geländeschlüssel:_

**1.** Stets kriechend, weithin sprossbürtig bewurzelt, meist auch unterirdische Äste. Pfl. insges. somit flache, bis 15 cm hohe Polster bildend. Endähre <4 cm lg **Sarcocornia perennis**
**1+** Äste aufsteigend, Pfl. daher meist höher. Stg. höchstens basal sprossbürtig bewurzelt. Endähre meist >3 cm lg
**2.** Blü. nach dem Abfallen am Stg. eine 3-teilige Höhlung hinterlassend. Stg.glieder tonnenförmig. Stg.spitze gerundet. B.rand ± gerade, Spitze etwas stumpfl. Pfl. blau- oder graugrün bleibend, slt. >30 cm **Sarcocornia fruticosa**
**2+** Blü. eine einheitl. Höhlung hinterlassend. Sterile Äste die fertilen rasch übergipfelnd. Stg.glieder zylindrisch, Stg.spitze spitz. B.rand konkav, Spitze dadurch dtl. Pfl. zunächst graugrün, dann gelbgrün bis rötl., meist 30-80 cm. Stärker halophil **Arthrocnemum glaucum**

**ATRIPLEX** (incl. **Halimione**)
_Vorb._ („Brakteolen"): aus 2 B. bestehende „Fr.hülle" der vertikalen Fr.
Die Angaben zu den B. beziehen sich auf B. des unteren Stg.-Drittels

**1.** B. lanzeolat, dickl., silbrig, stumpf, ganzrandig, bis z. Infl. gegenständig. Fr.hülle 2-3-lappig. Pfl. mehrj., bisw. holzig. In Küstennähe **A. portulacoides**
= _Halimione p._ = _Obione p._
**1+** B. (zumind. oberseitig) grün u./od. 3-eckig, oft nur unten oder gar nicht gegenständig. Fr.hülle ganzrandig oder gezähnt (_Atriplex_ s.str.)
**2.** Pfl. strauchartig, (0,5-)1-2 m hoch mit graugelber, gestreifter Rinde. B. ovat bis lanzeolat, am Rand 0-2-zähnig, oft silbrig-ledrig; Seitenäste nur am Grund beblättert. Vorb. rundl. oder abgerundet 3-eckig **A. halimus**
incl. var. _latifolium_

**2+** Pfl. einj., krautig
**3.** Vorb. rundl.-eiförm., bespitzt, ganzrandig, auf der Fläche glatt, ca 10 mm lg. Neben diesen vertikalen Fr. auch horizontale Fr. ohne Vorb. vorhanden (_//_) **A. sagittata**
= _A. nitens_
**3+** Vorb. 3-eckig oder ± rautenförm., auf der Fläche oft mit Warzen. Alle Fr. vertikal
**4.** B. linealisch, die meisten ganzrandig, ohne dtl. Seitennerven. Mittlerer Teil der Vorb. zungenförm. verlängert (_//_) **A. littoralis**
**4+** B. rhombisch bis 3-eckig, meist gebuchtet bis gezähnt, mit dtl. Seitennerven
**5.** Vorb. im Umriss quadratisch-rautenförm., mind. bis zur breitesten Stelle (d.h. ± bis zur Mitte) verwachsen, zur Fr.zeit verhärtet. B. unterseits meist silbrig
**6.** Infl. hoch hinauf frondos, d.h. fast alle Teil-Infl. durchblättert. Vorb. wenig lger als br., gezähnelt, rückseitig meist tuberkulat. B. mit scharf gezähntem Rand, dabei oft kleinere und größere Zähne abwechselnd **A. rosea**
**6+** Infl. brakteos, d.h. Teil-Infl. ährenartig, diese oben ohne Tragb. Vorb. bisw. breiter als lg, randl. meist mit (0-)1-2 Zähnen. B. meist mit gewelltem Rand, vor allem die untere B.-hälfte unregelmäßig buchtig bis gelappt **A. tatarica**
_A. laciniata (A. maritima)_ s. Fen?

_A. laciniata_ L. (= _A. sabulosa_) im eigentlichen Sinn, eine ausgesprochen prostrat wachsende Art, kommt in Italien nicht vor

**5+** Vorb. im Umriss meist 3-eckig bis verlängert rautenförm., nur basal verwachsen, krautig bleibend. Infl. größtenteils brakteos. Basale B. meist gegenständig, jederseits meist mit 1 dtl. größeren basalen Zahn

  **7.** Spreite meist <2x so lg wie br., am Grund ± gestutzt bis schwach keilig   ***Atriplex prostrata*** s.l. (= s. CL)
  Das Taxon ist sehr formenreich. Incl. *A. triangularis, A. hastata* (s. Fen) und *A. latifolia* (s. Pg)

  **7+** Spr. mindestens 2x so lg wie br., an der Basis dtl. keilförm., sonst ± 3-eckig. Basale Äste meist gegenständig, erst rechtwinkelig abstehend, dann aufgerichtet   ***A. patula***

**BASSIA** Vgl. **9.**   ***B. hirsuta***

**BETA** Vgl. **5+**   ***B. vulgaris***

**a.** Kulturpfl., bisw. subspontan. Infl. reich verzweigt, Blü.knäuel 2-8-zlg. Per.b. oben kapuzenförmig zusammengezogen, z. Fr.zeit verdickt   ssp. *v.*

**a+** Wildpfl., meist in Meernähe. Infl. eine wenig verzweigte, langgezogene „Ähre", oft nur unten brakteos und oben tragb.-los. Blü.knäuel 1-3(-5)-zlg. Per.b. nicht kapuzenförmig, dünn bleibend   ssp. *maritima*

**CAMPHOROSMA** Vgl. **9+**   ***C. monspeliaca***

## CHENOPODIUM

Vgl. Vorbemerkung zur Familie; von Pianosa ist noch *Ch. urbicum* gemeldet

Zur genauen Unterscheidung sind auch reife Samen nützlich; dabei betrachtet man deren Unterseite (wo auch die Radikula erkennbar ist) mind. 40x vergrößert. Es können – mit Ausnahme von **2+** – nur die schwarzen „Sommer-Samen" verwendet werden, nicht die dunkelbraunen, im Herbst gebildeten

**1.** Pfl. drüsig, nicht bemehlt, mit aromatischem Geruch. B. fiederlappig bis fiederschnittig

  **2.** Pfl. einj. Infl. ± abgesetzt. B. 2-4x1-2,5 cm, fiederlappig, jederseits mit 4-6 Lappen. Samen glänzend schwarz, 0,5-0,8 mm. Pfl. ± aufrecht   ***Ch. botrys***

  **2+** Pfl. mehrj. Infl. nicht abgesetzt (durchblättert). B. 1-4x0,5-1,5 cm, unregelmäßig fiederschnittig. Samen braun, 0,9-1,5 mm. Pfl. aufsteigend (Neophyt)   ***Ch. multifidum***

**1+** Pfl. nicht drüsig, kahl (grün) oder „bemehlt" (d.h. mit weißl. Schuppen), ± geruchlos oder unangenehm riechend. B. nicht fiederschnittig, aber bisw. tief gebuchtet

  **3.** B. buchtig gezähnt oder gelappt. Pfl. einj.

    **4.** B. zumind. unterseits bemehlt

      **5.** Auch jge B. nur unterseits bemehlt. Seitenständ. Teilinfl. (Zymen) alle mit Tragb. und meist kürzer als dieses. Endständige Infl. nicht wesentlich größer als die seitenständigen. Samen matt, mit umlaufendem Kiel und dicht mit kleinen Höckerchen besetzter Schale   ***Ch. murale***

      **5+** Jge B. auch oberseits bemehlt. Infl. dtl. endständig, oberwärts tragb.los. Samen glänzend, nicht scharf gekielt (höchstens mit umlaufendem Wulst), glatt oder gerillt (*Ch. album*-Gruppe)

        **6.** Mittl. B. mind. so br. wie lg, klein (1,5-3 cm), oft etwas dicklich. Stg. nie rötl. Äste fast waagrecht abstehend, die unteren sehr lg. Samen ca 1,2 mm DM, mit unregelmäßigen radialen Rillen   ***Ch. opulifolium***

        **6+** B. dtl. lger als br. Samen 0,8-1,8 mm

          **7.** Stg. grün-/rotstreifig od. rot überlaufen. Samen (0,8-)1,2-1,5 mm, mit umlaufendem Wulst, flach gerillt bis glatt. B. sehr vielgestaltig   ***Ch. album***

**7+** Stg. höchstens in den Astwinkeln rötl. Samen 1,3-1,8 mm, ohne Wulst, aber mit flachgrubigen Netzfeldern. Größere Stgb. meist mit 2 größeren, vorwärtsgerichteten Zähnen
(*//*)                                                         *Chenopodium suecicum*
                                                              = *Ch.* (*album* ssp.) *viride*

**4+** B. (auch jung) nicht bemehlt (Pfl. aber bisw. im Infl.-Bereich bemehlt)

**8.** Größere Stgb. am Spr.grund eingebuchtet, daher herzförmig, slt. basal nur gestutzt. B.rand ± gebuchtet. Pfl. stets kahl                              *Ch. hybridum*

**8+** Stgb. keilig (oft allerdings s. stumpf) in den Stiel verschmälert. B.rand ± gezähnt. Infl.äste und Per. ± bemehlt vgl. **5.**                              *Ch. murale*

**3+** B. ± ganzrandig, s. slt. an der Basis der Spr. jederseits 1 Zahn

**9.** Pfl. mehrj., mit Rhizom. B. 3-eckig bis spießförmig, bisw. bemehlt, bes. d. basalen lg gestielt. Pfl. ± geruchlos                              *Ch. bonus-henricus*

**9+** Pfl. einj., mit Faserwurzeln. B. ± oval oder Pfl. stinkend. Spr.grund ± keilförmig

**10.** B. bemehlt, im Gesamtumriss 3-eckig bis rautenförmig, meist <2 cm. Samenschale glatt. Pfl. stinkend, oft prostrat                              *Ch. vulvaria*

**10+** B. kahl, oval-eiförmig, meist >4 cm. Samenschale feingrubig punktiert. Pfl. nicht stinkend
                                                              *Ch. polyspermum*

**CORISPERMUM** Vgl. 7.                              *C. leptopterum*
                                                              = *C. hyssopifolium*


**HALIMIONE** → **Atriplex**


## SALICORNIA

Lit.: IBERITE in Ann. Bot. (Roma) **54**:145-154 (1996) sowie in Inform. Bot. Ital. **36**:508-511 (2004)

Taxonomie, Nomenklatur und chorologische Angaben dieser Gattung sind derzeit wenig kompatibel. Deshalb wird hier IBERITE gefolgt, auf den sich offenbar auch CL weitgehend bezieht

Sinnvoll scheint lediglich eine Unterscheidung der Sektionen *Salicornia* (diploid) und *Dolichostachya* (tetraploid) zu sein. Die diploiden Taxa werden in IBERITE und CL denn auch ohne weitere Untergliederung unter *S. patula* subsummiert. – Die Synonymisierung von *S. ramosissima* mit der tetraploiden *S. dolichostachya* (CL p. 380) ist sicher irrtümlich

Eine genauere Bestimmung setzt Frischmaterial voraus. Zur Samenmorphologie und den oft kennzeichnenden Farbänderungen der Pfl. während ihrer Entwicklung vgl. auch Or.-Lit.

**1.** Fertile Segmente tonnenförmig (d.h. mit konvexen Außenseiten), 2-3 mm br. Seitl. Blü. (dtl.) kleiner als die mittlere. Staubb. meist 1, bisw. im Perianth verbleibend (Blü. kleistogam). Antheren 0,2-0,5 mm. Samen 1-1,7 mm. Meist schon basal verzweigt                              *S. patula*
                                                              = *S. europaea* s.l.; = *S.* sectio *Salicornia*

Aus dieser Gruppe werden für den Garg. gemeldet:

**a.** Oberer Rand der fertilen Segmente mit einem bis 0,1 mm br. trockenhäutigen Saum, die Basis der darüberliegenden zentralen Blü. ± nicht bedeckend. Endähre meist 3-5 cm. Pfl. oft ± glauk                              *S. patula* s.str.
                                                              = *S. europaea* s. FE p.p.

**a+** Saum 0,1-0,3 mm, die zentrale darüberliegenden Blü. an deren Basis bedeckend. Endähre meist 1-4 cm. Pfl. dunkelgrün oder gelbl.                              *S. ramosissima* s. FE non s. CL pro syn.

Zur Berechtigung dieser Taxa vgl. oben

**1+** Fertile Segmente ± zylindrisch. Blü. ± (!) gleichgroß. Staubb. der mittl. Blü. meist 2, meist aus dem Perianth herausragend. Antheren 0,5-1 mm. Samen 1,4-2,2 mm (Garg. mögl.)
                                                              sect. *Dolichostachya*

Für Apulien gemeldet:

Stg. erst ab 1/4 der Stg.-Höhe verzweigt. Fertile Segmente 10-20, 3,5-4,5 mm br. Pfl. hellgrün, zur Reifezeit oft rötl. (nicht gelbl. oder bräunl.)                              *S. emerici* s. IBERITE

## SALSOLA

Die Unterscheidung von *S. soda* und *S. kali* s.l. ist unproblematisch, die weitere Gliederung von *S. kali* hingegen wurde und wird sehr unterschiedlich gehandhabt (bzw. der zahlreichen Übergänge halber gar nicht erst durchgeführt). Die hier aus CL übernommene Gliederung entspricht der von RILKE (s.u.) und geht relativ ins Einzelne (was RILKE selbst kritisch diskutiert). – Die Epitheta *kali* und *tragus* werden in der Literatur in nicht kompatibler Weise verwendet; eine Synonymisierung mit den subspezifischen Taxa anderer Autoren – wie auch eine Zuordnung der einzelnen Meldungen in Fen zu einem der hier unterschiedenen Taxa – muss deshalb unterbleiben

**Lit.:** RILKE, S.: Revision der Sektion *Salsola* s.l. der Gattung *Salsola* (Chenopodiaceae). - Bibl. Botanica **149** (1999)

Die Vorb. werden, der Literatur folgend, als Brakteolen bezeichnet. – An der Außenseite der Tep. befindet sich jeweils eine horizontal verlaufende (fälschlich so genannte) „Querzone", die bei der Reife zu einem „Flügel" auswachsen kann. Der Teil der Tep. über dieser Querzone wird jeweils als „Zipfel" bezeichnet; er kann dornartig verhärten. Die Bereiche unterhalb der Querzone werden in der Summe aller 5 Tep. als „Tubus" zusammengefasst. Die „Fr." versteht sich incl. Per. und wird bei flügellosen Formen (vgl. z.B. **2.** a+) hfg noch zusätzlich von der Braktee und den Brakteolen fest umhüllt

Zu den einzelnen Variationstypen des *S. kali*-Aggregats (z.B. die vom Garg. gemeldete „var. *angustifolia*") vgl. Or.-Lit. (z.B. RILKE l.c. p. 117)

**1.** B. weich, etw. fleischig, die unteren und mittleren gegenständig. Apikales Stachelspitzchen 0,1-0,5(-0,8) mm, weich (nicht stechend). Stg. aufrecht, kahl (aber bisw. warzig). Nur in den B.achseln jger Pfl. Büschel von mehrzelligen Haare. Unter der Epidermis d. Stg. ein geschlossener Kollenchym-Ring, Rinde daher einfarbig weißl. (jg auch grünl.) oder ± rot. Fr. tonnenförm., 3-6x4-5 mm. Querzone im oberen Drittel, durch eine 0,5-1 mm hohen Kiel markiert. Fr. sonst ohne häutige Flügel. Tep.-Zipfel <1 mm, der eigentl. Fr. ± aufliegend. VII-VIII      **S. soda**

**1+** B. ± steif, nur an der Stg.basis gegenständig. Stachelspitzchen 0,5-3,5 mm, stechend. Stg. dicht papillos behaart oder kahl. Haarbüschel in den B.achseln vorhanden oder nur spärl. Subepidermaler Kollenchym-Ring unterbrochen, Rinde daher grün und weiß. (bzw. rötl.) lgsgestreift. Fr. geflügelt (Flügel – wie die Tep. – hfg verschieden groß) oder nicht geflügelt, hfg beide Typen an einer Pflanze (Heterokarpie). Querzone etwa in der Mitte oder (meist) darunter. V-VIII (*S. kali* s.l.)

**2.** Tep. abgerundet (aber durch seitl. Einrollung oft eine Spitze vortäuschend), der sklerenchymatische Mittelnerv slt. von der Querzone bis zur Spitze durchgehend. Tep.-Zipfel meist dünn, der eigentl. Frucht ± aufliegend oder 1-2(-3) Tep. mit verhärteter Spitze. Fr. 6-10(-13) mm DM, ungeflügelt oder geflügelt, dann Flügel ungleich: die 3 äußeren nierenförm., (1-)2-3,5(-4) mm lg, durchscheinend und dtl. geadert, die beiden inneren reduziert. Pfl. kahl oder mit Papillenhaaren, Achselhaare an jgen Pfl. hfg      **S. tragus**

**a.** Pfl. meist aufrecht, ± dicht verzweigt und meist papillos behaart (Papillen 0,3-1 mm). Brakteen blattähnl. Heterokarpie meist ausgeprägt: Zumind. im oberen Teil des reifen Fr.standes Fr. mit häutigen Flügeln wie oben beschrieben. Binnenland und Küste      ssp. *t.*
            incl. ssp. *ruthenica*

**a+** Pfl. niederliegend-aufsteigend, nur Seitenzweige 1. und 2. Ordnung vorhanden. Pfl. meist kahl. Brakteen dickl.-starr. Fr. zumind. überwiegend ohne Flügel (bisw. an der Spitze des Fr.standes solche mit kurzen Flügeln), zur Fr.reife von den basal verbundenen Brakteen und Brakteolen umschlossen bleibend. Nur an der Küste      ssp. *pontica*

**2+** Tep. zugespitzt, alle schon während der Blü. mit dtl. sklerenchymatischem Mittelnerv, dieser meist von der Querzone bis zur Zipfelspitze durchgehend. Die Zipfel von mind. 3 Per.b. zur Fr.zeit derb und gemeinsam einen aufrechten, 1-2(,5) mm hohen Konus ausbildend. DM der Fr. (4-)5-7(-9) mm. Fr.flügel kurz (0,5-2(,5) mm), undurchsichtig. Heterokarpie slt. Pfl. meist behaart (Haare borstlich, aber brüchig); in den B.achseln nur vereinzelt mehrzelligen Haare. Pfl. ± niederliegend, oft Polster bildend und dann wesentlich breiter als hoch. Sandküsten (Garg. fragl.)      **S. kali** [s.str.]

## SUAEDA

Merkmale weitestgehend nach FREITAG (briefl.). – *Suaeda* bildet z.T. dimorphe Samen aus; die hier angegebenen Testa-Merkmale beziehen sich auf dunkelbraune bis schwarze (nicht hellbraune) Samen

**1.** Pfl. (halb-)strauchig. B. 8-15 mm lg, ohne grannenartiger Haarspitze. Stg. mit weißl. Rinde. Narben 3, diese meist verzweigt, zur Blü.zeit flach ausgebreitet, sonst kopfig zusammengezogen. Samen mit glatter Testa **S. vera**
= S. fruticosa

**1+** Pfl. einj. Narben meist 2, unverzweigt

  **2.** Jüngere Stg. mit grünen Lgsstreifen. B. (10-)15-25 mm lg, ohne dtl. hyalinen Rand und ohne grannenartige Haarspitze. Fr.-Per. nicht aufgeblasen. Testa fein netzig. Pfl. zuletzt oft rötl. überlaufen **S. maritima [s.l.]**
Die Art ist formenreich und taxonomisch nicht ausreichend geklärt

  **2+** Jüngere Stg. ohne grüne Lgsstreifen. B. ±10-15 mm lg, mit breitem hyalinem Rand und grannenartiger Haarspitze. Fr.-Per. meist aufgeblasen, runzelig. Testa glatt **S. splendens**


## CISTACEAE

**1.** Kapsel 5-10-klappig bzw. -fächrig. Kb. fast immer 5 (vgl. *Cistus ladanifer*), dabei äußere mind. so groß wie die inneren. Blü. weiß (getrocknet auch gelbl.) od. rötl., 2-6 cm DM. Strauch **Cistus**

**1+** Kapsel 3-klappig. Äußere Kb. kleiner, bisw. früh abfallend (dann K. scheinbar 3-zlg). Blü. meist gelb, slt. weiß od. rosa, DM bis 3 cm

  **2.** Strauch (mind. 30 cm hoch) in Küstennähe. B. (wie auch junge Zweige) weiß-silbrig. Blü. 2-3 cm DM, gelb mit rötl. Fleck am Grund. Gr. fehlend **Halimium halimifolium**

  **2+** Niedriger (Halb-)strauch (slt. über 30 cm) od. Annuelle. Blü. <2 cm DM. (Teil-)Infl. oft traubig

    **3.** Infl. ± ebrakteos. Fr. stiele abstehend (aber nicht kandelaberartig wie bei *Helianthemum salicifolium*). Stg.haare abstehend, -2 mm. Stgb. >5x so lg wie br., die oberen mit Stp. Krb. ±5 mm lg, (weißl. od.) gelb. Nur 1 Staubb.kreis. Gr. ± fehlend. Fr. kahl. Samenoberfläche meist gleichmäßig warzig. Pfl. einj. **Tuberaria**

    **3+** Infl. (meist) mit (oft hinfälligen!) Tragb. 2 Staubb.kreise, der äußere jedoch bisw. steril. Gr. vorhanden, hfg gekrümmt. Wenn einj., B. meist <3x so lg wie br. und Krb. 5-10 mm.

      **4.** B. unterhalb der Infl. ± gegenständig, nadelförmig bis ovat, mit 0-2 Stp. Alle Staubb. mit Antheren. Samen atrop. (Halb-)strauchig oder einj. **Helianthemum**

      **4+** B. unterhalb der Infl. stets ± nadelförmig (bis 1,5 mm br), wechsel- od. gegenständig, dann aber mit „büscheligen Stp." und Stg. oberwärts meist drüsig. Äußerer Staubb.kreis mit quergegliederten Staminodien. Samen anatrop. Stets Zwergsträucher **Fumana**


## CISTUS

Die weißen Blü. werden beim Trocknen gelb(l.)
C. albidus mit völlig ungestielten, ± bogennervigen B. ist aus der garganischen Flora zu streichen (Fen 3:404)

**1.** B. 5-10x so lg wie br. Blü. weiß, 2-3 cm DM, slt. größer. Gr. kurz bis fehlend

  **2.** 1-nervige, nadelartige Rollb. (12-17x1-1,5 mm). Drüsenhaare kurz, in die B.oberfläche etwas eingesenkt. Kb 3. – Nur im äußersten NW des Gebiets **C. clusii**

  **2+** B. 3-nervig, mind. 25x3 mm. Pfl. klebrig

    **3.** Kb. 5. B. 25-50x3-6 mm. Blü. -3 cm DM **C. monspeliensis**

    **3+** Kb. 3. B. 40-80x6-20 mm. Blü. >5 cm DM (CL); (g) **C. ladanifer**

**1+** B. elliptisch, ±2x so lg wie br., meist runzelig. Blü. (3-)4-6 cm DM

**4.** B. in stielartigen, aber dtl. mehrnervigen Grund verschmälert. B.grund gegenüberstehender B. bisw. scheidig und ± verwachsen. Sternhaare der B.oberseite 6-18-strahlig. Drüsen langgestielt. Haare auf der Fr. einfach. Blü. purpur bis rosa. Gr. lg. Samen polyedrisch. Strauch bis 1 m

*Cistus creticus* s.l.
= *C. incanus* s.l.

**a.** B. 20-40x10-20 mm, plan, oberseits ± dicht mit 8-18-strahligen Sternhaaren besetzt (Strahlen überschneiden sich), randl. von Büschelhaaren (bis ca 1 mm lg) gesäumt. Pfl. meist nicht klebrig. Blü. groß. Samen glatt                                                       ssp. *eriocephalus*

= *C. incanus* ssp. *i.* = *C. incanus* s.str.

**a+** B. 15-25x8-15 mm, mit gewelltem, ungesäumtem Rand, oberseits spärl. mit 6-12-strahligen Sternhaaren. Pfl. meist klebrig und aromatisch riechend. Blü. kleiner. Samen retikulat

ssp. *creticus*
= *C. creticus* s.str.

Die Behaarungsmerkmale gelten vor allem für noch nicht voll ausgewachsene B. Ihre Zuverlässigkeit bleibt zu überprüfen

**4+** B. gestielt, 15-30x8-15. B.grund frei. B.oberseite ± spärl. mit 4-8-strahligen Sternhaaren. Fr. mit Sternhaaren. Blü. weiß. Gr. s.kurz. Samen kugelig, mit erhabenen Netzleisten. Slt. üb. 50 cm hoch                                                                     *C. salvifolius*

## FUMANA
Unter Mitarbeit von M. BAUCH

**1.** Alle B. wechselständig, Stp. bald abfallend. Blü.stiel mind. 8 mm. Fr. dunkelbraun

**2.** Infl. frondos, d.h. Tragb. der Blü. von den Laubb. nicht dtl. unterschieden. Fr. 5-7 mm

**3.** Apikaler Stg. mit mehrzelligen, 0,1-0,4 mm lgen, oft ± anliegenden Gliederhaaren spärl. bis dicht besetzt (starke Lupe!), ± drüsenlos. Fr.stiele kahl oder nur spärl. (bisw. auch spärl. drüsig) behaart, etwa so lg wie das Tragb. oder kürzer, nach der Reife mit der Fr. abfallend. Samen noch lang in der geöffneten Fr. verbleibend. B. an sterilen Zweigen oft auffällig dichter stehend als an fertilen. Pfl. ± niederliegend, 5-15 cm                          *F. procumbens*

**3+** Apikaler Stg. wie die Blü.stiele mit bis zu 0,1 mm lgen abstehenden Drüsenhaaren besetzt. Fr.stiele 1-3x so lg wie das Tragb., beim Abfallen der Fr. an der Pfl. verbleibend. Samen bald ausfallend. Pfl. 10-50 cm, ± aufrecht (*H*)                                          *F. ericoides*
Die beiden Arten werden leicht verwechselt

**2+** Tragb. viel kleiner als die Laubb., die 2-4(-5) Blü. also eine endständige ± brakteose Infl. bildend. Fr. <5 mm, Samen lang verbleibend. Pfl. dicht drüsig (v)                    *F. scoparia*

**1+** (Zumindest die unteren und mittleren) B. gegenständig, mit achselbürtigen B.büscheln (bisw. auch als „büschelige Stp." bezeichnet), diese B. wie die eigentlichen (paarigen) Stp. bis fast so lg wie das Tragb. Blü.- und Fr.stiel 5-7 mm. Fr. 4-5 mm, hellbraun. Pfl. oft drüsig(-klebrig), 10-30 cm (*F. thymifolia* s.l.)
Formenreiche Sammelart. Die zahlreichen (sub)spezifischen Taxa zeigen vielfach Übergänge und werden heute oft nicht mehr unterschieden. Fen nennt – offenbar in der Terminologie nach FIORI – 5 var. (vgl. unten). Möglich ist folgende auch von CL verwendete (und deshalb hier übernommene) Gliederung:

**3.** Spr. der Stgb. (wie meist auch die basalen Internodien des Stg.) dtl. (drüsig) behaart. B. 1-3 mm br. und meist <10 mm lg, randlich wenig zurückgerollt. Stp. -6 mm, oft nur wenig kürzer („B." dann scheinbar quirlständig). Brakteen 3-eckig. Pfl. dicht buschig                  *F. thymifolia* s.str.
Formenreich. Weitere Unterteilung nach MOLERO & ROVIRA (in Candollea **42**:501-531, 1987; die dortige Rangstufe „forma" läuft in Fen als „var."):

**a.** Untere B. dicht drüsig, Drüsenhaare zahlreicher als nichtdrüsige Haare           fo. *th.*

incl. var. *glutinosa* s. Fen

**a+** Untere B. mit zahlreichen gekrümmten Borstenhaaren von 0,2-0,4 mm Lge, Drüsenhaare nur spärl.                                                                       fo. *barrelieri*

**3+** Spr. (wie die basalen Internodien) nicht drüsig, auch sonst ± (!) kahl bzw. höchstens am Rand spärl. borstig, B. -1 mm br. und oft >10 mm lg. Stp. slt. >3 mm

**4.** B. stumpf und meist ohne terminale Stachelspitze, randl. stark zurückgerollt. Infl. lger als der vegetative Unterbau, mit linealischen Brakteen. Blü. 10-12 mm DM. Samen 1,2-1,5 mm DM. Pfl. meist 20-30 cm ***Fumana laevis***
= *F. thymifolia* var. *l.*

**4+** B. spitz, zum Großteil mit terminaler Stachelspitze (mukronat), am Rand nicht zurückgerollt und meist gewimpert. Auch Stp. mit apikaler Stachelborste. Infl. meist nur 3-5-blü., kürzer als der vegetativer Unterbau, mit 3-eckigen Brakteen. Blü. 8-10 mm DM. Samen 1,8-2 mm. Pfl. bis 20 cm hoch, niederliegend-aufsteigend (*//*) ***F. juniperina***
= *F. thymifolia* var. *j.*

## HALIMIUM Vgl. 2. *H. halimifolium*

## HELIANTHEMUM
Unter Mitarbeit von M. BAUCH

*Kb.* wenn nicht anders vermerkt, sind stets die drei größeren (inneren) gemeint

*Büschelhaare* entspringen zu 2-4 einem Punkt, sind aber basal nicht verwachsen. Sie stehen ± ab

*Sternhaare* sind 3-6-strahlig, die Strahlen liegen meist an und sind basal verwachsen. Die Strahlen sind zumeist dtl. kürzer als die Büschelhaare

**1.** Annuelle (Stg.basis aber bisw. etwas holzig), meist wenig verzweigt. Gr. kurz, aufrecht. Krb. 5-10 mm, meist etwa so lg wie d. K., bisw. fehlend

**2.** Kb. häutig, auf d. (meist rötl.) Nerven bewimpert, sonst kahl. B. lineal (ca 15x2-3 mm), unterseits durch Sternhaare graufilzig, oberseits kahl. Fr.stiele fädlich-dünn, zurückgebogen. Fr. ± einheitl. behaart. Samen ± kugelig ***H. aegyptiacum***

**2+** Kb. krautig, auch auf d. Fläche ± behaart. B. meist über 3 mm br. Fr.stiele dicker, nicht zurückgekrümmt. Samen ovoid-konisch

**3.** Fr.stiele meist etwas lger als d. K., ± schlank, kandelaberartig (gebogen) abstehend-aufgerichtet. Kb. oval bis kurz zugespitzt. B. spärl. behaart. 5-25 cm ***H. salicifolium***

**3+** Fr.stiele < K., dickl., ± gerade aufrecht-abstehend. Kb. schmäler, lg zugespitzt. Pfl. zml. dicht mit grauen Haaren besetzt. 10-50 cm (v) ***H. ledifolium***

**1+** (Meist buschiger) Halb- od. Zwergstrauch, slt. >30 cm. Gr. verlängert, aber bisw. gekrümmt.

**4.** (Zumind. untere) B. ohne Stp. Gr. stark S-förmig gekrümmt, die Staubb. nicht überragend. Krb. ± gleich d. Kb. etwa (3-)5-6 mm lg ***H. oelandicum* s.l.**

**a.** B. (v.a. d. sterilen Triebe) ± lanzeolat, etwa 7-10x2-4 mm. Infl. slt. über 6-blü. ssp. *incanum*
= *H. canum* ssp. *canum*

Formenreich. Die B. sind im typischen Fall oberseits (oliv-)grün, unterseits von Sternhaaren grau- oder weißfilzig und dadurch auffällig zweifarbig. Wenn B. beiderseits weißfilzig var. *candidissimum*

**a+** B. schmäler, ca 10-13x1-3 mm, unterseits grün od. grau, aber ohne Sternhaare. Infl. 5-15 cm lg, 6-20-blü. K. und Blü.stiel ± weißwollig (*//*) ssp. *italicum*

Nach Pg (2:129f) gibt es zwischen **a.** und **a+** häufig (hybridogene?) Übergänge und Verwechslungen

**4+** Alle B. mit Stp. (diese aber bisw. abfallend). Gr. (frisch) aufrecht od. nur leicht gekrümmt

**5.** Blü. 1-4 mm gestielt, zahlreich in 2-3(-5) doldig genäherten, einseitswendigen, zml. dichten ebrakteosen „Trauben". Kb. graufilzig, die äußeren mit kleinen Haarbüscheln. Krb. 6-10 mm, kaum lger als d. K. Kapsel elliptisch-dreikantig. B. ± grau, 15-35x1-4, Stp. 4-6 mm lg (v) ***H. syriacum* ssp. *thibaudii***
= *H. lavandulifolium*

**5+** (Meist 3-7) Blü. in armblütigen Infl. Kapsel eiförm. od. kugelig

**6.** Stp. d. oberen B. linealisch bis nadelförmig, oft nur wenig lger als der B.stiel. IV-VI

Die vielfach angegebenen Unterschiede der B.breite, der Stg.behaarung und der Lge der Kb. bei **7.** bzw. **7+** sind – zumind. am Garg. – nicht zuverlässig

**7.** Kb. meist nur mit einfachen Borsten oder Büschelhaaren von 0,5-1,0 mm Lge (v.a. auf den Rippen), slt. auch schwach sternhaarig, die inneren etwa 4x so lg wie die äußeren. Krb. gelb, meist mit orangem Fleck. Fr. 4-5(-7) mm. Stp. an jungen Zweigen randl. oft mit zerstr. Drüsen (starke Lupe!)                                                                  *Helianthemum jonium*

**7+** Kb. meist ± dicht sternhaarig, bisw. auch mit Borsten- oder Büschelhaaren von ca 0,5 mm Lge, die inneren 2-3x so lg wie die äußeren. Krb. weiß, mit gelbem Basalfleck (beim Trocknen vergilbend), slt. (ob auch im Gebiet?) hellgelb. Fr. 7-10 mm. Stp. nicht drüsig, die der oberen B. etwa 1/3 so lg wie die Spr.                                              *H. apenninum*
Formenreich. Früher wurden unterschieden (und vom Garg. gemeldet):

    **a.** K. dtl. und B. beiderseits behaart

      **b.** B. wenig zurückgerollt, 2-6 mm br.                                                var. *a.*

      **b+** B. randlich stark zurückgerollt, 1-3 mm br.                      var. *pulverulentum*

    **a+** K. nur auf den Nerven behaart, B. oberseits fast kahl              var. *polifolium*

**6+** Stp. krautig, ± eilanzettl., meist dtl. lger als die B.stiele. Blü. stets gelb. V-VII

    **8a** B. 3-5 mm br. und ca 2x so lg, oberseits mit Sternhaaren, unterseits (ähnl. dem Stg.) weißfilzig; untere B. fast rundl. Kb. 7x4 mm. Krb. ca 10x12, meist zitronengelb (*//*)
                                                                   *H. croceum*
    Im Gebiet gemeldet: K. abstehend rauhaarig                                 ssp. *bicolor*

    **8b** Größere B. 4-7(-10) mm br. und (2-)3-6x so lg, oberseits locker behaart, aber ohne Sternhaare (nur mit 2-4-strahligen Büschelhaaren), unterseits mit locker stehenden Sternhaaren (d.h. deren Strahlen überkreuzen sich nur gelegentl.), aber ± grün. Blü. meist goldgelb                                                                            *H. nummularium* p.p.

      **a.** Kb. 5-8 mm, zwischen d. Rippen (±) sternhaarig. Krb. 8-12(-16) mm lg. Antheren 0,4-0,6 mm. Infl. meist 5-10-blü. B. (3-)4-6x so lg wie br.                                ssp. *obscurum*
                                                                      = *H. ovatum*

      **a+** Kb. 7-12 mm, zwischen den Rippen oft ± kahl oder nur mit wenigen einfachen Haaren. Krb. 12-16 mm lg. Antheren 0,5-0,8 mm. Infl. meist 2-6-blü. B. 2-3(-4)x so lg wie br. (*//*)
                                                             ssp. *grandiflorum*

    **8c** Größere B. 3-5 mm br. und meist 5-10x so lg; Sternhaare der ± graufilzigen B.unterseite dicht, d.h. die Strahlen überkreuzen sich vielfach; Blü. wie **8b a.** (*//*)
                                                                 *H. nummularium* ssp. *n.*

# TUBERARIA

**1.** Blü.stiele (nicht Fr.stiele!) lger als die 3 inneren Kb., meist (fast) kahl. Krb. dtl. > Kb., fast immer mit bräunl. Fleck an d. Basis. Klappen der geöffneten meist behaarten Fr. 2-3,3 mm br. Stp. bis 1/2 so lg wie die B. III-V                                                                          *T. guttata*

    **a.** Die rosettigen Grundb. < als die unteren Stgb., zur Blü.zeit abgestorben. Äußere Kb. bis 1/2 so lg wie die inneren                                                                                  typ. Form

    **a+** Grundb. größer, bleibend. Äußere Kb. nur wenig kürzer als die inneren      var. *plantagineum*

**1+** Blü.stiele höchstens so lg wie der K., weißl. behaart. Krb. ungefleckt, wenig lger als die Kb. Klappen der stets kahlen Fr. 1,5-2,3 mm br. Stp. ca 1/3 so lg wie die B. V.a. in Meernähe. IV-V (Garg. mögl.)                                                                              *T. praecox*
Die beiden Taxa werden auch zu *T. guttata* s.l. zusammengefasst

## COMPOSITAE   (= Asteraceae)

| | |
|---|---|
| *Kö.* | Köpfchen |
| *Röhrenblü.* | radiäre zentrale oder ausschließliche Blü. eines Kö. |
| *Strahlenblü.* | die die Röhrenblü. hfg umgebenden strahlenden Randblü. (max. 3-zipfelig) |
| *Zungenblü.* | 5-zipfelige Blü., nie mit Röhrenblü. zusammen vorkommend |
| *Hüllb.* | Hüllblätter (Involukralblätter) |
| *Spreub.* | Spreublätter (-schuppen): Spelzenartige Organe auf dem Rezeptakulum |
| *Pa.* | Pappus (Haare oder Schuppen am oberen Ende der Fr., bisw. einem Schnabel aufsitzend) |
| *Krönchen* | meist ringförm. Bildung am apikalen Ende der Fr. |
| *Rez.* | Rezeptakulum (Köpfchenboden) |

### Gruppenschlüssel

**1.** Pfl. mit Dornen; bisw. nur Hüllb. bedornt **Gruppe I**

**1+** Pfl. nicht bedornt (bisw. aber Hüllb. mit ausgeprägter Spitze)

  **2.** Pfl. mit zentralen Röhrenblüten. Strahlenblü. vorh. od. fehlend. Stets ohne Milchsaft

    **3.** Pfl. nur mit Röhrenblüten (Randblü. aber bisw. vergrößert) **Gruppe II**

    **3+** Pfl. mit Röhren- und Strahlenblüten (diese mitunter aber s. schmal) **Gruppe III**

  **2+** Pfl. nur mit Zungenblüten. Meist mit Milchsaft **Gruppe IV**

### Gruppe I – Pfl. zumindest am Köpfchen stechend

Mit Zungenblü: vgl. **13.**
Mit Röhren- und Strahlenblü.: vgl. **4.** *Pallenis spinosa*
Sonst besteht das Kö. nur aus Röhrenblü., deren äußere jedoch vergrößert sein können
„Dorn" und „Stachel" werden synonym gebraucht

**1.** Kö.boden sehr hoch gewölbt (höher als breit), fast zylindrisch; an der Basis stechende Hüllb. sternförmig abstehend. Blü. unscheinbar gefärbt vgl.

  **a.** B. wechselständig *Umbelliferae (Eryngium)*

  **a+** B. gegenständig *Dipsacaceae (Dipsacus)*

**1+** Pfl. nicht so

  **2.** Nur Hüllb. in einen Dorn auslaufend. Stg. und B. unbewehrt

    **3.** Hüllb. in gefiederten Dorn auslaufend **Centaurea**

    **3+** Hüllb. mit einfachem Dorn

      **4.** Blü. gelb. Kö. mit Röhren- und Randblü. Pfl. ein- od. zweij., slt. >30 cm **Pallenis** *(spinosa)*

      **4+** Nur Röhrenblü., diese rötl. oder bläul. Pfl. meist höher

        **5.** B. ungeteilt. Kö. bis 4 cm DM. Hüllb.spitze abstehend bis zurückgeschlagen

          **6.** Stgb. herablaufend. Hüllb.spitze 3-7 mm lg **Klasea flavescens** ssp. *cichoracea*

          **6+** Stgb. nicht herablaufend. Hüllb. mit hakiger Spitze vgl. **II 5.** *Arctium*

        **5+** B. fiederschnittig. Kö. 4-15 cm DM. Pa. gefiedert vgl. **11.** *Cynara*

          Wenn Pa. nicht gefiedert und mit *sehr* weichstacheliger Hülle vgl. **II 28+** *Jurinea*

  **2+** Auch B. (und Stg.) dornig

    **7.** Kö. getrenntgeschlechtlich, karpellate Kö. nur 2-blü. B. mit großen, gelbl. (dreiteiligen) Dornen an der Basis, sonst weich und unbewehrt. Einj., aber bis 80 cm hoch. Ruderal
**Xanthium** *(spinosum)*

    **7+** Kö. einheitl. (außer bei der purpurblü. *Cirsium arvense*)

      **8.** Infl. kugelig, meist stahlblau, einzeln lggestielt, aus zahlreichen einblü. Teil-Infl. zusammengesetzt; diese mit borstenförmig zerschlitzten äußeren und ± gefransten inneren Hüllb. Gesamte Infl. von oben nach unten aufblühend **Echinops**

      **8+** Kö. mehrblü., nicht stahlblau (aber hfg silbrig), von unten (außen) nach oben (innen) aufblühend

**9.** (Äußere) Hüllb. verlängert, dtl. strahlend, meist weißl., gelbl. oder rötl. Rez. mit auffällig geschlitzten Spreub. Pa. gefiedert    *Carlina*

**9+** Äußere Hüllb. oft abstehend, aber nicht strahlend. Spreub. anders oder fehlend

  **10a** Blü. reinblau. Pfl. mehrj.

    **11.** Kö. s. groß (4-15 cm DM!). Pa. gefiedert. Hüllb. ganzrandig    *Cynara*

    **11+** Kö. kleiner. Pa. nicht gefiedert. (Äußere) Hüllb. apikal nicht ganzrandig

      **12.** Kö. meist einzeln, ca 3 cm DM. Fr. kahl. Pa. ein Haarschopf. Hüllb. apikal gefranst (v)    *Carthamus (coeruleus)*

      **12+** Kö. geknäuelt, meist ca 8-blü., -1 cm DM. Fr. dicht behaart. Pa. aus 8-12 lanzettl. Schuppen bestehend. Äuß. Hüllb. fiederschnittig (v)    *Cardopatum corymbosum*

  **10b** Blü. gelb

    **13.** Nur Zungenblüten

      **14.** B.rand nur weichstachelig. Rez. ohne Spreuschuppen. Fr. mit wohlentwickeltem Pa. Stg. oben bisw. drüsig vgl. **IV 26.**    *Sonchus*

      **14+** Pfl. dtl. distelartig. Rez. mit Spreuschuppen. Pa. fehlend od. aus wenigen kurzen Haaren bestehend. Stg. oberwärts nicht drüsig    *Scolymus*

    **13+** Nur Röhrenblü. Stg. oberwärts und B. drüsig. Kö. vereinzelt

      **15.** Innere Hüllb. mit fiederförm. Enddorn. Pa. gelb, aus 2 Reihen von je ca 10 Borsten bestehend, die inneren viel kürzer. Fr. lgsgerippt, 7-8 mm. B.rand kurz bedornt    *Centaurea (benedicta)*

      **15+** Enddorn der inneren Hüllb. höchstens gezähnt. Pa. der inneren (glatten) Fr. aus linealischen Schuppen bestehend, äußere (runzelige) Fr. 4 mm, ± ohne Pa. Stgb. mit 7-10 mm lgen Dornen    *Carthamus (lanatus)*

  **10c** Blü. rötl., violett (oder weißl.)

    **16.** Innere Hüllb. fiederschnittig oder mit gefiederten Dornen. Ruderale Standorte

      **17.** Pa. gefiedert. Kö. in Mehrzahl gebüschelt und von Tragb. überragt. Stg. dornig geflügelt. B. (ohne Stacheln gemessen) ±1 cm breit, obere nicht stg.umfassend. Pfl. mehrj., 20-50 cm (v)    *Picnomon acarna*

      **17+** Pa. ungefiedert. Kö. einzeln, 4-7 cm DM. Stg. nicht geflügelt, glatt. Grundb. groß (20-40 cm), mit weißer Zeichnung, die oberen stg.umfassend. Pfl. ein- bis zweij., aber bis 150 cm hoch    *Silybium marianum*

    **16+** Innere Hüllb. ungeteilt

      **18.** Pa. einfach od. gezähnelt

        **19.** Rez. durch hochkant stehende Leisten wabenartig gegliedert, ohne Borsten, aber Leisten oben ausgefranst und dadurch borstige Behaarung vortäuschend. Stg. stets geflügelt. Kr. (ohne die herausragenden Narben) 20-30 mm. Filamente kahl. Fr. querrunzelig, ohne Krönchen    *Onopordum*

        **19+** Rez. mit lgeren Borsten oder Schuppen. Fr. nicht querrunzelig, mit Krönchen

          **20.** Fr. durch 4 Längsleisten im Querschnitt ± 4-eckig, 4 mm lg, reif schwarzrot. Pa. ca 12 mm. Filamente dauernd verklebt. Kö. einzeln auf lgem, nacktem Schaft, 1,5-2,5 cm DM. B. 10-20x2-4 cm, mit weißer Zeichnung, weit herablaufend, unterwärts grauwollig. Einj. Ab V    *Tyrimnus leucographus*

          **20+** Fr. 3-10 mm, meist glatt od. mit 5-10 Rippen. Filamente zuletzt frei, zumind. basal fein behaart. Hüllb. außen basal oft mit gelbl. kugeligen Drüsen    *Carduus*

      **18+** Pa. fedrig

        **21.** Blü. hell-lila, die randlichen vergrößert und steril. Filamente dauernd verklebt. Dornen der Hüllb. mind. 5 mm lg. Fr. gelbl., 3-5 mm, Pa. 13 mm. B. oberseits (meist) weißfleckig, unterseits weißfilzig, kurz herablaufend    *Galactites elegans*

**21+** Blü. meist purpurn, die randlichen nicht strahlend (aber bisw. zygomorph). Filamente (zuletzt) frei. Hüllb. höchstens kurz bedornt, unterhalb der Spitze bisw. mit länglicher Harzdrüse

**22.** Randl. Blü. steril und zygomorph. Äußere Pa.haare ca 15 mm, innere 1-2 mm. Fr. stark zusammengedrückt, 5-6 mm, braun, apikal mit kaum ausgeprägtem Krönchen. Mittl. B. stg.umfassend, obere tief fiederschnittig, Abschnitte nur wenige mm br. Hülle 20-25 mm DM, abstehend behaart. Pfl. einj.    **Notobasis syriaca**

**22+** Pfl. anders, insbes. Pa.haare ± gleichlg und Fr. im Querschnitt rund bis oval, mit oder ohne Krönchen. Pfl. (meist) 2-mehrj. (*Cirsium* s.l.)

**23.** Fr. apikal mit Krönchen um eine Spitze. Hüllb. subapikal oft mit strichförm. oder ovaler Harzdrüse    ***Cirsium*** s.str.

**23+** Fr. ohne Spitzchen und kaum entwickeltem Krönchen. B. hfg nur -4 mm br. und nur basal mit 2 Dornen u./od. äußere Hüllb. mit „Buckel"    ***Ptilostemon***

# Gruppe II – Pfl. unbewehrt, nur mit Röhrenblüten

**1.** Kö. getrenntgeschlechtlich. Karpellate Kö. nur mit 1-2 kronenlosen Blü. und von einer persistierenden, sich zur Fr.zeit vergrößernden und eine Fr. vortäuschende Hülle umgeben; diese meist mit Höckern, Zähnen oder Stacheln. B. gelappt bis fiederschnittig

**2.** Karpellate Kö. 2-blü. „Fr."hülle völlig geschlossen, zuletzt ± oval, >10 mm lg, apikal mit 2 Schnäbeln, mit zahlreichen dornartigen Emergenzen („Hülldornen"). B. alle wechselständig, bis 2x so lg wie br., mit ± gezähnten Lappen    ***Xanthium***

**2+** Karpellate Kö. 1-blü., von der behaarten, meist 4-6-zähnigen „Fr."hülle halb umschlossen. Staminate Kö. in ebrakteosen Ähren. B. meist fiederteilig, die unteren gegenständig   ***Ambrosia***

**1+** Alle Kö. 2-geschlechtlich (bisw. aber innerhalb eines Kö. neben zwittrigen auch 1-geschlechtliche Blü. vorhanden!). Blü.kr. vorhanden, wenn auch oft sehr unscheinbar. Fr. anders

**3.** B. ganzrandig od. gezähnt

**4.** Blü. purpurn, violett oder blau (weiße Mutanten mögl.)

**5.** Hüllb. hakig („Klette"). Pfl. meist >1m hoch. Untere B. oval-herzförmig, gestielt, Spr. mind. 30x20 cm. Stickstoffreiche Standorte. Ab VII    ***Arctium***

**5+** Hüllb. nicht hakig

**6.** Kö. s. zahlreich, aber nur 3-8-blü., in Schirmrispen. Hüllb. einreihig, bisw. aber einige zusätzl. Hüllb. an der Basis der Hülle. B.umriss insgesamt ± 3-eckig oder nierenförmig, mit buchtigem Spr.grund. Schattige Wälder (Garg. fragl.)    ***Adenostyles***

**6+** Pfl. (v.a. Blätter) anders

**7.** Hüllb. mit häutigem, oft dunklerem u./od. ausgefranstem bis zerschlitztem Anhängsel    ***Centaurea***

**7+** Hüllb. nicht so (innerste Hüllb. jedoch dtl. verlängert)

**8.** Pa. aus 5-15 ca 5-6 mm lgen linealischen Schuppen bestehend. Fr. seidig behaart. Kö. bis 1,5 cm DM, innere Hüllb. verlängert und innen gefärbt (deshalb Randblü. vortäuschend). B. 2-8 mm br., ganzrandig, unterseits weißfilzig. Pfl. einj., 10-50 cm    ***Xeranthemum***

**8+** Pa. aus Haaren bestehend. Fr. kahl. B. (meist) gezähnelt oder gewellt. Pfl. nicht einj.

**9.** Pfl. holzig, 10-30 cm. Pa.haare am Grund zu Büscheln verwachsen, 20-25 mm. Kö. schmal-zylindrisch (15-20x4 mm). Hüllb. ca 2 mm br., die äußeren (unteren) ca 4 mm lg, die inneren ca 20 mm. B. 2-3 mm br., unterseits graufilzig (*II*)    ***Staehelina dubia***

**9+** Pfl. krautig, 20-60 cm, höchstens basal schwach verholzt. Pa.haare frei. Hüllb. 3-5-nervig, die äußeren in einen hfg zurückgeschlagenen 3-7 mm lgen gelbl. Dorn auslaufend. B. breiter vgl. **I 6.**    *Klasea flavescens* ssp. *cichoracea*

Wenn Stg. und B. unterseits weißfilzig vgl. auch **28+**    *Jurinea*
Wenn an der B.basis 2 kleine Dornen vgl. auch **I 23+**    *Ptilostemon*

**4+** Blü. gelb(l.), (rötl.-)weißl. oder grünl., oft unscheinbar

  **10.** Basale B. breit-herzförmig. Spr. im Sommer 40-60 cm DM, grob gezähnt und beiderseits grün. Infl.-schaft mit ± rötl. Schuppenb. Blü. rötl.-weiß. Feuchte Standorte. III-V    *Petasites*

  **10+** Pfl. nicht so

    **11.** Pfl. weiß- oder grauwollig filzig

      **12.** Pfl. ± halbstrauchig, zumind. Stg.basis holzig

        **13a** Kö. s. zahlreich, in durchblätterter Rispe, unscheinbar-grünl. Beim Zerreiben aromatisch riechend. 30-80 cm. Nur in Küstennähe vgl. 30.    *Artemisia (caerulescens)*

        **13b** Kö. in Schirmrispen, reingelb. Pfl. oft kleiner

          **14.** Kö. knopfartig, ca 1 cm DM, mit Spreub. Fr. ohne Pa. Pfl. ausgeprägt weißfilzig. B. 4-5 mm br. Sandküsten    *Achillea (maritima)*

          **14+** Kö. kleiner. Fr. mit Pa. B. slt. >2 mm br.    *Helichrysum*

        **13c** Kö. einzeln (od. zu 2-6 geknäuelt), (bräunl.-)gelbl. Pfl. 10-30 cm    *Phagnalon*

      **12+** Pfl. rein krautig, einj., 5-20(-30) cm hoch. Jeweils 2-mehrere Kö. in Knäueln, diese oft mit gemeinsamer Hochb.hülle. Infl. bisw. gabelig verzweigt

        **15.** Fr. ohne Pa. Pfl. slt. >10 cm

          **16.** Kö. zu 2-3. Kr. seitwärts am Frkn. ansitzend    *Bombycilaena*

          **16+** Kö. zu einer scheibenförmigen Infl. 2. Ordn. mit ca 40 Hüllb. zusammentretend    *Filago ("Evax")*

        **15+** Fr. mit Pa. Pfl. oft höher. Bis zu 25 Hüllb.

          **17.** Hüllb. gestutzt, kahl, ohne Granne. Kö. eiförmig (im Querschnitt nicht 5-eckig), zu 4-10 geknäuelt, unterhalb der Knäuel nur 1-2 kurze Hochb. B. 10-25x2-5 mm, halbstg.-umfassend. Feuchte Standorte    *Laphangium luteo-album*

          **17+** Kö. im Querschnitt meist 5-eckig (vgl. aber *Filago germanica*). Unterhalb der Kö.knäuel meist 3-mehrere auffällige Hochb.    *Filago*

  **11+** Pfl. grün (aber oft stärker behaart). Ab VII (slt. VI)

    **18.** Blü. goldgelb, 6-9 mm lg, Kö. in trugdoldiger Infl. Fr. 3-4 mm mit bräunl. Pa. von 5-6 mm. B. linealisch, 1-2 mm br., wie der Stg. rau. Mehrj.    *Astereae (Galatella linosyris)*

    **18+** Infl. rispig oder traubig. Wenn B. linealisch, Fr. 1-2 mm

    Die folgenden 4 Taxa gehören eigentlich in die Gruppe III; die Strahlenblü. sind aber s. klein, überragen meist nicht die Hülle und werden deshalb gerne übersehen

      **19a** Pfl. mehrj., am Grund ± holzig. Hülle 9-15 mm. Untere B. 10-20x4-6 cm. Pfl. 30-120 cm vgl. III 17+    *Inula (conyza)*

      **19b** Pfl. einj. Fr. mit einem Krönchen um den Pa. Kö. ca 1 cm DM. Hülle 5-6 mm. Pfl. 10-50 cm. B. kleiner vgl. III 16.    *Pulicaria (vulgaris)*

      **19c** Pfl. einj. Fr. ohne Krönchen. Hülle 4-7 mm. Untere B. bis ca 10x1 cm

        **20.** Pfl. drüsig, nach Kampfer riechend vgl. III 17+    *Inula s.l. (Dittrichia graveolens)*

        **20+** Pfl. nicht drüsig. Infl. mit >100 Kö. vgl. III 15+    *Astereae (Erigeron)*

**3+** (Untere) B. ± tief geteilt (vgl. aber **27b** *Mantisalca* und **28+** *Jurinea mollis*)

  **21.** B. gegenständig, zumind. die oberen in 3(-5) Segmente handförmig geteilt. Kö. wenigblütig, in dichter Doldenrispe, rosa. ± Feuchte Standorte    *Eupatorium*

  **21+** B. wechselständig

    **22.** Pa. (zumind. der inneren Fr.) als Haarschopf ausgebildet

      **23.** Hüllb. einreihig, an der Basis der Hülle aber einzelne zusätzl. Schuppen. Blü. gelb. Pfl. einj.    *Senecio (vulgaris)*

      **23+** Hülle anders. Blü. slt. gelb

        **24.** Pa. gefiedert. Pfl. ein- bis wenigköpfig

          **25.** Pfl. 5-15 cm. Kö. 4-5x3 cm (*ll*)    *Rhaponticum coniferum*

          **25+** Pfl. >1 m. Kö. >8 cm DM (Nutzpfl) vgl. I 11.    *Cynara (cardunculus* ssp. *scolymus)*

**24+** Pa. einfach

**26.** Hüllb. mit Anhängsel wie unter **7.** beschrieben. Stg. meist mehrköpfig. Pa. bisw. nur spärl. ausgebildet **Centaurea**

**26+** Hüllb. ohne solches Anhängsel, höchstens bespitzt

**27a** Hüllb. ± gerundet, oft mit schmalem Hautrand. Grundb. bis 50 cm, deren B.abschnitte 12-16x5-7 cm. 50-100 cm **Centaurea** s.l. (Rhaponticoides centaurium)

**27b** Hüllb. oval, gelbgrün, apikal schwärzl. und kurz stachelspitzig. Fr. ca 3 mm, dunkelbraun, quer gerunzelt. Pa. aus einem zentralen, schuppenförmigen Aufsatz und randl. Haaren bestehend, an den äußeren Blü. bisw. fehlend. Blü. rosa-purpurn. B. meist (!) fiederschnittig, mit großem Endabschnitt **Mantisalca**

**27c** Hüllb. lanzettl. bis lineal, zugespitzt, aber nicht stachelspitzig. Pa. ohne zentralen „Dorn". B.abschnitte randl. zurückgerollt

**28.** Pfl. einj. Kö. -1 cm br., 3-12-blü., Blü. tiefpurpurn. Fiederteile der Stgb. gezähnelt, 1-2 mm br. Pa. auffällig glänzend-dunkel. Hüllb. mit s. kleinen kugeligen Drüsen. Rez. mit Spreub., diese tief in weiße Borsten gespalten **Crupina**

**28+** Pfl. mehrj. Kö 3-4 cm DM., auf lgem Schaft, vielblü. Blü. (rot)violett. Fiederabschnitte >2 mm br., B. slt. aber auch nur seicht gebuchtet (obere Stgb. auch ± ganzrandig). Pa. weißl. **Jurinea**

**22+** Pa. fehlend od. auf ein schuppiges Krönchen reduziert

**29.** Blü. rötl. od. bläul., Hüllb. mit Anhängsel wie unter **7.** beschrieben. Pfl. geruchlos **Centaurea**

**29+** Blü. gelbl. od. grünl. Hüllb. ohne Anhängsel. Pfl. beim Zerreiben oft aromatisch riechend

**30.** Kö. s. zahlreich, meist unscheinbar grünlich, ohne Spreub. Äußere Hüllb. lanzettl.; innere oval, am Rand trockenhäutig **Artemisia**

**30+** Kö. 1-wenige, (rein) gelb, mit Spreub.

**31.** Kö. einzeln, an lgen Schäften. Mehrj. (g?) **Santolina chamaecyparissus**

**31+** Kö. in Büscheln zu 4-7. Pfl. einj. (//) **Lonas annua**

## Gruppe III – Pfl. mit Röhren- und Strahlenblüten
Die Meldung von Arnica montana (Stgb. gegenständig, Strahlenblü. gelb) ist sicher irrtümlich

**1.** Blühende Stg. mit bleichen oder rötl. Schuppenb. Grundb. meist erst nach der Blü.zeit (I-V) erscheinend (vgl. aber Petasites fragrans), (lg) gestielt, ungefähr (!) so lg wie br. mit herzförm. Grund. Spr.-DM >5 cm. Meist schattige u./od. feuchte Standorte

**2.** Stg. einköpfig, Kö. 2-3 cm DM. Blü. gelb. Spr. meist 5-25 cm DM, unterseits abwischbar weißfilzig **Tussilago farfara**

**2+** Stg. mind. 5-köpfig. Blü. weißl. oder rötl. B. beiderseits grün, bisw. größer **Petasites**

**1+** Blühende Stg. ohne zahlreiche Schuppenb.: entweder mit mind. 1 wohlentwickelten B. oder völlig b.los. Grundb. nur noch bei Doronicum gestielt und mit herzförm. Bucht

**3.** Rez. mit Spreub.

**4.** B. ± ganzrandig. Hüllb. meist in einen Dorn auslaufend. Kö.-DM (ohne Hüllb.) 2,5-3,5 cm. Strahlenblü. gelb (vgl. auch I **4.**) **Pallenis**

**4+** B. ± mehrfach fiederschnittig (s. slt. nur grobgezähnt). Hüllb. stets ohne Dorn

**5.** Röhrenblü. stets gelb, Strahlenblü. meist viel lger als br., Kö. daher >1 cm DM, ± vereinzelt. Pfl. meist einj.

**6.** Spreub. ± rhombisch. (Äußere) Fr. 2,5 mm, zumind. auf einer Seite dtl. geflügelt. Pfl. mit Haaren von mind. 1 mm Lge **Anacyclus**

**6+** Spreub. lanzettlich oder linealisch. Fr. bisw. scharfkantig, aber nicht geflügelt. Haare, wenn vorhanden, meist kürzer. Pfl. beim Zerreiben oft aromatisch riechend **Anthemis** s.l.

**5+** Röhrenblü. weißl. oder gelb. Strahlenblü. 4-5, etwa so br. wie lg, die Hülle bisw. kaum überragend. Kö. kleiner, in ± dichten Schirmrispen. Pfl. mehrj.                                    *Achillea*

**3+** Rez. glatt od. mit Grübchen, ohne Spreub. Strahlenblü. bisw. klein, aber stets dtl. lger als breit

   **7.** Fr. ohne Pa., aber bisw. mit Krönchen. Röhrenblü. stets gelb

     **8.** Kö. einzeln auf unbeblätt. Schaft. Strahlenblü. weiß                                    *Astereae (Bellis)*

     **8+** Stg. beblättert

       **9.** Strahlenblü. weiß

         **10.** B. ungeteilt (aber B.rand gezähnt). Kö. 1-wenige. Fr. ohne Krönchen. Pfl. ± geruchlos

           **11.** Pfl. einj., fast immer <10 cm. Kö. <12 mm DM                 *Astereae (Bellis annua)*

           **11+** Pfl. mehrj., >10 cm. Kö. größer                                    *Leucanthemum*

         **10+** B. fiederteilig. Kö. (1-) wenige bis viele. Fr. bisw. mit kleinem Krönchen. Pfl. beim Zerreiben oft aromatisch riechend

           **12.** Pfl. ein- bis zweij. Stg. (meist) kahl. B.abschnitte linealisch            *Matricaria* s.l.

           **12+** Pfl. mehrj. Stg. dtl. behaart. B.abschnitte mind. 2 mm br.            *Tanacetum*

       **9+** Auch Strahlenblü. (zumind. an der Basis) gelb. Pfl. ein-, slt. zweij.

         **13.** Strahlenblü. einreihig. Fr. nicht oder kaum gekrümmt, die randlichen geflügelt. Kö. meist 1-4                                    *Glebionis*

         **13+** Strahlenblü. in 2 oder mehr Reihen. Fr. zuletzt fast ringförmig gekrümmt, z.T. am Rücken stachelig. Kö. zahlreich                                    *Calendula*

   **7+** Pa. vorhanden, aus Haaren od. Borsten bestehend

     **14.** Hüllb. einreihig, an der Basis jedoch öfter einige sehr viel kleinere u./od. dtl. abgesetzte Schuppenb. Strahlenblü. stets gelb                                    *Senecio*

     **14+** Hüllb. mehrreihig

       **15.** Strahlenblü. gelb

         **16.** Pa. außen von einem Krönchen umgeben                                    *Pulicaria*

         **16+** Pa. nur aus Haaren bestehend, ohne Krönchen

           **17.** Grundb. stets gestielt, Spr. etwa so lg wie br., mit herzförmigem Grund. Stgb. 1-3, meist lanzeolat und sitzend. Meist schattige Standorte            *Doronicum*

           **17+** Grundb., wenn vorhanden, anders. Oft sonnige Standorte            *Inula* s.l.

       **15+** Strahlenblü. nicht gelb                                    *Astereae*

## Gruppe IV − Pfl. mit Zungenblüten

**1.** Blü. nicht gelb

   **2.** Blü. rein blau (weiße oder rosa Mutanten möglich). B. meist borstig-rau und tief geteilt. Pa. aus Schuppen bestehend. Ruderale Standorte                                    *Cichorium*

   **2+** Blü. rötl., purpurn od. (zumind. teilweise) violett. Pa. aus Haaren

     **3.** B. linealisch, grasartig. Zumind. die inneren Fr. mit fedrigem Pappus            *Tragopogon* s.l.

     **3+** B. breiter. Pa. aus einfachen Haaren. Stg. zumeist 1-köpfig. Blü. rosa            *Crepis (rubra)*

**1+** Blü. gelb (beim Trocknen bisw. rötl. werdend)

   **4.** Pfl. distelartig vgl. I 14./14+                                    *Sonchus* bzw. *Scolymus*

   **4+** Pfl. höchstens mit weichstacheligem B.rand

     **5.** Fr. ohne jeden Pappus (weder Haare, noch Borsten oder verlängerte Schuppen). Kö. mit 6-15 Blü. Hüllb. 2-reihig, die äußeren sehr klein. Pfl. einj.

       **6.** Randl. Fr. dtl. lger, oft gekrümmt, sternförmig spreizend. Pfl. 20-40 cm hoch, wenigköpfig, meist sparrig verzweigt. Eher trockene Standorte. Ab III            *Rhagadiolus*

**6+** Fr. lgsstreifig, nicht spreizend. Grundb. zumind. buchtig. Pfl. 20-120 cm, vielköpfig. In Gehölzen. Ab V      *Lapsana communis*

**5+** Fr. mit Pa., dieser aber gelegentl. nur aus längl. Schuppen od. einzelnen Borsten bestehend

  **7.** Wenigstens innere Fr. mit gefiedertem Pa. Bisw. nur ein Teil der Haare od. nur die untere Hälfte d. Haare gefiedert

    **8.** Rez. mit Spreub. Zumind. innere Fr. geschnäbelt      *Hypochaeris*

    **8+** Rez. ohne Spreub.

      **9.** B. linealisch od. grasartig, höchstens etwas gezähnt

        **10.** Hüllb. (2-) mehrreihig. Fr. höchstens kurz geschnäbelt      *Scorzonera*

        **10+** Hüllb. 1(-2)-reihig. Fr. lg geschnäbelt      *Tragopogon* s.l.

      **9+** B. anders

        **11.** Hüllb. 1(-2)-reihig, basal verwachsen. Kö. 25-70 mm DM. 15-40 cm      *Urospermum*

        **11+** Hüllb. dtl. 2- oder mehrreihig. Kö. oft kleiner

          **12.** Alle wohlentwickelten Laubb. in grundständiger Rosette. Meist mit mehrschenkeligen Haaren. Jge Kö. meist nickend      *Leontodon*

          **12+** Laubb. auch stg.ständig. Haare einfach, haken- oder ankerförmig

            **13.** Grundb. fiederspaltig. Fr. längsstreifig, im unteren Drittel etwas bauchig, der obere, schlanke – eigentl. fertile – Teil einen Schnabel vortäuschend. Haare einfach, ± gerade      *Scorzonera*

            **13+** Grundb. nicht fiederspaltig. Fr. hfg querrunzelig. Haare borsten-, haken- oder ankerförmig (*Picris* s.l.)

              **14.** Hülle dachig, d.h. Hüllb. alle von ähnlicher Gestalt, nach unten nur allmählich kleiner werdend. Fr. 3-6 mm, kurz geschnäbelt. Pfl. meist >50 cm      *Picris* s.str.

              **14+** Hülle 2-reihig, die äußeren dtl. breiter als die inneren. Fr. lg geschnäbelt. Pfl. slt. >50 cm      *Helminthotheca*

**7+** Pa. durchweg ungefiedert, aus (bisw. nur wenigen) einfachen Haaren oder Schuppen bestehend

  **15.** Rez. mit linealischen Spreub., auch Pa. der ungeschnäbelten Fr. aus linealischen Schuppen bestehend. B. linealisch, meist ± ganzrandig. Äußere Hüllb. ovat, die inneren lg ausgezogen (v)      *Catananche lutea*

  **15+** Rez. ohne Spreub.

    **16.** Zumind. innere Fr. geschnäbelt (d.h. Pa. gestielt). Schnabel bisw. kurz, dann aber dtl. abgesetzt

      **17.** Fr. am Schnabelansatz mit Zähnchen oder Höckerchen, diese bisw. zu einem Krönchen verschmolzen

        **18.** Kö. vielblü., einzeln auf b.losem, kahlem Schaft. Bis 25 cm      *Taraxacum*

        **18+** Kö. 7-15-blü., zahlreich an rutenförmigen, beblätterten Ästen. Stg.basis auffällig borstig. 40-120 cm      *Chondrilla*

      **17+** Fr. ohne Zähnchen oder Krönchen

        **19.** Fr. alle abgeflacht. Kö. 5-15(-25)-blü.      *Lactuca* s.l.

        **19+** Fr. – zumind. größtenteils – im Querschnitt rundl. od. prismatisch, jedenfalls nicht abgeflacht. Kö. stets vielblü.      *Crepis*

    **16+** Fr. ohne Schnabel, höchstens apikal verschmälert

      **20.** Pa. – zumind. teilweise – aus 3-eckig-linealischen Schuppen bestehend. Äußere und innere Fr. oft verschieden, äußere dann bisw. in den Hüllb. „versteckt"

        **21.** B. fiederteilig (löwenzahnähnlich), alle in grundständiger Rosette. Schäfte einköpfig, oben meist verdickt. Äußere Fr. zusammengedrückt, mittlere zudem geflügelt, innere spindelförmig. Pa. der äußeren Fr. viel kürzer      *Hyoseris*

**21+** B. meist anders. Stg. auch über dem Grund mit mind. 1 B. und meist verzweigt. Fr. anders

**22.** Hüllb. 2-reihig, äußere viel kleiner, höchstens auf den Nerven behaart (Unterschied zu *Hypochaeris achyrophorus*). Äußere Fr. gekrümmt, mit dtl. Krönchen, innere mit linealischen Schuppen. Pfl. meist schon grundständig verzweigt, wenigköpfig. 5-25 cm     *Hedypnois*

**22+** Hüllb. dachig. Fr. alle gerade, <4 mm, mit einem kleinen Krönchen. Kö. zahlreich, Endkö. um ein vielfaches seiner Lge übergipfelt. An B. und Blü. mehrzellige Haare. Pfl. meist >30 cm     *Tolpis*

**20+** Pa. aus zahlreichen einfachen, basal nicht dtl. verbreiterten Haaren bestehend

**23.** Rez. mit Grübchen; deren Ränder mit lgen Wimpern, diese bisw. lger als die Fr. Pfl. einj.

**24.** Hülle mit Sternhaaren, kurzen einfachen und lgeren Drüsenhaaren. Stg. meist >20 cm, beblättert. Fr. ca 2 mm     *Andryala*

**24+** Hülle ohne Sternhaare. Stg. meist <20 cm, nur mit wenigen B.schuppen. Fr. 5-7 mm vgl.     *Crepis sancta*

**23+** Rez. ohne bewimperte Grübchen. Wenn Hülle mit Sternhaaren, Pfl. mehrj.

**25.** Äußere und innere Fr. verschieden, die äußeren dunkel mit wulstigen Warzen. Am Grund der Hülle auffällige herzförmige, hellrandige Schuppen. Pfl. kahl     *Reichardia*

**25+** Fr. glatt oder gestreift, gleichfarbig (aber bisw. von unterschiedl. Gestalt). Hülle ohne Schuppenb. wie oben beschrieben

**26.** Fr. ± zusammengedrückt, an beiden Enden verschmälert, längsgerippt, 2-4 mm. Pa. anfangs aus zweierlei Haaren bestehend. Pfl. meist weitgehend kahl (slt. etwas drüsig), nur im Bereich der Infl. oft weißflockig. B. oft mit weichstacheligem Rand u./od. auffällig stg.umfassend. Stg. oft hohl     *Sonchus*

**26+** Frucht spindelförmig. B.rand nicht stachelig, höchstens borstig

**27.** Fr. apikal verjüngt. Pa. reinweiß, biegsam. Ohne kleine, weiße, sternförmige Flocken

**28.** Hüllb. dachig. Schäfte einköpfig, mit 1-2 Schuppenb. Unterirdische Ausläufer mit kugeligen Endabschnitten. Sandstrände     *Sonchus (bulbosus)*

**28+** Hüllb. zweireihig, die äußeren viel kürzer. Ohne unterirdische Knollen. Einod. mehrj.     *Crepis*

**27+** Fr. apikal gestutzt. Hüllb. dachig. Pa. schmutzigweiß, zerbröselnd. Pfl. stets mehrj., im Infl.-Bereich oft mit sternförmigen Flocken (starke Lupe!)     *Hieracium*

## ACHILLEA (incl. Otanthus)

*Zwischenfiedern:* Kleine Fiederlappen, zwischen den „regulären" Fiedern der Rhachis entspringend

**1a** Strahlenblü. fehlend, Röhrenblü. gelb. B. kaum lger als 1 cm, ± ganzrandig. Weißfilzige Pfl. der Meeresküste     ***A. maritima***
                                                  = *Otanthus m.* = *Diotis m.*

**1b** Strahlenblü. vorhanden, aber die Hülle kaum überragend, wie die Röhrenblü. gelb. B. ungefiedert, grobgezähnt, mit Drüsenpunkten. Pfl. mit Kampfer-Geruch     ***A. ageratum***

**1c** Strahlen- und Röhrenblü. weiß(l.) oder weißl.-grau, bisw. rosa. B. gefiedert, bisw. schwach aromatisch riechend

**2.** Mittl. Stgb. im Gesamtumriss ± oval, ca 2(-3)x so lg wie br. Pfl. ohne Ausläufer. Hüllb. mit hellem Hautrand. Fr. 1-1,5 mm

**3.** B.zipfel s. zahlreich, ca 1 mm br. Rhachis meist gezähnelt und oft mit Zwischenfiedern. Hüllb. 2-3x so lg wie br. (*//*)　　　　　　　　　　　　　　　**Achillea nobilis**

**3+** B.zipfel jederseits 5-7, (1-)2-3 mm br. Rhachis nicht (slt. spärl.) gezähnelt. (Mittl.) Hüllb. 3-4x so lg wie br.　　　　　　　　　　　　　　　　　　　　　　　**A. ligustica**

　　**a.** Fiedern 1-1,5 mm br. Zunge der Strahlenblü. 1/2 so lg wie die Hülle (Garg. fragl.)　　var. *l.*

　　**a+** Fiedern 2-3 mm br. Zunge 1/3 bis 1/2 so lg wie die Hülle (für Garg. nachgewiesen)
　　　　　　　　　　　　　　　　　　　　　　　　　　　　　　　　var. *sylvatica*

**2+** Mittl. Stgb. im Umriss lanzettl.-lineal, mehrfach lger als br. B.zipfel s. zahlreich, <1 mm br. Ausläufer vorhanden, aber bisw. nur kurz. Hautrand der Hüllb. hell- bis dunkelbraun. Fr. 1,4-2 mm (*A. millefolium* agg.)

Die Verbreitung der einzelnen Kleinarten ist ungenügend bekannt. Auch andere Arten sind möglich. Ggfs. Or.-Lit. (auch mitteleuropäische!) mit ausführl. Beschreibungen verwenden

**4.** Rhachis der mittleren Stgb. 0,6-1,2 mm br., nicht (dtl.) geflügelt und höchstens apikal etwas gezähnt, stets ohne Zwischenfiedern. B. ± räumlich, 2-3-fach gefiedert

**5.** Stg. oft schon in der unteren Hälfte verzweigt, am Grund slt. >2 mm DM. Grundb. meist schmäler als 1,5 cm und meist <1/2 so lg wie d. Stg.höhe. B.zipfel an mittleren B. ± lanzettlich. Gesamte endständige Infloreszenz 2-3(-4) cm DM. Hülle meist 3-4 mm hoch. Formenreich　　　　　　　　　　　　　　　　　　　　　　　　　　**A. collina**

**5+** Stg. meist erst im Infl.-Bereich verzweigt, am Grund kantig und >2 mm dick. Grundb. meist 1,5-3 cm br. und oft >1/2 der Stg.höhe erreichend. B.zipfel meist linealisch. Infloreszenz 5-10 cm DM. Hülle meist 4-5 mm hoch. Fiedern der Stgb. höchstens 2x so lg wie br. (*//*)
　　　　　　　　　　　　　　　　　　　　　　　　　　　**A. millefolium** s.str.

**4+** Rhachis (1-)2-4 mm br., ± geflügelt und gezähnt, meist mit Zwischenfiedern. B. 1- bis 2-fach gefiedert. Grundb. ca 10-30x 2,5-6 cm, mittl. Stgb. ca 10x2-3 cm, deren Fiedern 2-6x so lg wie br. (*//*)　　　　　　　　　　　　　　　　　　　　　**A. distans**
　　　　　　　　　　　　　　　　　　　　　　　　　= *A. tanacetifolia* s. Fen?

**ADENOSTYLES** Vgl. II 6. (Garg. fragl.)　　　　　　　　　　　　**A. glabra**
　　　　　　　　　　　　　　　　　　　　　　　　　　incl. *A. australis*

Die Art (hier: *A. australis*) ist auf der Verbreitungskarte in Pg 3:29 für den Garg. wohl irrtümlich angegeben. Sie wird in Fen. nicht erwähnt und kommt nach Pg 3:15 auch nur über 1100 m vor

## AMBROSIA

**1.** B. einfach fiederschnittig, wechselständig; Endzipfel 5-15 mm br., Seitenzipfel ganzrandig oder gezähnt

**2.** Pfl. mehrj., mit kriechendem Rhizom. Stg. verzweigt, mit mehreren staminaten „Ähren". Fr.hülle mit kurzen, stumpfen Zähnen oder ohne solche. B. bisw. fast sitzend. 30-100 cm (*//*, aber nach Pg „in rapida espansione")　　　　　　　　　　　　**A. psilostachya**
　　　　　　　　　　　　　　　　　　　　　　　　　= *A. coronopifolia*

**2+** Pfl. einj., aromatisch riechend. Nur eine staminate „Ähre". Fr.hülle ± dtl. 5-kantig, drüsig behaart, mit 4-5 kegelförm. Zähnen. B. dtl. gestielt. 10-60 cm. Sandstrände (v)　　　**A. maritima**

**1+** B. doppelt fiederschnittig, Endzipfel schmäler **oder** B. gegenständig und handförm. 3(-5)-spaltig. Pfl. einj. (bisher nicht Garg.)　　　　　　　　　　　　　　Or.-Lit.

## ANACYCLUS

**1.** Strahlenblü. weiß, unterseits bisw. rötl. Hüllb. (spärl.) behaart, mit weißl. oder purpurfarb. Hautsaum, aber ohne Anhängsel. Spreub. apikal bewimpert. Flügel der äußeren Fr. apikal mit rundl. Fortsätzen, innere Fr. ungeflügelt. B.zipfel bis 1 mm　　　　　　　　　**A. clavatus**
　　　　　　　　　　　　　　　　　　　　　　　　　= *A. tomentosus*

**1+** Strahlenblü. gelb. Hüllb. fast kahl, apikal mit membranösem Anhängsel (ähnl. *Centaurea*). Fortsatz der Fr.flügel spitz, innere Fr. s. schmal geflügelt. B.zipfel 1-3 mm (*//*)    ***Anacyclus radiatus***
Es scheinen Übergangsformen vorzukommen (Bastarde?); vielleicht sind auch nur die Merkmale nicht korreliert. – Vgl. auch *Anthemis* s.l.

**ANDRYALA** Vgl. **IV 24.**                                      ***A. integrifolia***
Die Art ist formenreich, besonders bezügl. ihrer B.form. Vgl. Pg 3:251


**ANTHEMIS** s.l. (= **Anthemis** s.str., **Chamaemelum, Cladanthus** und **Cota**)
Wegen der Schwierigkeiten beim Bestimmen wird die Verwendung von Or.-Lit. mit Abb. empfohlen. Pfl. ohne Fr. lassen sich oft kaum bestimmen

**1.** Blü. alle gelb. Fr. wie in **2b** beschrieben, aber nur bis 2 mm lg. B. unterseits dicht filzig behaart. Pfl. 2- bis mehrj.                                             ***Cota** (A.) **tinctoria***
                                                                            incl. var. *villosa*
Wenn Pfl. einj. und äußere Fr. dtl. geflügelt vgl. auch                    *Anacyclus (radiatus)*
**1+** Strahlenblü. weiß, höchstens an der Basis gelb(l.), s. slt. fehlend
    **2a** Fr. zusammengedrückt, äußere Fr. breit geflügelt. Haare d. Pfl. >1 mm vgl.
                                                                      *Anacyclus (clavatus)*
    **2b** Fr. zusammengedrückt, aber nicht geflügelt, im Querschnitt vielmehr rhombisch, jederseits mit 1 scharfen Kante, auf d. Fläche mit dtl. Nerven, meist 2-2,5 mm lg
        **3.** Pfl. 20-80 cm, aufrecht. Stg. fast kahl. Kö.schaft zur Fr.zeit verdickt. Kö. 3-5 cm DM. Spreub. apikal gestutzt, aber mit lger, aufgesetzter Stachelspitze, die Röhrenblü. überragend. Fr. jederseits mit (8-)10 Streifen                                    **Cota altissima**
                                                                      = *A. altissima* = *A. cota*
        **3+** Pfl. 10-30 cm, ± niederliegend-aufsteigend, dicht behaart. Kö.schaft nicht verdickt. Kö. 1,5-2 cm DM. Spreub. zugespitzt, am Rücken behaart. Fr. jederseits mit 5-7 Rippen (v)
                                                                          ***Cota** (A.) **segetalis***
    **2c** Fr. im Querschnitt stumpfkantig rundl. oder ± oval, dann aber nicht dtl. zusammengedrückt
        **4.** Spreub. apikal stumpf oder gerundet, bisw. gezähnelt. Fr. ca 1 mm, 3-rippig. Ab VII
            **5.** Pfl. einj., ± geruchlos. Kö. auf -7 cm lgen Schäften, diese z. Fr.zeit verdickt. Hüllb. dunkelrandig. Spreub. kahl. XI-VI (*//*)                      ***Chamaemelum fuscatum***
                                                                              = *A. praecox*
            **5+** Pfl. mehrj., stark aromatisch duftend. Schäfte slt. >1 cm. Hüllb. hautrandig. Spreub. spärl. behaart. VII-IX (verwilderte Nutzpfl.; *//*)          ***Chamaemelum** (A.) **nobile***
        **4+** Spreub. spitz od. zugespitzt
            **6.** Spreub. schmal-lineal, spitz, aber nicht stachelspitzig, am Rand des kegelförm. Rez. meist fehlend. Fr. 1-1,5 mm, tuberkulat. B.zipfel <0,5 mm br. Pfl. stinkend. Ruderal    ***A. cotula***
            **6+** Spreub. breiter. Rez. ± halbkugelig. B.zipfel meist breiter. Außer **10+** meist in Strandnähe
                **7.** Äußere Fr. an den Kanten warzig, oben mit gezähneltem Krönchen. B.unterseite mit punktförm. Drüsen                                        ***A. secundiramea***
                **7.** Fr. alle ± glatt
                    **8.** Pfl. mehrj.-halbstrauchig, aromatisch riechend, ± (!) kahl. B. unterseits mit Drüsenpunkten                                                      ***A. maritima***
                    **8+** Pfl. einj. (**10+** bisw. zweij.)
                        **9.** Röhrenblü. basal mit einem spornartigen Fortsatz, dieser den Frkn. teilweise einhüllend. Fr. ca 1 mm. Pfl. dicht behaart (v)            ***Cladanthus** (A.) **mixtus***
                        **9+** Röhrenblü. nicht so. Fr. mind. 1,5 mm, apikal mit einem krönchenartigen Rand
                            **10.** Krönchen auf d. Fr. einseitig stärker entwickelt (öhrchenartig). Pfl. weißfilzig
                                                                                  ***A. tomentosa***
                                                                                  = *A. peregrina*

**10+** Krönchen ± gleichmäßig, einen umlaufenden Ring bildend. Spreub. gekielt. Basale B.fiedern stg.umfassend. Behaarung s. unterschiedl. Kulturland. Formenreich (Or.-Lit.) **Anthemis arvensis**

*Alternativer Gattungsschlüssel:*

**1.** Fr. dtl. dorsiventral zusammengedrückt, zumind. die äußeren mit lateralen Rippen oder Flügeln. Strahlenblü. weiß oder gelb

**2.** Randl. Flügel dtl. Spreub. lanzeolat bis ovat vgl. *Anacyclus*

**2+** Nur mit randl. Rippe oder Flügel nur sehr schwach, zumind. auf der Fr.-Innenseite mit zusätzl. 3-10 Rippen. Spreub. linealisch bis lanzeolat *Cota*

**1+** Fr. im Querschnitt rundl. oder 4-kantig (rhombisch), mit oder ohne Rippen, aber ohne Flügel. Strahlenblü. weiß, höchstens basal gelbl.

**3.** Röhrenblü. basal ausgesackt, den oberen Teil der Fr. bedeckend. Fr. quer rund, schwach 3-rippig. Haare, soweit vorhanden, basifix

**4.** Aussackung nur den obersten Teil der Fr. bedeckend. Spreub. ± flach, stumpf. Hüllb. mit schmalem hellem oder breitem dunklem Hautrand *Chamaemelum*

**4+** Aussackung die obere Hälfte der Fr. bedeckend. Spreubl. ± gekielt, spitz. Hüllb. mit breitem hellem Hautrand *Cladanthus*

**3+** Röhrenblü. nicht ausgesackt. Fr. quer ± rund oder rhombisch, mit ca 10 Rippen (slt. Rippen fehlend), apikal oft mit einem saumartigen Ring („Krönchen") oder einem Öhrchen. Haare, soweit vorhanden, medifix *Anthemis s.str.*

## ARCTIUM

**1.** Hüllb. mit rötl. od. gelbl. Spitze. Grundb. unterseits grün, mit hohlem Stiel. Kö.stiel meist kürzer als Kö. Infl. pyramidal. Fr. 8-11 mm *A. nemorosum*

**1+** Hüllb. rein grün. Grundb. unterseits graufilzig, Stiele markig. Kö.stiel meist dtl. lger als Kö., Infl. daher doldenrispig. Fr. 6-7 mm *A. lappa*

## ARNICA  Vgl. Vorbemerkung zu III (//) *A. montana*

## ARTEMISIA

**1a** Halbstrauch, 30-80 cm, anfangs spärl. kraus-wollig behaart, später verkahlend. B. meist ungeteilt, die der sterilen Triebe 50-90x3-10 mm, Stgb. sonst 8-20x1-3mm. Kö. ei- bis spindelförm. Rez. kahl. Ab IX. Nur in Küstennähe *A. caerulescens*
Formenreich (vgl. auch Pg **3**:107f). Die B. sind zumeist ganzrandig; wenn die unteren 1-2-fach fiederschnittig var. *palmata* (= var. *sipontina*)

**1b** Hochwüchsige Staude (0,5-1,5 m). B. geöhrt, 1-2-fach fiederschnittig, die >2 mm br. B.zipfel oberseits kahl und grün, unterseits filzig. Kö. lger als br. (meist eiförm.), Rez. kahl. Stg. oft rötl., kahl oder mit wenigen einfachen Haaren. Ab VII. Stickstoffreiche Standorte

**2.** Pfl. ohne Ausläufer (aber oft in Herden). Stg. von Grund an verzweigt. Äußere Hüllb. eiförm. Rez. ohne Drüsen. Abschnitte 1. Ordnung der oberen Stgb. lanzeolat, gesägt bis fiederschnittig, oberseits ohne Drüsen, unterseits Drüsenbesatz spärl. (<10 pro qmm). Frische, zerriebene Pfl. mit schwachem Wermutgeruch. Ab VII *A. vulgaris*

**2+** Pfl. mit bis 1 m lgen rosettentragenden Ausläufern. Stg. nur oben verzweigt. Alle Hüllb. lineal. Rez. mit Drüsen. B.abschnitte ± lineal, nur slt. mit vereinzelten Zipfeln 2. Ordnung. B. auch oberseits mit (vereinzelten) Drüsen, Drüsenbesatz unterseits dichter (bis 20 pro qmm). Mit dtl., kampfer- bis kamillenartigem Geruch. Ab X (//) *A. verlotiorum*
Vgl. BINI MALECI & BAGNI MARCHI in Webbia **37**:185-196 (1983). Das schnellste Unterscheidungsmerkmal ist der Geruch

96 COMPOSITAE

**1c** (Halb-)Strauch oder zumind. basal verholzte Staude, 20-150 cm. B. bis 3-fach fiederschnittlg oder gefiedert, beiderseits gleichfarben, zumind. an jungen Zweigen graugrün bis weißl.(-filzig); obere B. bisw. ungeteilt, sonst B.abschnitte <5 mm br. Kö. ± (halb-)kugelig. Mit kurz zweischenkeligen Haaren (im Haarfilz oft schlecht zu erkennen)

**3.** Stgb. geöhrt. B.zipfel 0,5-1 mm. VIII-X

**4.** Äußere Hüllb. schmal berandet. Blü. >2,5 mm lg, >20 pro Kö. Rez. kurz graufilzig behaart. Kr. drüsig. 20-50 cm                                                        *Artemisia alba*

S. variabel im Geruch, Indument, B.schnitt usw. (vgl. Pg **3**:107); incl. *A. lobelii*. – Fen nennt für den Garg.:

    **a.** Pfl. (auch Hülle) weißfilzig. B.fiedern kurz, stark spreizend. Mit starkem Terpentingeruch
          var. *garganica*

    **a+** Pfl. graugrün. Hülle fast kahl                                 var. *subcanescens*

**4+** Hüllb. breit trockenrandig, stets ± kahl. Blü. <2,5 mm, <15 pro Kö. Rez. kahl. Geruch wenig ausgeprägt (*//*)                                                         ***A. campestris***

    **a.** Tragb. der Infl.-Äste 6-15 mm. Pfl. 60-150 cm          ssp. *variabilis*

    **a+** Tragb. bis 6 mm. 20-60 cm (für Garg. unwahrscheinl.)      Or.-Lit.

**3+** B. nicht geöhrt. B.zipfel 0,5-4 mm. 40-150 cm

**5.** B.zipfel 0,5-2 mm br. Hülle 3,5-4 mm hoch. Obere B. bisw. ungeteilt

**6.** B.zipfel 1-2 mm br. Kö. 5-8 mm DM. Rez. behaart. An Felsen und Mauern. Strauch. VI-VIII
          ***A. arborescens***

**6+** B.zipfel 0,5 mm br. Kö. 2-5 mm DM. Rez. kahl. Halbstrauch (verwilderte Arzneipfl.) VIII-X
(*//*)                                                                           ***A. abrotanum***

**5+** B.zipfel 2-4 mm br. Hülle 2-3 mm hoch, Kö 3(-5) mm DM. V.a. ruderal und auf Mauern. VIII-IX (v)                                                              ***A. absinthium***

## ASTEREAE
(= **Bellidiastrum, Bellis, Erigeron** (incl. **Conyza**), **Galatella, Symphyotrichum** und **Tripolium**)

**1.** Kö einzeln (slt. zu 2-3), auf 5-20 cm hohem Schaft. Strahlenblü. dtl., weiß, nur unterseits bisw. rötl. Pfl. einem Gänseblümchen ähnlich

**2.** Fr. mit ca 3-5 mm lgem Pa.; dieser nur wenig kürzer als die Röhrenblü. und deshalb oft zwischen ihnen zu erkennen. Rez. nicht hohl. Hüllb. zstr. behaart bis fast kahl, spitz. Maße sonst wie *Bellis sylvestris* (**4+**). Pfl. mehrj. VI-VII (*//*)          ***Bellidiastrum micheli***
          = *Aster bellidiastrum*

**2+** Fr. ohne wohlausgebildetem Pa. Rez. hohl                              ***Bellis***

**3.** Pfl. einj. Schaft basal oft beblättert und gelegentl. verzweigt, slt. >6 cm. Kö. <15 mm DM. Strahlenblü. auch unterseits weiß. Fr. 1 mm. XI-VI                            ***B. annua***

Wenn Pfl. mit einem Kö.-DM von 10-20 mm und stumpfen Hüllb.          var. *obtusisquama*

**3+** Pfl. mehrj. Schaft stets unbeblättert und unverzweigt, zumind. unten abstehend behaart. Kö.-DM >15 mm. Strahlenblü. unterseits oft rötl. Fr. 1,5 mm, ± hellrandig

Die beiden folgenden Arten sind durch Übergänge verbunden. Ein durchgängiges Unterscheidungsmerkmal ist nicht bekannt

**4.** Hüllb. 3-6 mm, auf der Fläche meist kaum behaart, alle stumpf. Strahlenblü. 5-10 mm lg (Kö.-DM 15-25 mm). B. ± gestielt. Schaft oben fast kahl. Fr.haare <0,2 mm, locker. Pfl. 5-15 cm hoch. I-XII                                                           ***B. perennis***

**4+** Hüllb. 7-12 mm, meist dtl. behaart, zumind. die inneren spitz. Strahlenblü. 8-14 mm (Kö.-DM 25-35 mm). B. nur verschmälert. Auch oberer Schaft von Haaren grau. Fr.haare 0,2-0,3 mm, apikal fast einen Haarschopf bildend. Pfl. 10-30 cm. (IX-)II-VI          ***B. sylvestris***
          incl. var. *verna*

**1+** Kö. zahlreich. Stets mit Pa. Pfl. meist höher

**5.** Strahlenblü. lila oder violett (bisw. sehr blass)

**6.** Strahlenblü. ca 18x2,5 mm, dtl. ausgebreitet, Kö. deshalb ca 2,5 cm DM

**7.** Hüllb. 1,5-3 mm br., stumpf. Fr. 2-3 mm, Pa. weißl. Strandpfl., zwei- oder mehrj. Ab VIII

*Tripolium pannonicum*

= *Aster tripolium*

Formenreich (vgl. Pg 3:19). Nach CL2 im Gebiet:

B. dtl. sukkulent, (fast) ganzrandig, am Rand gewimpert. Spr. spitz, viel lger als der B.stiel. Fr. der äußeren Blü. kürzer und dicker als die der inneren ssp. *p.* Die Rosettenb. ähneln denen von *Limonium narbonense* (dort Spr. ca so lg wie der Stiel und meist mit Stachelspitzchen)

**7+** Hüllb. spitz (bisher nicht nachgewiesene neophytische *Symphyotrichum?*) Or.-Lit.

**6+** Strahlenblü. kleiner (<1,5 mm br.), meist ± aufrecht und die Röhrenblü. bzw. Hüllb. nur wenig überragend. Kö.-DM daher meist <1,5 cm

**8.** Kö. sehr zahlreich, in ausladender Rispe. Strahlenblü. einreihig. Fr. 1,5 mm. Hülle ± verkehrt-konisch, Hüllb. mit purpurner, ± gesägter Spitze. Stg. kahl. Obere Stgb. nur 1-3 mm br. 30-80 cm. ± Feuchte Standorte (auch Halophyt). Ab IX (Neophyt)

*Symphyotrichum squamatum*

= *Aster sq.*

**8+** Kö. meist <30. Strahlenblü. in 2-3 Reihen (schwierig zu erkennen!). Fr. 2-3 mm, zstr. behaart. Hülle ± zylindrisch, Hüllb. mit braunem Zentrum und häutigem Rand. Stg. kraus behaart, oberwärts mit kleinen Drüsen. Obere Stgb. 3-4 mm br. 15-50 cm. Trockene Standorte.

Ab VII (//) *Erigeron acris* ssp. *a.*

**5+** Strahlenblü. sehr unauffällig (weißl. oder grünl., <1 mm br.) oder fehlend

**9.** Pfl. mehrj. Strahlenblü. fehlend, aber Röhrenblü. auffällig, 6-9 mm lg, goldgelb. Kö. in Trugdolden. Pa. 5-6 mm. B. lineal, 1-2 mm br., wie der Stg. rau. 20-50 cm. Ab VII

*Galatella linosyris*

= *Aster l.*

**9+** Pfl. einj. Schmale Strahlenblü. vorhanden. Kö. in Rispen. Pa. <4 mm. Zumind. untere B. breiter. 30-100 cm. Ab VI (Neophyten) *Erigeron* s.l.

hier: *Conyza (C.)* s. Fen und Pg

**10.** Hülle 3-4,5 mm, ± kahl (?). Strahlenblü. pro Kö. <50, mit 0,5-1 mm lger Zunge (so lg wie oder lger als Gr.). Pa. ca 2,5 mm, zuletzt schmutzigweiß. Infl. zylindrisch bis schmal pyramidal, ihre Spitze nicht von Seitenästen übergipfelt. B. grün, zerstr. lg behaart, vor allem randl. mit ± abstehenden, 1-1,5 mm lgen Haaren. Auch Stg. abstehend behaart. 20-80 cm

*E. (C.) canadensis*

**10+** Hülle 4-6 mm, (meist) behaart. Strahlenblü. >50, ohne oder nur mit <0,5 mm lger Zunge. Pa. 3-3,5 mm. Stg. mit anliegenden und abstehenden Haaren

**11.** Endständige Rispe von Seitenästen übergipfelt. B. linear-lanzeolat, -5 mm br., 1-nervig. Hülle oft rötl. bespitzt. Pa. schmutzigweiß bis rötl.-braun. 20-60 cm *E. (C.) bonariensis*

**11+** Infl. wie **10.**, d.h. ohne übergipfelnde Seitenäste. B. oblong-lanzeolat, 5-20 mm (die unteren auch -35 mm) br., graugrün, mit dtl. Seitennerven. Stgb. randl. mit sehr kurzen, gebogenen Haaren besetzt. Pa. gelbl. Meist >80 (-300!) cm *E. (C.) sumatrensis*

= *C. floribunda* = *C. albida*

**BELLIDIASTRUM** → **Astereae**

**BELLIS** → **Astereae**

## BOMBYCILAENA  (= Micropus)

**1.** B.rand gewellt. Hochb. die Kö. überragend. Kö.-Gruppe weißl.-grau wollig, 8-10 mm br.

**B. erectus**
= *Micropus e.* ssp. *e.*

**1+** B.rand flach. Hochb. die Kö. nicht überragend. Kö.-Gruppe bräunl. wollig, 10-16 mm br.

**B. discolor**
= *Micropus erectus* ssp. *d.*

Fen, der die beiden Taxa zu einer Art zusammenfasst, macht keine Angabe zur „Unterart"; nach Pg und CL kommen beide Taxa in Apulien vor

**CALENDULA**  Vgl. III 13+

**C. arvensis**
incl. var. *rugosa*

**CARDOPATIUM**  Vgl. I 12+ (v)

**C. corymbosum**

## CARDUUS

**Lit.:** KAZMI in Mitt. Bot. Staatssammlung München **5** II:279-550 (1964). Danach orientiert sich auch die Bearbeitung in Pg. FE verwendet teilweise andere Merkmale. Es wird hier versucht, diese zu kombinieren. Dies ist aber nur bedingt möglich. In der Praxis hat sich der Schlüssel als noch nicht ausreichend erwiesen
*C. medius* ist für den Garg. zu streichen (CL)
Hüllb.: Wenn nicht anders angegeben, sind die mittleren gemeint

**1.** Hülle halbkugelig bis ovoid, 1-7 cm DM
  **2.** Hüllb. in einen ± ovaten basalen und einen ± linealischen oberen Teil gegliedert, dazwischen bisw. (!) eine Einschnürung. Oberer Teil länger als der untere und (insbes. bei den unteren Hüllb.) oft zurückgekrümmt. Kö. meist 3-5(-7) cm DM, (jung) oft nickend          **C. nutans** [s.l.]
  Nomenklatur nach CL bzw. CL2. – Die angegebenen Maße für Blü. und Pa. scheinen nicht sehr zuverlässig zu sein
    **a.** B. 8-25 cm lg, oft nur auf 1/3 bis 4/5 der Spr. fiederschnittig, unterseits meist nur wenig oder nicht spinnwebig behaart. Pfl. meist wenigköpfig, Kö. 3-4 cm DM, zur Blü.zeit nickend. Hüllb. 7-25x1,5-2,5 mm, meist mit Einschnürung. Blü. 18-22 mm, Kr.zipfel 4-5 mm, Fr. 4-5 mm, Pa. 15-20 mm          ssp. *n.*
    **a+** B. bis (fast) zur Mittelrippe gefiedert. Pfl. meist einköpfig
      **b.** Blü. 15-21 mm, Pa. 13-18 mm. B. meist 8-10x1,5-3 cm, mit 8-12 Paar Fiederlappen, unterseits meist (oft sehr dicht) spinnwebig. Enddorn der B.lappen bis 5 mm lg. Kö. 3-5 cm DM, aufrecht. Hüllb. ca 20 x 2-4 mm (*C. micropterus* s. Pg)
        **c.** Hüllb. 2-4 mm br., alle aufrecht-angedrückt, lger als die inneren; „Einschnürung" wenig ausgeprägt. Hülle basal gerundet oder nur wenig abgeflacht          ssp. *micropterus*
        **c+** Hüllb. ca 2 mm, teilweise abstehend, kürzer als die inneren. Hülle basal gerade gestutzt          ssp. *perspinosus*
        Beide Taxa werden für den Garg. genannt
      **b+** Blü. 22-25(-30) mm, Pa. 15-20 mm. B. meist 8-25x3-10 cm, mit 6-10 Paar Fiederlappen, unterseits wenig bis dicht spinnwebig, ihr Enddorn bis 12 mm. Kö. 4-7 cm DM. Hüllb. (20-) ca 30(-40) mm lg, die äußeren zurückgeschlagen (*C. macrocephalus* s. Pg)
        **d.** Mittelrippe der B. bis zur B.spitze (oft gelbl.) hervortretend. Kö.stiele ungeflügelt, aber bisw. mit einzelnen oder büscheligen Dornen. Hüllb. basal 3-5 mm br.   ssp. *macrocephalus*
        **d+** Mittelrippe nur bis zur Hälfte hervortretend. Stg. oft bis fast unter die Kö. geflügelt. Hüllb. 2-3 mm br.          ssp. *inconstrictus*
        Ob neben ssp. *inconstrictus* auch ssp. *macrocephalus* am Garg. vorkommt (und ob es sich überhaupt um zwei Taxa handelt, wie vielfach bezweifelt wird), ist offenbar ungeklärt. Ssp. *platylepis* ist sicher eine Fehlmeldung

**2+** Hüllb. gleichmäßig verschmälert, nicht gegliedert

   **3.** Kö. 3-5 cm DM. Hüllb. 20-30x2-4 mm, spinnwebig, in einen -1,5 cm lgen gelben Dorn endend. Bis 40 cm (*//*)      *Carduus chrysacanthus*

   **3+** Kö. kleiner. Hüllb. nicht spinnwebig und ohne verlängerten Dorn. Hüllb. 1-1,5 mm br.

      **4.** Kö. zu 2-5 gebüschelt, slt. einzeln. Stg. bis zu den Kö. geflügelt. Haare auf der B.unterseite mehrzellig (*//*)      *C. acanthoides*

      **4+** Kö. ± (!) isoliert. Stg. oberwärts nicht geflügelt. Die meisten Haare blattunterseits einzellig

         **5a** Hülle 1-1,5x1 cm, d.h. kugelig-ovoid. Kö.stiele ca 3 mm DM. B. jederseits mit 8-10 Lappen, diese bis 7 mm bedornt. Pfl. mehrj. (*//*; nach Pg nur >1500m)    *C. affinis*

         **5b** Hülle 1,5-2,5x1-1,5 cm, verlängert. Kö.stiele ca 1 mm DM. B. jederseits mit 6-8 Lappen, -3 mm bedornt. Pfl. einj. vgl. **7.**      *C. corymbosus*

         **5c** Hülle ± halbkugelig, 1,5(-2,5) cm hoch bzw. DM. Hüllb. nur schwach bedornt. B. mit weißer Zeichnung. Fr. jederseits mit 2 Mulden. Pfl. einj. vgl. **I 20.**    *Tyrimnus leucographus*

**1+** Hülle verlängert bis zylindrisch, 2-2,5x1-1,5 cm, d.h. etwa doppelt so hoch wie br. Pfl. ein- bis zweij., bis 70 cm

   **6.** Hüllb. -1 mm br. Stg. oben ungeflügelt, Kö. vereinzelt auf -15 cm lgen Stielen. Haare der B.unterseite meist einzellig

      **7.** Blü. >14 mm, Pa. 13-17 mm. Fr. glatt      *C. corymbosus*

      **7+** Blü. und Pa. 10-13 mm. Fr. fein runzelig      *C. acicularis*

   **6+** Hüllb. breiter. Kö. zu 1-8. Kr. und Pa. 10-14 mm. Fr. glatt (*C. pycnocephalus* s. Fen)

      **8.** Kö. meist zu 3-5 gebüschelt und von den Dornen der Hochb. übergipfelt. Äußere Hüllb. höchstens 1/2 so lg wie die übrigen, wie die mittleren ± plötzlich in einen kurzen Dorn verschmälert und mit kaum hervortretenden Nerven. Hülle kahl. Stg. bis zu den Kö. geflügelt. B. jederseits meist mit 2-5 Fiederlappen, diese in einem kräftigen, bis 30 mm lgen Dornen endend und oft weißgeadert. IV-V (v)      *C. pycnocephalus* ssp. *marmoratus*
                                   = *C. australis* ssp. *m.* = *C. pycnocephalus* var. *brevisquamatus*

      **8+** Hochb. die Kö. nicht überragend. Äußere Hüllb. höchstens wenig kürzer, wie die mittl. allmählich in einen Dorn verschmälert, mit dtl. Nerven. Dornen an den B. bis 10 mm. IV-VII

         **9.** Kö. zu 3-8 (und mehr) gebüschelt. Kr. 10-13 mm. Hüllb. mit häutigem, kahlem Rand, am Rücken höchstens schwach spinnwebig, die inneren meist > Blü. B. jederseits mit 6-8 Fiederlappen      *C. tenuiflorus*
                                      = *C. pycnocephalus* var. *t.*

         **9+** Kö. zu 1-3(-4) gebüschelt. Kr. bisw. lger. Hüllb. auf dem nicht häutigen Rand und auf den dtl. Nerven kurz bewimpert, mäßig bis stark spinnwebig, die inneren meist < Blü. B. jederseits mit 2-5 Fiederlappen      *C. pycnocephalus* ssp. *p.*

## CARLINA

**1.** Hüllb. mit Drüsenpunkten, Pa. aus linealen Schuppen bestehend vgl.      *Carthamus lanatus*

**1+** Hüllb. ohne Drüsenpunkte. Pa. gefiedert      *Carlina*

   **2.** Kö. einzeln, der bodenständigen Rosette direkt aufsitzend oder auf kurzem Schaft. Hüllb. mit gefiedertem Dorn, >25 mm lg (*//?*)      *C. acaulis*

   **2+** Stg. wohlentwickelt, meist mehrköpfig

      **3.** Pfl. (dicht) wollig. Strahlende Hüllb. meist rötl. Pfl. ein- bis zweij.      *C. lanata*

      **3+** Pfl. kahl od. spärl. behaart. Pfl. mehrj.

         **4.** Strahlende Hüllb. bis 1(-1,5) mm br. Dornen der äußeren Hüllb. verzweigt. Stgb. kaum geöhrt. Formenreich (Pg 3:216)      *C. vulgaris*

         **4+** Strahlende Hüllb. 2-3 mm br.

**5.** Hüllb. gelbl. Kr. ca 8x0,8 mm. Dornen der breiteren Hüllb. nicht verzweigt. Stgb. dtl. geöhrt                                                                        *Carlina corymbosa*
Wenn äußere Hüllb. mit verlängertem Dorn (für Tremiti angegeben):                   var. *rothii*
                                                                            = *C. rothii* s. Fen
**5+** Hüllb. weißl.(-rötl.). Kr. ca 14x0,2 mm. (auch für Tremiti angegeben; //)   *C. sicula*

## CARTHAMUS (incl. Carduncellus)

**1.** Blü. blau. Alle Fr. mit Pa., dieser 2x so lg wie die Fr. Hüllb. apikal gefranst (v)   *C. coeruleus*
                                                                            = *Carduncellus c.*
**1+** Blü. (hell)gelb. Pa. der inneren Fr. aus linealischen Schuppen bestehend, äußere Fr. 4 mm, ±
ohne Pa. Innere Hüllb. ganzrandig, drüsig. Stgb. mit 7-10 mm lgen Dornen       *C. lanatus*

## CATANANCHE  Vgl. IV 15. (v)                                                 *C. lutea*

## CENTAUREA s.l.  (= Centaurea s.str., Cyanus und Rhaponticoides; incl. Cnicus)

Der Gargano ist zieml. arm an *Centaurea*-Arten, zumal viele von ihnen lange nicht mehr nachgewiesen sind.
Unterschiedlich gehandhabte Artabgrenzung und Nomenklatur erschweren jedoch eine Zusammenfassung
der Befunde. – Weiße Mutanten kommen vor
Die Hüllb. enden apikal meist mit einem trockenhäutigen „Anhängsel". Dieses kann vom ± krautigen basalen
Teil des Hüllb. dtl. abgesetzt u./o. fransig zerschlitzt bzw. gewimpert sein. In anderen Fällen enden die Hüllb.
mit einem Dorn
Wenn Pappus gefiedert und Pfl. einköpfig vgl. **II 25.**                     *Rhaponticum conifera*
Wenn Hüllb. ungegliedert, apikal schwärzlich und mit -1 mm lg aufgesetzter Spitze vgl. **II 27b**   *Mantisalca*

**1.** Blü. gelb. Meist ruderale Standorte
   **2a** Pfl. nicht bedornt, mehrj. vgl. **5.**                              *C. centauroides*
   **2b** Ganze Pfl. ± distelartig, ± borstig. B. buchtig gezähnt, zumind. anfangs spinnwebig behaart,
   drüsig-klebrig. Äußere Hüllb. mit einfachem, innere mit gefiedertem Dorn. Pa. außen von einem
   Krönchen, innen von 2 Reihen zu je ca 10 Haaren gebildet. Pfl. einj., 20-60 cm   *C. benedicta*
                                                                            = *Cnicus b.*
   **2c** Nur Hüllb. bedornt. Pa. anders. Meist ein- bis zweij.
      **3.** Obere B. höchstens seicht gezähnt, herablaufend, Stg. desh. geflügelt. Hülle ±10 mm br. Fr.
      2,5 mm. Pfl. 20-60 cm
         **4.** B. weißwollig bis graufilzig. Blü. ± (!) drüsenlos. Pa. etwa doppelt so lg wie Fr.
                                                                            *C. solstitialis*
            **a.** Dornen der Hüllb. gelbl., der Enddorn -20 mm, dtl. lger als Seitendornen   ssp. *s.*
            **a+** Dornen bräunl., Enddorn <5-10 mm, kaum lger als die Seitendornen (//)   ssp. *adamii*
         **4+** B. grün, rau. Blü. mit zahlreichen sitzenden Drüsen. Pa. etwa so lg wie d. Fr. (v)
                                                                            *C. melitensis*
      **3+** Obere B. zumind. tief gezähnt, nicht herablaufend. Fr. 4-5 mm. Hülle >12 mm br. Pfl. 30-
      100 cm.
         **5.** Hülle >20 mm DM. Pa. ca 4 mm. Kö. 1-wenige, lg gestielt. Obere B. fiederschnittig. Pfl.
         mehrj. (v)                                                          *C. centauroides*
         **5+** Hülle 13-18 mm br. Pa. ca 2 mm. Kö. sitzend, d.h. unter der Hülle 1-wenige Hochb. Obere
         B. jederseits mit 3-5 tief eingeschnittenen Zähnen. Ein- bis zweij.   *C. nicaeensis*
**1+** Blü. rötl. oder bläulich. Wenn Hüllb. in einen Dorn auslaufend, auch obere B. fiederschnittig
   **6.** Blü. reinblau oder blauviolett (dann Kö. -5 cm DM). B. (größtenteils) ± ganzrandig *(Cyanus)*
      **7.** Einj. Pfl. d. Kulturlandes. Kö. 2-3 cm DM. Pa. etwa so lg wie die Fr. Blü. stets reinblau
                                                                            *Cyanus segetum*
                                                                            = *C. cyanus*

**7+** Mehrj. Pfl. der Garigue und lichten Wäldern. Kö. bis 5 cm DM, innen meist violett. Pa. viel kürzer als Fr.　　　　　　　　　　　　　　　　　　**Cyanus (Centaurea) triumfetti**

Die beiden folgenden ssp. werden heute kaum noch (auch nicht in CL) unterschieden:

  **a.** Untere Stgb. dtl. herablaufend. Pfl. ± grün, bis 60 cm　　　　　　　　　ssp. *t.*

  **a+** Untere Stgb. -1 cm br., nicht oder kaum herablaufend. Pfl. ± (weißl.-)wollig, bis 30 cm
ssp. *variegata*

Das Merkmal „Länge der Hüllb.-Fransen" (1-2 mm für ssp. *t.*, 2-4 mm für ssp. *v.*) scheint für die Populationen am Garg. wenig brauchbar

**6+** Blü. ± purpurn (hell oder dunkel). Zumind. die unteren B. (außer **12.**) meist tief geteilt

**8.** Hüllb. in einem abgewinkelten Dorn auslaufend, oft auch seitl. mit kl. Dörnchen. Pa. fehlend. Kö. zahlreich. Meist ruderal　　　　　　　　　　　　　　　　　　**C. calcitrapa**

  **a.** Pfl. von Grund auf sparrig verzweigt. Hülle 6-8(-10) mm DM. Dorn (10-)15-25 mm
typ. Form

  **a+** Pfl. mit aufrechten Seitenästen. Hülle kleiner, Dorn kürzer (v)　　　　var. *torreana*

Bei „var. *horrida*" (Dornen sehr zahlreich, auch außerhalb der Hülle) handelt es sich wahrscheinlich um eine bloße Monstrosität

**8+** Hüllb. unbedornt. Slt. ruderal

**9.** Hüllb. nur mit häutigem Rand, apikal ohne echtes „Anhängsel". Fr. 6-8 mm, Pa. ebenso. 50-100 cm. In Gehölzen (v)　　　　　　　　　　**Rhaponticoides (C.) centaurium**

**9+** Hüllb. mit Anhängsel. Meist trocken-sonnige Standorte. Fr. dtl. kleiner

**10.** Anhängsel nicht durch Einschnürung vom basalen Teil des Hüllb. abgesetzt, an diesem herablaufend und meist ± regelmäßig gefranst

  **11.** B. und Stg. weißfilzig. Untere B. in (hfg 5) ca 1 mm br. Zipfel geteilt, obere Stgb. oft ganzrandig-linealisch. Kö. einzeln auf Schäften. Fransen am Anhängsel meist <1 mm. Pa. bis ca 2 mm. Pfl. fast halbstrauchig, 20-30 cm　　　　　　　**C. subtilis**
= C. stoebe s. Fen

  **11+** B. grau oder grün, Zipfel meist breiter. Fransen und Pa. bis 3 mm (*//*)
**C. parlatoris**-Gruppe s. Pg; Or.-Lit.!

Hierzu wohl *C. ambigua* (= *C. dissecta* s. Fen) sowie möglicherweise *C. incana* s. Fen (CL)

**10+** Anhängsel durch Einschnürung abgesetzt, mitunter etwas herablaufend, oft eingerissen, aber nicht kammartig gefranst

  **12.** B. ungeteilt. Die äußeren Blü. meist etwas strahlend　　　　　　　**C. jacea** s.l.

Die Angabe von „*C. jacea*" bezieht sich wahrscheinl. auf das folgende Taxon **a**.

    **a.** Hülle 12-20 mm DM. Anhängsel 6-8 mm br., nur wenig eingerissen, hell (höchstens im Zentrum dunkel). Blü. orange-rosa. Pfl. bis 60 cm (Garg. mögl.)　　ssp. *gaudinii*
= C. bracteata

    **a+** Hülle 12-15 mm DM. Anhängsel 4-5 mm br., zumind. die äußeren meist stärker eingerissen, hell oder dunkel. Blü. purpurn. -100 cm (*//*)　　　　　　　ssp. *j.*

  **12+** Zumind. untere B. 1-2-fach tief geteilt mit schmalen Zipfeln. Hüllb.anhängsel mit breitem häutigem Rand, dieser höchstens unregelmäßig eingerissen oder zerschlitzt (*C. alba* s. FE. Übergänge!)

    **13.** Pfl. meist zweij. (aber Stg. basal bisw. holzig), oft ± sparrig verzweigt, grün oder graugrün　　　　　　　　　　　　　　　　　　　　　　　　**C. deusta**
= C. alba s. Fen

Die nachfolgenden Taxa laufen bei Fen – soweit überhaupt erwähnt – als var. von *C. alba*. In CL2 werden sie nicht mehr unterschieden; ssp./var. *concolor* wurde schon von CL und FE nicht anerkannt. – Merkmale vor allem nach Pg:

     **a1** Hülle 10-12 mm DM. Hyaliner Rand d. Anhängsels durch eine schmale Fortsetzung des zentralen dunkleren Teils apikal unterbrochen.

     **b.** Zentraler Teil des Anhängsels schwarz(-braun). B. meist 1-fach fiederschnittig
ssp./var. *deusta*

**b+** Zentraler Teil hellbraun. B. meist 2-fach fiederschnittig (Garg. mögl.)
ssp./var. splendens

**a2** Hülle kleiner. Hyaliner Rand umlaufend, d.h. apikal nicht unterbrochen. B. 2-fach fiederschnittig (Garg. fragl.)
ssp./var. concolor

**a3** Hülle 6-10 mm DM. Hyaliner Rand wie **a1**. Pfl. hfg schon am Grund verzweigt, bisw. mehrj.
ssp./var. divaricata

Ob sich die garg. Populationen damit bestimmen lassen, scheint fraglich, zumal Widersprüche zu FIORI vorliegen. Das Taxon „var. <i>angustifolia</i>" s. Fen (nach FIORI: B.zipfel linealisch, Anhängsel stachelspitzig, mit dtl. dunklem Fleck) bleibt in seiner Synonymie hier ungeklärt

**13+** Pfl. mehrj., weißfilzig.

**14.** Halbstrauch, 30-40 cm hoch. Grund- und Stgb. ausgeprägt fiederschnittig, Segmente der Stgb. ca 1 mm br. Hülle 11-13(-15) mm DM. Tremiti **Centaurea diomedea**

**14+** 40-70 cm hohe Staude. Grundb. lyrat, Stgb. zuweilen ungeteilt (dann B.breite 4-8 mm)(//)
C. tenoreana

**CHAMAEMELUM** → **Anthemis** s.l.

**CHONDRILLA** Vgl. **IV 18+**
Ch. juncea

Die Meldung der ostalpinen <i>Ch. chondrilloides</i> ist sicher irrtümlich

**CICHORIUM**

**1.** Pfl. 2- oder mehrj. Pa.-schuppen <0,6 mm, bis ca 1/8 so lg wie die Fr. Blü. bei Vollblü. flach ausgebreitet. Kö.stiele nur wenig verdickt. 30-100 cm. Formenreich **C. intybus**

**1+** Pfl. einj. Pa. (der inneren Blü.) >0,7 mm, 1/6-1/2 der Fr. erreichend. Blü. zu 9-14, breit becherförm. angeordnet. Kö.stiele keulenförm. angeschwollen. 10-60 cm (//) **C. pumilum**
= C. endivia ssp. p. (= ssp. divaricata)

**CIRSIUM** (excl. **Ptilostemon**)

Die Cirsien des Garg. sind sehr ungenügend bekannt und zweifelhaft. Nur für <i>C. vulgare</i> und <i>C. tenoreanum</i> liegen neuere Nachweise vor. Der Schlüssel ist deshalb provisorisch

C. ferox ist sicher eine Fehlmeldung

**1.** B. auch auf der Oberseite bestachelt (zumind. mit stechenden Borsten). Pfl. zweij.

**2.** Zumind. untere und mittlere B. herablaufend; Stg. somit geflügelt. VI-X

**3.** Kö. 1-1,5 cm DM, von den Tragb. weit überragt. Hülle 7-9(-15) mm DM. Hüllb. braun gekielt. Kr. 14 mm, purpurn oder weißl. Fr. 2,5-3, Pa. ca 10 mm lg. B. (immer?) unterseits weißwollig. 20-40 cm **C. italicum**

**3+** Kö. 2-4 cm DM, nicht überragt. Hülle >20 mm DM. Hüllb. nicht gekielt. Kr. >25, Fr. 3-5, Pa. >15 mm **C. vulgare**
= C. lanceolatum

Formenreich. Bisw. (z.B. in Pg, nicht aber in CL) werden unterschieden:

**a.** B. wellig-kraus, unterseits (rau-)haarig-dünnfilzig, aber grün. Hüllb. in abstehende Dornen auslaufend. Fr. ±4 mm, meist dunkelbraun. Pfl. mit zahlreichen, bogig aufsteigenden Ästen, derbdornig, 60-120 cm. Spätblühend **ssp. v.**

**a+** B. fast eben, unterseits meist grau- oder weißfilzig. Spitze der Hüllb. zurückgekrümmt. Fr. ±3,5 mm, grau. Pfl. nicht oder nur oberwärts aufrecht-ästig, 100-300 cm. Früher blühend (Garg. fragl.) **ssp. sylvaticum**

**2+** B. nicht (höchstens 1 cm) herablaufend. Fr. 5-6 mm. Pfl. >50 cm (Artengruppe C. eriophorum)

**4.** Kö. zur Blü.zeit 3-4 cm DM. Hülle ovat, 15-30x10-25 mm. Hüllb. weißwollig, plötzlich in den ca 3 mm lgen apikalen Dorn verschmälert. Kr. 20-28, Pa. -20 mm. Ab VII
*Cirsium tenoreanum*

**4+** Kö. 4-6 cm DM. Hülle 30-40x30-40, ± konisch. Kr. 25-35, Pa. 20-25 mm. Ab VI

**5.** Hüllb. fast kahl, apikal oft zurückgeschlagen, allmählich in den 10-30 mm lgen Dorn verschmälert (*//*)
*C. morisianum*
= *C. eriophorum* var. *m.*

**5+** Hüllb. stärker behaart (aber nicht weißwollig wie in **4.**), nicht zurückgeschlagen, plötzlich in den 3-5 mm lgen Dorn verschmälert (*//*)
*C. lobelii*
*C. eriophorum* s. Fen?

**1+** B. nur randl. bestachelt (B.oberseite aber bisw. rau). Kr. 13-20 mm. Hülle 7-13 mm DM. Pfl. mehrj., >70 cm hoch

**6.** ± Alle B. herablaufend, Stg. deshalb bis zur Infl. geflügelt. Kö. meist ± geknäuelt. Blü. monoklin. Kr.saum bis etwa zur Mitte gespalten. Pa. 7-13 mm, kürzer oder etwa so lg wie die Kr. Feuchte Standorte

**7.** Hüllb. mit ovaler Harzdrüse, in einen kurzen Dorn verschmälert. Filamente behaart. Kö. zu 2-8 geknäuelt (*//*, möglicherweise mit der folgenden verwechselt)
*C. palustre*

**7+** Hüllb. ohne Harzdrüse, mit aufgesetztem Dorn von 0,5-7 mm Lge. Filamente fast kahl (Garg. mögl.)
*C. creticum*

    **a.** Kö. zu 1-4. Dorn der mittl. Hüllb. 0-1(-2) mm
ssp. *c.*

    **a+** Kö. zu 3-12. Dorn der mittl. Hüllb. meist 4-7 mm, meist so lg wie das Hüllb. ohne Dorn
ssp. *triumfetti*

Beide ssp. werden für Apulien gemeldet. – Wenn (untere) Hüllb. ohne Harzdrüse, aber mit weißl. „Buckel" vgl. auch
*Ptilostemon strictus*

**6+** Zumind. mittl. und obere B. nicht herablaufend. Kö. ± gestielt. Blü. meist diklin. Kr.saum bis fast zum Grund gespalten. Pa. >15 mm, dtl. lger als die Kr.
*C. arvense*
Formenreich; incl. div. var.

## CLADANTHUS → Anthemis s.l.

## CNICUS → Centaurea

## CONYZA → Astereae *(Erigeron)*

## COTA → Anthemis s.l.

## CREPIS (incl. Zacyntha, excl. Aetheorhiza (→ Sonchus))
„Stg.umfassend": Meist in Form eines pfeilförmigen Spreitengrundes
„Grünliche" Gr. werden bei Trocknen schwärzlich
Fr.länge incl. Schnabel

### A. Hauptschlüssel:

**1.** Blü. rosa, 15-18 mm lg. Kö. zumeist einzeln auf schaftartigem 10-30 cm hohem Stg. Innere Hüllb. drüsig, äußere ca 1/2 so lg, ohne Drüsen. Rez. dtl. behaart. Fr. dornig, die äußeren ca 10-rippig, 8-9 mm in den kurzen Schnabel verschmälert, die inneren 15-20-rippig, 12-21 mm, mit lgem Schnabel
*C. rubra*

**1+** Blü. gelb (unterseits bisw. rotstreifig)

    **2.** Pfl. zwei- bis mehrj.

        **3.** Zumind. innere Fr. geschnäbelt, Schnabel 1-2x so lg wie der Fr.körper. Hülle 8-12 mm. Rez. (bisw. nur spärl.) behaart (aber bisw. verkahlend). Blü. 8-13 mm

**4.** Fr. mit 12-20 Rippen, ansonsten sehr verschieden: die äußeren 7-9 mm, ohne dtl. Schnabel, die inneren 12-17 mm, lg geschnäbelt. Pfl. ein-, slt. zweij. vgl. **15.**    *Crepis foetida*

**4.** Fr. 5-8 mm, nicht so unterschiedlich groß, bisw. aber unterschiedl. geschnäbelt, 10-12-rippig

**5.** Schnabel s. dünn, zuletzt bis 2x so lg wie der Fr.körper. Rosettenb. tief fiederteilig bis gefiedert, Zähne der Seitenlappen in einem ± knorpeligen Spitzchen endend. Stgb. kaum entwickelt. Hüllb. innen kahl. Kö. ± vereinzelt, Kö.stiele aber meist doldig genähert. Gr. gelb. Pfl. -30 cm    *C. bursifolia*

**5+** Schnabel der inneren Fr. ca so lg wie der Fr.körper. Rosettenb. grob sägezähnig bis fiederschnittig. Mittl. Stgb. ± stg.umfassend. Innere Hüllb. innen anliegend behaart. Gr. grünl. 30-80 cm    *C. vesicaria*

**a.** Äußere Hüllb. 1-2x so lg wie br., sich mit den Rändern überdeckend, 1/3-2/3 so lg wie die inneren. Blü. ca 10 mm. Äußere Fr. hell, höchstens kurz geschnäbelt, hfg fehlend (und dann alle Fr. ± gleichgestaltet). Innere Fr. braun, ihr Schnabel etwa so lg wie der Fr.körper. Rez. verkahlend. Tragb. der Seitenäste der Infl. häutig, die Äste blasenförmig umschließend. V-VII    ssp. *v.*

**a+** Äußere Hüllb. 2,5-5x so lg wie br., sich nicht überdeckend, 1/4-1/3 so lg wie die inneren. Blü. 11-12 mm. Alle Fr. ± gleich geschnäbelt. Rez. bleibend behaart. Obere Stgb. mit Zipfeln oft den Stg. halbumfassend, nicht blasenförmig. II-X (*//*)    ssp. *taraxacifolia*
Intermediäre Formen sind für S.-Italien angegeben

**3+** Fr. ungeschnäbelt oder (bei **7.** *C. leontodontoides*) Schnabel nur bis 1/2 der Körperlge erreichend. Rez. – außer **8+** *C. biennis* – kahl

**6.** Fr. (dtl.) 10(-12)-rippig. Hülle 4-8x3-4 mm. Kö.-DM 10-15 mm

**7.** Stgb. ganzrandig, nicht stg.umfassend, oft nur schuppenförmig. Rosettenb. löwenzahnähnl. Hülle 7-8 mm lg. Äußere Hüllb. 1/5-1/4 der inneren erreichend. Innere Fr. 3,5-5 mm, bisw. geschnäbelt, Schnabel aber höchstens 1/2 so lg wie der Fr.körper. V.a. in Gehölzen    *C. leontodontoides*
Wenn Hülle (und Kö.-Stiele) drüsig (im Gebiet zumind. vorherrschend)    var. *preslii*

**7+** Stgb. mit Seitenlappen. Äußere Hüllb. 1/3-1/2 der inneren erreichend. Fr. <3 mm, stets ungeschnäbelt vgl. **14+**    *C. capillaris*

**6+** Fr. 4-7 mm, (meist) 13-18-rippig. Hülle 8-13x5-8 mm, die äußeren Hüllb. 1/4-2/3 so lg wie die inneren. Blü. >10 mm. Stg. gerieft. Untere Stgb. mit Seitenlappen

**8.** Infl. eine Traube (oder Doppeltraube). Rez. und meist auch Innenseite der inneren Hüllb. kahl. Äußere Hüllb. 1/4-1/2 so lg wie die inneren. Blü. 11-13 mm lg. Grundb. tief fiederteilig, Seitenlappen gezähnt bis eingeschnitten    *C. lacera*
= *C. latialis*

**8+** Infl. dtl. schirmrispig. Rez. behaart. Äußere Hüllb. mind. 1/2 so lg wie die inneren, die inneren innen anliegend behaart. Blü. 13-17 mm, außen nicht rotstreifig (*//*)    *C. biennis*

**2+** Pfl. einj., mit dünner Wurzel. Fr. meist 10(-12)-rippig (vgl. aber **15.** *C. foetida*)(wenn Pa. gefiedert und Kö. mit Spreub. vgl. *Hypochaeris achyrophorus*)

**9.** Rez. mit 5 mm lgen Borstenhaaren, diese lger als der Fr.körper. Kr. 8-12 mm. Äußere Fr. (slt. fehlend) mit flügelartigen Kanten (vgl. die ssp.), die übrigen spindelförmig, bisw. schnabelartig verschmälert, 5-7 mm, die mittleren mit Dörnchen. B. oft mit gelben Haaren, Stgb. meist schuppenartig. Äußere Hüllb. -1/3 so lg wie die inneren, dtl. hautrandig. Gr. grünl. Slt. über 20 cm    *C. sancta*

**a.** Flügel der äußeren Fr. schmäler als der Fr.körper. Hülle meist hellgrün, bis 5 mm br. Innere Hüllb. meist 1-1,2 mm br.    ssp. *nemausensis* s. CL2
= ssp. *bifida*

**a+** Äußere Fr. dreiflügelig, Seitenflügel breiter als der Fr.körper. Hülle dunkelgrün, bis 8 mm br. Innere Hüllb. zur Blü.zeit meist 1,5-1,8 mm br. (*//*)    ssp. *s.*
= ssp. *nemausensis* s. Fen

Ob ssp. *sancta* in Italien überhaupt vorkommt ist nicht sicher

**9+** Rez. kahl oder kurz behaart

**10.** Alle Fr. ohne Schnabel (höchstens apikal verschmälert), aber bisw. von unterschiedlicher Form

**11.** Hülle z. Fr.zeit (!) kugelig bis birnenförmig. Äußere Hüllb. 1/3-2/3 so lg wie die inneren, diese die äußeren Fr. teilweise einhüllend. Fr. dreikantig bis geflügelt, (z.T.) gekrümmt, die äußeren lateral zusammengedrückt. Pfl. ± gabelig verzweigt, Kö meist vereinzelt. Rosettenb. 4-12x1-3 cm

Hierher wahrscheinlich auch die sicher irrtümlich gemeldete *C. aspera* mit stachelhaariger Hülle und lediglich gezähnten Grundb.

**12.** An den Verzweigungsstellen sitzende Kö. 5 äußere und 10 innere Hüllb. Kr. 5-7 mm, Fr. -2,5 mm, mit schief ansitzendem Pa. -30 cm (v) ***Crepis zacintha***
= *Zacyntha verrucosa*

**12+** Alle Kö. dtl. gestielt. Hüllb. 6-8 bzw. 12-15(-24). Kr. 11-16 mm, Fr. 4-5 mm, die äußeren mondförm. gekrümmt. -60 cm. Formenreich (//) ***C. dioscoridis***

**11+** Hülle zylindrisch oder konisch, jedenfalls höher als breit. Innere Hüllb. die äußeren Fr. nicht einhüllend, diese Fr. nicht dreikantig und nicht zusammengedrückt

**13a** Äußere Hüllb. s. klein (nur etwa 1/6 der inneren), oval, kahl. Fr. 4-6 mm, die äußeren meist ohne Pa. Stg. unten drüsig-klebrig (//) ***C. pulchra***

**13b** Äußere Hüllb. mind. 1/2 so lg wie die inneren. Blü. 12-18 mm, Fr. 4-7,5 mm. Innere Hüllb. innen anliegend behaart vgl. **8+** ***C. biennis***

**13c** Pfl. nicht so, insbes. Stg. basal nicht drüsig, Blü. 5-12 mm und Fr. <3 mm. Innere Hüllb. innen kahl

**14.** Stg. unten borstig behaart. Rosettenb. 4-6 cm, meist rau behaart. Blü. 5-8 mm. Kö. 6-8 mm DM, vor der Blü. (!) nickend. Äußere Hüllb. zu 4-6, 1/4-1/3 so lg wie die 7-9 inneren. Rez. behaart. Gr. meist grünl. ***C. neglecta*** [s.str.]

Vgl. Sonderschlüssel <u>B</u>

**14+** Stg. durchweg (fast) kahl. Rosettenb. >6 cm, kahl oder nur auf den Nerven behaart. Stgb. an der Basis tief geschlitzt und mit spitzen Öhrchen stg.umfassend. Blü. 8-12 mm lg. Kö. meist >10 mm DM, vor der Blü. aufrecht. Äußere Hüllb. zu 7-9, 1/3-1/2 so lg wie die inneren, diese bisw. mit schwärzl. Drüsen. Rez. kahl. Gr. meist gelb. Pfl. bisw. zweij. (//) ***C. capillaris***

**10+** Zumind. innere Fr. dtl. geschnäbelt. Rez. meist (oft nur s. kurz) behaart

**15.** Äußere Fr. 5-9 mm, 20-rippig, sehr kurz, innere 12-17 mm, ca 12-rippig, lger geschnäbelt. Blü. 9(-12) mm. Hülle (7-)11(-16)x6-7 mm, innere Hüllb. apikal anliegend behaart, außen wie die Kö.stiele oft grauhaarig. Gr. gelb. Junge Kö. nickend. Pfl. mit Blausäuregeruch und gelbem Milchsaft (v) ***C. foetida***

Wenn Kö.stiele und Hülle dicht (!) drüsig, Blü. ca 12 mm, Pfl. nur oberwärts verzweigt, oft auch nur 1-3-köpfig fo. *glandulosa*

**15+** Fr. nicht so auffällig unterschiedl.

**16.** Hülle 8-12x4-8, Blü. 10-13 mm. Innere Hüllb. innen anliegend behaart. Gr. grünl. Fr. 3-9 mm, 10(-12)-rippig. Junge Kö. aufrecht. Basale B. meist >10 cm lg. Pfl. -80 cm

**17.** Hülle 8-10 mm, nur wenig kürzer als die Pa., mit gelbl., abstehenden Borsten, diese bes. zur Fr.zeit sehr steif. Äußere Hüllb. ca 1/2 so lg wie die inneren, abstehend, kaum hautrandig. Fr. meist <5 mm. Rez. kahl ***C. setosa***

**17+** Hülle bis 12 mm, kahl oder (drüsig) behaart, aber ohne gelbl. Borsten, zur Fr.zeit etwa 1/2 so lg wie der Pa. Fr. meist >5 mm. Rez. behaart vgl. **5+** ***C. vesicaria***

**16+** Hülle 4-8x2-4 mm. Blü. meist <10 mm. Gr. meist gelb. Fr. 2-4 mm. Basale B. meist <8 cm. Jge Kö. nickend. Pfl. meist <40 cm hoch, reich verzweigt. Junge Kö. nickend. Pfl. slt. >30 cm

**18.** Fr. <3 mm, braun, nur innere mit dtl. Schnabel, dieser ca 1/3 des Fr.körpers erreichend. Kr. 6 mm. Hülle mit Borsten, aber nicht drüsig         ***Crepis corymbosa***
                                                              = *C. neglecta* ssp. *c.*
Vgl. Sonderschlüssel B

**18+** Fr. 3-3,5 mm, fast schwarz, alle geschnäbelt, Schnabel ca 1/2 so lg wie Fr.körper.
Kr. 8-9 mm. Hülle (dunkel-)drüsig                             ***C. apula***
                                                              = *C. brulla*

B. *Sonderschlüssel* Crepis neglecta *agg.:*

**1.** Alle Fr. apikal nur verschmälert, die randlichen von den inneren Hüllb. meist nicht eingehüllt.
Stg. meist einfach. Hüllb. locker fein behaart, slt. zusätzl. drüsig oder kahl, die inneren nur slt.
auch mit grünl. Borstenhaaren. Kr. 5-8 mm, Gr.äste 1,5 mm, meist grünl.     ***C. neglecta*** s.str.

**1+** Innere Fr. mit ± dtl. Schnabel, dieser ca 1/3 des Fr.körpers erreichend. Äußere Fr. oft von den
inneren Hüllb. eingehüllt. Stg. oft schon unten verzweigt. Hülle (neben einer lockeren Behaarung)
± reichlich mit gelbl. oder grünl. Borsten (aber nicht drüsig), bisw. kahl. Kr. nur -6 mm. Gr.äste 1
mm, (frisch) meist gelb                                                     ***C. corymbosa***
Das hauptsächlich trennende Merkmal – die kurze Schnäbelung der inneren Fr. – ist nicht immer dtl. (daher
in FE auch nur „*C. neglecta* ssp. *corymbosa*"). Ob die übrigen Merkmale korreliert sind, scheint zweifelhaft.
Das hfg genannte Merkmal der Stg.-Behaarung jedenfalls ist nicht verwertbar. Die Angabe in Pg 3:280 „capo-
lini eretti anche prima dell'antesi" für *C. c.* ist irrig. – Intermediäre Formen sind am Garg. nicht selten

C. *Alternativschlüssel (vor allem nach* FIORI*):*
Weitere diakritische Merkmale und zusätzl. Informationen vgl. Hauptschlüssel A.

**1.** Äußere Fr. mit 1-3 dtl. Kielen oder Flügeln, von den inneren verschieden

  **2.** Rez. mit ca 5 mm lgen Borstenhaare. Innere Fr. schnabelartig verschmälert, z.T. glatt, z.T.
warzig                                                                     ***C. sancta***
                                                                           ssp. vgl. A. **9.**

  **2+** Rez. kahl oder nur kurz behaart

    **3.** An den Verzweigungsstellen sitzende Kö.                      *C. zacintha*

    **3+** Alle Kö. gestielt                                          *C. dioscorides*

**1+** Äußere Fr. anders

  **4.** Wenigstens die inneren Fr. ± dtl. geschnäbelt (Schnabel mind. 1/3 des Fr.körpers erreichend)

    **5.** Äußere Fr. nur verschmälert

      **6.** Blü. rot. Stg. meist unverzweigt                        *C. rubra*

      **6+** Blü. gelb. Stg. meist verzweigt

        **7.** Innere Fr. >10 mm, 1,5-2x so lg wie die äußeren       *C. foetida*

        **7+** Innere Fr. <7 mm, wenig lger als die äußeren          *C. leontodontoides*

    **5+** Alle Fr. dtl. geschnäbelt, die äußeren aber bisw. kürzer als die inneren

      **8.** Äußere Hüllb. ± ovat, dtl. breiter als die inneren, am Rand trockenhäutig   *C. vesicaria*
                                                                           ssp. vgl. A. **5+**

      **8+** Äußere Hüllb. linear-lanzeolat, randl. höchstens schmal trockenhäutig

        **9.** Schnabel (fast) doppelt so lg wie der Fr.körper. B. größtenteils rosettig, B.zähne bzw.
B.lappen mit weißer Knorpelspitze                                           *C. bursifolia*

        **9+** Schnabel höchstens so lg wie der Fr.körper. B. ohne Knorpelspitze

          **10.** Pfl. einj., mit heller Spindelwurzel, (meist) borstig behaart. Schnabel 1/3-1x so lg wie
der Fr.körper

            **11.** Fr. grau. Schnabel 1/2-1x so lg wie der Fr.körper. 10-80 cm     *C. setosa*

            **11+** Fr. dunkelbraun. Schnabel 1/3-1/2 so lg wie der Fr.körper. 5-40 cm vgl. A. **18./18+**
                                                                           *C. corymbosa* und *C. apula*

**10+** Pfl. mehrj., mit verdickter Wurzel. Fr. rotbraun, Schnabel 1/3-1/2 so lg wie der Fr.körper vgl. **7+**                    *Crepis leontodontoides*

**4+** Fr. nur verschmälert oder nur sehr kurz (<1/4 der Fr.körperlge) geschnäbelt

**12.** Pfl. mehrj., mit kräftiger, verholzter, dunkler Wurzel. Hüllb. breit weißfilzig, mit grünem Kiel. Infl. insgesamt (doppel-)traubig. Fr. ca 18-rippig. Grundb. fiederschnittig              *C. lacera*

**12+** Pfl. ein- oder zweij. Wurzel hell. Infl. ± rispig. Fr. 10-18-rippig. Grundb. oft nur gebuchtet

**13.** Hülle zylindr., 7-9x3,5 mm, ± kahl. Äußere Hüllb. <1/5 so lg wie die inneren       *C. pulchra*

**13+** Hülle glockig, ± behaart oder drüsig. Äußere Hüllb. meist lger

**14.** Kö. groß (25-35 mm DM), Hülle mind. 8 mm hoch. Fr. 4-7,5 mm. Pfl. zweij., -80 cm
*C. biennis*

**14+** Kö. kleiner (6-15 mm DM, Hülle <8 mm). Fr. 1,5-2,5 mm. Pfl. meist einj. vgl. **14.**/**14+**
*C. neglecta* und *C. capillaris*

## CRUPINA

**1.** Kr.röhre mit Tuberkelhaaren („verzweigten Haaren"). Fr. ± zylindrisch-gestutzt, Hilum basalzentral, rundlich. Pa. schwarzbraun. Hülle z. Blü.zeit 8-15 mm lg. Kö. auf apikal behaarten Stielen, 3-5-blü. Stg. bis zu den Seitenzweigen beblätt., B. oberseits kahl          *C. vulgaris*

**1+** Kr.röhre mit glatten Haaren. Fr. ± verkehrt-eiförm., Hilum exzentrisch, elliptisch. Pa. rötl. Hülle z. Blü.zeit 15-20 mm lg. Kö. auf fast kahlen Stielen, 9-12-blü. Stg. nur unten beblätt., B. oberseits wollig          *C. crupinastrum*

## CYANUS → Centaurea s.l.

## CYNARA   Vgl. I 11.                                                 *C. cardunculus*

**a.** Kö. 4-5 cm DM. Hüllb. mit kräftigem Enddorn. B. 1- bis 2-fach gefiedert, Fiedern mit Enddorn. Meist ruderal          ssp. *c.*

**a+** Kö. >8 cm DM. Höchstens die obersten Hüllb. mit weichem Dorn. B. bis 1 m lg, fiederschnittig oder gefiedert, mit oder ohne Dorn. Nutzpfl.          ssp. *scolymus*

## DITTRICHIA → Inula s.l.

## DORONICUM

**1.** Blü.zeit V-VII. Hüllb. mit lgen und kurzen Drüsenhaaren. Grundb. dtl. gebuchtet-gezähnt (Zähne so br. wie lg). Stgb. 3-4. Rhizom ± kahl. Hfg auf (schattigen) Mauern und Felsen       *D. columnae*

**1+** Blü.zeit III-V. Hüllb. nur mit kurzen Drüsen. Grundb. seicht gezähnt. Stgb. 1-3. Rhizom auffällig seidig-wollig. Pfl. d. Laubwälder          *D. orientale*
= *D. caucasicum*

## ECHINOPS

Die kugelförm. Infl. ist (wahrscheinlich) aus 1-blü. Einzelköpfchen zusammengesetzt. Diese „Kö." werden von 3-5 Reihen meist schmal-rhombischer, gefranster Hüllb. (*squame*), diese wiederum von borstl. Schuppen (*pagliette*) eingehüllt. Diese Borsten dürfen nicht mit dem Pa. verwechselt werden

**1.** Kugelförm. Infl. blau, 2-4 cm DM. Stg. meist <60 cm, oft ± unverzweigt, stets drüsenlos. B. unterseits weißfilzig. B.rand zurückgerollt, mit ± kräftigen, >2 mm lgen Stacheln          **E. ritro**

**a.** Ungeteilter Mittelteil größerer B. <1 cm br. Einzelköpfchen 10-12 mm. Untere Hüllb. ca 4 mm
ssp. *r.*
incl. ssp. *australis* s. Fen

**a+** Mittelteil >1 cm. Einzelkö. 18-20 mm. Untere Hüllb. ca 7 mm (v)          ssp. *siculus*
**1+** Infl. weißl. oder graublau, 4-6 cm DM. Stg. meist >80 cm, verzweigt, unter der Infl. bisw. drüsig. B. unterseits graufilzig, oberseits von Höckern rau, randl. mit weichen, -2 mm lgen Stacheln. Untere Hüllb. -13 mm (//, aber Garg. mögl.)          ***Echinops sphaerocephalus***
Formenreich; Or.-Lit.!

**ERIGERON** → **Astereae**

**EUPATORIUM** Vgl. II 21.          ***E. cannabinum***
Formenreich (vgl. Pg 3:14)

**FILAGO** (incl. **Evax** und **Oglifa**)
Wenn Kö. zu 2-3, Fr. aber ohne Pa. vgl. auch II 16. *Bombycilaena*

**1.** Fr. mit Pa. Hüllb. 15-25
**2.** Hüllb. 15-20, ohne Grannenspitze, zur Fr.zeit sternförmig spreizend. Kö. zu 2-8(-14). B. linealisch, 15-20x1 mm, die oberen die Kö.knäuel weit (!) überragend (*Oglifa*)          ***F. (O.) gallica***
**2+** Hüllb. 20-25, zumind. die mittleren spitz oder mit Grannenspitze. Kö. mind. zu 8 in oft ausgeprägt kugeligen Knäueln. B. breiter (*Filago* s.str.)
   **3.** B. 12-25x2-3 mm, größte B.breite in der unteren B.hälfte. Hüllb. z. Fr.zeit aufrecht. Kö. meist zu >20 geknäuelt, Knäuel nicht von Hochb. überragt
   **4.** Äußere und mittl. Hüllb. mit langer Grannenspitze, incl. dieser 4(-5) mm lg, nur wenig gekielt, die inneren zur Blü.zeit (!) in Spitzennähe meist rötl. Die einzelnen Kö. ca 5x1,5 mm. Unverzweigt oder erst oben verzweigt          ***F. germanica***
                    *= F. vulgaris*
   **4+** Hüllb. kurz zugespitzt, 3 mm lg, gekielt, die inneren nicht rötl. Kö. ca 4x2 mm (v)
                    ***F. eriocephala***
                    *= F. vulgaris* var. *e.*
   **3+** Max. B.breite (-6 mm) in der oberen B.hälfte. Hüllb. dtl. gekielt, mit 1-1,5 mm lger Grannenspitze, zur Blü.zeit nicht rötl., zur Fr.zeit spreizend. Kö. 4-6x2-2,5 mm. Meist 10-15 Kö. geknäuelt, Knäuel oft von Hochb. überragt. Stg. meist schon basal oder etwa von der Mitte an sparrig verzweigt          ***F. pyramidata***
**1+** Fr. ohne Pa. Kö. zu einer scheibenförmigen Infl. 2. Ordn. mit ca 40 Hüllb. zusammentretend (*Evax*)
   **5.** Stg. 1-2 cm, unverzweigt (d.h. nur mit 1 Infl. 2. Ordn.). Hüllb. vorn gerundet  ***F. (E.) pygmaea***
   **5+** Stg. bis 10 cm, meist verzweigt. Hüllb. mit Stachelspitze          ***F. asterisciflora***
                    *= E. pygmaea* ssp. *a.*

**GALACTITES** Vgl. I 21.          ***G. elegans***
                    *= G. tomentosa*

**GALATELLA** → **Astereae**

**GEROPOGON** → **Tragopogon** s.l.

**GLEBIONIS** (= **Chrysanthemum** p.p.)

**1.** Untere B. tief eingeschnitten, obere gezähnt. Blü. tiefgelb. Fr. d. Röhrenblü. 10-rippig, die der Strahlenblü. seitl. geflügelt          ***G. (Ch.) segetum***

**1+** Alle B. fiederschnittig. Strahlenblü. gelb od. weißl.-gelb. Fr. der Röhrenblü. ± 4-kantig, die der
Strahlenblü. 3-flügelig                                  *Glebionis (Chrysanthemum) coronarium*

**HEDYPNOIS** Vgl. IV 22.                                                   *H. rhagadioloides*
Die Art wird vielfach auch weiter gegliedert:
**1.** Schäfte fruchtender Pfl. apikal angeschwollen (3-6 mm DM), unter dem Kö. nicht eingeschnürt
                                                                             *H. cretica*
**1+** Schäfte kaum angeschwollen (2-3(-4) mm DM), unter dem Kö. etwas eingeschnürt
                                                                      *H. rhagadioloides*
Diese Trennung auf Artniveau ist aber fragwürdig und wird in CL2 nicht mehr durchgeführt. In FE werden sie
unter *H. cretica*, in Fen unter *H. rhagadioloides* (mit 4 ssp.) zusammengefasst. Das Taxon ist sehr formenreich bezügl. Behaarung und B.schnitt. Die jungen Kö. können nicken oder aufrecht stehen. Vgl. Pg 3:228
oder FIORI sub *H. globulifera*

## HELICHRYSUM
Infolge nomenklatorischer Probleme ist der folgende Schlüssel provisorisch

**1.** Basale B. 15-40x0,5-2 mm. B.rand dtl. zurückgerollt, jeweils 1/2-2/3 der hälftigen Unterseite verdeckend, frisch beim Zerreiben aromatisch riechend. Blü. 3-4 mm
   **2.** Kö. meist zu 25-35, vor der Anthese zylindrisch bis campanulat, später verkehrt-konisch (4-5
   mm hoch, oben ca 4, unten ca 2,5 mm br.). Innere Hüllb. meist ± stumpf, anfangs gelbl.-hell-
   braun, in der unteren Hälfte bisw. drüsig (starke Lupe!). Äußere (untere) Hüllb. ledrig. Fr. dicht
   mit weißglänzenden Drüsen besetzt. Infl. zieml. locker                    *H. italicum*
   Weitere Gliederung nach BACCHETTA & al. (Inform. Bot. Ital. **35**:217-225, 2003):
      **a.** B. -25 mm lg und 1,5-2,3 mm br. Äußere Hüllb. ovat bis 3-eckig            ssp. *i.*
      **a+** B. -40 mm lg und 0,8-1 mm br. Äußere Hüllb. obovat(-lanzeolat)     ssp. *pseudo-litoreum*
                                                                         = *H. litoreum* s. CL?
   **2+** Kö. zu 5-15 (Infl. slt. >3 cm DM), Hülle (halb-)kugelig bleibend (5-6 mm DM), (fast) drüsenlos.
   Hüllb. anfangs reingelb, die inneren spitz, meist 3x so lg wie die stumpfen äußeren, alle trockenhäutig (//)                                                                  *H. stoechas*
**1+** B.rand weniger zurückgerollt. B. deshalb meist 2-3 mm br., nicht aromatisch riechend. Kö.
halbkugelig, 6-7 mm DM. Blü. 2,5-3 mm. Innere Hüllb. bis 2x so lg wie die spitzen äußeren. Infl.
dicht
   **3.** Basale B. 30-50x1-5 mm (slt. mehr) (//)                              *H. rupestre*
   **3+** Basale B. 12-18x2-3 mm. Kö. zu 5-8 (//)                            *H. barrelieri*
                                                        = *H. stoechas* ssp. *b.* = *H. siculum*

## HELMINTHOTHECA   (= **Helminthia** = **Picris** p.p.)

**1.** Hüllb. randl. kammartig bewimpert, die äußeren > inneren. Pfl. mit Haken- und Ankerhaaren. Fr.
und Schnabel je 5-7 mm. Einj.                                       *H. (Picris) echioides*
**1+** Äußere Hüllb. nicht bewimpert, < innere. Pfl. mit Borsten und Hakenhaaren. Fr. ohne Schnabel
8-9 mm, Schnabel länger. Mehrj. (v)                                      *H. (P.) aculeata*

## HIERACIUM
Lit.: GOTTSCHLICH & LICHT in Florist. Rundbr. **37**:41-47 (2003)
Die Hieracien des Gargano waren bislang kaum kritisch untersucht. Eine Revision eigener Aufsammlungen
durch GOTTSCHLICH, auf den auch der nachfolgende Schlüssel inhaltlich zurückgeht, hat einen ersten Über-
blick ergeben. Diese durch eigene revidierte Aufsammlung belegten Taxa sind mit (+) gekennzeichnet
Für die Bestimmung sind grundsätzlich gut ausdifferenzierte Individuen der Hauptblütezeit zu verwenden.
Nachtriebe, wie sie nach Verletzung (z.B. durch Tierverbiss) entstehen, sowie herbstliche Nachblüher können
in ihren Merkmalen erheblich abweichen. Es empfiehlt sich die Entnahme von Herbarbelegen (3-4 pro Popu-

lation) zur weiteren binokularen Untersuchung. Dabei ist zu beachten, dass durchaus auch 2 Arten gemeinsam vorkommen können. – Weitere, hier nicht genannte Arten sind möglich
Als „Haare" werden nur die einfachen, drüsenlosen Haare bezeichnet. Daneben gibt es noch kleine Sternhaare („Flocken") und Drüsenhaare („Drüsen"). „Haarlos" bedeutet also nicht „kahl"!
„Gabelige" Verzweigung: die (einköpfigen) Seitenäste der Infl. reichen etwa bis zur Stengelmitte, bei „tiefgabelig" auch noch in die untere Hälfte
Insbesondere zur Frage „Ausläufer" sind mehrere Pfl. zu untersuchen
Wenn Endkö. um ein vielfaches seiner Lge übergipfelt, an B. und Blü. mehrzellige Haare, Fr. mit 4-10 Pa.-schuppen vgl. *Tolpis virgata*

**1.** Fr. -2,5 mm, die 10 Lgsrippen oben als kleine stumpfe Zähnchen auslaufend (= subgenus *Pilosella*). B. lanzettl., ± ganzrandig, bisw. basal verschmälert, aber ungestielt

    **2.** Pfl. mit Ausläufern

        **3.** Stg. schaftartig (d.h. einköpfig und b.los; slt. mit einem kleinen pfrieml. B.).

            **4.** Hülle fast stets drüsig, unterschiedl. dicht behaart, Haare die Hüllb. aber nicht völlig verdeckend und zumind. apikal weiß bis grau. Sehr formenreich (+)    ***Hieracium pilosella***

            **4+** Hülle sehr reich behaart, von grauen und schwärzl. Haaren meist völlig verdeckt, aber (nach Pg) drüsenlos (//, aber Garg. mögl.)    ***H. pseudopilosella***

        **3+** Stg. mehrköpfig, mit (0-)1-mehreren, den Grundb. ähnl. Stgb.

            **5.** Pfl. 40-70 cm. Infl. (15-)20-40-köpfig, doldig bis rispig, bisw. geknäuelt

                **6.** Ausläufer grün, mit dtl. entwickelten B. Infl. locker. Haare von Hülle und Kö.stielen, wenn vorhanden, nicht borstl., hell, höchstens ihr Grund schwärzlich (aber Stg.haare bisw. schwärzlich)

                    **7.** B. unterseits auf der Fläche und (meist etwas dichter) am Nerv sehr zerstreut bis mäßig flockig (kein durchgehender Flockenfilz), Kö. mäßig bis reichl. behaart (+)
                                            ***H. densiflorum***
                        = *H. umbelliferum* = *H. tauschii; (bauhinii–cymosum)*

                    **7+** B. unterseits flockenlos (höchstens am Nerv und Rand mit einzelnen Flocken), Kö. haarlos oder nur zerstreut behaart (+)    ***H. bauhinii***

                **6+** Ausläufer bleich, kurz, dünn, mit nur schuppenförmigen B. Inf. knäuelig-rispig. Behaarung von Hülle und Kö-stielen ± borstl., meist schwarz bis grau. ± Feuchte Standorte (//)
                                            ***H. caespitosum***
                                            = *H. pratense*

            **5+** Pfl. niedriger, 10-30 cm, (2-)4-8(-12)-köpfig, (tief-)gabelig bis gabelig-rispig verzweigt

                **8.** B. oberseits (!) flockenlos. Hülle und Kö.stiele haarlos oder nur zerstr. bis mäßig behaart (+)    ***H. brachiatum***
                                          *(piloselloides < pilosella)*

                **8+** B. oberseits zerstr. bis mäßig flockig. Hülle und Kö.stiele reichl. behaart (+; ungeklärte Sippe; *H. litardieranum* in typ. Form //)    cf. *H. litardieranum*
                                    *(zizianum > pseudopilosella)*

    **2+** Pfl. ohne Ausläufer (bisw. aber mit ± dünneren aufsteigenden Seiten-Stg.)

        **9.** Grundb. unterseits vereinzelt bis ± reichl. flockig (nicht nur entlang der Mittelrippe, sondern zumind. auch am B.rand).

            **10.** Infl. lockerrispig bis gabelig, 2-15(-25)-köpfig, unterhalb des Endkö. ein 10 bis über 50 mm lger unverzweigter Stg.abschnitt (Akladium). B.unterseite (zerstr.- bis) reichflockig. Pfl. meist 15-40 cm

                **11.** Infl. lockerrispig bis hochgabelig, 5-15(-25)-köpfig, Akladium 10-50 mm. Blü. (unterseits) hfg rotstreifig. Stgb. 1-3. Pfl. meist 20-40 cm (+)    ***H. visianii***
                                    = *H. adriaticum; (piloselloides > pilosella)*

                **11+** Infl. (tief-)gabelig, 2-7- (slt. mehr-)köpfig, Akladium meist >30 mm. Blü. slt. schwach rotstreifig. Stgb. 0-1(-2). Pfl. meist 15-30 cm (Garg. fragl.)    ***H. aridum***
                                    *(piloselloides – pilosella)*

**10+** Infl. gedrängt-rispig bis doldig, 15-50-köpfig, Akladium meist kürzer (-25 mm). B.unterseite vereinzelt bis zerstreut flockig. Blü. nicht rotstreifig. Pfl. meist >30 cm

**12.** Grundb. spatelig-rundstumpf, Oberseite und Rand reichl. kurzhaarig. Infl. rein doldig (*//*; mit **7.** *H. densiflorum* verwechselt?) *Hieracium cymosum*

**12+** Grundb. lanzettl., spitz bis stumpf, aber nicht rundstumpf. Oberseite und Rand mit längeren Haaren. Infl. gedrängt- bis doldig-rispig

**13.** Grundb. schmallanzettl. Infl. doldig-rispig. Haare meist hell und nicht borstl. Im Gebiet sehr variabel (+) *H. zizianum*
(*piloselloides – cymosum*); incl. ssp. *coarctatum*

**13+** Grundb. breiter. Infl. gedrängt rispig. Kö.stiele und Hülle meist mit borstl., schwarzen bis grauen Haaren vgl. **6+** *H. caespitosum*

**9+** Grundb. unterseits flockenlos, höchstens entlang der Mittelrippe mit vereinzelten Flocken. Kö. meist 10-30, meist rispig, slt. ± doldig. Stg. meist 30-80 cm („*H. piloselloides*-Gruppe"; Zwischenformen auch am Garg. nicht slt.)

**14.** Stgb. mit verschmälertem Grund sitzend, am Rand haarlos oder nur kurz behaart. Infl. nur im oberen Stg.drittel verzweigt. Äußere Rosettenb. lanzettlich, meist zugespitzt (*H. piloselloides* s.l. = s. Fen und s. Pg) (+)

**15.** Kö.stiele s. dünn (meist <0,4 mm), ohne oder nur mit wenigen Flocken (am Garg. offenbar zumind. vorherrsch. Taxon) *H. piloselloides* s.str.
= *H. florentinum* s. Pg

**15+** Kö.stiele dicker, mäßig- bis reichflockig, bisw. graufilzig (Garg. fragl.) *H. praealtum* s.l.
= *H. praealtum, obscurum* und *subcymigerum* s. Pg

**14+** Stgb. mit verbreitertem Grund sitzend oder halbstg.umfassend. Infl.-Verzweigung oft bis ins untere Stg.drittel reichend. Stgb. randl. oft lg borstig behaart. Äußere Rosettenb. ± spatelig, rundstumpf (*//*; + als „*pavichii - zizianum?*") *H. pavichii*

**1+** Fr. 3-3,5(-5) mm, die 10 Lgsrippen oben zu einem einheitl. Ringwulst verschmolzen (= subgenus *Hieracium*). Grundb. u./od. untere Stgb. dtl. gestiel, meist buchtig, gesägt oder gezähnt. Mit kurzem Rhizom, ohne oberird. Ausläufer. Meist schattige Standorte

**16.** Grundb. zur Blütezeit (IV-VIII) vorhanden. Stgb. meist 1, bisw. zusätzl. wenige kleine Schuppen *H. murorum* s.l.
= *H. sylvaticum*

**16+** Grundb. zur Blü.zeit (VIII-X) fehlend. Stgb. >10, bisw. fast ganzrandig, die unteren plötzlich in viel kleinere obere Stgb. übergehend (*//*) *H. racemosum* s.l.
incl. *H. crinitum*

# HYOSERIS

**1.** Pfl. einj. Schaft 1-8 cm, unter dem Kö. stark verdickt, oft niederliegend und kürzer als die B. Kö. ca 1 cm DM, bis 15-blü. Äußere Hüllb. ca 1/5 so lg wie die 7-10 mm lgen inneren, zur Fr.zeit aufrecht. Fr. 6-8 mm, die inneren mit 5-6 mm lgem Pa. *H. scabra*

**1+** Pfl. mehrj., mit kräftiger Wurzel. Schaft 10-40 cm, aufrecht, kaum verdickt, basal meist behaart. B. meist größer. Kö. 20-50-blü., bis 4 cm DM. Äußere Hüllb. zur Fr.zeit sternförmig abstehend bis zurückgeschlagen, die inneren meist 12-15 mm. Fr. 8-11 mm, die inneren mit 7-12 mm lgem Pa. (*H. radiata* s. FE u.a.)
Eine allgemein akzeptierte weitere Gliederung existiert derzeit nicht. CL nennt *H. radiata* ssp. *r.* und *H. baetica*, beide für Apulien; Merkmale hier nach Pg:

**2.** Rosetten einzeln. Äußere Hüllb. 1/3 so lg wie die inneren. Äußere (von den Hüllb. eingeschlossene!) Fr. kantig *H. radiata* s. Pg
= *H. radiata* ssp. *r.* s. CL?

Bisw. werden noch unterschieden:

**a.** B. nicht fleischig, kahl oder behaart. B.lappen spitz, mit einzelnen Zähnen. Pa. aller Fr. >5 mm ssp. *r.*

**a+** B. fleischig, stets kahl. B.lappen vorne gerundet, nicht gezähnt. Pa. der äußeren Fr. -1 mm
(CL)                                                                              ssp. *graeca*
                                                                             = *H. lucida* s. Pg
Beide Formen werden vom Garg. gemeldet

**2+** Rosetten oft in Gruppen. Pfl. stets völlig kahl. Äußere Hüllb. mit den inneren alternierend, höchstens 1/4 so lg wie die inneren. Äußere Fr. geflügelt (bisher nur Tremiti)  *Hyoseris baetica*

## HYPOCHAERIS  (= Hypochoeris)
Die mehrj. Taxa sind sehr formenreich, insbes. bezügl. der Behaarung; vgl. Pg 3:237-239

**1.** Pfl. einj., bis 15(-30) cm hoch. Rosettenb. entfernt flach gezähnt bis fast ganzrandig. Stgb. bei kräftigen Pfl. wohlentwickelt, sonst 0-1. Stg.behaarung nach oben zunehmend. Kö. bis 15 mm DM. Hüllb. mit abstehenden, auf Knötchen sitzenden Borstenhaaren (sonst vgl. *Hedypnois*), nicht drüsig. Äußere Pa.haare der Fr. <1 mm, innere 4-6 mm                           *H. achyrophorus*
                                                                            = *H. aethnensis*

**1+** Pfl. mehrj. Rosettenb. ± gebuchtet bis fiederschnittig. Stg. meist ± kahl
**2.** Hüllb. einreihig (aber bisw. kleine Schuppen an der Kö.basis). Stgb. lineal, -8 mm. Kö. 15-20 mm DM. Äußere Pa.haare <1 mm, innere 7-8 mm (//)                          *H. laevigata*
**2+** Hüllb. mehrreihig, zusätzl. meist kleine Schuppen an der Basis der Hülle.
**3.** Stg. höchstens mit Schuppenb. Pa. zweireihig: an den inneren Fr. äußere Haare 3-6 mm, innere gefiedert und >9 mm lg. B.rand meist nur buchtig. 30-50 cm            *H. radicata*
Formenreich (vgl. Pg 3:237f). Die folgenden ssp. werden in CL nicht unterschieden (Merkmale nach Pg):
**a1** Hülle 15-25 mm lg. Fr.körper 6 mm, die inneren etwa 2x so lg geschnäbelt. Schnabel der äußeren Fr. bisw. kürzer                                                         ssp. *r.*
**a2** Hülle 10-12 mm. Fr.körper ca 4 mm. Äußere Fr. ± ungeschnäbelt              ssp. *neapolitana*
                                                                            = var. *heterocarpa*
Beide Taxa sind für den Garg. genannt

**a3** Fr.körper ca 6 mm, Schnabel ca 5 mm. In Strandnähe (Garg. mögl.) vgl. Pg l.c.
                                                                            ungeklärtes Taxon
**3+** Stg. mit mind. 1 linealischem Laubb. (10-25x1 mm). Pa. einreihig, Haare an den inneren Fr. 5-6 mm lg. Obere Rosettenb. ± fiederschnittig (v)                              *H. cretensis*
**a.** Stg. aufrecht, meist verzweigt. Randliche Fr. apikal kurz verschmälert            typ. Form
**a+** Stg. aufsteigend, meist unverzweigt. Randfr. schnabelartig verschmälert (Garg. fragl.)
                                                                            var. *pinnatifida*

## INULA  s.l.  (= Inula s.str., Dittrichia und Limbarda)

**1.** Strahlenblü. sehr kurz, die Hülle nicht überragend, Kö. daher scheinbar ohne solche und nur 5-10 mm DM. Ab VII
**2.** Grundb. mind. 5 cm br., mit ausgeprägter Netznervatur. Stgb. mit herzförm. Grund sitzend (nicht herablaufend). Infl. insgesamt ± doldenrispig. Fr. (o. Pa.) 2-2,5 mm. Äußere Hüllb. zurückgebogen, einnervig. Stg. 50-120 cm, meist rötl. Zwei- bis mehrj.                   *I. conyza*
**2+** Grundb. höchstens 1 cm br. Infl. ± traubig. Fr. 1 mm. Pfl. 30-60 cm, drüsig klebrig. Einj.
                                                                     *Dittrichia (I.) graveolens*
**1+** Strahlenblü. die Hülle zumind. 2 mm überragend (vgl. aber **7. a+**), meist ausgebreitet. Kö. daher mind. 1 cm DM. Pfl. mehrj.
**3.** B. sukkulent, linealisch, die größeren oft 2-3-spitzig. Pfl. oft strauchig. Im Küstenbereich. Ab VII                                                                *Limbarda (I.) crithmoides*
**3+** B. anders. Pfl. krautig

**4.** Kö. zu 1-3(-5), >2 cm DM. Ab (V-)VI

**5.** B. mit herzförm. Grund stg.umfassend. Pfl. höchstens spärl. behaart, B.oberseite und Fr. kahl. Kö. 2,5-3,5 cm DM. Äußere Hüllb. zurückgekrümmt. Pa. 7-8 mm. Pfl. 30-70 cm. Vor allem auf schattigen oder feuchten Standorten. Formenreich          ***Inula salicina***

**5+** B. beiderseits wie ganze Pfl. dtl. behaart. B.grund ± verschmälert, nicht herzförm. Kö. 3-5 cm DM. Pfl. meist 20-40 cm. Trockene Standorte

**6.** ± ganze Pfl. seidig-filzig. B.grund etwas stg.umfassend. Fr. behaart. Pa. 7 mm lg
                                                                          ***I. montana***

**6+** Pfl. (auch B.oberseite) steif behaart. Fr. kahl. Pa. 5-6 mm. Formenreich (*//*)          ***I. hirta***

Für das Gebiet gemeldet:

B. ovat (nicht lanzeolat), abstehend-zurückgebogen (nicht ± aufgerichtet)   var. *rotundifolia*

**4+** Kö. zu 5-viele, meist <2 cm DM (vgl. aber **8+**)

**7.** Pfl. drüsig. Kö. 1-1,5 cm DM, sehr zahlreich, in (schmal-) pyramidalen Rispen. 50-150 cm. Straßenränder, Brachen usw. VIII-X          ***Dittrichia (I.) viscosa***

Es werden 2 ssp. unterschieden, deren Verbreitung wenig bekannt ist:

**a.** B. meist dtl. gesägt, -30 mm br., mit zahlreichen einfachen und drüsigen Haaren. Hülle 5-6 mm br. Strahlenblü. 8-12 mm lg          ssp. *v.*

**a+** B. flach gezähnelt, -8 mm br., mit wenigen einfachen und zahlreichen drüsigen Haaren. Hülle 3,5-4,5 mm br., Strahlenblü. 5-8 mm lg          ssp. *angustifolia*
                                                                          = *D. orientalis*

**7+** Pfl. nicht drüsig. 20-40 cm. Gerne auf Felsen und ähnl. Standorten. VI-VIII

**8.** Pfl. weißfilzig. Infl. ährig-traubig. Basale B. gestielt          ***I. verbascifolia***
                                                                          = *I. candida* ssp. *v.*

**8+** Pfl. behaart, aber nicht weißfilzig. Infl. doldenrispig, Kö. bisw. >2 cm DM. B. sitzend, bisw. etwas stg.umfassend          ***I. spiraeifolia***


*Alternativschlüssel zu den Gattungen:*


**1.** Fr. unterhalb des Pa. plötzl. eingeschnürt. Pa.-Haare basal verbunden. Pfl. drüsig          *Dittrichia*

**1+** Fr. nicht so. Pfl. nicht (kaum?) drüsig

**2.** B. sukkulent, linealisch. Küstenpflanze          *Limbarda*

**2+** B. anders          *Inula* s.str.


**JURINEA**  Vgl. II 28+          ***J. mollis***

Die Gruppierung in ssp. *mollis* (Stg. nur in der unteren Hälfte beblätt., Kö. zu 1-3) und ssp. *moschata* (Stg. höher hinauf beblätt.; Kö. mind. 5; nach Pg **3**:167 die im Gebiet vorkommende Form; CL) lässt sich am Garg. nicht durchführen und ist wohl überhaupt hinfällig

D. äußeren Hüllb. sind im typischen Fall zurückgekrümmt. Wenn aufrecht-angedrückt   fo. *erectobracteata*


**KLASEA**  (*hier:* = **Serratula***)*  Vgl. I **6.** und II **9+**          ***K. flavescens*** ssp. *cichoracea*
                                                                          = *Serratula cichoracea*


**LACTUCA**  s.l.  (incl. **Mycelis**)


**1.** Hülle dachig (spiralig). Kö. meist 5-15-blü. Schnabel (außer bei **2. a+**) so lg wie oder länger als die restl. Fr. Meist sonnige u./od. ruderale Standorte (*Lactuca* s.str.)

**2.** Stgb. herablaufend, die linealischen Öhrchen den Stg. berindend; dieser dadurch gelbl. und grün längsgestreift. Untere und mittl. B. fiederschnittig mit ± linealischen Zipfeln. Kö. ± 5-blü.
                                                                          ***L. viminea***

**a.** Schnabel etwa so lg wie der Fruchtkörper (insges. 10-15 mm). Blü. bleichgelb, die Unterseite bisw. bläulich. Kö. bereits mittags geschlossen ssp. *v.*

**b.** B.zipfel (auch der Endzipfel) linealisch, ± ganzrandig. Stg. stark verzweigt, Kö. vereinzelt typ. var.

**b+** B.zipfel lineal-lanzeolat, gezähnt. Stg. wenig verzweigt. Kö. gebüschelt var. *latifolia*

**a+** Schnabel nur halb so lg wie Fr.körper (insges. 7-9 mm). Blü. beiderseits gelb. Kö. erst abends geschlossen. Stg. abstehend-verzweigt (*//*, aber Garg. mögl.) ssp. *chondrilliflora*

**2+** Stgb. geöhrt, aber nicht herablaufend. B. ganzrandig bis fiederschnittig, dann aber B.abschnitte meist breiter. Kö. ca 10-16-blü. Fr.körper dunkler als der Schnabel

**3.** Fr.schnabel 2x so lg wie Fr.körper. Stgb. (außer den untersten) linealisch, die oberen ± ganzrandig, bisw. ± senkrecht stehend, pfeilförm. stg.umfassend. Kö. am rutenförm. Stg., Gesamt-Infl. daher ähren- oder traubenartig. Blü. hellgelb, außen oft bräunl.-rötl. oder gräulich. Pfl. salztolerant *Lactuca saligna*

**3+** Fr.schnabel ca so lg wie Fr. Stgb. breiter, gezähnt od. gebuchtet, seltener ganzrandig. Infl. rispig

**4.** B. starr, stachelig (v.a. unterseits auf der Mittelrippe), meist pfeilförmig geöhrt. Fr. dunkel
Die beiden folgenden Arten variieren stark in ihrer B.gestalt. Das einzig zuverlässige Merkmal – die Fr. – ist erst im Spätsommer zu verwerten

**5.** Fr. (ohne Schnabel) (2,5-)3 mm, bräunl.-grau, sehr schmal berandet, apikal etwas borstig (starke Lupe!). Stgb. meist ± senkrecht stehend und tief-buchtig, bisw. auch nur gezähnt. Abstand zwischen 2 Stachelborsten auf der Mittelrippe d. B.unterseite meist dtl. < als deren Lge; auch Seitennerven mit zahlreichen Borsten *L. serriola* = *L. scariola*

**5+** Fr. größer, schwarz, breiter berandet, an der Spitze kahl. Stgb. meist waagrecht und nur grob gezähnt, Borsten auf der Mittelrippe und Seitennerven spärlicher. Pfl. mit charakteristischem Geruch (v) *L. virosa*

**4+** B. weich, die oberen eiförmig, Mittelrippe ohne Stachelborsten. Spr.grund ± herzförmig. Fr. kahl, meist hell; verwilderte Kulturpfl *L. sativa*

**1+** Hülle 2-reihig, innere Hüllb. ca 8 mm, äußere <2 mm lg. Kö. stets 5-blü. Schnabel viel kürzer als restl. Frucht. B. meist mit großem, 3-5-eckigem Endabschnitt. Meist schattige Standorte
*L. muralis* = *Mycelis m.*

## LAPHANGIUM Vgl. II 17. *L. luteo-album*
= *Gnaphalium* = *Pseudognaphalium l.-a.*

## LAPSANA Vgl. IV 6+ *L. communis*

## LEONTODON
Das Problem, die garg. *Leontodon*-Arten zu verschlüsseln, liegt in den widersprüchlichen Gliederungsversuchen von *L. crispus* s.l. im allgemeinen und in der unzureichenden Kenntnis der Merkmale von *L. intermedius* s. PITTONI in Pg 3:243 & 246 und *L. apulus* s. BRULLO in Braun-Blanquetia 2:32 (1988) im besonderen. *L. intermedius* wird von Pg für den Garg. genannt; in Fen wird das Taxon nicht erwähnt. Umgekehrt kommt *L. apulus* nach FIORI und Fen 4:182 (sub *L. crispus* ssp. *a.*) am Garg. vor, während dieser Name bei Pg und in der FE nicht einmal in der Synonymie verzeichnet ist. Die einzige gängige Flora, die diakritische Merkmale von *L. i.* und *L. a.* bietet, ist die von FIORI (3:797). Diese beziehen sich vor allem auf der Behaarung der Hüllb. und sind am garganischen Material nur bedingt brauchbar. Eine Aufschlüsselung von *L. crispus* s.l. mit durchgängigen und verbürgten diakritischen Merkmalen können wir daher hier nicht bieten
Der folgende Schlüssel geht deshalb davon aus, dass die in der Literatur angegebenen Merkmale für *L. crispus* s.str. auch für Süd-Italien zutreffen und dass die eigenen Aufsammlungen (die v.a. im Indument von dieser Beschreibung abweichen) *L. apulus* zuzuordnen sind
Es empfiehlt sich sehr, auf die unterirdischen Teile zu achten (vgl. Schlüssel B!)
**Lit.:** PITTONI in Phyton **16**:165-188 (1974) (mit Abb. der Haartypen)

*A. Hauptschlüssel (Herbarschlüssel):*

Mit „Haaren" sind, wenn nicht anders vermerkt, die auf der Spreite der Rosettenb. gemeint; die auf dem Mittelnerv sind oft länger, die auf dem Schaft meist kürzer. „Hüllb." bezieht sich auf die äußeren Hüllb.

**1.** Haare unverzweigt, bisw. fehlend

**2.** Fr.schnabel ca so lg wie der Fr.körper. Pa. einreihig, aber kurze zusätzl. Härchen an der Basis. B. fast ganzrandig, flach buchtig gezähnt oder slt. (ob auch im Gebiet?) fiederschnittig. Schaft apikal oft etwas verdickt, mit etlichen B.schuppen. Wurzelkopf mit Faserschopf. Mit Speicherwurzeln      ***Leontodon cichoraceus***
= *L. fasciculatus* = *Scorzoneroides cichoracea* (Ten.) Greuter

**2+** Fr.schnabel kürzer. Schaft nur mit 0-3 B.schuppen. Pfl. ohne Speicherwurzeln vgl.
**7.** *L. villarsii* und **8.** *L. hispidus* var. *glabratus*

**1+** Haare 2-5-strahlig oder 2-3-spitzig. Wenn (slt.) fehlend (vgl. *L. hispidus*), Pfl. ohne Speicherwurzeln. Pa. zweireihig

**3.** Äußere Fr. gekrümmt, kaum geschnäbelt, mit krönchenartigem Pa. Innere Fr. ± gerade, dtl. geschnäbelt, mit gefiederten Pa.haaren. Schaft meist ohne Schuppenb. B.haare ca 1(-2) mm lg, apikal kurz 2-3-spitzig. Pfl. mit Speicherwurzeln      ***L. tuberosus***

**3+** Pa. der äußeren Fr. >5 mm lg. Schaft oft mit Schuppenb. Keine Speicherwurzeln

**4.** B. ganzrandig bis seicht gebuchtet. Strahlen der Sternhaare (3-)4(-6), etwa so lg wie ihr Stiel oder etwas lger, dieser bis 0,6 mm. Fr. apikal kurzstachelig

**5.** Pfl. 5-20 cm, Schaft meist mit einigen Schuppenb. Kö. 1-1,5 cm DM. Fr. 8-12 mm vgl. **9.**
***L. intermedius***

**5+** Pfl. 20-40 cm, Schaft meist ohne Schuppenb. Kö. 1,5-3 cm DM. Hüllb. randl. mit Sternhaaren, am Rücken mit Gabelhaaren, slt. auch randlich mit Gabelhaaren. Fr. 5-8 mm (//)
***L. incanus***

**4+** B. gezähnt, tiefer gebuchtet oder fiederschnittig. Strahlen der Haare etwa so lg wie bis dtl. kürzer als ihr Stiel (Pfl. s. slt. kahl)

**6.** Pa. der äußeren Fr. krönchenartig. Schaft ohne Schuppenb. vgl **3.**      *Leontodon tuberosus*

**6+** Äußere und innere Fr. mit ± gleichartigem Pa.

**7.** Strahlen oft nur 2, sehr kurz (<0,1 mm) auf lgem Stiel (0,8-2 mm); bisw. alle Haare einfach. Schaft apikal mit einigen Schuppenb. (Garg. mögl.)      ***L. villarsii***

**7+** Strahlen fast halb so lg bis etwa so lg wie der bis 1 mm lge Stiel

**8.** Fr. 5-7 mm, oberwärts kahl, die äußeren nur kurz verschmälert. Innere Pa.haare basal ± dtl. verbreitert, die äußeren kürzer und nur gezähnelt. Sternhaare (2-)3(-4)-strahlig, Strahlen viel kürzer als der Stiel. Schaft oft ohne Schuppenb. Rhizom schief oder waagrecht. Ab VI (v?)      ***L. hispidus***
Sehr formenreich bezügl. Behaarung und B.schnitt. Auf eher feuchten Standorten wird das Indument tendenziell rückgebildet, Sternhaare können dann völlig fehlen (vgl. **2+** var. *glabratus*); vgl. Pg 3:245 und FE 4:313

**8+** Fr. 8-12 mm, apikal kurzstachelig, alle in einen Schnabel verschmälert, dieser bisw. ebenso lg wie die restl. Frucht. Alle Pa.haare gefiedert. Schaft mit einigen B.schuppen. Pfl. mit Pfahlwurzel (*L. crispus* s. FE)
Die folgenden Taxa werden auch als var. von *L. crispus* behandelt

**9.** B. geschweift-gezähnt bis etwas fiederschnittig. Haare an den B. dicht, kurz, ± weich, (2-)4-strahlig, deren Stiel und Strahlen je 0,2-0,6 mm. Schaft -20 cm, kräftig, oben ± kahl oder mit wenigen weichen Haaren, bisw. verdickt, stets 1-köpfig. Kö. 1 (slt. -1,5) cm DM. Hüllb. randl. mit meist 2-strahligen Haaren, bisw. auch mit Sternhaaren und am Rücken eine Reihe 2-strahliger Haare      ***L. intermedius***

**9+** Pfl. anders, insbesondere B. meist tief fiederschnittig, Behaarung rau, Schaft länger u./od. Kö. >1 cm DM

**10.** Haare meist 4-strahlig, die Strahlen (1/2-)2/3(-1) x so lg wie der 0,2-0,4(-0,8) mm lge Stiel. Schaft meist nur spärlich behaart      ***L. apulus***

**10+** Haare meist 3-strahlig, die Strahlen 1/3-1/2 x so lg wie der 0,5-1 mm lge Stiel.
Schaft (meist?) dtl. behaart                                  *Leontodon crispus* s.str.
incl. ssp. *asper* s. Fen

*B. Geländeschlüssel:*

**1.** Pfl. mit Speicherwurzeln
**2.** Schaft mit etlichen B.schuppen. Haare unverzweigt, bisw. fehlend. Strahlenblü. unterseits ±
gelb. Wurzelkopf mit Faserschopf                             *L. cichoraceus*
**2+** Schaft mit 0(-2) B.schuppen. Haare 2-3-spitzig (an den Hüllb. meist 2-strahlig). Strahlenblü.
unterseits graublau                                          *L. tuberosus*
**1+** Pfl. ohne Speicherwurzeln. Mit 2-5-strahligen Haaren
**3.** Pfl. mit schiefem oder waagrechtem Rhizom. Schaft meist ohne B.schuppen. Äußere
Pa.haare nur gezähnelt                                       *L. hispidus*
**3+** Pfl. mit senkrechtem Rhizom u./od. Pfahlwurzel. Schaft mit einigen B.schuppen
**4.** B. tief gebuchtet bis fiederschnittig. vgl. oben **7.** und **8+**   *L. villarsii* und *L. crispus* s. FE
**4+** B. (seicht) gebuchtet vgl. oben **5./5+**              *L. intermedius* und *L. incanus*

**LEUCANTHEMUM** Vgl. III 11+                                *L. vulgare* agg.
Zur Kleinart vgl. Or.-Lit

**LIMBARDA** → **Inula** s.l.

**LONAS** Vgl. II 31+ (//)                                   *L. annua*

**MANTISALCA**
Die beiden folgenden Taxa werden auch unter *M. salmantica* s.l. *(Microlonchus salmanticus)* zusammengefasst

**1.** Alle Fr. mit Pa. Kö. 15-20x7-13 mm. Pfl. zwei- bis mehrj. VII-VIII (//)   ***M. salmantica*** s.str.
**1+** Äußere Fr. etwas kleiner, mit reduziertem Pa. Pfl. einj. VI-VII          ***M. duriaei***
Vgl. auch Fen 4:172f: Die Exemplare des Garg. sollen bisw. wenig geteilte oder sogar ganzrandige schmale
B. und relativ kleine Kö. haben, der Dorn der Hüllb. ist kaum 0,5 mm lg („*M. ysernianus*", CL)

**MATRICARIA** s.l. (= **Matricaria** s.str. und **Tripleurospermum**)

**1.** Rez. dtl. kegelförm., hohl. Kö. meist <25 mm br. Strahlenblü. bald zurückgeschlagen. Fr. auf
der Rückseite glatt, ohne Öldrüsen. Pfl. aromatisch riechend                   ***M. chamomilla***
                                                                               = *M. recutita*
**1+** Rez. höchstens halbkugelig, nicht hohl. Kö. meist >25 mm. Strahlenblü. lange ± waagrecht abstehend. Fr. auf der Rückseite querrunzelig, apikal mit 2 Öldrüsen. Pfl. fast geruchlos (//)
                                              ***Tripleurospermum inodorum***
                                              = *Matricaria* (*maritima* ssp.) *i.*

**MYCELIS** → **Lactuca**

**NOTOBASIS** Vgl. I 22.                                     *N. syriaca*

## ONOPORDUM

FE und Pg bieten sehr unterschiedliche Merkmale an. Der vorliegende Schlüssel versucht eine Kombination, ist aber nur vorläufig
Die Angaben zu den Hüllb. beziehen sich auf die mittleren. Angaben zum DM der Kö. bzw. der Hülle divergieren stark und sind deshalb hier nicht angeführt

**1.** Pfl. mit mehrzelligen Haaren, drüsig (dadurch etwas klebrig), aber nicht weißwollig. Hüllb. oberwärts violett, beidseitig dicht drüsig. Kr. 25-30 mm. Fr. 5-6, Pa. 8-10 mm (v)     *O. tauricum* s.str.

**1+** Pfl. durch einzellige Haare (oft wollig ) behaart, drüsig oder nicht

**2.** Kr. ca 20(-25) mm, wie die ganze Pfl. drüsenlos. Hüllb. lineal., basal 2-3 mm br. Fr. 4-5 mm (v)     *O. acanthium*

**2+** Kr. 25-30 mm, zumind. spärl. drüsig. Hüllb. basal 3-8 mm     *O. illyricum* s.l.

   **a.** Hüllb. 5-8 mm br., im untersten Drittel am breitesten. Kr. dicht drüsig. Pfl. weißl.-wollig. Nerven der B.unterseite nur schwach     ssp. *illyricum*
incl. var. *arabicum*

   **a+** Hüllb. 3-5 mm br., basal am breitesten. Kr. (immer?) spärl. drüsig. Pfl. spärl. behaart bis verkahlend, grün, aber ± dicht drüsig. Nerven der B.unterseite dtl. hervortretend ssp. *horridum*
= *O. tauricum* var. *h.* und var. *apulum* s. Fen

## OTANTHUS → Achillea

## PALLENIS s.l. (incl. **Asteriscus**)

**1.** Hüllb. in einen Dorn auslaufend, den Kö.-DM dtl. überragend. Meist einj. 20-50 cm     *P. spinosa*

**1+** Hüllb. nicht strechend, den Kö.-DM kaum überragend. Mehrj. Meist <15 cm (///)     *P. maritima*
= *Asteriscus m.*

## PETASITES

**1.** Strahlenblü. vorhanden. Ausgewachsene B. -20 cm, regelmäßig fein gezähnt, meist schon während der Blü.zeit entwickelt. Kö zu 5-10, wohlriechend. I-IV (verwilderte Zierpfl.? //)     *P. fragrans*

**1+** Strahlenblü. fehlend. B. -60 cm, grob gezähnt, nach der Blü. erscheinend. III-V (Garg. fragl.; (v))     *P. hybridus*

## PHAGNALON

**1.** Kö. (großenteils) zu 2-6 in endständigen Büscheln. B. 15-25x1 mm (//)     *Ph. sordidum*

**1+** Kö. einzeln am Ende schaftartiger Zweige. B. meist breiter

**2.** Hüllb. spitz. Rand der mittleren Hüllb. wellig. Äußere Hüllb. oft etwas zurückgekrümmt. Innere Hüllb. linear. B. 20-50x2-3 mm     *Ph. saxatile*

**2+** Mittlere Hüllb. meist ± stumpf, ihr Rand flach. B. 10-30x3-4(-10) mm     *Ph. rupestre* ssp. *illyricum* „s.l.“
= *Ph. geminiflorum*

Das Taxon wird vielfach (noch in CL, nicht mehr in CL2) weiter gegliedert:

   **a.** Äußere Hüllb. (2.-4. Reihe von unten) stumpf. Innere Hüllb. ± lanzeolat (-1 mm br.), (zugespitzt bis) stumpf     ssp. *annoticum*

   **a+** Äußere Hüllb. spitz bis stumpflich. Innere Hüllb. linear (ca 9x0,6), lang-spitz (nicht zugespitzt!), aber oft von den stumpfen mittleren überdeckt     ssp. *illyricum* „s.str.“
= *Ph. graecum* ssp. *i.*

**PICNOMON** Vgl. I 17. (v)                                                    *P. acarna*

**PICRIS** s.str. (excl. **Helminthotheca**)

**1.** Hülle dachig, d.h. Hüllb. alle von ähnlicher Gestalt, nach unten nur allmählich kleiner werdend.
Fr. 3-6 mm, kurz geschnäbelt. Pfl. meist >50 cm                              *P. hieracioides*
**a.** Kö. in Gruppen gebüschelt, seitl. auch oft nur s. kurz gestielt. Hülle 9-11 mm, grün, hellflockig,
auf der Mittelrippe meist mit zstr. hellen Borstenhaaren                     ssp. *spinulosa*
                                                                            = var. *umbellata* s. Fen
**a+** Pfl. anders, insbes. Kö. alle ± lg gestielt            andere subspezif. Taxa; Or.-Lit.!
**1+** Hülle zweireihig, die äußeren dtl. breiter als die inneren. Fr. lg geschnäbelt. Pfl. slt. >50 cm vgl.
                                                                            *Helminthotheca*

**PTILOSTEMON** (= **Cirsium** p.p.)
Nach Pg und CL fehlt die Gattung Apulien gänzlich

**1.** B. linealisch, 1-4 mm br., an der Basis mit 2 (slt. mehr) Dornen
**2.** Pfl. einj., slt. >20 cm hoch. Dornen an der B.basis <5 mm lg und kräftig. Äußere Hüllb. mit dtl.,
weißem „Buckel". Kr. ca 10 mm. Pa. 7 mm lg, weiß (//)        *P. (Cirsium) stellatus*
**2+** Pfl. strauchig, 30-60 cm. Dornen kleiner. Hüllb. ohne „Buckel". Kr. ca 20 mm. Pa. rötl., ca 15
mm (//)                                                                     *P. gnaphaloides*
                                                                            = C. chamaepeuce
**1+** (Untere) B. >10 mm br., oberseits weiß geadert, am Rand bestachelt und großenteils herablaufend (Stg. deshalb geflügelt). Äußere Hüllb. mit „Buckel". Kr. 15-20, Pa. 12-18 mm. Pfl. mehrj.,
30-90 cm (//)                                                               *P. (C.) strictus*

**PULICARIA**

**1.** Strahlenblü. viel lger als die Röhrenblü. (vgl. aber Anm. zu **2+**), Kö.-DM daher >10 mm. Pa.-
Haare 10-20. B. (halb-)stg.-umfassend
**2.** Pfl. mit Grundb.-Rosette. Stgb. halbstg.umfassend. Pfl. ohne Ausläufer, erst im Infl.-Bereich
verzweigt. Kö. 1-wenige, auf apikal verdickten Stielen. Strahlenblü. 5-8 mm lger als Hülle. Röhrenblü. 5-7 mm, mit 10-12 Pa.-Haare, diese ca 5 mm. Fr. 1,5-2 mm, drüsenlos. Eher trockene
Standorte. V-VII                                                            *P. odora*
**2+** Ohne Grundb.-Rosette. Stgb. mit Öhrchen stg.umfassend. Pfl. reich verzweigt, mit Ausläufern. Kö. relativ zahlreich, auf dünnen Stielen. Strahlenblü. 3-5 mm lger als Hülle. Röhrenblü. 3-5
mm, mit 14-20 Pa.-Haaren. Fr. 1-1,5 mm, apikal drüsig. Feuchte Standorte. VII-X
                                                                            *P. dysenterica*
Formenreich (vgl. Pg 3:49f). Die Kö. haben normalerweise einen Durchmesser von 20-25 mm. Wenn
Strahlenblü. verkürzt (deren Zunge nur 2-3 mm) und Kö.-DM nur ca 15 mm
                                                                            ssp. *dentata* (= var. *repens* s. Fiori) (CL)
**1+** Strahlenblü. kaum lger als Röhrenblü., bisw. sogar fehlend. Kö.-DM daher <10 mm. Pa.haare
7-10. B. nicht stg.umfassend. Meist feuchte Standorte. VIII-IX             *P. vulgaris*

**RHAPONTICOIDES** → **Centaurea** s.l.

**REICHARDIA** Vgl. IV 25.                                                  *R. picroides* s.l.
Formenreich (Pg 3:268). Häufig (nicht in CL) werden 2 Taxa (bisw. nur als var.) unterschieden:

**a.** Pfl. mehrj., basal meist verholzt. Rosette meist vorhanden, deren B. ± gezähnt bis fiederschnittig, mit zerstreuten weißen Papillen. Innere Fr. 3-4 mm. Schuppen 3-5x2 mm, weißer Rand nicht >0,5 mm                                                                                           *Reichardia picroides* s.str.

incl. var. *crassifolia* = var. *maritima*

**a+** Pfl. einj., s. slt. zweij., krautig. Rosette nicht ausgebildet. B. gezähnt bis buchtig (aber nicht fiederschnittig), mit zahlreichen weißen Papillen. Innere Fr. 3,5-6 mm. Schuppen 4-7x3 mm, Rand (0,5-)1-1,5 mm (Garg. fraglich)                                                                 *R. intermedia*

*Reichardia tingitana* ist sicher eine Fehlmeldung

## RHAGADIOLUS   Vgl. IV 6.                                                     *Rh. stellatus* s.l.

Lit.: MEIKLE in Taxon **28**:133-141 (1979)

Häufig (z.B. in Pg, nicht aber in FE und CL) werden unterschieden:

**1.** Innere Hüllb. meist 8, (zumind.) apikal auf der Mittelrippe borstig oder filzig. Kö. meist mit 7-8 äußeren (abstehenden) Fr., diese 15-18 mm. Innere Fr. meist (2-)3. Grundb. meist nur gezähnelt; wenn tiefer geteilt, B.lappen spitz und ± rechtwinkelig abstehend                                *Rh. stellatus* s.str.

  **a.** Innere Fr. papillös-behaart                                                          var. *st.*

  **a+** Innere Fr. glatt, kahl                                                          var. *leiocarpus*

**1+** Innere Hüllb. meist 5-6, kahl. Entsprechend auch nur (4-)5(-6) äußere Fr., diese <15 (meist 10-12) mm lg. Innere Fr. 1(-2), (immer?) mit papillösen Haaren. Grundb. basal meist mit 3-4 stumpfen Seitenlappen, diese bisw. etwas rückwärts gerichtet                                            *Rh. edulis*

= *Rh. stellatus* var. *e.*

Alle 3 Taxa sind für den Garg. nachgewiesen und sind dort auch meist gut zu unterscheiden

## RHAPONTICUM   Vgl. II 25. (//)                                               *Rh. coniferum*

= *Leuzea c.*

## SANTOLINA   Vgl. II 31. (Garg. fragl.; (g?))                              *S. chamaecyparissus*

= *S. marchii*

## SCOLYMUS

**1.** Pa.borsten fehlend. Kö. terminal doldig gedrängt. Antheren schwärzlich. Stg. weißrandig geflügelt. Pfl. einj. (v)                                                                     *S. maculatus*

**1+** Pa. mit 2-4 Borsten. Kö. ± ährenartig angeordnet. Antheren gelb. Stg.flügelung nicht durchgängig, nicht weißrandig. Pfl. zwei- bis mehrj.                                       *S. hispanicus*

## SCORZONERA   (incl. **Podospermum**)

**1.** Grundb. fiederspaltig. Fr. längsstreifig, im unteren Drittel etwas bauchig, der obere, schlanke – eigentl. fertile – Teil einen Schnabel vortäuschend *(Podospermum)* (v)           *S. laciniata* [s.l.]

Sehr formenreich. Fen nennt 4 var., Pg 2 Arten, die in CL als ssp. geführt werden:

  **a.** B.zipfel (auch Endzipfel!) lineal, 1-2 mm br. (//)                                      ssp. *l.*

= *Podospermum laciniatum* [s.str.] incl. *S. l.* var. *tenorei* s. Fen

  **a+** B.zipfel lanzeolat (seitl. 4-7x2-4, Endlappen 5-12x4-8 mm) (v)                  ssp. *decumbens*

= *Podospermum resedifolium* incl. *S. l.* var. *calcitrapifolia* s. Fen

**1+** B. linealisch od. grasartig, höchstens etwas gezähnt. Fr. ohne „Schnabel" (*Scorzonera* s.str.)

**2.** Äußere Hüllb. -10 mm, zugespitzt, zumind. oberwärts kahl, höchstens 1/2 so lg wie die inneren. Blü. 15-30 mm lg. Fr. behaart u./od. Rippen mit Warzen, Schuppen o.ä. Obere B. meist 1-4 mm br. Trockene Standorte. IV-VII

**3.** Äußere Hüllb. ±5 mm lg, innere 10-16x2-3 mm. Blü. ±15 mm. Pa. rötl.-braun. Stg. meist einfach. B. 2-8 mm br. Ab IV

Die im folgenden genannten Merkmale sind der Lit. entnommen. Das entscheidende Merkmal zur Unterscheidung der beiden Arten ist nach FE die Fr.behaarung (sicher ein unzutreffendes Merkmal), nach FIORI die Pa.-Fiederung, nach Pg das Verhältnis von Pa.lge und Lge des Fr.körpers. Bei den eigenen Aufsammlungen zeigen diese Merkmale nur eine vage Korrelation. Verschiedene Formen können auch in einer Population auftreten. – Neuere Literatur nennt vom Garg. nur *S. villosa* ssp. *columnae*

**4.** Fr. (6-)8-9 mm, dicht behaart (Haare wenig lger als der Durchmesser des Fr.körpers). Pa. 2(-3)x so lg, bis zur Spitze gefiedert. Pfl. am Grund mit Büscheln von -10 mm lgen, braunen Haare. Auch Stg. unten braunhaarig. B.rosette schwach ausgebildet, Stg. 1/2 bis 2/3 hinauf beblättert, bisw. 2-köpfig. B. 50-80x2-3 mm (v)    ***Scorzonera hirsuta***

**4+** Fr. 10-12(-15) mm, behaart (dann Haare viel lger als der Durchmesser des Fr.körpers: *„S. villosiformis"*) oder kahl, dann aber Rippen durch kleine Dörnchen rau. Pa. 1-1,5(-2)x so lg, nur untere Hälfte fiedrig (Fiederhärchen mind. 0,5 mm). B. 2-5 mm br., B.basis auf ca 8 mm verbreitet. B. dtl. rosettig stehend, Stg. nur bis 1/2 hinauf spärl. beblättert, ± stets 1-köpfig    ***S. villosa*** ssp. *columnae*

**3+** Äußere Hüllb. 6-9 mm lg, innere 20-25x4-6 mm. Blü. 20-30, Fr. 10(-15) mm. Pa. (schmutzig-)weiß bis rötl. Stg. bisw. verzweigt. Grundb. oft >10 mm br. Ab V    ***S. hispanica***

**a.** Äußere Hüllb. ±9x4,5 mm. Pfl. mit dtl. abgesetzter Rosette mit spatelförm. (meist 10-12 mm br.) Grund- und 1-2 mm br. Stgb. Schaft 10-40 cm hoch (v)    ssp. *neapolitana*
= *S.* (*hispanica* var.) *trachysperma*

**a+** Äußere Hüllb. ±6x3 mm. B. meist ± einheitl. 2-4 mm br. (slt. dtl. breiter). Schaft 30-100 cm (v)    ssp. *glastifolia*

**2+** Äußere Hüllb. ±13 mm lg, stumpf, wollig behaart, die inneren 20-22x3 mm, (fast) kahl, nicht wollig berandet. Blü. 35-45 mm lg. Fr. 7-9(-11) mm, kahl, glattrippig. Pa. 10-12 mm. Grundb. lg gestielt, mit ± lanzettl. Spr. Obere B. 5-10 mm br. (Wechsel-)Feuchte u./od. schattige Standorte. VI-VII (//)    ***S. humilis***

# SENECIO

**1.** Kö. (meist) einzeln, 4-5,5 cm DM. Fr. 5-7 mm, kahl. B. höchstens gezähnt. Pfl. ± weißwollig    ***S. scopolii*** s.l. (= s. CL)
= *S. lanatus* s. Fen

Hierunter sind 2 Taxa (Arten bei Pg 3:124, Unterarten in CL2) zu verstehen, die nach Pg (und eigenen Aufsammlungen) auch beide am Garg. vorkommen:

**a.** Spr. der Grundb. lg in den Stiel verschmälert, (1,8-)2,5-4x so lg wie br. Zunge der Strahlenblü. 12-17 mm. Pfl. meist nur unten dtl. wollig behaart. Stgb. meist rasch stark reduziert und dann mit glattem Rand. Im Gebiet bisher ab 580 m. Früher blühend als **a+** (//)    ssp. *sc.*
= *S. sc.* s. Pg

**a+** Grundb. mit ± dtl. abgesetzter Spr., diese bis 2x so lg wie br. Zunge der Strahlenblü. (meist) 20-22(-25) mm. Pfl. oft hoch hinauf wollig behaart. Auch die B. der oberen Stg.hälfte oft noch mit Randzähnen. Am Garg. (bisher) ab 800 m. Ab V    ssp. *floccosus*
= *S. tenorei* s. Pg

**1+** Kö. ± zahlreich, 0,4-2,5 cm DM. B. buchtig bis fiederschnittig u./od. nicht weißwollig behaart
**2.** Halbstrauch. Stg. und B. oberseits bleibend weiß- oder graufilzig
**3.** Hüllb. und B.oberseite weißfilzig. Spr. bis über die Hälfte fiederschnittig. Küstenfelsen und Mauern. V-VII (Garg. fragl.)    ***S. gibbosus*** s.l.
= *S. cinerea* s.l.

Nomenklatorisch und chorologisch unklarer Formenkreis. Or.-Lit., z.B. PERUZZI & PASSALAQUA in Inform. Bot. Ital. **35**:13-19 sowie 171-172 (2003)

**3+** Hüllb. kahl, B.oberseite graufilzig. Spr. nur im unteren Drittel tief fiederschnittig. Ruderal. VIII-XI (v; Pg: Garg.; dennoch fraglich; mit *S. erucifolius* verwechselt (s. **7.**)?    ***S. lycopifolius***
= *S. erucifolius* ssp. *l.*

**2+** Pfl. krautig, nur basal bisw. etwas verholzt. B.oberseite nicht bleibend filzig.
  **4.** Pfl. einj., 5-40 cm hoch. Strahlenblü. kurz od. fehlend. Fr. 1-2(-4) mm lg. Äußere Hüllb. meist 8-13 (slt. ganz fehlend)
    **5.** Strahlenblü. fehlend. Hülle zylindrisch            *Senecio vulgaris*
    **5+** Strahlenblü. (meist) vorhanden. Hüllb. zur Fr.reife zurückgeschlagen. Meist küstennah
                                                *S. leucanthemifolius*
Formenreiche Gruppe (vgl. Pg **3**:134). Or.-Lit.! (Merkmale hier nach FIORI und ZÁNGHERI):
  **a.** B. nicht oder nur wenig fleischig, etwas locker-wollig behaart, geruchlos, die oberen ± tief fiederschnittig. Hülle 5-6 mm, Hüllb. an der Spitze schwärzlich. Strahlenblü. bleichgelb. Fr. ±2 mm, kahl oder angedrückt behaart           ssp. *apulus* s. Fen
  **a+** B. dtl. fleischig, mit Fenchelgeruch. Hülle 6-8 mm, grün. Fr. 3-4 mm (?; vgl. unten), mit ± abstehenden Haaren             ssp. *crassifolius* s. Fen
  Wenn B. obovat bis spatholat, -3 cm br. (bish. nur Pianosa)         var. *reichenbachii*
  CL unterscheidet – im Anschluss an JEANMONOD in Candollea **58**:429-459 (2003) – nur *S. l.* ssp. *l.* (Hüllb. 1,5-2 mm br., Strahlenblü. 8-13, Fr.körper 2,1-2,7 mm) und *S. crassifolius* (Hüllb. 2-3 mm br., Strahlenblü. 12-15, Fr.körper 1,8-2,1 mm; nur Ligurien)
  Hierher vielleicht auch die Nennung von *S. gallicus* (B.abschnitte <2 mm br.; //)
**4+** Pfl. 2- oder mehrj., (meist) über 40 cm hoch. Kö. 15-25 mm DM. Äußere (abstehende) Hüllb. bis 8 (vgl. aber **6+**)
  **6.** Hülle glockig bis halbkugelig, mit 13 inneren und 1-8 äußeren Hüllb.
    **7.** ± Abstehende äußere Hüllb. 4-8, etwa 1/2 so lg wie die inneren. Kö. 12-15 mm DM. Alle Fr. behaart. Pa. ca 6 mm. B.abschnitte oft nur 2 mm br., spitz. B.grund jederseits meist mit 0-2 stg.umfassenden Zipeln („Öhrchen"). Pfl. mit Ausläufern     *S. erucifolius* Garg. fragl.; vgl. **3+**
    **7+** Abstehende äußere Hüllb. 1-3, etwa 1/3 so lg wie die inneren. Randständige (!) Fr. kahl. Pa. -4 mm. Endzipfel der B. meist dtl. breiter als die Seitenzipfel, diese meist stumpf. Obere Stgb. jederseits mit 1-4 stg.umfassenden Öhrchen
      **8.** Fr. der Röhrenblü. dicht behaart (Haare mind. 0,1 mm lg). Grundb. zur Blü.zeit meist abgestorben, Stgb. mit 5-7 Seitenzipfelpaaren. ± Trockene Standorte (//)    *S. jacobaea*
      **8+** Fr. der Röhrenblü. kahl oder nur schwach (und kürzer) behaart. Grundb. bleibend, jederseits mit 1-4 Seitenzipfeln. Feuchte Standorte      *S. aquaticus* s.l. (= s. CL)
      Im Gebiet:
      Seitenzipfel der B. fast rechtwinkelig abstehend (nicht ± dtl. nach vorne gerichtet). Stg. etwa von der Mitte an (nicht nur im oberen Drittel) verzweigt. Kö. 12-25 mm DM
                                            *S. erraticus* s. Fen und Pg
      Die Art(engruppe) ist taxonomisch zieml. unklar. Ob die beiden folgenden Taxa (die in CL beide zu *S. aquaticus* geschlagen werden) wirklich (beide) vorkommen – und ob sie sich überhaupt trennen lassen – wird heute meist bezweifelt
      **a.** Seitenzweige der Infl. das Endkö. weit überragend. Kö. <2 cm DM. Fr. der Röhrenblü. meist behaart (chorologisch wahrscheinlicheres Taxon)     „*S. erraticus* ssp. *e.*"
      **a+** Seitenzweige mit dem Endkö. einen doldenartigen Schirm bildend. Kö. 2-2,5 cm DM. Meist alle Fr. ± kahl (vom Garg. gemeldet, aber nach Pg nur N-Ital.)
                                      „*S. erraticus* ssp. *barbaraeifolius*"
  **6+** Hülle zylindrisch, mit 21 inneren und 6-14 äußeren Hüllb. Pfl. 10-50 cm hoch (//; nach Pg nur >1200 m)                                *S. squalidus*
                                    = *S.* (*nebrodensis* ssp.) *rupestris*

**SERRATULA** → **Klasea**

**SILYBIUM** Vgl. I 17+                                        *S. marianum*

## SONCHUS   (incl. **Aetheorhiza**)

### A. Hauptschlüssel:

**1.** Schäfte einköpfig, mit 1-2 Schuppenb. Unterirdische Ausläufer mit kugeligen Endabschnitten. B. ganzrandig bis geschweift-gezähnt. Sandstrände                                                                 **S. bulbosus**
= Aetheorhiza b. = Crepis b.

**1+** Pfl. mit beblätt. Stg. und verzweigter Infl. B. ± gezähnt bis fiederschnittig (Alternativschlüssel beachten)

**2.** Untere und mittl. Stgb. gestielt, die oberen sitzend, den Stg. mit 2 Zipfeln stg.umfassend. B. fiederschnittig, Fiederzipfel lanzeolat (dann an der Basis meist dtl. eingeschnürt) bis lineal (auch Endlappen kaum breiter), bisw. sichelförmig. Obere B. anfangs oft weißfilzig. Zunge der Blü. lger als der Tubus. Fr. im unteren Drittel bisw. (!) ± plötzlich zusammengezogen (keulenförmig), zwischen den Rippen querrunzelig. Ein- (bis mehr-)j., -80 cm                                                **S. tenerrimus**

Vgl., die B.fiederung betreffend, auch die Anmerkung zu **6.** S. oleraceus

**2+** Mittlere Stgb. sitzend. B. fiederschnittig (dann Abschnitte breiter u./od. zur Mittelrippe zu breiter werdend) bis ungeteilt. Fr. basal gleichmäßig verschmälert

**3.** Pfl. mehrj., 50-200 cm. Stg. meist erst oben verzweigt. B. fast ganzrandig, seicht gebuchtet, die unteren auch fiederschnittig. Fr. jederseits 5-rippig. Narben (frisch) gelb

**4.** B. am Grund mit zugespitzten, abstehenden Öhrchen stg.umfassend. Infl. meist dunkeldrüsig. Fr. gelbl. Pfl. ohne Ausläufer (//)                                                                          **S. palustris**

**4+** Öhrchen gerundet, dem Stg. anliegend. Pfl. mit Ausläufern oder kriechendem Rhizom

**5.** Blü. 12-13 mm. Fr. (neben den Längsrippen) auch quergerunzelt. Pa. 10-14 mm. Hüllb. >30. (Obere) B. meist fiederschnittig (//)                                                                              **S. arvensis**

Für das Gebiet möglich:

Kö. und Kö.stiele dicht (gelb-)drüsig. Lgere Hüllb. 14-17 mm                                                     ssp. a.

**5+** Blü. ca 17 mm. Fr. höchstens schwach quergerippt. Pa. 6-9 mm. B.rand oft nur mit einzelnen Zähnchen. Kö.(stiele) drüsenlos. Halophyt                                                                   **S. maritimus**

**3+** Pfl. einj. oder zweij., oft schon basal verzweigt. B. oft tief geteilt. Reife Fr. 2,5-3 mm, jederseits 3-rippig (genauer: mit Mittel- und 2 seitl. Doppelrippen). Blü. bis 14 mm, Narben grünlichbräunlich (getrocknet schwärzl.)

**6.** B. weich, wenigstachelig, mit ± (!) abstehenden, meist spitzen Öhrchen. Hülle 10-13 mm, kahl od. flockig. Fr. 3 mm, wenig zusammengedrückt, zwischen den Rippen ± querrunzelig                                                                                                          **S. oleraceus**

Formenreich (incl. S. levis). – Im typischen Fall sind die unteren B. fiederteilig, der Endlappen ist am breitesten. Es gibt am Garg. aber auch Formen mit schmalen, entferntstehenden Fiederlappen und schmalem Endzipfel                                                                                         var. lacerus

**6+** B. etwas steif, stärker bestachelt, mit (eng) dem Stg. anliegenden Öhrchen. Untere B. meist unzerteilt, wenn fiederteilig, oberste Seitenlappen breiter als Endlappen. Hülle 12-15 mm, (meist) kahl. Fr. 2,5 mm, zwischen den Rippen glatt, stark zusammengedrückt und fast geflügelt                                                                                                                 **S. asper**

**a.** Pfl. einj. Kö.-DM 2-2,5 cm. Die meisten B. stg.ständig und mit gerundeten Öhrchen. Fr. randl. höchstens mit spärl.Stachelhöckern. Pollenkörner 35-42 μm                                               ssp. a.

**a+** zweij. Halbrosettenpfl. Kö.-DM bisw. >2,5 cm. Fr. randl. dicht mit zurückgekrümmten Stachelhöckern. B. ausgeprägt stachelig. Pollenkörner 30-35,5 μm                              ssp. glaucescens
= ssp. nymani

Beide Taxa werden für den Garg. gemeldet. Ob die Merkmale korrelieren ist fraglich

## B. Alternativschlüssel:
V.a. nach BOULOS in Botaniska Not. 113:400-420 (1960) und FE 4:327f (außer *S. bulbosus*)

**1.** Fr. stark zusammengedrückt, „papierartig" dünn, dtl. berandet, zwischen den Rippen glatt. Pfl. ein- bis zweij.                                                    *Sonchus asper*

**1+** Fr. dicker, nicht „papierartig". Wenn zwischen den Rippen glatt, Pfl. dtl. mehrj.

  **2.** Fr. zwischen den Rippen dtl. [quer-]gerunzelt u./od. tuberkulat. Pa. ± bleibend

  **3.** Fr. elliptisch, in der Mitte am breitesten. Gr. und Narben gelb. Pa. >10 mm. Pfl. meist 50-150 cm, stets mehrj., mit Rhizom                                      *S. arvensis*

  **3+** Fr. oberhalb der Mitte am breitesten. Gr. und Narben braun. Pa. <10 mm. Pfl. bis 100 cm, meist ein- bis zweij., ohne Rhizom

    **4.** Zunge der Blü. etwa so lg wie der Tubus                          *S. oleraceus*

    **4+** Zunge lger                                                      *S. tenerrimus*

  **2+** Fr. glatt oder nur mit undeutl. Runzeln, nie tuberkulat. Pa. <10 mm, hinfällig. Pfl. stets mehrj.

  **5.** Zunge 2x so lg wie der Tubus. Hüllb. <30. Pfl. mit Rhizom, meist <1 m      *S. maritimus*

  **5+** Zunge etwa so lg. Hüllb. >40. Pfl. ohne Rhizom, meist >1 m              *S. palustris*

**STAEHELINA** Vgl. II 9. (*//*)                                                      *St. dubia*

**SYMPHYOTRICHUM** → **Astereae**

## TANACETUM

**1.** Pfl. mehrköpfig. Stgb. 2x so lg wie br. B.abschnitte ovat (v)                   *T. parthenium*

**1+** Pfl. einköpfig. B.abschnitte 2-3 mm br. (*//*; (g))                            *T. cinerariifolium*

## TARAXACUM Vgl. IV 18.                                                              *T. „officinale"*
Zu den möglichen (Klein-)Arten vgl. Or.-Lit.

## TOLPIS

**1.** Pfl. einj. Äußere Hüllb. lger als die inneren. Pa. der äußeren Fr. reduziert (v)   *T. umbellata*

**1+** Pfl. mehrj. Äußere Hüllb. kürzer. Alle Fr. mit 4-10 Pa.schuppen. Formenreich (Or.-Lit.)

                                                                   *T. virgata*

Im Gebiet wahrscheinlich: Blü. ±15 mm, Pa.schuppen 5-10                               ssp. *grandiflora*

## TRAGOPOGON s.l. (= **Tragopogon** s.str. und **Geropogon**)

### A. Blühende Pflanzen:

**1.** Alle Blü. rosa bis schwarzviolett, meist dtl. kürzer als die Hüllb.

  **2.** Kö. 3-5 cm DM. Hüllb. 20-25 mm

  **3.** Schaft unterhalb des Kö. ± verdickt und (meist dtl.) behaart, oft kantig. Blü. meist rosa (bis purpurn). Wurzel (nur) etwa so dick wie der Stg. Randl. Fr. mit ca 5 steifen Pa.-borsten. Pfl. einj.                                         ***Geropogon hybridus***
                                          = *G. glaber* = *Tragopogon hybridus*

  **3+** Kö.stiele oben nicht verdickt. Blü. violett. Alle Fr. mit gefiedertem Pa. Pfl. meist zweij. vgl. **4.**
                                          *T. crocifolius* s.str.

**2+** Kö. >5 cm DM. Kö.stiel stets auf mindestens 4-5 (zuletzt -10) mm verdickt, unter dem Kö. nur wenig behaart bis fast kahl. Hüllb. (zur Blü.zeit!) 25-40 mm (später bis 60 mm). Stgb. oft gewellt, mit stg.umfassender Scheide                                    *Tragopogon porrifolius*
Über die Lge der Blü. im Verhältnis zu den Hüllb. bei den einzelnen ssp. widersprechen sich – außer bei ssp. *australis* – die Angaben der Lit.

   **a.** B. wollig behaart. Blü. rosa. B.rand gewellt (Garg. mögl.)                          ssp. *cupani*

   **a+** B. kahl od. nur wenig (flockig) behaart. Blü. dunkler

      **b1** Pfl. -120 cm, stets kahl. Blü. lila od. rötl. B. nicht gewellt. Eher frische Standorte    ssp. *p.*

      **b2** Pfl. -50 cm, bisw. behaart. Blü. tief violett, dtl. kleiner als die Hüllb. (oft nur 1/2 so lg). (Obere) B. mit gewelltem Rand. Trockene Standorte                         ssp. *australis*
                                                     = *T. sinuatus*

      **b3** Pfl. -50 cm. Blü. wenig lger als die Hüllb. (//, aber Garg. mögl.)         ***T. eriospermus***

**1+** Alle oder wenigstens die inneren Blü. gelb. Kö. 3-6 cm DM, auf ± (!) unverdickten Stielen. B.rand nicht dtl. gewellt

   **4.** Nur die inneren Blü. gelb, die äußeren Blü. zumind. teilweise violett, kürzer als die 5-12 Hüllb. (//)                                                                   ***T. crocifolius*** s.str.

   **4+** Alle Blü. gelb, die äußeren so lg wie oder (wenig) lger als die 5-8 Hüllb.

      **5.** Stgb. mit dtl. verbreiterter Basis. Pfl. kahl oder spärl. an der B.basis behaart. Hüllb. (7-)8. Stets mehrj. (//)                                                            ***T. pratensis*** s.l.
      Es werden 3 Taxa (als sp. oder ssp.) unterschieden; ggfs. Or.-Lit.

      **5+** Stgb. 2-4 mm br., basal nicht verbreitet und meist stärker behaart. Hüllb. 5-7. Ein- bis zweij. (//)                                                                    ***T. samaritani***
                                                    = *T. crocifolius* ssp. *s.*

---

*B. Fruchtende Pflanzen:*
Fr. lge (außer bei **2. a./a+**) incl. Schnabel, ohne Pa.

**1.** Innere Fr. ca 2,5 cm, mit gefiedertem Pa., äußere 3,5-5 cm mit einigen (meist 5) rauen Borsten, die direkt dem Schnabel aufsitzen. Pfl. einj., 20-50 cm, mit dünner Wurzel    *Geropogon hybridus*

**1+** Alle Fr. mit gefiedertem Pa., Pa.haare einem „Ring" aufsitzend (*Tragopogon* s.str.)

   **2.** Kö.stiele auf 5-10 mm verdickt. Fr. (2-)3-4 cm, mit Pa. (4-)6-8 cm. Stgb. mit ± stg.umfassender Scheide, meist <10 cm lg                                               *T. porrifolius*
   Über die Lge des Fr.körpers im Verhältnis zum Schnabel bei den einzelnen ssp. widersprechen sich die Angaben der Lit.

      **a.** Fr. incl. Schnabel und Pa. 6-8 cm vgl. oben           ssp. *p.*, ssp. *cupani* und ssp. *australis*

      **a+** Fr. 4-5,5 cm                                                       *T. eriospermus*

   **2+** Kö.stiele nicht auffällig verdickt. Fr. 1,5-2,5(-3) cm. B. nicht gewellt

      **3.** Fr.schnabel apikal dtl. verdickt. Stgb. bis 4 mm br., basal nicht dtl. verbreitert. Ein- bis zweij.
                                                       *T. crocifolius* s.l.

         **a.** Fr. mit 0,1 mm lgen Warzen. Hüllb. 5-12. V-VI                      *T. c.* s.str.

         **a+** Fr. mit schrägen, >1 mm lgen Warzen. Hüllb. 6-7(-8). VI-VIII        *T. samaritani*

      **3+** Fr.schnabel nicht dtl. verdickt. Stgb. basal 10-15 mm, ± stg.umfassend. Stets mehrj.
                                                       *T. pratensis* s.l.

**TRIPLEUROSPERMUM** → **Matricaria** s.l.

**TRIPOLIUM** → **Astereae**

**TUSSILAGO** Vgl. III 2.                                                       ***T. farfara***

**TYRIMNUS** Vgl. I 20.                                   *T. leucographus*

## UROSPERMUM

**1.** Kö. einzeln. Grundb. meist fiederschnittig. Hülle weichhaarig. Pa. etwas rotbraun. Schaft oft mit 3-zähligem B.wirtel. Fr. runzelig. Mehrj.                                   *U. dalechampii*

**1+** Kö. zu 3 od. mehr. Grundb. gezähnt. Hülle (wie ganze Pfl.) borstig. Pa. weiß. Fr. quergestreift, Schnabel basal auffällig verdickt. Einj.                                   *U. picroides*

Wenn Grundb. ± ganzrandig                                   var. *asperum*

## XANTHIUM

Die Gattung ist in ganz Europa in Ausbreitung begriffen. Deshalb sind hier auch Arten aufgenommen, die für den Garg. bisher nicht nachgewiesen sind, weitere sind kurz erwähnt. – Die Art ist taxonomisch schwierig zu handhaben, zumal die letzte Bearbeitung der Gattung im europäischen Maßstab ca 80 Jahre zurückliegt (WIDDER in Feddes Repert. **21**, 1925)

Das mit einer dornigen Hülle umgebene und apikal mit zwei Schnäbeln versehene Fr.köpfchen ist im Folgenden mit „Frucht" bezeichnet. Es sind stets mehrere solcher „Früchte" zu prüfen. – Die Fruchtmaße gelten incl. der Schnäbel, aber ohne Hülldornen

**1.** B. an der Basis mit 3-teiligen gelbl. Dornen. B. fiederteilig oder schmal, unterseits graufilzig. Fr. 8-13x4-5 mm, mit geraden, dünnen Schnäbeln und 2-3 mm lgen Hülldornen                  *X. spinosum*

Formenreich; vgl. WIDDER in Phyton (Austria) **11**:69-82 (1964-66)

**1+** B. (außer den bestachelten Fr.) unbewehrt, ±1(-2)x so lg wie br. (*X. strumarium* s. FE)

**2.** B. und Fr. weichhaarig. Fr. oval, 10-17x4-7 mm, ± grünl. bis rötl.-gelbl., locker bedornt (Zahl der Dornen <100), apikal oft ohne Dornen. Dornen 2-3 mm, zumind. an der Spitze kahl und sonst mit vorwiegend drüsenlosen Haaren. Schnabel 2-3 mm lg und an der Basis 2 mm br., gerade bis schwach sichelförmig. B. insges. 12-17x10-14 cm, mit spitzen, 1-5 mm lgen Zähnen. Stg. nicht braunfleckig. Pfl. graugrün, beim Zerreiben nicht aromatisch riechend

*X. strumarium* s.str.

**2+** B. rauhaarig. Fr. ± braun, meist 18-25 mm lg. Schnabel oft hakenförm. Pfl. meist ± gelbgrün, oft aromatisch riechend (= *X. orientale* agg.)

**3a** Hülldornen etwa von der Mitte an bogig einwärts gekrümmt, an der Spitze fast ringförm. eingerollt, locker stehend (Abstand 1-3 mm), vorwiegend mit Drüsenhaaren; auch Schnabel stark eingekrümmt. Stg. einfarbig grün oder mit feinen Punkten (*//*)                  *X. orientale* ssp. *o.*

**3b** Mehrzahl der Hülldornen (>70 %) nur an der Spitze hakig (häkelnadelartig), aber nicht eingerollt-hakig, ca 0,6-1,2x so lg wie Fr.-DM. Schnabel nur wenig lger als die oberen Hülldornen

**4.** Hülldornen mit Ausnahme des oberen Teils dicht mit kugeligen bis höchstens kurz gestielten Drüsenhaaren besetzt (daneben vereinzelte lge Haare)(GL, aber für Garg. nachgewiesen)                  *X. saccharatum* ssp. *s.*

**4+** Drüsenhaare an den Dornen fehlend oder spärlich

**5.** Hülldornen schlank (ca 0,3 mm DM), mit 5-7 mm Lge meist 0,8-1,2 so lg wie der DM der Fr., basal ± dicht mit Haaren von 0,8-1,1 mm Lge und zusätzlich einigen Drüsenhaaren besetzt und (fast) alle mit Hakenspitze. Schnabel meist stumpfkantig, 5-6 mm, basal 1-1,5 mm br. B.lappen mit stumpfen, <1 mm lgen Zähnen                  *X. orientale* ssp. *italicum*

**5+** Hülldornen dicklich, basal ca 0,5 mm DM, meist 0,6-0,8x so lg wie der Fr.-DM., mit vereinzelten Haaren vgl. **4.**                  *X. saccharatum* ssp. *s.*

**3c** Mindestens die Hälfte der Hülldornen ganz gerade oder (insbesondere am basalen Teil der Fr.) mit höchstens leicht eingebogener Spitze, vor allem in der unteren Hälfte mit Drüsen und lgen Haaren ± gleichmäßig besetzt (bisher nicht Italien)

**6.** Hülldornen 3-4 mm, ca 1/2 so lg wie Fr.-DM. Stg. mit rötl. Strichen oder Punkten (bisher vor allem Zentral-Europa; formenreich)                  *X. albinum*

**6+** Hülldornen (im mittl. Fr.-Abschnitt) 5-6 mm, (fast) so lg wie der Fr.-DM. Stg. einfarbig grün (bisher nur Balkan)            *Xanthium saccharatum* ssp. *aciculare*

## XERANTHEMUM

**1.** Äußere Hüllb. kahl, kurz bespitzt. Innere Hüllb. 17-25 mm. 5-6 Pa.schuppen    *X. inapertum*
**1+** Äußere Hüllb. behaart, stumpf. Innere Hüllb. 10-13 mm. 10-15 dtl. ungleich lge Pa.schuppen
                                                  *X. cylindraceum*
                                                  = *X. foetidum*

## CONVOLVULACEAE (incl. Cuscutaceae)

**1.** Parasitische Pfl. ohne B. und ohne Chlorophyll. Blü. rosa (s. slt. weißl.), klein, in Knäueln *(Cuscutaceae)*                                                      *Cuscuta*
**1+** Pfl. mit wohlentwickelten grünen B. und (± großen) Trichterblü. *(Convolvulaceae* s.str.)
**2.** Unterhalb des K. 2 ± eiförm. Hochb. (nicht mit den lanzettl. Vorb. verwechseln!)    *Calystegia*
**2+** Keine Hochb. unmittelbar unterhalb des K.                       *Convolvulus*

## CALYSTEGIA

**1.** Blü. rosa. B. nierenförmig. Pfl. ± niederliegend. Sandstrand        *C. soldanella*
**1+** Blü. weiß. B. herz- bis pfeilförmig. Pfl. windend
**2.** Blü.-DM 6-7 cm. Hochb. nicht lger als br. (jeweils 15-30 mm), sich überlappend und den K. vollständig einhüllend, an der Basis ausgesackt, apikal ± stumpf oder ausgerandet-stachelspitzig. Staubb. 2,5-4 cm, mit Antheren von 6-8 mm Lge         *C. silvatica*
Die übliche Schreibweise *„sylv-"* (statt *silv-*) ist nomenklatorisch nicht korrekt
**2+** Blü.-DM 4 cm. Hochb. dtl. lger (>15 mm) als br. (<15 mm), den K. nicht vollständig einhüllend, spitz. Staubb. 1,5-2,5 cm, Antheren 4-6 mm         *C. sepium*
„Übergänge" (Hybriden?) **2./2+** wurden als *C. lucana* beschrieben (CL)

## CONVOLVULUS

**1.** B. (zumind. d. unteren) gestielt, Spr.grund herzförmig. Pfl. windend. Blü. weißl. oder rosa
**2.** Obere Stgb. in (oft 7) linealische Zipfel geteilt, silbrig-seidig      *C. elegantissimus*
                                           = *C. althaeoides* ssp. *tenuissimus*
  **2+** Obere Stgb. ganzrandig
  **3.** Blü. einzeln seitenständig. Fr. kahl. Formenreich (vgl. Pg 2:389)      *C. arvensis*
  **3+** Blü. in endständigen Gruppen. Fr. behaart vgl. **5+**         *C. cantabrica*
**1+** B. ungestielt, Spr.grund verschmälert. Pfl. nicht windend
  **4.** Blü. 12-25 mm, (weißl.-)rosa. Fr. fein behaart. Pfl. mehrj.
  **5.** Pfl. -15 cm, basal verholzt. B. weiß-seidig. III-VI (v)        *C. lineatus*
  **5+** Pfl. 20-50 cm, krautig. B. und Stg. unten abstehend, im Infl.-Bereich meist anliegend behaart. Teilinfl. lg gestielt. V-X          *C. cantabrica*
  **4+** Blü. 7-10 mm, blau und gelb. Fr. kahl. Pfl. einj.        *C. pentapetaloides*

## CUSCUTA

Die Arten sollten vor dem Herbarisieren bestimmt werden. Bezügl. der Zähligkeit der Blü. sind mehrere Blü. zu prüfen
Das Vorkommen weiterer Arten ist möglich (nach CL gibt es in Apulien noch *C. europaea*). – Or.-Lit. ist ratsam (in Pg gute Abb.!)

**1.** Narben fädl. bis keulenförmig in den Gr. verschmälert. Fr. quer aufspringend, Rest der Kr. die Fr. kapuzenförmig bedeckend

    **2.** Blü. 5-zlg. Gr. (mit der Narbe) mind. so lg wie der Frkn.

        **3.** Pfl. insgesamt gelbl. Blü. 1,5-2,5 mm, weiß, in Knäueln von 5-6 mm DM. K.zipfel dickfleischig, weiß. Gr. etwa so lg wie d. Frkn. Fr. apikal abgeflacht. Samen <1 mm (*//*)    *C. planiflora*

        **3+** Pfl. insgesamt meist rötl. Blü. 3-5 mm, weißl. oder rosa, in Knäueln von (5-)7-12 mm DM. Gr. etwa 2x so lg wie d. Frkn. Fr. kugelig    *C. epithymum* s.l.

        Dieses formenreiche Taxon wird zumeist (auch in CL) weiter untergliedert, doch ist im Gebiet nur mit *C. e.* ssp. *e.* zu rechnen; vgl. ggfs. Or.-Lit.

    **2+** (Die meisten) Blü. 4-zlg **u./od.** Gr. < Frkn. (für Garg. bisher nicht nachgewiesen)    Or.-Lit.

**1+** Narben kopfig. Kr. die Fr. am Grund umhüllend. Fr. nicht oder unregelmäßig aufreißend. Samen mind. 1 mm

    **4.** Blü. 2-3 mm lg, Blü.stiel meist < Blü., Knäuel daher sehr kompakt. K.zipfel ca so lg wie Kr.-röhre. Fr.(kn.) etwas abgeplattet und deshalb meist breiter als hoch

        **5.** (Die meisten) Blü. 4-zlg. Schlundschuppen s. kurz. Sonst wie **6.**; z.B. auf *Polygonum* oder *Beta*    *C. scandens* s.str.
                                             = *C. (australis* ssp.*) tinei*

        **5+** (Die meisten) Blü. 5-zlg. Schlundschuppen wohl entwickelt, fast bis zur Ansatzstelle der Staubb. reichend

           **6.** K.zipfel sich nicht überlappend. Kr.zipfel eiförmig, stumpfl. Schlundschuppen < Kr.röhre, 2-teilig. Gr. ungleich lg. Fr. 3,5-4 mm DM, Samen ca 1,5 mm. Auf Leguminosen, *Persicaria, Xanthium,* an Sandstränden usw.    *C. cesattiana*
                                             = *C. scandens* ssp. *cesattiana* = *C. (australis* ssp.) *cesatiana*

           Beachte *cesattiana* vs. *cesatiana*

           **6+** K.zipfel sich überlappend. Kr.zipfel 3-eckig, spitz. Schlundschuppen > Kr.röhre, gefranst, aber nicht 2-teilig. Gr. gleich lg. Fr. 2-3 mm DM, Samen 1-1,2 mm. Vorwiegend auf Leguminosen    *C. campestris*

    **4+** Fr(kn). höher als br. **und** ein Großteil der Blü.stiele so lg wie die Blü. (für Garg. bisher nicht nachgewiesen)    Or.-Lit.

## CORNACEAE   CORNUS

**1.** (Jge) Zweige grau, 4-kantig. B. mit dtl. Domatien und Kompassnadelhaaren. Blü. gelb, in ± kugeligen Dolden. Fr. elliptisch, zu 1-3, zuletzt bis 2 cm lg und rot. II-IV    *C. mas*

**1+** Zweige oft rötl., ± rund oder 2-kantig. Ohne Domatien. Behaarung unterschiedl. (vgl. unten) Blü. weiß, in gewölbten Scheindolden. Fr. kugelig, kleiner, schwarz. IV-VI    *C. sanguinea*
Bisw. (auch in CL) werden unterschieden (ob alle im Gebiet?):

    **a1** B. unterseits (!) nur mit abstehenden, einfachen, bisw. gekräuselten Haaren    ssp. *s.*

    **a2** B. unterseits mit (ungleich-)2-schenkeligen und einfachen, gekräuselten Haaren
                                               ssp. *hungarica*

    **a3** B. unterseits nur mit dicht anliegenden, 2-schenkeligen Haaren    ssp. *australis*

    (In Mitteleuropa) Übergänge, vor allem zwischen **a2** und **a3**. Ssp. *hungarica* gilt auch als Bastard **a1** x **a3**. – Nach CL ist zumindest ssp. *australis* für Apulien nachgewiesen

## CORYLACEAE

Die *Corylaceae* werden häufig in die *Betulaceae* eingeschlossen
Schösslingsblätter können die im folgenden angegebenen B.maße dtl. überschreiten

**1.** Strauch. B. rundl. bis breit-oval, mit meist herzförm. Grd., beiderseits behaart. B.rand apikalwärts zunehmend grob gezähnt bis fast gebuchtet. B.stiel abstehend rauhaarig, bisw. drüsig. Domatien undeutl. bis fehlend                                            *Corylus avellana*

**1+** Baum oder Strauch. B. mind. 1,5x so lg wie br., Spr.grund schwach herzförm. bis breit-keilförm.; B.rand ± gleichmäßig doppelt gesägt. Domatien ± dtl.

**2.** Stammborke längsrissig. B. jederseits mit (10-)13-16 Seitennerven 1. Ordn., davon mehrere mit insges. mind. 3-4 dtl. Seitennerven 2. Ordn., diese bisw. auch noch in der oberen B.hälfte. Unterster Seitennerv meist 3-5 mm vom B.rand entfernt. B. meist 4-7(-9)x2-3(-5) cm, größte B.-breite meist dtl. in der unteren B.hälfte. Lentizellen an älteren Zweigen querverlaufend oder rundl., -4 mm lg. Bei starker Vergrößerung: B.unterseite bes. in der Nähe der Nerven mit zml. vielen oft gelbl. „Körnchen" versehen. Fr.stand ähnl. einem Hopfenzapfen; Nuss von einer sackartigen Hülle locker umgeben; Stamin. Kätzchen meist >4 cm                        *Ostrya carpinifolia*

**2+** Borke glatt. Seitennerven 9-14 (der unterste oft nur 1-2 mm vom B.rand entfernt), Seitennerven 2. Ordn. 0-wenige, dann undeutl. und auf die untere Hälfte der Spr. beschränkt. B. oft ± in der Mitte am breitesten, unterseite nur mit einzelnen stets weißen „Körnchen". Lentizellen lgsoval bis spindelig, punktförm. od. fehlend. Nuss von einem Flügel fest umschlossen; stamin. Kätzchen meist <4 cm                                                    *Carpinus*

## CARPINUS

**1.** Seitennerven 11-14. Auch undeutl. Seitennerven 2. Ordnung oft fehlend. B. meist 5-8x3,5-4,5 cm. B.stiel >6 mm. Jge Zweige spärl. behaart. B. oberseits meist rasch verkahlend. Entrindetes 2-jähriges Holz mit eingetieften Riefen. Fr.flügel 2-3-lappig                        *C. betulus*

**1+** Seitennerven slt. >11, einzelne undeutl. Seitennerven 2.Ordnung meist vorhanden. B. meist 2,5-4x1,5-2,5 cm (auch größer), Stiel meist <7 mm. Auf der B.oberseite Haarstreifen bis in den Sommer bleibend, auch jge Zweige oft dicht behaart. Entrindetes Holz mit Striemen. Fr.flügel gezähnt                                                                *C. orientalis*

## CRASSULACEAE

**Lit.:** EGGLI, U. (Ed.): Sukkulenten-Lexikon **4**. – Stuttgart (2003)

**1a** K., Kr. und Frkn. 5-zlg, Staubb. 10 (slt. 5)

**2.** Krb. ausgebreitet, frei. Infl. zymos. B. sitzend                                    *Sedum* s.l.

**2+** Krb. röhrig „verwachsen". Infl. eine lge, ährenförm. Traube. Grundb. lg gestielt, oft peltat                                                                            *Umbilicus*

**1b** Blü. (auch Androeceum!) 4-zlg (wenn Staubb. 8 vgl. *Phedimus stellatus*). Pfl. kahl, einj., slt. >6 cm

**3.** (Obere) B. gegenständig, ca 2(-4)x1-2 mm. Blü. zu 1-4 gestielt, seitenständig. Krb. 1-2 mm. Frkn. nur an der Spitze spreizend. Feuchte Standorte. II-V                    *Tillaea vaillantii*

**3+** Alle B. wechselständig, 3-5 mm lg. Blü. sitzend, in endständ. Zymen. Krb. 3 mm, doppelt so lg wie d. K. Frkn. sternförm. spreizend. IV-V vgl.                        *Sedum (caespitosum)*

**1c** K., Kr. und Frkn. 6(-20)-zlg

**4.** Pfl. 10-50 cm, mit fast kugeliger Grundb.rosette von 2-8 cm DM, oft mit kleineren Tochter-Rosetten. B. randl. bewimpert

**5.** Krb. 6, vorne fransig gezähnelt, 12-17 mm lg, hellgelb, aufrecht. Rosetten-B. meist <2 cm *(//)*                                                                  *Jovibarba globifera* ssp. *hirta*

**5+** Krb. 8-20, ganzrandig, 8-10 mm lg, ± rot, flach ausgebreitet. Rosetten-B. meist >2 cm (//)
*Sempervivum tectorum*
**4+.** Pfl. (meist) kleiner, ohne auffällige Grundb.-Rosette. Krb. 6(-8), bis 10 mm lg     *Sedum* s.l.

**JOVIBARBA** Vgl. **5.** (//)                                                    *J. globifera* ssp. *hirta*

**SEDUM** s.l.  (= **Sedum** s.str., **Hylotelephium** und **Phedimus**)
Die Angaben zu den Bälgen beziehen sich auf ausgereifte Exemplare
Die Angabe von *Sedum anglicum* ist irrig

*A. Hauptschlüssel:*

**1.** B. flach, spatelförmig bis oval, bisw. in 2-4-zlgen Wirteln. Krb. 3-5 mm
**2.** Pfl. stets einj., 5-30 cm. B. slt. >2 cm lg. Krb. weiß od. rosa. Oft an schattigen Standorten
**3.** B. ganzrandig, spatelförm., nach oben ± plötzlich kleiner werdend, oft in 3-4-zlgen Wirteln. B.rand u./od. Stg. behaart. Krb. weiß, stachelspitzig, mit ± behaartem Mittelnerv. Bälge aufrecht                                                                                    *S. cepea*
**3+** B. gezähnelt od. gekerbt, mit rundl. Spr., alle ± gleichgroß, meist wechselständig, nur untere bisw. dekussiert. Pfl. meist kahl. Krb. rosa, zugespitzt, slt. zu 4. Bälge sternförm. spreizend                                                                        *Phedimus (S.) stellatus*
**2+** Pfl. mehrj., basal oft verholzt, mit Speicherwurzeln, meist >20 cm, blau bereift, kahl. B. gezähnt, 4-12x2-5 cm. Blü. (grünl. bis) hellgelb. VI-VIII (v)        *Hylotelephium (S.) maximum*
= *S. telephium* ssp. *m.*
**1+** B. linealisch, ± zylindr. bis fast kugelig (trocken auch flach), außer bisw. bei **7.** wechselständig
(vgl. Alternativschlüssel)
**4.** Blü. weiß(l.) oder rötl., bisw. nur rötl. geadert. Antheren rot. Pfl. meist 3-10 cm hoch
**5.** Bälge und meist auch blü.tragende Stg. (zumind. teilweise) drüsenhaarig.
**6.** Pfl. mehrj., mit zahlreichen sterilen Sprossen. Krb. 3-5 mm, 2-3(-4)x so lg wie die Kb. Bälge ± aufrecht. VI-VII
**7.** B. oft gegenständig, slt. >7 mm lg, meist blaugrün. Stg. v.a. apikal drüsenhaarig. Blü. 3-5 mm lg gestielt, 5(-6)-zlg. Bälge mit kurzem, auswärts gekrümmten Gr.        *S. dasyphyllum*
**7+** B. an blühenden Stg. 5-20 mm. Stg. v.a. basal mit (bisw. nur wenigen) sehr kleinen (!) Drüsenköpfchen, Infl.-Äste meist kahl. Blü. -3 mm gestielt, stets 5-zlg. (Junge) Bälge innen (oben) mit kleinen Drüsenpapillen und geradem Gr. (v)        *S. album*
**6+** Pfl. einj., ohne sterile Sprosse (slt. bei *Sedum hispanicum*). B. stets wechselständig, meist >7 mm. Krb. 4-7 mm, 3-5x so lg wie die Kb. IV-VI
**8.** Blü. (meist) 6(-8)-zlg. Staubb. doppelt so viele. Krb. 6-7 mm. Tragb. < Blü. Bälge spreizend                                                                                    *S. hispanicum*
**8+** Blü. 5-zlg, Staubb. 5, slt. 10. Krb. 4-5 mm. Tragb. > Blü. Bälge ± aufrecht mit lgen, geraden Gr.                                                                                *S. rubens*
**5+** Pfl. (auch Bälge) kahl
**9.** Krb. meist 6, 6-7 mm, 4-5x so lg wie die Kb. vgl. **8.**        *S. hispanicum*
**9+** Krb. 5, 2-5 mm
**10.** Pfl. mehrj. Bälge ± aufrecht. B. meist >6 mm lg. Blü. kurz gestielt. K. 1 mm. Staubb. 10. Einzelne Drüsen fast immer vorhanden. VI-VII vgl. **7+**        *S. album*
**10+** Pfl. einj. Bälge ± spreizend. Pfl. völlig kahl
**11.** Staubb. (4-)5. Blü. sitzend. B. 3-6 mm lg. IV-V        *S. caespitosum*
**11+** Staubb. 10. Blü. kurz gestielt. B. 5-7 mm. VII-VIII (//)        *S. atratum*
**4+** Blü. gelb bis gelbl.-weiß. Antheren (meist) gelb. Pfl. ± kahl oder (v.a. am K. oder im Infl.-Bereich) ± drüsig. Außer **12b** mehrj., meist mit sterilen Sprossen

**12a** Pfl. -10 cm. Blü. (meist) reingelb, stets 5-zlg, Staubb. 10. (Reife) Bälge sternartig spreizend. B. (der sterilen Triebe) bis 5 mm lg, stumpf, ohne Stachelspitze
   **13.** B. basal ohne Sporn. Krb. ca 6-7 mm. Kb. frei                ***Sedum acre***
     Die B. schmecken normalerweise unangenehm kratzend-scharf. Wenn nicht scharf schmeckend und
     Krb. nur blassgelb                                       *var. neglectum*
   **13+** B. basal mit kurzem (!) Sporn. Krb. ca 4 mm. Kb. basal verwachsen (*//*)  ***S. sexangulare***
**12b** Pfl. -10 cm, einj. Krb. 3-4 mm, blassgelb, 5-zlg, auch Staubb. meist 5. Bälge nicht sternförm. spreizend. B. ca 5 mm, stumpf, kurz gespornt (bisher nur Pianosa)    ***S. litoreum***
**12c** Pfl. meist >10 cm. Blü. gelb bis fast weißl., 5-8-zlg. Bälge ± aufrecht. B. (meist) >10 mm,
gespornt, kurz stachelspitzig (*Sedum rupestre*-Gruppe)
     Morphologisch, chorologisch und nomenklatorisch sehr unübersichtliche Gruppe. Man vergleiche daher
     die Einzelbeschreibungen. Die metrischen Angaben zu K.- und Krb.lge sowie die Angaben zu Emergen-
     zen an der Basis der Filamente differieren und sind kritisch zu bewerten. – Möglichst frisch bestimmen! –
     Nach Fen und AFE kommen am Garg. vor: *S. sediforme, ochroleucum* und *rupestre*, nach CL in Apulien
     (!) nur die beiden letztgenannten; ein Vorkommen von „*S. montanum* ssp. *orientale*" (= *S. pseudo-*
     *rupestre)* am Garg. wird in Pg als möglich angesehen

   **14.** Pfl. 20-50 cm hoch. B. meist 10-15x2-6 mm (auch getrocknet), oft rötl. Infl. ohne Tragb.,
präfloral insgesamt aufrecht (trichterförm. bis plan), zur Blü.zeit ausladend-abstehend, mit
kahlen Ästen. Kb. 3-eckig, 1,5-3 mm, bisw. stumpfl., meist kahl. Krb. (5-)6-8(-10) mm, weißl.-
strohfarben bis hellgelb, zur Blü.zeit abstehend. Filamente basal mit Papillen (*//*)
                                                               ***S. sediforme***
   **14+** Pfl. meist 10-30 cm. B. nur 1-2 mm breit, slt. rötl. Infl. mit Tragb. und bisw. drüsig
     **15.** Krb. gelbl.-weiß, 8-10 mm, zur Blü.zeit ± aufrecht. Kb. 5-7 mm, spitz, drüsig. Infl. vor
und ± auch nach der Blüten aufrecht und ± plan. Filamente weiß, kahl   ***S. ochroleucum***
                                                                    = *S. anopetalum*
     **15+** Krb. rein (hell)gelb, 4-8(-10) mm, zur Blü.zeit sternförm. ausgebreitet. Kb. 3-4 mm. Infl.
vor der Blü. ± gewölbt (konvex), zur Fr.zeit konkav oder plan. Filamente gelb
       **16.** Krb. 6-7 mm lg, wie die Filamente und die Fr. rein gelb. Kb. oval bis 3-eckig, meist
kahl (slt. mit einzelnen Drüsenhaaren). Filamente basal mit (oder ohne) Papillen. Infl. präfloral nickend, kahl (?)                                     ***S. rupestre***
                                      = *S. reflexum* s. Fen (≠ *S. reflexum* s. Pg!)
       Die Art wird häufig in 2 ssp. gegliedert; nach CL ist im Gebiet jedoch nur ssp. *r.* zu erwarten
      **16+** Krb. (7-)8-10 mm, zitronengelb. Kb. 3-eckig lanzeolat, zstr. bis reichlich drüsig. Fila-
mente basal meist dicht papillös. Fr. grünl. Infl. präfloral aufrecht, (oft s. spärl.) drüsig (*//*)
                                                             ***S. pseudorupestre***
                             = *S. montanum* ssp. *orientale*, vgl. oben; = *S. thartii*

---

*B. Schlüsselvariante für fruchtende Pflanzen von* Sedum *s.str.:*
**Lit.:** t' HART in Fl. Medit. **1**:31-61 (1991). – A. **12b** S. *litoreum* nicht berücksichtigt

**1.** s. oben
**1+** B. linealisch, ± zylindr. bis fast kugelig (trocken auch flach)
   **2.** Testa mit Rippen oder Papillen. Kb. basal verwachsen
     **3.** Pfl. völlig kahl. Einj. (vgl. A. **10+**)
       **4.** Bälge sternförm. spreizend, ohne Wülste                  *S. caespitosum*
       **4+** Bälge aufrecht-spreizend, mit schwach ausgebildeten lippenartigen Wülsten   *S. atratum*
       Wenn mehrj. mit sterilen Sprossen vgl.                                *S. album*
   **3+** Pfl. (zumind. stellenweise) drüsig
     **5.** B. stachelspitzig vgl. A. **12c**                         *S. rupestre*-Gruppe
     **5+** B. nicht stachelspitzig
       **6.** Bälge aufrecht. Blü. mind. 1 mm gestielt. Mehrj. vgl. A. **6.**     *S. dasyphyllum*
                                                        bzw. *S. album*

**6+** Bälge wenigstens etwas spreizend. Blü. sitzend. Pfl. stärker drüsig. Einj. (vgl. _A._ **6+**)
    **7.** Bälge sternförmig spreizend, mit lippenartigen Wülsten         _Sedum hispanicum_
    **7+** Bälge aufrecht-spreizend, ohne lippenartige Wülste entlang der Bauchnaht   _S. rubens_
**2+** Testa netzartig gemustert. Bälge spreizend, mit lippenartigen Wülsten. Pfl. kahl vgl. _A._ **12a**
                                                             _S. acre_ bzw. _S. sexangulare_

**HYLOTELEPHIUM** → **Sedum** s.l.

**PHEDIMUS** → **Sedum** s.l.

**SEMPERVIVUM** Vgl. **5+** (_//_)                                           _S. tectorum_

**TILLAEA** Vgl. **3.**                                                _T. vaillantii_
                                                           = _Crassula v._

**UMBILICUS**

**1.** Blü. 4-7(-10) mm lg, grünl. bis strohfarben. Kr.zipfel etwa 1/4 so lg wie der Kr.tubus. (Die meisten) Grundb. kreisförm.-peltat
**2.** Blü. 3-5(-9) mm lg gestielt, meist (!) hängend, 7(-10) mm. Kr.zipfel etwa so lg wie br. Infl. meist über die Hälfte des Stg. einnehmend                               **_U. rupestris_**
**2+** Blü. 1-3 mm gestielt, stets horizontal abstehend, 4-6(-7) mm. Kr.zipfel 3-eckig zugespitzt, lger als br. Infl. weniger als die Hälfte des Stg. einnehmend            **_U. horizontalis_**
**1+** Blü. 9-13 mm lg, ± gelb (getrocknet rotbraun). Kr.zipfel etwa so lg wie der Kr.tubus. Grundb. mit basaler Bucht                                         **_U. erectus_**
                                                         = _U. luteus_
CL zufolge sind die Meldungen dieses Taxons nomenklatorisch und chorologisch problematisch. Wahrscheinlich fehlt die Art in Italien überhaupt

**CRUCIFERAE** (= **Brassicaceae**)

| | |
|---|---|
| _Schote:_ | Fr. >3x so lg wie br. |
| _Schötchen:_ | Fr. <3x so lg wie br. |

    Der Unterschied ist meist schon recht früh erkennbar. Grenzfälle sind doppelt verschlüsselt

| | |
|---|---|
| _Valven:_ | Fr.klappen |
| _Lokulamente:_ | die beiden Fächer der Fr. |
| _Schnabel:_ | oberer, gestaltlich ± abweichender Teil der Fr., meist (!) steril |

**Gruppenschlüssel:**

**1.** Krb. vorhanden
    **2.** Krb. gelb(lich), orange oder bräunlich (trocken bisw. verblassend)
        **3.** Fr. eine Schote                                           **Gruppe I**
        **3+** Fr. ein Schötchen                                     **Gruppe III**
    **2+** Krb. weiß, rosa, violett oder bläul.
        **4.** Fr. eine Schote                                           **Gruppe II**
        **4+** Fr. ein Schötchen                                     **Gruppe IV**
**1+** Krb. fehlend
    **5.** Fr. eine Schote vgl.                                     _Cardamine impatiens_
    **5+** Fr. ein Schötchen

**6a** Fr. paarweckartig, mit Netzmuster vgl.              *Lepidium („Coronopus")* didymus
**6b** Fr. rundl.-oval vgl.                                                    *Lepidium*
**6c** Fr. verkehrt 3-eckig, obere B. stg.umfassend vgl.          *Capsella bursa-pastoris*

### Gruppe I – Schote / Gelb

**1.** (Zumind. Grundb.) mit Gabel- oder Sternhaaren.

**2.** B. 2-3-fach fiederschnittig. B.zipfel <1 mm br., mit kleinen, mehrstrahligen Haaren
                                                                        *Descurainia sophia*

**2+** B. ganzrandig bis einfach fiederschnittig, B.zipfel (meist) breiter

**3.** Obere B. dtl. stg.umfassend. Blü. weißl.-gelb                          *Arabis*

**3+** Obere B. nicht so. Blü. reingelb, orange oder bräunl.

**4.** Pfl. drüsig-klebrig (kurzgestielte Drüsen und lgere einfache und gabelteilige Haare gemischt). Untere B. ± fiederschnittig. Fr. 80-120x2-3 mm          *Hesperis laciniata*

**4+** Pfl. nicht drüsig. B. alle ± linealisch, ganzrandig oder entfernt gezähnt. Fr. bis 90 mm
                                                                        *Erysimum*

**1+** Pfl. nur mit einfachen Haaren oder kahl. Außer **5a** und **7+** (und slt. **9.**) zumind. Grundb. meist tief geteilt bis fiederschnittig

**5a** Alle B. ganzrandig, schmal-elliptisch, kahl, die Stgb. stg.umfassend. Krb. zitronengelb, 6-8 mm. Fr. 5-8 cm lg, 8-eckig, jede Valve mit 3 Nerven. V.a. segetal (*//*)    *Conringia austriaca*

**5b** Am Stg. ein 3-gliedriger Wirtel 3-zähliger B. Buchenwald (*//*)    *Cardamine (enneaphyllos)*

**5c** Stgb. mit 7-9 Fiedern, diese 6-12x1-3 cm. Krb. 15-18 mm lg. Fr. 4-8 cm. Buchenwald vgl. **II 15.**                                                *Cardamine (heptaphylla)*

**5d** Pfl. anders

**6a** Fr. ohne Schnabel

**7.** B. (zumind. teilweise) fiederschnittig. Fr. eine schlanke, mehrsamige Schote, 1-20 cm lg

**8.** B. nicht stg.umfassend. Pfl. oft behaart. Meist ruderale Standorte          *Sisymbrium*

**8+** (Obere) Stgb. stg.umfassend. Fr.stiele höchstens 1/5 so lg wie die Fr. Pfl. ± kahl.
Feuchte Standorte                                                         *Barbarea*

**7+** B. ganzrandig, stg.umfassend. Einsamige, hängende, zuletzt schwärzl. Schließfrucht, mind. 3 mm br. und <2 cm lg vgl. **III 5.**                          *Isatis*

**6b** Fr.schnabel nur 1-3 mm, aber dtl. Frucht meist ±1-2 mm br.

**9.** Samen in jedem Fach versetzt-zweireihig. Endabschnitt der Grundb. nicht auffällig größer als die Seitenlappen (slt. B. auch ungeteilt). Pfl. kahl bis spärl. behaart (dann Stg. meist blattlos)                                                               *Diplotaxis*

**9+** Samen einreihig. Endabschnitt der Grundb. auffällig vergrößert. Pfl. meist rauhaarig (aber Fr. kahl) vgl. **13+**                                               *Brassica*

**6c** Fr.schnabel (meist) >3 mm lg. Samen einreihig oder Narbe dtl. 2-teilig

**10.** 3-10-samige Gliederschote mit sterilem basalem Abschnitt, 3-6 cm lg, davon etwa die Hälfte der Schnabel. Samen ca 2 mm DM. Krb. 14-25 mm lg, oft violett geadert vgl. **II 11.**
                                                                *Raphanus (raphanistrum)*

**10+** Fr. anders

**11.** Narbe dtl. 2-teilig (zumind. dtl. Querrille). Fr. mit 7-10 mm lgem schwertförmigem Schnabel und 1-nervigen Valven. Samen meist 2-reihig. Krb. weißl. oder gelbl., violettadrig, 15-20 mm lg. Pfl. beim Zerreiben würzig riechend                          *Eruca*

**11+** Narbe höchstens seicht ausgerandet. Blü. (blass-)gelb, slt. violettadrig. Schnabel nur noch bei *Sinapis alba* (mit 3-nervigen Valven) schwertförmig. Samen einreihig

**12.** Fr. 8-15x1-1,5 mm, die Valven jg 3-nervig, später Nerven nur noch schwach. Fr.schnabel (an der reifen Fr.) basal eingeschnürt, darüber verdickt, ca 1/2 so lg wie die

Valven, meist 1-samig (wenn nicht und nur -4 mm, Fr. stets kahl, vgl. *Brassica nigra*).
Fr.stiel zuletzt fast so dick wie die Fr., dem Stg. meist dicht anliegend. Samen zu (2-)4-6(-
10), ovoid. Kb. ± aufrecht, meist <4 mm. Unterste(s) Stg.-Abschnitt(e) oft auffällig stärker
borstig als die folgenden. Formenreich                                    *Hirschfeldia incana*

**12+** Fr. breiter u./od. lger, Samen meist kugelig

    **13.** Valven (mind.) 3-nervig, bisw. behaart. Kb. ± waagrecht abstehend, meist 4-5 mm.
B. nicht stg.umfassend, stets behaart                                      *Sinapis*

    **13+** Valven 1-nervig, kahl. Kb. oft aufrecht. B. bisw. stg.umfassend und kahl   *Brassica*

**Gruppe II – Schote / Weiß**

**1.** Fr. quer gegliedert, oberes Fr.glied stark zusammengedrückt. ± Sukkulente Strandpfl.   *Cakile*

**1+** Fr. anders. B. nicht sukkulent

    **2.** Pfl. behaart, Haare an Stg. u./od. B. zumindest teilweise 2- bis mehrstrahlig. B. (außer meist
bei **7.** *Matthiola*) ungeteilt bis höchstens buchtig-gezähnt

        **3.** Krb. weiß, -10 mm lg

        **4.** Pfl. einj., meist <20 cm hoch. Haare 1-2-strahlig. Fr. bis 1,5 cm, aufrecht-abstehend. II-IV,
bald darauf vertrocknet                                      *Arabidopsis*

        **4+** Pfl. 2- bis mehrj., oft höher. Haare (bes. am unteren Stg.) 1-5-strahlig. Fr. bis >5 cm, straff
aufrecht. Obere B. oft dtl. stg.umfassend                          *Arabis*

        **3+** Krb. rosa bis blauviolett

        **5.** Fr. ca 10x4 mm, mit 4-6 mm lgem Gr. Krb. ca 15 mm, blauviolett. B. graufilzig, jederseits
mit 1-2 Zähnen. Pfl. lockere, 5-20 cm hohe Polster an Felsen und Mauern bildend
                                             *Aubrieta columnae* ssp. *italica*

        **5+** Fr. mind. 10x so lg wie br.

        **6.** Narbe tief 2-spaltig, Narbenlappen aber senkrecht aneinanderliegend und einen Kegel
bildend (bzw. einen Gr. vortäuschend). Oft in Meeresnähe

            **7.** Unterhalb der Narbe 2 seitl. Auswüchse. Pfl. mit Grundb.rosette. Krb. 16-24 mm. Sa-
men geflügelt. 30-60 cm                                   *Matthiola*

            **7+** Fr. ohne seitl. Auswüchse. Pfl. (meist) ohne Grundb.rosette. Samen ungeflügelt. 5-40
cm                                                *Malcolmia*

        **6+** Narbe ± kopfig. 5-30 cm

            **8.** Pfl. zwei- bis mehrj., mit dtl. Grundb.rosette und zahlreichen Stgb. Fr. straff aufrecht
                                                     *Arabis*

            **8+** Pfl. einj. Fr. dem Stg. nicht eng anliegend

                **9.** Pfl. der Dünen. Stg. basal reichverzweigt, dicht grau behaart. Krb. rosa, bis 6 mm lg
                                               *Malcolmia (nana)*

                **9+** Pfl. der Garigue usw. Stg. basal wenig vezweigt. Haare 1-2(-5)-schenkelig. Krb.
bläul., 5-10 mm lg                                       *Arabis (verna)*

**2+** Pfl. kahl oder Haare alle (!) einfach (vgl. **9+** *Arabis verna* und **4.** *Arabidopsis* mit 1-2-strahli-
gen Haaren!)

    **10a** B. lanzeolat, ganzrandig, glauk, stg.umfassend. Blü. rosa-violett   *Moricandia arvensis*

    **10b** B. herzförmig, zumind. untere lg gestielt und grob gezähnt, nach Knoblauch riechend. Blü.
weiß                                              *Alliaria petiolata*

    **10c** Zumind. Grundb. tief geteilt u./od. Stgb. nicht stg.umfassend

        **11.** Gliederschote oder tropfenförmige Schließfrucht, geschnäbelt und ± schwammig-korkig,
unterer Teil steril. Kb. oft violett überlaufen. Endlappen der Grundb. ± rund, >2x so groß wie
die Seitenlappen. Pfl. borstig                                 *Raphanus*

        **11+** Fr. anders

**12.** Krb. lila oder violett. Schattige Standorte                              *Cardamine*
**12+** Krb. weiß
  **13.** Mehrj. Wasserpfl. mit wurzelnden Trieben. Krb. 5-7 mm. Fr. 13-18x2 mm, Samen versetzt 2-reihig                                                                *Nasturtium*
  **13+** Landpfl. Übrige Merkmale nicht in dieser Kombination
    **14.** Fr. ca 15-25 mm lg, mit 7-10 mm lgem schwertförmigen Schnabel und meist nur s. kurz gestielt. Einj., ruderale Pfl. vgl. I 11.                              *Eruca*
    **14+** Fr. meist dtl. gestielt. Schnabel fehlend oder nur bis 3 mm
      **15.** Krb. 15-20 mm lg. Fr. 40-75 x 3-5 mm, ungeschnäbelt. Untere B. 6-7-zählig. gefiedert. Rhizompfl. schattiger Standorte (*II*)                *Cardamine (heptaphylla)*
      **15+** Krb. kleiner. Pfl. einj.
        **16.** Obere B. buchtig gezähnt, bei den unteren Endabschnitt oft größer als Seitenabschnitte. Krb. 8-12 mm. Samen 2-reihig. Pfl. oft spärl. borstig. Formenreich
                                                                *Diplotaxis (erucoides)*
        **16+** Endabschnitte der B. nur wenig größer. Krb. bis 9 mm. Samen 1-reihig. Meist kahl                                                                *Cardamine*

## Gruppe III – Schötchen / Gelb

**1.** Fr. eine quer zweiteilige Nuss oder Gliederschote, mit aufgesetztem, 3-5 mm lgem persistierendem Gr. bzw. Schnabel (wenn ohne Gr. vgl. **IV 5+** *Crambe hispanica*). Grundb. oft ± fiederspaltig, bisw. bald absterbend. Stgb. gezähnt bis gebuchtet. Pfl. stets einj., aber bis 80 cm hoch
  **2.** Fr. kurz gestielt, der Achse angedrückt. Unteres Glied zylindrisch (den Fr.stiel fortsetzend) oder tonnenförmig, oft steril, oberes breiter und kugelig, einsamig. Stg. unterwärts (meist) borstig, B. ohne Gabelhaare                                                    *Rapistrum*
  **2+** Fr. zuletzt bis 2 cm lg gestielt, ± abstehend, in der Mitte quer eingeschnürt, mit je 2 3-eckig gezähnten Flügeln. An den Kanten mit Bläschenhaaren. Stg. von dunklen, drüsigen Höckern rau, B. mit einfachen und Gabelhaaren                                        *Bunias erucago*
**1+** Fr. anders. Grundb. – außer bei *Biscutella lyrata* mit brillenförm. Fr. und *Rorippa* auf nassen Standorten – ganzrandig, gezähnt oder gesägt, aber nicht fiederspaltig
  **3.** Fr. flach, brillenförmig                                            *Biscutella*
  Wenn Fr. paarweckartig-zweiknotig (also nur *im Umriss* brillenförmig) und Pfl. niederliegend vgl. **IV 21.**
                                                        *Lepidium („Coronopus")*
  **3+** Fr. nicht brillenförmig
    **4.** Stgb. dtl. stg.umfassend. Schließfrucht
      **5.** Fr. hängend, mind. 2x so lg wie br. Pfl. weithin kahl, meist glauk bereift. Meist 50-100 cm hoch                                                                *Isatis*
      **5+** Fr. ± abstehend, etwa so lg wie br., netzgrubig. Pfl. 20-70 cm hoch, von Sternhaaren grau
                                                        *Neslia paniculata* ssp. *thracica*
    **4+** Zumind. obere Stgb. am Grund verschmälert oder gerundet, slt. mit breitem Grund sitzend oder fehlend
      **6.** Fr. linsenförmig, dtl. geflügelt, ± hängend. Krb. 1-2 mm. Pfl. einj., 2-15 cm. III-IV *Clypeola*
      **6+** Fr. aufrecht oder abstehend. Krb. meist lger
        **7.** Fr. im Umriss ± rund (abgeflacht oder kugelig)
          **8.** Fr. bis 4 mm DM, mit Sternhaaren. (Teil-)Infl. eine einfache Traube. Kb. aufrecht, K. deshalb ± geschlossen. B. stets ganzrandig, ohne Grundb.-Rosette. Pfl. halbstrauchig oder einj.                                                                *Alyssum*
          **8+** Fr. kahl. B. oft ± gezähnt, meist mit Grundb.-Rosette. Nie einj.
            **9.** Krb. 4-7 mm. Fr. 4-10 mm DM, abgeflacht od. kugelig. Fr.gr. meist <2 mm    *Aurinia*

**9+** Krb. >15 mm, Fr. kugelig, meist >10 mm DM, mit >5 mm lgem Gr. (*//*)
*Alyssoides utriculata*
**7+** Fr. 2-3x so lg wie br. Pfl. krautig
   **10.** Fr. 20-24, Krb. 8-13 mm lg. Pfl. mehrj., grauhaarig (*//*)    *Fibigia clypeata*
   **10+** Fr. 3-7, Krb. 2-5 mm lg, oft verblassend
   **11.** Mehrj. Pfl. nasser Standorte. Stg. oft niederliegend und einwurzelnd. Grundb. fiederteilig, bald absterbend. Stgb. >3x so lg wie br., wie die Fr. kahl    *Rorippa amphibia*
   **11+** Einj., behaarte Pfl. ± trockener Standorte. Stg. aufrecht. Grundb. ungeteilt, Stgb.
<3x so lg wie br. (*//*)    *Draba (nemorosa)*

## Gruppe IV − Schötchen / Weiß
*Beachte folgende Grenzfälle Schote / Schötchen:*
- Fr. tropfenförmig, schwammig. Krb. ausgerandet. Kulturland    **II 11.** *Raphanus*
- Fr. ca 10x4 mm, von Sternhaaren grau. An Felsen und Mauern    **II 5.** *Aubrieta columnae*
Vgl. auch **4.** *Cakile*

**1.** Krb. tief (bis auf 1/3 der Lge) zweiteilig. B. oder Fr. sternhaarig
   **2.** Pfl. einj., slt. >10 cm hoch, ohne Stgb. Fr. kahl. Krb. 2-3 mm. Früh blühend und ab Mai „verschwunden"    *Erophila*
   **2+** Pfl. 2- bis mehrj., meist höher, mit Stgb. Fr. mit Sternhaaren. Krb. 5-8 mm. Ab (IV-)V
   *Berteroa obliqua*
**1+** Krb. höchstens ausgerandet
   **3.** Fr. quer zweiteilig, oberer und unterer Abschnitt dtl. verschieden. B. zumind. z.T. tief geteilt
   **4.** Fr. 15-20 mm. Oberteil kegelförmig. B.zipfel <5 mm br., etwas sukkulent. Pfl. kahl, -30 cm.
Am Meer (vgl. auch **II 1**)    *Cakile*
   **4+** Fr. kleiner. Oberteil ± kugelig. Pfl. meist behaart, meist 30-100 cm
   **5.** Fr. in einen 2-4 mm lgen Griffel ausgezogen. Blü. eigentlich hellgelb, aber rasch verblassend vgl. **III 2.**    *Rapistrum*
   **5+** Fr. ohne Griffel, glatt, Oberteil 2-5 mm DM. B. leierförmig gefiedert, Endabschnitt etwa so
lg wie br. und mit herzförm. Grund. Seitenfiedern viel kleiner, an Stgb. oft auch fehlend. Blü.
bisw. gelbl.    *Crambe hispanica*
**3+** Fr. anders
   **6.** Stgb. ganzrandig bis gezähnt, slt. gebuchtet (bei **9.** *Calepina* und bisw. bei **16.** *Lepidium* sind
die basale Rosettenb. aber fiederschnittig
   **7.** Stgb. stg.umfassend (vgl. Anm. bei **7+**). Fr. fast immer kahl
   **8.** Fr. kugelig bis schwach birnenförmig, ca 2-3 mm DM, oben weder ausgerandet noch
geflügelt
   **9.** Einsamige, gerunzelte Nussfr. Grundb. tief geteilt. Pfl. ± kahl, einj., 20-40 cm. II-V. Nur
bis 600 m    *Calepina irregularis*
   **9+** Fr. mehrsamig, ± glatt. Grundb. meist gezähnt. Stg. am Grund und B. beiderseits behaart. Pfl. mehrj., 10-30 cm. VI-VII. Höhere Lagen vgl. **18a**    *Kernera saxatilis*
   **8+** Fr. anders, fast immer (etwas) zusammengedrückt (bei **10.** nur wenig)
   **10.** Schließfr. mit herzförmiger Basis. Pfl. mehrj., oft in Trupps    *Lepidium (draba)*
   **10+** Fr. basal gerundet oder keilförmig. Pfl. oft einj.
   **11.** Fr. ausgeprägt verkehrt 3-eckig, oben meist ± flach ausgerandet. Krb. bis 3 mm.
Stets mit Rosette    *Capsella*
   **11+** Fr. anders
   **12.** Fr. oval, 4-7x2-3 mm. Gr. s. kurz bis fehlend. Stg. meist unverzweigt, mit Grundb.-
Rosette. B. mit verzweigten Haaren    *Draba*

**12+** Fr. zumind. oben geflügelt (nicht immer dtl.!), dadurch ausgerandet, meist mit dtl. (wenn auch oft kurzem) Gr. Stg. oft verzweigt. Haare, wenn vorhanden, einfach

**13.** Auswärts weisende Krb. 8-9 mm, dtl. größer als die beiden anderen (d.h. Blü. zygomorph). Fr.flügel ± 3-eckig. Infl. auch nach dem Abblühen doldenartig gestaucht bleibend                                                                         *Iberis*

**13+** Blü. radiär. Krb. (meist) kleiner. Fr.flügel meist gerundet (oft nur s. schmal), seltener 3-eckig. Infl. meist (zumind. nach der Blüte) dtl. gestreckt

**14.** Fr. mit schuppigen Bläschen bedeckt. Jedes Lokulament 1-samig. Unterste B. (früh absterbend!) fiederschnittig (v)                                    *Lepidium (campestre)*

**14+** Fr. ohne Blasenschuppen, jedes Lokulament (1-)2-5-samig. Auch unterste B. höchstens gezähnt                                                            *Thlaspi*

**7+** Obere B. nicht stg.umfassend (die sitzenden Stgb. von **18b** *Lunaria* allerdings mit ± herzförm. Grund)

**15.** Pfl. kahl, bläul. bereift, slt. >20 cm. Fr. 1-4-samig, geflügelt, Flügel breiter als Lokulament. Blü. hfg rötl.                                            *Aethionema*

**15+** Pfl. nicht bläul. bereift. Fr.flügel fehlend oder schmäler

**16.** Pfl. mehrj., 40-100 cm hoch, mit Pfahlwurzel, kahl oder spärl. mit einfachen Haaren besetzt. Stgb. 2-10 cm lg. Jedes Lokulament 1-samig                    *Lepidium*

**16+** Pfl. ein- oder mehrj. (dann aber kleiner), meist dtl. behaart. Wenn Lokulament 1-samig, stets mit Gabel- oder Sternhaaren

**17a** Haare auf den B. einfach. Zumind. untere B. (meist) gezähnt. Fr. mehrsamig

**18a** Pfl. 10-30 cm, mehrj. mit kurzem Rhizom. Krb. 2-4 mm, weiß. Fr. fast kugelig, 2-3 mm DM. Stgb. oft ganzrandig. Vor allem in Gebirgslagen (//)     *Kernera saxatilis*

**18b** Pfl. >30 cm, meist zweij. Krb. 15-20 mm, meist ± purpurn. Fr. flach, >30 mm lg. Auch Stgb. grob gezähnt, meist mit herzförm Grund (//; (g?))     *Lunaria annua*

**18c** Pfl. meist 2-5 cm, einj., mit wenigen lggestielten Blü. Krb. ca 1 mm     *Hornungia*

**17b** Haare (auch auf der Fr.) zweischenkelig (d.h. einer Kompassnadel ähnl.; starke Lupe!). Fr. ca 3x2 mm, Lokulamente einsamig. Pfl. mehrj. Gern in Küstennähe
                                                                            *Lobularia maritima*

**17c** Pfl. mit Sternhaaren, einj.

**19.** Fr. oval. Grundb.rosette ausgeprägt. Stgb. locker vgl. **12.**            *Draba*

**19+** Fr. kreisrund, stets mit Sternhaaren. Pfl. büschelig verzweigt             *Alyssum*

**6+** B. (zumind. bis zur Stg.mitte) alle tief geteilt

**20.** Pfl. mehrj., 40-70 cm hoch vgl. **16.**                                    *Lepidium*

**20+** Pfl. einj., <30 cm

**21.** Pfl. niederliegend. Teilinfl. dtl. seitenständig. Fr. nieren- bis paarweckartig
                                                                    *Lepidium ("Coronopus")*

**21+** Pfl. ± aufrecht, mit endständiger Hauptfloreszenz. Fr. glatt

**22.** Stg. kaum beblättert, alle B. fiederschnittig. Pfl. bis 15 cm. Krb. klein, aber vorhanden. Lokulamente 1-10-samig. II-V                                       *Hornungia*

**22+** Stg. reich beblättert, obere Stgb. linealisch-ganzrandig. Pfl. meist 15-25 cm. Krb. meist fehlend. Lokulamente stets 1-samig. Ab V                         *Lepidium*

**AETHIONEMA** Vgl. **IV 15.**                                            *Ae. saxatile*

Im Gebiet:
Lgen/Breiten-Verhältnis der B. mind. 3,5. Krb. 1,8-3,2 mm, Gr. <0,5 mm lg           ssp. *s.*

**ALLIARIA** Vgl. **II 10b**                                              *A. petiolata*

**ALYSSOIDES** Vgl. III 9+ (//)                                            *A. utriculata*
Vgl. auch *Aurinia*


**ALYSSUM** (excl. **Aurinia**)

Lit.: DUDLEY in J. Arn. Arb. **45**:57-100, 358-373 und 390-400 (1964); PERSSON in Bot. Notiser **124**:399-418 (1971)

**1.** Pfl. mehrj. (halbstrauchig). Kb. ± nur mit Sternhaaren. Krb. 4-6 mm, meist dtl. goldgelb. Gr. 1,5-3,5 mm. Antheren meist >0,3 mm
Die beiden folgenden Arten werden nach Pg gerne verwechselt. Ob es sich wirklich um 2 Arten handelt, kann aber bezweifelt werden. – Nach Pg und AFE kommen beide auf dem Garg. vor, nach eigenen Aufsammlungen nur *A. montanum*. – Das Merkmal der unterschiedlichen Gr.länge (z.B. Pg **1**:427) ist nicht brauchbar

  **2.** Haare auf den (unteren) B. 0,4-0,6 mm DM, (8-)12-16(-25)-strahlig, meist dicht, sich mehrfach überdeckend. Basale B. 10-20 mm lg, ca 5x (2-8x) so lg wie br., auch obere B. linear (-spathulat). Mit kurzgestielten sterilen Rosetten. Fr.stiel 6-10 mm. 10-25 cm          *A. montanum*
  Die ebenfalls gemeldete var. *hymettium* (Infl. bleibt im Fr.zustand auf 1-2 cm gestaucht) ist ein griechischer Endemit

  **2+** Haare (wenigstens teilweise) 0,7-1 mm DM, 5-10-strahlig, spärlicher. Basale B. meist nur 6-7 mm und ca 3x so lg wie br., auch obere B. elliptisch bis keilförmig. Mit niederliegenden sterilen Trieben. 5-15 cm          *A. diffusum*

**1+** Pfl. einj. Kb.-Spitze von langstrahligen Büschelhaaren überragt. Krb. 2-3 mm, oft weißl. Gr. 0,4-2 mm. Antheren meist <0,3 mm

  **3.** Kb. zur Fr.zeit abgefallen. Filamente der Staubb. teilw. geflügelt, Flügel mit einem Spitzchen endend. B. (zuletzt) ca 15x5 mm. Fr.-Gr. 0,5-1,6(-2?) mm. Samen 1,6-2,4 mm DM, davon bis 0,3 mm Flügelbreite. Sternhaare auf den B. 0,5-1 mm DM, meist 6(-8)-strahlig          *A. campestre* s.l.
          = *A. minus* s. Fen

    **a.** Fr. nur mit Sternhaaren. Flügel der beiden kurzen Staubb. nur ca 1/2 der Filamentlge erreichend. Gr. behaart. Krb. nicht oder nur seicht ausgerandet, basalwärts gleichmäßig verschmälert          ssp. *campestre*
          = *A. minus* s.str. = *A. simplex*
    Nach DUDLEY l.c. lassen sich unterscheiden:

    **b.** Gr. 0,7-1,3 mm, gänzl. mit Sternhaaren besetzt. Strahlen der Sternhaare auf der Fr. ± (!) gleichlg (0,3-0,5 mm), sich überlappend. Fr. ± elliptisch, 3-4,5x2,5-4 mm. Blü.stiele aufsteigend          var. „*minus*" (d.h. var. *campestre*)

    **b+** Gr. 1-2 mm, nur basal mit Sternhaaren. Strahlen der Fr.haare ungleich lg (0,5-1 mm), sich nicht überlappend. Fr. kreisrund, 4-7,5 mm DM. Blü.stiele waagrecht          var. *micranthum*

    **a+** Fr. mit Gabel- und Sternhaaren (diese bisw. stark asymmetrisch). Flügel ca 3/4 der Filamentlge erreichend. Gr. kahl, slt. spärl. behaart. Krb. tief ausgerandet (Lappen etwa so lg wie br.), in der Mitte etwas eingeschnürt          ssp. *strigosum*
    Beide ssp. sind am Garg. mögl.

  **3+** Kb. bleibend. Krb. ± plötzlich eingeschnürt (d.h. in einen Nagel verschmälert). Filamente der längeren Staubb. mit basalen Borsten. B. ca 10x3 mm. Fr. apikal etwas ausgerandet, der Gr. 0,3-0,6 mm, meist basal behaart. Samen ca 1,5 mm DM, meist nur 0,1 mm geflügelt. Sternhaare ca 0,5 mm DM, >10-strahlig          *A. alyssoides*


**ARABIDOPSIS** Vgl. II 4.                                            *A. thaliana*
*A. (Cardaminopsis) halleri* (untere B. mit großem Endabschnitt und 1-wenigen Fiederlappen; Krb. 3-5 mm) ist sicher eine Fehlmeldung (//)


**ARABIS**

**1.** Blü. weißl.-gelb. Fr. gekrümmt oder vierkantig. Gern im Halbschatten. -130 cm
**2.** Fr. leicht gekrümmt, einseitig überhängend, 10-15 cm lg. Infl. basal mit Tragb. Samen mind. 0,2 mm geflügelt          *A. turrita*

**2+** Fr. aufrecht, vierkantig. Grundb. buchtig, von Sternhaaren rau, (obere) Stgb. kahl, bereift
*Arabis glabra* s.l.

Bisw. (nicht in CL) werden unterschieden

  **a.** Samen in jedem Fach zweireihig, 0,6-1 mm DM, ungeflügelt. Lgere Fr.stiele >8 mm. (Pg: nur N-Italien, im Süden mit der folgenden verwechselt) *A. glabra* s.str.

  **a+** Samen einreihig, 0,9-1,5 mm DM, 0,1 mm br. geflügelt. Fr.stiele <10 mm. Basale Stgb. bisw. borstig behaart *A. pseudoturritis*

**1+** Blü. weiß, rosa oder violett. Fr. zusammengedrückt (Valven ± flach), ± gerade. Slt. >50 cm

**4.** Pfl. grau- bis weißfilzig, mit niederliegenden sterilen und zahlreichen blühenden Trieben. Krb. milchweiß, ca 10-15x4-8 mm. Samen 0-0,2 mm geflügelt. Oft auf Mauern usw. (auch (g)?)
*A. alpina* ssp. *caucasica*

**4+** Blü.sprosse 1-wenige, aufrecht. Ohne niederliegende sterile Triebe. Krb. schmäler. Samen zumind. oberwärts stets (schmal) geflügelt

  **5.** Pfl. einj., 2-40 cm, Grundb.rosette zur Blütezeit (II-V) oft abgestorben. Kb. spärl. behaart. Krb. violett, 5-8 mm lg. Fr. ca 30-60x1-2 mm, schräg aufwärtsstehend *A. verna*

  **5+** Pfl. 2- bis mehrj., mind. 10 cm hoch, mit meist bleibender Grundb.rosette. Krb. weiß oder rosa. Fr. steif aufrecht stehend

Schwieriger Formenkreis, es sind stets mehrere Merkmale zu berücksichtigen

  **6.** Krb. 3-7x0,5-1,5 mm, Kb. 2-3,5 mm lg. Stg. unten mit einfachen oder gabeligen (slt. mehrstrahligen) Haaren, direkt in die Pfahlwurzel übergehend. Grundb. mit zahlreichen 2-4-strahligen Haaren. Infl. meist >20-blütig. Größte Fr. 25-70x0,8-1,3 mm. Samen schmal geflügelt. 10-60(-100) cm. Hfg im trockenen Grasland. Ab IV (*A. hirsuta* agg.)

Merkmale großenteils nach REICHERT (briefl.). – Die Angabe der ebenfalls in diese Artengruppe gehörigen *A. allionii* (Stg. ± kahl, B. ± nur randl. bewimpert) ist irrtümlich

  **7.** Stgb. meist 6-20, am Grund gerundet, schwach herz- oder pfeilförmig (dann Zipfel nur bis 1 mm), vom Grund an ± gleichmäßig an Größe abnehmend, bisw. kürzer als die Internodien. Stg. unten mit abstehenden, 1-2(-4)-strahligen Haaren und oft auch oben behaart. Lgste Fr. meist <5 cm, über 1 mm br., ihr Klappennerv meist >3/4 der Fr.lge erreichend. Infl. etwas lockerer. Samen -0,1 mm geflügelt *A. hirsuta* s.str.

  **7+** Stgb. >12, pfeilförmig (Zipfel der B. meist 1-2 mm), erst oberhalb der Stg.mitte dtl. an Größe abnehmend, zumind. darunter lger als die Internodien. Stg. oben ± kahl, unten mit z.T. anliegenden 1(-2)-strahligen Haaren. Lgste Fr. oft >5 cm, bis 1,1 mm br., ihr Klappennerv <3/4 der Fr.lge. Fr. streng parallel, der Infl.-achse angedrückt. Samen -0,3 mm geflügelt (*H*) *A. sagittata*

**6+** Krb. 6-10x1,8-4 mm. Pfl. mit dünnem unterirdischen Stg.abschnitt, der oberirdische (wie die Grundb.) mit 3-5-strahligen Haaren, daneben auch 1-2-strahlige vorhanden. Infl. meist <20-blütig. Basis der Stgb. verschmälert bis gerundet-halbstg.umfassend, Spitze gerundet. Größte Fr. 40-90x1,2-2,2 mm. Samen ringsum 0,1-0,5 mm geflügelt. 10-30 cm hoch. Hauptsächlich an Felsen und Mauern. Ab III *A. collina* s.l.

  **a.** Stiel der reifen Fr. 5-8(-10) mm. Größte Fr. (40-)50-60(-70)x(1,2-)1,4-1,6(-1,8) mm. Gr. der reifen Fr. meist 0,5-1 mm. Krb. 6-8x2-3 mm, weiß, slt. rosa. Infl. im Knospenzustand aufrecht. B. ± graufilzig, die größeren (unteren) bis 2x1 cm, meist stumpf gezähnt (slt. ± ganzrandig). Stgb. mit verschmälertem Grund sitzend, die oberen kaum breiter als der Stg. Pfl. 10-20 cm hoch, oft basal verzweigt ssp. *c.*
= *A. muralis* s. Fen

  **a+** Fr.stiel 10-15 mm. Größte Fr. 55-90x1,6-2,2 mm. Gr. 0,8-2 mm. Krb. 8-10x3-4 mm, rosa bis purpurn, slt. weiß. Jge Infl. nickend. B. grün, meist größer, spitz gezähnt. Stgb. etwas stg.umfassend, die oberen dtl. breiter als die Stg. Pfl. 15-30 cm, oft apikal verzweigt
ssp. *rosea*
= *A. collina* s. Fen

Übergänge a./a+!

**AUBRIETA**  Vgl. II 5.                                                           **A. columnae** ssp. *italica*
Das Taxon ist entgegen einer weitverbreiteten Ansicht kein Endemit des Gargano

**AURINIA**

1. Fr. aufgeblasen (kugelig)                                                       **A. sinuata**
                                                                                   = *Alyssoides s.*
1+ Fr. zusammengedrückt
2. Jedes Lokulament 2-samig, Samen 2-3 mm DM. Krb. 3-7, Kb. 2-3 mm                 **A. saxatilis**
                                                                                   = *Alyssum s.*
PERSSON in Bot. Notiser **124**:411-417 (1971) unterscheidet:
a. Fr. 6-9x6,5-10. Gr. (1-)2-2,5. Samenflügel 0,7-1,1 mm. Krb. (5-)6-7x2-3,5 mm
                                                                                   ssp. *megalocarpa*
a+ Fr. bis 6x6. Gr. 0,6-1,4. Samenflügel 0,3-0,7 mm. Krb. 3-4,5x1,5-2 mm (CL)     ssp. *orientale*
Wahrscheinlich kommt nur ssp. *megalocarpa* in Apulien bzw. überhaupt in Italien vor
2+ Jedes Lokulament 4-7-samig, Samen 3-4,5 mm DM. Krb. 5-7,5, Kb. 3-4,5 mm        **A. leucadea**
                                                                                   = *Alyssum l.*
BRULLO & al. (in Inform. Bot. Ital. **35**:241-243, 2003) unterscheiden 2 ssp. Von diesen kommt im Gebiet (nur
auf den Tremiti?) wahrscheinlich nur vor:
Samen 3,5-4 mm DM. Krb. 6,5-7,5x3,5-3,7 mm. Kb. 4-4,5x2,2-2,5 mm. Fr. (9-)10-12 mm lg
                                                                                   ssp. *diomedea*

**BARBAREA**

1. Zumind. untere Hälfte der Infl. mit Tragb.                                      **B. bracteosa**
1+ Höchstens die untersten 1-2 Blü. mit Tragb.                                     **B. vulgaris**
Formenreich. Zumeist werden (in CL mit Vorbehalt) unterschieden:
a. Fr. und Fr.stiele gerade, aufrecht-abstehend. Fr.gr. 2,5-3 mm. Endzipfel der Grundb. am
Grund ± herzförm.                                                                  ssp. *v.*
a+ Fr.(stiele) kandelaberartig bogig aufsteigend (vor allem die oberen Fr. daher ± stg.-parallel).
Fr.gr. ca 2 mm. Endzipfel mit ± keilförm Grund (*//*)                              ssp. *arcuata*

**BERTEROA**  Vgl. IV 2+                                                           **B. obliqua**

**BISCUTELLA**
Lit.: RAFFAELLI in Webbia **45**:1-30 (1991)

1. Krb. 3-6 mm. Kb. 2-2,5 mm, ± abstehend, die äußeren schwach ausgesackt. Fr. 7-12 mm br.,
Fr.-Gr. ca 2 mm. Meist nur 0-3 wohlentwickelte Stgb. I-IV
2. Grundb. im Gesamtumriss oblanzeolat, meist (bisw. buchtig) gezähnt. Stg. nicht oder vor allem apikal verzweigt. Krb. 3-5 mm                                                  **B. didyma** s. CL
a. Grundb. 1,5-4x 0,3-0,9 cm, gezähnt, bisw. fast ganzrandig. Stgb. -1 cm, bisw. auch fehlend.
Infl. dicht, 2-6 cm. 15-30(-40) cm, verzweigt oder nicht                           ssp. *d.*
                                                                                   = *B.* (*didyma* ssp.) *columnae*
a+ Grundb. 3,5-12x0,8-2,5 cm, (buchtig) gezähnt. Stgb. -5 cm, apikal rasch kleiner werdend.
Infl. in meist lockeren verlängerten Trauben von 10-15 cm. (30-)40-70(-80) cm, meist verzweigt
                                                                                   ssp. *apula*
                                                                                   = *B.* (*didyma* ssp.) *ciliata*
Bei beiden ssp. sind – auch innerhalb einer Population – verschiedene Fr.-Typen möglich, die früher
ebenfalls zur Gliederung der Art herangezogen wurden

**2+** Grundb. leierförm. fiederschnittig, mit großem, ± rundlichen oder ellipt., meist gekerbten Endabschnitt und 2-5 Paar basalwärts kleiner werdenden Seitenabschnitten. Wohlausgebildete Stgb. 1-3. Stg. meist schon basal verzweigt, oft violett. Krb. 5-6 mm. 30-60(-70) cm (*//*)

**Biscutella maritima**
= *B. (didyma* ssp.*) lyrata* auct.

Bezügl. der Fr.-Morphologie gilt entsprechendes wie für *B. didyma*

**1+** Krb. 10-15 mm. Kb aufrecht, die äußeren spornartig ausgesackt (Aussackung lger als br., mind. 1/4 so lg wie die Kb.). Fr. meist >12 mm br., Gr. ca 8 mm. Grundb. bald verwelkend, Stgb. 6-15, grob gezähnt und halb-stg.umfassend. IV-VI (*//*)                        **B. cichoriifolia**

# BRASSICA

**1.** B. (halb-)stg.umfassend. Krb. 7-25 mm

**2.** Halbstrauch zumeist küstennaher Standorte. Stg. basal mit gelbem Netzmuster. Stiel der Grundb. 5-10 mm br. geflügelt, deren Spr. ± stark behaart und meist wenig geteilt. Kb. 9 mm, aufrecht-zusammenneigend, Krb. 16-25 mm. Schnabel ca 1/4 bis 1/5 so lg wie die gesamte Fr.

**B. incana**

Vgl. Or.-Lit. (Pg **1**:470 oder Onno in Österr. Bot. Ztschr. **87**:309-334, 1933). Nach Pg im Gebiet (Tremiti): Schnabel (2-)5-8 mm lg, dtl. vom Fr.körper abgesetzt, viel dünner als dieser. Fr. (ohne Schnabel) meist 15-20x so lg wie br.                        var. *mollis*

**2+** Pfl. ein- bis zweij., krautig. Grundb. stets lyrat. Kb. aufrecht-abstehend u./od. kleiner. Krb. <15 mm. Kulturland

**3.** B. glauk, kahl oder nur spärl. behaart. Infl. verlängert (die Blü. übergipfeln die endständigen Knospen nicht). Kb. 6-7 mm, aufrecht-abstehend, Krb. 11-14 mm (Kulturpfl.)                        **B. napus**

**3+** B. grün, rauhaarig (aber Stg. glauk!). Infl. apikal gedrängt (Blü. übergipfeln die Knospen). Kb. 4-5 mm, fast waagrecht abstehend. Krb. ca 7-10 mm                        **B. rapa**

   **a.** Pfl. zweij, zuletzt mit ausgeprägter Rübe (nur kultiviert)                        ssp. *r.*

   **a+** Pfl. einj., mit zarter Wurzel (*//*)                        ssp. *campestris (*= ssp. *sylvestris)*

**1+** B. nicht stg.umfassend. Krb. 5-9 mm

**4.** Grundb. 1(-2)-fach fiederschnittig, mit 5-8 Paaren von Seitenlappen, Endabschnitt nicht auffällig vergrößert. Stgb. – ± ohne Übergang – stark reduziert, linealisch. Krb. 5-7 mm. Fr. abstehend, zuletzt mind. 10 mm gestielt. Schnabel 6-15 mm lg, oft einsamig. Sparrig verzweigte Pfl. vor allem küstennaher Sandböden. Ein- (bis zwei-)j.                        **B. tournefortii**

**4+** Grundb. mit auffällig großem Endabschnitt und 1-4 Paar(en) von Seitenlappen. Krb. 6-9 mm. Fr. kurzgestielt, Schnabel 3-5 mm, meist samenlos

**5.** Fr. dem Stg. anliegend, meist <20 mm. Krb. 7-9 mm. Pfl. einj. Kulturland                        **B. nigra**

**5+** Fr. ± abstehend, meist >20 mm. Krb. 6-7 mm. Pfl. mehrj., bisw. halbstrauchig. Ruderal

**B. fruticulosa**

**BUNIAS** Vgl. III 2+                        **B. erucago**

**CAKILE** Vgl. II 1.                        **C. maritima** ssp. *m.*
incl. ssp. *aegyptica* s. FE

**CALEPINA** Vgl. IV 9.                        **C. irregularis**

# CAPSELLA

**1.** Krb. 2-3, weiß. Fr. 4-6 mm. Formenreich                        **C. bursa-pastoris**

**1+** Krb. bis 2 mm, rötl., kaum lger als der rötl. K. Fr. ca 3 mm (zweifelhaftes Taxon)        **C. rubella**

## CARDAMINE (incl. Dentaria)

**1a** Krb. bis 9 mm. B. meist einf. gefiedert, Fiedern mit einzelnen Zähnen oder seicht gekerbt bis gelappt. Pfl. meist einj.

  **2.** Stgb. meist >3, mit Öhrchen

    **3.** Krb. 2-3 mm, bisw. fehlend. Grundb. mit 13 Fiedern oder mehr. Fr. 15-30x1(,5) mm
                                                     **C. impatiens**

    **3+** Krb. 5-8 mm. Grundb. mit höchstens 11 Fiedern. Fr. 30-50x1,5-4 mm

      **4.** Blü. rosa. Fr. ungeflügelt, ca 1,5 mm br. B. meist mit 5 Fiedern. Stg. fein gerillt. 20-40 cm.
      Pfl. bisw. mehrj.                                        **C. chelidonia**

      **4+** Blü. weiß. Fr. geflügelt, 2-4 mm br. B. meist mit 9 Fiedern. Stg. kantig. 10-20 cm
                                                    **C. graeca**

        **a.** Fr.(kn.) kahl                                         *var. g.*

        **a+** Fr.(kn.) papillös-borstig                       *var. eriocarpa*

        Es werden beide Formen vom Garg. gemeldet.

  **2+** Stgb. 1-3, ohne Öhrchen. Fr. 18-25x1-1,5 mm, Fr.stiel 1/3-2/3 so lg. Blü. weiß

    **5.** Pfl. einj., Krb. 2-3 mm. Grundb. mit 7-11 Fiedern                **C. hirsuta**
    Die Pfl. ist trotz ihres Namens meist ± kahl

    **5+** Pfl. mehrj., Krb. 6-8 mm. Grundb. gestielt, die Spr. etwa so lg wie br., nur seicht gebuchtet
    (sicher Fehlmeldung; //)                                  **C. plumieri**

**1b** Krb. 10-12(-14) mm, weiß mit gelbl. Schlund, 2x so lg wie der K. B.grund ohne Öhrchen. Spr. 2-3-fach gefiedert bzw. fiederteilig. Fr. (25-)35-45(-50)x3-4(,5) mm, zusammengedrückt, aber nicht geflügelt. Stg. rund. Pfl. ein- bis zweij. (Garg. mögl.)             **C. monteluccii**

**1c** Krb. 12-20 mm. (Die meisten) B. einf. gefiedert, Fiedern gesägt. Pfl. mehrj., mit Rhizom (*Dentaria*)

  **6.** B. wechselständig, zumind. die unteren gefiedert (Rhachis aber bisw. verkürzt)

    **7.** In den Achseln der Stgb. Brutzwiebeln. Blü. hellviolett. Fr. slt. ausgebildet   **C. (D.) bulbifera**

      **a.** Obere B. einfach                                   typische Form

      **a+** Obere B. (weithin) 3-teilig. B. gröber gezähnt (vgl. Fen 1:916)       *var. garganica*

    **7+** Ohne Brutzwiebeln. Blü. weißl.-gelb oder rosa. Fr. 40-75x3-5 mm (//)   **C. (D.) heptaphylla**

  **6+** Am Stg. nur ein 3-zähliger B.wirtel, jedes B. mit 3 digitat angeordneten Fiedern. Krb. meist ± gelbl. (//)                                   **C. (D.) enneaphyllos**


## CLYPEOLA Vgl. III 6.                               **C. jonthlaspi**

Formenreich. CL unterscheidet (Merkmale nach FLORA HELLENICA):

**a.** B. sitzend, schmal oblanzeolat, 5-25 mm lg. Seiten-Stg. z. Fr.zeit -15 cm. Fr. (3-)3,5-5 mm br. Fr.fläche dicht mit lgen, spitz zulaufenden Haaren besetzt                   *ssp. j.*

**a+** Die meisten B. ± gestielt, spathulat, <10 mm lg. Seiten-Stg. slt. >6 cm. Fr. 1,8-3(,5) mm br., ± spärl. mit kurzen, stumpf endenden Haaren besetzt (//)          *ssp. microcarpa*

In beiden ssp. gibt es kahlfrüchtige Formen


## CONRINGIA Vgl. I 5a (//)                                   **C. austriaca**


## CORONOPUS → Lepidium


## CRAMBE Vgl. IV 5+                                         **C. hispanica**


## DESCURAINIA Vgl. I 2.                                       **D. sophia**

## DIPLOTAXIS

**1.** Krb. weiß oder violett (geadert), (6-)8-12 mm lg. Kb. 3-4 mm. Fr. 25-35x1,5-2, deren Schnabel 2-5 mm. Obere B. ungeteilt, meist buchtig gezähnt. Pfl. oft spärl. borstig. Ruderale Standorte. 30-60 cm. Formenreich bezügl. B.schnitt und Behaarung (Pg **1**:466)    ***D. erucoides***
**1+** Krb. gelb
**2.** Krb. 8-14 mm, Kb. 4-7 mm lg. Fr.stiel 15-30 mm, Karpophor 1-2 mm. Stg. beblättert, ± kahl. Pfl. mehrj., mit kräftiger Wurzel. 30-60 cm. Ab V    ***D. tenuifolia***
Wenn B. ungeteilt (ganzrandig oder wenig gezähnt), linealisch (vgl. auch Pg **1**:466)    var./fo. *integrifolia*
**2+** Krb. 3-8, Fr.stiel 3-15(-20), Karpophor <0,5 mm. Stg. ± unbeblättert. Pfl. meist einj. Ab III
**3.** Krb. 3-4x1, Kb. ca 2 mm. Kurze Stamina steril. Fr.stiel kurz, fast rechtwinkelig abstehend. Pfl. 10-20 cm, meist von Grund an ästig    ***D. viminea***
**3+** Krb. 6-8x3-4, Kb. 3 mm. Alle Stamina fertil. Fr.stiel aufrecht-abstehend, meist ca 10 mm lg. Pfl. 15-60 cm, bisw. mehrj.    ***D. muralis***
Die Längenangaben zur Fr. sind sehr unterschiedlich

## DRABA

**1.** Stgb. halbstg.-umfassend. Stg. oben fein behaart. Blü. reinweiß. Fr. kahl, Fr.stiel kaum lger als Fr.    ***D. muralis***
**1+** Stgb. ± sitzend. Stg. oben kahl. Blü. gelbl. (aber leicht verblassend). Fr. behaart, Fr.stiel bis 3x so lg wie Fr. (*//*)    ***D. nemorosa***

## EROPHILA   Vgl. IV 2.    ***E. verna*** s.l.
**Lit.:** KALHEBER in Botanik und Naturschutz in Hessen **16**:39-56 (2003)
**a.** B. oberseits mit kurzen Gabel- und Sternhaaren besetzt, dazwischen bisw. einzelne dickere, einfache Haare. Samen (0,3-)0,4-0,5(-0,6) mm lg (für den Garg. belegt)
    **b.** Fr. (1,2-)1,4-2,1x so lg wie br., eiförm., verkehrt-eiförm. oder fast rundl.    ssp. *spathulata*
    **b+** Fr. 2,3-4(-5)x so lg wie br., (stumpf-)lanzettl.    ssp. *v.*
**a+** B. oberseits mit längeren, dickeren, einfachen Haaren, dazwischen bisw. einzelne Gabelhaare. B.oberseite bisw. verkahlend und dann nur noch am Rand behaart. Fr. 1,4-2,3x so lg wie br. Samen (0,45-)0,5-0,6(-0,7) mm lg (in Italien wohl häufigste Sippe, Garg. aber fragl.)    ssp. *praecox*
Die ssp. werden auch als Arten geführt oder gar nicht unterschieden

## ERUCA   Vgl. I 11.    ***E. vesicaria*** s.l.
**a.** Fr. 4-5 mm br. Schnabel etwa 1/2 so lg wie die Valven. Samen 1,5-2,5 mm lg, gelbl.-braun, ungeflügelt. Endlappen der B. größer als die Seitenlappen. Pfl. meist erst oben verzweigt. Kulturpfl.    var. *sativa*
**a+** Fr. ca 3(,5) mm br. Schnabel 3/4-1x so lg wie die Valven. Samen 1-1,5 mm lg, dunkler, geflügelt. Endlappen nicht größer. Pfl. oft von Grund an verzweigt. Wildpfl.    var. *longirostris*
Entscheidend ist die Lge des Schnabels. Ob die übrigen Merkmale damit immer korrelieren ist fraglich. – Die beiden Taxa werden auch unter ssp. *sativa* bzw. *E. sativa* zusammengefasst und der iberischen ssp. *vesicaria* bzw. *E. vesicaria* s.str. gegenübergestellt. – CL unterscheidet nicht

## ERYSIMUM   (incl. **Cheiranthus**)

**1a** Halbstrauch. Blü. leuchtend gelb bis bräunl. Narbe dtl. ausgerandet. Kb. 8-10, Krb. 12-20 mm lg. Fr. 2-4, B. 4-10 mm br. Gerne auf Mauern    ***E. cheiri***
= *Cheiranthus ch.*

**1b** Pfl. zweij., ohne sterile Rosetten. Blü. (hell-)gelb, geruchlos. Narbe höchstens eingedellt. Kb. 4,5-7, Krb. 11,5-13 mm lg. Fr. 1 mm, B. bis 4 mm br. Garigue usw. ***Erysimum crassistylum***
= *E. diffusum* s. Fen

**1c** Pfl. mehrj. Blü. (gold-)gelb, oft duftend. Narbe höchstens eingedellt. Kb. (7-)10-16, Krb. 13-23 mm lg (unwahrscheinl. Nennungen: // bzw. C̶L̶; ggfs. Or.-Lit!) andere *E.*-Arten

**FIBIGIA** Vgl. III 10. (//) ***F. clypeata***

**HESPERIS** Vgl. I 4. ***H. laciniata***

**HIRSCHFELDIA** Vgl. I 12. (Formenreich) ***H. incana***

**HORNUNGIA** (incl. **Hymenolobus**)

**1.** Haare gabelig oder einfach. Fr. 2-5 mm, glatt oder netznervig, Lokulamente 3-10-samig, Samen 0,4-0,6 mm, verschleimend (*„Hymenolobus" procumbens* s.l.)
    **2.** Pfl. bis 15(-30) cm. Krb. 1,5-3 mm, > Kb. Stgb. gezähnt oder gelappt. Oft in Küstennähe
***Hornungia procumbens*** s.str.
= *Hymenolobus p.* ssp. *p.*
    **2+** Pfl. slt. >5 cm. Krb. 1 mm, kaum lger als die Kb. Stgb. oft ganzrandig. Sehr armblütig (//, aber Garg. mögl.) ***H. pauciflora***
= *Hymenolobus procumbens* ssp. *pauciflorus*
**1+** Haare meist verzweigt oder Pfl. kahl. Fr. 2-3 mm, mit dtl. Mittelnerv, Lokulamente 1-2-samig, Samen 0,8-1 mm, nicht verschleimend. Die meisten B. 3-15-lappig (*Hornungia* s.str.) ***H. petraea***

**IBERIS** Vgl. IV 13. ***I. carnosa***
= *I. prutii* incl. *I. tenoreana*

**ISATIS**

**1.** Fr. 13-22 mm lg, 3-4x so lg wie br. Krb. (2,5-)3-4 mm. Formenreich ***I. tinctoria***
**1+** Fr. 7-14 mm lg, 2(-3)x so lg wie br. Krb. 2,5-3 mm (//) ***I. praecox***
Die beiden Arten sind nicht scharf getrennt und werden auch unter *I. tinctoria* s.l. zusammengefasst. – Die B. beider Arten sind normalerweise kahl. Bei var. *villarsii* s. Fen handelt es sich um Pfl. (von *I. tinctoria* s.str.?) mit rauhaarigen B.

**KERNERA** Vgl. IV 18a (//) ***K. saxatilis***

**LEPIDIUM** (incl. **Cardaria** und **Coronopus**)

**1a** Fr. 2-3x3-4 mm, ± nierenförm., scharf gezähnt. Blü.stiele < Blü. bzw. Fr. Staubb. 6. Krb. > Kb. Stg. kahl ***L. coronopus***
= *Coronopus squamatus*
**1b** Fr. 1,5x2-3 mm, dtl. zweiknotig, mit Netzmuster, aber glatt. Blü.stiele > Blü. Staubb. 2-4. Krb. meist < Kb. oder fehlend. Stg. behaart. Pfl. stinkend (v) ***L. didymum***
= *Coronopus d.*
**1c** Fr. anders, bisw. geflügelt

**2.** Stgb. stg.umfassend

**3.** Frucht (apikal) meist ± dtl. geflügelt, 5-6x4 mm, dicht mit schuppigen Bläschen bedeckt. Krb. und Kb. 1-2 mm. Unterste Blätter (früh absterbend!) meist fiederschnittig. Pfl. dicht ± angedrückt behaart, einj. (v)                    *Lepidium campestre*

**3+** Ungeflügelte, verkehrt-herzförm. Schließfr. Pfl. mehrj., oft in Trupps          *L. draba*
                                                                          = *Cardaria d.*

**2+** Stgb. am Grund ± verschmälert, nicht stg.umfassend oder geöhrt. Fr. apikal nicht oder nur schmal geflügelt.

**4.** Krb. fehlend. Staubb. 2 oder 4. Fr. schmal geflügelt, oben ausgerandet. Zumind. mittl. Stgb. entfernt tief sägezähnig. Pfl. einj., slt. >30 cm

**5.** Fr. eiförm., 1,5-2 mm br. Fr.stiel 1,5-2x so lg wie die Fr. Pfl. beim Zerreiben stinkend (v)
                                                                          *L. ruderale*

**5+** Fr. ± rund, 2-3 mm br., meist kürzer gestielt. Pfl. nicht stinkend (adventive Arten, Garg. mögl.)                                                                          Or.-Lit

**4+** Krb. bisw. s. klein, aber vorhanden. Staubb. 6. Fr. ungeflügelt. Stgb. gezähnt bis ganzrandig, Grundb. bisw. fiederschnittig. Pfl. mehrj., mit Pfahlwurzel, 40-100 cm

**6.** Obere B. lanzeolat (2-4 cm br. und bis 5x so lg). Krb. 1,5-2,5 mm. Fr. rundl. bis oval, jg (!) behaart. Fr.stiel meist >2x so lg wie die Fr. Oft halophytisch (//)          *L. latifolium*

**6+** Obere B. lineal (<1 cm br. und 5-15x so lg). Krb. meist <1 mm. Fr. basal am breitesten (± birnenförmig), kahl. Fr.stiel meist so lg wie die Fr.          *L. graminifolium*

**LOBULARIA** Vgl. IV 17b                                                          *L. maritima*

**LUNARIA** Vgl. IV 18b (//, aber möglicherweise verwildert)          *L. annua* ssp. *a.*
Die Art ist entgegen ihrem Namen oft 2- oder mehrj.

**MALCOLMIA** (incl. **Maresia**)

**1.** Narben aus zwei aneinanderliegenden Lappen bestehend, insgesamt also konisch. Äußere Kb. (bei **2.** nicht dtl.) gesackt

**2.** Krb. (4-)6-8, Fr. mit mattem Septum (wenn durchsichtig vgl. **1+**), 2-7 mm gestielt. Kb. 3-5 mm, die äußeren kaum ausgesackt. Narbenkegel 1-2 mm. Samen 0,9-1x0,4-0,5 mm. Pfl. einj., 5-20 cm. III-V (v)                                                                          *M. ramosissima*

**2+** Krb. 12-20. Äußere Kb. dtl. ausgesackt. V-VI. 20-40 cm

**3.** Pfl. mehrj., oft halbstrauchig. Fr. 30-60x1-1,5 mm, ihr Stiel 2-4 mm. Blü. hellviolett. Strahlen der Sternhaare zahlreich (//; Verwechslung mit **3+**?)          *M. littorea*

**3+** Pfl. einj. Fr. 80-100(?)x1-3 mm, ihr Stiel 8-12 mm, etwa so dick wie die Fr. Blü. rötl. Sternhaare mit 2-5 Strahlen (Nur Tremiti?)          *M. flexuosa*

**1+** Narbe kopfig. Kb. nicht gesackt, 2-3 mm. Krb. 3-5 mm. Septum der Fr. durchsichtig, 2-nervig. Samen 0,7-0,8x0,3-0,4 mm. Pfl. einj., 10-20 cm          *M. nana*
                                                                          = *Maresia n.*

**MATTHIOLA**

**1.** Stiel der abgeflachten, meist >70 mm lgen Fr. 5-20 mm. B. bis >20 mm br.

**2.** Fr. und Fr.stiele ohne gelbe oder dunkle Stieldrüsen oder diese nur 0,1 mm und von den Sternhaaren meist verdeckt          *M. incana*
Im Gebiet wahrscheinlich:

Untere B. stumpf, nur bis 20 mm br. **ssp. *i.***
a. B. ± ganzrandig typ. var.
a+ Grundb. gebuchtet var. *sinuatifolia*
2+ Fr. und Fr.stiele dtl. mit gelben oder dunklen Stieldrüsen (0,3-0,4 mm lg). Grundb. stets gebuchtet (Garg. mögl.) ***Matthiola sinuata***
1+ Stiel der bis 70 mm lgen ± zylindr. Fr. 1-2 mm. Grundb. slt. >4 mm br., meist mit Seitenzipfel
***M. fruticulosa***
Formenreich. Nach CL im Gebiet **ssp. *f.***

**MORICANDIA** Vgl. II 10a ***M. arvensis***

**NASTURTIUM** Vgl. II 13. ***N. officinale***
= *Rorippa nasturtium-aquaticum*
Die Art bildet zahlreiche Standortsmodifikationen aus, besonders bezügl. Lge des Stg. und Form der Fiedern

**NESLIA** Vgl. III 5+ ***N. paniculata* ssp. *thracica***

**RAPHANUS**

**1.** Fr.-DM 8-15 mm, zwischen den Samen nicht oder nur wenig eingeschnürt. Krb. violett oder
weißl. Stg. spärl. mit 2 mm lgen, rückwärts gerichteten Haaren besetzt. Pfl. mit rübenartiger Pfahlwurzel (bisw. verwildernde Kulturpfl.; (v)) ***R. sativus***
**1+** Fr.-DM 3-8 mm, zwischen den Samen perlschnurartig eingeschnürt. Krb. weiß oder gelb, meist
dunkelviolett geadert. Blü.stiele 8-12 mm (wenn nur 1-3 mm vgl. *Eruca sativa*) ***R. raphanistrum***
**a.** Fr.-DM über den (1-)3-6(-8) Samen 3-4(-5) mm. Fr. leicht zerbrechend. Fr.glieder fast zylindrisch. Krb. 12-20 mm, meist weiß und violett geadert, slt. hellgelb. Kb. 7-10 mm. Einj. ssp. *r.*
**a+** Fr.-DM über den 1-5 Samen 5(-8) mm. Fr. nicht leicht zerbrechend, Fr.glieder ± rundlich. Blü.
meist ± gelb. Ein- bis mehrj. **ssp. *landra* ("s.l." = s. CL)**
Das Taxon wird häufig weiter unterteilt (nicht in CL); ob die Merkmale aber korreliert auftreten, ist fraglich
**b.** Krb. 15-20(-25) mm, meist gelb. Kb. 8,5-12 mm. Staubb. 11 bzw. 13 mm, Antheren 3 mm.
Seitl. B.segmente abwechselnd groß und klein, sich berührend. Fr.schnabel 8-20 mm. Pfl.
mehrj., mit bis 1,2 cm dicker Rübe. Meernahe Standorte **ssp. *maritima***
**b+** Krb. (10-)14-16 mm, weiß oder gelbl. Kb. 5-7 mm. Staubb. 8 bzw. 10 mm, Antheren 2,5
mm. Seitl. B.segmente auf Abstand. Fr.schnabel 15-30 mm. Pfl. meist einj., nicht >60 cm. Eher
ruderal **ssp. *landra* „s.str."**

**RAPISTRUM** Vgl. III 2. ***R. rugosum***
Die Art ist formenreich, wobei taxonomische Gliederung und diakritische Merkmale sehr unterschiedlich gehandhabt werden. Pg u.a. unterscheiden 3 ssp.: ssp. *r.*, *orientale* und *linnaeanum*. CL vermutet für Italien
ssp. *orientale* und ssp. *linnaeanum*, es wird aus Apulien aber auch ssp. *r.* gemeldet. – Am Garg. gibt es zumind. 2 „Typen". – Es gibt Übergänge
**a1** Fr.stiel 0,3-0,4 mm dick, 3-4x so lg wie das untere Fr.glied. Dieses schmal-zylindrisch, etwa so
dick wie der Fr.stiel und diesen gewissermaßen fortsetzend. Oberes Fr.glied mäßig gerippt, wie
die ganze Pfl. kahl oder behaart **ssp. *linnaeanum***
**a2** Fr.stiel 0,5 mm dick, 1,3-2x so lg wie das untere Fr.glied. Dieses bisw. (schwach) tonnenförmig,
etwa 2x so dick wie der Fr.stiel. Oberes Fr.glied mit höckerartigen Rippen, wie die ganze Pfl. im
Infl.-Bereich kahl **ssp. *orientale***
**a3** Fr.stiel kaum lger als das untere Fr.glied; dieses im Gegensatz zu den beiden anderen ssp.
zumeist fertil (einsamig) und daher ellipsoidisch **ssp. *r.***

**RORIPPA** (excl. **Nasturtium**) Vgl. III 11.                    *R. amphibia*

## SINAPIS

**1.** Schnabel schwertförmig zusammengedrückt, etwa 40-50% der gesamten Fr. ausmachend, diese abstehend und 2-6-samig. Samen 1,6-2,5 mm, gelbl. bis graubraun. Blü.stiele 0,5-1,5x so lg wie Kb. B. fiederspaltig, Stgb. hoch hinauf gestielt                    *S. alba*

**a.** B.lappen 1. Ordnung nicht gelappt oder gesägt. Endlappen meist dtl. größer (d.h. B. lyrat). Fr. 3-5 mm br., meist mit 0,6-1 mm lgen abstehenden, daneben kürzeren rückwärts gerichteten Haaren (g)                    ssp. *a.*

**a+** B.lappen randlich gesägt bis fiederschnittig, Endlappen nicht viel größer als Seitenlappen. Fr. 4-7 mm br., meist kahl oder wenig behaart                    ssp. *dissecta*

Beide Taxa werden für den Garg. gemeldet

**1+** Schnabel konisch bis schwach zusammengedrückt, ca 30-40% der Fr. ausmachend, diese 5-17-samig. Obere Stgb. meist sitzend

**2.** Reife Fr. eng dem Stg. anliegend, incl. Schnabel 14-25 mm, dicht mit nach vorne gerichteten Haaren besetzt. Samen hellbraun, ca 1 mm. Auch Stgb. meist mit 1-2 basalen Seitenlappen. Mehrj.                    *S. pubescens* ssp. *p.*

**2+** Reife Fr. etwas abstehend, 25-40mm. Samen 1-1,6 mm, dunkelbraun bis schwarz. Blü.stiele 1-1,5x so lg wie Kb. B. grob gezähnt, aber höchstens die unteren fiederspaltig. Einj.
                    *S. arvensis* ssp. *a.*

Bisw. werden unterschieden:

**a.** Fr. kahl                    var. *a.*

**a+** Fr. mit rückwärts gerichteten Haaren besetzt                    var. *orientalis*


## SISYMBRIUM

**1.** Blü. bzw. Fr. zu 2-3 achselständig (d.h. Infl. durchblätt.) auf s. kurzen Stielen. Fr. bis 2 cm lg. Pfl. kahl, stinkend                    *S. polyceratium*

**1+** Infl. eine tragb.lose Traube. Fr. 1-20 cm

**2.** Fr. 1-2 cm lg, basal am breitesten, auffällig dicht dem Stg. anliegend, bis 2 mm gestielt. Stg. mit zahlreichen weichen und einigen borstigen Haaren                    *S. officinale*

Die Fr. ist normalerweise behaart. Wenn kahl                    var. *leiocarpum*

**2+** Fr. (meist) >2 cm, ± abstehend oder aufrecht, aber nicht dem Stg. dicht anliegend, über die ganze Länge ca 1-1,5 mm br. (also ± zylindrisch), bisw. lger gestielt. Nur ein Haartyp am Stg.

**3.** Fr.stiel 2-5 mm, etwa so dick wie die zuletzt 5-20 cm lge meist (spärl.) behaarte Fr. Krb. 8-9 mm, Kb. 4 mm, Antheren 1,5-2 mm                    *S. orientale*

**3+** Fr.stiel dünner als die meist 2-5 cm lge und meist kahle Fr. Krb. <8 mm

**4.** Krb. 3(-4) mm, blassgelb. Kb. 2-2,5, Antheren 0,5-0,8, Gr. slt. >0,5, Samen 1 mm. Jge Fr. die Sprossspitze dtl. übergipfelnd. Stg.haare, wenn vorhanden, <1 mm. Slt. >50 cm    *S. irio*

**4+** Krb. 4-7 mm, goldgelb. Kb. 3-4, Antheren 1,5-2, Gr. 0,5-1,2, Samen 0,7-1 mm. Fr. die Sprossspitze nicht dtl. übergipfelnd. Stg. und untere B. mit 1-2,5 mm lgen Haaren. Bis 150 cm (//)                    *S. loeselii*

Mit weiteren adventiven *Sisymbrium*-Arten kann gerechnet werden


## THLASPI

**1.** Pfl. mehrj., aber slt. >15 cm hoch. Fr. 6-9x3-4 mm (mind. 1,5x so lg wie br.), Gr. meist 2-4 mm, die Ausrandung der schmalen Flügel ± dtl. überragend. Krb. >4 mm. Höhere Lagen   ***Th. praecox***
*Th. ochroleucum* (Gr. 3-5 mm, Krb. beim Trocknen dtl. gelb werdend; CL) ist sicher eine Fehlmeldung

**1+** Pfl. einj., 10-60 cm. Gr. s. kurz. Krb. <3 mm. Meist im Kulturland
**2.** Fr. kaum geflügelt. B. in der oberen Hälfte am breitesten, gezähnt. Stg. kantig. Pfl. (jung) zumind. basal behaart, zerrieben mit Knoblauchsgeruch. Samen netzgrubig **Thlaspi alliaceum**
**2+** Fr. apikal dtl. geflügelt, der Gr. somit viel kürzer als die Flügel-Ausrandung. B. in der unteren Hälfte am breitesten, ± ganzrandig. Stg. stielrund. Pfl. kahl, glauk, ohne Knoblauchsgeruch. Samen (meist) glatt **Th. perfoliatum**

## CUCURBITACEAE

**1.** Pfl. ohne Ranken. B. mit gezähntem Rand. Fr. oval, weich bestachelt, reif berührungsempfindl. („explodierend") **Ecballium elaterium**
**1+** Pfl. mit Ranken. B. ± handförmig gelappt
**2.** Ranken unverzweigt. Blü. grünl.-weiß, in Trauben, wie die Fr. <10 mm DM. IV-VII. Wildpfl. **Bryonia**
**2+** Ranken verzweigt. Staminate Blü. mit 5, eine Säule bildenden Staubb., in Trauben; karpellate Blü. in Köpfchen. Fr. ovoid, ca 1,5 cm, mit weichen Stacheln. Ab VII (//; verwilderte Kulturpfl.) **Sicyos angulatus**

## BRYONIA

**1.** Pfl. zweihäusig. Narbe papillos. Fr. zuletzt rot. B. etwa so lg wie br. **B. dioica**
= B. cretica ssp. d.
**1+** Pfl. einhäusig. Narbe kahl. Fr. schwarz. B. dtl. lger als br. (//) **B. alba**

## CYPERACEAE

*Sp.:* Spelze(n)(Tragb. der Blü., bei *Carex* der karpellaten Blü.)
*Ä.:* Ährchen (*nicht* die staminaten bzw. karpellaten Ähren von *Carex*)
*Bolboschoenus, Isolepis, Schoenoplectus* und *Scirpoides* wurden auch als *Scirpus* s.l. zusammengefasst. Zu diesen Taxa vgl. auch Pɪɢɴᴏᴛᴛɪ in Webbia **58**:281-400 (2003)

**1.** Blü. eingeschlechtlich, entweder übereinander innerhalb gleichgestalteter Ähren od. auf habituell unterschiedlichen Staubb.ähren und Frkn.ähren derselben Pflanze verteilt (vgl. auch die für den Garg. sehr zweifelhafte *Carex dioica* mit 1 endständ. staminaten oder karpellaten Ähre). Nuss-Fr. von einem ei- bis flaschenförm. „Schlauch" (Utriculus) umgeben **Carex**
**1+** Blü. zwittrig, in Ährchen. Nussfr. ohne umhüllenden Schlauch. Meist im Feuchten u./od. in Strandnähe
**2.** 1 endständ. schmal-eiförm. Ä., dieses 10-20x2-3 mm. Halm meist 10-50 cm hoch, 1-3 mm DM, ohne wohlentwickelte B. Pfl. meist rasenbildend **Eleocharis**
**2+** Ä. in Mehrzahl, in Rispen, Köpfen od. „Büscheln"; s. slt. einzeln (vgl. *Isolepis*), dann aber scheinbar seitenständig
**3.** Ä. in 1-mehreren doldig angeordneten dichten, kugeligen Köpfen **Scirpoides**
**3+** Infl. anders
**4a** Ä. 2-3(-6)-blü. (basal aber mit meist kleineren sterilen Sp.), endständig in einem Köpfchen gebüschelt, von einem 2-6 cm lgen Hochb. dtl. überragt, glänzend schwarz. Sp. rückseitig kurz rau. B. binsenartig, ca 0,7 mm DM; untere B.scheiden schwarz. Fr. 1,5 mm, 3-kantig, porzellanartig weiß. Mehrj. Horstpfl., slt. über 50 cm **Schoenus nigricans**
**4b** Ä. 2-6-blü, 3-4 mm lg, basal meist nur 1 sterile Sp. Infl. (Spirre) bis über 50 cm lg, locker, mit zahlreichen, in Einzelköpfchen zusammengefassten Ä. B. 7-15 mm br., dtl. gesägt und

schneidend (!) scharf. Fr. 2-3 mm, runzelig, braun. Stg. 80-200 cm, nur oberwärts stumpf 3-kantig. Rhizompfl. **Cladium mariscus**

**4c** Ä. (meist) >6-blü. Infl. (weit) unter 50 cm lg (vgl. aber *Cyperus longus*). B. nicht schneidend scharf.

   **5.** Sp. der Ä. ± zweizeilig **Cyperus**

   **5+** Sp. spiralig

      **6.** Stg. nur am Grund mit B.scheiden, meist ± rund und binsenförmig. Das einzige Tragb. der Infl. den Stg. fortsetzend, Infl. daher scheinbar seitenständig

         **7.** Pfl. 0,5-2 m hoch. Ä. zahlreich, 5-10(-15) mm lg. Pfl. mehrj. **Schoenoplectus**

         **7+** Pfl. 5-15 cm. Ä. zu (1-)2-3, 2-4 mm lg. Pfl. (meist) einj. **Isolepis cernua**

      **6+** Stg. scharf dreikantig, beblättert. Infl. endständig, mit 2-mehreren die Teilinfl. überragenden Tragb. Mit unterirdischen Ausläuferknollen. 20-120 cm **Bolboschoenus**

## BOLBOSCHOENUS Vgl. 6+         *B. maritimus* s.l. (= s. CL)

**Lit.:** MARHOLD & al. in Willdenowia **36**:103-113 (2006)

Das Taxon wird hier, CL folgend, im weiten Sinn aufgefasst. Hfg werden jedoch unterschieden:

**1.** Infl. zusammengezogen, mit 1-2 kurz gestielten Ästen. Per.borsten hinfällig, ca 2/3 so lg wie die linsenförm. oder schwach 3-kantige Fr. Narben 2-3    *B. maritimus* s.str.

                                         = *B. m.* var. *compactus* s. Fen

Die Ä. sind normalerweise längl.-oval. Wenn >2 cm lg und ± zylindrisch (fragwürdiges Taxon) *B. m.* var. *macrostachys* s. Fen

**1+** Infl. ausgebreitet, mit 3-8 lg gestielten Ästen. Per.borsten auch an der reifen Fr. vorhanden, ca so lg wie die dtl. 3-kantige Fr. Narben stets 3    *B. yagara*

                                         = *B. m.* var. *maritimus* auct.

Zu den unterscheidenden Merkmalen der Fr.-Anatomie vgl. Or.-Lit.

## CAREX

*Utr.:* Utriculus (Fruchtschlauch)

*Tragb.:* Tragb. d. Ähren ((Teil)infl.), vor allem der untersten Ähre

Mit „Infl." ist stets die Gesamt-Infl. gemeint

Das Merkmal „2 Narben" ist mit der Ausbildung einer linsenförm. Fr. (nicht Utr.!) korreliert, aus 3-narbigen Blü. gehen 3-kantige Fr. hervor. – Mehrere Blü. untersuchen!

Sind die 3 Stg.-Seiten konvex, ist der Stg. „stumpf" 3-kantig; sind sie konkav, „scharf" 3-kantig

Auf unterirdische Ausläufer („Rhizome") achten!

### Gruppenschlüssel

**1a.** Mehrere gleichgestaltete Teilinfl. (Ähren), diese jeweils mit karpellaten und staminaten Blü, s. slt. auch zusätzl. mit eingeschlechtl. Ähren. Ähren ihrerseits in ± ährigen (bisw. auch rispigen) Gesamt-Infl. Narben (außer I 2+ *C. distachya*) 2    **Gruppe I**

**1b.** Staminate (oben) und karpellate (unten) Ähren meist auffällig verschieden in Farbe und Form, nur slt. einzelne Ähren mit beiden Blü.typen. Infl. ährig oder (meist) traubig, d.h. (insbes. karpellate) Ähren gestielt. Narben 3    **Gruppe II**

**1c.** Nur 1 endständige, eingeschlechtl. Ähre (d.h. Pfl. zweihäusig; karpell. Blü. mit 2 Narben). B. ca 1 mm br. Pfl. 10-30 cm hoch, mit Rhizom (*//*)    **C. dioica**

### Gruppe I – Gleichährige Seggen

**1.** Die einzelnen Ähren weit voneinander entfernt. Unterstes Tragb. oft >10 cm lg und die Infl. (weit) überragend. Utr. geschnäbelt, kurz 2-zähnig. B. 1-2 mm br. Horstsegge (halb-)schattiger Standorte

**2.** Narben 2. Untere Blü. jeder Ähre staminat, z. Fr.zeit deshalb basal leere Spelzen. Ähren ovoid, kompakt, 5-6 mm. Feuchte Standorte                                          ***Carex remota***
**2+** Narben 3. Untere Blü. karpellat, z. Fr.zeit deshalb an der Spitze leere Sp. Ähren (meist) >8 mm, sehr locker. Eher trockene Standorte                                          ***C. distachya***
**1+** Ähren meist ± genähert, Tragb. alle <10 cm. Narben stets 2, untere Blü. jeder Ähre karpellat, z. Fr.zeit deshalb an der Spitze leere Sp. ehemaliger staminater Blü.
  **3.** Pfl. mit wohlentwickelten Ausläufern oder Rhizomen (d.h. Triebe ± vereinzelt). B. 1-2(-3) mm br. Infl. 1-3 cm lg. Utr. mit ausgeprägten Längsnerven. Pfl. slt. >50 cm
  **4.** Rhizom kurz, 3-5 mm dick. Utr. 1/2 so br. wie lg, basal mit schwammigem Gewebe. Infl. 0,8-3 cm, oval od. zylindrisch, meist gelappt. 10-50 cm                                  ***C. divisa***
  incl. var. *longiculmis*
    **a.** B. nur basal rinnig, sonst flach, gerade. Feuchte, auch brackige Standorte          typ. Form
    **a+** B. borstl. gefaltet, rinnig, gekrümmt. Eher trockene Standorte          var. *chaetophylla*
  *C. divisa* von trockenen Standorten bildet regelmäßig eine kaum gelappte Infl. von 0,8-1,5 cm Lge aus und ähnelt dann der folgenden Art
  **4+** Rhizom bis 2 mm dick, lg. Utr. 2/3 so breit wie lg, plötzlich in den kurzen Schnabel verschmälert. Infl. 1-1,5 cm, oval bis kugelig, nicht gelappt. Slt. >20 cm. In steppenartigen Biotopen (*//*; mit der vorigen verwechselt? Vgl. dort)                                  ***C. stenophylla***
  **3+** Pfl. dtl. horstförmig. B. mind. 2 mm br. Pfl. bis 80 cm hoch
    **5.** Ähren zahlreich, in dichter, meist über 1 cm br. Infl., diese basal bisw. rispig. B. meist über 5 mm, Stg. 2-4 mm br. Feuchte bis nasse Standorte (*C. vulpina*-Gruppe)
      **6.** Stg. geflügelt, d.h. mit dtl. konkaven Flanken. Tragb. borstl., kaum lger als die Ähre, basal dtl. braun geöhrt. Ligula flachbogig (Bogen 2-5 mm hoch). Utr. matt-papillös (*//*)   ***C. vulpina***
      **6+** Stg. nur dreikantig (d.h. Flanken ± plan). Tragb. schlaff oder borstl., lger, undeutl. blass geöhrt. Ligula hochbogig (mind. 10 mm). Utr. glänzend                         ***C. otrubae***
      Incl. *C. vulpina* fo. *bracteato-aristata* s. Fen 4:272? – Die beiden Arten werden leicht verwechselt. Weitere Unterscheidungsmerkmale in Or.-Lit.; zu den (dtl.!) b.anatomischen Unterschieden vgl. PORLEY in Watsonia 22:431-432 (1999)
    **5+** Ähren in dichter oder lockerer, meist nur 0,5-1 cm br., nie rispiger Infl. B. meist 2-5(-6) mm br. Stg. bis 1,5 mm DM. Gerne in Säumen, Waldverlichtungen usw. (*C. muricata* agg.)
      **7.** Nur unterste Ähre bisw. etwas entfernt, Infl. meist 2-5 cm lg. Bogen 2-4x so hoch wie br. Utr. 4,5-6,5 mm lg, basal zuletzt auffällig schwammig-korkig (dessen Grenze an der reifen Fr. durch eine Querrille markiert)                                  ***C. spicata***
      = *C. contigua*

      **7+** Einzelne Ähren weit voneinander entfernt, Infl. desh. fast immer über 4 cm lg. Bogen d. Ligula etwa so hoch wie br. Utr. 3,5-5 mm, nicht schwammig-korkig                   ***C. divulsa***

## Gruppe II – Verschiedenährige Seggen
Wenn nicht anders vermerkt, sind mit „Ähren" stets die der karpellaten Blü. („Frkn.ähren") gemeint

**1.** Nur 1 staminate Ähre (vgl. auch **15.** *C. flacca*)
  **2.** Utr. kahl (wenn mit wenigen sehr kurzen Borsten vgl. **15.** *C. flacca*)
    **3.** Frkn.ähren 3-7(-10)-blü., locker, mit laubigem Tragb. Utr. mit dtl. hervortretenden Lgsnerven. Horste, an der Basis mit dunklen B.scheiden. Pfl. (20-)30-60 cm. Lichte Wälder
      **4.** Utr. lg geschnäbelt, 7-8 mm lg, grünl. B. 2-4 mm br., slt. lger als Stg.          ***C. depauperata***
      **4+** Utr. kaum geschnäbelt, 3-5x2-3 mm, meist dunkel. B. 3-6(-10) mm br., das Tragb. die Infl. meist dtl. überragend (*H*)                                  ***C. olbiensis***
    **3+** Ähren dichtblü. u./od. mehrblü.
      **5.** Ähren auffällig 2-farbig (dunkle Sp. über hellgrünem bis gelbbraunem Utr.). Utr. ± ungeschnäbelt. B. grau- bis blaugrün. Feuchtes Grasland (*//*)                         ***C. panicea***
      **5+** Ähren ± einfarbig

**6a** Ähren oval bis kugelig, 0,5-1 cm, kompakt, ± sitzend. Unterstes Tragb. meist viel lger als d. Infl. B.scheiden nicht dunkelbraun (Unterschied zu **9+**). Pfl. bis 20(-30) cm. Nasswiesen usw.                                      *Carex flava* agg.

Zu den Kleinarten vgl. Or.-Lit. Einzige nach Pg bzw. CL in Apulien vorkommende Kleinart:

Utr. 2,5-3(,5) mm, 0,5-1 mm geschnäbelt. B. 2-3(-4) mm br.                    *C. viridula*
                                                                        = *C. oederi*

**6b** Ähren zylindrisch, 3-5 cm lg, zieml. locker, dtl. überhängend. Utr. 4-6xca 1,5 mm, 2-nervig; Schnabel dtl. 2-zähnig, fast so lg wie d. bauchige Teil. B. 3-6(-8) mm br. Schattige Standorte                                                               *C. sylvatica*

**6c** Pfl. anders: Ähren eiförm. (dann Rhizompfl. trockener Standorte, vgl. **8.**) bis zylindr. (dann Ähren aufrecht, höchstens die unterste etwas überneigend u./od. Utr. kaum geschnäbelt)

**7.** Pfl. mit lgen Ausläufern, 10-40 cm. Utr. (2,5-)3-4 mm, mit 0,2-0,5 mm lgem aufgesetztem Schnabel, bisw. behaart. B. meist 1-3 mm br. Trockenrasen und ähnl. Standorte

**8.** Ähren oft ± eiförm., 0,5-1(,5) cm lg, 5-15-blü. Utr. gestutzt, mit ca 0,5 mm lgem Schnabel, glänzend dunkelbraun, mit wulstigen Nerven. Unterstes Tragb. 1-2 cm lg, (meist) mit 5-10 mm lger Scheide. Stg. oben oft rau                    *C. liparocarpos*
                                                                        = *C. nitida*

**8+** Ähren zylindrisch, 2-4 cm. Schnabel nur ca 0,2 mm. Tragb.scheide nur bis 2 mm. Pfl. oft blaugrün vgl. **15.**                                                   *C. flacca*

**7+** Horstsegge, 20-100 cm hoch. Utr. allmählich zugespitzt, stets kahl, mit oder ohne Schnabel. Schattige u./od. ± feuchte (auch brackige) Standorte

**9.** Ähren 2-15 cm lg, B. 5-12 mm br. Utr. 2,5-4 mm, nur kurz geschnäbelt, mit undeutl. Nerven. 40-100 cm

**10.** Ähren dicht, 3-6 mm br. Utr. 2,5-3 mm, (purpur-)braun. Sümpfe, Gräben (v)
                                                                        *C. microcarpa*

**10+** Ähren locker, 2-3 mm br. Utr. 3-4 mm, grün. Feuchtgehölze (*//*)     *C. strigosa*

**9+** Ähren 1-3 cm lg, B. 2-4 mm br. Utr. mit hervortretenden Nerven. Basale B.scheiden dunkel(rot)braun (Unterschied zu *C. flava*). Oft auf brackigen Standorten

**11.** Ähren ± alle voneinander getrennt. Unterstes Tragb. ± aufrecht, höchstens etwa gleichlang mit der Infl. (aber lger als die entsprechende Ähre!). B.scheiden gegenüber der Spreite mit verlängertem, über die Scheidenmündung hinausragendem Häutchen

**12.** Utr. 4(-5) mm, mit dtl. erkennbaren Nerven. Schnabelzähne am Rand rau. Ähren ca 10 mm                                                                    *C. distans*

**12+** Utr. 3-3,5 mm, punktiert, nur die Randnerven dtl. Schnabelzähne glatt
                                                                        *C. punctata*

**11+** Ähren einander genähert, nur die unterste dtl. abgesetzt. Unterstes Tragb. ± rechtwinkelig abstehend, lger als die Infl. Schnabelzähne glatt, Utr. mit dtl. erkennbaren Nerven                                                           *C. extensa*

**a.** Pfl. 30-50 cm, Utr. ca 3 mm, Ähren 10-15 mm                        typ. Form

**a+** Pfl. meist über 50 cm, Utr. ca 4 mm, Ähren 15-25x6 mm (vgl. Fen 4:276; ~~CL~~)
                                      „ssp. *viestina* Fen." = fo./var. *balbisii* (Spr.)?

Als ssp. ist dieses Taxon sicher überbewertet

**2+** Utr. behaart. Pfl. meist 5-30 cm. Lichtes Buschwerk, Trockenrasen

**13.** An d. Stgbasis 1-2 wenigblü., auf haardünnen, aber bis 15 cm lgen Stielen sitzende Frkn.-Ähren entspringend. Utr. 4-5 mm lg, s. kurz, aber dtl. geschnäbelt, hellbraun, mit etlichen dtl. Nerven. Stg. oben rau. Horstsegge                              *C. halleriana*

**13+** Alle Ähren in einer endständ. Infl., die Frkn.-Ähren 0,5-1 cm lg und 5-15-blü. Utr. 2-4 mm. Zumind. kurze Ausläufer vorhanden

**14.** Sp. nicht hautrandig. Utr. hellbraun, 2-3 mm, ohne dtl. abgesetzten Schnabel. Unterstes Tragb. meist (!) ± borstl., kurz, mit 3-5 mm lger Scheide. Pfl. in lockeren Horsten mit kurzen Ausläufern                                                        *C. caryophyllea*

**14+** Sp. dtl. hautrandig. Utr. 3-4 mm, ± gestutzt, mit ca 0,5 mm lgem aufgesetztem Schnabel, dunkelbraun, meist kahl, bisw. aber behaart. Unterstes Tragb. oft laubig, 1-2 cm lg, (meist) mit 5-10 mm lger Scheide. Pfl. mit lgen Ausläufern. vgl. **8.** *Carex liparocarpos*
**1+** 2-3 Staubb.ähren, davon aber bei *C. flacca* oft nur eine wohlentwickelt. Stets mit Ausläufern
**15.** Utr. 2,5-4 mm, mit kaum entwickelten, ca 0,2 mm lgem Schnabel und bisw. mit einigen kurzen Borsten. Meist 1 der beiden Staubb.ähre dtl. kürzer oder auch fehlend (dann aber Tragb. noch vorhanden). B. meist 2-3 mm br., oft ausgeprägt blaugrün. Pfl. slt. über 40 cm, mit lgen Rhizomen. (Im Gebiet) meist auf trockenen Standorten **C. flacca**
= *C. glauca*
Formenreich:
**a.** Ä. nickend, zuletzt meist hängend. Sp. braunschwarz, spitz bis stachelspitzig, mit schmalem 1-nervigem Mittelteil, meist kürzer als der 2,5-3,3 mm lge ± abstehende Utr. (Garg. mögl.)
ssp. *f.*
**a+** Ä. nur kurz gestielt bis fast sitzend, ± aufrecht. Sp. rötl., spitz oder mit gezähnelter Stachelspitze, mit breitem, 3-nervigen Mittelteil. Utr. 3-4 mm, ± aufrecht (am Garg. die zumind. vorherrschende Form) ssp. *serrulata* (= ssp. *cuspidata*)
Ob die Merkmale korreliert auftreten ist fraglich; nicht alle Belege lassen sich einer ssp. zuordnen
**15+** Utr. mit kurzem zylindr. bis lgerem zweizähnigen Schnabel. Meist feuchte bis nasse Standorte (wenn vom Wald, vgl. auch **6b** *C. sylvatica* mit lggestielten überhängenden karpellaten und ausnahmsweise 2 Staubb.-Ähren)
**16.** Utr. (zumind. stellenweise) behaart. Ähren sitzend bis kurz gestielt, aufrecht. Tragb. laubig, oft > Infl. Stg. stumpf 3-kantig. Pfl. 20-100 cm
**17.** Utr. ohne Schnabelzähne. Ähren 4-10 cm lg, bisw. genähert. B. 4-8 mm br., kahl
**C. hispida**
**17+** Utr. mit lgen, ± spreizenden Schnabelzähnen. Ähren 2-4 cm lg, meist weit voneinander entfernt. B. 2-5 mm br., meist behaart (s.u.). **C. hirta**
Die Behaarung variiert stark. Wenn nur noch Utr. schwach behaart, Pfl. ansonsten kahl
fo./var. *hirtaeformis*
**16+** Utr. kahl. Stg. meist scharfkantig. Pfl. 50-170 cm hoch
**18.** Utr. ca 2-3x so lg wie br., reif schräg aufwärts-abstehend. Schnabel ausgerandet oder kurz zweizähnig. Ähren ± aufrecht. B. oft so lg wie d. Stg. Ausläufer lg
**19.** Ähren 6-7 mm dick, alle ± aufrecht. Sp. der karpellaten Ähren kürzer bis kaum lger als der Utr., meist spitz; (untere) Sp. der staminaten Ähren stumpf. B. 4-9 mm br. Untere B.-scheiden stark netzfasrig (*//*) **C. acutiformis**
**19+** Pfl. in allen Teilen größer: Ähren 8-12 mm dick, die unterste bisw. hängend. Alle Sp. 7(-10) mm, die der staminaten Ähren spitz, die der karpellaten in eine lge, gezähnte Grannenspitze auslaufend. Utr. 5-6 mm. B. (6-)10-15 mm br. Untere B.scheiden häutig zerreißend **C. riparia**
Die beiden Arten werden oft verwechselt. Ob sie beide am Garg. vorkommen ist deshalb fraglich.
**18+** Utr. spindelförmig, 5-6x1-1,5 mm, stets mit 2 dtl., spreizenden Schnabelzähnen, zuletzt waagrecht abstehend bis fast zurückgeschlagen. Ähren fast doldig genähert, nickend, von d. Tragb. weit (!) überragt. Pfl. gelbgrün. Ausläufer kurz (*//*) **C. pseudocyperus**

**CLADIUM** Vgl. **4b** **C. mariscus**

**CYPERUS** s.l. (incl. **Acorellus** und **Galilea**)

**1.** Narben 2. Ä. 2-3(-6), scheinbar seitenständig, 10-20 mm lg. Pfl. mehrj., 20-40 cm. Auch brackige Standorte **C. laevigatus** ssp. *distachyos*
= *Acorellus distachyus*
**1+** Narben 3

**2.** Pfl. einj., slt. über 20 cm. Infl. aus 1-4 Köpfchen bestehend, mit 2-4 Tragb. Ä. 4x1 mm. B. 2-3 mm br.                                                                         ***Cyperus fuscus***
**2+** Pfl. mehrj., meist größer. Ä. 7-16 mm lg
   **3.** Ä. 3-4 mm br., alle zu einem endständigen Köpfchen zusammengefasst, darunter 1-3 ± stechende Hochb. B. starr, gekrümmt, zusammengefaltet. Pfl. bis 40 cm. Lge unterirdische Ausläufer. Küstennahe, sandige Standorte                                      ***C. capitatus***
                                                                  = *C. kalli* = *Galilea mucronata*
   **3+** Ä. linealisch, <2 mm br., zu jeweils mehreren an unterschiedl. lgen Infl.-Ästen büschelig genähert
      **4.** Pfl. 50-120 cm. Infl.-Äste sehr ungleich lg (bis 30 cm). Stg.basis von B.scheiden umhüllt, Spr. also stg.ständig. B. plan, 5-6 mm br. Die meist 3-4 Tragb. unterhalb der Infl. >7(-20!) cm lg. Rhizom ohne Knollen                                                          ***C. longus***
      **4+** Pfl. 10-40 cm. Infl.-Äste 1-4 cm. B. alle basal (Stg. ohne B.scheiden), meist nur 2-3 mm br. Tragb. meist nur -5 cm lg. Rhizom mit kleinen Knollen                   ***C. rotundus***

## ELEOCHARIS

**1.** Am Grund des Ä. 2 blü.lose Hüllsp., jede Hüllsp. die Ä.basis nur zu ca 1/2 umfassend. Stg. steif, mit etwa 20 Leitbündeln                                             ***E. palustris*** s.str.
**1+** Am Grund d. Ä. nur 1 Hüllsp. (diese die Ä. basal ± gänzl. umfassend) **oder** Stg. weich, mit 8-16 Leitbündeln (*//*)                                                                    Or.-Lit.

## ISOLEPIS   Vgl. 7+                                                           *I. cernua*

## SCHOENOPLECTUS

**1.** Stg. rund, binsenförm., >1 m hoch. Fr. ca 3 mm
   **2.** Sp. glatt oder spärl. punktiert. Narben (meist) 3, Fr. dann undeutl. 3-kantig. Infl. locker, ihr Tragb. meist 3-6 cm                                                           ***Sch. lacustris***
   **2+** Sp. rau punktiert. Narben (meist) 2, Fr. dann bikonvex. Infl. bisw. kopfig gedrängt, ihr Tragb. meist 1-2 cm                                                                   ***Sch. tabernaemontani***
   Ob beide Taxa vorkommen ist zweifelhaft
**1+** Stg. zumind. in der oberen Hälfte dtl. 3-kantig, 0,4-1,2 m. Fr. 1,5-2 mm
   **3.** Rhizompfl. Ä. zahlreich, in ± lockeren Büscheln. Narben 2                    ***Sch. litoralis***
   **3+** Dichte Horste. Ä. zu 3-8, köpfchenartig geknäuelt. Narben 3 (*//*)           ***Sch. mucronatus***

## SCHOENUS   Vgl. 4a                                                       ***Sch. nigricans***

## SCIRPOIDES  (= **Holoschoenus**)  Vgl. **3.**                              ***Sc. holoschoenus***
                                                                  = *Holoschoenus vulgaris* (s.l.)

**a1** Zahl der Köpfchen >5, ihr DM 7-15 mm. Tragb. der Infl. am Grund >1 mm br. B.scheiden stark netzfasrig. Pfl. meist > 80 cm hoch, Stg.-DM 2,5-5 mm. IV-VI                        ssp. *holoschoenus*
**a2** Köpfchen zu 2-5, 5-10 mm DM. Basis des Tragb. ca 1 mm br. B.scheiden mäßig netzfasrig. Pfl. meist 40-100 cm, Stg.-DM bis 2,5 mm. VI-IX                                      ssp. *australis*
**a3** Ä. (fast) alle in 1 sitzendem Köpfchen, dessen DM 10-15 mm. Bisw. daneben noch 1-2 (viel) kleinere, kurzgestielte Köpfchen vorhanden. B.scheiden mäßig netzfasrig. Pfl. slt. >30 cm
                                                                          ssp. *romanus*
Alle Taxa werden vom Garg. genannt; sie werden auch als Arten geführt (z.B. von Pg unter *Holoschoenus*) oder auch nicht unterschieden (CL)

## DIOSCOREACEAE   TAMUS

Blü. (meist) getrenntgeschlechtlich mit gelbl.-grüner 6-zlger Blü.hülle. Fr. eine rote Beere von ca 1 cm DM. Stg. windend oder schlaff niederliegend. B. meist ausgeprägt herzförmig, bogennervig, mit ausgezogener Spitze                                                                                      *T. communis*

Wenn B. ± 3-lappig, mit lg (!) ausgezogener Spitze                                                    var. *cretica*

## DIPSACACEAE

*Kö.:*   Köpfchen
*Kor.:*  Korona (Wulst oder häutiger Kragen am apikalen Ende der Fr.)
*AK:*   Außenkelch („Fruchthülle")
*Fr.:*   Der vom Tubus des AK umhüllte fertile Teil der Fr. incl. diesem Tubus
*K.:*   meist reduziert oder aus Borsten bestehend, am oberen Ende der Fr., deshalb innerhalb der Kor.
*Rez.:* Rezeptakulum (Köpfchenboden), bisw. mit Spreublättern (= Tragb. der Blü.)

**1.** Pfl. distelartig (v.a. Stg. mit kleinen Stacheln), meist >1m hoch. Kö. meist dtl. höher als br. Hüllb. linealisch, stechend. Blü. blasslila. Fr. ± vierkantig. Kor. sehr kurz, K. schalenförmig
*Dipsacus fullonum*
**1+** Pfl. nicht distelartig, meist kleiner. Kö. ± rundl. oder breiter als hoch
  **2.** Kr. 5-zählig. Randl. Blü. ± strahlend. AK mit meist dtl. Kor. Spreub. vorhanden   *Scabiosa* s.l.
  **2+** Kr. 4-zlg
    **3.** Kö. flach gewölbt. Spreub. fehlend. Rez. behaart                                      *Knautia*
    **3+** Kö. (halb)kugelig. Spreub. vorhanden
      **4.** Kr. meist weißl.-gelbl. Hüllb. am blühenden Köpfchen mind. 3-reihig. Stg. kantig oder gerieft. ± trockene Standorte                                                            *Cephalaria*
      **4+** Kr. ± blau. Hüllb. 1-3-reihig. Stg. nicht kantig. Feuchtes Grasland (//)   *Succisa pratensis*

*Alternativer Gattungsschlüssel für fruchtende Exemplare:*
Mit „Fr. quer" ist der Gesamtumriss der Fr. gemeint, unabhängig von den ebenfalls meist gut erkennbaren Lgsrippen oder -furchen

**1.** wie oben
**1+** wie oben
  **2.** Spreub. fehlend                                                                         *Knautia*
  **2+** Spreub. vorhanden
    **3.** B. nur gezähnt. Fr. 4-kantig. Kor. 4-zähnig, K.borsten ca 1 mm                       *Succisa*
    **3.** Zumind. die unteren Stgb. fiederteilig. Wenn Fr. 4-kantig, ohne K.borsten
      **4.** Stg. ± rund. Fr. quer ± rund mit meist ausgeprägter Kor. K.borsten fehlend oder vorhanden. Spreub. meist linear-lanzeolat                                                  *Scabiosa* s.l.
      **4+** Stg. kantig oder dtl. gerieft. Fr. quer 4-kantig oder ± rund. Kor. wenig ausgeprägt. K.borsten fehlend. Spreub. nur ca 2(-3)x so lg wie br. oder >5 mm lg                       *Cephalaria*

## CEPHALARIA

**1.** Hüllb. stumpf oder kurz zugespitzt. AK mit kurzer, ganzrandiger oder gezähnelter Kor. Fr. 4-kantig. Untere B. 1-2-fach fiederteilig mit wenigen 0,5-1 mm lgen Wimpern, obere B. lineal, oft ungeteilt, meist kahl. Pfl. mehrj.                                                              *C. leucantha*
incl. var. *garganica*
**1+** Hüllb. mit ausgeprägter Grannenspitze. AK mit 8-zähniger Kor., Zähne ca 1/4 so lg wie die 8-rippige Fr. Pfl. einj.                                                                        *C. transsylvanica*

**DIPSACUS** Vgl. 1.                    *D. fullonum*
                                        = *D. sylvester*

**KNAUTIA**

Die Gattung bildet zwittrige und rein karpellate Kö. aus. Blü.maße beziehen sich auf die zwittr. Kö.

**1.** Pfl. einj., mit dünner Spindelwurzel. Hüllb. 8-12. K. 12-24-zähnig, Zähne ca 1/4 so lg wie die Fr. Blü. 6-10 mm. Kö.stiele (meist) drüsenlos. V.a. auf Kulturland                    *K. integrifolia*
Die unteren und mittleren B. sind normalerweise nur ± gezähnt. Wenn B. fiederschnittig oder gefiedert
                                                                                      „*K. hybrida*"

**1+** Pfl. (meist) mit Rhizom und nichtblühenden B.rosetten. Hüllb. 10-18. K. mit (6-)8(-10) Borsten, diese mind. 1/2 so lg wie die Fr. Blü. 10-16 mm. Kö.stiele oft drüsig. Stgb. meist tief geteilt. Stg. oft mit purpurnen Flecken, oberwärts abstehend behaart (im Gegensatz zu *Scabiosa columbaria*). Grasland. Formenreich                    *K. arvensis*

**LOMELOSIA** → Scabiosa s.l.

**SCABIOSA** s.l. (= **Scabiosa** s.str., **Lomelosia** und **Sixalix**)
*Scabiosa* s.str. = *Scabiosa* s.l. sect. *Sc.* (= sect. *Sclerostemma*)
*Lomelosia* = *Scabiosa* s.l. sect. *Trochocephalus* (= sect. *Asterocephalus*)
*Sixalix* = *Scabiosa* s.l. sect. *Cyrtostemma* (= sect. *Vidua*)

**1a** Tubus der Fr. im oberen Teil mit 8 längl. Gruben, der untere Teil zylindrisch und zumind. dieser dicht behaart                    *Lomelosia*
**2.** Polsterartiger, sehr niedriger Halbstrauch mit fast stets einköpfigen Infl.schäften. Fr. gänzl. mit steifen Haaren bedeckt. Kor. 3-5 mm, mit 25-30 Nerven. Die 5 K.borsten 2-3x so lg wie die Kor.
                                                                                      *L. (Sc.) crenata* s.l.
    **a.** Beblätt. Stg. stark gestaucht, fast rosettig, die b.losen Kö.schäfte meist <5 cm. K.borsten 7-9 mm. (Mittl.) B. gezähnt bis fiederschnittig, ± kahl bis spärl. behaart                    ssp. *dallaportea*
                                                                                      = *Sc. d.*

    **a+** Stg. >10 cm (meist 15-25 cm), im unteren Drittel beblättert. Mittl. B. einfach bis doppelt fiederteilig, meist stärker behaart (*//*)                    ssp. *c.*
                                                                                      = *Sc. c.* s.str.

Vgl. Fen 4:133-135
**2+** Pfl. ein- oder mehrj., aber ± krautig, höher. Stg. meist mehrköpfig. K.borsten kürzer oder zu 10.
**3.** K.borsten 5, 2-3 mm, basal drüsig, höchstens gezähnelt. Blü. meist ± gelbl., slt. rötl. oder weißl.                    *Lomelosia (Sc.) argentea*
                                                                                      incl. ssp. *ucrainica* und „*Scabiosa alba*"

**3+** K.borsten 10, dtl. behaart („gefiedert") (Garg. mögl.)                    *Lomelosia brachiata*
                                                                                      = *Tremastelma palaestinum*

**1b** Oberer Teil des Tubus mit 8 längl. Gruben, der untere Teil mit behaarten Rippen. K.borsten 5, meist 4-8 mm. Kor. (sehr) kurz, schwammig-knorpelig. Fiedern (auch schon der mittl. Stgb.) linealisch, oft >10 mm lg und selten >2 mm br.                    *Sixalix (Sc.) atropurpurea*
Formenreich. Mögl. Gliederung:
    **a.** Pfl. (zwei- bis) mehrj.                    ssp. *grandiflora* = *Sc. maritima*
                                                                                      incl. var. *ambigua*

Die Blü.farbe schwankt von schwarzviolett (Verwechslungsgefahr mit **a+**) bis fast weiß (Verwechslungsgefahr mit **4.**)

**a+** Pfl. einj, mit dunkelpurpurnen Blü. Antheren weißl. (*//*; (g))   ssp. *atropurpurea*
= *Sc. atropurpurea* s.str.

**1c** Fr. über die gesamte Länge mit 8 Furchen bzw. Rippen. Kor. mind. 1/2 so lg wie die Fr., mit 20-25 Nerven. Pfl. stets >20 cm hoch und ± krautig   ***Scabiosa*** s.str.
hier: = *Sc. columbaria*-Gruppe s. Pg

**4.** Kr. gelb(l.). K.borsten ca 3 mm, 2-3x so lg wie die Kor., nicht drüsig. Pfl. ohne Sternhaare. Auch obere B. stets geteilt   ***Sc. ochroleuca***

**4+** Kr. ± rötl. oder blau. K.borsten bis 6x so lg wie die Kor., mitunter aber fehlend (*Sc. columbaria*-Gruppe s. FE)
Für diese Gruppe werden unterschiedliche diakritische Merkmale angegeben

   **5.** B. dicht wollig behaart. K.borsten stets dunkel, 3-4 mm

      **6.** Die unteren B. nur gezähnt, slt. gelappt. B.behaarung grau- oder silbrig-wollig, Haare 0,3-1 mm

         **7.** Endabschnitt der oberen Stgb. nur bis 1,5x so br. wie die seitl. Kor. 1/3 so lg wie der Tubus. Untere B. mit 8-32 Haaren/qmm. Pfl. oft einköpfig (*//*)   ***Sc. holosericea*** s.str.

         **7+** Endabschnitt ca 2x so br. wie die seitl. Kor. 1/2 so lg wie der Tubus. Untere B. mit 32-64 Haaren/qmm. Pfl. meist mehrköpfig (*//*)   ***Sc. pyrenaica***
= *Sc. vestita* s. Pg

      **6+** Auch die unteren B. meist lyrat-fiederschnittig. B.behaarung weiß oder aschfarben, Haare bis >1 mm (v)   ***Sc. taygetea*** ssp. *garganica*
= *Sc. holosericea* ssp. *g.* s. Fen

   **5+** B. ± kahl oder spärl. behaart, bisw. kurz borstig

      **8.** K.borsten 1-5, 3-5 mm lg, dunkelbraun bis schwarz. Unterstes Stgb.-Paar oft ungeteilt, die mittleren 1(-2)-fach fiederteilig, B.zipfel dabei 1-8 mm br. Stg. unten meist kahl oder nur zerstr. behaart (*Sc. columbaria* s.l.)

         **9.** K.borsten bleibend, daher ± stets 5. Seitl. Zipfel der Stgb. 8-16x so lg wie br., Endzipfel nur ca 1,5x so br. wie die seitl. Untere B. spärl. behaart (4-8 Haare/qmm). 20-50 cm
   ***Sc. columbaria*** s.str.

         **9+** K.borsten früh abfallend, daher oft nur 1-4 vorhanden. Seitl. Zipfel 3-8x so lg wie br., Endzipfel dtl. breiter. Behaarung dichter (8-12 Haare/qmm). 50-150 cm   ***Sc. uniseta***
   *Sc. u.* wird auch zu **8+** *Sc. triandra* gestellt

      **8+** K.borsten 0-2(-5), 1-3 mm (höchstens 1,5x so lg wie die Kor.), hell- oder dunkelbraun. (Mittlere) Stgb. 2(-3)-fach fiederteilig, Zipfel der mittl. Stgb. <2 mm br. Stg. unten meist zml. dicht und meist rückwärts-abstehend behaart, Haare 0,3-1 mm (*//*)   ***Sc. triandra***
= *Sc. gramuntia*

**SIXALIX** → **Scabiosa** s.l.

**SUCCISA** Vgl. **4+** (*//*)   ***S. pratensis***


**ELATINACEAE  ELATINE**

**1.** B. gegenständig. Kb. meist dtl. > Krb.   ***E. macropoda***

**1+** Pfl. heterophyll: Überwasserb. lanzeolat, in 3-5-zlgen Quirlen. Unterwasserb. lineal, in 8-16-zlgen Quirlen. Kb. und Krb. etwa gleich lg (*#*)   ***E. alsinastrum***

## ERICACEAE   (excl. Pyrolaceae)

**1.** B. 10-12x2-3 cm, gezähnelt. Infl. 15-30-blü., hängend. Kr. 5-10x5-8 mm, wachsweiß mit grünl. Zipfeln. Fr. fleischig, zuletzt purpurn, 1-2 cm DM. X-XI                   ***Arbutus unedo***
**1+** B. linealisch bis nadelförmig, 5-10x0,5-1,5 mm. Kr. bis 4 mm. Fr. eine Kapsel    *Erica*

## ERICA

**1.** Antheren gänzlich von der 2-4 mm lgen Kr. eingeschlossen. Blü. 2-5 mm gestielt. B. 3-7x0,5-1 mm. Borke rötl. III-VI
**2.** Blü. weiß, slt. blassrosa. Antheren mit basalem Anhängsel. Jge Äste meist weißhaarig, Haare verzweigt. B.unterseite vom zurückgerollten B.rand völlig verdeckt. 1-5 m. III-V        ***E. arborea***
Wenn junge Äste kahl                                                          var. *rupestris*
**2+** Blü. grünl.(-rötl.). Antheren ohne Anhängsel. Junge Äste stets kahl. B.unterseite nur zu ca 2/3 verdeckt. 0,3-2 m. V-VI (*//*)                                                 ***E. scoparia***
**1+** Antheren zumind. teilweise herausragend, ohne Anhängsel, B. ca 7-9x1 mm, mit ihren Basen den jungen Zweig berindend (ähnlich einem Fichtenzweig). Blü. 4-5 mm, rosarot, 6-12 mm gestielt. Borke graubraun. 0,8-1,5 m. IX-XI                                          ***E. multiflora***

## EUPHORBIACEAE

**1.** Pfl. mit Milchsaft. Pseudanthien („Scheinblü.", hier: Cyathien) in doldiger oder wiederholt gabeliger Anordnung. Frkn. gestielt (*Euphorbia* s.l.)
  **2.** B. gegenständig
    **3.** B. 4-13 mm lg (slt. lger), oft asymmetrisch, ± in einer Ebene angeordnet, mit (hinfälligen) Stp. Samen ohne Karunkula. Pfl. einj., meist niederliegend          ***Chamaesyce***
    **3+** B. >30 mm lg, auffällig dekussiert, ohne Stp. Pfl. aufrecht, >20 cm, zweij. (*//*; (g))
                                                           ***Euphorbia lathyris***
  **2+** B. wechselständig, ohne Stp. Samen mit Karunkula (diese aber bisw. abgefallen)
                                                          ***Euphorbia*** s.str.
**1+** Ohne Milchsaft. Euanthien (einfache Blü.) eingeschlechtl., in ährigen Infl. oder einzeln. Frkn. oft sitzend
  **4.** B. gegenständig. Pfl. meist zweihäusig. Fr. behaart                    ***Mercurialis***
  **4+** B. wechselständig. Pfl. stets einhäusig
    **5.** B. elliptisch, 4-10 mm lg und etwa halb so br. (bisw. auch fast rundl.), kahl, ganzrandig. Pfl. mehrj., basal verholzt. Ab III                            ***Andrachne telephioides***
    **5+** B. rhombisch, 25-35 mm lg und nur wenig schmäler, mit gekerbtem Rand. Pfl. mit Sternhaaren, einj. In Meeresnähe. Ab IV                          ***Chrozophora tinctoria***

## CHAMAESYCE   (= Euphorbia subgenus Ch.)
Die Ausgliederung dieser Gattung aus *Euphorbia* erfolgt im Anschluss an CL. Sowohl Fen als auch Pg führen die Arten unter „*Euphorbia*" auf. Angabe von Synonymen nur bei abweichendem Epitheton
Schlüssel nach Angaben von Hügin in Feddes Repert. **109**:189-223 (1998). Es sind auch Arten eingeschlüsselt, die bisher für den Garg. bzw. für Apulien noch nicht genannt sind (*//*), deren Auftreten aber möglich ist

**1.** Pfl. kahl, höchstens Hüllb. innen behaart. B. -15 mm lg

**2.** Fr. mind. 3x4 mm, Samen mind. 2,5 mm lg, glatt. B. 2-3 mm gestielt. Spr. 8-13x5-10 mm, oft schwach sichelförmig, ganzrandig oder gezähnt, am Grund stark asymmetrisch
*Chamaesyce peplis*

**2+** Fr. bis 2, Samen bis 1,5 mm lg. B. 0,5-1,5(-2) mm gestielt

**3.** Samen glatt (aber bisw. farbfleckig). B. 3-6 mm lg

**4.** B. gesägt, (die größeren) 1,5-2,5x so lg wie br. Stp. pfrieml., frei. Ohne sprossbürtige Wurzeln. Gr. ca 0,5 mm. Samen eiförm. (*//*)        *Ch. humifusa*

**4+** B. ganzrandig, eiförm. bis rundl. Stp. paarweise zu einem gezähneltem Saum verwachsen. Einzelne Knoten oft mit sprossbürtigen Wurzeln. Samen längl., ± vierkantig (*//*)
*Ch. serpens*

**3+** Samen dtl. gefurcht oder grubig. B. gekerbt oder ± ganzrandig (slt. gezähnt), oft dunkel gefleckt, 4-12 mm lg

**5.** B. 1-1,5x so lg wie br. vgl. **8+**        *Ch. canescens*

**5+** B. 2-4x so lg wie br. Samen quergefurcht, unten gestutzt (*//*)        *Ch. glyptosperma*

**1+** Pfl. zumind. teilweise behaart. Samen nicht glatt

**6.** B. 10-30x6-15mm, dtl. 3-nervig. Stg.haare meist in Leisten, viel kürzer als die B.haare. Fr. kahl. Samen 1-1,5 mm, runzelig, schwärzl. Cyathien jeweils bis zu 10, meist doldig. Wuchs ± aufrecht (*//*)        *Ch. nutans*

**6+** B. meist <15 mm lg. Pfl. ± gleichmäßig von Haaren ähnlicher Lge besetzt, die prostraten Stg. höchstens oberseits dichter als unterseits behaart. Auch Fr. meist behaart. Samen mit Furchen oder Gruben. Cyathien einzeln oder traubig.

**7.** Fr. ± anliegend behaart. Stp. getrennt. Samen bis 1x0,5 mm, meist mit 3-5 ± dtl. Querfurchen. B. 2-3x so lg wie br., oberseits meist mit dunklem Fleck        *Ch. maculata*

**7+** Fr. mit abstehenden Haaren, slt. kahl. B. höchstens 2x so lg wie br.

**8.** Fr. vor allem an den Kanten und basal behaart, Fr.flächen bisw. sogar kahl. Stg. oberseits dichter behaart als unterseits. Stp. auf der Stg.unterseite meist verwachsen und größer als die freien Stp. der Oberseite. Samen ca 1 mm, scharfkantig, mit 5-8 Querfurchen
*Ch. prostrata*

**8+** Fr. ± gleichmäßig behaart, slt. kahl. Stg.haare gleichmäßig verteilt. Stp. alle getrennt (?), ± gleich groß. Samen 1-1,5 mm, meist stumpfkantig, mit unregelmäßigen Furchen oder Gruben        *Ch. canescens*
= *Euphorbia chamaesyce*

**a.** B. ganzrandig oder kaum sichtbar gekerbt, meist ausgerandet, bisw. mit dunklem Fleck. Pfl. bisw. kahl        ssp. *c.*

**a+** B. gesägt, stumpf, stets ungefleckt. Pfl. stets dicht behaart (*//*)        ssp. *massiliensis*

## EUPHORBIA   (excl. **Chamaesyce**)

*Dr.:*  „Drüsen" (4-5 kleine sichelförmige bis ovale Bildungen zwischen den Zipfeln des Hüllbechers)
*Do.:*  (Endständige) Dolde (genauer: Pleiochasium), deren Strahlen noch (mehrfach) weiter (meist dichotom) verzweigt sein können
*-str.:*  -strahlig (bei Infl.); gemeint ist die Zahl der Doldenstrahlen 1. Ordnung, nicht die Zahl der Infl.-Äste insgesamt

*A. Hauptschlüssel:*

**1a** Dr. ± dreilappig. Buschiger, kahler Strauch von 1-3 m Höhe. B. nur an jungen Zweigen, sich bald rötl. verfärbend, 40-80x4-8 mm. Fr. und Samen glatt.        *E. dendroides*

**1b** Dr. „halbmondförmig": entweder äußerer Rand konkav (Dr. dann ± sichelförmig) oder nicht, dann aber von hornartigen Spitzen („Hörnern") übergipfelt. Wenn Pfl. strauchartig, Äste behaart
Wenn B. gegenständig vgl. oben *E. lathyris*

**2.** Die beiden Tragb. letzter Ordnung zumind. basal verwachsen. Stg. behaart. Pfl. mehrj., meist 50-150 cm hoch, oft in Gehölzen

**3.** Fr. behaart. B. ± gleichmäßig verteilt. Do. 10-25-str. Dr.hörner (wenn vorhanden) ± nach außen weisend (divergierend)      ***Euphorbia characias***

    **a.** Dr. purpurn mit s. kurzen Hörnern oder diese fehlend. Tragb. letzter Ordnung zu 1/3-2/3 tellerförmig verwachsen      ssp. *ch.*

    **a+** Dr. gelb (beim Trocknen aber nachdunkelnd) mit ± dtl. Hörnern. Tragb. letzter Ordnung zu 1/2-4/5 becherförmig verwachsen      ssp. *wulfenii*
                              = var. *veneta*

    Die garganischen Exemplare entsprechen weitgehend der ssp. *wulfenii*. CL betrachtet die beiden Taxa nur als Biotypen; die Unterschiede sind aber doch recht beträchtlich. – Weitere Merkmale vgl. den Schlüssel <u>B.</u> **5.**

**3+** Fr. kahl. B. in der Stg.mitte oft rosettig gehäuft. Do. 5-10-str. Hörner lang ausgezogen und konvergierend, Dr. daher ausgeprägt sichelförmig      ***E. amygdaloides***

**2+** Tragb. frei

**4.** Außenseite der Dr. zwischen den Hörnern schwach (!) konvex. Hörner apikal erweitert, bisw. ausgerandet bis fast gelappt. Kapsel ± glatt, 5-7 mm DM. Tragb. zwischen den staminaten Blü. fehlend. Do. 5-12-str. B. >6 mm br., spitz, glauk, ± fleischig. Pfl. frühblühend, mehrj., basal verholzt, 10-50 cm. Meist in Rasengesellschaften >500 m

    **5.** (Obere) B. ± oval. Samen braungrau, pfirsichkernartig gerunzelt. Do. meist 5-9-str. Wuchs oft ± prostrat. Ab IV      ***E. myrsinites***

    **5+** B. lanzettl. (ca 4x so lg wie br.). Samen glatt. Do. meist 8-11-str. Wuchs aufrecht. II-IV. (*//*)
                              ***E. rigida***

**4+** Nicht alle Merkmale zutreffend, ibs. Außenseite der Dr. meist ± gerade bis konkav oder Pfl. einj.

    **6.** Pfl. einj. (**8.** *E. segetalis* bisw. mehrj.; vgl. auch **11.** *E. terracina*). Samen warzig, grubig, runzelig o.ä. Oft an gestörten Plätzen

    **7.** Karpellrücken mit jeweils 2 Flügeln. B. obovat, (bis) ca 2x so lg wie br. Do. 2-4-str., mehrf. dichotom verzweigt. Dr.hörner viel lger als br, aber nicht borstl. Samen -1,8 mm, grau (in den Vertiefungen dunkler gefärbt), ± 6-seitig      ***E. peplus***

        **a.** Dr. gelbl. Pfl. aufrecht, 10-40 cm. Fr. 1,8-2,5 mm, Samen 1,3-1,8 mm, davon 4 Seiten mit je 4 Gruben. Kulturland      var. *p.*

        **a+** Dr. rötl.-braun, Pfl. 5-10 cm, ± prostrat und verzweigt. Fr. 1,2-2 mm, Samen 1-1,4 mm, jederseits mit 2-3 Gruben. Stgb. ± rundl. Offene Stellen im Grasland, auf Felsen usw. (Tremiti. Taxonomischer Rang unsicher)      var. *minima*
                              = *E. peploides*

    **7+** Karpellrücken höchstens gekielt oder gekörnelt. B. schmäler

    **8.** Karpellrücken über dem Dorsalnerv gekörnelt. Fr. ca 3,5 mm br. Samen grubig. Dr. sichelförmig. Do. 5- oder mehrstr., deren Tragb. ± oval 3-eckig. Stg. einfach oder wenig basal verzweigt, (10-)20-50 cm      ***E. segetalis***

    Früher wurden unterschieden, oft auch auf Artniveau (so auch in Pg und Fen):

        **a.** Pfl. einj., oft nicht weiter verzweigt. Do. meist 5-6-str. B. spitz, meist 30-45 mm lg. Ruderal      var. *s.*

        **a+** Pfl. mehrj. Stg. basal verholzt und meist verzweigt. Do. bisw. mehrstr. B. dicht gedrängt, meist stumpf (aber bisw. stachelspitzig), 20-30 mm lg, die unteren herabgeschlagen. Größte B.breite im oberen Drittel. In Küstennähe      var. *pinea*

    Die Merkmale sind nicht immer korreliert. Auf dem Garg. sind die beiden Taxa kaum zu trennen. – Hierher möglicherweise die fragwürdige Nennung des Insel-Endemiten „*E. biumbellata*" (= *E. pithyusa* ssp. *cupanii*) (*//*) mit 2 etagierten Do. und gerunzeltem (nicht grubigem) Samen

    **8+** Karpellrücken ± (!) glatt. Fr. <3 mm. Samen warzig oder querfaltig. Außenkante der Dr. oft konvex. Do. 2-5-str. 5-20(-30) cm

        **9.** (Untere und mittlere) Stgb. 1-2 mm br. Samen warzig

**10.** Tragb. linealisch-lanzettl. mit gerundetem bis herzförm. Grund. B. ± gleichmäßig über den Stg. verteilt. Fr. 1,5 mm DM. Samen ± grau. Do.str. 3-5    *Euphorbia exigua*

**10+** Tragb. ± oval. B. linealisch (fast fädlich), blaugrün, im oberen Stg.abschnitt s. dicht stehend, unterer Stg.abschnitt bald b.los, aber dicht mit B.narben bedeckt. Fr. 2,5 mm DM. Samen weißl. Do.str. 2-4 (v)    *E. aleppica*

**9+** Stgb. 3-5 mm br. Samen ca 1,6 mm, grubig bis querfurchig. Tragb. eilanzettl., fein gezähnelt, apikal zu einer ausgeprägten Stachelspitze gefaltet, bisw. purpurn berandet    *E. falcata*

Wenn Pfl. kleinwüchsig, Dr. ± purpurfarben und Samen außer den Querfurchen auch mit 1 Lgsfurche (Garg. mögl.)    var. *acuminata*

**6+** Pfl. mehrj. (**11.** bisw. einj.). Samen (außer bei **13.**) glatt. Fr. 3-5(-6) mm.

**11.** Hörner der Dr. borstlich, lger als Dr.breite (meist 1,3-1,8 mm lg). Fr. ± glatt (slt. schwach gekörnelt). Samen hellgrau. Do.str. 4-5, oft bis zu 5x weiter dichotom verzweigt. B. 4-7(-10) mm br., wie die Tragb. d. Dolde fein (!) gesägt und meist im oberen Drittel am breitesten, oder nur 2-4 mm br. und dann hfg mit glatten, fast parallelen Rändern (ähnl. *E. segetalis*, dort aber auch Tragb. ganzrandig). Oft in Küstennähe. Formenreich (bisw. einj.)    *E. terracina*

Wenn Wuchsform prostrat und Pfl. mit kleinen B.    var. *obliquata*

**11+** Hörner kürzer, nicht borstlich. Fr. (außer **14.** *E. barrelieri*) zumind. am Kiel dtl. gekörnelt. B. meist in der Mitte am breitesten. Do.str. meist nur bis 3x weiter verzweigt

**12.** B. bis 3 mm br., stets ganzrandig

**13.** Fr. höchstens am Kiel gekörnelt. Samen grubig. Do. meist 5-7-str. Stg. basal verholzt. In Küstennähe vgl. **8. a+**    *E. segetalis* var. *pinea*

**13+** Fr. ± gleichmäßig gekörnelt. Samen glatt. Do. 10-16-str. Stg. ± krautig, mit unterird. Ausläufern. B. slt. >25 mm lg (*//*)    *E. cyparissias*

Wenn Pfl. bis >40 cm und B. relativ breit    var. *esuloides*

**12+** B. (meist) breiter, apikal oft sehr fein gesägt

**14.** Fr. 3-4 mm, ± ganz glatt. Stgb. bis 1,5x so lg wie br. Do. meist 3-7-str. Xerische Standorte    *E. barrelieri*

   **a.** B. ganzrandig. Drüsenenden verdickt. Do. slt. <5-str.    ssp. *b.*

   **a+** B. fein gesägt. Drüsenenden nicht verdickt. Do. 3-5-str.    ssp. *thessala*

Ob sich die beiden Taxa an Hand der B.zähnung unterscheiden lassen, ist zumind. für den Garg. fragl.

**14+** Fr. 4-6 mm, zumind. am Kiel gekörnelt. Stgb. 2-4x so lg wie br.

**15.** Do. 3-6-str. Blühende Seitenäste unterhalb der Enddolde 0 bis wenige. Fr. tief 3-teilig, meist nur über dem Kiel gekörnelt. Samen mit s. kleiner Karunkula. B. (zumindest an den fertilen Trieben) meist auffällig dicht stehend und sich teilweise deckend, der ± glatte B.rand oft zurückgerollt. Nur in Strandnähe    *E. paralias*

**15+** Do. ca 6-12(-18?)-str., unterhalb der Enddolde meist etliche blühende Seitenäste. Fr. seicht 3-teilig, ± gleichmäßig fein gekörnelt, 3,5-4,5 mm. Karunkula größer. B. plan, bisw. fein gesägt. (Bisher nur) Hochlagen    *E. nicaeensis*

Im Gebiet: Fr. bleibend behaart    ssp. *japygica*

**1c** Dr. elliptisch, ohne Hörner. Tragb. stets frei (wenn mind. zu 1/3 verwachsen, s. **3.** *E. characias*). Pfl. fast immer <1 m. Fr. warzig oder Pfl. einj.

**16.** Pfl. behaart oder (fast) kahl, dann aber Pfl. einj. Do. (3-)5(-6)-str. B. zumind. apikal fein gesägt

**17.** Fr. warzig, kahl (dann Samen glatt) oder behaart

**18.** Pfl. mehrj., aber nur 5-20 cm hoch, scheinbar vereinzelt, aber in Gruppen einem rübenartigen Rhizom entspringend. Stg. locker behaart, Fr. kahl oder kurz behaart. B. ± kahl. Do.str. 3-5. Weideland, Säume    *E. apios*

**18+** Pfl. 30-60 cm

**19.** Pfl. einj., meist nur am Stg. oder auf der B.unterseite behaart oder fast kahl. Do.str. fast immer 5. Samen glatt. Kulturland (//)      *Euphorbia platyphyllos*
Im Gebiet wahrscheinlich: Fr. kahl, B. nicht purpurn gefleckt      ssp. *p.*

**19+** Pfl. mehrj., mit waagrechtem Rhizom. Behaarung dicht. Fr. behaart. Samen feinwarzig, Warzen heller als die Samenschale. Feuchte Tieflagen      *E. hirsuta*
     = *E. pubescens*

**17+** Fr. glatt und kahl. Samen netzig-runzelig. Pfl. einj. Gestörte Plätze

**20.** Fr. ohne Flügel. Stg. (bes. oberwärts) meist spärl. behaart. Seitenzweige slt. Samen >1,5 mm      *E. helioscopia*

**20+** Fr. rückseitig mit gewellten Flügeln. Unterhalb der Enddolde meist weitere blü.tragende Seitenzweige. Samen <1,5 mm      *E. pterococca*

**16+** Pfl. kahl, stets mehrj., zumind. basal holzig. Fr. mit (zylindrischen) Warzen, Samen glatt. B. ganzrandig

**21.** Kleiner polsterförm. Strauch (-30 cm), mit persistierenden, spitzen Zweigen. Do.str. 1-5, sehr kurz, nicht weiter verzweigt. B. 5-20 mm. Xerische Standorte      *E. spinosa*

**21+** Der aufrechter Stg. mind. 50 cm hoch. Do.str. 5-6, mehrfach verzweigt. B. 80-90 mm lg. Oft (luft-)feuchte Standorte      *E. ceratocarpa*

---

*B. Schlüssel vorwiegend nach Frucht- und Samenmerkmalen:*
Der Schlüssel geht im Wesentlichen auf RÖSSLER (in Beih. Bot. Centralbl. (B) **62**:97-174, 1943) zurück. *E. apios, E. barrelieri* und *E. rigida* sind in dieser Arbeit nicht enthalten. Von den beiden ersten lagen eigene Aufsammlungen vor, mit *E. rigida* (Samen glatt, weißgrau) ist am Garg. ohnehin kaum zu rechnen
Samengröße stets incl. Karunkula (= Kar.). Wenn nicht anders angegeben, beziehen sich die Maße auf Länge x Breite x Dicke. Alle Angaben gelten für reife, wohlausgebildete Samen. – Es finden sich in der Literatur auch andere Maße, die, wenn sie kleiner sind, z.T. wohl darauf zurückzuführen sind, dass sie Maße ohne Karunkula angeben

**1.** Samen glatt
  **2.** Samen hell- oder (meist) dunkelbraun, fast immer einfarbig (vgl. aber **4+**)
    **3.** Samen 1,8-2,2 x 1,6-1,9 x 1,0-1,2 mm, flach eiförm. Kar. halbmond- bis kragenförm.
         *E. platyphyllos*
    **3+** Samen 2,6-3 x 1,7-2 x 1,5-2,0 mm, eiförm.-längl. Fr. langwarzig (vgl. auch <u>A</u>. **16+**)
  **4.** Samen einfarbig. Fr. mit Warzen dicht besetzt. Vorjährige Triebe dornartig    *E. spinosa*
  **4+** Samen meist durch hellere Punkte und unregelmäßige Streifen gefleckt. Warzen meist spärlich. Unreife Samen bisw. grau. Keine Dornen    *E. ceratocarpa*
**2+** Samen heller oder dunkler grau, oft fleckig oder gemustert (hierher auch *E. rigida*, vgl. oben)
  **5.** Fr. zottig behaart. Tragb. paarweise ± verwachsen. Samen einfarbig hellgrau, glänzend. Kar. kurz gestielt    *E. characias*
    **a.** Samen 3,4-3,8 x 2-2,4 x 1,8-2 mm. Kar. 0,5 mm hoch und 1 mm br.    ssp. *ch.*
    **a+** Samen 4,2-4,5 x 2,5-2,7 x 2,2-2,4 mm. Kar. mind. 1 mm hoch und 1,2-1,5 mm br.
         ssp. *wulfeni*
Zur Berechtigung der beiden Taxa vgl. <u>A</u>. **3.** Die Samenmerkmale der garganischen Populationen entsprechen der ssp. *wulfenii*
  **5+** Fr. nicht zottig behaart, bisw. aber kurzhaarig. Tragb. nicht verwachsen u./od. Samen <3,2 mm lg
    **6a** Samen 3,2-4,2 mm lg, weißl.-grau. Kar. unauffällig, auf die Vorderseite des Samens gerückt
    **7.** Samen 3,2-3,5(-4) mm lg, je 2,3-3,2 mm br. und dick (d.h. im Querschnitt fast rund), mit dtl. hervortretender Rückenkante, meist bräunl. gesprenkelt. Kar. sehr klein, in einer Mulde auf der Vorderseite des Samens unterhalb der Spitze eingebettet, sehr leicht abfallend, an reifen Samen deshalb meist fehlend. Krautige Pfl. der (Sand-) Küste    *E. paralias*

**7+** Samen 3,6-4,2 x 2,5-2,7 x 1,4-1,6 mm (d.h. stark zusammengedrückt), nicht gesprenkelt. Strauch, meist >1 m hoch *Euphorbia dendroides*
**6b** Samen 2,5-3,2 mm lg und >1,5 mm dick (vgl. auch **4+** *E. ceratocarpa*, unreife Samen)
**8a** Tragb. letzter Ordnung paarweise ± verwachsen. Samen dunkelgrau bis schwärzl. Kar. warzenförm., meist klein und breiter als hoch *E. amygdaloides*
**8b** Fr. dtl. warzig und oft zusätzl. kurzhaarig. Samen dunkelgrau. Kar. höher als br.
*E. apios*
**8c** Weder Fr. dtl. warzig, noch Tragb. verwachsen. Samen hellgrau
**9.** Fr. fein runzelig, (im Gebiet!) behaart. Samen im Querschnitt rautenförmig
*E. nicaeensis*
**9+** Fr. glatt und kahl
**10.** Samen meist ca 2,5 mm lg, von beiden Seiten her etwas zusammengedrückt (daher mit kielartiger Rückennaht und immer auf der Seite liegend), bisw. sehr stark fleckig und gemustert. Obere B. >2x so lg wie br. Küstennahe Standorte *E. terracina*
**10+** Samen meist >2,5 mm, nicht seitl. zusammengedrückt, am Rücken neben der zentralen Lgsnaht oft noch 2 seitl. Nähte. Obere B. <2x so lg wie br. Xerogramineten usw.
*E. barrelieri*
**6c** Samen 1,8-2,2 x 1,4-1,6 x 1,3-1,5 mm, (blau-)grau. Kar. von unterschiedl. Gestalt. B. schmal linealisch *E. cyparissias*
**1+** Samenoberfläche uneben, mit Vertiefungen oder Erhebungen
**11.** Samenoberfläche mit vielen unregelmäßigen warzenförm. Erhebungen oder Falten bedeckt
**12.** Samen 1,0-1,7 mm lg, Oberfläche mit rundl. oder längl. Warzen (vgl. auch <u>A</u>. **9.**)
**13.** Samen (1,0-)1,3-1,5 x 0,8-1 x 0,8-0,9 mm, meist dunkelgrau, längl.-vierkantig. Alle 4 Seitenflächen mit vorwiegend längl. Warzen. Kar. herzförm. *E. exigua*
**13+** Samen 1,4-1,7 x 1,2-1,4 x 1-1,2 mm, bräunl. oder hellgrau, eiförm., mit etwas hervortretender Rückenkante. Oberfläche dicht mit vielen meist rundl. Warzen bedeckt. Kar. fehlend
*E. aleppica*
**12+** Samen (1,8-)2-4,5 mm lg
**14.** Samen rundl.-eiförm., 2-2,5 mm lg, meist dunkelbraun. Oberfläche mit – oft in Reihen angeordneten – Warzen. Kar. klein, nierenförm. Fr. mit vielen Warzen und lgen, dünnen weißen Haaren. Auch Pfl. lg weiß behaart *E. hirsuta*
Ähnl. auch **17.** *E. helioscopia*
**14+** Samen 3-4,5 mm lg, längl.-walzenförm., die Oberfläche faltig, verschiedenfarbig. Kar. groß
**15.** Samen 3,8-4,5 mm, braun. Kar. sehr groß, an der Spitze mit kraterförm. Vertiefung; Kar. insgesamt daher kragenartig *E. myrsinites*
**15+** Samen 3-3,5 mm, bräunl. oder grau. Kar. schirmförm. (vgl. Anm. zu <u>A</u>. **8. a+**)
*E. pithyusa* ssp. *cupanii*
**11+** Samenoberfl. netzförm., wabig oder grubig oder mit anderen oft regelmäßigen Vertiefungen
**16.** Oberfläche mit einer Netzstruktur bedeckt. Samen eiförm. bis kugelig, meist (rötl.-)braun (vgl. auch <u>A</u>. **17+**)
**17.** Samen 1,8-2,5 mm, statt einer Karunkula eine kleine ± halbkreisförm. gelbglänzende Scheibe vorhanden. Oberfläche mit einem dichten, ± unregelmäß. Netz zackiger Grate bedeckt *E. helioscopia*
**17+** Samen 1-1,4 mm, gänzlich ohne Karunkula. Netzwerk großmaschig, Grate hell
*E. pterococca*
**16+** Samen mit rundlichen Vertiefungen oder längl. Furchen, meist walzlich und grau
**18.** Samen ± walzenförm., 2,4-3 mm lg. Oberfläche mit vielen, unregelmäßig angeordneten Vertiefungen *E. segetalis* s.l.
Weitere Gliederung s. <u>A</u>. **8.**

**18+** Samen ±4- oder 6-kantig, (1-)1,5-1,8 mm lg. Oberfläche mit relativ wenigen, in regelmäßigen Abständen stehenden Gruben oder Furchen
**19.** Samen 4-kantig, alle 4 Seitenflächen von je 4-7 ± längl. Querfurchen durchzogen. Kar. früh abfallend                                                        *Euphorbia falcata*
**19+** Samen 6-kantig. Die beiden Flächen der Vorderseite mit je einer längl., senkrechten Furche, die übrigen 4 Flächen mit rundlichen Gruben                  *E. peplus*
Weitere Gliederung s. A. 7.

## MERCURIALIS

**1.** Rhizomstaude. B. 4-10 cm lg. Wälder und Gebüsche          *M. perennis*
**1+** Annuelle. B. 2,5-4 cm lg. Kulturland u.ä. Standorte          *M. annua*

## FABACEAE → Leguminosae

## FAGACEAE

**1a** B. sommergrün, ± ganzrandig-gewellt, jg randl. bewimpert, in dtl. 1/2 -Stellung. Spr. 5-7 cm lg, elliptisch, meist mit 7-9 Seitennerven-Paaren. Unterseits mit Haarbüscheln in den Nervenwinkeln (Domatien)                                               *Fagus sylvatica*
**1b** B. sommergrün, scharf gezähnt (Zähne mit grannenartiger Spitze), mindestens 12 cm lg und höchst. 1/2 so br., mit 10-20 Seitennerven-Paaren          *Castanea sativa*
**1c** B. anders (meist ± gebuchtet; wenn gezähnt, immergrün)          *Quercus*

## QUERCUS
Das Vorkommen von *Qu.* (*ithaburensis* ssp.) *macrolepis*, *Qu. trojana* und der immergrüne *Qu. coccifera* am Garg. ist sehr unwahrscheinlich. Sie finden sich alle erst im südlicheren Apulien

**1.** B. ledrig-hart, immergrün, 3-8 cm lg, unterseits von Büschelhaaren grau bis weißl.-filzig, mitunter (bes. bei Schattenformen) auch (fast) kahl und dann bisw. mit Domatien (wenn *ganz* kahl vgl. *Ilex aquifolium*). B.rand (stechend) gezähnt (besonders im Licht) bis (fast) ganzrandig (besonders im Schatten). B.stiel >5 mm. Jge Zweige meist grau-flaumig. Sehr formenreich          *Qu. ilex*
**1+** B. gebuchtet bis gelappt (nicht stechend gezähnt), ± sommergrün bis halb-immergrün, hfg etwas ledrig
**2.** B. unterseits bei bloßer Lupenvergrößerung (! Vgl. **3+**) auch auf den stärkeren Seitennerven (außer den bisw. vorhandenen Domatien) kahl. Auch jge Äste kahl. B.lappen (meist) gerundet, die Spr. meist nur bis auf 3/4 bis 2/3 einschneidend
**3.** B. mit gestutztem bis geöhrtem Grund und meist nur 3-8 mm gestielt; Stiel oberseits meist ungefurcht. Größte B.breite im oberen B.drittel. Seitennerven meist in B.lappen und -buchten verlaufend. Ausgewachsene B. auch bei starker Vergrößerung kahl oder nur mit vereinzelten 1-2-strahligen Haaren; Haarbüschel-Domatien fehlend. Fr. lg gestielt, Schuppen an der Ansatzstelle der Kupula -3x so groß wie die am oberen Rand          *Qu. robur*
**3+** B. mit gestutztem bis keilförm. Spr.grund und 8-20 mm lgem Stiel, dieser oberseits mit Furche. Nur (0-)1-2 Seitennerven in die B.buchten verlaufend. Bei starker Vergrößerung: B. unterseits mit etlichen 4-6-strahligen Sternhaaren besetzt; Domatien meist vorhanden. Fr. ± sitzend, Schuppen der Kupula ± gleichgroß, lanzeolat (Garg. fragl., aber (g) mögl.)          *Qu. petraea*
**2+** B. zumind. unterseits auch bei bloßer Lupenvergrößerung ± dtl. behaart, tiefer eingeschnitten u./od. B.lappen bespitzt. Jge Zweige flaumig bis dicht behaart

**4.** Stp. fädl., 7-11 mm, bleibend und oft als Büschel die Knospe umschließend. B. oberseits spärl. behaart bis kahl, aber rau, unterseits dicht oder locker mit nicht abwischbaren (vgl. *Qu. pubescens*) 6-10-zähligen Sternhaaren besetzt, slt. ± kahl. B.stiel und junge Zweige spärl. bis mäßig dicht sternhaarig. B.lappen bis ca 1 mm bespitzt oder Spitzchen fehlend. Spr. bisw. fast fiederschnittig, B.lappen aber nicht parallelrandig. B.stiel 10-15 mm. Fr., da zweij., an b.losen Astabschnitten sitzend. Kupula mit -15 mm lgen, pfrieml., zurückgebogenen Schuppen
                                  **Quercus cerris**

**4+** Stp. kürzer, meist hinfällig (vgl. aber **5+**). B.lappen bisw. spitz zulaufend, aber ohne Spitzchen bzw. (bei *Qu. frainetto*) dieses nur <0,5 mm. Fr. einj., nur an beblätt. Astabschnitten, ohne zurückgebogene Schuppen

**5.** B. 4-12(-16) cm lg. B.lappen jederseits (4-)5-6(-8), B.lappen 2. Ordnung bisw. vorhanden. B. unterseits ± abwischbar (vgl. *Qu. cerris*) mit meist 4-6-strahligen Büschel- oder Sternhaaren besetzt. Keine Nerven in die B.buchten laufend (vgl. *Qu. petraea*). B.stiel 3-20 mm, oberseits meist ungefurcht. Sehr formenreich            **Qu. pubescens** s.l.

Bisw. werden unterschieden (Merkmale nach Pg **1**:117 und BRULLO & al. in Webbia **54**:1-72, 1999; die Merkmale sind nicht zuverlässig, ggfs. Or.-Lit.):

**a1** B.stiel 3-12 mm. B. bis 7(-12) cm lg, oberseits matt, meist ± in der Mitte am breitesten. Schuppen der Kupula fest angedrückt, lanzeolat        *Qu. pubescens* s.str.
                                incl. var. *pinnatifida*

**a2** B.stiel 5-15 mm. B. -9 cm, oberseits matt. Seichte Lappen 2. O. oft vorhanden. Schuppen locker angedrückt, lanzeolat, die oberen mit 3-5 mm Lge dtl. größer als die unteren und mittleren (CL: zu *Qu. pubescens* s.str.)       *Qu. virgiliana*

**a3** B.stiel 10-20 mm. B. -15 cm, am breitesten im oberen Drittel, oberseits glänzend. Schuppen rhombisch, die oberen nicht dtl. lger (CL: zweifelhaftes Taxon) *Qu. dalechampii*

**5+** B. 8-12(-18) cm lg, oberseits glatt, unterseits locker mit Sternhaaren besetzt. B.lappen meist (7-)8-10, bis auf 1/3-1/5 in die Spr. eingeschnitten, zumind. die mittleren mit parallelen Rändern, bisw. kurz bespitzt (vgl. *Qu. cerris*). B.lappen 2. Ordn. regelmäßig vorhanden. B.-grund geöhrt. Stp. hfg bleibend. B.stiel 2-4(-7) mm lg      **Qu. frainetto**
                                   = *Qu. farnetto*

Dass immer alle Merkmale zutreffen ist die Ausnahme. „Zwischenformen" sind hfg


# FRANKENIACEAE FRANKENIA

Alle genannten Arten bevorzugen ± salzhaltige Böden

**1.** B. spatelig, plan, 1-3 mm br. Krb. (blass-)violett, 4-5 mm. Pfl. einj., 5-25 cm  *F. pulverulenta*

**1+** B. zusammengerollt, insges. ± zylindrisch und 1 mm br. Krb. oft 2-farbig, meist 5-6 mm. Pfl. mehrj. mit holzigem Stg.grund, 10-40 cm

**2.** Stg. und Kb. rauhaarig (Haare 0,1-1 mm). Blü. an d. Zweigenden doldig gebüschelt (v)
                                     **F. hirsuta**

**2+** Stg. kahl od. Haare höchst. 0,2 mm lg. Blü. an den Zweigen ± gleichmäßig verteilt **F. laevis**


# GENTIANACEAE

**Lit.:** ZELTNER in Bull. Soc. Neuchateloise Sci. Nat. sér. 3, **93**:5-164 (1979)

**1.** Blü. 6-12-zlg, gelb. Kb. -10 mm. Stg. ± rund            *Blackstonia*

**1+** Blü. (4-)5-zlg. Stgb. nicht auffällig verwachsen         *Centaurium* s.l.

## BLACKSTONIA

*B. grandiflora* (Blü. >20 mm DM, 10-12-zipfelig) ist sicher eine Fehlmeldung

**1.** K.tubus 0,5-1 mm. K.zipfel linealisch, 0,5-0,9 mm br., meist nur 1/2-2/3 so lg wie die Kr., an der Fr. abstehend. Kr.tubus meist 3,5-4,5 mm. Stgb. meist über die gesamte B.breite an d. Basis becherförm. verwachsen. Grundb.rosette meist wohl ausgeprägt ***B. perfoliata***
= *B. perfoliata* ssp. *p. s.* Pg und FE

**a.** Infl. gedrängt, ± vielblü. Blü. goldgelb. Filament ca so lg wie die Antheren. Pollenkorn ca 25 µm. V-X ssp. *p. s.* CL

**a+** Infl. locker, oft wenigblü. Blü. zitronengelb. Filament ca 1,5-2x so lg wie die Antheren. Pollenkorn ca 20 µm. Samen 0,3-0,4 mm. IV-VII (v) ssp. *intermedia*

**1+** K.tubus 1,5-2,8 mm. K.zipfel lineal-lanzeolat, 1,3-1,8 mm br., >2/3 so lg wie die Kr., der Fr. anliegend. Kr.-Tubus meist 4-6 mm. Stgb. mit verschmälertem Grund verwachsen, verwachsene B.basis daher schmäler als B.breite (*H*) ***B. acuminata***
= *B. perfoliata* ssp. *serotina* s. Pg und FE

**a.** Pfl. meist erst in der oberen Hälfte verzweigt. Krb. (8-)10-11(-13) mm, stumpf. Filament ca so lg wie die Antheren. Pollenkorn ca 24-25 µm. B. hfg 14-17x7-10 mm ssp. *a.*

**a+** Pfl. oft schon von Grund an verzweigt. Krb. 7-9(-11)mm, spitz. Filament ca 2x so lg wie die Anthere. Pollenkorn ca 21-22 µm. B. hfg 10-12x5-7 mm ssp. *aestiva*

Die Verbreitung der ssp. ist ungenügend bekannt

## CENTAURIUM s.l. (= Centarium s.str. und Schenkia)

**1.** Blü. gelb. Narben >3x so lg wie br. K. (12-)15 mm, Kr.röhre ca 15 mm, Kr.zipfel bis 10 mm. Fr. 2x so lg wie der K. Stgb. oval, 1,5-2x so lg wie br. Pfl. einj., 5-20 cm ***C. maritimum***
Die Art ist trotz ihres Namens keineswegs auf küstennahe Bereiche beschränkt

**1+** Blü. (zumind. Kr.zipfel) rosa-purpurn (weiße, im Herbar vergilbende Mutanten möglich). Narben -2x so lg wie br. K. meist kürzer. Stgb. oft >2 so lg wie br.

**2.** Teil-Infl. ährenartig (monochasial), zu einer meist dichasialen Gesamt-Infl. zusammengesetzt. Kr.tubus gelbl. Fr. etwa so lg wie der K. Mittl. B. 16-20x5-9 mm. Pfl. einj. 5-30 cm. In Küstennähe ***Schenkia (C.) spicata***

**2+** Infl. durchweg dichasial, aber oft scheindoldig zusammentretend

**3.** Infl. (meist) gestaucht, d.h. ± ausgeprägt scheindoldig. Pfl. zweij., z. Blü.zeit mit Grundb.-Rosette. Stg. unten meist 6-, oberwärts 4-kantig. Kr.zipfel >4 mm. Fr. > K. 10-50 cm
***C. erythraea***

Formenreich. Die Gliederung des Formenkreises wird unterschiedl. gehandhabt und scheint nicht sehr praktikabel zu sein. Hier v.a. nach Pg und MELDERIS (FE **3**:57f bzw. Bot. J. Linn. Soc. **65**:224-250, 1972). [In eckigen Klammern abweichende oder ergänzende Angaben aus ZELTNER l.c.]

**a.** Infl. dicht. Pfl. ± nur in der oberen Hälfte verzweigt. Rosettenb. meist stumpf. K. zur Vollblüte (!) ca (1/3-)1/2 x so lg wie der Kr.tubus. Kr.zipfel stumpfl. (sich beim Trocknen aber oft spitz einrollend). Fr. nur wenig lger als der K.

**b.** Kr.zipfel 3-6 mm, ca 1/2-2/3 so lg wie der Kr.tubus. Antheren 1,2-2(,5) [0,6-1,5] mm lg

**c.** Kr.zipfel (4-)5-6[-7,5] mm. [K. meist 5-7,5 mm]. Rosettenb. obovat-elliptisch. Mittl. Stgb. ellipt. bis lanzettl. Pollenkorn-DM 25-26 µm ssp. *e.*

**c+** Kr.zipfel 2,5-4[-5] mm. [K. meist 2-4 mm]. Rosettenb. ± lanzeolat, Stgb. linear-spatholat. Pollenkorn-DM 19-23 µm (Garg. mögl.) ssp. *rumelicum*

**b+** Kr.zipfel 6-8 mm, 2/3 bis so lg wie der Kr.tubus. Antheren 2,5-3,5 mm (*II*)
ssp. *grandiflorum*

**a+** Blü. kurz gestielt, Infl. daher lockerer. Pfl. oft auch in der unteren Stg.hälfte verzweigt. Stg. oberwärts wie Tragb. und K. rau. Rosettenb. ± (ob-)lanzeolat, meist spitz. K. 2/3-3/4 so lg wie der Kr.tubus. Kr.zipfel rosa, 5-7(-9) mm, etwas über 1/2 so lg wie der Kr.tubus, spitz. Antheren 2,4-2,8 [1-2,5] mm (Garg. mögl.) ssp. *rhodense*

**3+** Blü. einzeln am Ende von Seitenästen, Infl. daher meist dtl. dichasial (wenn auch hfg wenig verzweigt und Kümmerformen auch 1-blü.). K. (fast) so lg wie der Kr.tubus. Kr.zipfel (2-)3-4(-5) mm, ± spitz. Grundb. zur Blü.zeit bisw. vertrocknet. Slt. >20 cm (*C. pulchellum* s.l. = s. Fen)

**4.** Pfl. steif, nur oberwärts verzweigt, Seitenäste ± aufrecht. Zwischen Grundb.rosette (wenn vorhanden) und Infl. (4-)5-10 Internodien. Einzelblü. 12-14 mm, kurz (-2 mm) gestielt, Infl. daher ± dicht. Kr.tubus -1 mm DM. Meist 10-20 cm hoch. Ab IV    ***Centaurium tenuiflorum***

**a.** (Undeutl.) Grundb.rosette zur Blü.zeit vorhanden. Stg. mit 7-10 Internodien, diese meist lger als die entsprechenden B. K. 6-10 mm. Kr. tiefrot, Zipfel 4-9 mm, apikal ganzrandig. Kr.tubus unterhalb des Saums nicht eingeschnürt. V.a. in Küstennähe    ssp. *t.*

**a+** Grundb.rosette z. Blü.zeit fehlend. K. 5-8 mm. Kr. blassrosa bis lachsfarben, Zipfel 2-3,2 mm, an der Spitze gekerbt. Kr.tubus oben eingeschnürt. Infl. sehr reichblü. (>20 Blü.) Auf schweren Böden (Garg. mögl.)    ssp. *acutiflorum*

**4+** Pfl. schlank, meist schon in der Mitte verzweigt, mit aufrecht-abstehenden Ästen. Stg. meist nur mit 2-4 Internodien, Stgb. 0,2-1,5x0,1-1 cm. Einzelblü. 10-12(-14) mm, oft lger gestielt (die mittleren 2-10 mm; Infl. daher locker), bisw. 4-zählig. Kr.tubus 1-1,5 mm DM, Kr.zipfel 3,5-4 mm. Meist <10 cm. Ab V    ***C. pulchellum***

## GERANIACEAE

Mit „Tlfr." ist nur der basale (den Samen umschließende) Teil der Fr.klappe gemeint. Längenangaben zur „Fr." incl. Schnabel

**1.** Schnabel der Fr.klappen nach dem Aufspringen kreisförmig nach oben gebogen. B. meist so lg wie br. und handförmig geteilt oder 3-zlg, dann zumind. auch Fied. 2. O. vorhanden. Teilinfl. (1-)2-blü.    ***Geranium***

**1+** Schnabel um die Lgsachse spiralig eingerollt. B. meist dtl. lger als br., gekerbt oder gefiedert, nicht handförmig geteilt.Teilinfl. meist >2-blü. und dann ± doldig    ***Erodium***

## ERODIUM

Am apikalen Ende der Tlfr. finden sich 2 verschiedene Arten von Vertiefungen: „Grübchen" und unterhalb dieser hfg „Querfurchen"

**1.** Untere B. mit zahlreichen, meist ± gleichgroßen Seitenfiedern. Endfieder bisw. größer und fiederschnittig

**2.** B. 4-6x1-1,5 cm, alle grundständig, der doldentragende Schaft 5-10 cm. Pfl. mehrj., mit kräftiger Pfahlwurzel. Krb. rosa, 10x6 mm. Fr.schnabel 4-4,5 cm    ***E. acaule***

**2+** B. auch stg.ständig (Stg. aber oft niederliegend). Pfl. meist ein- oder zweij.

**3.** Zwischen den „eigentl." Fiedern sehr viel kleinere Interkalarfiedern vorhanden. Kb. zur Fr.-zeit 10-13 mm lg zuzügl. einer Stachelspitze von (1,5-)2-5 mm. Krb. bläulich oder lila, mit dunklen Nerven. Schnabel 7-11 cm, (unten drüsig) behaart    ***E. ciconium***

**3+** B. ohne Interkalarfiedern. Kb. kleiner, Stachelspitze bis 1 mm. Schnabel höchstens 7 cm

**4.** Die meisten Fiedern bis über die Hälfte der jeweiligen Fiederhälfte eingeschnitten. Tragschuppen der Dolde bis über die Hälfte miteinander verwachsen. Krb. meist <10 mm. Fertile Staubb. am Grund ohne Zahn. Grübchen an der Spitze der Tlfr. drüsenlos. Formenreich    ***E. cicutarium***
incl. var. *chaerophyllum* und var. *arenarium*

**4+** Die meisten Fiedern nur gesägt, d.h. weniger als bis zur Hälfte eingeschnitten. Tragschuppen nur basal verwachsen. Krb. 12-15 mm. Staubb. am Grund mit 2 Zähnen. Grübchen drüsig    ***E. moschatum***

**1.+** Untere B. gezähnt oder gelappt, aber nicht gefiedert; höchstens basal 2(-4) dtl. abgesetzte, meist viel kleinere Seitenfiedern. Die oberen B. bisw. 1-3-fach fiederschnittig

**5.** Kb. zur Fr.zeit incl. Stachelspitze bzw. Granne 10-15 mm. Tlfr. 8-11 mm, mit (5-)8-12 cm lgem Schnabel

**6.** Dolden meist (1-)2(-4)-blü. Krb. 15 mm, violett. Tlfr. drüsenlos, apikal mit 2 Querfurchen (v)

                         **Erodium botrys**

**6+** Dolden meist 6-8-blü. Krb. 7-8 mm, blauviolett, geadert. Tlfr. dichtdrüsig, ohne dtl. Querfurche vgl. **3.**                          *E. ciconium*

**5+** Kb. 5-7 mm. Tlfr. 3-6(-8) mm, behaart, ihr Schnabel (1-)2-5(-9) cm

**7a** Tlfr. 5-6 mm, apikal mit Querfurche(n) und mit hellglänzenden Drüsenköpfchen. Schnabel 1,5-3 cm. Kb. meist drüsig. Tragb. der Dolde mehre, weißl. Spr. der Grundb. lger als br.

                          **E. malacoides**

**7b** Tlfr. nur -4 mm, ohne Querfurchen, nicht drüsig. Schnabel 1-2 cm. Spr. ± so lg wie br. (Verwechslungsgefahr mit **7a**, daher Garg. mögl.)          *E. alnifolium*

**7c** Tlfr. ohne Querfurche und oft drüsenlos. Schnabel >3 cm. Kb. meist nicht drüsenhaarig (bisw. aber mit hellen Drüsenköpchen). Tragb. der Dolde bräunl.

**8.** Tragb. oval, bewimpert, 3 oder mehr. Tlfr. 3-4 mm, Schnabel meist 3-4 cm. Spr. der Grundb. ± so lg wie br. Pfl. ein- oder mehrj.           *E. chium*

**8+** Tragb. rundl. bis nierenförmig, zu 2. Tlfr. 5-6 mm, Schnabel meist 3,5-5 cm. Spr. lger als br. Pfl. stets einj., in Strandnähe            *E. laciniatum*

  **a.** Pfl. fast kahl                       var. *l.*

  **a+** Pfl. ± rauhaarig, Haare etwas zurückgekrümmt        var. *pulverulentum*

*Alternativschlüssel für fruchtende Pflanzen:*

**1.** wie oben

 **2.** wie oben

 **2+** wie oben

  **3.** Tlfr. mit drüsigen Grübchen

   **4.** Tlfr. ca 10 mm mit bis zu 1,5 mm lgen Haaren. Kb. ca 10 mm zuzügl. einer Granne von 4-5 mm (vgl. auch **9+**)                *E. ciconium*

   **4+** Tlfr. ca 6 mm, 0,5 mm lg behaart. Kb. 6-9 mm, zugespitzt   *E. moschatum*

  **3+** Grübchen der Tlfr. nicht drüsig            *E. cicutarium*

**1+** wie oben

 **5.** Tlfr. 3-5 mm, Schnabel 10-40 mm

  **6.** Tlfr. ohne Querfurche

   **7.** Schnabel 30-40 mm               *E. chium*

   **7+** Schnabel 10-20 mm              *E. alnifolium*

  **6+** Tlfr. mit Querfurche. Schnabel 15-30 mm        *E. malacoides*

 **5+** Tlfr. 5-11 mm, Schnabel 50-120 mm

  **8.** Tlfr. mit drüsenlosen Grübchen und mind. 1 Querfurche    *E. botrys*

  **8+** Tlfr. mit drüsigen Grübchen, ohne Furche

   **9.** Dolde mit 2 kahlen Tragb. Kb. (incl. Granne) 7-9, Tlfr. 5-8, Schnabel 50-80 mm

                       *E. laciniatum*

   **9+** Dolde mit >2 behaarten Tragb. Kb. 12-17, Tlfr. 9-11, Schnabel 70-110 mm vgl. **4.**

                       *E. ciconium*

# GERANIUM

**1.** B. aus 3 völlig getrennten Fiedern zusammengesetzt, zumind Endfieder gestielt. Fiedern weiter gefiedert oder eingeschnitten. Stg. (und B.) oft rot. Krb. genagelt, nicht ausgerandet. Kb. oben meist zusammenneigend. Pfl. ein- bis zweij. (*G. robertianum* s.l.)

**2.** Krb. 9-12 mm (davon die Platte mind. 3,5 mm), viel lger als der 6-7 mm lge K. Blü.-DM somit 15-20 mm. Kb. 1,5-3 mm bespitzt. Antheren 0,4-0,7 mm, oft rötl. oder bräunl., Pollen orange. Stg., K. u./od. Blü.stiele mit zumind. einigen 2-3 mm lgen Haaren. Pfl. unangenehm riechend, 20-50 cm                                              **G. robertianum** s.str.

**2+** Krb. 5-9 mm, den 4-6 mm lgen K. kaum überragend. Platte 2-4 mm. Blü.-DM 8-12 mm. Kb.-spitzchen bis 1(,5) mm. Antheren meist 0,2-0,3 mm, wie der Pollen gelb. Haare nur vereinzelt über 1 mm. Pfl. wenig riechend, 10-30 cm                        **G. purpureum**

**1+** B. (tief) handförmig geteilt. Krb. oft ausgerandet. Kb. meist aufrecht(-abstehend)

**3.** Pfl. ein- oder zweij. (vgl. aber **8+ a+**), mit dünner Faserwurzel, oft <20 cm hoch. Krb. höchstens 1 cm lg, slt. dtl. lger als der K.

**4.** Pfl. fast kahl, meist rot überlaufen. Blü. trichtrig, Krb. 8-10 mm, genagelt. Kb. mind. 1 mm bespitzt, dtl. gekielt, zur Blü.zeit ± aufrecht, meist mit querlaufenden schuppenähnl. Ausstülpungen. Tlfr. stark lgsgerippt. Meist schattige Standorte         **G. lucidum**

**4+** Pfl. (zumind. in Teilen) dtl. behaart. Kb. nicht dtl. gekielt, z. Blü.zeit meist ± abstehend, ohne Schuppen. Oft Kulturland oder ruderale Plätze

**5.** B. im Umriss 5-eckig, bis auf 1/4 des Spr.-DM geteilt. Krb. blauviolett (zumind. so geadert), 8-10 mm. Kb. wie die ganze Pfl. drüsig, ca 6-8, zur Fr.zeit bis 10 mm, mit 2-3 mm lger Grannenspitze. Tlfr. und Staubb. basal behaart. Fr. 2,5-3 cm. Samen graubraun und gelbl. gesprenkelt, schwach grubig (//)                           **G. bohemicum**

**5+** B. im Umriss rundl. u./od. fast bis zum Grund gespalten (vgl. auch Alternativschlüssel)

**6.** B. bis (fast) zum Grund gespalten, die einzelnen Zipfel mind. 3x so lg wie br. und fiederteilig. B.stiele ± rückwärts gerichtet behaart. Samen netzrunzelig

**7.** Stg. und B.stiele anliegend behaart (Haare 0,2-0,4 mm), drüsenlos. Auch Kb. drüsenlos, mit Granne 8-10 mm, hautrandig. Fr. 2-2,5 cm, kahl bis wenig behaart                                            **G. columbinum**

**7+** Stg. und B.stiele rückwärts-abstehend behaart (Haare -1 mm). Kb. wie die Blü.stiele drüsig, mit Granne 5-8 mm, nicht hautrandig. Fr. <2 cm, stark (drüsig) behaart                                 **G. dissectum**

**6+** B. 1/2-3/4(-4/5) geteilt. Samen netzrunzelig (dann B.lappen breiter, vgl. **9.**) oder glatt.

**8.** Tlfr. (angedrückt) behaart, ohne Querrippen

**9.** Krb. vorne gerundet, rosa, 5-7 mm, Pfl. kurzzottig, oben drüsig. Fr. 1,5-2 cm. B. nur bis auf ca 1/2 geteilt, B.lappen <2x so lg wie br. Samenoberfl. netzartig gerunzelt              **G. rotundifolium**

**9+** Krb. vorne (meist) ausgerandet, bis 4 oder mind. 7 mm. Samen glatt

**10.** Krb. bis 4 mm, blasslila, ca so lg wie der K. (3-)5 Staubb. zu Staminodien reduziert. Fr. 0,8-1,2 cm. Pfl. einj.                        **G. pusillum**

**10+** Krb. 7-10 mm, purpurn, fast doppelt so lg wie der K. vgl. **14+**     *G. pyrenaicum*

**8+** Tlfr. mit Querrippen, kahl (aber Gr. bisw. behaart). Alle 10 Staubb. fertil        **G. molle**
Vielfach (nicht in CL) werden unterschieden:

**a.** Pfl. stets einj., slt. >20 cm hoch, ausgebreitet wachsend, ± dicht mit zweierlei Haaren besetzt, daher ± graugrün. Stiel der untersten Teilinfl. < Tragb., dessen Stiel dtl. > Spr. Krb. 3-7 mm                                      ssp. *m.*

**a+** Pfl. oft mehrj., bis 70 cm hoch, aufrecht, nur locker behaart, daher grün. Unterster Infl.-stiel > Tragb., dessen Stiel kürzer bis wenig lger als die Spr. Krb. (5-)9-11 mm, etwa doppelt so lg wie der K.                                 ssp. *brutium*
                                                    = G. *brutium*

Beide Taxa werden vom Garg. gemeldet

**3+** Pfl. mehrj., meist mit ± ansehentl. unterird. Organen, 20-70 cm hoch. Krb. dtl. lger als der K.

**11.** Blü. einzeln. Stg. mit weißen, abstehenden Haaren und sitzenden Drüsen. Krb. 15-18x13 mm. B. bis fast zum Grund geteilt, Mittellappen meist mit 3 linealen Zipfeln
*Geranium sanguineum*

**11+** Blü. zu zweit. Krb. bis 15 mm

**12.** Tlfr. kahl, mit Querrippen. Blü. hellrot. B. ca 60% eingeschnitten. Krb. slt. >10 mm, tief ausgerandet. Unterirdische Speicherorgane nicht sehr ausgeprägt vgl. **8+ a+**    *„G. brutium"*

**12+** Tlfr. behaart und ohne Querrippen Blü. rosapurpurn bis hellviolett. B. meist tiefer (80-95%) eingeschnitten. Unterird. Organe wohl entwickelt. Krb. 7-15 mm.

**13.** Krb. tief ausgerandet, 7-12 mm. Kb. 4-7 mm. Samen glatt

**14.** Stg. b.los bis zur ersten gabeligen Verzweigung. Grundb. bis >95% tief eingeschnitten. Krb. 8-12 mm. Mit knollenartigem Rhizom                *G. tuberosum*

**14+** Mit gestielten Stgb. Grundb. weniger tief eingeschnitten. Krb. 7-10 mm. Mit Pfahlwurzel (Garg. mögl.)                                      *G. pyrenaicum*

**13+** Krb. höchstens seicht ausgerandet, ca 15 mm, lila-rosa mit dunklen Nerven. B. bis 85% eingeschnitten. Samen grubig. Pfl. mit Speicherwurzeln       *G. asphodeloides*

---

*Alternativschlüssel zu 5+ (Annuelle Arten mit ± rundlichen B.):*
Der Schlüssel dient der Bestimmung steriler B.rosetten. Die Merkmale stammen allerdings von mitteleuropäischen Pfl., ihre Übertragbarkeit ist vielleicht nicht immer gegeben

**1.** B. ± kahl, glänzend                                            *G. lucidum*

**1+** B.stiel behaart

**2.** B.stielbehaarung (größtenteils) dtl. rückwärts gerichtet, ohne Drüsen. Spr. bis fast zum Grund in tief-fiederteilige Lappen geteilt vgl. oben **6.**        *G. columbinum* und *G. dissectum*

**2+** B.stielbehaarung abstehend oder vorwärts gerichtet. Spr. höchstens bis auf 1/5 geteilt

**3.** Haare und Drüsenhaare (bisw. selten!) gemischt. Zumind. einzelne Haare >0,5 mm

**4.** Die meisten Haare ohne scharfe Grenze zwischen 0,3-1 mm. Drüsen bisw. mit roten Köpfchen                                                       *G. rotundifolium*

**4+** Haare dtl. verschieden: Wenigen Haare 1-2 mm lg, sonst Behaarung kurz (-0,2 mm) und dicht                                                         *G. molle*

Wenn Behaarung insgesamt locker, B. daher grün, Pfl. meist mehrj. vgl.      *„G. brutium"*

**3+** B. (der Rosette!) ohne Drüsen. Haare bis 0,2, slt. bis 0,5 mm       *G. pusillum*

---

## GLOBULARIACEAE  GLOBULARIA
Die *Globulariaceae* werden heute in die *Plantaginaceae* eingeschlossen

Blü. klein, in blauen, endständigen Köpfchen von (1-)2 cm DM. Rosettenb. spatelförmig, Stgb. lanzeolat. Stg. anfangs ca 10-20 cm, zur Fr.zeit bis 40 cm verlängert       *G. bisnagarica*
= *G. punctata*

---

## GRAMINEAE  (= Poaceae)
Florale Einheit der Gramineen ist das 1-mehrblü. *Ährchen (spighetta)*. Es wird basal von (zumeist) 2 sterilen *Hüllspelzen (sing. gluma)* umhüllt. Entlang der Ährchenachse folgen dann 1 bis mehrere *Deckspelzen (lemma)*; sie sind die Tragb. der Einzelblü. und entsprechen diesen demzufolge zumeist in ihrer Zahl. Jede Einzelblü. beginnt mit einer (der Deckspelze gegenüberstehenden) *Vorspelze (palea)*. Deckspelzen und (seltener) Hüllspelzen können begrannt sein (Granne = *resta*). Die Blü. selbst sind normalerweise zwittrig. – Die Ährchen sind zu einer komplexeren Gesamt-Infl. vereint, die hfg zu einer ersten Gruppenbildung herangezogen wird (vgl. Gruppenschlüssel)

*Ä:*        Ährchen
*Hsp, Dsp, Vsp:* Hüllspelze, Deckspelze, Vorspelze
*Gra.:*      Granne der **Deck**spelze (wenn nicht anders angegeben)
*Lig.:*       Ligula (Haut- oder Haarsaum an der Spr.basis, in der Regel an den Halmb.)
*Öhrchen:*   Vom Spr.grund ausgehende, den Stg. (teilweise) umfassende Zipfel
Einem weit verbreiteten Sprachgebrauch folgend werden unterirdische Ausläufer als „Rhizom" bezeichnet
Mit „Blü." ist stets nur eine vollständige (Zwitter-)blüte gemeint
Angebautes Getreide wird nur ausnahmsweise berücksichtigt. Ein Schlüssel für sterile Waldgräser findet sich
   am Ende des Kapitels
**Lit.:** CONERT, H.J.: Pareys Gräserbuch. - Berlin (2000)

## Gruppenschlüssel

**1.** Pfl. vivipar vgl.                                                    *Poa bulbosa*
**1+** Pfl. mit normal entwickelten Ä.

  **2.** Infl. durchblätt., aus V-förmig paarweise angeordneten Ähren von 2-4 cm Lge zusamenge-
  setzt, daran jeweils etliche Ä. zu zweit vgl. **VI 8.**            *Hyparrhenia hirta*
  **2+** Infl. anders

    **3.** Ä. sitzend od. an s. kurzen unverzweigten Stielen (bei **I 22.** bisw. nur 1 Ä. vorhanden)
    **4.** Ä. eine endständige Ähre bildend *(Ährengräser)*            **Gruppe I**
    **4+** Ähren zu 2 bis mehreren, eine Ähre 2. Ordnung oder eine „Dolde" bildend *(Doppelähren-
    und Fingergräser)*                                             **Gruppe II**

  **3+** Ä. an längeren oder s. kurzen, dann aber verzweigten Stielen
    **5.** Infl.achse lg wollig behaart u./od. Ä.achse basal mit Haarbüscheln od. mit Borsten, diese die
    Lge des Ä. ± erreichend oder überragend                         **Gruppe III**
    **5+** Infl.achse nicht wollig. Ä.achse kahl, höchstens kurz rauhaarig

      **6.** Ä. in rispiger Anordnung (d.h. Ä.stiele verzweigt), Rispenäste aber nur sehr kurz. Infl.
      desh. bisw. eine Ähre vortäuschend *(Ährenrispengräser)*          **Gruppe IV**
      **6+** Ä. lger gestielt, Infl. eine ± ausladende Traube od. Rispe bildend (*Trauben- und Rispen-
      gräser)*
        **7.** (Lgere) Hsp. mind. so lg wie die Dsp., das Ä. weitgehend einhüllend. Meist mit rücken-
        seitig oder basal ansitzender, oft geknieter Gra. (Tribus *Aveneae* p.p. incl. *Danthonia)*
                                                             **Gruppe V**

        Insbesondere bei 1-blü. Rispengräsern erreicht die Hsp. hfg auch bei Nicht-Aveneen die Lge d. Ä.
        Bei unbegrannter Dsp. (wo also das Merkmal „Rückengranne" nicht herangezogen werden kann)
        ergeben sich bisw. Schwierigkeiten. Vgl. gegebenenfalls Schlüsselgruppe **1.** in Gruppe **VI**

        **7+** Hsp. kürzer als Dsp. u./od. Blü. eines Ä. dtl. übereinander angeordnet. Hsp. somit
        (viel) kürzer als Ä.
          **8.** Ä. einblü. (daneben slt. noch sterile Dsp. mögl.)              **Gruppe VI**
          **8+** Ä. mehrblü.                                              **Gruppe VII**

## Gruppe I – Ährengräser

Wenn Infl. nur apikal ährenförm., basal traubig od. rispig mit s. kurzen, steifen Ästen, Pfl. einj., oft auf Sand
vgl. **VII**                              **15.** *Sclerochloa dura* und **16+** *Catapodium*

**1.** Ä. einseitswendig an d. Ährenachse inseriert. Hsp. sehr (!) ungleich. Gra. mind. so lg wie Dsp.
Pfl. einj. (eigentl. Rispengras!) vgl. **VII 11.**                       *Vulpia*
**1+** Pfl. anders
  **2.** Ä. bzw. Ähren mit stechenden Gra. oder sonst von einer stechenden Hülle umgeben, oft kompakt. Pfl. einj.

**3.** Infl. (Ähre) kaum lger als br. B. 1-2 mm br., (meist) behaart. Lig. s. kurz. Pfl. slt. >20 cm

**4.** Hsp. bauchig, mit (1-)3-4(-5) steifen Gra. von 2-3 cm Lge. Dsp. meist mit 1-3 Gra. Ähre ovoid, (ohne Gra.) 1-2 cm. 10-20 cm　　　　　　　　　　　　*Triticum ("Aegilops")*

**4+** Dsp. 5-6 mm, jeweils mit 5 Gra., Hsp. ca 5 mm, zweispitzig. Infl. kugelig, ca 1 cm DM. B. nur im basalen Stg.abschnitt. 5-25 cm (v)　　　　　　　　　　*Echinaria capitata*

**3+** Infl. mind. 2x so lg wie br. B. 2-4 mm br. Lig. ein Haarkranz. Pfl. 10-30 cm, oft in Strandnähe

　　**5.** Ähre 2-7 cm lg, kompakt. Untere Hsp. s. klein, schuppenförmig, obere 3-4 mm, am Rücken mehrere Reihen kräftiger Häkchen. B. steifhaarig vgl. **IV 6.**　　　　*Tragus racemosus*

　　**5+** Ähre unterbrochen, aus kugeligen Teilinfl. zusammengesetzt. Diese aus 2 Ä. bestehend, die von einem „Involukrum" mit meist hakigen Stacheln eingehüllt sind　*Cenchrus incertus*

**2+** Ä. bzw. Ähre nicht stechend. Gra., wenn vorhanden, aber bisw. steif borstl.

　**6.** Ä. 1(-2)-blü. auf jedem Achsenabsatz eine Zweier oder Dreiergruppe von Ä. Ä. desh. bisw. scheinbar 4- bzw. 6-zeilig der Ährenachse ansitzend. Spr.grund meist geöhrt

　　**7.** Mehrj. Waldpfl, mind. 50 cm hoch. Dsp. incl. Gra. 40 mm. B.scheide dicht und abwärtsgerichtet, Knoten nur spärlich behaart. Spr. 5-7 mm br.　　　*Hordelymus europaeus*

　　**7+** Pfl. einj., oft auf Kulturland. Pfl. bis 50 cm. Spr. 1-5 mm br.

　　　**8.** Ä. (außer an der Basis der Infl.) zu zweit. Infl. ± oval, ca 4x1 cm. Spr. eingerollt. Öhrchen klein, aber dtl.　　　　　　　　　　　　　　　　　　*Taeniatherum*

　　　**8+** Ä. zu dritt. Infl. oval oder zylindrisch. Spr. 2-5 mm br. Mit oder ohne Öhrchen　*Hordeum*

**6+** Nur 1 fertiles Ä. je Ährenabsatz (vgl. **18.**). Ä. 1- oder mehrblü.

　**9.** Ä. einblü. (slt. vereinzelt 2-blü.), in die Infl.achse ± eingesenkt. Ligula bis 1 mm. Infl. oft ± gebogen. Pfl. einj.

　　**10.** Dsp. 3-6 mm, begrannt. Hsp. (außer beim endständ. Ä.) einzeln, kaum 1 mm. Antheren <1 mm (vgl. auch **11+**)　　　　　　　　　　　　　　*Psilurus incurvus*

　　**10+** Dsp. nur zugespitzt. 1-2 Hsp. von 5-7 mm Lge. Hfg auf halinen Standorten

　　　**11.** Ä. mit 2 (gekielten) Hsp., diese seitl. stehend und etwas übereinander geschoben, das Ä. verdeckend　　　　　　　　　　　　　　　　　*Parapholis*

　　　**11+** Ä. (außer dem endständigen) mit 1 (ungekielten) Hsp. Dsp. 5 mm. Antheren 2-4 mm. Infl. aufrecht oder gekrümmt und dann **10.** *Psilurus* sehr ähnl.　*Hainardia cylindrica*

**9+** Ä. mehrblü.

　**12.** Infl. ± kugelig, (o. Gra.) ca 1 cm DM. Dsp. jeweils mit 5 steifen Gra. B. 1-2 mm. Pfl. einj., 5-25 cm vgl. **4+**　　　　　　　　　　　　　　*Echinaria capitata*

　**12+** Infl. zumind. ovoid, meist jedoch mehrf. lger als br.

　　**13.** Ä. mit der Rüchseite zur Infl.achse gewandt, daher nur 1 Hsp., diese mind. 5 mm lg
　　　　　　　　　　　　　　　　　　　　　　　　　　　　　　　*Lolium*

　　**13+** Hsp. 2, Ä. seitl. der Infl.achse angedrückt

　　　**14.** Dsp. 6-8 mm, mit Rückengranne. Diese 5-8 mm lg und meist gekniet. B.(-ränder), B.scheide und Hsp. abstehend lghaarig. Pfl. einj., 30-60 cm　　*Gaudinia fragilis*

　　　**14+** Gra. endständ. od. fehl.

　　　　**15.** Hsp. u./od. Dsp. begrannt, Gra. mind. so lg wie die zugehörige Spelze

　　　　　**16.** Ähren (o. Gra.) 6-10 cm lg, kompakt, *Hordeum*-ähnlich. Hsp. 25-30 mm lg begrannt, am Kiel mit pinselförm. Wimpernbüscheln. Dsp. lg begrannt und bewimpert. B. weich behaart, bis 8 mm br. Pfl. einj., 20-60 cm　　　*Dasypyrum villosum*

　　　　　**16+** Nur Dsp. ca 10-20 mm begrannt, wie die Hsp. ohne Wimpernbüschel

　　　　　　**17.** Ä. 2-7-blü., fast ungestielt, o. Gra. 12-15 mm. Spr.grund mit (oft sehr kleinen) Öhrchen. Lig. bis 1,5 mm. Pfl. mehrj., 50-120 cm　　*Elymus (caninus)*

　　　　　　**17+** Ä. 8-17-blü., 15-30 mm lg, kurz (0,5-1 mm), aber dtl. gestielt　*Brachypodium*

**15+** Gra. kürzer als Spelze od. fehl.

**18.** Je 1 fertiles und steriles Ä. paarweise d. Infl. achse entspringend vgl. **IV 3.**
*Cynosurus*

  **18+** Ä. alle gleichgestaltet, fertil

    **19.** Pfl. 5-30 cm, in Küstennähe. Ä. 3-7 mm, 5-10-blü. Hsp. bis 2,5 mm (vgl. auch **IV 18.**)

      **20.** Infl. lg ährenförmig. Hsp. gleich groß. Lig. 1 mm. Pfl. einj., 5-20 cm
*Catapodium*

      **20+** Infl. ovoid-gelappt. Hsp. ungleich. Lig. ein Haarkranz. Rhizompfl. vgl. **IV 19+**
*Aeluropus litoralis*

    **19+** Hsp. mind. 5 mm u./od. küstenferne Standorte. Pfl. mehrj.

      **21.** Zumind. untere Ä. s. kurz gestielt, von d. Infl.-achse aufrecht-abstehend. Ä. meist >2 cm lg, oft >10-blü. Lig. 0,5 bis über 5 mm. Nicht am Strand

        **22.** Pfl. einj., ohne sterile Triebe, 5-30 cm. Infl. nur aus (1-)2(-5) Ä. bestehend, diese seitl. zusammengedrückt und 13-17-blü. Gra. 7-15 mm. Antheren bis 1 mm lg. Spr. 2-4 mm br. **Trachynia**

        **22+** Pfl. mehrj., meist >25 cm. Ä. 1 bis viele, ± spindelförmig. Antheren >(2-)3 mm **Brachypodium**

      **21+** Ä. völlig ungestielt, d. Infl.achse dicht anliegend und oft etwas eingesenkt. Lig. bis 1,5 mm. Oft am Strand **Elymus**

## Gruppe II – Doppelähren- und Fingergräser
*Ähre hier: die ährenförmige Teilinfl.*

**1.** Infl. eine Doppelähre: 2-10 ährige Teilinfl. entlang der Infl. achse angeordnet, untere Ähren das Ende dieser Infl.achse nicht erreichend

  **2.** Lig. 1-4 mm, membranös. Ähren der Hauptachse nicht anliegend. Untere Hsp. stark reduziert, die obere randl. bewimpert. Spreitenbasis bisw. bewimpert, sonst Pfl. ± kahl. Gr. und Staubb. auffallend schwärzlich. Pfl. mehrj. **Paspalum** (*dilatatum*)

  **2+** Lig. fehlend oder ein Haarkranz. Pfl. einj.

    **3.** Ähren alle d. Hptachse dicht anlieg. Ä. 2-zeilig, gra.los. Hsp. und Halmknoten dicht behaart. B. <10 cm lg und 2-6 mm br. Lig. ein Haarkranz. 30-60 cm (v) **Brachiaria eruciformis**

    **3+** Ähren aufrecht-abstehend, ± zylindrisch, die untersten bisw. verzweigt. Ä. 2-4 mm, meist begrannt oder gra.spitzig. Hsp. auf den Nerven kurz borstig. Lig. fehlend (auch kein Haarkranz) **Echinochloa**

**1+** Ähren doldig genähert (fingerförmig angeordnet)

  **4.** Ä. einzeln, sitzend

    **5.** Die meist (2-)3-5 Ähren einem Punkt doldig ansitzend. Lig. ein Haarkranz. Meist ± trockene Standorte

      **6.** Ä. mit nur 1 zwittrigen Blü. Hsp. fast gleich lg. B. steif, oberseits rinnig. Pfl. mehrj., mit einwurzelnden Kriechtrieben **Cynodon dactylon**

      **6+** Ä. 3-6-blü., in 2 Reihen ansitzend. Hsp. ungleich lg. B. flach. Pfl. einj., büschelig wachsend **Eleusine indica**

    **5+** Von den (meist) 2 Ähren 1 sehr kurz gestielt. B. flach. Lig. häutig, nur 0,5 mm. Feuchte Standorte **Paspalum** (*distichum*)

  **4+** Ä. paarig (slt. zu 3), unterschiedl. gestielt. Ähren bisw. genähert, aber nicht von einem Punkt ausgehend

    **7.** Ährenachse gegliedert, brüchig, behaart. Je 1 sitzendes zwittriges und 1 gestieltes steriles oder staminates Ä. nebeneinander. (Ein Teil d.) Spelzen mit mind. 10 mm lger (meist geknieter) Gra. Hsp. ± violett, 5 mm. B. -4 mm br. Lig. s. kurz, bewimpert. Pfl. mehrj.

**8.** 1 Hsp. begrannt, 5-10 mm lg. Dsp. d. sitzenden Ä. 20-25 mm. Ähren 6-8 cm, zu zweit *Andropogon distachyus*

**8+** Hsp. 3-4 mm, ohne Gra. Dsp. im Wesentl. aus einer 10-15 mm lg Gra. bestehend. Ähren 3-6 cm lg, meist zu 4-6. Am Spr.grund oft -5 mm lge Haarbüschel *Botriochloa ischaemum*

**7+** Ährenachse nicht brüchig. Ä. alle zwittrig (aber untere **Blü.** jeweils steril!), 1 bzw. 2-3 mm gestielt. Spelzen höchstens stachelspitzig. Spr. 4-8 mm br. Lig. ein 1-2 mm hoher häutiger Saum. Pfl. einj.                                                                       *Digitaria*

## Gruppe III – (Ähren-)Rispengräser. Infl. wollig behart oder Ä.achse am Grund mit langen Haarbüschel od. Borsten

*Finger*gräser mit behaarter Ä.-achse s. **Gruppe II**

**1a** Rispe ± zusammengezogen. Ä. (1-)3-blü. Pfl. oft >2 m hoch mit ± verholztem (fast bambusartigem) Stg. Lig. ein Haarkranz oder fehlend                                           *Arundo*

**1b** Rispe zusammengezogen, zylindr. od. eiförm. Ä. (meist) 1-blü. Außer **4.** (mit lger Lig.) slt. über 70 cm hoch. Stg. bisw. steif, aber nicht verholzt

**2.** Infl. eiförm. bis fast kugelig. Hsp. ca 10x0,5 mm, randl. mit 1-2 mm lgen Haaren (Infl. daher auffällig weich). Dsp. in 2 lge Borsten ausgezogen, mit 15-20 mm lger geknieter Rückengranne, diese ca 10 mm aus der Infl. herausragend. B. dicht weich behaart, obere B.scheiden aufgeblasen. Pfl. einj., 5-30 cm. Sandige Plätze, trockenes Grasland, ruderal        *Lagurus*

**2+** Infl. mehrf. lger als br. Dsp. anders, höchstens gra.spitzig

**3.** Ä. gepaart, jeweils 1 sitzendes und 1 gestieltes Ä. an einem Knoten. Infl. 6-10x1 cm. Lig. ein Haarkranz. Mehrj. Oft brackige Standorte                     *Imperata cylindrica*

**3+** Ä. einzeln

**4.** 60-120 cm hohes robustes Rhizomgras der Dünen. Ä.achse unterhalb der Dsp. mit 3-5 mm lgen Haaren, diese aber nicht aus der Infl. herausragend. Dsp. selbst 8-12 mm lg, kurz gra.spitzig, kahl. Lig. 10-25 mm. Antheren 4-7 mm     *Ammophila arenaria* ssp. *australis*

**4+** Borsten oder Haare aus der Infl. herausragend. Lig. anders. Andere Standorte

**5.** Ä. von 1-6 gezähnelten, das Ä. dtl. überragenden Borsten umgeben. Spelzen selbst unbegrannt, bis 3 mm lg. Lig. ein Haarkranz. Pfl. einj., meist ruderal              *Setaria*

**5+** Die auffällige Behaarung der Infl. den Rändern der Dsp. entspringend. Ligula häutig, <5 mm. Pfl. mehrj., meist trockene Standorte                                      *Melica*

**1c** Rispe mit verlängerten Ästen, meist ± ausladend-pyramidal

**6.** Ä. einblü., paarweise (1 gestielt, 1 sitzend). Halme (basal) verholzt. Stets mehrj., meist über 1 m hoch. B. rau, ca 1 cm br.

**7.** Dsp. zugespitzt und behaart. Lig. mit Öhrchen. B. oft nach oben zus.gefaltet (*//*; (g)?) *Saccharum spontaneum* ssp. *aegyptiacum*

**7+** Dsp. 3 mm begrannt, kahl. Lig. s. kurz. B. oft nach unten gefaltet    *Erianthus ravennae*

**6+** Ä. einzeln, gestielt

**8.** Ä. einblü. Pfl. meist >50 cm, meist in Herden

**9.** Lig. fast fehlend. Gra. ± endständig

**10.** Gra. 10-15 mm. Hsp. ungleich, 7-8 bzw. 5-7 mm. B. 4-6 mm br.
*Achnatherum* (*calamagrostis*)

**10+** Gra. kürzer. Hsp. ± gleich, 6-7 mm (?). B. meist >10 mm br. vgl. **1a**    *Arundo* (*plinii*)

**9+** Lig. dtl. Gra. rückenständig oder Dsp. nur gra.spitzig

**11a** Dsp. 2-3 mm. Gra. fast grundständig, die Hsp. nicht überragend. Unterste Rispenstufe mehrästig. Lig. 5-8 mm                                                *Calamagrostis epigeios*

**11b** Dsp. 3-4 mm, nur gra.spitzig. Unterste Rispenstufe nur 2-ästig. 2 pinselförmige innere Hsp. eine behaarte Ä.achse nur vortäuschend. Lig. 3-10 mm vgl. **VI 6.**

*Phalaris (arundinacea)*

**11c** Dsp. 8-17 mm, nur gra.spitzig. Lig. mind. 10 mm vgl. **4.**         *Ammophila*

**8+** Ä. mehrblü.

    **12.** Dsp. mit Rückengra.

        **a1** Gra. unten gedreht, oben keulenförmig vgl. **V 14.**     *Corynephorus articulatus*

        **a2** Ä. ±2 cm lg, schlaff hängend vgl. **V 6.**         *Avena*

        **a3** Die beiden Dsp. d. Blü. unterschiedl. begrannt vgl. **V 9.**   *Arrhenatherum elatius*

    **12+** Dsp. ohne Rückengranne. Pfl. meist >1 m. Oft an Gräben, auf grundfeuchten Böden usw.

    **13.** Lig. häutig, 8-20 mm. B. meist <8 mm br. Lgere Hsp. mind. 10 mm. Dichte Horste

                                    **Ampelodesmos mauritanicus**

    **13+** Lig. ein Haarkranz. B. meist > 10 mm br. Hsp. kleiner. Pfl. trupp- oder herdenweise wachsend

        **14.** Hsp. ungleich, ca 4 bzw. 6 mm. Ä.achse lg behaart. Rispe ausladend, meist einseitig überhängend         **Phragmites australis**

        **14+** Hsp. fast gleich lg, 6-7 (?) oder 11-13 mm. Dsp. basal lg behaart. Rispe aufrecht, oft spindelförm. vgl. **1a**         *Arundo*

## Gruppe IV – Ährenrispengräser

Ä. am Grund mit langen Haarbüschel: vgl. **III 1a** und **1b**

Wenn Infl. nur apikal ährenförm., basal traubig od. rispig mit s. kurzen, steifen Ästen, Pfl. einj., oft auf Sand vgl. **VII**         **15.** *Sclerochloa dura* und **16+** *Catapodium*

**1.** Hsp. am Rücken gekielt (Kiel aber stets ohne Wimpern), apikal geflügelt, 1-2 schuppenförm. sterile Dsp. einschließend. Ä. stets einblü. Rispe lgl.-eiförm.         **Phalaris**

**1+** Hsp. höchstens gekielt, aber nicht geflügelt. Wenn mit sterilen Dsp. an der Basis d. Ä. *(Anthoxanthum)*, diese begrannt

    **2.** Fertile und sterile Ä. sehr unterschiedl., aber ± unmittelbar nebeneinander

        **3.** Neben jedem fertilen Ä. mit 2-5 zwittr. Blü. ein kurzer Seitenast mit leeren Spelzen (= steriles Ä.). Diese sterilen Dsp. spitz bis begrannt         **Cynosurus**

        **3+** Jeweils 3 große, sterile, unbegrannte Ä. und 2 kleine, 1-blü., begrannte Ä. (davon aber nur eines mit 1 zwittr. Blü.). Sterile Dsp. ± stumpf, fertile mit dtl. abgesetzter Gra. von 6-9 mm. Infl. oft einseitswendig. Lig. 6-10 mm. Einj.         **Lamarckia aurea**

    **2+** Ä. einzeln (vgl. aber **6.** *Tragus*)

        **4.** Ä. einblü.

        **5.** 2 basale Dsp. steril, daher scheinbar 4 Hsp. Diese sterilen Dsp. behaart und mit Rückengra., von den viel größeren eigentl. Hsp. ± eingeschlossen (Gra. desh. nicht immer sichtbar). Obere Hsp. 3-nervig, 5-9 mm, Staubb. 2. Lig. 2-4 mm         **Anthoxanthum**

        **5+** Ohne sterile Dsp. Staubb. 3

        **6.** Ä. einzeln kurz gestielt, aber in Gruppen: 2(-4) fertilen Ä. folgen 1-2 verkümmerte. Obere Hsp. der fertilen Ä. 3-4 mm, auf dem Rücken 5-7 Reihen kräftiger Häkchen. Untere Hsp. 0,5 mm, hinfällig. Dsp. 3 mm, glatt, unbegrannt. Lig. ein Haarkranz. B.rand mit steifen Borsten. Obere B. hauptsächl. aus d. Scheide bestehend. 10-30 cm, knickig aufsteigend, basale Knoten oft einwurzelnd und mit sterilen Trieben, Pfl. aber einj.         **Tragus racemosus**

        **6+** Hsp. ohne Stacheln, höchstens mit gekrümmten Wimpern *(Phleum)* oder hyalinen Schüppchen *(Polypogon)* auf dem Kiel. Lig. häutig (außer bei *Sporobolus*) od. fehlend

        **7.** Dsp. mit mind. 1 cm lger Gra.         **Stipa**

        **7+** Gra. kürzer od. fehlend

**8.** 60-120 cm hohes, kräftiges Dünengras. Dsp. spitz, aber unbegrannt, unterhalb der Dsp. 3-5 mm lge Haare. Lig. >10 mm vgl. **III 4.**                    *Ammophila arenaria*

**8+** Ä. kahl od. kürzer behaart. Lig. bis 10 mm oder als Haarkranz ausgebildet. Halme meist niedriger

   **9.** Gra. d. Hsp. (!) 4-7 mm, lger als diese. Lig. 5-10 mm. Antheren -0,4 mm. Pfl. einj., auf ± feuchten, oft brackigen Standorten                    ***Polypogon***

   **9+** Hsp. kurz od. nicht begrannt (wenn über 1 mm gra.spitzig vgl. **12.** *Phleum*)

      **10.** Hsp. ungleich, 2-5 bzw. 3-6 mm, rau, im unteren Drittel eingeschnürt, basal daher bauchig. Dsp. ca 1 mm, an der Spitze 4-zähnig, meist behaart und mit 3-7 mm lger Rückengra., slt. kahl und gra.los. Lig. 2-3(-5) mm. Antheren 0,4-1,5 mm. Einzelne Halme bis spärl. Büschel, einj.                    ***Gastridium ventricosum***

      **10+** Hsp. nicht eingeschnürt

         **11.** Infl. im Umriss schmal-oval, 4-7 cm lg. Hsp. ca 2 bzw. 3 mm, Dsp. 3 mm. Alle Sp. spitz, aber nicht gra.spitzig oder begrannt. B. steif, stechend, streng distich. Lig. ein Kranz sehr kurzer, steifer Haare. Rhizomgras d. Sandstrände mit zahlreichen sterilen Trieben                    ***Sporobolus virginicus***

         **11+** Infl. ± zylindr., wenn eiförmig, <4 cm. Lig. häutig oder ± fehlend. Wenn am Sandstrand (*Phleum* p.p.), einj. und B. nicht stechend

            **12.** Hsp. am Grund frei, oft stiefelknecht-förm. Dsp. nicht begrannt, aber Hsp. oft (bis 4 mm!) gra.spitzig. Vsp. vorhanden. Infl. schmal-zylindrisch bis eiförm., bei einj. Arten oft nur 2-3x so lg wie br. 5-100 cm                    ***Phleum***

            **12+** Hsp. zumind. ganz basal verwachsen, nicht stiefelknechtförmig. Vsp. fehlend. Gra. d. Dsp. tief ansitzend, Gra. desh. bisw. eingehüllt. Infl. stets zylindrisch, mind. 5x so lg wie br. 20-50 cm                    ***Alopecurus***

**4+** Ä. mehrblü.

   **13.** Dsp. begrannt. Lig. 0,3-1 mm

      **14.** Lgere Hsp. (1,5-)2-15x so lg wie d. kürzere, beide lg zugespitzt. Gra. an d. Spitze d. Dsp. Pfl. einj. vgl. **VII 11.**                    *Vulpia*

      **14+** Kürzere Hsp. mind 1/2 d. lgeren erreichend; wenn nicht (*Trisetaria*), Dsp. zweispitzig

         **15.** Pfl. mehrj. Dsp. mit kurzer (-1,5 mm) endständiger Gra. (und meist 1-2 Zähnchen beiderseits d. Gra.), auch Hsp. kurz begrannt od. gra.spitzig                    ***Sesleria***

         **15+** Pfl. einj. Gra. anders. Dsp. stets zweispitzig. Spr. behaart

            **16.** Dsp. 2-2,5 mm, mit Rückengra. von 3,5-4 mm. Infl. eiförm., 2-2,5 cm lg. B. 1 mm br., obere Scheiden aufgeblasen. Antheren dunkel, 1,2-1,5 mm                    ***Trisetaria* (aurea)**

            **16+** Dsp. mind. 2,5 mm, in der apikalen Ausrandung die 1,5-3 mm lge Gra. entspringend. Infl. ± zylindrisch, 3 bis über 6 cm lg

               **17.** Obere Hsp. 2-3x so lg wie die untere. Dsp. 3-3,5 mm. B. bis 2 mm br. Lig. ca 0,5 mm vgl. **VII 8+**                    *Trisetaria*

               **17+** Obere Hsp. höchstens wenig lger. Dsp. 2,5-5 mm. B. 2-7 mm br. Lig. ca 1 mm                    ***Rostraria***

   **13+** Dsp. höchst. stachelspitzig (wenn eine bis 3 mm lge Gra.spitze apikal einer 2-4-spitzigen Dsp. aufsitzend vgl. **15.** *Sesleria* und **17+** *Rostraria*)

      **18.** Pfl. meist 5-25 cm hoch, in Küstennähe. Hsp. bis 2,5 mm. Ä. (4-)5-10-blü. (vgl. **I 19.**)

         **19.** Pfl. einj. Ä. 1-2 mm gestielt, der lg ährenförm. Infl. achse angedrückt bis eingesenkt. Hsp. und Dsp. etwa gleichgroß vgl. **I 20.**                    *Catapodium*

         **19+** Rhizomgras. Infl. eiförm.-gelappt. Hsp. unter sich s. ungleich und kürzer als Dsp. Lig. ein Haarkranz                    ***Aeluropus litoralis***

      **18+** Pfl. meist höher, nicht im unmittelbaren Küstenbereich. Stets mehrj. Ä. 1-4-blü.

         **20.** Ä. mit 1-2 zwittr. Blü., in ± zylindr., symmetr. Infl. Dsp. lg bewimpert vgl. **III 5+** *Melica*

         **20+** Ä. meist 3-4-blü. Dsp. höchst. kurz borstig

**21.** Infl. unregelmäßig gelappt bis dicht geknäuelt. B. 4-5 mm br., Lig. 4-8 mm. 20-100 cm vgl. **VII 17.** *Dactylis*

**21+** Infl. zylindr., kaum gelappt. B. bis 2 mm, Ligula 0,5 mm. Stg.basis dtl. zwiebelartig angeschwollen. 20-50 cm *Koeleria (lobata)*

## Gruppe V – Aveneae mit rispiger Infl.

Wenn Infl. nur zur Blü.zeit rispig spreizend, vorher und nachher zur Ährenrispe zusammengezogen vgl.

• Hsp. scheinbar 4 vgl. **IV 5.** *Anthoxanthum*

• Nur obere Hsp. fast so lg wie das Ä. und 2-3x so lg wie die untere vgl. **VII 8+** *Trisetaria*

Zu den (oft gra.losen) einblü. Arten vgl. die Anmerkung zu Nr. 7. des Gruppenschlüssels

**1.** Ä. einblü., auch ohne 2. sterile Blü. Lig. mind. 2 mm

**2.** Hsp. durch eine Einschnürung im unteren Drittel bauchig, dtl. ungleich lg, rau. Pfl. einj. vgl. **IV 10.** *Gastridium ventricosum*

**2+** Hsp. nicht eingeschnürt, ± gleichlg

**3.** Hsp. spitz bis gra.spitzig. Pfl. mehrj.

**4.** Hsp. 2-2,5 mm. Dsp. ohne lge Haare. B. 2-8 mm br. Lig. 2-6 mm. Pfl. 20-80 cm, oft mit oberird. Ausläufern

**5.** Infl. s. locker, 5-25 cm. Antheren 1-1,5 mm. Dsp. >1,5 mm *Agrostis*

**5+** Infl. bis 10 cm, etwas dicht, gelappt. Antheren <1 mm. Dsp. <1,5 mm. Hsp. rückseitig rau. B. stets plan *Polypogon (viridis)*

**4+** Hsp. 5-6 mm. Dsp. 2-3 mm, an d. Basis mit Haaren ± der gleichen Lge. Pfl. 80-150 cm vgl. **III 11a** *Calamagrostis epigeios*

**3+** Hsp. meist etwas ausgerandet und 4-7 mm lg begrannt. Pfl. einj. vgl. **IV 9.** *Polypogon*

**1+** Ä. 2-mehrblü., aber nicht immer alle Blü. zwittrig u./od. mit Gra.

**6.** Ä. 15-40 mm lg, schlaff herabhängend, 2-3(-mehr)-blü. Pfl. einj. *Avena*

**6+** Ä. -10 mm (s. slt. -20 mm, dann Pfl. mehrj.), meist aufrecht od. ± abstehend

**7.** Dsp. dreispitzig, unbegrannt, randl. behaart. B.scheiden behaart, am Spr.grund Büschel von ca 2 mm lgen Haaren, auch Lig. ein Haarkranz. 20-40 cm (*H*) *Danthonia*

*Danthonia* gehört nach neuerer Anschauung systematisch nicht zu den Aveneen, ist aber wegen des Bestimmungsmerkmals „einhüllende Hsp." hier angeführt

**7+** Pfl. anders. Zumind. 1 Dsp. begrannt, Gra. aber bisw. in der Hsp. verborgen (*Aira* s. slt. ganz gra.los, dann aber mit häutiger Lig.)

**8.** Ä. mit 1 staminaten und 1 zwittr. Blü., eine davon mit dtl. kürzerer Gra. oder gra.los. Lig. 1-3(-5) mm. Pfl. mehrj., >40 cm

**9.** Halm (meist) kahl. Hsp. ungleich, 5 bzw. 8-9 mm. Dsp. 7-nervig, 7-10 mm. Gra der unteren Dsp. 10-20 mm, gekniet; Gra. der oberen Dsp. gerade, viel kürzer, aber meist sichtbar, bisw. auch fehlend. 50-150 cm *Arrhenatherum elatius*

**9+** Halm zumind. an den Knoten weich behaart. Untere Hsp. nur wenig kürzer als die obere, beide hfg stachelspitzig. Dsp. 3-5-nervig, -5 mm. Nur obere Dsp. begrannt, Gra. aber oft von der Hsp. eingeschlossen. 40-80 cm *Holcus*

**8+** Ä. mehrblü.; wenn 2-blü., beide Blü. zwittrig und meist auch gleichartig begrannt; wenn Begrannung unterschiedl. (oft bei *Aira*), Hsp. <3 mm und Pfl. meist <30 cm bzw. einj.

**10.** Pfl. mehrj., 40-100 cm. Ä. (ohne Gra.) mind. 5 mm, wenn kleiner (**13+**), Infl.-Äste geschlängelt. Hsp. 1- bzw. 3-nervig. (Untere) B.scheiden oft behaart (nicht bei **13+**)

**11.** Ä. (ohne Gra.) mind. 10 mm, 2-7-blü. Hsp. 8-13 bzw. 12-16 mm. Gra. 12-20 mm. Lig. der Halmb. 5-7 mm

**12.** Ä. 10-20 mm, 2-5-blü. Hsp. 8-10 bzw. 12-14 mm. Gra. ± drehrund. Antheren 4-7 mm. B. 5-6 mm, randl. bisw. bewimpert. B.scheiden meist fein behaart (*//*) *Homalotrichon pubescens*

**12+** Ä. 20-25 mm, 5-7-blü. Hsp. 11-13 bzw. 14-16 mm. Gra. stark zusammengedrückt. B. gefaltet, 1-1,5 mm DM, oft kahl (*//*)     *Avenula cincinnata*

**11+** Ä. 3,5-8 mm, 2-3-blü. Hsp. 3-6 mm. Gra. 3-8 mm. Lig. 1-3 mm

**13.** B. flach, mind. 2 mm br., meist behaart. Lig. ca 1 mm. Ä. 5-8 mm. Hsp. ungleich, 3-4 bzw. 4,5-6 mm. Antheren ca 1 mm     *Trisetaria (flavescens)*

**13+** B. borstl., <1 mm br., kahl. Lig. bis 3 mm Ä. 3,5-5 mm mit geschlängelten Stielen. Hsp. ± gleich, 4-6 mm. Antheren 2-3 mm     *Deschampsia*

**10+** Pfl. einj., außer *Trisetaria segetum* fast immer dtl. <40 cm. Ä. meist kleiner. Infl.-Äste nicht geschlängelt

**14.** Gra. unten gedreht, oben keulenförmig, etwa 2x so lg wie die 1-nervige Dsp. An d. Ä.basis Haare von etwa 1/4-1/3 d. Dsp.-Lge (*//*)     *Corynephorus articulatus*

**14+** Gra. anders, slt. fehlend. Dsp. zumeist basal 5-nervig (oft erst spät zu sehen), apikal ± 2-spitzig

**15.** Ä. 2-4-blü, 3-4 mm lg, Gra. ca 3 mm, meist oberhalb der Mitte der Dsp. entspringend. Hsp. wenig oder dtl. unterschiedl. lg. Rispe oft zusammengezogen. Lig. 0,5 mm. Pfl. 10-80 cm     *Trisetaria*

**15+** Ä. stets 2-blü. Gra. in der unteren Hälfte der Dsp. entspringend, bisw. fehlend. Hsp. stets ± gleichlg. Rispe auffällig locker. Lig. 1-5 mm. Pfl. meist <25 cm     *Aira*

## Gruppe VI – Rispengräser mit 1-blü. Ährchen (außer *Aveneen*)

vgl. auch die Ährenrispengräser:
- Ä.-Achse lg behaart. >60 cm, meist in Meernähe: vgl. **III 4.**     *Ammophila arenaria*
  und **III 1a**     *Arundo (plinii)*
- Scheinbar 4 Hsp. 10-60 cm. Staubb. 2: **IV 5.**     *Anthoxanthum*
- Hsp. mit Häkchen, die 2. nur ein kl. Schüppchen: **IV 6.**     *Tragus racemosus*
- Dünengras mit harten, stechenden B. und kurzer, fransiger Lig.: **IV 11.**     *Sporobolus virginicus*

**1.** Sp. höchst. zugespitzt (vgl. auch **9+** *Sorghum halepense*)

**2a** Der Spr.basis gegenüber ein zipfelförm. Anhängsel. Außer der einzigen fertilen Blü. noch 1-2 keulenförm. sterile Blü.     *Melica (uniflora)*

**2b** B.scheiden und Spr.basis mit Warzenhaaren. Lig. ein Haarkranz. Unterhalb der fertilen Blü. noch eine sterile Blü. Rispe groß (10-30 cm) ((v); Kulturrelikt?)     *Panicum miliaceum*

**2c** Ä. ohne sterile Blü. Ohne zipfelförm. Anhängsel. Lig. kein Haarkranz.

**3.** Hsp. am Rücken gerundet

**4.** Dsp. eigentl. ca 3-5 mm lg begrannt, Gra. aber hinfällig. Rispe 10-30 cm. B. basal behaart. Lig. 1(-3) mm. Kulturland und ruderal vgl. **14+**     *Piptatherum*

**4+** Dsp. stets unbegrannt. B. kahl. Lig. 4-8 mm. Meist schattige Standorte     *Milium*

**3+** Hsp. (bei **6.** die beiden äußeren) gekielt, lger als d. Dsp. Pfl. stets mehrj.

**5.** Pfl. 70-150 cm. Hsp. (bei **6.** d. äußeren) 5-6 mm

**6.** Hsp. 4, d. inneren s. klein und pinselförmig. Unterste Rispenstufe 2(-3)-ästig     *Phalaris (arundinacea)*

**6+** Hsp. 2. Unterste Rispenstufe mehrästig. Dsp. lg behaart (und eigentl. begrannt) vgl. **III 11a**     *Calamagrostis epigeios*

**5+** Pfl. (meist) niedriger. Hsp. 2-2,5 mm. Oft in Küstennähe vgl. **V 4.**     *Agrostis* und *Polypogon*

**1+** Sp. zumind. teilweise dtl. begrannt (vgl. aber **9+** *Sorghum halepense*)

**7.** Ä. zu zweit od. zu dritt: 1 sitzendes zwittriges (oft nur dieses begrannt) und 1-2 gestielte(s) staminate(s). Lig. behaart, bewimpert oder nur aus einem Haarkranz bestehend. Pfl. mehrj., 30-180 cm

**8.** Infl. durchblätt., aus V-förmig paarweise angeordneten Ähren von 2-4 cm Lge zusammengesetzt, daran jeweils etliche Ä. zu zweit. Pfl. bis 80 cm, auffällig aufrechte, graugrüne Horste bildend **Hyparrhenia hirta**

**8+** Infl. eine endständige, 10-40 cm lge Rispe. Ä. zumind. am Ende der Rispenäste zu dritt (2 gestielt, dazwischen ein sitzendes). Pfl. oft höher

**9.** Ä. durchweg zu dritt. Sitzendes Ä. ohne Gra. 7-9 mm, zuzügl. Gra. von 10-15 mm. Hsp. linealisch, 8x1 mm. B. bis 3 mm br. Lig. ein ca 0,3 mm hoher Wimpernkranz
**Chrysopogon gryllus**

**9+** Nur apikale Ä. zu dritt, sonst zu zweit. Sitzendes Ä. 5-6 mm. Hsp. höchst. 2x so lg wie br. Gra. bisw. ± völlig fehlend. B. mind. 10 mm br. Lig. 1-2 mm, oben mit ca 1 mm lgen Wimpern
**Sorghum halepense**

**7+** Ä. einzeln, alle gleichartig und zwittrig

**10.** Dsp. mind. 3 mm lg behaart. B. 4-8 mm br.

**11.** Lig. ± fehlend, Gra. ± endständig vgl. **III 10.** Achnatherum (calamagrostis)

**11+** Lig. 5-8 mm, Gra. fast grundständig vgl. **III 11a** Calamagrostis epigeios

**10+** Dsp. nicht so lg behaart od. kahl

**12a** Gra. mind. 50 mm lg **Stipa**

**12b** Gra. 10-15 mm. Dsp. (besonders basal) behaart. B. gefaltet, borstl., ca 1 mm br.
**Achnatherum** (bromoides)

**12c** Gra. bis 7 mm

**13.** Hsp. im unteren Drittel durch eine Einschnürung etwas aufgeblasen, 3-4 bzw 2-3 mm lg. Dsp. 1 mm, mit 5-7 mm lger Rückengra. vgl. **IV 10.** Gastridium ventricosum

**13+** Hsp. nicht eingeschnürt

**14.** Hsp. apikal ausgerandet, begrannt. Dsp. begrannt od. nicht. Pfl. einj. vgl. **IV 9.**
Polypogon

**14+** Hsp. (lg) zugespitzt, aber nicht dtl. begrannt. Dsp. 2-3 mm, 2-5 mm begrannt, Gra. aber bisw. bald abfallend. Pfl. mehrj., 50-120 cm hoch **Piptatherum**

## Gruppe VII – Rispengräser mit mehrblü. Ährchen (außer Aveneae)

**1a** Pfl. vivipar **Poa** (bulbosa var. vivipara)
vgl. auch Festuca vivipara

**1b** Lig. ein Haarkranz (bei **2b** sehr kurz)

**2a** Pfl. oft >2 m, oft bambusartig. Rispe ± dicht, spindelförm. Dsp. basal lg behaart vgl. **III 1a**
Arundo

**2b** Pfl. 30-60 cm, mehrj., mit kurzen Rhizomen. Infl. ± einseitswendig mit voneinander entfernten Ästen. Stg. bis zur Infl. starr abstehend beblättert, in den oberen B.scheiden bisw. kurze Äste mit kleistogamen Ä. Ä. sonst (1-)2-4-blü. Hsp. 0,5-1 mm **Kengia serotina**

**2c** Pfl. slt. über 30 cm hoch, stets einj. Ä. meist 10-20-blü. Hsp. 1-2 mm. B.rand (im Gebiet!) mit drüsenartigen Körnchen **Eragrostis**

**1c** Pfl. mit normal entwickelten Ährchen. Lig. häutig oder fehlend

**3.** Hsp. (zumind. d. lgere) etwa so lg wie d. Dsp. Ä. 2-vielblü., außer oft bei **5+** Bromus meist weniger als doppelt so lg wie br.

**4.** Ä. mind. 3 mm lg, ± vereinzelt, großenteils hängend, 5-20-blü. Dsp. und Hsp. stumpfl., gra.-los **Briza**

**4+** Ä. anders

**5.** Ä. 2-3(-4)-blü.

**6.** Ä. 1-2 mm, stets 2-blü., haarfein gestielt, in s. lockerer Rispe. B.(scheiden) kahl. Pfl. einj., 5-40 cm vgl. **V 15+** Aira

**6+** Ä. größer. B.(scheiden) meist ± behaart (vgl. aber **7.**)

**7.** Obere Blü. im Ä. steril und keulenförmig. Hsp. fast gleichlg. B.(scheiden) meist nur spärl. behaart bis fast kahl. Pfl. mehrj., meist auf schattigen Standorten *Melica*

**7+** Obere Blü. nicht keulenförmig. Hsp. dtl. ungleich lg. B.(scheiden) meist dtl. weich behaart

**8.** Ä. mit 1 zwittr. und einer staminaten Blü., nur deren Dsp. mit einer (meist hakenförm.) kurzen Gra. Infl. 4-10 cm, meist rötl., außerhalb der Blü.zeit zusammengezogen. Antheren 2-2,5 mm. Pfl. mehrj. vgl. **V 9+** *Holcus*

**8+** Ä. mind. mit 2 zwittr. Blü., beide mit 2-5 mm lger ± gerader Gra. Antheren kleiner. Pfl. einj. *Trisetaria*

**5+** Ä. >4-blü. Wenn 3-4-blü., Lig. Öhrchen bildend und B. >7 mm br. *Bromus*

**3+** Beide Hsp. kürzer als d. Dsp. Ä. mind. 3-blü.

**9.** Dsp. begrannt

**10.** Ä. paarig, unterschiedl.: d. untere fertil, d. obere nur aus sterilen, kammförm. angeordneten Dsp. bestehend vgl. **IV 3.** *Cynosurus*

**10+** Ä. gleichartig

**11.** Hsp. s. ungleich, d. kürzere 1/15 (!) bis 2/3 so lg wie d. lgere. Pfl. einj. *Vulpia*

**11+** Hsp. nur wenig unterschiedl. lg

**12.** Gra. zwischen den apikalen Zähnen d. Dsp. entspringend. B.scheiden stets geschlossen, oft dtl. behaart. Pfl. ein- od. mehrj. *Bromus*

**12+** Gra. nicht zwischen 2 Zähnen entspringend (od. fehlend, vgl. **19.**). Pfl. stets mehrj., höchst. s. kurz behaart. B.scheiden offen od. geschlossen *Festuca* s.l.

**9+** Dsp. unbegrannt, aber oft s. spitz

**13.** Pfl. einj., oft knickig aufsteigend, 2-30 cm hoch; wenn höher, meist in Meeresnähe. Infl. oft auffallend halbseitig (einseitswendig). Meist auf offenen Plätzen

**14a** Dsp. und Hsp gekielt. Ä. elliptisch, 2-3x so lg wie br., meist 4-5-blü., auf dünnen Stielchen. Infl. meist dtl. 3-eckig (Grundlinie meist nicht wesentl. kürzer als Höhe). B. apikal zml. plötzl. kapuzenartig zusammengezogen. B.scheiden zusammengedrückt, gekielt. Pfl. slt. über 10 cm, gerne ruderal *Poa*

**14b** Infl.äste nur in der oberen Hälfte mit Ä.-stielen. Diese lg und dünn und unterhalb des Ä. verdickt (clavat). Ä. ca 2 mm, 3-5-blü. Obere Hsp. 0,5-1 mm und damit ca 2x so lg wie die untere. Infl. insgesamt oval. B. meist nur 1 mm br., Lig. spitz, 3-6 mm. 5-25 cm. Nur auf stark salzigen Standorten (bisher nur Pianosa) *Sphenopus divaricatus*

**14c** Pfl. anders. Ä.stiele ± steif. Infl. u./od, einzelnes Ä. oft >3x so lg wie br. Apikaler Teil der Infl. oft ± ährenartig, insbes. bei den hfgen Kümmerformen. Pfl. oft auffällig starr

**15.** Hsp. stumpf, mit weißem Rand, die untere (± 3-nervige) etwa halb so lg wie d. obere (± 7-nervige). Dsp. zuletzt 6 mm, dtl. 5(-7)-nervig, gekielt. Ä. 7-9 mm, 3-5-blü. Infl. von den 2-4 mm br. B. meist überragt. Lig. 0-2 mm. Pfl. -15 cm *Sclerochloa dura*

**15+** Hsp. spitz(l.), annähernd gleichlg. Dsp. mit 3 oder 5 undeutl. Nerven. Ä. 7-14-blü. B. meist ca 2 mm br., Lig. 2-6 mm. Pfl. 5-70 cm, meist in Küstennähe

**16.** Dsp. 3-nervig, mit vortretendem Rückennerv, 5 mm. Ä. 10-15x3 mm. Einzelne Infl.-Äste oft zurückgeschlagen. Infl. auffällig „zerbröckelnd". Nur auf Sanddünen *Cutandia maritima*

**16+** Dsp. gerundet, undeutl. 5-nervig. Infl. anders *Catapodium*

**13+** Pfl. mehrj. Meist geschlossenes Grasland u./od. xerische Standorte; wenn in Küstennähe, meist an sumpfigen Stellen

**17.** Ä. dicht geknäuelt. Meist nur 1 basaler (oft s. kurzer) Rispenast. Spelzen gekielt. B.-scheiden am Stg.grund und die sterilen Triebe dtl. zus.gedrückt *Dactylis*

**17+** Ä. ± vereinzelt. Basale Rispenstufe 2- bis mehrästig

**18.** Ä. seitwärts zus.gedrückt, Spelzen daher gekielt *Poa*

**18+** Spelzen am Rücken gerundet

**19.** Dsp. zugespitzt bis gra.spitzig. ± Trockene oder schattige Standorte   *Festuca* s.l.
**19+** Dsp. stumpf(l.). Feuchte bis nasse Standorte
**20.** Dsp. undeutl. 5-nervig. Ä. 6-12 mm. B.scheide zumind. in d. oberen Hälfte offen.
Oft salzbeeinflusste (d.h. küstennahe) sumpfige Stellen   *Puccinellia*
**20+** Dsp. 7-11-nervig. Ä. 15-25 mm. B.scheiden dtl. zusammengedrückt, gänzlich geschlossen. Tümpel, nasse Stellen, aber kein Salzwasser   *Glyceria*

## ACHNATHERUM (= Stipa p.p.)

**1.** B. gerollt, borstl., ca 1 mm br. Infl. linealisch. Dsp. 6-7 mm, vor allem basal behaart
   *A. (Stipa)* **bromoides**
**1+** B. 4-6 mm br. (aber jung oder getrocknet oft eingerollt), fein behaart. Infl. pyramidal. Dsp. 4
mm, mit 3-6 mm lgen Haaren dicht besetzt (v)   *A. (St.)* **calamagrostis**

## AEGILOPS → Triticum

## AELUROPUS Vgl. IV 19+   *Ae. litoralis*

## AGROPYRON → ELYMUS

## AGROSTIS

**1.** Dsp. (basal) kurz abstehend behaart. Hsp. meist kahl, slt. kurz behaart. Infl. 5-15 cm, locker. B.
2-3(-4) mm br., unterseits glatt, meist eingerollt. Ligula 1-3 mm, an oberen Halmb. auch lger. Meist
mit unterirdischen, oft auch mit kurzen oberirdischen Ausläufern. Slt. >50 cm (//)   *A. castellana*
   = *A. stolonifera (A. capillaris)* ssp. *castellana*
Normalerweise entspringt der Dsp. ± basal eine gekniete Gra., zusätzlich laufen 2 Seitennerven als dtl. Gra.-
spitze aus. Pfl. ohne Gra. werden auch als *A. olivetorum* (CL) bezeichnet (Garg. mögl.)
**1+** Dsp. auf der Fläche kahl, meist unbegrannt, slt. in der oberen Hälfte mit kurzer, gerader Gra.,
ohne seitl. Gra.spitzen. B. 2-7 mm br. Pfl. oft größer
**2.** Lig. der mittleren Halm-B. 2-6 mm. Rispe vor und nach der Blü. zusammengezogen. Mit lgen
oberirdischen, bisw. auch mit unterirdischen Ausläufern. Bis >1 m hoch   *A. stolonifera* s.l.
Formenreich. Die Selbstständigkeit der beiden folgenden Taxa ist zweifelhaft; beide Namen werden in CL
nicht geführt. – Vgl. auch *Polypogon monspeliensis*
   **a.** Die meisten (vor allem die unteren) Hsp. am Rückennerv mit steifen Wimpern. Dsp. 1-ner-
vig. Infl. ± locker. B. 3-7 mm br., ± plan. Sumpfige Standorte   ·   *A. parlatorei* Breistr.
   = *A. frondosa* Ten. ex Spr. non Poir.
Das Taxon wird auch in die Nähe von *A. castellana* gestellt (Pg) bzw. als mögl. Hybrid *A. castellana* x
*Polypogon viridis* betrachtet (FE)
   **a+** Hsp. glatt. Dsp. 5-nervig. Infl. ca 5 cm lg, dicht, fast walzenförmig. B. ± glauk, beidseitig rau,
eingerollt, etw. stechend. Brackige Standorte   *A. stolonifera* var. *maritima* (Lam.) Koch
   = *A. alba* var. *maritima*
**2+** Lig. <1,5 mm. Rispe auch vor und nach der Blü. ausgebreitet. Mit -10 cm kurzen unterirdischen Ausläufern und bisw. auch mit oberirdischen Kriechsprossen. Pfl. slt. >70 cm hoch. Mage-
re, nicht nasse Standorte (//)   *A. capillaris*
   = *A. tenuis*

## AIRA

**1.** Ä.stiele 1-3x so lg wie die Ä. Hsp. 2-3 mm. Lig. 3-5 mm.
**2.** Hsp. 2,5-3 mm, spitz. Dsp. -3/4 so lg, beide begrannt. Antheren 0,3-0,6 mm   *A. caryophyllea*

**2+** Hsp. 2-2,5 mm, meist stumpfl., bisw. zugespitzt und apikal gezähnelt. Dsp. bis 2/3 so lg. Ä. mit 1 oder 2 Gra. Antheren 0,2-0,4 mm                                              ***Aira cupaniana***
**1+** Ä.stiele (3-)4-8x so lg wie die Ä. Hsp. bis 2 mm. Dsp. 1/2 bis 2/3 so lg. Lig. 1-3 mm
  **3.** Ä. meist ohne Gra. Ä.stiel 5-8x so lg wie Ä. Infl. oft breiter als lg. Hsp. stumpf oder apikal gezähnelt. Antheren 0,7-1,7 mm. Lig. 1-2 mm (//)                                      ***A. tenorei***
  **3+** Zumind. 1 Blü. mit 2 mm lger Gra., davon die Hälfte aber von der Hsp. eingeschlossen. Ä.stiel (3-)4-5x so lg. Infl. lger als br. Hsp. meist spitz. Antheren 0,3-0,5 mm. Lig. s. spitz, 3 mm
                                                                                      ***A. elegantissima***
                                                                       = *A. capillaris* s. Fen = *A. elegans*
  Bisw. werden unterschieden (nicht in CL):
    **a.** Nur obere Dsp. mit Gra., die untere spitz                                     ssp. *e.*
    **a+** Beide Dsp. begrannt                                                       ssp. *ambigua*
  *Aira praecox* ist sicher eine Fehlmeldung

## ALOPECURUS

**1.** Stg.basis knollenförm. verdickt. B. 1(-2) mm br. Hsp. nur am Grund verwachsen, spitz, dicht behaart. Auch auf brackigen Standorten. Mehrj.                                      ***A. bulbosus***
**1+** Stg.basis nicht knollig. B. breiter. Hsp. höher verwachsen oder stumpf
  **2.** Hsp. spitz, mind. im unteren Drittel miteinander verwachsen, am Kiel nur mit ganz kurzen nach oben gerichteten Haaren besetzt und zumind. in der oberen Hälfte schmal geflügelt. Infl. (3-)7-12 cm lg. Ä. (ohne Gra.) 4-7 mm lg, Gra. gekniet, im typischen Fall ca 4-6 mm aus dem Ä. hervorragend. Antheren 2,5-4,5 mm. Halme aufrecht. Einj.                             ***A. myosuroides***
  **2+** Hsp. stumpf, nur am Grund verwachsen, ihr Kiel zumind. in der unteren Hälfte dicht mit lg abstehenden Haaren besetzt, nicht geflügelt. Infl. 2-7 cm. Ä. (ohne Gra.) 2-3,5 mm. Antheren <2 mm. Halm knickig aufsteigend. Ein- oder mehrj.
    **3.** Gra. im untersten Viertel der Dsp. entspringend, gekniet, die Dsp. um 2-3 mm überragend und aus den Hsp. hervorragend. Ä. 2,5-3,5 mm. Antheren 1,2-1,8 mm (//)        ***A. geniculatus***
    **3+** Gra. etwa in der Mitte der Dsp. entspringend, nicht gekniet, den oberen Rand der Dsp. nicht oder <1 mm überragend und oft von den Hsp. eingeschlossen. Ä. 2-2,5 mm. Antheren 0,8-1 mm                                                                             ***A. aequalis***
Die unterschiedlichen Farben der Antheren (vgl. z.B. Pg) hängen vom Entwicklungsstand der Pfl. ab und sind deshalb kein brauchbares diakritisches Merkmal

## AMMOPHILA Vgl. III 4.                                     ***A. arenaria*** ssp. *australis*
                                                  = *A. arenaria* ssp. *arundinacea* = *A. littoralis*

## AMPELODESMOS Vgl. III 13.                                        ***A. mauritanicus***
                                                                              = *A. tenax*

## ANDROPOGON Vgl. II 8.                                              ***A. distachyus***

## ANTHOXANTHUM

**1.** Pfl. mehrj., zur Blü.zeit mit sterilen Trieben, oberwärts nicht verzweigt. Infl. kompakt. Untere Hsp. spitz, 3,5-6 mm. Nur eine der beiden Gra. der sterilen Dsp. aus dem Ä. herausragend. Fertile Dsp. 2-2,5 mm. Antheren 3-4,5 mm. 30-60(-80) cm                                 ***A. odoratum***
Formenreich. Die Merkmale der in Fen 4:254-256 genannten hochwüchsigen „ssp. *villosum*" (auch B.scheiden behaart, untere Hsp. auch auf der Fläche behaart) fallen in die Variationsbreite der Art
**1+** Pfl. einj., o. sterile Triebe, aber Halme oberwärts oft verzweigt. Infl. locker. Hsp. mit dtl. Stachelspitze. Fertile Dsp. 1,6-2 mm. Antheren 2,5-3,5 mm. 10-40 cm (//)             ***A. aristatum***

Die Verbreitung der beiden folgenden ssp. innerhalb Italiens ist unklar:

**a.** Beide Gra. der sterilen Dsp. aus dem Ä. herausragend. Untere sterile Dsp. dtl. 2-spitzig oder 2-lappig. Fertile Dsp. ca 1,5 mm. Infl. <5 cm lg ssp. *a.*

**a+** ± nur eine Gra. herausragend. Untere sterile Dsp. nur gezähnelt, kaum 2-spitzig. Fertile Dsp. 1,5-2,5 mm. Infl. meist >5 cm ssp. *macrantha*

**ARRHENATHERUM** Vgl. V 9. *A. elatius*

**ARUNDO**

**1.** Halm >2 m hoch und 10-20 mm dick. B. -6 cm br. Infl. ± dicht, spindelförm. Ä. meist 3-blü., 8-16 mm lg. Dsp. 3-spitzig (d.h. ausgerandet und mit kurzer Gra. in der Bucht), deren Haare (6-)8-10 mm *A. donax*

**1+** Halm <2 m und 3-7 mm dick. B. slt. >1 cm br. Infl. lockerer. Ä. meist 1-2-blü., 6-9 mm. Dsp. apikal ganzrandig mit kurzer Gra. und 4-5 mm lgen Haaren *A. plinii*
= *A. pliniana*

Zur Lge der Hsp. und zur Ausbildung des ligularen Haarsaums werden unterschiedl. Angaben gemacht

**AVENA**

Die Gattung ist taxonomisch noch nicht ausreichend geklärt, die Synonymie ist schwierig. Die Verbreitung der Taxa ist ungenügend bekannt. Der Schlüssel ist deshalb provisorisch

*Kallus:* ± rundl.-ovale Narbe (Abbruchstelle des reifen Ä.) am Grund der Dsp.
Angaben zur Ä.-Lge ohne Gra.

**Lit.:** Scholz in Willdenowia **20**:103-112 (1991); Conert in Hegi **I/3**:212-227 (1998)

*A. Hauptschlüssel:*

**1.** Ä.achse bei der Reife zumindest unterhalb der untersten Dsp. zerfallend und einen Kallus bildend. Dsp. apikal dtl. zweispaltig und fast immer dtl. behaart. Gra. (meist) gekniet (Wildhafer)

**2.** Ä.achse bei der Reife nur unterhalb der untersten Dsp. (also oberhalb der Hsp.) zerfallend, nur dort einen Kallus bildend: alle Blü. eines Ä. (incl. Dsp.) fallen gemeinsam aus *A. sterilis*
Die Verbreitung der folgenden Taxa in Apulien ist ungeklärt:

**a.** Hsp. 30-40(-50) mm, (7-)9-11-nervig. Kallus 2-4 mm. Pfl. meist >50 cm

**b.** Dsp. kurz (bis 2 mm) 2-spitzig, die unterste 25-40 mm lg, ihre Gra. 60-90 mm. Ä. 2-5-blü. (aber nur die untersten 2-3 Blü. begrannt). Kallus ± eiförm., 2-3 mm lg, Antheren 4-5 mm. Lig. 6-8 mm ssp. *st.*

**b+** Dsp. tief gespalten, (neben d. Rückengra.) in zwei 6-10 mm lge Grannenborsten auslaufend, diese basal oft mit einer weiteren seitl. Grannenspitze. Ä. 2-3-blü. Kallus 2,5-4 mm, elliptisch ssp. *atherantha*
Ssp. *atherantha* wird irrtümlich auch als Sippe von *A. barbata* geführt. – Spelzen und Granne können kahl oder unterschiedlich behaart sein. Zu den Formen mit behaarter Gra. gehören möglicherweise auch die Meldungen von *A. magna* (vgl. Pg **3**:546). *A. magna* ist jedoch nicht Bestandteil der italienischen Flora

**a+** Hsp. 20-25(-30) mm, 7-9-nervig. Unterste Dsp. kurz 2-spitzig (wie **b.**), 16-25 mm, mit einer 30-60 mm lgen Gra. Ä. 2(-3)-blü. (die unteren 1-2 Blü. begrannt), 20-30 mm. Kallus eiförm., 1,5-2 mm lg. Antheren ca 3 mm. Lig. 2-4 mm. Pfl. -60 cm (*//*) ssp. *ludoviciana*
= *A. persica*

**2+** Ä.achse unter jeder Dsp. unter Kallusbildung zerfallend. Ä. 2-3-blü., 15-30 mm

**3.** Dsp. kurz (bis 1 mm) 2-spitzig. Infl. gleichmäßig ausgebreitet. Kallus 1-1,5 mm, fast rundl. *A. fatua*

**a.** Dsp. lg behaart, aber oft verkahlend var. *f.*

**a+** Dsp. (fast) kahl var. *glabrata*

**3+** Dsp. tief gespalten, in zwei 3-7 mm lge Grannenborsten auslaufend. Infl. meist einseitswendig *(A. barbata* s.l.)

    **4.** Grannenborsten ohne basale seitl. Grannenspitzen. Kallus elliptisch      ***Avena barbata***

    **4+** Jede Grannenborste basal mit seitl. Grannenspitze. Kallus schmal-elliptisch (Garg. mögl.)

                                                             ***A. lusitanica***
                                                            = *A. wiestii* s. Pg

**1+** Ä.achse nicht gegliedert, d.h. zur Reife nicht zerfallend. Keine Kallusbildung. Dsp. apikal nur eingekerbt, kahl od. nur mit wenigen kurzen Haaren. Gra. meist nicht gekniet, bisw. auch kein Ä. begrannt. Gelegentl. verwilderte Getreidepfl.        ***A. sativa***

*B. Alternativschlüssel:*

**1.** Dsp zumind. zur Hälfte lg behaart (bei **6+** oft verkahlend)

    **2.** Dsp. (neben d. Rückengra.) in zwei 3-10 mm lge Grannenborsten auslaufend. Ä. 2(-3)- blü.

    **3.** Ä. 20-30 mm

        **4.** Grannenborsten 3-7 mm, basal (meist) ohne seitl. borstlichen Zahn      *A. barbata*

        **4+** Jede Grannenborste mit seitl. Zahn (Garg. mögl.)      *A. lusitanica*

    **3+** Ä. meist größer. Grannenborsten 6-10 mm, beide an der Basis meist mit kurzem Seitenzahn      *A. sterilis* ssp. *atherantha*

    **2+** Dsp. kurz (bis 2 mm) 2-spitzig. B. 5-10 mm br.

        **5.** Ä. 35-40 mm lg, 2-5-blü. (Unterste) Dsp. 25-33 mm. Gra. 60-90 mm. Lig. >5 mm. 50-120 cm
                                                *A. sterilis* ssp. *st.*

    **5+.** Ä. 18-30 mm, 2-3-blü. Lig. 3-6 mm

        **6.** Infl. einseitswendig. Ä. 20-30 mm. Unterste Dsp. 20-25 mm, zu ca 2/3 steif behaart. Gra. 30-60 mm. 30-60 cm (//)      *A. sterilis* ssp. *ludoviciana*

        **6+** Infl. ausgebreitet. Ä. 18-25 mm. Dsp. oft verkahlend. Gra. 25-40 mm. Bis 100 cm
                                                *A. fatua* var. *f.*

**1+** Dsp. kahl oder nur mit wenigen Haaren

    **7.** Dsp. oben dtl. 2-spitzig. Ä. zur Reife zerfallend. Stets mind. 1 Ä. mit geknieter Gra.
                                                *A. fatua* var. *glabrata*

    **7+** Dsp. nur ausgerandet. Ä. nicht zerfallend. Gra. meist nicht gekniet      *A. sativa*

**AVENULA** (= **Helictotrichon** p.p.; excl. **Homalotrichon**) Vgl. **V. 12+** (//)      ***A. cincinnata***
                                                                  = *Helictotrichon compressum*

**BOTRIOCHLOA** Vgl. **II 8+**                                            ***B. ischaemum***

**BRACHIARIA** Vgl. **II 3.** (v)                                            ***B. eruciformis***

**BRACHYPODIUM** (excl. **Trachynia**)

**Lit.:** Schippmann in Boissiera **45**, 249 pp. (1991); zu **2.** und **4+**: Lucchese in Ann. Bot. (Roma) **48**:163-177 (1990)

**1.** Gra. 8-15 mm, etwa so lg wie die Dsp., oft geschlängelt. Ä. zu (5-)8-12 in zuletzt meist nickender Ähre. B. weich, 6-10 mm br., meist zstr. behaart, unterseits (besonders getrocknet) hfg mit auffällig hervortretendem hellem Mittelnerv. Halm unter den Knoten sowie die unteren B.scheiden behaart. Pfl. lockere Horste bildend. Schattige Standorte      ***B. sylvaticum***

**1+** Gra. kürzer als d. Dsp., steif. Pfl. mit lgen Ausläufern, zumind. mit kriechenden Achsen. B. meist <6 mm br. Meist ± sonnige Standorte

**2.** Spr. (zumind. teilweise) zusammengerollt binsenförmig, auf d. Oberseite mit vorspringenden Rippen und kurzen Borsten, -5 mm br. Lig. der Halm-B. meist 0,7-1,6 mm (*B. ramosum* s. Fen.)

    **3.** Halm -45 cm hoch, Infl. mit (1-)2-4(-7) Ä., diese meist 2-3 cm lg. Hsp. 4-5 bzw. 6-7 mm. Gra. 2-4 mm, (nur) an den unteren Blü. bisw. fehlend. Halm-B. 2-8 cm lg, B. der sterilen Triebe auffällig zweizeilig. B.-Rippen im Querschnitt halbkreisförm.        ***Brachypodium retusum***
                                                              = *B. ramosum* s.str.

    **3+** Halm >40 cm. Infl. mit 4-10 Ä., diese meist 3-5 cm. Gra., wenn vorhanden, 1-2,5 mm. Hsp. 6-7 bzw. 7-8 mm. Halme spärl. beblätt., B. aber meist >10 cm, teilw. nicht eingerollt. B.-Rippen im Querschnitt abgerundet-rechteckig. Lig. 1-1,5 mm            ***B. phoenicoides***
                                                            = *B. ramosum* ssp. *ph.*

**2+** Spr. oberseits ohne vorspringende Rippen, bisw. breiter. Lig. 0,6-2,8 mm. Halm >40 cm. Gra. meist 2,5-4,5(-7) mm (*B. pinnatum* s.l. = s. Fen)

Die im Folgenden angegebenen Merkmale schwanken innerhalb der Lit. Zu den wichtigen blattanatomischen Merkmalen vgl. Pg **3**:530 oder SCHIPPMANN l.c. – Zumind. 1 der Taxa kommt – trotz (*//*) – am Garg. vor

    **4.** Spr. (dunkel)grün, flach, oberseits kahl oder (meist) mit locker stehenden lgen Haaren. Unterseits nicht glänzend, beim Darüberstreichen von zahlreichen spitzenwärts gerichteten Stachelhaaren sehr rau. Lig. des zweitobersten Halm-B. meist (1-)1,6-2,8 mm. Dsp. meist behaart (*//*)                                                         ***B. pinnatum*** s.str.

    **4+** Spr. dtl. hellgrün, flach oder (zur Spitze zu) zusammengerollt, oberseits meist kahl, unterseits auffällig glänzend, beim Darüberstreichen glatt oder nur wenig rau (da nur auf den Nerven vereinzelte Stachelhaare). Ligula des zweitobersten Halm-B. 0,6-1,8(-2,4) mm. Dsp. meist kahl (*//*)                                                      ***B. rupestre***
                                                           = *B. pinnatum* ssp. *r.*

## BRIZA

**1.** Rispe mit 3-8 Ä., diese über 10 mm lg. Hsp. 5-9-nervig, 5-7 mm, Dsp. 6-8 mm. Antheren ca 2 mm. Lig. 2-5 mm. Pfl. einj.                                                   ***B. maxima***
Wenn Dsp. fein behaart                                                   var. *pubescens*

**1+** Ä. zahlreicher, 3-6 mm lg. Hsp. 3-5-nervig, wie die Dsp. <5 mm

    **2.** Pfl. einj. Lig. bis 8 mm. Dsp. bis 3 mm. Antheren ca 0,6 mm                           ***B. minor***

    **2+** Mehrj. Lig. höchst. 2 mm. Dsp. ca 4 mm. Antheren 2-2,5 mm (v)                       ***B. media***

## BROMUS

Die **Hauptschlüssel** orientieren sich vor allem an Pg und CONERT. Die **Alternativschlüssel** entstammen v.a. der FE; die dort angegebenen Maße decken sich nicht immer mit denen in Pg!

**1.** Untere Hsp. 1-, obere 3-nervig, beide lanzettl. bis lineal

    **2.** Pfl. mehrj., meist über 50 cm. Lgere Hsp. 7-10 mm. Gra. meist 6-7 mm, kürzer als d. Dsp. Ä. lanzettl., ± zur Spitze hin verschmälert                                 sectio **Pnigma**
                                      als Gattung *Bromopsis (= Zerna)*

    **2+** Pfl. einj., meist niedriger. (Lgere) Hsp. 9-25 mm. Gra. so lg wie od. lger als Dsp. Blühende und frucht. Ä. apikal meist etwas verbreitet und dann verkehrt schmal 3-eckig     sectio **Genea**
                                              = Gattung *Anisantha*

**1+** Hsp. 3-9 mm lg, 3-5 bzw. 7-9-nervig. (schmal-)ovat. Pfl. ein- bis zweij. Dsp. ovat bis lanzeolat, incl. Gra. 8-25(-30) mm. Meist Kulturland od. ruderal. Bisw. Kümmerformen!         sectio **Bromus**
                                            = Gattung *Bromus* s.str.

Die Aufteilung in drei Gattungen findet neuerdings wieder Fürsprecher

## sectio PNIGMA

**1.** B. 2-4 mm br. Infl.äste bis ca 5 cm lg, aufrecht-abstehend. Ä. meist 7-9-blü. Meist trockenes Grasland. Formenreich (vgl. z.B. Pg **3**:522f) ***Bromus erectus*** s.l.

**1+** B. 8-13 m br. Lig. Öhrchen bildend. Infl.äste meist lger, oft ± hängend, rau. Ä. 3-5(-9)-blü. Schattige Standorte (*B. ramosus* s.l. = s. Fen)

**2.** Oberste B.scheide dicht mit Flaumhaaren von 0,1-0,4 mm Lge besetzt, höchstens mit einigen lgere Haaren, slt. auch kahl. Rispe zusammengezogen, einseitig überhängend, basal meist 2-5-ästig mit slt. über 3 Ä. pro Ast; kürzester Ast oft nur mit 1 Ä. Schuppe an der Basis des untersten Rispenastes meist kahl, slt. sehr kurz behaarte. Lig. 1-3 mm (*H*) ***B. benekenii***

**2+** Oberste B.scheide nur mit 3-4 mm lgen Haaren. Rispe ± allseitig überhängend. Unterste Rispenstufe meist mit 2 ± gleichlgen Ästen (bis 20 cm), jeder mit 5-9 Ä. Schuppe häufig mit zumind. einigen steifen Wimpern. Lig. 4-6 mm ***B. ramosus*** s.str.

## sectio GENEA

Formenreiche Gruppe mit „Übergängen" und unübersichtlicher Nomenklatur, insbesondere bei *B. diandrus* s.l. Dessen Synonymisierung mit den Namen in Pg und Fen ist nicht immer gesichert. – Vgl. auch Alternativschlüssel

**Lit.:** SCHOLZ in Willdenowia **11**:249-257 (1981); SALES in Edinb. J. Bot. **50**:1-31 (1993); die dort angegebenen Merkmale sind im Alternativschlüssel berücksichtigt

**1.** Ä. ohne Gra. 10-25, nur kurz (bis max. 1 cm) gestielt, Infl. daher dicht. An der Spitze der (reifen) Ä. ein Büschel steriler Dsp., deren Gra. gegenseitig verdreht sind und stark spreizen. Hsp. 6-7 bzw. 8-11 mm lg. Dsp. (9-)14-15x2-3 mm, Gra. 15-20 mm. Lig. 3-5 mm. Halme unterhalb der Rispe meist dicht flaumig. 10-30(-40) cm ***B. rubens***

Wenn Dsp. nur 11-12x1-1,5 mm, Infl.-Äste nur mit 1-2 Ä., Pfl. 5-15(-20) cm vgl. auch (Garg. mögl.) ***B. fasciculatus***

Es gibt auch von **4.** *B. madritensis* kurzästige Formen, vor allem im Küstenbereich (auch Garg.?)

**1+** Ä. großenteils lger gestielt. Hsp. meist lger. Dsp. oft am Rücken borstig-rau. Lig. 1-6 mm

**2a** Rispenäste ausgeprägt einseitig überhängend, die längeren mit 3-8 Ä. Dsp. <15 mm lg, deren Gra. 10-20 mm. Infl.-Achse dicht kurz behaart (v) ***B. tectorum***

**2b** Rispenäste weit und locker überhängend, Ä. zu 1-2(-4). Dsp. >15 mm

**3.** Ä. incl. Gra. 40-60 mm. Hsp. 6-14 bzw. 10-20 mm. Dsp. (14-)18-20(-24) mm, apikale Zähne 1-3 mm. Lig. 2-4 mm. Untere B.scheiden samthaarig. Halm unter der Infl. meist kahl ***B. sterilis***

**3+** Ä. incl. Gra. meist >60 mm. Hsp. 12-20 bzw. 20-35 mm. Dsp. 22-35 mm, apikale Zähne 4-7 mm. Ligula 3-6 mm. Untere B.scheiden zerstreut rauhaarig. Halm meist behaart vgl. **4+** ***B. diandrus*** s.l.

**2c** Ä. – trotz zumind. teilweise >1 cm lgen Stiels – aufrecht bis wenig überhängend

**4.** Ä. incl. Gra. 30-50 mm, 1-2(-4) cm lg gestielt, ± aufrecht. Hsp. 8-10 bzw. 13-15 mm. Dsp. 12-20 mm zuzgl. Gra. von 15-25 mm, apikale Zähne 1-2 mm. Antheren 0,5-1 mm. Unterste Rispenstufe 2-6-ästig. Lig. ±2 mm. Halm unter der Infl. wie auch obere B.scheiden meist kahl ***B. madritensis***

Vgl. Anm. zu **1.**

**4+** Ä. incl. Gra. meist >60 mm, deren Stiele oft ± horizontal abstehend. Hsp. 12-20 bzw. 20-25 mm (bisw. noch lger). Dsp. 20-25(-30) mm zuzgl. Gra. von (25-)35-50(-75) mm. Antheren 1-3 mm. Unterste Rispenstufe 1-3-ästig. Lig. >2 mm. Halm unter der Infl. behaart

***B. diandrus*** s.l. (= s. CL)
= *B. rigidus* und *B. gussonei* s. Pg. = *B. villosus* s. Fen

**a.** Infl.äste behaart. Unterste Rispenstufe 2-3-ästig. Ä. (ohne Gra.) 50-70 mm (Garg. mögl.)

ssp. *d.*
= *B. rigidus* ssp. *ambigens* und *B. gussonei* s. Pg
= *B. villosus* ssp. *maximus* var. *gussonei* s. Fen

**a+** Infl.äste rau. Unterste Rispenstufe 1-2-ästig. Ä. 40-50 mm (*//*)  ssp. *maximus*
  = *B. rigidus* ssp. *r. s.* Pg = *B. villosus* ssp. *maximus* [var. *m.*] und ssp. *rigidus* s. Fen

<u>*Alternativschlüssel sectio* <u>Genea</u>:</u>

**1.** Dsp. mind. 20 mm, Gra. mind. 25 mm. Stg. unterhalb der Infl. stets fein behaart. B.scheiden
locker abstehend behaart  *Bromus diandrus* s.l.
  **a.** Infl. locker, ausgebreitet (Mehrzahl der Äste lger als die Ä., außer auf sehr trockenen Standorten). Blü. spreizend, Ä.achse zur Blü.zeit also gut sichtbar. Antheren mind. 0,7 mm. Ränder
  der eingerollten Dsp. sich zur Reifezeit nicht berührend. Spr. zerstr. behaart
    *B. diandrus* s.str. (s. FE) incl. *B. gussonei*
    = *B. d.* ssp. *d. s.* CL = *B. diandrus* var. *d. s.* SALES
  **a+** Infl. dicht, ± aufrecht. Ä.stiele 0,5-2,5 cm. in der Mehrzahl kürzer als die Ä. Ä-achse zur
  Blü.zeit kaum sichtbar. Antheren bis 0,7 mm. Ränder der Dsp. sich berührend. Spr. dicht kurzhaarig  *B. rigidus* s. FE
    = *B. d.* ssp. *maximus* s. CL = *B. diandrus* var. *rigidus* s. SALES
  Möglicherweise nur Ökotypen derselben Art
**1+** Dsp. höchstens 20 mm
**3.** Infl. überhängend. Die meisten Infl.äste mind. so lg wie das Ä.
  **4.** Rispenäste mit 1(-3) Ä. Dsp. 14-20 mm  *B. sterilis*
  **4+** Rispenäste mit 4 oder mehr Ä. Dsp. 9-13 mm  *B. tectorum*
**3+** Infl. aufrecht. Die meisten Infl.äste kürzer als das Ä.
  **5.** Infl. ± locker, mit z.T. >10 mm lgen Ästen. Dsp. 12-20x3-3,5 mm, Gra. 12-20 mm. Stg. unterhalb der Infl. meist kahl  *B. madritensis*
  **5+** Infl. s. dicht, Äste kürzer. Dsp. 10-13x2-3 mm, Gra. 8-12 mm. Stg. unterhalb der Infl. dicht
  fein behaart  *B. rubens*
  Zu *B. fasciculatus* vgl. Hauptschlüssel, Anm. zu **1.**

### sectio **BROMUS**
Formenreiche Gruppe mit „Übergängen"; vgl. auch Alternativschlüssel

**1.** Dsp. 2-4 mm br., apikal 1,5 mm tief eingeschnitten, mit geknieter Gra. Infl.äste ± durchweg kürzer als 1 cm. Antheren <0,5-1 mm. Untere B.scheiden kurz weichhaarig, slt. kahl
  **2.** Infl. obovat bis keilförm., 3-5x2-3 cm im Umriss. Ä. 12-16 mm, 7-11-blü. Hsp. wenig ungleich,
  5-7 mm. Dsp. 7-8 mm, Gra. 6-8 mm. Pfl. 10-30 cm (*//*)  ***B. scoparius***
  **2+** Infl. lanzeolat, 6-10 cm lg. Ä. 20-25 mm, 8-15-blü. Hsp. 8 bzw. 10-12 mm. Dsp. 10-12 mm,
  Gra. 15-18 mm. 20-40 cm  ***B. alopecuros***
    = *B. alopecuroides*
**1+** Dsp. höchst. 1 mm tief eingeschnitten. Infl.äste mind. teilweise über 1 cm lg. B.scheiden bisw.
mit lgeren (weichen od. borstl.) Haaren
  **3.** Dsp. >11 mm, meist dicht und lg behaart. Gra. bis 15 mm, S-förmig zurückgebogen. Hsp. dtl.
  ungleich, 6-8 bzw. 9-12 mm. Ä. 8-20-blü. Infl. >10 cm. 30-80 cm (v)  ***B. lanceolatus***
    = *B. macrostachys*
  **3+** Sp. und Gra. (meist) kürzer. Ä. 4-9-blü.
  **4.** Infl. ± dicht (die meisten Ä.stiele < Ä.). Ä. 4-7(-12)-blü. Hsp. unterschiedl. Dsp. dünn, mit
  hervortretenden Nerven. B. mit weichbehaarten Scheiden. 5-50 cm  ***B. hordeaceus*** s.l.
  Die nachfolgenden Taxa werden auch als eigene Arten geführt
    **a.** Ä. ohne Gra. 8-10x2-3 mm. Gra. 2-7 mm, zur Fr.zeit bisw. etwas spreizend. Dsp. 6-8 mm,
    (meist) kahl, apikal meist nur schwach ausgerandet, mit dtl. winkeligem Hautrand. Infl. kom-
    pakt und kurz (1-3 cm), mit 1-wenigen (meist 4-6-blü.) Ä. B. bis 2 mm br. und 3 cm lg, beider-
    seits dicht behaart und an den Rändern mit 1 mm lgen Wimpern. Lig. bis 1 mm. Halm slt.
    >10 (15) cm hoch, meist büschelig und niederliegend  ssp. *thominei*

**a+** Ä. 15-20 mm. Dsp. 7-11 mm, meist behaart. Infl. meist größer. B. 2-5(-7) mm br. Lig. ca 2 mm, meist dtl. behaart. Pfl. (meist) >15 cm

**b.** Vsp. mit aufwärts-abstehenden Randwimpern. Dsp. bes. apikal behaart, 3-5 mm br., mit dtl. winkeligem Hautrand. Gra. am Grund 0,2 mm br., drehrund, auch zur Fr.reife gerade. Infl. reichährig, längste Ä.-Stiele ca so lg wie das Ä.                           ssp. *hordeaceus*
= *B. mollis*

**b+** Vsp. mit abstehenden Wimpern. Dsp. (meist?) zottig, 2,5-3,5 mm br., mit ± bogigem Hautrand. Gra. basal ±0,1 mm br., zusammengedrückt, meist spreizend. Infl. kompakt, Ä. oft sehr kurz gestielt                                                                          ssp. *molliformis*
= *B. divaricatus*

**4+** Infl. ± locker (die meisten Ä. stiele dtl. lger als die Ä.). Ä. (4-)7-9-blü. Hsp. 5 bzw. 7 mm, letztere doppelt so br. wie die erstere. Dsp. pergamentartig verdickt. Gra. gerade. B. 2-3(-5) mm br. Untere B.scheiden (meist) dtl. lg behaart. 30-80 cm (*B. racemosus* s.l. = s. Fen)

**5.** Ä. meist 3-5 mm br. Dsp. 7-8x (ausgebreitet) 3,5-4 mm, eiförm., mit schmalem Rand. Gra. 0,8-1,2 mm unter der Spitze der Dsp. entspringend, bei allen Dsp. ± gleich lg. Vsp. glatt. Antheren 1,5-2,5 mm. Infl. zusammengezogen (Ä.-stiele <3 cm lg), meist 5-10x1,5-4 cm, mit ± aufrechten Ästen. Feuchte Standorte                              ***Bromus racemosus*** s.str.

**5+** Ä. meist 15-25x5-6 mm. Dsp. 8-12x4-5 mm, stumpfgewinkelt-rautenförmig, breitrandig. Untere Blü. d. Ä. oft kürzer begrannt als obere. Vsp. von Stachelhaaren rau. Infl. (5-)10-20 lg und oft >4 cm br. (*B. commutatus* s.l.)

Die beiden folgenden Taxa werden auch als ssp. zu *B. racemosus* bzw. *B. commutatus* geführt

**6.** Ä. kahl oder zstr. behaart. Infl. locker (Ä.stiele -7 cm lg), zumind. die unteren Äste zuletzt nickend. Gra. gerade. Antheren 1-1,5 mm (*//*)                        ***B. commutatus*** s.str.

**6+** Ä. dicht behaart. Infl. ± aufrecht bleibend. Gra. etwas spreizend. Antheren 2-3 mm (*H*)
***B. neglectus***

---

*Alternativschlüssel sectio* Bromus:

**1.** Gra. drehrund, nicht mehr als 1,5 mm unterhalb der Dsp.-Spitze entspringend, zur Fr.zeit gerade oder nur wenig spreizend, bisw. fehlend

**2.** Die meisten Ä.stiele < Ä., Infl. desh. – zumind zur Fr.zeit – dicht. Ä. 4-7-blü. Nerven der papierartigen Dsp. dtl. Antheren 0,2-2 mm                  *B. hordeaceus* ssp. *h.* und *thominei*, vgl. oben

**2+** Die meisten Ä.stiele > Ä., Infl. daher locker. Dsp. hornhäutig mit undeutl. Nerven. Antheren stets >1 mm (*B. racemosus* s.l.)                                             vgl. Hauptschlüssel **4+**

**1+** Gra. 6-12 mm, basal zusammengedrückt-abgeflacht und oft auch gedreht, >1,5 mm unterhalb der Spelzenspitze entspringend, zuletzt dtl. spreizend bis zurückgebogen. Infl. stets ± aufrecht

**3.** Infl. dicht, bisw. in Quirlen etagiert. Äste und Ä.stiele (viel) kürzer als die Ä.

**4.** Ä. (ohne Gra.) 12-20 mm. Dsp. 7-11 mm. Gra. meist <10 mm

**5.** Ä. 2-3 mm br. Dsp. höchstens 2 mm br. Antheren -0,5 mm. Fr. ca 1 mm br. Infl. obovat bis keilförmig oder Äste quirlig. B. oberseits mit lgen abstehenden Haaren, Scheiden kurz behaart oder kahl                                                                                        *B. scoparius*

**5+** Ä. ca 6 mm br. Dsp. 2,5-3,5 mm br. Infl. ovoid. B. und B.scheiden kurzhaarig. Antheren 1,5 mm. Fr. >1 mm br.                                                          *B. hordeaceus* ssp. *molliformis*

**4+** Ä. >20 mm lg, Dsp. und Gra. jeweils 12-15 mm                                    *B. alopecuros*

**3+** Infl. lockerer, nur jung zusammengezogen, einige Ä.stiele mind. so lg wie das Ä. Hsp. 5-9 bzw. 8-12 mm, Dsp. 12-20 mm                                                      *B. lanceolatus*

---

**CALAMAGROSTIS** Vgl. III 11a                                              *C. epigeios*

## CATAPODIUM
**Lit.:** BRULLO & al. in Inform. Bot. Ital. **35**:158-170 (2003)

**1.** Ä. ovat bis lanzeolat. Blü. dichtstehend, die kurze Ä.-Achse gänzl. durch Hsp. verdeckt. Hsp. 2-3,5 mm, die untere 3-nervig. Dsp. 3-3,5 mm, ± gekielt. Lig. ca 1 mm. Infl. 1-6 cm, Pfl. 5-20 cm (= *Desmazeria loliacea* s. Fen = *C. marinum* s. Pg)

**2.** Infl. basal meist verzweigt. Ä. lanzeolat, 5-10 mm lg, 6-15-blü., vom Infl.-Ast etwas abstehend. Ä.achse basal 0,8-1 mm dick. Obere (größere) Hsp. 5-nervig. B. -10 cm lg, die oberen meist so lg wie oder lger als die Infl.　　　　　　　　　　　　　　　　　　*C. balearicum*

**2+** Infl. meist unverzweigt. Ä. ovat(-lanzeolat), 4-5,5x1,5-2 mm, 4-6-blü., fest angedrückt. Ä.achse basal 1-1,2 mm dick. Auch obere Hsp. 3-nervig. B. -6 cm lg, die oberen meist < Infl. (bish. nur Tremiti)　　　　　　　　　　　　　　　　　　　　　　　*C. pauciflorum*

*C. marinum* s.str. kommt am Mittelmeer nicht vor

**1+** Ä. linear-lanzettlich, vom Infl.-Ast etwas abstehend. Dsp. 2-2,5 mm, am Rücken gerundet. Blü. lockerstehend, die Ä.achse zumind. stellenweise nicht verdeckt. B. -10 cm, die oberen meist < als die Infl. Lig. 2-5 mm. Infl. stets verzweigt, 2-12(-18) cm, Pfl. 5-40 cm (*Scleropoa* s. Fen)

**3.** Die unteren Äste der Infl. basal (± im unteren Drittel) ohne Ä. Ä. 5-7 mm, 5-9-blü. Ä.achse basal 0,4-0,5 mm dick. Hsp. 2,4-3 mm, 3-nervig. Dsp. nach der Blü. nicht eingerollt. Seitenäste der Infl. plan ausgerichtet. Pfl. meist >20 cm　　　　　*C. (Scleropoa) hemipoa*

**3+** Die unteren Äste auch basal mit Ä. Ä. 7-10-blü. Ä.achse 0,5-0,9 mm dick. Hsp. 1,5-2,4 mm. Dsp. nach der Blü. eingerollt. Pfl. meist 5-30 cm　　　　　　　　*C. (Sc.) rigidum*

**a.** Seitenäste der Infl. plan ausgerichtet. Ä. 3,5-6 mm, 3-8-blü. Hsp. 1,5-1,8 mm, die untere meist 1-nervig　　　　　　　　　　　　　　　　　　　　　　　　　　　　*ssp. r.*

**a+** Seitenäste 3-dimensional ausgerichtet. Ä. 5-7 mm, 5-10-blü. Hsp. 1,8-2,4 mm, die untere meist 3-nervig (Garg. mögl.)　　　　　　　　　　　　　　　　　　*ssp. majus*

Übergänge! Die Berechtigung der Taxa ist zweifelhaft

Wenn untere Hsp. nur ca 1/2 so lg wie obere. Ä. 3-5-blü. Lig. -1 mm, Pfl. 5-15 cm. vgl. **VII 15.**

*Sclerochloa dura*

**CENCHRUS** Vgl. I 5+　　　　　　　　　　　　　　　　　　　　　*C. incertus*

**CHRYSOPOGON** Vgl. VI 9.　　　　　　　　　　　　　　　　　　*Ch. gryllus*

**CORYNEPHORUS** Vgl. V 14. (*//*)　　　　　　　　　　　　　　*C. articulatus*
　　　　　　　　　　　　　　　　　　　　　　　　　　　　= *C. divaricatus* s. Pg

**CUTANDIA** Vgl. VII 16.　　　　　　　　　　　　　　　　　　　*C. maritima*

**CYNODON** Vgl. II 6.　　　　　　　　　　　　　　　　　　　　　*C. dactylon*

## CYNOSURUS

**1.** Infl. schlank, slt. >5 mm br. und 2-7 cm lg. Ä. kammförmig angeordnet, nicht oder nur s. kurz begrannt. B. ca 2 mm br., Lig. ca 1 mm. Mehrj.　　　　　　　　*C. cristatus*

**1+** Infl. ca 10-20 mm br. Ä. dtl. begrannt. (Meist) einj.

**2.** B. (außer bei Kümmerformen) 3-9 mm br, mit 5-7 lger Lig. Infl. ± eiförm. Sterile Ä. mit >10 Dsp. Fertile Ä. zuletzt 7 mm　　　　　　　　　　　　　　　　　*C. echinatus*

**2+** B. 1-3 mm br, Lig. 1-2 mm. Infl. schmal. Sterile Ä. mit 5-9 Dsp. Fertile Ä. 3-4 mm

***Cynosurus effusus***
= *C. elegans*

Wenn fertile Ä. z.T. einzeln, d.h. ohne sterile Ä. var. *gracilis*

**DACTYLIS** Vgl. **VII 17.** *D. glomerata* s.l.
**Lit.:** SPERANZA & CRISTOFOLINI in Webbia **39**:103-112 (1986) und **41**:213-224 (1987)

**a.** Oberstes Stgb. 2,5-7,5 cm. Rispe meist <4 cm, mit 0-2 Seitenzweigen, Infl. daher kompakt. 20-60 cm

**b.** Infl. 2-4,5 cm lg. Basaler Rispenast meist <2 cm, oft der Hauptachse angedrückt. Dsp. meist dtl. ausgerandet und in der Kerbe kurz begrannt. Antheren 2,5-3 mm, weißgrau bis hellgelb. Lig. meist 4-8 mm. Stg.basis mit fasrigen Scheidenresten. Zellen der B.epidermis ohne Papillen

ssp. *hispanica*
= *D. h.*

**b+** Infl. <3 cm, unverzweigt. Pfl. sehr gedrungen, <30 cm hoch. B. ± blaugrün, -2,5 mm br. B.epidermis zumind. teilweise mit ± kugeligen Papillen. Im Küstenbereich (*H*) ssp. *hackelii*<br>= *D. marina* s. FE

**a+** Oberstes Stgb. >4 cm lg. Rispe stets >4 cm, mit 2-4 (oder mehr) dtl. Seitenzweigen, basaler Rispenast dabei 1-4 cm lg, meist dtl. abstehend. Dsp. gra.artig (-1,5 mm) zugespitzt. Antheren 2 mm, violett. Lig. ca 2(-4) mm. Stg.basis ohne fasrige B.scheidenreste. 30-100 cm (*//*) ssp. *g.*

**DANTHONIA** Vgl. **V 7.** (*H*) *D. decumbens*
Gelegentlich werden unterschieden (die Merkmale des B.querschnitts sind nicht zuverlässig):

**a.** Dichte Rasen („Horste") mit kräftigen Halmen. Acidophil. *B.querschnitt:* Neben 3 Haupt- noch 2-4 Nebennerven erkennbar. Beiderseits des Mittelnervs je eine Gruppe von 5-7 tropfenförm. „Gelenkzellen". V-VI (nach CL einzige ssp. in Italien) ssp. *d.*

**a+** Lockerer Wuchs mit zierlichen Halmen. Auf grobsteinigen Kalkböden. 4-6 Nebennerven; Gelenkzellen zu 7-9. VI-VIII ssp. *decipiens*

**DASYPYRUM** Vgl. **I 16.** *D. villosum*<br>= *Haynaldia v.*

**DESCHAMPSIA** Vgl. **V 13+** (*//*) *D. flexuosa*<br>= *Avenella f.*

Im Gebiet zu erwarten: Infl. sehr locker, Ä. hell(-grünl.), Antheren -4 mm ssp. *f.*

**DIGITARIA** Vgl. **II 7+** *D. sanguinalis*
Der unteren Hsp. (0,3-0,5 mm) und oberen Hsp. (ca 2 mm, 3-nervig) folgen eine sterile Dsp. („3. Hsp.", ca so lg wie das Ä. und 5-nervig) und eine fertile Dsp. – Mögl. sind:

**a1** Sterile Dsp. an den Rändern dicht mit 0,5 mm lgen Haaren besetzt ssp. *s.*

**a2** Zwischen den Randnerven der sterilen Dsp. neben kurzen Haaren auch 1-2 mm lge, zumeist auf Warzen stehende Haare ssp. *pectiniformis*

**a3** Sterile Dsp. kahl (bisher nur N-Ital.; CL) ssp. *aegyptiaca*

Weitere Arten sind möglich; dann vgl. WILHALM in Inform. Bot. Ital. **33**:534-536 (2001)

**ECHINARIA** Vgl. **I 4+** (v) *E. capitata*

## ECHINOCHLOA

Der Aufbau des Ä. ist ähnl. dem von *Digitaria*: Den beiden Hsp. folgen eine sterile Dsp. („3. Hsp.") und eine fertile Dsp.

**1.** Infl.-Äste aufrecht-abstehend, meist weniger als 1/2 ihrer Länge voneinander entfernt an der Infl.-Achse inseriert. Ä. ohne Gra. (2,8-)3-4 mm. Fr. gelbl., 1,4-1,9 mm. Sterile Dsp. begrannt oder stachelspitzig. B. 5-15 mm br.            ***E. crusgalli***
                     = *E. crus-galli*

**1+** Infl.-Äste straff aufrecht, meist >1/2 ihrer Lge voneinander inseriert. Ä. nur bis 3 mm lg. Fr. weißl., 0,7-1,2 mm. Sterile Dsp. nur stachelspitzig. B. 4-6 mm br. (adventiv am Garg. mögl.)
           ***E. colona***

## ELEUSINE   Vgl. II 6+                 *E. indica*

## ELYMUS   (*hier:* = **Agropyron**)

Die Nomenklatur dieser Gruppe scheint noch nicht abgeklärt zu sein. Für *E. athericus* z.B. sind derzeit (noch) ca 7 Namen im Gebrauch. Wir übernehmen auch hier ohne weitere Diskussion die Nomenklatur der CL. Bei Pg und Fen laufen die Taxa unter *Agropyron (A.)*
Alternativschlüssel beachten

**1.** Gra. ca 10-20 mm, meist geschlängelt. Ähren schlaff. Lig. 0,6-1,2 mm. Lockere Horste. Oft waldnahe Standorte. Formenreich            ***E. (A.)caninus***

**1+** Gra. kurz bis fehlend (slt. bis 8 mm). Besonnte Standorte

  **2.** Zumind. untere Internodien d. Infl. lger als die Ä., diese 15-22 mm lg. Scheidenrand nicht bewimpert. (Im Gebiet) fast immer am Strand (wenn nicht, vgl. auch **4.**)

    **3.** Graugrüne, dichte Horste. Ä. meist 7-10-blü. Hsp. ca 1/2 so lg wie das Ä., mit 5-7(-9) stark hervortretenden Nerven. Dsp. 8-10(-12) mm, 5-9-nervig. Antheren 4-5 mm. B. oberseits höchstens mit einzelnen Härchen, mit kleinen Öhrchen. 60-100 cm        ***E. (A.) elongatus***

    **3+** Blaugrüne Rhizompfl. Ä. meist 5-7-blü., Hsp. ca 2/3 so lg wie das Ä., 7-11-nervig. Dsp. 10-18 mm, 5-nervig. Antheren 9(-12) mm. B. oberseits samtig behaart, ohne Öhrchen. 40-60 cm. Nur auf beweglichen Sanden           ***E. farctus***
                     = *A. junceum*

       Die von Pg (3:537) für Italien angegebene ssp. *mediterraneus* wird heute nicht mehr unterschieden

  **2+** Internodien kaum so lg wie (meist dtl. kürzer als) d. Ä., diese sich also teilweise deckend (außer bisw. bei **4.**). Antheren 4-7 mm. Pfl. 60-100 cm, B. stets geöhrt. Stets mit Rhizom

    **4.** Hsp. (5-)7-8 mm, dtl. kürzer als die darüberliegende Dsp., breit hautrandig, stumpf bis gestutzt. Scheide meist fein behaart, Scheidenrand bewimpert. Trockenes Grasland (*II*)
                 ***E. hispidus***
                 = *A. intermedium*

    **4+** Hsp. 7-12 mm, meist fast so lg wie die Dsp., spitz oder begrannt

      **5.** B. flach, 7-12 mm br., weich, meist um die Lgsachse gedreht. Öhrchen lg, sichelförm. Meist ruderal                  ***E. (A.) repens***

      **5+** B. steif, zumind. vorne mit starrer Spitze eingerollt, 3-5 mm br., oberseits stark gerippt (zwischen den Rippen kaum Zwischenräume) und meist rau. Öhrchen relativ klein. Infl. sehr dicht, ± 4-kantig. Strände           ***E. athericus***
             = *Elytrigia atherica* = *Elymus pycnanthus* = *A. litorale* = *A. pungens*

       Formenreich (vgl. Pg 3:538)

Der (sterile) Bastard *E. farctus x athericus* ist (auch auf dem Garg.?) nicht slt. Eigene Nachweise liegen nicht vor. – Fen nennt noch 2 Nachweise für *E. farctus x E. repens* (v)

*Alternativschlüssel (weitestgehend nach KRISCH in ROTHMALER):*
Der Schlüssel verwendet vor allem B.merkmale. Er gilt für Mitteleuropa, seine Übertragbarkeit auf das Gebiet muss sich noch erweisen. Es empfielt sich, mehrere B. einer Pfl. zu prüfen. Die Angaben zu *E. elongatus* und *E. farctus* beziehen sich auf andere Subspecies

**1.** wie oben

**1+** wie oben

   **2.** Jede Rippe der B.oberseite in Lgsrichtung mit nur 1 Reihe von Emergenzen (Stachelzellen, Haaren oder Borsten). Stets mit Öhrchen

   **3.** Rippen dtl. hervortretend (Abstände zwischen ihnen (meist) schmäler als Rippenbreite), mit Stachelzellen, slt. mit einzelnen Haaren. (Im Gebiet) fast immer in Strandnähe

   **4.** Dichte Horste. Rippen abwechselnd breit und schmal. Ähre locker (Ä. sich nicht überdeckend). Hsp. breit abgerundet bis ausgerandet                  *Elymus elongatus*

   **4+** Rhizompfl. Rippen sehr eng stehend, kaum unterschiedlich br. Ähre kompakt, ± 4-kantig. Hsp. spitz bis gra.spitzig                  *E. athericus*

   **3+** Rippen undeutlich (flach), weit voneinander entfernt, im durchfallenden Licht als helle Linien erscheinend. Oberseits ohne Stachelzellen, meist mit lgen Haaren, slt. kahl. Scheidenränder nicht bewimpert. Rhizompfl. Meist ruderal                  *E. repens*

   **2+** Jede Rippe mit Stachelzellen in mehreren Reihen oder durcheinander, bisw. zusätzl. Haare in einer Reihe. Stets mit Rhizomen

   **5.** B. ohne Öhrchen, B.scheiden meist behaart, aber randl. nicht bewimpert, Spr. meist eingerollt. Rippen mit vorwärts gebogenen Samthaaren. Hsp. 7-11-nervig. Strandpfl.        *E. farctus*

   **5+** B. mit Öhrchen, B.scheiden bewimpert, Spr. meist plan. Rippen ohne Samthaare. Hsp. 5-7-nervig. Trockenes Grasland                  *E. hispidus*

## ERAGROSTIS
**Lit.:** MARTINI & SCHOLZ in Willdenowia **28**:59-63 (1998)

**1.** Spr.rand mit warzigen Drüsen

   **2.** B.scheide kahl. Ä. meist 15-25-blü., 8-15x2-3,5 mm. Dsp. >2 mm, apikal ausgerandet und meist stachelspitzig                  ***E. cilianensis***
                                                         = *E. megastachya*

   **2+** B.scheide und -spreite mit 1-2 mm lgen Haaren. Ä. (8-)10-15(-20)-blü., 6-10x1,5-2 mm. Dsp. -2 mm, apikal stumpf (//)                  ***E. minor***
                                                         = *E. poaeoides*

**1+** Spr.rand ohne Drüsen (Garg. möglich)                  Or.-Lit.

## ERIANTHUS Vgl. III 7+                  *E. ravennae*

## FESTUCA s.l. (= **Festuca** s.str., **Drymochloa** und **Schedonorus**)
Schwierige Gruppe (auch nomenklatorisch), ggfs. Or.-Lit.!
Die vivipare subalpine *Festuca vivipara* ist nicht Bestandteil der italienischen Flora und sicher eine Fehlmeldung (gemeint wohl: *Poa bulbosa* var. *vivipara*)

**1.** Lig. Öhrchen bildend (zumind. an den unteren und mittleren B.)

   **2.** Öhrchen kurz, stumpf. Alle B. ± borstl. B.scheide d. sterilen Triebe bis mind. zur Hälfte hinauf geschlossen. Lig. bis 0,5 mm. Pfl. slt. >40 cm. Xerische Standorte *(F. circummediterranea* s.l. + *F. laevis)*

Nach Pg im Gebiet („Garg"):

**3.** Infl. sehr schmal, aber 7-15 cm lg. Dsp. 3,9-4,6x1,4-1,6 mm, 0-1,3 mm begrannt
*Festuca jeanpertii* ssp. *campana*
= *F. laevis* ssp. *l.* var. *campana* s. Fen

**3+** Infl. breiter, meist 3-6(-8) cm lg. Dsp. 4-5,8x1,4-2,5 mm, kurz zugespitzt
*F. circummediterranea* s.str.

Nach SCHOLZ (briefl.) gehören die eigenen Aufsammlungen zu **3+**, haben aber Merkmale von **3.**

**2+** Auch Grundb. nicht borstl. (aber bisw. gefaltet), (3-)5-15 mm br. Öhrchen dtl., ± sichelförmig. Lig. bis 2 mm. 50-120 cm hoch

**4.** Dsp. mit 12-20 mm lger, meist geschlängelter Gra. B.scheide in der unteren Hälfte geschlossen. Schattige Standorte (*//*)        *Schedonorus (F.) gigantea*

**4+** Dsp. höchst. 3 mm begrannt. B.scheide offen. Meist Grasland

**5.** Öhrchen (oft nur spärl.!) bewimpert. Basale B.scheiden weißl., nicht zerfasernd
*Schedonorus (F.) arundinaceus* s.l.

    **a.** Infl. ausladend. Ä. 10-12 mm (slt. lger). B. unterseits rau, 5-10 mm, plan. Bis 200 cm hoch (= *F. a. s.* Pg)

    **b.** Dsp. höchstens kurz bespitzt (*//*)        ssp. *a.*

    **b+** Dsp. dtl. begrannt (*//*)        ssp. *mediterraneus*

    **a+** Infl. schmal, da untere Seitenäste s. kurz. Ä. 5-9 mm. B. unterseits glatt, 3-4 mm br. Bis 80 cm. Küstennähe oder trockene Wiesen        ssp. *fenas*
= *F. fenas* s. Pg = *F. a.* var. *glaucescens*

Die subspezifische Gliederung wird auch anders gehandhabt oder überhaupt bestritten

**5+** Öhrchen völlig kahl. Unterste Seitenzweige der Rispe mit 1-3 bzw. 3-7 Ä., diese 10-20 mm. Basale B.scheiden braun, bald zerfasernd. Bis 120 cm hoch
*Schedonorus (F.) pratensis*
= *F. elatior* s. Fen

Möglich sind:

    **a.** Dsp. spitz, gra.los. B. 3-5 mm br. B.scheide offen. Meist 30-70 cm        ssp. *p.*

    **a+** Dsp. 2-spitzig, 1-2 mm (oder lger) begrannt. B. 5-8 mm br. B.scheide in der unteren Hälfte geschlossen. Meist 70-90 cm        ssp. *apenninus*

Auch hier ist die subspezifische Gliederung zweifelhaft. Genauere Angaben für Apulien fehlen

**1+** Lig. keine Öhrchen bildend

**6.** Zumind. basale B. borstl., Stgb. (frisch) plan. Lig. stets <0,5. Ä. 4-6-blü., 7-12 mm. Dsp. 5-9 mm. Infl. 6-15 cm lg. Pfl. meist 30-70 cm hoch

**7.** Pfl. mit Ausläufern. Ovar kahl. Grasland. Formenreich (Or.-Lit.)        *F. rubra*

**7+** Ohne Ausläufer. Ovar apikal behaart. Gebüsche        *F. heterophylla*

**6+** Alle B. 6-15 mm br., plan od. nur gefaltet. Lig. 1-3 mm. Ä. 2-4-blü. Dsp. 5-6 mm. 60-150 cm. Schattige Standorte

**8.** Horstpfl. Dsp. lanzettl., 3-nervig, zugespitzt. Lig. gezähnelt, wie der Scheidenrand kahl (*//*)
*Drymochloa sylvatica*
= *F. s.* = *F. altissima.*

**8+** Oberird. Ausläufer vorhanden. Dsp. ovat-lanzeolat, 5-nervig, ± stumpf. Lig. geschlitzt. Formenreich        *Drymochloa drymeja* ssp. *exaltata*
= *F. drymeia* s. Pg usw. = *F. montana* = *F. exaltata*

**GASTRIDIUM** Vgl. IV 10.        *G. ventricosum*
= *G. lendigerum*

**GAUDINIA** Vgl. I 14.        *G. fragilis*

# GLYCERIA

*Hauptschlüssel:*

**1.** Dsp. 6-7 mm, apikal ganzrandig, schmal gerundet bis spitz. Hsp. 2-3 bzw. 3-5 mm. Antheren 2-3 mm, oft violett. Lig. 5-15 mm (Garg. fragl.; (v))　　　　　　　　　　　　　　*G. fluitans*

**1+** Dsp. 4-5(-6) mm, apikal oft gezähnelt, ± breit gerundet. Hsp. 1,5-2 bzw. 2,5-4 mm. Antheren 1-1,4 mm. Lig. (2-)4-6(-10) mm

　　**2.** Basaler Knoten der Infl. mit 3-5 Ästen. Lgere Äste mit >5, kürzere mit 1-6 Ä. (Untere) B.scheide rau　　　　　　　　　　　　　　　　　　　　　　　　　　　　　　　　　　*G. notata*
　　　　　　　　　　　　　　　　　　　　　　　　　　　　　　　　　　　　= *G. plicata*

　　**2+** 1-3 basale Äste. Lgere Äste mit 1-4, kürzere mit 1(-2) Ä. B.scheide ± glatt (*H*)　　**G. spicata**

*Alternativschlüssel:*

**1.** Basale Seitenäste zu 3-5 usw. vgl. oben **2.** Infl. allseitswendig (aber gelegentlich überhängend)　　　　　　　　　　　　　　　　　　　　　　　　　　　　　　　　　　　*G. notata*

**1+** Basale Äste zu 1-3. Lgere Äste mit 1-4, kürzere mit 1(-2) Ä. B.scheiden meist ± glatt. Infl. einseitswendig

　　**2.** Lig. meist >7 mm. Kürzere Hsp. 2-3 mm　　　　　　　　　　　　　　　　*G. fluitans*

　　**2+** Lig. <7 mm. Kürzere Hsp. <2(,5) mm　　　　　　　　　　　　　　　　*G. spicata*

**HAINARDIA** Vgl. I 11+　　　　　　　　　　　　　　　　　　　　　　*H. cylindrica*
　　　　　　　　　　　　　　　　　　　　　　　　　　　　　　　　= *Monerma c.*

# HOLCUS

**1.** B.scheiden und Spr. dicht weich behaart. Obere Dsp. (meist hakig) begrannt, Gra. aber oft von der Hsp. eingeschlossen. Lockere Horste　　　　　　　　　　　　　　　　*H. lanatus*

**1+** Nur Knoten weich behaart, Pfl. sonst ± kahl oder spärl. behaart. Gra. gekniet, die Hsp. überragend. Mit Rhizomen (*//*)　　　　　　　　　　　　　　　　　　　　　　　*H. mollis*

**HOMALOTRICHON** (= **Avenula** p.p. = **Helictotrichon** p.p.)

Vgl. **V 12.** (*//*)　　　　　　　　　　　　　　　　　　　　　　　　*H. pubescens*
　　　　　　　　　　　　　　　　　　　　　　　= *Avenula p.* = *Helictotrichon p.*

Formenreich (Pg **3**:549). – Vgl. auch *Avenula*

**HORDELYMUS** Vgl. I 7.　　　　　　　　　　　　　　　　　　　　*H. europaeus*
　　　　　　　　　　　　　　　　　　　　　　　　　　　　　　　= *Elymus e.*

# HORDEUM

**1.** Hsp. des zentralen Ä. randl. bewimpert. Spr.grund mit Öhrchen　　**H. murinum** s.l. (= s. CL)

　　**a.** Alle Ä. oberhalb der lanzettl. Hsp. 1-2(-3) mm gestielt, Stiel des zentr. Ä. ca so lg wie die Stiele der seitl. Ä.. Seitl. Ä. > zentr. Ä. Innere Hsp. beidrandig gleichmäßig bewimpert ssp. *leporinum*
　　　　　　　　　　　　　　　　　　　　　　　　　　　　　　　= *H. leporinum*

　　**a.** Zentrales Ä. nur 0,6(-0,8) mm gestielt, Stiel kürzer als die Stiele der seitl. Ä. Seitl. Ä. etwa so groß wie das zentrale oder kleiner (Dsp.-Gra. der seitl. Ä. die des mittl. Ä. nicht überragend). Innere Hsp. der seitl. Ä. randl. ungleich bewimpert (*//*, aber Garg. mögl.)　　　　　ssp. *m.*

**1+** Hsp. rau, aber unbewimpert. Spr.grund ohne Öhrchen         ***Hordeum marinum***
                                                         *= H. maritimum*
Im Gebiet zu erwarten:
Äußere Hsp. der seitl. Ä. nur aus einer bis ca 25 mm lgen Gra. bestehend. Innere Hsp. basal lan-
zettl., auf einer Seite mit Hautsaum und in eine bis ca 20 mm lge Gra. auslaufend      ssp. *m.*

**HYPARRHENIA** Vgl. VI 8.                                    ***H. hirta***
                                             *= Cymbopogon h.*

**IMPERATA** Vgl. III 3.                                     ***I. cylindrica***

**KENGIA** Vgl. VII 2b                                    ***K. serotina***
                                          *= Cleistogenes s.*

**KOELERIA** (excl. **Rostraria**) Vgl. IV 21+              ***K. lobata*** s. CL
                                     incl. *K. splendens* s. Pg, Fen und FE
*K. pyramidata* ist sicher eine Fehlmeldung. Möglich wäre aber die sehr ähnl. *K. cristata* s. CL = *K. macrantha*
s. Pg. Beide sind ohne zwiebelartige Stg.basis. Ggfs. Or.-Lit.

**LAGURUS** Vgl. III 2.                                     ***L. ovatus***
**a.** Halm ± aufrecht, mind. 10 cm. Infl. etwas verlängert, mind. 1 cm lg. Dsp. meist kahl     ssp. *o.*
Wenn auch Hsp. fast kahl (Garg. mögl.)                            var. *subglaber*
**a+** Halm <10 cm, ± prostrat-büschelig. Infl. fast kugelig, 0,5 cm DM, nach der Reife als Ganzes
abfallend. Dsp. stets behaart. Sandküste                            ssp. *nanus*

**LAMARCKIA** Vgl. IV 3+                                  ***L. aurea***

## LOLIUM

**1.** Hsp. 7-10 mm, 1/3-3/4 so lg wie d. Ä. Dsp. meist unbegrannt, 4-5x so lg wie br., krautig. Vsp.
<2 mm br. Spr. jung gefaltet, mit oder ohne Öhrchen. Pfl. mehrj., horstbildend, mit sterilen Trie-
ben. 10-50 cm                                             ***L. perenne***
**1+** Hsp. >3/4 so lg wie das Ä., dieses bisw. sogar überragend. Spr. jung gerollt. Pfl. einj., meist ohne sterile Triebe
    **2.** B. 4-8 mm br., meist mit Öhrchen. Dsp. zuletzt basal knorpelig, lg begrannt oder gra.los. Vsp.
    >2 mm br. 20-70 cm                                  ***L. temulentum***
    **2+** B. etwa 2 mm br. Öhrchen unscheinbar oder fehlend. Dsp. zugespitzt. Vsp. <2 mm br. 10-25
    cm                                              ***L. rigidum*** s.l.
      **a.** Ä. meist 5-6-blü. Dsp. 4,5-9 mm. Infl. gerade, dtl. zusammengedrückt, ihre Achse (Ähren-
      spindel) an den Knoten im Querschnitt kantig und am untersten Knoten meist 1-1,5 mm DM (//)
                                                   ssp. *rigidum*
                                                   incl. *L. strictum*
      **a+** Ä. 3-4-blü. Dsp. 3-5,5 mm. Infl. oft sichelförm. gebogen, ± zylindr., die Achse im Querschnitt
      rund, dicker. In Küstennähe                            ssp. *lepturoides*
                                                   *= L. loliaceum*

## MELICA

**1.** Dsp. d. zwittr. Blü. an d. Rändern behaart, Infl. daher weißwollig erscheinend. Infl. eine ± zylindr., bis 10 cm lge Ährenrispe. Trockene Standorte. – Formenreiche Gruppe

**2.** Untere B.scheiden dicht behaart. Spr. durch Mittelrippe dtl. gekielt. Hsp. dtl. unterschiedl. lg, 3,5-4,5 bzw. 5,5-7 mm. Infl. zylindrisch, dicht, allseitswendig. -80 cm    *Melica transsilvanica*

**2+** Untere B.scheiden kahl. Spr. nicht dtl. gekielt    *M. ciliata* s.l.

Die beiden folgenden Taxa werden hfg auch als Arten geführt

**a.** Hsp. annähernd gleich lg oder nur um 1(-2) mm kürzer (5-7 bzw. 6-8 mm). Infl. zylindrisch, aber bisw. einseitswendig. Slt. >70 cm (*H*)    ssp. *ciliata*

incl. *M. nebrodensis* s. Fen

**a+** Untere Hsp. ca 4 mm, dtl. kürzer als die obere (6-7 mm). Infl. vor allem basal oft stärker verzweigt (Seitenäste bisw. bis 3 cm), Infl. daher etwas gelappt. Pfl. meist >60 cm

ssp. *magnolii*

Das Merkmal der „basalen astlosen Knoten" ist am Garg. offenbar nicht verwertbar

**1+** Dsp. (und damit Infl.) kahl. Infl. meist locker (rispig)

**3.** Gegenüber d. Spr. ein linealisches Anhängsel. Ä. mit 1 zwittr. Blü. Hsp. kurz zugespitzt, sonst wie bei **4.** *M. nutans.* Ä.stiele kahl    *M. uniflora*

**3+** Kein linealisches Anhängsel vorhanden. Ä. mit 2 zwittr. Blü. Ä.stiele kurz behaart

**4.** Lig. der oberen B. stets unter 1 mm. B. plan, B.scheiden glatt. Hsp. stumpfl., obere Hsp. 4-6(-7) mm, die untere nur wenig kürzer und höchstens schmal hautrandig (*//*)    *M. nutans*

**4+** Lig. (zumind. d. unteren B.) mind. 2 mm. B. zumind. in d. vorderen Hälfte gerollt. B.scheiden rau. Hsp. spitz, ungleich, die obere mind. 7 mm, die untere in der unteren Hälfte ± breit hautrandig (*M. minuta* s. FE)

**5.** Obere Hsp. < Ä. Untere Hsp. 4-5 mm. Antheren 1,2-2 mm. B. meist plan, nur vorne eingerollt. Lig. 2-3 mm. Pfl. 50-100 cm (*H*)    *M. arrecta*

**5+** Obere Hsp. ca so lg wie das Ä. Untere Hsp. 6-8 mm. Antheren 2-2,5 mm. B. ± gänzl. eingerollt. Lig. 4-5(-8) mm. Pfl. 10-50 cm    *M. minuta* [s.str.]

= *M. ramosa*

## MILIUM

**1.** Pfl. 40-120 cm, ausläufertreibend. Infl. meist >10 cm. Spr. 8-12 mm br. Hsp. 3,5 mm, fein bewimpert    *M. effusum*

**1+** Pfl. 10-40 cm, einj. Infl. <10 cm. Spr. 2-3 mm br. Hsp. 2,5-3 mm, rau-punktiert    *M. vernale*

## PANICUM  Vgl. **VI 2b** (Kulturrelikt; (v))    *P. miliaceum*

## PARAPHOLIS

Fen und CUCCUINI (s.u.) nennen für den Garg. nur *P. incurva* (L.) Hubb. und *P. strigosa* (Dum.) Hubb. Wegen der unklaren Synonymisierung von *P. strigosa* (Dum.) Hubb. und *P. filiformis* (Roth) Hubb. in Fen und Pg, und weil nach CL alle 5 Arten der Gattung in Apulien vorkommen, werden hier alle Arten verschlüsselt

Die beiden Hsp. sind nahe ihrem äußeren Rand nach innen umgeschlagen. So entsteht ein asymmetrisch positionierter Kiel. Dieser Kiel ist bei **1+** zu einem Flügel ausgewachsen; dieser Flügel bildet dann den scheinbaren (!) äußeren Rand der Hsp. und kann den nach innen abgeknickten Teil verbergen

**Lit.:** RUNEMARK in Botaniska Not. **115**:1-7 (1962); CUCCUINI in Webbia **57**:7-64 (2002)

Wenn Pfl. nur mit *einer* ungekielten Hsp. vgl.    **I 10.** *Psilurus* und **11+***Hainardia*

**1.** Hsp. 4-9 mm, wie oben beschrieben durch einen Knick gekielt, aber nicht geflügelt. B. gerollt oder auch ± flach, oberseits stets rau. In Meernähe, bisw. auch auf Kulturland

**2.** Antheren 0,5-1,5 mm. Infl. meist 5-10 cm lg, meist dtl. gekrümmt. Hsp. 5-8 mm. Ä. höchstens bis zu einem Drittel des nächstoberen Internodiums reichend. B. -1,5(-2) mm br. Obere B.scheiden dtl. aufgeblasen. 5-25 cm    *P. incurva*

**2+** Antheren mind. 2 mm. Infl. meist nur wenig gekrümmt oder ± gerade. B. 1,5-3 mm br. Obere B.scheiden nur wenig aufgeblasen

**3.** Antheren 2-3,2 mm (vgl. unten). Infl. meist 4-8 cm, mit 10-20 Ä., diese höchstens bis zu einem Viertel des nächstoberen Internodiums reichend. Unterstes reifes Ä. nicht von einer B.-scheide umhüllt. Hsp. 4-6 mm, br.-lanzeolat. B. meist eingerollt. 5-20(-40) cm
*Parapholis strigosa*
CUCCUINI unterscheidet einen Morphotyp „A" (Antheren 2,7-3,2 mm) und „B" (Antheren 2-2,5 mm); dieser ist in N-Europa die Regel, in Italien aber slt. mit einem isolierten Vorkommen am Garg. Auch „A" kommt am Garg. vor

**3+** Antheren 3,2-4(,5) mm. Infl. meist 8-20 cm, mit 15-30 Ä., diese mind. die Hälfte des folgenden Internodiums erreichend. Unterstes reifes Ä. umhüllt. Hsp. 6-9 mm, schmal-lanzeolat. B. meist plan. 15-35(-60) cm (Garg. mögl.) *P. pycnantha*

**1+** Hsp. 4-6 mm, am Kiel geflügelt (s.o.). Ä. höchstens bis zu einem Drittel des nächstoberen Internodiums reichend. Infl. meist ± gerade. B. eingerollt. 5-25 cm. Stets in Meernähe (Garg. mögl.)

**4.** Antheren 2-3,5 mm. Vsp. apikal rau. Infl. -13 cm lg, mit 10-20 Ä. B. oberseits rau. Obere B.scheiden kaum aufgeblasen. Auf salzigen Böden *P. filiformis*

**4+** Antheren <1 mm. Vsp. und B.oberseite glatt. Infl. meist nur bis 5 cm lg mit meist <10 Ä. Obere B.scheiden dtl. aufgeblasen, oft rötl. 5-15 cm. Auf Küstensanden und -felsen
*P. marginata*


## PASPALUM

**1.** Infl. aus 3-6 traubig angeordneten Ähren zusammengesetzt. Spreitenbasis bisw. bewimpert, sonst Pfl. ± kahl. Lig. 1-4 mm. Gr. und Staubb. auffallend schwärzlich. Ohne Ausläufer
*P. dilatatum*

**1+** 2 Ähren fingerförmig genähert. B. randlich meist bewimpert. Lig. bis 0,5 mm. Pfl. mit wurzelnden Ausläufern *P. distichum*
= *P. paspaloides*


## PHALARIS
Lit.: BALDINI in Webbia **47**:1-53 (1993)

*Hauptschlüssel:*

**1.** Hsp. gekielt, aber nicht geflügelt. Infl. eine gelappte Rispe, ca 10-20 cm lg, an der Basis meist 2-ästig, oft rötl. B. ca 8-15 mm br., Lig. meist 6-10 mm. Mehrj., 70-150 cm hoch, oft bestandsbildend. Feuchte Standorte *Ph. arundinacea*
= *Typhoides a.*

**1+** Hsp. am Kiel geflügelt. Infl. eine ± eiförm. oder zylindr. Ährenrispe

**2.** Ä. zu 5-10 gebüschelt: 1(-3) zwittr. Ä. werden von sterilen oder staminaten Ä. umgeben. Ä.-gruppe zur Reife geschlossen abfallend. Hsp. des fertilen Ä. 6-9 mm, 0,4-3 mm lg zugespitzt. Fert. Dsp. 2,5-4,5 mm, meist kahl. Sterile, von den Hsp. eingeschlossene Dsp. 0,1-0,3 mm. Antheren 2-2,5 mm

**3.** Pfl. einj., 30-50(-90) cm hoch. Infl. sich basalwärts verjüngend. Fert. Hsp. >1 mm zugespitzt, dorsaler Flügel ebenfalls in einer dtl. Spitze endend. Fertile Dsp. meist 2,5-3 mm. Blü.stielchen behaart *Ph. paradoxa*

**3+** Pfl. mehrj., (40-)80-150 cm, mit knolligen Anschwellungen an der Stg.basis. Infl. zylindr. Hsp. 0,4-0,7 mm lg zugespitzt, dorsaler Flügel apikal meist unregelmäßig gezähnt. Fertile Dsp. meist ±4 mm. Blü.stielchen kahl *Ph. caerulescens*

**2+** Ä. nicht gebüschelt. Dsp. meist behaart. Sterile Dsp. größer, bisw. nur 1 vorhanden

**4.** Hsp. 4-6 mm, ihr Flügel apikal gezähnt. Sterile Dsp. 0,3-1,5 mm. Antheren 1-2 mm. Einj.
*Ph. minor*

**4+** Hsp. mit glattem, gerundetem Flügel. Antheren 3-4 mm

**5.** Pfl. mehrj., 50-150 cm. Halme basal mit 1-2 knolligen Verdickungen. Lig. 5-8 mm. Infl. meist >5 cm lg. Nur eine 1-1,5 mm lge sterile Dsp. Hsp. 5(-7) mm    ***Phalaris aquatica***
= *Ph. bulbosa*

**5+** Pfl. einj., 30-60(-90) cm. Halme ohne Verdickungen. Lig. 3-6 mm. Infl. meist 2-5 cm. Meist 2 sterile Dsp. vorhanden. Hsp. 6-8 mm

**6.** Sterile, von d. Hsp. eingeschlossene Dsp. 0,5-1 mm (<1/3 der fertilen Dsp.). -90 cm
***Ph. brachystachys***

**6+** Sterile Dsp. 2-3,5 mm (ca 1/2 der fertilen Dsp. oder lger). Hsp. bisw. behaart. B.scheiden ± aufgeblasen. Slt. >40 cm (v)    ***Ph. canariensis***

*Alternativschlüssel:*

**1.** s.o.
**1+** s.o.
**2.** Halm an der Basis mit knolligen Verdickungen. Pfl. mehrj., 40-150 cm
**3.** Flügel der Hsp. apikal gezähnelt    *Ph. coerulescens*
**3+** Flügel völlig ganzrandig    *Ph. aquatica*
**2+** Halmbasis ohne Knollen. Pfl. einj., 30-60(-90) cm
**4.** Hsp. 1-3 mm lg zugespitzt, auch deren dorsaler Flügel spitz    *Ph. paradoxa*
**4+** Hsp. nicht auffällig zugespitzt
**5.** Flügel gezähnelt    *Ph. minor*
**5+** Flügel ganzrandig vgl. oben **6./6+**    *Ph. brachystachys* und
*Ph. canariensis*

## PHLEUM
Die Merkmale d. Bestimmungsfloren widersprechen sich z.T. Ggfs. Or.-Lit. heranziehen

**1.** Infl. walzlich oder eiförm., 1,5-6x so lg wie br., basal meist verschmälert. Kiel der Hsp. zumind. in der oberen Hälfte bewimpert. Pfl. slt. >25 cm hoch, stets einj., d.h. ohne sterile Triebe
**2.** Hsp. ca 2,5 mm, in die Spitze verschmälert od. mit Gra.spitze, diese aber nicht lger als 1,5 mm. Obere B.scheiden oft aufgeblasen. Ä. (incl. Gra.) 2,5-4 mm. Infl. beim Umbiegen lappig. In Strandnähe
Wenn Dsp. mit kurzer Gra. und B.scheiden lg behaart vgl. auch *Rostraria cristata* mit meist 2-blü. Ä.!
**3.** Fläche und Ränder d. Hsp. ± dtl. behaart. Gra.spitze d. Hsp. -0,6 mm. Antheren 0,3-1 mm. Infl. bis 5 cm. (Obere) B.scheiden etwas aufgeblasen. Lig. (im Gebiet, vgl. Pg 3:586) fast fehlend (sonst 2-4 mm)    ***Ph. arenarium*** ssp. *caesium*
**3+** Ränder d. Hsp. nur mit einzelnen Haaren. Gra.spitze d. Hsp. bis 1,5 mm. Antheren 1,5-2 mm. Infl. 4-10 cm. Lig. bis 2 mm    ***Ph. exaratum***
= *Ph. graecum*

**2+** Hsp. ca 4 mm, gestutzt, mit endständ., 3-6 mm lger Gra. Ä. (incl. Gra.) 6-10 mm. Infl. bis 3 cm, höchst. 2,5x so lg wie br. Spr. nicht >5 cm lg, Lig. spitz, 2 mm (*//*)    ***Ph. echinatum***
**1+** Infl. ± zylindr., mind. 5x so lg wie br., basal meist gerundet. B. 2-12 mm br. Lig. zumind. der oberen B. 3-5 mm. Pfl. 10-100 cm, mehrj. oder einj., dann aber Kiel der Hsp. nur behaart, nicht bewimpert. Normalerweise nicht am Strand
**4.** Infl. beim Umbiegen nicht lappig. Hsp. dtl. (± waagrecht) gestutzt, mit 0,5-2 mm lger Gra.spitze, am Kiel mit ca 1 mm lgen Wimpern. B. beiderseits rau, 5-12 mm br. Bis 100 cm, mehrj.
***Ph. pratense***
**4+** Infl. bei Umbiegen lappig
**5.** Pfl. einj., bis 40 cm. Hsp. am Kiel s. kurz behaaart, aber nicht bewimpert. Hfg im Kulturland
**6.** Hsp. schiffchenförmig, ohne Gra.spitze. B. 2-3 mm br. Infl. 3-6 cm lg    ***Ph. subulatum***

**6+** Hsp. apikal verbreitert und ± plötzl. in eine 0,3-0,5 mm lge Gra.spitze verschmälert. B. 4-8 mm br. Infl. 5-10 cm lg **Phleum paniculatum**

**5+** Pfl. mehrj., bis 60 cm. Kiel der Hsp. mit Gra.spitze und meist auch mit zumind. einzelnen Wimpern. Trockenes Grasland

    **7.** Ä. (incl. Gra.spitze) 4-6 mm. Hsp. allmählich in die Gra.spitze auslaufend, Kiel zumind. in der oberen Hälfte regelmäßig bewimpert. Stg.basis zwiebelartig angeschwollen. Lig. außen behaart, am Rand bewimpert **Ph. hirsutum** s.l.

    Die beiden folgenden Taxa werden auch als Arten geführt

        **a.** Kiel d. Hsp. durchweg bewimpert. B. plan (//) ssp. *hirsutum*

        **a+** Kiel im unteren Viertel ohne Wimpern. B. meist gefaltet ssp. *ambiguum*

    **7+** Ä. 2,5-3,5 mm. Hsp. ± plötzl. in die ca 0,5 mm lge Gra.spitze verschmälert, aber apikal nicht verbreitert, am Kiel mit einzelnen Wimpern oder nur rau. Lig. kahl **Ph. phleoides**

**PHRAGMITES** Vgl. III 14. **Ph. australis**

**PIPTATHERUM** Vgl. VI 14+ **P. miliaceum**
= *Oryzopsis m.*

**a.** Unterste Rispenstufe 4-7-ästig (slt. mehr), alle Äste mit Ä. Ä. und Hsp. 2,5-3,5 mm. Infl. 10-30 cm ssp. *m.*

**a+** Unterste Rispenstufe mit 10-40, aber fast durchweg sterilen Ästen. Ä. und Hsp. 3-4,5 mm. Infl. -40 cm ssp. *thomasii*

Beide ssp. werden für den Garg. genannt, ssp. *thomasii* ist dabei die (weitaus) häufigere Form. – CL nennt für Apulien nur *P. m.* s.l.

## POA

**1.** Unterste Rispenstufe 1-2-ästig. Pfl. slt. >30 cm

    **2.** Pfl. ± einj. Stg. basal nicht zwiebelig verdickt. Infl. meist einseitswendig. Lig. der unteren B. 0,5-1, der oberen bis 3 mm. Pfl. slt. >20 cm, oft schräg aufwärts wachsend (= *P. annua* s. Fen)

        **3.** Hsp. 1,5-3 bzw. 2,5-4 mm, Dsp. 2,5-4 mm. (Geschlossene) Antheren 0,6-1,2 mm, >2x so lg wie br. Ä. 3-8 mm. B. meist 2-3 mm br. Gestörte Plätze. I-XII **P. annua** s.str.

        **3+** Hsp. 1-1,5 bzw. 1,5-2,5 mm, Dsp. 2-2,5 mm. Antheren 0,2-0,5 mm, kaum lger als br. Ä. 2-4 mm, locker (Ä.achse z. Fr.zeit teilweise sichtbar). B. oft 1-2 mm br. Oft auf xerischen Standorten. Meist III-V (Garg. fragl.) **P. infirma**

    **2+** Pfl. mehrj. Lig. (1-)2-4 mm. Ä. 4-8 mm. Xerische Standorte

        **4.** Stg. basal zwiebelig. Dsp. ca 3 mm. B. gefaltet bleibend und desh. nur 0,5-1 mm (entfaltet bis 2 mm) br.

            **5.** Ä. meist vivipar (var. *vivipara*), sonst 2-6-blü. Hsp. 2-3,5 mm. Am Grund der Dsp. lge Wollhaare. Grundb. z. Blü.zeit vorhanden. 10-30 cm **P. bulbosa**

            Hierher wohl auch die Nennung von „*P. alpina* var. *vivipara*" von 1812

            **5+** Ä. 5-10-blü., nicht vivipar. Hsp. 1,5-2 mm. Keine Wollhaare. Grundb. z. Blü.zeit verwelkt. 5-15 cm (//) **P. perconcinna**
= *P. concinna* = *P. carniolica* s. Pg

        **4+** Stg.basis nicht zwiebelig. Ä. 3-6-blü. Dsp. 2,5-4,5 mm, am Grund ohne Wollhaare. B. steif, mit knorpeligem Rand und Stachelhaaren

            **6.** B. ± plan, blaugrün, 2-4 mm br., mit br. Knorpelrand. Pfl. meist 20-30 cm (//; möglicherweise mit der folgenden verwechselt) **P. badensis**

            **6+** B. 1-2 mm br., gekielt, Knorpelrand schmal. Meist 15-20 cm (//) **P. molinerii**

**1+** Unterste Rispenstufe (meist) mit >2 Ästen. Pfl. meist über 30 cm, mit (bisw. kurzen) Ausläufern

    **7.** Lig. (auch der oberen Stgb.) <4 mm

**8.** Pfl. mit lgen unterirdischen Ausläufern. Dsp. 3-4 mm, stumpf oder spitz, mit weißl. Rand. Lig. der oberen Halmb. meist 1-2 mm                                                    ***Poa pratensis***

**8+** Pfl. mit oberirdischen Kriechtrieben. Dsp. 2,5-3 mm, gerundet, oft mit goldbrauner Spitze. Lig. 2-3 mm. Rispe auffällig locker. In Feuchtbiotopen (*//*)                        ***P. palustris***

**7+** Lig. d. oberen B. >4 mm. Ausläufer stets oberirdisch (*Poa trivialis* s.l.)

**9.** Ausläufer nicht verdickt. Unterste Rispenstufe 4-8-ästig. Rispe pyramidal. Ä. 3-4-blü. Pfl. oft gelbgrün. (Feuchtes) Grasland. Formenreich (Pg 3:471)                          ***P. trivialis***

**9+** Ausläufer kurz, perlschnurartig verdickt. Unterste Rispenstufe 3-4-ästig. Rispe schmal-ei-förmig. Ä. 2(-3)-blü. Pfl. hellgrün. Feuchte Stellen und Gehölze                  ***P. sylvicola***
= *P. trivialis* ssp. s.

## POLYPOGON
Alle genannten Arten bevorzugen feuchte, oft haline Sande

**1+** Pfl. mehrj., ausläufertreibend, bis 80 cm. Hsp. nicht ausgerandet, unbegrannt. Infl. bis 10 cm, gelappt. Lig. meist <5 mm                                                          ***P. viridis***
= *Agrostis (semi)verticillata*

Vgl. auch *Agrostis parlatorei*

**1+** Pfl. einj., slt. >50 cm. Hsp. zumind. etwas ausgerandet und bis 7 mm begrannt. Infl. meist kompakt-zylindrisch. Lig. meist >5 mm

**2.** Hsp. 0,1(-0,3) mm ausgerandet. Dsp. 1-3 mm begrannt, Gra. von der Hsp. aber bisw. einge-hüllt. Meist 20-60 cm hoch mit einer Infl. von 4-12 cm, aber bisw. Kümmerformen ausbildend und dann **2+** sehr ähnl.                                                                       ***P. monspeliensis***

Der erbfeste Bastard *Agrostis stolonifera* x *P. monspeliensis* (= x *Agropogon litoralis*) ist ebenfalls für Apulien gemeldet

**2+** Hsp. 0,4(-0,8) mm tief 2-lappig. Dsp. unbegrannt. Infl. 2-5 cm. 10-30 cm (*P. maritimus* s.l.)

**3.** Infl. meist nicht von der Scheide des obersten B. eingehüllt. Schuppenhaare an der Basis der Hsp. spitz-konisch                                                                    ***P. maritimus*** s.str.

**3+** Unterer Teil der ± eiförm. Infl. von einer erweiterten B.scheide eingehüllt. Schuppenhaare verbreitert, stumpfl. (Garg. mögl.)                                                      ***P. subspathaceus***

## PSILURUS  Vgl. I 10.                                                                           ***P. incurvus***
= *P. aristatus*

## PUCCINELLIA
Ausprägung der Merkmale und Nomenklatur werden unterschiedl. behandelt
Alle Arten sind ± salzverträglich

**1.** B. gefaltet, deshalb nur bis 1,5 mm br. Die beiden Hsp. unterschiedl. groß. Ä. 10-12 mm, 7-11-blü. Pfl. 30-60 cm

**2.** Rispe ausladend, überhängend. Unterste Rispenstufe 3-5-ästig. Hsp. 3-3,5 (spitz) bzw. 4-4,5 mm (stumpf). Dsp. ±4 mm, mit violetter Spitze. Antheren 2-2,5 mm. B. entfaltet 2-4 mm br. (*//*; mit der folg. verwechselt?)                                                               ***P. festuciformis***
= *P. palustris*

**2+** Rispe schmäler, ± aufrecht. Unterste Rispenstufe meist 2-ästig. Hsp. 2,5 bzw. 3-3,5 mm. Dsp. 3-3,5 mm. Antheren 1,2-2,3 mm. B. auch entfaltet nur 1 mm br.                    ***P. convoluta***
incl. *P. parlatorei* s. Fen

**1+** B. zumind. teilweise plan, 2-5 mm br. Hsp. nur bis 2 mm oder ± gleichlang. Ä. -9 mm, 4-7-blü.

**3.** Infl.äste 1. Ordnung bis fast an die Basis mit Ä., diese 6-9 mm. Beide Hsp. ±3 mm. Pfl. 60-100 cm (*//*)                                                                            ***P. fasciculata***
= *P. borreri*

**3+** Infl.äste 1. Ordn. zumind. im unteren Drittel ohne Ä. Diese 4-5 mm, Hsp. 1-1,5 bzw. 1,5-2 mm. 20-70 cm (*//*)                                    *Puccinellia distans*
Von allen Arten am wenigsten salzverträgl. und an der Küste meist mit **3**. verwechselt

**ROSTRARIA** (= **Lophochloa** = **Koeleria** p.p.)

**1.** Hsp. ± gleichlg, auf den Nerven kammartig bewimpert, die untere 3-nervig. Ä. (außer der Gra.) von den Hsp. ± eingeschlossen, meist 2-blü. Antheren verlängert, 1,5-2 mm. Infl. dicht. B. bisw. 5-7 mm br., obere Scheiden aufgeblasen. Nur (Sand-)Küste                          *R. litorea*
                                             = *Lophochloa pubescens* = *Koeleria pubescens*
Wenn Hsp. mit Gra.spitze und Ä. 1-blü. vgl. *Phleum*, Schlüsselsatz **2**.
**1+** Hsp. dtl. ungleich lg, die untere 1-nervig, das meist 3(-5)-blü. Ä. nur zu 1/2-3/4 einschließend. Antheren ± elliptisch, 0,2-1 mm. B. 2-3 mm br. Oft ruderal

**2.** Dsp. tuberkulat, meist kahl, mit meist 1-3 mm lger Gra. Infl. zylindrisch, -10 cm lg. Antheren bis 0,5 mm                                          *R. cristata*
                                             = *L. c.* = *K. phleoides*
**2+** Dsp. mit abstehenden Wimpern und meist 3-5 mm lger Gra. Infl. lg-ovoid, -6 cm lg. Antheren 0,7-1 mm                                           *R. hispida*
                                             = *L. h.* = *K. h.*

**SACCHARUM** Vgl. **III 7**. (*//*; nur (g)?)            *S. spontaneum* ssp.*aegyptiacum*

**SCLEROCHLOA** Vgl. **VII 15**.                         *Sc. dura*

**SESLERIA**
Fen führt 3 (bzw. 4) *Sesleria*-Arten für das Gebiet an. Nach Pg kommt nur „*S. tenuifolia*" in Apulien vor, nach CL bzw. CL2 fehlt dort merkwürdigerweise die ganze Gattung. Die Nomenklatur ist sehr verworren

**1.** Stg. nur in der unteren Hälfte beblätt. Das oberste Halmb. -1,5 cm, die unteren B. -15 cm lg, meist borstl. gefaltet, ca 0,5(-0,8) mm DM. Horste basal mit persistierendem Fasernetz. Infl. 0,6-3 cm. Dsp. 4-6 mm, Gra.spitze der Hsp. 1-2 mm. III-VII (*//*)               *S. juncifolia*
                                             = *S. tenuifolia* s. Pg; incl. *S. apennina* s. Fen
**1+** Stg. meist höher hinauf beblätt., das oberste Halmb. 3-10 cm, die unteren -30 cm. B. meist flach und 3-5 mm br. Basale B.scheiden nicht oder nur wenig zerfasernd. Infl. 3,5-10x0,4-1 cm. Dsp. 3-5 mm. Hsp. nur stachelspitzig

**2.** Infl. 4-5 (auf besonnten) bzw. -10 cm (auf schattigen Standorten) lg und 0,4-0,6 cm br. Dsp. 3-4,5 mm. VIII-IX (slt. III-IV) (*//*)                          *S. autumnalis*
**2+** Infl. 3,5-5x0,6-1 cm, ± silbrig. Dsp. 4,5-5 mm. VI-VII (*//*)        *S. argentea*
                                             = *S. cylindrica* s. Pg.

Hierher auch „*S. calcaria*" s. Fen 4:231?

**SETARIA**
Lit.: Banfi in Atti Soc. Ital. Sci. Nat. Museo Civ. Storia Nat. Milano **130**:189-196 (1989)

**1.** Borsten unterhalb der Ä. mit abwärts gerichteten Stachelhaaren, Infl. daher beim Aufwärts-streichen rau
**2.** Spr. zumind. unterseits kahl, oberseits bisw. zstr. kurzhaarig. Oberer Scheidenrand meist be-wimpert. Infl. zumind. basal unterbrochen, mit rauhaariger Achse. Ä. (1,8-)2-2,2 mm lg, Borsten meist 1-3, -7 mm lg (vgl. auch **6**.)                          *S. verticillata* var. *v.*
**2+** Spr. beiderseits behaart. Oberer Scheidenrand kahl. Infl. kompakt. Ä. 1,5-2 mm lg (Garg. mögl.)                                          *S. adhaerens*

**1+** Borsten mit aufwärts gerichteten Stachelhaaren, Infl. daher beim Aufwärtsstreichen ± glatt
**3.** Unter jedem Ä. (4-)6-12 zuletzt oft rötl. Borsten. Obere Hsp. dtl. kürzer als die querrunzelige Dsp. Infl.-Äste <1 mm, unverzweigt
    **4.** Pfl. einj. Infl. 5-10 mm br., Ä. 2,8-3,5 mm. B. 4-6(-10) mm br., an der Basis mit einigen -5 mm lgen Haaren, sonst unterseits nur auf dem Mittelnerv fein behaart; Scheidenrand kahl

                                                     **Setaria pumila**
                                                     = *S. glauca*

    **4+** Pfl. mehrj., mit wenige cm lgem Rhizom. Infl. 3-6 mm br., Ä. 2-2,5 mm. B. 2-4 mm, stärker behaart (//, aber Garg. mögl.)                                    **S. parviflora**
                                                       = *S. geniculata*

**3+** Unter jedem Ä. 1-3 Borsten, diese zuletzt kaum rötl. Obere Hsp. ca so lg wie die obere Dsp., diese nicht oder nur schwach querrunzelig. Lig. 1-2 mm. Infl. eine Ährenrispe (d.h. wenigstens einige Infl.-Äste verzweigt). Pfl. stets einj.
    **5.** Ä. 1,8-2,2 mm lg. Die verhärtete Dsp. schwach runzelig, von der Hsp. völlig verdeckt. Ä. bei der Reife unterhalb der Hsp. zerfallend, nur die Borsten an der Mutterpfl. verbleibend. Infl. (ohne Borsten) <10 mm dick. B. 5-12 mm br. Pfl. meist <60 cm
        **6.** Zumind. die unteren Äste der Infl. entfernt stehend, Infl. daher (basal) unterbrochen. Infl.-Achse rauhaarig. Die meisten Borsten 3-4 mm lg, dick (vgl. **2.**)      **S. verticillata** var. *ambigua*
                                                  = *S. ambigua* = *S. verticilliformis* = *S. gussonei*
        **6+** Infl. kompakt. Infl.-Achse weichhaarig. Alle Borsten 5-10 mm lg, dünn      **S. viridis**
    **5+** Ä. 3-3,5 mm lg. Die verhärtete Dsp. glatt, aus der Hsp. hervorragend. Ä. oberhalb der Hsp. zerfallend. Infl. 2-3 cm dick, zuletzt meist nickend. B. 10-30 mm br. Pfl. 50-150 cm (Garg. mögl.)                                                **S. italica**

**SORGHUM** Vgl. VI 9+                                                *S. halepense*

**SPHENOPUS** Vgl. VII 14b (bisher nur Pianosa)                        *Sph. divaricatus*

**SPOROBOLUS** Vgl. IV 11.                                      *Sp. virginicus*
                                                       = *Sp. pungens*

## STIPA (excl. Achnatherum)

Bestimmungstechnisch von großer Bedeutung sind bei *Stipa* die Haarleisten (Haarlinien) auf dem Rücken der Dsp. Im typischen Fall sind es 7. Der zentralen Dorsalleiste (die auch fehlen kann) sind zur Seite (nach außen) hin jeweils 3 benachbart, nämlich (von innen nach außen): Subdorsalleiste, Lateralleiste und – am Spelzenrand – Ventral- oder Marginalleiste. Dorsal- und Subdorsalleiste sind insbesondere bei der *St. pennata*-Gruppe hoch hinauf zu einer 3-spitzigen bzw. (bei Fehlen der dorsalen Leiste) 2-spitzigen zentralen Leiste verschmolzen. In der Or.-Lit. (auch in Pg 3:592) sind diese Konfigurationen abgebildet, weshalb es sich empfiehlt, gerade die *St.-pennata*-Gruppe nach dieser zu bestimmen

**Lit.:** MARTINOVSKY & MORALDO in Preslia 52:13-34 (1980); MORALDO in Webbia 40:203-278 (1986)(mit Abb. der Dsp.)

**1.** Gra. 1-2(-2,5) cm, basal nicht gedreht vgl.                            *Achnatherum*
**1+** Gra. >4 cm, zumind. basal gedreht *(Stipa)*
    **2.** Dsp. 4-5(-10) mm, mit 3 kurzen Haarleisten. Gra. 5-10 cm, unterer Teil lger behaart als d. abgeknickte obere Teil. Hsp. bis 20 mm. Infl. dicht, ± aufrecht. Pfl. 10-30(-50) cm hoch, einj.
                                                      **St. capensis**
                                                       = *St. tortilis*
    **2+** Dsp. mind. 10 mm. Gra. 8-30 cm. Infl. oft überhängend. Pfl. mehrj.
        **3.** Gra. nicht fedrig behaart bzw. Haare höchstens 0,3 mm
            **4.** Dsp. <15 mm. Haarleisten z.T. das Ende der Dsp. erreichend. Gra. 8-15 cm. B.scheiden und B.unterseite kahl oder rau                                  **St. capillata**

**4+** Dsp. >15 mm. Auch die längeren Ventralleisten nur wenig lger als die halbe Dsp. Gra. 25-30 cm. B.scheiden und B.unterseite behaart (*//*)                    ***Stipa gussonei***
= *St. fontanesii* s. Pg und FE = *St. lagascae* ssp. *hackelii* s. Fen

**3+** Oberer Teil der Gra. (Obergranne, *seta*) weithin fedrig behaart (Haare mind. 3 mm). (*St. pennata*-Gruppe. Alternativschlüssel beachten)

Die Synonymisierung der in Fen angegebenen Namen mit den gültigen Namen in CL ist nicht immer gesichert. – Die im Folgenden angegebenen Maße (insbes. der Gra.lge) schließen Extremfälle aus

**5.** Oberseite basaler B. überall behaart, auf der Oberseite der B.rippen mindestens vereinzelt ca 0,5-1 mm lge Haare

**6.** Rippen-Oberseite mit ± zahlreichen lgen Haaren. B.unterseite glatt (?) und kahl. Unterer Teil der Gra. (Untergranne, *colonna*) glatt, Haare des oberen Teils 4-5 mm (am Garg. vorherrschende Sippe)                    ***St. austroitalica***
Formenreich; für Garg. sind gemeldet:

**a1** Gra. 23-29 cm. Dsp. 17-19 mm. Lig. der Halmb. 3(-5) mm. Pfl. 40-60 cm          ssp. *a.*

**a2** Gra. 30-35 cm. Dsp. 20-24 mm. Lig. 3-10 mm. Pfl. 70-90 cm          ssp. *appendiculata*
Möglich ist auch (bisher nur Kalabrien):

**a3** Gra. 16-21 cm. Dsp. 13-15 mm. Lig. 1 mm. Pfl. 20-30 cm (*//*)          ssp. *theresiae*

**6+** Rippen-Oberseite nur (sehr) spärl. mit lgen Haaren. B.unterseite und Untergra. rau. Gra. 24-30 cm, Haare der Obergra. 3-4 mm. Dsp. 19-21 mm. Lig. -3 mm          ***St. oligotricha***
Formenreich; für den Garg. sind gemeldet:

**a.** Alle Haarleisten >1/2 der Dsp.-Lge erreichend, Ventralleisten bis zum Ende der Dsp. reichend und sich in Öhrchen fortsetzend. Haare auf der Oberseite der Rippen spärl.
ssp. *o.*

**a+** (Sub-)dorsal- und Lateralleisten <1/2 der Dsp.-Lge erreichend. Ventralleisten ca 3-4 mm unterhalb der Spitze der Dsp. endend. Haare auf den Rippen (bisw. nur auf den inneren) sehr spärl. (1-2 pro cm)          ssp. *kiemii*
= *St. pennata* ssp. *k.*

**5+** B.rippen oberseits nur von Papillen rau, an den Flanken behaart (d.h. B. scheinbar (!) nur zwischen den Rippen behaart). Ventralleisten die Spitze der Dsp. erreichend, (Sub-) Dorsalleisten höchstens wenig lger als die halbe Dsp.

**7.** B. unterseits glatt und kahl. Lig. der oberen Halmb. 2-4 mm. Dsp. z. Fr.zeit 17-20 mm, deren Gra. meist <28 cm. Haare der Gra. 4-5 mm. Zentrale Haarleiste der Dsp. 3-spitzig mit dtl. kürzerem Mittelteil od. 2-spitzig. Pfl. 40-60 cm (Garg. fragl.)          ***St. eriocaulis*** ssp. *e.*
= *St. pennata* ssp. *e.* = *St. pennata* ssp. *mediterranea* var. *gallica* s. Fen?

**7+** B. unterseits rau. Lig. zuletzt 5-7 mm. Dsp. 19-25 mm, deren Gra. >28 cm. Gra.-Haare 6-7 mm. Mittelteil der zentrale Haarleiste so lg wie oder etwas lger als die Seitenteile. Pfl. 50-120 cm (*//*)          ***St. pulcherrima***
= *St. pennata* ssp. *mediterranea* s. Fen

_Alternativschlüssel zu **3+** (St. pennata-Gruppe):_

**3+** s.o.

**5.** Dsp. 20-24 mm, apikal mit 0,5-2 mm lgen Öhrchen. B.unterseite basal rau, sonst glatt. Gra. 30-35 cm          *St. austroitalica* ssp. *appendiculata*

**5+** Dsp. ohne Öhrchen oder diese nur -0,5 mm, dann aber Gra. meist <30 cm

**6.** Dsp. 17-20 mm. B.unterseite glatt, höchstens basal etwas rau. Gra. 23-29 cm. Gra.haare 4-5 mm. Lig. der Halmb. (2-)3-5 mm

**7.** Dsp. mit -0,3 mm lgen Öhrchen          *St. austroitalica* ssp. *a.*

**7+** Dsp. ohne Öhrchen. Untergra. gekrümmt. Lig. an d. sterilen Trieben mit 0,4-1 mm lgen Wimpern          *St. eriocaulis* ssp. *e.*

**6+** Dsp. 19-25 mm. B.unterseite rau

**8.** Gra. 24-30 cm, deren Haare 3-4 mm. Lig. der Stgb. -3 mm. Gefaltete B. 0,5-0,7 mm DM
*Stipa oligotricha*
ssp. vgl. oben
**8+** Gra. 28-37 cm, deren Haare 6-7 mm. Ligula 5-7 mm. Gefaltete B. 0,7-1,5 mm DM (*//*)
*St. pulcherrima*

## TAENIATHERUM
Die Gliederung der Gattung wird uneinheitlich gehandhabt. Hier sind deshalb alle für diese Gattung genannten Taxa verschlüsselt. Merkmale nach Pg und FREDERIKSEN (in Nord. J. Bot. **6**:389-397, 1986)
Die Gattung wird auch unter *Hordelymus* (Pg) oder *Elymus* (Fen) geführt, die genannten drei Taxa **2.**, **2+** und **1+** zumeist als „gleichberechtigte" ssp. von *Hordelymus* bzw. *T. caput-medusae* s.l.

**1.** Dsp. (ohne Gra.) 8-12 mm lg, an der Basis 0,6-1,1 mm br., mit unauffälligen konischen Zellen, am Rand spärl. rauhaarig. Gra. basal 0,5-1,0 mm br. Hsp. mit der lg ausgezogenen Gra. aufrecht oder abstehend, aber nicht gekrümmt (v)     *T. caput-medusae* s. CL
Das Taxon wird oft (nicht in CL) weiter gegliedert (vgl. oben):
  **2.** Hsp. (mit Gra.) (4-)7-8(-9) cm lg, meist abstehend. Vsp. 5-8,5 mm. B.scheide meist spärl. fein behaart     *T. caput-medusae* s.str.
  **2+** Hsp. 2-4 cm, aufrecht. Vsp. 8,5-14,5 mm. B.scheiden meist kahl     *T. crinitum*
**1+** Dsp. 7-8 mm, an der Basis 0,4-0,5 mm br., mit dtl. konischen Zellen und vor allem im oberen Teil behaart. Gra. basal 0,4-0,7 mm br. Begrannte Hsp. kurvig zurückgekrümmt. B.scheide ± villos (Garg. mögl.)     *T. asperum*

## TRACHYNIA (= Brachypodium p.p.) Vgl. I 22.
    *T. distachya*
    =*Brachypodium d.*

Formenreich. Wenn nur 1 Ä.     var. *monostachya*

## TRAGUS Vgl. IV 6.
    *T. racemosus*

## TRISETARIA (= Trisetum p.p. und Avellinia)

*Hauptschlüssel:*

**1.** Pfl. bis 25 cm hoch, einj. Rispe dtl. zusammengezogen, slt. >5 cm lg. Ä. (ohne Gra.) 3-4 mm, Gra. ± gerade
  **2.** Hsp. 2,5-4 mm, die untere nur ca 1 mm kürzer als die obere. Dsp. <3 mm mit Rückengra. von 3-4 mm. Antheren 1,2-1,5 mm. Infl. bis 3 cm lg. B.scheiden ± kahl, die oberen oft aufgeblasen
    *T. aurea*
    = *Trisetum a.*
  **2+** Hsp. s. ungleich, ca 1,5 bzw. 4(-6) mm. Dsp. 3-4 mm mit ± endständiger (d.h. zwischen den apikalen Zähnen der Dsp entspringender) 2-3 mm lger Gra. Antheren ca 0,5 mm. Infl. 2-7 cm. B.scheiden locker lg (-2 mm) behaart. Lig. abaxial behaart     *T. michelii*
    = *Avellinia m.*
Das Vorkommen der Art beschränkt sich keineswegs auf küstennahe Sande (so Pg **3**:516)
**1+** Pfl. 20-80 cm. Rispe etwas lockerer, >7 cm lg. Hsp. dtl. ungleich lg. Antheren 1-2 mm.
  **3.** Pfl. mehrj. Ä. bis 6 mm. Hsp. ca 3 bzw. 5 mm. Dsp. 4-5 mm, mit geknieter Rückengranne von 5-6 mm Lge     *T. flavescens*
    = *Trisetum f.*
Die im Gebiet vorkommende Sippe hat (stets?) 2-blü. Ä. und eine ± zusammengezogene Infl. und entspricht insofern     ssp. *splendens* (*//*)

**3+** Pfl. einj. Ä. 2,5-4 mm. Hsp. ca 1,5 bzw. 2,5-3 mm. Dsp. 2-2,5 mm, mit ± gerader, subapikal ansitzender Gra. von 2-5 mm                    ***Trisetaria segetum***
= *Trisetum parviflorum*

*Alternativschlüssel:*

**1.** Pfl. mehrj. Ä. (ohne Gra.) bis 6 mm. Gra. 5-6 mm, rückenständig, gekniet. Dsp. 4-5 mm. Ä.achse bis 1 mm lg behaart                    *T. flavescens*
**1+** Pfl. einj. Ä. bis 4 mm. Dsp. 2-4 mm. Gra. ± gerade. Ä.achse s. kurz behaart oder kahl
  **2.** Hsp. 2,5-4 mm, wenig unterschiedl. lg. Dsp. 2-2,5 mm, mit Rückengra. Antheren 1,2-1,5 mm
                    *T. aureum*
  **2+** Untere Hsp. ca 1,5 mm, die obere dtl. lger. Gra. zwischen den apikalen Zähnen der Dsp entspringend oder subapikal
    **3.** Infl. locker, >7 cm lg. Obere Hsp. 2,5-3 mm. Dsp. 2-2,5 mm. Antheren 1-1,5 mm. Pfl. 20-70 cm, ruderal oder segetal                    *T. segetum*
    **3+** Infl. eine ± ovale, slt. >5 cm lge Ährenrispe. Obere Hsp. 4 mm. Dsp. 3-4 mm. Antheren 0,5 mm. Pfl. bis 25 cm, büschelig wachsend                    *T. michelii*

**TRITICUM** (*hier:* = **Aegilops**)

**1a** Hsp. mit (3-)4(-5) Gra., diese (1,5-)2-3(-3,5) cm. Gra. der unteren Dsp. (fast) ebenso lg. Apikal (d.h. oberhalb der fertilen) 1 steriles Ä. Obere B. 1,5-3 mm br.                    *T. ovatum* s.str.
= *Aegilops geniculata* ssp. *g.* = *Ae. ovata*
**1b** Hsp. mit mit 2-3 (oft lgeren) Gra. Obere B. 2-3(-4) mm br. (Garg. mögl.)
  **2.** Hsp. außen weißhaarig (Haare bis ca 0,5 mm lg). Gra. stets 3, bis 4 cm lg. Apikal 1 steriles Ä.
                    *T. (Ae.) neglectum*
  **2+** Hsp. rau oder behaart. Gra. des endständ. Ä. zu 3 und 4-7 cm lg, die der seitenständ. Ä. zu 2-3 und kürzer. Alle Ä. fertil, basal aber 1-2 Ä. reduziert                    *T. biuncialis*
= *Ae. geniculata* ssp. *b.*
**1c** Hsp. mit 1 Gra. (2-6 cm) und einem zusätzlichen apikalen Zahn (4-5 mm). Alle Ä. fertil, basal aber (2-)3 Ä. reduziert. (Basale) Spr. etwas geöhrt, bewimpert. Obere B. 1-2 mm br. (Garg. mögl.)
                    *T. (Ae.) uniaristata*

**VULPIA**
Angaben zur Dsp. beziehen sich auf jeweils ein mittl. Ä.

**1.** Infl. eine dtl., ± pyramidale oder schmal-ovale Rispe. Obere (lgere) Hsp. 5-10 mm lg. Gra. knapp so lg wie die 5-7 mm lge Dsp. Ä.stiele apikal verdickt. Antheren 2-5 mm
  **2.** Obere Hsp. 6-10 mm, dtl. größer als die Dsp. und mind. 6x so lg wie die untere Hsp. (0,5-1,5 mm). Lig. -0,5 mm. Pfl. 15-40 cm                    *V. ligustica*
  **2+** Obere Hsp. 5-8 mm, etwa so lg wie die Dsp. und höchstens 3x so lg wie die untere Hsp. (2,5-5 mm). Lig. 0,5-1 mm. Pfl. 30-70 cm                    *V. geniculata*
**1+** Infl. eine schmale, ährenförm., meist einseitswendige Rispe. Gra. mind. so lg wie d. Dsp. Antheren 0,5-2 mm
  **3.** Dsp. 3-4 mm, meist (!) am Rand und oft auch am Kiel bewimpert, allmählich in die 5-6 lge Gra. verschmälert. Hsp. ±2-3 bzw. 0,5 mm. Antheren ca 0,5 mm. B. bis 1,5 mm br.    *V. ciliata*
  **3+** Dsp. nicht bewimpert. Hsp. anders
    **4.** Obere Hsp. ca 5-10 mm, 1,5-5x so lg wie d. untere, diese meist >1,5 mm. Dsp. 4-8 mm, Gra. 1-3x so lg. Antheren <1 mm. Frkn. kahl

**5.** Infl. mind. 8 cm lg (etwa die Hälfte der Halmlge einnehmend), 3-20x so lg wie ihr unterster Seitenast; basale Äste aber oft in der obersten B.scheide verborgen. Obere Hsp. 3-8 mm, 3-5x so lg wie die untere, 1-3-nervig (d.h. Seitennerven nur in der unteren Hälfte der Hsp. erkennbar) *Vulpia myuros*

**5+** Infl. meist kürzer, <1/3 der Halmlge ausmachend, -3x so lg wie ihr basaler Ast. Halm oberwärts ± blattlos. Obere Hsp. 5-10 mm, 1,5-3x so lg wie die untere, 3-nervig (d.h. Seitennerven bis in der oberen Hälfte der Hsp. reichend) (*V. bromoides* s.l. = *V. dertonensis*)

**6.** Ä. ohne Gra. 7-12 mm, Gra. ebenso lg oder etwas lger. Dsp. 1,3-1,9 mm br. Untere Hsp. 2,5-5 mm (*//*) *V. bromoides* s.str.

**6+** Ä. ca 6 mm, Gra. 2-3x so lg. Dsp. 0,8-1,3 mm br. Obere Hsp. mind. 2x so lg wie die untere, diese bis 3 mm *V. muralis*

**4+** Hsp. 15-20 bzw. 0,5-2 mm. Dsp. ±10 mm, Gra. meist etwas lger. Antheren 0,8-2 mm. Frkn. apikal behaart. Sandstrände *V. fasciculata*
= *V. uniglumis* = *V. membranacea* s. Pg

*V. membranacea* s. FE u.a. (= *V. pyramidata*) mit kahlem Frkn. und Antheren von 0,6-0,9 mm kommt in Italien nicht vor. Vgl. auch SCHOLZ & RAUS in Willdenowia **31**:309-313 (2001)

## Sterile Waldgräser

Hier sind vor allem Gräser der Laubgehölze verschlüsselt, da sich in Kiefernwäldern vielfach auch xerotolerante Gräser finden, die für Wälder eigentlich nicht typisch sind. Man bedenke auch, dass ein vorgefundenes Gras nur deshalb steril sein kann, weil es Zufallsgast und eigentlich kein Waldgras ist; solche Fälle lassen sich naturgemäß nicht bestimmen. Hierher gehören z.B. alle einjährigen Gräser

Es wird empfohlen, Frischmaterial zu bestimmen oder beim Herbarisieren sorgfältig auf die Ligula zu achten und unterirdische Organe zu berücksichtigen

*Scheiden geschlossen:* die bauchseitigen Ränder sind verwachsen

*Scheiden offen:* die Ränder überlappen sich höchstens, sind aber nicht röhrig verwachsen

Zur Synonymie vgl. auch bei den einzelnen Gattungen

**1.** B. (meist dtl.) 3-zeilig, ohne dtl. Ligula und ohne Öhrchen. Halm nicht dtl. in Knoten gegliedert

**2.** B. am Spr.grund auffällig gewimpert (vgl. auch **9.**!) vgl. *Juncaceae (Luzula)*

**2+** B. nicht auffällig gewimpert; Stg. ± dreikantig vgl. *Cyperaceae (Carex)*

**1+** B. (oft undeutl.) 2-zeilig. Hfg mit Öhrchen, fast immer mit Ligula. Stg. ± rund, slt. gekielt ("2-kantig"), mit Knoten *Gramineae*

**3.** Spr.grund mit Öhrchen (bisw. nur sehr klein)

**4.** B. ± kahl, oberseits graugrün, unterseits dunkelgrün, aber oft die Unterseite nach oben gewendet (resupiniert). Pfl. ohne Ausläufer

**5.** B. wie die (oberen) B.scheiden stets kahl, dtl. gerippt (meist mit 20-25 Rippen), bis 60 cm lg und mit ausgeprägten, sichelförm. Öhrchen. Lig. -2,5 mm *Schedonorus (Festuca) giganteus*

**5+** Öhrchen nur -1 mm. Spr. bis 30 cm lg, nicht dtl. gerippt; Lig. -1,5 mm. Pfl. oft spärl. behaart vgl. **9+** *Elymus caninus*

**4+** B. behaart, zumind. – bei **9.** – am Spr.grund Haarbüschel

**6.** Öhrchen sichelförm., die Zipfel meist einander übergreifend. Spr. 5-15 mm br. Scheiden dtl. (abstehend) behaart

**7.** Scheiden geschlossen, bisw. aber aufreißend. B. bis 60 cm lg. Lig. 1-6 mm. Horstgras (*Bromus ramosus* s.l.)

**8.** Obere B.scheiden dicht und lg (3-4 mm) (rau-)haarig. Spr. 6-15 mm, Lig. 3-6 mm. Öhrchen meist kahl *Bromus ramosus* s.str.

**8+** Obere B.scheiden dicht mit Flaumhaaren von 0,1-0,4 mm Lge besetzt, höchstens mit einigen lgere Haaren. Spr. 4-10 mm, Lig. 1-2 mm. Öhrchen behaart *Bromus benekenii*

**7+** Scheiden offen. B. bis 30 cm. Lig. <1 mm. Mit kurzen unterird. Ausläufern *Hordelymus europaeus*

**6+** Öhrchen klein (-1 mm) und unscheinbar. Scheiden stets offen

**9.** Spr. -10 cm lg und 2-6 mm br. Statt der Öhrchen bisw. nur Spr.grund stg.umgreifend. Lig. 1,5-3(-5) mm. Am (oft rötl.-bräunl.) Spr.grund Büschel von 1-2 mm lgen Haaren, Spr. und Scheide sonst kahl bis dicht behaart. Kurze Ausläufer. Pfl. beim Zerreiben mit Cumarin-Geruch                    ***Anthoxanthum odoratum***

**9+** Spr. 10-30 cm lg und (3-)5-12 mm br. Lig. -1,5 mm. Spr. und Scheide ± spärl. kurz behaart, die oberen Scheiden oft kahl. Pfl. geruchlos. Ohne Ausläufer    ***Elymus caninus***

**3+** Spr.grund ohne Öhrchen (vgl. auch **9.**)

**10.** Pfl. mit kurzen, oberirdischen, auffällig knotig gegliederten Ausläufern (DM der Knoten 2-3 mm). Jüngste B. gefaltet. Scheiden rau, ± gekielt. Lig. 4-6, an oberen B. auch bis 10 mm
***Poa sylvicola***

**10+** Ohne knotige Ausläufer. Jüngste B. gerollt. Wenn Scheiden gekielt, Lig. viel kürzer.

**11.** Scheiden bis oben geschlossen, durch 2 Längsleisten gekielt. B. -20 cm lg und 3-6 mm br. Lig. bis 0,5 mm. Pfl. mit lgen unterirdischen Ausläufern Rasen bildend

**12.** Gegenüber dem Spr.grund ein aufrechter Sporn     ***Melica uniflora***

**12+** Ohne Sporn     ***Melica nutans***

**11+** Scheiden nicht gekielt. Ligula (1-)2-9 mm, meist gezähnt bis zerschlitzt

**13.** Pfl. ± völlig kahl (höchstens stellenweise rau). B. meist resupiniert (vgl. **4.**), 5-15 mm br. Scheiden offen

**14a** Pfl. ohne Ausläufer. Spr. -60 cm. Triebe am Grund mit einigen bleibenden spreitenlosen Scheiden. Lig. 2-5 mm     ***Drymochloa (Festuca) sylvatica***

**14b** Kurze oberirdische schuppentragende Ausläufer vorhanden. Triebe am Grund von zerfasernden spreitenlosen Scheiden umhüllt. Lig. (1-)2-3 mm
***Drymochloa (Festuca) drymeja*** ssp. ***exaltata***

**14c** Kurze Ausläufer vorhanden. Triebe am Grund ohne auffällige Scheiden, höchstens mit B.resten. Spr. <30 cm lg, Lig. 3-9 mm     ***Milium effusum***

**13+** Knoten auffällig behaart, Halm sonst kahl, aber (untere) Scheiden und Spr. locker (abstehend) behaart. Spr. sich basalwärts verschmälernd. Scheiden geschlossen, aber leicht aufreißend. Lig. 1-5 mm. Lockere Horste     ***Brachypodium sylvaticum***


**GUTTIFERAE** (= **Hypericaceae** = **Clusiaceae** p.p.)  **HYPERICUM**

**1.** Kb. ganzrandig, ohne Stieldrüsen

**2.** Stg. dtl. 4-kantig bis geflügelt. Feuchte Standorte (Garg. mögl.)     ***H. tetrapterum***
Nicht in Fen. Dort nur das ähnliche *H. undulatum*, das aber nicht in Italien vorkommt. Ggfs. Or.-Lit!

**2+** Stg. rund oder nur mit zwei schmalen Leisten. Trockene Standorte

**3.** B. gewellt, mit herzförmiger Basis. Kb. oval, stumpf. Infl. sparrig und reich verzweigt. III-X
***H. triquetrifolium***

**3+** B. plan oder randl. zurückgerollt, zur Basis verschmälert. Kb. lanzettl., spitz. V-VIII
***H. perforatum***

Hfg (nicht in CL) werden unterschieden:

**a.** Kb. 1-1,5 mm br. B. meist kurz gestielt, 15-30x5-13, 2-3(-5)x so lg wie br. Blü. 20-35 mm DM (wohl nicht im Gebiet)     ssp. *p.*

**a+** Kb. bis 1 mm br. B. (1-)3-8 mm br., zumind. die der Hauptachse ungestielt (ssp. *veronense* s.l.)

**b.** B. ca 2x so lg wie br., 7-10x4-6 mm. Krb. dunkel gestreift. Kb. 3-4 mm lg
ssp. *veronense* s.str.

**b+** B. 3-8x so lg wie br., 10-20(-25)x(1-)3-8 mm, randl. dtl. zurückgerollt. Krb. vorwiegend oder ausschließl. randl. mit Drüsenpunkten. Kb. 4-7 mm lg. Blü. 15-25 mm DM
         ssp. *angustifolium*

**1+** Kb. gesägt, gezähnt u./od. mit (meist dunklen) Stieldrüsen

  **4.** Stg. (und B.) behaart. B. ohne dunkle Drüsen, aber durchscheinend punktiert

  **5.** Stg. aufrecht, 40-80 cm. Kb. lanzeolat (4-5x1 mm). Infl. reichblü. Waldschläge, luftfeuchte Staudenfluren usw.        ***Hypericum hirsutum***

  **5+** Stg. niederliegend-aufsteigend, bewurzelt, 10-30 cm. Kb. eiförmig (3x1,5 mm). Infl. armblü. Basale Internodien bisw. knollig. Nasse Standorte (*//*)        ***H. elodes***

**4+** Stg. kahl

  **6.** B. zumind. randl. mit dunklen Drüsenpunkten. Kb. dunkel stieldrüsig oder hell und drüsenlos gefranst

    **7.** Fr. warzig. Krb. meist mit schwarzen Drüsenflecken. Auch Kb. schwarzfleckig

    **8.** B. plan. Fransen der Kb. mit schwarzen Drüsenköpfchen. Krb. 10-14 mm (*H. perfoliatum*-Gruppe)

      **9.** Fr. dorsal – außer den Warzen – mit eingetieften (!) Striemen (Harzkanälen). Krb. vor allem am Rand oder gar nicht schwarzfleckig. B. dtl. halbstg.umfassend. Saumstandorte      ***H. perfoliatum***

      **9+** Fr. ohne Striemen (nur mit zahlreichen oft länglichen Warzen). Krb. auch auf der Fläche schwarzfleckig. B. bisw. kaum stg.umfassend. Infl. oft kandelaberartig. Offenland      ***H. spruneri***

    **8+** B. zur Blü.zeit mit zurückgerolltem Rand und deshalb scheinbar nur 2-3 mm br., mit verschmälerter Basis. Kb.-Fransen nicht schwarzdrüsig. Krb. 9 mm (*//*)      ***H. calabricum***
                                   = *H. barbatum* s. Fen?

    **7+** Fr. glatt. Krb. 9-10 mm, ohne schwarze Drüsen. Kb. 4-6 mm, schwarzdrüsig, aber nicht schwarzfleckig. B. unterseits auf den Nerven meist kurz rauhaarig (v)      ***H. montanum***

  **6+** B.rand nur mit durchscheinenden (nicht dunklen) Drüsenpunkten. Kb. 2-3 mm, wie die Krb. randl. mit sitzenden oder nur kurz gestielten schwarzen Drüsen, aber auf der Fläche nicht gefleckt. B. fast 3-eckig, unterseits auf den Nerven meist behaart (*//*; ob Italien?)      ***H. pulchrum***


## HALORHAGACEAE MYRIOPHYLLUM

**1.** B.wirtel meist 4-zlg. Fiedern <1 mm voneinander entfernt. Stg. bleich(-rosa)      ***M. spicatum***

**1+** B.wirtel 5-6-zlg. Fiedern meist >1 mm entfernt. Stg. meist grün (Garg. mögl.)      ***M. verticillatum***
Fertile Pflanzen vgl. auch Or.-Lit.


## HIPPURIDACEAE HIPPURIS

Die *Hippuridaceae* werden heute in die *Plantaginaceae* eingeschlossen

Wasserpfl. B. linealisch, in ca 10-12-zlgen Quirlen      ***H. vulgaris***


## IRIDACEAE

Per.-Tubus: Röhriger Teil des Per.
**Lit.:** INNES, C.: The World of Iridaceae. - Ashington (1985)

**1.** Blü. zygomorph, rosa-purpurn      ***Gladiolus***

**1+** Blü. radiär (bei **2+** aber aus funktionell selbständigen zygomorphen „Teilblü." bestehend)

**2.** Per. 1-4 cm, aus gleichartigen Tep. bestehend, diese durchweg aufrecht od. abstehend. Gr. nicht petaloid. Pfl. stets mit „Knolle". Meist Frühjahrsblüher, 2-40 cm hoch

**3.** Per. mit lgem Tubus, ohne oberird. Blü.stiel. Gr. oben trompetenförmig erweitert, oft gefranst        ***Crocus***

**3+** Mit oberird. Stg. Gr. und Narbe fädlich        ***Romulea***

**2+** Äuß. Tep. abstehend od. zurückgeschlagen, innere aufrecht. Gr. petaloid. Pfl. 10-100 cm, mit Knolle(n) od. Rhizom

**4.** B. vierkantig, 3-4 mm br. Äußere Tep. bräunl., mit gelbem Rand, innere gelbl.-grün. Ovar einfächrig. II-IV        ***Hermodactylus tuberosus***

**4+** B. nicht vierkantig. Blü. meist blau, slt. gelb(l.), purpurn od. weiß. Ovar 3-fächrig

**5.** B. zu 1-2, 4-6 mm br., ab der Mitte herabhängend. Pfl. mit fasrig umhüllter Knolle. Blü. mit kurzem Per.-Tubus, blau, die äußeren Tep. mit weißl.-gelbl. Fleck, zu Mittag bereits verwelkt. Staubb. und Griffeläste zu einer Säule verklebt        ***Moraea sisyrinchium***

**5+** B. ± zahlreich, reitend (d.h. senkrecht-flach), aufrecht bis sichelförmig. Per.-Tubus dtl. Rhizompfl.        ***Iris*** s.str.

## CROCUS

Die Angaben zu den Per.-Längen beziehen sich auf die äußeren Tepalen

*Hauptschlüssel:*

**1.** Narben mit fädlichen Fransen. Per. zumind. innen gelbl., ± kahl

**2.** Freie Tep. (Per.-Zipfel) bis 40 mm lg. Antheren wenig lger als Filament. B. 2-4 mm br. X-XI        ***C. longiflorus***

**2+** Freie Tep. 16-20 mm lg. Antheren 9 mm, ca doppelt so lg wie Filament. Blü. wohlriechend. B. 1-2 mm br. I-V (*//*)        ***C. suaveolens***
                                         = *C. imperati* ssp. *s.*

**1+** Narben mit ausgebissenem Rand

**3.** B. (2-)3-6 mm br. Per. ± weißl. od. bläul., innen an der Filamentbasis bewimpert. Knolle (oben) von einer lgszerfasernden bis netzartigen Hülle umgeben (*//*)      ***C. vernus*** s.l. (= s. CL)
                                         = *C. albiflorus* s. Fen?

Die Untergliederung dieses formenreichen Taxons wird sehr unterschiedlich gehandhabt und wird in CL nicht konsequent durchgeführt. Daher hier nach Pg:

**a.** Frei Tep. meist 17-25x5-7 mm, meist weiß. Gr. < Stamina. Antheren 7-8 mm
                                         ***C. albiflorus*** s.str.
                                         = *C. vernus* ssp. *a.* s. CL

**a+** Freie Tep. 30-40x12-15, meist ± violett. Gr. mind. so lg wie die Stamina. Antheren ca 15 mm        ***C. napolitanus*** s. Pg
= *C. vernus* var. *grandiflorus* = *C. vernus* ssp. *v.* s. FE; CL: zu *C. vernus* s.l.
                     *C. vernus* ssp. *v.* s. CL bzw. CL2 fehlt in Apulien

**3+** B. meist 1-2 mm br. Per. innen gelb. Filamente behaart. Freie Tep. meist >30 mm. Knolle von einer membranösen Scheide umgeben        ***C. biflorus***

*Alternativschlüssel:*

**1.** Pfl. X-XI(-XII) blühend        *C. longiflorus*

**1+** Pfl. (XII-)I-V blühend

**2.** Oberhalb der Laubb., dem Per.-Tubus anliegend, 2 scheidige Hochb. Knolle von einer membranösen Scheide umgeben        *C. biflorus*

**2+** Nur ein Hochb. vorhanden. Knolle (oben) von einer lgszerfasernden bis netzartigen Hülle umgeben

**3.** Die 2-3 wohlentwickelten B. höchstens so lg wie die Blü., (2-)3-6 mm br. Per. innen weißl. oder bläul., behaart                                                                    *Crocus vernus* (vgl. oben **3.**)

**3+** B. zu 3-5, dtl. lger als die Blü. (nach der Blü. dem Boden aufliegend), 1-2 mm br. Per. innen gelb, kahl                                                                                     *C. suaveolens*

## GLADIOLUS

Die Verbreitung der *Gladiolus*-Taxa in Italien ist offenbar ungeklärt, zumal sie in unterschiedlicher Weise umgrenzt werden. Auch die Angaben zu den Merkmalen sind keineswegs einheitlich. – Hier sind – jeweils in der nomenklatorischen Fassung von CL – sowohl diejenigen Arten verschlüsselt, die von Fen angegeben sind als auch die von CL für Apulien (damit aber nicht zwangsläufig für den Garg.) benannten

Mitunter treten Blü. mit rückgebildetem Androeceum und verminderter Größe auf

*Tunika*: eine die Knolle umgebende trockene Hülle

**1.** Oberes medianes Tep. dtl. lger als die beiden seitl.-oberen. Blü. 4-5 cm lg. Antheren 12-17 mm, lger als Filament. Fr. ± kugelig. Samen 3-4 mm, kantig, aber nicht geflügelt. Infl. meist distich, 6-12(-16)-blü. B.scheiden der Stg.basis rötl.-bräunl., bisw. hell gefleckt. Tunika netzartig. 40-80 cm, IV-VI. Kulturland                                                                             *G. italicus*
                                                                                                  = *G. segetum*

**1+** Oberstes Tepalum höchstens wenig lger als die benachbarten, aber untere Tep. bisw. lger als die seitl. Antheren 7-13 mm (**3. a+** auch lger), kürzer bis wenig lger als d. Filament. Samen geflügelt

**2.** Infl. dicht, streng einseitswendig, 5-12-blü., mit zugespitzten Tragb. Blü. (dunkel-)purpurn, Per.-Tubus dtl. gekrümmt. Untere Tep. lger (ca 3 cm) als die seitl.-oberen (ca 2 cm), vorne gerundet. B. zumeist 3, das unterste 10-20 mm br., stumpf, die oberen 5 mm br. Tunika papierartig oder wenig zerfasernd. Höhere Lagen (*//*)                                                      *G. imbricatus*

**2+** Infl. ± locker, meist ± distich. Blü. rosa bis purpurn. Per.-Tubus nur wenig gekrümmt. Unterstes B. allmählich zugespitzt *(G. illyricus*-group s. FE; = *G. illyricus* s. Fen?)

**3.** Antheren wenig kürzer bis lger als das Filament. Infl. 10-20-blü. Blü. (2-)3-5 cm. Tunika (vor allem apikal) längs zerfasernd                                                            *G. communis*

**a.** Die 3 unteren Tep. ± gleichgestaltet. Blü. rosa, groß (4-5 cm). Tep. 3-4x1-2 cm. Antheren bis 12 mm, kürzer als bis ca so lg wie das Filament. Tragb. abgesetzt stachelspitzig. Infl. oft mit 1-3 Seitenzweigen. Basale B.scheiden meist mit grünen od. rosa Nerven. (30-)40-80 cm. Meist VI-VII. Trockenes Grasland (*//*)                                                                ssp. *c.*

**a+** Das mittl. der unteren Tep. breiter und lger als die seitl., in der Mitte mit einem rotgeränderten weißen Fleck. Antheren >12 mm, so lg wie oder lger als das Filament. Basale B.scheiden mit dunkelroten Nerven. III-V                                                          ssp. *byzantinus*

**3+** Antheren dtl. kürzer als Filamente. Blü. ca 3 cm. Infl. meist 4-6(-10)-blü., bisw. 1 Seitenzweig. Samen 5-6 mm DM. Tunika grob zerfasernd oder papierartig. 30-60. IV-V    *G. dubius*

Das Taxon wird häufig auch in *G. illyricus* eingeschlossen. *G. illyricus* s.str. (Narbe ovat, nicht spatholat) fehlt dem Garg. mit Sicherheit

**MORAEA** Vgl. **5.**                                                                      *M. sisyrinchium*
                                                                              = *Gynandriris s.* = *Iris s.*

**HERMODACTYLUS** Vgl. **4.**                                                             *H. tuberosus*

## IRIS (excl. Moraea = Gynandriris)

Lit. zu **4b**: COLASANTE in Flora Mediterranea 6:213-217 (1996)

**1.** B. zu 1-2, 4-6 mm br., ab der Mitte herabhängend vgl.                           *Moraea sisyrinchium*

**1+** B. >3, reitend (d.h. senkrecht-flach), aufrecht bis sichelförmig                         *Iris* s.str.

**2.** Äuß. Tep. zumind. basal in der Mediane bebärtet

**3.** Infl.schaft bis zum untersten Tragb. 1-20(-50) cm hoch, 1-2(-3)-blü. Infl. nicht verzweigt. Blü.zeit IV-V.

Sehr formenreiche Gruppe, für den Garg. sicher nicht abschließend bearbeitet

**4a** Per.-Tubus 5-10 cm, 3-5x so lg wie d. Frkn., vom Tragb. nicht gänzlich eingehüllt. Infl. fast immer 1-blü., mit 1-3 cm lgem Schaft. Tragb. etwas aufgeblasen, 5-10(-12) cm lg. B. bis 15 (slt. -20) cm lg und 1-1,5 cm br. *Iris pseudopumila*

**4b** Per.-Tubus 4 cm, 2-3x so lg wie der Frkn. Infl.schaft bisw. >30 cm, 2(-3)-blü. *I. bicapitata*

Das Taxon wurde 1989 bzw. 1996 neu beschrieben. Sollte sich dessen Berechtigung erhärten, müsste überprüft werden, ob *I. lutescens* (vgl. **4c**) am Garg. überhaupt vorkommt (CL nennt die Art für Apulien nicht!). In der Tat ist „*I. lutescens*" am Garg. fast immer 2-blü.

**4c** Per.-Tubus 2-3 cm lg, 1,5-2x so lg wie d. Frkn., vom Tragb. gänzlich eingehüllt. Infl.schaft meist 5-30 cm, 1(-2)-blü. Tragb. 3,5-5,5 cm lg, dem Per.-Tubus ± anliegend. B. bis 30 cm lg und (0,5-)1-2,5 cm br. (//; vgl. *I. bicapitata*) *I. lutescens*
= *I. chamaeiris*

Fen unterscheidet 3 ssp., die aber wenig Berechtigung haben dürften. Die früher zur Unterscheidung herangezogene Blü.farbe jedenfalls ist ohne diakritische Bedeutung

**3+** Pfl. meist über 50 cm hoch. Infl. meist verzweigt, 2-mehrblü. Äuß. Tep. oft bis 40 mm br. Blü.zeit ab V. (Verwilderte) Zierpfl.

**5.** Äuß. Tep. einheitl. gefärbt (nur Haare gelbl.). Obere Hälfte d. Tragb. membranös. Filament so lg wie die Anthere *I. germanica*

**5+** Tep. gelb-blau mischfarbig. Tragb. nur randl. und an d. Spitze trockenhäutig. Filament > Anthere (CL) *I. x sambucina*
= *I. squalens* s. Fen

*I. x sambucina* und *I. x squalens* werden heute zumeist als Synonyme betrachtet und als Kreuzung von *I. pallida* und *I. variegata* aufgefasst, also ohne Beteiligung von *I. germanica*

**2+** Äuß. Tep. nicht bebärtet. Pfl. 30-100 cm. Blü.zeit ab V. Meist frische bis feuchte u./od. schattige Standorte

**6.** Tep. ± gelb., nur randl. bisw. violett. Blü. meist 3-5. B. 15-25 mm br.

**7.** Blü. blassgelb, randl. meist ± violett. Fr. 4-5x2 cm, Samen auffällig rot. In Wäldern *I. foetidissima*

Der namensgebende „üble Geruch" ist offenbar nicht obligatorisch

**7+** Blü. reingelb. Fr. 5-7x1,5. Samen nicht auffällig gefärbt. Nasse Stellen *I. pseudacorus*

**6+** Blü. ± blauviolett, purpurn od. weißl., oft dunkel oder gelbl. geadert, meist 1-3. B. (2-)4-15 mm br.

**8.** Tragb. zumind. hautrandig. Pfl. 50-100 cm hoch. B. ca 4 mm br. Fr. dreikantig, höchst. 2x so lg wie br. (//) *I. sibirica*

**8+** Tragb. krautig. Pfl. 30-60 cm hoch. B. 5-9 mm. Fr. mit 3x2 Rippen. Stgb. die Blü. dtl. überragend

**9.** Per. mit verlängertem Tubus. Infl.schaft rund. Grundständige B. meist <5 mm br. Alle Tragb. ± gleich. Nicht durftend *I. lorea*
= *I. collina*

**9+** Per.-Tubus sehr kurz. Infl.schaft dtl. zusammengedrückt. B. meist >5 mm br. Unterstes Tragb. laubig, -25 cm lg. Duftend (//) *I. graminea*

## ROMULEA

**1.** Per. 15-30 mm lg. Tep. im Schlund behaart. Antheren 4-7 mm

**2.** Gr. und Narben die Antheren überragend. Unteres Hüllb. mit häutigem Rand, oberes nur entlang der Mittelrippe grün. Infl.schaft 2-3 cm, z. Fr.zeit bis auf 10(-15) cm verlängert. Blü. meist einzeln, 20-30(-50) mm lg. Samen 1,5-1,7 mm Basale B. bis 10 cm. *R. bulbocodium*

**2+** Gr. und Narben die Antheren nicht überragend. Untere Hüllb. rein krautig, mit dtl. Nerven, oberes höchstens hautrandig. Schaft 5-15 cm, später verlängert. Blü. 15-25 mm lg, meist zu 2-3. Samen 1,8-2 mm. Basale B. zuletzt bis über 25 cm                                **Romulea ramiflora**

**1+** Per. 10-12 mm, im Schlund kahl. Antheren ±2 mm. Blü. zu 1(-3). Narben die Antheren nicht überragend. Oberes Hüllb. br. hautrandig. Samen 1-1,7 mm Schaft 4-6, zuletzt bis 15 cm hoch

**R. columnae**

# JUNCACEAE

**1.** B. binsenförmig od. fädl., kahl. Fr. vielsamig. Oft feuchte, auch brackige Standorte   **Juncus**

**1+** B. grasartig, plan. B.grund meist bewimpert. Fr. 3-samig. Grasland und (halb)schattige Standorte                                                                              **Luzula**

# JUNCUS

**1.** Tragb. d. Infl. nur 1, stg.ähnl. und den Stg. geradlinig fortsetzend, oft s. spitz. Infl. dadurch scheinbar seitenständig. Halme sonst höchstens am Grund beblätt. Zumeist Horste

**2.** Infl. s. hoch ansitzend, das hart-stechende Tragb. diese kaum überragend od. sogar kürzer. B. nicht gekammert. In Meeresnähe

**3.** Tep. (rot-)braun, (viel) kürzer als d. reife Fr., d. inneren mit breitem häutigem Rand, der an der Tep.spitze oft „Öhrchen" bildet. Antheren mehrmals lger als das Filament, jung meist rot. Fr. zuletzt (rot-)braun. Samen 1,5-2(,5) mm. 50-150 cm

**4.** Fr. 3-4 mm, stumpf bis stachelspitzig. Samen schwarzbraun. Tragb. weniger stechend, meist < Infl. Horste locker                                                          **J. littoralis**

**4+** Fr. 5-6 mm lg, konisch spitz zulaufend. Samen gelb. Tragb. sehr stechend, meist lger als die Infl. Sehr dichte Horste                                                     **J. acutus**

Wenn etliche Infl.äste steril und blattartig verbreitert (sehr zweifelhaftes Taxon; CL: zu *J. acutus* ssp. *a.*)

„*J. multibracteatus*"

**3+** Tep. zunächst gelbl.-grünl., zuletzt strohfarben, etwa so lg wie oder kaum kürzer als die Fr., die inneren kürzer, ohne häutige „Öhrchen". Antheren ca 2x so lg wie das Filament, jung gelb. Fr. (rötl.-)gelb, ca 3 mm, stumpf dreikantig. Samen -1(,2) mm. Tragb. meist > Infl. Sehr lockere Horste, 30-100 cm (salzresistentester *Juncus*)                                  **J. maritimus**

**2+** Tragb. d. Infl. mind 1/2 so lg wie d. Stg., d. Infl. damit weit überragend. Stg. dtl. 12-20-rippig, wie die B. mit gekammertem Mark (vgl. dazu **5.**), basal mit schwarzbraunen, glänzenden B.-scheiden. Tep. 3 mm, etwa so lg wie d. Fr., s. spitz                            **J. inflexus**

Wenn Infl.äste auffällig lg (z.T. >5 cm)(sehr zweifelhaftes, in *J. inflexus* einzuschließendes Taxon; CL)

„*J. longicornis*"

**1+** Tragblätter 1-wenige, seitl. abstehend od. doch zumind. nicht stg.ähnl.; Infl. damit endständig

**5.** B. gekammert. Blü. in 4-10-blü. dichten Knäueln. Perigon an d. Basis ohne 2 Vorblätter. Wuchs rasig

Wenn B. „gekammert" sind, das Mark also zumind. durch Querwände gegliedert ist, spürt man diese Querwände meist, wenn man das B. zusammendrückt und zwischen den Fingern durchzieht. Bei harten B. (z.B. **2+** *J. inflexus*), kann ein Lgsschnitt erforderlich sein

**6.** Perigonb. 2-2,5 mm, gleichlg, s. stumpf, meist hellbraun. „Nichtblü. Triebe" (eigentl. B.) mit Quer- und Lgswänden (Lgsschnitt!) und basal von B.scheiden umgeben. Infl. auffällig sparrig (Äste z.T. recht- bis stumpfwinkelig abzweigend) (v)                           **J. subnodulosus**

**6+** Innere Perigonb. > äußere, 2-5 mm. Grundb. mit wohl entwickelter binsenförm. Spreite. Alle B. nur mit Querwänden

**7.** B. und Stg. glatt. Antheren höchstens 1 mm, 1,5-2x so lg wie das Filament. Perigonb. spitz, dunkelbraun, die inneren ca 3 mm. Köpfchen meist <10-blü.                   **J. acutiflorus**

**7+** B. und Stg. dtl. gerieft. Antheren lger, 2-3x so lg wie das Filament. Perigon >3 mm. Köpfchen meist >10-blü.     ***Juncus striatus***

**5+** B. nicht gekammert. Jede Blü. an d. Basis mit 2 Vorblätt.

**8.** Pfl. >50 cm. B. >4 mm br., zusammendrückbar. Infl. >10 cm lg. Kurze, kräftige Rhizome. Halophyt     ***J. subulatus***

**8+** Pfl. <50 cm. B. bis 2 mm breit, meist rinnig

**9.** Pfl. von büscheligem Wuchs, 5-40 cm hoch. Zumind. die äußeren Tep. lger als die Fr., spitz

**10.** Pfl. einj., alle Triebe blühend. Äußere Tep. lger als d. inneren. B.scheide ohne seitl. Öhrchen. Stg. am Grund verzweigt, Infl. s. locker, meist >1/2 der Wuchshöhe ausmachend (*J. bufonius* s. Fen)

    **11.** Innere Tep. spitz oder stachelspitzig, lger als die Fr. Blü. meist vereinzelt oder nur paarweise genähert. Samen 0,4-0,6 mm     ***J. bufonius*** s.str.

    **11+** Innere Tep. ± stumpf, meist kürzer als oder etwa so lg wie die Fr. Blü. in 2-3-zähligen Knäueln, diese aber meist paarig und somit 4-6-zlge Knäuel vortäuschend. Samen 0,3-0,4 mm. In Strandnähe     ***J. hybridus*** = *J. bufonius* var. *congestus*

**10+** Pfl. mehrj., mit nichtblüh. Trieben. Tep. ± gleichlg (2,5-4 mm), allmählich s. spitz zulaufend, 3-nervig. B.scheiden oben mit mind. 1,5 mm (-6 mm) lgen seitl. Öhrchen. Stg. mehr oberwärts verzweigt. Infl. gedrängter, von den 2-3 Tragb. weit überragt (*//*; aber in Ausbreitung begriffen)     ***J. tenuis***

**9+** Wuchs ± rasig. Pfl. 20-40 cm hoch, stets mehrj. Tep. höchst. so lg wie d. Fr., stumpf. Meist nur 1 dtl. Tragb. B.öhrchen höchstens 1 mm

**12.** Antheren ca 1 mm lg, nur wenig lger als das Filament. Gr. z. Blü.zeit 1/2 so lg wie der Frkn., mit hellroter Narbe. Tep. 2(-3) mm, < Fr. Samen 0,3-0,4 mm. Halm dtl. abgeflacht. Hochb. die Infl. (weit) überragend. Nicht auf brackigen Standorten     ***J. compressus***

**12+** Antheren 1-2 mm, mind. 2x so lg wie das Filament. Gr. etwa so lg wie der Frkn., mit dunkelroter Narbe. Tep. 3-4 mm, etwa so lg wie d. Fr. Samen 0,5-0,6 mm. Halm im Querschnitt ± (!) rund. Hochb. meist kürzer als die Infl. Brackige Standorte     ***J. gerardi***

## LUZULA

**Lit.** zu **1c:** Kirschner in Folia Geobot. Phytotax. **28**:141-182 (1993)

**1a** Blü. einzeln, dtl. gestielt. Tep. grannenartig zugespitzt. B. slt. >3 mm br. Pfl. 15-30 cm, in laubwerfenden Wäldern     ***L. forsteri***

**1b** Blü. zu 2-6 gebüschelt. B. 3-5(-15) mm br. Karunkula klein. Pfl. 30-100 cm, meist in Gehölzen

**2.** Tep. weißl. Unterstes Tragb. so lg wie od. lger als Infl. Antheren ca 3x so lg wie das Filament. Samen (incl. Karunkula?) 1,2 mm. B. slt. über 4 mm br. (*//*)     ***L. luzuloides*** = *L. nemorosa* = *L. albida*

**2+** Tep. dunkel. Unterstes Tragb. dtl. kürzer als d. Infl. Antheren bis 6x so lg wie das Filament. Samen 1,4-1,7 mm (*L. sylvatica*-Gruppe)

Die *L. sylvatica*-Gruppe bedarf einer taxonomischen Revision. Vorläufig erscheint die Gliederung in Pg praktikabler als die in CL. – Über die Lge der Fr. im Verhältnis zum Per. bei **3+** werden gegensätzliche Angaben gemacht

**3.** Grundb. 8-15 mm br., spärl. oder dicht bewimpert. Infl.-Äste bis 10 cm. Blü. in (2-)3-5-zlgen Gruppen. Reife Fr. ca so lg wie die inneren Tep. Samen 1,5-1,7(-2) mm. B. dem Boden teilweise dicht aufliegend. 30-100 cm (*//*)     ***L. sylvatica*** s. Pg = *L. s.* ssp. *s.* s. CL

**3+** Grundb. 3-6 mm br., wie die Tragb. dicht bewimpert. 30-60 cm     ***L. sieberi*** s. Pg

**4.** Tep. spitz. Untere Infl.-Äste slt. >6 cm, ± abstehend, die übrigen ± aufrecht. Blü. in 2-3-zlgen Gruppen. Samen 1,2-1,3 mm (*//*)     = *L. sieberi* ssp. *sieberi* s. Pg = *L. sylvatica* ssp. *sieberi* s. CL

**4+** Tep. zugespitzt, mit Stachelspitze von 0,5-0,8 mm. Untere Infl.-Äste 5-8 cm, abstehend bis zurückgeschlagen, die zentralen Äste bis 15 cm, aufrecht (*//*)    *L. sieberi* ssp. *sicula* s. Pg
= *Luzula sicula* s. CL

**1c** Blü. zu (2-)6-15(-26) köpfchenartig geknäuelt. B. 2-6 mm br. Karunkula 1/4-1/2 so groß wie der Samenkörper. Pfl. 10-60 cm, meist im Grasland (*L. campestris*-Gruppe)
Wahrscheinlich kommt nur eine der folgenden Arten auf dem Garg. vor

**5a** Pfl. mit Ausläufern und lg kriechendem Rhizom, daher lockerrasig. Gr. 1-2 mm, > Ovar, zuzügl. einer oft persistierenden Narbe von 1,8-3 mm. Antheren 1,3-1,8 mm, 3-5x so lg wie das Filament. Äußere Tep. 2,8-4 mm. Köpfchen zu 3-6, je 2-6(-10)-blü., kugelig-eiförmig, wenigstens eines davon zurückgebogen. Samen (ohne Karunkula) fast kugelig, (0,8-)1-1,1 mm DM zuzügl. Karunkula von 0,4-0,7 mm. Grundb. 2,5-5 mm br. Stgb. 2-3; oberstes Stgb. <5 cm lg. Pfl. slt. >30 cm    ***L. campestris*** s.str.

**5b** Pfl. ohne Ausläufer (aber mit kurzem Rhizom), Horste dicht. Gr. 0,5-1 mm, etwa so lg wie das Ovar. Narbe 1,3-3 mm, meist früh abfallend. Antheren 0,6-1,7 mm, 0,8-2,5x so lg wie das Filament. Tep. 2,5-4 mm. Köpfchen zu 5-10 (slt. mehr), eher länglich, je 7-15-blü., meist alle ± aufrecht. Samen lger als br. Grundb. 3-6 mm br. Stgb. 2-4; oberstes Stgb. bisw. >5 cm. 20-60 cm (*L. multiflora* s. FE)

**6.** Köpfchen alle (oder doch die meisten) dtl. gestielt (aber aufrecht), unteres Tragb. daher meist kürzer als die Infl. Antheren > Filament. Tep. etwa so lg wie die Fr. Samen 0,9-1,2x0,6-0,9 mm zuzügl. Karunkula von 0,3-0,5 mm. Oberstes Stgb. -12 cm. -40 cm    ***L. multiflora*** s.str.

**6+** Köpfchen zumind. großenteils (fast) sitzend, Infl. daher geknäuelt. Antheren ca so lg wie das Filament. Tep. lger als die Fr. Samen 1,2-1,5x0,9-1,0 mm zuzügl. Karunkula von 0,4-0,6 mm. Oberstes Stgb. -7 cm. -60 cm (*//*; am Garg. nicht zu erwarten)    ***L. congesta***

**5c** Pfl. ohne Ausläufer. Gr. <0,5 mm, < Ovar. Narbe 0,8-1 mm, früh abfallend. Antheren 0,8-0,9, 2x so lg wie das Filament. Tep. 2,4-2,8 mm. Kö. zu 1-7, (fast) alle gestielt, je 8-26-blü., dabei die unterste Blü. eines gestielten Kö. vom restl. Kö. abgerückt. Samen 0,9x0,6-0,7 zuzügl. Karunkula 0,2-0,3 mm. B. 1,7-2,8 mm br, oberstes Stgb. -7 cm. 20-40 cm (Garg. mögl.)    ***L. calabra***

KIRSCHNER l.c. akzeptiert die in S.-Italien endemische *L. calabra* als eigenständiges Taxon. Der Name fällt in CL (und FE) unter die Synonymie von *L. campestris*, hat aber erkennbar mehr Ähnlichkeiten mit *L. multiflora* s.l. Auf ihr Vorkommen ist zu achten

## LABIATAE (= Lamiaceae)

*OL:*        Oberlippe (von Kr. bzw. K.)
*UL:*        Unterlippe
*Klausen:*   die (2-)4 Tlfr. pro Fr.
*K. gekröpft:*   Unterhalb der K.zähne eingeschnürt, darunter wieder ± einseitig-bauchig erweitert

Die Teilinfl. der Labiaten ist zymos aufgebaut, d.h. innerhalb der seitenständigen Teilinfl. (Zymen) werden die Seitenblü. n-ter Ordnung von den Seitenblüten höherer Ordnung übergipfelt. Durch Stauchung der Achsen können diese Verhältnisse jedoch maskiert werden, jeweils zwei gegenüberliegende Zymen (Teilinfl. „Halbquirl") können letztlich einen Scheinquirl (im folgenden auch „Quirl" genannt) bilden. Mit „Tragb." oder „Braktee" ist das der einzelnen Zymen, mit „Brakteole" das der einzelnen Blü. gemeint

**1.** Blü. fast radiär, vierteilig. Mehrj. Pfl. feuchter u./od. ruderaler Standorte

**2.** Pfl. mit Minzgeruch. 4 fertile Staubb. Blü. rosa bis purpurn. Alle B. höchstens grob gezähnt    ***Mentha***

**2+** Pfl. ohne Minzgeruch. 2 fertile Staubb. Blü. weißl. bis rosa, in b.achselständigen, fast kugeligen Quirlen. Zumind. untere B. tief eingeschnitten gesägt    ***Lycopus***

**1+** Blü. ± dtl. zygomorph

**3.** Blü. (scheinbar) ohne OL oder diese auf zwei Zähne reduziert

**4.** UL scheinbar 5-zipfelig, Mittellappen (oft löffelartig) verlängert. Kr.tubus innen ohne Haarring    ***Teucrium***

**4+** UL dreizipfelig (Mittellappen oft vergrößert, aber nicht löffelartig). OL eigentl. vorhanden aber sehr (!) kurz. Kr.tubus mit Haarring **Ajuga**

**3+** Blü. mit OL und UL, OL aber bisw. dtl. kleiner

**5.** K. zweilippig, beide Lippen ungeteilt. OL d. K. mit querstehender, aufrechter Schuppe. UL d. Kr. weißl. Blü. in meist einseitswendigen Paaren. Mehrj. Rhizompfl. **Scutellaria**

**5+** K. ohne Schuppe, 5-10-zähnig oder zweilippig, dann aber zumind. UL geteilt oder zweizähnig

**6.** (Fertile) Staubb. 2

**7.** B. lineal, randl. zurückgerollt, unterseits filzig. OL gerade vorgestreckt oder vorne aufgekrümmt. Strauch **Rosmarinus**

**7+** B. breiter. OL hoch aufgewölbt u./od. Pfl. krautig **Salvia**

**6+** Fertile Staubb. 4 (2 lgere und 2 kürzere)

**8.** Staubb. von der Kr.*röhre* (!) eingeschlossen

**9.** Blü. blau, in „Ähren". Kr.röhre lger als der 13-15-nervige K. K.zähne s. klein. Strauch **Lavandula**

**9+** Blü. nicht reinblau. K. 10-nervig, mit 5-10 dtl. Zähnen

**10.** Einzelblü. ohne Brakteolen. K. 5-zähnig. K.röhre innen höchstens mit vereinzelten Haaren. Kr. gelb(l.) oder weißl. Klausen apikal gerundet. Pfl. ohne Sternhaare. Halbstrauch oder einj. **Sideritis**

**10+** Einzelblü. mit kl., fädl. Brakteolen. K. 5-10-zähnig. K.röhre mit ± dichtstehenden weißen Haaren verschlossen. Blü. weißl. oder rosa. Klausen apikal gestutzt. Meist mit Sternhaaren. Mehrj. **Marrubium**

**8+** Staubb. aus der Kr.röhre herausragend

**11.** OL wohl entwickelt, nach oben gewölbt (konvex), zumind. löffelartig

**12.** K. 13-15-nervig. Kr. (meist) rötl. **Satureja** s.l.

**12+** K. 5-10-nervig

**13.** K. zweilippig u./od. K.zähne dtl. ungleich

**14.** Blü. weißl. bis rosa, zu 1-2 b.achselständig. Strauch, oft windend, 30-100 cm **Prasium majus**

**14+** Blü. gelbl.weiß oder blau, slt. rosa, in köpfchenartig zusammengezogenen, vielblü. Quirlen. Pfl. krautig, 5-30 cm **Prunella**

**13+** K. radiär od. zumind. Zähne ± gleichlang. Pfl. krautig, Quirle meist >4-blü. (wenn Holzpfl. mit 2-4-zlgen Quirlen vgl. **14.** *Prasium majus*)

**15.** Gr.äste ungleich lg. OL seitl. zusammengedrückt. Pfl. (z.B. am K.) mit Sternhaaren. Blü. 15-30 mm **Phlomis**

**15+** Gr.äste ± gleich lg. Pfl. ohne Sternhaare (höchstens mit zweischenkeligen „Kompasshaaren")

**16.** UL basal mit 2 nach oben weisenden Zähnchen, ihr Seitenlappen mind. 1/4 so lg wie der Mittellappen. Kr. innen ohne Haarring. Klausen oben gerundet. Stets einj. **Galeopsis**

**16+** UL ohne aufwärts weisende Zähne, bei **17.** aber Seitenlappen bisw. zahnförm. Wenn mit dtl. Seitenlappen, Pfl. meist mehrj.

**17.** Mittellappen der UL ganzrandig oder zweiteilig. Seitenlappen reduziert. Klausen oben gestutzt, ± eben. Kr. mit oder ohne Haarring, ein- bis mehrj. **Lamium**

**17+** Seitenlappen der UL dtl. Klausen oben gerundet. Kr. innen mit Haarring. Meist mehrj.

**18.** Blü. stets rötl., einem gemeinsamen Zymenstiel entspringend. Quirle >15-blü. K. nach oben zu ± erweitert, mit 5-10 Zähnen. Staubb. nach dem Verblühen parallel bleibend **Ballota**

**18+** Alle Blü.stiele (scheinbar) der Hauptachse entspringend. Blü. rötl. oder ± gelb. K. stets 5-zähnig, oft zylindrisch oder vorne verengt. Staubb. nach dem Verblühen auswärts gekrümmt *Stachys*

**11+** OL gerade oder vorne aufwärts gekrümmt, oft zml. klein

**19.** K. zweilippig

**20.** Kr. >25 mm lg

**21.** Staubb. parallel. K. glockig, etwa so lg wie br. *Melittis*

**21+** Staubb. vorne konvergierend. K. etwas gekröpft, etwa 2x so lg wie br.
*Satureja* s.l. *(Calamintha grandiflora)*

**20+** Kr. 3-20 mm

**22.** Staubb. divergierend, Antheren seitl. aus der Blü. herausragend. K. nicht gekröpft. Blü. am Ende der Zweige meist ährig-kopfig gehäuft. Pfl. ein kriechender Halbstrauch meist <25 cm oder Strauch -60 cm *Thymus*

**22+** Staubb. parallel oder konvergierend, seitl. nicht herausragend. K. gekröpft oder Pfl. >30 cm hoch

**23.** K. etwa so lg wie sein DM, glockig (d.h. nicht gekröpft). K.schlund zur Fr.zeit vorne nicht von Haaren eingeengt. Kr. 8-20 mm, zumind. anfangs oft weißl., mit gekrümmtem Tubus

**24.** Kr. 17-20 mm, OL und UL etwa gleich lg. Basal verholzt vgl. **14.**
*Prasium majus*

**24+** Kr. 8-15 mm, UL < OL. Pfl. krautig *Melissa*

**23+** K. lger als sein DM, gekröpft. Schlund meist durch weißl. Haare eingeengt. Blü. meist rötl., oft kleiner *Satureja* s.l.

**19+** K. ± radiär, zumind. K.zähne ± gleich

**25.** Staubb. zur Blü.zeit divergierend, deshalb aus der Krone seitl. herausragend

**26.** Blü. 7-9 mm, blau (slt. weiße Mutanten), in ährenförm. Infl. K. 15-nervig (*//*)
*Hyssopus officinalis*

**26+** Blü. bis 6 mm, weißl. oder rosa *Origanum*

**25+** Staubb. parallel oder konvergierend (bei *Stachys* nach dem Verblühen auswärts gekrümmt). Blü.quirle meist ± auf Distanz

**27.** K. 15-nervig. Kr. weißl. bis blasslila, außen fein behaart, Tubus ohne Haarring. Pfl. mit Minzgeruch *Nepeta cataria*

**27+** K. 5-10-nervig. Kr.tubus (außer *Stachys officinalis*) mit Haarring. Ohne Minzgeruch (aber bisw. unangenehm riechend) vgl. **17+** *Ballota* bzw. *Stachys*

**ACINOS** → *Satureja* s.l.

## AJUGA

**1.** Stgb. lgl.-oval, 1,5-2x so lg wie br., gekerbt. Kr. kräftig blau (weiße oder rosa Mutanten möglich), in >5-zlgen Quirlen

**2.** Stamina vom Kr.tubus eingeschlossen, kahl. Grundb. bis 7-9x4 cm, lg gestielt. Pfl. bisw. >30 cm hoch (*//*) *A. orientalis*

**2+** Stamina (dtl.) herausragend, oft behaart. Pfl. <30 cm

**3.** Stg. in der unteren Hälfte auf allen 4 Seiten behaart. Ohne Ausläufer. Eher trockene Standorte

**4.** Pfl. gelbgrün, meist kurz behaart. B.größe von unten nach oben regelmäßig abnehmend, Pfl. dadurch von pyramidalem Habitus. Grundb. meist bleibend. Tragb. alle dtl. lger als die Blü., nicht dreizähnig. Filamente kahl (*//*) *A. pyramidalis*

LABIATAE   215

**4+** Pfl. reingrün, oft zottig behaart. Grundb. früh absterbend. Tragb. oft dtl. dreizähnig, die oberen meist kürzer als die Blü. und ± violett. Filamente behaart   ***Ajuga genevensis***
incl. var. *garganica*

**3+** Stg. nur abwechselnd auf je 2 Seiten behaart. Pfl. fast immer mit oberird. Ausläufern. Grundb. lg gestielt. Tragb. nicht gefärbt. Frische Standorte (v)   ***A. reptans***

**1+** Stgb. nicht so. Quirle 2(-4)-zlg. Pfl. slt. >20 cm

**5.** Pfl. ± verholzt. Blü. meist rötl. (jedenfalls nicht gelb). Stgb. lanzettl., oft mit einzelnen Zähnchen   ***A. iva*** ssp. *i.*

**5+** Pfl. meist einj. Blü. gelb., bisw. rötl. gepunktet. Stgb. in drei 1-2(-3) mm br. Zipfel geteilt   ***A. chamaepitys***

**a.** Blü. 5-10(-15) mm, kürzer als die Tragb. Klausen 2,5-3 mm, netznervig   ssp. *ch.*

**a+** Blü. 12-20 mm, ca so lg wie die Tragb. Klausen (zumind. im mittl. Teil) querrunzelig   ssp. *chia* s.l.
incl. var. *grandiflora* s. Fen = *A. pseudochia* s. Pg

Die Gliederung des Formenkreises ist wenig geklärt. Die garg. Exemplare sind bisw. mehrj., haben meist Blü. von 12-15 mm und stets netznervige, 3 mm lge Klausen. – Die typische ssp. *chia* [s.str.] ist stets mehrj., hat 18-25 mm lge Blü. (> Tragb.) und 3-4 mm lge Klausen; sie ist aus Italien nicht bekannt

## BALLOTA
Angaben zur Lge von K. bzw. K.zipfel incl. Grannenspitze

**1.** K. (6-)10-zähnig. Mit drüsigen und nichtdrüsigen Haaren, letztere z.T. kompassnadelartig. Mittellappen der UL tief zweiteilig. Pfl. ± strauchig   ***B. hispanica***
= *B. rupestris*

**1+** K. 5-zähnig. Mittellappen höchstens seicht ausgerandet. Pfl. krautig   ***B. nigra***

Die taxonomische Umgrenzung der Unterarten sowie deren Vorkommen am Gargano scheint nicht geklärt; sicher ist bislang lediglich das Vorkommen von ssp. *uncinata*. Die mehrfach, auch in CL getrennt geführte ssp. *velutina* (**c+**) wird in CL2 in ssp. *meridionalis* (vgl. **b.**) subsummiert

Gute Abb. des K. von **a.**, **b.** und **c.** in FL. TURKEY **7**:158f. Daraus auch die Angaben zu den Brakteolen. Die dort wiedergegebenen Maße für K. und Granne entsprechen dem unteren Bereich der hier zitierten Spanne

**a.** K. 9-13 mm, K.zipfel 3-6 mm, ± 3-eckig (lger als br.), d.h. mit geraden Rändern allmählich in die 1-3 mm lge Grannenspitze verschmälert. Kr. 12-14 mm. Brakteolen 4-5 mm. B.stiele bis 5 cm. Untere Internodien bis 10 cm lg, Pfl. bis 130 cm hoch (*//*)   ssp. *n.*

**a+** K. 7-12 mm, K.zipfel breiter als lg, kurz zugespitzt (d.h. mit geschwungenen Rändern), 1-3 mm. Grannenspitzchen meist <1mm

**b.** K.zipfel aufrecht (d.h. nach vorne gerichtet) bis aufrecht-abstehend, (1-)2-3 mm. Brakteolen 3-4 mm. B.unterseits mit wenigen matten Drüsen. B.stiele bis 4 cm. Bis 100 cm   ssp. *meridionalis* s. CL2 p.p.
(näml. ssp. *meridionalis* s.str. (= s. CL) = ssp. *foetida*)

**b+** K.zipfel und Grannenspitze rechtwinkelig abstehend bis zurückgekrümmt, 1-2 mm

**c.** Pfl. (bisw. dicht) fein behaart (Haare bis 1 mm) bis fast kahl, ohne sitzende Drüsen. K. 9-11 mm, das vordere, erweiterte Drittel oft dtl. netznervig. Brakteolen 1-2 mm. Bis 80 cm hoch, meist reich verzweigt   ssp. *uncinata*

**c+** Pfl. grauwollig-filzig, mit geschlängelten Haaren von 1,5-2 mm Lge und zahlreichen sitzenden glänzenden Drüsen. K. 7-8(-9) mm. Bis 30 cm hoch, kaum verzweigt (*//*)   ssp. *meridionalis* s. CL2 p.p.
(näml. ssp. *velutina* s. CL)

**CALAMINTHA** → **Satureja** s.l.

**CLINOPODIUM** → **Satureja** s.l.

## GALEOPSIS
Pg und CL zufolge fehlt die Gattung in Apulien

**1.** Blü. gelb, mit violettem Fleck. Stg. mit abstehenden Borsten, unterhalb der Knoten dtl. angeschwollen (*//*)                                                                                          *G. speciosa*
**1+** Blü. rosa. Stg. unterhalb der Knoten kaum angeschwollen
   **2.** Kr. ca 3x so lg wie der K., dieser weißl. anliegend behaart und höchstens schwachdrüsig. B.
   5-8x so lg wie br., jederseits mit 1-4 kleinen Zähnchen (*//*)                        *G. angustifolia*
   **2+** Kr. ca 2x so lg wie der reichdrüsige, abstehend behaarte K. B. 2-4x so lg wie br., jederseits
   mit 3-8 Zähnen (*//*)                                                                 *G. ladanum*

## HYSSOPUS  Vgl. **26.** (*//*)                                                                 *H. officinalis*

## LAMIUM

**1.** Antheren mit weißen Haarbüscheln
   **2.** Kr. 20-25 mm. OL 5-8 mm, dtl. zweispaltig. B. 2-4x1-2 cm, grob eingeschnitten-gezähnt. Pfl.
   einj.                                                                                 *L. bifidum*
      **a.** Blü. weiß. K.zähne dtl. < K.tubus                                    ssp. *b.*
      **a+** Blü. rosa oder pupurn. K.zähne nur wenig < Tubus (Garg. mögl.)       ssp. *balcanicum*
   **2+** OL ungeteilt oder gezähnelt; wenn zweispaltig, mind. 10 mm lg bzw. Kr. 25-40 mm. Blü.
   (meist) hellrosa bis purpurn; wenn weiß, OL stets ungeteilt
      **3.** Kr. <20 mm. OL stets ganzrandig. Pfl. einj.
         **4.** Tragb. nierenförmig, ± stg.umfassend. K. 4 mm. Bisw. kleistogam    *L. amplexicaule*
         **4+** Tragb. gestielt, nicht nierenförmig. K. 5-8 mm (v)                 *L. purpureum* s.l.
         Hfg (nicht in CL) werden (auch als var.) unterschieden:
            **a.** Spr. der Tragb. 1-2x so lg wie br., regelmäßig kerbig gezähnt (Kerbzähne breiter als lg),
            mit ± herzförm. Grund. OL 4-6 mm. Kr.tubus innen mit Haarring (v)      ssp. *p.*
                                                                                  = *L. p.* s.str.
            **a+** Spr. etwa so lg wie br., unregelmäßig gezähnt (Zähne meist lger als br.), zumind. die
            oberen keilförm. in den Stiel verschmälert. OL 3-4 mm. Kr.tubus meist ohne Haarring (v)
                                                                                  ssp. *incisum*
                                                                                  = *L. hybridum*
      **3+** Kr. >20 mm. B. 3-7x2-5 cm. Pfl. mehrj.
         **5.** Kr.tubus S-förmig gekrümmt. OL ganzrandig
            **6.** Blü. purpurn. Kr.tubus 10-15 mm, > K. Formenreich                 *L. maculatum*
                                            incl. var. *rugosum* (Ait., non S. & S.; vgl. **7. a+**)
            **6+** Blü. weiß. Kr.tubus 7-8 mm, ca so lg wie der K. (*//*)            *L. album*
         **5+** Kr.tubus gerade. OL meist ausgerandet bis 2-spaltig. Kr. ± rosa      *L. garganicum*
            **a.** Stg. (zumind. oben), B. und K. dicht behaart; Haare 1 mm, abstehend. K.tubus 3-4 mm.
            Kr. meist blass. OL meist 2-spaltig, UL 6 mm. Wirtel 6-10-blü.            ssp. *g.*
            **a+** Pfl. spärl. behaart (Haare -0,5 mm, zurückgekrümmt) bis kahl (und dann oft wachsartig
            bereift). K.tubus 6-8 mm. Kr. meist dunkel. OL meist nur kurz 2-zähnig, UL 12 mm (v)
                                                                                  ssp. *laevigatum*
             Die Berechtigung dieser Aufgliederung ist zweifelhaft. Die Blütenmaße z.B. sind kein zuverlässiges
            Merkmal
**1+** Antheren kahl. Kr. 20-40 mm, ± rötl., OL ganzrandig oder gezähnelt. Pfl. mehrj.
   **7.** Kr. 20-22 mm, Kr.tubus basal gekrümmt. B. 3-4x2,5-3 cm. Pfl. 20-40 cm              *L. flexuosum*
   Gelegentl. werden unterschieden:

**a.** Kr. weißl. bis blassrosa. Mittellappen der UL obcordat, Seitenlappen gezähnelt. K.zähne ca so lg wie der Kr.tubus. Spr. dtl. gezähnt, wenig behaart bis fast kahl                                    *var. f.*

**a+** Kr. purpurrosa. Mittellappen tief ausgerandet, Seitenlappen ± ganzrandig. K.zähne > Kr.tubus. B. rauhaarig, B.zähnung wenig entwickelt                                              *var. pubescens*

= ssp./var. *rugosum* (S. & S., non Ait.; vgl. **6.**)

**7+** Kr. 25-40 mm, Kr.tubus gerade. B. 8-12x7-10 cm. Pfl. 30-60 cm (Garg. fragl.; (v))

*Lamium orvala*

## LAVANDULA

**1.** Infl. („Ähren") kompakt, vierkantig, mit einem Schopf gefärbter Hochb. abschließend. B. gezähnt bis fiederteilig (CL: (g))                                                               *L. dentata*

**1+** Infl. schlank, ohne B.schopf. B. ganzrandig (//)                                         *L. angustifolia*

## LYCOPUS Vgl. **2+**                                                                *L. europaeus*
Im Gebiet wohl nur:

B. 3-4x so lg wie br., kahl oder spärl. behaart                                                *ssp. e.*

## MARRUBIUM

**1.** K. mit 10 Zähnen, diese hakig zurückgekrümmt. Blü. weißl., in 20-30-zlgen Quirlen   ***M. vulgare***

Wenn (vor allem die B. unterseits) stark wollig behaart (CL)              *var./ssp. lanatum (= M. apulum)*

**1+** K. mit 5 Zähnen, diese nicht hakenförmig

**2.** K.zähne ± 3-eckig, basal 1-1,5 mm br. Kr. purpurn, außen fein behaart, kürzer als die K.zähne. Blü.quirle bis 12-zlg. Brakteolen oft fehlend. Untere B.hälfte ausgeprägt keilförmig (B. daher fächerförmig), in der vorderen Hälfte grob gekerbt                                         ***M. alysson***

**2+** K.zähne ± pfriemlich. Kr. weiß(l.), die K.zähne überragend. Brakteolen vorhanden, s. klein bis fast so lg wie der K. B. lgl.-ovat

**3.** K.tubus 7-8 mm. Quirle >10-blü. Seitenäste aufrecht                                      ***M. incanum***

**3+** K.tubus 3-5 mm. Quirle bis 10-blü. Seitenäste bogenförmig aufsteigend (//) ***M. peregrinum***

## MELISSA Vgl. **24+**                                                           ***M. officinalis* s.l.**

**a.** (Trag)b. keilförm. Stg. bis 80 cm hoch, vorwiegend an Kanten und Knoten behaart, ohne abstehende lge Haare. B. grün, (fast) kahl, mit typ. Zitronen-Geruch. Mittelzahn der K.-OL breit 3-eckig (nur (g))                                                                          *ssp. o.*

**a+** (Tag)b. gestutzt bis herzförmig. Stg. bis 150 cm hoch, ± regelmäßig behaart, Haare z.T. lg und abstehend. B. bes. unterseits fast graufilzig. Mittelzahn rückgebildet (v)              *ssp. altissima*

= M. romana

Die Berechtigung der beiden Taxa wird auch bestritten. Ob die Merkmale korreliert auftreten ist fraglich

## MELITTIS Vgl. **21.**                                                      ***M. melissophyllum* s.l.**

Formenreich (vgl. Pg **2**:452) mit widersprüchlichen Verbreitungsangaben:

**a.** Stg. nicht oder kaum drüsig. B. bis 7(-9) cm lg, jederseits mit max. 20 Zähnen        *ssp. m.*

**b.** Spr.basis meist herzförmig. Blü. meist rötl.                                             *var. m.*

**b+** Spr.basis gestutzt. Blü. meist weiß (daher oft mit **a+** verwechselt; für Garg. wahrscheinliche Form)                                                                         *var. kerneriana*

**a+** Stg. drüsig. Größte B. 6-15 cm lg, B.rand jederseits mit mind. 20 Zähnen. Spr.basis herzförm. Blü. meist weiß                                                                          *ssp. albida*

# MENTHA

Die meisten *Mentha*-Arten sind sehr formenreich und neigen zur Bastardierung. In fraglichen Fällen lohnt sich deshalb ein Blick in die Or.-Lit.

**1a** Stg. mit einem B.schopf endend (Zymen also ± nur b.achselständig). B. 1-5x0,5-3 cm, meist eiförmig. Pfl. 15-50 cm hoch

  **2.** K. ungleich 5-zähnig, Fr.k. durch einen Haarkranz verschlossen. K. 3, Kr. 4,5-6 mm. B. -3 cm lg (die oberen meist <1 cm), oft ± kahl. Ausläufer oberirdisch    ***M. pulegium***
Formenreich. Wenn Pfl. von anliegenden oder abstehenden Haaren grau oder weißl.    var. *erecta*

  **2+** K. regelmäßig 5-zähnig, ohne Haarkranz. K. <3 mm. B. größer, meist behaart (*M. arvensis*-Gruppe)

    **3.** K. kaum gefurcht, K.zähne höchstens so lg wie br. B. schwach gesägt bis gekerbt (*//*)
                                                  ***M. arvensis***

    **3+** K. dtl. gefurcht. K.zähne lger als br. B. mit abstehenden Sägezähnen (*//*)    **M. x verticillata**
                                                = *M. aquatica* x *M. arvensis*
Formenreich, evtl. Or.-Lit.

**1b** Blü. in einem endständigen (halb-)kugeligen „Kopf" zusammengefasst, darunter noch 1-3 entfernte Quirle    ***M. aquatica***

**1c** Infl. eine (zusammengesetzte) endständige „Ähre" (*M. spicata*-Gruppe)

  **4a** B. >2x so lg wie br. (5-9x2-4 cm), meist ± grauweiß, nicht runzelig, am Grund dtl. verschmälert, apikal spitz zulaufend, gesägt. B.unterseite nur mit einfachen Haaren. Blü. rötlich-lila. Fr.k. oben eingeschnürt. Gesamte Infl. oben spitz zulaufend. Geruch beim Zerreiben unangenehm. 40-120 cm    ***M. longifolia***

  **4b** B. höchstens 1,5x so lg wie br. (3-4,5x2-4), oberseits runzelig, am Grund abgerundet bis herzförm., apikal stumpf, gekerbt-gezähnt. Mit einfachen und verzweigten Haaren. Kr. hell, fast weiß. Fr.k. nicht eingeschnürt. Infl. dicht, spitz zulaufend. Geruch angenehm. 30-80 cm
                                                  ***M. suaveolens***
                                              = *M. rotundifolia* s. Fen?

„*M. rotundifolia*" war früher ein vielgebrauchtes Synonym zu *M. suaveolens*. Heute gilt der Name als Synonym für *M. niliaca* (= *M. longifolia* x *M. suaveolens*: B. mind. 2x so lg wie br., übrige Merkmale ähnl. *M. s.*)

  **4c** B. klein (1-4x0,5-2 cm), ca 2x so lg wie br., apikal spitz, gesägt, mit einfachen und verzweigten Haaren dicht besetzt. Infl. etwas unterbrochen, ± zylindrisch. 20-60 cm    ***M. microphylla***

# MICROMERIA  → Satureja s.l.

# NEPETA  Vgl. 27.                                        ***N. cataria***

# ORIGANUM  Vgl. 26+                                        ***O. vulgare***
Im Gebiet wohl nur:
Brakteolen 4-5x2,5-3 mm, kaum drüsig, grün, slt. purpurn, oft puberulent. Kr. weißl., slt. etwas rosa, meist 5-7 mm. Stg. angedrückt behaart. B. 20-40x7-20 mm    ssp. *viridulum*
                    = ssp. *viride* = *O. vulgare* s. Fen incl. *O. heracleoticum* s. Fen, Pg und anderen

# PHLOMIS

**1.** Pfl. krautig, -50 cm. Blü. ± rot, meist 15-20 mm. Quirle 4-14-blü. K.zähne (2-)3-6 mm. Spr. der unteren B. 8-12 cm. V-VI    ***Ph. herba-venti***

**1+** Strauch. Blü. gelb, meist >20 mm. K.zähne 1-3 mm. Spr. der unteren B. 1,5-9 cm. III-VI

  **2.** K. 12-16 mm, Kr. 25-30 mm. Quirle 16-30-blü. Spr. der unteren B. 4-9 cm. 50-100 cm hoch
                                              ***Ph. fruticosa***

**2+** K. 10-12 mm, Kr. 20-23 mm. Quirle 2-10-blü. Spr. der unteren B. bis 3 cm. 30-55 cm hoch (Garg. fragl.) ***Phlomis lanata***
Die Art gilt als kretischer Endemit, wird in CL aber (ohne nähere Verbreitungsangaben) für Italien angeführt

**PRASIUM** Vgl. 14. ***P. majus***

## PRUNELLA

**1.** Oberstes laubiges B.paar dicht unter der Infl. K. 6-11 mm, dessen OL nur ausgerandet oder flach eingeschnitten (der mittl. Zahn dann 2-4x so br. wie lg). Kr. 10-18 mm

  **2.** Kr. gelbl.-weiß, 15-18 mm. K. 8-11 mm. Zumind. obere B. meist fiederspaltig oder mit schmalen Zähnen ***P. laciniata***

  **2+** Kr. blau(violett), slt. rosa, 10-15 mm. K. 6-8 mm, OL nur ausgerandet. B. ± ganzrandig, gekerbt oder mit breiten Zähnen ***P. vulgaris***

**1+** Oberstes B.paar von der Infl. abgerückt. K. 10-12 mm, OL mit V-förm. Einschnitten (der mittl. Zahn 1-2x so br. wie lg). Kr. (18-)20-25 mm, blau(violett), slt. rosa (*//*) ***P. grandiflora***

## ROSMARINUS Vgl. 7. ***R. officinalis***

Die Exemplare der Küste wachsen meist aufrecht („forma *maritima*"), die an Kalkfelsen häufig prostrat („forma *rupestris*")

## SALVIA

Die Angaben zur Blü.lge sind nicht immer einheitlich

**1.** Blü. 8-12 mm, blauviolett, 3-5 mm gestielt, in 12-30-zlgen Quirlen. Kr.röhre innen mit Haarring. OL fast gerade vorgestreckt, vorne ausgerandet, am Grund stielartig verschmälert. B. oval bis herzförmig, grob gezähnt, die unteren mit 2 kl. Seitenlappen. Pfl. mehrj., 30-80 cm, wenig verzweigt (*//*) ***S. verticillata***

**1+** Quirle (2-)4-10(-12)-blü.

  **2.** Graufilziger Halbstrauch, 20-120 cm, meist mit charakteristischem Salbeigeruch. Kr.röhre innen mit Haarring. OL ± gerade. Konnektiv der Staubb. höchstens so lg wie das Filament, mit etwa gleichlangen Armen

    **3.** B. 2-3x1 cm, (meist) einfach. Stg. ± abstehend behaart. Quirle 5-10-blü., (die unteren) mit dtl. Tragb. K. 10-14 mm. Kr.röhre 10-15 mm ((v); ob natürliches Vorkommen?) ***S. officinalis***

    **3+** B. dtl. größer, hfg mit 2 basalen Lappen. Stg. weißfilzig. Quirle 2-6-blü., ohne dtl. Tagb. K. 5-8 mm ***S. fruticosa***
                                                                = *S. triloba*

  **2+** Pfl. krautig. Kr.röhre innen ohne Haarring (höchstens mit fransiger Schuppe). OL ± gerade bis hakenförmig gekrümmt. Konnektiv länger als das Filament, mit 2 ungleichen Armen (Alternativschlüssel beachten)

    **4.** Blü. 6-14 mm lg, in 6-10-zlgen Quirlen. Infl. meist ± unverzweigt. K. 6-7 mm, besonders an den Einschnitten mit mind. 1 mm lgen weißen Haaren. Grundb. elliptisch, 6-10x3-4 cm, meist lappig eingeschnitten ***S. verbenacea***
Die Art ist sehr formenreich. Fen nennt 4 subspezifische Taxa (die in Fiori aufgeschlüsselt sind). Sie werden heute nicht mehr unterschieden. Von gewisser Berechtigung (wenn auch nicht nach CL) und für den Garg. auch genannt ist:
B. s. tief eingeschnitten (fiederschnittig), B.segmente gezähnelt. Blü. hellblau, 12-14 mm
                                                   ssp. *multifida*

    **4+** Blü. (12-)15-35 mm. Grundb. meist grob gekerbt, aber nicht lappig eingeschnitten

**5a** Kr. weißl., 15-35 mm, OL mit violetten Haaren. Pfl. 30-80 cm, drüsig-klebrig, unangenehm riechend. Infl. meist sparrig verzweigt. Tragb. nierenförmig, mit 3-5 mm lger Stachelspitze, kürzer als die Blü. Pfl. mehrj. **_Salvia argentea_**

**5b** Kr. rosa oder lila, 15-20(-30) mm. Pfl. meist reich verzweigt, 50-100 cm, drüsig, mit Muskatellergeruch. Stg. 5-9 mm dick, mit krausen Haaren von 1-2 mm. Tragb. zumeist häutig, violett überlaufen, mit Stachelspitze, die Zymen fast schalenförmig einhüllend. Pfl. zweij. (*H*)
**_S. sclarea_**

**5c** Pfl. nicht so. Ohne auffallenden Geruch. K. 7-11 mm, bis 0,5 mm lg behaart, aber nicht drüsig (?), K.zähne nicht stechend. Blü. blauviolett oder rosa, 10-30 mm. 20-50 cm hoch

**6.** Pfl. einj., ohne Grundb.-Rosette, Stgb. am Rand regelmäßig gezähnelt, nicht gebuchtet. Blü.stiele ca 5 mm. Kr. 12-18 mm. IV-V **_S. viridis_**
Wenn mit einem auffällig gefärbten Schopf steriler Tragb. am Ende der Infl. „*S. horminum*" (CL)

**6+** Pfl. mehrj., mit Grundb.-Rosette. Tragb. grün. Blü.stiele ca 2 mm. V-VII
Zum Drüsenbesatz der folgenden Arten werden unterschiedl. Angaben gemacht

**7.** Kr. 12-20 mm. Seitenäste der Infl. lang, ± bogenförm. aufsteigend **_S. virgata_**

**7+** Kr. 20-30 mm. Seitenäste meist kurz, gerade schräg-aufwärts gerichtet (Garg. fragl.)
**_S. pratensis_**

_Alternativschlüssel zu_ **2+**_:_

**2+** s.o.
**4.** K. 8-10 mm, seine OL zur Fr.zeit ± flach
**5.** OL der Kr. hakenförmig gebogen. Blü. 15-30 mm, nicht blauviolett. K. drüsig, oft mit stechenden Zähnen. Pfl. meist 50-100 cm, mit spezifischem Geruch, 2- bis mehrj. vgl. oben
**5a/5b** _S. argentea_ und _S. sclarea_

**5+** OL ± gerade. Blü. 14-18 mm, ca 5 mm gestielt, blauviolett, slt. rosa. K. röhrenförmig, zur Fr.zeit herabgeschlagen. Pfl. bis 50 cm, ohne auffälligen Geruch, einj. _S. viridis_
incl. _S. horminum_, vgl. oben

**4+** OL des glockenförm. K. zur Fr.zeit mit zwei längl. Mulden. Blü.stiele 2-3 mm. Kr. meist blauviolett. Stg. zumind. unten drüsenlos

**6.** B. ± fiederschnittig. Infl. meist unverzweigt. K. 6-8 mm, oft drüsig, Mittelzahn der OL < Seitenzähne. Kr. 6-10(-15) mm, bisw. kleistogam. Stg. oberwärts ± drüsig (vgl. oben **4.**)
_S. verbenacea_

**6+** B. ± ungeteilt, die unteren mit herzförm. Spr.grund. Infl. meist verzweigt. K. 7,5-10 mm, Zähne der OL gleich lg. Kr. (der Zwitterblü.) 12-30 mm vgl. oben **7.**/**7+**
_S. virgata_ und _S. pratensis_

## SATUREJA s.l. (= Satureja s.str., Acinos, Calamintha, Clinopodium und Micromeria)

Die Angaben zur K.lge beziehen sich auf die Blü.zeit; zur Fr.zeit ist sie bisw. geringer. Bei *Calamintha* und *Acinos* kommen neben zwittrigen bisw. auch kleinere karpellate Blü. vor

_Hauptschlüssel:_

**1.** Narbenäste zuletzt dtl. ungleich lg (bisw. ein Ast völlig reduziert). K. 2-lippig (bei *Calamintha* bisw. nur schwach) und 13-nervig (*Calamintha grandiflora* 11-nervig)

**2.** Blü. in gegenständigen, (kurz) gestielten Zymen. K. gerade (nicht gekröpft). Kr. 10-35 mm. 20-80 cm **_Calamintha_**
Wenn Kr. nur 6-8 mm. K.zähne gleich, breit 3-eckig, Pfl. dicht weißl. behaart vgl. **11.** *Micromeria fruticosa*

**3.** K. 11-13 mm, Kr. 25-35 mm. Zymen 1-5-blü. **_C. grandiflora_**

**3+** K. und Kr. kleiner. Zymen 3-20-blü. (*C. nepeta*-Gruppe)

**4.** K. 7-10 mm, untere Zähne 2-4 mm lg, diese bewimpert und dtl. die oberen (1,5-2 mm) überragend. Zymen 3-9-blü., (2-)5-15 mm lg gestielt. Haare des K.schlunds meist von diesem eingeschlossen (*C. sylvatica* s. Pg und FE)

**5.** Kr. 15-22 mm. Zymen bis 15 mm gestielt. B. dtl. gesägt, (3-)5-7 cm lg und 1-2 cm gestielt      ***Calamintha nepeta*** ssp. *sylvatica* s. CL
                     = *C. sylvatica* ssp. *s.*

**5+** Kr. 10-15 mm. Zymen nur bis 5(-10) mm gestielt. B. schwach gesägt, 1-3(-4) cm lg und bis 1 cm gestielt (*//*, aber Garg. mögl.)          ***C. ascendens***
                     = *C. sylvatica* ssp. *a.*

**4+** K. 3-7 mm, untere Zähne 1-2(,5) mm, diese fein behaart (aber kaum bewimpert) und die oberen (0,5-1,5) oft nicht dtl. überragend. Innenhaare des K. oft dtl. herausragend. Kr. 10-15 mm, oft etwas weißl. B. randl. zurückgerollt, ganzrandig oder Zähne stumpf. Auch untere B. slt. >3 cm                ***C. nepeta*** ssp. *n.* s. CL

Das Taxon wird zumeist als *C. nepeta* [s.str.] im Artrang geführt und dann häufig (nicht in CL) weiter gegliedert (vgl. auch Pg **2**:483); beide Taxa werden für den Garg. genannt:

 **a.** Zymen meist 10-20-blü., 8-20 mm gestielt. Zymenäste 5-10 mm. Größere B. ca 20-35 mm, jederseits mit 5-9 Zähnen. Obere K.zähne 0,7-1,5 mm, schmal 3-eckig
                     *C. nepeta* [s.str.] ssp. *n.*

 **a+** Zymen 5-11-blü. (slt. mehr), bis 5 (10) mm gestielt, Zymenäste bis 5 mm. B. 15-20 mm, jederseits 0-5 Kerbzähne        *C. nepeta* [s.str.] ssp. *glandulosa*

**2+** Blü. zu 2-vielen in Scheinquirlen, in ± ähriger Gesamtinfl. K. ± gekrümmt. Kr. 7-20 mm

**6.** Quirle 2-9-blü. K. gekröpft. Pfl. 5-30 cm          ***Acinos***

**7.** Pfl. meist einj. Kr. 7-10 mm, das Tragb. nicht überragend. K.zähne zur Fr.zeit zusammenneigend                    ***A. arvensis***

Die Art ist formenreich. In CL werden 2 ssp. unterschieden, für Apulien aber nur A. a. „s.l." genannt:

 **a.** Pfl. fein rau behaart. B. 2-3x so lg wie br., jederseits mit 0-3 ± flachen Zähnen    ssp. *a.*

 **a+** Pfl. wollig. B. 3-4x so lg wie br., jederseits mit 1-3 Sägezähnen      ssp. *villosa*

**7+** Halbstrauch mit dünnen holzigen Kriechtrieben. Kr. 10-20 mm, das Tragb. meist überragend

**8.** Untere und mittl. B. 2-3,5x so lg wie br., mit keilförm. Spr.grund. UL des K. 2,5-3,5 mm. Zähne des Fr.k. zusammenneigend. Bis 600 m. V-VI       ***A. suaveolens***

Formenreich. Der typische *A. s.* ist stark würzig riechend, die Quirle sind 5-9-blü., die Blü. purpur-violett. Weniger stark riechende Formen mit 2-5-blü. Quirlen und blassvioletten Blü. entsprechen der „*A. pseudacinos*" s. Fen (~~CL~~). Beide Formen werden vom Garg. gemeldet

**8+** Untere und mittl. Stgb. <2x so lg wie br. UL des K. 1,5-3 mm. K.-Zähne divergierend. Geruch nicht ausgeprägt. Nur über 300 m. VI-VIII       ***A. alpinus*** s.l.

 **a.** Zähne d. K.-OL 1-2 mm. K.-Haare gerade abstehend, >0,5 mm lg. Kr. meist 15-20 mm. Pfl. 5-30 cm (= *A. a.* s. Pg)                ssp. *a.*

 Hierher wohl auch die Meldung der südost-europäischen ssp. *majoranifolius* (~~CL~~)

 **a+** Zähne d. K.-OL 0,5-1 mm. K.-Haare gebogen, kürzer. Kr. 10-12 mm. B. meist bis 10 mm. Stg. stark verholzt, nur 5-15 cm (*//*)           ssp. *meridionalis*
                     = *A. granatensis* ssp. *aetnensis*

 Beide Taxa werden für den Garg. genannt

**6+** Quirle 15-40-blü., s. dicht. K. gekrümmt, aber nicht eigentl. gekröpft. Kr. 10-14 mm. Pfl. mehrj., krautig, 30-70 cm             ***Clinopodium vulgare***

 **a.** K. 7-9,5 mm, untere Zähne (bis 4 mm) ca 2x so lg wie die oberen (bis 2,5 mm)    ssp. *v.*

 **a+** K. 9,5-12 mm, untere Zähne (4-5,5 mm) ca 1,5x so lg wie die oberen (2,5-4 mm)
                     ssp. *arundanum* incl. ssp. *orientale*

 Übergänge! – Es scheinen am Garg. beide Taxa vorzukommen

**1+** Narbenäste bleibend gleich lg. K. 10-15-nervig, sehr verschieden gestaltet

**9.** K. 3-5 mm, (meist) 10-nervig, K.zähne ± (!) gleichlg (aber bisw. ungleich gekrümmt). Kr. 6-10 mm. Auch untere B. ca 3-8x so lg wie br., (5-)10-25x2-4 mm (B. an sterilen Seitentrieben bisw. breiter) *Satureja* s.str.

**10.** B. insbes. randl. mit 0,2-0,4 mm lgen steifen Wimpern, oberseits kahl oder spärl. kurz behaart. Drüsenpunkte zahlreich und bes. an getrocknetem Material auffällig. Untere Tragb. oft >10 mm. Infl. dicht (Blü. den nächstoberen Knoten weit überragend) Blü. weiß(l.) bis hellrosa. Pfl. aromatisch riechend. VII-IX *S. montana*

Im Gebiet wohl nur:

Stg. rundum fein behaart. Seitenäste der Infl. meist <5 mm. K. 4-6 mm, Kr. 6-12 mm   ssp. *m.*

**10+** B. ± gleichmäßig (auch oberseits) mit kurzen, gekrümmten Haaren. Drüsenpunkte ebenfalls zahlreich, aber unauffällig. Untere Tragb. 3-10 mm. Infl. locker-gestreckt (zumind. untere Blü. den nächsthöheren Knoten nicht erreichend). Blü. bisw. dtl. rosa, 7-8 mm. K.tubus ca 3, K.zähne 1-1,5 mm, die oberen bisw. aufgekrümmt (dann Kelch leicht zygomorph). Stgb. 5-9x2-3 mm. Ab VI *S. cuneifolia*

**9+** K. 13(-15-)nervig, K.zähne oft ungleich lg. Untere B. ca 1-3x so lg wie br. (vgl. aber **12.** *M. julianae*), B. nach oben aber bisw. rasch schmäler werdend *Micromeria*

**11.** Teilinfl. wohl entwickelte, lockere Zymen mit je 5-15 dtl. gestielten weißl. Blü. K.zähne gleich, breit 3-eckig, höchstens 1/4 so lg wie d. Tubus. Blü. 6-8 mm. Narbenäste (oft an einem Individuum) gleich oder ungleich lg. Strauch, 30-60 cm *M. fruticosa*

Unklare subspezifische Gliederung (vgl. FE 3:168). Die zml. kleinblüt. Pfl. des Garg. werden auch als „var. *italica*" der ssp. *fr.* bezeichnet, sind in dieser Rangstufe aber möglicherweise unterbewertet; vgl. Fen 3:375. – Aus molekularer Sicht müsste das Taxon zu *Clinopodium* gerechnet werden

**11+** Blü. meist ± rot, in dichten Scheinquirlen. K.zähne 2-8x so lg wie br., mind. 1/3 so lg wie d. Tubus, oft ungleich lg. Halbstrauch -40 cm

**12.** Blü. 5-6 mm, sitzend, in kaum gestielten, kompakt verkehrt-kegelförm. Halbquirlen. K. innen kahl, K.zähne (fast) gleich lg, nicht spreizend. Untere B. 5-6x2-3 mm, randl. aber zurückgerollt und deshalb scheinbar oft nur 1 mm br. Brakteolen 3-4 mm *M. juliana*

**12+** Halbquirle nicht ausgeprägt kegelförm. Blü. 4-9 mm. K. innen behaart. K.zähne oft spreizend u./od. ungleich lg und dann K. ± zygomorph. Untere B. ca 10x3-5 mm, bisw. zurückgerollt. Brakteolen 1-3 mm (*M. graeca*-Gruppe)

**13.** B. unterseits ohne Drüsenpunkte, mit 4-5 dtl. Seitennervenpaaren. Tragb. d. Infl. von den unteren B. nur wenig verschieden. Scheinquirle meist 8-16-blü. Kr. 4-6 mm. K. dicht lg abstehend behaart (Pg: Tremiti) *M. nervosa*

**13+** B. im Infl.bereich randl. zurückgerollt, linealisch, 1-2 mm br. Pfl. wohlriechend (*M. graeca* s. FE)

Die nachfolgenden 4 Taxa werden auch als „gleichberechtigte" ssp. von *M. graeca* s.l. aufgefasst

**14.** Unten am Stg. 6-10-zlge, achselständige B.büschel. Internodien kurz, von den B. ± gleichmäßig verdeckt. Kr. 7-8 mm, Kr.tubus > K.tubus. III-VI *M. fruticulosa*

**14+** Ohne axilläre B.büschel. Internodien verlängert, Stg. daher sichtbar. Ab V

**15.** Zymen meist <2 mm gestielt, straff aufrecht, meist mit 2(-4) fast sitzenden Blü. Kr. 8-9 mm. Klausen zugespitzt *M. graeca* s.str. ssp. *tenuifolia*

**15+** Zymen meist 2-4 mm gestielt, aufrecht-abstehend, mit 4-18 kurz gestielten Blü. Klausen stumpf gerundet

**16.** Pfl. fein behaart (mit <0,5 mm lgen, nicht abstehenden Haaren). Kr.(tubus?) 2-4 mm lger als K.tubus. Zymen <8-blü. Auch die oberen B. ovat bis linear-lanzeolat *M. graeca* ssp. *g.*

**16+** Pfl. filzig behaat Zymen >4-blü., locker. Kr.(tubus?) 4-6 mm lger als K.tubus. Obere B. linear *M. canescens*

= *M. graeca* ssp. *garganica*

*Gattungs-Alternativschlüssel:*
Zur weiteren Aufschlüsselung der hier genannten Taxa vgl. Hauptschlüssel

**1.** K. 10-11nervig, ± radiär (höchstens obere K.zähne aufgebogen)
  **2.** K. 11-nervig, 11-13 mm. Kr. 25-35 mm         *Calamintha (grandiflora)*
  **2+** K. 10-nervig, zumind. mit einzelnen hellen Drüsen. Blü. kleiner   *Satureja s.str.*
**1+** K. 13(-15)-nervig
  **3.** K. gekröpft, incl. Zähne 5-8 mm. Quirle dicht, 3-8-blü.         *Acinos*
  **3+** K. nicht (bei **7.** *Clinopodium* schwach) gekröpft
    **4.** K. radiär, K.zähne gleichlang, nicht spreizend
      **5.** Pfl. weißl.-filzig. K.zähne breit 3-eckig, 1/4 der Tubuslge erreichend. Blü. weißl. Pfl. wenig riechend     *Micromeria (fruticosa)*
      **5+** Pfl. höchstens kurz behaart. K.zähne (viel) lger als br. Pfl. mit kräftigem Geruch
      **6.** Halbquirle kurz gestielt, aber s. dicht, verkehrt-kegelförmig. Blü. 5-6 mm, rot     *Micromeria (juliana)*
      **6+** Zymen wie auch Einzelblü. dtl. gestielt. Blü. größer, oft weißl.   *Calamintha (nepeta)*
    **4+** K. zygomorph u./od. K.zähne (bisw. nur wenig!) ungleich lg
      **7.** Quirle sehr dicht, fast halbkugelig, 15-40-blü., zu 2-4 übereinanderstehend. K. 8-12 mm, mit fast stechenden Zähnen, diese 1/2-2/3 des Tubus erreichend. Kr. 12-14 mm     *Clinopodium vulgare*
      **7+** Blü. kleiner oder Teilinfl. locker
        **8.** Blü. oft >10 mm, in lockeren, meist dtl. gestielten Halbquirlen. B. >2 cm lg, am Rand meist gezähnt. Narbenäste ungleich lg. (Meist) krautig     *Calamintha*
        **8+** Blü. <10 mm in ± dichten, 6-20-blü. Scheinquirlen. B. kleiner, ganzrandig. Narbenäste gleich. (Halb-)Strauch     *Micromeria* p.p.
          („*graeca*-Gruppe"; vgl. Hauptschlüssel **12+**)

## SCUTELLARIA

**1.** Infl. brakteos, scharf abgesetzt. Tragb. ganzrandig, basale B. gesägt. In Wäldern und Gebüschen
  **2.** Kr. zuletzt ca 20-24 mm lg, ± purpurn. Stg. 20-50 cm, oberwärts drüsig. Basale B. jederseits mit 9-13 Zähnen     **S. columnae**
  Im Gebiet wohl nur:
  Spr. 5-7 cm lg, nicht dicht wollig behaart. Tragb. zugespitzt     ssp. *c.*
  **2+** Kr. 10-15 mm. bläulich. Stg. 40-100 cm. Basale B. jederseits mit 16-18 Zähnen (//)     **S. altissima**
**1+** Infl. frondos durchblätt. Unterste B. mit Spießecken, sonst B. ± ganzrandig. Feuchtes Grasland     **S. hastifolia**

## SIDERITIS

**1.** Weiß- oder graufilziger (Halb-)strauch mit Salbei-Geruch. Blü. 10-15 mm, hellgelb. K.tubus 6-7 mm. Tragb. der Quirle nicht b.ähnlich     **S. italica**
          = *S. syriaca* = *S. sicula* [s.l.]
Formenreich. Für den Garg. angegeben ist z.B.
  **a.** Tragb. mit spärl. Haaren und Drüsenhaaren     var. *gussonei*
  **a+** Tragb. fast kahl, aber mit zahlreichen Drüsen     var. *brutia*

**1+** Pfl. einj. Blü. meist <10 mm. K. (stechend) begrannt, K.tubus 3-4 mm. Tragb. wohl entwickelt (Infl. frondos)

**2.** Kr. gelb oder weiß. K. mit einzähniger, breiter OL und vierzähniger UL. Rand der vorderen B.hälfte jederseits mit bis zu 5 Kerben    *Sideritis romana*

**a.** Scheinquirle voneinander getrennt    typ. var.

**a+** Scheinquirle genähert. Pfl. stärker weißl. behaart und weniger verzweigt   var. *approximata*
Wenn 10-15 Kerben jederseits über den gesamten Rand verteilt, vgl.    *Stachys ocymastrum*

**2+** Blü. stets ± gelb (getrocknet schwärzl.), < K. Dieser nur schwach zweilippig, mit dreizähniger OL (*//*)    *S. montana*

## STACHYS   (incl. **Betonica**)

**1.** Brakteolen linealisch, etwa so lg wie der K. (meist 6-12 mm). Blü. ± rot. Pfl. mehrj.

**2.** Grundb.-Rosette vorhanden. Stgb. 1-3 Paare. Kr.tubus innen ohne Haarring. Pfl. nicht weiß-wollig    *St. officinalis*
    = *Betonica o.*

Bisw. (nicht FE, nicht CL) werden unterschieden und beide Taxa für den Garg. genannt:

**a.** Stg. spärl. behaart bis fast kahl. Spr. der unteren B. mit herzförm. Grund und fast parallelen Rändern. „Ähren" meist dicht. VI-VIII    ssp. *o.*

**a+** Stg. von zurückgekrümmten Haaren rau. B. eher 3-eckig (d.h. Ränder nicht annähernd parallel), Spr.grund gestutzt. Untere Scheinquirle dtl. abgerückt, Ähre daher unterbrochen. VIII-X
    ssp. *serotina*

**2+** B. ± gleichmäßig über den Stg. verteilt, zahlreicher. Kr. 15-20 mm, mit Haarring. Zumind. die oberen K.zähne 1/3 bis 1/2 so lg wie der Tubus. Pfl. zumind. oberwärts (weiß)wollig (*St. germanica*-Gruppe)

**3.** K. 6-10 mm, (meist) ohne Drüsenhaare an den Zähnen. Brakteolen 6-9 mm. B. zumind. unterseits graugrün bis dicht weißwollig    *St. germanica* s.l.

Die beiden folgenden Taxa werden auch als Arten geführt. Übergänge!

**a.** Obere K.zähne (0,5-)1 mm lger als die unteren. Spr. der meisten B. 6-8x2-4 cm, im unteren Drittel am breitesten, mit herzförm. Basis, oberseits ± grün, auch unterseits nicht völlig von Haaren bedeckt (daher graugrünl.) (v)    ssp. *g.*

**a+** K.zähne (fast) gleichlg. B. meist kleiner, beiderseits grau- bis weißfilzig, ± in der Mitte am breitesten, mit ± gerundetem bzw. verschmälertem Spr.grund    ssp. *salvifolia*
    = *St. cretica* ssp. *s.*

**3+** K. 9-14 mm, K.zähne ungleich lg und drüsig behaart. Brakteolen 10-12 mm. B. beiderseits grün    *St. heraclea*

**1+** Brakteolen fehlend oder höchstens 1/2 so lg wie der K. Blü. weißl. oder gelbl.; wenn ± rot, auf ± feuchten Standorten

**4.** Blü. weißl. bis gelb (bisw. mit roten Punkten), in (2-)4-16-zlgen Quirlen

**5.** Blü. in (2-)4-6-zlgen Quirlen. Pfl. dtl. behaart, meist <30 cm

**6.** Pfl. mehrj., mit bleibender Grundb.-Rosette. K. drüsenlos. K.zähne 1/2 so lg wie der Tubus. Kr. 10-14 mm. Sandküsten    *St. maritima*

**6+** Pfl. einj., ohne Grundb.-Rosette. K. drüsig oder K.zähne mind. so lg wie der Tubus. Kulturland oder Xerogramineten

**7.** K. (7-)8-9(-12) mm, ohne sitzende (!) Drüsen. Kr. 12-13 mm. B. oval, 12-18 mm br. und <2x so lg. Tragb. ca 10-20x5-10 mm    *St. ocymastrum*

**7+** K. 5-8 mm, mit sitzenden Drüsen. Kr. 9-12 mm, bisw. mit roten Punkten. B. lanzeolat, slt. >10 mm br. und mind. 2x so lg. Tragb. ca 5-15x2-5 mm (*//*)    *St. annua*

**5+** Quirle 6-16-blü. Keine Grundb.-Rosette. Pfl. spärl. behaart, mehrj., 20-100 cm
*Stachys recta*
Formenreich. Mögliche Gliederung:

**a.** K. 5-8 mm, ohne oder nur mit sitzenden Drüsen. K.zähne gleich (d.h. K. radiär), meist >
Kr.tubus. UL 5-7 mm. B. 35-50x6-15 mm. Pfl. spärl. borstig bis fast kahl (*//*)          ssp. *r.*

**a+** K. 7-10 mm, oft drüsenhaarig, mit ungleichlgen Zähnen (infolge höher hinauf reichender
Verwachsung der oberen Kb.), daher ± zweilippig. K.zähne ca so lg wie (sl.t < als) Kr.tubus.
UL der Blü. 7-10(-12) mm, lger als die OL          ssp. *subcrenata* s. Pg und CL
Die ssp. wurde auch noch weiter untergliedert:

**b.** B. meist 6-12 mm br. Pfl. ± behaart          var. *s.*

**b+** B. 2-5 mm br., die mittl. und oberen ± ganzrandig und oft nur 1-2 mm br. K.zähne < Kr.-
tubus (ssp. *fragilis* s. Fen) (v)

**c.** Pfl. ganz kahl          var. *fragilis*

**c+** Zumind. untere B. behaart          var. *hyssopifolia*

**4+** Blü. 13-16 mm lg, rosa bis purpurn (slt. weißl.). Quirle 4-10-blü. Pfl. mehrj., 30-120 cm.
Feuchte Standorte

**8.** Obere B. sitzend, 3-6x so lg wie br. Blü. meist rosa. K. meist nicht drüsig. Feuchte bis nasse
Standorte (*//*)          *St. palustris*

**8+** Alle B. gestielt, brennnesselartig, höchstens 2x so lg wie br. Blü. meist tiefpurpurn. K. drüsig. Schattig-feuchte Standorte          *St. sylvatica*

## TEUCRIUM

**1.** K. dtl. zweilippig mit ungeteilter OL und 4-zähniger UL. VI-VIII

**2.** Pfl. einj., mit dornig auslaufenden Ästen. Kr. weiß, 6-10 mm. Untere B. gesägt, zur Blü.zeit
meist abgefallen. Obere B. ± ganzrandig. Meist ruderal (Garg. fragl.)          *T. spinosum*

**2+** Pfl. mehrj., nicht dornig. Kr. gelbl. u./od. rötl., 9-10 mm. B. gekerbt-gesägt. In Gehölzen (*T.
scorodonia* s.l.)

**3.** K. 4 mm, kurz angedrückt behaart, nicht oder kaum drüsig. Tragb. oval zugespitzt, basal
verschmälert (Garg. fragl.; (v))          *T. scorodonia* s.str.

**3+** K. 7-8 mm, oft drüsig behaart. Mittl. und obere Tragb. ± rundl.-zugespitzt, mit ± herzförm.
Basis          *T. siculum*
= *T. scorodonia* ssp. *siculum*

**1+** K. ± gleichzähnig, höchstens untere K.zähne etwas lger
**4.** Quirle voneinander abgesetzt (etagiert), Gesamtinfl. daher (viel) lger als br. Pfl. meist >20 cm
hoch

**5a** Blü. (stahl-)blau bis violett. B. ganzrandig, 30-40x8-11 mm, unterseits graufilzig, oberseits
dunkelgrün. Strauch (50-120 cm), meist küstennah. IV-V          *T. fruticans*
Hierher sicher auch die irrtüml. Meldung von *T. creticum*

**5b** Blü. gelb(l.); Pfl. -60 cm hoch. V-VII

**6.** B. 1-4x1-2,5 cm, jederseits mit 5-8 Kerbzähnen. K. 8-10, Kr. 12-15 mm. (Halb-)Strauch
(30-60 cm)          *T. flavum*

**a.** Stg. oben rundum behaart. B. beiderseits wie auch ihr Stiel weich behaart. B.-Unterseite
und K.-Außenseite zstr. mit ± sitzenden Drüsenköpfchen. Tragb. und K.-Außenseite ohne
lg gestielte Drüsenköpfchen (im Gebiet zumind. vorherrschend)          ssp. *f.*

**a+** Stg. oben nur alternierend auf zwei gegenüberliegenden Seiten behaart. B. meist nur ca
10 mm lg, zumind. unterseits kahl. Sitzende Drüsenköpfchen dicht (sich bisw. berührend),
Stieldrüsen vorhanden (*//*)          ssp. *glaucum*

**6+** B. (zumindest die oberen) vollständig in drei 1-2 mm breite Zipfel geteilt. K. 6-7 mm. Pfl.
kurzlebig, 10-20 cm vgl.          *Ajuga chamaepitys*

**5c** Blü. rosa bis purpurn (slt. weiß). B. 7-15 mm br. V-VIII

**7.** B. sitzend, meist 25-40 mm lg und >2x so lg wie br. Blü. 7-9 mm, in ± allseitswendigen Quirlen. Krautige Ausläuferpfl. mit Knoblauchsgeruch. -60 cm. Feuchter Standorte

*Teucrium scordium*

Im Gebiet:
Ausläufer nur mit Schuppenb. Spr.grund ± herzförm. Pfl. meist weißwollig    ssp. *scordioides*

**7+** Zumind. untere B. gestielt, 13-25 mm lg (d.h. ≤2x so lg wie br.). Blü. 10-15 mm, in ± einseitswendiger, ähriger Infl. -30 cm. Halbstrauch xerischer Standorte, veränderlich in B.-schnitt und Indument    *T. chamaedrys*

**4+** Gesamte Infl. kopfig gedrängt, bisw. breiter als lg. B. 1-4 mm br., randlich meist zurückgerollt, zumind. unterseits wie die jungen Zweige dicht grau- bis weißfilzig. Halbstrauch, aber nur 5-20 cm hoch. V-VIII

**8.** Blü. ±5 mm, weißl. (bis rosa), in zusammengesetzten Köpfchen. B. gekerbt, oberseits grau-filzig, unterseits ebenso oder fast weißfilzig    *T. capitatum*

= *T. polium* ssp. *c.*

Im typ. Fall sind die Stamina spiralig gedreht. Wenn nicht (vgl. Pg 2:446)    var. *album*

**8+** Blü. 12-14 mm, hellgelb. B. ganzrandig, oberseits zerstreut bis dicht behaart, unterseits weißfilzig    *T. montanum*

## THYMUS

Ein kennzeichnendes taxonomisches Merkmal kann die Wuchsform sein. Dabei unterscheidet man:
*repent:*        Hauptachse mit einem B.schopf abschließend, Infl.-äste alle seitenständig
*pseudorepent:* Hauptachse (wie die Seitenachsen) mit einem Blü.stand abschließend

**1.** K. 20-22-nervig, Tubus oberseits ± gerade. Blü. 7-10 mm, leuchtend hellpurpurn, alle in end-ständigen eiförm. Köpfchen. Kleiner Strauch (30-60 cm)    *Th. capitatus*

= *Coridothymus c.* = *Thymbra c.*

**1+** K. 10-13-nervig, oberseits etwas aufgewölbt. Blü. 3-6 mm

**2.** B. am Rand dtl. zurückgerollt, am Grund ungewimpert. Dicht verzweigter Strauch, meist 20-40 cm (g?) (*II*)    *Th. vulgaris*

**2+** B. flach oder nur wenig zurückgerollt, am Grund meist ± bewimpert. Niedrigwüchsiger, ± krie-chender Halbstrauch

**3.** Stg. scharf vierkantig, nur an den Kanten behaart. Pfl. pseudorepent    *Th. pulegioides*

Formenreich. CL unterscheidet 3 ssp, ohne eine speziell für Apulien zu nennen:

**a.** Haare an den Stg.-Kanten (dtl.) < Stg.-DM. K.röhre zumind. unterseits zerstreut behaart. B. 4-20 mm lg, am Grund gewimpert, sonst kahl (für das Gebiet am wahrscheinlichsten)

ssp. *p.*

**a+** Pfl. anders    Or.-Lit.

**3+** Stg. rundum oder auf jeweils gegenüberliegenden Seiten behaart

**4.** B. linealisch; Tragb. ± oval, ca 5x4 mm, mit 2-3 mm lger Spitze, meist rötl. Blü. ca 3 mm. Obere K.zähne dtl. lger als br. (Garg. fragl.)    *Th. striatus*

**4+** B. und Tragb. annähernd gleich gestaltet. Blü. 5-6 mm

**5.** Pfl. pseudorepent. Blü.triebe meist >10 cm. Obere K.zähne bis 1,5 mm, bewimpert. Haa-re meist zml. ungleich lg. B. ca 5-6(-10)x so lg wie br. Blü.farbe oft zml. blass. Formenreich

*Th. spinulosus*

**5+** Pfl. repent (Blü.triebe meist <10 cm). Obere K.zähne etwa so lg wie br. (wenn dtl. lger als br. vgl. **4.**). Haare einheitl., zurückgekrümmt. B. ca 4x so lg wie br. (Garg. fragl.)

*Th. serpyllum*

Das Taxon wird taxonomisch sehr uneinheitl. gehandhabt. „*Th. s.*" im heutigen – engeren – Sinn kommt in Italien vermutlich gar nicht vor, somit auch nicht der für den Garg. gemeldete „*Th. s.* ssp. *s.*". Wahrscheinlich ist damit *Th. pulegioides* gemeint; der Name „*Th. s.*" wurde früher in sehr weitem Umfang gebraucht

## LAURACEAE LAURUS

Kleiner zweihäusiger Baum. Blü. ca 3 mm DM, in Büscheln, mit 4-zlger Blü.hülle. Fr. olivenähnlich. B. 2-3x so lg wie br., aromatisch riechend, unterseits in den Aderwinkeln meist mit Poren (= Domatien). B.rand oft gewellt (auch (g)) *L. nobilis*

## LEGUMINOSAE (= Fabaceae (Papilionaceae), Caesalpiniaceae und Mimosaceae)

*Fahne:* oberes, meist auffälliges Krb., hfg in verbreiterte *Platte* und verschmälerten *Nagel* gegliedert
*Flügel:* die beiden seitl. Krb.
*Schiffchen:* unterer, aus 2 Krb. bestehender, oft von der übrigen Kr. eingehüllter Teil der Kr.
*Gliederhülse:* die Fr. zerfällt bei der Reife quer in einsamige Tlfr.; meist schon früh an Einschnürungen zu erkennen

Mit „Infl." ist im Folgenden die trauben-, dolden- oder köpfchenförm. Teilinfl. gemeint.

### Gruppenschlüssel

**1a** B. (scheinbar) fehlend. (Kleiner) Strauch mit binsen- oder rutenartigen Ästen
  **2.** Blü. 20-25 mm lg, in Trauben. Fr. ungegliedert. Pfl. >60 cm vgl. *Genisteae*
  **2+** Blü. <15 mm, in Dolden. Gliederhülse. Pfl. 20-80 cm vgl. *Coronilla (juncea)*
**1b** B. nur aus einer Ranke und 2 großen Stp. bestehend. Blü. gelb, meist einzeln. Einj.
                                                         *Lathyrus (aphaca)*
**1c** B. (zumind. größtenteils) einfach **Gruppe I**
**1d** B. geteilt
  **3a.** B. 3-zählig („Kleeblatt"), Fied. bisw. aber sehr unterschiedl. groß **Gruppe II**
  **3b** B. einfach gefiedert oder gefingert, mit 2, 4 od. mehr Fiedern
    **4.** B. gefingert und gestielt *Lupinus*
    **4+** B. gefiedert; wenn (scheinbar) gefingert, dann sitzend und 5-zählig **Gruppe III**
  **3c** B. doppelt gefiedert. Holzpfl. Blü. radiär, vor allem aus Staubb. bestehend, gelb, in kugeligen Köpfchen (als (g) Garg. mögl.) *Acacia*

### Gruppe I – B. einfach

**1.** B. nierenförmig, gestielt. Blü. rosa, in Büscheln, z.T. kauliflor. Baum *Cercis siliquastrum*
**1+** B. nicht nierenförmig. Blü. gelb od. Pfl. einj.
  **2.** Blü. radiär, in kugeligen Köpfchen, mit auffälligen Staubb. „B." parallelnervig (eigentlich Phyllodien = verbreiterte B.stiele). Strauch oder Baum *Acacia*
  **2+** Blü. dtl. zygomorph
    **3.** Pfl. halbstrauchig od. holzig *(Cytisus* bisw. ± krautig, aber dtl. mehrj.) *Genisteae*
    **3+** Pfl. einj.
      **4a** „B." grasartig schmal (Phyllodium, vgl. **2.**). Blü. purpurn *Lathyrus (nissolia)*
      **4b** B.rand gezähnt, Pfl. drüsig. Blü. rosa oder gelb, höchstens kurz gestielt *Ononis*
      **4c** B. nicht grasartig, ganzrandig. Infl. eine 1-5-blü. gestielte Dolde. B. bis etwa 4x so lg wie br., nicht drüsig. Fr. (dtl.) gekrümmt
        **5.** B. etwa 4x so lg wie br., randl. behaart. Fr. >1 mm br., meist mit kl. Emergenzen, indehiszent *Scorpiurus*
        **5+** B. elliptisch, <3 cm lg und kaum 2x so lg wie br. Fr. eine ±1 mm dünne Gliederhülse vgl. *Coronilla scorpioides*

## Gruppe II – B. 3-zählig

Die Stp. sind bei den hier aufgeführten Arten in Form und Größe von den Fiedern in der Regel dtl. unterschieden. Ähneln die „Stp." den Fiedern, handelt es sich wahrscheinl. um die Gattungen *Lotus* oder *Tetragonolobus*, wo die basalen (und bisw. kleineren) Fiedern der sitzenden, 5-zlgen B. Stp. vortäuschen können. Vgl. dann Gruppe III. – Bei *Ononis, Cytisus* und einj. *Coronilla*-Arten weichen die oberen B. in ihrer Zähligkeit oft ab.

*Hauptschlüssel:*

**1.** Fahne ca 1/2 so lg wie d. Schiffchen, kaum aufgekrümmt. Alle Staubb. frei. Stp. basal verwachsen, dem B. ± gegenüberstehend bzw. einen stg.umfassenden Kragen bildend. 1-3 m hoher, stinkender Strauch. Blü. in büscheligen Trauben. Fr. 10-20x1-2 cm. II-IV     *Anagyris foetida*

**1+** Fahne >1/2 Schiffchen, meist dtl. aufgekrümmt. Staubb. alle oder zu 9+1 verwachsen. Stp. meist anders

   **2.** Fiedern ± dtl. gezähnt. Blü. zu 1(-3). K. regelmäßig 5-zähnig. Pfl. zumind. oberwärts drüsig (wenn nicht vgl. **7.** *Trigonella*). Blü. rosa od. gelb. Alle Staubb. röhrig verwachsen. Ein- (dann B. bisw. 1-zlg) od. mehrj. (dann bisw. verholzend)     *Ononis*

   **2+** Fiedern höchstens vorne gezähnelt. Wenn insges. fein gezähnelt *(Trifolium* p.p.), Blü. in doldigen Köpfchen und oberstes Staubb. frei. Pfl. meist ohne Drüsen

      **3.** Halbstrauch od. Holzpfl. Alle Staubb. zu einer Röhre verwachsen. Blü. gelb     *Genisteae*

      **3+** Krautig (oft einj.). Oberstes Staubb. frei

         **4.** Endfieder dtl. größer. Oft nicht alle B. 3-zlg. Blü. gelb. (Meist bogenförmig gekrümmte) Gliederhülse. Pfl. einj.     *Coronilla (scorpioides* und *repanda)*

         **4+** Alle Fiedern ± (!) gleich. B. stets 3-zlg. Blü. weiß(l.), gelb, rosa od. blau. Keine Gliederhülse

            **5.** Fr. (meist schon jung erkennbar) sichelförm. (dann Teilinfl. dtl. gestielt) oder schneckenförmig eingerollt und dann reif scheiben-, tonnen- oder kugelförmig, oft mit stacheligen Emergenzen. Blü. meist gelb, slt. blau     *Medicago*

            **5+** Fr. nicht so; wenn sichelförm. (vgl. **7.** *Trigonella*), Pfl. einj. und Teilinfl. ungestielt oder Fiedern meist nur <2x so lg wie br.

               **6.** Fiedern groß (5-10x3-8 cm), mit Stipellen (d.h. mit jeweils „eigenen Stp."). Blü. lg gestielt, die weißl.-rötl. Schiffchenspitze eingerollt. Kulturpfl.     *Phaseolus vulgaris*

               **6+** Fiedern kleiner. Keine Stipellen. Schiffchenspitze nicht eingerollt

                  **7.** Fr. >3x so lg wie br., weit aus d. K. herausragend, oft etwas gebogen und mit auffälligen Nerven. Blü. gelb, zu 1-8 fast sitzend oder in 8-10-blü. gestielten Trauben. Einj.     *Trigonella*

                  **7+** Fr. <3x so lg wie br., großenteils vom K. eingehüllt

                     **8.** Blü. in verlängerten Trauben, gelb, slt. weiß. Fr. ± runzelig     *Melilotus*

                     **8+** Infl. doldig oder kopfig, slt. walzl.

                        **9.** Blü. blau(violett). Fiedern ganzrandig, drüsig punktiert. Pfl. riechend     *Bituminaria bituminosa*

                        **9+** Blü. gelb, rötl. od. weiß(l.). Fiedern zumind. apikal meist gezähnelt, nicht drüsig punktiert. Pfl. geruchlos

                           **10.** Fr. nierenförmig. Blü. gelb. Mittelnerv der Fiedern sich als Spitzchen fortsetzend vgl. **5.**     *Medicago (falcata* und *lupulina)*

                           **10+** Fr. oval od. längl., von der verwelkten Blü. oft umschlossen bleibend. Blü. ± rot, weiß(l.) od. gelb, dann aber Fiedern apikal ohne Spitzchen     *Trifolium*

*Alternativschlüssel:*

**1.** Nerven der Fiedern bis zum (zumind. apikal) ± gezähnten Rand verlaufend

   **2.** Pfl. zumind oberwärts drüsig. Blü. zu 1-3. Alle 10 Staubb. röhrig verwachsen     *Ononis*

**2+** Pfl. nicht drüsig (wenn drüsig – bisw. bei *Medicago* –, dann Fr. spiralig gewunden). Das oberste Staubb. frei

**3.** Fr. (meist schon jung erkennbar) dtl. sichelförm. oder eingerollt und dann reif scheiben-, tonnen- oder kugelförmig, oft mit stacheligen Emergenzen **Medicago**

**3+** Fr. anders; wenn gekrümmt vgl. **4.**

**4.** Fr. mind. 4x so lg wie br., mit dtl. Nerven, (leicht) gekrümmt oder mit mind. 8 mm lgem Schnabel. Teilinfl. meist ± sitzend. Pfl. einj. *Trigonella*

Wenn Infl. gestielt und Pfl. mehrj. vgl. auch *Medicago falcata*

**4+** Fr. anders, fast immer kugelig oder oval und <3x so lg wie br.

**5.** Infl. eine lggezogene Traube (mind. 5x so lg wie br.). Blü. gelb, slt. weiß *Melilotus*

**5+** Infl. zusammengezogen, <3x so lg wie br. vgl. oben **10./10+** *Medicago* und *Trifolium*

**1+** Rand der Fiedern glatt

**6.** Pfl. (halb-)strauchig. Blü. gelb

**7.** Fahne ca 1/2 so lg wie d. Schiffchen, kaum aufgekrümmt. Alle Staubb. frei. Stp. basal verwachsen, dem B. ± gegenüberstehend. Fr. 10-20x1-2 cm. II-IV *Anagyris foetida*

**7+** Pfl. (insbes. Stp.) anders. Staubb. miteinander röhrenförmig verwachsen. K. zweilippig oder vorne wie abgeschnitten *Genisteae*

**6+** Pfl. krautig

**8.** Blü. gelb. (Meist bogenförmig gekrümmte) Gliederhülse. Endfieder dtl. größer. Oft nicht alle B. 3-zlg. Pfl. einj. *Coronilla (scorpioides* und *repanda)*

**8+** Blü. nicht gelb. Fr. anders. Endfieder nicht dtl. größer

**9.** Blü. in Köpfchen, blau(violett). Fiedern höchstens 6 cm lg, ohne Stipellen, drüsig punktiert. Wildpfl. *Bituminaria bituminosa*

**9+** Blü. ± zu 2, weißl.-rötl. Fiedern oft größer, mit Stipellen (g) *Phaseolus vulgaris*

## Gruppe III – Blätter gefiedert

**1.** B. 5(-7)-zlg, sitzend, unteres Fiederpaar dadurch Stp. vortäuschend (zumal bisw. kleiner als die apikalen 3 Fiedern). Stp. selbst verkümmert

**2.** Blü. weißl. od. rosa, nur Schiffchenspitze oft dunkel. Rhachis meist fehlend (d.h. die 5 Fiedern entspringen dann ± einem Punkt) od. nur kurz (ca 2 mm). Fr. bis 2x so lg wie br. Pfl. 20-100 cm, zumind. basal verholzt *Dorycnium*

**2+** Blü. gelb, bisw. rotfleckig od. purpurn. Rhachis stets dtl. Fr. >3x so lg wie br. Pfl. rein krautig

**3a** Fr. zylindrisch. Infl. 1-12-blü. Blü. -17 mm lg, stets ± gelb. Basales Fiederpaar den übrigen ± ähnlich *Lotus*

**3b** Fr. vierkantig bis -flügelig. Infl. 1-2-blü. Wenn Blü. gelb, diese >25 mm. Fiedern apikal an Größe meist zunehmend *Tetragonolobus*

**3c** Gebogene Gliederhülse. Infl. 2-3-blü. Blü. gelb, -10 mm vgl. *Coronilla (repanda)*

**1+** B. anders

**4.** B. (meist) unpaarig gefiedert, d.h. Endfieder vorhanden. Pfl. stets rankenlos

**5.** Fiederzahl sehr verschieden, stets aber Endfieder auffällig vergrößert. Stp. oft hinfällig

**6.** Blü. meist zu 2-5 in lockeren Köpfchen. K. bis 6 mm, K.zipfel > Tubus. Kr. gelb. Fr. nierenförmig, mit gezacktem Außenrand. Einj. *Hymenocarpus circinnatus*

**6+** Blü. in dichten Köpfchen. K. zuletzt etwas aufgeblasen, mind. 10 mm, K.zipfel < Tubus. Kr. mit purpurner Schiffchenspitze oder insgesamt ± rot

**7.** Köpfchen 2-7-blü. K. ± radiär. Fr. dicht fein behaart, 2-samig und dann in der Mitte eingeschnürt, slt. einsamig. Einj. *Tripodion tetraphyllum*

**7+** Köpfchen vielblü. K. zygomorph. Fr. nicht eingeschnürt. Mehrj. *Anthyllis*

**5+** Fiedern ± gleichgroß. Stp. meist dtl., bisw. aber abgefallen

**8.** Pfl. krautig, bisw. allerdings an d. Basis verholzt

**9a** Blü. 10-12 mm, weißl. od. bläulich, einzeln. Fr. oval, hängend. Fiedern gezähnt. Ganze Pfl. drüsig-klebrig, einj., 20-80 cm (*//*; (g?))                          *Cicer arientinum*

**9b** Blü. 5-7 mm, gelb, zu 2-6, in gestielten Köpfchen, dieses am Grund mit einem gefiederten Hochb. (Reife) Fr. eine (wenig ausgeprägte) Gliederhülse, sichelförmig gekrümmt, 25-35x2-3 mm, zuzügl. eines meist eingekrümmten, bis 12 mm lgen Schnabels. K.zähne >1/2 so lg wie der Tubus. Pfl. einj., 5-30 cm                          *Ornithopus compressus*

**9c** Merkmale nicht in dieser Kombination, v.a. Blü. meist in abgesetzten, 1-mehrblü. Dolden oder Trauben (diese anfangs bisw. aber gestaucht). Wenn Fr. sichelförm. gekrümmt und geschnäbelt, viel größer (*Securigera*); wenn Blü. in köpfchenartigen Gruppen, Blü. nicht gelb

**10.** Fr. insgesamt ± rundl., einsamig, grobgezähnt, auf d. Fläche mit grubigen Einsenkungen. Blü. weißl. bis purpurn, oft fein gestreift, in (anfangs gestauchten) Trauben                          *Onobrychis*

Wenn die Pfl. noch keine reifen Fr. zeigt, empfiehlt sich ein Blick auf den Stg.grund: da die Samen direkt aus d. Fr. keimen, findet sich dort oft der meist gut erhaltene Fruchtrest der Mutterpfl.

**10+** Fr. nicht so

**11.** (Reife) Fr. eine Gliederhülse

**12.** Blü. gelb. Die einzelnen Segmente der ± reifen (!) Fr. hufeisenförmig od. Fr. zumind. schlangenartig gewunden, oft mit Papillen (diese schon früh zu erkennen). Blü. in 1-vielblü. Dolden. Stg. gerieft oder kantig                          *Hippocrepis*

**12+** Blü. ± rötl. oder weißl. Fr.segmente nicht hufeisenförmig

**13.** Blü. in Dolden. Fr. linear, (basal) vierkantig, 30-60 mm lg                          *Securigera*

**13+** Blü. in Trauben, stets rot, >10 mm. Fr. zusammengedrückt, aus 2-4 ± kreisförm., fein bestachelten Segmenten zusammengesetzt                          *Sulla*

**11+** Fr. keine Gliederhülse, höchstens zwischen den Samen etwas eingeschnürt

**14.** Fr. (incl. Schnabel) 4-9 cm lg, der zurückgekrümmte Schnabel davon 1,5-3 cm. Blü. gelb, in 4-8-zlgen doldigen Köpfchen. Einj.                          *Securigera (securidaca)*

**14+** Fr. (viel) kürzer, gerade oder gekrümmt, aber ohne einen zurückgekrümmten Schnabel dieser Lge. Blü. ± blau, weißl. oder blassgelb, nicht reingelb.

**15.** B. u./od. Fr. durch Harzdrüsen meist klebrig. Fr. seitl. zusammengedrückt, 1-5-samig, bis 3 cm lg. Blü. ± blau oder weißl. Pfl. mehrj., 40-120 cm                          *Glycyrrhiza*

**15+** Fr. oft gekrümt, oft durch lgsverlaufende Wandeinstülpung ± zweifächrig. Pfl. meist <60 cm Höhe (nicht Stg.-Lge!), nicht klebrig                          *Astragalus*

**8+** Holzpfl.

**16.** Blü. nur aus der Fahne bestehend, violett, in vielblü. Trauben. Fr. einsamig, drüsig. Stp. hinfällig                          *Amorpha fruticosa*

**16+** Blü. normal entwickelt, weiß bis gelb

**17a** Blü. weißl.-gelb, in Köpfchen. Silbrig behaarter, 50-200 cm hoher Strauch der Küstenfelsen                          *Anthyllis (barba-jovis)*

**17b** Blü. reinweiß, in hängenden Trauben. Baum mit Stipulardornen (v)                          *Robinia pseudacacia*

**17c** Blü. reingelb. (Bisw. kleiner) Strauch, ohne Stipulardornen

**18.** Infl. eine 6-8-blü. Traube. Fr. zuletzt aufgeblasen                          *Colutea arborescens*

**18+** Infl. doldig. Fr. eine ± linealische Gliederhülse

**19.** Nagel der Fahne 2-3x so lg wie der K. Kr. 14-20 mm. Jge Äste kantig. 50-200 cm                          *Emerus*

**19+** Nagel etwa so lg wie der K. Stg. rund. 20-80 cm                          *Coronilla*

**4+** B. paarig gefiedert, z.T. aber mit endständiger Ranke. Außer **20.** *Ceratonia* stets krautig. Blü. ± sitzend oder in Trauben (nicht in gestielten Dolden)

**20.** Baum. B. ledrig. Blü. ohne Krb.                          *Ceratonia siliqua*

**20+** Pfl. krautig. Krb. vorhanden

**21.** Stp. > Fiedern. Blü. groß, weiß od. 2-farbig lilapurpurn. Ranken mehrteilig. Einj.   *Pisum*

**21+** Stp. < Fiedern. Mit od. ohne Ranke

**22.** K. stets radiär, Zähne 2-6x so lg wie d. Tubus. Blü. <8 mm, ± (weißl.-)blau, zu 1-3. Samen zu 1-2(-3). Einj.   *Lens*

**22+** K. radiär od. zygomorph, Zähne höchstens 2x so lg wie d. Tubus. Samen mind. 2

**23.** Staubb.-Röhre rechtwinkelig abgeschnitten. Gr. auf der Oberseite fein behaart. Fiederjoche meist 1-5. Fiedern häufig lanzettl. und parallelnervig, an Monokotylenblätter erinnernd. Stg. bisw. geflügelt   *Lathyrus*

**23+** Staubb.-Röhre schief abgeschnitten. Gr. überall oder nur unterseits behaart oder kahl. Fiederjoche meist >4, wenn weniger, Fiedern netznervig. Stg. ungeflügelt   *Vicia*

## ACACIA
Pg führt für Italien 9 gepflanzte Akazien-Arten an, ROSSINI OLIVA & al. (in Inform. Bot. Ital. **36**:69-74, 2004, mit Bestimmungsschlüssel) für West-Sizilien 10 Arten; bisher ist vom Garg. nur *A. cyanophylla* gemeldet (Phyllodien 10-20 cm, mit dtl. Hauptnerv. Kugelige Blü.büschel 10-15 mm DM, in einer Traube angeordnet). – CL synonymisiert diese Art – wohl zu Unrecht – mit *A. saligna* (mit rispiger Gesamtinfl.) und nennt für Apulien keine Art. – Ggfs. Or.-Lit.

## AMORPHA  Vgl. III 16. (verwilderter Zierstrauch)   *A. fruticosa*

## ANAGYRIS  Vgl. II 1.   *A. foetida*

## ANTHYLLIS  (excl. Tripodium)

**1.** Pfl. krautig. Endfieder meist vergrößert. Blü. meist rot, slt. gelb   *A. vulneraria*
Formenreich (vgl. Pg **1**:751ff). Folgenden ssp. werden vom Garg. bzw. aus Apulien gemeldet:

**a.** K. 10-17 mm lg, von angedrückten Seidenhaaren (silbrig) glänzend. Kr. 15-20 mm, meist kräftig rot. Stg. oft 2-köpfig. Pfl. bis >30 cm hoch („*maura*-Gruppe" s. Pg)

**b.** K. 14-17 mm. Stg. hoch hinauf beblättert. 15-50 cm   ssp. *maura*

**b+** K. 10-14 mm. Stg. nur mit 0-2 B. in der unteren Hälfte.

**c.** K. (11-)12-14 mm. Köpfchen zu 1-2. Endfieder der unteren B. 5-8x1-2 cm, viel (!) größer als die 2-3 Seitenfiedern (diese ca 1x0,3 cm) oder allein ausgebildet (B. dann ungeteilt). 15-30 cm (zumindest vorherrschendes Taxon)   ssp. *rubriflora (*= ssp. *praepropera)*

**c+** K. 10-12 mm. Köpfchen meist einzeln. Fiedern nicht so unterschiedlich groß. 10-15 cm   ssp. *weldeniana*

**a+** K. 8-9 mm, abstehend behaart, glanzlos. Kr. ca 12 mm. Pfl. 10-15 cm hoch („*vulnerarioides*-Gruppe" s. Pg)

**d.** Untere Stgb. mit 1-5 Segmenten, Endfieder dtl. größer. Stg. angedrückt behaart. Kr. ca 12 mm, gelbl. od. rötl. (//)   ssp. *pulchella*

**d+** Untere Stgb. mit 5-9 Segmenten, diese nicht sehr unterschiedlich. Stg. ± abstehend behaart. Kr. weinrot   ssp. *vulnerarioides*

**1+** (Schlanker) Strauch von 30-200 cm. Blü. (hell-)gelb. Fiedern alle ± gleich, 13-19-zählig, silbrigglänzend. Fr. einsamig. Auf Küstenfelsen   *A. barba-jovis*

## ARGYROLOBIUM  → Genisteae

## ASTRAGALUS

Die Meldung von „*Astragalus montanus* L." (Basilice 1813) lässt sich nicht zuordnen

**1.** Alle B. ± grundständig, nur die vielblü. Infl. lg gestielt, Infl.stiel dabei lger als d. Tragb. B. mit 15-20 unterseits kahlen Fiederpaaren. Haare 2-schenkelig. Blü. rotviolett. Fr. höchstens leicht gekrümmt, 20-40x2-4 mm. Pfl. mehrj.                                                      **A. monspessulanus**
Formenreich (vgl. Pg **1**:661). Zu erwarten ist:
Größere Fiedern meist (!) >2x so lg wie br.; reife Fr. 2-3(,5) mm br.                    ssp. *m.*
**1+** Stg. (nicht Infl.schaft!) 10-120 cm, oft prostrat. 6-11 Fiederpaare. Infl.stiel meist < Tragb.
  **2.** Pfl. mehrj., fast kahl, die wenigen Haare einfach. Stg. >40 cm lg, zickzackförmig niederliegend. Fiedern ± oval, 20-40x10-25 mm. Blü. bleichgelb. Fr. verkahlend, bisw. leicht gekrümmt.
  V-VII                                                                              **A. glycyphyllos**
  Im Gebiet: B. mit 5-6 Fiederpaaren, K. 7 mm, mit schwarzen Borsten, Fr. 25x4 mm    var. *setiger*
  **2+** Pfl. einj., weithin (dicht) behaart. Stg. <40 cm, prostrat bis aufsteigend. Fr. bis 3 mm br. III-V
    **3.** Blü. weißl. od. gelbl., bisw. violett überlaufen, in gestielten Dolden. Haare s. ungleich 2-schenkelig. Fr. halbkreisförmig, verkahlend, -30 mm lg. B. 6-12 cm lg, mit 8-11 Fiederpaaren
                                                                                    **A. hamosus**
    **3+** Blü. blauviolett od. gelbl.-blau, in ± sitzenden Knäueln. Haare einfach. Fr. gerade, dicht behaart bleibend, 10-13 mm lg, 2-3 mm aufgebogen-geschnäbelt. B. 3-4 cm lg, mit 6-9 Fiederpaaren                                                                              **A. sesameus**

**BITUMINARIA** Vgl. II 9.                                                          **B. bituminosa**
                                                                                    = *Psoralea b.*


**CALICOTOME** → Genisteae


**CERATONIA** Vgl. III 20.                                                          **C. siliqua**


**CERCIS** Vgl. I 1.                                                                **C. siliquastrum**


**CICER** Vgl. III 9a (verwilderte) Kulturpfl. (*//*)                               **C. arientinum**


**COLUTEA** Vgl. III 18.                                                            **C. arborescens**


## CORONILLA
Angaben zur Samengröße (aus Jahn in Feddes Rep. **85**:515-519, 1974): Lge x Br. x Dicke

**1.** Blü. gelb
  **2.** Pfl. einj., 5-20 cm. Dolden 2-5-blü. Fr. dtl. gekrümmt. Endfieder meist größer als Seitenfiedern, bisw. allein vorhanden
    **3.** Obere B. (1-)3-zlg, Fiedern (sehr) ungleich groß. Kr. 4-6 mm, Samen 3,5-4,2 x 1-1,5 x 1,1-1,2 mm                                                                         **C. scorpioides**
    **3+** Obere B. 5-9-zlg, Endfieder wenig größer. Kr. 7-10 mm, Samen 2,5-3,5 x 0,8-1 x 0,7-0,8 mm (v)                                                                               **C. repanda**
  **2+** ± Strauchig, 0,2-2 m hoch. Fr. ± gerade. Fiedern ± gleich groß
    **4.** Kr. 6-12 mm. Nagel ca so lg wie der K. Dolden 4-12-blü. Fr. 1-5 cm. Stg. rund. Bis 80 cm
    **5.** Kleiner (Halb-)Strauch, slt. >20 cm. Blü. meist 6-8 mm. Fied. mit häutigem Saum. Stp. ca 1 mm, dtl. verwachsen (den Stg. umgreifend), membranös (*//*)                   **C. minima**
Ähnlich die nur basal verholzten Stauden *Hippocrepis comosa* und *glauca* mit freien, krautigen Stp.

**5+** Pfl. höher. Blü. größer oder Stp. fast frei

**6.** B. bald abfallend, Zweige dann binsenartig. Die 3-7 Fiedern >2x so lg wie br., apikal gerundet. Stp. membranös, 1-3 mm. Blü. <9 mm. Samen 2,5-3,5 x 1,3-1,8 x 1-1,2 mm. Pfl. grün           *Coronilla juncea*

**6+** B. bleibend, immergrün. Die 5-13 Fiedern <2x so lg wie br. Gliederhülse sehr ausgeprägt. Blü. mind. 9 mm. Samen 3,5-4,8 x 1,5-2,5 x 1,3-1,6 mm. Pfl. blaugrün   **C. valentina**

Die beiden folgenden Taxa werden von CL nicht unterschieden. Übergänge (vgl. Pg **1**:757)!

  **a.** 3-6 Fiederpaare. Stp. rundl.-zugespitzt (nierenförm.), 5-10 mm, krautig; früh abfallend, aber eine kragenförmige Narbe hinterlassend. Fr. meist >2cm, 4-8-gliedrig     ssp. *v.*

  **a+** 2-3 Fiederpaare. Stp. ± 3-eckig, 2-6 mm, häutig. Fr. meist <2 cm, 1-4-gliedrig (slt. mehr)(Garg. fragl.)     ssp. *glauca*

**4+** Kr. 14-20 mm. Nagel der Fahne 2-3x so lg wie der K. Fr. wenig gegliedert. Samen 4,5-6,5 x 1,1-1,8 x 1,2-1,5 mm. Junge Äste kantig. 0,5-2 m hoch vgl.     *Emerus major*

**1+** Blü. ± weißl. oder rosa. Fr. linear, zumind. an der Basis vierkantig, 30-60 mm, mit kurzem, gekrümmtem Schnabel. Pfl. krautig vgl.     *Securigera*

## CYTISUS → Genisteae

## DORYCNIUM

**1.** Kr. 10-20 mm, weiß oder rosa. K. ca 8 mm. Fr. 6-12 mm, 2-6-samig. Köpfchen 4-20-blü. Rhachis -2 mm     *D. hirsutum*

Formenreich, z.B.:

  **a.** Pfl. dtl. behaart

    **b.** Haare lg und abstehend (am Garg. wahrscheinl. häufigste Form)     var. *hirtum*

    **b+** Haare kurz und angedrückt     var. *incanum*

  **a+** Pfl. fast kahl (Tremiti)     var. *glabrum*

Var. *italicum* s. Fen bleibt hier ungeklärt

**1+** Kr. 3-7 mm, K. ca 3 mm

**2.** Alle B. ohne Rhachis, daher 5-zlg digitat. Obere K.zähne breiter als die unteren. Fr. 3-6 mm, ovoid, meist 1-samig (*D. pentaphyllum* s. Pg)

Die Gliederung dieser Sammelart folgt CL. Sie weicht von der in Pg **1**:742f verschlüsselten wesentlich ab

  **3.** Köpfchen 5-15-blü. Blü. 4-7 mm. Stg. basal dtl. verholzt, oben durch angedrückte Haare graugrün

    **4.** Fiedern der oberen B. 6-12 mm lg. Fahne bespitzt. Schiffchen mit schwärzlicher Spitze, von den Flügeln nicht völlig eingehüllt. Blü.stiel meist ca 1/2 so lg wie der K.tubus

        **D. pentaphyllum** s.str.
        = *D. pentaphyllum* ssp. *suffruticosum* s. Pg

    **4+** Fiedern der oberen B. meist 10-20 mm. Fahne ± nicht bepitzt, Schiffchen meist ohne dunkle Spitze, von den Flügeln völlig eingehüllt. Blü.stiel bis ebenso lg wie der K.tubus (*//*)

        **D. germanicum**
        = *D. p.* ssp. *p.* s. Pg

  **3+** Köpfchen 12-25-zlg. Blü. meist nur 3-4 mm. Oberer Stg. und B. am Rand mit angedrückten und abstehenden Haaren. Blü.stiel meist ebenso lg wie od. lger als d. K.tubus. Fahne nicht bespitzt. Pfl. basal nur wenig verholzt     **D. herbaceum**
        = *D. p.* ssp. *h.*

**2+** Wenigstens untere und mittlere B. mit 5-10 mm lger Rhachis. K.zähne ± gleich. Köpfchen meist 20-30-blü. Fr. 10-15(-20)x1,5-3 mm, ± zylindrisch, 7-9-samig. Feuchte Standorte     **D. rectum**

**EMERUS** Vgl. III 19.

***E. major***
= *Hippocrepis emerus* = *Coronilla emerus*

Die Art gliedert sich in 2 ssp., die vor allem geografisch gut getrennt sind (vgl. SCHMIDT in Feddes Rep. **90**: 257-361, 1979; anders CL). Eines der wenigen Überlappungsgebiete liegt westlich des Garg., der im Übrigen dem Areal von ssp. *emeroides* zugeschlagen wird. Nach FIORI kommen im Gebiet beide Taxa vor. Da auch „Übergangsformen" möglich sind, sind hier beide ssp. aufgeschlüsselt. – Die Blü.merkmale im Spätsommer blühender Pflanzen sollten nicht verwertet werden. – Die bisw. gegenläufigen Angaben in Pg **1**:757 werden in der Lit. sonst nicht bestätigt

**a.** Dolden 1-3(-5)-blü. Doldenstiel nicht gerieft (höchstens stumpf 2-3-kantig), etwa so lg wie das Tragb., am Ende mit nicht verwachsenen schuppenartigen Brakteen. Nagel der Fahne 8-11 mm, bis zu 3x so lg wie der K. Samen meist gelbl. bis oliv ssp. *m.*

**a+** Dolden 3-8(-10)-blü. Doldenstiel gerieft, (dtl.) lger als das Tragb., Brakteen frei oder ± verwachsen. Nagel 7-9 mm, ca 2x so lg wie der K. Samen meist braun ssp. *emeroides*


**GENISTEAE** (= **Cytiseae**); (**Genista, Argyrolobium, Calicotome, Cytisus, Laburnum, Spartium, Teline, Ulex**; vgl. **Lupinus**)


*Hauptschlüssel:*

**1a** Zweige ruten- oder binsenförmig, nicht dornig. Oft b.los. Strauch, meist >1 m hoch. Blü. ca 20-25 mm **Tab. a.**

**1b** Pfl. mit Dornen **Tab. b.**

**1c** Pfl. normal beblättert, ohne Dornen

   **2a** B. (wenigstens zum großen Teil) einfach. Außer der slt. *Cytisus scoparius* meist <50 cm hoch **Tab. c.**

   **2b** B. 3-zlg **Tab. d.**

   **2c** B. digitat gefiedert. Pfl. krautig s. *Lupinus*


**a. Zweige ruten- oder binsenförmig**

**1.** Zweige zylindrisch. B., wenn vorhanden, einfach. K. 4 mm, schräg abgeschnitten, ohne dtl. Lippenbildung. Fr. behaart, aber verkahlend ***Spartium junceum***

**1+** Zweige (5-)kantig. B. meist vorhanden, teilw. 3-, teilw. 1-zlg. K. 6-7 mm, dtl. 2-lippig. Gr. sehr lg, zur Vollblüte eingerollt. Fr. an den Nähten -2,5 mm lg bewimpert (*H*) ***Cytisus scoparius***
= *Sarothamnus sc.*


**b. Pfl. dornig**

**1.** (Halb)strauch, 10-30(-50) cm hoch

**2.** B. einfach, 8-12x2 mm. Infl. ± endständig. K.tubus 2 mm, mit linealen Zähnen von 4 mm Lge. Schiffchen 9-11 mm, behaart. Fr. kurz, 1-samig. Stg. oberwärts mit kladodienartigen Seitenzweigen, diese meist verzweigt und jeweils (oft nur schwach) dornig endend (Dornen also gewissermaßen fiederartig zusammengesetzt). V-VI ***Genista***

Taxonomisch schwieriger Formenkreis (*G. sylvestris* s. Fen). Ob die hier angeführten Merkmale korreliert auftreten ist nicht erwiesen

**3.** Samen 2,9-3,0x2,1-2,2 mm. Kladodienartige Seitenzweige meist mit >2 Seitenzweigen 2. Ordnung, wie die Stachelspitze weich. Behaarung anliegend. Traube locker, 3-15 cm lg. Fahne kahl od. nur apikal behaart (Garg. fragl.) ***G. sylvestris*** s.str.

**3+** Samen 3,2-3,3x2,2-2,4 mm. Seitenzweige meist 3-zlg, d.h. mit nur 2 Seitenzweigen 2. Ordnung. Diese ± starr, ± rechtwinkelig abzweigend oder sichelförmig, in einen 1-3 mm lgen stechenden Dorn endend. Behaarung anliegend oder abstehend. Infl. meist nur 1-5 cm, sich erst später verlängernd. Fahne am Rücken behaart ***G. michelii***
= *G. sylvestris* ssp. *m.* incl. ssp. *dalmatica* s. Pg; = *G. hirsuta* Ten.

**2+** B. 3-zlg, Fiedern 6-9x2-3 mm. Ganze Pfl. ± silbrig-seidig. Blü. 20-25 mm, zu 1-2 achselständig. K.tubus > K.zähne. Fr. 30-40x5 mm, mehrsamig. IV-V　　　　***Cytisus spinescens***
　　　　　　　　　　　　　　　　　　　　　　　　　　　　　　　= *Chamaecytisus s.*

Formenreich. Fen meldet 2 Taxa:

**a.** Fr. vor allem auf den Nähten behaart, auf den Flächen fast kahl. Fiedern oberseits meist ±
grün　　　　　　　　　　　　　　　　　　　　　　　typ. var. (= var. *ramosissimus* s. Fen)

**a+** Fr. gänzlich behaart, auch B. beiderseits seidig (zumind. häufigere Form)　　var. *candidus*

**1+** Strauch >50 cm, meist >1 m. B. 3-zlg oder scheinbar fehlend. (II-)IV-V

**3.** B. ebenfalls in Schuppendornen umgewandelt. K. dtl. in 2 Lappen gespalten, d. Kr. zu 3/4
einhüllend (//?; (g?))　　　　　　　　　　　　　　　　　　　　　　***Ulex europaeus***

**3+** Nur Sprossdornen. B. 3-zlg, z.T. mit Kompasshaaren. K. bis 1/3 so lg wie d. Kr., gestutzt od.
vorne unregelmäßig fein gezähnelt　　　　　　　　　　　　　　　　　***Calicotome***
Möglicherweise kommt nur eines der folgenden 3 Taxa am Garg. vor

**4.** Fr. bzw. Frkn. wie auch die vorjährigen (!) Zweige (±) kahl, aber Blü.stiele und K. oft spärl.
behaart. Blü. oft nur 1-2. Brakteolen (Tragb. der Einzelblü.) lger als br., meist ganzrandig. Äste
mit 10-12 Längsrillen　　　　　　　　　　　　　　　　　　　　　***C. spinosa***

**4+** Fr. und Zweige bleibend behaart. Blü. meist zu 2-8 gebüschelt (?). Brakteolen oft seicht 3-
lappig. Äste mit 10-18 Längsrillen (= *C. villosa* s.l. = s. FE)

**5.** K. und Fr. kurz angedrückt seidig behaart (Haare alle <1 mm). Äste mit 10-12 Rillen. Brakteolen lger als br. B. oberseits kahl (?)　　　　　　　　　　　　　　***C. infesta***

**5+** K. und Fr. mit lgen, ± (!) abstehenden, weißen Haaren (lgere Haare 1,5-2 mm). Äste mit
12-18 Rillen. Brakteolen etwa so lg wie br., ganzrandig bis seicht 3-lappig　　***C. villosa*** s.str.

### c. Blätter einfach

**1.** Fahne kahl

**2.** Oberlippe des K. bis fast zur Hälfte 2-spaltig. Alle B. einfach　　　　　***Genista***

**3.** Stg. 10-20 cm, auffällig (beiderseits ca 2 mm br.) geflügelt, Flügel an den Knoten einge-
schnürt. Blü. 10-12 mm, in dichten Trauben. Fr. 10-15 mm lg, 2(-3)-samig, behaart (//)
　　　　　　　　　　　　　　　　　　　　　　　　　　　　　　　***G. sagittalis***
　　　　　　　　　　　　　　　　　　　　　　　　　　　　　　　= *Chamaespartium s.*

**3+** Stg. zylindrisch, rinnig oder 3-kantig. Blü. meist kurz gestielt und in durchblätterten (lockeren) Trauben. Fr. 20-25 mm, 5-10-samig (*G. tinctoria*-Gruppe)

**4.** Stg. dtl. 3-kantig, fast geflügelt (Flügel aber <1 mm). B. (5-)10-20x3-7 mm (Tragb. der Blü.
nicht wesentl. kleiner), oben gerundet bis zugespitzt, mit fein (!) gezähntem Knorpelrand, völlig kahl. Blü. bis 15 mm. 10-50 cm (v)　　　　　　　　　　　　　　***G. januensis***

**4+** Stg. höchstens rinnig. Tragb. linealisch　　　　　　　　　　　　　***G. tinctoria***
　　　　　　　　　　　　　　　　　　　　incl. ssp. *elatior* und ssp. *humilis* s. Fen
Die Art ist formenreich, doch werden in CL keine ssp. mehr unterschieden; vgl. ggfs. FE 2:95f oder Pg
1:637

**2+** Oberlippe des K. kurzzähnig. Blü. dtl. gestielt. Stg. kantig. B. bisw. 3-zlg　　***Cytisus***

**5.** Blü. 20-25 mm, zu 1-2. Stg. dtl. 5-kantig, meist >50 cm. B. – soweit überhaupt vorhanden –
nur an jungen Zweigen einfach, sonst meist 3-zlg und gestielt vgl. Tab. **a 1+**　　*C. scoparius*

**5+** Blü. meist 10-13 mm, zu 1-5 auf mind. 4 mm lgen abstehend behaarten Stielen
　　　　　　　　　　　　　　　　　　　　　　　　　　　　　　　***C. decumbens***
Im typischen Fall wächst die Art prostrat. Die Blü. stehen zu 1-3, deren Stiele sind 2-4x so lg wie der K.
Die garg. Pfl. wachsen dagegen ± aufrecht („ssp. *elatus*"), die Blü.stiele sind selten >2x so lg wie der K.
Die Blü. können bei dieser Form auch zu 3-6 gebüschelt sein („var. *multiflorus*", vgl. Fen 2:456), doch
sind die beiden letztgenannten Merkmale nicht korreliert. Beide Taxa gelten als garganische Endemiten.
– CL unterscheidet nicht
Wenn Fahne basal dunkelrot gestreift, Stg. nur gerillt, Blü. mind 15 mm, Stg. lg behaart bleibend und Pfl.
>50 cm vgl. auch Tab. **d. 6.**　　　　　　　　　　　　　　　　　　*Cytisus villosus*

**1+** Fahne, Schiffchen und K. behaart. B. 12-16x3-4 mm, 3-nervig, stumpf bis gestutzt. Blü. zu 2-5, jede ca 3 mm gestielt. Fr. behaart, 1(-4)-samig. Pfl. ca 10 cm hoch (*//*)　　　*Genista sericea*
Im Gebiet gemeldet: „ssp. *rigida*", ein unklares Taxon (GL), durch eine Fr. bis zu 10 (statt 10-15) mm Lge gekennzeichnet

### d. Blätter dreizählig

**1.** Halbstrauch, bisw. fast krautig, slt. >50 cm hoch. Junge Zweige, B. (zumind. unterseits) und Fahne behaart (wenn Fahne kahl vgl. Tab. **c. 2+**)
**2.** Blü. in endständigen, vielblü. Trauben, diese nur mit kleinen Brakteolen und 4-8 mm lgen Blü.-stielen. Pfl. beim Trocknen schwarzwerdend (*//*)　　　*Cytisus nigricans*
　　　　　= *Lembotropis n.*

　**2+** Blü. vereinzelt oder zu wenigen
　**3.** K.tubus 3-4 mm, Zähne lger. Blü. 10-12 mm. Blü. mit kleinem Tragb. und 2 Vorb. unterhalb des K. Junge Zweige und B.unterseite silbrig, B.oberseite ± kahl und dunkelgrün mit hellen Punkten (v)　　　*Argyrolobium zanonii*
　Die Zugehörigkeit von *Argyrolobium* zu den Genisteen ist strittig. – Auf das Indument der garg. Exemplare ist zu achten. Im typischen Fall ist es dimorph und besteht aus kurzen (<1 mm) angedrückten und lgen (1-3 mm) abstehenden Haaren (vgl. ALCARAZ & DE LA TORRE in Willdenowia **21**:69-72, 1991)
　**3+** K.tubus 9 mm, Zähne kürzer. Blü. dtl. größer. B. unterseits lg behaart, aber ± grün. Sehr formenreich bezügl. Wuchsform und Behaarung (v)　　　*Cytisus hirsutus*
　　　　　= *Chamaecytisus h.*
　　　　incl. var. *garganicus* s. Fen (= var. *hirsutissimus* s. Pg?)

**1+** Strauch od. kleiner Baum, meist >1 m hoch. Fahne kahl (aber Schiffchen bisw. behaart)
**4.** Fiedern 3-6x1-3 cm. Infl. hängend. Fr. mit Karpophor (im K. gestielt), mit verdicktem oberen Rand, zuletzt verkahlend, 4-5x1 cm (auch (g?))　　　*Laburnum anagyroides*
**4+** Fiedern und Fr. kleiner. Infl. ± aufrecht
　**5.** Zweige rutenförmig, 5-kantig. Blü. 2-2,5 cm, mit lgem, eingerolltem Gr. Fr. (± nur) an den Nähten mit -2,5 mm lgen Haaren. B. z.T. 1-, z.T. 3-zählig vgl. Tab. **a. 1+**　　*Cytisus scoparius*
　**5+** Zweige nicht rutenförm. Blü. kleiner. Gr. nicht eingerollt. Fr. ± seidig behaart
　**6.** K. glockig, mit kurz-2-zähniger Oberlippe. Fiedern beim Trocknen schwarzwerdend, mind. 10x5 mm, Endfieder oft größer als Seitenfiedern und bisw. als einzige ausgebildet. Blü. zu 1-3, auf 5-10 mm lgen Stielen. Flügel ca 15 mm lg, Fahne basal dunkelrot gestreift. Fr. 20-40 mm　　　*Cytisus villosus*
　**6+** Oberlippe d. K. bis fast zur Hälfte geteilt. Fiedern 8-20x4-10 mm, alle ± gleichgroß. Blü. in gestielten, 4-8-zlgen doldigen Trauben. Blü.stiele mit 3 s. kleinen B.schuppen (davon 2 in K.-Nähe). Flügel 8-10 mm, behaart. Fr. ca 20 mm　　　*Teline monspessulana*
　　　　　= *Genista m.*

---

*Gattungs-Alternativschlüssel:*
Zur weiteren Aufschlüsselung der hier genannten Taxa vgl. Hauptschlüssel

**1.** Zweige binsenförmig. B., wenn vorhanden, einfach. K. ohne dtl. Lippenbildung. Blü. 20-25 mm. Pfl. dornenlos, 50-250 cm　　　*Spartium (junceum)*
**1+** Zweige nicht binsenförmig; wenn (slt.) blattlos, kantig u./od. dornig
　**2.** Fiedern 3-6x2-3 cm. Blü. 15-20 mm, in hängenden >10 cm lgen Trauben. K. schwach zweilippig. Strauch oder Baum, 1-6 m　　　*Laburnum (anagyroides)*
　**2+** Fiedern (bzw. B.) kleiner (oder fehlend). Infl. anders
　**3.** K. gelb(l.), ± bis zum Grund in Ober- und Unterlippe gespalten. Pfl. sehr dornig. Die meisten B. schuppenartig (Garg. fragl.)　　　*Ulex (europaeus)*
　**3+** K. mit ± wohlentwickeltem Tubus
　**4.** K. vorne wie abgeschnitten oder unregelmäßig ausgefranst. Pfl. mit kräftigen Dornen. Strauch bis 3 m Höhe　　　*Calicotome*

**4+** K. mit dtl. (oft aber kurzen) Zähnen

**5.** Oberlippe des K. bis fast zur Hälfte 2-zähnig geteilt

**6.** B. 3-zlg. Pfl. unbewehrt. B. oberseits ± kahl. Jede Blü. mit schuppenförm. Trag- und unterhalb des K. mit 2 Vorb.-schuppen

**7.** Junge Zweige stark gerippt, kurz ± grau behaart, B. unterseits meist spärl. abstehend behaart. Fahne kahl, lger als das behaarte Schiffchen. UL des K. nur kurz 3-zähnig. Blü. 10-12 mm, doldig genähert, zu 2-8. 0,5-3 m. Meist ± schattige Standorte
*Teline (monspessulana)*

**7+** Junge Zweige ± rund, wie die B.unterseite dicht silbrig behaart. Fahne oberwärts behaart. Alle K.zähne lger als die K.röhre. Blü. zu 2-4. Zwergstrauch, slt. >30 cm. Sonnige Standorte
*Argyrolobium (zanonii)*

**6+** B. einfach. Fahne höchstens so lg wie das Schiffchen, kahl oder behaart. Bisw. mit Dornen. Slt. >50 cm
*Genista*

**5+** Oberlippe kurzzähnig. B. ein- oder 3-zlg, Pfl. bisw. bedornt
*Cytisus* s.l. (= s. CL)

**a.** K.tubus kurz, ± glockig

**b.** Blü. in Büscheln oder durchblätterten Trauben
*Cytisus* s.str.

**b+** Blü. in endständ. Trauben. Zweige behaart
*„Lembotropis" (nigricans)*

**a+** K.tubus röhrig (dtl. lger als br.), Pfl. fast immer <40 cm hoch
*„Chamaecytisus"*

## GLYCYRRHIZA

**1.** Kr. 8-12 mm. Fr. 15-30 mm, kahl oder nur mit wenigen Borsten. Samen meist 3-5. Infl. traubig, das Tragb. meist überragend
*G. glabra*

**1+** Kr. 4-6 mm. Fr. 12-16 mm, mit drüsigen Borsten. Samen meist 1-3. Traube köpfchenartig verkürzt, vom Tragb. überragt (v)
*G. echinata*

## HEDYSARUM → Sulla

## HIPPOCREPIS

**1.** Fr. eine linealische Gliederhülse ohne Papillen. Blü. 14-20 mm. Strauch (0,5-2 m) vgl.
*Emerus major*

**1+** Reife (!) Fr. aus hufeisenförm. Segmenten bestehend, meist papillös, insgesamt gerade oder gekrümmt. Pfl. halbstrauchig oder einj.

**2.** Blü. zu 1-5, bis 7 mm lg. Einj. III-V

**3.** Blü. zu 1-2, ± sitzend oder an bis 5(-10) mm lgen Stielen, 4-7 mm. Fr. fast gerade bis gekrümmt, kahl oder mit Papillen, meist 4-6-gliedrig. Stp. basal meist ohne dunkle „Drüse"
*H. biflora* Spreng.
= *H. unisiliquosa*

*„H. biflora* Spreng." darf nicht mit „var. *biflora* Vis." verwechselt werden, einer 2-blütigen Form von *H. biflora* Spreng. ohne taxonomische Bedeutung

**3+** Blü. zu 2-5 in 1-5 cm lg gestielten Dolden. Reife Fr. fast stets dtl. gekrümmt, 6-9-gliedrig. Stp. basal mit dunkler „Drüse"

**4.** Kr. 3-5 mm. Fr. einwärts gekrümmt („Hufeisen" nach innen geöffnet), über den Samen mit lgen Papillen. Fiedern meist lineal, 1-3 mm br. Stp. nur mit basaler „Drüse"
*H. ciliata*

**4+** Kr. 5-7 mm. Fr. auswärts gekrümmt, kahl od. nur mit wenigen Papillen. Fiedern meist elliptisch, 3-4 mm br. Stp. bisw. mit 2 „Drüsen" (*//*)
*H. multisiliquosa*

**2+** Dolden meist >5-blü. Mehrj., basal meist verholzt. IV-VIII

**5.** Nagel der Fahne zur Vollblüte 1,5-2x so lg wie der K. Reife Fr. (meist) mit rötl.-bräunl. Papillen. Segmente ± halbkreisförmig, an der Oberkante zwischen den Samen dtl. eingeschnürt.

Fiedern meist ca 2(-3)x so lg wie br. Infl.stiel meist 1,5-3x so lg wie d. Tragb. Holzige Stg.basis bis 1,5 cm dick **Hippocrepis comosa**

**5+** Nagel ca so lg wie bis kaum lger als der K. incl. Zähne. Fr. mit ± weißl. Papillen. Segmente flacher gekrümmt, kaum eingeschnürt. Fiedern der mittl. Stgb. meist ca 3(-4)x so lg wie br. Infl.stiel bisw. 3-6x so lg wie d. Tragb. Stg. weniger holzig **H. glauca**

Die beiden Taxa lassen sich nur in typischer Ausprägung unter Beachtung mehrerer Merkmale unterscheiden und werden – mit gewisser Berechtigung – auch unter *H. comosa* zusammengefasst. – Ein nach FE 2:184 trennende Merkmal – Fiedern unterseits spärl. anliegend behaart oder kahl für *H. c.* bzw. unterseits (oft dicht) angedrückt weißhaarig für *H. g.* – jedenfalls scheint vielfach nicht zuzutreffen. Auch die Angaben zur jeweiligen Fr.größe sind nicht einheitl.

**HYMENOCARPUS** Vgl. III 6.                                  *H. circinnatus*

**LABURNUM** → Genisteae

**LATHYRUS**
Bei einblü. Teil-Infl. sind die Begriffe „Blü.stiel" und „Infl.stiel" gleichbedeutend

**1.** B. (zumind. die oberen) mit einfacher (bisw. s. kurzer) od. verzweigter Ranke

**2.** Nur Stp. flächig entwickelt, gesamtes Oberblatt eine Ranke bildend. Blü. gelb, einzeln. Pfl. einj.                                                          *L. aphaca*

**2+** Zumind. obere B. mit Fiederpaar(en)

**3.** Von den untersten (bisw. abgestorbenen!) B. nur der b.artig verbreiterte B.stiel vorhanden. Obere B. mit 1-4 Fiederpaaren. Stg. geflügelt. Einj.

**4.** Blü. gelb. Obere B. mit 1-2 cm br. B.stiel und 1(-3) Paar(en) meist >1 cm br. Fiedern                                                                 *L. ochrus*

**4+** Blü. nicht gelb. Mittl. B. mit 1-2 Fiederpaaren und auffällig verbreitertem B.stiel. Obere B. mit schmälerem B.stiel und 2-4 Paaren meist schmälerer Fiedern   *L. clymenum* s.l.

Gelegentlich (z.B. in Fen und Pg, aber nicht in CL) werden unterschieden:

**a.** Flügel lila bis blau. Fahne mit Spitzchen. Fr. nicht höckrig, 5-12 mm br., ihre Naht mit dtl. Furche. Gr. apikal mit zurückgeschlagenem grannenartigem Fortsatz. Fied. meist >5 mm br.                                                      *L. clymenum* s.str.

**a+** Flügel rosa od. weiß. Fahne ausgerandet, ohne Spitzchen. Fr. 5-8 mm br., bisw. höckrig, Naht nicht dtl. gefurcht. Gr. ohne Fortsatz. Fiedern meist <7 mm br.   *L. articulatus*

Die Merkmale sind nicht immer korreliert. Übergänge sind häufig

**3+** Alle B. (auch die unteren) mit mindestens 1 Fiederpaar. B.stiel oft geflügelt, aber nicht b.artig verbreitert

**5.** Stg. nicht geflügelt (wohl aber meist kantig)

Wenn Stp. tief gezähnt vgl. auch                                 *Vicia bithynica*

**6.** Blü. zu 2-12. Fr. bis ca 6x so lg wie br. Stp. nicht gezähnt. Pfl. mehrj.

**7.** Kr. gelb. Infl. meist 5-12-blü. Fr. 6-12-samig. Fiedern meist 4-6 mm br. und 4-8x so lg. Stp. den Fiedern ähnl., parallelnervig; höhere Lagen. Formenreich bzgl. der Behaarung                                                                 *L. pratensis*

Hierher wohl auch die Meldung der ansonsten balkanischen *L. hallersteinii* (Infl. 2-6-blü. Untere K.zähne lger als der Tubus; Fiedern 8-15 mm br.)

**7+** Kr. rosapurpurn. Infl. 2-7-blü. Fr. 3-6-samig. Fiedern meist >5 mm br. und 3-4x so lg. Stp. viel kleiner (schmäler) als d. Fiedern (//)   *L. tuberosus*

**6+** Blü. zu 1(-2), Stiel sich oberhalb d. Blü. in einen grannenartigen Fortsatz verlängernd. Blü. 10-13 mm. Fr. ca 10x so lg wie br. Fiedern bis 5 (7) mm br. Ranken bisw. s. kurz, untere B. oft ohne Ranken. Pfl. einj.

Wenn Stiel ohne Granne und Fr. oval vgl. **15a**                *L. setifolius*

**8.** Infl. stets 1-blü., ihr Stiel 5-20 mm. Blü. orangerot. Reife Frucht mit ausgeprägten Lgsnerven. Stp. ±10x1 mm. *Lathyrus sphaericus*

**8+** Infl. 1(-2)-blü., ihr Stiel 20-70 mm. Blü. blassblau, slt. purpurn. Lgsnerven der Fr. nicht so dtl. ausgeprägt. Stp. bisw. breiter (//) *L. angulatus*

**5+** Stg. (oft schmal, aber dtl.) geflügelt

**9.** Pfl. mehrj., meist >1 m Lge erreichend. Blü. ± rötl. (wenn reingelb, vgl. *L. pratensis*), in 3-15-blü. Trauben. B. mit 1-2 Paar Fiedern

**10.** Blü. 13-15(-20) mm. Flügel der Stg. breiter als die der B.stiele. Fiedern 50-200x5-12 mm, 3-nervig. Stp. 1-3(-5) mm br. Fr. ca 5x0,7-1 cm, Rückennerv gezähnelt. Hilum ca 1/2 des Samenumfangs *L. sylvestris*

**10+** Blü. (15-)20-30 mm. Flügel etwa gleich br. Stp. 3-10 mm br. Fr. 7-11x0,5-0,7 cm, Rückennerv dtl. hervortretend, glatt. Hilum 1/4-1/3 des Samenumfangs *L. latifolius*

Es lassen sich 2 Formen unterscheiden:

**a.** Fiedern 65-90x20-40 mm, 4-6-nervig. Fr. -9 cm, 10-12-samig *var. l.*

**a+** Fiedern 60-130x6-12 mm, 3-4-nervig. Fr. -11 cm, 12-18-samig (?)
var. *membranaceus*

**9+** Pfl. einj. Blü. zu 1-5. Fiederpaare 1-4. B.stiel nicht verbreitert (wenn untere B. mit dtl. verbreitertem Stiel vgl. **3.**)

**11.** Kr. gelb, bisw. rötl. geadert, 12-15 mm. K.zähne so lg wie d. Tubus. Fr. 7-8-samig *L. annuus*

**11+** Kr. rötl. od. bläul. Fr. meist 3-6-samig

**12.** Kr. >20 mm

**13.** Blü. zu 2-4. Fiedern ± elliptisch. Fr. >3x so lg wie br. (//, aber als Kulturflüchtling möglich) *L. odoratus*

**13+** Blü. einzeln. Fiedern linealisch. Fr. ± oval (Kulturpfl.) vgl. **16+** *L. sativus*

**12+** Kr. kleiner

**14.** K.zähne höchstens wenig lger als d. K.tubus. Blü. 8-12 mm. Fr. zumind. teilw. (an der Naht) behaart (wenn kahl vgl. **15c**). Hilum 1/5-1/8 des Samenumfangs. Stp. linealisch, <3 mm br.

**15a** Fr. 2-3x so lg wie br., hellbraun, verkahlend (nur die Naht bleibt − oft nur s. spärl.! − behaart), 2-3(-6)-samig. Infl. 1-blü., ihr Stiel behaart und < Tragb, ohne Grannenfortsatz. Flügel gelbl.-rötl. Fiedern 20-60x1-2 mm *L. setifolius*

**15b** Fr. 3-6x so lg wie br., braun, behaart (Haare auf kleinen Knötchen sitzend), 5-10-samig. Infl. (1-)2-3-blü. Blü.stiel > Tragb und bisw. mit Grannenfortsatz. Flügel bläul. Fiedern 50-80x5-10 mm *L. hirsutus*

**15c** Fr. ca 10x so lg wie br., 6-10-samig, braun, kahl. Infl. 1-blü. Fr.stiel mit Grannenfortsatz vgl. **8.** *L. sphaericus*

**14+** K.zähne 2-3x so lg wie d. K.tubus. Blü. stets einzeln, 10-18 mm. Fr. 2-4x so lg wie br., meist kahl. Hilum <1/12 des Samenumfangs. Stp. lanzeolat, >2 mm br.

**16.** Kr. purpurn. Fr. 5-10 mm br. und ca 4x so lg, an der Dorsalnaht nur rinnig. Stg. unterwärts wie auch untere B. oft spärl. bewimpert, Fiedern vorne (sehr!) fein gesägt. Trockenes Grasland *L. cicera*

**16+** Kr. blassblau, slt. rosa. Fr. 10-15 mm br. und ca 2x so lg, jederseits der Dorsalnaht geflügelt. Kulturpfl. (//) *L. sativus*

**1+** B. ohne Ranke, höchstens mit apikalem Spitzchen

**17.** Pfl. einj. Blü. zu 1(-2). B. mit 0-1 Fiederpaaren

**18.** „B." grasartige, 4-5 mm br. Phyllodien. Infl.stiel >3 cm. Blü. meist <10 mm. Stp. bis 2 mm *L. nissolia*

Bisw. werden unterschieden:

**a.** Fr. kahl bis rau, meist ca 3 mm DM, mit ca 6 Nerven. Gr. 3-3,5 mm                var. *n.*

**a+** Fr. behaart, meist 3,5 mm DM, mit ca 10 Nerven. Gr. <3 mm                var. *pubescens*

Fälschlich wird auch die behaartfrüchtige Form als „var. *n.*", die kahle dann als „var. *glabrescens*" bezeichnet

**18+** B. mit 1 Fiederpaar. Blü.stiel <2 cm. Blü. 10-13 mm. Stp. ca 10 mm vgl. **8.**

*Lathyrus sphaericus*

**17+** Pfl. mehrj. B. mit mind. 2 Fiederpaaren. Infl. 2-mehrblü. Blü. 10-15 mm

**19.** Fr. kahl (slt. mit Papillen), 4-6 mm br. Infl. 2-8-blü. Samen zu 4-10. Fiedern <15 mm br.

**20.** Stp. meist >12x3 mm, gezähnelt. B. meist mit 2-3 Fiederpaaren, Fiedern meist spitz, unterseits blaugrün, hfg >3x so lg wie br., ± bogennervig. Blü. bisw. teilw. grünl. Fr. rotbraun, 30-40 mm lg. Stg. dtl. (0,3-1 mm) geflügelt. Mit Speicherknollen. Bis 30 cm (*//*)    **L. linifolius**

= *L. montanus*; incl. fo. *divaricatus*

**20+** Stp. kleiner. Meist 3-6 ± netznervige Fiederpaare. Blü. nicht grünl. Fr. schwarz, meist 35-60 mm lg. Stg. nicht (slt. 0,5 mm) geflügelt (*L. niger* s.l.)

**21.** Pfl. 30-60 cm. Infl. meist 4-8-blü. Fiedern ca 2x so lg (20-35 mm) wie br. (8-15 mm). Wurzel nicht spindelförm. verdickt    **L. niger** s.str.

**21+** Pfl. 10-25 cm. Infl. meist 3-4-blü. Fiedern ca 3x so lg (10-20 mm) wie br. (4-6 mm). Wurzel spindelförm. verdickt    **L. jordanii**

Nach Pg oft mit **20.** *L. linifolius* verwechselt

**19+** Fr. mit dunklen Drüsenpunkten. Traube 7-20-blü. (auf Ansatzstellen an der Traubenspindel achten!). Samen zu 8-14. Fiedern >17 mm br., zugespitzt    **L. venetus**

**a.** Fiedern ca 2(-3) cm br. Untere K.zähne 1-2 mm    typ. Form

**a+** Fiedern ca 3-3,5 cm br. Untere K.zähne bis >2 mm    var. *latifolius*

## LENS

**1.** Stp. ganzrandig. Fiedern meist in (3-)6(-8) Paaren, 2-8 mm br. Kr. weißl.-blau. K.zähne -6x so lg wie der Tubus. Fr. meist >12 mm lg. Samen mind. 3 mm. 20-50 cm. Kulturpfl. (*//*)    **L. culinaris**

Nach CL2 nicht in Italien

**1+** Stp. mit mind. 1 basalen Zahn. Fiedern meist in 2-5 Paaren, 1-3 mm br. Kr. ± bläul. K.zähne 2-4x so lg wie d. Tubus. Fr. meist <12 mm. Samen 1-3,5 mm. 5-30 cm. Wildpfl.

**2.** Fr. kahl. Traubenspindel in eine dtl. Granne (Ranke) auslaufend. Blü. 4-8 mm    **L. nigricans**

**2+** Fr. behaart. Spindel meist nur kurz bespitzt. Blü. 3-5 mm. Meist nur 2-3 Fiederpaare (v)    **L. ervoides**

## LOTUS

**1.** Seitl. K.zähne (±, vgl. **4+**) dtl. kürzer als die oberen. Infl. 2-7-blü.

**2.** Pfl. einj., locker flaumig behaart. K. 4-6 mm, dtl. 2-lippig, lgster K.zahn etwas lger als d. Tubus. Kr. 7-9 mm, Fr. 2-3 mm br., flach, zuletzt leicht gekrümmt, hängend    **L. ornithopodioides**

**2+** Pfl. mehrj., basal ± verholzt, anliegend vorwärts gerichtet behaart. K.zähne alle kürzer als d. Tubus. Kr. 8-14 mm. Fr. nicht flach. Hfg in Strandnähe

**3.** Fr. gerade od. leicht gekrümmt (*L. creticus* agg.)

**4.** Schnabel des Schiffchens kurz, fast rechtwinkelig aufgekrümmt. Stielartiger Teil der Schiffchen-Krb. etwa so lg wie d. verbreiterte Teil. Schiffchen insgesamt < Flügel. Seitl. K.zahn dtl. (bis 1/2 x) kleiner als die oberen. Unterhalb der Spitze des Gr. oberseits kein Zähnchen. Fr. 5-13-samig. B.rhachis meist 2-4 mm    **L. cytisoides**

**4+** Schiffchen mit lgem, nur wenig aufwärts gekrümmtem Schnabel, > Flügel. Stielartiger Teil nur ca 1/2 so lg. Seitl. K.zahn nur wenig kürzer als die oberen. Unterhalb der Griffelspitze ein sehr kleines Zähnchen. Fr. 15-30-samig. B.rhachis ca 1 mm    **L. creticus**

= *L. commutatus*

**3+** Fr. dtl. gekrümmt, (halb-)kreisförmig. Schiffchen und K. wie bei *L. cytisoides*
　　　　　　　　　　　　　　　　　　　　　　　　　　　　　**Lotus drepanocarpus**
**1+** K.zähne ± (! vgl. **9+ b+**) gleichlg, K. aber bisw. zygomorph. Infl. 1-12-blü.
　**5.** Blü. fast immer einzeln, weißl. oder hellrosa, bisw. mit dunklem Kiel. Fr. 1-2 mm dick, über die ganze Länge leicht aufwärts gekrümmt. Pfl. einj. (*//*)　　　　*L. conimbricensis*
　**5+** Blü. gelb. Fr. dicker oder Blü. meist zu 2-3 (vgl. **7+**)
　　**6.** Infl. 1-3-blü. Pfl. einj., mit ± abstehenden, bis >1 mm lgen Haaren
　　**7.** Blü. zu 1-2, 12-13 mm. Fr. zuletzt 4-6 mm br., etw. aufgeblasen, meist dtl. gekrümmt, auf d. Rücken gefurcht　　　　　　　　　　　　　　　　　　　　　　**L. edulis**
　　**7+** Blü. meist zu 2-3, (5-)8-10(-12) mm. Fr. ca 1 mm br., vorne bisw. etwas gekrümmt, ungefurcht, mit >15 Samen. Samen <1 mm DM　　　　　　　　**L. angustissimus**
　　**6+** Infl. (1-)2-12-blü. Pfl. mehrj. Fr. stets gerade, (1,5-)2-3 mm br. Samen <15, meist 1-1,5 mm DM. Behaarung unterschiedl. (*L. corniculatus*-Gruppe)
　　Außer *L. corniculatus* ssp. *c.*, der hauptsächlich – aber nicht ausschließl. – in Trockenrasen vorkommt, bevorzugen die übrigen Arten – im Gebiet – salzbeeinflusste Standorte
　　**8.** Fied. d. oberen B. 4-8x so lg wie br. Pfl. kahl oder nur oben s. spärl. behaart. K.zähne pfrieml., meist kürzer als der K.tubus. Blü. 7-11 mm. Fr. hängend. 20-90 cm　　**L. tenuis**
　　　　　　　　　　　　　　　　　　　　　　　　　　　　　　= *L. glaber*
　　**8+** Fied. bis 3x so lg wie br., wenn schmäler, Pfl. dtl. behaart u./od. K.zähne ± dtl. lger als der Tubus. Blü. oft größer
　　**9.** Infl. (5-)8-12-blü. K.zähne (an der Knospe) nach außen gekrümmt, meist bewimpert und etwas lger als der Tubus. Bucht zwischen d. beiden oberen K.zähnen spitz. Stg. hohl. Mit unterird. Ausläufern　　　　　　　　　　　　　　　　　　　**L. pedunculatus**
　　　　　　　　　　　　　　　　　　　　　　　　　　　　　　= *L. uliginosus*
　　**9+** Infl. (1-)2-7-blü. Bucht stumpf. Stg. engröhrig. Pfl. ohne Ausläufer　*L. corniculatus* [s.l.]
　　Die folgenden Taxa werden auch als eigene Arten geführt. Die in FE und Pg angegebenen diakritischen Merkmale sind unzureichend; hier vor allem nach FLORA IBERICA
　　　**a.** K.zähne kürzer als oder -1,5x so lg wie der Tubus, 3-eckig.
　　　**b.** K. aktinomorph, meist (!) ± kahl. K.tubus 1,5-2,5 mm, obkonisch. K.zähne meist 2-3,5 mm, < oder > Tubus. Kr. 10-15 mm lg. Infl. (2-)3-5(-7)-blü. Fr. <3 mm DM　　　ssp. *c.*
　　　Das Taxon ist sehr formenreich bezügl. der Behaarung (vgl. Pg 1:745 sub „*L. corniculatus*"). So findet sich gelegentlich die var./fo. *hirsutus* Koch (non *L. hirsutus* L.!) mit beidseitig behaarten Fiedern, die leicht mit **b+** verwechselt werden kann
　　　**b+** K. aktino- oder schwach zygomorph (die oberen K.zähne sind dann breiter und bisw. auch lger als die unteren und bisw. auswärts gekrümmt), locker mit lgen Haaren besetzt. Tubus 2,5-4 mm, ± zylindrisch. Zähne meist 3-5,5 mm, mind. so lg wie der Tubus. Kr. 14-18 mm lg. Infl. meist 1-2(-4)-blü. Fr. meist 3-4 mm DM (*H*)　　　ssp. *delortii*
　　　**a+** K.zähne 1,5-2x so lg wie der Tubus, 3-eckig-linealisch, mit borstl. Spitze. K. locker behaart. Kr. 8-12 mm. Infl. 2-6-blü. Fiedern bisw. >3x so lg wie br. (Garg. mögl.)　ssp. *preslii*

## LUPINUS

*Lupinus* wird vielfach zu den Genisteen gerechnet, ist aber aus bestimmungstechnischen Gründen gesondert aufgeführt

**1.** B. beiderseits behaart. Zumind. obere Blü. in Quirlen
　**2.** Blü. gelb, oft mit violetter Schiffchenspitze. Quirle in Abständen angeordnet (v)　　**L. luteus**
　**2+** Blü. blau od. weiß. Quirle dicht aufeinanderfolgend
　　**3.** Kr. 15-17 mm lg, Fr. 13-20 mm br. Alle Blü. in Quirlen (v?)　　　**L. cosentinii**
　　　　　　　　　　　　　　　　　　　　　　　　　　　　　= *L. varius*
　　**3+** Kr. 10-14 mm lg, Fr. 10-12 mm br. Untere Blü. wechselständig　　**L. gussoneanus**
　　　　　　　　　　　　　　　　　　　　　　　　　　　　　= *L. micranthus*
**1+** B. oberseits kahl. Alle Blü. wechselständig

**4.** Fiedern 10-15 mm br. Oberlippe d. K. fast ganzrandig (g)                     *Lupinus albus*
**4+** Fiedern 2-5 mm br. Oberlippe tief 2-spaltig                                  *L. angustifolius*

*Alternativschlüssel:*

**1.** Die 2 Zähne der Ober(!)lippe des K. weit hinauf verbunden. Kr. weiß          *L. albus*
**1+** Oberlippe bis fast zum Grund gespalten
  **2.** Blü. gelb                                                         *L. luteus*
  **2+** Blü. blau oder weiß-blau
    **3.** Kr. 15-17 mm. Fr. 13-20 mm br.                          *L. cosentinii*
    **3+** Kr. 10-14 mm. Fr. 5-13 mm br.
      **4.** Fiedern -5 mm br., oberseits kahl. Die 3 Zähne der Unter(!)lippe des K. weit hinauf ver-
      wachsen                                                *L. angustifolius*
      **4+** Fiedern 5-15 mm br., beiderseits behaart. Alle K.zähne bis mind. zur Mitte getrennt
                              *L. gussoneanus*

# MEDICAGO

*Anmerkungen zu den annuellen Arten (1+):*

*Fr. discoid:*    dtl. breiter als hoch
*zylindrisch:*    etwa so hoch wie br., alle Windungen mit Ausnahme der ersten und letzten ± mit gleichem
DM
*kugelig/ovoid:*  DM der Windungen vom „Äquator" aus ± gleichmäßig abnehmend
*fassförm.*       Gesamtumriss seitl. konvex, oben und unten abgeplattet

Der *Dorsalnerv* (Dorsalnaht, Kielnerv) verläuft auf der Außenkante der Windungen. Rechts und links davon können parallele *Lateralnerven* vorhanden sein; je nachdem ist die Fr. dann 1- bzw. 3-kielig. *Quer-* oder *Radialnerven* verlaufen vom Kiel der Windung (Dorsalnerv) bzw. von den Kielen (wenn Lateralnerven vorhanden sind) über die Seitenflächen nach innen und können auch verzweigt sein. Deren Verlauf ist meist geschwungen (oft S-förmig) und ist am besten bei der Ansicht von oben bzw. unten auszumachen

Die Angabe „gefurchter Stg." ist nur bei Frischmaterial zuverlässig, da beim Trocknen an ansonsten zylindrischen Stg. ebenfalls Furchen auftreten können

Angaben zur Blü.lge sind widersprüchlich und werden deshalb nur in plausiblen Fällen genannt. Angaben zum Fr.-DM ohne die Stacheln. Angaben zur Fiedergröße sind nur Anhaltspunkte

**Lit.** zu **4+**: HEYN, C.C.: The annual species of *Medicago*. - Scripta Hierosolymitana **12**. Jerusalem (1963)

**1.** Pfl. mehrj., oft >30 cm hoch, mit kräftiger Wurzel. Blü. >4 mm lg. Fr. höchstens mit wenigen Stacheln
  **2a** Strauch, 1-4 m hoch. B. silbrig behaart, Fiedern 15-22 mm lg. Infl. 5-20-blü. Kr. 12 mm. Stp.
  stets ganzrandig. Fr. >9 mm DM, mit zentralem „Fenster", ohne Stacheln (Tremiti; sonst (g)?)
                                   *M. arborea*
  **2b** Weißwollige Staude (basal aber oft holzig) von 10-50 cm Höhe. Fiedern 6-11 mm. Kr. 7-9
  mm. Fr. dicht behaart, mit einigen Stacheln. Nur am Sandstrand          *M. marina*
  **2c** Staude ohne weißwollige oder silbrige Behaarung. Normalerweise nicht am Strand. Fr. ohne
  Stacheln
    **3.** Infl. 1-6-blü. Blü. 5 mm, stets gelb. (Untere) Stp. ca 4 mm, dtl. gezähnt. Fied. bis 9x2 mm.
    Stiele basaler Blü. nach der Blü.zeit herabgeschlagen. Fr. mit 2-3 Windungen (dies aber erst
    spät zu erkennen) (*H*)                                          *M. prostrata*
    Im Gebiet zumindest vorherrschend:
    Pfl. dtl. behaart, an der Fr. und meist auch am K. vereinzelte Drüsenhaare     var. *declinata*
    **3+** Infl. 5-40-blü. Blü. 7-10 mm, gelb, grünl. oder blau. Stp. ganzrandig (höchstens mit basalem
    Zahn). Fied. meist größer. Blü.stiele bleibend aufrecht-abstehend. Fr. mit 1/2-1(-2) Windun-
    g(en) (*M. sativa* s.l.)
      **a1** Blü. ± blau, 8-10 mm. Fr. mit 1-2 Windung(en). Fied. 15-18x3-8 mm     *M. sativa* s.str.
      **a2** Blü. ± gelb, 7-8 mm. Fr. 1/2 Windung. Fied. 10-12x2-3 mm             *M. falcata*

**a3** „Übergänge" (hfg mit grünl. Blü.)(~~CL~~)   „*Medicago varia*"

**1+** Pfl. einj. (**4.** *M. lupulina* bisw. mehrj.). Pfl. meist <30 cm. Blü. (meist) kleiner. Fr. oft mit zahlreichen Stacheln

**4.** Infl. 10-50-blü. Fr. ca 1/2 mal gewunden, daher nierenförmig, ca 2 mm DM, kahl oder (drüsig) behaart. Kr. 2-3 mm. Pfl. bisw. mehrj.   *M. lupulina*

Formenreiches, unzureichend geklärtes Taxon. CL unterscheidet keine subspezifischen Taxa. Eigene Aufsammlungen lassen sich nach KALHEBER (Systematik und Biogeographie der Sektion *Lupularia* Ser. in der Gattung *Medicago*; in Vorb.) folgenden Taxa zuordnen:

**a.** Beiderseits des Kielnervs (Dorsalnervs) schwach entwickelte Lateralnerven vorhanden (Windungen also schwach 3-kielig). Quernerven an reifen Fr. schmäler als der Abstand zwischen ihnen. Tragb. der Einzelblü. an der Basis meist nur verbreitert. Verhältnis Fahne:Kelch (1,0-) 1,3-1,4(-1,6):1   ssp. *l.*

**b.** Fr. ohne Drüsen   var. *l.*

**b+** Fr. mit Drüsen (Garg. mögl.)

**c.** Nur Fr. drüsig   var. *willdenowiana*

**c+** ± Ganze Pfl. drüsig   var. *glanduligera*

**a+** Ohne (sichtbare) Lateralnerven (Windungen 1-kielig). Quernerven dicker als der Abstand zwischen ihnen. Tragb. basal meist mit 1-2 Zähnchen. Verhältnis Fahne:K. (1,6-)1,9(-2,4):1   ssp. *cupaniana*

**d.** Fr. drüsig (am Garg. vorherrschende Form?)   var. *c.*

**d+** Fr. fast kahl bis dicht behaart, aber nicht drüsig   var. *leiocarpa*

Die Mehrjährigkeit ist (im Gegensatz zu Pg) kein differenzierendes Merkmal

**4+** Infl. <10-blü. Fr. stärker spiralig. Pfl. stets einj. (Alternativschlüssel beachten)

**5.** Fr. mit Stacheln

**6.** Stacheln kurz 3-eckig (-1,5 mm), ± alle nach oben oder unten gebogen (d.h. längsparallel zur Fr.) und an der Spitze bisw. sogar nach innen gekrümmt. Fr. <10 mm DM (wenn größer, vgl. **11.** *M. intertexta*), ± zylindr. oder fassförmig

**7.** Stp. 2-5 mm, mit 0-3 kurzen Zähnen. Fiedern 5-10x3-6 mm. Kr. 2-4 mm. Junge Fr. seitwärts aus dem K. herausragend. Pfl. weich behaart, oft auch mit Drüsen.

**8.** Fr. 2-4 mm DM, mit (nur) ca 2(-3) Windungen, mit dtl. Quernerven; diese stark gebogen (einen konzentrischen Verlauf vortäuschend) und in Lateralnerven mündend. K.zähne < Tubus. Kr. 2-3 mm. Infl. >3-blü., (zuletzt) meist viel lgr gestielt als das Tragb. Meist <20 cm   *M. coronata*

**8+** Fr. 5-7 mm DM, fassförmig, mit 4-6 Windungen, mit undeutl., S-förm. Quernerven und breitem, nervenlosen Rand. Kr. 3-5 mm. K.zähne > Tubus. Infl. 1-3-blü., auch zur Fr.zeit kürzer als Tragb. Oft >20 cm   *M. tenoreana*

**7+** Stp. ca 6 mm, geschlitzt. Fiedern 8-15x7-12 mm. Kr. 6-8 mm. Junge Fr. basal vom K. umschlossen. Pfl. spärl. behaart, stets drüsenlos vgl. **14.**   *M. truncatula*

**6+** Stacheln zumind. großenteils abstehend (Vorsicht bei Herbarmaterial!) u./od. lger

**9.** Stp. mit 0-1 kurzen Zähnen. Stg. und B. beiderseits meist ± dicht behaart. Fr. 3-4 mm DM, meist behaart, bisw. zusätzl. mit Drüsenhaaren. Stacheln bei den einzelnen Formen unterschiedlich. Infl. (meist) 3-8-blü.   *M. minima*

Formenreich (vgl. Or.-Lit.). In HEYN l.c. werden lediglich unterschieden:

**a.** Fr. discoid. Stacheln hakig, lger als der halbe Fr.-DM   var. *m.*
incl. *M. recta* und fo. *longiseta* (?) s. Fen

**a+** Fr. ovoid. Stacheln meist gerade, kürzer als der halbe Fr.-DM   var. *brevispina*
incl. fo. *pulchella* s. Fen

**9+** Stp. dtl. gezähnt bis geschlitzt u./od. Fr. mind. 6 mm DM bzw. Infl. 1-3-blü.

**10.** Fr. 6-7 mm DM, discoid, mit breitem nervenlosen Rand, nur mit Drüsenhaaren, aber verkahlend. Obere Windung(en) viel kleiner als die übrigen und stachellos. Stacheln der übrigen Windungen fast borstenförmig, zuletzt 5 mm lg. Infl. 1-2(-3)-blü. K. 2-3, Kr. ca 4 mm. Stp. bisw. fast ganzrandig   *M. disciformis*

**10+** Windungen der Fr. anders

**11.** Fr. 10-18 mm DM, ± ovoid, mit 5-9 Windungen. Stacheln der Fr. angedrückt und bisw. nur unscheinbar. Samenschale glatt, dunkelbraun (bei allen anderen annuellen Arten gelbbraun!). Infl. 1-10-blü. K. 4, Kr. (5-)7(-9) mm. Stp. -12 mm, geschlitzt. Fiedern 6-20x5-15 mm, bisw. mit dunklem Fleck. Pfl. meist 30-50 cm        ***Medicago intertexta***

*M. intertexta* s. CL (= s. HEYN) gliedert sich in 2 Taxa, die in CL nicht unterschieden, von Pg aber als Arten geführt werden und nach ihm beide in Apulien vorkommen:

    **a.** Fr. kahl oder mit wenigen einfachen Haaren. Infl. meist >5-blü.        var. *i.*

                                      incl. „*M. muricoleptis* Tin."? Vgl. Pg **1**:715

    **a+** Fr. und Stacheln mit mehrzelligen Haaren bedeckt. Infl. meist nur 1-3-blü.

                                            var. *ciliaris*

**11+** Fr. meist kleiner. Stacheln meist abstehend. Infl. slt. >5-blü.

**12a** Fr. zumind. spärl. drüsig u./od. dicht und kurz behaart. Junge Fr. basal vom K. eingehüllt. K.zähne etwa so lg wie der Tubus. Infl. 1-3-blü., Infl. stiel > Stiel des Tragb. Stp. 5-6(-10) mm, oft nur gezähnt

Variable Arten. Die seltenen drüsenlosen bzw. kahlen Formen lassen sich mit diesem Schlüssel nicht bestimmen

    **13.** Blü. meist 6-8 mm. Fr. 4-8(-15) mm DM, meist discoid bis zylindrisch. Fiedern 4-6x3-6 mm        ***M. rigidula***

    Formenreich (Or.-Lit.). Für das Gebiet genannt:

    Fr. ± dicht behaart, bis 8 mm DM. Stacheln abstehend        var. *r.* (= *M. gerardi*)

    **13+** Blü. 4-6 mm. Fr. 7-10 mm DM, kugelig bis ellipsoid, mit kurzen, entferntstehenden Zähnen. Fiedern 10-15x5-10 mm        ***M. doliata***

    = *M. aculeata* Gaertn. s. Fen bzw. *M. aculeata* Willd. s. Pg = *M. turbinata* Willd.

                                              (vgl. **17.**)

**12b** Fr. spärl. (!), aber nicht drüsig behaart, 5-8(-12) mm DM, ± zylindrisch, dtl. 3-kielig. Stp. geschlitzt

    **14.** Stp. ca 6 mm. Infl. meist 1-3-blü. K.zähne > Tubus. Junge Fr. basal vom K. eingeschlossen        ***M. truncatula***

    **a.** Höhe der Fr. > DM. Stacheln ± längsparallel zur Fr., basal fast 3-eckig verbreitet        var. *t.*

    **a+** Höhe ≤ DM. Stacheln ± abstehend, an der Basis nur wenig verbreitert        var. *longispina* (= var. *crassispina*)

**14+** Stp. meist lger. Infl. meist 2-5-blü. K.zähne ca so lg wie der Tubus. Junge Fr. seitl. aus dem K. herausragend vgl. **18.**        ***M. polymorpha***

**12c** Fr. ganz kahl, 4-8 mm DM. Stp. geschlitzt

    **15.** Stg. fast 4-kantig, wie der B.stiel mit mehrzelligen Haaren besetzt, später verkahlend. Fiedern 12-13x15-18 mm, fast immer mit dunklem, Λ-förmigem Fleck. Stp. 8-12x3-5 mm. Blü. 6 mm lg, Infl. (2-)4-5-blü., Infl.-stiel viel kürzer als der Stiel des Tragb. Fr. discoid bis kugelig. Oft ± frische (luftfeuchte) Standorte        ***M. arabica***

    **15+** Pfl. anders. Stg. und B.stiel ohne mehrzellige Haare. Fiedern ungefleckt

    Die folgenden 4 Arten sind (wie **14.** *M. truncatula*) sehr variabel und meist schwierig zu unterscheiden. Die Aufschlüsselung hier erfolgt im Wesentlichen nach Pg und HEYN. Dass bei einer bestimmten Pfl. alle diese Merkmale auch zutreffen, ist aber eher die Ausnahme

    **16.** Quernerven nur schwach entwickelten, Fr. im peripheren Drittel nervenlos. Stacheln kurz, 3-eckig (bei *M. turbinata* slt. lg). Junge Fr. basal im K. eingeschlossen. K.zähne so lg wie der Tubus. Stp. 7-15 mm

        **17.** Fr. ± fassförm. Windungen 1-kielig. Infl. (1-)3-8-blü., Stiel > Stiel des Tragb. Kr. 5-7 mm, Stp. 7-10 mm. Stg. gefurcht. Formenreich bezügl. der Bestachelung der Fr. (Or.-Lit.)        ***M. turbinata*** (L.) All. non Willd. (vgl. **13+**)

                                              = *M. tuberculata* (Retz.) Willd.

**17+** Fr. (ovoid bis) kugelig. Windungen 3-kielig. Stacheln spitz. Infl. 1-2(-4)-blü., Stiel höchstens gleichlg mit dem Stiel des Tragb. Kr. 3-5 mm, Stp. 10-15 mm. Stg. (frisch!) -3 mm DM, zylindr. **Medicago murex**

Formenreich. Für das Gebiet gemeldet:

Alle Fr. mit Stacheln var. *m.*
incl. var. *aculeata* s. Fen

**16+** Quernerven dtl. Fr. discoid oder zylindrisch. Stacheln meist linealisch. Kr. meist 4-5 mm. Stp. 5-10 mm

**18.** Junge Fr. seitl. aus dem K. herausragend. Quernerven dtl. gekrümmt. Lateralnerven vorhanden (Windungen daher 3-kielig), Stacheln meist genähert. Infl. 2-10-blü. K. 2-3 mm, Zähne so lg wie der Tubus. Fiedern 8-20x7-15 mm, Stp. 4-10 mm. Stg. (auch frisch) ausgeprägt kantig. Pfl. meist kahl. Meist >15 cm
**M. polymorpha**
= *M. hispida* s. Pg

Hfg (nicht in CL) werden unterschieden:

**a.** Fr. (5-)6-8(-10) mm DM, meist mit 4-6 Windungen, zur Reifezeit verhärtend. Stacheln kräftig. Blü. meist wenige var. *p.*
= *M. polymorpha* s.str. incl. var. *lappacea* s. Fen

**a+** Fr. (2,5-)3-4(-5) mm DM, mit 1,5-4 Windungen, bis zur Reife meist ± weich. Stacheln schlank. Infl. oft mehrblü. var. *vulgaris*
= *M. hispida* s.str. incl. var. *denticulata* (und var. *apiculata*?) s. Fen

Die Merkmale sind nicht immer korreliert. Zur stachellosen var. *brevispina* vgl. **24.**

**18+** Junge Fr. basal vom K. eingeschlossen. Quernerven gerade. Windungen zuletzt (!) 1-kielig. Abstand zwischen den Stacheln oft > als deren Lge. Fr. 3-4 (slt. -6) mm DM. Infl. 1-3-blü. K. ca 4 mm, Zähne 3-eckig, < Tubus. Fiedern 3-8x2-7 mm, Stp. 5-6 mm. Stg. (frisch) nur fein gestreift. Pfl. ± behaart. Meist <15 cm. – Nicht nur in Meernähe! **M. littoralis**

Formenreich. Für den Garg. gemeldet:

**a.** Frucht mit Stacheln (var. *littoralis* s. HEYN)

**b.** Stacheln 2-4 mm. Auch reife Fr. breiter als hoch, mit 3-4 Windungen
var. *longiseta* s. Fen

**b+** Stacheln nur so lg wie die Dicke der Windungen. Reife Fr. (meist?) höher als br., mit 4-6 Windungen var. *breviseta* s. Fen

**a+** Stacheln fehlend oder Fr. nur mit Tuberkeln vgl. **26+** var. *inermis*

**5+** Fr. ohne Stacheln. Infl. 1-4(-10)-blü.

**19.** Fr. ± discoid (slt. korkenzieherartig „aufgelöst"). Blü. 2-4 mm

**20.** Fr. 6-10 mm DM, mit 2-3 Windungen. Diese 3-kielig sowie mit verdickten Quernerven. Stp. 8-12 mm, oft nur gezähnt. Fiedern 8-11x3-5 mm. Pfl. drüsig behaart, slt. kahl
**M. rugosa**

**20+** Fr. 12-15 mm DM, mit 4-8 Windungen, diese nur mit Dorsalnerv und wenig ausgeprägten Quernerven. Stp. ca 6 mm, stets zerschlitzt. Fiedern 7-9x6-8 mm. Pfl. kahl bis zstr. behaart
**M. orbicularis**

**19+** Fr. etwa so br. wie hoch

**21.** Fr. meist 10-15 mm DM, wie der Stg. drüsig behaart. Äußere Windungen der Fr. die inneren becherförmig einhüllend. K. 3, Kr. 6 mm. Pfl. 40-70 cm, drüsig behaart. Stp. oft nur gezähnt
**M. scutellata**

**21+** Fr. nicht becherförmig und meist auch kleiner. Kr. 3-5 mm. Pfl. meist kleiner, spärl. behaart

Stachellose Formen ansonsten stacheltragender Taxa. Nicht alle dieser Taxa sind für den Garg. ausdrücklich genannt, sind aber mögl.

**22.** Stg. fast 4-kantig, anfangs mit mehrzelligen Haaren. Fiedern fast immer mit dunklem, Λ-förmigem Fleck vgl. **15.** *M. arabica*

**22+** Pfl. kahl oder Haare einzellig

  **23.** Fr. 7-10 mm DM, meist ± drüsig. Junge Fr. basal vom K. eingehüllt. Infl. 1-2-blü.,
Infl.-Stiel > Stiel des Tragb. vgl. **13+**     *Medicago doliata* var. *inermis*

  **23+**Fr. kahl

    **24.** Fr. 3-4 mm DM. Junge Fr. seitl. aus dem K. herausragend. Infl. 2-10-blü. vgl. **18.**
             *M. polymorpha* var. *brevispina*

    **24+** Fr. 5-10 mm DM. Junge Fr. basal vom K. eingehüllt

      **25.** Infl. meist 3-8-blü., Stiel > Stiel des Tragb. vgl. **17.**     *M. turbinata*

      **25+** Infl. meist 1-3-blü., Stiel ≤ Stiel des Tragb.

        **26.** Fr. ± kugelig, mit 5-9 Windungen. Bisw. Fr. mit und ohne Stacheln an einer Pfl.
        vgl. **17+**                        *M. murex* var. *inermis*

        **26+** Fr. ± zylindrisch, mit 2-6 Windungen vgl. **18+**     *M. littoralis* var. *inermis*

*Alternativschlüssel zu **4+**:*
Nach Th. GÖTZ, verändert und ergänzt

**5.** Fr. >10 mm DM, mit 4-9 Windungen

  **6.** Fr. stachellos. Infl. 1-3(-5)-blü.

    **7.** Stp. 3-eckig, gezähnt. Kr. 6-7 mm. Pfl. (auch Fr.) drüsenhaarig     *M. scutellata*

    **7+** Stp. tief zerschlitzt. Kr. 2-5 mm. Pfl. und Fr. (fast) kahl     *M. orbicularis*

  **6+** Fr. (bisw. nur kurz) bestachelt. Infl. oft >3-blü. Kr. ca 7 mm. Stp. zerschlitzt. Fr. nicht drüsenhaarig (vgl. auch Hauptschlüssel **11.**)     *M. intertexta*

**5+** Fr. bis 10 mm DM

  **8.** Fr. scheibenförm., stachellos, mit 2-3 Windungen. Diese 3-kielig und mit verdickten Quernerven. Blü. 2(-3) mm. Stp. meist dtl. gezähnt     *M. rugosa*

  **8+** Fr. ± so hoch wie br. u./od. bestachelt

    **9.** Stp. ganzrandig oder mit 1(-3) seichten Zähnchen

      **10.** Stacheln kurz 3-eckig (-1,5 mm), ± alle nach oben oder unten gebogen (d.h. der Fr. ± an-
liegend) vgl. Hauptschlüssel **8./8+**     *M. coronata* und *M. tenoreana*

      **10+** Stacheln zumind. großenteils abstehend (Vorsicht bei Herbarmaterial!) viel lger als br.
Pfl. (meist) ± dicht behaart     *M. minima*

    **9+** Stp. tiefer gezähnt bis zerschlitzt

Die im Folgenden als Bestimmungsmerkmal herangezogenen Haare bzw. Stacheln können in seltenen
Fällen auch fehlen; vgl. dann auch Hauptschlüssel **5+**

      **11.** Fr. (bisw. spärl.!) drüsenhaarig. Infl. 1-3-blü. vgl. Hauptschlüssel **13a**
                      *M. rigidula* und *M. doliata*

      **11+** Fr. kahl oder drüsenlos behaart

        **12.** Größte Fiedern 10-25 mm breit und etwa so lang, oft schwarz gefleckt; Stp. 8-12 mm.
Blü.stand 1-6-blütig, < Tragb. Kr. 5-7 mm; Hülse mit 4-7 Windungen, kahl, mit langen, abstehenden Stacheln. Pfl. 20-50 cm     *M. arabica*

        **12+** Fiedern nur bis 11 mm br.

          **13.** Fr. fassförm. oder discoid. Kr. 3-6 mm. Stacheln slt. fehlend

            **14.** Fr. 3-kielig, zwischen den Kielen 2 dtl. Lgsfurchen; auch Stachelbasis daher tief ge-
furcht

              **15.** Obere (äußere) Windungen viel kleiner als die übrigen und stachellos, die übrigen
mit steif-borstlichen Stacheln. Stp. gezähnt. Fiedern 4-6 mm. Fr. 6-7 mm DM. Infl. 1-4-
blü.     *M. disciformis*

              **15+** Obere Windungen nur wenig kleiner, (meist) bestachelt. Stp. zerschlitzt. Fied. 6-
10 mm br. Fr. 3-10 mm DM. Infl. 1-8-blü.     *M. polymorpha*
Weitere Gliederung vgl. Hauptschlüssel unter **18.**

**14+** Fr.rand breit, 1-3-kielig, aber höchstens undeutl. gefurcht. Stachelbasis ungefurcht

**16. Fr.** kahl, 3-6 mm DM. Stacheln mit kaum erweiterter Basis, bisw. fehlend. Fiedern vorne gestutzt bis ausgerandet. 5-30 cm *Medicago littoralis*

**16+** Fr. meist (spärl.!) behaart, 5-10 mm DM, stets bestachelt. Stachelbasis an den Kielen breit 3-eckig herablaufend. Fiedern gerundet. 20-50 cm *M. truncatula*

**13+** Fr. allseits gerundet, d.h. kugelig bis oval

**17. Pfl.** kahl bis spärl. behaart. Fiedern vorne herzförm. ausgerandet. Kr. 3-4 mm, Infl. 2-3-blü. Fr. 5-9 mm DM, 3-kielig, aber ohne Quernerven, kurz bestachelt oder Stacheln zu Körnchen reduziert. Stg. zylindrisch *M. murex*

**17+** Pfl. dtl. behaart. Fiedern vorne gerundet. Stg. gefurcht

**18. Kr.** 3 mm, Infl. 1-2-blü. Fr. 7-10 mm DM, ± behaart, mit dtl. Quernerven. Stacheln spitz oder fehlend *M. doliata*

**18+** Kr. 5-6 mm. Infl. 2-9-blü. Fr. 5-7 mm DM, kahl. Quernerven schwach entwickelt. Stacheln stumpf *M. turbinata*

## MELILOTUS

Die Merkmalsangaben der Lit. (insbesondere zur Stp.-Zähnung und den Lgenverhältnissen der Krb.) widersprechen sich häufig. Die Infl. – Maße ohne Stiel angegeben – sind zur Fr.zeit oft stark verlängert

Außer den meist zweij. Arten **1a** und **5+** sind alle Arten einj.

„Melilotus" ist eigentlich weibl. (vgl. Pg und FE!), muss nach den Nomenklaturregeln aber als Maskulinum behandelt werden

### A. Hauptschlüssel:

**1a** Blü. weiß. Infl. 4-6 cm, >40-blü. Pfl. 50-120 cm hoch *M. albus*

**1b** Blü. (blass) gelb, wie die kugelige, nur kurz bespitzte Fr. 2-3 mm. 10-30(-50) cm

**2. Schiffchen** < Fahne. Stp. bis 6x2 mm, ± ganzrandig, nur am Grund oft mit einzelnen Zähnchen (?). Infl. 10-50-blü. Salztolerant *M. indicus*

**2+** Fahne < Schiffchen. Stp. (der mittl. Stgb.) dtl. gezähnt vgl. **8.** *M. sulcatus*

**1c** Blü. stets reingelb, wie die Fr. mind. 3 mm

**3. Stp.** der mittleren und oberen Stgb. ± ganzrandig

**4. Flügel** < Schiffchen. Fr. 6-7x3-4 mm, spitz, mit ± konzentrischen Nerven. Blü. 4-5 mm, in 3-12-blü. Traube. Stp. 3-5 mm *M. messanensis*

**4+** Flügel mind. so lg wie das Schiffchen. Fr. kleiner, mit Netz- oder Quernerven

**5. Fr.** jung behaart, später verkahlend. Blü. 4-6 mm, in meist 8-15-blü. Traube. Stp. 2-4 mm lg. 10-40 cm *M. neapolitanus*

**5+** Fr.(knoten) von Anfang an kahl. Infl. meist >15-blü. Stp. 5-8x0,5-1 mm. 20-120 cm

**6. Fahne** und Flügel höchstens so lg wie das Schiffchen. Quernerven der Fr. dtl. Infl. 15-30-blü., zur Blü.zeit 2-3 cm. Pfl. 20-100 cm, geruchlos *M. elegans*

**6+** Fahne und Flügel > Schiffchen. Quernerven schwach entwickelt. Infl. meist >30-blü., zur Blü.zeit 4-10 cm. Pfl. meist >70 cm, reich verzweigt, mit Cumaringeruch (//) *M. officinalis*

**3+** Stp. der mittl. Stgb. dtl. gezähnt

**7. Fahne** > Schiffchen und Flügel. Kr. 7-8 mm. Fr. 5-6 mm, mit Netzmuster. Fiedern nur apikal gezähnt *M. italicus*

**7+** Fahne (und Flügel) < Schiffchen. Fr. 2-5 mm, mit konzentrischen Nerven. Fiedern meist vollständig gezähnt

**8. Infl.** 1-1,5 cm, meist <25-blü. Kr. 2,5-4 mm. Fr. kugelig, im K. breit-sitzend. Stp. längl. bis lineal., auch die unteren gezähnt. 20-30 cm. Ruderal und segetal *M. sulcatus*

**8+** Infl. ca 3 cm lg, 30-50-blü. Kr. (4-)6-8 mm. Fr. etwas längl., innerhalb des K. kurz gestielt. Stp. eiförm., die der unteren B. ganzrandig. 30-60 cm. Feuchte Standorte (//) *M. segetalis*

## B. Alternativschlüssel für fruchtende Pflanzen:

**1a** Fr. netznervig
  **2.** Fr. 5-6 mm, ovoid. Infl. 20-40-blü. Stp. ca 8x2 mm, dtl. gezähnt    *Melilotus italicus*
  **2+** Fr. kleiner
    **3.** Pfl. meist >50 cm. Infl. >40-blü. Fr. 3-5 mm, 1-4-samig. Stp. ± ganzrandig    *M. albus*
    **3+** Pfl. <50 cm. Infl. 8-50-blü. Fr. 1-2-samig, (ohne Schnabelspitze) 2-3 mm
      **4.** Fr. aufrecht-abstehend, zuzügl. eines 0,5-1 mm lgen kräftigen Schnabels, anfangs behaart, später verkahlend. Infl. 8-20-blü. Stp. 2-4 mm, stets ganzrandig    *M. neapolitanus*
      **4+** Fr. hängend, bisw. kurz bespitzt, kahl. Infl. 10-50-blü. Salztolerant    *M. indicus*
**1b** Fr. mit ± konzentr. Nerven (Zentrum der Nervenschar nahe der Fr.basis gelegen!)
  **5.** Stp. höchstens mit 1 Zähnchen. Fr. 6-7 mm    *M. messanensis*
  **5+** Stp. zumind. der mittl. und oberen B. gezähnt. Fr. 2-5 mm lg vgl. oben **8./8+**
                                                       *M. sulcatus* und *M. segetalis*
**1c** Fr. (bisw. schwach) quernervig (Nerven bisw. S-förmig gekrümmt), (2-)3-5 mm
  **6.** Stp. ± ganzrandig, 5-8x0,5-1 mm. 20-120 cm vgl. oben **6./6+**    *M. elegans* und *M. officinalis*
  **6+** Stp. zumind. der mittl. B. gezähnt. 20-60 cm vgl. oben **8./8+**    *M. sulcatus* und *M. segetalis*

## ONOBRYCHIS

Wenn die Pfl. noch keine reifen Fr. zeigt, empfiehlt sich ein Blick auf den Stg.grund: da die Samen direkt aus d. Fr. keimen, findet sich dort oft der meist gut erhaltene Fruchtrest der Mutterpfl.

**1.** Infl. 2-8-blü. B. meist mit 9-13 Fiedern. Einj. IV-V
  **2.** Kr. 10-14 mm lg, dtl. > K.zähne. K.zähne 4-6x so lg wie der Tubus. Fr.zähne 5-7, breit 3-eckig (d.h. <2x so lg wie br.), seitl. zusammengedrückt und ± kammartig angeordnet; auf d. Fr.fläche (Flanke) zusätzliche, aber viel kleinere Zähne. Infl.stiel meist 2-3x so lg wie das Tragb. Infl. oft auffällig auseinandergezogen    *O. aequidentata*
  **2+** Kr. 7-9 mm, nur wenig > K.zähne. K.zähne 2-4x so lg wie der K.tubus. Fr.zähne ca 3x so lg wie br., zahlreich, am Kamm und auf d. Fläche ± gleichgestaltet, seitl. nicht zusammengedrückt. Infl.stiel <2x so lg wie d. Tragb.    *O. caput-galli*
**1+** Infl. >10-blü. B. meist mit 13-25 Fiedern. Mehrj. V-VII
  **3.** Fr. (randl.) mit Zähnen. Flügel < K. Stg. meist beblättert
    **4.** Fr. mit 2-6 randl. Zähnen (diese lg zugespitzt) und >0,5 mm lgen Haaren. Blü. weißl. oder rosa, oft auch rosa gestreift. Fahne fast gerade vorgestreckt    *O. alba*
      **a.** K. (incl. Zähne) mind. 3/4 so lg wie die Kr. Fr. mit 2-3 mm lgen Zähnen
        **b.** Kr. 8-10(-12) mm, weiß, oft rosa gestreift. K.zähne 2-3x so lg wie der Tubus. Fr.zähne meist 2 mm. Fiedern lineal, 2-4 mm br.    ssp. *a.*
        **b+** Kr. 12-14(-16) mm, hellrosa. K.zähne 3-4x so lg wie der Tubus. Fr.zähne 3 mm. Fiedern elliptisch, 3-6 mm br.    ssp. *echinata*
      **a+** K. ca 1/2 so lg wie die Kr., seine Zähne 2-3x so lg wie der Tubus. Fr.zähne 1-1,5 mm. Fied. 1,5-2,5 mm br. (Garg. mögl.)    Or.-Lit.
    **4+** Fr. randl. mit 6-8 ca 1 mm lgen Zähnen, kurzhaarig. Blü. rosa. Fahne fast rechtwinkelig aufgebogen. Fied. meist >4 mm br. (v)    *O. viciifolia*
  **3+** Fr. ± ohne Zähne. Flügel > K. B. ± grundständig. Fiedern 1-3 mm br. (//; sicher Fehlmeldung)    *O. saxatilis*

# ONONIS

**1.** Blü. seitenständig-gestielt (vgl. aber **2+**). Fr. hängend (subgenus *Natrix*)

  **2.** Blü. gelb, bisw. violett geadert. (Die meisten) Blü.stiele mit grannenartigem Spindelfortsatz (1-30 mm)

    **3.** Pfl. mehrj., oft ± halbstrauchig, meist >30 cm. Blü. meist geadert, 8-20 mm, einzeln auf 2-3 cm lgem Stiel. Fr. 15-20x3-4 mm. Samen 2 mm, dunkelbraun, fein tuberkulat bis glatt. Alle B. 3-zlg          *O. natrix*

    **3+** Pfl. einj. (aber bis 50 cm hoch!). Blü. meist 6-10 mm. Samen 1-1,5 mm, mit spitzen Tuberkeln

      **4.** Fr. 7-10-samig, zwischen d. Samen eingeschnürt. Infl.stiel nicht lger als Tragb., Spindelfortsatz 1-4 mm. Blü. zu 1-2. K. und Kr. meist 7-8 mm. B. (meist) 3-zlg, Fiedern meist 3-8 mm br. Stp. 2-6 mm lg     *O. ornithopodioides*

      **4+** Fr. nicht eingeschnürt. Blü. stets einzeln. B. 1(-3)-zlg. Fiedern 10-20(-30) mm br., Stp. 8-12 mm lg     *O. viscosa* s.l.

        Im Gebiet: Fr. 12-15(-20) mm, 1-2x so lg wie der K. Infl.stiel mind. so lg wie das Tragb. Spindelfortsatz 6-30 mm. Kr. 7-9 mm, K. 8-15 mm     ssp. *breviflora*
                                              = *O. breviflora*

        Bei anderer Merkmalskombination vgl. Or.-Lit.

  **2+** Blü. rosa (im Herbar aber auch gelbl. verblassend). Blü. einzeln, Stiel ohne Spindelfortsatz, slt. auch fast sitzend. Fr. 4-12x3-4 mm. Zumind. untere B. 3-zlg. Stets einj.   *O. reclinata*

Die beiden folgenden Taxa werden in CL (und FE) nicht unterschieden:

    **a.** Kr. (5-)7-10 mm, meist so lg wie oder lger als der K. K.zähne 6-8 mm. Fr. 7-10 mm, 1-1,5x so lg wie der K. Samen 1-1,5 mm, braun. Fiedern obovat bis fast rundl., apikal gerundet. Freie Zipfel der Stp. gezähnelt     ssp. *r.*

    **a+** Kr. 3-6,5 mm, (dtl.) kürzer als der K. K.zähne 3-6 mm. Fr. 4-7,5 mm, ca so lg wie der K. Samen 0,5-1,3 mm, gelbl. (auch im Gebiet?). Fiedern längl. bis keilförm., apikal gestutzt. Stp. ganzrandig     ssp. *mollis*
                                            = var. *minor* s. Fen = *O. cherleri* s. Pg 1:701

**1+** Blü. ± sitzend; wenn gestielt (vgl. **9+**) Blü. rosa und ± alle B. 1-zlg. Fr. abstehend od. aufrecht (subgenus *Ononis*. Alternativschlüssel beachten)

  **5.** Blü. gelb. Pfl. (5-)10-30 cm

    **6.** Pfl. mehrj. (halbstrauchig). B. (meist) 3-zlg. Fahne kahl. Kr. bis 1,5x so lg wie der K., bisw. auch kürzer. K.zähne 3-4x so lg wie die Tubus. Garigue usw.

      **7.** Pfl. drüsig-klebrig. K. mit drüsigen *und* drüsenlosen Haaren. Fiedern meist 5-12x3-8 mm. Freie Zipfel der Stp. gezähnelt     *O. pusilla*

      **7+** Pfl. nicht klebrig (aber oft drüsig). K. kahl oder nur mit Drüsenhaaren. Fiedern meist kleiner. Stp. ganzrandig (//)     *O. minutissima*

    **6+** Pfl. einj. (aber basal bisw. holzig), niederliegend. Fahne behaart. B. (meist) 1-zlg. K.zähne 1-4x so lg wie der Tubus, Kr. 2(-3)x so lg wie der K. Stp. gezähnelt. (Sand-)Strand
                                              *O. variegata*

  **5+** Blü. rosa (od. weißl.). B. zumind. im Infl.-Bereich meist einfiedrig. Pfl. 10-70 cm

    **8.** Mehrj., meist mit dtl. verholzter Stg.basis, diese behaart und ± bedornt. Fr. (im Gebiet) meist 5-10 mm lg, 1-2-samig (slt. mehr) (formenreiche Gruppe)     *O. spinosa* s.l.

      **a.** Kr. 6-10 mm, höchst. so lg wie der K. Fahne behaart. Fr. mind. so lg wie d. K. Fiedern spitz. Stg.basis aufsteigend bis aufrecht, nicht wurzelnd. Dornen ausgeprägt (v)
                                              ssp. *antiquorum*

      **a+** Kr. (10-)15-20 mm, > K. Fr. < K. Fiedern ± gerundet bis ausgerandet. Stg.basis unterirdisch u./od. wurzelnd. Dornen wenig ausgeprägt, slt. auch fehlend (//)     ssp. *maritima*
                                              = *O. repens*

**8+** Pfl. einj. Fr. 4-6x3 mm, 1-4-samig

**9.** B. unterhalb der Infl. (größtenteils) 3-zlg (vgl. auch **2+** *O. reclinata!*). K. 7-8, Kr. 10-12 mm. In Küstennähe. IV-VI

**10.** Pfl. drüsig-klebrig. Einzige Fieder der floralen Tragb. wohl entwickelt, grün. K. grün. Fahne behaart oder kahl. Samen tuberkulat. Formenreich                *Ononis diffusa*
Wenn Pfl. mit ± rundl., scharf doppelt gesägten Fiedern und gesprenkelten Samen var. *dehnhardtii*

**10+** Pfl. kahl od. behaart, aber nicht od. nur wenig drüsig. B.fieder im Infl.-Bereich stark reduziert. K.tubus kahl mit auffällig dtl. Nerven, K.zähne drüsig berandet. Fahne kahl. Samen spinulos                *O. mitissima*

**9+** ± Alle B. 1-zlg. K. 7-12, Kr. 10-16 mm. Fahne behaart. Blü. dtl. (2-15 mm) gestielt. V-VII

**11.** Pfl. behaart und (spärl.) drüsig, ± niederliegend. Fiedern obovat-rundl., -12 mm lg. Blü.-stiele 5-15 mm, zur Fr.zeit oft verlängert. K. 7-8, Kr. 10-13 mm (v)                *O. oligophylla*

**11+** Pfl. nicht drüsig, aufrecht. Fiedern längl., -35 mm lg. Blü.stiel 2-4 mm. K. 8-12, Kr. 12-16 mm (v)                *O. alba*

*Alternativschlüssel für fruchtende Pflanzen von subgenus Ononis:*

**1.** Fr. hängend, zylindrisch, oft über 1 cm lg und meist >2x so lg wie br. (subg. *Natrix*)        s. oben

**1+** Fr. 5-10 mm, oval, höchstens 2,5x so lg wie br., abstehend od. aufrecht, meist ± sitzend (vgl. aber **4+**)

**2.** Pfl. (basal) dornig. Pfl. 20-70 cm, dtl. mehrj., meist mit verholzter Basis. Fr. 1-2-samig, Samen 2-2,5 mm tuberkulat (wenn Fr. mehrsamig u./od. Samen glatt, vgl. Or.-Lit.)                *O. spinosa* s.l.
                ssp. vgl. oben

**2+** Pfl. ohne Dornen

**3.** ± Alle B. einfiedrig. Samen 1,5 mm

**4.** K. 5-6 mm, Fr. 6-8 mm. Samen zu 10-14, glatt, rotbraun. Pfl. dicht behaart, mit zahlreichen Drüsen. Fiedern obovat, 5-10 mm lg                *O. variegata*

**4+** K. 7-10, Fr. 5-6 mm, dtl. (kurz) gestielt. Samen ca 4, (fein) tuberkulat vgl. oben **11./11+**
                *O. oligophylla* und *O. alba*

**3+** Zumind. die B. unterhalb der Infl. 3-zlg

**5.** Pfl. ± halbstrauchig. Stg. bisw. einwurzelnd

**6.** Stg. 5-30 cm, fast kahl. (End-)Fieder 3-7x1-2 mm. K.tubus weißl., mit lgen pfrieml. Zähnen, kahl oder mit (einzelnen) Drüsenhaaren. Samen 1,5-2 mm, zu (1-)3-6, glatt
                *O. minutissima*

**6+** Stg. 30-60 cm, behaart u./od. drüsenhaarig. Endfieder nur 1-2x so lg wie br. Samen 2,5 mm, tuberkulat, zu 1-2 (vgl. auch **2.**)                *O. spinosa* ssp. *maritima*

**5+** Pfl. höchstens basal verholzt. Stg. nicht einwurzelnd. Samen 1,5-2 mm, nicht glatt

**7.** Meist alle B. 3-zlg. Fiedern 5-13 mm lg. Samen ca 6, gelbbraun, tuberkulat. Pfl. mehrj., ± klebrig-drüsig, 10-25 cm                *O. pusilla*

**7+** Obere Tragb. 1-zlg. Fied. 10-20 mm lg. Samen 1-3, (rötl.-)braun. Pfl. einj., 10-50 cm, in Küstennähe vgl. oben **10./10+**                *O. diffusa* und *O. mitissima*

**ORNITHOPUS** Vgl. III 9b                *O. compressus*

**PHASEOLUS** Vgl. II 6. (Kulturpfl.)                *Ph. vulgaris*

**PISUM** Vgl. III 21.                                                                    *P. sativum*

**a.** Kulturpfl. Flügel meist weiß. Stp. 65-85 mm, Infl. stiel oft ca ebenso so lg. Samen 5-11 mm, Hilum <2 mm (*//*)                                                                    ssp. *s.*
Bisw. werden unterschieden:

  **b.** Fr. 6-9 cm lg, Samen gelbl. bis bräunl., ± rundlich, 8-11 mm DM    var. *s.* (= var. *hortense*)

  **b+** Fr. 4-7 cm lg, Samen gefleckt, fest aneinander gedrückt und fast würfelförm., 5-8 mm DM
                                                                 var. *arvense*

**a+** In Gebüschen und Wäldern. Flügel stets ± rötl.-violett. Stp. 20-65 mm, Infl.stiel oft 2-3x so lg. Samen 5-6 mm, Hilum >2 mm                     ssp. *biflorum* (= ssp. *elatius*)


**ROBINIA** Vgl. III 17b (v)                                                          *R. pseudacacia*


## SCORPIURUS

**1.** Infl. 1-2-blü. Junge B., Infl.stiel und K. abstehend behaart, Haare oft >1 mm. Blü. 11-14 mm. K. (5-)6-8 mm, Zähne der Oberlippe des K. 2,5-4 mm lg. Gr. 5-6 mm. Fr. mit pilzförm. Emergenzen, ohne Emergenzen 5-7 mm br. Samen 2-3x3-4,5 mm, nierenförmig (*//*)    *S. vermiculatus*

**1+** Infl. 1-5-blü. Infl.stiel und K. kahl bis (meist anliegend) behaart, dann aber Haare slt. >1 mm. Zähne der K.-Oberlippe 1-2,5 mm. Fr. 2-3,5 mm br., Emergenzen nicht pilzförmig. Samen mondförmig (*S. muricatus* s.l.)

Das Taxon wird zumeist weiter gegliedert. Pg unterscheidet 3 Formen, CL 2 Arten (wobei „*S. sulcatus*" nicht genannt wird). Der folgende Schlüssel orientiert sich vor allem an der FLORA IBERICA. Extremwerte nicht berücksichtigt

  **2.** Gr. 4,5-5,5 mm. K. 5,5-8 mm. Fahne 9-13 mm. Infl. bisw. 1-blü. Die ventralen (äußeren) Längsrippen der Fr. mit aufrechten (d.h. nicht hakenförm.) konischen Emergenzen, deren Spitze bisw. gespalten. Fr. meist 2,5-3,5 mm br. Samen 4,2-4,8x1,6-2,1 mm (Garg. mögl.)
                                                               *S. muricatus* s.str.

  **2+** Gr. 3,5-4 mm. K. 3,5-5,5 mm. Fahne 6-9 mm. Infl. fast immer 2-5-blü. Fr. slt. >2,5 mm br. (*S. subvillosus* s. CL?)

    **3.** Zähne der K.-Unterlippe 2,5-3,5 mm, mind. so lg wie der Tubus. Fr. mit 11 Lgsrippen, die meisten davon mit stachelförm., hakigen, oft 2-spaltigen Emergenzen. Samen 2,5-3,2x1,6-2,2 mm                                              *S. subvillosus* [s.str.]

    **3+** Zähne 1,5-2,5 mm, kürzer als der Tubus. Fr. mit 9 Längsrippen, die 3-5 ventralen (äußeren) meist mit dünnen, -2,5 mm lgen Stacheln, die übrigen Rippen – slt. auch alle – glatt. Samen 3,1-3,8x1,1-1,8 mm (Garg. mögl.) vgl. (CL)                          „*S. sulcatus*"


## SECURIGERA

**1.** Kr. ± weißl. oder rosa. Fr. dtl. in <10 Segmente gegliedert und zumind. an der Basis vierkantig, mit kurzem Schnabel

  **2.** Kr. 4-7 mm. Dolde 3-6-blü. Slt. >5 Fiederpaare. Pfl. einj.                  *S. cretica*
                                                                         = *Coronilla c.*

  **2+** Kr. ca 10 mm, mit dunkelvioletter Schiffchenspitze. Dolde >10-blü. 8-12 Fiederpaare. Pfl. mehrj. (*//*)                                             *S. varia*
                                                                       = *Coronilla v.*

**1+** Kr. gelb, 9-11 mm. Dolde 4-8-blü. Fr. kaum gegliedert, zusammengedrückt, mit 8-18 Segmenten und 1-3 cm lgem Schnabel. Meist 4-7 Fiederpaare. Einj.                  *S. securidaca*


**SPARTIUM** → **Genisteae**

## SULLA   (*hier:* = **Hedysarum**)

**1.** Infl. doldig, 5-10-blü. Fr. neben den Stacheln noch behaart. 6-10 Fiederpaare. Einj., -30 cm

*S. capitata*
= *Hedysarum glomeratum*

**1+** Infl. eine dichte, 10-30-blü. Traube. Fr. nur bestachelt, sonst kahl. 2-5 Fiederpaare. Mehrj., >30 cm

*S. (H.) coronaria*

## TELINE → Genisteae

## TETRAGONOLOBUS

**1.** Blü. ± gelb, 2,5-3 cm. Reife Fr. 3-5 mm br. Mehrj.                    *T. maritimus*

**1+** Blü. purpurn, 1,5-2,2 cm. Reife Fr. 6-8 mm br. Einj.                  *T. purpureus*

## TRIFOLIUM

*Kö.*            = Köpfchen: gestauchte, bisw. doldige Teilinfl.
*Kö. sitzend:* unmittelbar unter dem Kö. zumind. 1 wohlentw. Laubb. (darunter oft ein gestrecktes Interno-dium), entsprechend *Kö. gestielt:* zwischen Kö. und oberstem Laubb. ein gestrecktes Internodium. – Unab-hängig davon kann sich aber unter dem Kö. ein *Involukrum* schuppenförmiger, oft verwachsener B. oder – bei sitzenden Kö. – aus verbreiterten Stp. befinden
*Brakt.:*        Tragschuppen der Einzelblüten. Sowohl Involukralb. als auch Brakt. sind bisw. nur 0,5 mm lg!
Bei einigen Alternativen sind zusätzliche metrische Merkmale aus der FLORA IBERICA verwendet worden, die für garg. Populationen möglicherweise nur eingeschränkt gültig sind

**1.** K. mit 5(-6) Nerven. Kr. gelb (verblüht hellbraun), 2-5(-6) mm lg. Pfl. einj., 5-20 cm

   **2.** Kö. 2-10(-15)-blü. Blü.stiel mind. so lg wie K.röhre. Fahne gefaltet, nicht gefurcht. Flügel gera-de vorgestreckt. Alle Fiedern sitzend                    *T. micranthum*

   **2+** Kö. >20-blü. Blü.stiel < K.röhre. Fahne gefurcht, nicht gefaltet. Flügel spreizend. Endfieder dtl. gestielt                                                    *T. campestre*

**1+** K. mind. 10-nervig (bisw. aber 5 Nerven stärker hervortretend) u./od. Blü. nicht gelb

   **3.** Einzelblü. mit kl. Brakt. (*sehr* kleine Schüppchen bei **6.**), oft dtl. gestielt, nicht gelb. Fr. 1-8-sa-mig

     **4.** K. zur Fr.zeit (!) ± aufgeblasen, netznervig. Kr. > K., ± rötl. oder anfangs weiß und sich rosa verfärbend

      **5.** Kö. (scheinbar) endständig, 1-5 cm gestielt, oval bis fast zylindr., zuletzt 2-6x2-3,5 cm. Brakt. ca so lg wie der K.tubus. K. zuletzt vorne eingeschnürt, 24-35-nervig. K.zähne alle borstl., zuletzt zurückgekrümmt. Kr. weiß, später rosa, 1,5-2,5x so lg wie die K. (incl. Zähne!?). B.fiedern >10 mm, gezähnt mit kleinen Stachelspitzchen. Stp. mit lger endständi-ger Borste. Pfl. einj. (v)                                  *T. vesiculosum*
      Wenn K. nur wenig aufgeblasen und ohne Quernerven vgl. auch **10.**              *T. mutabile*

     **5+** Kö. dtl. seitenständig, 10-14 mm DM, an der Basis (meist?) ein kleines gezähneltes Invo-lukrum zumind. basal verwachsener Schuppen. Kr. rosa bis fleischfarben. Oberlippe des K. meist dicht behaart, deren beide Zähne am Fr.k. persistierend. Fiedern 5-20 mm

      **6.** Blü. resupiniert (d.h. Fahne nach unten orientiert). Brakt. winzig klein. Kö. slt. >5 cm lg gestielt, mit s. kleinem Involukrum aus 0,5-1 mm lgen, meist bis zur Hälfte verwachsenen Schüppchen bestehend. Stgb. mit häutigen, apikal grannenartigen Stp. Stg. nicht wurzelnd. Stg. und B. meist ± kahl, höchstens oben drüsig. Pfl. meist einj.

       **7.** Kö.stiele meist <1 cm, kürzer als die Tragb. Fr.k. kaum lger als br., bleibend dicht be-haart, mit s. kurzen (0,5-1 mm), ± versteckten Zähnen. Fr.kö. 7-13 mm DM. 5-20 cm. Pfl. stets einj. ± Trockene Standorte                                        *T. tomentosum*

**7+** Kö.stiele 1-4(-8) cm. Fr.k. zuletzt meist ± kahl, mit 1-2 mm lgen, spreizenden Zähnen. Blü.kö. halbkugelförm., Fr.kö. 8-20 mm DM. Involukrum ca 1 mm. Fahne 3-6 mm, Samen 1,1-1,4 mm. 10-50 cm. Pfl. ein- oder mehrj. Meist (wechsel-)frische Standorte. Formenreich                                            ***Trifolium resupinatum***
Wenn Stg. basal 5-10 mm DM, hohl, Kö.stiele (mind.) 2x so lg wie das Tragb., Fahne -8 mm, Samen 1,8-2 mm                                    var. *majus* (= *T. suaveolens*; CL)

**6+** Blü. nicht resupiniert, 6-7 mm. Brakt. 3-4 mm lg. Kö. rund, auf oft >10 cm lgen Stielen. Involukralb. 2-5 mm, meist nur basal verwachsen. Pfl. meist behaart, Stg. aber oft verkahlend. Mehrj., Stg. an den Knoten wurzelnd. Meist feuchte, salzbeeinflusste Standorte
***T. fragiferum***
Formenreich. Gelegentlich werden unterschieden (nicht in CL):
**a.** K. zur Blü.zeit 4-4,5 mm (dabei Zähne > Tubus), zur Fr.zeit 8-10 mm, von der persistierenden Kr. nicht oder nur wenig überragt. Kö. kugelig                      ssp. *f.*
**a+** K. 3,5-4 bzw. 4-6 mm, von der Kr. ca 2 mm überragt                  ssp. *bonannii*
**4+** K. zur Fr.zeit nicht aufgeblasen (vgl. aber **10.**)
**8.** Kö. sitzend (vgl. auch **7.** *T. tomentosum*). K.zähne ausgebreitet bis zurückgeschlagen. Fr. 1-2-samig
**9.** Pfl. 1-10 cm. Internodien meist <0,5 cm, B.stiel > korrespondierendes Internodium. Kö. 5-7(-10) mm DM, bisw. knäuelig gehäuft. Kr. < K., 3-4 mm, weiß od. hellrosa. K. 10-nervig, anfangs oft behaart, mit lanzettl. 1,7-2,8 mm lgen Zähnen, Pfl. sonst ± kahl (v?)
***T. suffocatum***
**9+** Pfl. 5-30 cm. Internodien meist >1 cm, Stiel der oberen B. < Internodium, bisw. B. fast sitzend. Fiedern -10 mm br., ihr Rand durch austretende Seitennerven dtl. gezähnelt. Kö. meist 8-12 mm DM. Kr. > K., 4-5(-7) mm, rosa. K. 12-nervig, K.zähne 1-1,7 mm, basal verbreitert, oft netznervig, kahl, schon zur Blü.zeit abstehend, später oft zurückgebogen (v)
***T. glomeratum***
**8+** Kö. mind. 5 mm gestielt. Fr. bisw. mehrsamig
**10.** K.tubus 3,5-5 mm, ca 20-24-nervig, zur Fr.zeit etwas aufgeblasen. K.zähne borstl. 4,5-5,5 mm, ± gleichlg. Kr. rosa, >10 mm. Infl. ovoid bis fast zylindrisch. Fr. 2-3-samig, Samen 1,3-1,7 mm, tuberkulat. B.fied. -3x so lg wie br. Pfl. einj. (v)                      ***T. mutabile***
Vgl. auch **5.**                                                          *T. vesiculosum*
**10+** K.tubus 5-10-nervig. Infl. ± (halb-)kugelig, slt. ovoid
**11.** Pfl. mehrj., meist niederliegend oder aufsteigend. Kö. 1,5-2,5 cm DM. Blü. zuletzt dtl. zurückgeschlagen. Fiedern 1-2x so lg wie br. Pfl. mit sprossbürtigen Wurzeln oder K. 5-nervig
**12.** K. 10-nervig. Stg. an den Knoten wurzelnd. Stp. trockenhäutig, scheidig verwachsen, mit kurzer Spitze. Fied. bisw. mit heller Zeichnung                      ***T. repens***
Formenreich, ggfs. Or.-Lit. – Für Apulien gemeldet:
**a.** Blü.stiele wie meist auch übrige Pfl. kahl. Fiedern >10 mm lg. Infl. meist >40-blü., Blü. meist weiß                                                          ssp. *r.*
**a+** Blü.stiele und übrige Pfl. behaart. Fiedern -10 mm. Infl. meist ± 20-blü., Blü. meist rosa                                                                ssp. *prostratum*
Hierher auch ein unbestimmtes *Trifolium* (Monte Spigno): Viel kleiner als *T. repens* und nur mit ca 10 vorne oft verdickten Seitennerven pro Fiederhälfte (wie *T. thalii*, aber Blü. zuletzt zurückgeschlagen)
**12+** K. (bisw. undeutl.) 5-nervig. Stg. oft ± prostrat, aber nicht an den Knoten wurzelnd. Stp. an grünen B. krautig, lg ausgezogen. Fiedern ohne Zeichnung                      ***T. hybridum***
**a.** Kr. 7-10 mm, anfangs oft weiß, später rosa. Kö. >20 mm DM. Stg. hohl, meist kahl
(*/l*)                                                                      ssp. *h.*
**a+** Kr. 6-7 mm, meist von Anfang an rosa. Kö. 15-20 mm DM. Stg. markig, oben spärl. behaart                                                                  ssp. *elegans*

**11+** Pfl. einj., nur mit Primärwurzelsystem. K. nicht 5-nervig

**13.** Kr. 5-6 mm, rosa, den K. nur wenig überragend. Unterster K.zahn lger als die anderen. Kö. rundl. bis ovoid, 7-10 mm DM, deren Stiele die Tragb. dtl. überragend. Fr. 1-2-samig, Samen 1,2-1,8 mm. Fiedern 2(-4)x so lg wie br., wie die Stp. am Rand gezähnelt, oft mit Drüsen an der Spitze der Zähne. Auch Stg. meist drüsig (v)

*Trifolium strictum*

**13+** Kr. 6-9 mm, meist weiß, 1,5x so lg wie der K. (incl. Zähne). Kö. halbkugelig, 1-2 cm DM. Stg. und Stp. drüsenlos. Fr. meist 4-samig, Samen 1-1,2 mm, glatt. Fiedern kaum lger als br., oft mit dunklem Fleck. Formenreich *T. nigrescens*

**3+** Blü. ohne Brakt., meist sitzend. K. nie aufgeblasen. Fr. 1(-2)-samig.

**14.** Kö. auf dicht abstehend behaarten Stielen, nur mit 2-3(-7) fertilen, bisw. zuzügl. 5-10 steriler weißl. Blü. von 8-12 mm. Fr.stand zur Erde gewandt od. unterirdisch. B.stiel 2-4x so lg wie eine Fieder. Stp. bis 15x3(-7) mm. Pfl. kriechend *T. subterraneum*

Formenreich. Für den Garg. werden genannt (Merkmale und Nomenklatur nach FIORI):

**a.** Stg. >10 cm. Kö.stiele etwa so lg wie das Tragb. K.tubus kahl. Fr.-Kö. 12-15 mm DM

typ. var.

**a+** Stg. meist nur wenige cm. Kö.stiele sehr kurz. K.tubus oft behaart. Fr.-Kö. viel kleiner

var. *brachycladum*

**14+** Kö. vielblü. Fr.stand anders

**15.** Infl. schon zur Blü.zeit >2x so lg wie br., ± zylindrisch oder schmal-oval, 3-6 cm lg. Stg. angedrückt behaart, meist 1-köpfig. K.zähne ± gleich lg. Kr. 8-12 mm, Kö. >1,5 cm lg gestielt. Pfl. ein- oder zweij., aber bis >30 cm hoch

Wenn Infl. nur bis 2,5 cm und Kr. nur bis 5 mm vgl. **29+** *T. bocconei* und **31.** *T. arvense/phleoides*

**16.** Fiedern mind. 10x so lg wie br. (*T. angustifolium* s.l.)

Die beiden folgenden Taxa werden nicht immer unterschieden

**17.** Fied. 20-80 mm lg, lineal-lanzettl., > B.stiel. K.zähne spitz (stechend), an der Spitze kahl. Kr. rosa oder purpurn. Stg. aufrecht oder aufsteigend, meist >15 cm

*T. angustifolium* s.str.

**17+** Fied. bis 20(-25) mm lg, lanzettl., meist < B.stiel. K.zähne nicht stechend, ihre Spitze von wenigen (!) apikalen Haaren überragt. Kr. weißl.-hellrosa. Infl. oft nur 1-2 cm lg, oval. Stg. niederliegend-aufsteigend, meist <15 cm (//) *T. infamia-ponertii*

= *T. angustifolium* ssp. *gibellianum* = *T. a.* var. *intermedium*

**16+** Fied. 1-1,5x so lg wie br. *T. incarnatum*

**a.** Kr. blutrot oder reinweiß, 8-11 mm, den K. kaum überragend. K.zähne -1,5x so lg wie d. K.röhre. Fied. bis 2 cm. Stg. meist einfach, aufrecht, kräftig, spärl. behaart, 20-50 cm

ssp. *i.*

**a+** Blü. gelbl.-weiß oder rosa, (10-)12-15 mm, den K. weit überragend. K.zähne dtl. lger (bis >2x so lg) als d. K.röhre. Fied. slt. >1x1 cm. Stg. meist verzweigt, aufsteigend, schlank, meist angedrückt behaart, 10-30 cm ssp. *molinerii*

Übergänge! Bei den garg. Exempl. ist der Stg. meist einfach und aufrecht, die übrigen Merkmale entsprechen ssp. *molinerii*

**15+** Kö. zur Blü.zeit <2x so lg wie br.

Wenn Kö. oval, 1-2 cm lg, ± einzeln, K.-Zähne ± gleichlg und Fiedern lanzettl. vgl. auch **17+**

*T. infamia-ponertii*

**18.** K. 20(-30) -nervig (wegen dichter Behaarung bei *T. cherleri* aber nicht leicht zu zählen). Stg. meist 5-20 cm. Kö. 1-2 cm DM. Pfl. einj.

**19.** Stp. unterhalb der Kö. eine auffällige, häutige, rundl. Hülle bildend (vgl. auch **25.**). Kr. (8-)12-15 mm, weißl.(-rosa), ca so lg wie die K.zähne. K. zygomorph, Tubus 2-4,3 mm, behaart. Kö. halbkugelig, breiter als hoch. Stg. ± dicht behaart, meist ± prostrat

*T. cherleri*

Hierher möglicherweise auch die Meldung von *T. hirtum* (Pfl. aufrecht, Kr. purpurn, > K.zähne)

**19+** Ohne rundliche Stp. Kr. 7-8 mm, rosa, in meist ovoiden Kö. K. ± aktinomorph; Tubus 1,2-2,7 mm, zumind unten (fast) kahl. Zähne basal 3-eckig verbreitert und 5-nervig. Stg. wenig behaart　　　　　　　　　　　　　　　　　　*Trifolium lappaceum*
**18+** K. 10-nervig
　　**20.** Pfl. mehrj., an der Basis bisw. etwas holzig. Kö. 1,5-4 cm DM. Unterster K.zahn mind. 1,5x so lg wie die übrigen. Fiedern fast ganzrandig
　　**21.** Kö. rund, sitzend bis kurz gestielt, bisw. zu zweit. Blü. ± purpurn. Unterster K.zahn meist 1,5-2x so lg wie die übrigen
　　　　**22.** K.tubus 6-8 mm, kahl (aber K.zähne bewimpert). Kr. 12-20 mm. Kö. meist einzeln. Fied. 2-3x so lg wie br. Freier Teil der Stp. mind. so lg wie der am B.stiel angewachsene Teil (*//*)　　　　　　　　　　　　　　　　　*T. medium*
　　　　**22+** K.tubus 3 mm, behaart. Kr. 10-15 mm. Kö. meist zu zweit. Fied. meist <2x so lg wie br. Stp. hoch hinauf mit dem B.stiel verwachsen, freier Teil ± plötzlich in eine Spitze verschmälert, diese mit einzelnen endständigen Pinselhaaren. Stg. oben meist nur spärl. anliegend behaart. Formenreich (Or.-Lit.)　　　　　　　*T. pratense*
　　　　Wenn Stg. (dicht) behaart, vgl. auch　　　　　　　　　　　　**26.** *T. pallidum*
　　**21+** Kö. oval. Blü. 15-20 mm. K.tubus behaart, 4-5 mm, unterster K.zahn ca (2-)3x so lg wie die übrigen. Fiedern 2-3x so lg wie br. Stp. in eine 1,5-2 cm lge Spitze ausgezogen (wenn plötzl. verschmälert, vgl. auch *T. pratense*). Pfl. behaart oder kahl
　　　　　　　　　　　　　　　　　　　　　　　　　　　　*T. ochroleucum*
　　　　Die Blü. sind im Normalfall gelbl.-weiß, im Gebiet aber auch rötl. überlaufen　　var. *roseum*
**20+** Pfl. einj. (*T. pallidum* bisw. zweij., dort unterster K.zahn aber nur wenig lger)
　　**23.** Kö. sitzend
　　　　**24.** Kö. alle endständig, 1-2 cm DM. Pfl. 10-40 cm hoch
　　　　　　**25.** Stp. oval, die der Tragb. des Kö. dieses basal ± umgreifend (vgl. auch **19.**). Kr. 9-12 mm, weißl., gelbl. od. rötl. K.zähne höchstens wenig unterschiedl. lg. Stg. und B.stiel meist dicht (abstehend) behaart
　　　　　　　　**26.** Kr. etwa 2x so lg wie d. K. (mit Zähnen). K.zähne basal 3-eckig verbreitert und dort bis 5-nervig. Stp. apikal ± plötzl. in eine Grannenspitze auslaufend. K.tubus ±2 mm. Ein- bis zweij.　　　　　　　　　　　　　　　　　*T. pallidum*
　　　　　　　　　　**a.** K.zähne 3 mm, über die ganze Lge bewimpert (Garg. mögl.)　var. *p.*
　　　　　　　　　　**a+** K.zähne 4-5 mm, basal (fast) kahl (im Gebiet zumind. vorherrschend)
　　　　　　　　　　　　　　　　　　　　　　　　　　　　var. *flavescens*
　　　　　　　　**26+** Kr. nur wenig lger als die dicht behaarte K. Stp. der oberen B. ohne ausgeprägte Grannenspitze, mit auffälligen Nerven vgl. **33.**　　　　*T. stellatum*
　　　　　　**25+** Stp. lineal, lg zugespitzt. Kr. (meist) 5-7 mm. Unterster K.zahn 1,5-2x so lg wie die übrigen
　　　　　　　　**27.** Kr. rosa, 5-7 mm, 1,5-2x so lg wie d. K. Fiedern der unteren B. 10-20(-30)x6-10 mm. K. glockig, kahl oder distal behaart (Haare dann so lg wie die des Stg.). K.zähne krautig, meist 3-nervig, die oberen vier 1,5-3 mm. Stg. 10-40 cm, oben (!) abstehend behaart. Meernahe Standorte　　　　　　　*T. squamosum*
　　　　　　　　　　　　　　　　　　　　　　　　　　　　= *T. maritimum*
　　　　　　　　**27+** Kr. gelbl. od. rosa, 9-12 mm, 1-1,2x so lg wie der dichthaarige K. (Haare z.T. lger als die des Stg.). K.tubus oben verengt, mit linealen, 2-4,5 mm lgen, etwas stechenden Zähnen. Fiedern meist größer. Stg. 20-80 cm, oben anliegend behaart. Trockenrasen　　　　　　　　　　　　　　　　　*T. sqarrosum*
　　　　　　　　Formenreich. Bisw. (nicht in CL) werden unterschieden:
　　　　　　　　　　**a.** Fr.-Kö. 24-32 mm lg　　　　　　　*T. squarrosum* „s.str."
　　　　　　　　　　　　**b.** Blü.-Kö. 15-20 mm, Fr.-Kö. 24-26 mm　　　　typ. var.
　　　　　　　　　　　　**b+** Kö. 20-25 bzw. 25-32 mm. Pfl. oft >50 cm　　var. *majus*
　　　　　　　　　　**a+** Blü.-Kö 15-18, Fr.-Kö. 20-22 mm (CL; Garg. mögl.)　*T. panormitanum*

**24+** Kö. z.T. end-, z.T. achselständig, 8-12 mm DM. Blü. 4-7 mm. 5-20(-30) cm

**28.** K.zähne mit breiter Basis. Pfl. ± kahl (Blü. mit sehr kleinem Tragb.!) vgl. **9+**
*Trifolium glomeratum*

**28+** K.zähne schmal. Pfl. zumind. anfangs behaart

**29.** Seitennerven der Fiedern zurückgekrümmt, ± erhaben und am Fiederrand meist breiter als an der Basis. Stp. mit borstl. Fortsatz. Fr.k. mit fast stechenden Zähnen, diese zuletzt oft zurückgekrümmt. B.stiel anlieg. behaart. Fiedern bis 2x so lg wie br., beiderseits behaart. Samen 1,2-1,8 mm *(T. scabrum* s.l.)
Die beiden folgenden Taxa werden auch als ssp. von *T. scabrum* angesehen

**30.** Stg. aufsteigend. Kr. weißl., von den K.zähnen meist überragt (Fahne 4-6,5 mm). K.haare oft <0,5 mm, oft auf der unteren Hälfte der Kb. gehäuft. Kö. basal verschmälert (d.h. obovat), Stp. der obersten B. nicht auffällig einem Involukrum ähnlich *T. scabrum* s.str.

**30+** Stg. oft aufrecht. Kr. weißl.-rosa, meist > K.zähne (Fahne 5,5-8 mm). K.haare fast borstlich, bisw. >0,5 mm, meist einige (>2) Haare die Kb.-Spitze überragend. Kö. oval, basal gerundet, Stp. der obersten B. ein Involukrum bildend (Garg. mögl.) *T. lucanicum*

**29+** Seitennerven nicht verdickt, meist ± gerade. Fr.k. mit weichen Zähnen, diese abstehend bis zusammenneigend. B.stiel ± abstehend behaart. Fiedern oft 3x so lg wie br., bes. oberseits verkahlend. Kr. rosa oder weiß mit purpurner Fahne, etwa so lg wie d. K. oder lger. Kö. bisw. 2x so lg wie br. Samen ±1 mm *T. bocconei*

**23+** Kö. mind. 1 cm gestielt (vgl. Anm. zu **33.**)

**31.** Fied. 2-5 mm br. und 3- bis über 10x so lg. Kö. dtl. lger als br. Kr. 4-5 mm, < K.

**32.** K.zähne borstl., fedrig bewimpert, ca 3-4 mm. K. insgesamt viel lger als die Kr., Kö. daher „behaart" erscheinend. Kö. 1-1,5 cm lg, rosa bis grauviolett. Fied. 2-3 mm br. Formenreich *T. arvense*
Die K.zähne sind normalerweise 1,5-2x so lg wie der Tubus. Wenn Zähne 3-4x so lg wie der Tubus (Garg. mögl.) var. *longisetum*

**32+** K.zähne ± 3-eckig, ± abstehend, bis 2 mm. Kr. nur wenig lger als die K. Fied. meist breiter. Kö. rosa od. weißl., zuletzt 2,5 cm lg (v) *T. phleoides*

**31+** Fied. höchst. 2x so lg wie br. Kö. kugelig bis oval

**33.** Auch oberste B. wechselständig. K.zähne gleichlg, ca 7 mm, zur Fr.zeit (!) auffällig sternförm. gespreizt. Blü. 9-11 mm, wenig lger als die K.zähne, rosa (slt. rot oder gelbl.). Stp. breit-oval, 8-12x6-8 mm, hyalin mit grünem Saum und auffälliger grüner oder rötl. Aderung. Kö. einzeln, z. Blü.zeit 15 mm DM, später bis auf 25 mm verlängert. Stg. 5-20 cm, wie Blü.stiele und K. abstehend behaart *T. stellatum*
Die kennzeichnenden Merkmale der Stp. sind besonders zur Blü.zeit ausgeprägt. Zu dieser Zeit ist die Stielung des Kö. bisw. wenig und die Sternform des K. überhaupt nicht zu erkennen

**33+** Zumind. oberstes B.paar gegenständig. K.zähne nicht auffallend sternförm. spreizend u./od. ungleich lg und kürzer. Stp. anders

**34.** K.zähne fast gleichlg, alle 3-nervig. Kö. basal weißwollig, 3-10 cm gestielt. Kr. weißl. od. rosa *T. leucanthum*

**34+** K.zähne dtl. ungleich lg, 1-3-nervig

**35.** Kr. 8-12 mm, mindestens doppelt so lg wie d. K. K.tubus 1,5-2 mm, höchstens spärl. behaart. K.zähne zuletzt etwas stechend. Endständ. Kö. 2-5(-8) cm gestielt, 1 cm DM. Fied. bis 1 cm lg. Stp. kurz (v) *T. echinatum*

**35+** Kr. 5-7 mm, wenn lger, kaum lger als der K. Kö.stiele meist kürzer (oder fehlend). Stp. lg vgl. **25+** *T. squamosum* und *T. squarrosum*

# TRIGONELLA

*T. radiata* ist sicher eine Fehlmeldung

*A. Hauptschlüssel:*

**1.** Infl. 2-5 cm lg gestielt, 8-20-blü. Fr. 8-15x2-3 mm, ± sichelförm. 10-50 cm      *T. esculenta*
                                                         = *T. corniculata*
**1+** Blü. zu 1-8, fast sitzend. 5-15 cm
  **2.** Blü. zu 4-8-blü. (slt. mehr). K. ca 3 mm, campanulat. Kr. ca 4 mm. Fr. vorne gerundet, 8-13x1-1,5 mm, ± sichelförm.                  *T. monspeliaca*
  **2+** Blü. zu 1(-2). K. ca 6 mm, röhrig. Kr. und Fr. größer, Fr. an der Spitze dtl. geschnäbelt
    **3.** Kr. 6-10 mm. Fr. 5-7-samig, 15-30x3(-5)mm, gerade, behaart, an d. Spitze zusätzlich in einen 8-20 mm lgen Schnabel ausgezogen. Fiedern 5-12x3-8 mm      *T. gladiata*
    **3+** Kr. >10 mm. Fr. 10-20-samig, 40-90x5-7 mm, bisw. etwas gekrümmt, verkahlend, zuzügl. Schnabel 10-30 mm. Fiedern 20-50x10-15 mm (nur Kulturpfl.; //)      *T. foenum-graecum*

*B. Alternativschlüssel:*

**1.** Infl. 4-20-blü. Fr. 8-15x1-3 mm, ohne dtl. Schnabel, oft sichelförm. Samen <2 mm. K. <5 mm, campanulat
  **2.** Infl. höchstens 0,5 cm gestielt. Pfl. dicht angedrückt-behaart      *T. monspeliaca*
  **2+** Infl. 2-5 cm gestielt. Pfl. kahl oder spärl. behaart      *T. esculenta*
**1+** Infl. 1-2-blü., ± sitzend. Fr. 15-90x3-7 mm zuzügl. Schnabel von mind. 10 mm. Samen >3 mm. K. 6-8 mm, tubular vgl. oben **2+**      *T. gladiata* und *T. foenum-graecum*

**TRIPODION** Vgl. III 7.                                *T. tetraphyllum*
                                             =*Anthyllis t.*

## ULEX → Genisteae

## VICIA

Bei einblü. Teil-Infl. sind die Begriffe „Blü.stiel" und „Infl.stiel" gleichbedeutend

**1.** Blü. in ± lggestielten, 1-vielblü. Trauben (Infl.stiel > Einzelblü.). Blü. nicht gelb (vgl. aber **12.** *V. dumetorum*). Stp. ohne schwärzl. Nektarium
Wenn Kr. ± bläul., K.zähne alle gleich und 2-6x so lg wie der Tubus vgl.      *Lens*
  **2.** B. ohne Ranke (aber Rhachisende bisw. verlängert), mit 8-15 Fiederpaaren. Traube 1-4-blü. Kr. 6-10 mm, weißl.-rötl. Fr. mind. 10 mm lg, 2-4-samig. Einj. (Alte Kulturpfl.; (v))      *V. ervilia*
  **2+** Zumind. obere B. mit Ranke
    **3.** K. radiär, alle Zähne ± gleich (vgl. aber **4.**). Pfl. stets einj.
      **4.** B. mit 1-3 Fiederpaaren, unterste Fiedern ± rundl. Blü. zu 1-3, ± sitzend bis lg gestielt. K. 10 mm, K.zähne bisw. etwas ungleich. Kr. 16-20 mm. Fahne purpurn oder bläulich, Flügel ± weiß. Stp. auffällig tief gezähnt      *V. bithynica*
      **4+** Fiederpaare >4, alle lanzettl. bis lineal. Kr. weißl., hell-lila oder bläulich
        **5.** Stp. ungleich: lineal und ganzrandig bzw. halbkreisförmig mit 8-17 Zipfeln. Infl. 1-2-blü. Kr. 10-15 mm. Fr. 2-4-samig, wie d. ganze Pfl. kahl      *V. articulata*
                                                 = *V. monantha* s. Fen? Vgl. **11.**
        **5+** Stp. gleich. Infl. 1-12-blü. Kr. <10 mm
          **6.** Kr. ca 4-5 mm. Fr. schwarz, 10x4 mm, meist 2-samig. Infl. (1-)3-5(-6)-blü. Fiedern ausgerandet mit Stachelspitzchen (*V. hirsuta* s.l.)

Die folgenden Taxa werden werden nicht immer und oft nur als ssp. unterschieden, lassen sich am Garg. aber gut trennen:

**7.** Fr. dtl. behaart (Haare >0,1mm). Kr. weiß(l.). Obere Stp. lanzettl. und tief zerschlitzt (slt. fädl.), höchstens mit einzelnen Wimpern *Vicia hirsuta* s.str.

**7+** Fr. verkahlend. Kr. bläul., Schiffchen vorne mit violettem Fleck. Stp. linear-fädlich und meist ganzrandig, regelmäßig bewimpert (*H*) *V. loiseleurii*
= *V. terronii*

**6+** Kr. 6-8 mm, weißl., dunkel geadert. Fr. größer, 3-6-samig. Infl. 2-12-blü. *V. leucantha*

**3+** K. zygomorph: K.röhre vorne schief abgeschnitten u./od. untere K.zähne dtl. lger u./od. K. gekröpft, d.h. über die Ansatzstelle d. Blü.stiels hinaus ausgesackt (Blü.stiel dadurch scheinbar seitl. asymmetrisch ansitzend)

**8.** Kr. <10 mm lg. Infl. 2-7-blü. Fr. 12-20 mm lg. Stp. ganzrandig. Pfl. stets einj., oft <30 cm.

**9.** Kr. purpurn. Fr. 2-samig, braun, kahl, 12-20x6-7 mm. Infl. < Tragb. 5-10 Fiederjoche
*V. disperma*

**9+** Kr. blass. Fr. 3-6-samig, 2-4 mm br., oft behaart. Infl. wenig < bis 3x so lg wie d. Tragb. 2-5 Fiederjoche

**10.** Pfl. 10-20 cm, fast kahl (nur Fr. bisw. behaart). Unterer K.zahn wenig kürzer als der Tubus. Kr. (5-)6-9 mm. Fiedern 1-3 mm br., in 2-4 Paaren. Traubenspindel (immer?) in einem 1-3 mm lgen Fortsatz endend, (1-)2-5-blü. *V. parviflora*
= *V. tenuissima*

**10+** Pfl. 20-50 cm, behaart (Fr. bisw. kahl). Unterer K.zahn mind. so lg wie der Tubus oder etwas lger. Kr. 4-8 mm. Fiedern 2-4 mm br., stumpf, meist in 4-5 Paaren. Spindel ohne Fortsatz, (1-)3-7-blü. *V. pubescens*

**8+** Kr. 10-25 mm; wenn 8-10 mm, Infl. 10-40-blü. Pfl. oft höher

**11.** Infl. 1-2(-3)-blü. Kr. rötl., an d. Basis blass, 10-15(-20) mm. Fiedern 15-17x3-5 mm, in 7-9 Paaren. Stp. jeweils in 2 Zähne geteilt. Fr. kahl, 20-35(-45)x6-9(-12) mm, kahl, 3-7-samig. Pfl. einj. IV-V (Garg. fragl.) *V. monantha* ssp. *calcarata*
= *V. monantha* s. Fen? vgl. **5.**

Wenn Fiedern in 1-3 Paaren und Stp. tief gezähnt vgl. auch **4.** *V. bithynica*

**11+** Pfl. anders, insbes. Infl. mind. 3-blü.

**12.** Stp. gezähnt bis zerschlitzt. Blü. purpurn, nach dem Verblühen schmutzig-gelb, 12-18 mm, in 3-7-blü. Trauben. Stg. kahl. Fiedern 20-35x9-18 mm, in 2-5 Paaren. K. 6 mm, nicht gekröpft, aber Blü.stiel asymmetrisch ansitzend. Pfl. mehrj. *V. dumetorum*

**12+** Stp. ganzrandig od. gezähnt, dann aber Fiedern nur bis 4 mm br. Pfl. ein- od. mehrj.

**13.** K. dtl. (mind. 0,5 mm) gekröpft. Platte (meist) < Nagel

**14.** Zumind. untere K.zähne mind. so lg wie der Tubus. Pfl. mit 0,5-1,5 mm lgen Haaren. Frkn. pubeszent, auch reife Fr. zumind. randl. behaart bleibend, 3-4x1 cm, 3-5-samig. Infl. 3-10-blü. K. 6-8 mm, Kr. 12-15 mm, Fahne und Flügel apikal dunkel. Fiedern 10-14x2 mm, in 4-7 Paaren. Stp. 10x5 mm, oft gezähnt *V. benghalensis*
= *V. atropurpurea*

**14+** Alle K.zähne < Tubus. Pfl. kahl oder nur locker kurz behaart. Stp. nur -2 mm br., (meist) ganzrandig (*V. villosa* agg.)

**15.** Flügel meist gelbl., mind. 1 mm kürzer als die Fahne. Infl. locker, 3-8(-15)-blü. Kr. 13-18 mm, K.zähne regelmäßig bewimpert. Fr. 5-7 mm br. Fiedern 5-15(-20)x1-2(-5) mm. Stp. 3-6x0,3-1 mm *V. pseudocracca*
= *V. villosa* ssp. *ps.*

**15+** Flügel ± so lg wie die Fahne. Infl. (5-)10-30-blü. Stp. 4-9x0,5-2 mm
*V. villosa* [s.l.]

**a.** Fr. (fast) kahl. Flügel (meist) weißl. oder gelbl. Infl. 10-30-blü. Kr. 11-13 mm, slt. mehr. K.zähne kahl (oder kurzhaarig), der untere ±2 mm, mit verbreitertem Grund. Fr. 8-11 mm br. Fiedern 10-30x2-8 mm ssp. *varia*
= *V. dasycarpa*

**a+** Fr. (knoten) behaart. Blü. (meist) ± einheitl. purpurn. Infl. 5-15(-20)-blü. (*H*?)

ssp. eriocarpa<br>= V. eriocarpa

*V. villosa* ssp. *v.* mit meist zottiger, 0,8-2 mm lger Behaarung scheint dem Garg. zu fehlen, ist aber für Apulien nachgewiesen

**13+** K. asymmetrisch, aber nicht gekröpft. Platte meist etwa so lg wie der Nagel. Pfl. mehrj.

  **16.** Kr. 17-22 mm, intensiv violett. Infl. 5-10-blü., ihr Stiel meist > Tragb. K. 8-10 mm, untere K.zähne 3,5-5,5 mm. Fr. rötl.-braun, kahl, 6-10-samig  ***Vicia onobrychioides***

  **16+** Kr. 8-18 mm. Infl. 4-40-blü., ihr Stiel meist ≤ Tragb.

    **17.** Untere K.zähne dtl. < Tubus. Kr. 10-13 mm, purpurn oder blau, Schiffchen und Flügel blass. Fr. gelbl., 1-3-samig. Infl. 4-15-blü. Fiedern 2-2,5x so lg wie br., in 8-12 Paaren, Seitennerven in einem Winkel von 45-60° abzweigend  ***V. cassubica***

    **17+** Unterer K.zahn ± so lg wie der Tubus

      **18.** Infl. meist 3-10-blü., ihr Stiel meist <10 cm. Flügel ± gelbl. vgl. **15.**

V. pseudocracca

      **18+** Infl. 10-40-blü. Fr. bräunl., 4-8-samig. Fiedern 4-5x so lg wie br., die Seitennerven in sehr spitzem Winkel (ca 30°) abzweigend (*V. cracca*-Gruppe)

        **19.** Stg. wie die Fiedern kahl od. spärl. angedrückt behaart. Fiedern slt. >5 mm br., in 6-12 Paaren. Untere K.zähne 3-eckig-lanzettl, etwa so lg wie d. Tubus. Karpophor auch zuletzt nicht aus dem K.tubus herausragend  ***V. cracca***

        **19+** Stg. und Fiedern abstehend behaart. Fiedern slt. <5 mm br., in 8-20 Paaren. Untere K.zähne linealisch-pfrieml., 1,5 so lg wie d. Tubus. Karpophor verlängert

V. incana

        Früher wurden unterschieden:

          **a.** Fiederpaare 8-16; Blü. 10-12 mm        typ. Form

          **a+** Fiederpaare bis 20. Blü. kleiner        var. *stabiana*

**1+** Blü. einzeln od. in wenigblü. Trauben, deren Stiel aber höchstens so lg ist wie eine Blü. Stp. oft mit schwärzl. Nektarium. Blü. oft gelb(l.). Pfl., wenn nicht anders vermerkt, einj.

  **20.** Fahne, Fr. und B. behaart. Blü. einzeln, meist gelb (slt. rötl.). K. zygomorph. Fied. bis 10x4 mm. meist ausgerandet-stachelspitzig. Stp. ovat bis lanzeolat, nur die unteren mit 1 basalem Zahn  ***V. hybrida***

  Die Fahne ist im typischen Fall 9-11 mm br. und nur wenig lger als die Flügel. Wenn Fahne 12-15 mm br.

var. spuria

  **20+** Fahne kahl

    **21.** B. ohne Ranke

      **22.** Blü. weiß mit rosa bis purpurnen Flügeln. Fr. meist >80x10 mm (Kulturpfl.; //)  ***V. faba***

      **22+** Blü. bläulich, Fr. <30x5 mm vgl. **31.**        *V. lathyroides*

    **21+** B. mit Ranke(n)

      **23.** Blü. zumind. größtenteil (blass-)gelb, bisw. stellenweise bläul. od. rötl., insgesamt 18 mm und lger

        **24.** K.röhre schief abgeschnitten u./od. K.zähne dtl. ungleich lg. Blü. zu 1-4. Fr. 3-9-samig, 6-14 mm br.

          **25.** Blü. zu (1-)2-4, 18-21 mm; Fahne hell- bis grünl.-gelb, Flügel vorne schwarz; Schiffchen purpurn. K. 7-10 mm, untere K.zähne so lg wie der Tubus. Fr. nur an der Naht behaart. Stp. ca 7x2 mm, ganzrandig. Pfl. fein behaart. Hilum 1/5-1/4 des Samens umgreifend  ***V. melanops***

          **25+** Blü. zu 1(-2), 20-25(-30) mm. Blü. anders gefärbt, bisw. etwas rötl. überlaufen. K. 7-8 mm, etwas gekröpft, untere Zähne 2-3x so lg wie die oberen, > Tubus. Fr. auf Nähten und Klappen behaart, Haare auf Warzen stehend. Fiedern -3(-5) mm br., in 5-10 Paaren.

Stp. bis 3 mm lg, ganzrandig oder gezähnt. Stg. kantig. Pfl. abstehend (oft rötl.) behaart bis kahl. Hilum 1/3-1/2 umgreifend **Vicia lutea**
Bisw. werden unterschieden (nicht in CL):

**a.** Pfl. kahl oder fein behaart. Fiedern der oberen B. in 6-7 Paaren, stumpf, stachelspitzig. Fr. mit spärl. Haaren auf kleinen Warzen, 4-10-samig. Kr. gelb, slt. mit purpurnem Schleier ssp. *l.*

**a+** Pfl. dicht behaart. Fiedern der oberen B. in 8-12 Paaren, zugespitzt. Fr. mit dichten Haaren auf breiten Warzen, 3-4-samig. Kr. meist weißl.-gelb ssp. *vestita*
= V. *l.* var. *hirta*

Wenn Kr. bläul.-purpurn fo. *rubida* (= fo. *purpureo-coerulea* s. Fen?)

**24+** K.tubus ± gerade abgeschnitten, K.zähne ± gleich lg. Blü. zu 1(-2). Fr. 10-15-samig, 6-8 mm br. Fiedern 2-8 mm br., in 3-6 Paaren. Stp. ca 3x1 mm, zumind. basal meist gezähnt

**26.** Kr. 23-35 mm. Flügel gelb, bisw. schwärzl. bespitzt. K.zähne < Tubus. Reife Fr. (meist?) schwarz und zumind. an der Naht fein behaart. Hilum >1/2 des Samenumfangs **V. grandiflora**

Formenreich. Im Gegensatz zur Lit. ist der Stg. von V. *g.* im Gebiet meist ± kahl

**26+** Kr. 18-22 mm. Flügel ± blau. K.zähne mind. so lg wie d. Tubus. Fr. braun, oft drüsig (ob auch im Gebiet?). Hilum ca 1/6 d. Samenumfangs **V. barbazitae**

**23+** Kr. rötl. od. bläul. (slt. weiß)

**27.** K.zähne ungleich lg u./od. K.röhre ± schief abgeschnitten. Samen 4-7(-10)

**28.** Fiedern >5 mm br.

**29.** Fiedern in 1-3 Paaren. Blü. 15-20(-30) mm. Zumind. lgere K.zähne > Tubus. Fr. 4-8-samig. Stp. dtl. gezähnt. Pfl. einj.

**30.** Flügel und Schiffchen weißl. Fr. 7-10 mm br., fein behaart. Stp. mit zahlreichen s. schmalen Zähnen. Blü. zu 1-3, ± sitzend bis lg gestielt vgl. **4.** **V. bithynica**

**30+** Kr. ± purpurn, Fahne aber bisw. grau geadert und Schiffchen dunkler. Fr. 10-15 mm br. Fiedern 2-3x1-2 cm, wie die ganze Pfl. behaart **V. narbonensis**

**a.** (Obere) Fiedern ganzrandig, slt. ± gezähnt. Fr. 4-7-samig, auf den Nähten etwas rau ssp. *n.*

**a+** (Obere) Fiedern sägezähnig. Fr. 6-10-samig, borstig-rau (*//*) ssp. *serratifolia*

**29+** Fied. in 4-6 Paaren. Blü. 12-15 mm, zu 2-4 in sehr kurz gestielten Infl. K.zähne < Tubus. Fiedern gestutzt, mit Stachelspitzchen. Pfl. mehrj., mit Bodenausläufern (*//*) **V. sepium**

**28+** Fiedern 1-2(-3) mm br., in 3-7 Paaren, die der basalen B. oben oft ausgerandet und mit Spitzchen (d.h. scheinbar 3-spitzig). Blü. dunkel purpurviolett. Fr. ± behaart **V. peregrina**

**27+** K.röhre gerade abgeschnitten, K.zähne gleich lg. Samen (5-)6-12. Fiedern fast immer >2 mm br.

**31.** Infl. meist 1-blü. Kr. 5-8 mm, bläul. Fr. 3-4 mm br., kahl, reif den K. nicht zerreißend. Samen 1,5-2 mm. Fiedern in 2-4 Paaren. Stp. ganzrandig. Ranken unverzweigt (slt. einzelne verzweigte Ranken an den oberen B.), meist < Fiedern. Pfl. ± prostrat, meist nicht >20 cm lg **V. lathyroides**

**31+** Infl. meist 2-3-blü. Kr. (8-)10-30 mm. Fr. breiter, kahl oder behaart, zuletzt d. K. zerreißend. Samen 1,5-8 mm. B. mit 4-8 Fiederpaaren. Stp. gezähnt. Ranken (der oberen B.) meist verzweigt. Pfl. meist größer **V. sativa** s.l.

Die im Folgenden angegebenen Maße werden nicht selten unter- oder überschritten. Sehr unzuverlässig sind die vielfach angegebenen Maße zur Fiedergröße. Der Schlüssel übernimmt im Wesentlichen einen unpublizierten Schlüssel von KALHEBER. In CL wird **b.** und **f+** allerdings zu ssp. *nigra* zusammengefasst. – Das Vorkommen von ssp. *sativa* und *amphicarpa* ist nicht gesichert; die übrigen genannten Taxa sind für den Garg. belegt

**a.** K.zähne lger als der K.tubus

**b.** K.zähne an der Spitze meist kahl, darunter mit schräg abstehenden oder nach vorne gebogenen und dann fast anliegenden Haaren. Kr. bis 20 mm lg, Fr. 4-5 mm br., Samen 1,5-3 mm (vgl. auch **e+**)               ssp. *segetalis*
                                                    = ssp. *nigra* s. CL p.p., siehe oben

**b+** K.zähne bis zur Spitze mit fast waagrecht abstehenden Haaren. Kr. 18-28 mm, Fr. 6-11 mm br., Samen >3 mm. ± Alle B. mit verzweigter Ranke (*//*)          ssp. *sativa*

**a+** K.zähne höchstens so lg wie der Tubus. Untere B. nur mit einfacher Ranke

**c.** Stets mit basal entspringenden, chlorotischen, ausläuferartigen unterirdischen Stg. mit kleistogamen Blü. bzw. 1-2-samigen, weißl. Fr. „Normale" Blü. (20-)22-25 mm. Samen 4-5 mm                                        ssp. *amphicarpa*

**c+** Ohne (oder doch nur sehr selten) mit unterirdischen Sprossen

**d.** K. 13-16 mm, Kr. 20-30 mm, Fr. 6-10 mm br., dtl. netznervig. Samen 5-8 mm DM. Bewimperung der K.zähne wie bei ssp. *cordata*                    ssp. *macrocarpa*

**d+** Kr., Fr., Samen und oft auch K. kleiner

**e.** K.zähne meist 3-5 mm, bis zur Spitze behaart, Wimpern schräg abstehend
                                                         ssp. *cordata*

**e+** K.zähne an der Spitze oft kahl, darunter mit zur Spitze gebogenen Wimpern (= ssp. *nigra* s. CL)

Die vielfach als diakritisches Merkmal angegebene Farbe der reifen Fr. (**e.**: hellbraun, **e+**: dunkelbraun bis schwarz) scheint auf dem Garg. nicht brauchbar.

**f.** Platte der Fahne ± rechtwinkelig vom Nagel abgebogen (Vorsicht bei Herbarexemplaren!). Kr. ca 15 mm lg, K.tubus zur Blü.zeit 4-5 mm, K.zähne ca 3 mm. Fiedern der oberen B. bisw. dtl. schmäler als die der unteren    ssp. *nigra* [s.str.]
                                                       = *V. angustifolia* ssp. *a.*

**f+** Platte schräg nach vorne gerichtet, einen Winkel von 120° oder mehr bildend. Kr. und K. meist größer vgl. **b.**                           ssp. *segetalis*
                                                       = *V. angustifolia* ssp. *s.*


# LEMNACEAE
Die *Lemnaceae* werden heute den *Araceae* zugeordnet

**1.** Sprossglieder schmal 3-eckig, vorne ± gesägt, zumind. z.T. unter Wasser      ***Lemna trisulca***
**1+** Sprossglieder linsenförmig, glattrandig, meist schwimmend
   **2a** Jede „Linse" mit 1 Wurzel                                              ***Lemna***
   **3.** „Linse" 3(-4)-nervig, unterseits kaum gewölbt, auch unterseits grün. Wurzelscheide ±1 mm, ohne Längsflügel                                                           ***L. minor***
   **3+** Pfl. anders (Garg. mögl.)                                           Or.-Lit.
   **2b** Jede „Linse" mit einem Wurzelbüschel (Garg. mögl.; Or.-Lit.)           ***Spirodela***
   **2c** Pfl. wurzellos (Garg. mögl.)                                       ***Wolffia arrhiza***


# LENTIBULARIACEAE   UTRICULARIA
Nach Pg kommen in Apulien (!) keine *Utricularia*-Arten vor, nach CL nur *U. australis*, die deshalb hier mit aufgenommen wurde

**1.** Neben schwimmenden grünen auch bleiche im Schlamm fixierende Stg. vorhanden. B. (meist) 1-2 cm lg, mit bis zu 20 nur slt. gezähnelten Zipfeln und 0-10 Fangblasen. Infl.schaft -15 cm, dünn (<1 mm), meist 2-6-blü. Kr. 6-8 mm, blaßgelb, Sporn etwa so lg wie dick (*//*)        ***U. minor***

**1+** Nur schwimmende grüne Stg. B. 1-4(-8) cm lg, mit zahlreichen, randlich bewimperten Zipfeln und 20-200 rötl. Fangblasen. Infl.schaft meist >15 cm, 1-3 mm DM. Kr. 13-20 mm, Sporn dtl. lger als dick (*U. vulgaris*-Gruppe, ggfs. Or.-Lit.)

    **2.** Infl. meist 5-15-blü. Blü.stiel ±2-3x so lg wie das >4 mm lge Tragb., nach der Blü. nur wenig verlängert. Kr. dottergelb. Sporn 6-10 mm, nach unten gekrümmt (*//*; mit der folgenden verwechselt?)      ***Utricularia vulgaris***

    **2+** Infl. slt. >10-blü. Blü.stiel ±3-5x so lg wie das bis 4 mm lge Tragb., nach der Blü. bis auf 4 cm verlängert. Kr. hellgelb. Sporn 5-6 mm, nach oben gekrümmt (Garg. mögl.)      ***U. australis***


## LILIACEAE (incl. Alliaceae, Asparagaceae, Colchicaceae, Hyacinthaceae, Smilacaceae)

Die Familie wird hier aus praktischen Gründen im „klassischen", weiten Umfang beibehalten; die aktuelle Familienzugehörigkeit ist jedoch in [eckigen Klammern] hinzugefügt

*Tunika:* ± trockenhäutige Zwiebelhülle

**1.** Pfl. mit spitzen Phyllokladien (blattartigen Flachsprossen, *„cladodi"*), eigentliche B. schuppenförmig. Rhizomstauden mit (meist roten) kugeligen Beeren, bisw. (teilweise) verholzt

    **2.** Blü. einzeln auf den wechselständigen, zugespitzt-ovalen Phyllokladien, diese 2-3(-4) cm lg. Tragschuppen d. Blü. auf den Phyllokladien oft noch erkennbar. Fr. bis 1 cm DM. Meist in Laubwäldern      ***Ruscus [Asparagaceae]***

    **2+** Phyllokladien nadelförmig, in den Achseln meist hinfälliger Tragschuppen gebüschelt. Fr. 5-7 mm DM. Pfl. (funktionell) zweihäusig, oft in Macchien      ***Asparagus [Asparagaceae]***

**1+** Pfl. mit wohlentwickelten B., diese zur Blü.zeit aber bisw. vertrocknet. Wenn fehlend, Blü. mind. 1 cm groß

    **3.** Pfl. stachelig, windend. B. herzförmig, 8-10x4-5 cm, immergrün, mit bogigen Nerven. An der Basis 2 kurze Ranken. Pfl. etwas holzig      ***Smilax [Smilacaceae]***

    **3+** Pfl. anders

        **4.** Pfl. von VIII-XI direkt aus der Knolle rosa blühend. Blü. zu 1-3(-6), mit lgem Tubus und >2 cm lgen Per.-Zipfeln. Gr. 3. Im Frühjahr eine ± grundständige Kapsel vorhanden      ***Colchicum [Colchicaceae]***

        Wenn gelbblühend, vgl.      *Sternbergia lutea (Amaryllidaceae)*

        **4+** Pfl. nicht so, B. zur Blütezeit vorhanden oder (bisw. bei *Allium*) vertrocknet. Gr. 1 oder fehlend

            **5.** Tep. hoch hinauf verwachsen, Blü. röhren- oder glockenförmig

                **6.** Infl. frondos, d.h. Blü. jeweils zu 1-5 in den Achseln normaler Blätter. Blü. weiß. Rhizompfl.      ***Polygonatum [Asparagaceae]***

                **6+** Infl. eine abgesetzte, nicht durchblätterte Traube. Blü. nicht reinweiß. Pfl. mit Zwiebel oder Knolle

                    **7.** Per.-Tubus ± zylindrisch, unterhalb der abstehenden bis aufgerichteten Per.-Zipfel nicht eingeschnürt. Blü. schmutzigweiß, bläul. überlaufen, 8-10 mm lg, mit violetten Antheren. B. 5-15 mm br.      ***Bellevalia [Hyacinthaceae]***

                    **7+** Per.-Tubus unterhalb der zuletzt ± zurückgekrümmten Zipfel eingeschnürt. Zumindest obere Blü. blau      ***Muscari [Hyacinthaceae]***

            **5+** Tep. höchstens an der Basis verwachsen

                **8.** Blü. in endständ., (meist) vielzähligen, oft (halb-)kugeligen Dolden (bisw. Brutzwiebeln statt der Blü.), diese am Grund mit 1-wenigen, meist häutigen Hüllb. (diese zur Blü.zeit aber oft abgefallen). Pfl. oft nach Lauch riechend      ***Allium [Alliaceae]***

                **8+** Blü. einzeln oder in Trauben, diese aber bisw. doldig gestaucht (vgl. v.a. **12+** und **17.**); Infl. nie kugelförmig. Ohne Lauchgeruch

                    **9.** Wohlentwickelte Stgb. vorhanden (zumind. in der unteren Hälfte, vgl. v.a. **13+** *Tulipa*). Außer **12+** >25 cm hoch (wenn -15 cm und Blü. blau vgl. **16.** *Scilla*)

**10.** Blü. über 5 cm lg bzw. DM, meist orange und dunkel gepunktet, bisw. weiß
                                                    **Lilium** *[Liliaceae]*

**10+** Blü. kleiner, außer **13.** gelb

  **11.** Blü. zahlreich, in verlängerten zylindrischen Trauben. Tep. ca 3 cm lg. B. linealisch, 2-3 mm br. Mit Speicherwurzeln       **Asphodeline** *[Asphodelaceae]*

  **11+** Blü. zu 1-10. Zwiebelpfl.

    **12.** Blü. zu 1(-3), endständig, 2-5 cm lg

      **13.** Blü. hängend, bräunl. bis grünl., meist mit schwach netzförm. Zeichnung. B. ca 5 mm br. (*//*)             **Fritillaria montana** *[Liliaceae]*

      **13+** Blü. ± gelb, meist aufrecht. B. mind. 1 cm br.         **Tulipa** *[Liliaceae]*

    **12+** Infl. meist doldig gestaucht, 2-10-blü., Blü. kleiner, stets gelb. Pfl. slt. >20 cm hoch                           **Gagea** *[Liliaceae]*

**9+** Infl.schaft blattlos oder nur mit Schuppen oder einigen basalen kleinen B. Infl. aber bisw. mit laubigem Tragb.

  **14.** Blü. gelb, in doldig gestauchter Infl. vgl. **12+**              *Gagea*

  **14+** Blü. nicht gelb, in verlängerten oder doldig gestauchten Trauben

    **15.** Blü. blau bis rosa. Pfl. 5-40 cm. Traube stets verlängert (*Scilla* s.l.)

      **16.** Blü. ± reinblau, an der Basis bisw. weißlich. Pfl. mit 2(-3) langscheidigen und deshalb scheinbar stg.ständigen Laubb. Infl. (1-)6-10-blü., mit kl. Tragschuppen. Pfl. nach der Blü. (III-IV) schlaff niederliegend     **Scilla bifolia** *[Hyacinthaceae]*

      **16+** Blü. rosa bis lila, dunkel geadert. Pfl. mit etlichen, dtl. grundständigen, zur Blü.zeit (VIII-IX) allerdings meist vertrockneten Blättern. Infl. ohne Tragschuppen, nach dem Verblühen aufrecht bleibend     **Prospero autumnalis** *[Hyacinthaceae]*

    **15+** Blü. ± weiß (slt. grünl. oder gelbl.), Mittelnerv der Tep. rückseitig bisw. jedoch gefärbt. Pfl. größer oder Infl. dtl. gestaucht

      **17.** Pfl. 5-20 cm mit gestauchter (± doldiger) Infl., diese meist 3-10-blü. und etwa so lg wie br. (d.h. untere Blü.stiele dtl. lger als die oberen)
                                    **Ornithogalum** *[Hyacinthaceae]*

      **17+** Pfl. größer mit verlängerter (meist) >10-blü. Traube

        **18.** Filamente verbreitert, Tep. 5-15 mm, außen oft grünstreifig. B. bis 15 mm br., nicht 3-eckig gekielt. DM der Zwiebel bis ca 3 cm    **Loncomelos** *[Hyacinthaceae]*

        **18+** Filamente höchstens unten verbreitert (dann Tep. oft >15 mm). Pfl. mit Rhizom, Speicherwurzel oder auffällig großer Zwiebel

          **19.** Pfl. mit 10-15 cm dicker Zwiebel, diese oft aus der Erde etwas hervorragend. Tep. 6-9 mm, rückseitig meist mit rötl. Mittelnerv. B. 12-30x3-6 cm, dem Boden aufliegend. Blü. ab VII                **Charybdis** *[Hyacinthaceae]*

          **19+** Pfl. ohne Zwiebel. B. slt. >2 cm br. II-VI

            **20.** B. im Querschnitt rundl. (-5 mm DM) oder 3-eckig gekielt (dann mind. 10 mm br.). Staubb. basal verbreitert. Fr. rundl. bis eiförmig. 30-150 cm
                                    **Asphodelus** *[Asphodelaceae]*

            **20+** B. ± flach, 5-7 mm br. Tep. 15-30 mm. Fr. 8-15x4-8 mm. 30-60 cm (*//*)
                                **Anthericum liliago** *[Asphodelaceae]*

# ALLIUM

Unter Mitarbeit von M. QUINT

*Do.:*    Dolde; an deren Basis meist 1-2(-4) ± trockenhäutige Hüllb., diese aber bisw. hinfällig

Die Blätter sind zur Blü.zeit oft schon vertrocknet, was das Bestimmen erschweren kann

Stumpfe Tep. können apikal eingerollt sein und dann spitze Tep. vortäuschen

**1.** Do. mit Brutzwiebeln (Bulbillen), mit oder ohne Blü.

  **2.** B. flach, 3-12 mm br. Nur 1 Hüllb.

**3.** Blü. weiß. Innere Staubb. mit 2 lgen seitl. Zähnen. Hüllb. die Do. weit überragend. B. 6-12 mm br. Kulturpfl. (Knoblauch)  ***Allium sativum***

**3+** Blü. rosa. Staubb. ohne Seitenzähne. Hüllb. die Do. nicht überragend. B. 3-6 mm br., am Rand fein gezähnelt (vgl. **22.**)  ***A. roseum*** var. *bulbilliferum*

**2+** B. 1-4 mm br., (halb-)zylindrisch u./od. randl. nicht gezähnelt. Blü. meist rötl. Xerische Standorte

**4.** 2 Hüllb., davon 1 mit lgem Schnabel die Do. weit überragend. B. unterseits mit dtl. Lgsnerven. Staubb. ohne seitl. Zähne (*//*)  ***A. carinatum***

**4+** 1-4 Hüllb., diese jedoch höchstens so lg wie die Do. Staubb. mit seitl. Zähnen

**5.** 1 hinfälliges Hüllb. B. stets zylindr., zu 4-5. Bulbillentragende Dolden slt. mit Blü., dann laterale Zähne des Staubb. ca 2x so lg wie mittl. (antherentragende) Zahn  ***A. vineale***
typ. Form; vgl. auch **12+**

**5+** Hüllb. (2-)3(-4), persistent. B. zu 2-6. Bulbillentragende Do. meist auch mit Blü. Laterale Zähne der inneren Staubb. so lg wie der mittlere Teil, bisw. etw. kürzer vgl. **11.**
*A. sphaerocephalon*

**1+** Do. ohne Brutzwiebeln (aber bisw. mit unterirdischen Tochterzwiebeln)

**6.** Staubb. (zumind. die inneren) mit seitl. Zähnen, diese fast ebenso lg wie der mittlere, antherentragende oder länger. Blü. fast immer zumind. teilweise rötl.

**7.** Antheren vom Per. eingeschlossen, nur die fädl. Zähne etwas herausragend. Do. 1-4(-5) cm DM. Wenigstens ein Teil der Blü.stiele 3-5x so lg wie Per. (wenn kürzer vgl. auch **11.** *A. sphaerocephalon*). B. flach, 2-7 mm br. Zwiebel bis 1 cm DM, mit zahlreichen, lg gestielten Tochterzwiebeln. 20-70 cm (*//*)  ***A. rotundum***

**7+** Staubb. ± dtl. hervorragend (bei **11.** *A. sphaerocephalon* mit rinnigem B.querschnitt oft nur wenig). Pfl. meist >40 cm hoch

**8.** B. flach, aber gekielt, 5- über 20 mm br., den kräftigen Schaft basal oft auffällig umscheidend. 1 Hüllb. Bis 150 cm (Formenreiche Gruppe)

**9.** Zwiebel 1-2,5 cm DM, Tunika dtl. netzartig. Blü. dunkelpurpurn bis violett. Fr. 2,5 mm. B. 3-6, bis 20 cm lg, das untere Stg.-Drittel umscheidend. Ruderale und xerische Standorte. VI
***A. atroviolaceum***

**9+** Zwiebel bis 6 cm DM, Tunika häutig. Blü. heller (auch grünlich). Fr. >2,5 mm. B. 4-10, bis 50 cm lg den Stg. oft höher hinauf umscheidend

**10.** Hüllb. hinfällig. Äußere Tep. am Kiel meist mit zahnartigen Papillen. Mittl. Zahn („Filament") der inneren Staubb. ca 1/2 x so lg wie die seitl. Zähne, die äußeren Staubb. meist ohne seitl. Zähne. Tunika hell. Tochterzwiebeln zahlreich, rundl., meist <10 mm DM. Bevorzugt auf Kulturland. IV-VI. Formenreich (vgl. Pg 3:384)  ***A. ampeloprasum***

**10+** Hüllb. bleibend, 1-2(-3) cm, plötzlich in eine lg ausgezogene Spitze auslaufend. Äußere Tep. nur bei sehr starker Vergrößerung diffus papillös. Filament etwa so lg wie die seitl. Zähne, zumeist alle Staubb. mit Zähnen. Tunika ± braun (?). Tochterzwiebeln slt. >10, ovoid-spitz, ca 10-30x8-18 mm. In Küstennähe. VII-VIII  ***A. commutatum***

**8+** B. (außer bisw. bei **12.** *A. amethystinum*) unter 6 mm br., (halb-)zylindrisch oder im Querschnitt 3-eckig-gekielt, oberseits rinnig. Pfl. meist <100 cm

**11.** Hüllb. (2-)3(-4), 1-2 cm lg. Staubb. kaum aus der Blü. ragend, die lateralen Zähne der inneren ± so lg wie der mittlere. Blü. ± rot. Do. meist rund und straff. B. 1-4 mm br., halbstielrund, oberseits breit rinnig. Tochterzwiebeln spärl.  ***A. sphaerocephalon***
Wenn Blü. grünl.-weiß, nur 1-2 Hüllb. und Tochterzwiebeln zahlreich vgl. (Garg. mögl.)  *A. arvense*

**11+** Nur 1 hinfälliges Hüllb. Staubb. (z.T.) dtl. aus dem Perigon ragend, deren laterale Zähne ca 2x so lg wie der mittlere. B. zumind. in der oberen Hälfte ± stielrund, oberseits nur schmal rinnig

**12.** Do. dicht, längl. (ca 5x3,5 cm). Hüllb. 2-8 cm lg. B. 2-8 mm br., die Infl. nicht überragend. Blü.stiele wie der Schaft oft purpurn überlaufen. Tochterzwiebeln slt. (v)
***A. amethystinum***
= *A. descendens*

**12+** Do. locker, ca 2-3 cm DM, zml. wenigblü. Hüllb. 1-4,5 cm. B. 1,5-5 mm br., die Infl.
bisw. überragend. Mit Tochterzwiebeln. Vgl. **5.**                    *Allium vineale* var. *capsuliferum*
**6+** Alle Staubb. einfach oder basal mit 2 kurzen Zähnen
  **13.** Schaft 1-4 cm. Die 2-5 B. 3-10(-12) mm br., dem Boden aufliegend, randlich bewimpert
u./od. Oberfläche behaart. Do. 5-10-blü., Blü. 1-2 cm gestielt. ± Trockene Standorte. XII-III
                                                                    **A. chamaemoly**
**13+** Schaft (viel) lger
  **14.** B. 10-80 mm breit, ± flach. Stg. nicht 3-kantig
    **15.** 20-40 cm hohe Pfl. der Wälder mit meist 2 5-15 cm lg gestielten, über 3 cm breiten B.
Schaft stumpf 2-kantig. Blü. reinweiß. Oft in großen Beständen. V-VI        **A. ursinum**
Im Gebiet: Blü.stiele ± glatt, nicht von zahlreichen (!) Papillen rau        ssp. *ucrainicum*
    **15+** Pfl. des Kulturlandes, 30-100 cm. B. ungestielt. Schaft zylindrisch
      **16.** Tep. meist rosa, gelbl. oder weißl., außen geadert, lanzettlich, stumpf, 7-10x2-3 mm,
z. Blü.zeit sternförm. ausgebreitet. Filament basal -1,5 mm, plötzlich verschmälert. Fr. 6-8
mm. Zwiebel 2,5-3 cm DM, ohne Tochterzwiebeln. Meist >60 cm        **A. nigrum**
      **16+** Tep. grünl. oder purpurn, linealisch, spitz, zur Blü.zeit schalenartig aufgerichtet. Fila-
mente basal 1,5-2,5 mm, nach oben allmählich verschmälert. Fr. 5 mm. Zwiebel 1-2 cm
DM, mit zahlreichen Tochterzwiebeln. Meist <60 cm (Garg. fragl.)        **A. cyrilli**
**14+** B. bis 10(-12) mm br. u./od. Stg. (2-)3(-4)-kantig
  **17.** Schaft zumind. unter der Do. (2-)3(-4)-kantig. Außer **19.** B. ± flach. Hüllb. meist < Blü.-
stiel
    **18a** Blü. ± rosa, slt. weiß, 4-6 mm, in regelmäßigen ± halbkugeligen Do. B. ±3 mm br.
Zwiebel auf kurzem Rhizom aufsitzend. Tunika häutig, nicht zerfasernd. VI-VIII
      **19.** Schaft scharfkantig, 20-50 cm. B. unterseits gekielt. Blü.stiele 10-20 mm. Staubb.
vom Per. ± eingeschlossen. Feuchte Standorte (//)        **A. angulosum**
      **19+** Schaft stumpfkantig, 10-30 cm. B. (frisch) unterseits gerundet. Blü.stiele 5-12 mm.
Staubb. dtl. herausragend. Trockene Standorte (//)        **A. lusitanicum**
                                                      = *A.* (*senescens* ssp.*) montanum*
    **18b** Blü. zu 3-15, weiß, mit grünen Rückennerven, 5-12 mm, ± glockig, z.T. hängend. 2
Hüllb. B. 3-12) mm, meist zu 2-3. Kein Rhizom. Zwiebelgeruch schwach. Schattige Standorte. I-VI (*A. triquetrum* s.l.; vgl. CELA RENZONI & GARBARI in Giorn. Bot. Ital. **104**:61-73, 1970)
      **20.** Do. allseitswendig, meist 4-9-blü. Tep. mit 3 ungleich lgen grünen Nerven. B. meist
2, 3-8 mm br., mit lg ausgezogener Spitze, die Infl. nicht überragend. Zwiebel einzeln,
bis 1 cm DM. Meist 10-20 cm. IV-VI        **A. pendulinum**
                                                    = *A.triquetrum* ssp. *p.*
      **20+** Do einseitswendig, meist 6-12-blü. Blü.stiele -25 mm. Tep. meist nur mit grünem
Mittelnerv. B. 2-3(-5), 8-12 mm br., zml. plötzl. stumpf endend, die Infl. bisw. überragend. Zwiebeln zu mehreren mit gemeinsamer Hülle, diese bis 1,5 cm DM. Meist 15-40
cm. XII-V (Verwechslung mit **20.**?)        **A. triquetrum** s.str.
    **18c** Blü. weiß, ca 10 mm, zahlreich, in ± kugeliger Dolde. 1 Hüllb. B. 7-20 mm br. 2 Stg.-
kanten scharf, die 3. stumpf. Frische, oft ± ruderale Standorte        **A. neapolitanum**
  **17+** Schaft (frisch!) zylindrisch
    **21.** B. flach, 3-10 mm br. (s. slt. breiter), zur Blü.zeit (III-V) vorhanden. Tep. 6-16 mm.
Keine die Do. weit überragenden Hüllb. Mit Tochterzwiebeln.
      **22.** B. kahl, aber randl. fein (!) gezähnelt. Hüllb. meist 4-zipfelig. Tep. elliptisch-zuge-
spitzt, meist rosa, 9-13 mm lg, vorne oft ebenfalls fein gezähnelt. Zwiebel 1,5-2 cm DM,
mit brauner, durchlöcherter Tunika        **A. roseum**
      Das Taxon ist formenreich (vgl. MARCUCCI & TORNADORE in Webbia **52**:137-154, 1997, die eine
weitergehende taxonomische Gliederung aber nicht befürworten). Zur „var. *bulbilliferum* Vis." (=
var. *bulbiferum* DC.) vgl. **3+**; vom Garg. gemeldet ist auch „var. *majale* (Ten.)" mit weißen Tepalen und späterer Blüte (V statt III-IV)

**22+** B. (meist, vgl. Anm. zu **23+**) behaart. Tep. ovat-lanzeolat, 6-7 mm (slt. bis 9 mm, dann aber reinweiß). Zwiebel ca 1 cm DM, mit weißlicher Tunika ohne Löcher

**23.** Tep. rosa gekielt, sonst weiß, slter gänzl. rosa überlaufen, 6-7 mm. Filamente 1/2 so lg wie Tep. B. meist 3, allseits behaart. Blü.stiele -20 mm. Pfl. 10-20 cm

*Allium trifoliatum*

**23+** Tep. glänzend weiß, (6-)7(-9) mm. Filamente 2/3 so lg wie Tep. B. nur am Rand bewimpert. Blü.stiele -30 mm. Hüllb. in 2-3 kurze Zipfel gespalten. Pfl. 20-50 cm

*A. subhirsutum*

Formenreich. Wenn auch B.rand kahl                                    var. *glabrum*

**21+** B. (halb-)zylindrisch u./od. nur 0,5-4 mm br. VI-IX

**24.** Schaft und B. aufgeblasen-hohl, meist >1 cm DM. Infl. 5-10 cm DM. Tep. weißlich. Pfl. >50 cm hoch. Kulturpfl. (Zwiebel)                                    *A. cepa*

**24+** Schaft höchst. 4 mm DM, auch B. meist schmäler und nicht aufgeblasen. Pfl. meist <60 cm

**25.** Hüllb. 1 oder 2, dann aber keines die Do. ± dtl. überragend. Do. aufrecht-büschelig, 5-15-blü. Tep. 6-8 mm, meist stumpf, die Stamina einschließend, mit dunkler gefärbtem rötl. Mittelnerv. B. (0,3-)0,5(-1) mm DM. Tunika netzfasrig. Pfl. 5-30 cm.

**26.** Nur 1 Hüllb., dieses wenig kürzer bis lger als die Do. Do ellipsoidisch. Blü.stiel 1-3 cm, oft sehr ungleich lg. Tep. rosa. B. randl. glatt, meist <8 cm lg, zur Blü.zeit vorhanden. Zwiebeln rotbraun. VI-IX (v)                                    *A. cupanii*

**26+** 2 Hüllb., beide dtl. kürzer als die Do. (slt. 1 Hüllb. etwa so lg). Infl. ± halbkugelig. Blü.stiel 0,5-2 cm, meist ± gleich lg. B. randlich s. fein rau gezähnelt. Tep. weißl. oder rosa mit dunklem Mittelnerv. B. oft >10 cm. Zwiebeln ± grau, meist in Gruppen. (VII-)VIII-IX                                    *A. moschatum*

**25+** 2 Hüllb., davon zumind. 1 dtl. lger als Infl. Infl. ± (halb-)kugelig, meist >15-blü. Tep. 4-6 mm

**27.** Frkn. so hoch wie br. Gr. ca so lg wie der Frkn. oder (meist) lger. Staubb. dtl. aus der Blü. herausragend. Pfl. 10-40 cm

**28.** Zwiebel sehr schlank (ca 4x so lg wie br., einem Rhizom aufsitzend!). Äußere Tunika-Schichten braun, innere papierartig, rotviolett. Tep. spitz, rosa, gelbl. od. weißl. (wenn rein gelb, vgl. **29.** *A. flavum*). Frkn. scharf 3-kantig. B. 0,5-1(,5) mm DM, tief gefurcht. 10-30 cm. VI-VIII (*//*)                                    *A. saxatile*

Nach CL in Italien                                    ssp. *tergestinum*

**28+** Zwiebel ovoid bis rundl., ohne Rhizom. Tep. ± gelb(l.). B. halbzylindr., >1 mm DM. 20-40 cm

**29.** Tep. kräftig zitronengelb (im Herbar aber verblassend). Hüllb. zuletzt 2x so lg wie die Do. Do. 3-4 cm DM, bisw. >35-blü. Blü.stiele 8-13 mm. Antheren goldgelb. Frkn. einem kurzen Stielchen aufsitzend. B. 1,5-3 mm DM. Höhere Lagen

*A. flavum*

**29+** Tep. (grünl.-)gelbl. Hüllb. 7-11 bzw. 4-6 mm lg. Do. 12-35-blü., mit ungleich lgen (20-25 mm) Blü.stielen. Filamente 5-6 mm, Antheren ca 1x0,5 mm. Frkn. kugelig, apikal etwas papillos, 2 mm DM, mit 3,5-5 mm lgem Gr. Fr. ca 3,5x3 mm. B. gerippt.                                    *„A. garganicum"*

Die Art wurde erst 2007 (als „nom. prov.") beschrieben (daher CL), ist aber auch in CL2 nicht erwähnt. Vgl. BRULLO & al. in Bocconea **21**:325-343 (2007).

**27+** Frkn. ± dtl. höher als br., Gr. (zumind. anfangs) kürzer. Tep. blassgelb, ± rosa, ± bräunl. oder weißl. Pfl. 20-60(-90?) cm

**30.** Staubb. dtl. aus der Blü. herausragend (zuletzt ca 1,4-1,8x so lg wie das Per.). Blü. rosa. Do. oft auch mit Brutzwiebeln vgl. **4.**                                    *A. carinatum*

**30+** Höchstens die Antheren herausragend. Nie mit Brutzwiebeln (*A. paniculatum*-Gruppe)

Diese Gruppe wird – im Anschluss an BRULLO & al. – in CL bzw. CL2 gänzlich anders gegliedert als in Fen oder Pg. Der folgende Schlüssel orientiert sich an BRULLO & al. in Inform. Bot. Ital. **33**:500-506 (2001); die Synonymisierungen sind nicht immer gesichert. – Es empfiehlt sich dringend, die Pfl. frisch zu untersuchen

**31.** Zumind. ein Teil der Antheren aus dem Perigon ragend. Hüllb. 3-10-nervig. Frkn. 3-4 mm

**32.** Zwiebel 15-25 mm. Hüllb. zuletzt -15 cm. Infl. kugelig. Blü.stiele ± gleich lg, -2,5 cm. Tep. weiß, 3,5-4,5 mm. Antheren 1,2-1,3 mm. Frkn. glatt. 20-90 cm
                        **Allium pallens**
                = *A. pallens* s. Pg? = *A. coppoleri* s. Fen?

**32+** Zwiebel max. 15 mm. Hüllb. -5 cm. Infl. meist halbkugelig. Blü.stiele ungleich lg, -3 cm. Tep. weißl.-rosa oder -grünl., 5-5,5 mm. Antheren 1 mm. Frkn. apikal papillos. 20-50 cm (Garg. mögl.)         **A. apulum**

**31+** Stamina vom Per. eingeschlossen. Blü.stiele ungleich, bis 3(-4) cm. Frkn. apikal papillos

**33.** Stg.basis dunkelbraun. Größeres Hüllb. 5-18 cm, 9-12-nervig, das kleinere 4-10 cm, 7-9-nervig. Tep. 5,5-6,5 mm, gelbl.-grünl., (stets?) braun überzogen. Annulus (= ringförm. Verwachsung der Stamina am Blü.grund) mit intrastaminalen Zähnchen. Antheren 1,3-1,4 mm. Frkn. 4-5 mm. Zwiebel 15-25 mm. 40-90 cm (*//*)             **A. longispathum** s. CL2
      = *A. dentiferum* s. CL; = *A. paniculatum* und *A. fuscum* s. Pg und Fen?

*A. paniculatum* und *A. fuscum* fehlen nach BRULLO & al. l.c. (und nach CL2) in Italien. Ein Vergleich der Beschreibungen von *A. paniculatum* s.l. und *A. longispathum* – insbesondere der sehr kennzeichnende gezähnte Annulus – lässt aber vermuten, dass damit das gleiche garganische Taxon – insbes. „*A. fuscum*" (Tep.-Größe und -farbe!) – gemeint ist. – *A. „paniculatum*" und „*A. fuscum*" werden in CL als Synonyme betrachtet (sub „*A. paniculatum* ssp. p."), ansonsten aber als species oder subspecies wie folgt unterschieden:

**a.** Tep. 4-5 mm, lebhaft rosa, jedenfalls ohne bräunl. Schattierung. Auch Blü.-stiele nicht bräunl. (Fast) alle Blü. ± aufrecht      „*A. paniculatum*" s. Pg

**a+** Tep. 5-6 mm, bräunl., beige-gelb bis fast weißl. mit braungrünen Schattierungen (in diesem Fall auch Blü.stiele bräunl. schattiert). Nur innere Blü. aufrecht, äußere hängend. Oft in Olivenhainen usw.     „*A. fuscum*" s. Pg

**33+** Stg.basis weißl. Hüllb. 5(-10) cm/7-nervig bzw. 5 cm/5-nervig. Tep. weiß oder ± rosa. Annulus ohne Zähnchen. Frkn. 2,5-3,5 mm. Zwiebel 12-18 mm

**34.** Per. glockig, hellrosa mit dunkleren Streifen, 4,5-5 mm. Antheren 1-1,2 mm. 10-40 cm            **A. tenuiflorum**
                    = *A. pallens* ssp. *t.*

**34+** Per. zylindr. bis ± glockig, weiß, 7-9 mm. Antheren 1,5 mm. 30-65 cm. Bisher nur Tremiti                 **A. diomedeum**

**ANTHERICUM** Vgl. **20+** (*//*)                       **A. liliago**

## ASPARAGUS

Lit.: BOZZINI in Caryologia **12**:199-264 (1959)

**1.** Sommergrüne, krautige Pfl. Phyllokladien („*cladodi*", b.artige Flachsprosse) weich, 0,1-0,6 mm br. Blü.stiel 1-2 cm. Per.segmente meist 4-8 mm. Reife Beere orange bis rot

**2.** Blü.stiel unmittelbar unterhalb der Blü. etwas angeschwollen (Vorb.!). Phyllokladien zu 10-30 gebüschelt, 0,1-0,2 mm br., glatt. Tragschuppe nicht gespornt. Per.segmente (meist) 6-8 mm. Antheren 0,5(-1) mm, viel kürzer als das Filament. Fr. 10-16 mm       **A. tenuifolius**

**2+** Blü.stiel etwa in der Mitte etwas angeschwollen. Phyllokladien zu 3-8(-15). Tragschuppe etwas gespornt. Per.segmente (meist) 4-6 mm. Antheren meist 5 mm. Fr. 6-12 mm
**3.** Stg. ± glatt oder nur wenig gestreift. Phyllokladien glatt, ± gleichmäßig ca 0,2 mm br. Sporn der Tragschuppe weich, hinfällig. Antheren ca so lg wie das Filament (Garg. fragl.; //?)
*Asparagus officinalis*
**3+** Stg. infolge reihenförm angeordneter Papillenhaare rau, auch Phyllokadien rau. Diese gedrungen, zur Mitte zu breiter (ca 0,4-0,6 mm) werdend. Sporn der Tragschuppe verhärtet. Antheren 1/2 so lg wie das Filament (v)                                       *A. maritimus*
= *A. scaber*
**1+** Immergrüne, verholzte Pfl. Phyllokladien an älteren Ästen (4-)7-9x0,3-0,5(-1) mm, im Querschnitt ± rund, lg bespitzt, ± hart und stechend, zu 4-12(-30) (an jungen Ästen und im Schatten schmäler und weicher). Blü.stiel 3-8 mm. Per.segmente 3-4 mm. (Reife) Beeren zunächst rot, dann schwarz                                                      *A. acutifolius*

## ASPHODELINE

**1.** B. nur in der unteren Hälfte des Stg., mit rauem Rand. Tragb. kürzer. Fr. 10 mm DM. V-VI
*A. liburnica*
**1+** Stg. hoch hinauf beblättert. B.rand glatt. Tragb. > Blü.stiel. Fr. 15 mm DM. IV-V        *A. lutea*

## ASPHODELUS

Unter Mitarbeit von M. QUINT
Die Nomenklatur innerhalb dieser Gattung ist uneinheitlich, insbesondere die Synonymisierung von Fen ist verwirrend. Dessen „*A. albus*" ist jedenfalls nicht *A. albus* der übrigen Autoren
**Lit.:** DÍAZ LIFANTE in Flora Medit. **1**:87-108 (1991) (zu **1.**); DÍAZ LIFANTE & VALDES in Boiss. **52** (1996)

**1.** B. ± binsenförmig (zylindrisch), 1-5 mm DM. Fr. 3-7 mm DM. Pfl. meist 30-50 cm hoch. Keine knollenförm. Speicherwurzeln. II-V (*A. fistulosus* s. FE)
**2.** Schaft ± glatt (höchstens an der Basis etwas rau). B. 15-50 cm lg, mind. bis zur Mitte des Schafts reichend, am Rand und auf den Nerven rau. Blü.stiele in der Mitte ein Gelenk und etwa so lg wie die Tragb., diese 2,5-5,5 mm br. (Innere) Tep. 8-13x4,5-6 mm. Filamente >6 mm, Antheren 1,5-3 mm lg. Fr. obovoid, 4-6x3,5-7 mm. Samen 3-3,5 mm lg, schwarz. Pfl. ein- bis mehrj.
*A. fistulosus* s.str.
**2+** Schaft im unverzweigten Abschnitt rau (slt. auf einigen Nerven glatt). B. 7-25 cm, kürzer als die halbe Schaftlge. Gelenk in der unteren Hälfte des Blü.stiels. Tragb. 1,5-2,5 mm br. Innere Tep. 5-8x3-4,5 mm. Filamente 3-6 mm, Antheren 0,7-1,6 mm. Fr. kugelig, 3-4(-5) mm DM. Samen <3 mm. Pfl. einj.                                              *A. tenuifolius*
**1+** B. mind. 10 mm br. Tep. meist >15 mm, Fr. 6-15 mm. Pfl. meist höher, stets mit Speicherwurzeln (Alternativschlüssel beachten)
**3.** Tep. rückseitig mit grünl. (oder braunschwarzem) Mittelnerv. Blü.stiele zuletzt 10-16 mm, Tragb. schwarz oder dunkelbraun. Fr. mit 5-9 querlaufenden Rippen. Infl. ± unverzweigt, höchstens basal kurze Äste. Speicherwurzeln spindelförmig. Pfl. nur >600 m NN. V-VI (*H*)   **A. albus**
Für das Gebiet wahrscheinlich (und nach CL als einzige ssp. in Italien vorkommend):
Fr. 8-13 mm, jung gelbgrün, matt, mit gestuzter Spitze. Vertrocknete Tep. lange unterhalb der Fr. bleibend. Fr.stiel meist 7-14 mm                                              ssp. *delphinensis*
**3+** Tep. rückseitig mit rötl. Mittelnerv. Speicherwurzel mit rundl.-knollenförmigem Speicherabschnitt. Blü.stiele nicht über 7 mm. III-V
**4.** Fr. lger als br., meist 6-10x4-8 mm. Valven (Fr.klappen) an den Rändern plan, mit jeweils 2-7 Querrippen. Infl. weit verzweigt (Seitenäste oft fast ebenso hoch wie die Hauptachse). Staubb. spitzenwärts abrupt verschmälert                                              *A. ramosus*
= *A. microcarpus* = *A. aestivus* s. auct. ital.

**4+** Fr. rund, (10-)15-20 mm DM

**5.** Tragb. schwarz oder dunkelbraun mit weißl. Rand. Staubb. sich spitzenwärts allmählich verschmälernd. Infl. dicht, weniger verzweigt (nur Tremiti?) **Asphodelus macrocarpus** = A. cerasifer s. Pg

**5+** Tragb. (meist) weißl. oder hellbraun mit dunklem Mittelnerv. Staubb. abrupt verschmälert, zumind. die äußeren rückseitig mit Längsfurche. Inf. locker, meist verzweigt (Garg. fraglich) **A. cerasiferus**

*Alternativschlüssel zu 1+:*

**3.** Tragb. schwarz oder dunkelbraun, bisw. mit hellem Rand. Staubb. sich spitzenwärts allmählich verschmälernd. Infl. unverzweigt oder nur wenig vezweigt

**4.** Rückennerv der Tep. nicht rötl. Fr. eiförm., -10 mm lg. Blü.stiel ± so lg wie das Tragb. Nur höhere Lagen **A. albus**

**4+** Rückennerv rötl. Fr. rundl., >10 mm DM. Blü.stiel dtl. kürzer als das Tragb. **A. macrocarpus**

**3+** Tragb. weißl., rötl. oder hellbraun. Staubb. abrupt verschmälert. Infl. meist ± weit verzweigt

**5.** Fr. lger als br., meist -10 mm lg **A. ramosus**

**5+** Fr. ± kugelig, >10 mm DM **A. cerasiferus**

## BELLEVALIA

**1.** Blü.stiel mind. so lg wie das Per. B. ± aufrecht **B. romana**

**1+** Blü.stiel < Per. B. schlaff dem Boden aufliegend (//) **B. dubia**

## CHARYBDIS (= Urginea p.p.)

**Lit.:** BATTAGLIA in Caryologia **10**:245-275 (1957); SPETA in Linzer biol. Beitr. **12**:193-238 (1980); PFOSSER & SPETA in Pl. Syst. Evol. **246**:245-263 (2004)

„Urginea maritima" s. Pg, Fen und anderer zerfällt in etliche Taxa, die heute meist – auch in CL – einer eigenen Gattung Charybdis zugeordnet werden. Für den Garg. kommen in Betracht:

**1.** Zwiebel kugelig, außen grünl., innen gelbl. Tep. 7-9x3-4 mm, mit ± rötl. Nerven. Filamente 6-7 mm. Frkn. 3,5-4x2 mm, Gr. 3-4(,5) mm. Diploid (für den Garg. nachgewiesen) **Ch. pancration**

**1+** Zwiebel eher eiförm., innen rötl. Tep. 9-11,5x4-5, an der Spitze meist mit gelbl.-grünl. Nerven. Filamente 8-9 mm. Frkn. 4-5x2,5, Gr. 4-5 mm. Tetraploid (CL, aber für Apulien nachgewiesen und Garg. möglich) **Ch. numidica**

Mit der hexaploiden Ch. maritima s.str. ist nicht zu rechnen

## COLCHICUM

**Lit.:** D'AMATO in Caryologia **10**:111-151 (1957)

Das Vorkommen von Colchicum am Gargano ist ziemlich unklar. Nach Fen sind 2 oder 3 Arten nachgewiesen, nach Pg fehlt die ganze Gattung dem Garg. Deshalb sind hier weitere nach CL in Apulien vorkommende Arten zusätzlich aufgelistet („Garg. mögl.")

Die Farbe der Antheren, bei D'AMATO (und Pg) wichtiges Bestimmungsmerkmal, wird hier zwar zitiert, kann nach FE innerhalb einer Population aber schwanken und dunkelt im Herbar nach

*Tesselat:* schachbrettartig gemustert

*Spatha:* B.scheide, den basalen Teil der Blü. einhüllend

**1.** Narben kurz, nicht herablaufend. Per.-Zipfel -30 mm lg, nicht tesselat. Antheren 2-3 mm. Knolle 1-2(,5)x1-1,5 cm. B. zu 2(-4), ca 9-16x0,3-2,5 cm, zur Blü.zeit vorhanden. Fr. -20 mm lg. Filamente -12 mm. Antheren dunkelpurpurn. Höhe der Pfl. 8-16 cm. IX-XI **C. cupanii**

**1+** Narben lg herablaufend (also clavat), Gr. apikal meist gekrümmt. Antheren 5-8 mm. Knolle 2,5-5x2-4 cm. B. meist zu 4-9, erst nach der Blü. erscheinend. Fr. 30-60 mm lg. 10-40 cm

**2.** Spatha schmal hautrandig. Blü. zu 1-6. Per.-Zipfel -7 cm, meist ± tesselat. Per.-Tubus bis zu ca 20 cm

**3.** (Die äußeren) B. 10-20x so lg wie br., meist zu 6-9. Tep. 55-70x8-20 mm, Schachbrettmuster dtl. Antheren dunkelpurpurn, slt. orange (jedenfalls nicht gelb). Gr. bischofsstabförm. eingekrümmt, an der Basis der Krümmung verdickt. Fr. -4 cm. IX-X (v)  *Colchicum bivonae*

**3+** B. 5-7x so lg wie br., meist zu 4-5. Tep. 40-60(-70)x6-14 mm, Schachbrettmuster oft undeutl., bisw. ± fehlend. Antheren gelb. Gr. hakenförm., Narbe mit 3-4 mm lgen Papillen bedeckt. Fr. -5,5 cm. VIII-X (Garg. mögl.)  *C. lusitanum*

**2+** Spatha dtl. (flügelartig) hautrandig. Blü. zu 1-3. Per.-Zipfel -5 cm, nicht tesselat. Per.-Tubus bis 25 cm. Antheren gelb

**4.** Größere B. 4-7 cm br. und 3-5x so lg. Tep. 40-50(-60)x10-15 mm. Gr. die Antheren meist überragend, Narbenpapillen -2,5 mm. VIII-IX (Tremiti?; *//*)  *C. autumnale*

**4+** B. bis 4 cm br. und 6-10x so lg. Tep. 30-40(-45)x7-12 mm. Gr. die Antheren überragend oder nicht. Narbenpapillen -1,5 mm. IX-XI (Garg. mögl.)  *C. multiflorum*
  = *C. neapolitanum*

**FRITILLARIA** Vgl. 13. (*//*)  *F. montana*
  = *F. tenella*

## GAGEA

**1.** Schaft behaart, nur am Grund und unterhalb d. Hochb. d. Infl. mit jeweils 1-3 ca 2 mm br. B., diese die Infl. meist überragend. Stg. sonst b.los (*G. arvensis* s. Fen)
Wahrscheinlich ist bei Fen *G. a.* im weitesten Sinn gemeint. Aus dieser Artengruppe sind am Garg. 3 Taxa möglich, die aber sehr wahrscheinlich nicht alle vorkommen:

**2.** Basale B. 2-3(-5) mm br., plan oder rinnig. Infl. 2-15-blü.

**3.** Zwiebel von einer fasrigen Hülle aufrecht wachsender Wurzeln umgeben. Stgb. 2-3, oft mit schwärzl. Bulbillen. Infl. 2-9-blü., Blü.stiele wollig. Tep. ca 12(-14) mm, oft mit aufrechter Spitze. Gr. 4-5,5 mm  *G. granatelli*

**3+** Zwiebel höchstens von einigen Fasern umgeben. Stgb. 1-2, meist ± gegenständig, bisw. mit (hellen) Bulbillen. Infl. 5-15-blü., Blü.stiele ± behaart. Tep. 13-16 mm, stumpf, oft zurückgebogen. Gr. 5-6,5 mm  *G. villosa*
  = *G. arvensis* s.str.

  Die Angaben zu den Tepalen (wie auch deren Behaarung) sind widersprüchlich

**2+** Basale B. fädl., 0,5-1 mm br. Infl. 1-3-blü.  *G. mauritanica*

**1+** Schaft kahl (aber Blü.stiel bisw. behaart!), mit 2-5 ± verteilten B. Infl. meist 2-5-blü. (*G. foliosa* s.l.)

**4.** Blü.stiel und Per. (außen) behaart, Stgb. bewimpert. Grundb. 2-4 mm br., wenig lger als die Infl. Tep. 11-17 mm. Tunika hellbraun. Pfl. 8-15 cm (*//*)  *G. foliosa* s.str.
  = *G. f.* ssp. *f.*

**4+** Blü.stiel, Per. und Stgb. kahl. Grundb. 1,5-2,5 mm br., viel lger als die Infl. Tep. 8-12 mm. Tunika dunkelbraun. Pfl. 5-10 cm  *G. chrysantha*
  = *G. foliosa* ssp. *ch.*

## LILIUM

**1.** Blü. weiß, duftend. Lgere B. -25 cm. Zierpfl. und Kulturrelikt  *L. candidum*
**1+** Blü. nicht weiß. Wildpfl.

**2.** Untere und mittlere Stgb. bis 12x2,5 cm, in Scheinwirteln zu 4-10. Blü. zu 6-20. Tep. zuletzt (halb)kreisförmig zurückgekrümmt (//) **Lilium martagon**

**2+** B. ± gleichmäßig verteilt, bis 7x1,5 cm. Blü. zu 1-5, Tep. nur wenig zurückgekrümmt **L. bulbiferum**

Im Gebiet:

Tep. dunkelorange, nur die mittlere (meist rhombische) Partie gelborange. Obere Epidermis stets mit Reihen papillöser Zellen (daher matt) ssp. *croceum*

Das Vorkommen eingeschlechtlicher Blüten (nach Pg bei ssp. *croceum* die Regel) ist modifikatorisch und trifft für die garg. Exemplare (meist?) nicht zu

## LONCOMELOS (= Ornithogalum subgen. Beryllis)

**Lit.:** WITTMANN in Stapfia **13** (1985); TORNADORE in Atti Soc. Tosc. Sci. Nat., Mem., B, **92**:247-257 (1985) bzw. **93**: 111-120 (1986); GARBARI & al. ebenda **114**:35-44 (2007)

**1.** B. 5-8(-13) mm br., z. Blü.zeit vertrocknet. B.querschnitt mit <45 (größeren und kleineren) Leitbündeln. Per.-DM <2,5 cm. Tep. 5-9(-10) mm, weißl., grünl. oder gelbl., sich zur Vollblüte in Lgs-richtung einrollend. Tragb. 5-7(-10), Blü.stiel 10-20 mm. Gr. 2,5-3,5 mm. Fr.stiel -2(,5) cm. Fr. <10 mm lg. Blü. schwach duftend. Tunika gelbl.-bräunl. **L. (Ornithogalum) pyrenaicus** s.l.

Gelegentlich werden 2 Taxa unterschieden – in CL als ssp. –, die in Fen. beide für den Garg. genannt werden. Die Merkmalsangaben sind aber widersprüchlich; ob die trennenden Merkmale wirklich korreliert sind scheint fraglich

**a.** Blü.stiel 9-18 mm, Tragb. ca 2/3 so lg. Tep. innen blassgelb, außen mit einem breiten grünl. Streifen. Frkn. ± oval, 2x3-4 mm. Infl. 9-13x4-5 cm, (25-)35-40(-45)blü. B.querschnitt mit 24-44 Leitbündeln. Zwiebel ca 4,5x3 cm ssp. *pyrenaicus*
= *O. flavescens*

**a+** Blü.stiel ca 20 mm, Tragb. ca 1/2 so lg. Tep. innen weiß, außen schmal grünstreifig. Frkn. kugelig, ca 3x3 mm. Infl. lger. B.querschnitt mit ca 30 Leitbündeln. Zwiebel ca 3,5x2 cm (//; Tremiti?) ssp. *sphaerocarpum*

Für die Infl. werden einerseits 15-25, andererseits 30-60 Blü. angegeben

**1+** B. (5-)8-13(-16) mm br., mit >40 Leitbündeln, z. Blü.zeit vorhanden. Per.-DM 2,7-3,5 cm. Tep. (10-)11-15 mm, außer dem Mittelstreifen rein weiß, sich nicht (oder erst beim Verwelken) einrollend, zur Blü.zeit aber zurückgebogen. Tragb. 9-12 mm, Blü.stiel ca 2x so lg. Frkn. 3,5-5 mm, ei-förm., nur 5-7 Samenanlagen pro Fach. Gr. 3,5-5 mm. Fr.stiel ca 2-4 cm. Zwiebel ca 4x3 cm. Tunika weißl. (v) **L. (O.) narbonensis**
= *O. pyramidale* ssp. *n.*

Auf den Tremiti möglich ist der bisher nur von der benachbarten Insel Pelagruza bekannte *L. visianicum* mit >15 mm breiten B. und gelben, sich nicht einrollenden Tep. von 10,5-13 mm Lge

## MUSCARI (incl. Leopoldia)

**1.** Pfl. 15-80 cm hoch. Infl. mit einem auffälligen Schopf steriler blauvioletter Blü. abschließend, fertile Blü. gelbl.-bräunl. B. 10-15 mm br., kürzer als die Infl. Fr. 10-15x6-8. Tunika rosa. IV-VI **M. comosum**
= *Leopoldia c.*

**1+** Pfl. meist 10-20(-30) cm. Infl. ohne auffälligem Schopf (sterile Blü. aber hfg vorhanden), Blü. alle ± blau. B. (meist) schmäler

**2.** Per. (auch Zähne) einfarbig schwarzblau, im unteren Teil fast zylindrisch, unterhalb der Zipfel ringförmig ausgebeult. Blü.stiele zumind. zu beginnender Blü.zeit abstehend. Staubb.-Kreise in unterschiedl. Höhe ansitzend. Fr. ca 8-10x6-7 mm. Tunika glänzend dunkelbraun. III-IV **M. commutatum**

**2+** Per.-zähne dtl. heller als der meist glockig-bauchige Tubus. Blü.stiele zumind. etwas herabgeschlagen

**3.** Per. fast kugelig, -5 mm lg, hellblau, ± geruchlos. B. 2-3, bisw. kürzer als der Infl.schaft, (3-) 5-8(-10) mm br., unter der Spitze am breitesten. Fr. ca 5 mm DM, in lockerer Traube. Tunika hell- bis graubraun. Tochterzwiebeln meist fehlend. II-IV (v; Garg. fragl.) *Muscari botryoides*

**3+** Per. (ob-)ovoid, 4-7 mm lg, ± violett, wohlriechend. B. 3-7, linealisch, allmählich in die Spitze auslaufend. Fr. 8-10 mm DM. III-VI                                    *M. neglectum* s.l.
                                                                     = *M. racemosum* (L.) Mill. non (L.) Lam. & DC s.l.
Häufig werden unterschieden (nicht in CL; vgl. aber GARBARI in Inform. Bot. Ital. **35**:329-336, 2003):

**a.** Zwiebel mit hellbrauner Tunika und 1-20 Tochterzwiebeln. Infl. 12-17 mm br., dicht. Sterile Blü. hellviolett. Fertile Blü. ca 3 mm gestielt, (5-)6(-8) mm, ovat(-zylindrisch). Fr. apikal gerundet bis gestutzt. B. 3-6 mm br., basal ± grün oder schwach rötl., oberseits breit rinnig. Meist 15-30 cm                                                     *M. neglectum* s.str.

**a+** Tunika dunkelbraun bis schwärzl., Tochterzwiebeln meist fehlend. Infl. 10-13 mm br., locker. Sterile Blü. blau. Fertile Blü. ca 2 mm gestielt, 4-5(-7) mm, urnen- bis glockenförmig. Fr. gestutzt bis ausgerandet. B. 1-3 mm br., oberseits schmalrinnig bis fast binsenförm., basal bräunl-rötl. 8-20 cm                                                         *M. atlanticum*
                                                                                      = *M. racemosum* s.str.

**b.** Schaft 15-20 cm. B. lger als der Schaft. Blü. violett. Fr. meist lger als br.          ssp. *a.*

**b+** Schaft 8-12 cm. B. ± so lg wie der Schaft. Blü. schwarzviolett. Fr. meist breiter als lg. Höhere Lagen                                                               ssp. *alpinum*
Alle 3 Taxa werden für den Garg. gemeldet

## ORNITHOGALUM (excl. Loncomelos)

Die Nachweise für den Garg. sind ungenügend geklärt. Die Merkmalsangaben sind nicht widerspruchsfrei Angaben zur Tep.-Größe beziehen sich auf die äußeren Tep. der unteren Blü.

**Lit.:** TORNADORE & GARBARI in Webbia **33**:379-423 (1979); SPETA in Phyton **30**:1-141 (1990); PERUZZI & al. in Bocconea **21**:257-265 (2007; B.merkmale, auch -querschnitte); GARBARI & al. (2007) vgl. *Loncomelos*; TORNADORE & al. in Taxon **52**:577-582 (2003) (*O. umbratile*)

**1.** B. 2-5 mm br., randl zumind. basal bewimpert oder gezähnelt-rau. Tep. 12-15x4 mm

**2.** B. meist 9-12, grün, randl. bewimpert, oberseits mit dtl. weißer Mittellinie, unterseits gekielt. Infl. 7-8-blü., scheindoldig. Fr.stiel gerade, aber bisw. etwas abwärts gerichtet. Fr. gekielt, Kiele nicht paarweise genähert. Pfl. 5-10(-15) cm                                          *O. collinum*

**2+** B. meist 6-9, blaugrün, randl. gezähnelt rau, ohne weiße Linie, unterseits nicht gekielt. Infl. 7-20-blü., verlängert-scheindoldig. Fr.-Kiele ± (!) paarweise genähert. Pfl. 10-20(-30) cm
                                                                                        *O. comosum*

**1+** B.rand kahl und glatt

**3.** B. 7-12(-15) mm br., ohne weiße Mittellinie. Tep. (10-)15(-18)x6 mm. Tragb. kürzer als d. 1,5 (oben) bis 4-7 (unten) cm lge Blü.stiel. Fr.stiel aufrecht-abstehend. 8-15 cm. >200 m NN. Formenreich                                                                          *O. montanum*

**3+** B. mit weißer Mittellinie (vgl. dazu **5.** *O. gussonei*), meist schmäler (vgl. aber **6+**)

**4.** Schaft großenteils unterirdisch und deshalb scheinbar nur 2-10 cm lg und blau. mit basalen Blü. B. -12 cm lg. Tep. 12-25x4-5(-8) mm. Innere Staubb. an der Basis dtl. breiter (2,5 mm) als äußere (1,5 mm). Fr.stiele zurückgeschlagen bis S-förmig gekrümmt. Fr. oberwärts dtl. gekielt, fast geflügelt, Kiele zumind. apikal paarweise genähert. Ohne Tochterzwiebeln (aber bisw. 2 Zwiebeln). II-IV, slt. später                                                          *O. exscapum*

**4+** Schaft meist wohlentwickelt (5-30 cm). Blü.- und Fr.stiele meist aufrecht-abstehend; wenn etwas zurückgeschlagen, dann nicht S-förmig gekrümmt. IV-V

**5.** B. meist 9-12, nur 1-2(-3) mm br, (weißer Mittelstreifen desh. kaum zu sehen), meist kürzer als Infl. (zur Blü.zeit aber meist schon verdorrt). Infl. 3-10(-13)-blü. Tragb. ca 0,5x so lg wie die Blü.stiele. Tep. 12-15x3-4 mm.Ansatzstelle des Konnektivs braun. Fr.stiele gebogen, aufrecht. Fr.rippen paarweise genähert. Zwiebel birnenförmig, ohne Tochterzwiebeln (aber bisw. mehrteilig). Frische Wurzeln weiß. 5-15 cm. Bis 500 m NN    ***Ornithogalum gussonei***
= *O. tenuifolium* s. Fen

**5+** B. meist <7, (2-)3-10 mm br., meist >12 cm lg und dann lger als die Infl. Weiße Mittellinie dtl. zu sehen Tragb. 0,5-1x so lg wie Blü.stiele. Ansatzstelle nicht braun. 10-30 cm

**6.** Hauptzwiebel mit Tochterzwiebeln. Antheren weiß. Fr.rippen gleichmäßig entfernt. Samen 2-2,5 mm DM. Frische Wurzeln dtl. gelb. Offene, ± xerische Standorte (*O. umbellatum* s.l.; nomenklatorisch schwieriger Formenkreis)

**7.** Tochterzwiebeln außerhalb der Tunika der Mutterzwiebel. Infl. -25-blü. Tep. 20-25 mm. Fr.stiele gerade, ± rechtwinkelig abstehend. B. meist >20 cm lg (meist lger als der Schaft) und 3-10 mm br.    ***O. umbellatum*** s.str.

**7+** Tochterzwiebeln von der Tunika eingeschlossen. Infl. <15-blü. Tep. 15-22 mm. Fr.stiele etwas zurückgeschlagen. B. ca so lg wie der Schaft (meist <20 cm lg) und 2-3 mm br.
***O. divergens***
= *O. umbellatum* var. *d.*

**6+** Ohne Tochterzwiebeln. Infl. 5-20-blü. Antheren gelb. Fr.rippen paarweise genähert. Samen -3 mm DM. B. meist 4-8 mm br. Tep. 16-28 mm. Schattige Standorte    ***O. umbratile***

## POLYGONATUM

**1.** B. elliptisch (2-3x so lg wie br.), dtl. wechselständig
**2.** Stg. scharfkantig. Blü. jeweils zu 1-2. Kr. in der Mitte nicht verengt. Filamente kahl (//)
***P. odoratum***
= *P. officinale*

**2+** Stg. (frisch!) rund, slt. stumpfkantig. Blü. zu 2-5. Kr. in der Mitte dtl. verengt. Filamente weich behaart    ***P. multiflorum***
**1+** B. lanzettlich (>4x so lg wie br.), zu 3-4(-6) quirlig genähert (//)    ***P. verticillatum***

## PROSPERO (= Scilla p.p.) Vgl. 16+
***P. (Scilla) autumnalis***

## RUSCUS Vgl. 2.
***R. aculeatus***

Die Phyllokladien sind normalerweise 8-15 mm br.; wenn 17-25 mm br.    var. *barrelieri*

## SCILLA (excl. Prospero) Vgl. 16.
***S. bifolia***

## SMILAX Vgl. 3.
***S. aspera***

Wenn B. >10 cm lg und fast unbestachelt (schattige, luftfeuchte Standorte) (v)    var. *mauritanica*

## TULIPA

**1.** Filamente basal behaart. Blü. ± gelb    ***T. sylvestris*** s.l.
**a.** Äußere Tep. grünl. Meist 3 Stgb., diese zml. unten entspringend. Filamente 9-14 mm  ssp. *s.*
= ssp. *grandiflora*

**a+** Äußere Tep. am Rücken rötl. überlaufen, <3,5 cm lg. 2 Stgb. dtl. abgesetzt. Filamente 5-8 mm (//)    ssp. *australis*
Die ssp. werden auch als Arten geführt
**1+** Filamente basal kahl. Blü. rot, seltener gelb oder weiß (Zierpfl.)    Or.-Lit.

## LINACEAE

**1.** Blü. 4-zlg, weiß. Kb. 2-3-zähnig. Krb. 1 mm lg. Fr. 8-klappig. B. gegenständig (//)
*Radiola linoides*

**1+** Blü. 5-zlg, Krb. mind. 3 mm. Fr. 10-klappig    *Linum*

## LINUM

**1.** B. alle gegenständig. Blü. weiß mit gelbem Schlund. Krb. 3-4 mm. Kb. drüsig bewimpert. Pfl. meist einj.    *L. catharticum*

**1+** B. (zumind. die oberen) wechselständig. Blü. gelb, rötl. od. blau (dann weiße Mutanten möglich)

    **2.** Blü. gelb (vgl. auch **7.**)

        **3.** Zumind. obere B. einnervig, mit kleinen, basalen Drüsen. Krb. allmählich in den Nagel verschmälert, 25-35 mm lg. Kb. zur Fr.zeit vergrößert, die Fr. dtl. überragend. Blü. zu 3-5. Fr.-schnabel mind. 2 mm. Pfl. -25 cm, mehrj., an der Basis oft holzig (*H*)    *L. campanulatum*
        Wenn Krb. nur bis 22 mm, ± plötzlich in den Nagel verschmälert, Fr.schnabel meist 1 mm und B. 3-nervig vgl. Or.-Lit. (*L. flavum?*)

        **3+** B. ohne Drüsen. Kb. 3-6 mm, Krb. 4-12 mm

            **4.** Pfl. einj. B. lineal-lanzettl., slt. >3 mm br. Kb. dtl. lger als die Fr.

                **5.** B.rand glatt. Kb. 3-4 mm, kurz zugespitzt, mit borstl. Spitze. Krb. 4-5(-6) mm. Fr. 2 mm. Infl. stets locker    *L. trigynum*

                **5+** B.rand fein gesägt, deshalb rau (aber oft eingerollt). Kb. 4-6 mm, lg zugespitzt, fein gesägt. Krb. (4-)6-8(-12) mm. Fr. 2-3 mm (*L. strictum* s. Pg, Fen und anderen)

                    **6.** Pfl. steif aufrecht wachsend. Blü. gebüschelt, Blü.stiele rau, oft < K. Kb. lanzeolat. Fr. 2-2,5 mm    *L. strictum* s. CL
                                              = *L. strictum* ssp. *s.*

                    Das Taxon wird bisw. (z.B. in CL) weiter gegliedert, das Vorkommen der Taxa am Garg. ist jedoch nicht geklärt:

                    **a.** Blü. gebüschelt an 1-5 cm lgen Seitenästen. Infl. insges. ± rautenförmig    ssp. *s.*

                    **a+** Blü. gebüschelt an 1-5 mm lgen Ästen, Infl. daher ausgeprägt ährenartig
                                            ssp. *spicatum*

                    Die Taxa werden auch als var. oder forma geführt

                  **6+** Infl. locker (ähnl. *L. trigynum!*) mit zarten, glatten Seitenästen. Alle Blü. einzeln gestielt, Blü.stiele mind. so lg wie d. K. Kb. ovat. Fr. 2,5-3 mm    *L. corymbulosum*
                                              = *L. strictum* ssp. *c.*

        **4+** Pfl. mehrj. Untere B. gegenständig, elliptisch-lanzettlich (ca 3-5x so lg wie br.), 3-nervig. Kb. ca 3 mm, kaum lger als die Fr. Krb. 8-12 mm. Halophil    *L. maritimum*

    **2+** (Frische) Blü. nicht gelb. Krb. 2-4x so lg wie Kb.

        **7.** Blü. rötl. (im Herbar auch violett od. gelbl.) oder weißl. (dann bisw. rötl. geadert). Kb. 5-9x2 mm, Krb. 2-2,5x so lg. B.rand (meist) rau oder fein gezähnelt. Kb. ± bewimpert

            **8.** Pfl. mehrj. Narbe kopfig. Kb. 5-8 mm, drüsig gewimpert. Fr. 3-4 mm. B. an sterilen Trieben dicht, an blühenden spärl. 20-40 cm    *L. tenuifolium*

            **8+** Pfl. einj. Narbe linear. Kb. 7-9 mm, zumind. hälftig bewimpert (aber nicht drüsig). Fr. 4,5-6,5 mm. 10-25 cm    *L. decumbens*

        **7+** Blü. reinblau. Narben nicht kopfig. Reife Fr. mind. 4 mm

            **9.** Kb. 5-6 mm, nicht gewimpert. Fr. 5-7 mm. Narbe höchstens 3x so lg wie br. Fr.stiele (abstehend bis) ± zurückgekrümmt. Heterostyl (= Narben und Antheren in dtl. ungleicher Höhe). Pfl. mehrj.    *L. austriacum* s. CL
                      = *L. alpinum*-Gruppe s. Pg.= *L. austriacum* ssp. *collinum* s. FE und Fen = *L. perenne*

**a.** Narben elliptisch, 0,6x0,4 mm. Blü. zu (7-)10 bis „zml. viele". Sterile Sprosse dicht, blühende auch an der Basis (!) nur entfernt beblättert (ob auch für garg. Populationen zutreffend?). B. meist 8-13 mm lg      ssp. *tommasinii*

**a+** Narben obovoid, 0,7x0,3 mm. Blü. zahlreich (-50!). B. an der Basis der blühenden Triebe dicht stehend. Abwärtskrümmung der Fr. sehr ausgeprägt (*//*)      ssp. *collinum*

**9+** (Innere) Kb. meist fein gezähnelt bzw. kurz bewimpert. Narbe keulenförmig, >4x so lg wie br. Homostyl. Fr. meist aufrecht. Pfl. ein- bis mehrj.

**10a** Kb. und Fr. 4-6 mm, Krb. -15 mm. B. 8-12x1-1,5 mm, 1-3-nervig. Meist zwei-bis mehrj. Wildpfl. (am Garg. auch einj.?)      *Linum bienne*

**10b** Kb. und Fr. 6-9 mm. Krb. -25 mm. Größere B. 20-30x3-4 mm, 3-nervig. Einj. Kulturpfl., slt. spontan      *L. usitatissimum*

**10c** Kb. 8-12 mm, Fr. 6-8 mm, Krb. mind. 25 mm. Mehrj. (*//*)      *L. narbonense*


## LORANTHACEAE LORANTHUS

Auf Eichen sitzender Halbschmarotzer. Blü. gelbl., 6-zlg. Beeren gelb      *L. europaeus*


## LYTHRACEAE (incl. **Punicaceae**, excl. **Trapaceae**)

Die Blü. besteht aus einem Hypanthium (Achsenbecher, „K.tubus"), an dessen oberem Ende Kb. und Krb. inseriert sind. Zwischen den Kb. befinden sich Außenkelch-Zipfel, am Grund des Hypanthiums 2 Vorb. („Brakteolen")

**1.** B. ± lanzettl., zumind. die oberen B. oft wechselständig. Hypanthium 4-7 mm, mind (2-)3x so lg wie br. Krb. 2-10 mm, Fr. lger als br. Pfl. 10-150 cm, aufrecht oder niederliegend      *Lythrum*

**2.** Zumind. untere B. zu 2-3 quirlig stehend. Blü. in Büscheln in den B.achseln, insgesamt eine endständige, ährenartige Infl. bildend. Krb. 7-10(-12) mm. Zipfel des Außenk. 2-4x so lg wie die eigentlichen K.zipfel. Vorb. mind. 2 mm lg. Pfl. mehrj., aufrecht, 50-150 cm      *L. salicaria*

**2+** B. (meist) wechselständig. Blü. einzeln in den B.achseln. Krb. 1-7, Vorb. -1 mm. Bis 60 cm

**3.** Staubb. 12, zumind. einige das Hypanthium überragend. Außenk. etwa so lg wie die K.zähne. Krb. 5-7 mm. Pfl. (meist) niederliegend und mehrj.      *L. junceum*

**3+** Staubb. 4-6, vom Hypanthium eingeschlossen. Außenk.-Zähne ca 2x so lg wie die K.zähne. Krb. 2-4 mm. Pfl. stets einj., ± aufrecht      *L. hyssopifolia*

**1+** B. 5-15 mm lg, oval-spatelig, gestielt, alle gegenständig. Hypanthium 1-2(-3) mm, ± halbkugelig. Krb. 1 mm, bisw. fehlend. Außenk. > K., oft zurückgeschlagen. Staubb. meist 6. Fr. fast kugelig. Pfl. kahl. Stg. einwurzelnd-kriechend, auf je 2 gegenüberliegenden Seiten mit dtl. Lgsfurche, oft rötl. Einj., 2-25 cm      *Peplis portula* = *Lythrum p.*

Zu den *Lythraceae* wird heute auch *Punica granatum* gerechnet; zu dieser vgl. Gehölzschlüssel **IV 1.**


## MALVACEAE (excl. **Tiliaceae**)

*AK:* Außenkelch

Der Begriff „Sternhaare" umfasst hier alle 2- bis mehrstrahligen Haarbildungen, also anliegende, vielstrahlige Sternhaare s.str. wie auch 2-4-strahlige, abstehende Büschelhaare mit allen Übergängen

**1a** Ohne AK. Kb. 5, basal verwachsen. Krb. gelb. Tlfr. apikal gehörnt. Pfl. einj. (*//*)      *Abutilon theophrasti*

**1b** AK 2-3-blättrig

**2.** Segmente des AK gezähnt. Gr. verwachsen. Kapselfr. Samen wollig. Kulturpfl. (Baumwolle)
*Gossypium herbaceum*

**2+** Gr. nur am Grund verbunden. Fr. in Tlfr. zerfallend

 **3.** Tlfr. zu einer unregelmäßigen, ± kugeligen Gesamtfr. verbunden. Krb. nicht ausgerandet. B. des AK breiter als Kb., ± herzförmig. Blü. einzeln, ± lg gestielt. B. dtl. lger als br., randl. gekerbt (nicht gelappt) *Malope malacoides*

 **3.** Tlfr. eine scheibenförm. Spaltfr. bildend. Krb. ± ausgerandet oder 2-lappig. AK ± ovat bis lanzeolat. B. meist ± gelappt bis fiederschnittig *Malva*

**1c** AK 5-13-blättrig. AK-B. lanzeolat bis linealisch

**4.** AK (6-)10-13-b., linealisch, frei. Krb. nicht ausgerandet. Fr. eine meist 5-fächrige Kapsel

 **5.** Fr. behaart, mind. so hoch wie br., jedes Fach mind. 2-samig. Blü. gelb / violett. Stg. abstehend borstig. Pfl. einj., 20-50 cm (Garg. fragl.) *Hibiscus trionum*

 **5+** Fr. dtl. breiter als hoch, 5-kantig, jedes Fach 1-samig. Blü. rosa-lila. Stg. mit bräunl. Sternhaaren. Pfl. mehrj., meist >1 m. ± Halophil *Kosteletzkya pentacarpos*

**4+** AK 6-9-b., (basal) verwachsen. Spaltfr.

 **6.** Krb. 3-5 cm, etwa so lg wie br. Blü. fast sitzend. Tlfr. dorsal mit tiefer Falte. Staubb.-röhre quer 5-eckig. 1-3 m (Zierpfl.) *Alcea rosea*

 **6+** Krb. 1-3 cm. Blü. gestielt. Staminaltubus quer rund *Althaea*

## ALTHAEA

**1.** Pfl. einj., bis 30 cm. Antheren gelb. V.a. am Stg. mit borstl. und mäßig zahlreichen Sternhaaren (wenn diese nur vereinzelt, vgl. auch *Malva cretica*). Stp. bleibend. Trockene Standorte *A. hirsuta*

**1+** Pfl. mehrj., 50-200 cm. Antheren purpurn. Fast ausschließlich Sternhaare. Stp. hinfällig. Oft feuchte Standorte

 **2.** (Obere) B. tief handförmig geteilt, die 3-5 Segmente linealisch bis lanzeolat. Tlfr. kahl, quer gerunzelt. K. an der reifen Fr. aufrecht. Krb. 10-15 mm (slt. größer) *A. cannabina*

 **2+** B. gelappt, Endlappen der oberen B. viel größer als die Seitenlappen. Tlfr. behaart. K. die reife Fr. einhüllend. Krb. 15-25 mm. Oft brackige Standorte *A. officinalis*

## LAVATERA → **Malva**

## MALVA (incl. Lavatera)

**1.** AK am Grund zumind. im Knospenstadium – bisw. nur basal – verwachsen *(Lavatera)*. B. meist gelappt, bisw. lger als br.

 **2.** Tlfr. >12. Blü. einzeln, slt. zu zweit. Krb. bis 40 mm

  **3.** Pfl. krautig, slt. >1 m hoch. Tlfr. (fast) kahl

   **4.** Pfl. einj. Kb. spitz 3-eckig, bis 10 mm lg. Tlfr. 14-17, querrunzelig. Stg. nur mit einzelnen Sternhaaren *M. (L.) punctata*

   **4+** Pfl. mehrj. Kb. ovat-zugespitzt, 10-15 mm. Tlfr. ca 20, rückseitig gekielt, sonst glatt. Stg. oberwärts dicht sternhaarig (//) *M. (L.) thuringiaca*

   Die folgenden Taxa werden in CL2 nicht mehr unterschieden; sie sind beide vom Garg. genannt:

    **a.** Fr.stiele bis 8 cm lg. AK-Segmente ganzrandig *ssp. th.*

    **a+** Fr.stiele bis 3,5 cm lg. Segmente eingeschnitten *ssp. ambigua*

**3+** Pfl. an der Basis holzig, meist 1-2 m hoch. Blü.stiel <1 cm. AK-Segm. ovat-zugespitzt. Kb.
10-14 mm. Tlfr. behaart. Untere B. im Gesamtumriss ± rundl., obere ovat-lanzeolat, dreilappig
**Malva** *(Lavatera)* **olbia**

Die typische *M. o.* trägt im oberen Stg.-Abschnitt neben Sternhaaren noch wenig längere abstehende
einfache Haare. Individuen mit *viel* längeren abstehenden ± borstigen Haaren wurden auch als „*Lavatera
hispida*" bezeichnet.

**2+** Tlfr. <12. Blü. zu 2 bis mehreren (die unteren slt. auch einzeln), meist achselständig gebüschelt. Krb. bis 20 mm. Auch obere B. nicht wesentl. lger als breit

    **5.** Pfl. zumind. an der Basis holzig, meist >1 m. AK-Segm. stumpf, 8-10 mm, zur Fr.zeit lger als
    die Kb. Krb. meist 15-20 mm. Stp. 3-5 mm, hinfällig                 **M. veneta**
= *L. arborea*

    **5+** Pfl. einj., 30-50 cm hoch. AK-Segm. spitz, ca 6 mm (kürzer als Kb.), bis 5 mm br. Krb. meist
    13-16 mm. Stp. 5-7 mm, lge bleibend                       **M. multiflora**
= *L. cretica*

Bei *M. m.* überwiegen die Sternhaare. Wenn neben Sternhaaren auch einfache Haare (v.a. am Blü.stiel)
und Tlfr. am Rücken grubig vgl. **10.**                             *M. sylvestris*

**1+** AK bis zum Grund frei. B. nicht lger als br., ± gelappt bis fiederschnittig. Außer **7+** slt. >40 cm
*(Malva s.str.)*

    **6.** Stgb. im Gegensatz zu den Grundb. tief handförmig geteilt. Untere Blü. einzeln

        **7.** Pfl. einj., bis 40 cm hoch, mit abstehenden Haaren, 2-4-strahlige Sternhaare nur vereinzelt
        (wenn Sternhaare reichl. vorhanden, vgl. *Althaea hirsuta*). AK-B. mind. 3x so lg wie br.     **M. cretica**

            **a.** Krb. ca 1 cm, ca so lg wie der K.                        typ. Form

            **a+** Krb. 1,5-2 cm, ca 1,5x so lg wie der K. (wohl vorherrschende Form)     var. *montana*

        **7+** Pfl. mehrj., 30-80 cm, oberwärts mit anliegenden Sternhaaren. B. von K. und AK eiförmig-
        zugespitzt. Krb. ca 3x so lg wie Kb. *(//)*                        **M. alcea**

    **6+** Alle B. höchstens gelappt bis gebuchtet. Einj., nur **10.** *M. sylvestris* meist mehrj.

        **8.** Krb. 4-6 mm, etwa so lg wie der K., meist weißl., rötl. geadert. Tlfr. an den Kanten geflügelt
**M. parviflora**

        **8+** Krb. mind. 8 mm, meist doppelt so lg wie der K. oder lger. Tlfr. glatt oder runzelig

            **9.** Fr.stiele abwärts gebogen. Tlfr. glatt oder feingerippt, behaart. Krb. 8-13 mm, weißl. bis
        blassrosa (v)                                    **M. neglecta**

           **9+** Fr.stiele abstehend. Tlfr. am Rücken netzrunzelig oder grubig. Krb. 10-25 mm

               **10.** Krb. 12-25 mm, meist purpurn, dunkel geadert. Kb. unterseits mit zahlreichen (Stern-)
            Haaren, am Rand dicht bewimpert. Tlfr. meist kahl. B. auf 1/2-2/3 gebuchtet. Formenreich
**M. sylvestris**

               Ähnl. **5+** *M. multiflora*, vgl. dort

               **10+** Krb. 10-12 mm, blassrosa bis violett, ohne dunkle Nerven. Kb. unterseits meist kahl,
            nur randl. bewimpert. Tlfr. meist dicht behaart. B. oft nur sehr flach gebuchtet
**M. nicaeensis**

## MORACEAE

**1.** Alle B. (meist 5-)lappig, jeder Lappen mit eigenem Hauptnerv. Zumind. die 3 mittleren Lappen
dtl. lger als br. Rinde hellgrau (Feige; auch (g))                   **Ficus carica**

**1+** B. teils ungelappt, teils 3(-5)-lappig (Maulbeere) (g)                  **Morus**

    **2.** B. unterseits mit Haarbüschel-Domatien, sonst kahl. Spr.grund gerundet bis schwach herz-
    förmig. B.stiel 20-30 mm. Fr. 1-2 cm lg gestielt, meist grünl.-weiß           **M. alba**

    **2+** B. unterseits dicht behaart, Spr.grund dtl. herzförm. B.stiel 5-15 mm. Fr. fast sitzend, reif
    (fast) schwarz                                      **M. nigra**

## MYRTACEAE

**1.** B. zugespitzt, 2-3 cm lg, gegenständig. Mittelnerv unterseits dtl. hervortretend. Spr. mit Drüsenpunkten. Blü. weiß, 5-zlg, einzeln od. gebüschelt. Fr. eine Beere. Strauch. VI-VII

                                                                                   *Myrtus communis*

**a.** B. meist 20-30x(6-)8-15(-20) mm, Fr. meist etwas lger als br. Formenreich         ssp. *c.*

**a+** B. 10-15(-20)x4-6 mm, dichtstehend. Fr. stets rund (CL: nur adventiv)       ssp. *tarentina*

**1+** Junge B. gegenständig, ältere B. wechselständig, dtl. aromatisch riechend, oft etwas sichelförm. Breiteste Stelle nahe dem B.grund. Meist Baum (g)                         *Eucalyptus*

Für den Garg. werden 3 Arten angegeben; weitere Arten sind aber möglich:

**2.** Ältere B. 10-30x3-4 cm, ledrig. Seitennerven im Winkel von 30-40° abzweigend. Blü. einzeln,
seltener in 3(-7)-zlgen Dolden, sehr kurz gestielt bis sitzend. Fr. >10 mm, glauk, mit 4 gekörnten
Längskanten. Bis 60 m                                                *Eu. globulus*

**2+** Ältere B. 0,7-2 cm br., meist dünn. Blü. in 5-12-zlgen Dolden, diese 5-15 mm gestielt. Fr. <10
mm, ohne Kanten. Slt. >20 m

**3.** B. 6-12 cm lg, mit undeutl. Nerven. Seitennerven <35° abzweigend         *Eu. amygdalina*

**3+** B. meist 10-25 cm lg, Nerven dtl. Seitennerven 40°-50° abzweigend      *Eu. camaldulensis*


## NAJADACEAE  NAJAS

Steife, zerbrechl., oft ± gabelig verzweigte Wasserpflanze. B. 1-nervig, gegenständig, gewellt und
grob gezähnt, 10-40x1-2 mm (*//*)                                          *N. marina*
Die Art wächst trotz ihres Namens auch im Süßwasser


## NYCTAGINACEAE  MIRABILIS

Verwildernde Zierpfl. mit trompetenförm. ± roten, gelben oder weißen Blü. und auffälligen, vom K.
umhüllten ± schwarzen zitronenförm. Nüssen                                   *M. jalapa*


## NYMPHAEACEAE  NYMPHAEA

Wasserpflanze mit großen weißen Blü. (ca 10 cm DM!) und Schwimmblättern (10-30 cm DM)
(Garg. fragl.)                                                                    *N. alba*


## OLEACEAE

**1.** B. gefiedert, dtl. sommergrün                                               *Fraxinus*

**1+** B. einfach, ± ledrig

**2.** B. unterseits von Schuppen silbrig u./od. jge Zweige stechend                 *Olea*

**2+** B. beiderseits grün (aber unterseits mit s. kleinen grubigen „Drüsenpunkten"). Zweige nicht
stechend

**3.** Infl. eine endständige, konische Rispe. Beere schwarz, 6-8 mm DM. Jge Zweige biegsam, fein behaart und bald verkahlend. B. stets ganzrandig (B.rand höchstens gewellt), oft mit kleinem Spitzchen. 0,5-1,5 m hoch                                        *Ligustrum vulgare*
incl. var. *italicum*

**3+** Blü. in seitenständigen, 5-6-zlgen Büscheln. Steinfr. B. oft ± gezähnt                    *Phillyrea*

## FRAXINUS

**1.** Krb. vorhanden, weiß, s. schmal. Infl. mit oder nach den B. erscheinend, endständig. Fr. 20-25x4 mm, Samen ca 10 mm. Junge Triebe (meist) behaart. Fied. 5-9 (meist 7), zumind. teilweise dtl. gestielt, (schmal-)eiförm., Endfieder meist etwa 1/2, Seitenfiedern ca 1/3 so breit wie lg. Borke zuletzt warzig. (Strauch oder) Baum bis 10 m. IV-V                                        *F. ornus*
Formenreich v.a. bzgl. Fiederbreite und Rippenbehaarung, vgl. Fen 3:329 oder KÁRPÁTI in Acta Bot. Acad. Sci. Hung. **4**:93-112 (1958). Nach CL gehören alle diese Formen zu *F. o.* ssp. *o.*

**1+** Krb. fehlend. Infl. seitenständig an vorjährigen Trieben. Fr. 30-35x7-8 mm, Samen ca 15 mm. Junge Triebe kahl. Fied. (außer d. Endfied.) sitzend, schmäler, ca 1/3-1/5 so br. wie lg. Baum, -30 m (formenreicher Komplex, vgl. evtl. Or.-Lit., z.B. Pg 2:323)

**2.** Infl. rispig. Fr. basal ± gerundet. B. mit 7-11(-13) Fied., diese 1,5-3,5 cm br. und meist mit gerundeter Basis. Zähne etwas nach vorne gebogen und etwa doppelt so viele wie Seitennerven. Endknospen schwarz. Herbstfärbung gelb. III-IV.                                        *F. excelsior*

**2+** Infl. traubig. Fr. basal lg verschmälert. B. bisw. zu dritt wirtelig, meist nur mit 5-7 Fied., diese nur 1-3 cm br. und mit keilförmiger Basis. Seitennerven und Fiederzähnchen meist von ± gleicher Zahl. Endknospen braun bis grün. Herbstfärbung rötl. XI-I    *F. angustifolia* ssp. *oxycarpa*
= *F. oxycarpa*

**OLEA** Vgl. 2.                                        *O. europaea*
Die beiden folgenden Taxa werden in CL nicht unterschieden. Übergänge!

**a.** B. ± oval, stumpf, an der Basis gestutzt bis schwach herzförm., 1-2 cm lg. Schuppen der B.unterseite v.a. bei Schattenformen bisw. s. zerstreut und B.unterseite dann hell olivgrün. Jge Zweige stechend (Wildform)                                        var./ssp. *oleaster* (= *sylvestris*)

**a+** B. lanzettl., beiderseits zugespitzt, 4-7 cm lg. Jge Zweige nicht stechend (Kulturform)
var./ssp. *eu.*

Basale Stockausschläge (aus der Unterlage!) ähneln oft der Wildform

## PHILLYREA

**1.** B. im typischen Fall (vgl. unten) ca 1,5-2,5(-3)x so lg wie br., mit dtl., fast rechtwinkelig abzweigenden Seitennerven. Größte B.breite in der unteren Hälfte. B.rand jederseits mit 7-13 Zähnchen, slt. fast ganzrandig. B.stiel 1-5 mm. Kb. 3-eckig, spitz. Fr. 7-10 mm DM, apikal gerundet bis abgeplattet                                        *Ph. latifolia* s.l.
Nach der sehr variablen B.form werden verschiedene Formen unterschieden, z.B.:
B. ca 2,5-4x so lg wie br., Nervatur und Zähnung schwächer entwickelt. Größte B.breite in der Mitte. (Altersform von *Ph. l.*?)                                        „*Ph. media*"

**1+** B. stets lanzettl., 4-7x so lg wie br. Seitennerven schwach, spitzwinkelig (≤ 45°) abgehend. B.rand meist glatt. B.stiel 3-8 mm. Kb. vorne gerundet. Fr. meist kleiner, apikal zugespitzt
*Ph. angustifolia*

## ONAGRACEAE

**1.** Kb. und Krb. je 2, 2-3 mm lg. Fr. 3-4 mm, beborstet. B. gegenst. Pfl. schattiger Standorte, 30-40 cm hoch                                        *Circaea lutetiana*

**1+** Kb. und Krb. je 4, (viel) größer. Fr. viel lger

**2.** Krb. gelb, 12-50 mm. B. wechselständig                          *Oenothera sp.*

Or.-Lit.! Bisher wurden gemeldet: *Oe. „biennis"* und *Oe. parviflora.* Nach Pg fehlt die Gattung in Apulien vollständig; einzige Kleinart nach CL ist (adventiv) *Oe. suaveolens* (zu *Oe. biennis* agg.)

**2+** Krb. ± rötl., nicht über 15 mm. Zumind. untere B. gegenständig          *Epilobium*

## EPILOBIUM

**1.** Gr. mit 4 kreuzförm. spreizenden Narben. Stg. stielrund

**2.** Stg. 50-150 cm, dicht abstehend weichhaarig. B. sitzend. Nasse, nährstoffreiche Standorte
*E. hirsutum*

Wenn Behaarung besonders dicht                                   var. *tomentosum*

**2+** Stg. 20-80 cm, höchstens anliegend behaart

**3.** B. 3-5(-8) mm gestielt. Spr. am Grd. keilig verschmälert und ganzrandig. Gerne auf feuchten Mauern und Felsen (*//*)                                          *E. lanceolatum*

**3+** B. fast sitzend. Spr. am Grd. ± abgerundet und gezähnt. K. und jge Fr. drüsenhaarig. In ± schattigen Wäldern u.ä. (v)                                         *E. montanum*

**1+** Gr. mit nur einer keulenförm Narbe. Stg. mit 2 oder 4 Lgsleisten    *E. tetragonum* ssp. *t.*

Weitere Arten von *Epilobium* sind möglich

## ORCHIDACEAE

Der Orchideenreichtum des Gargano ist bekannt und sehr gut untersucht. Eine ausführliche Zusammenstellung (mit Rasterkartierungen) findet sich in

R. LORENZ & C. GEMBARDT (1987): Die Orchideenflora des Gargano (Italien). – AHO Baden-Württemberg **19**:385-756; im Folgenden mit L & G abgekürzt. Dieser Arbeit sind Häufigkeitsangaben und Höhenverbreitung entnommen.

Zahlreich sind neue Meldungen nach dem Erscheinen von L & G. Solche Neumeldungen betreffen auch Arten, die weder nach L & G noch nach CL in Apulien vorkommen. Insofern ist möglicherweise das eine oder andere „(*//*)" überholt.

Schwierigkeiten beim Bestimmen können sich ergeben

* durch „Übergänge" zwischen Arten (bes. bei *Ophrys* und *Serapias*)
* durch subspezifische Taxa (*Orchis, Ophrys, Serapias*). Bisw. herrscht auch Uneinigkeit über die taxonomische Zuordnung garganischer Populationen
* durch Bastarde. Hier sind nach L & G 30 der 61 am Garg. sicher nachgewiesene Arten beteiligt. 65 solcher sog. Nothotaxa sind bislang vom Garg. bekannt, davon allein 58 innerhalb der Gattung *Ophrys.* Der häufigste Bastard ist allerdings *Orchis (Anacamptis) morio x papilionacea.*

Insbesondere bei *Ophrys,* aber auch bei *Orchis, Serapias* und *Epipactis* ist ein guter Abbildungsband deshalb nahezu unerlässlich.

Nachfolgender Schlüssel ist rein kompilatorisch. Eigene Erfahrungen mit dem Bestimmen von Orchideen liegen nicht vor und sind auch nicht geplant. Herr Dr. Lorenz hat einen frühen Entwurf des Schlüssels (1987) jedoch durchgesehen und einige Anmerkungen dazu gemacht, die großenteils hier eingearbeitet sind. Im Übrigen ist Herr Lorenz Orchideenschlüsseln gegenüber grundsätzlich skeptisch.

(Klein-)Arten, die nicht allgemein anerkannt oder nur für den Spezialisten erkennbar sind, sind häufig nur bei der „Hauptart" genannt („Hierzu ...").

Neuere molekulare Untersuchungen haben im Übrigen bestätigt, dass viele Gattungsabgrenzungen künstlich sind (z.B. BATEMAN & al. in Bot. J. Linn. Soc. **142**:1-40, 2003). Natürliche Gruppen und teilweise unter sich außerordentlich nahe verwandt sind etwa *Ophrys-* und *Serapias*-Arten. *Dactylorhiza* ist ebenfalls monophyletisch und mit *Orchis* nicht unmittelbar verwandt. *Orchis* selbst ist künstlich, vgl. dort.

*Beispiele für weiterführende Literatur (neuere Auflagen mögl.):*

BAUMANN, H. & KÜNKELE, S. (1988): Die wildwachsenden Orchideen Europas. – Stuttgart (Guter Abbildungsband mit Verbreitungskarten)

BAUMANN, H., KÜNKELE, S. & LORENZ, R. (2006): Die Orchideen Europas. – Stuttgart. 333 S. (Sehr aktuelle Zusammenstellung mit guten Beschreibungen und Verbreitungsangaben; traditionelle Taxonomie, aber Angabe der aktuellen Namen)

BUTTLER, K.P. (1986): Orchideen. – Steinbachs Naturführer, München. 287 S. (Fotos und Detailzeichnungen, Artenschlüssel zu einigen Gattungen)

DEL FUOCO, C. (2003): Orchidee del Gargano. – Collana Biblioteca Verde. 248 S. (non vidi; zu bestellen über www.parks.it/parco.nazionale.gargano/gui.html)

PRESSER, H. ($^2$ 2000): Die Orchideen Mitteleuropas und der Alpen. – Landsberg (Lech). 375 S. (Gute Fotos, zahlreiche ergänzende Angaben zur Ökologie usw.)

QUENTIN, P. (1995): Synopsis des Orchidées européennes. – Cahiers de la société francaise d'orchidophilie 2, 141 S., Paris (z.T. gegenüber anderen Werken abweichende, zml. aufgesplitterte Taxonomie, aber wertvoll wegen der Synonymie)

ROSSINI, A. & QUITADAMO, G. (1996): Le orchidee del Gargano. – Selbstverlag. 103 S. (Mäßig gute Abb., unvollständig).

ROSSINI, A. & QUITADAMO, G. (2003): Orchidee Spontanee nel Parco Nazionale del Gargano (non vidi; über nachfolgende Internet-Adresse bestellbar)

ROSSINI, A. & QUITADAMO, G.: Orchidee del Gargano. – www.orchideedelgargano.it, ca 2003 (86 Arten zuzügl. 13 Taxa aus der Lit. und 64 Bastarde; viele neue Nennungen, darunter ca 10 *Ophrys*-Arten; im Folgenden ohne Jahreszahl zit.)

SUNDERMANN, H. (1975): Europäische und mediterrane Orchideen. – Brücke, Hildesheim (Abbildungsband mit Bestimmungsschlüssel, gute Gattungscharakteristika; weite (heute nicht mehr übliche, aber praktische) Artenfassung)

Laufende neue Fundmeldungen auch in den „GIROS Notizie"
(http://astro.df.unipi.it/ORCHIDS/Giros/GirosNotizie/bl-00.html; Anklicken der einzelnen Bände)

*Abkürzungen:*

| | |
|---|---|
| *Lab.:* | Labellum (Lippe) |
| *ML, SL:* | Mittel- bzw. Seitenlappen des Labellums, wenn dieses in Längsrichtung dreigeteilt |
| *Zipfel:* | Ausgliederung des ML, unabhängig von deren Form |
| *Hypo-* bzw. *Epichil:* | hinterer (basaler) bzw. vorderer Teil eines quergegliederten Labellums |
| *Kb.* bzw. *Krb.* | wird sinngemäß für die äußeren bzw. inneren Tepalen benutzt |
| *(TR):* | (auch) für die Tremiti nachgewiesen |
| *A, M, E:* | Anfang, Mitte, Ende (Zusatz zum Monat der Blütezeit). Diese Angaben sowie die Höhenspannen sind L & G entnommen; Taxa, bei denen diese Angaben fehlen, sind in L & G nicht behandelt |

Herbarisierte Pfl. sind ohne begleitenden Fotobeleg vielfach nicht bestimmbar

**1. Pfl. ohne grüne B. In Gehölzen**

  **2. Lab. mit lgem Sporn. Blü. violett oder rot. Slt. 460-705 m (nach neueren Funden auch tiefer).**
  E V-E VI                                                  **Limodorum abortivum**

  **2+ Lab. ohne Sporn. Blü. gelbl.-braun. Zml. hfg (200-)500-940 m. M V-E VI  Neottia nidus-avis**
**1+ Zumind. 1 grünes B. wohlentwickelt**

  **3. Blü. gespornt oder ausgesackt. Lab. nicht quergeteilt**

    **4. Lab. längs dreigeteilt**

      **5. ML 35-60 mm, bis 3x so lg wie die SL, schraubig gedreht**             **Himantoglossum**

      **5+ ML kürzer, höchstens 2x so lg wie SL, nicht schraubig**

        **6. ML geteilt**

          **7. Zumind. untere Tragb. laubig, ± grün, meist (!) lger als die Frkn., oft lger als die Blü. Kb. abstehend oder zurückgeschlagen**         **Dactylorhiza**

          **7+ Tragb. häutig, nicht grün. Wenn dtl. lger als die Frkn. (8.), dann Kb. zusammenneigend**

            **8. Tragb. ca 2x so lg wie der Frkn. Kb. helmförmig zusammenneigend. Pfl. 30-80 cm, mit 4-10 cm br., ± fleischigen B. Hfg 2-200(-680) m. E III-A V (TR)  Barlia robertiana**

            **8+ Tragb. kürzer bis wenig lger (dann aber Pfl. meist <30 cm) als der Frkn. B. meist schmäler**

**9.** Krb. 3-4 mm, Sporn bis 2 mm. Lab. ohne rote Punkte. Kb. helmförmig. 10-25 cm. Slt. 110-300(-900) m. E III-A V                                                                         *Neotinea maculata*

**9+** Blü. größer u./od. Lab. rot gepunktet                                                                                       *Orchis*

**6+** ML des Lab. ungeteilt

**10.** Sporn fadenförmig, meist lger als der Frkn., nach unten gerichtet und etwas seitwärts gebogen. Seitl. Kb. spreizend, seitl. Krb. und oberes Kb. helmförmig zusammenneigend

**11.** Lab. am Grund mit 2 Längsleisten. Sporn so lg oder (meist) > Frkn. Blü. hellrosa bis weißl., in anfangs konisch-gedrungener Infl., dies auch zuletzt nicht >8 cm. Hfg 10-960 m. E IV-E VI                                                                                   *Anacamptis pyramidalis*

**11+** Lab. ohne Leisten. Sporn bis 2x so lg wie der Frkn. Infl. schon anfangs ± zylindrisch, zuletzt -20 cm. Slt. (0?-)470-1010 m. E V-A VII                                           *Gymnadenia conopsea*

**10+** Sporn zylindrisch oder sackförmig

**12.** Blü. grünl., oft braunrot überlaufen. Sporn 2 mm. S. slt. 600-825 m. E IV-A VI
*Coeloglossum viride*

**12+** Blü. rot, rosa, weiß oder gelb, in diesem Fall Sporn >2 mm vgl. **7.** bzw. **9+**
*Dactylorhiza* bzw. *Orchis*

**4+** Lab. ungeteilt. Sporn stets >5 mm

**13.** Blü. weiß(l.). Lab. schmal, zungenförmig, 10-16 mm lg. Sporn 20-40 mm. Stg. basal mit 2(-3) breiten B., darüber nur Hochb. Im Wald. Zml. slt., 560-925 m. E V-E VI   *Platanthera*

**13+** Blü. slt. weißl. Lab. breit. Sporn kürzer. Stg. mehrblättr. Nicht im Wald   *Orchis*

**3+** Blü. ohne Sporn

**14.** Lab. vergrößert, nach oben gewölbt, meist auffällig gezeichnet, kahl oder (meist) behaart. Zentraler Teil des Lab. (das Speculum) oft auffällig gefärbt. Infl. oft nur 3-4-blü.   *Ophrys*

**14+** Lab. stets kahl, ohne Speculum. Infl. – außer bei **16.** *Serapias* – mehrblü.

**15.** Lab. quer in Hypo- und Epichil geteilt, Hypochil aber gelegentl. im Helm versteckt

**16.** Kb. zu einem Helm verklebt. Hypochil viel lger als br. Infl. ährig, 2-8-blü. Meist xerische Standorte                                                                                         *Serapias*

**16+** Kb. frei, höchstens zusammenneigend. Infl. meist >8-blü., traubig. Meist in Laubwäldern

**17.** Frkn. gedreht, sitzend. Per.b. zusammenneigend, weißl. oder rosa. Traubenspindel (außer bei *C. rubra* mit rosa Blü.) kahl. Ab V                                         *Cephalanthera*

**17+** Frkn. nicht gedreht, aber auf gedrehtem Stiel. Perigon meist bräunl. oder grünl.-rot. Traubenspindel behaart. Ab VI                                                                   *Epipactis*

**15+** Lab. nicht quergeteilt

**18.** Blü. ausgeprägt spiralig angeordnet, weiß. Per. röhrig zusammenneigend. Nächstjährige B.rosette zur Blü.zeit bereits neben dem Stg. entwickelt. Slt. (Beobachtungslücke wegen später Blü.zeit?) 170-730 m. IX-XI                                         *Spiranthes spiralis*

**18+** Infl. nicht spiralig. Per. nicht röhrig. IV-V

**19.** Lab. durch seitl. Lappen („Arme") und geteiltem ML („Beine") menschenähnlich. Blü. grünl.-bräunl. B. zu 5-6. Hfg 5-1010 m. A IV-E V                         *Orchis (anthropophora)*
Mit ähnl. Blü.form, aber meist rosa und mit Sporn vgl. *Orchis italica*

**19+** Lab. im wesentl. aus den SL bestehend. Blü. ± weiß. B. 2, fast gegenständig. Slt. (?), ca 900 m. V                                                                                   *Listera ovata*

**ACERAS** → Orchis

**ANACAMPTIS** Vgl. **11.**                                                                         *A. pyramidalis*
Vgl. auch *Orchis*

**BARLIA** Vgl. 8.　　　　　　　　　　　　　　　　　　　　*B. robertiana*
*Barlia* gehört aus molekularer Sicht zu *Himantoglossum*

**CEPHALANTHERA**

1. Infl. und Frkn. kurzhaarig. Blü. rosa. Lab. ca 2 cm. S. slt. 575-750 m. E V-A VIII　　*C. rubra*
1+ Pfl. ganz kahl. Blü. weiß(l.). Lab. ca 1 cm
　2. Blü. zu 10-20. B. 6-10, mind. 6x so lg wie br. Slt. (130-)500-700(-850) m. E IV-E V
　　　　　　　　　　　　　　　　　　　　　　　　　　　　　　　*C. longifolia*
　2+ Blü. zu 3-8. B. 3-5, ca 2-3(-4)x so lg wie br. Slt. (200-)600-780 m. V　*C. damasonium*

**COELOGLOSSUM** Vgl. 12.　　　　　　　　　　　　　　　　　　*C. viride*
*Coeloglossum* gehört aus molekularer Sicht zu *Dactylorhiza*

**DACTYLORHIZA** (= Orchis subgenus **Dactylorchis**; excl. **Coeloglossum**)
Abb. der Labellen in Pg **3**:715 (sub *Orchis*)

1. Sporn schlank, ± nach oben weisend. B. linealisch, am Stg.grund rosettig gehäuft. Blü. gelb, slt. rot. Meist halbschattige Standorte. Hfg (70-)600-700(-960) m. E III-M V　　*D. (Orchis) romana*
Hierzu auch (B.merkmale an **1+** erinnernd, stets gelb blühend)(//)　　　　　ssp. *markusii*
1+ Sporn nach unten weisend. B. am Stg. verteilt, bisw. hauptsächlich in der unteren Hälfte
　2. Blü. (im Gebiet!) gelb. Sporn > Frkn. Stg. hohl, zusammendrückbar. B. 1-2,5 cm br., stets ungefleckt. Hfg (450-)700-1010 m. E IV-E V　　　　　　　*D. (O.) sambucina*
　　　　　　　　　　　　　　　　　　　　　　　　　　= D. latifolia s. L & G
　Der Name „*Orchis latifolia* L." kann *D. sambucina* wie auch *D. majalis* bedeuten. „*Dactylorhiza latifolia* (L.) Soó" bezieht sich – je nach Autor – auf *D. sambucina* (z.B. ROTHMALER oder L & G) bzw. *D. majalis* (z.B. CL). *D. majalis* (= *Orchis latifolia* s. Pg) kommt jedoch nur im nördl. Italien vor, alle Meldungen von *O.* bzw. *D. latifolia* vom Garg. beziehen sich somit auf *D. sambucina*
　2+ Blü. rosa bis weißl., ohne jede Gelbtönung. Sporn ca so lg wie der Frkn. B. oberseits oft ± gefleckt. Stg. markig. Zml. hfg (500-)700-940 m. E V-A VII　　*D. (O.) maculata* s.l.
　Meist werden (in CL als ssp.) unterschieden:
　　**a.** ML (viel) kleiner als die SL. B. lanzettl. bis linealisch, rund gefleckt oder ungefleckt　ssp. *m.*
　　**a+** ML ca so groß wie die SL
　　　**b.** Untere Tragb. meist > Blü. Sporn (7-)11-13 mm, sackförm. oder konisch-zylindrisch. B. stets ungefleckt (?), die unteren ± ovat, 5-9x3-4, mit ihrer unteren Hälfte den Stg. umhüllend　　　　　　　　　　　　　　　　　　　　　　　ssp. *saccifera*
　　　**b+** Untere Tragb. meist < Blü. Sporn 6-9 mm, zylindrisch. B. mit quer verlängerten (oft blassen) Flecken oder ungefleckt, die untersten oblanzeolat, 5-8x1-3 cm, den Stg. nur mit der Basis umhüllend　　　　　　　　　　　　　　　　　　　ssp. *fuchsii*
　Der genaue taxonomische Status der garg. Populationen wird unterschiedlich beurteilt, wie überhaupt der Komplex „*D. maculata*" in Italien und insbesondere in Apulien wenig geklärt erscheint

**EPIPACTIS** (= Helleborine)
Ep.: Epichil
Hy.: Hypochil

1. Ep. vom Hy. durch einen tiefen Einschnitt getrennt, beweglich, rundlich, weiß. Frkn. spindelförm, >2,5x so lg wie br.　　　　　　　　　　　　　　　*E. palustris*
1+ Ep. dem Hy. breit aufsitzend, unbeweglich, zugespitzt, nicht weiß. Frkn. bis 2x so lg wie br.
　2. Infl. dicht, meist >15(-50!)-blü. Krb. 10-15 mm. Frkn. zstr. behaart oder kahl. B. zu 5-15, ± stets lger als die Internodien. Pfl. 20-90 cm. VI-VIII (*E. helleborine*-Gruppe)

**3.** B. (zumind. unterseits) wie meist auch der Stg. violett überlaufen, lanzettlich, kürzer als 2 Internodien (das lgste 5-10 cm). Stg. unten spärl., oben dicht behaart. Kb. hell olivgrün, 13-15x6-8 mm, wie die Krb. seidig glänzend. Pfl. allogam (vgl. dazu **4.**)(*//*)     *Epipactis viridiflora*
        = *E. purpurata*

**3+** B. beiderseits ± grün (vgl. aber **5+**) *(E. helleborine* s.l. = *Helleborine latifolia;* incl. *E. schubertiorum)*

**4.** Blü. mit funktionsfähigem Rostellum (Pfl. allogam: in der frisch geöffneten Blü. ist ein porzellanartiger, kugeliger Körper vorhanden; vgl. Abb. in Pg **3**:731). Kb. 10-13x5-6 mm. B. ± schraubig, bis >10 cm lg. Formenreich v.a. bzgl. Blü.farbe, aber Per. meist grünl., z.T. ± rötl. überlaufen     *E. helleborine* s.str.

**4+** Klebkörper reduziert oder fehlend (Pfl. autogam). B. 5-10x2-5cm, ± zweizeilig. Per. meist gelbl.-grün

**5.** Kb. 10-15x5-7 mm, oft glockenförm zusammenneigend. Ep. lger als br., weißl.(-grün) bis hellrosa, spitz. B. grün, schlaff, ± plan, 5-10x2-4 cm. V.a. im Buchenwald (*//*)     *E. leptochila*

**5+** Kb. 9-12x4-5 mm (?). Ep. höchstens so lg wie br., stumpf. Hy. innen rot. B. ledrig, gelbl.-graugrün, gewellt, oft sichelförm. u./od. gefaltet. Gehölze tieferer Lagen     *E. muelleri*

**2+** Infl. locker, 4-10(-15)-blü. Krb. (meist?) kleiner. B. nicht zahlreich. Pfl. -40 cm

**6.** Stg. und Frkn. dicht filzig behaart. Krb. ca 5 mm. Blü. weißl.-grün, Petalen und Hy. rosa überlaufen. Ep. mit gekräuseltem Rand. B. zu 3-6, 2-4x0,5-2 cm, < Stg.-Internodien, am Rand flaumig-rau. S. slt. 735-925 m. VI-VII     *E. microphylla*

**6+** Hy. innen grünl.-bräunl. B. meist größer. Behaarung schwach     *E. meridionalis*

**GYMNADENIA**  Vgl. **11+**                  *G. conopsea*

**HIMANTOGLOSSUM**  (= **Loroglossum**; excl. **Barlia**)

**1.** Untere Tragb. 30-50x3-5 mm. Kb. 10-14x5-7 mm. Lab. ± grünl.(-braun). ML meist 3-4 mm br., am Ende meist 1-4(-7) mm gespalten. Sporn 4-5 mm lg. Blü. stark und unangenehm riechend. Zml. hfg (75-)600-700(-940) m. M V-E VI     *H. hircinum*

**1+** Untere Tragb. 20-30x2-4 mm. Kb. 9-11x5-6 mm. Lab. gelb- bis rotbraun. ML 1,5-2,5 mm br, am Ende (2-)5-20 mm gespalten. Sporn 2,5-3,5 mm. Blü. schwach duftend (Garg. fragl.)     *H. adriaticum*

**LIMODORUM**  (= **Ionorchis**)  Vgl. **2.**         *L. abortivum*

**LISTERA**  Vgl. **19+**           *L. ovata*
*Listera* gehört aus molekularer Sicht zu *Neottia*

**NEOTINEA**  Vgl. **9.**           *N. maculata*
                            = *N. intacta*

**NEOTTIA**  ( excl. **Listera**)  Vgl. **2+**         *N. nidus-avis*

**OPHRYS**

Ophrys ist die schwierigste Orchideengattung des Garg. Die 24 Taxa (oft genug mit „Übergängen") und – nach L & G – 58 Bastarde (davon 16 mit dem Garg. als *locus classicus*) sind vielfach nur für den Fachmann zu unterscheiden. Außerdem sind die taxonomischen und nomenklatorischen Verhältnisse in dieser Gattung ein autistisches Chaos

Der Schlüssel ist deshalb bewusst knapp gehalten – gewissermaßen zur ersten Orientierung. Bestärkt wird dieses Vorgehen durch die auch in CL praktizierte relativ weite Art-Abgrenzung. Im Übrigen wird auf entsprechende Abb.-Bände verwiesen

Die meisten Neunachweise gegenüber L & G sind ROSSINI & QUITADAMO entnommen. Die dort noch genannten O. *virescens* und O. *funerea* sind nicht im Schlüssel eingearbeitet, weil uns verwertbare Schlüsselmerkmale nicht bekannt sind

Blü.zeit im Allgemeinen E III/A IV bis E V

**1.** Säule (Gynostemium) unterhalb des medianen Kb. gleichmäßig gerundet
    **2.** Seitl. Krb. gelbl. oder grünl., jedenfalls nicht rötl. Lab. oft gelb gesäumt, unten ausgerandet, ohne Anhängsel. Medianes Kb. nach vorne gekrümmt
        **3.** Rand des Lab. flach oder nach oben gebogen, mit (je nach ssp.) 1-6 mm br. gelbem Rand. Formenreich. Insges. hfg (TR)          ***Ophrys lutea*** s.l. ssp. *l.* und ssp. *minor*
        Hierzu auch:          O. *melena,* O. *phryganae* und O. *sicula*
        **3+** Rand des Lab. nach unten geschlagen. Lab. 13-18x8-12 mm, dunkelbraun bis schwarzviolett, höchstens schmal gelbrandig. E IV meist schon verblüht. Insges. hfg
                ***O. fusca*** ssp. *fusca* und ssp. *iricolor* (*II*)
        Hierzu auch:          O. *lojaconi,* O. *lupercalis,* O. *lucifera und* O. *sulcata*
    **2+** Seitl. Krb. zumind. teilweise (v.a. basal) rötl. oder bräunl. Lab. oft mit basalem Anhängsel
        **4.** Kb. hellrosa bis rot, bisw. mit grünem Nerv. Lab. ohne SL, mit aufgerichtetem Anhängsel, ohne Blau. S. hfg, bes. 0-200 und 500-700 m. (TR)        ***O. tenthredinifera***
        **4+** Kb. grünl., gelbl. oder bräunl., slt. etwas rötl. überlaufen. Lab. mit SL. Anhängsel rückwärts gerichtet oder fehlend
          **5.** Lab. flach gewölbt, randl. von einem auffälligen Kranz bräunl. Haare gesäumt, (meist) mit tiefblauem Spiegel. Kb. grünl., braun(rot) gestreift. S. slt. 125-670 m        ***O. speculum***
                                          = O. *vernixia* = O. *ciliata*
          Wenn mit H-förmigem Mal vgl.          O. *sphegodes*-Gruppe
          **5+** Lab. großflächig braun, oft (stellenweise) behaart, aber ohne ausgeprägten Haarkranz
            **6.** Lab. etwa so lg wie br. ML fast halbkugelig aufwärts gewölbt, SL stark zurückgeschlagen, zottig. S. hfg 5-200(-750) m. (TR)        ***O. bombyliflora***
            **6+** Lab. dtl. lger als br., flach gewölbt, mit blauem Spiegelfleck, nicht zottig. Seitl. Krb. stiftförmig (*II*)        ***O. insectifera***
**1+** Säule zugespitzt oder kegelförmig
    **7.** Lab. ungeteilt oder vorne etwas eingeschnitten, dann aber „SL" in der gleichen räuml. Ebene wie „ML"
        **8.** Unterer Teil des Lab. aufwärts geknickt (Lab. dadurch schuh- bis sattelförmig) bis fast gerade, lg zottig behaart, infolge herabgeschlagener Seitenränder scheinbar lger (13-18 mm) als br., schwarzpurpurn mit leuchtendem blauen Mal, dieses aber nicht auf den Lippengrund übergreifend. V.a. im zentralen und südl. Garg. insges. zml. hfg        ***O. bertolonii***-Gruppe
        Hierzu:
          **a1** Lab. ausgeprägt sattelförmig. A IV-M V        O. *bertolonii* s.str.
          **a2** Lab. ± gerade. E III-A V (hfger als **a1**)        O. *bertoloniiformis*
                  = O. *pseudobertolonii* ssp. *b.* = O. *benacensis* ssp. *b.*; incl. O. *saratoi?*
        Ähnl., aber systematisch zur O. *sphegodes*-Gruppe gehörend:
          **a3** Mal aus 2 kleinen Flecken bestehend, seltener hufeisenförmig. A IV-A V    O. *promontorii*
        **8+** Mal auch den proximalen Teil des Lab. umfassend, dieses ± so lg wie br. und nicht schuhförmig
        **9.** Krb. (fast immer) kahl (vgl. aber **b+**), am Rand meist gewellt, mind. 1/2 so lg wie Kb. Lab. bisw. mit kleinem Anhängsel, bisw. ausgerandet. Mal meist H-förmig (wenn hufeisenförm., vgl. O. *promontorii*). Insges. s. hfg        ***O. sphegodes***-Gruppe
        Hierzu:
          **a.** Kb. (gelbl.-)grünl., Lab. meist ohne Anhängsel:
                O. *sphegodes* ssp. *s.* und ssp. *garganica* (TR);
                O. *incubacea* (= O. *sphegodes* ssp. *atrata*) (TR);
                O. *araneola* (ob eigenes Taxon?)

**a+** Kb. weißl. oder ± rosa

**b.** Lab. ohne Anhängsel                            *Ophrys sipontensis*
CL: nur „chromatic form" von *O. sphegodes* ssp. *garganica*

**b+** Lab. mit kleinem, aber dtl. Anhängsel. Krb. bisw. (?) behaart (Hybridschwarm aus **9.** x **9+**)                                                *„O. arachnitiformis"* (C̶L̶)
incl. *O. tyrrena* und *O. splendida* (beide C̶L̶)

Hierzu auch:                                                        *O. exaltata* ssp. *archipelagi*

**9+** Krb. (meist) behaart, slt. über 1/2 so lg wie die oft gefärbten Kb. Lab. mit dtl., oft 3-zähnigem Anhängsel. Mal meist H- oder brillenförmig. Insges. zstr.     **O. fuciflora-Gruppe**
                                                                       = *O. holosericea-Gruppe*

Hierzu:                      *O. fuciflora* ssp. *f.*, ssp. *parvimaculata* und ssp. *apulica* (TR);
*O. biscutella* (= *O. fuciflora* ssp. *pollinensis*), *O. oxyrrhynchos* und *O. lacaitae*
*O. crabronifera* (= *O. fuciflora* ssp. *exaltata* s. Fen?) ist für Garg. zu streichen

**7+** Lab. tief 3-lappig, SL in der hinteren Hälfte entspringend und aus der Ebene des ML herausgedreht, (meist) mit höckerartigem Fortsatz nach oben. Stets mit dtl. Lab.-Anhängsel, dieses aber bisw. nicht sichtbar (vgl. **10.**)

**10.** ML stark nach unten eingekrümmt, Anhängsel dadurch unter das Lab. gebogen. SL-Fortsatz 1-4 mm. Slt. 50-850 m. M V-E VI                                  **O. apifera**
incl. ssp. *bicolor* (C̶L̶)

**10+** ML nur gewölbt, Anhängsel nach vorne (oben) gerichtet. SL-Fortsatz meist hornartig, 4-13 mm lg. Zml. slt. 20-200(-575) m, nur im Nordosten. A IV-M V              **O. scolopax**
ssp. *sc.* (= *O. oestrifera* ssp. *bremifera*)
und ssp. *cornuta* (incl. *O. scolopax* ssp. *oestrifera* = *O. oestrifera* ssp. *oe.*)

---

**ORCHIS** sensu CL (excl. **Dactylorhiza**; incl. **Aceras**; vgl. auch **Anacamptis** und **Neotinea**)

Molekulare Untersuchungen haben ergeben (vgl. oben): Die Trennung von *Orchis* s.str. und *Dactylorhiza* ist offenbar gerechtfertigt. Die Arten von „*Orchis* s.str." gehören teilweise zu *Anacamptis (A.)*, teilweise zu *Neotinea (N.)*, der Rest zu *Orchis* im phylogenetischen Sinn, wobei diese drei Gattungen nicht näher verwandt sind. Diese neuen Zuordnungen sind hier in Klammern angegeben, da damit zu rechnen ist, dass die entsprechenden neuen Namenskombinationen bald in der Literatur auftauchen, so wie jetzt schon CL die „alte" Gattung *Aceras* hier einordnet.

Lit.: KRETSCHMAR, H., ECCARIUS, W. & DIETRICH, H.: Die Orchideengattungen *Anacamptis, Orchis, Neotinea.* - Bürgel (2007) (im Folgenden mit KED abgekürzt). – Abb. der Labellen in Pg **3**:715

**1.** Blü. ohne Sporn. Lab. durch seitl. Lappen („Arme") und geteiltem ML („Beine") menschenähnlich. Blü. grünl.-bräunl. B. zu 5-6. Hfg 5-1010 m. A IV-E V              **O. anthropophora**
= *Aceras a.*

**1+** Blü. mit Sporn

**2.** Lab. ungeteilt, randl. aber meist gezähnelt bis gekerbt oder vorne etwas ausgerandet, ± rötl., etwa so lg wie br. Sporn abwärts gerichtet. Zumind. untere Tragb. > Frkn.

**3.** Blü. ± rot. Lab. meist mit rotem Nervenfächer, 12-16 mm. Alle Kb. zusammenneigend. Sporn 8-14 mm. S. hfg 15-895 m. A IV-A V. (TR)                **O. (Anacamptis) papilionacea**

**3+** Blü. meist grünl.-bräunl., nur Lab. rötl., dieses 8-12 mm. Seitl. Kb. aufrecht-abstehend. Sporn 5-7(-10) mm, sackförmig. Hfg 5-200(-650) m. M III-E IV. (TR)        **O. (A.) collina**
= *O. saccata*

**2+** Lab. stets dreiteilig, ML oft zusätzl. 2-3-zipfelig. Tragb. meist kürzer (nur bei **5.** und **6.** oft lger) als der Frkn.

**4.** Blü. helmförmig: die Kb. sind nach vorne geneigt und überlappen oder berühren die seitl. Krb.

**5.** Sporn horizontal oder aufwärts gerichtet. Lab. höchstens so lg wie br. Blü. meist ± rötl. S. hfg (1-)600-700(-1010) m. E III-M V. (TR)                      **O. (A.) morio**

**5+** Sporn nach unten weisend, bisw. s. kurz. Lab. meist lger als br.

**6.** ML des Lab. ungeteilt, vorgezogen, < SL. Zml. hfg (20-)600-900(-960) m. M V-E VI
*Orchis (Anacamptis) coriophora*
Ob es sich um ssp. *c.* (so L & G) oder ssp. *fragrans* (so KED) handelt, wird unterschiedlich beurteilt. ROSSINI & QUITADAMO nennen beide Taxa für den Garg. CL unterscheidet nicht. – Merkmale nach KED:

**a.** Infl. walzl., oben gerundet. ML ca so lg wie br. Blü. dunkelrot- bis -grünbraun. Geruch unangenehm wanzenartig. Nur montan (ab 600 m)     ssp. *c.*

**a+** Infl. schmal-zylindrisch, oben lg ± spitz zulaufend. ML dtl. lger als br. Blü. grünl.-hellbraun bis rosa mit roten Flecken. Geruch „vanilleartig". Mediterrane Höhenstufe (bis 800 m)     ssp. *fragrans*

**6+** ML geteilt, > SL

**7.** Tragb. (1/2 bis) ebenso lg wie der Frkn.

**8.** Kb. 3-4(-5) mm, außen bräunl., Infl. vor der Blüte daher fast schwarz (vgl. auch **10+** *O. purpurea*). Sporn ca 2 mm, bis 1/2 so lg wie der Frkn. 10-30 cm. Zml. hfg (60-)500-700(-800) m. M IV-M V     *O. (Neotinea) ustulata*

**8+** Kb. 6-12 mm, außen nicht auffällig dunkler. Sporn 5-10 mm, so lg wie der Frkn.

**9.** Pfl. 10-20 cm. Kb. teilw. grünl. Infl. zylindrisch. Slt. (100-)500-710 m. M III-E IV     *O. (N.) lactea*

**9+** Pfl. 20-40 cm. Kb. nicht grün. Infl. ± kugelig. Hfg (275-)600-1010 m. M V-E VI     *O. (N.) tridentata*
incl. ssp./var. *commutata*

**7+** Tragb. und Sporn jeweils höchstens 1/2 so lg wie der Frkn.

**10.** Lab. mit 4 linealischen Zipfeln. Blü. rosa oder weiß. B.rand gewellt. 20-40 cm. S. hfg 5-910 m. IV-A VI     *O. italica*
Die ähnliche *O. simia* (Kb. an der Basis verbunden, B. plan; //) ist für den Garg. wohl irrtümlich angegeben

**10+** Zipfel (zumind. die des ML) nicht linealisch. Helm bräunl. bis schwarzrot (vgl. auch **8.** *O. ustulata*). Lab. weißl. mit behaarten roten Punkten. 30-80 cm. Zml. hfg 20-720 m. M IV-E V     *O. purpurea*

**4+** Wenigstens seitl. Kb. abspreizend

**11.** Blü. gelb, Lab. rötl. oder bräunl. gefleckt. Sporn nach oben (slt. waagrecht) gerichtet. Tragb. < Frkn. A IV-M V (*O. provincialis* s.l.; aus molekularer Sicht sind die beiden folgenden Taxa aber nicht näher verwandt)

**12.** Blü. blassgelb. Lab. 10-13 mm, meist mit roten Punkten, in Seitenansicht „schafsnasenartig". Sporn meist ca so lg wie der Frkn., am Ende verdickt. Traube meist mit >7 Blü. B. meist gefleckt. Zml. hfg 200-400(-820) m     *O. provincialis* s.str.

**12+** Blü. intensiv gelb. Lab. 13-15 mm, mit oder ohne braunen Punkten. Sporn meist lger als der Frkn. Traube oft nur 3-7-blü. B. meist ungefleckt. Zml. hfg (250-)700-900(-1010) m     *O. pauciflora*

**11+** Blü. rosa bis purpurn, slt. weiß

**13.** Pfl. 20-30 cm. Kb. 3-5 mm, Krb. noch kleiner. Sporn fädl., abwärts gerichtet. Lab. 4-5 mm, unten weißl., mit 2-4 roten Punkten. Hfg (110-)600-800(-1000) m. A IV-E V     *O. quadripunctata*

**13+** Pfl. 30-70 cm, in allen Teilen größer. Sporn 10-12 mm. Lab. mind. 7 mm lg, ohne oder mit >4 Punkten

**14.** Grundb. rosettig genähert, 2-3 cm br., oft gefleckt. Tragb. häutig. Lab. 7-8x6-7 mm, ML mind. so lg wie die SL. Infl. reichblü. (>15 Blü.), dicht. Blü. unangenehm riechend (//)     *O. mascula*

**14+** Keine Grundb.-Rosette. B. 1-1,5 cm br., stets ungefleckt. Tragb. meist > Frkn., krautig. Lab. größer. Infl. meist ± locker, -15-blü. Feuchte Standorte

**15.** Labellum breiter als lg. ML < SL (Garg. fragl.)     *O. (A.) laxiflora*

**15+** Labellum lger als br. ML > SL (Garg. fragl.)     *O. (A.) palustris*

**PLATANTHERA** Vgl. **13.**                                    *P. chlorantha*
Die Angabe von *P. bifolia* ist irrtümlich

## SERAPIAS

Ep.: Epichil. Das Breitenmaß bezieht sich auf den Ansatz des Ep., nicht auf dessen breiteste Stelle
Hy.: Hypochil
Alternativschlüssel beachten

**1.** Lab. am Grund mit 1 rundl. (bisw. ausgerandeten), von außen gut sichtbaren Schwiele. Infl. meist 2-4(-6)-blü. Ep. 9-18x4-7 mm, nur slt. zurückgeschlagen, nur spärl. behaart. Hfg 2-300 und 800-900, dazwischen slt., auch im Süden slt. A IV-M VI                    *S. lingua*
**1+** Lab. mit 2 längl. kleinen leistenartigen Schwielen, diese von außen kaum zu sehen

**2.** Ep. 6-30 mm, lanzettl. Größte Breite meist <15 mm, damit höchstens 1,6x so br. wie am Ansatz bzw. nur 1/3-2/3 so br. wie das ausgebreitete (!) Hy. Infl. verlängert
**3.** Lab. 15-25 mm lg, Ep. 6-18x3-5 mm, zurückgeschlagen. Krb. gleichmäßig in die Spitze verschmälert

**4.** Lab. 15-20 mm. Ep. 6-11x3 mm, etwa so lg wie das Hy. Obere Tragb. höchstens so lg wie die Kb. Blü. zml. dunkel. Hfg 0-200(-870) m. A IV-M V          ***S. parviflora*** s.str.
                                                                  = *S. p.* ssp. *p.*
**4+** Lab. lger. Ep. bis 14-18x3-5, etwa 1,5x so lg wie das Hy. Oberes Tragb. oft lger als die Kb. Blü. heller. Hfg (8-)600-800(-950) m. E IV-M VI          ***S. vomeracea*** ssp. *laxiflora*
                                              = *S. parviflora* ssp. *laxiflora* = *S. bergonii*
(Hybridogene?) Zwischenformen **4./4+** werden als *S. politisii* bezeichnet (nach CL eigene Art): Blü. dunkel, Krb. ± plötzl. spitz zulaufend, Ep. 10-13x3-5 mm, (E IV-)V. – **4+** und **3+ a.** bilden – auch auf dem Garg. – ein Formenkontinuum (vgl. L & G p. 491f)
**3+** Lab. 30-40 mm. Ep. 18-30 mm lg                          ***S. vomeracea***
**a.** Tragb. 13-19 mm br. Ep. 5-8 mm br. B. -1,5 cm br. Pfl. 20-60 cm. Hfg (TR?) 5-200(-950) m. E IV-M VI                                                          ssp. *v.*
**a+** Tragb. 18-25 mm br. Ep. 7-15 mm br. B. -2 cm br. Pfl. 10-30 cm. Zml. slt. 5-200(-800) m. Im Süden und Südosten. V                                        ssp. *orientalis*
                                              = *S. orientalis* ssp. *apulica* = *S. apulica*
Ssp. *laxiflora* vgl. **4+**
**2+** Ep. meist 20-30 mm lg, eiförm.-lanzettl. Größte Br. meist >15 mm (sonst vgl. **6+**), damit mind. das 1,7-fache der Breite am Ansatz (7-11 mm) bzw. mind. 2/3 der Hy.-Br. erreichend. Infl. kopfig gedrängt
**5.** Schwielen des Lab. dtl. nach außen spreizend. Hy. im Helm versteckt. Ep. bis zur Mitte stark behaart, kaum zurückgeschlagen. B.scheiden am Grund braunrot gefleckt. Im Norden slt. (220-)600-700(-800) m, Angaben aus dem südl. Garg. zweifelhaft (dort mit *S. vomeracea* ssp. *orientalis* verwechselt?). M V-E VI                                      ***S. cordigera***
**5+** Schwielen ± parallel. Hy. sichtbar. B.scheiden meist ungefleckt
**6.** Ep. an der breitesten Stelle 15-20 mm, nicht oder nach vorne gekrümmt, meist gelbl. oder ± orange (//)                                                    ***S. neglecta***
**6+** Ep. max. meist nur -15 mm br., zurückgekrümmt, (orange-)rötl. vgl. **3+ a+**
                                                            *S. vomeracea* ssp. *orientalis*

*Alternativschlüssel:*

**1.** Ep. dtl. schmäler als Hy. Infl. verlängert
**2.** Lab. am Grund mit 2 leistenartigen Schwielen, zumind. mit einer Mittelfurche. Ep. bis 11 mm br. Infl. 3-8-blü
**3.** Lab. 15-25 mm lg, Ep. 6-10x3-4 mm, zurückgeschlagen. Obere Tragb. höchstens so lg wie die Blü.

**4.** Lab. 15-20 mm, wenig behaart bis fast kahl. Ep. kaum lger als Hy. Infl. ± dicht, Blü. zml. dunkel *Serapias parviflora*

**4+** Lab. 18-25 mm, etwas stärker behaart. Ep. bis 18 mm lg u. 4-5 mm br., etwa 1,5x so lg wie das Hy. Blü. heller *S. vomeracea* ssp. *laxiflora*

**3+** Lab. 25-45 mm, Ep. (18-)22-27x8-11 mm, ca 2x so lg wie das Hy. und dicht mit ca 1,5 mm lgen Haaren besetzt. Krb. ± plötzlich in die Spitze verschmälert. Tragb. lger als Blü.
*S. vomeracea* ssp. *v*

**2+** Lab. am Grund mit 1 Schwiele. Infl. meist 2-4-blü. Ep. 9-18 mm, nicht zurückgeschlagen, fast kahl *S. lingua*

**1+** Ep. ca so br. wie das Hy. u./od. mind. 15 mm br. Lab. stets mit 2 Schwielen. Infl. kopfig

**5.** Hy. im Helm versteckt. Ep. stark behaart, kaum zurückgeschlagen. B.scheiden braunrot gefleckt *S. cordigera*

**5+** Hy. lger, sichtbar. B.scheiden meist ungefleckt

**6.** Ep. zurückgekrümmt, (orange-)rötl. Lab. br.-lanzettl.-herzförmig, bis 5x3 cm
*S. vomeracea* ssp. *orientalis*

**6.** Ep. nicht oder nach vorne gekrümmt, meist gelbl. oder ± orange *S. neglecta*

**SPIRANTHES** Vgl. **18.**                                           *Sp. spiralis*


## OROBANCHACEAE

Zu den *Orobanchaceae* werden heute auch die (halb-)parasitischen *Scrophulariaceae* gerechnet; vgl. dort
Der Schlüssel ist vor allem für das Bestimmen *frischer* Pfl. angelegt; andernfalls notiere man sich unbedingt die Farbe der Blü. (ggfs. innen und außen) und der Narbe (von einer frisch aufgeblühten Blü.) und herbarisiere zweckmäßigerweise auch einige lgs aufgeschnittene Blü. (Insertion und Behaarung d. Stamina). – Die meisten Arten sind auch in mitteleuropäischen Floren verschlüsselt; dort werden auch andere Merkmale benutzt. Das dort vielfach verwendete Merkmal der „Rückenlinie" der Kr.röhre ist in der Praxis allerdings nur selten hilfreich. Auch die Angaben zur Wirtspfl. sind eher theoretisch und haben v.a. ausschließenden Charakter; die meisten hier genannten Arten sind lediglich auf Familien-Ebene spezifisch. – Größe und Farbe der Blü. können beträchtlich schwanken (auch über die angegebene Spanne hinaus); die hier angegebenen Maße sind zumeist aus Pg. – Angabe zur Insertionshöhe der Filamente beziehen sich auf die oberen

*OL, UL:* Ober- bzw. Unterlippe

**Lit.:** KREUTZ, C.A.J.: *Orobanche.* Band 1 (Mittel- und Nordeuropa). - Maastrich (1995). – Enthält trotz der geografischen Einschränkung bis auf *Orobanche lavandulacea* und *Phelipanche pubescens* alle hier erwähnten Arten. Verbreitungskarten und hervorragende Farbbilder. – CORAZZI in Webbia **58**:411-439 (2003)
In der gesamten einschlägigen Bestimmungsliteratur werden die beiden hier (CL2 folgend) unterschiedenen Gattungen zu *Orobanche* [s.l.] zusammengefasst


**1.** K. röhrig, 4-5-zähnig. Jede Blü. kurz gestielt, mit 1 Tragb. und 2 seitl., oft dem K. angewachsenen Vorb. Blü. zumind. vorne ± blau. Narben hell (weißl., gelbl., bläul.) ***Phelipanche***

**1+** K. 2-teilig, jedes der seitl. der Kr. anliegenden Segmente meist 2-spaltig, sltener ungeteilt. Blü. sitzend, nur mit Deckb., ohne Vorb. (die beiden Teile d. K. nicht mit Vorb. verwechseln!)
***Orobanche*** [s.str.]


## OROBANCHE (excl. Phelipanche)

**1.** Narben (frisch) rötl. bis violett

**2.** Kr. zumind. im oberen Bereich mit (wenigen) dunklen (rötl.) Drüsenhaaren oder -höckern (die *Drüsenköpfchen* können gelbl. sein! – Bei Herbarmaterial oft schwierig zu erkennen). K.segmente meist ± ungeteilt. Tragb. etwa so lg wie die Kr. Kr. ohne Blau

**3.** Kr. gelbl. oder hellrot, auffällig geadert, reichdrüsig. Mittellappen der UL fast 2x so lg wie die Seitenlappen, dicht drüsenhaarig. Filamente 1-3 mm über Grund inseriert, an der Basis dtl. behaart. Gr. v.a. apikal dicht dunkel-drüsenhaarig. V.a. auf Labiaten (z.B. *Thymus*) ***O. alba***

**3+** Kr. weißl. od. gelbl., Saum und Nervatur meist rötl. Dunkle Drüsen spärl. Mittellappen nur wenig lger als die Seitenlappen. Filamente 2-4 mm hoch inseriert, an der Basis (fast) kahl, auch Gr. nur spärl. drüsig bis fast kahl. Auf „Disteln" (*//*)    ***Orobanche reticulata*** s.l. (= s. CL)
Das Taxon wird (nicht in CL) auch in *O. reticulata* s.str. mit weitgehend violetten Blü. und *O. pallidiflora* aufgeteilt; nur die letztere kommt im Gebiet vor

**2+** Kr. ohne dunkle Drüsen

**4.** Ganze Pfl. dicht filzig. Kr. außen ± gelb, 13-18 mm. Zumind. UL wollig behaart, deren Mittellappen > Seitenlappen. Filamente 3-4 mm über Grund inseriert. Tragb. 12-16x3-6 mm. Auf Umbelliferen *(Daucus)* und Compositen, auch auf *Cistus* und *Dorycnium* (?)    ***O. pubescens***

**4+** Behaarung anders; Kr. kahl oder fein behaart (daneben oft drüsig)

**5.** Filamente bis zur Mitte dicht behaart, darüber meist drüsenhaarig

**6a** Kr. rosa od. hell bräunl.-gelb, (20-)26-30 mm. Filamente 1-3 mm über Grund. Gr. apikal dicht drüsenhaarig. Tragb. ca so lg wie die Blü. Infl. zuletzt bis 30 cm. Ausgeprägt nach Nelken riechend. Auf Rubiaceen    ***O. caryophyllacea***

**6b** Kr. meist 20-25 mm, ± weißl., purpurn geadert. Filamente 2-5 mm über Grund. Tragb. ca so lg wie die Blü. Schwacher Nelkengeruch vgl. **7.**    ***O. crenata***

**6c** Kr. 15-20 mm, sehr unterschiedl. in der Färbung. Filamente 3-5 über Grund. Gr. spärl. drüsig. Tragb. > Blü. vgl. **9.**    ***O. amethystea***

**5+** Filamente im Mittelteil kahl (an der Basis oft spärl. behaart, unter den Antheren meist drüsig), 2-5 mm über Grund inseriert

**7.** Kr. weißl., purpurn geadert, (10-)20-25(-30) mm, meist ± kahl. Mittellappen der UL > Seitenlappen. OL stets ganzrandig. Filamente bisw. behaart (vgl. **6b**). Fr. 10-12 mm. Infl. 3-4 cm dick. Auf Leguminosen und Geraniaceen, oft auf Kulturpfl.    ***O. crenata***

**7+** Kr. weißl. od. gelb, bisw. mit violettem Schimmer oder Adern. Kr. meist behaart, wie die Fr. meist kleiner als bei **7.**, auch Infl. meist dünner. OL meist ausgerandet, Lappen der UL fast gleich groß. Gr. spärl. drüsenhaarig bis fast kahl. Narbe bisw. auch gelbl. (vgl. **13+**) *(O. minor*-Gruppe; ggfs. Or.-Lit.)

**8.** Kr. (meist) gelb, mit dunkelvioletten Adern, 10-15 mm. OL nach vorne gestreckt. Staubb. 2-3 mm über Grund inseriert. Tragb. meist ± so lg wie die Kr. Pfl. slt. >20 cm. Auf Leguminosen (v.a. *Trifolium* und *Lotus*), auch Compositen und *Plantago*    ***O. minor***

**8+** Kr. 14-20 mm. Vorderer Rand der OL (zuletzt) meist etwas aufgekrümmt. Staubb. 3-5 mm über Grund. K.segmente höchstens zur Hälfte 2-spaltig. Pfl. bis 40 cm. Auf Umbelliferen und Compositen

**9.** Tragb. bis 2 mm br., stets lger als die Kr. Diese sehr verschieden gefärbt und im unteren Drittel mit Knick in der Rückenlinie. Narben slt. auch gelb. Auf Umbelliferen *(Eryngium, Daucus)*, auch auf Leguminosen und *Plantago*    ***O. amethystea***

**9+** Tragb. ca 5 mm br., kürzer oder lger als die fast weiße oder blassrosa Kr. Narben stets rötl. (Im Gebiet) auf *Picris* und anderen Compositen    ***O. artemisiae-campestris*** s.l. (= s. CL)
Das Taxon wird (nicht in CL) auch in *O. artemisiae-campestris* s.str. *(= O. loricata)* und *O. picridis* aufgeteilt. Die Erstgenannte kommt jedoch nur in N-Italien vor

**1+** Narben (frisch) weißl. od. gelbl. (aber bisw. basal rötl. berandet oder Gr. dunkel!) (Alternativschlüssel beachten)

**10a** Kr. bräunl.gelb, meist 13-16 mm, meist kahl, zumind. UL nicht bewimpert; deren Mittellappen meist > Seitenlappen. Schlund d. Kr.röhre aufgeblasen, Röhre unterhalb d. Kr.saums also wieder dtl. verengt. Filamente 3-4 mm über d. Grund der Kr.röhre inseriert, höchstens unten etwas behaart, nicht drüsig. Tragb. mind. so lg wie die Blü. Auf *Hedera* (d.h. oft im Wald)    ***O. hederae***

**10b** Basale Hälfte der Kr. weißl., apikale Hälfte ± violett, meist 12-15 mm, bereits in der Mitte etwas verengt. Die 3 Lappen der UL ± gleich groß. Filamente 4-6 mm über Grund inseriert, oben meist spärl. drüsig. Tragb. -1/2 so lg wie die Blü. Meist auf Artemisia (*//*)    ***O. cernua***

**10c** Kr. nicht so. V.a. auf Leguminosen. Meist in Trockengesellschaften

**11.** Filamente 0-2 mm über d. Grund d. Kr.röhre inseriert. Kr. gelb u./od. rötl.

**12.** Kr. meist 20-23 mm und wollig behaart, gelb(l.), rötl. oder bräunl. Mittellappen der UL > Seitenlappen. K. 12-13, Fr. 10-11 mm. Narbe fast immer rein gelb. Filamente basal kahl, oberwärts drüsig. Pfl. zumind. im Bereich d. (lgen und dichten) Infl. dicht drüsig. Tragb. (viel) lger als die Blü. Unangenehm riechend. Auf holzigen Leguminosen, insbes. *Cytisus*
***Orobanche rapum-genistae***

**12+** Kr. oft (!) nur 16-18 mm, fein drüsig behaart, außen gelbl. (nur Saum und Nerven rötl.) oder insgesamt rötl., innen blutrot. Mittellappen nicht vergrößert. K. 9-12, Fr. 12-15 mm. Narben basal meist rötl. Filamente unten behaart. Tragb. ca so lg wie die Blü. Schwacher Nelkengeruch. Auf Leguminosen, auch auf *Cistus*
***O. gracilis***

**11+** Filamente 2-5 mm über Grund inseriert

**13.** Untere B. 8-10 mm, Tragb. 5-6 mm br. Kr. außen gelb, innen braunrot. Mittellappen d. behaarten UL 2x so groß wie d. Seitenlappen. Filamente (oben) mit spärl. gelbl. Drüsen. Narben basal rötl., darüber gelb. Auf (holzigen) Leguminosen (//)
***O. variegata***

**13+** Untere B. bis 6 mm, Tragb. bis 4 mm br. Blü. nicht braunrot. Mittellappen höchstens etwas lger. Kr. 10-22 mm. Narben meist rötl., nur slt. gelb vgl. **7.**
***O. crenata***

sowie **7+**
*O. minor*-Gruppe

*Alternativschlüssel zu* **1+**:

**10.** Kr. innen dunkelrot, außen gelb oder ± (dunkel)rot, oft nur 15-18 mm. Narben gelb, basal mit rotem Ring. Blü. riechend

**11.** Mittellappen d. behaarten UL doppelt so groß wie d. Seitenlappen. Kr. braunrot, unangenehm riechend. Filamente oft nur oben mit spärl. Haaren, 2-4 mm über Grund inseriert
***O. variegata***

**11+** Mittellappen nicht vergrößert. Kr. fein drüsig behaart, außen gelbl., Saum und Nerven rötl., wohlriechend. Filamente zumind. unten behaart, 0-2 mm über Grund inseriert. K. 9-12, Fr. 12-15 mm. Infl. locker
***O. gracilis***

**10+** Kr. innen nicht dunkelrot

**12.** Kr.röhre in der Mitte oder unterhalb d. Kr.saums verengt vgl. Hauptschlüssel **10a** und **10b**
***O. hederae*** und ***O. cernua***

**12+** Kr. nicht verengt, außer bei *O. crenata* (mit wolligen Tragb.) hell behaart

**13.** Kr. vorwiegend gelb(l.) od. rötl.

**14.** Filamente 0-2 mm über Grund inseriert, unten kahl. Kr. meist 20-23 mm. Mittellappen der meist drüsig bewimperten UL > Seitenlappen. K. 12-13, Fr. 10-11 mm. Pfl. zumind. im Bereich d. Infl. dicht drüsig
***O. rapum-genistae***

**14+** Filamente 2-5 mm über Grund inseriert, in d. unteren Hälfte behaart. Kr. meist behaart, 10-20 mm, UL nicht bewimpert. Tragb. feindrüsig. Stg. mit ± rötlichem Schleier vgl. Hauptschlüssel **7+**
*O. minor*-Gruppe

**13+** Kr. vorwiegend weiß, crème, bläul. od. violett. UL d. Kr. nicht bewimpert. Filamente 2-6 über Grund inseriert (Narben meist rötl., nur slt. gelb) vgl. Hauptschlüssel **5+**
*O. crenata* und *O. minor*-Gruppe

## PHELIPANCHE (= Orobanche s.l. p.p.)

**1.** Antheren (am Grund oft wollig) behaart, getrocknet dunkel. Filamente in ca 6 mm Höhe inseriert. Kr. (14-)17-20(-22) mm. B. 7-12x4-6, Tragb. 7-10 mm. Infl. 12-20x3-3,5 cm. 20-60 cm. V.a. auf *Bituminaria*
***P. (Orobanche) lavandulacea***

**1+** Antheren kahl, nur basal oder nur spärl. drüsig behaart

**2. Kr.** meist 10-20, K. 4-9 mm. Filamente in 2-4(-6) mm Höhe inseriert. Fr. 6-7(-10) mm. Stg. oft verzweigt. B. ca 10x4, Tragb. 6-8 mm. Infl. 6-15x 1,5 cm. Pfl. meist <30 cm. Auf verschiedenen Wirten (auch *Oxalis*) (*P. (O.) ramosa* s.l.)
Die folgenden Taxa werden zumeist als ssp. aufgefasst und vielfach auch nicht unterschieden

**3. Kr.** 16-22, K. 6-9 mm, bisw. 5-zähnig; K.zähne pfrieml., randl. gezähnelt. Narbe blassgelb. Stg. oft unverzweigt. V.a. auf Compositen, auch auf Umbelliferen
**Phelipanche (Orobanche) mutelii**

**3+ Kr.** 10-17, K. 4-7 mm, fast immer 4-zähnig. K.zähne ganzrandig. Stg. meist verzweigt

**4. K.**zähne 3-eckig-zugespitzt (ca 2x so lg wie an der Basis br.), meist < K.tubus. OL gestutzt. Einschnitt zwischen Seiten- und Mittellappen der UL schmal (Seitenlappen nach vorne gestreckt). Oft auf Leguminosen und auf landwirtsch. Nutzflächen (*//*)    *P. (O.) ramosa* s.str.

**4+ K.**zähne pfrieml., meist > K.tubus. OL zugespitzt. Einschnitt stumpfwinkelig (Seitenlappen abstehend). Auf verschied. Wirten    *P. (O.) nana*

**2+ Kr.** 20-25(-30), K. 8-15 mm, meist 5-zähnig. Filamente in 6-8 mm Höhe inseriert. Fr. 8-9 mm. Stg. (meist) unverzweigt, durch drüsige Behaarung oft grauschimmernd. B. ca 13-16x3 mm. Infl. 10-20x4-4,5 cm. 20-50 cm. V.a. auf Compositen und *Vicia*    *P. (O.) purpurea*

*An Einzelmerkmalen meist gut kenntliche Orobanchaceen:*
Der Schlüssel hat lediglich orientierenden Charakter: Die Merkmale sind weder notwendig noch hinreichend, d.h. sie sind nicht immer bei allen Individien vorhanden bzw. können sehr slt. auch bei anderen Arten auftreten

| | |
|---|---|
| **1a** Pfl. verzweigt | vgl. *P. ramosa* s.l. |
| **1b** Tragb. dtl. kürzer als die Kr. Blü. mit Vorb. | |
| **2. Kr.** meist <15 mm u./od. Pfl. meist verzweigt | *P. ramosa* |
| **2+ Kr.** >20 mm, Pfl. s. slt. verzweigt | *P. purpurea* |
| **1c** Tragb. dtl. lger als die Kr. | |
| **3. Kr.** -20 mm, Narbe meist dunkel. Filamente 3-5 mm über Grund inseriert | *O. amethystea* |
| **3+ Kr.** 20-23 mm, Narbe gelb, Filamente 0-2 mm über Grund | *O. rapum-genistae* |
| **1d** Kr. <15 mm | |
| **4.** Blü. mit Vorb. | vgl. *P. ramosa* s.l. |
| **4+** Blü. ohne Vorb. | *O. minor* |
| **1e** Kr. einheitl. hell braunviolett, meist >25 mm | *O. caryophyllea* |
| **1f** Kr. gelb, OL vorne purpurbraun. K.segmente ungeteilt | *O. reticulata* |
| **1g** Kr. weiß(l.), oft dunkel geadert | |
| **5. Kr.** meist 20-25 mm, meist kahl. Mittellappen der UL > Seitenlappen | *O crenata* |
| **5+ Kr.** 14-20 mm, meist behaart. Lappen ± gleich | *O. artemisiae-campestris* |
| **1h** Kr. innen blutrot, außen gelb, slter rot. Narben gelb, aber an der Ansatzstelle rot gerandet vgl. Alternativschlüssel **10.** | *O. variegata* und *O. gracilis* |
| **1i** Basale Hälfte der Kr. weißl., apikale ± violett | *O. cernua* |
| **1k** Kr. mit (bisw. nur vereinzelten!) dunklen Drüsenhaaren vgl. Hauptschlüssel **2.** | *O. alba* und *O. reticulata* |
| **1l** Mittellappen der UL dtl. > Seitenlappen | |
| **6.** Narbe dunkel. Kr. dtl. geadert | |
| **7. Kr.** gelb oder hellrot | *O. alba* |
| **7+ Kr.** weiß | *O. crenata* |
| **6+** Narbe hell, Kr. braunrot | *O. variegata* |
| **1m** Pfl. im Wald (auf Efeu) | *O. hederae* |
| **1n** Pfl. auf Feldern vgl. | *P. ramosa* und *O. crenata* |

## OXALIDACEAE OXALIS

**1a** Krb. gelb

  **2.** Pfl. ohne oberirdischen beblätt. Stg., aber die doldige Infl. auf b.losem Schaft. Krb. 20-25 mm. Mit Bulbillen in der Grundb.-Rosette    ***O. pes-caprae***

  **2+** Teilinfl. den Achseln stg.ständiger B. entspringend. Krb. <10 mm. Ohne Bulbillen

    **3.** Stg. an den Knoten wurzelnd. B. dtl. wechselständig, oft braunviolett getönt oder gerandet. Stp. rechtwinkelig. Blü. bisw. einzeln. Fr. rückwärts ± anliegend behaart    ***O. corniculata***

      **a.** Stg. wenig behaart bis fast kahl. Fiedern bis 15x20 mm (Garg. mögl.)    typ. var.

      **a+** Stg. ± stark und ± abstehend behaart. Fiedern oft nur 8-10x10-12 mm    var. *villosa*

    **3+** Stg. nicht wurzelnd, aufrecht oder aufsteigend. B. grün, oft paarweise genähert. Stp. bisw. fehlend (Garg. mögl.)    Or.-Lit.

**1b** Krb. weiß, bisw. rötl. geadert, 10-15 mm. Blü. einzeln (Garg. fragl.)    ***O. acetosella***

**1c** Krb. ± rot (adventive Arten)

  **4.** Pfl. mit knollenförm. angeschwollenem Rhizom, ohne Bulbillen. Krb. 10-20 mm. B. bis >20 cm gestielt. Fiedern randl. gewimpert, apikal mit V-förm. Bucht, am Grund des Einschnitts oberseits eine rötl. bis schwärzl. „Drüse" (*H*)    ***O. articulata***

  **4+** Pfl. anders, insbes. einer Knolle entspringend und mit Bulbillen (Garg. mögl.)    Or.-Lit.


## PAEONIACEAE PAEONIA

Lit.: PASSALACQUA & BERNARDO in Webbia **59**:215-268 (2004)

**1.** Fiedern letzter Ordn. ellipt., etwa 2-3x so lg wie br., ganzrandig

  **2.** B.unterseite kahl (slt. mit einzelnen Haaren). Bälge (1-)3(-5), kurz filzig    ***P. mascula*** ssp. *m.*

  **2+** B.unterseite behaart. Bälge (1-)2(-4)(*//*)    ***P. officinalis***

**1+** Fiedern lanzettl., 5-8x so lg wie br. apikal meist gezähnelt, unterseits kahl oder spärl. behaart. Bälge (1-)2(-4), lang filzig behaart (*//*)    ***P. peregrina***


## PAPAVERACEAE (incl. Fumariaceae)

**1a** Blü. radiär, vereinzelt oder in Dolden. Staubb. zahlreich

  **2.** Blü. (weißl. bis) rot(violett). Fr. urnenförmig, mit 4-20 Narbenstrahlen. Pfl. stets einj.    ***Papaver***

  **2+** Fr. schotenartig, >10x so lg wie br., mit 2 Narbenlappen. Blü. gelb bis (orange-)rot

    **3.** Blü. in Dolden. Krb. bis 1 cm. Fr. -3 cm. Milchsaft gelb. B. gefiedert    ***Chelidonium majus***

    **3+** Blü. einzeln. Krb. 1,5 cm und lger. Fr. 10-30 cm lg. B. höchstens fiederschnittig    ***Glaucium***

    Die Angabe, auch *Glaucium* habe einen gelben Milchsaft, ist irrig

**1b** Blü. schwach zygomorph, in zymosen Infl., gelb, ungespornt. Krb. 3-lappig. Staubb. 4. Fr. linealisch, zuletzt gekrümmt und ± gegliedert, 3-6 cm lg. Pfl. einj.    ***Hypecoum***

**1c** Blü. dtl. zygomorph, in Trauben, weiß(l.), rosa oder purpurn, ausgesackt oder gespornt. Staubb. 2. Fr. kleiner

  **4.** Nussartige Schließfr., kugelig bis ovoid, bis 4 mm DM. Blü. meist <15 mm, apikal oft mit dunklem Punkt. Tragb. s. klein oder fehlend. Pfl. einj., oft ruderal oder auf Kulturland    ***Fumaria***

  **4+** Spindelförmige Öffnungsfr., 15-20 mm lg. Blü. 20-25 mm. Stets nur 2 voll entwickelte Laubb. Tragb. größer. Pfl. mehrj., mit tiefliegender Knolle. Wälder und Gebüsche. III-IV    ***Corydalis***

# CORYDALIS

**1.** Tragb. ganzrandig. Unterhalb der beiden Laubb. kein schuppenförmiges Niederb.  *C. cava*
= *C. bulbosa* s. Fen und s. FE **1** (1. Aufl. p. 253)

**1+** Tragb. ± 5-zipfelig. Mit (einem) Niederb.  *C. solida*
Meist (auch in CL) werden unterschieden:

**a.** Zipfel der (oberen) Tragb. ± ganzrandig. B. meist 3-fach 3-zlg mit stumpfen, ungeteilten Segmenten  ssp. *s.*

**a+** Zipfel gezähnt. B. meist 2-fach 3-zlg mit breiten, apikal engeschnittenen Segmenten. Infl. sehr dicht (Garg. mögl.)  ssp. *densiflora*

# FUMARIA

Schlüssel in Anlehnung an LIDEN (Opera Botanica **88**, 1986)
Die Fr.merkmale beziehen sich auf getrocknete Fr.
Manche weiße *Fumaria*-Blüten überziehen sich nach der Bestäubung mit einem rötl. Farbton

**1.** Blü. >9 mm, weiß oder rosa. B.zipfel >1,5 mm br.

**2.** Fr.stiele zurückgekrümmt. Pfl. hfg klimmend

**3.** Kb. 4-6x2,5-4 mm, breiter als die Krone. Fr. ± glatt, höchstens am schwach ausgeprägten Kiel etwas rau. Blü. 11-13 mm, weiß. Infl. ±15-25-blü. I-IV  *F. capreolata*

**3+** Kb. 3-4x1,5-2,5(-3)

**4.** Fr. (meist) glatt. Blü. 9-11 mm, rosa. Infl. 10-17-blü. IV-VI (*//*; vgl. **10.**)  *F. muralis*

**4+** Fr. netzrunzelig. Blü. (meist) 12-15 mm. Infl. meist 15-30-blü.

**5.** Blü. rosa. Traube < Stiel. Fr. mit aufgesetzter Spitze. IV-V (mit **8.** *F. gaillardotii* verwechselt?)  *F. barnolae*
= *F. bella*

**5+** Blü. weiß oder hellrosa. Traube > Stiel. Fr. mit dtl. Scheitelgrube. B.zipfel stachelspitzig. II-V  *F. flabellata*

**2+** Fr.stiele aufrecht bis abstehend

**6.** Blü. rosa

**7.** Blü. 11-14 mm. *Oberes* Krb. mit dunkler Spitze. Kb. 3-4x1,5-2 mm

**8.** Traube 10-15-blü. Tragb. ±1-1,5x so lg wie d. Fr.stiel, dieser dtl. verdickt. Fr. oft fast würfelförmig. Mehr ruderal. IV (vgl. auch **5.** und **11+**)  *F. gaillardotii*

**8+** Traube 15-25-blü. Tragb. 0,5-1x so lg wie Fr.stiel. Fr.stiel schlank. Fr. ± rund. Mehr segetal vgl. **5.**  *F. barnolae*

**7+** Blü. 9-11 mm. *Innere* (seitl.) Krb. dunkel bespitzt

**9.** Kb. 3-4x2-3 mm. Fr. meist glatt. Vgl. **4.**  *F. muralis*

**9+** Kb. 2-3x1-2 mm. Fr. (meist) rau

**10.** Die 15-25-blü. Traube dtl. lger als ihr Stiel. Kb. bis 3x2 mm (häufig mit **4.** *F. muralis* verwechselt)  *F. bastardii*

**10+** Die 8-12-blü. Traube kürzer als ihr Stiel (*//*)  *F. bicolor*

**6+** Blü. weiß, 11-15 mm. Kb. 1-2 mm br.

**11.** Fr. nur schwach gekielt, meist mit Scheitelgrube. Blü. 11(-13) mm, Kb. 2-3 mm lg. Traube mind. so lg wie ihr Stiel. IV-V  *F. judaica*

**11+** Fr. scharf gekielt, bisw. mit kurzem dickem Schnabel. Blü. 13-15 mm, Kb. meist 3-5 mm. Traube 15-30-blü. IV-V ((v) Verwechslung mit **8.** *F. gaillardotii*?)  *F. agraria*

**1+** Blü. bis 9 mm, außer **14+** *F. parviflora* stets rosa bis rot. B.zipfel <1,5 mm br. Fr.stiele stets aufrecht bis abstehend

**12.** Kb. ± oval, 1,5-3 mm br., breiter als die 6-7 mm lge Krone. Tragb. 1-2x so lg wie Fr.stiel; Traube dtl. > als Infl.stiel  *F. densiflora*

**12+** Kb. 0,5-1,5 mm br., schmäler als die Kr.

**13.** Blü. (5-)7-9 mm. Kb. >1,5 mm lg. Fr. breiter als lg. Traube meist nur wenig > als ihr Stiel
                       *Fumaria officinalis* s.l.
 **a.** Kb. (2-)2,5-3,5x1,5 mm. Fr. apikal abgeflacht bis etwas ausgerandet. Blü. rosapurpurn, die
 äußeren Krb. zugespitzt. Infl. (10-)20-40-blü.           ssp. *officinalis*
 Wenn Blü. lebhaft gefärbt                var. *floribunda*
 **a+** Kb. 1,5-2x±1 mm. Äußere Krb. stumpf. Fr. ± bespitzt. Blü. blassrot, die äußeren Krb.
 stumpf. Infl. 10-25-blü. (Garg. mögl.)            ssp. *wirtgenii*

**13+** Blü. 5-6 mm. Kb. 0,5-1x0,5-1 mm. Infl. meist 10-20-blü., kurz gestielt

**14.** Blü. rosa. Tragb. 1/2-1x so lg wie Fr.stiel. Fr. undeutl. gekielt. Fr.stiel bisw. verdickt. B.-
zipfel flach. VI-X                   *F. vaillantii*

**14+** Blü. weißl. mit roter Spitze. Tragb. meist lger als Fr.stiel. Fr. (ringsum) dtl. gekielt. Fr.stiel
dtl. verdickt. B.zipfel rinnig. III-IV            *F. parviflora*

## GLAUCIUM

**1.** Fr. kahl, warzig oder gestreift, bis 30 cm, meist gebogen. Krb. 2-4 cm, gelb. Stgb. tief gelappt.
Pfl. ± mehrj.                      *G. flavum*

**1+** Fr. steifhaarig, bis 20 cm, meist gerade. Krb. 1,5-2,5 cm, meist ± rot. Stgb. fiederschnittig. Pfl.
einj. Formenreich                 *G. corniculatum*

## HYPECOUM
Merkmale v.a. nach DAHL in Plant Syst. Evol. **163**:227-280 (1989)

**1.** Filament der medianen Staubb. lg-oval (d.h. über dem Grund am breitesten), Pollen hellgelb.
Innere Krb. ohne schwarzen Fleck. Äußere Krb. meist lger als br., ihr Seitenlappen (meist) dtl. kleiner als Mittellappen. Fr. mit ± unverdickten Septen.        *H. procumbens*

**1+** Filamente schmal 3-eckig (d.h. ± am Grund am breitesten), Pollen orange-gelb. Innere Krb. mit
schwarzem Fleck. Äußere Krb. meist breiter als lg, Seitenlappen fast so groß wie der Mittellappen
oder größer. Fr.septen verdickt              *H. imberbe*

## PAPAVER

**1.** Stgb. nicht stg.umfassend. Fr. bis 2,5 cm lg. Blü. ± rot, Filamente dunkel, Antheren (meist) ±
blau. Pfl. grün

 **2.** Fr. borstig. Narbenstrahlen 4-8. Filamente apikal verbreitet

  **3.** Krb. 15-20 mm lg. Fr. 10-15x7-8 mm, gerippt. Fr.borsten bis 3 mm lg und basal bis 0,4 mm
  br. K. und B. dtl. behaart. Antheren hellblau         *P. hybridum*

  **3+** Krb. 20-25 mm. Fr. 6-10x4-5 mm, kaum gerippt. Fr.borsten bis 2,5 mm, basal bis 0,2 mm
  br. K. und B. spärl. behaart. Antheren violett        *P. apulum*

 **2+** Fr. kahl. Filamente apikal nicht verbreitet

  **4.** Fr. <1,5(-2)x so lg wie br. Narbenstrahlen meist 8-12. Endabschnitt der B. meist > Seiten-
  abschn., gesägt                   *P. rhoeas*
  Das Taxon wird bisw. (nicht in CL) weiter unterteilt. Im Gebiet zumind. vorherrschend:
  Stg. oben abstehend borstig               ssp. *rh.*

  **4+** Fr. ca 2-3x so lg wie br. Narbenstrahlen meist 5-8 (slt. mehr). Blü.schaft oben anliegend
  behaart. Endabschn. meist so lg wie die Seitenabschn., nicht gesägt   *P. dubium* s.l.
  Im Gebiet wahrscheinlich:
  Antheren bläulich. Getrocknete Milch dunkel-bräunl. Fr. meist >2,5x so lg wie br.   ssp. *d.*

**1+** Obere Stgb. stg.umfassend. Fr. 3-6 cm, kahl. Blü. weißl. (bis purpurn). Filamente weiß, Antheren gelb. Pfl. ± blaugrün (*P. somniferum* s.l.)

**4.** Stg. (fast) kahl. B.lappen ± stumpf, ohne Endborste. Fr. slt. <4 cm lg, mit 8-12 Narbenstrahlen, sich oft nicht öffnend. (g) und verwildernd **Papaver somniferum** s.str.

    **a.** Samen weiß                                      var. *s.*

    **a+** Samen grau, blau oder schwarz                    var. *nigrum*

**4+** Stg. borstig. B.lappen spitz, meist mit Endborste. Fr. slt. >5 cm, mit 5-8 Narbenstrahlen, sich stets mit Poren öffnend (*//*) **P. setigerum**


## PLANTAGINACEAE PLANTAGO

Die *Plantaginaceae* schließen in phylogenetisch orientierten Systemen zahlreiche *Scrophulariaceae* (vgl. dort) sowie die hier ebenfalls beibehaltenen Familien *Callitrichaceae*, *Globulariaceae* und *Hippuridaceae* ein
Mit „Tragb." ist das einer Einzelblüte gemeint
Zu Verwechslungsmöglichkeiten vgl. Pg 2:629ff
Die quantitativen Angaben sind der Lit. entnommen und bisw. widersprüchlich

**1.** B. in basaler Rosette (bei *P. subulata* und *albicans* etwas aufgelockert)

  **2.** B. ± oval, 1-3x so lg wie br. Kr.röhre kahl

    **3.** Schaft 1-2x so lg wie die Fr.ähre und meist nicht viel lger als die B. Staubb. fahl gelbl., ca 2 mm. B. kahl oder schwach behaart **P. major** s.l.

    Vgl. Peruzzi & Passalaqua in Webbia **58**:441-450 (2003)

    **a.** Deckel der Kapsel ca in der Mitte (oberhalb der Kb.) abspringend. Fr. 3-4 mm lg, mit 7-10 (slt. -15) Samen, diese -1,7 mm lg, hellbraun. Basale Tragb. höchstens so lg wie der K. Spr. 5-9-nervig, meist ± ganzrandig. Meist ± trockene Standorte ssp. *m.*

    **a+** Trennlinie des Deckels im unteren Drittel der Kapsel und deshalb von den Kb. ± verdeckt. Samen ca 15-30. Rand der Spr. meist flach-buchtig. (Wechsel-)feuchte Standorte

      **b.** Spr. (5-)7-9-nervig, basal oft mit dtl. Zahn. Basale Tragb. > K. Infl. apikal verschmälert. Pfl. kräftig (Garg. mögl.) ssp. *sinuata*

      **b+** Spr. 3-5-nervig, basal meist ± ganzrandig. Basale Tragb. wie bei **a.** Fr. 4-4,5 mm, Samen dunkelbraun, -1 mm. Infl. zylindr. Pfl. weniger kräftig (Garg. mögl.) ssp. *pleiosperma* = ssp. *intermedia*

    **3+** Schaft mind. 4x so lg wie die Fr.ähre und dtl. lger als die B. Staubb. hellila, 5-10 mm. B. vor allem anfangs dicht weichhaarig **P. media**

  **2+** B. lanzeolat oder linealisch

    **4.** B.rand dtl. gesägt bis fiederschnittig. Kr.röhre behaart (vgl. aber **7.**). Häufig halophytisch

      **5.** B.rand jederseits mit 7-12 ± regelmäßigen Sägezähnen. Ähre 3-4 mm DM und 6-12 cm lg. Tragb. < K., breit-oval. Dorsaler Kb.-Flügel wohl ausgebildet. Kr.röhre 3-4 mm, Kr.zipfel 1,2-1,5 mm. Antheren gelb, ohne Anhängsel 1,5 mm. Samen zu 2-3 **P. serraria**

      **5+** B.rand jederseits mit 2-6 B.zipfel, diese bisw. mit Zipfeln 2. Ordn. Ähren meist 2-6 cm
      Erst die Folgeblätter zeigen die typische Fiederschnittigkeit. Vor allem kurzlebige Formen besitzen deshalb häufig nur ungeteilte oder nur vereinzelt gezähnte linealische B.

        **6.** Ungeteilter Mittelteil des B. bandförmig (d.h. mit ± parallelen Rändern). Mittelnerv an der B.unterseite dtl. hervortretend. B. nicht fleischig. Ähre 3-5 mm DM. Kr.zipfel 1-1,2 mm, halb so lg wie die Kr.röhre. Samen 4-5 (*P. coronopus* s.l.)

        **7.** Tragb. ≥ K., in eine Stachelspitze ausgezogen, diese fast parallelrandig und (1/2 -)1x so lg wie der flächige Teil. Hyaliner Rückenkiel des hinteren Kb. 0,2-0,3 mm. Kr.röhre kahl oder nur oben mit wenigen gekräuselten Haaren. Schaft 1-1,5 mm DM, 1-2x so lg wie die B. Ähre 3-4 mm DM. Bis 30 cm **P. coronopus** ssp. *c.*

        **7+** Tragb. < K., dessen 3-eckige Stachelspitze (1/3-)1/2 so lg wie der flächige Teil. Rückenkiel 0,4-0,6 mm. Kr.röhre abstehend behaart. Schaft 1,5-2 mm DM, meist kürzer als die B. und meist so lg wie die bis 5 mm breite Ähre. Bis 15 cm **P. weldenii** = *P. coronopus* ssp. *commutata*

**6+** Ungeteilter Mittelteil apikal breiter werdend (B. deshalb oft fast spathulat). Mittelnerv nicht dtl. hervortretend. B. ± fleischig, B.rand bewimpert. Ähre 5-7 mm DM. Tragb. 4-5 mm, viel lger als der K. Kb.-Flügel schwach ausgeprägt. Kr.zipfel 1,5-1,7 mm, ca so lg wie die Kr.röhre. Antheren bräunl., 1,5 mm. Samen 1-2(-4) (Garg. mögl.) **Plantago macrorrhiza**

**4+** B.rand glatt oder nur mit einzelnen Zähnchen, bisw. etwas gewellt

**8.** Schaft nicht gefurcht. B. bis 6 mm (**10+** bis 10 mm) br.

**9.** Kr.röhre kahl. Innenseite des Samens konkav, Samen daher schiffchenförmig. Pfl. behaart, Haare (teilweise) >1,5 mm

**10.** Pfl. einj., locker-wollig abstehend behaart. Schaft bis 10(-15) cm, mit lgen (-3 mm) und kurzen (-1,5 mm) abstehenden Haaren besetzt. B. 1-5 mm br., meist 1-nervig. Ähre bis 2,5(-3) cm, kompakt. Untere Tragb. schmal, 5-6 mm. Kr.zipfel 1,8x0,7 mm. Fr. <3 mm **P. bellardii**

Exemplare (Standortsmodifikationen?) xerischer Standorte, nur -5 cm hoch und mit <1 cm lger ovoider Ähre **var. pygmaea**

**10+** Pfl. fast halbstrauchig, 10-50 cm hoch. B. 4-10 mm br., (1-)3(-5) nervig, seidig ± anliegend behaart (Haare >1,5 mm). Ähre meist >2,5 cm, unten aufgelockert. Kr.zipfel 2,5-3,5 mm lg. Fr. >3,5 mm **P. albicans**

**9+** Kr.röhre behaart. Innenseite des Samens plan. Pfl. ± kahl oder behaart (aber nicht wollig oder seidig), mehrj., mit kräftigem Wurzelstock (wenn einj. Pfl. der Felsküste mit unverzweigtem Wurzelstock vgl. Anm. zu **5+**)(*Plantago maritima*-Gruppe)

Die folgenden Arten (bis **15+**) sind nahe verwandt oder doch nur schwierig zu unterscheiden

**11.** (Frische) B. ausgeprägt fleischig, etwa so br. (1-2 mm) wie dick, oft mit vereinzelten Zähnchen, kahl oder spärl. behaart, slt. >3 cm lg. Zumind. 1 Kb. am Rücken geflügelt, Flügel ca 1/2 so br. wie der Rest des Kb. Ähre basal oft unterbrochen, 15-35x3-4 mm. Tragb. ovat, völlig unbewimpert. Schaft 7-15 cm **P. crassifolia**

**11+** B. breiter als dick, flach, gekielt oder rinnenförm. Kb. nur gekielt bis schmal geflügelt. Tragb. lanzettl. oder ovat, dann aber spärl. bewimpert und Pfl. meist größer

**12.** (Die größeren) B. (2-)3-5(-6) mm br., s. slt. mit -1,5 mm lgen Zähnen, sonst randl. fast immer glatt und kahl. Tragb. ovat, sehr (!) kurz spärl. bewimpert. Schaft 10-30 cm, Ähre 1-9 cm (*//*) **P. maritima** ssp. *m.*

Nach Pg beziehen sich fast alle meernahen Angaben von *P. m.* ssp. *m.* auf *P. crassifolia*

**12+** Alle B. 1-2(-3) mm, bisw. bewimpert bzw. behaart. Tragb. ± lanzeolat

**13.** B. bis 3 mm, kahl, slt. spärl. behaart, aber randl. nicht bewimpert, höchstens schwach gekielt, bisw. mit -5 mm lgen Zähnen. B.scheide wohl ausgebildet (am besten an abgestorbenen B. zu sehen), braun, häutig, 3-eckig (ca 6x7 mm). Kb. dtl. bewimpert, die unteren 2,5-5 mm. Kr.zipfel 2-2,2x1,2. Nicht unter 600 m (*//*; nach Pg oft mit *P. holosteum* verwechselt) **P. maritima** ssp. *serpentina*
= *P. serpentina*

**13+** B. meist 1-1,5 mm br. (Zumind. ein Teil der) B. rauhaarig, randl. oft abstehend regelmäßig bewimpert, dtl. gekielt, mit schmaler Scheide. Kr.zipfel ca 1,5x0,5-1 mm (*P. holosteum*-Gruppe)

**14.** Krautige bis halbstrauchige Pfl. des Graslandes, 10-30 cm hoch. B. 2-12 cm lg **P. holosteum**

Die Bewimperung der B. umfasst v.a. die älteren, früh absterbenden B.

**14+** Polsterförm. Zwergstrauch, 5-20 cm. B. nur 2-4 cm lg

**15.** B. bleibend rauhaarig, lge am Stg. verbleibend und dabei zunehmend schwarz werdend, basal meist mit weißem Wollschopf (Garg. fragl.) **P. subulata**

**15+** B. ± verkahlend, ohne Wollschopf (nur Tremiti?)
**P. holosteum** var. *scopulorum* s. Pg

**8+** Schaft auch frisch kantig oder gefurcht (bei **16.** *P. lagopus* bisw. nur schwach). B. 1-4(-8) cm br. (bei **16.** *P. lagopus* mit wolligen Ähren auch schmäler). 2 der Kb. zumind. basal verwachsen. Samen schiffchenförmig (wie in **9.**)

**16.** Ähre anfangs rundl., später auch verlängert, infolge lg behaarter Trag- und Kb. wollig. Kr.zipfel 2,2x1,6, spärl. behaart. Fr. <3 mm, Samen 1,5 mm. Schaft rauhaarig. Pfl. oft einj., 5-40 cm                                                                    ***Plantago lagopus***
Wenn Ähre stark wollig, Wollhaare die Tragb. verbergend                    var. *eriostachya*

**16+** Trag- und Kb. kahl oder nur kurz behaart, höchstens der Kiel der Kb. bewimpert. Fr. >3 mm, Samen mind. 2 mm. Pfl. stets mehrj.

**17.** Pfl. mit kurzem, nicht kriechendem Rhizom („Pfahlwurzel") und dünnen (<1 mm DM) „Seitenwurzeln". Schaft ca 15-40 cm, unterhalb der Ähre mit meist 5 Lgsfurchen. B. wintergrün, zur Blü.zeit (!) meist behaart. Tragb. 3-4(-5) mm. K. 2,5-3,5 mm, K.zipfel oft spitz. Antheren -2 mm. Samen 2-3 mm                                              ***P. lanceolata***

   **a1** Ähre anfangs eiförmig-konisch, später ± zylindrisch, 3-5 cm lg. B. -25 cm lg      var. *l.*

   **a2** Ähre eiförm. bleibend, -1,5 cm. Behaarung dichter (insbesondere am B.grund häufig ein wolliges Haarbüschel: „var. *dubia*"). Xerische Standorte (nur Ökotyp von **a1**?)
var.*sphaerostachya*
incl. (vgl. oben) var.*dubia*

   **a3** Ähre 4-8 cm. B. 30-35x4-8 cm. Hinteres Kb. auf d. Kiel dicht wollig (Garg. mögl.)
var. *mediterranea*

**17+** Pfl. mit kurzem kriechendem Rhizom und dicklichen „Seiten"wurzeln von 1-2 mm DM. Schaft 30-80 cm hoch, mit 6-10 Längsfurchen. B. sommergrün, (schon) zur Blü.zeit kahl. Tragb. 6-7 mm. K. 4 mm, Zipfel stumpf. Antheren 2,5 mm. Samen 3-3,5 mm. Feuchte (auch brackige) Standorte (*//*)                                              ***P. altissima***

**1+** B. stg.ständig, dekussiert (wenn wechselständig, vgl. auch *P. subulata* und *albicans*)
Die Nomenklatur ist sehr unübersichtlich

**18.** Halbstrauch. Abgestorbene B. lge an der Achse verbleibend          ***P. sempervirens***
= *P. cynops* s. Pg

**18+** Pfl. einj.

**19.** Tragb. dimorph: die untersten aus verbreiteter Basis in eine Stachelspitze auf insges. 6-12 mm verlängert, die übrigen ±4 mm lg. Kr.tubus 3(,5)mm, Kr.zipfel 1,5-2(,2) mm. Indument wenig drüsig (nur Tremiti?)                                              ***P. arenaria***
= *P. indica* s. Fen und Pg; = *P. scabra*

**19+** Tragb. alle ± lanzeolat und gleichlang. Kr.tubus 4-6 mm, Kr.zipfel 2(,5) mm. Drüsen am oberen Stg. meist s. dtl. ausgeprägt                                              ***P. afra***
= *P. psyllium* s. Fen und Pg


## PLUMBAGINACEAE

**1.** B. gewellt, auch stg.ständig. Pfl. ± strauchig, 30-120 cm. Rosa bis blauviolette Stieltellerblüten. K. auf den Rippen mit auffälligen Stieldrüsen. Schuttplätze, Straßenränder usw.
***Plumbago europaea***

**1+** Wohlentwickelte B. alle grundständig, zur Blü.zeit bisw. bereits vertrocknet

**2.** Stg. einfach, schaftartig. Blü. in Köpfchen, unterhalb dessen ein Involukrum sowie eine Scheide zurückgeschlagener Hochb. Blü. meist rosa. B. grasartig. Garigue, Xerogramineten usw.                                                              ***Armeria***

**2+** Stg. verzweigt, Infl. „rispig". Blü. meist blauviolett. B. spatelig oder spreitig. In Küstennähe
***Limonium***

# ARMERIA

Die Angaben der Lit. sind z.T. widersprüchlich

**1.** B. unterschiedl., zumind. die inneren nur 1-3 mm br. Mittl. Hüllb. meist zugespitzt, innere lger als br. Hochb.scheide 20-35 mm. K. 6,5-8,5 mm lg, der Stiel 2/3 so lg wie der Tubus. Pfl. 15-60 cm (*A. canescens* s. Pg und Fen)

    **2.** B. dtl. unterschiedl. br.: Die äußeren 4-5,5, die inneren 2,5-3 mm br. und 17-21 cm lg. Schaft-DM >1,6 mm. K.tubus gleichmäßig behaart (?). V-VIII         **A. canescens** [s.str.]

    **2+** B. wenig unterschiedl. br.: Die äußeren 2,5-3,3, die inneren 1-2,5 mm br., aber nur 5-8 cm lg. Schaft oft behaart, DM <1,6 mm. K. nur auf den Rippen behaart. VI-IX (*//*)     **A. nebrodensis**
                                                                     = *A. canescens* ssp. *gracilis*

**1+** B. ± gleichartig, 4-7 mm br. Mittlere Hüllb. ± herzförmig, innere ca so lg wie br. K. 5-6,5 mm, der Tubus nur auf den Rippen behaart                 **A. arenaria**
                                                    = *A. plantaginea* = *A. alliacea*

# LIMONIUM

*Ähre*: Teilinfloreszenz (einzelner Ast) der „Rispe", mit 1-wenigblü. *Ährchen* besetzt, die ihrerseits von 3 *Brakteen* umhüllt sind. Die unterste (äußere) davon ist die eigentliche Tragschuppe des Ährchens, die mittlere ein Verwachsungsprodukt der Vorblätter; beide sind für die Bestimmung meist nicht wesentlich. Wichtig ist die innere (größte) Braktee, das Tragb. der untersten (bzw. einzigen) Blü.

Lit. (zu **3.** und **1c**): BRULLO in Willdenowia **17**:11-18 (1988)

**1a** Pfl. mehrj., mit ansehentl. (>10 cm lgen), fiedernervigen B. Fast alle Rispenäste blü.tragend. 30-70 cm                                            **L. narbonense**
                                               = *L.* (*vulgare* ssp.) *serotinum*

**1b** Pfl. mehrj., basal ± verholzt, mit basalen Rosetten oft spatelförmiger, ± 1-nerviger B. <5 cm Lge. Die unteren Äste der Infl. steril. Pfl. meist 10-40 cm

    **2.** Brakteen breit hautrandig, die äußeren nur am Kiel krautig. Ähren dicht und kurz (ca 1 cm), Ährchen 2-blü. K. 2,5-3,5 mm, K.saum > Tubus                 **L. bellidifolium**

    **2+** Alle Brakteen höchstens schmal hautrandig oder gänzlich krautig. K. >4 mm. K.saum höchstens so lg wie der Tubus

        **3.** Pfl. (auch Infl.) fein behaart, daher ± grau. Seitenäste der Infl. fast rechtwinkelig oder sogar stumpfwinkelig abzweigend. Ähren 1-2,5 cm, mit 1-2-blü. Ährchen. Innere Brakteen 3-4 mm, K. 4-5 mm, beide behaart. Pfl. oft <20 cm

            **4.** Kr. 5-6 mm, wenig lger als der K. K.saum < K.tubus                 **L. cancellatum**

            **4+** Kr. ca 8 mm lg. K.saum und K.tubus etwa gleich lg (nur Tremiti?)         **L. diomedeum**

        **3+** Stg. kahl oder ± nur unten behaart, aber bisw. warzig. Äste spitzwinkelig abzweigend. Ähren 2-4 cm, Ährchen (1-)2-5-blü. K. 5-6,5 mm, nur ± unten (v.a. an den Nerven) behaart. Innere Brakteen >4,5 mm, kahl

            **5.** Stg. auch basal glatt (slt. warzig). Infl.äste (besonders im unteren Teil) im Winkel von nur 20°-40° abzweigend, Infl. daher schmal und hoch. Sterile Äste meist unverzweigt. B. kahl, ohne eingesenkte, punktförmige Drüsen. Innere Brakteen 5-6 mm lg, ca 1,8-1,9x so lg wie br. Kr. 8 mm. Meist 20-40 cm                 **L. virgatum**
                                                 = *L. oleifolium* ssp. *o.*

        Pg unterscheidet (beide in Apulien):

            **a.** Ährchen 1-2(-3-)blü. V.a. auf Sand                         var. *v.*

            **a+** Ährchen 3-5-blü. V.a. auf Fels                       var. *majus*

        **5+** Stgbasis (meist) papillös oder (oft nur spärl.) behaart, nach oben zu warzig oder ± glatt. Infl.äste im Winkel von >35° abzweigend. Sterile Äste oft verzweigt. B. bisw. papillös, oft mit eingesenkten, punktförmigen Drüsen. Innere Brakteen (im Gebiet) 4,8-5,1 mm, 1,4-1,7x so lg wie br. Meist 15-30 cm                 **L. virgatum x cancellatum**
Die Hybride scheint im Gebiet streckenweise hfger zu sein als *L. virgatum*

**1c** Pfl. rein krautig, slt. >15 cm hoch, einj. oder mehrj., dann aber Infl. basal nur mit 1-5 sterilen Ästen. K. ±6 mm, innere Brakteen 5-7 mm. B. 2-4 cm lg (*L. echioides* s. Pg?)

**6.** B. 5-10 mm br., stachelspitzig, 1(-3)-nervig. Ährchen 3-blü., dichter stehend (Abstand 2-5 mm). Innere Brakteen rückseitig glatt. K. behaart, ohne Hakengrannen (?). Ein- oder mehrj. Versalzte (ebene) Flächen in Meeresnähe (v)     *Limonium avei*

*L. echioides* s. Fen = *L. longispicatum*

**6+** B. 10-15 mm br., schwach fiedernervig, drüsig, ohne Stachelspitzchen. Ährchen 2-blü., locker stehend (5-20 mm Abstand). Innere Brakteen rückseitig tuberkulat. K. kahl oder nur spärl. behaart, K.zipfel durch austretenden Nerv hakig begrannt. Stets einj. Felsküste und Trockenstandorte des Hinterlandes (*//*)     *L. echioides* s.str.

## POLYGALACEAE POLYGALA

*Flügel:* Die beiden seitl., dtl. größeren Kb. Flügelmaße, wenn nicht anders angegeben, an Blü. gemessen

**1.** Flügel weißl.-grünl., 6-8x3 mm, mit 3 verzweigten Hauptnerven. Kr. 4 mm (damit dtl. < Flügel), weißl. Fr. ohne Karpophor, von den Flügeln eingehüllt. Pfl. einj.     *P. monspeliaca*

**1+** Kr. wenig kürzer bis lger als die Fügel, gelb, bläul. od. rötl., slt. weiß. Fr. bisw. mit Karpophor. Pfl. meist mehrj.

**2.** Kr. gelb. Flügel 8-9(-11)x4-5 mm, ebenfalls ± gelb, mit grünem Mittelnerv. Blü.stiel etwa 2x so lg wie d. Tragb. Fr. 6-7 mm, etwas breiter als d. Flügel. Samenanhängsel fast 1/2 so lg wie der Samen. Obere Stgb. zuletzt 30x5 mm. 30-40 cm     *P. flavescens*

**2+** Kr. bläul. oder rötl., slt. reinweiß. Pfl. meist kleiner

**3.** Blü.stiel 1-3x so lg wie d. Tragb. (bei Blü.knospen auch kürzer). Flügel z. Fr.zeit bis 8 mm

**4.** Obere Stgb. linear-lanzeolat, (1-)2-4 mm br. Unterhalb der 10-40-blü. Traube ein >1 cm lges Internodium. Blü. meist 6-9 mm, Fr. 4,5-5 mm. Kr.tubus > obere Kr.zipfel. Blü.stiele 2-3 mm, höchstens wenig lger als das 1-2 mm lge Tragb. Flügel (4-)6-8 mm, < Kr. Flügelnervatur 4-20 geschlossene Netzmaschen bildend. Samen (ohne Anhängsel) 2,5-3 mm, Anhängsel etwa 1/3 so lg (*/I*)     *P. vulgaris*

Formenreich (CL unterscheidet 2 ssp.). Der taxonomische Wert der Blü.farbe wird unterschiedl. beurteilt. Im Gebiet wahrscheinl.:

Flügel zur Fr.zeit 3,5-5 mm br., ca so breit wie die Fr., mit 6-20 Netzmaschen. Obere Stgb. 25-40 mm. Blü. kräftig blau oder rotviolett     ssp. *v.*

*P. v.* ist im Gebiet bisw. einj. und zeigt Übergänge zum folgenden Taxon

**4+** Obere B. gedrängt stehend, breit lanzeolat. Internodium unterhalb der Infl. <1 cm. Infl. 5-20-blü.; Blü. meist 4-5 mm, 3-4 mm gestielt, Tragb. ca 1 mm. Fr. ca 4 mm. Flügel 5x3,5 mm. Samen kleiner oder Anhängsel relativ kürzer     *P. alpestris* s.l. (= s. CL)

CL inkludiert in dieses Taxon „*P. angelisii*" und „*P. croatica*", 2 Namen, die auch als Synonyme betrachtet werden. Nach Pg und nach HEUBL (briefl.) kommt *P.alpestre* s.str. nur in den Alpen vor. Die Pfl. am Garg. sind nach Pg *P. angelisii*, von der aber nur ein eigener und zudem zweifelhafter Beleg existiert. – Merkmale (vgl. auch Anm. zu **4.** *P. vulgaris*):

**a.** Fr.flügel mit ± unverzweigtem Mittelnerv, 4-5 mm lg, schmäler als d. Fr., diese innerhalb des K. sitzend. Seitl. Lappen d. Samenanhängsels 1/3 so lg wie d. Samen, dieser 1,7-2,2 mm lg (Unterschied zu *P. vulgaris*)     *P. alpestris* s.str.

**a+** Mittelnerv dtl. verzweigt, Flügel 5-6,5 mm lg, breiter als d. Fr., diese mit Karpophor. Samenlappen 1/5 so lg wie d. Samen     *P. angelisii*

**3+** Blü.stiele ca 1/2 so lg wie die 2,5-5 mm lgen, sehr bald abfallenden Tragb., diese die Infl. vor dem Aufblühen meist etwas überragend. Blü. meist rosa. Kr.tubus < obere Kr.zipfel. Flügel mit 3-5 dtl. verzweigten Hauptnerven, z. Fr.zeit lger als d. Fr. (v)     *P. nicaeensis*

Formenreich. Im Gebiet wahrscheinlich (weitere Gliederung dieses Taxons s. Pg **2**:60f):

Samenanhängsel gerade. Flügel 7-10x5-7 mm. Infl. zur Fr.zeit 7-13 cm     ssp. *mediterranea*

# POLYGONACEAE

Es wird empfohlen, Or.-Lit. heranzuziehen (Abb.!), zumal mit weiteren Arten gerechnet werden muss
*Ochrea:* stg.umhüllende Scheide („Tüte") am B.grund
*Valven:* Die inneren Per.b.

**1.** Pfl. aufrecht oder niederliegend
   **2.** Per. meist 5-zlg, weißl., rötl. oder grünl. Blü. zu 1-3 in B.achseln oder Infl. ± ährenartig. Narben kopfig (*Polygonum* s.l.)
      **3.** Blü. in „Ähren", diese dtl. abgesetzt endständig an Haupt- und Seitenachsen. Ochrea nicht silbrig glänzend. Meist feuchte Standorte                     ***Persicaria***
      **3+** Blü. einzeln od. zu wenigen gebüschelt b.achselständig, slt. (*Polygonum bellardii*) eine ährenartige Infl. bildend. Ochrea zumind. apikal häutig-silbrig     ***Polygonum*** s.str.
   **2+** Per. 3+3-zlg, ± grün, die äußeren Glieder dtl. kleiner und meist abstehend, Valven oft mit Schwielen und d. Fr. einhüllend. Infl. thyrsisch oder „rispig". Narben pinselförmig oder Pfl. nur mit staminaten Blü.                                      ***Rumex***
**1+** Pfl. windend. B. herz- bis pfeilförmig. Äußere 3 Per.b. am Rücken gekielt bis geflügelt. Fr. schwarz                                                 ***Fallopia***

## FALLOPIA (= Bilderdykia)

Der „Fr.stiel" ist gegliedert und besteht aus dem eigentlichen Fr.stiel (unten) und dem basalen, verschmälerten Teil der Fr. (oben). Die Grenze zwischen diesen beiden Elementen ist an einer kleinen Anschwellung zu erkennen

**1.** „Fr.stiel" oberhalb der Mitte gegliedert, bis 3 mm lg. Per. dicht drüsig punktiert, die äußeren Per.b. meist nur gekielt. Fr. fein gekörnelt, matt, 3,5-4,5 mm lg. Stg. rau     ***F. convolvulus***
**1+** „Fr.stiel" in oder unterhalb der Mitte gegliedert, 5-8 mm. Per. drüsenlos, geflügelt (Flügel auf den „Fr.stiel" übergreifend). Fr. glatt, glänzend, 2,5-3,5 mm. Stg. ± glatt     ***F. dumetorum***

## PERSICARIA (= Polygonum subgenus Persicaria)

Angabe des Synonyms mit *Polygonum* nur bei abweichendem Epitheton

**1.** „Ähren" 5-10 mm DM, dicht, die einzelnen Blü. sich dachziegelartig teilweise verdeckend
   **2.** Spr. meist >3x so lg wie br., Spr.grund gestutzt, gerundet od. herzförm. B.stiel in oder oberhalb der Mitte der Ochrea entspringend. Per. 4-5 mm, rosa. Meist nur 1-2 Teilinfl. von 1-1,5 cm DM. Pfl. mehrj. (v)                                     ***P. amphibia***
Neben der für das Gebiet vermutl. gemeldeten Wasserform mit lg gestielten, fast kahlen Schwimmb. (fo. *aquatica*) gibt es eine Landform auf feuchten Äckern oder Ruderalstellen mit kurz gestielten, stärker behaarten B. (fo. *terrestris*); fo. *aquatica* kann mit *Potamogeton natans* (*Potamogetonaceae*) verwechselt werden: Dort B.stiel am Grund eines zipfelförm. B.häutchens entspringend, Spr. bogennervig (ohne dtl. Hauptnerv) und meist nur 1,5-2,5x so lg wie br.
   **2+** Spr. in den Stiel verschmälert. B.stiel der unteren Hälfte der Ochrea entspringend. Per. 2-3 mm. Infl. meist dünner. Pfl. einj.
      **3.** Wimpern am oberen Rand der kahlen Ochrea <1 mm. Tragb. der Blü. nicht oder kaum bewimpert. Per. weißl. oder grünl. (slt. rötl.), bisw. drüsig punktiert. B. unterseits meist filzig oder drüsig                                         ***P. lapathifolia***
Formenreich. CL nennt für Italien ssp. *l.* und ssp. *pallida*, Pg (neben der Nominatform) unter Vorbehalt „var." *brittingeri*. Welche dieser Taxa davon in Apulien vorkommen, ist nach CL ungeklärt. – Merkmale v.a. nach WISSKIRCHEN in ROTHMALER. Die hfg – auch hier – angeführte unterschiedl. Behaarung der B. allerdings wird modifikativ beeinflusst und ist kein sicheres Unterscheidungsmerkmal
        **a.** Stg. meist mit >15 Knoten, hfg rötl. überlaufen u./od. mit roten Punkten. B. reingrün, beim Verwelken meist rötl., oft mit dunklem Fleck. Gesamt-Infl. oberhalb der letzten wohlentwickelten B. aus 2-5 ± dtl. gestielten „Ähren" bestehend, diese zur Fr.zeit 6-8 mm dick. Per. nach

der Blü. weiß oder ± rötl., höchstens basal etwas grünl. Fr. 1,8-2,3 mm, meist völlig vom Per. eingehüllt. Meist an Ufern

**b.** B. lanzettl., 3-6(-8)x so lg wie br., meist nur spärl. behaart. Stg. meist aufsteigend bis aufrecht                                                                                     ssp. *l.*

**b+** B. ± elliptisch, zumind die unteren nur bis 2x so lg wie br., zumind. die jungen oft dicht spinnwebig behaart. Stg. meist niederliegend (~~CL~~)                                  ssp. *brittingeri*
Übergänge!

**a+** Stg. meist mit <15 Knoten, slt. etwas rötl., nicht punktiert. B. mehr graugrün, unterseits oft kurz-filzig, beim Verwelken gelbl., ohne oder nur mit undeutl. Fleck. Gesamt-Infl. meist nur aus 1-2(-3) „Ähren" bestehend, diese zur Fr.zeit 8-10 mm dick. Per. nach der Blü. vergrünend, slt. zusätzl. trübrot überlaufen. Fr. (2,0-)2,3-3,0 mm, vom Per. oben und seitl. nicht völlig eingehüllt. Oft auf Äckern                                                             ssp. *pallida*

**3+** Wimpern der anliegend behaarten Ochrea 1-2 mm. Tragb. dtl. bewimpert. Per. meist rötl., wie die Infl.-Achse meist ohne Drüsenpunkte. B. ohne Filz und ohne Drüsenpunkte
                                                                            ***Persicaria maculosa***
                                                                            = *Polygonum persicaria*

**1+** „Ähren" -6 mm DM, locker, bisw. überhängend, die Blü. ± einzeln sichtbar (bisher nicht Garg.)
                                                                                        Or.-Lit.


# POLYGONUM s.str. (excl. **Persicaria**)
Lit.: RAFFAELLI in Webbia **35**:361-406 (1982)

**1.** Pfl. mehrj., basal verholzt, oft ± aufrecht. Ochrea zumind. der oberen Stgb. die Internodien fast völlig einhüllend, basal rostbraun, apikal hyalin. Basale Abschnitte der Äste oft arm an B. Per.-Zipfel abstehend, hellrosa

**2.** Ochrea 1-2 cm, dtl. 8-12-nervig. B. blaugrün, etwas fleischig, 3-8 mm br. Per. (anfangs) 3-4 mm, Fr. 3,5-4(-6) mm, so lg wie oder wenig lger als das Per. In Meeresnähe    ***P. maritimum***

**2.** Ochrea -1 cm, Nerven weniger. B. grün, 2-4 mm br. Per. 2,5-3 mm. Fr. ca 2,5 mm, vom Per. eingeschlossen                                                                               ***P. romanum***

**1+** Pfl. einj., krautig (basal aber bisw. verhärtet). Ochrea 4-6-nervig

**3.** B. ± gleichgestaltet. Pfl. oft ± prostrat. Fr. 1-3 mm (*P. aviculare*-Gruppe)
Zu den Kleinarten vgl. auch Or.-Lit.

**4.** Per.-Zipfel dtl. lger als der Tubus. Alle Seitenflächen der Fr. konkav. Pfl. prostrat oder ± aufrecht                                                                            ***P. aviculare*** s.str.

**a.** Blü. zu 2-6 in Gruppen. Per. kürzer oder länger als die bis 3 mm lge Fr., Per.-Zipfel weiß bis dunkelrot berandet, mit ± dtl. Nerven. Fr. gerieft. B. 5-20 mm br., die unteren vorne stumpf                                                                                            ssp. *a.*

**a+** Blü. zu 1-3. Per. fast immer kürzer als die meist nur bis 2,5 mm lge Fr. B. oft nur bis 5 mm br., alle dtl. zugespitzt, die des Haupttriebs oft 2-3x so groß wie die lger Seitenzweige. (Garg. mögl.)                                                                          ssp. *rurivagum* [s.l.]
                                                                                     incl. ssp. *rectum*

Die Eigenständigkeit der beiden Sippen ist strittig. Nach SCHOLZ in ROTHMALER unterscheidet sich „var. *rurivagum*" von „var. *rectum*" durch die glatten und etwas glänzenden Fr; „var. *rectum*" mit gerieften Fr. scheint dem Mittelmeergebiet zu fehlen

**4+** Per.-Zipfel höchstens so lg wie der Tubus. Größte Seitenfläche der Fr. konvex. B. ± gleichgroß. Pfl. stets prostrat, bisw. Teppiche bildend                                    ***P. arenastrum***

**3+** (Obere) Tragb. dtl. kleiner als die Stgb., dadurch Bildung einer unterbrochenen „Ähre". Pfl. ± aufrecht. Ochrea apikal fransig-geschlitzt (nicht nur eingerissen). Fr. 3-3,5(-4) mm, vom Per. eingeschlossen, dieses mit hervortretenden Nerven                                              ***P. bellardii***
                                                                            = *P. patulum* s. Pg u.a.

Die Verwendung der Epitheta *bellardii*, *rurivagum* (vgl. oben) und *patulum* ist sehr verwirrend. *P. patulum* im heutigen Sinn kommt am Mittelmeer nicht vor.

# RUMEX

**1.** B. spießförm., d.h. die Lappen am Spr.grund (schmal) 3-eckig, slt. fehlend (dann aber Valven <2 mm). Pfl. zweihäusig, Infl. nicht durchblätt. B. sauer schmeckend
Der folgende Schlüssel ist auf die Bestimmung fruchtender Pfl. ausgerichtet. Männliche Pfl. ohne Fr. lassen sich ansatzweise mit dem Alternativschlüssel bestimmen
    **2.** Spießecken z.T. dtl. seitl. abstehend, slt. fehlend. Valven ca 1-1,5 mm lg, ± so lg wie die Fr., aufrecht und schwielenlos. Bis 30 cm          **R. acetosella** s.l.
Zur weiteren Gliederung vgl. Or.-Lit. (z.B. DEN NIJS in Feddes Repert. **95**:43-66, 1984); im Gebiet mögl.:
        **a.** Spießecken der meisten B. in 2 oder mehr schmale Lappen geteilt. B. im Durchschnitt 7-10x so lg wie br. Valven mit der Fr. fest verbunden         ssp. *multifidus*
        **a+** Spießecken der meisten B. ganzrandig, slt. auch fehlend
           **b.** Valven mit der Fr. fest verbunden. B. im Durchschnitt 3-6x so lg wie br.     ssp. *angiocarpus*
           **b+** Valven die Fr. nur umhüllend. B. mind. 4x so lg wie br.         ssp. *a.*
           Hierzu: Pfl. mit schmalen B. (>10x so lg wie br.)         var. *tenuifolius*
    **2+** Spießecken basalwärts gerichtet (vgl. aber **5+**). Valven meist dtl. lger als die Fr., zumind. 1 mit Schwiele. Meist >30 cm
**3.** Pfl. mit spindelförm. Speicherwurzeln, diese zuletzt bis 1 cm dick. Valven ± rundl., 4-5(-8) mm, (frisch) mit breitem purpurnem Rand, dieser zur Fr.reife hellbraun. Schwiele dtl. (sonst vgl. auch **4c**). Äußere Per.b. z. Fr.zeit 2,5-3 mm lg, 1 mm hoch verwachsen. Grundb. 1-2 cm br. Infl. mehrf. lger als br. V-VI         **R. tuberosus**
**3+** Pfl. mit Faserwurzeln (vgl. aber Anm. zu **4b**). Grundb. (außer **5+** *R. intermedius* mit breiter Infl.) meist >2 cm br.
    **4a** Infl. meist nur 1-2x so hoch wie br. und mehrf. verzweigt. Valven ± rundl. (nur basal ± gestutzt oder ausgerandet) oder wenig breiter als lg. Äußere Tep. meist <3 mm lg
        **5.** Obere Stgb. 2-3x so lg wie br. Valven 3(-4)mm, Schwiele ca 1/2 so lg. Pfl. bis 120 cm (verwilderte Kulturpfl.; GL)         **R. rugosus**
           = *R. ambiguus* = *R. acetosa* var. *hortensis* s. Pg
        **5+** Obere Stgb. 4-12x so lg wie br., basale B. meist nur 1-1,5 cm br. Spießecken meist stark spreizend, oft 2-spaltig. Valven meist 3,5-6x3-7 mm, Schwielen ca 1-1,5 mm. Slt. >60 cm. IV-VI         **R. intermedius**
    **4b** Infl. wie **4a**. Valven ca 3-6x5-9 mm, also dtl. (!) breiter als lg und fast abgerundet 4-eckig. Auch äußere Tep. meist >3 mm. Spießecken der B. mit linealischem Fortsatz (Garg. mögl.)         **R. thyrsoides**
    Nach FE **1**:103 hat *R. th.* knollenförm. Speicherwurzeln. Dieses Merkmal wird in keiner anderen gängigen Flora bestätigt und in FIORI **2**:405f ausdrücklich verneint
    **4c** Infl. mehrf. lger als br., wenig verzweigt. Valven ± oval oder rundl., basal seicht herzförm., meist 4-4,5x3-4(,5) mm, am Grund mit kleiner (<1 mm) rückwärts gerichteten Schwiele
        **6.** Ochrea gezähnt bis fransig zerschlitzt. Reife Fr. schwarzbraun, 1,8-2,3 mm lg. Spr. d. Grundb. 2-2,5 cm br. und – incl. Spießecken – (2-)3-5(-6)x so lg. Obere Stgb. meist 3-8x so lg wie br. Mit Rhizom. V-VIII (vgl. auch **5.** „*R. acetosa* var. *hortensis*")     **R. acetosa**
        **6+** Ochrea ganzrandig (aber später bisw. einreißend!). Reife Fr. gelbbraun, 2,5-3 mm. Spr. d. Grundb. meist >3 cm br. und bis 2x so lg, obere Stgb. meist 2,5-3(,5)x so lg wie br. VII-VIII         **R. alpestris**
        = *R. arifolius*
**1+** Spr. in d. Stiel verschmälert oder Spr.grund gestutzt bis herzförmig. Blü. zwittrig. Valven mind. 2 mm lg. B. nicht sauer schmeckend
    **7.** Valven ± ganzrandig, vorne stumpf
        **8.** Valven zuletzt 2-4 mm lg und ca 1/2 so br. (kaum breiter als die Schwiele), oval. Scheinquirle d. Infl. etwas entfernt. B. 5-12x2-4 cm, Rand kaum gewellt
        **9.** Alle Valven mit Schwiele. Fr.stiel (anfangs) ± so lg wie die Valven. Infl. bis fast zur Spitze durchblättert         **R. conglomeratus**

**9+** Nur 1 Valve mit Schwiele. Fr.stiel stets dtl. lger als Valven. Infl. nur in der unteren Hälfte beblätt.                                                                                    ***Rumex sanguineus***

**8+** Valven meist >4 mm, kaum lger als br., oft ± 3-eckig. Infl. meist gedrängt. B. (meist) größer

**10.** Spr. 12-15x3-5 cm, am Grund ± gestutzt mit stark gewelltem Rand und (in d. B.mitte) spitz abzweigenden Seitennerven. Infl. wenig verzweigt. 60-120                    ***R. crispus***

**10+** Spr. (viel) größer (-1 m!), am Grund verschmälert, Rand nicht auffällig (!) gewellt. Seitennerven ± rechtwinkelig. Infl. basal mit kräftigen Seitenästen. 100-200. Nasse Standorte
***R. hydrolapathum***

Wenn B. von ähnl. Form, aber nur -30 cm lg vgl. **11.** *R. palustris*

**7+** Valven gezähnt bis zerschlitzt

**11.** Untere B. in d. Stiel verschmälert. Valven 3-4 mm lg, jederseits mit 2-3 borstl. Zähnen, diese etwa so lg wie der ungeteilte Teil der Valven. 30-60(-80) cm. Pfl. einj. Nasse (auch salzige) Standorte. VII-IX                                                              ***R. palustris***

Wenn Pfl. >1 m vgl. auch **10+** *R. hydrolapathum* mit ähnl. B.

**11+** Spreite der Grundb. basal gestutzt oder ± herzförmig. Valven jederseits mit 3-8 Zähnen. Pfl. 50-100 cm, mehrj. Oft ± ruderalisierte, feuchte Standorte

**12.** Stg. oberwärts zickzackförmig, mit sparrig abstehenden Ästen. Spr. oft <10 cm lg, die der basalen B. bisw. geigenförmig. Infl. durchblättert. Pfl. bisw. papillös. V-VI          ***R. pulcher***

**a.** Valven ca 2 mm br. und ± doppelt so lg (ohne Zähne ca 4x2 mm), jederseits bis zu 6 Zähne ± gleichmäßig bis zur Valvenspitze verteilt. Fr.stiel ca 0,3 mm DM. Fr.tragende Äste oft miteinander verflochten. Grundb. zur Blü.zeit geigenförmig                           ssp. *p.*

**a+** Valven ca 4(,5) mm br. und ca 1,5x so lg, jederseits mit bis zu 8 bisw. gespaltenen Zähnen, dabei das obere Drittel der Valven meist ohne Zähne. Fr.stiel 0,4-0,5 mm DM. Fruchtende Äste bogig abstehend. Grundb. nicht oder nur schwach geigenförmig
ssp. *woodsii* (= ssp. *divaricatus*)

**12+** Stg. nicht zickzackförm., Spr. nicht geigenförm., meist >10 cm lg, meist ± stumpf. Nur untere Hälfte der Infl. durchblättert. VI-VIII. Formenreich           ***R. obtusifolius***

Or.-Lit.; im Gebiet wahrscheinlich                                                     ssp. *o.*

---

*Alternativschlüssel für männliche Pfl. der Schlüsselgruppe 1.:*
Der Schlüssel hat nur orientierenden Charakter. Mit „B." sind stets die unteren B. gemeint

**2.** B. <4 cm br. und 2-10x so lg

**3.** Pfl. mit Speicherwurzeln. B. 6-10x1-2 cm. Infl. mehrfach lger als br. 20-60 cm    *R. tuberosus*

**3+** Pfl. anders

**4.** Spießecken (z.T.) dtl. abstehend, bisw. 2-spaltig. B. 3-10x so lg wie br.

**5.** Pfl. 10-40 cm hoch. B.rand nicht gewellt                                     *R. acetosella* s.l.
Ssp. vgl. oben

**5+** Pfl. 30-60 cm. B. meist >5x so lg wie br. B.rand oft gewellt                 *R. intermedius*

**4+** Spießecken basalwärts gerichtet, nie 2-spaltig. Pfl. 30-100 cm

**6.** B. 5-10x so lg wie br. vgl. **5+**                                           *R. intermedius*

**6+** B. 2-6x so lg wie br.

**7.** Infl. mehrf. lger als br., nur einfach verzweigt. B. 3-6x so lg wie br.     *R. acetosa*

**7+** Infl. oval. B. 2-3x so lg wie br. Spießecken mit linealischem Fortsatz      *R. thyrsoides*

**2+** B. >4 cm br. und 2-3x so lg

**8.** Basale B. etwas fleischig, ihr Stiel etwa so lg wie d. Spr. vgl. **7+**     *R. thyrsoides*

**8+** B. nicht fleischig, ihr Stiel meist lger als d. Spr.                        *R. alpestris*

# PORTULACACEAE

**1.** Krb. gelb. Staubb. 8-12. Deckelkapsel. B. dtl. fleischig, mit Haarbüschel an der B.basis. V.a.
ruderal                                                                    *Portulaca oleracea*
Im Gebiet wohl nur:
Wuchs prostrat. Kb. nur gekielt (nicht geflügelt). Samen >0,85 mm DM, mit regelmäßigen Papillen
                                                                                     ssp. *o.*
**1+** Krb. weiß. Staubb. 3. Kapsel mit Klappen. B. nicht dtl. fleischig. Feuchte Standorte
                                                                           *Montia fontana*
Im Gebiet wohl nur:
Samen matt, auf der ganzen Oberfläche mit stumpfen Tuberkeln versehen    ssp. *chondrosperma*
                                                                              = *M. minor*


**POTAMOGETONACEAE** (excl. **Ruppiaceae, Zannichelliaceae, Zosteraceae**)

**POTAMOGETON**

**1.** B. <2 mm br., linealisch bis fadenförmig, auch apikal ganzrandig (wenn dort fein gesägt vgl.
*Ruppia (Ruppiaceae))*
**2.** Spr. vom Grund einer B.scheide abgehend, einnervig, meist 2-5 cm lg und nur 0,5 mm br.,
fein zugespitzt. Infl. 3-5 cm gestielt. Fr. 2 mm. Nährstoffarme Gewässer (*//*)    *P. trichoides*
**2+** Spr. vom oberen Ende der B.scheide ausgehend, meist 5-15 cm lg und 1,5 mm br., fein stachelspitzig. Infl. meist 10-20 cm gestielt. Fr. 4 mm. Nährstoffreiche, auch brackige Gewässer
                                                                           *P. pectinatus*
**1+** B. breiter, mit Quernerven, stets vom Grund einer B.scheide bzw. B.häutchens ausgehend, diese sich aber bisw. rasch zersetzend
**3.** Stg. zusammengedrückt, 4-kantig. Nur Tauchb., diese mit gesägtem Rand, (6-)10-15 mm br.
und >5x so lg. Nährstoffreiche Gewässer ((v); vgl. unten)                     *P. crispus*
Im typischen Fall sind die B. dtl. wellig-kraus. Wenn B. flach                var. *serrulatus*
**3+** Stg. rund. B.rand glatt oder feingesägt, nicht kraus gewellt
**4.** Tauchb. sitzend oder <1,5 cm lg gestielt. Schwimmb. fehlend, slt. vorhanden
**5.** Tauchb. (halb-)stg.umfassend, meist ± eiförm., >15 mm br. und 1,5-2(-5)x so lg. B.scheide
hinfällig. Schwimmb. stets fehlend. Nährstoffreiche Gewässer (*//*)          *P. perfoliatus*
**5+** Tauchb. nicht stg.umfassend, lanzettlich, >2x so lg wie br. B.scheide bleibend
**6.** B. alle unter Wasser, oval bis lanzettl., 2,5-4 x so lg wie br. (10-20x3-4,5 cm), apikal mit
2 bis >4 mm lger Stachelspitze. Nährstoffreiche Gewässer ((v); vgl. unten)     *P. lucens*
**6+** Unterwasserb. basal verschmälert, (lineal-)lanzettl., 4-10x so lg wie br. 4-6(-10)x0,4-1
cm). Nährstoffarme Gewässer (*//*)                                          *P. gramineus*
Für den Garg. gemeldet:
± Eiförm. Schwimmb. vorhanden. V.a. in seichten Gewässern                 var. *heterophyllus*
**4+** Alle B. >2 cm gestielt, Tauchb. meist auf diesen Stiel reduziert, ohne Spreite. Schwimmb.
stets vorhanden, ganzrandig, ± elliptisch und oft mit ± herzförm. Spreitengrund. Am oberen Ende des B.stiels meist ein helles „Gelenk"                                     *P. natans*
Wenn B.stiel von der Mitte oder vom oberen Ende einer röhrigen Scheide ausgehend und Spr. fiedernervig und meist >3x so lg wie br. vgl. auch                     *Persicaria amphibia (Polygonaceae)*
Die Nachweise von von *P. crispus, lucens* und *gramineus* stammen vom inzwischen nicht mehr existierenden
Lago di S. Egidio; die drei Arten sind damit für die garg. Flora wohl zu streichen, obwohl *P. crispus* und *P. lu-
cens* in CL für Apulien gemeldet werden

## PRIMULACEAE

**1a** Blü. rosa, einzeln auf unverzweigtem Schaft. Krb. zurückgeschlagen. B. alle grundständig, einer unterird., abgeplatteten Knolle entspringend. Spr. gezähnt-gebuchtet mit herzförm. Grund
*Cyclamen*

**1b** Blü. gelb, in einer Dolde auf sonst unverzweigtem Schaft (//)  *Primula veris*

**1c** Stg. beblätt. u./od. verzweigt

**2.** B. wechselständig. Infl. eine (scheinbar) tragb.lose Traube (Rekauleszenz, daher auf ca halber Höhe d. Blü.stiels ein kleines B.). Kr. weiß. Pfl. mehrj., 5-50 cm. Feuchte, meist salzbeeinflusste Standorte  *Samolus valerandi*

**2+** B. gegenständig oder quirlig

**3.** Pfl. mehrj., 50-120 cm. B. in 3(-4)-zlgen Quirlen. Blü. gelb, 1,5-2 cm DM  *Lysimachia*

**3+** Pfl. einj., 5-20 cm. Kr. nicht rein gelb, kleiner. Fr.stiel oft zurückgekrümmt. B. (meist) gegenständig, Stg. 4-kantig

**4.** Krb. rot oder blau (weiße Mutanten mögl.), mind. so lg wie d. K. B. ovat-lanzeolat, >5 mm br. und bis 2(,5)x so lg. Deckelkapsel 3-4 mm DM  *Anagallis*

**4+** Krb. weißl., viel kleiner als d. sternförm. Kb. Kapsel 1,5-2 mm DM. B. lanzettl. (4-6x so lg wie br.), 3-10x0,5-2,5 mm  *Asterolinon linum-stellatum*

## ANAGALLIS

**1.** Krb. rot oder fleischfarben, sonst wie **2.**  *A. arvensis* ssp. *a.* var. *a.*

**1+** Krb. blau

**2.** Krb. bis 6 mm br. und sich randl. fast berührend, am glatten oder gezähnelten Außenrand mit über 35 3-zelligen (starke Lupe!) Haaren. Kb. ganzrandig, im Knospenstadium ca 2/3 so lg wie die Krb. Fr. meist 20-22-samig. Samen 1,3x1 mm. Blü.stiele oft lger als das Tragb.  *A. arvensis*

**a.** B. meist 1,5-2x so lg wie br.  ssp. *a.* var. *azurea*

**a+** B. breit-ovat, ± herzförm. mit halb-stg.umfassendem B.grund. Pfl. kräftig (//)  ssp. *latifolia*
Das Taxon wird erst seit neuem wieder unterschieden, ist aber von zweifelhaftem Wert

**2+** Krb. nicht >3,5 mm br., vorne stets gezähnelt und mit 0-10(-30) 4-zelligen Haaren. Kb. fein gesägt, die Knospe voll einhüllend. Fr. meist 15-16-samig. Samen 1,6x1,3 mm. Blü.stiele meist 2/3-1x so lg wie das Deckb. B. meist 2-2,5x so lg wie br.  *A. foemina*
Viele Angaben von „*A. foemina*" dürften sich auf *A. arvensis* var. *azurea* beziehen

## CYCLAMEN

**1.** Blü.zeit III-V. Kr.zipfel basal nicht geöhrt, 6-7 mm br., rosapurpurn. Blü.stiele 12-20 cm. B. kahl, unterseits hellgrün. Wurzeln nur im Zentrum d. Knolle entspringend  *C. repandum*
incl. var. *garganicum*

**1+** Blü.zeit VIII-X. Kr.zipfel basal geöhrt, 8-9 mm br., oft nur blassrosa. Blü.stiel oft kürzer, behaart. B. fein behaart, unterseits meist purpurn. Wurzeln der gesamten Unterseite d. Knolle entspringend  *C. hederifolium*

## LYSIMACHIA

**1.** Kr.zipfel am Rand kahl. K.zipfel -5 mm, meist rötl. berandet. Infl. insges. rispig  *L. vulgaris*

**1+** Kr.zipfel drüsig bewimpert. K.zipfel -10 mm, grün. Infl. traubig (//)  *L. punctata*

## PYROLACEAE (incl. Monotropaceae) MONOTROPA

*Pyrolaceae* (incl. *Monotropaceae*) werden heute in die *Ericaceae* eingeschlossen

Ganze Pfl. bleich (getrocknet schwarzbraun), ohne Chlorophyll. B. schuppenförm. Blü.stand herabgekrümmt, Fr.stand aufrecht. Fr. mit persistierendem Gr.          *M. hypopitys*

## RAFFLESIACEAE (incl. Cytinaceae) CYTINUS

**1.** Blü. goldgelb, bisw. rötl. überhaucht. Die fleischigen B.schuppen rötl.gelb, das Perigon überragend. Fr. gelb          *C. hypocistis*
**1+** Blü. gelbl.-weiß, rosa oder orangerot. B.schuppen rot, etwa so lg wie das Perigon. Fr. weiß          *C. ruber*

## RANUNCULACEAE

*Tlfr.:*  Balg bzw. Nüsschen
*Gr.:*  Griffel bzw. der entsprechende Schnabel am Nüsschen

**1.** B. gegenständig, gefiedert. Gr. verlängert und behaart u./od. rankende Holzpfl.          *Clematis*
**1+** B. wechselständig, bisw. quirlig. Stets krautig
  **2.** Blü. zygomorph, mit 1 Sporn, (meist) blau. B. ± handförmig geteilt
    **3.** Tlfr. (Bälge) (2-)3(-5)          *Delphinium*
    **3+** Tlfr. 1          *Consolida*
  **2+** Blü. aktinomorph
    **4.** Jedes der 5 Krb. in einem Sporn endigend. B. 2-3-fach 3-teilig, Stiel basal scheidig erweitert, aber nicht stipelartig geöhrt (wenn geöhrt, vgl. *Thalictrum aquilegifolium*). Bälge drüsig behaart. Mehrj., meist >30 cm hoch          *Aquilegia*
    **4+** Krb. ohne Sporn
      **5.** Blü.boden bzw. Fr. lg-walzenförmig (zuletzt bis 5 cm lg!) mit >50 Nüsschen. Blü. klein, grünl. B. ca 1 mm br., grasartig, alle grundständig. Pfl. einj., slt. >10 cm. Auf oberflächl. feuchten Böden          *Myosurus minimus*
      **5+** Pfl. anders
        **6.** Per. 2-kreisig (ohne Rücksicht auf die morphologische Natur der beiden Kreise; wenn äußerer Kreis erkennbar ein Hochb.wirtel vgl. **11.** *Eranthis*)
        **7.** B. 3-lappig, alle grundständig. Pfl. slt. >10 cm. Blü. blau bis (rot-)violett. In Wäldern (v?)          *Hepatica nobilis*
        **7+** B. anders, meist auch stg.ständig. Blü. nicht blau
          **8.** Antheren schwarzviolett oder gelb, dann aber Blü. >4 cm DM. Krb. rot oder gelb, am Grund ohne Nektargrube. B. in fädl. Zipfel zerteilt. Fr. im Umriss ± zylindrisch          *Adonis*
          **8+** Antheren gelb. Blü. <4 cm DM. Krb. oft 5, mit Nektargrube. B. oft handförmig geteilt; wenn mit feinen Zipfeln, Pfl. mehrj. Fr. im Umriss ± kugelig („morgensternartig") bis zylindrisch. Pfl. ein- od. mehrj.          *Ranunculus*
        **6+** Per. einkreisig, Per.b. („Krb.") ± einheitl.
          **9.** Karpelle wenige (1-7), später mehrsamige Tlfr. (Bälge)
            **10.** Blü. blau (oft aber sehr blass), slt. auch weiß. Karpelle scheinbar verwachsen. B. in fädl. Zipfel geteilt. Pfl. einj., >10 cm. Ab V          *Nigella*
            **10+** Blü. nicht blau. Karpelle vereinzelt. B. nicht mit fädlichen Zipfeln. Pfl. mehrj. II-IV

**11.** Blü. einzeln, gelb. B. handförm geteilt, unterhalb der Blü. ein in schmale Lappen geteilter Hochb.-Wirtel. Pfl. mit unterirdischen Speicherorganen, <15 cm                           *Eranthis hyemalis*

**11+** Blü. in lockeren Infl., grünl. B. fußförm. geteilt, Stgb. mit bauchigem B.grund. 20-60 cm (v)                           *Helleborus foetidus*

**9+** Karpelle zahlreich, später einsamige Tlfr. (Nüsschen). Pfl. stets mehrj.

**12.** Stgb. zu 3 quirlig. Blü. meist einzeln. Pfl. slt. >30 cm                           *Anemone* s.l.

**12+** Stgb. nicht quirlig. Blü. in (reichblü.) Rispen. Pfl. meist >30 cm                           *Thalictrum*

## ADONIS

Die Angabe der mehrj. *A. vernalis* bzw. *A. distorta* (Blü. gelb bzw. weißl., >4 cm DM) bezieht sich möglicherweise auf das (fragliche?) Vorkommen der Art(en) in den Abruzzen

Die hier verschlüsselten annuellen Arten sind formenreich und unter sich ähnl. Die subspezifische Gliederung wird unterschiedlich gehandhabt

Charakteristische Elemente der Tlfr. einer annuellen *Adonis* können sein: ein ± endständiger „Schnabel" *(becco)*, ein (slt. 2) oberseitige (d.h. ventrale) stumpfe oder spitze Buckel („ventraler Zahn"; *bocca*), ein unterseitiger (dorsaler) Vorsprung („dorsaler Zahn"; *dente dorsale*) und ein quer (d.h. von oben nach unten) verlaufender, bisw. ± gezähnelter „Kamm" *(cresta)*

**Lit.:** Steinberg in Webbia 25:299-351 (1971). Abb. der Tlfr. auch in Pg 1:302

Alternativschlüssel beachten

**1.** Tlfr. mit mind. 1 ventralem Zahn. Kb. den Krb. meist anliegend. Blü. gelb oder rot

**2.** Kb. kahl, mind. 2/3 so lg wie die Krb. Tlfr. meist dichtstehend, meist auch dorsal mit Zahn

**3.** Tlfr. 4-6 mm. Ventraler Zahn vom Schnabel dtl. abgerückt (etwa auf die Hälfte der Bauchnaht). Oft noch ein 2. ventraler Zahn im unteren Drittel vorhanden. V-VIII *(//)*
                           *A. aestivalis* ssp. *ae.*
                           incl. var. *bicolor*

**3+** Tlfr. ca 3(-4) mm. Zahn direkt unterhalb d. Schnabels. III-VI                           *A. microcarpa* ssp. *m.*

**2+** Kb. behaart, bis 1/2 so lg wie die meist roten Krb. Tlfr. locker, der Fr.boden sichtbar. Ventraler Zahn dem Schnabel aufliegend (d.h. einen Teil des Schnabels bedeckend), dorsal meist gerundet und zahnlos                           *A. flammea* ssp. *f.*

**1+** Tlfr. 3,5-5,5 mm, Ventralseite ohne (dtl.) Zahn. Blü. rot, 15-25 mm DM. Kb. >1/2 so lg wie die Krb., abstehend bis zurückgeschlagen, bald abfallend. Krb. 2,5-3x so lg wie br. III-VI   *A. annua*

Die Art wird meist (nicht in CL) weiter untergliedert:

**a.** Kb. kahl. Tlfr. 4-5,5 mm                           ssp. *a.*

**a+** Kb. unterseits behaart. Tlfr. 3-4,5 mm

**b.** Stg. und B. kahl. Kb. unterseits kurz behaart                           ssp. *cupaniana*
                           = ssp. *carinata*

**b+** Stg. und B. mit wolligen Haaren. Kb. lg behaart (wohl nicht im Gebiet)                           ssp. *castellana*

### Alternativschlüssel für Pflanzen ohne Frucht:

Der Schlüssel hat nur orientierenden Charakter. Die Behaarungsmerkmale können variieren, die Blü.maße können auch übertroffen werden

**1.** Kb. kahl, ca 2/3 so lg wie die Krb. Stg. zumind. basal (bisw. nur spärl.) behaart

**2.** Kb. abstehend bis zurückgeschlagen, hinfällig. Blü. 15-30 mm DM, ± becherförmig. Krb. 2,5-3x so lg wie br., stets rot. III-VI                           *A. annua* ssp. *a.*

**2+** Kb. den meist ausgebreiteten Krb. meist anliegend. Blü. gelb oder rot, 10-20 mm DM. V-VIII                           *A. aestivalis*

**1+** Kb. unterseits zumind. an der Basis behaart

**3a** Kb. 2/3(-3/4) mal so lg wie die hfg ± becherförmig aufgerichteten Krb., diese 2-3x so lg wie br. Blü. 15-25 mm DM. Stg. und B. kahl, slt. mit einzelnen Haaren. III-VI
*Adonis annua* ssp. *cupaniana*
sowie *A. microcarpa*
Die beiden Taxa sind ohne Fr. kaum zu unterscheiden
**3b** Wie **3a**, aber Pfl. ± durchweg behaart (wohl nicht im Gebiet) *A. annua* ssp. *castellana*
**3c** Kb. wollig behaart, bis 1/2 so lg wie die ausgebreiteten Krb., diese 4-5x so lg wie br. Blü. 10-25 mm DM. Basale Teile der Pfl. behaart. V-VIII *A. flammea*

## ANEMONE s.l. (= Anemone s.str. und Anemonoides)

**1.** Stgb. gestielt. Krb. blau oder ± weiß. Gr. gekrümmt. Meist in Wäldern
**2.** Krb. >8, mind. 3x so lg wie br., blau bis weißl., unterseits (spärl.) behaart. Antheren blassgelb oder weiß. Fr. aufrecht. Rhizom knollig *Anemone apennina*
Die ähnliche *A. blanda* mit unterseits kahlen Krb. und nickender Fr. fehlt in Italien und ist sicher irrtümlich genannt
**2+** Krb. meist 6-7 (slt. mehr), etwa 2x so lg wie br., weiß, unterseits oft rosa, kahl. Fr. nickend. Rhizom kriechend
**3.** Fiedern der Stgb. grob unregelmäßig gezähnt bis fiederschnittig. Stgb. ohne Achselknospen. Antheren gelb (Garg. fragl.) *Anemonoides (A.) nemorosa*
**3+** Fiedern regelmäßig gesägt. Stgb. mit Achselknospen. Antheren weiß, slt. blau (*//*)
*Anemonoides (A.) trifolia*
**1+** Stgb. sitzend. Krb. meist rot oder mit rötlichem Ton. Antheren u./od. Filamente dunkelblau. Gr. ± gerade
**4.** Krb. meist 12-15, lanzettl., meist purpurn. Stgb. einfach (bis 3-spaltig). III-V
*Anemone hortensis*
Hierzu wohl auch die Nennung von *A. pavonia* (*//*; (g)?)
**4+** Krb. meist 6-10, oval, weiß(l.), rot oder blau. Stgb. (doppelt) fiederschnittig („ausgefranst"), am Grund verbreitert. Grundb. 2x3-teilig. V. a. in Getreidefeldern. I-III *Anemone coronaria*

## AQUILEGIA

**1.** Blü. einfarbig blau (slt. weiß), zu 3-6. Sporn >15 mm. Scheide der Stgb. 8-15x5-8 mm. Stg. meist >40 cm hoch, an der Basis 2-4 mm dick, ohne Fasern abgestorbener B. (Tunika)
*A. vulgaris* s. CL
Häufig (nicht in CL) werden unterschieden (wobei vielleicht nur eines dieser Taxa am Garg. vorkommt):
**2.** Stg. ohne Drüsen oder nur mit einigen Drüsen an der Basis der Blü.stiele. Staubb. die Krb. höchstens 1 mm überragend. Staminodien (oberste Staubb.) stumpf (AFE: Garg.)
*A. vulgaris* s.str.
**2+** Stg. (vor allem Infl.) ± dicht drüsig. Staubb. die Krb. um 5 mm überragend. Staminodien spitz. Tragb. der Seitenzweige meist ganzrandig, 10-25 mm br. (Pg: Garg.) *A. viscosa*
**1+** Blü. zu 2-3, zumind. der Krb.saum weißl.-gelbl. Sporn 11-13 mm. Staubb. die Krb. 6-8 mm überragend. Pfl. spärl. drüsig. B.scheide 4x2 mm (*//*) *A. magellensis*
= *A. ottonis*
Wenn B.stiel basal geöhrt und Stg. mit dtl. Lgsrillen vgl. auch *Thalictrum aquilegifolium*

## CLEMATIS

**1.** Blü. blau od. violett, einzeln, ca 4 cm DM. B. zumind. unterseits behaart. Fiedern meist zu 7, 3-5x2-4 cm, ganzrandig. Gr. der Tlfr. kurz (<1 cm), kahl. Pfl. holzig, rankend *C. viticella*
Wenn Fr.gr. zumind. in der unteren Hälfte behaart und B. unterseits weißfilzig (v) var. *scandens*

**1+** Blü. weiß(l.), in Rispen, 1,5-3 cm DM. Gr. meist lger, behaart
**2.** Pfl. holzig, rankend. Fiedern 1. Ordn. gezähnt od. weiter geteilt
**3.** B. einfach gefied., die meist 5 Fiedern gezähnt, 4-6x2-4 cm. Internodien meist angedrückt behaart. Krb. beiderseits flaumig. Tlfr. spindelig, mit 2-3 cm lgem Gr.          *Clematis vitalba*
**3+** B. doppelt gefiedert. Internodien kahl. Krb. nur unterseits behaart. Tlfr. oval-zusammengedrückt, mit 1-2,5 cm lgem Gr.          *C. flammula*
Formenreich. Für das Gebiet gemeldet:
    **a.** Fiedern 2. Ordn. ovat-lanzeolat, ca 1,5x1 cm, fast durchweg ganzrandig          typ. var.
    **a+** Fiedern 2. Ordn. zumind. großenteils 3-teilig
        **b.** Fiedern ovat-lanzeolat          var. *caespitosa*
        **b+** Fiedern linear-lanzettl.          var. *maritima*
**2+** Pfl. aufrecht wachsend, krautig. Fiedern 1. Ordn. ganzrandig, kahl, zumind. unterseits glauk, 6-9x3-4 cm          *C. recta*

## CONSOLIDA

**1.** Tlfr. 9-11(-15) mm. Seitl. Krb. ganzrandig. Sporn meist 15-25 mm. Tragb. 3-5 mm, ungeteilt. Infl. 5-8-blü. (v)          *C. regalis*
    **a.** Blü. hell violettblau. Seitl. Krb. (10-)12-15 mm. Tlfr. meist 3x so lg wie br., stets kahl. 20-50 cm          ssp. *r.*
    **a+** Blü. dunkelblau. Krb. 9-11 mm. Teilfr. meist doppelt so lg wie br., kahl oder behaart. 50-100 cm (Garg. mögl.)          ssp. *paniculata*
**1+** Tlfr. 13-16(-20) mm, behaart. Seitl. Krb. gezähnelt. Sporn 13-18 mm. Tragb. 6-15 mm, das unterste geteilt. Infl. meist >8-blü. 30-60(-100) cm          *C. ajacis*
                                                  = *C. ambigua*

## DELPHINIUM (excl. Consolida)

**1.** Pfl. ein- bis zweij., ohne Speicherwurzeln. Seitl. Nektarb. kahl
**2.** B.lappen 10-40 mm br. Sporn 6 mm lg. Ganze Pfl. (auch Tlfr. und Blü.stiele) behaart. Tlfr. ca 2 cm, mit wenigen, runzeligen, großen Samen. Infl. 20-40 cm. Pfl. zweij.          *D. staphysagria*
**2+** B.lappen 2-3 mm br. Sporn 13-15 mm lg. Tlfr. -1 cm, kahl oder fein behaart. Samen zahlreich, ca 1 mm, häutig beschuppt. Pfl. einj.
**3.** Seitl. Nektarb. rundl.-herzförm., plötzl. in einen Stiel verschmälert. Stg. unten meist angedrückt behaart          *D. halteratum*
**3+** Nektarb. spatelförm. in den Stiel verschmälert. Stg. unten oft abstehend behaart (//, wohl mit dem vorigen verwechselt)          *D. peregrinum*
**1+** Pfl. mehrj., mit Speicherwurzeln. Seitl. Nektarb. oberwärts bewimpert. Sporn 12-16 mm. B.lappen der Grundb. 5-20 mm br.          *„D. pentagynum"* s. Fen
Gemeint wohl: *D. emarginatum* (//) mit meist 3 Fruchtb. und unten dtl. kantigem Stg. – *D. p.* s.str. (mit 5 Fruchtb.) ist ein Endemit des südl. Iberiens

**ERANTHIS** Vgl. **11.**          *E. hyemalis*

**HEPATICA** Vgl. **7.** (v?)          *H. nobilis*

**HELLEBORUS** Vgl. **11+** (v)          *H. foetidus*

**MYOSURUS** Vgl. **5.**          *M. minimus*

# NIGELLA

**1.** Blü. (Fr.) von vielzipfeliger Hülle umgeben. Antheren nicht stachelspitzig. Die Tlfr. über die ganze Lge verwachsen, eine 10-fächrige „Kapsel" bildend, deren 5 äußere Fächer steril sind
**N. damascena**

**1+** Blü. ohne Hochb.hülle. Antheren stachelspitzig. Tlfr. bis auf 1/2 verwachsen **N. arvensis**
Formenreich. Für den Garg. bzw. für die Tremiti sind gemeldet (ob noch rezent?

    **a.** Per.b. genagelt, Nagel dabei etwa von gleicher Lge wie die Platte. B.zipfel zart, lg, auch die der aufrecht-abstehenden Seitenzweige meist gefiedert. Pfl. ± grün (//) ssp. *a.*

    **a+** Per.b. nur s. kurz genagelt. B.zipfel kurz, etwas dickl., die der abstehenden Seitenzweige oft ungefiedert. Pfl. ± glauk (//) ssp. *glaucescens*
= *N. divaricata*

# RANUNCULUS

*Kb.:*    das meist grünl. „eigentl." Perianth
*Krb.:*   Nektarb. (gelbe oder weiße „Krb." mit kleiner, grubenförm. Vertiefung oder kleine Schuppe am Grund)
*Gr.:*    Schnabel an der Tlfr. (Nüsschen)
Lgenangaben für die Tlfr. ohne Gr.
Blü.boden: (jge) Tlfr. abpräparieren!
Beim Sammeln auf unterirdische Teile achten und notieren, ob Blü.stiele gefurcht, da an getrockneten Pfl. eine Riefung oft vorgetäuscht wird

**1.** Blü. gelb. Land- oder Sumpfpfl. (subgenus *Ranunculus*)

  **2.** B. alle ungeteilt. Kb. zu 3-5, Krb. zu 5-13

    **3.** Blü. 5-zlg, in ± rispiger Infl. B. lanzeolat-ovat, auch stg.ständig, meist ganzrandig. Blü.-DM meist <1 cm. Tlfr. warzig. Pfl. einj., 20-50 cm. Feuchte Standorte **R. ophioglossifolius**
Der ähnl. *R. flammula* (Pfl. mehrj., B. mind. 3x so lg wie br. Tlfr. glatt; //) ist sicher eine Fehlmeldung

    **3+** Blü. ± vereinzelt. Tlfr. glatt. B. ± gekerbt oder gezähnt. Pfl. mehrj., meist <20 cm

      **4.** Kb. meist 3, Krb. 8-10(-13). Grundb. herzförm., gekerbt, kahl. Stgb. 0-4. Mit unterirdischen Knöllchen, oft auch mit b.achselständigen Bulbillen. Schattige Standorte. II-V **R. ficaria** s.l.
Die Angaben zur Nektarschuppe und den Krb.-Nerven stammen von mitteleuropäischem Material; die Übernahme des Merkmals in Pg **1**:318 ist irrig (nomenklatorische Verwechslung?)

        **a.** Stg. zur Blü.zeit aufsteigend, kurz (meist <10 cm). B. basal rosettig gehäuft (d.h. Blü.stiele mit 0-1 B.), stets ohne Bulbillen. Hydathoden (helle Punkte am B.rand) meist in schwach ausgebildeten Einschnitten. Blü. (15-)20 mm DM. Nerven der Krb. ca 5-15x verzweigt und gelegentl. anastomisierend. Nektarschuppe der Krb. fast doppelt so lg wie br., vorne nicht ausgerandet. Tlfr. wohl ausgebildet, rauhaarig (//) ssp. *calthifolius* (= ssp. *nudicaulis*)

        **a+** Stg. verlängert, an den Knoten bisw. wurzelnd. Keine Rosette, Blü.stiele mit 2-4 B. Hydathoden meist an der Spitze der schwach ausgebildeten Kerbzähne. Blü. 15-30 mm DM. Nerven der Krb. <5x verzweigt, mit 0-1 Anastomosen. Nektarschuppe 1-1,5x so lg wie br., vorne bisw. ausgerandet. Tlfr. locker behaart

          **b.** Kb. gelbl.-weiß. Blü. 25-30 mm DM. In den B.achseln Bulbillen ssp. *ficariiformis*

          **b+** Kb. meist ± grün, bisw. aber mit häutigem Rand. Blü. bis ca 22 mm DM u./od. Pfl. ohne Bulbillen (//) ssp. *f.* s. CL
Das Taxon wird bisw. (nicht in CL) weiter gegliedert:

            **c.** Ohne Bulbillen. Blü. (15-)20-30 mm DM. Staubb. meist >20. Fertile Tlfr. meist >10 ssp. *f.* „s.str."

            **c+** (Zumindest nach der Blü.zeit) mit Bulbillen. Blü. 15-22 mm DM. Staubb. meist <20 (25). Meist <10 Tlfr. fertil ssp. *bulbifera*

**4+** Kb. 5, Krb. 5-7(-12). B. alle grundständig, ovat, gezähnt, wollig behaart. Blü. einzeln (slt. zu 2) auf 5-20 cm lgem Schaft. ± Trockene Standorte. X-II            ***Ranunculus bullatus***

**2+** Zumind. obere B. geteilt (wenn Pfl. einj. und Fr. mit Emergenzen bisw. nur gekerbt). Kb. und Krb. fast immer 5 (mehrere Blü. überprüfen!)

**5.** Pfl. mehrj., mit unterird. Speicherorganen (Rhizom, Knolle, Speicherwurzel). Tlfr. nicht stachelig, höchstens runzelig; wenn warzig, Infl. 1-wenigblü.

**6.** Fr. insgesamt rundl., ca so br. wie lg. Rhizom, knollig verdickte Stg.basis u./od. schmalzylindr. Speicherwurzeln (nicht immer dtl.) vorhanden. Stg. meist verzweigt, bis 80 cm

**7.** Blü.boden kahl. Blü.stiele (frisch!) ungefurcht. Pfl. 30-80 cm hoch. Grundb. 3-5-lappig

**8.** Pfl. dtl. behaart

**9.** Kb. zurückgeschlagen. Krb. -8 mm. Gr. d. jgen Tlfr. s. kurz, gerade. Lappen d. Grundb. gezähnt. Haare am Stg. 1,5 mm lg            ***R. velutinus***

**9+** Kb. den Krb. ± anliegend, behaart. Krb. 7-13 mm. Gr. 1-1,5 mm lg, hakenartig. Lappen d. Grundb. stärker gegliedert            ***R. lanuginosus***

Früher wurden – auch von Fen – unterschieden (und beide Formen für den Garg. mehrfach gemeldet):

**a.** Buchten in den Grundb. stumpf. Blü. 2-3 cm DM. Tlfr. 3-4 mm, Gr. 1,5 mm

***R. lanuginosus* „s.str."**

**a+** Buchten spitz. Blü. 1,5-1,8 cm DM. Tlfr. 2,5 mm, Gr. 1 mm (~~CL~~)            ***R. umbrosus***

**8+** Pfl. kahl, slt. spärl. angedrückt behaart. Gr. kurz (-0,5 mm)

**10.** Tlfr. behaart. Krb. oft rückgebildet (//)            ***R. auricomus*** agg.
Vgl. ggfs. Or.-Lit.

**10+** Tlfr. kahl            ***R. acris***

**7+** Blü.boden behaart. Blü.stiele (oft undeutl.) gefurcht. 10-70 cm

**11.** Kb. dtl. abstehend bis zurückgeschlagen. Krb. 10-11 mm. Grundb. meist 3-teilig (*R. bulbosus*-Gruppe)

Die aus Mitteleuropa bei *R. bulbosus* vertraute basale Knolle ist bei diesen Taxa im Gebiet kaum entwickelt. – Die für das Gebiet genannte ssp. *aleae* von *R. bulbosus* wird in CL2 nicht mehr anerkannt; es kann sich bei dieser Meldung aber auch um *R. neapolitanus* handeln (vgl. CL p. 378)

**12a** Mittl. und obere Stgb. von d. Grundb. ohne Übergang dtl. verschieden, bis fast zur Basis in linealische, stumpfe Segmente geteilt oder nur hochb.-artig. Stg. abstehend behaart, oberwärts fast silbrig. Tlfr. 3,5-4 mm, Gr. s. kurz. Oft mit spindeligen Speicherwurzeln            ***R. neapolitanus***
Hierher wahrscheinlich auch die Nennung „*R. heucherifolius*" in Fen

**12b** Stgb. d. Grundb. ähnl., nur kleiner. Endsegment der Grundb. ± sitzend. Tlfr. oft tuberkulat u./od. spärl. behaart. Gr. 0,8-1,2 mm. Ohne Speicherwurzeln, dafür mit rhizomartigem Grundstock (//)            ***R. pratensis***

**12c** B.folge ähnl. **12b**, aber Endsegment der Grundb. an der Basis meist >3 mm stielartig verschmälert. Tlfr. glatt. Gr. <0,5mm. Mit Speicherwurzeln            ***R. bulbosus***

**11+** Kb. ± anliegend-abstehend, 8-9 mm, fast kahl. Krb. 12-15 mm. Gr. ca 0,5 mm, gekrümmt. Grundb. meist 5-teilig. Pfl. 10-30 cm hoch, einfach oder wenig verzweigt (v?)

***R. polyanthemos*** ssp. *thomasii*
= *R. thomasii*

**6+** Fr. oval bis zylindrisch. Blü.boden stets kahl. Infl. 1-wenigblü. Stets Speicherwurzeln. Bis 50 cm (sect. *Ranunculastrum;* schwierige Gruppe mit Übergängen)

**13.** Kb. zur Blü.zeit ± zurückgeschlagen, behaart. Pfl. dicht oder locker weiß oder silbrig behaart. Blü. bis 35 mm DM. Gr. ± gerade oder nur wenig gebogen. 20-50 cm

**14.** Grundb. 1-2-fach fiederschnittig 3-teilig (*Falcaria*-ähnl.). Segmente lineal(-lanzettl.), ganzrandig, 8-30(-50)x2-3 mm. Stgb. (z.B. auf 3 Segmente) reduziert. Stg. anliegend seidig behaart. Tlfr. fein warzig, 2,5-3 mm, kahl. Speicherwurzeln eiförmig. Nur >800 m

***R. illyricus***

**14+** Grundb. ungeteilt oder 3-teilig mit gezähnten oder gekerbten Rändern, Segmente nicht lineal-lanzettl. Tlfr. warzig oder glatt, spärl. behaart. Speicherwurzeln zylindrisch oder spindelförmig

**15.** Kb. 6-7 mm, dtl. zurückgeschlagen. Tlfr. ca 3 mm, Gr. ca 1/2 so lg. Grundb. tief 3-lappig, jeder Lappen in 2-4 tief eingeschnittene Segmente zerlegt, diese 3-6x so lg wie br. Stgb. ebenfalls tief geteilt   ***Ranunculus monspeliacus***

Die B.behaarung variiert sehr stark von locker bis silbrig

**15+** Kb. bisw. nur abstehend, nicht eigentlich zurückgeschlagen. Tlfr. 1,5-2 mm, warzig vgl. **16+**   *R. paludosus*

**13+** Kb. anliegend (vgl. aber **16+** *R. paludosus*). Stgb. meist 1-3. Stg. anliegend behaart. Slt. >30 cm

**16.** Grundb. 2-3-fach gefiedert, Segmente linealisch, 2-4(-6) mm lg, das untere Stgb. oft ähnl. d. Grundb. Tlfr. 2,5-3 mm (*R. millefoliatus* s. FE)

**17.** Kb. kahl. B.segmente meist kahl, spitz, 0,5-1 mm br. und 2-5x so lg. Speicherwurzeln oval bis lglich. Meist 1-blü. Gesamte Fr. ca 3x so lg wie br. (ca 12-18x5 mm), oft zylindrisch. Tlfr. 2,5 mm zuzügl. 1-1,5 mm hakenförm. Gr. Meist nur bis 20 cm   ***R. millefoliatus***

**17+** Kb. behaart. Segmente ± behaart, stumpf, meist 1-2 mm br. und 1-2x so lg. Speicherwurzeln lglich bis zylindrisch. Meist 2-4-blü. Fr. ca 2x so lg wie br. (ca 12x6 mm), bisw. ± oval. Tlfr. 3 mm zuzügl. 1,5-2 mm (oft nur schwach) sichelförm. Gr. Bis 40 cm   ***R. garganicus***

Übergänge, z.B. „*R. millefoliatus var. minor*"

**16+** Äußere Grundb. mit ungeteilter, gekerbter Spr. von 1,5 cm DM, zur Blü.zeit allerdings meist verschwunden. Innere Grundb. meist 3-teilig, 2-4-fach fiederschnittig, Segmente 5-10x1-2 mm. Stgb. dtl. verschieden, mit 1-3 schmalen Zipfeln. Stg. an der Basis verdickt, mit dtl. Faserschopf, wenigblü. Fr. 8-10x6 mm, mit warzig-grubigen Tlfr. Krb. 9-14 mm. Kb. abstehend, seidig behaart. Formenreich (vgl. Pg 1:317)   ***R. paludosus***
= *R. flabellatus*

**5+** Pfl. einj., mit dünnen Faserwurzeln. Tlfr. dtl. zusammengedrückt und oft mit Emergenzen (Stacheln, Warzen) oder (vgl. **18.**) s. zahlreich (>50). Kb. außer bei **23.** zurückgeschlagen

**18.** Tlfr. s. zahlreich (bis über 100), glatt, nicht zusammengedrückt. Fr. walzl., die Blü. überragend. Krb. ca 2 mm lg. Sumpfige Stellen. Ab V   ***R. sceleratus***

**18+** Tlfr. <30, dtl. zusammengedrückt. Fr. rundl. bis eiförm. Krb. meist größer. Meist schon ab III-IV

**19.** Blü.boden kahl. Tlfr. 2-3(-4) mm lg. Gr. hakenförm. Grundb. nierenförm., tief 3-5-lappig

**20.** Fr.stiele dtl. verdickt. Tlfr. ca 4 mm lg, Gr. (fast) 1/2 so lg. B.segmente (v.a. die seitl.) ± 3-lappig. Pfl. -15 cm   ***R. chius***

**20+** Fr.stiele nicht verdickt. Tlfr. 2,5-3 mm, Gr. 1/3 so lg. B.segmente gezähnt. Pfl. 15-30 cm   ***R. parviflorus***

**19+** Blü.boden behaart

**21.** Tlfr. 2-4 mm, ± glatt bis warzig (aber ohne Stacheln od. Haken), Gr. nur -1 mm. Krb. ca 2x so lg wie d. zurückgeschlagenen Kb. Grundb. tief 3-teilig, Endabschnitt mit stielförm. verschmälerter Basis. (Obere) Stgb. in 2-3 mm br. Lappen zerschlitzt

**22.** Krb. 4-10 mm, blassgelb. Tlfr. -3 mm, Gr. 0,5 mm. Stg. meist abstehend behaart. II-IX. Formenreich   ***R. sardous***

incl. var. *intermedius* und var. *hirsutus* s. Fen

**a.** Tlfr. auf der Innenseite glatt. Gr. fast gerade   ssp. *s.*

**a+** Tlfr. auf der Innenseite randlich mit kleinen Höckern. Gr. aufwärts gekrümmt
ssp. *subdichotomicus* (= ssp. *xatardii*)

Die Berechtigung der beiden ssp. ist zweifelhaft. Ob die beiden Merkmale korreliert auftreten, ist, mitteleuropäischer Bestimmungsliteratur zufolge, fraglich

**22+** Krb. 3-4 mm, goldgelb. Tlfr. 3-4 mm, Gr. bis 1 mm, gerade. Stg. kahl (//)
*Ranunculus marginatus*

**a1** Tlfr. glatt — typ. var.

**a2** Teilfr. mit 1 Reihe von Warzen — var. *granulatus*

**a3** Tlfr. auch auf der Fläche mit Warzen — var. *trachycarpus*

**21+** Tlfr. 6-8 mm, meist dtl. warzig bis stachelig. Gr. 2-3 mm

**23.** Kb. anliegend. B. bis fast zum Grund 3-teilig, B.abschnitte meist noch weiter geteilt, B.-Lappen 3-10x so lg wie br. Tlfr. meist nur 4-8 — ***R. arvensis***

**a1** Teilfr. -3 mm lg bestachelt — typ. var.

**a2** Tlfr. tuberculat — var. *tuberculatus*

**a3** Tlfr. (mit Ausnahme der Nervatur) glatt — var. *inermis* (= var. *reticulatus*)

**23+** Kb. zurückgeschlagen. B. bis auf 1/2 3-teilig, B.abschnitte 1-2x so lg wie br. Stg. oft zml. dick (2-3 mm). Tlfr. oft zahlreich, -1 mm lg bestachelt — ***R. muricatus***

**1+** Blü. weiß, basal mit gelbem Fleck. B. zumind. teilweise haarzipfelig. Blü.boden stets behaart. Pfl. im Wasser oder (slt.) an durchnässten Stellen (subgenus *Batrachium*)

**24.** Pfl. heterophyll, mit flächigen Schwimmb.

**25.** Nektarium am Grund der Krb. rundl. od. längl. Fr. insges. ± kugelig; Tlfr. nicht geflügelt, zumind. jung behaart. Nur Süßwasser

**26.** Nektarium längl.-birnenförm. Fr.stiel lger als der Stiel d. gegenüberstehenden Schwimmb.; diese meist nur bis 1/2 in 3(-7) stumpf gekerbten Lappen geteilt. Lappenzähne breiter als lang. Tlfr. ±2x1,3 mm, mit 9-12 Querrippen. Krb. (9-)12-15(-20) mm lg — ***R. peltatus* ssp. *p.***

**26+** Nektarium kreisrund, becherförm. Fr.stiel kürzer als d. opponierte B.stiel. Schwimmb. meist >1/2 in (3-)5(-7) ± gezähnten Lappen geteilt. Lappenzähne lger als br. Tlfr. ±1,5x1,1 mm, mit 5-7 Querrippen. Krb. 6-10 mm (Garg. fragl.) — ***R. aquatilis* s.str.**

**25+** Nektarium halbmondförm. Reife Fr. dtl. lger als br.; Tlfr. vor allem basal kammartig geflügelt, auch jung kahl. Fr.stiel >5 cm. Krb. 6-10 mm, Kb. oft bläulich bespitzt. Auch im Brackwasser — ***R. peltatus* ssp. *baudotii***

**24+** Pfl. nur mit fein zerschlitzten Unterwasser-B.

**27.** Krb. bis 10 mm. Nektarium halbmondförm.

**28.** vgl. **25+** — *R. peltatus* ssp.*baudotii*

**28+** Fr.stiel 1-5 cm. Junge Tlfr. (auf dem Rücken) behaart, nicht geflügelt

**29.** B.zipfel 1-2 cm lg, außerhalb des Wassers gespreizt bleibend. Blü.stiele 1-2 cm, aber lger als die s. kurzen B.stiele d. jeweils gegenüberstehenden B. Krb. 5-10 mm. Staubb. 20-24 — ***R. circinatus***

**29+** B.zipfel 2-5 cm, außerhalb des Wassers pinselartig zusammenfallend. Blü.stiel 1-5 cm, höchstens so lg wie d. B.stiel. Krb. 4-6 mm. Staubb. 9-15 — ***R. trichophyllus***

**27+** Krb. >10 mm, Nektarium oval vgl. **26.** — *R. peltatus* ssp. *p.*

# THALICTRUM

**1+** unter Verwendung etlicher Hinweise von HAND (briefl.). Merkmale meist aus HAND (Botanik und Naturschutz in Hessen, Beih. **9**, 2001). – Über die Verbreitung der einzelnen Taxa werden widersprüchliche Angaben gemacht

*Stipellen:* stipelartige Öhrchen an der Basis der Fiedern 1. Ordnung

**1.** Filamente oben verbreitert, oft (blass-)rosa oder violett. Tlfr. dtl. gestielt, hängend, 3-kantig geflügelt. B. an der Basis geöhrt und oft auch mit Stipellen (wenn nicht, vgl. *Aquilegia*). (Halb-)schattige Standorte — ***Th. aquilegifolium***

Weitere vegetative Unterscheidungsmerkmale zu *Aquilegia* vgl. dort

**1+** Filamente oben nicht so br. wie die Antheren, gelbl. od. grünl. Tlfr. sitzend, nur gerippt

**2.** B. etwa so lg wie br. Größere Fiedern letzter Ordnung fast immer 3-spitzig, 1-1,5(-2)x so lg wie br. Infl. eine ausladende Rispe, mind. 1/3 der Gesamthöhe der Pfl. ausmachend. Blü. zml. lg gestielt und deshalb meist nickend, gelbl.-braun, bisw. andersfarbig überlaufen. Tep. 2,6-4,3 mm. Antheren meist >2(,3) mm, mit einem aufgesetzten 0,2-1 mm lgen Spitzchen. Tlfr. 3-5 mm. Ausläufer (meist) fehlend. Wurzeln meist grau(braun). Trockene Standorte. V-VI (HAND: Garg.) **Thalictrum minus** s.l.

**a.** Stg. 30-50 cm, gerade. Fied. basal keilförm. bis stumpf, oberhalb der Mitte am breitesten. B.unterseits nur Haupt- und starke Seitennerven dtl. hervortretend. Haare der B.unterseite allesamt nicht auf einem Epidermissockel sitzend. Stipellen (meist) vorhanden. Blü. <10 mm gestielt. Narbe nicht gefranst. Tlfr. (incl. Schnabel) <3,7 mm, Schnabel davon meist <0,7. Ab VII ssp. *m.*

**a+** Stg. meist <30 cm, bisw. knickig aufsteigend. Rhachis scharfkantig bis tief gefurcht. Fied. basal meist abgerundet bis herzförm. Haare der B.unterseite bisw. (!) auf Epidermishöckerchen sitzend. Stipellen fehlend. Blü. >10 mm gestielt. Narbe gefranst. Tlfr. >3,8 mm, Schnabel davon >0,7 mm. Ab V/VI ssp. *saxatile*
= *Th. s.*

Nach HAND ist im Gebiet ssp. *saxatilis* zu vermuten, nach CL kommt in Apulien nur ssp. *minus* vor. Ssp. *majus* jedenfalls ist für das Gebiet zu streichen

**2+** B. dtl. lger als br. Ganzrandige Fiedern an den oberen B. vorhanden und 2-40x so lg wie br., gelappte Fiedern meist 1,5-5x so lg wie br. Infl. slt. >1/3 der Gesamthöhe ausmachend. Blü. gelbl.-weiß. Antheren 1-2,5 mm, Tlfr. bis 3(,5) mm. Wurzeln meist gelb. 50-180 cm. Meist feuchte Standorte (*Th. flavum*-Gruppe; nomenklatorisch sehr unübersichtliche, schwierig zu bestimmende Einheit)

**3.** Stipellen (an jungen B.) und Ausläufer fehlend. Meist >75% der Fiedern im oberen Stg.-Drittel ganzrandig. B. oberseits glänzend, unterseits mit einzelligen Drüsenhaaren u./od. mehrzelligen drüsenlosen Haaren. Blü. ± gebüschelt, aufrecht, auch Stamina aufrecht. Antheren apikal (meist) gerundet (HAND: Garg.) **Th. lucidum**
incl. *Th. exaltatum* ssp. *mediterraneum* s. Pg

**3+** Stipellen meist, Ausläufer stets vorhanden. Meist <50 % der Fiedern im oberen Stg.-Drittel ganzrandig.

**4.** Infl. schmal. Blü. vereinzelt, wie die Stamina hängend (ähnl. 2.). Antheren apikal zugespitzt. B. meist mit Drüsenhaaren. Stipellen vorhanden od. fehlend (//) **Th. simplex**

**4+** Infl. ausladend. Blü. gebüschelt, wie die Stamina aufrecht (ähnl. 3.). Antheren apikal gerundet. Drüsen fehlend oder nur sehr spärl. Stipellen zumind. an einzelnen B. vorhanden (v) **Th. flavum**

## RESEDACEAE   RESEDA
**Lit.:** ABDALLAH & DE WIT in Mededel. Landbouwhog. Wageningen **78-14**:95-416 (1978)

**1.** Alle B. ungeteilt. Blü.stiel bis 1 mm. Kb. und Krb. je 4. Fr. 4-5 mm. Pfl. 30-100 cm **R. luteola**

**1+** Zumind. Stgb. mit Seitenlappen. Blü.stiel 1-5 mm. Kb. und Krb. (4-)5-6. Fr. 7-15 mm. 10-80 cm

**2.** Stgb. in der oberen B.hälfte mit 2 Seitenlappen, Endlappen oval. Kb. schon bald nach d. Blü. auffällig vergrößert und dann bis 10 mm. Fr. 12-15x5-8 mm, hängend. Krb. weißl., größtenteils 5-9-spaltig. Meist <30 cm **R. phyteuma**

**2+** Fiedern alle lanzettl. bis lineal. Kb. bis 4 mm, nicht auffällig vergrößert. Fr. 7-15 mm lg, aufrecht od. abstehend. Krb. größtenteils 3-spaltig

**3.** Stgb. mit wenigen Fiederzipfeln. Gr. 3. Fr. ± aufrecht, 3-zähnig. Krb. gelbl. **R. lutea**
Gelegentl. werden unterschieden:

**a.** Samen völlig glatt. Fr. apikal dtl. offen    typ. Form

**a+** Samen fein gestreift-gepunktet. Fr. apikal fast geschlossen    ssp. *reyeri*
Beide Taxa sind vom Garg. gemeldet. – CL kennt für Italien nur ssp. *lutea*

**3+** Alle B. mit >5 Fiedern. Gr. (3-)4. Fr. entsprechend (3-)4-zähnig. Krb. weißl.    ***Reseda alba***
**a.** Pfl. aufrecht. Fr. meist fast zylindrisch, 3-5 mm dick. Samen fein papillos. ± Ruderal (auch
in Küstennähe)    ssp. *a.*
Formenreich:
**b.** B. mit 4-8 Paaren ± planer Fiedern, diese z.T. die Rhachis herablaufend    typ. var.
**b+** B. mit 8-15 Paaren dtl. gewellter, nicht herablaufender Fiedern
var. *tenorei* (= var. *incisa*)
Beide Taxa haben meist 5 Kb. und 4 Gr. Pfl. mit 4 Kb. und hfg 3 Gr.    var. *myriophylla* s. FIORI
**a+** Pfl. ± prostrat. Fr. dtl. bauchig, 4,5-9 mm dick. Samen gemustert, aber ohne Papillen. Nur
in Küstennähe    ssp. *hookeri*
= *R. a.* var. *maritima* s. Fen
Vgl. dazu ARANEGA in Candollea **49**:613-619 (1994). – Alle genannten Taxa sind für den Garg. angegeben. Die Lge des Blü.- bzw. Fr.stiels ist am Garg. kein diskriminierendes Merkmal


# RHAMNACEAE

**1.** Mit persistierenden Stipulardornen. B. stets wechselständig. Zweige oft zickzackförmig. Blü.
stets 5-zlg. Gr. 2-3
**2.** Jge Zweige fein behaart. Blü. gelb. Fr. trocken, querumlaufend br. geflügelt (diskusförmig).
Strauch    ***Paliurus spina-christi***
**2+** Jge Zweige kahl. Blü. weißl. Fr. olivenähnl. Bisw. kleiner Baum (g)    ***Ziziphus zizyphus***
= *Z. jujuba*
**1+** Stp. hinfällig, aber bisw. Sprossdornen. B. wechsel- od. gegenständig. Blü. 4-5-zlg (Zähligkeit
kann innerhalb eines Individuums schwanken). Gr. 1-4
**3.** Gr. 3-4. Die meisten Blü. 4-zlg, wenn meist 5-zlg, dann B. immergrün und basal mit 2 Wimpergrübchen (Domatien)    ***Rhamnus***
**3+** Gr. 1. Blü. stets 5-zlg. B. sommergrün, unterseits mit stark hervortretenden Seitennerven und
ohne Domatien. ± Feuchte Standorte (*//*)    ***Frangula alnus***


# RHAMNUS (excl. **Frangula**)

**1.** B. größenteils wechselständig, meist mit 4 oder mehr Seitennerven
**2.** Blü. (meist) 5-zlg. B. meist 2-6 cm lg. Ohne Sprossdornen. Fr. 3-6 mm DM, zuerst grün, dann
rot, zuletzt braun oder schwarz. ± Aufrechter Strauch >50 (meist >100) cm
**3.** B. ledrig, immergrün, unterseits mit 2 basalen Wimpergrübchen (Domatien), sonst kahl.
Rand glatt oder gezähnelt. Macchie. II-IV    ***Rh. alaternus***
**3+** B. sommergrün, unterseits anfangs ± behaart, ohne Domatien. Rand glatt, höchstens sehr
seicht gebuchtet. ± Feuchte Standorte. V-VI. vgl.    ***Frangula alnus***
**2+** Blü. meist 4-zlg. B. oft kleiner. Nur -100 cm hoch
**4.** Bedornter Strauch 50-100 cm. B. ledrig, immergrün, 1-3x0,3-1 cm, höchstens apikal mit einigen Zähnen (wenn Rand durchweg gezähnt vgl. auch *Rh. saxatilis*), behaart oder kahl. Fr. gelbl.
oder rötl., slt. schwarz. III-V (*//*)    ***Rh. lycoides*** ssp. *oleoides*
= *Rh. oleoides*
**4+** Niederliegender, dornenloser Zwergstrauch bis 20 cm Höhe. B. sommergrün, sehr unterschiedlich in der Größe, randl. fast immer gezähnelt. Pfl. meist zweihäusig, Fr. schwarz. V-VI
(*//*)    ***Rh. pumila***
**1+** B. größenteils gegenständig, 1,5-2x so lg wie br., stets sommergrün, gezähnelt, jederseits mit
2-4 Nerven. Zweige stechend. Blü. fast immer 4-zlg (vgl. aber **5+ a+**). Fr. 5-8 mm DM. IV-VI
**5.** Spr. 2,5-7 cm lg, 2-2,5x so lg wie der Stiel; dieser viel lger als die Stp. K. gelbgrün, mit 2 mm
lgem Tubus. 1-6 m hoch (v)    ***Rh. cathartica***

**5+** Spr. 1-3(-5) cm lg, 3-6x so lg wie d. Stiel; dieser kürzer od. kaum lger als die Stp. K.tubus 1 mm. Strauch, 0,5-1,5 m hoch                    ***Rhamnus saxatilis***
**a.** B. ca 2x so lg wie br. (15-30x7-15 mm), in den Stiel keilig verschmälert; dieser höchstens so lg wie die Stp. Blü. stets 4-zlg. Fr. mit 2-4 Steinkernen (*//*)                    ssp. *s.*
**a+** B. kaum lger als br. (slt. größer als 6-10x5-8 mm), an d. Basis gerundet. Stiel etwas lger als Stp. Blü. bisw. 5-zlg. Fr. mit 2 Kernen                    ssp. *infectoria*
Fen nennt noch eine ssp. *tinctoria* (Spr. bis 5 cm lg, unterseits wie die jungen Zweige bleibend behaart), die aber weder in Pg noch in CL (wohl aber in FE) genannt ist

# ROSACEAE

**1.** Strauch oder Baum (vgl. auch den Gehölze-Schlüssel; dort v.a. vegetative Merkmale)
  **2.** B. zusammengesetzt
    **3.** B. gefiedert, mit mind. 5 Fiedern
      **4a** Stacheliger Strauch. Fiederpaare meist 2-4. Stp. dtl., dem B.stiel angewachsen. Fr. unterständig, rot (Hagebutte)                    ***Rosa***
      **4b** Stacheliger Strauch. Fiederpaare meist 2. Stp. fädl. Fr. oberständig, rot    ***Rubus*** *(idaeus)*
      **4c** Meist kleiner Baum, stets stachellos. Fiederpaare 5-8. Stp. oft hinfällig, stets frei. Fr. unterständig, mit 2-5 Gr.                    ***Sorbus***
    **3+** B. gefingert, slt. 3-zlg. Fr. oberständig, (blau-)schwarz. Pfl. stachelig            ***Rubus***
  **2+** B. einfach (aber bisw. tief gelappt, vgl. **9.**). Pfl. unbewehrt oder mit Sprossdornen
    **5.** 1 Karpell in der becherförm. Blü.achse frei stehend                    ***Prunus***
    **5+** Gynoeceum (halb-)unterständig, mit dem umschließenden Blü.becher verwachsen. Karpelle 2-5, aber Gr. bisw. teilweise verwachsen; wenn 1 Gr. (vgl. **10.** *Crataegus*), B. tief gelappt
      **6.** Blü. einzeln, 3-4 cm DM. 2-6 m hoher Strauch. B. ca 3x so lg wie br., bis 12 cm lg und nur -2 mm gestielt. Gr. 5 (ob indigen?)                    ***Mespilus germanica***
      **6+** Blü. mind. zu 2
        **7.** Blü. 15-40 mm DM, in Dolden. Meist Baum. Gr. 5, basal bisw. verbunden
          **8.** Antheren rötl. Gr. frei. B. fast ganzrandig bis fein gesägt, die meisten Zähne dann <0,5 mm. B.stiel ± so lg wie die Spr. oder Spr. 2-3x so lg wie br.                    ***Pyrus***
          **8+** Antheren gelblich. Gr. basal verbunden. B.rand stets gesägt, die Zähne meist >0,5 mm                    ***Malus***
          Wenn B. >7 cm und unterseits weißfilzig vgl. auch **12+**            *Sorbus aria*
        **7+** Blü. in Trugdolden, slt. in Trauben. Meist strauchig. Gr. 1-5
          **9.** B. (zumind. im vorderen Drittel) ± gelappt. Infl. stets trugdoldig
            **10.** Spr. bis 3 (4) cm lg. Zweige meist dornig endend. Gr. 1-3(-5). Strauch    ***Crataegus***
            **10+** Spr. mind. 5 cm lg. Dornenlos. Gr. 2. Meist kl. Baum    ***Sorbus*** *(torminalis)*
          **9+** B. ganzrandig od. nur gezähnelt
            **11.** B. (zumind. anfangs, vgl. **13.**) unterseits weiß- od. graufilzig, nur slt. >2x so lg wie br. Pfl. dornenlos
              **12.** B. <4 cm lg. Fr. 6-8 mm lg. Strauch von 1-3 m Höhe
                **13.** B. gezähnelt, zuletzt verkahlend. Blü. in endständigen Trauben. Krb. 12-14 mm. Gr. 5 (*//*?)                    ***Amelanchier ovalis***
                **13+** B. ganzrandig, slt. mit einzelnen Kerben. Blü. in seitenständ. Teilinfl. Krb. 4 mm lg. Gr. meist 3                    ***Cotoneaster***
              **12+** B. (4-)7-10(-14)x(3-)4-5(-8) cm. Infl. trugdoldig. Krb. ca 5 mm, Fr. bis 10 mm lg. Gr. 2. Meist kleiner Baum                    ***Sorbus*** *(aria)*

**11+** B. kahl, immergrün, fast 3x so lg wie br. Pfl. meist mit Sprossdornen. Gr. 5. (v); (g?)
*Pyracantha coccinea*

**1+** Pfl. krautig

**14.** Außenkelch vorhanden (d.h. Kb. 8-10, bisw. ungleich groß, bei **20.** Außenkelch sehr klein). Pfl. 5-80 cm hoch

**15.** Krb. vorhanden, weißl. od. gelbl. Blü. meist 5-zlg

**16.** Gr. 2. Blü. gelb, 5-10(-15) mm DM. Stgb. unregelmäßig gefied., mit 3 großen Endblättchen. -20 cm hohe Pfl. d. (Buchen-)Wälder *Aremonia agrimonioides*

**16+** Gr. zahlreich

**17.** Gr. schon früh verlängert und ± hakig. Stgb. großenteils mit 2 basal sitzenden Fiedern und einem 1-3-teiligen Endabschnitt. Blü. gelb, 1-1,5 cm DM. Pfl. 50-80 cm hoch **Geum**

**17+** Gr. weder verlängert noch hakig. B. gefiedert oder (hfger) 3-mehrzählig gefingert.

**18.** (Grund-)B. mind. 5-zählig. Krb. gelb(lich), oft dtl. lger als d. K. *Potentilla*

**18+** Alle B. 3-zählig. Krb. weiß, slt. gelbl.-weiß

**19.** Krb. 3-5 mm, < als d. Kb. B. unterseits ± graublau. Infl. meist kürzer als d. Stiele der Grundb., slt. >3-blü. B. zähne grob, bis 5x4 mm. B.- und Blü.stiele lg seidig bewimpert. Stets ohne Ausläufer *Potentilla (micrantha)*

**19+** Krb. 5-12 mm, meist lger als d. K. B. unterseits nicht graublau *Fragaria*

**15+** Krb. fehlend. Blü. stets 4-zlg. B. handförmig gelappt. Pfl. slt. >20 cm

**20.** Pfl. einj., ohne Grundb.rosette. Stgb. ± 3-spaltig. Staubb. 1(-2) *Aphanes*

**20+** Pfl. mehrj., mit Grundb.rosette. Stgb. gelappt. Staubb. (2-)4 *Alchemilla*

**14+** Außenk. fehlend. B. stets gefiedert. Pfl. meist >30 cm

**21.** Krb. fehlend, Kb. 4. Infl. ein Köpfchen. Obere Blü. karpellat mit pinselförm. Narbe. Fr. mit 4 Lgskanten. B.fiederung gleichmäßig *Sanguisorba*

**21+** Krb. 5-6, stets vorhanden. Infl. nicht kopfig. B. unterbrochen gefiedert (d.h. große und kleine Fiedern ± abwechselnd)

**22.** Krb. 5, gelb. Blü. in Trauben. Fr(kn). unterständig, mit Hakenhaaren *Agrimonia*

**22+** Krb. 6, weiß. Blü. in ± trichterförm. Infl. (Spirre). Balgfr. *Filipendula vulgaris*


## AGRIMONIA

**1.** Fr. über fast die gesamte Lge dtl. gerillt. B. unterseits dicht behaart, ± grau, mit wenigen Drüsen oder drüsenlos (B. daher geruchlos). Stg. unterhalb der Infl. mit lgen und kurzen (bisw. anliegenden) drüsenlosen Haaren, daneben oft ± sitzende Drüsen *A. eupatoria*
Im Gebiet zu erwarten:
Äußere (= untere) Hakenborsten aufrecht bis gerade abstehend. Hakenkranz insgesamt <4 mm, kürzer als der Fr.körper. Meist <50 cm (slt. bis >1 m) hohe Pfl. mit basaler B.rosette ssp. *e.*

**1+** Fr. nur in der oberen Hälfte und nur undeutl. gerillt. Äußere Hakenborsten teilweise dtl. zurückgeschlagen (abwärtsgerichtet). B. beiderseits ± gleichfarbig, unterseits mit zahlreichen terpentinartig riechenden Drüsen. Stg. mit vielen kurzen Drüsen, daneben lge Haare *A. procera*
= *A. odorata*


## ALCHEMILLA Vgl. **20+** (Garg. fragl.) *A. vulgaris*-Gruppe

Nach Pg und CL fehlt die ganze Artengruppe Apulien und kommt auch in den angrenzenden Regionen nur in hohen Lagen vor


## AMELANCHIER Vgl. **13.** (//?) *A. ovalis*

# APHANES

Infolge einer verworrenen Nomenklatur widersprechen sich die Verbreitungsangaben der einzelnen Taxa beträchtlich. Fen meldet „*A. microcarpa*". Diese Art in ihrer heutigen Auffassung kommt in Italien nicht vor. Möglich sind hingegen (Merkmale nach FRÖHNER in HEGI 4/2b:246-249, 1995):

**1.** Blü. bzw. Fr. (incl. K.) meist 2-2,5 mm, abstehend behaart. Kb. zuletzt aufrecht (-spreizend), ihre Spitzen 0,5-1 mm voneinander entfernt. Blü. unterhalb der Kb eingschnürt. Fr.becher mit 8 dtl. erhabenen Nerven. Stp. <40% tief in ± 3-eckige Zipfel geteilt, diese 1-2(-3)x so lg wie br. (Garg. mögl.) **A. arvensis** s.str.

**1+** Blü. bis 1,8 mm. Kb. zuletzt zusammenneigend, ihre Spitzen deshalb höchstens 0,5 mm entfernt. Blü. nicht eingeschnürt. Stp. oft tiefer geteilt (*A. microcarpa* s. FE und wohl auch s. Fen)

**2.** Zipfel der Stp. 1-2(-3)x so lg wie br., breit 3-eckig. Blü. bisw. kahl. Fr.becher fast kugelig, am Grund nicht schwammig verdickt, die 8 Nerven nicht hervortretend (*//*) **A. minutiflora**
= *A. bonifaciensis*

**2+** Zipfel (1-)2-5x so lg wie br., mehr linealisch (Ränder bisw. fast parallel). Blü. stets zumind. spärl. behaart. Fr.becher eiförm., am Grund etwas schwammig verdickt und mit etwas hervortretenden Nerven **A. inexspectata**
= *A. australis* = *A. microcarpa* s. Pg

**AREMONIA** Vgl. 16. **A. agrimonioides**

**COTONEASTER** Vgl. 13+ (v) **C. tomentosus**
Die Art sollte nicht mit *C. nebrodensis* synonymisiert werden (wie z.B. in Pg 1:610)

# CRATAEGUS

Um die Zahl der Gr. festzustellen, sollten mehrere Blü. überprüft werden. „Zwischenformen" (z.B. Blü. mit 1 lgem und 1 kurzem Gr.) können vorkommen; dann evtl. Or.-Lit.

**1a** Gr. stets 1. B. tief (mind. bis zur Hälfte) gelappt. Lappen ± parallelrandig. Fr. 8-10 mm DM **C. monogyna**

Die beiden folgenden Taxa werden in CL nicht unterschieden:
**a.** Jge Zweige, Blü.stiele und Achsenbecher kahl oder höchstens spärl. behaart ssp. *m.*
**a+** Jge Zweige, Blü.stiele und Achsenbecher zumind anfangs dicht behaart ssp. *azarella*

**1b** Gr. (1-)2(-3). B.lappen nicht parallelrandig
**2.** Jge Zweige, Blü.stiele und K. bleibend dicht behaart. B.segmente 3-eckig. Fr. ca 20 mm DM (CL: in Apulien nur adventiv) **C. azarolus**
**2+** Beharung spärl. oder fehlend. B. meist nur gekerbt od. seicht gelappt. Fr. 8-10 mm DM **C. laevigata**
= *C. oxyacantha*

**1c** Gr. 3(-5). B. fast bis zur Mittelrippe geteilt. Untere B.lappen 2-4x so lg wie br., mit ± parallelen Rändern. Fr. 15-20 mm DM (*//*) **C. rhipidophylla**
= *C. laciniata*

**FILIPENDULA** Vgl. 22+ **F. vulgaris**

# FRAGARIA

**1.** Zumind. seitl. Blü.stiele anliegend od. aufrecht-abstehend behaart. Infl. bis 6-blü. Blü. alle zwittrig. Fiedern 2-4(-5) cm lg. Pfl. slt. >25 cm
**2.** Fr.k. abstehend bis zurückgeschlagen. Blü.boden kahl oder nur unten (= außen) behaart. Unterstes Tragb. (meist) gezähnt, laubig und >10 mm lg. Krb. 5-6 mm. Endzahn der Fiedern < oder

> als dle ± symmetrischen Seitenzähne. Seitenfiedern meist sitzend. Ausläufer meist vorhanden. Tochterpfl. mit einem ± 3-zipfeligen Schuppenb. beginnend, aus dessen Achsel ein fortführender Ausläufer entspringen kann (sympodiale Verzweigung: jedes Langinternodium des Ausläufers beginnt mit einem Niederblatt) **Fragaria vesca**

**2+** Fr.k. der Fr. anliegend. Blü.boden durchgehend behaart. Spr. des untersten Tragb. lanzettlich, ganzrandig, <10 mm lg und nur bis 2 mm br. Krb. größer. Endzahn so lg wie oder (meist) kürzer als die benachbarten, nach vorne gekrümmten Seitenzähne. Seitenfiedern ± gestielt. Tochterpfl. mit einem Laubblatt beginnend. Ausläufer fehlend oder monopodial (nur 1. Internodium mit Niederblatt) **F. viridis**

**1+** Blü.stiele waagrecht oder rückwärts abstehend behaart. Infl. meist 7-12-blü., auch zur Fr.zeit ± trugdoldig bleibend. Pfl. unvollkommen zweihäusig („männliche" Blü. mit sterilem, vertrocknendem Blü.boden, „weibl." Blü. mit Staminodien). Krb. 8-10 mm. Blü.boden durchgehend behaart. Ausläufer ± dicht behaart, sympodial (vgl. **2.**), auch B.zähnung ähnl. wie bei **2.** Fiedern meist >4 cm, die seitl. ± dtl. gestielt. Pfl. meist >20 cm. (*//*) **F. moschata**

**GEUM** Vgl. **17.** **G. urbanum**
Früher wurden unterschieden und beide Taxa vom Garg. gemeldet:
**a.** Pfl. feinbehaart. Fr.gr. nur nahe dem Knie behaart typ. Form
**a+** Pfl. mit lgeren abstehenden Haare. Fr.gr. gänzl. behaart var. *australe*

## MALUS

**1.** Ausgewachsenes B. (unterseits) kahl oder nur auf den Nerven behaart (wenn ± drüsig gesägt, vgl. auch *Prunus mahaleb*). Auch Kiel der Kb. kahl. B.stiel oft (fast) so lg wie d. Spr. Spross oft als Dorn endend. Achsenbecher zumind. oben kahl. Fr. 2-3,5 cm DM **M. sylvestris**
**1+** B. meist beiderseits behaart, zumind. unterseits ± filzig. Kiel der Kb. behaart. B.stiel 1/3-1/2 x so lg wie Spr. (Meist) dornenlos. Achsenbecher weißfilzig. Fr. >5 cm DM (ursprüngl. Kulturbaum) **M. domestica**

## MESPILUS Vgl. **6.** (Indigenat sehr zweifelhaft) **M. germanica**

## POTENTILLA

**1.** Krb. gelb(lich), oft dtl. lger als d. K. (Grund-)B. mind. 5-zählig
**2.** Blü. einzeln b.achselständig. Pfl. kriechend, mit ausläuferartig einwurzelnden Stg. Oft an gestörten Standorten **P. reptans**
Wenn Stg. nicht einwurzelnd und Pfl. lg seidig behaart, Blü. bisw. 4-zlg (v) var. *lanata* (= var. *italica*)
**2+** Stg. aufrecht, ohne „Ausläufer". Infl. ± abgesetzt
**3.** B. oberseits (dunkel-)grün, unterseits dicht anliegend filzig bis silbrig behaart, randl. (meist) zurückgerollt. Krb. -6 mm. Formenreich (apomiktische Sippen) **P. argentea**
**3+** Spr. randl. nicht zurückgerollt. Wenn unterseits weißl., Haare z.T. 2-5 mm lg, seidig, nicht filzig. Krb. 6-14 mm
Diese Gruppe ist sehr formenreich und bildet „Zwischenformen", insbesondere zwischen *P. detommasii* und *P. recta* („*P. commixta*"). Die Nomenklatur ist sehr unübersichtlich (Pg ≠ FE ≠ Fen)
**4.** Stg. 30-50 cm, mit (2-3 mm) lgen, einfachen weißen Haaren (besonders am Stg.knoten), daneben keine oder nur sehr wenige kurze Haare (solche aber an Blü.- und B.stielen), basal oft rötl. Fiedern meist nur bis 30x3 mm, die oberen 2/3 mit jederseits 3-4(-7) tiefen Zähnen. Stp. der Stgb. lanzettlich, ganzrandig. Pfl. drüsenlos **P. hirta** s.l.
incl. *P. pedata* Willd. und *P. laeta* Rchb.

**4+** Stg. mit (bis 4 mm) lgen, einfachen *und* meist auch kurzen, borstigen Haaren (bisw. auch fast kahl u./od. mit Drüsenhaaren). Fiedern bis (fast) zur Basis gezähnt. Stp. der Stgb. oft gezähnt bis fiederschnittig

    **5.** B. unterseits seidig, graugrün bis weiß, mit (kurzen und) langen Haaren dicht besetzt. Die hfg 5 Fiedern der Grundb. längl. verkehrt-eiförm., bis 30-50x10-18 mm (meist kleiner), jederseits mit 5-10 (slt. mehr) oft kleinen Zähnen. Infl. meist kompakt. Krb. 1-2x so lg wie der K., goldgelb. Stg. auch oben dtl. behaart, dabei ein (Groß-)Teil der Haare bis 1 mm und lger. Stets drüsenlos. Pfl. slt. >30 cm hoch; wenn größer, auch Infl. meist locker und dann *P. recta* habituell sehr ähnlich. Trockenrasen                                       **Potentilla detommasii**
                                                                         incl. var. *holosericea*

    **5+** B. unterseits (meist) locker mit lgen Haaren, grün bis grüngrau (nicht seidig). Die (5-)7 Fiedern meist größer, jederseits mit 10-15 dtl. Zähnen (bisw. fast fiederschnittig). Infl. meist locker, ausgebreitet doldentraubig. Pfl. bis 70 cm hoch. Hfg in saumartigen Gesellschaften                                                      **P. recta**
                                                              incl. *P. pedata* Nestl.
Der Literatur zufolge sind Drüsen (vor allem am Stg.) ein wesentliches Kennzeichen von *P. r.* Dies trifft für die garganischen – wie überhaupt mediterranen – Populationen aber nur eingeschränkt zu Meist (auch in CL) werden unterschieden:

    **a.** Krb. zitronen- bis schwefelgelb, dtl. lger als der K. Stg. meist ± grünl. und – besonders unter der Infl. – oft nur sehr spärl. behaart (dabei höchstens einzelne Haare >0,2 mm lg)                                                   ssp. *r.* (= var. *sulphurea*)

    **a+** Krb. dottergelb, meist ± so lg wie der K. Infl. dichter. Stg. meist rötl., unterhalb der Infl. meist dichter behaart (ähnl. *P. detommasii*, aber bisw. mit Drüsen)(*H*)                     ssp. *obscura*
                                                                        incl. var. *pilosa*

**1+** Krb. weiß, ± rundl., 3-5 mm, < als d. Kb., sich an den Rändern nicht berührend. Filamente bandartig abgeflacht, kaum schmäler als die Antheren, basal behaart. Alle B. 3-zählig. B. unterseits ± graublau. Infl. meist kürzer als d. Stiele der Grundb., slt. >3-blü.                            **P. micrantha**

## PRUNUS

*Nektarien:* knötchenförm. Drüsen (meist 2) am oberen Ende des B.stiels
Den B.merkmalen liegen Kurztrieb-B. zugrunde
*P. padus* ist sicher eine Fehlmeldung

**1.** B.grund dtl. gerundet bis herzförm. B. kaum lger als br. (ca 2-3x1,5-2,5 cm), oberseits dunkelgrün, beiderseits (fast) kahl oder nur Mittelrippe am Grund behaart. B.rand ± drüsig gesägt (Unterschied zur oft ähnl. strauchförm. *Malus sylvestris*). (Meist) ohne Nektarien. Infl. ± doldig, 4-10-blü. Fr. 8-10 mm lg, schwärzlich. Meist sparrig verzweigter Strauch                            **P. mahaleb**

**1+** B. 2-4x so lg wie br. Infl. eine Dolde oder verlängerte Traube

    **2.** B. immergrün, ledrig, oberseits glänzend dunkelgrün, völlig kahl, beim Zerreiben nach Blausäure ("Bittermandeln") riechend, 8-15x3-4 cm. B.rand meist gezähnelt. Infl. eine aufrechte, reichblü. Traube. Fr. 7-10 mm DM, schwarz (*//*; wohl nur (g))              **P. laurocerasus**

    **2+** B. sommergrün, nicht nach Blausäure riechend. Infl. keine reichblütige Traube

    **3.** Dorniger, meist sparriger Strauch von 0,5-3 m Höhe. B. 2-4 cm lg, größte Breite meist unterhalb der Mitte

        **4.** B. 15-20 mm br., 3-5 mm gestielt, Stiel meist ohne Nektarien. Junge Zweige behaart. Krb. 5-7 mm. Fr. kugelig, 10-15 mm DM, kahl, blau bereift. III-IV                  **P. spinosa**

        **4+** B. 4-9 mm br., Stiel meist mit Nektarien. Junge Zweige kahl. Krb. 10 mm. Fr. längl., 20-25 mm, behaart. II-III                                **P. webbii**

    **3+** Meist Baum (vgl. aber **7+**). Pfl. unbewehrt (bei **5.** *Pr. dulcis* Lgtriebe bisw. dornig zulaufend). B. (meist) >5 cm lg. B.stiel meist mit Nektarien

        **5.** B. 5-6x1,5-2 cm, 1-2 cm lg gestielt. Größte B.breite unterhalb d. Mitte. Blü. auffällig rosa, II-III. Nur (g)                                       **P. dulcis**
                                                    incl. var. *amara* und var. *sativa*

**5+** B. ±2x so lg wie br., meist >6 cm. Größte Breite meist in oder oberhalb der Mitte. Blü. weiß bis blassrosa, ab IV

**6.** Blü.stiele 1-2 cm, behaart. B. in der Knospe gerollt, (4-)6-8 cm lg, zumind. unterseits behaart. Borke rissig (g)  *** Prunus domestica***

**a.** B.oberseite und jge Zweige (±) kahl. Pfl. dornenlos. Fr. kugelig bis spindelförm., violett, blau bereift (//)  *ssp. d.*

**a+** B.oberseite und jge Zweige behaart. Meist bedornt. Fr. stets kugelig, violett, rot oder gelb  *ssp. insititia*

**6+** Blü.stiele 2-5 cm, kahl. B. in der Knospe gefaltet, 6-15 cm lg. B.unterseite (bis auf Domatien und Nerven) kahl. Auch jge Zweige kahl. Borke sich in charakteristischen Streifen quer ablösend („Ringelborke"). Fr. stets ± kugelig, nie bereift oder blau

**7.** B. 2-4 cm gestielt, fast immer mit 2(-4) Nektarien. Domatien dtl. Krb. oval. Blü.tragende Kurztriebe am Grund nur von Knospenschuppen umgeben. Meist Baum (z.T. (g))  ***P. avium***

**7+** B.stiel oft ohne Nektarien. Domatien schwach entwickelt. Krb. ± rundl. Blü.triebe am Grund auch mit laubigen Hochb. Bisw. strauchig (//; (g?))  ***P. cerasus***

**PYRACANTHA**  Vgl. **11+** (v); (g?)  ***P. coccinea***

## PYRUS

**1.** B. 2-3x so lg wie br., höchstens apikal etwas gezähnelt. Spr. 2-4x so lg wie der Stiel. Krb. 7-8 mm, basal pubeszent (wenn kürzer und kahl vgl. Pg 1:604). Stamina > Gr. Mit Sprossdornen. Meist Strauch  ***P. spinosa***
= *P. amygdaliformis*

**1+** B. 1-2x so lg wie br., meist rundum gesägt, gezähnt oder ± ganzrandig. Spr. etwa so lg wie der Stiel, bisw. kürzer, slt. bis 2x so lg. Krb. 7-15 mm. Stamina so lg wie die Gr. Baum  ***P. communis*** s. CL

Häufig (nicht in CL) werden unterschieden:

**2.** (Meist) ohne Sprossdornen. Fr. meist >5 cm br., birnenförm. B.rand ± kerbig gesägt. Krb. mind. 10 mm, Kulturpfl., slt. verwildert  *P. communis*

**2+** Fast immer mit Sprossdornen. Fr. oft ± kugelig, bis 3,5 cm DM. B.rand fein gezähnt bis ± ganzrandig  *P. pyraster*

Die typische *P. p.* hat unterseits rasch verkahlende B. mit keilförm. bis gerundetem Spr.grund. Exemplare mit gerundetem bis herzförm. Spr.grund und unterseits bleibend behaarten Nerven wurden früher auch als *P. achras* bezeichnet. Diese „Taxa" kommen aber nebeneinander vor, die Namen wurden schon früh als Synonyme betrachtet

## ROSA

Die Zusammenstellung in Fen orientiert sich taxonomisch an der nicht umstrittenen Bearbeitung in der FE. Hier sind deshalb auch andere Florenwerke eingearbeitet

Die von RABENHORST (1847) genannten und in Fen zitierten kultivierten Rosen sind nicht eingeschlüsselt. Auch die als Bastarde gedeuteten Zwischenformen sind nicht berücksichtigt. Die durch eigene, von REICHERT revidierte Belege nachgewiesenen Taxa sind durch + gekennzeichnet. REICHERT hat auch den folgenden Schlüssel durchgesehen

*Diskus:*  Der obere Rand des Achsenbechers (der Fr.)

*Gr.kanal:*  *(orifizio)*; Zentrale, von den Gr. durchwachsene Öffnung des Diskus. Er gilt als „weit", wenn er mind. 1/3 des Diskus-DM bzw. >1 mm DM erreicht und „eng" bei 1/4-1/8 bzw. <1 mm. Ggfs. ist ein Längsschnitt durch die (unreife) Hagebutte nützlich

*Narbenpolster:* Summe der aus der Öffnung des Diskus ragenden Narben (als ± kugeliges Köpfchen oder als ± halbkugeliges Kissen)

Angaben zur Stellung der Kb. beziehen sich auf ± reife Früchte

„Übergänge", insbesondere zwischen benachbart stehenden Arten, sind häufig. Endgültige Zuordnungen sind dann – wenn überhaupt – nur unter Zuhilfenahme weiterer, hier nicht angeführter Merkmale mögl. Mit Ausnahme der leicht kenntlichen *R. sicula* und *sempervirens* sind alle Arten auch in mitteleuropäischen Floren verschlüsselt

Fen nennt auch „*R. squarrosa*", es ist aber unklar, was damit gemeint ist; *R. squ. s.* FE bzw. Pg jedenfalls ist für Italien nicht nachgewiesen, *R. squ. s.* CL hingegen schon. Das in FE 2:451 und in Fen beigegebene Synonym „*R. scabrata* Crépin" (CL) weist aber darauf hin, dass dort damit ein *R. canina*-Typ mit blattunterseits drüsig behaarten Seitennerven gemeint ist

**1.** Kb. ganzrandig, nur slt. mit einzelnen Fiedern

  **2.** Gr. zu einer 2-5 mm lgen Säule verwachsen. Blü.triebe stets mit Stacheln. Blü. weiß, slt. hellrosa, meist in Gruppen. Fr. oval, (ohne die Kb.) 1-2 cm. B. 5-7(-9)-zlg. Oft Spreizklimmer

    **3.** B. etwas ledrig, immergrün, oberseits glänzend, auch unterseits völlig kahl. Fiedern jederseits mit >20 Zähnen. Stacheln alle gekrümmt. Infl. vielblü. Gr.säule meist fein behaart. Fr. kugelig, bis 1 cm (+)                                         ***Rosa sempervirens***

    **3+** B. sommergrün, unterseits auf den Nerven behaart, Fiederzähne jederseits <20. Die oberen Stacheln fast gerade. Infl. 1-wenigblü. Gr.säule kahl. Fr. ovoid, bis 2 cm (v)        ***R. arvensis***

  **2+** Gr. nicht verwachsen, büschelig. Blü.triebe ohne oder mit ± geraden Stacheln. Blü. dunkelrosa bis rot, meist einzeln. Fr. meist flaschenförmig und hängend, bisw. wie ihr Stiel drüsig. B. mit 7-11 meist kahlen Fiedern (nur Ränder drüsig). Strauch höherer Lagen, meist <1 m hoch (//)                                                                 ***R. pendulina***

**1+** (Zumind.) 3 Kb gefiedert. Gr. keine Säule bildend

  **4.** B. etwas ledrig, unterseits mit dtl. hervortretendem gelbl. Adernetz, die mittl. B. der blü.tragenden Äste mit (3-)5 Fiedern, diese 3-5x2-3 cm und unterseits behaart und drüsig. Auch Stg., Blü.-stiel und Kb. drüsig. Krb. (25-)30-45 mm. Stacheln meist sehr ungleich, verschieden groß und z.T. auch gerade, zudem mit Stachelborsten. Blü. meist einzeln mit lg gestielt. Gr.kanal (immer?) weit. Kb. zurückgeschlagen. Im Grasland slt. >50 cm, in Gehölzen auch höher kletternd. Unterirdische Ausläufer treibend, daher oft in Trupps (+)                   ***R. gallica***

  **4+** B. nicht ledrig. Blü. (meist) kleiner. B. mit (5-)7 Fiedern. DM des Gr.kanals und Stellung der Kb. nicht in dieser Kombination. Pfl. (außer **8.**) meist höher und ohne unterirdische Triebe

    **5.** B. unterseits (auch auf der Fläche) ± drüsenhaarig, daneben oft mit einfachen Haaren (und diese dann bisw. die Drüsen verdeckend!). Frische B. (beim Zerreiben) fruchtig riechend (*R. rubiginosa* agg.)

      **6.** Gr.kanal eng. Gr. kahl oder spärl. behaart. Kb. zurückgeschlagen, früh abfallend

        **7.** Blü.stiel ohne Drüsen, kahl oder spärl. behaart. Auch Kb. rückseitig nicht drüsig. Fiedern am Grund keilig verschmälert, 1,5-3x so lg wie br. (+)                     ***R. agrestis***

        **7+** Blü.stiel drüsig, oft auch mit Stachelborsten. Kb. rückseitig drüsig. Fiedern basal gerundet (+)                                            ***R. micrantha***

      **6+** Gr.kanal weit. Gr. dicht behaart (bei **8+** *R. rubiginosa* slt. kahl). Kb. abstehend bis aufrecht, meist lge bleibend. Fiedern rundl.-elliptisch. Blü.stiele meist drüsig

        **8.** Pfl. 20-50 cm hoch. Fiedern jederseits mit 4-12 Zähnen. ± Gerade Stacheln weit überwiegend. Kb. an der Fr. straff aufrecht                                   ***R. sicula***

        **8+** Pfl. meist 1-2 m hoch. Fiedern jederseits mit 12-18 Zähnen. Neben geraden borstigen Stacheln auch hakig gekrümmte Stacheln. Kb. abstehend bis schräg-aufwärts (//)                       ***R. rubiginosa* s.str.**

    **5+** B. unterseits höchstens auf Rhachis bzw. Nerven mit (einzelnen) Drüsen, kahl oder behaart. Ohne Obstgeruch

Sehr formenreiche Artengruppen mit unterschiedl. gehandhabten taxonomischen Abgrenzungen und uneinheitl. Nomenklatur. Vgl. auch die Tab. in Pg 1:564

      **9.** Gr.kanal eng, wie das Narbenpolster höher als br. Kb. nach der Blüte zurückgeschlagen, bald abfallend. Stiel der jungen Fr. wenig kürzer bis dtl. lger als diese (ohne die Kb.) (*R. canina* s.l. = s. Pg)

**10.** Fiedern unterseits behaart, zumind. auch auf den Seitennerven. Blü.stiel höchstens mit einzelnen Drüsen

**11.** Fiedern (meist) einfach gezähnt, unterseits drüsenlos, slt. einzelne Drüsen am Hauptnerv. Blü. meist blassrosa (*H*; +)                    ***Rosa corymbifera***

**11+** Fiedern doppelt gezähnt, mit randlichen Drüsen, auch Rhachis und Fieder(nerven) unterseits ± (oft sehr spärlich!) drüsig. Blü. nur anfangs rosa, später weiß, im Gebiet auch kräftig rosa bleibend (*H*; +)                         ***R. balsamica*** s. CL
                                        = *R.* (*canina* var./ssp.) *tomentella*

**10+** Fiedern ganz kahl (höchstens einige Haare auf der Mittelrippe, oder randl. bzw. auf den Nerven mit wenigen Drüsen)

**12.** Blü.stiel (meist) völlig drüsenlos

**13.** Fiedern einfach gezähnt, am Rand wie auch unterseits auf den Nerven drüsenlos. Gr. kahl oder behaart, kaum hervorragend (+)                    ***R. canina*** s.str.

**13+** Fiedern doppelt gezähnt, mit randlichen Drüsen, auch (Seiten-)Nerven unterseits drüsig (Garg. fragl, vgl. Anm. oben)                    „*R. squarrosa*" s. Fen?

**12+** Blü.stiel und oft auch Teile der Fr. drüsig. Zähnung der Fiedern einfach (dann Zähne nicht drüsig) oder doppelt (dann zumind. einige Zähne drüsig). Hauptnerv und Rhachis ± drüsig (*H*; +)                    ***R. andegavensis***
                                        = *R. canina* s.str. var. *a.*

**9+.** Gr.kanal weit. Narbenpolster flach. Kb. an der Fr. bleibend, aufrecht(-abstehend). Stiel der jungen Fr. meist dtl. kürzer als diese (oft nur 1/3 so lg) (*R. dumalis* s.l. = s. Pg)

**14.** Fiedern ganz kahl (höchstens einige Haare auf der Mittelrippe), meist doppelt drüsig gesägt. Rhachis meist drüsig. Fiedern und junge Zweige oft blaugrün „bereift" (v)
                                        ***R. dumalis*** s.str.
                                        = *R. dumalis* var. *afzeliana* = *R. vosagiaca*

**14+** Fiedern meist einfach gesägt, unterseits (und meist auch oberseits) wie die Rhachis behaart (v)                         ***R. caesia***

Pg unterscheidet:

**a.** Blü.stiel und Kb. höchstens spärl. drüsig                    *R.* „*dumalis*" var. *coriifolia*

**a+** Drüsen dicht                         *R.* „*dumalis*" var. *caesia*

„Zwischenformen" zwischen *R. canina* s.l. und *R. dumalis* s.l. (Gr.kanal 0,9-1,1 mm DM, aber oft an einem Strauch unterschiedl.; Kb. zurückgeschlagen bis schräg aufwärts gerichtet, meist früh abfallend; Fiederzähne einfach oder doppelt, mit oder ohne Drüsen usw.) werden auch unter *R. subcanina* zusammengefasst (*II*; +?)

# RUBUS

Für eine kritische Bewertung der für den Garg. gemeldeten *Rubus*-Taxa fehlt derzeit jede Grundlage. Der folgende Schlüssel berücksichtigt alle für den Garg. bzw. für Apulien genannten Taxa (series und species) ohne weitere Bewertung

**1.** B. gefiedert. Fr. rot (subgenus *Idaeus*)                         ***R. idaeus***

**1+** B. gefingert. Fr. ± (blau-)schwarz (subgenus *Rubus*)

**2.** B.stiel oberseits durchgehend rinnig. Fiedern sich hfg überlappend. Stiel der (unteren) Seitenfiedern 0-1(-2) mm. Stp. 1-4 mm br.

**3.** Schössling stielrund, ± hellblau bis weißl. bereift. Stacheln nadelförm. K.zipfel verlängert. Fr. bläul. bereift. B. fast durchweg 3-zlg (v)                         ***R. caesius***

**3+** Schössling rund bis kantig, höchstens schwach bereift, mit meist kräftigen Stacheln. K.zipfel oft kurz (Garg. fragl.)                         *R.* sect. ***Corylifolii***

Zumeist aus Kreuzungen von *R. caesius* und *R.* sect. *Rubus* hervorgegangene, aber stabilisierte Sippen, über deren Vorkommen in Italien kaum etwas bekannt ist

**2+** B.stiel oberseits meist nur an der Basis rinnig. Fiedern sich meist nicht überlappend. Stiel der unteren Seitenfiedern 1-8 mm. Stp. 0,5-1 mm br. (*R.* sect. *R.*)

**4.** B. (zumind. im Infl.-Bereich) oberseits oft dicht sternhaarig, unterseits grauweiß filzig. Fiedern schmal, 4-6 mm tief gesägt. Schösslinge ± ohne Stieldrüsen. Stacheln ± (!) ungleich, meist 6-7 mm. Krb. weiß, beim Trocknen etwas gelbl. werdend　　　　　　ser. *Canescentes*

Monotypisch und für den Garg. angegeben　　　　　　　　　　　　　　*Rubus canescens*

sowie (möglicherweise ein Hybrid *R. canescens x ulmifolius*)　　　　　　　„*R. collinus*"

**4+** B. oberseits ohne Sternhaare. Krb. weiß (dann aber nicht vergilbend) oder rosa

**5.** Schösslinge (fast) ohne Stieldrüsen. Stacheln ± gleichgroß (meist 7-11 mm). B. oberseits (dunkel)grün, unterseits grau bis weiß filzig　　　　　　　　　　ser. *Discolores*

Für den Garg. bzw. für Apulien angegeben:

　**a.** Schösslinge basal oft bläul. bereift, anfangs ± sternhaarig. Krb. intensiv rosa, Gr. meist rötl. Staubb. die Gr. in der Blü. nicht überragend. B. oberseits fast kahl. Endfieder breitelliptisch　　　　　　　　　　　　　　　　　　　　　　　　*R. ulmifolius*
　　　　　　　　　　　　　　　　　　　　　　　　　　　　= *R. discolor* s. Fen?

　**a+** Schösslinge nicht bereift, kahl. Staubb. die Gr. überragend. Gr. grünl. oder blassrosa

　**b.** Basale Fiedern ± sitzend, randl. tief (bis auf 2/3!) eingeschnitten. Infl. verlängert, nur schwach bedornt. Endfieder elliptisch-lanzeolat　　　　　　　　*R. candicans*

　**b+** Basale Fiedern kurz gestielt, -3 mm eingeschnitten. Infl. pyramidal, dicht bedornt. Krb. meist blassrosa　　　　　　　　　　　　　　　　　　　　　　*R. praecox*
　　　　　　　　　　　　　　　　　　　　　　　　　　　　= *R. procerus* s. Pg

　Es wird noch „*R. sanctus*" genannt; dieser Name gilt als Synonym zu *R. anatolicus*, dessen Vorkommen in Italien aber fraglich ist

**5+** Schösslinge mit ± zahlreichen Stieldrüsen. Stacheln (sehr) ungleich. B. unterseits meist ± grün

**6.** Stacheln und Stieldrüsen der Schösslinge durch „Zwischenformen" verbunden. Stacheln bis zum Grund dünn (nicht verbreitert). Stieldrüsen am Blü.stiel lger als dessen DM, die der Infl. achse (im Gebiet!) lger als deren drüsenlosen Haare, die der B.stiele 0,3-2,5 mm lg. Schösslinge rund, basal bereift. Gr. ± grünl.　　　　　　　　　ser. *Glandulosi*

Für den Garg. bzw. für Apulien angegeben:

　**a.** Endfieder elliptisch, plötzlich in eine schmale Spitze auslaufend, Seitenfiedern fast ebenso groß und ähnlich geformt. Infl. mit ± rotköpfigen Stieldrüsen. Krb. ± spatelig, 3(-4) mm br. Schösslinge bläul. bereift　　　　　　　　　　*R. glandulosus*
　　　　　　　　　　　　　　　　　　　　　=*R. bellardii* s. Pg = *R. pedemontanus*

　**a+** Endfieder allmählich zugespitzt. Seitenfiedern meist kleiner. Infl. mit (schwarz-)roten Stieldrüsen. Krb. breiter. Schösslinge filzig behaart, nicht bereift. Sehr formenreich
　　　　　　　　　　　　　　　　　　　　　　　　　　　　*Rubus hirtus* s.l.

**6+** Stacheln und Stieldrüsen nicht durch Übergänge verbunden. Stieldrüsen der Blü.stiele höchstens so lg wie deren DM, die der Infl.-Achse etwa so lg wie deren drüsenlose Haare, die der B.stiele -0,6 mm lg. Gr.(basis) ± rot　　　　　　　　ser. *Pallidi*

Für den Garg. bzw. für Apulien angegeben (aber //)　　　　　　　　　*R. pallidus*

## SANGUISORBA

Lit.: NORDBORG in Opera Botanica **16** (Lund) (1967)

**1.** Fr.becher mit 4 Längsrippen bzw. -flügeln　　　　　　　　　　**S. minor**

Die folgenden Taxa sind in sich formenreich und können nur in ihrer typischen Ausbildung sicher erkannt werden

　**a.** Fr.becher mit 4 dtl. Rippen (Leisten), dazwischen mit netzförm., runzeliger Oberfläche. Stg. basal meist behaart. Fiedern oft ungestielt　　　　　　　　　ssp. *m.*

　**a+** Fr.becher mit 4 Flügeln, dazwischen ± unregelmäßig skulpturiert, mit rundl. und schärferen (spitzen) Erhöhungen. Fiedern meist dtl. gestielt　　　　　　ssp. *balearica*
　　　　　　　　　　　　　　　　　　　　　　= ssp. *muricata* = ssp. *polygama*

Ungeklärt (zu **a.**?) ist die Zuordnung von Formen mit Grundb., deren ± rundl. Fiedern von den lanzettl., tief gezähnten Fiedern der Stgb. (± ohne Übergang) dtl. abweichen                              var. *garganica*
**1+** Fr. becher mit stumpfen Warzen, aber ohne dtl. Lgsrippen (*//*)            ***Sanguisorba verrucosa***
= *S. minor* ssp. *verrucosa* = ssp. *magnolii*

## SORBUS
Die B.-Merkmale beziehen sich auf mittlere Kurztrieb-B.

**1.** B. gefiedert, mit meist 5-8 Fiederjochen. Gr. 2-5
**2.** Borke rau („Birnbaum-artig"). Infl. 6-12-blü. Blü. ca 10 mm DM. Gr. 5. Fr. birnenförmig, 2-3 cm lg. B.knospen stumpf eiförm., ± kahl, (jung) klebrig. Stp. an Langtrieben gabelteilig, früh abfallend. Fiedern im unteren Drittel ganzrandig, an der Spitze der Randzähne eine braune, später abfallende Drüse                              ***S. domestica***
**2+** Borke glatt. Infl. mehrblü. Blü. ca 15 mm DM. Gr. 2-4. Fr. -8 mm lg, rundl. B.knospen schlankkegelig, braunrot oder silbrig behaart, nicht klebrig. Stp. bleibend, spreitig. Fiedern meist bis fast zum Grund gezähnt, Zähne nicht drüsig (Garg. fragl.; formenreich, Or.-Lit.)            ***S. aucuparia***
**1+** B. gezähnt od. geteilt, aber nicht gefiedert. Gr. 2
**3.** B. tief (bis auf ca 1/3!) geteilt, jederseits mit meist 3-4 annähernd 3-eckigen, gezähnten B.lappen und mit 4-6 Nerven. Spr. unterseits rasch verkahlend            ***S. torminalis***
**3+** B. nur gezähnt od. basal mit flachen Buchten
**4.** Blü. rosa. B. unterseits kahl, oft bläulich, jederseits mit 4-9 B.nerven, von denen sich ein Teil apikal verzweigt. -1,5 m (*//*)            ***S. chamaemespilus***
**4+** Blü. weiß. B. unterseits bleibend weißfilzig. Seitennerven meist zahlreicher. 1-20 m                              ***S. aria*-Gruppe**
Formenreich. Um welche (Unter-)Art aus dieser Gruppe es sich handelt ist ungeklärt:
**a.** Meist Baum. B. meist dünn, ellipt.-eiförm. (größte B.breite in oder unterhalb der Mitte), mit 10-14 Paar Seitennerven, meist mit gerundeter Basis und vorne spitz. Randzähne mind. so lg wie br. Fr. meist lger als br., dicht mit Lentizellen besetzt            *S. aria* [ssp. *aria*]
**a+** Meist Strauch. B. (z.B. derb, mit 7-11 Paar Seitennerven oder mit keilförm. Grund) u./od. Fr. anders (*//*)                              Or.-Lit.

## RUBIACEAE (excl. Theligonaceae)
Die Interfoliarstipel werden hier wie in der Lit. üblich als „Blätter" bezeichnet
Angaben von B.maßen beziehen sich auf mittlere B.

**1.** Blü. sitzend, einzeln, gelbl., in 2-6 mm br. Ähren, jede von 3 kleinen B. (1 Tragb. und 2 Vorb., auch insges. als „Tragb." bezeichnet) umgeben. Gr. mit 2 ungleich lgen Ästen. Fr. glatt. B.rand zurückgerollt. Pfl. stets einj.            ***Crucianella***
**1+** Infl. anders
**2a** Blü. weißl. oder gelbl., mit s. kurzem Tubus, reduziertem K. und kopfiger Narbe, in seitenständigen, fast sitzenden, 3-zlgen Zymen (davon aber nur die mittl. Blü. fruchtend). Fr. von einer borstigen Hülle umgeben. B. 1-nervig, in 4-zlgen Wirteln. Pfl. einj., 5-20 cm. Gern auf Felsen und Mauern            ***Valantia***
**2b** Blü. rosa, apikal kopfig gedrängt, von einer Hülle ± verwachsener, stachelig-rauer Hochb. umgeben (wenn diese lg bewimpert vgl. *Asperula arvensis*). Kr.tubus > Kr.zipfel. K. bleibend (die Fr. einhüllend), 2x3(-4)-spaltig. Gr. mit 2 ungleich lgen Ästen. Zumind. obere B.wirtel 6-zlg. Pfl. einj., meist 5-20 cm            ***Sherardia arvensis***
**2c** Blü. meist in mehrzlgen, oft gestielten Zymen oder einzeln. Gr. kopfig oder keulenförmig. Pfl. meist >20 cm und mehrj.; wenn einj., Blü. nicht dtl. rosa und ohne stachelige Fr.hülle (aber Fr. bisw. borstig)

**3.** Kr. gelb(-grün), mit 5 Kr.zipfeln. Fr. eine Beere. Spreizklimmer, mit zurückgekrümmten Haken am B.rand und meist auch am Stg. Oft >1m Gesamtlge **Rubia**

**3+** Kr.zipfel 4. 2-teilige Spaltfr. Wenn Spreizklimmer, stets krautig.

**4.** Blü. rein gelb, in seitenständigen, 1-9-blü. Zymen. B.wirtel stets 4-zlg. B. meist 3-nervig (vgl. aber Cruciata pedemontana), ± schmal-elliptisch, behaart **Cruciata**

**4+** Blü. weiß(l.), gelbl., rötl., grünl. oder blau, meist in (oft weit ausladenden) „Rispen". Wenn rein gelb, B.wirtel mind. 6-zlg. B. 1- oder 3-nervig, in 2-12-zlgen Wirteln

**5.** Kr.tubus mind. so lg wie Kr.zipfel. Blü. meist mit Vorb. B.wirtel 2-4-zlg, wenn mehrzlg, Blü. blau (vgl. Asperula arvensis). Fr. glatt oder strukturiert, aber nicht behaart **Asperula**

**5+** Kr.tubus kürzer (außer bei Galium odoratum mit behaarter Fr.) bis fast fehlend. Blü. ohne Vorb. B.wirtel 4-10-(12-)zlg **Galium**

## ASPERULA

**1.** Wirtel 2-4-zlg. Blü. rosa, sltener weißl., gelbl. oder grünl. Pfl. mehrj.

**2.** Stgb. lineal, -3 mm br. Fr. gekörnelt. (Mittlere) Internodien meist lger als die dazugehörigen Blätter. Pfl. basal bisw. holzig. Trockene Standorte

= sect. Cynanchicae, eine taxonomisch und nomenklatorisch s. schwierige Gruppe, die sich für den Garg. derzeit offenbar nicht sinnvoll gliedern lässt. Fen nennt 8 „Taxa" aus dieser Gruppe! Die Zuordnung seiner „A. longiflora" ist unklar (= A. aristata oder A. garganica). – Hierher auch 3 Taxa mit alten Nennungen, deren Vorkommen auf dem Garg. höchst unwahrscheinlich ist (Insel-Endemiten): A. crassifolia (Fen: A. cynanchica var. tomentosa; //), A. gussonei (Fen: A. cynanchica var. g.; //) und A. rupestris (//)

**3.** Mittl. und obere B. in 4-zlgen Wirteln (B. aber oft paarweise ungleich lg!). B.rand (frisch) kaum zurückgerollt. Kr. rosa, grünl. oder weißl. Stg. 10-50 cm, ± grün, nur slt. bläul. bereift, unten meist rau, oben stets kahl **A. aristata** ssp. longiflora (= ssp. scabra) oder **A. cynanchica**

Die beiden Arten sind auf dem Gargano kaum zu trennen. Üblicherweise werden sie wie folgt unterschieden:

**4.** Kr. 5-8 mm lg, Kr.tubus zylindrisch, außen meist rau-paillos oder behaart, 2-3x so lg wie Kr.zipfel. Mittl. Internodien oft 3-4x so lg wie B., diese glatt und meist 15-20 mm lg. V-VIII **A. aristata** ssp. longiflora incl. A. longiflora var. flaccida s. Fen?

**4+** Kr. 3-6 mm lg, Tubus obkonisch, außen glatt, 1-1,5x so lg wie die Zipfel. Mittl. Internodien 1-3x so lg wie B., diese ± rau und meist 20-35 mm lg. VII-X **A. cynanchica**

Ansatzweise lassen sich die garganischen Populationen wie folgt trennen:

**4.** Kr.tubus 3,5-5 mm, mind. 2,5x so lg wie die Kr.zipfel **A. aristata** ssp. longiflora

**4+** Kr.tubus 2,5-4 mm, 1,5-2,5x so lg wie die Kr.zipfel **A. cynanchica**

**3+** Mittl. und ob. B.wirtel 2-zlg, slt. auch 4-zlg, dann aber die kleineren <1/2 mal so lg wie die größeren. B.rand auch frisch zurückgerollt. Blü. stets rosa, Kr.tubus 2-4x so lg wie die Zipfel, außen meist kahl. Pfl. glauk, 10-30 cm. V-VI. Sehr slt. Arten

**5.** Dichter Halbstrauch, bis 20 cm hoch. Stg. aufrecht, auch unten kahl. B. 5-15x0,5 mm, dünn. Auch untere B.wirtel mit 2 lgeren und 2 kürzeren B. Kr. 5-6 mm, Tubus 2x so lg wie die Zipfel. Teilinfl. ährenförmig, Blü.stiel bisw. >1 mm **A. garganica** (≠ A. garganica s. Fen? vgl. 2.)

Die meisten in der neueren Literatur genannten Nennungen von A. garganica dürften irrtümlich sein und sich auf **4./4+** beziehen.

**5+** Stg. aufsteigend, oft 15-60 cm, unten bisw. behaart. Mittl. B. 6-25x0,7-3 mm, dicklich. Untere B.wirtel oft gleichmäßig 4-zlg. Kr. meist 6,5-8 mm, davon Tubus meist 4-6, 2-4x so lg wie die 1,7-2 mm lgen Zipfel. Teilinfl. köpfchenartige Büschel (Blü.stiel nur bis 1 mm). Nur Tremiti **A. staliana** ssp. diomedea

**2+** Stgb. elliptisch, 2-3x so lg wie br. Blü. ± weißl. Schattige Standorte

**6.** Blü. 10-14 mm lg. Fr. glatt. Rhizom auffallend rot                    ***Asperula taurina***
Die B. sind normalerweise ca 30-50x15-20 mm groß; wenn B. bis zu 80x30 mm                    var. *macrophylla*
**6+** Blü. ca 2 mm. Fr. runzelig. B. 8-12(-25)x3-5(-10) mm.                    ***A. laevigata***
                                                                = *Galium rotundatum*
In Zweifelsfällen vgl. auch *Galium rotundifolium*
**1+** B.wirtel zumind. größtenteils 5-10-zlg
**7.** Blü. blau oder lila, kopfig gehäuft. Pfl. einj. Meist auf Kulturland
**8.** Blü. blau, von lg bewimperten Hochb. umgeben                    ***A. arvensis***
**8+** Blü. lila, Hochb. nicht bewimpert, aber basal verwachsen vgl.                    *Sherardia arvensis*
**7+** Blü. weiß, in lockeren Blü.ständen. Pfl. mehrj., in Wäldern truppweise vgl.                    *Galium odoratum*

## CRUCIANELLA

**1.** Tragb. gekielt, Ähre daher vierkantig, 4-6 mm br. und 3-6 cm lg. Tragb. alle frei. Kr. 3-5 mm.
Stg. glatt, kahl. Alle B. <1 mm br., in 6-8-zlgen Wirteln                    ***C. angustifolia***
**1+** Tragb. gerundet, Ähre zylindrisch, 2-3 mm br. und 6-15 cm lg. Äußere Tragb. halb verwachsen.
Kr. 5-7 mm. Stg. rauhaarig. B. 1-4(-6) mm br. (v)                    ***C. latifolia***

## CRUCIATA

**1.** Pfl. mehrj. B. stets 3-nervig, slt. unter 10x4 mm. Zymen 3-9-blü. Fr. ca 2 mm
**2.** Zymen 5-9-blü., meist behaart, mit kl. Tragb. Stg. auch oberwärts mit abstehenden, slt. >0,5
mm lgen Haaren                    ***C. laevipes***
                                                                = *C. chersonensis*
**2+** Zymen 3-5-blü., meist kahl, ohne Tragb. Pfl. mit unterirdischen Ausläufern                    ***C. glabra***
Formenreich. Im Gebiet zu erwarten:
Stg. höchstens unten schwach behaart, sonst ± kahl                    ssp. *g.*
**1+** Pfl. einj. B. 3-11x2-4 mm, oft nur Mittelnerv vorhanden. Zymen (1-)2-3-blü. Fr. 1 mm, reif durch
Abwärtskrümmung der Fr.stiele unter der Spr. verborgen. Stg. mit spärl., aber bis >1 mm lgen
Haaren und abwärts gerichteten Stachelhöckern                    ***C. pedemontana***

## GALIUM
Die angegebenen Fruchtmaße beziehen sich – wenn nicht anders angegeben – auf den größten DM der
Gesamtfrucht
Die Angaben von *Galium cinereum* sind irrtümlich

**1a** B.wirtel 4-zlg. B. mind. 3 mm br. und nur bis 3x so lg wie br. Stg. stets glatt, schlaff. Mehrj. In
Gehölzen
**2.** B. dreinervig, 6-10 mm br. und etwa doppelt so lg. Kr.tubus s. kurz. Fr. mit Hakenhaaren (*//*)
                                                                ***G. rotundifolium***
Die Pfl. können unterschiedl. behaart sein; wenn Pfl. ± kahl                    var. *glabrum*
**2+** B. einnervig, 3-5(-10) mm br. und etwa (2-)3x so lg. Kr.tubus lger als Kr.zipfel. Fr. runzelig,
kahl vgl.                    *Asperula laevigata*
**1b** B.wirtel 4-6-zlg. B. 0,5-6 mm br. und mind. 4x so lg, meist stumpf, nur bisw. mit aufgesetztem
Stachelspitzchen. Jede **Teil**frucht ± kugelig, Gesamtfr. damit breiter als hoch. Antheren purpurn.
Pfl. beim Trocknen ± schwarz werdend. Mehrj. Pfl. feuchter Standorte (*G. palustre* s.l.)
**3.** B. 3-6 mm br. und 4-8x so lg, randl. meist s. kurz behaart. Blü.stiele 4-5 mm, Kr.-DM (3-)4
mm, Fr. meist 1,7-2,5 mm hoch, glatt oder tuberkulat, auf stark spreizenden Stielen (vgl. **4+**).
Stg. 40-120 cm lg, 0,7-1,4 mm DM, von Häkchen rau                    ***G. palustre*** ssp. *elongatum*

**3+** B. bis 3 mm br. und 6-20x so lg. Blü.stiele 0,5-3(-4) mm. Kr.-DM 2-3 mm. Fr. kleiner. Pfl. slt. >60 cm, Stg.-DM bis 1 mm

**4.** (Reife) Fr. dtl. tuberkulat, auf nicht auffällig spreizenden, <2 mm lgen Stielen. B. 0,8-1(,5) mm br., mit zurückgerolltem Rand, bisw. mit Stachelspitzchen. Stg. (im Gebiet?!) ohne Häkchen **Galium debile**
= *G. palustre* ssp. *constrictum*

**4+** Fr. oft ± glatt, auf auffällig (meist >90°) spreizenden 1-5 mm lgen Stielen. B. 1-3 mm br., plan, stumpf. Stg. mit (slt. ohne) Häkchen (*//*, mit **3.** ssp. *elongatum* verwechselt?)
**G. palustre** ssp. *p.*

**1c** Pfl. anders, insbes. B.wirtel mind. 6-zlg und Tlfr. oft höher als br. Ein- oder mehrj. Nicht auf ausgeprägt feuchten Standorten

**5.** Fr. warzig (*G. divaricatum* nur sehr fein!) oder mit bisw. borstigen oder hakenförm. Haaren

**6.** Pfl. mehrj., oft in Trupps. Kr.tubus ca so lg wie die Kr.zipfel. B. 20-50x5-12 mm, ca 3-4x so lg wie br. Stg. an den Knoten behaart, sonst kahl und glatt. In Wäldern **G. odoratum**

**6+** Pfl. einj. Kr.tubus s. kurz. B. meist <5 mm br. Stg. meist hakig-rau. Meist trockene u./od. ruderale bzw. segetale Standorte, slt. in Gehölzen

**7.** Zähnchen des B.randes – zumind. in den beiden vorderen Dritteln des B. – nach vorne gerichtet. B. 0,5-5 mm br. Blü. in 1-3-zlgen Zymen. Fr. – außer **8.** – <2 mm. Pfl. 5-50 cm
Die zähnchenartigen Haare der B.*fläche* können anders orientiert sein, was bei umgerollten B.rändern (Herbar!) zu Verwirrung führen kann. – Es sind mehrere B. zu prüfen

**8.** Fr. 4-6 mm, grob warzig. B. 2-5 mm br. Blü. (grünl.-)weiß, meist 2-2,5 mm DM. Stiel der 3-blü. Zymen < Tragb. **G. verrucosum** ssp. *v.*
= *G. valantia* s. Fen

**8+** Fr. <2 mm. B. <3 mm. Blü. bis 1 mm DM

**9a** Fr. 1,3-1,5 mm, fast zylindrisch, mit steifen (oft hakenförmigen) Haaren. B. 1-2,5 mm br. Blü. zu 1-2 auf Stielen, diese < Tragb. **G. murale**

**9b** Fr. <1 mm, s. feinwarzig. B. 0,3-1,5 mm br. Stiel der meist (2-)3-blü. Zymen > Tragb.
**G. divaricatum**

**9c** Fr. mit lgen, hakigen Borstenhaaren. B. 0,3-0,8 mm br. Stiel der 2-3-blü. Zymen < Tragb. (*//*) **G. setaceum**

**7+** B. mind. 2 mm br., die meisten der randlichen Zähnchen rückwärts gerichtet. Fr. 2-5 mm

**10.** Fr. mit Hakenhaaren, Fr.stiele abstehend bis aufrecht, gerade. B. oberseits ± behaart. Pfl. 10-150 cm

**11.** Kr. grünlich-weiß, 0,8-1,3(-2) mm DM, Fr. 1,5-3 mm lg. Hakenhaare an der Basis nicht knötchenartig. B. 20-35x2-3(-4) mm, allmählich in die Stachelspitze verschmälert, meist in 7-8-zlgen Wirteln. Stg. – außer den Häkchen – ± kahl **G. spurium** var. *vaillantii*
= ssp. *echinospermum* s. Fen
Die typische Form von *G. spurium* hat glatte Fr.; ihr Vorkommen am Garg. ist sehr unwahrscheinlich

**11+** Kr. meist weiß, (1,5-)2-3 mm DM, Fr. (3-)4-5(-7) mm lg. Hakenhaare basal angeschwollen. B. 30-50x3-8 mm, plötzlich in die Spitze verschmälert, meist in 6-zlgen Wirteln. Stg. zwischen den Häkchen bisw. fein behaart **G. aparine**

**10+** Fr. fein warzig, Fr.stiele zuletzt zurückgekrümmt. B. oberseits kahl. 10-50 cm
**G. tricornutum**
= *G. tricorne*

**5+** Fr. stets glatt, bisw. aber kurz behaart. Stg. stets ohne Häkchen. Pfl. mehrj. (wenn einj., vgl. Anm. zu **11.** *G. spurium*)

**12.** Blü. goldgelb, wohlriechend. Krb. ± zugespitzt, aber nicht stachelspitzig. Fr. 1-1,5 mm DM B. in (6-)8-12-zlg. Wirteln, linealisch (-2 mm br.), randl. dtl. zrückgerollt und unterseits weißl. behaart. Stg. oben meist kurz abstehend behaart **G. verum**
Wenn B. oberseits rau und Stg. gänzl. rau behaart var. *verosimile*

**12+** Blü. weiß (bis gelbl.), geruchlos. Krb. (meist) stachelspitzig. B. unterseits (grau-)grün

**13.** B. 2-7x so lg wie br., 10-30x1,5-5 mm                    *Galium mollugo* s.l.

**a.** Kr.-DM 1,5-3 mm, die längeren (!) Blü.stiel mind. gleich lg (zur Fr.zeit bis 4 mm). (Untere) B. 2-4x so lg wie br., unterhalb der Spitze am breitesten (d.h. ± plötzlich zugespitzt). Verzweigungen meist ± abstehend-spreizend (*H*)                    ssp. *m.*

Wenn Stg. zumind. in der unteren Hälfte dtl. behaart                    var. *pubescens*

**a+** Kr.-DM meist >3 mm, Blü.stiel kürzer. Infl.äste auch nach der Blü. ± aufrecht. B. 3-7x so lg wie br. (10-30x1,5-5 mm), allmählich in die Spitze verschmälert, oft stachelspitzig. Verzweigungen meist ± aufrecht-abstehend                    ssp. *erectum*
                                                                      = *G. album*

Beide Taxa sind für das Gebiet nachgewiesen

**13+** B. 8-15x so lg wie br.

**14.** B. 40-70x3-5 mm, in der Mitte am breitesten und lg zugespitzt, aber nicht stachelspitzig. Kr. 2-3(-4) mm DM. Meist schattige Standorte

**15.** Stg. aufrecht, basal dtl. 4-kantig, nicht wurzelnd, ohne Ausläufer. B. unterhalb oder in der Mitte am breitesten. 50-80 cm (*//*)                    *G. aristatum*

**15+** Stg. basal mit 4 Längsrippen, sonst rund, wurzelnd, mit Ausläufern (diese aber bisw. kurz). B. meist in der Mitte am breitesten. 70-110 cm (Garg. mögl., da mit **15.** verwechselbar und in Apulien vorkommend)                    *G. laevigatum*

**14+** B. 0,5-2 mm br., meist 0,3-0,6 mm stachelspitzig. Kr. 3-5 mm DM (*G. lucidum* s.l.)

**16.** Stg. 20-40 cm, an der Basis meist dicht kurzborstig (Lge der kegelförm. Borsten 0,1 mm). B. 5-11x0,5-0,8 mm, ihr Mittelnerv breiter als die halbe B.breite, mit eingerolltem Rand. DM der Kr. slt. >3,5 mm. Ohne Ausläufer. V.a. xerische Standorte
                                                                      *G. corrudifolium*

**16+** Stg. 30-70 cm, kahl oder 0,1-0,5 mm lgen Haaren. B. 10-25x1-2 mm, mit schmälerem Mittelnerv, ± plan. Kr. 3-5 mm DM. Mit Ausläufern. Hfg schattige Standorte
                                                                      *G. lucidum* s.str.
                                                            incl. ssp. *gerardi* s. Fen

  **a.** Blü. weißl., slt. gelbl. oder grünlich                    ssp. *l.*

  **a+** Blü. rötl. (Garg. mögl.)                    ssp. *venustum*
                                                                      = *G. bernardii*

## RUBIA
Lit.: CARDONA & al. in An. Jard. Bot. Madrid **37**:557-575 (1981)

**1.** Pfl. holzig. B. ledrig, immergrün, 1-nervig. Kr. radförm. Antheren 0,2-0,3 mm, 1-2x so lg wie br.
                                                                      *R. peregrina*

  **a.** B. meist zu 4, ovat-lanzeolat, 2-3(-4)x so lg wie br. Frische bis feuchte Standorte (*//*)     ssp. *p.*

  **a+** B. zu 4-6, (2-)3-4(-10) x so lg wie br. ± Trockene Standorte

  **b.** Nur die (seltenen!) Stacheln auf dem Mittelnerv der B.oberseite nach vorne, die des B.randes nach rückwärts gerichtet (nach CL in Apulien)                    ssp. *longifolia*

  **b+** Die Stacheln an den Rändern und am Mittelnerv der vorderen (!) B.oberseite nach vorne gerichtet (*//*)                    ssp. *requienii*

Die unterscheidenden Merkmale sind nicht sehr schlüssig. – Der Stg. ist bisw. ± ohne Häkchen (var. *lucida* s. Fen)

**1+** Pfl. krautig. B. sommergrün, (1-)3-nervig. Kr. trichtrig. Antheren meist 0,5-0,6 mm, 3-6x so lg wie br. (Garg. fragl.)                    *R. tinctorum*

## SHERARDIA   Vgl. **2b**                    *Sh. arvensis*

# VALANTIA

**1.** Fr.hülle 2-3 mm, weiß, mit hornartigem Fortsatz und meist ± hakigen, 0,3-0,7 mm lgen Stachelborsten, sonst kahl. Eingehüllte Fr. einfach, glatt. Untere Internodien -12 mm    ***V. muralis***
Im Gegensatz zur Lit. sind auch bei *V. m.* zumindest einige Internodien abstehend rauhaarig
**1+** Fr.hülle 3-5 mm, gelbl., ohne Fortsatz und mit 0,7-1,2 mm lgen geraden Borsten, daneben kurz behaart. Fr. aus 2 warzigen Tlfr. bestehend. Untere Internodien -25 mm    ***V. hispida***

# RUPPIACEAE   RUPPIA

Infl. eine 2(-6)-blü., 2-5 cm lg gestielte „Dolde". B. 5-10 cm lg, B.scheide apikal mit 2 1-2 mm lgen Zähnchen. Meer od. Brackwasser    ***R. maritima***
Es ist auch das Vorkommen von *R. cirrhosa* s.l. (= s. CL) mögl. Die beiden Taxa lassen sich nur fruchtend sicher unterscheiden. Beim Vorliegen eines fruchtenden Belegs empfiehlt sich also ein Blick in die Or.-Lit.

# RUTACEAE

**1.** B. ungeteilt. Blü. ± weiß(-rosa). Kleiner, oft dorniger Baum (1-10 m). Kulturpfl.    ***Citrus***
**1+** B. 2-3-fach gefiedert. Blü. ± gelb. Halbstrauch    ***Ruta***

## CITRUS
Taxonomie und Nomenklatur innerhalb der Gattung werden unterschiedl. gehandhabt. Die Sortenvielfalt ist beträchtlich. Von den hier genannten Taxa sind wohl nur **1+** und **3.** „echte" Arten

**1.** B. stiel ± dtl. geflügelt. Fr. <15 cm lg
  **2.** Staubb. 25-40. Jge Zweige bläulich. Blü. außen ± rötl. (Zitrone)    ***C. limon***
  **2+** Staubb. 20-25. Jge Zweige hellgrün. Blü. meist reinweiß
    **3.** B. schmal-elliptisch, 1-2 cm br. (Mandarine; Garg. fragl.)    ***C. deliciosa***
      = *C. reticulata*
    **3+** B. oval, breiter (Orange)    ***C. aurantium*** s.l.
      incl. *C. sinensis*
**1+** B.stiel höchstens gekielt oder kantig. Fr. mind. 15 cm lg und bis 2 kg schwer. Sonst wie **2.** (Zitronat-Zitrone; Garg. fragl.)    ***C. medica***

## RUTA

**1.** Krb. regelmäßig gefranst, Fransen meist >1 mm lg (mehrfach lger als br. und bis 1/2 so lg wie d. Breite des ungeteilten Krb.-Teils). Fr.klappen apikal (teilweise) spitz. Tragb. in der Infl. ovat, dtl. breiter (mind. 2 mm br.) als der betreffende Seiten-Stg. und 1,5-2x so lg wie br.    ***R. chalepensis***
**1+** Krb. ± unregelmäßig ausgebissen oder gezähnelt, dann aber Zähne höchstens 0,6 mm lg (höchstens 2-3x so lg wie br.) Tragb. mind. 2 x so lg wie br.
  **2.** Kb. spitz. Fr.klappen stumpf. Fr.stiel 1-2x so lg wie d. 6 mm lge Fr.    ***R. graveolens*** s.l.
    **a.** Fiedern oblong (ca 2-3x so lg wie br.). Pfl. glauk    *R. graveolens* s. CL
    **a+** Fiedern schmal oblong bis linear. Pfl. grün (*//*)    *R. divaricata* s. CL
    Die beiden Taxa werden in der Regel höchstens auf var.-Niveau unterschieden. Nach FIORI, Fen und eigenen Befunden herrscht *R. divaricata* am Garg. zumindest vor, nach CL fehlt sie aber Apulien
  **2+** Kb. und Tragb. oval, stumpf. Fr.stiel 2-4x so lg wie d. Fr. Fr.klappen spitz (sicher irrtümliche Angabe)(*//*)    ***R. corsica***

# SALICACEAE

**1.** B. im Umriss ± 3-eckig, ± rundl. oder herzförm., (grob) gezähnt bis gelappt. Tragb. der Einzelblü. gezähnelt **Populus**

**1+** B. verschieden, aber nicht 3-eckig. Spr. ganzrandig oder fein gezähnelt bzw. gekerbt. Tragb. ganzrandig **Salix**

## POPULUS

**1.** B. unterseits meist ± bleibend filzig, auch Knospen ± filzig. B.stiel < Spr.

**2.** Junge Zweige weißfilzig. Knospen dicht weißfilzig. B. v.a. am Langtrieb 3-5-lappig, ihr Stiel meist dtl. kürzer als d. Spr. B. der Kurztriebe stets lger als br. Spr. am Stielansatz ohne Drüsen, unterseits bleibend weißfilzig. Tragb. der Einzelblü. mit wenigen Zähnen **P. alba**

**2+** Junge Zweige gelbl.-grau. Knospen locker graufilzig. Rand der Langtrieb-B. schwach gelappt bis grob gezähnt. B. der Kurztriebe bisw. ± rundl. B.stiel seitl. zusammengedrückt, meist nur wenig kürzer als die Spr. Spr. mit 0-4 Drüsen, unterseits graufilzig und zuletzt bisw. verkahlend. Tragb. tief geschlitzt (*//*) **P. canescens**
= P. alba x tremula?

**1+** B. (zuletzt) beiderseits kahl (anfangs bisw. anliegend behaart). Stiel ca so lg wie die Spr. oder lger

**3.** B.stiel seitwärts zusammengedrückt, lger als die Spr. B. kaum lger als br., 3-5 cm DM, grob gezähnt. Spr. meist mit 2 Drüsen **P. tremula**

**3+** B.stiel nicht dtl. zusammengedrückt. B. meist größer, herzförmig zugespitzt, ± regelmäßig gezähnt, mit 0-2 Drüsen

**4.** Jge Zweige gelbbraun oder grau, ± zylindrisch. B. an der Spr.basis (meist) ohne Drüsen, B.rand stets kahl. Unterster Seitennerv meist an der Spr.basis **P. nigra**

**4+** Jge Zweige oft olivgrün oder braunrot, kantig. Spr. an der Basis meist mit 1-2 Drüsen, B.rand zumind. anfangs gewimpert. Unterster Seitennerv weiter oben (g) **P. x canadensis**

Die Merkmale sind nicht immer korreliert und stets alle zu beachten

## SALIX

**1.** B. ± elliptisch oder rundl. eiförm., <3x so lg wie br. Tragb. innerhalb der Kätzchen 2-farbig (apikal schwarz). Meist ± trockene Standorte **S. caprea**

**1+** B. ± lanzettlich, >4x so lg wie br. Tragb. ± einfarbig gelbl.-grünl. Meist feuchte Standorte

**2.** Größte B.breite ca in der Mitte des B. B. unterseits bleibend anliegend-seidig behaart. Drüsen des B.randes auf den Zähnen **S. alba**

**2+** Größte B.breite dtl. in der unteren B.hälfte. B. unterseits verkahlend. Drüsen in den Buchten zwischen den Zähnen **S. fragilis**

Zwischen **2.** und **2+** gibt es alle Übergänge („S. rubens")

Weitere Arten sind möglich. Schon deshalb wird empfohlen, Or.-Lit. heranzuziehen

## SANTALACEAE

Die für den Garg. genannte Comandra elegans fehlt Italien.

**1.** 30-150 cm hoher Strauch mit gerieften Ästen. Per.-Segmente weitgehend frei. Blü. meist 3-zlg und eingeschlechtl. Fr. rot, 5-8 mm DM **Osyris alba**

**1+** Pfl. krautig, <50 cm. Per.-segmente hoch hinauf verwachsen. Unter jeder Blü. ein Tragb. und 2 meist kleinere Vorb. Blü. 4-5-zlg, zwittrig. Fr. grünl., 1-3 mm **Thesium**

# THESIUM

**1.** Pfl. mehrj., meist über 20 cm. Infl. ± pyramidal. Fr. lgsnervig

**2.** Mit Pfahlwurzel, ohne unterird. Stg. B. (meist) einnervig, 1 mm br., Tragb. meist <1 mm br., kaum breiter und meist (!) auch kaum lger als Vorb. (und dann die Blü. nicht überragend), slt. (auch im Gebiet?) >8 mm (und dann die Blü. überragend)   ***Th. divaricatum*** s. Pg, Fen usw.
= *Th. humifusum* s. CL?

**2+** Pfl. mit dünnem, unterird. Stg., ohne Pfahlwurzel. B. 2-3(-4) mm br., an d. Basis meist 3-nervig. Tragb. 1-2 mm br., dtl. größer als Vorb. (bis >10 mm) und Blü. wie Fr. (meist) überragend
***Th. linophyllon***

Wenn Fr.stiele und bisw. auch der untere Teil der Fr. kräftig gelb oder fuchsrot   var. *fulvipes*

**1+** Pfl. einj., mit dünner Spindelwurzel, 10-20 cm. B. 10-20x1-2 mm. Tragb. 1-4x die Blü. überragend. Infl. (dicht) ährig. Fr. netznervig, kahl (Unterschied zu *Thymelaea passerina*)   ***Th. humile***


## SAXIFRAGACEAE SAXIFRAGA

**Lit.:** WEBB, D.A. & GORNALL, R.J.: Saxifrages of Europe. - London (1989)

**1.** Pfl. einj., bis 10 cm hoch. Alle B. mit keilförm. Spr.basis, vorne 3(-5)-spaltig. Krb. 2-3 mm, Fr. 3-4 mm   ***S. tridactylites***

**1+** Pfl. mehrj., 10-40(-60) cm. Zumind. Grundb. lang gestielt. Krb. >4 mm

**2.** Pfl. mit unterird. Speicherknöllchen und oft auch Knöllchen in den Achseln der Stgb. Grundb. mit <15 Kerben. Frkn. halbunterständig *(Saxifraga bulbifera*-Gruppe; vgl. Fen 1:940f).

**3.** Krb. (oberseits) mit kurzen Drüsenhaaren. In den Achseln von (einigen) Stgb. Bulbillen

**4.** Stgb. zahlreich (10-16), weit hinauf in den Achseln mit Bulbillen. Infl. kompakt. Kb. 2,5-3,5, Krb. 7-10 mm. Samen 0,3-0,4 mm   ***S. bulbifera***

Im Gegensatz zu Fen1:940 können sich auch in der Infl. von *S. bulbifera* Bulbillen finden

**4+** Stgb. (im Gebiet!) meist 2-10(-12), nur die basalen mit Bulbillen, solche aber bisw. in der Infl. Infl. bes. postfloral mit verlängerten Seitenästen. Kb. 3-5, Krb. 8-12 mm. Samen 0,5 mm
***S. carpetana*** ssp. *graeca*
incl. *S. pseudogranulata* s. Fen

**3+** Krb. kahl, 10-16 mm. Nur in den Achseln unterirdisch entspringender B. Bulbillen
***S. granulata***

**2+** Pfl. ohne Knöllchen. Stg. ab der Mitte verzweigt. Grundb. mit meist >15 Kerben. Krb. kahl, 6-10 mm, bisw. basal gelb und apikal rot gepunktet. Frkn. oberständig   ***S. rotundifolia***


## SCROPHULARIACEAE

Die Familie wird hier aus praktischen Gründen im „klassischen", weiten Umfang beibehalten; die aktuelle Familienzugehörigkeit ist jedoch in [eckigen Klammern] hinzugefügt
Die Angabe der Blü.lge schließt den eventuell vorhandenen Sporn ein

**1.** Blü. gespornt od. zumind. mit sackartigem Fortsatz. Kr.röhre ganz od. teilweise durch eine Ausstülpung verschlossen („maskiert")   **Gruppe I**

**1+** Blü. nicht gespornt, nicht ausgesackt   **Gruppe II**

334 SCROPHULARIACEAE

## Gruppe I Blü. gespornt bzw. ausgesackt (Antirrhineae)

**Lit.:** SUTTON, D.A.: A revision of the tribe Antirrhineae. - London & Oxford (1988). – Mit REM-Aufnahmen der vielfach kennzeichnenden Samen
Alle Gattungen werden heute zu den *[Plantaginaceae]* gerechnet

**1.** „Sporn" nur eine sackartige Ausstülpung. Kr. mind 10 mm lg

   **2.** Pfl. einj. Kr. 10-25 mm lg, nicht gelb. Auf Äckern und ruderal    ***Misopates***

   **2+** Pfl. mehrj., basal oft holzig. Kr. 18-45 mm lg. Oft auf Mauern und Felsen   ***Antirrhinum***

**1+** Sporn dtl., ± lger als br.

   **3.** Kr.röhre („Schlund") nicht völlig geschlossen. Sporn bis 3 mm, zylindrisch, stumpf. Fr. sich mit 2 klappenartigen Zähnen öffnend und mit 2 ungleich großen Fächern. B. meist ca 10x so lg wie br. Pfl. einj.    ***Chaenorrhinum***

   **3+** Schlund völlig maskiert. Sporn oft spitz

     **4.** B. lg gestielt, nierenförmig, gelappt. Stg. niederliegend. Meist auf Mauern und Felsen   ***Cymbalaria***

     **4+** B. höchstens kurz gestielt, lger als br.

      **5.** B. eiförmig oder 3-eckig-pfeilförmig, meist kurz gestielt. Pfl. oft mit abstehenden Haaren. Blü. meist 10-15 mm. Kapsel porizid   ***Kickxia***

      **5+** B. (zumind. der blü.tragenden Stg.) elliptisch bis lineal, sitzend. Blühende Stg. meist aufrecht, Blü. 2-30 mm. Kapsel mit Längsschlitzen   ***Linaria***

## Gruppe II Blü. nicht gespornt

**1.** Kr. rad- bis weit trichterförmig, fast radiär. Kr.tubus schwach ausgebildet. Staubb. 2 oder 5, alle fertil (aber bisw. unterschiedl. behaart)

   **2.** Staubb. 2. Kr. 4-zlg, meist ± blau (jedenfalls nicht gelb) und meist <6 mm DM. Pfl. meist <30 cm   ***Veronica [Plantaginaceae]***

   **2+** Staubb. 5. Kr. 5-zlg, oft gelb und meist größer. Pfl. höher   ***Verbascum [Scrophulariaceae]***

**1+** Kr.tubus wohl ausgebildet. Kr. (außer *Scrophularia vernalis*) dtl. zygomorph. (Fertile) Staubb. 4 (*Scrophularia* meist mit zusätzl. Staminodium).

   **3.** K. 5-zähnig. Pfl. (außer *Scrophularia peregrina*) zwei- bis mehrj.

     **4.** Oberlippe helmförmig aufgewölbt, seitl. zusammengedrückt. Blü. >2 cm lg, gelbl. (slt. rosa), in dichten Ähren. B. fein 2-fach gefiedert (//)   ***Pedicularis comosa [Orobanchaceae]***

     **4+** Oberlippe anders. B. (außer *Scrophularia canina* mit purpurbraunen Blü. in lockeren Infl.) ungefiedert

      **5.** B. lanzettlich, alle wechselständig. Spr.grund lg verschmälert. Blü. >9 mm lg, in dtl. abgesetzten, oft einseitswendigen „Trauben"   ***Digitalis [Plantaginaceae]***

      **5+** B. nicht lanzettl., die unteren gegenständig. Blü. meist 5-8 mm, in lockeren sympodialen Teilinfl.   ***Scrophularia [Scrophulariaceae]***

   **3+** K. 4-zähnig. B. ganzrandig bis gezähnt. Pfl. einj.

     **7.** K. seitl. zusammengedrückt, zur Fr.zeit etwas aufgeblasen. Oberlippe mit kurzem, zahnartigem Fortsatz. K.zähne viel kürzer als der Tubus. Samen scheibenförmig, meist geflügelt, in der reifen Kapsel raschelnd   ***Rhinanthus [Orobanchaceae]***

     **7+** K. nicht dtl. zusammengedrückt (wohl aber bisw. die Kr.!). Samen anders

      **8.** Fr. völlig kahl, 4-samig. Tragb. rötl. (slt. bleich), von den Laubb. durch tiefe(re) Zähnung dtl. abgesetzt. Zumind. untere B. linealisch. Blü. ± rötl. u./od. gelbl., in kompakter Infloreszenz   ***Melampyrum [Orobanchaceae]***

      **8+** Fr. mehrsamig. Tragb. farbl. nicht dtl. abgesetzt

       **9.** Die 3 Zipfel der Unterlippe jeweils 2-lappig. Kr. 4-9 mm, weiß mit ± bläul. Oberlippe. Slt. >20 cm   ***Euphrasia [Orobanchaceae]***

**9+** Zipfel der Unterlippe ganzrandig
**10.** Infl. einseitswendig. Kr. 5-10 mm. Pfl. nicht drüsig    ***Odontites*** *[Orobanchaceae]*
**10+** Infl. allseitswendig. Kr. 8-24 mm. Pfl. meist ± drüsig-klebrig
**11.** Kr. 8-10 mm, im Wesentl. purpurn. Fr. kahl. B. nur bis 15 mm lg, Pfl. slt. >20 cm
hoch    ***Parentucellia*** *(latifolia) [Orobanchaceae]*
**11+** Kr. rosa, weißl. oder gelb, mind. 15 mm. Fr. fein behaart. Pfl. 5-80 cm
**12.** K. 10-16 mm, K.zähne lanzettl., etwa so lg wie die Röhre. Blü. gelb (od. weißl.),
18-24 mm lg. Samen mit feinem Netzmuster
    ***Parentucellia*** *(viscosa) [Orobanchaceae]*
**12+** K. 8-10 mm, K.zähne 3-eckig, viel kürzer als die Röhre. Blü. meist rosa (slt. gelb
oder weiß), (15-)20(-25) mm. Samen längsgerippt mit feinen Querlinien
    ***Bartsia trixago*** *[Orobanchaceae]*

## ANTIRRHINUM

**1.** Kr. 30-45 mm, zumind. teilw. rötl. (slt. weißl. oder gelb). Kb. bis 2x so lg wie br. Samen meist
0,7-1,0 mm DM. 35-100 cm    ***A. majus*** s.l.
**a.** Infl. drüsig. B. meist 5-15 mm br. und 4-6x so lg, nur die unteren gegenständig, unterseits vor
allem auf der Mittelrippe oft drüsig. (verwilderte Zierpfl.)    ssp. *m.*
Wenn B. ca 10x so lg wie br. (Garg. mögl.)    var. *angustifolium*
**a+** Infl. (meist) kahl. B. meist nur bis 5 mm br. und ca 10(-15)x so lg, meist weit hinauf (bis zu
den untersten Blü.) quirl- oder gegenständig, stets kahl (nach CL ebenfalls „alien"; Pg: Tremiti)
    ssp. *tortuosum*
**1+** Kr. 17-25 mm, weißl. oder (bleich)gelb, bisw. rötl. geadert. Kb. 2-3x so lg wie br., spitz. Infl. drüsig. B. wechselständig, meist 30-40x2-4 mm. Samen meist 0,6-0,7 mm. 20-50 cm  ***A. siculum***

## BARTSIA  Vgl. II 12+    ***B. trixago***
= *Bellardia t.*

## CHAENORRHINUM  Vgl. I 3.    ***Ch. minus*** s.l.
Die folgenden Taxa werden auch als Arten geführt
**a.** Samen 0,5-0,8 mm. Fr. lger als br. Fr.stiel 2-20 mm, oft ca so lg wie das Tragb. Blü.stiel 2-3x so
lg wie der K., abstehend. Kr. gelb bis purpurn (Garg. mögl.)    ssp. *m.*
Die Kr. kann bis zu 9 mm lg werden; in Süd-Europa ist sie allerdings oft nur 4,5-6 mm lg
**a+** Samen 0,9-1,2 mm. Fr. ± kugelig. Fr.stiel 3-9 mm, < Tragb. Blü.stiel <2x so lg wie der K., aufrecht. Kr. 7-8 mm, bläulich-purpurn (//)    ssp. *litorale*

## CYMBALARIA

**1.** Kapsel kahl. Blü. ± violett, Sporn 1,5-3 mm. K.zipfel 1,5-3x0,4-0,9 mm. Samen 0,9-1,3 mm
    ***C. muralis***
**a.** Stg. und B. ± kahl (jung bisw. mit einigen Haaren). Kr. violett    ssp. *m.*
    incl. var. *acutangula*
**a+** Stg. und B. dicht behaart. Kr. lila (//, aber Garg.mögl.; vgl. unten)    ssp. *visianii*
    = *C. m.* var. *pilosa* s. Pg
**1+** Kapsel wie die ganze Pfl. dicht behaart. Blü. blasslila, Sporn 1-1,5 mm. K.zipfel 1-1,8x0,4-0,5
mm. Samen 0,6-0,8 mm (//)    ***C. glutinosa***
    = *C. pilosa* s. Fen und Pg
Entspricht **nicht** „*C. muralis* var. *pilosa*" (vgl. **1. a+**), wurde aber am Garg. vielleicht damit verwechselt (vgl.
Fen 3:392)

## DIGITALIS

**1.** Kr. 9-12 mm, einheitl. gelbl. Längster Kr.zipfel höchstens 1,5 so lg wie die übrigen. K.zipfel 1,5 mm br., spitz, drüsig bewimpert. Grundb. bis 2 cm br., gezähnelt. V.a. in schattigen Wäldern
*D. lutea* ssp. *australis*
= *D. micrantha*

**1+** Kr. >15 mm lg, dunkel geadert. Längster Kr.zipfel 2-4x so lg wie die übrigen. K.zipfel 3 mm br., stumpf, (frisch) breit gerandet, kahl oder fein behaart. Grundb. 2-3(-5) cm br., ganzrandig. Gehölze, Grasland
*D. ferruginea*

## EUPHRASIA

**1.**Tragb. ± eiförm., (incl. Zähne) ca 1,5x so lg wie br. Zähne genähert, zwischen ihnen eine V-förmige Kerbe. Kr. meist 6-9 mm. (Unreife) Fr. randl. dtl. bewimpert *Eu. stricta* s.l. (= s. Pg und CL)
Gelegentl. (nicht in CL) werden (auch als species) unterschieden:
**a.** Pfl. meist grün oder nur der Stg. schwach rötl. Stg. mit meist nur 0-3 Paare von Seitenzweigen. Fr. 5-7 mm. Tragb. und K. ± behaart bis kahl (*Eu. pectinata* s. FE und anderen)
**b.** Tragb. und K. ± spärl. kurzborstig, slt. kahl (zumind. hfgstes Taxon)		ssp. *pectinata*
**b+** Tragb. und K. stark behaart (CL)		ssp. *tatarica*
Übergänge!
**a+** Pfl. meist dtl. rötl. und mit meist 2-6 Paaren von Seitenzweigen. Fr. 4-5,5 mm. Tragb. und K. stets kahl (*Eu. stricta* s. FE und anderen; Garg. unwahrscheinl.)		ssp. *stricta*

**1+** Tragb. lanzettl., >2x so lg wie br. (Obere) B.zähne voneinander abgesetzt (d.h. zwischen ihnen ein Stück gerader B.rand). Kr. 4-7 mm. (Unreife) Fr. kahl, mit einzelnen Haaren oder am Rand rau. Pfl. meist dtl. rötl. (*//*)		*Eu. salisburgensis*

## KICKXIA

Die Blü.größe kann variieren

*A. Hauptschlüssel:*

**1.** Obere (!) B. 3-eckig (aber mit konvexem Randverlauf) bis pfeilförmig. Kb. <2 mm br.
**2.** Blü. 11-15 mm, auf kahlem Stiel. Sporn dtl. gekrümmt. B.stiel >5 mm. Mehrj., oft mit sprossbürtigen Wurzeln		*K. commutata*
Im Gebiet:		ssp. *c.*
**2+** Sporn vom Kr.tubus abgewinkelt, sonst (fast) gerade. Blü.stiel zumind. apikal behaart. B. stiel meist <5 mm. Einj.		*K. elatine*
**a.** Blü.stiel 2-3x so lg wie d. K., gänzl. behaart. Kr. 10-15 mm. Stg. meist >1,5 mm dick. Mittl. und untere B. oft oval (im Gebiet zumind. vorherrschende Sippe)		ssp. *crinata*
**a+** Blü.stiel 3-6x so lg wie d. K., nur unterhalb der Blü. behaart. Kr. 7-10 mm. Stg. <1,5 mm dick. Auch untere B. meist mit pfeilförm. Basis		ssp. *e.*
**1+** Auch obere B. oval, mit gerundetem (nicht herzförm.) Grund. Blü. meist 10-15 mm, auf zottig behaartem Blü.stiel. Sporn gekrümmt (wenn Sporn gerade, vgl. *K. elatine* ssp. *crinata*). Kb. 1,5-4 mm br., mit ± herzförm. Grund. Pfl. einj.		*K. spuria*
**a.** Stg. oft nur mäßig behaart und unverzweigt. Blü.stiel >10 mm. Kb. stärker herzförm., 4-5 mm		ssp. *sp.*
**a+** Stg. durchweg dicht behaart und meist reich verzweigt. Blü.stiel meist <10 mm. Kb. mit schwach herzförm. Grund, zur Blü.zeit 3-4 mm (*//*)		ssp. *integrifolia*
Zur Verbreitung der beiden ssp. werden unterschiedliche Angaben gemacht

*B. Alternativschlüssel für fruchtende Pflanzen:*

**1.** Samen 0,7-1 mm, warzig (tuberkulat). Fr. 2,5-4 mm, auf kahlem Stiel. B.stiel meist 5-20 mm. Pfl. mehrj., basal oft mit sprossbürtigen Wurzeln  *Kickxia commutata*

**1+** Samen 0,8-1,4 mm, netzgrubig (reticulat-alveolat). Fr. 3-6 mm. B.stiel 2-10 mm. Pfl. einj.

  **2.** Fr.stiel ± überall behaart

    **3.** Alle B. ± oval  *K. spuria*

      **a.** Samen 1,1-1,4 mm  ssp. *sp.*

      **a+** Samen meist 0,8-1,0 mm  ssp. *integrifolia*

      Weitere Merkmale s. oben

    **3+** Obere B. spieß- bis pfeilförm.  *K. elatine* ssp. *crinata*

  **2+** Fr.stiel nur unterhalb der Fr. behaart, 3-6x so lg wie der K.  *K. elatine* ssp. *e.*

# LINARIA

Die B. steriler Seitentriebe – insbesondere basaler – können dtl. in der Form abweichen; meist sind sie breiter. Dies betrifft v.a. *L. chalepensis, purpurea, pelisseriana* und bisw. auch *L. simplex*

*A. Hauptschlüssel:*

**1.** B. blühender Triebe >4 mm br. Blü. 15-30 mm. Pfl. einj., kahl. I-IV

  **2.** Stg. niederliegend, -15 cm. B. 5-8 mm br., die oberen meist wechselständig. Blü.stiel meist 10-15 mm (v)  *L. reflexa*

  Bisw. werden unterschieden:

    **a.** Kr. blauviolett, 25-30 mm  typ. var.

    **a+** Kr. weißgelb, 15-20 mm  var. *castelli*

    Alle Übergänge zwischen **a.** und **a+**. In Fen keine Angabe

  **2+** Blühende Stg. ± aufrecht, -50 cm. B. >10 mm br., meist weit hinauf in 3-zähligen Wirteln. Blü. meist hell, violett gesprenkelt, auf <3 mm lgem Stiel  *L. triphylla*

**1+** B. der stets ± aufrechten Blü.triebe 1-3 mm br. u./od. Blü. <15 mm

  **3.** Blü. gelb(l.) oder weißl., bisw. violett geadert

    **4.** Blü. 20-30 mm, 2-8 mm gestielt. ± Alle B. wechselständig. Pfl. 20-80 cm, mehrj., gerne in Trupps wachsend. Ab VI  *L. vulgaris*

      **a.** Blü. mind. 25 mm, davon der Sporn mind. die Hälfte. B. 1-nervig, beim Trocknen schwarzwerdend  typ. var.

      **a+** Sporn verkürzt, Blü. deshalb oft kleiner, aber lebhafter gefärbt. B. 3-nervig, nicht schwarzwerdend  var. *speciosa*

    **4+** Blü. kleiner, bis 3 mm gestielt

      **5a** Infl. (±) drüsig, dicht. Blü. 6-8 mm, davon 1/3-1/2 der ± gerade Sporn. Untere B. quirlig, obere wechselständig. Pfl. einj., 8-30 cm. IV-VI  *L. simplex*

      **5b** Infl. kahl, slt. spärl. drüsig, schon zur Blü.zeit sehr locker (Ansatzpunkt einer Blü. etwa in Höhe des Spornendes der jeweils darüber befindl. Blü.). Blü. 15-20 mm, davon ca 2/3 der ± gekrümmte Sporn. K. 5-6 mm. B. wechselständig. Pfl. einj., 15-40 cm. IV-V  *L. chalepensis*

      **5c** Infl. kahl, dicht. Blü. oft violett geadert (slt. auch gänzl. blasslila), 9-13 mm, davon <1/2 der Sporn. K. 2-3 mm. B. hoch hinauf quirlig. Mehrj., 30-70 cm. VI-X (//)  *L. repens*

  **3+** Blü. blass- bis blauviolett

    **6.** Blü. 2-6 mm lg. Infl. ± drüsig. Pfl. einj., 5-40 cm

      **7.** Blü. meist 4-6 mm, Sporn 1,5-3 mm, dtl. gekrümmt. B. <3 mm br. (v)  *L. arvensis*

      **7+** Blü. meist 2-4 mm, Sporn s. kurz. B. bisw. breiter  *L. micrantha*

    **6+** Blü. mind. 9 mm, davon Sporn mind. 5 mm (wenn Sporn <5 mm, vgl. **5c** *L. repens*). Infl. kahl. 10-80 cm

**8.** Infl. locker, meist >5 cm lg und oft verzweigt. Sporn zuletzt gekrümmt. B. meist 2-3(-10) mm br. Mehrj., 30-80 cm                                            *Linaria purpurea*
Wenn B. schmal-linealisch                                                              var. *litoralis*
**8+** Infl. dicht, kurz (1-5 cm), wie der Stg. meist unverzweigt, nur an der Stg.basis bisw. zarte, niederliegende, sterile Seitentriebe mit ovalen Blättern. B. der fertilen Triebe ca 1 mm br. Sporn meist ± gerade bleibend. Einj., 10-30(-50) cm                            *L. pelisseriana*
Die zur Unterscheidung der beiden Arten vielfach angegebenen Blü.maße (*L. purpurea* 9-13, *L. pelisseriana* 17-20 mm oder ähnl.) sind am Garg. nicht geeignet, da die garganischen Populationen von *L. pelisseriana* offenbar kleinblütig sind (ca 10-15 mm). Das sicherste Unterscheidungsmerkmal ist der Samen, vgl. Alternativschlüssel

## B. Alternativschlüssel für fruchtende Pflanzen:

**1.** Samen ungeflügelt (vgl. aber **3c**)
**2.** Fr. 6-8 mm DM, kaum gestielt. Samen 1,4-1,7 mm, unregelmäßig. Fruchtende Stg. aufrecht, bis 50 cm. B. >10 mm br., meist weit hinauf in 3-zlgen Wirteln. Pfl. einj., kahl       *L. triphylla*
**2+** Fr. 3-5 mm DM. B. <10 mm br.
**3a** B. fruchtender Triebe 5-8 mm br., meist wechselständig. Fr.stiele zuletzt 12-25 mm, zurückgekrümmt. Samen 1,1-1,5 mm, oft nierenförm., graubraun. Stg. niederliegend, -15 cm. Einj.
                                                                                       *L. reflexa*
**3b** B. 1-3(-10) mm br., höchstens die untersten wirtelig. Fr.stand locker. Fr.stiele 2-5 mm. Samen 1-1,3 mm, dreikantig, runzelig. Stg. aufrecht, 15-70 cm
**4.** K.-Zipfel 2-3 mm. Samen schwärzl. Die untersten B. in Wirteln. Stg. 30-80 cm, meist verzweigt, stets kahl. Mehrj.                                                      *L. purpurea*
**4+** K.-Zipfel 5-6 mm. Samen graubraun. ± Alle B. wechselständig. Stg. 15-40 cm, meist ± unverzweigt. Slt. spärl. drüsig. Einj.                                             *L. chalepensis*
**3c** B. 1-3 mm br., hoch hinauf in (oft 4-zlgen) Wirteln. Fr.stand dicht. Fr.stiele 4-14 mm. Samen 1,2-1,7 mm, dunkelgrau, mit ausgeprägten, fast flügelartigen (bis 0,1 mm hohen) Kanten
                                                                                       *L. repens*
**1+** Samen ± abgeplattet, mit umlaufendem Flügel
**5.** Samen 1-1,2 mm mit ausgefransten Flügeln. Fr. 2,5-3 mm. Infl. kahl. B. ca 1 mm br., die untersten bisw. wirtelig. Pfl. 10-50 cm, einj.                                    *L. pelisseriana*
**5+** Flügel ganzrandig. Infl. meist behaart
**6.** Fr. 6-10 mm. Samen 1,8-3 mm DM. (Fast) alle B. wechselständig. Pfl. 20-80 cm, mehrj., oft in Trupps                                                                       *L. vulgaris*
**6+** Fr. 3-5 mm. Samen 1-2,3 mm. Untere B. zumeist wirtelig Pfl. -40 cm, einj. (*L. arvensis*-Gruppe)
**7a** Samen 1,5-2,3 mm, glatt oder tuberkulat. B. 1-2,5 mm br. Tragb. meist 2-5x0,5-1 mm. Fr.-stand zml. dicht                                                                 *L. simplex*
**7b** Samen 1-1,5 mm, glatt oder tuberkulat. B. 0,5-2 mm br. Tragb. 2-9x0,5-1 mm. Fr.stand locker                                                                             *L. arvensis*
**7c** Samen 1,3-1,8 mm, stets tuberkulat. B. 2-10 mm br. Tragb. bisw. >10 mm lg und bis 3 mm br. Fr.stand zml. dicht                                                           *L. micrantha*

## MELAMPYRUM
Vgl. auch die beschreibenden Lit.-Zitate in Fen 3:396

**1.** Infl. dicht, allseitswendig. Tragb. lg ausgezogen, tief gezähnt. K.zähne ± linealisch. Kr. 15-30 mm (*M. arvense*-Gruppe)
**2.** Kr. (meist) 15-20 mm, rosa mit gelb und oft auch violett. Rand der Unterlippe aufgekrümmt. Rachen der Kr.röhre geschlossen. K.zähne dtl. lger als der Tubus                  *M. arvense*
**2+** Kr. 20-30 mm. Rand der Unterlippe herabgeschlagen. Kr.röhre offen

**3.** K.tubus höchstens auf den Nerven behaart, sonst kahl, etwa so lg wie die K.zähne. Kr. 20-25 mm, mit weißl. Kr.röhre und dunkelrosa Lippen    ***Melampyrum variegatum***
**3+** K.tubus dicht wollig (Haare bis 2 mm), halb so lg wie die K.zähne. Kr. 25-30 mm, hellgelb oder rötl. Tragb. jederseits mit 9-11 Zähnen (*//*)    ***M. barbatum*** ssp. *carstiense*
**1+** Pfl. anders (z.B. Infl. locker, Tragb. nur basal gezähnt oder Kr. kleiner; Garg. mögl.)    Or.-Lit.

## MISOPATES

**1.** Kr. den K. nicht überragend, meist 13-15 mm lg, rosa bis violett, slt. weiß. Infl. zur Blü.- und Fr.zeit locker, drüsig. Fr. 8-10 mm, drüsig. Samen 0,9-1,1 mm    ***M. orontium***
**1+** Kr. den K. überragend, meist 20-23 mm, weißl., slt. rötl. gestreift. Infl. zur Blü.zeit dicht (die Blü. überlappen sich), meist kahl. Fr. 6-8 mm, kahl od. behaart. Samen 1,0-1,3 mm    ***M. calycinum***

## ODONTITES
**Lit.:** BOLLINGER in Willdenowia **26**:37-168 (1996). – Nach den Nomenklaturregeln muss *O.* als Maskulinum behandelt werden.

**1.** Blü. gelb, 5-8 mm, vor allem am Rand behaart. Fr. 3-5 mm. (Obere) B. 1-2 mm br., ± ganzrandig    ***O. luteus***
**1+** Blü. ± rot (slt. weiß), 9-12 mm, filzig behaart. Fr. 6-8 mm. B. meist breiter, (die größeren) mit gezähntem Rand (*O. vernus*-Gruppe; Pg: ≈ *O. ruber*-Gruppe)
**2.** Stg. von Grund an verzweigt, mit 3-12 Paaren zunächst 50-90° abstehender, dann bogig aufsteigender Seitenäste. Unterste Blü. frühestens am 8. B.knoten. Zwischen den obersten Seitenästen und dem Beginn der End-Infl. meist 2-10 Paare steriler sog. Interkalarblätter. B. sehr schmal eiförm. (d.h. größte B.breite 1/4 bis 1/3 vom Grund entfernt)    ***O. vulgaris***
= *O. ruber*

Im Gebiet wohl nur:
Infl. locker, während der Blü.zeit 3-6, zur Fr.zeit bis 15 cm lg. Tragb. 5-13x2-4 mm. K. 4-6, Blü. 8-10 mm. B. meist lger als die Internodien. VII-IX    ssp. *v.*
= *O.* (*vernus* ssp.) *serotinus*

**2+** Stg. mit 0-4 Paaren von geraden, spitzwinkelig (20-40°) aufsteigenden Seitenästen. Unterste Blü. spätestens am 10. Knoten. 0(-2) Paare von Interkalarb. B. ± am Grund am breitesten. V-VII (*//*, aber Garg. mögl.)    ***O. vernus***

## PARENTUCELLIA

**1.** Kr. 8-10 mm, ± purpurn. Fr. kahl. B. nur bis 15 mm lg, Pfl. slt. >20 cm hoch    ***P. latifolia***
**1+** Kr. 18-24 mm, gelb (od. weißl.). Fr. fein behaart. Pfl. oft größer    ***P. viscosa***

## PEDICULARIS Vgl. II 4. (*//*)    ***P. comosa***
CL zufolge fehlt die ganze Gattung in Apulien

## RHINANTHUS
Für den Garg. angegeben (und nach CL einzige Art in Apulien):

Zahnfortsatz 1,5-2,5 mm lg. Kr. ca 20 mm lg. K. zumind. zur Blü.zeit mit 1-1,5 mm lgen (daneben oft auch kurzen) weißen Haaren, auch Stg. oberwärts dicht abstehend behaart. Zähne am Rand der Tragblätter ± alle gleich groß (2-3 mm). Formenreich    ***Rh. alectorolophus***
Es gibt zumind. noch eine weitere Art am Garg.

## SCROPHULARIA

**1.** (Mittlere und obere) B. 1-2(-3)fach fiederteilig. Staminodium linear-lanzeolat. Halbstrauch
**_S. canina_**

**a.** Oberlippe ± einheitl. braunpurpurn. Stg. meist wenig verzweigt. Untere B. oft nur gezähnt. B.segmente der oberen B. ovat bis längl. **ssp. _c._**

**a+** Oberlippe dtl. weißrandig. Stg. meist stark verzweigt. B. alle fiederteilig. B.segmente lanzeolat
**ssp. _bicolor_**

In Fen und CL keine näheren Angaben für Garg. bzw. Apulien

**1+** B. nicht geteilt, B.rand aber (tief) gezähnt. Pfl. krautig

**2.** Kr. gelb, urnenförmig (d.h. mit verengtem Saum), ± radiär. Ohne Staminodium. K.zipfel nicht weißhautrandig. Stg. drüsig. Pfl. zwei- bis mehrj. **_S. vernalis_**

**2+** Kr. dunkelpurpurn, grünl. od. bräunl., dtl. zygomorph. Mit Staminodium

**3.** Pfl. einj. Kb. spitz, ohne Hautrand. Blü. purpurn. Staminodium ± rundl. Nur untere B. gegenständig **_S. peregrina_**

**3+** Pfl. mehrj. Kb. vorne gerundet. Blü. oft etwas grünl. Staminodium breiter als lg, oft nierenförm. B. weit hinauf gegenständig

**4a** Stg. mind. (0,5-)1 mm geflügelt. B. kahl. K.zähne rundl., mind. 0,4 mm hautrandig, oft gezähnelt. Auch untere B. nicht cordat. Feuchte bis nasse Standorte **_S. umbrosa_**

**4b** Stg. scharf 4-kantig, aber nicht (oder <0,4 mm) geflügelt. B. kahl. B.basis gerundet bis cordat. K.zähne 3-eckig-oval, höchstens 0,3 mm hautrandig, nicht gezähnelt. Schattige Plätze **_S. nodosa_**

**4c** Stg. (stumpf) 4-kantig. B. ± behaart. B.basis gerundet bis cordat. K.zähne ca 3x3 mm, mind. 0,5 mm hautrandig, nicht gezähnelt. Schattige Standorte (_H_) **_S. scopolii_**

Für Garg. angegeben:

B.rand tief eingeschnitten, Spr.grund dtl. cordat **var. _grandidentata_**

## VERBASCUM

Zahlreiche Nachweise sind alte u./od. zweifelhafte Einzelfunde. Dies mag allerdings auch dadurch bedingt sein, dass Verbascen wegen ihrer „Unhandlichkeit" wenig herbarisiert werden. Herbarexemplare sind deshalb auch häufig unvollständig

Im Folgenden werden darum zwei Schlüssel angeboten: Ein „traditioneller" Hauptschlüssel (_A_), der vor allem für Herbarexemplare gedacht ist und der z.B. auf die Grundblätter meist verzichtet und ein alternativer „Geländeschlüssel" (_B_), der möglichst lange mit Merkmalen auszukommen versucht, die im Gelände ohne Hilfsmittel leicht festzustellen sind und die „traditionellen" Bestimmungsmerkmale wie Antherenform nur als Ergänzung bringt

_Br._ (Brakteen) sind die Tragb. der einzelnen Blü.knäuel, also nicht die etwa vorhandener längerer Seitenäste oder die der einzelnen Blü.

_Längenangaben_ zum Blü.stiel gelten nicht für Fr.stiele. „Blü. sitzend" bedeutet, dass der adnate Blü.stiel nicht in Erscheinung tritt

„_Staubb. dimorph_": die Antheren der beiden unteren Staubb. laufen am Filament herab, nur die der oberen sind nierenförmig d.h. quer auf dem Filament sitzend

Hybriden sind möglich

_Hauptschlüssel A:_

**1.** Blü. einzeln gestielt, 20-30 mm DM. Infl. meist einfach oder nur wenig verzweigt. B. nicht herablaufend

**2.** Kr. durchweg violett. Alle Antheren nierenförmig. Blü.stiele 6-10 mm. Tragb. d. Blü. 4-5x1 mm
**_V. phoeniceum_**

**2+** Kr. gelb(l.), slt. weißl., basal violett. Staubb. dimorph. Blü.stiele 10-15 mm, Tragb. 7-15x3-6 mm **_V. blattaria_**

**1+** Blü. zu 3-7 gebüschelt, Blü.büschel in Trauben oder „Rispen"

**3a** Antheren alle nierenförmig, nicht am Filament herablaufend. Kr. 15-33 mm DM
**4.** Filament ganz oder teilweise mit violetten Haaren. Stg. drüsenlos, zumind. oben kantig
**5a** Br. abgerundet 3-eckig mit herzförm. Spr.grund, 3-8 mm. Stgb. etwas herablaufend, ovat bis lanzeolat. Blü.stiel 2-4 mm. Kr. 15-30 mm DM. Fr. 2-4 mm, kahl. Pfl. grau- oder gelbl.-wollig. Rosettenb. am Rand dtl. wellig, jederseits meist 4-5-lappig  **Verbascum sinuatum**
**5b** Br. linear, 5-7 mm. Blü.stiele 3-7 mm. Kr. 22-33 mm DM. Fr. 4-6 mm. Pfl. weiß-wollig. Untere B. >3x so lg wie br., mit verschmälertem Grund sitzend (Garg. mögl.)  **V. mallophorum**
**5c** Br. linear, 2-7 mm. Blü.stiele 2-10 mm. Kr. 18-25 mm DM. Fr. 3-6 mm, behaart. Untere B. meist 2-3x so lg wie br., dtl. gestielt, v.a. die Oberseite nur ± spärl. behaart bis kahl
**6.** Lgere Blü.stiele 4 bis ca 10 mm, ca 2x so lg wie der K. Stgb. >2x so lg wie br. Infl. kaum verzweigt (//)  **V. nigrum**
**6+** Lgere Blü.stiele 2-5 mm, etwa so lg wie der K. Stgb. <2x so lg wie br. Infl. stark verzweigt (v)  **V. chaixii**
  **a.** Obere Stgb. >2 cm br., randl. mit ca 5 Zähnen pro cm. Grundb. unterseits graufilzig, Zähne des B.randes mit kleinem aufgesetzten Spitzchen  **ssp. ch.**
  **a+** Obere Stgb. <2 cm br., mit ca 7-8 Zähnen pro cm. Grundb. unterseits grün, Zähne (wenn vorhanden) ohne Spitzchen  **ssp. austriacum**
  Welches der beiden Taxa für den Garg. erwartet werden kann ist unklar
**4+** Filamente ± weißbehaart. Pfl. dicht weiß behaart. Kr. <25 mm. Fr. 3-5 mm, behaart. Infl. (reich) verzweigt. Rosettenb. 3-4x so lg wie br.
**7.** Seitenäste kandelaberartig bogig aufsteigend. Blü. 18-25 mm, stets gelb, 3-5 mm gestielt. Narbe keulenförmig. B. beiderseits weißflockig behaart, Flocken abwischbar. Stg. rund, oben oft mit einzelnen Drüsen. Rosettenb. nicht oder kaum gezähnt  **V. pulverulentum**
**7+** Seitenäste ± gerade, spitzwinklig abzweigend. Blü. 12-20 mm, gelb oder ± weiß, 6-11 mm gestielt. Narbe kopfig. B. vor allem unterseits weißhaarig, Haare nicht abwischbar. Stg. oben kantig, drüsenlos. Rosettenb. unregelmäßig gezähnt (//)  **V. lychnitis**
**3b** Staubb. undeutl. dimorph. Filamente zumind. teilweise (v.a. basal) violettwollig, die unteren bisw. schwächer behaart bis fast kahl. Br. lineal, 9-16x1-2 mm. Blü. fast sitzend. K. 5-8 mm, Kr. 25-35 mm DM. Pfl. dicht weißl. bis gelbl. wollig, oben flockig. Infl. unverzweigt. Montan (//)  **V. longifolium**

Formenreich; vgl. FE **3**:211
**3c** Staubb. dtl. dimorph. Filamente immer hell behaart oder kahl. K. 6-12 mm
**8a** Nur obere Filamente wollig
**9.** Kr. bis 22 mm DM. Filamente der unteren (lgeren) Staubb. 3-4x so lg wie die bis 2 mm lgen Antheren. Narbe kopfig. Blü. 1-5 mm gestielt. Fr. 7-10 mm  **V. thapsus ssp. th.**
**9+** Kr. >25 mm. Filamente 0,5-2x so lg wie die 3-5 mm lgen Antheren. Narben keulenförmig. Blü. oft lger gestielt. Fr. 5-8 mm
**10.** Mittlere und obere B. bis zum nächstunteren B. herablaufend. Br. >15 mm lg (//)  **V. densiflorum**
**10+** Stgb. wenig herablaufend. Br. (meist) kürzer  **V. phlomoides**
Zur „var. australe" vgl. **11+** V. samniticum
**8b** Untere Filamente apikal kahl, sonst wollig, mit 1-2 mm lgen Antheren. Kr.-DM 15-30 mm. Narbe ± kopfig (-1 mm lg). Br. 12-18 mm. Stgb. höchstens kurz herablaufend, Grundb. dtl. gestielt (//)  **V. thapsus** ssp. *montanum* = ssp. *crassifolium*
**8c** Alle Filamente bis oben wollig. Kr. 25-50 mm DM. Narbe keulenförm (-4 mm) u./od. Br. nur 10-12 mm
**11.** Blü. fast sitzend. K. 7-12 mm. Stgb. <2x so lg wie br., kurz herablaufend. Grundb. gekerbt, nicht gebuchtet  **V. niveum**
  **a.** K. 8-12 mm, Kr. 30-50 mm DM. Br. meist >12 mm. Grundb. 20-30 cm lg, ca 4x so lg wie br. (v)  **ssp. n.**

**a+** K. 7-9 mm, Kr. 25-32 mm. Br. meist <12 mm. Grundb. bis 15 cm, ca 2x so lg wie br.

ssp. *garganicum*

**11+** Blü. 4-6 mm gestielt. K. 6-9 mm. Kr. 25-35 mm DM. Stgb. >2x so lg wie br. Grundb. oft

gebuchtet **Verbascum samniticum**

= *V. phlomoides* var. *australe* s. Fen

*Alternativschlüssel B (vorwiegend Geländemerkmale):*

**1.** wie Schlüssel <u>A</u>

**1+** Blü. zu 3-7 gebüschelt, Blü.büscheln in Trauben oder „Rispen"

  **3.** Infl. einfach, höchstens basal einige kurze Seitenäste

  **4.** Filamente violettwollig

  **5.** Kr. ca 20 mm DM, am Grund blutrot. Blü.stiel 4-10 mm. Pfl. behaaart, aber nicht flockig. B.

  oberseits fast kahl. Spr. der Grundb. ca 2x so lg wie br., mit herzförm. Grund     *V. nigrum*

  **5+** Kr. 25-35 mm DM. Blü. sitzend. Pfl. dicht behaart, zuletzt flockig. Spr. der Grundb.

  (schmal-)elliptisch, 3-5x so lg wie br.     *V. longifolium*

  **4+** Zumind. obere Filamente weißwollig. Staubb. dimorph

  **6.** Alle Filamente weißwollig

   **7.** Pfl. wenig behaart, Grundb. ± ungestielt vgl. **14.**     *V. samniticum*

   **7+** Pfl. dicht weiß, gelbl. oder rostbaun wollig. Grundb. gestielt

   **8.** Blü. kurz gestielt. Narbe ± kopfig. Stgb. kaum herablaufend

*V. thapsus* ssp. *montanum*

   **8+** Blü. ± sitzend. Narbe und Stgb. herablaufend.     *V. niveum*

ssp. s. Schlüssel <u>A</u>

  **6+** Untere Filamente kahl

  **9.** (Obere) Stgb. weit (d.h. bis ± zum nächstunteren B.) herablaufend, Stg. dadurch fast ge-

  flügelt. Grundb. nicht od. nur kurz gestielt

  **10.** Br. 15-40 mm lg. Blü. 3-5 mm gestielt. Narben keulenförmig. B. dtl. gezähnt

*V. densiflorum*

  **10+** Br. 12-18 mm. Blü. sitzend. Narbe kopfig. B. höchstens fein gezähnt

*V. thapsus* ssp. *th.*

  **9+** Stgb. nicht oder kaum herablaufend. Br. 9-15 mm. B. dtl. gezähnt, Grundb. dtl. gestielt

*V. phlomoides*

**3+** Infl. dtl. verzweigt, Seitenäste mind. 1/2 der Lge der Hauptinfl. erreichend

  **11.** Filamente (teilweise) violettwollig. Antheren alle nierenförmig

  **12.** Grundb. sitzend vgl. <u>A</u> **5a/5b**     *V. sinuatum* und *mallophorum*

  **12+** Grundb. 5-10 cm gestielt, dtl. gezähnt, aber nicht gewellt. Stg. und B.oberseite spärl.

  behaart bis kahl. Br. lineal. Blü. nur bis 22 mm     *V. chaixii*

ssp. s. Schlüssel <u>A</u>

  **11+** Filamente weiß(l.)-wollig

  **13.** Blü. >25 mm DM. K. >6 mm. Br. 8-22 mm. Staubb. dimorph

  **14.** Einzelblü. 4-8 mm gestielt. Br. 10-12 mm. Grundb. ca 5x so lg wie br., meist buchtig

  gezähnt     *V. samniticum*

  **14+** Blü. sitzend. Grundb. gekerbt, nicht gebuchtet vgl. **8+**     *V. niveum*

  **13+** Blü. <25 mm DM. K. 2-4 mm. Br. 3-9 mm. Antheren alle nierenförmig. Grundb. 3-4x so lg

  wie br. vgl. <u>A</u> **7./7+**     *V. pulverulentum* und *V. lychnitis*

# VERONICA

Die endgültige (hier angegebene) Lge der Gr. lässt sich schon an unreifen Fr. feststellen

**1a** Alle Blü. in scharf abgesetzten achselständigen Trauben, Haupttrieb damit in einem B.schopf endend. Trauben brakteos, d.h. die wechselständ. Brakteen von den gegenständigen Laubb. dtl. unterschieden. Pfl. mit bewurzelten Kriechtrieben, i.d.R. mehrj.

> **2.** Pfl. behaart. B. gezähnt. Oft waldnahe Standorte
>
>> **3.** Blü. bläulichweiß, auf fädl. Stielen. Fr. fast brillenförmig, am Rand drüsig bewimpert, sonst kahl. B. dtl. gestielt      ***V. montana***
>>
>> **3+** Blü. hellviolett, nur s. kurz gestielt. Fr. 3-eckig-herzförm., auch auf der Fläche fein behaart      ***V. officinalis***
>
> **2+** Pfl. kahl (aber bisw. drüsig!). Fr. im Umriss rundl.-oval. Am Wasser
>
>> **4.** B. oval, ca 2x so lg wie br., gekerbt, kurz gestielt. Blü. himmelblau. Pfl. stets völlig drüsenlos, angenehm bitter schmeckend      ***V. beccabunga***
>>
>> **4+** B. 2-5x so lg wie br., seicht gezähnelt bis ganzrandig, zumind. die oberen sitzend. Blü. meist blass, aber oft dunkel geadert
>>
>>> **5.** Fr. dtl. lger als br. Gr. 1-1,7 mm. Infl. drüsig. Stg. markig (v)      ***V. anagalloides***
>>>
>>> **5+** Fr. ± rundl. Gr. 1,5-2,5 mm. Infl. kahl oder mit einzelnen Drüsenhaaren. Stg. meist hohl      ***V. anagallis-aquatica***

**1b** Zumind. 1 endständige traubige Infl. vorhanden (Haupttrieb nicht mit einem B.schopf abschlie-ßend), darunter weitere seitenständige Trauben mögl. Brakteen wie in **1a**

> **6.** Pfl. mehrj., mit bewurzelten Kriechtrieben. Kr. 5-8 mm DM. Gr. die apikale Einbuchtung der Fr. überragend      ***V. serpyllifolia***
> Formenreich; im Gebiet zu erwarten:
> Kr. weißl.-blassblau, bläulich geadert. Infl. zur Blü.zeit <4 cm lg, meist >25-blü. Pfl. >10 cm hoch      ssp. *s.*
>
> **6+** Pfl. einj., ± aufrecht. Kr. ca 3 mm DM. Gr. die Einbuchtung nicht überragend
>
>> **7.** Blü.stiel etwa so lg wie das Tragb., Fr.stiel 2-3x so lg wie der K. Gr. bis 3 mm. Infl. 10-15-blü. Fr. und Kb. drüsig      ***V. acinifolia***
>>
>> **7+** Blü.stiele s. kurz, wie die Fr.stiele slt. >2 mm. Gr. <1 mm. Infl. reichblü. Fr. nur auf dem Kiel drüsig, K. meist drüsenlos. Formenreich (vgl. Pg 2:562)      ***V. arvensis***

**1c** Infl. frondos, d.h. Blü. einzeln in den Achseln wechselständiger Laubb. Pfl. stets einj., oft nie-derliegend und dann slt. auch einwurzelnd

> **8.** Fr. rundl., apikal kaum ausgerandet, 2-4-samig. Samen 2-3 mm. B. im Umriss rundl., 3-7-lap-pig. Blü. slt. reinblau (*V. hederifolia*-Gruppe; evtl. Or.-Lit.)
>
> **9.** K.zipfel breit, fast herzförmig, randl. bewimpert, der stets kahlen Fr. anliegend. Kr. meist blassblau oder -violett, Blü.stiele (meist) mit 1 Haarleiste. Samen gelbl. B. bis 7-lappig. Pfl. drü-senlos      ***V. hederifolia* [s.l.]**
>
>> **a.** K.zipfel unterseits kahl oder nur auf dem Mittelnerv bewimpert, randl. Wimpern ±1 mm. Fr.stiel 2-4x so lg wie der K. Samen 2,8x2,3 mm. Zumind. untere B. 5-7-lappig (*//*)    ssp. *h.*
>>
>> **a+** K.zipfel beiderseits meist fein behaart. Fr.stiel 1-2,5x so lg wie der K. Samen 2,3x1,9 mm. B. meist nur 3-lappig (Garg. mögl.)      ssp. *triloba*
>
> **9+** K.zipfel behaart oder kahl, basal verschmälert bis gestutzt (oval bis abgerundet 3-eckig), zuletzt abstehend. Kr. weißl. Blü.- und Fr.stiele meist gleichmäßig spärl. (slt. auch drüsig) be-haart oder kahl. Samen bräunl.-gelbl., 2-3x1,8-2,2 mm. B. bis 9-lappig      ***V. cymbalaria***
> Im Gebiet nachgewiesen:
> Haare auf der Fr. >1 mm. Gr. 1-2 mm      ssp. *c.*
>
> **8+** Fr. apikal dtl. ausgerandet, >10-samig. Samen viel kleiner. Blü. zumind. in Teilen reinblau
>
>> **10.** Fr. ± dicht behaart, paarweckartig. Gr. bis 1,5 mm. Blü. leuchtendblau, bis 8 mm DM. Fr.stiel oft kürzer als das Tragb.      ***V. polita***

**10+** Fr. spärl. behaart, dtl. zusammengedrückt. Gr. 2-3 mm. Blü. meist blau/weiß, meist >8 mm DM. Fr.stiel lger als das Tragb. *Veronica persica*

## SIMAROUBACEAE AILANTHUS

Fiedern mit 1-wenigen Zähnen. B. insges. s. groß (bis >50 cm); (g), aber auf ruderalen Flächen oft verwildernd *A. altissima*

## SOLANACEAE

**1.** Kr.zipfel viel lger als Kr.tubus. Blü. radförmig. Beerenfr.
**2.** Pfl. mehrj., krautig. Blü. einzeln, Kr. weiß oder gelbl., 15-20 mm DM. Fr. vom blasenförm. (zuletzt roten) K. völlig eingeschlossen. Stg. kantig, fast kahl (//; (g)) *Physalis alkekengi*
**2+** Pfl. einj., mehrj. (dann basal verholzt) oder strauchig. Blü. meist in Teil-Infl. Fr. anders
*Solanum*
**1+** Kr.zipfel < Tubus. Blü. glockig bis flach-trichterförmig
**3.** B. alle grdständig. Blü. gebüschelt, auf 1,5-2 cm lgen behaarten Stielen direkt dem Zentrum der Rosette entspringend. Kr. violett. K. die ± gelbe große Beere großenteils einhüllend. IX-XI, slt. III-IV (v) *Mandragora autumnalis*
**3+** Pfl. mit beblätt. Stg. Beeren nicht gelb oder Kapselfr.
**4.** Dorniger Strauch von 1-4 m mit ganzrandigen, nicht über 12 mm br. B. Beeren dtl. lger als br. Meist (g) *Lycium*
**4+** Pfl. ± krautig. Fr. anders
**5.** Pfl. einj. (aber bis >1 m!), meist stinkend. B. gelappt oder gezähnt-gebuchtet. Kapselfr. Ruderal
**6.** Kr. gelbl.-weiß, bis 3 cm lg. K. 1-1,5 cm, d. Deckelkapsel dicht anliegend. Drüsenhaare zahlreich (daher Pfl. oft klebrig-zottig). Slt. >50 cm. Ab. V *Hyoscyamus*
**6+** Kr. 6-8 cm lg, weiß bis rosa. K. mind. 2,5 cm, z. Fr.zeit zurückgeschlagen. Kapsel lgs aufreißend, (meist) dicht bestachelt. 50-150 cm. Ab VII *Datura stramonium*
**5+** Pfl. mehrj. B. ± ganzrandig. Beere ± rund, schwarzglänzend, 15-20 mm DM. Wälder und Gebüsche *Atropa belladonna*

## HYOSCYAMUS

**1.** (Obere) Stgb. sitzend bis stg.umfassend. K.zähne zuletzt stechend. Antheren und meist auch Krb.-Nerven purpurn *H. niger*
**1+** Alle B. gestielt. Ohne dunkle Krb.-Nerven. Antheren weißl.-gelbl. *H. albus*

## LYCIUM

**1.** Größte B.breite im oberen Drittel. Kr.zipfel höchstens 1/2 so lg wie dere Tubus
**2.** B. bis 50-60x7-12 mm. Blü. ± (weißl.-)rosa. K. 3 mm, Kr.tubus 7-10 mm (auch (g))
*L. europaeum*
**2+** B. bis 10-25x1-2 mm. Blü. purpurviolett. K. 5-7 mm, Kr.tubus 15-20 mm (g) *L. afrum*
**1+** Größte Br. ca in der B.mitte. Kr.zipfel ca so lg wie der Tubus. B. purpurn. K. 4 mm (//, aber (g) mögl.) *L. barbarum*

# SOLANUM

**1.** Blü. weiß (slt. lila oder rötl.), bis 16 mm DM. Fr. ± rund, 6-9 mm DM. B. ± ganzrandig bis (flach) buchtig-gezähnt, stets ohne Fiederlappen, bisw. (wie d. Stg.) drüsig. Wenn basal verholzt, mit schwarzer Fr.

**2.** Pfl. einj., rein krautig. Auch obere B. meist geschweift-gezähnt. K.zipfel von der Fr. abstehend bis zurückgebogen. Infl.- und Blü.stiele oft drüsig (Drüsen aber nur s. kleine helle Punkte, an Herbarmaterial schlecht zu sehen). Wenn reife Fr. schwarz, diese ohne Steinzellen. Infl.-Stiel nicht herabgeschlagen (wohl aber oft die einzelnen Fr.stiele)

Die folgenden Taxa sind formenreich. Auf welches jeweils nachgeordnetes Taxon sich die Fundmeldungen beziehen, ist nicht immer klar. Mit weiteren Arten aus dieser Neophyten-Gruppe kann gerechnet werden. Or.-Lit.!

**3.** Infl. meist 10-30 mm gestielt, 5-10-blü. K.zipfel stumpf, durch spitze Buchten getrennt. Krb. bis 2x so lg wie br. Fr. zuletzt meist schwarz (slt. grün), auf abstehendem bis aufrechtem Infl.-Stiel. Antheren viel lger als Filamente                     ***S. nigrum***

Die beiden folgenden ssp. werden in CL nicht unterschieden

**a.** Pfl. spärl. flaumig, verkahlend. Drüsen an Infl.- und Blü.stielen s. klein oder fehlend. B.rand geschweift-gezähnt bis fast ganzrandig                                    ssp. *n.*

**a+** Pfl. zumind. oberwärts dicht abstehend drüsig-zottig. B. buchtig gezähnt    ssp. *schultesii*

**3+** Infl. meist 5-15 mm gestielt und 3-5-blü. K.zipfel 3-eckig, durch stumpfe Buchten getrennt. Fr. rot oder gelb. Antheren etwa so lg wie Filamente (v)                   ***S. villosum***
= *S. luteum* s.l.

**a.** Stg. stumpfkantig, die Kanten ohne Zähnchen, abstehend langhaarig (die meisten Haare >0,5 mm) und drüsig. Reife Fr. gelb oder rot, Samen braun durchscheinend (v)       ssp. *v.*
= *S. luteum* s.str.

**a+** Stg. schmal geflügelt, Flügel von einzelnen Zähnchen rau, wenig ± anliegend behaart bis fast kahl und drüsenlos. Reife Fr. rot, Samen weiß (Garg. mögl.)          ssp. *alatum*
= ssp. *miniatum* = *S. alatum*

**2+** Pfl. mehrj., basal verholzt. (Jge) Zweige wie die B. (diese vor allem unterseits) kurz behaart, aber drüsenlos. Obere B. oft ± ganzrandig. Infl. 3-8-blü., zur Fr.zeit dtl. herabgeschlagen. Kr.zipfel >2x so lg wie br. K.zipfel der Fr. anliegend. Fr. schwarz, oft mit herausdrückbaren Steinzellen, einzelne Samen <0,5 mm DM (*H*)                                ***S. chenopodioides***

Hierher auch „*S. nigrum* var. *suffruticosum*" s. FIORI?

**1+** Blü. nicht weiß u./od. größer. Fr. größer oder dtl. oval, nicht schwarz. Pfl. meist größer. Stets zumind. an d. Basis verholzt und drüsenlos

**4.** Pfl. mit Stacheln und (v.a. auf der B.unterseite) mit Sternhaaren, aufrecht. Blü. 2-3 cm DM, meist violett oder rötl. Fr. rundl., gelbl. oder bräunl.

**5.** Überall gelbl. bestachelter Strauch. B. grün, oval, gelappt. Fr. 2-3 cm DM   ***S. linnaeanum***
= *S. sodomaeum*

**5+** Staude oder Strauch mit kurzen, rötl. Stacheln. B. von den Sternhaaren weiß, lanzettl.-linealisch, seicht gebuchtet. Fr. 1-1,3 cm DM                            ***S. elaeagnifolium***

**4+** Pfl. ohne Stacheln, mit einfachen Haaren, windend, nur an d. Basis verholzt. Kr. tiefblau, bis 1,5 cm DM. B. oval-zugespitzt, basal oft mit 1-2 Fiedern. Fr. zuletzt rot, oval. ± feuchte Standorte
***S. dulcamara***

## STAPHYLEACEAE   STAPHYLEA

Strauch. Blü. weißl., 5-zlg. Infl. eine hängende Traube. Fr. eine aufgeblasene, zuletzt 3-4 cm lge Kapsel. 5-zlge Fiederb. mit Stipellen (d.h. jede Fieder mit „eigenen Stp.") (*//*)     ***St. pinnata***

## TAMARICACEAE TAMARIX

Die 3 hier genannten Arten haben alle 5-zlge Blü. mit einem Staubb.-Kreis (haplostemon). Wenn Blü. 4-zlg u./od. 2 Staubb.-Kreise (g) vgl. Or.-Lit.

**1.** Infl.-Achse ohne Papillen. Infl. 3-5 mm br., an diesjährigen (beblätt.) Ästen. Tragb. der Einzelblü. 3-eckig, ± gezähnelt, kürzer als der K. Kb. ganzrandig. Krb. 1,5-2(,5) mm     *T. gallica*
**1+** Infl.-Achse (zumind. stellenweise) mit Papillen.Tragb. ganzrandig, den K. bisw. übergipfelnd
**2.** Infl. 3-5 mm br., an diesjährigen Ästen. Kb. dicht gezähnelt. Krb. 1,2-1,6(-2) mm. Antheren ca 0,25 mm. Tragb. schmallanzettl. B. ohne membranösen Saum. Borke rötl. (g)     *T. canariensis*
**2+** Frühjahrs-Infl. 6-8 mm br. (Herbst-Infl. bisw. schmäler), an vorjährigen (kahlen) Ästen. Kb. ± ganzrandig. Krb. 2-3 mm. Antheren ca 0,5 mm. Tragb. lanzeolat. B.rand mit schmalem, membranösem Saum. Borke schwarz(-purpurn)     *T. africana*

*Alternativschlüssel:*
Lit.: DE MARTIS & al. in Webbia **37**:211-235 (1984). Die Blü.zeit stimmt mit den Angaben in Pg **2**:134 nicht überein

**1.** Pfl. im Frühjahr blühend     *T. africana*
  **a.** Tragb. den K. nicht übergipfelnd. Antheren bespitzt     var. *a.*
  **a+** Tragb. übergipfelnd, Antheren nicht bespitzt     var. *fluminensis*
  In Fen keine Angabe zur var.
**1+** Pfl. im Sommer blühend. Antheren (kurz) bespitzt
  **2.** Infl.-Achse papillos     *T. canariensis*
  **2+** Infl.-Achse kahl     *T. gallica*

## THELIGONACEAE THELIGONUM
Die *Theligonaceae* werden heute den *Rubiaceae* zugerechnet

Blü. unscheinbar, einhäusig, mit 7-20 Staubb. oder unterständigem Frkn. B. gegenständig, randl. mit s. kleinen Zähnchen und membranösen Stp. Pfl. einj., -15 cm hoch. II-IV     *Th. cynocrambe*

## THYMELAEACEAE
Die Kb. sind bei dieser Familie zu einem röhren- oder krugförm. Hypanthium verwachsen und schließen das – eigentlich oberständige – Gynoeceum ein. Am oberen Ende des Hypanthiums sitzen die freien „Kb." (genauer: Kb.-Zipfel)

**1.** B. bis 12 mm lg und 4 mm br. Hypanthium bleibend, auch die (fast) reife Fr. umhüllend, behaart. Blü. zu 1-5 in fast ungestielten Büscheln. Einj. oder (Halb-)Strauch     **Thymelaea**
**1+** B. >20 mm lg u./od. >5 mm br., immergrün. Fr. zuletzt frei, fleischig, kahl. Strauch     **Daphne**

## DAPHNE
Man beachte die diagnostisch bedeutsamen Blü.zeiten

**1.** B. unterseits weißwollig. Blü. rosa bis purpurn (slt. weißl.), stark duftend, meist in jeweils endständigen Büscheln. Fr. rötl. II-III(-IV)     *D. sericea*
**1+** B. unterseits kahl. Blü. weißl. oder grünl.-gelb
  **2.** (Halb-)Strauch bis 60 cm. B. 10-20(-25) mm lg, an der Spitze gerundet, unterseits oft mit punktförmigen Drüsen. Blü. zu 2-4. IV-VI (Garg. fraglich)     *D. oleoides*

**2+** Strauch meist >60 cm. B. spitz, meist länger

**3.** Blü. cremeweiß, außen graufilzig, in endständigen Rispen. Fr. leuchtend rot. B. bis 50x8 mm, stachelspitzig. VII-IX                                   ***Daphne gnidium***

**3+** Blü. grünl.-gelb, kahl, in Büscheln aus den vorjährigen B.achseln entspringend. Fr. schwärzl. B. bis 130x35 mm. II-IV                                   ***D. laureola***

### THYMELAEA

**1.** Pfl. einj., bis 60 cm hoch, wenig verzweigt. Infl. ährenartig. Blü. weißl.-grünl., meist zu 1-3. An der Basis der Blü.büschel seidige Haare. B. 8-12x1 mm. VI-VIII (v)                 ***Th. passerina***

**1+** (Halb-)Strauch. B. schuppig, -8 mm lg und 2-4 mm br., etwas fleischig, dem Stg. anliegend und ihn bedeckend, oberseits weißfilzig, unterseits fast kahl. Blü. gelb(l.), meist zu 2-5. IX-IV. Oft in Küstennähe                                                        ***Th. hirsuta***

### TILIACEAE   TILIA
Die *Tiliaceae* werden heute auch den *Malvaceae* s.l. zugerechnet

**1.** Junge Äste und B.unterseite behaart, diese in den Nervenwinkeln weißbärtig (Domatien). Infl. meist 3(-5)-blü. Fr. stark 5-kantig. Formenreich                    ***T. platyphyllos***

**1+** Junge Äste und B.unterseite ± kahl, nur weißl.-gelbl. Domatien vorhanden. Infl. 3-7-blü. Fr. schwachkantig (g)                                              ***T. x vulgaris***
                                                                  = *T. platyphyllos x cordata*

Die „reine" *T. cordata* (mit rostbraunen Domatien an sonst kahlen B.) ist bisher für den Garg. nicht gemeldet

### TRAPACEAE   TRAPA
Die *Trapaceae* werden heute zu den *Lythraceae* gestellt

Wasserpfl.; Unterwasserb. linealisch, aber hinfällig und bald durch ± grüne Wurzeln ersetzt. Schwimmb. rautenförmig. Fr. ca 2,5 cm DM, mit (2-)4 hornigen Fortsätzen. Formenreich (bisher nur in Form angeschwemmter Fr. nachgewiesen)                        ***T. natans***

### TYPHACEAE   TYPHA

*A. Fertile Pflanzen:*

**1.** Kolben(abschnitt) mit den karpellaten Blü. kurz (2-5 cm), bisw. fast eiförm. Staminater Kolben ebenso lg, ohne Haarbildungen zwischen den Staubb. Kolbentragender Stg. nur an d. Basis mit weiten B.scheiden, sonst b.los. B. -3 mm br. Bis 75 cm hoch              ***T. minima***

**1+** Kolben walzl., länger. Pfl. meist >1 m. Staminater Kolben mit Haarbildungen. B. breiter

**2.** Staminater und karpellater Kolben 0-1(-3) cm voneinander getrennt. Karpellate Blü. ohne haarfeine Tragb. Pollen in Tetraden. B. meist >10 mm br. (v)                 ***T. latifolia***

**2+** Die beiden Kolben 2-4(-9) cm voneinander entfernt. Karpellate Blü. mit haarfeinen, oben meist verbreiterten Tragb. Pollen vereinzelt. B. meist <10 mm br. (*T. angustifolia* s.l.)

**3.** Karpellater Kolben mittelbraun. Tragb. der weibl. Einzelblü. spatholat, stumpf, etwa so lg wie die Haare und kürzer als die Narben. Stgb. die Infl. oft dtl. überragend     ***T. angustifolia*** s.str.

**3+** Kolben hellbraun. Tragb. mit aufgesetzter Spitze (slt. dreizähnig), länger. Stgb. die Infl. nicht oder nur wenig überragend (Garg. mögl.)    ***Typha domingensis***
incl. *T. (angustifolia* ssp.) *australis*
Zur unterschiedl. Ausbildung der B.öhrchen vgl. Schlüssel *B.*

*B. Sterile Pflanzen:*
Ob das Merkmal der Luftkammern auch für mediterranes Material zutrifft, ist nicht erwiesen. – Die B.breite bezieht sich auf sterile Triebe; die der fertilen Triebe sind oft schmäler

**1.** B. bis 2(-3) mm br., unterseits gewölbt    *T. minima*
**1+** B. breiter
**2a** B. 10-20(-25) mm br., meist ± (!) flach, ± blaugrün, im Querschnitt mit etwa (10-)16 dtl. und 4 kleinen randlichen Luftkammern. B.scheide der oberen B. am oberen Ende mit häutigen Öhrchen    *T. latifolia*
**2b** B. meist 5-10(-15) mm br., unterseits gewölbt, oft gelbl.-grün, im Querschnitt mit ca 9 bzw. 2-4 Luftkammern. B.scheide wie **2a**    *T. angustifolia* s.str.
**2c** B. meist 5-10 mm br., ± flach, bleichgrün („*T. domingensis* s.str.") oder graugrün („*T. australis*"), im Querschnitt mit 10-12 bzw. 2-4 Luftkammern. B.scheide allmählich in die Spr. verschmälert (d.h. ohne Öhrchen)    *T. domingensis*


## ULMACEAE

**1.** Die beiden basalen Seitennerven gefördert (somit ±3 Hauptnerven vorhanden). Spr. mind. 2x so lg wie br., in eine auffällig lge Spitze ausgezogen, unterseits ± gleichmäßig behaart. Blü. einzeln, z.T. staminat, z.T. zwittrig. Weißl. Steinfr. von ca 1 cm DM. IV-V    ***Celtis australis***
**1+** B. höchst. 2x so lg wie br., mit dtl. Mittelnerv, 7-20 Seitennerven und asymmetrischem Spr.-grund. Domatien vorhanden. Blü. in Büscheln. Nussfr. mit umlaufendem Flügel. II-IV    ***Ulmus***
**2.** Seitennerven jederseits meist <13. B. der Kurztriebe oberseits (fast) kahl und glatt, stets einspitzig. B. unterseits nur mit Domatien, sonst kahl. Auch jge Zweige rasch verkahlend, oft mit auffälligen Korkleisten. Fr. slt. >20 mm, „Samen" oberhalb des Fr.zentrums    *U. minor* ssp. *m.*
**2+** Seitennerven jederseits >12. B. Jge Zweige weichhaarig. Spr. behaart
**3.** B. meist <10 cm lg, grau-weichhaarig. Fr. wie bei **2.** (Garg. mögl.) *U. minor* ssp. *canescens*
**3+** B. meist >10 cm, hfg 3-spitzig, die der Kurztriebe oberseits von anliegenden Borstenhaaren rau. Stets ohne Korkleisten. Fr. 22-30 mm, „Samen" etwa in der Mitte    ***U. glabra***
= *U. montana*


## UMBELLIFERAE (= Apiaceae)

Entscheidendes systematisches Kriterium bei den Umbelliferen ist (derzeit noch) die *reife* Frucht (vgl. unten). Da viele Doldenblütler jedoch erst spät blühen, führt ein Schlüssel, der auf solchen Fruchtmerkmalen aufbaut, nicht immer zum Ziel. Im Folgenden werden daher zwei alternative Schlüssel angeboten. Schlüssel C – vorwiegend auf Fruchtmerkmalen basierend – orientiert sich im Wesentlichen an Pg zurück, Schlüssel D ist ein eigener Versuch. In ihm werden Fr.merkmale bisw. (in Klammern) erwähnt, aber nicht zu Bestimmungszwecken herangezogen, wohl aber Merkmale, die sich bereits am Frkn. der Blü. erkennen lassen (z.B. Behaarung). Selbstverständlich kann er auch bei fruchtenden Exemplaren – z.B. als Gegenprobe oder Alternativschlüssel – verwendet werden
Die Fr. der Umbelliferen ist eine aus 2 Teilfr. zusammengesetzte Spaltfr. Jede Tlfr. zeigt dabei im typischen Fall in Lgsrichtung 5 *Hauptrippen;* davon liegen 3 auf der Rückenseite der Tlfr., je 2 liegen an der Verwachsungsfläche der beiden Tlfr. aneinander und sind deshalb oft erst nach der Trennung der beiden Tlfr. zu unterscheiden. Zwischen diesen Hauptrippen liegen meist 4 Längsrillen, sog. *Tälchen (valleculae),* die aber durch 4 (slt. 2) *Nebenrippen* in diesen Tälchen maskiert sein können; diese Nebenrippen können größer sein als die Hauptrippen! Haupt- und/oder Nebenrippen können flügelartig auswachsen. – Im Querschnitt liegen

unter den Hauptrippen die *Leitbündel*, in den Tälchen bzw. unter den Nebenrippen *Ölstriemen (vittae)*. Jede Tlfr. hat einen eigenen Griffel, der meist einem *Griffelpolster* oder *Stylopodium* aufsitzt. Die beiden Tlfr. bleiben nach der Aufspaltung oft noch durch ein Y-förmiges *Karpophor* miteinander verbunden
**Lit.:** REDURON, J.-P. Ombellifères de France. Bull. Soc. Bot. Centre-Ouest, n.s., numéro spec. **26-28** (2007) bzw. **29-30** (2008), 3004 pp; Behandlung der Gattungen in alphabetischer Reihenfolge. – Die Bände 29 und 30 konnten nicht mehr vollständig berücksichtigt werden

*Abkürzungen:*

| | |
|---|---|
| *Do, Dö:* | Dolde, Döldchen (= Dolden 2. Ordnung) |
| *Hü, Hch:* | Hülle; Hüllchen |
| *-str.:* | -strahlen, -strahlig (bei Dolden) |
| *-f.:* | -fach (z.B. bei Fiederung) |
| *F.l.O.:* | Fieder letzter Ordnung (die ihrerseits fiederschnittig sein kann!); entsprechend F.1.O. usw. |
| *B.segm.:* | Blattsegmente (allgemein für Fiedern oder B.zipfel) |
| *Tunika:* | = „Faserschopf": (Meist fasrige) Reste abgestorbener B. an der Stg.basis |

Wenn nicht anders vermerkt, sind stets basale B. gemeint.
Manche einj. Arten bilden bisw. reduzierte, 1-str. „Dolden" aus. Die daraus resultierende einfache Infloreszenz entspricht dann formal einem Döldchen

## HAUPTSCHLÜSSEL:

**1.** Pflanze distelartig                                                                                                    **Tab. A**

**1+** Pfl. nicht distelartig

    **2.** Basale B. ganzrandig und parallelnervig oder handnervig mit gekerbtem Rand oder handförmig geteilt                                                                                            **Tab. B**

    **2+** Basale B. fiedernervig, meist auch gefiedert oder dreiteilig

        **3.** Pfl. – neben Blü. – mit reifen (!) Früchten                                    wahlweise **Tab. C** oder **D**

        Manche wichtige Fruchtmerkmale entwickeln sich erst relativ spät, so v.a. die Flügelung

        **3+** Pfl. ohne reife Fr.                                                                          **Tab. D**

## Tab. A – B. distelartig

**1.** Blü. in typischen Doppeldolden. Hüllb. nicht auffällig lg und spitz. Stg. reich verzweigt (Gesamthabitus bisw. fast halbkugelig). B. sparrig, mit rückwärts eingekrümmter Rhachis. F.l.O. 2-3 mm br, als Dorn endend. Fr. mit persistierendem, aufrechtem Gr.                          ***Echinophora spinosa***

**1+** Blü. in halbkugeligen bis zylindr. Köpfchen, diese unten mit einem Kranz lger, abstehender, stechender Hüllb.                                                                                              ***Eryngium***

## Tab. B – Basale B. nicht fiedernervig

**1.** B. ganzrandig, parallelnervig, viel lger als br. (oft s. schmal). Blü. gelb. Pfl. (im Gebiet!) einj.                                                                                                             ***Bupleurum***

**1+** B. gekerbt od. handförm. geteilt, im Gesamtumriss ± rundl. bis nierenförmig, handnervig. Blü. weiß(l.). Pfl. mehrj

    **2.** Infl. zusammengesetzt. Oberird. Hauptspross aufrecht. B. bis fast zum Grunde handförm. in ± 3-lappige Segm. geteilt. Fr. mit Hakenstacheln. 30-50 cm. Pfl. schattiger Standorte (Laubwälder)
                                                                                      ***Sanicula europaea***

    **2+** Infl. eine einfache Do. B. gekerbt. Pfl. nasser Standorte mit kriechender Hauptachse
                                                                                          ***Hydrocotyle***

## Tab. C − B. fiedernervig, gefiedert od. dreiteilig. Pfl. fruchtend

*Gruppenschlüssel:*

1. Fr. stachelig oder stachelborstig **Gruppe C I**
1+ Fr. kahl, rau oder (borstig) behaart
  2. Tlfr. vom Rücken her zusammengedrückt (also ± abgeplattet), randl. meist in je einen Flügel verschmälert (dieser aber gelgentl. knorpelig verdickt), slt. auch mit dorsalen Rippen. Gesamte Fr. (incl. Flügel) insges. 2-10x so br. wie dick **Gruppe C II**
  2+ Tlfr. im Querschnitt (halb-)rund, ohne oder mit 4-5 Flügel (diese bisw. unterschiedl. hoch). Fr. max. 2x so br. wie dick
    3. Kr. gelb(l.) **Gruppe C III**
    3+ Kr. weiß (oder rötl.)
      4. (Untere) B. einfach gefiedert, Fiedern aber bisw. fiederschnittig **Gruppe C IV**
      4+ (Untere) B. 2-4-f. gefiedert
        5. F.I.O. dieser B. haarfein oder linealisch, ± <2mm br. **Gruppe C V**
        5+ F.I.O. breiter **Gruppe C VI**

## Gruppe C I − Fr. stachelig

Alle Taxa außer **1.** *Daucus* p.p. sind einj.; wenn mehrj. vgl. **C V 1.** und **C VI 1.** mit borstigen Fr.

1. Hüllb. fiederspaltig. Pfl. ein- bis mehrj. ***Daucus***
1+ Hüllb. ungeteilt oder fehlend. Pfl. einj.
  2. Hü. 2- bis mehrb., bleibend
    3. Stg. auch oberwärts (fein) borstl. Äußere Blü. höchstens etwas strahlend (bis 2x so lg wie die inneren)
      4. Do.str. (5-)7-12. Stg. fein gerillt, mit rückwärts anliegenden, Do.- und Dö.str. mit vorwärts anliegenden Börstchen ***Torilis (japonica)***
      4+ Do.str. 2-5
        5. Pfl. der Küste, -20 cm. B. 2-3-f. gefiedert ***Daucus (pumilus)***
        5+ Pfl. des Kulturlandes, meist größer. B. einf. gefiedert, Fiedern aber fiederschnittig. Blü. oft dtl. rot ***Turgenia latifolia***
    3+ Stg. ± kahl. Randblü. auffällig strahlend. Zumind. untere B. 2-4-f. gefiedert ***Orlaya***
  2+ Hü. 0-1(-2)-b. oder nur in Form von 1-2 Schuppen
    6. Fr. 4-5 mm, apikal schnabelartig verjüngt, mit kurzborstigen, nach oben gekrümmten Stacheln. Randblü. höchstens wenig strahlend. Do.str. 3-5 ***Anthriscus***
    Wenn Fr. 10-15 mm, Do.str. 2-3 vgl. **C VI 2.** *Myrrhoides nodosa*
    6+ Fr. ungeschnäbelt, mit dtl. Stacheln. Randblü. oft dtl. strahlend
      7. Fr. 6-12 mm, deren Stacheln teils nach oben, teils nach unten gekrümmt. Do. meist nur 2-3-str. B.scheiden randl. bewimpert. 5-30 cm ***Caucalis***
      7+ Fr. kleiner, Stacheln anders (meist einheitl. nach oben gekrümmt), mit kleinen Papillen besetzt. Do oft mehrstr. Stg. mit (zumind einigen) abwärts, Infl.-Äste mit aufwärts anliegenden Haaren. Pfl. auch größer ***Torilis***

## Gruppe C II − Fr. abgeplattet

1. B. 1-6-f. dreiteilig
  2. Blü. weiß. B. 1-2-f. dreiteilig, mit ovalen B.segmenten. Fr. stark gerippt, aber nicht eigentl. geflügelt (nicht Italien? Verwechslung mit **7.?**) ***Laser trilobum***

**2+** Blü. gelbl. B. 2-6-f. dreiteilig, B.segmente linealisch. Flügelung dtl. (v)
**Peucedanum** *(officinale)*
**1+** B. gefiedert
  **3.** Blü. weiß (oder rötl.)
    **4.** B. einf. gefiedert, Fiedern gesägt oder gelappt. Randblü. dtl. strahlend
      **5.** Fr. <10 mm DM. Fr.flügel ein (meist gekerbter oder gewellter) Ringwulst. Pfl. einj.
                                                        **Tordylium**
      **5+** Fr. ca 10 mm, Fr.flügel flach. Pfl. mehrj.          **Heracleum**
    **4+** B. 2-4-f. gefiedert. Fr. ohne Ringwulst
      **6.** Do. 2-5-str. Hü. 0-3-b. K. undeutl. oder fehlend. B.segmente bis 5 mm lg (B. Fumaria-
ähnl.) Pfl. einj., 10-50 cm (v)          **Krubera peregrina**
      **6+** Do. mind. 10-str. Hü. mehrb., persistent. K. dtl. F.l.O. stachelspitzig. An der Stg.basis eine
Tunika. Pfl. 20-120 cm, mehrj.
        **7.** Fr. dtl. lger als br., mäßig zusammengedrückt. Nur (die 4) Nebenrippen flügelartig.
F.1.O. ± spitzwinkelig abzweigend, F.l.O. nicht 3-lappig. Tunika dtl.  **Laserpitium**
        **7+** Fr. kaum lger als br., dtl. zusammengedrückt, mit zuletzt schmal (0,8 mm), aber dtl. ge-
flügelten Hauptrippen. F.1.O. ± recht- oder stumpfwinkelig von der meist geknieten Rhachis
abzweigend, F.l.O. meist 3-lappig. Tunika schwach entwickelt, schwarzbraun
                                **Peucedanum** s.l. *(Oreoselinum nigrum)*
  **3+** Blü. gelb. Pfl. stets mehrj.
    **8.** B.segm. >5 mm br., bis 2(-3,5)x so lg wie br. Fr. 6-9 mm
      **9.** B. unterseits sternhaarig. Krb. stark zurückgekrümmt. Pfl. meist >1 m   **Opopanax**
      **9+** B. unterseits nicht sternhaarig. Pfl. 30-70 cm. Fr. kaum zusammengedrückt vgl. **C III 10+**
                                *Kundmannia sicula*
    **8+** B.segm. 0,5-5 mm br. und mehr als doppelt so lg, unterseits nicht sternhaarig. Fr. 6-15 mm
      **10.** Hü. und Hch. vorhanden, bleibend. Do.str. oft ungleich lg, meist 5-12  *Ferulago*
      **10+** Hü. meist fehlend, Hch. bisw. vorhanden, dann aber nur aus unscheinbaren linealischen
Zipfeln zusammengesetzt
        **11.** Do.str. 8-25. Pfl. bis 1,20 m hoch
          **12.** Fr. 12-15 mm, sehr flach, Flügel silbrig-häutig, jeweils etwa so br. wie der Fr.körper.
K. unauffällig. (Obere) Stgb. mit auffälliger, bauchiger, oft glauker Scheide. B.zipfel nur
randl. zurückgerollt, >1,5 mm br.      **Thapsia garganica**
          **12+** Fr. meist nur 8-12 mm, nur etwas abgeflacht. K. dtl. B.zipfel fädl., oft als Quirl ange-
ordnet. Stg. basal mit Faserschopf      **Elaeoselinum**
        **11+** Do.str. 20-40. Pfl. 1-3 m hoch. Fr. ca 15 mm, Flügel dtl. schmäler als der Fr.körper
                                  **Ferula**

**Gruppe C III – Fr. nicht abgeplattet. Kr. gelb**

**1.** Hüllb. fiederschnittig, mit zumind. 3 Zipfeln. Blü. weißl.-gelb. Fr. -3 mm. Pfl. einj. vgl. **C VI 5.**
                                                      *Ammi*
**1+** Hüllb. nicht fiederschnittig (nur bei *Cachrys sicula* mit gezähnelten Fr.rippen zentrale Do. mit
gefied. Hüllb.) oder fehlend
  **2a** B.segm. der Grundb. höchstens 1 mm br., ± fädllich
    **3.** Fr. 1,5-2,5 mm, ohne dtl. Rippung. Pfl. einj., unangenehm riechend. Hü. und Hch. fehlend
(v)          **Ridolfia segetum**
    **3+** Fr. größer, dtl. gerippt u./od. Pfl. mehrj.
      **4.** Fr. 8-12 mm, etwas zusammengedrückt, meist (!) nur mit Randflügeln. B.segm. quirlartig
gebüschelt. Stg. basal mit Faserschopf vgl. **C II 12+**    *Elaeoselinum*

**4+** Pfl. anders. Fr. nur gerippt oder auch mit dorsalen Flügeln

**5.** Hü. und Hch. fehlend. Fr.flügel ganzrandig. Pfl. mit Fenchelgeruch *Foeniculum*

**5+** Hü. und Hch. vorhanden. Pfl. nicht aromatisch riechend *Cachrys*

**2b** B.segm. 1-5 mm, lineal bis lanzeolat

**6.** Fr. behaart vgl. **C V 4.** *Athamanta sicula*

**6+** Fr. kahl

**7.** Stg.basis holzig, B. ± fleischig. Fr. ovoid, schwach gerippt, ca 5 mm. Felsen und Mauern der Küste *Crithmum maritimum*

**7+** B. nicht fleischig

**8.** Fr. mind. 7 mm lg, oft ± geflügelt. Obere Seitenachsen gegen- oder quirlständig. Fied. 1-2,5 mm vgl. **5+** *Cachrys*

**8+** Fr. meist kleiner, ± gerippt. Obere Seitenachsen wechselständig. Fied. 2-5 mm br.

**9.** K. kurzzähnig, hinfällig. Gr. höchstens 1/4 der Fr.lge erreichend (//; (g)) *Petroselinum crispum*

**9+** K. auffällig, schmalzipfelig, persistent. Gr. 1/2 bis fast so lg wie die ± zylindrische Fr. vgl. **C VI 7+** *Oenanthe*

**2c** B.segm. (der Grundb.!) lanzeolat bis oval, meist >1 cm br.

**10.** Fr. breiter als lg, im Querschnitt rund. Hü. wenigb. oder fehlend. Ob. Stgb. ungeteilt oder Segm. >2 mm br. *Smyrnium*

**10+** Fr. 6-9 mm, >2x so lg wie br., etwas zusammengedrückt. Hü. vielb., zurückgeschlagen. B.segm. der oberen B. ca 2 mm br. (v) *Kundmannia sicula*

## Gruppe C IV – Fr. nicht abgeplattet. Blü. weiß. B. einf. gefiedert

**1a** Hüllb. gefiedert. Obere B. 2- bis mehrf. gefiedert. Pfl. einj. vgl. **C VI 5.** *Ammi*

**1b** Fr. mit persistierendem Gr. von mind. 1 mm und dtl., persistierendem K. Grund- und Stgb. oft sehr verschieden, letztere dann mit linealischen Zipfeln. Mehrj. vgl. **C VI 7+** *Oenanthe*

**1c** Pfl. nicht so. Hüllb. höchstens apikal mehrspitzig. Pfl. (außer der hochwüchsigen *Pimpinella peregrina* mit behaarten Fr.) mehrj.

**2a** Pfl. nasser Standorte. Hü. vorhanden (dann slt. >5-zlg) oder fehlend, Hch. stets vorhanden. Stg. hohl

Vgl. auch den Schlüssel „Wasserpflanzen" und **D VI 1.** – Es werden auch Unterwasserblätter ausgebildet, die in ihrer Form beträchtlich abweichen können (2-4-f. gefiedert, Fiedern sehr schmal)

**3.** Do. (zumind. die unteren) blattgegenständig, oft fast sitzend. Fr. bis 2 mm. Fied. bis 2x so lg wie br. Stg. basal niederliegend und bewurzelt oder unterirdische Ausläufer vorhanden

**4.** K. vorhanden. Hüllb. (meist) vorhanden, krautig, zumind. an den unteren Do. geteilt (hfg 3-spitzig). Do. meist 10-18-str. B. mit meist >4 Fiederpaaren, das unterste jedoch meist kleiner (oft auf einen querlaufenden Ring an der Rhachis reduziert!) und von den übrigen abgesetzt. Stg. fein gerillt (v) *Berula erecta*

**4+** K. ± fehlend. Hüllb. 0-1(-2). Do. meist 5-10-str. B. meist mit 2-5 Fiederpaaren, das unterste nicht abgesetzt *Helosciadium*

**3+** Do. endständig, 15-30-str. Fr. 3(-4) mm. Fied. in 4-10 Paaren, >2x so lg wie br., das unterste Paar nicht abgesetzt. Stg. aufrecht, kantig gefurcht, ohne Ausläufer. Hüllb. meist vorhanden, aber nur slt. geteilt, mit häutigem Rand. K. dtl. (//) *Sium latifolium*

**2b** Landpfl. Hüllb. zahlreich, ca 5 cm lg. Do. 40-50-str. Fiedern stumpf, gekerbt. Fr. ca 5x2-3 mm, mit gerundeten, ± schwammigen Rippen, dicht behaart. Pfl. bis >2 m hoch, aromatisch riechend (//) *Magydaris pastinacea*

**2c** Landpfl. Hü. fehlend (nicht mit dem Tragb. ± sitzender Do. verwechseln!). Hch. fehlend oder hinfällig

**5.** Fr. rund bis oval, höchstens 1,5x so lg wie br. Hch. fehlend

**6.** Krb. nicht ausgerandet, höchstens eingeschlagen. Fr. 1,5-2 mm, mit kräftigen Rippen, kahl. Gr. zuletzt zurückgekrümmt. Fiedern bisw. tief fiederschnittig und dann 2-f. Fiederung vortäuschend. Obere B. oft gegenständig. Pfl. der Küstennähe mit dtl. Selleriegeruch
*Apium graveolens*

**6+** Krb. apikal ausgerandet. Fr. meist >2 mm, feingerippt bis fast glatt, kahl oder behaart. Gr. zuletzt meist ± aufrecht. Obere und untere B. oft dtl. verschieden. Ohne Selleriegeruch
*Pimpinella*

**5+** Fr. verlängert, 1,5-3x so lg wie br., ± geflügelt. Hch. vorhanden, aber bisw. hinfällig vgl. **C II**
**2.** und **C II 7.**  *Laser trilobum* bzw. *Laserpitium (latifolium)*


**Gruppe C V  – Fr. nicht abgeplattet. Blü. weiß. B. 2-4-f. gefiedert, F.I.O. < 2 mm**

**1.** Fr. (zumind. teilw.) borstig (vgl. auch **C I**), behaart oder rau

**2.** Fr. mit lgem Schnabel, dieser 6-15x so lg wie br. Do. 1-3-str. Hch.b. (oft?) zweispitzig und randl. bewimpert. Pfl. einj.  *Scandix*

**2+** Schnabel s. kurz oder fehlend, Fr. somit insges. höchstens 1 cm. Do.str. mind: 8. Pfl. zwei- oder mehrj.

**3.** Fr. 8-10 mm lg, schlank, mit zerstreuten Borsten oder Papillen, apikal mit -2 mm lgem, kahlem (dunklerem) Schnabel. Do.str. kahl. Krb. kahl. Unterhalb der Fr. ein Kranz kurzer Haare. Pfl. schattiger Standorte, meist >1 m hoch  *Anthriscus (nemorosa)*

**3+** Fr. 2-5(-7) mm, ± gleichmäßig kurz behaart. Krb. außen behaart, etwas gelbl.

**4.** Do.str. wie der Stg. ringsum abstehend behaart. Fr. bis 5(-7?) mm. V-VI
*Athamanta (sicula)*

**4+** Do.str. nur innen behaart oder von Papillen rau. Stg. kahl, glauk, oft zick-zack-förmig, basal mit ausgeprägter Tunika. Fr. bis 3 mm. Ab VIII  *Seseli*

**1+** Fr. kahl

**5.** Hüllb. fiederschnittig mit zumind. 3 fädl. Zipfeln. Do. meist >30-str. Blü. bisw. gelbl. Pfl. einj.
*Ammi (visnaga)*

**5+** Hüllb. nicht fiederschnittig oder fehlend. Do.str. meist weniger

**6.** Tlfr. kugelig, Gesamtfr. somit paarweckartig, mit netzartiger Oberfläche. Do. und Dö. jeweils 1-3-str. Einj. Getreideunkraut  *Bifora testiculata*

**6+** Fr. anders; Do.str. meist >3

**7. Gesamt**fr. kugelig (Tlfr. also halbkugelig). Hü. 0-1-b. Stg. stets glatt. Pfl. einj.

**8.** Fr. glatt. Äußere Blü. dtl. strahlend. Do. 4-6-str. Pfl. unangenehm riechend (g)
*Coriandrum sativum*

**8+** Fr. 5-rippig. Alle Krb. ± gleich. Do. meist 10-12-str. Hch.b. begrannt und oft angeschwollen  *Ammoides pusilla*

**7+** Fr. nicht kugelig (oft ellipsoid, dann stets gerippt bis geflügelt). Pfl. mehrj.

**9.** Gr. bleibend, 1/3 bis 2/3 so lg wie die 3-5 mm lge Fr.

**10.** Fr. im Umriss rundl., mit 5 flügelartigen Rippen, dabei Randflügel der Tlfr. ca 2x so groß wie die dorsalen Flügel. Gr. zuletzt zurückgeschlagen. K. fehlend. Do.str. 15-20 (*II*)
*Selinum carvifolium*

Bei dem ähnl. **15.** *Cnidium* sind die Rippen ± gleich hoch

**10+** Fr. spindelförmig, erst sehr spät in die beiden Tlfr. zerfallend, gerippt, aber nicht flügelartig. Gr. meist aufrecht-spreizend. K.zähne dtl. Do.str. meist 6-15 vgl. **C VI 7+**
*Oenanthe*

**9+** Gr. (wenn überhaupt bleibend) kürzer

**11.** Tlfr. im Querschnitt ± isodiametrisch, Gesamtfr. daher seitl. zusammengedrückt erscheinend

**12.** Pfl. funktionell zweihäusig (Gr. bei karpellaten Blü. ca 0,5 mm, bei staminaten Blü. stummelförm.). Stg. an der Basis mit dtl. Tunika. F.l.O. linealisch, ca 5(-20)x0,5-1 mm. Do.strahlen meist 4-8, an karpellaten Pfl. oft s. ungleich lg. Trockenrasen. Formenreich (*H*)  *Trinia glauca*

**12+** Pfl. nicht zweihäusig, meist höher. Mit unterirdischer Sprossknolle von 1-3 cm DM. Stiele der basalen B. z.T. unterirdisch entspringend. Do. 6-20-str.

**13.** Gr. auf dem dtl. gestutzten Stylopodium aufsitzend, zurückgeschlagen. Hü. fast immer >4-b. Äcker und Trockenrasen  *Bunium*

**13+** Stylopodium in den Gr. verschmälert, ± aufrecht. Do. 6-15-str. Hü. 0-3-b. Meist ± schattige Standorte

**14.** Fr. linear-oblong (2,5-4,5x so lg wie br.), Fr.rippen dtl. Blü.stiele apikal meist mit kurzem Zahn (bzw. kurzen Zähnchen). Pfl. meist <40 cm  *Huetia cynapioides*

**14+** Fr. oblong-ovoid (1,5-2,5x so lg wie br.), Fr.rippen unauffällig. Krb. ungleich. Pfl. bis 80 cm (v)  *Conopodium capillifolium*

**11+** Tlfr. vom Rücken her etwas zusammengedrückt, **Gesamt**fr. daher ± isodiametrisch. Fr.rippen dtl. hervortretend

**15.** Do.str. 20-40 (slt. weniger), innen kahl, aber durch feine Papillen rau. Hü. hinfällig. Fr.rippen ± gleich hoch (vgl. Anm. bei **10.** *Selinum*). Pfl. >50 cm, mit gerilltem Stg. VI-VII (*H*)  *Cnidium silaifolium*

**15+** Do.str. 10-15 (slt. mehr), innen meist fein behaart. Hü. 1-3-b. Pfl. 20-50 cm. VIII-X  *Seseli (polyphyllum)*

**Gruppe C VI − Fr. nicht abgeplattet. Blü. weiß. B. 2-4-f. gefiedert, F.l.O. > 2 mm**

**1.** Fr. (borstig) behaart (vgl. auch **C I**)

**2.** Do. 2-3-str. Pfl. einj. (v) (*II*?)  *Myrrhoides nodosa*

**2+** Do. 5-15-str.

**3.** Hü. 5-8-b. Mehrj.  *Athamanta (macedonica)*

**3+** Hü. 0-1-b.

**4.** Hch. vorhanden, bewimpert. Do.str. mit vorwärts gerichteten Borstenhaaren (wenn nicht, vgl. **C V 3.** *Anthriscus nemorosa*). Fr. oft nur spärl. borstig. Stg. meist rotfleckig, unter den Knoten verdickt. Pfl. einj., nitrophytisch  *Chaerophyllum (temulum* fo. *eriocarpum)*

**4+** Hch. (meist) fehlend. Pfl. mehrj., xerophytisch vgl.  *Pimpinella (tragium)*

**1+** Fr. kahl (wenn mit einzelnen Borsten, vgl. auch **4.**)

**5.** Hüllb. in (hfg 3) fädliche Zipfel geteilt. Fiedern der Stgb. rasch schmäler werdend und bald ± linealisch. Do.str. >15. Blü. etwas gelbl.  *Ammi*

**5+** Hüllb. nicht in fädliche Zipfel gespalten oder fehlend

**6.** K. auch zur Fr.zeit vorhanden. Fr.gr. meist stark spreizend. Pfl. stets mehrj.

**7.** B. 2-4-f. dreiteilig. Hü. stets vorhanden, meist mehrzählig

**8.** B.segm. lineal, scharf gesägt. Fr. längl.-oval, ca 3x so lg wie br. Sonnige Standorte (v)  *Falcaria vulgaris*

**8+** B.segm. oval, über 2 cm br. Fr. rundl. bis verkehrt-herzförmig. Schattige Standorte  *Physospermum verticillatum*

**7+** B. gefiedert. Hüllb. 0-6. Feuchte bis nasse Standorte oder Stgb. von den Grundb. dtl. verschieden. Pfl. meist mit knollig verdicketen Wurzeln  *Oenanthe*

**6+** K. zur Fr.zeit fehlend. B. stets gefiedert, nicht mehrfach dreiteilig

**9.** Fr. über 2x so lg wie br., apikal verschmälert, höchstens gerippt

**10.** Fr. glatt, höchstens apikal etwas gerippt, mit (oft s. kurzem und gedrungenem) Schnabel. Krb. mit eingekrümmtem Spitzchen, nicht zweilappig                 *Anthriscus*
**10+** Fr. dtl. gerippt, ungeschnäbelt                 *Chaerophyllum*
**9+** Fr. rundl. bis eiförmig, etwas kürzer bis kaum lger als br. u./od. geflügelt
**11.** Hü. und Hch. 0-2-b.
**12.** >20 Do.str. vgl. **C V 15.**                 *Cnidium silaifolium*
**12+** Do.str. weniger vgl. **C IV 5.**                 *Apium* bzw. *Pimpinella*
**11+** Hü. und Hch. mehrb.
**13.** Hch. einseitswendig, meist 3(-5)-zlg. Fr. 2-3 mm. Rippen an (jungen) Fr. wellig-kraus. Stg. rund, basal mit rötl. Flecken. Do. 10-20-str. Hü. 2-3-b., weißrandig. Pfl. unangenehm riechend                 *Conium*
**13.** Hch. nicht einseitswendig. Fr.rippen flügelartig, nicht kraus. Stg. gerillt, nicht rotfleckig. Do. meist >20-str.
**14.** Fr. mind. 6 mm vgl. **C II 7.**                 *Laserpitium*
**14+** Fr. 3-4 mm vgl. **C V 15.**                 *Cnidium silaifolium*

**Tab. D – B. fiedernervig, gefiedert od. dreiteilig. Pfl. ohne reife Fr.**

<u>Gruppenschlüssel:</u>
Grenzfälle sind doppelt verschlüsselt

**1.** Blü. gelb(l.)
**2.** Hü. und Hch. fehlend (aber bisw. Hochb. vorhanden). Pfl. meist über 40 cm (-3 m!) hoch. K. undeutl. oder fehlend. Frkn. stets kahl                 **D I**
**2+** Zumind. Hch. vorhanden. Hü. meist 1-vielb.                 **D II**
**1+** Blü. weiß od. rötl.
**3.** Unterste vollentwickelte B. 1-f. gefiedert                 **D III**
**3+** Unterste B. mehrf. gefiedert oder 3-teilig
**4.** Frkn. (zumind. der äußeren Blü.) mit Emergenzen (Höckern, Haaren, Haken)                 **D IV**
**4+** Frkn. kahl, glatt oder gerippt (aber apikales Ende des Blü.stiels bisw. behaart)
**5.** Hü. 0-1(-2)-b.                 **D V**
**5+** Hü. 3-vielb.                 **D VI**
Wenn Frkn. verkümmert vgl. auch **D V 6.**                 *Trinia glauca*

**D I – Blü. gelb. Hch. fehlend**

**1.** F.I.O. der 1-2-f. gefied. od. 3-zlgen Grundb. oval-rhombisch. Stgb. ähnl. oder ungeteilt. Stg. gerieft bis fast geflügelt. Blü.zeit I-V (Fr. breiter als lg, etwas paarweckartig)                 *Smyrnium*
**1+** B. 2-6-f. gefiedert. F.I.O. linealisch bis fädlich. Do. (meist) über 15-str. Obere Stgb. weitgehend auf die Scheide reduziert. Ab IV
**2.** F.I.O. linealisch, mind. 1 mm br. Pfl. (stellenweise) glauk oder bläul. bereift. Do. (15-)20-40-str., zur Vollblüte insgesamt (halb-)kugelig. IV-VII
**3.** B. 4-6-f. gefiedert, F.I.O. 10-25x1-3 mm, unterseits glauk, etwas fleischig, kahl. Hü. 0-b., Do. basal aber oft von Hochb.scheiden eingehüllt. Hch. bisweilen vorh. End-Do. oft übergipfelt. K. (meist) fehlend. Pfl. meist 100-300 cm hoch (vgl. auch **6.**)                 *Ferula*
**3+** B. (2-)3-f. gefiedert, Fiedern gegenständig und unterseits mit einzelnen Haaren. F.I.O. 35-60 mm lg, randl. zurückgerollt und deshalb nur 1,5-4 mm br. Hch. stets fehlend. K. undeutl. vorhanden. 40-120 cm                 *Thapsia garganica*
**2+** F.I.O. linealisch bis fädl., höchstens 1 mm br.

**4.** Pfl. einj., Wurzel spindelförmig. Frkn. glatt. Pfl. stinkend, 30-80 cm. Auf Äckern usw. V-VI (Fr. ca 2 mm) (v)                                                                                     *Ridolfia segetum*

**4+** Pfl. 2-mehrj., 30-300 cm. Fr(kn). zumind. gerippt (Fr. mind. 4 mm)

  **5.** K. klein, aber dtl. Pfl. meist <100 cm, am Stg.grund mit Tunika. B. 20-40 cm lg, im Gesamtumriss schmal-oval. F.I.O. haarfein, oft auffällig quirlig. Do. 8-25-str. Meist in trockenen Säumen. VI-IX                                                   *Elaeoselinum (asclepium* ssp. *a.)*

  **5+** K. undeutl. oder fehlend. Pfl. meist >100 cm. Do. 5-40-str. B. anders. Oft ruderal

  **6.** Do. zur Vollblüte (halb-)kugelig, 20-40-str. Stg. bis >2 cm dick, glauk (bisw. rötl.). Enddolde oft übergipfelt. Hch. bisw. vorhanden. Untere B. 4-6-f. gefied., bis 60 (100) cm lg. IV-VI (vgl. auch **3.**)                                                                              *Ferula*

  **6+** Do. nur wenig gewölbt, 5-25-str. Pfl. mit Fenchelgeruch. Stg. dunkelgrün. Hch. stets fehlend. B. 3-4-f. gefiedert, zur Blü.zeit bisw. schon fehlend. VI-VIII                     *Foeniculum*

## D II – Blü. gelb. Hch. vorhanden

**1.** Hch. 0-3-b. (auch in **D I** eingeschlüsselt)

  **2.** B. 2-f. gefied. bis 2-f. dreiteilig, F.I.O. ovat, gezähnt. Blü. I-V (Fr. breiter als lg, mit 3 Rippen)                                                                                            *Smyrnium (olusatrum)*

  **2+** B. 3-6-f. gefied. Fied. lineal.-fädl. Blü. V-X (Fr. stark abgeplattet u./od. geflügelt)

  **3.** Do. 8-25-str. Hü. bisw. vorhanden. K. bleibend. F.I.O. haarfein, oft quirlig gestellt. Pfl. 30-100 cm. VI-X                                                                                         *Elaeoselinum*

  **3+** Do. 20-40-str., Enddo. oft übergipfelt. K. hinfällig. F.I.O. lineal., aber nicht haarfein. 100-300 cm. IV-VI vgl. **D I 3.** bzw. **6.**                                                       *Ferula*

**1+** Hch. stets vorhanden, (meist) mehrb.

  **4.** Frkn. behaart. Krb. gelbl.-weiß. Hü. 0-3-b. B. (2-)3-4-f. gefiedert, F.I.O. bis 3 mm br. Stg. etwas holzig

  **5.** Hü. 1-8-b., slt. 3-zipfelig. Do.str. (5-)10-20, wie der Stg. zumind. anfangs ringsum abstehend behaart. Gern an Mauern und Felsen. V-VI                                                    *Athamanta*

  **5+** Hü. hinfällig. Do.str. 5-10, kantig, vor allem innen behaart oder von Papillen rau. Stg. kahl, glauk gestreift, oft zick-zack-förmig, basal mit dtl. Tunika. Ab VIII                    *Seseli (tortuosum)*

  **4+** Frkn. kahl. Hü. 1-vielb. s. slt. (vgl. **13+**) hinfällig

  **6.** Hüllb. fiederschnittig, mit mindestens 3 linealischen Zipfeln. Do. >15-str. Blü.weißl.-gelbl. Gr. dtl. Pfl. einj. vgl. **D VI 2.**                                                             *Ammi*

  **6+** Hüllb. nicht fiederschnittig, bisw. kurz 2-3-spitzig. Pfl. (außer **9+**) mehrj.

  **7.** F.I.O. höchst. 3x so lg wie br., ± ovat bis lanzeolat (in Zweifelsfällen auch **7+** überprüfen)

  **8.** K. dtl. (bis 4 mm!). Enddo. übergipfelt. Do. mit 6-8 (slt. mehr) Strahlen. Hü. und Hch. vielb., lineal. B. 1-2-f. gefied., F.I.O. oval, 2-3x1,5-2 cm, gesägt, unterste oft gelappt. Obere Stgb. mit nur 2 mm br. Fiedern. Pfl. kahl, 30-70 cm. V-VI (v)                                 *Kundmannia sicula*

  **8+** K. (undeutl. bis) fehlend. Do.str. 6-25

  **9.** B. 1- bis 2-f. gefied., (unterseits) mit langgestielten, kurzstrahligen Sternhaaren. Fied. gezähnt. Verzweigungen oft ± gegen- oder quirlständig. Gr. (zur Blü.zeit!) s. kurz. Pfl. über 1 m, mit kräftiger Pfahlwurzel                                                                       *Opopanax*

  **9+** B. (1-)2-4-f. gefied., kahl. F.I.O. fiederschnittig, bis 1 cm lg, Endabschnitt rautenförmig, oft 3-spitzig. Hüllb. (0-)1-3, bisw. 2-3-spitzig. Do. slt. über 12-str. Gr. dtl. Pfl. slt. über 60 cm, ein- bis wenigj. Verwilderte Kulturpfl. (Petersilie; //; (g))                      *Petroselinum crispum*

  **7+** F.I.O. linealisch bis fädl., -3 mm br.

  **10a** Pfl. der Küstenfelsen, 20-50 cm, basal verholzt. B. 2-3-f. gefied., im Umriss breit 3-eckig. F.I.O. auffällig fleischig, ca 15-25x3 mm. Hü. und Hch. 5-10-b., zuletzt zurückgeschlagen. K. undeutl. VI-VIII                                                              *Crithmum maritimum*

**10b** F.l.O. haarfein, oft quirlig gestellt. Stg.basis mit Tunika (*//*)

*Elaeoselinum (asclepium* ssp. *meoides)*

**10c** Pfl. anders. F.l.O. 0,5-2,5 mm br.

**11.** Do. 8-12(-15)-str.

**12.** K. undeutl. Hüllb. (ca 3x1 mm) und Hch.b. lanzeolat. B. 3-4-f. gefied. F.l.O. 5-8x0,5 mm                                                      *Ferulago*

**12+** K. dtl. Hüllb. meist lineal. B. 2-3-f. gefied. F.l.O. 5-15x1-2,5 mm, steif     *Cachrys*

**11+** Do. 20-30-str. K. dtl.

**13.** B. 2-3-f. gefied. F.l.O. 30-50x1 mm. Hü. zuletzt zurückgeschlagen, Hüllb. oft 3-zipflig

*Cachrys (pungens)*

**13+** B. 4-5fach dreiteilig, F.l.O. 80-90x1,5 mm. Pfl. mit fasriger Tunika. Hü. meist hinfällig, 0-3-b. Hch. borstlich. Gr. s. kurz     *Peucedanum (officinale)*

## D III  –  Blü. weiß. B. einf. gefiedert

**1.** Hü. mind. 2-b., Hch. stets vorhanden

**2.** Hüllb. (zumind. teilweise) in mind. 3 fädliche Zipfel geteilt. Do >15-str. Pfl. einj. vgl. **D VI 2.**

*Ammi*

**2+** Hüllb. nicht in Zipfel geteilt. Wenn Pfl. einj., meist <15 Do.str.

**3a** Pfl. einj., mit Spindelwurzel, 20-50 cm. Krb. strahlend, zuletzt bis 5 mm. Stg. unten (meist) borstig. Kulturland, trockene Plätze. (Fr(kn). behaart od. bestachelt) V-VII

**4.** K. undeutl. bis fehlend. Blü. oft rot. Do. 2-5-str. Hch. (breit) weißl.-hautrandig. F.1.O. lanzeolat, ca 3x so lg wie br., grob gezähnt bis fiederschnittig (sogar F.2.O. vorhanden), randl. meist bewimpert und unterseits rauhaarig     *Turgenia latifolia*

**4+** K. dtl., Kb. oft ungleich lg. Do. 5-15-str., Hü. und Hch. meist bewimpert. Fied gekerbt, höchst. 2x so lg wie br. (Fr. mit umlaufendem verdicktem Rand)     *Tordylium*

**3b** Mehrj., 80-200 cm. Do. 40-50-str. Hüllb. slt. <10, ca 5 cm lg. Krb. unterseits behaart. Fiedern stumpf gekerbt. Pfl. trockener Standort, aufrecht wachsend, aromatisch riechend. V-VI (Fr.(kn.) behaart) (*//*)     *Magydaris pastinacea*

**3c** Mehrj., 30-150 cm. Krb. nicht strahlend. Gr. dtl., zurückgeschlagen. Do. bisw. b.gegenständig. Pfl. nasser Standorte mit ± waagrechten, meist einwurzelnden Sprossabschnitten. Stg. zuletzt hohl. (Fr. kahl) (VI-)VII-IX

Beide hier genannte Arten bilden bisw. im Frühjahr 2-4-f. gefied. vergängl. Wasserb. aus; diese werden hier nicht berücksichtigt. – Vgl. auch Schlüssel „Wasserpflanzen"

**5.** Fied. regelmäßig gesägt, ca 5-10x1-3 cm. Do. (15-)20-30-str. Hüllb. oft verbreitert, aber nicht 3-spitzig. Stg. kantig gefurcht (Fr. lgl., 3-4 mm) (*//*)     *Sium latifolium*

**5+** Fied. unregelmäßig stark gesägt, bis 5x2 cm. Do. meist 10-18-str. Hüllb. dreispitzig bis fast gefiedert. Stg. gerillt (Fr. kugelig, -2 mm) (v)     *Berula erecta*

**1+** Hü. 0- (slt) 2-b., Hch. vorhanden od. fehlend

**6.** B. weit hinauf 1-3-f. fiederschnittig bis gefiedert, mit linealischen Segmenten. Do. 1-3(-5)-str. Krb. kürzer als 1 mm, nicht strahlend. Gr. aufrecht, -0,2 mm. Pfl. einj., kahl, 20-40 cm. III-V (Fr. dtl. paarweckartig, runzelig) vgl. **D V 13+**     *Bifora testiculata*

**6+** Fiedern (zumindest der unteren B.) breiter. Pfl. mind. zweij. (dann Do. mind. 5-str.) oder äußere Blü. strahlend. Ab V

**7.** Pfl. einj., 20-50 cm, unangenehm riechend. Grundb. bald verwelkend, 3-teilig bis 1-f. gefied., mit rundl. Abschnitten. Stgb. 2-3-f. gefied., mit ± lanzettl. Segmenten. Do. (2-)4-6-str., Strahlen 5-15 mm. Äußere Blü. strahlend (-4 mm), tief 2-lappig. K. dtl., etwas ungleich. Gr. später zurückgekrümmt. V-VI (g)     *Coriandrum sativum*

**7+** Merkmale nicht in dieser Kombination. Insbes. Pfl. mind. zweij., äußere Blü. nicht oder kaum strahlend, Do.str. 5-15. V-IX

**8.** Hch. fehlend

**9.** Pfl. zweij., mit dtl. Selleriegeruch (auch bei getrocknetem Material). Stg. tief gefurcht, 30-100 cm. Gr. zuletzt zurückgekrümmt. Do 6-12-str., oft ± sitzend und weit übergipfelt. Hch. stets fehlend. Fied. d. Grundb. meist 5-7, etwa so lg wie br., oft tief (3-)teilig, und dann scheinbar 2-f. gefied. In Küstennähe (Fr. ca 1,5 mm)                              *Apium graveolens*

**9+** Pfl. mehrj. (slt. zweij., dann Frkn. behaart), mit Rübe oder Rhizom, ohne Selleriegeruch. Gr. aufrecht-abstehend, oft zml. lg. Hch. bisw. 1-3-b. Do. oft alle lg gestielt, junge Do. meist nickend. Fied. (zumind. die der unteren B.) rundl. od. rhombisch, gezähnt, die der Stgb. bisw. auch linealisch und tief geteilt (Fr. >2 mm)                              *Pimpinella*

**8+** Hch. vorhanden

**10.** Wasserpfl. Krb. höchstens eingeschlagen, aber nicht ausgerandet. Hü. 0-2-b., Hch. weißrandig. B. meist mit 2-5 Fiederpaaren, das unterste Paar nicht abgesetzt (sonst vgl. auch **5+** *Berula*) (Fr. 1,5-2 mm)                              *Helosciadium*

**10+** Landpfl.

**11.** Hinfällige Hü. bisw., Hch. stets vorhanden. Randl. Blü. oft strahlend (Fr. abgeplattet bis geflügelt, -10 mm)                              *Heracleum*

**11+** Hü. stets, Hch. meist fehlend. Blü. (±) nicht strahlend (Fr. -3 mm, nicht abgeplattet) vgl. **9+**                              *Pimpinella*

## D IV – Blü. weiß. Basale B. 2-4-f. gefiedert. Frkn. mit Emergenzen
Die Behaarung des Frkn. kann mit zunehmender Reife schwächer werden; vgl. **6./6+**

**1.** Do.strahlen 4-12, mit vorwärts gerichteten Borstenhaaren. Stg. mit abwärts gerichteten Borstenhaaren. Pfl. einj. (Fr. mit ± hakigen Borsten, diese fein papillos)                              *Torilis*

**1+** Behaarung anders (Fr.borsten nicht papillos)

**2.** Hü. hinfällig, 0-1(-3)-b.

**3.** Do.strahlen 5-20. Pfl. (außer **7+** und bisw. **7.**) mehrj.

**4.** Krb. etwas gelbl., außen behaart. F.l.O. bis 3 mm br. (Fr. bleibend ± dicht kurzhaarig)

**5.** Do.str. 10-20, wie der Stg. ringsum abstehend behaart. V-VI (Fr. -7 mm)                              *Athamanta (sicula)*

**5+** Do.str. 5-10, kantig, vor allem innen behaart oder von Papillen rau. Stg. kahl, glauk gestreift, oft zick-zack-förmig, basal mit ausgeprägter Tunika. Ab VIII (Fr. bis 3 mm)                              *Seseli (tortuosum)*

**4+** Krb. außen kahl

**6.** Do.str. meist 8-10. Hch. bewimpert. F.l.O. >8 mm br. Schattige u./od. nitrophytische Standorte, meist >50 cm hoch. V-VII. (Fr. 5-10 mm, mit ± wenigen Borstenhaaren)

**7.** Do.str. kahl. Fr(kn). mit kurzem (bis ca 2 mm lgem), kahlem sterilem Fr.abschnitt („Schnabel") unterhalb d. Stylopodium. Unterhalb des Frkn. ein kurzer Haarkranz. F.l.O. ± 3-eckig, fiederschnittig. Pfl. 2- bis mehrj., 100-200 cm                              *Anthriscus (nemorosa)*

**7+** Do.str. mit vorwärts gerichteten Borstenhaaren. Fr(kn). ungeschnäbelt, nur etwas verjüngt. Stg. unter den Knoten dtl. verdickt, rückwärts-borstig, rotfleckig. Fiedern ovat, tiefgeteilt. Pfl. ein- bis zweij., 50-90 cm                              *Chaerophyllum (temulum* fo. *eriocarpum)*
Typische Form vgl. **D V 19.**

**6+** Do. 10-20-str. Do.strahlen innen (oder rundum) fein behaart. F.l.O. 3-14 x 1-2 mm. B. im Gesamtumriss ± 3-eckig (-oval). Stg. ± glauk. Hch.b. 8-9, frei od. verwachsen. Pfl. mehrj., meist <50 cm. Ab VIII (Fr. 2-4 mm, verkahlend)                              *Seseli (polyphyllum)*

**3+** Do.strahlen 1-5. Krb. oft strahlend. Pfl. einj., mit dünner Spindelwurzel

**8.** Zwischen Frkn. und Stylopodium ein steriler (bei **9+** aber nur s. kurzer!) Abschnitt („Schnabel") eingeschoben

**9.** Do. 1-3-str. Hch.b. oft zweispitzig und randl. bewimpert. Krb. etwas strahlend, 2-4 mm lg. Schnabel bald lger als fertiler Fr.teil. Pfl. slt. über 30 cm. IV-VI                              *Scandix*

**9+** Do. z.T. sitzend, 3-5-str. Hch. 2-5-b., stachelspitzig. Krb. kleiner, nicht strahlend. Schnabel auch zuletzt nur 1-2 mm. V-VII                    *Anthriscus (caucalis* var. *c.)*

**8+** Frkn. ohne Schnabel. Stg. an d. Knoten bisw. verdickt und unterwärts abstehend od. anliegend rau-borstig. Krb. meist strahlend

**10.** Do. (teilweise) b.gegenständig, auf gestauchtem Stiel. F.l.O. fiederschnittig, im Umriss lanzeolat. Krb. höchstens etwas strahlend (vgl. **1.**)                    *Torilis*

Wenn Do. auf gestauchtem Stiel, aber nicht b.gegenständig vgl. **9+**          *Anthriscus caucalis*

**10+** Dolden endständig, meist 2-3-str.

**11.** Stg. meist >30 cm, unter den Knoten dtl. angeschwollen (fast spindelförmig), basal borstig und rötlich, oberwärts kahl und ± bläulich. F.l.O. ovat, gezähnt. Hch.b. nicht hautrandig. Krb. dtl. strahlend, weiß (Fr. 10-15 mm, borstig) (v) (*//*?)          *Myrrhoides nodosa*

**11+** Stg. meist <30 cm, nicht od. nur s. wenig angeschwollen, kahl. Blü. bisw. rötl. (Fr. ±6 mm, mit hakigen, breiten Stacheln)                    *Caucalis*

**2+** Hü. mehrb., bleibend

**12.** Hü. gefiedert. Frkn. ± lg-stachelig oder widerhakig                    *Daucus*

Wenn nur kurzborstig vgl. **16.**                    *Athamanta*

**12+** Hü. ungefiedert, höchstens mehrspitzig (bei *Orlaya* bisw. Hüllb. apikal fiederschnittig)

**13.** K. dtl. Pfl. ein- bis zweij., 5-60 cm. Krb. oft rosa, etwas strahlend. Do.strahlen 2-7, behaart od. borstig

Wenn Pfl. mehrj., 40-150 cm und Do.str. 5-20 vgl.          **16.** *Athamanta* und **5+***Seseli tortuosum*

**14.** Do.str. und Stg. borstig oder behaart

**15.** Pfl. 20-60 cm, Stg. spärl. rückwärts-borstig. B. behaart. Gr. abstehend, 2-3x so lg wie das Stylopodium. Do.strahlen 5-7, borstig-rau. VI-VII                    *Torilis (japonica)*

**15+** Pfl. 5-20 cm. Stg. weich behaart. Do.str. (2-)3(-5), dicht behaart. IV-V. Sandstrand                    *Daucus (pumilus)*

**14+** Do.str. wie der Stg. ± kahl (höchstens innen mit einer Reihe Papillen) vgl. **17.**          *Orlaya*

**13+** K. undeutl., hinfällig od. fehlend

**16.** Pfl. mehrj., 40-150 cm. Krb. nicht strahlend. Kleiner K. bisw. vorhanden. Do.str. 5-20, dtl. behaart. Hüllb. bisw. fiederschnittig. Gerne an Felsen und Mauern (Fr. nur kurzborstig)                    *Athamanta*

**16+** Pfl. einj., 10-70 cm. Krb. (stark) strahlend, zuletzt 5-12 mm lg. Do. 2-8(-12)-str. Hü. und Hch. ± breit hautrandig und (meist) bewimpert (Fr. mit Stacheln, oft zusätzl. mit Borsten)

**17.** Zumind. untere B. 2-4-f. gefied. Stg. ± kahl. Krb. stets weiß. Fädl. K.zipfel zumind. anfangs vorhanden                    *Orlaya*

**17+** B. zumeist nur einf. gefied., Fiedern aber grob gezähnt bis fiederschnittig, zumind. unterseits rauhaarig. auch Stg. (borstig-)rau. Strahlende Krb. bis 5 mm, oft auffällig rot vgl. **D III 4.**                    *Turgenia latifolia*

**D V  –  Blü. weiß. Basale B. 2-4-f. gefiedert. Hü. 0-1(-2-)blättrig**

**1.** Wasserpfl. Do. kurz gestielt, b.gegenständig. Hch. und K. dtl. Stg. hohl. Alle B. 3-4-f. gefied. F.l.O. höchst. 1 mm br. Rhizom gekammert                    *Oenanthe (aquatica)*

**1+** Landpfl.

**2.** B. 3-teilig, die beiden basalen F.l.O. wie auch der ± gleichgroße Rest des B. nach gleichem Muster weitere 1-2x 3-teilig (echte Rhachis somit fehlend)

**3.** Do. 10-20-str. Hch. ± hinfällig. K. dtl. F.l.O. oval-herzförm., gezähnt. Mehrj. (nicht Italien?)                    *Laser trilobum*

**3+** Do. 6-12-str. Hch. vorhanden

Bei diesen Taxa ist die Dreiteilung der B. nicht sehr ausgeprägt

**4.** Hch. bewimpert vgl. **16+**                    *Anthriscus* und *Chaerophyllum*
**4+** Hch. nicht bewimpert vgl. **17+**                                *Huetia cynapioides*
**2+** B. gefied. im eigentl. Wortsinn, mit durchgängiger Rhachis
    **5.** Hch. fehlend, bisw. 1-2-b. (bei **6.** *Trinia* slt. einzelne Dö. auch mit >2 Hch.-B.). K. undeutl. bis
    fehlend
        **6.** Pfl. funktionell zweihäusig (Gr. bei karpellaten Blü. ca 0,5 mm, bei staminaten Blü. stum-
        melförm.). Stg. glauk, an der Basis mit wohlentwickelter Tunika, oft ausgeprägt zick-zack-
        förmig aufsteigend. F.I.O. linealisch, ca 5(-20)x0,5-1 mm. Do.strahlen meist 4-8, an karpella-
        ten Pfl. oft s. ungleich lg. Stiele der staminaten Blü. (Dö.-strahlen) ± gleich lg, 1-2 mm, die
        der karpellaten Blü. oft ungleich und dann bis 5 mm. Krb. rückseitig mit br. rötl. oder mit
        schmal grünl. Mittelstreifen. Trockenrasen. Formenreich (*H*)                    ***Trinia glauca***
        **6+** Pfl. anders
            **7.** Stgb. allmählich einfacher werdend. Pfl. salziger Standorte mit typischem Sellerie-Ge-
            ruch vgl. **D III 9.**                                            *Apium graveolens*
            **7+** Stgb. mit linealischen Fied., dtl. von den Grundb. unterschieden. Jge Dolden nickend.
            Pfl. ± geruchlos vgl. **D III 9+**                            *Pimpinella (saxifraga)*
    **5+** Hch. stets herb.
        **8.** K. dtl. Gr. spreizend oder (zuletzt) herabgeschlagen
            **9.** Do. (4-)6-15-str. Krb. <2 mm, nicht strahlend. Gr. 1/2x bis fast so lg wie die Fr. Grundb.
            meist bleibend, von den Stgb. oft auffällig verschieden. Pfl. mehrj., 40-100 cm vgl. **D VI 7.**
                                                                          *Oenanthe*
            **9+** Do. mit 4-6 meist 0,5-1,5 cm lgen Strahlen. Kb. ungleich lg. Krb. -3(-4) mm, tief 2-lappig,
            dtl. strahlend. Gr. kleiner. Grundb. 1-f. gefied., aber hinfällig, später nur 2-3-f. gefied. Stgb.
            vorhanden. Pfl. 20-50 cm, einj., stinkend vgl **D III 7.**            *Coriandrum sativum*
        **8+** K. undeutl. od. fehlend. Auch Grundb. 2-mehrf. gefied.
            **10.** Do. 20-40-str., Strahlen im Winkel rau, Papillen dabei schräg aufwärts weisend (starke
            Lupe!). Stg. oberwärts kantig (aber nicht geflügelt), 50-120 cm, mit dicker Rübe. B. 3-4-f.
            gefiedert, im Umriss (br.) 3-eckig. F. 1. und 2. O. dtl. gestielt, F.I.O. 6-12x1-2 mm, mit
            rauem Rand und massiver Spitze (ohne Lgsfurche). Meist in Gebüschen und Wäldern (*H*)
                                                              ***Cnidium silaifolium***
            Die Art wird leicht mit **15+** *Selinum carvifolium* verwechselt, die slt. auch >20 Do.str. aufweist
            **10+** Do. 1-15(-20)-str.
                **11.** Do.str. 1-5. Pfl. einj.
                    **12.** Pfl. kahl, 10-50 cm. III-V
                        **13.** Zentrale Do. 2-5-str., von den reduzierten seitl. Do. weit übergipfelt (Stg. somit fast
                        dichasial). Hü. 0-3, Hch. 4-6-b. B. 3-f. gefied., *Fumaria*-ähnl. Ruderal. (Fr. mit dicken,
                        warzig-grubigen Flügeln (v)                            ***Krubera peregrina***
                        **13+** Do. mit 1-3(-5) 6-10 mm lgen Strahlen. Hch. 2-3-b. B. 1-3-f. gefiedert, B.zipfel li-
                        nealisch. Pfl. unangenehm riechend. Segetal (Fr. dtl. paarweckartig, runzelig)
                                                              ***Bifora testiculata***
                    **12+** Zumind. B. unterseits spärl. behaart. Meist (einige) Do. nur kurz gestielt und b.ge-
                    genständig. Hch.b. stachelspitzig, Pfl. bis 80 cm, V-VII (Fr. mit 1-2 mm lgem Schnabel)
                                                              ***Anthriscus (caucalis var. neglecta)***
                **11+** Do.str. 6-20
                    **14a** Pfl. mehrj. Do. str. >10, zumind. im Winkel rau od. behaart. Hch.b. 8-11, nicht be-
                    wimpert. F.I.O. 1-2 mm br. Stg. fein gerippt bis fast geflügelt, kahl
                        **15.** Do.str. innen fein behaart. Hch.b. (viel) kürzer als d. Strahlen, frei od. verwachsen.
                        F.I.O. s. schmal bandförmig. Pfl. glauk, 20-50 cm. Ab VIII vgl. **D IV 6+**
                                                              *Seseli polyphyllum*
                        **15+** Do.str. meist (10-)15-18 (slt. mehr), im Winkel rau, Papillen dabei großenteils
                        senkrecht abstehend. Hch.b. etwa so lg wie die Strahlen. F.I.O. lanzettl., weiß (sta-

chel-)spitzig, bisw. gesägt, das Spitzchen mit Lgsfurche. Stg. 30-100 cm, oberwärts
fast geflügelt. Ab VI (//)                                    *Selinum carvifolium*
Die Art wird leicht mit **10.** *Cnidium silaifolium* verwechselt
**14b** Pfl. mehrj. (*Anthriscus* bisw. zweij.). Do.str. glatt. Hch.b. meist weniger. Stg. kahl
od. behaart, nicht scharfkantig-geflügelt. Meist schattige Standorte
   **16.** Pfl. 20-80 cm, einer Knolle von 1-3 cm DM entspringend und häufig zick-zack-
   förm. aufsteigend. Hch. nicht bewimpert (Fr. 3-5 mm)
      **17.** Heterophyllie ausgeprägt: F.l.O. der Grundb. elliptisch und spitz gezähnt, obere
      B. mit lineal.-fädl. Fiedern. Obere B.scheiden mind. 1/4 so lg wie die Spr. (v)
                                                             *Conopodium capillifolium*
      **17+** Heterophyllie weniger ausgeprägt. Basale F.1.O. groß, B. insgesamt daher fast
      3-teilig. Stg.scheide weißrandig, bewimpert. F.l.O. 0,5-1,5 mm br. Blü.stiel apikal
      meist mit kurzem Zahn (bzw. kurzen Zähnchen)               *Huetia cynapioides*
   **16+** Hauptstg. nicht zick-zack-förmig. Keine Knolle. Hch. bewimpert (Fr. >6 mm lg)
      **18.** Stg. 50-130 cm. Unmittelbar unter dem Frkn. ein Haarkranz. Hch.b. stachelspit-
      zig (Fr. kurz (!) geschnäbelt, Schnabel schon an der jgen Fr. farbl. abgesetzt)
                                                             ***Anthriscus***
      **18+** Stg. 40-70 cm. Krb. dtl. bewimpert. Basale Fied. der unteren B. jeweils fast so
      groß wie restl. B. (B. also annähernd 3-teilig)(Fr. nicht geschnäbelt)
                                                             *Chaerophyllum (hirsutum)*
**14c** Pfl. ein- bis zweij. (aber oft hochwüchsig!). Stg. meist teilweise rot. Ruderale Standorte
   **19.** Stg. unter den Knoten dtl. verdickt, behaart und mit rückwärts gerichteten Borsten.
   Hch. bewimpert. F.l.O. ovat, aber tief geteilt, 20-40x10-25 mm (vgl. auch **D IV 7+**)
                                                             *Chaerophyllum (temulum)*
   **19+** Stg. kahl oder doch zumind. nicht borstig, an den Knoten nicht dtl. verdickt. Hch.
   nicht bewimpert
      **20.** Stg. hohl, rotfleckig, kahl, 70-170 cm. Hüllb. weißrandig, eigentl. vorhanden,
      aber bald abfallend. Do.str. -20. Hch. einseitswendig vgl. **D VI 9.**          *Conium*
      **20+** Stg. glauk od. rötl. lgsstreifig, aber nicht rotfleckig, 20-40 cm. Hüllb. fast immer
      0(-1). Hch.b. 4-6, begrannt, apikal oft angeschwollen. Do.str. -12, sehr ungleich lg.
      Krb. ca 0,7 mm, tief zweilappig. B. 8-12x1-1,5 cm. F.l.O. lineal, ca 5x0,5 mm
                                                             ***Ammoides pusilla***

**D VI – Blü. weiß. Basale B. 2-4-f. gefiedert. Hü. (2-)3- bis vielblättrig**

**1.** Wasserpflanze. Nur Wasserb. 2-4-f. gefiedert, diese im Sommer aber verschwunden. Bleibende
B. nur einf. gefiedert, mit gesägten, 5-40 mm br. Fiedern. Gr. herabgeschlagen. K. dtl. Stg. hohl
vgl. **D III 3c**                                        *Sium latifolium* bzw. *Berula erecta*
**1+** Landpfl.
   **2.** Hüllb. fiederschnittig mit mind. 3 fädl. Zipfeln. Do. >15-str. Einj.            ***Ammi***
   **2+** Hüllb. nicht fiederschnittig. Do. meist <20-str.
      **3.** Pfl. einj., mit dünner Spindelwurzel. Zentrale Do. 2-5-str. Hü. 0-3-b. K. ± fehlend vgl. **D V 13.**
                                                             *Krubera peregrina*
      **3.** Pfl. mehrj. Do. (5-)10-20(-30)-str. Hü. mind. 2-b.
         **4.** Blü.k. dtl. (z. Fr.zeit bisw. abgefallen)
            **5.** B. 3-teilig, jeder der 3 B.teile nach gleichem Muster weitere 1-2x 3-teilig (echte Rhachis
            somit fehlend)
               **6.** Pfl. 50-120 cm, quirlig verzweigt. F.l.O. oval-lanzeolat mit keilförm. Grund. Stg. kantig-
               gerieft. Obere B. nur aus der Scheide bestehend. Schattige Standorte (Fr. herzförm.)
                                                             ***Physospermum verticillatum***

**6+** Pfl. 20-80 cm, glauk. Stg. glatt. F.l.O. linealisch, etwas sichelförm. B. allmähl. kleiner werdend. Sonnige Standorte (Fr. längl.) (v) *Falcaria vulgaris*

**5+** B. gefied., mit durchgängiger Rhachis

**7.** Hü. 0-6-b. K. und Gr. z. Fr.zeit vorhanden, beide s. dtl. (der aufrecht-spreizende Gr. mind.1/2 d. Fr.lge erreichend!). Do.str. <15. Mit Speicherwurzeln. Feuchte oder schattige Standorte *Oenanthe*

**7+** Hü. und Hch. vielblättr. F.l.O. mit Stachelspitzchen. Do.str. >15. An der Stg.basis eine Tunika. Keine Speicherwurzeln. ± Trockene Standorte (reife Fr. geflügelt)

**8.** F.l.O. lanzeolat bis ovat, nicht 3-lappig. Stg. stets kahl, glauk. Rhachis nicht dtl. gekniet. Tunika wohl ausgeprägt *Laserpitium*

**8+** F.l.O. mit wenigen groben Zähnen oder 3-lappig. Fiedern 1. O. stumpf- oder rechtwinkelig von der meist geknieten Rhachis abzweigend. Stg. kahl oder behaart. Tunika schwach entwickelt *Peucedanum* s.l. (*Oreoselinum nigrum*)

**4+** Blü.k. undeutl. bis fehlend

**9.** Hch. 3-5-b., einseitswendig, basal oft verwachsen. Hü. 2-3(-6)-b., hautrandig, bald abfallend. Stg. 50-170 cm, kahl, hohl, glauk, unterwärts rotfleckig. B. br. 3-eckig, mit rotstreifiger Scheide. F.l.O. längl., fiederschnittig. Pfl. unangenehm riechend (schon jge Fr. mit welligen Rippen) *Conium*

**9+** Hch. nicht einseitswendig. Stg. bis 100 cm, nicht rotfleckig. F.l.O. 0,5-1,5 mm, ± linealisch

**10.** Stg. kantig-geflügelt. Do.str. innen im Winkel rau. B.fied. weißspitzig vgl. **D V 15+** *Selinum carvifolium*

**10+** Stg. nicht kantig. Pfl. mit Knolle von 1-3 cm DM, unterste B. daher oft unterirdisch entspringend (zur Blü.zeit meist schon verwelkt). Obere B. 1(-2)-f. gefied. F.l.O. nicht weißspitzig

**11a** Do. 10-20-str. Hü. und Hch. 5-10-b. Do.str. innen im Winkel meist rau. Stg. 30-100 cm, dtl. zick-zack-förmig aufsteig. Helle Standorte (Fr. mit dtl. abgesetztem Stylopodium) *Bunium*

**11b** Do. 3-5(-10)-str. Hü. und Hch. 1-5-b. Do.str. innen im Winkel nicht rau. F.l.O. stumpf. Stg. -50 cm (Fr. wie **11a**) *Bunium*

**11c** Do. 6-15-str. Hü. 0-3, Hch. 3-6-b. 20-40(-60) cm. Meist schattige Standorte (Stylopodium in den Gr. verschmälert) vgl. **D V 17+** *Huetia cynapioides*

## AMMI

**1.** Do.str. 15-30, auch zur Fr.zeit ausgebreitet. Fr. ca 2x so lg wie br. Zipfel der Grundb. oval bis lanzettl., die der oberen B. linealisch-lanzettlich *A. majus*

**a.** Zipfel gesägt. Untere B. von den oberen dtl. verschieden *var. m.*

**a+** Zipfel ganzrandig oder nur mit 1-2 Zähnchen. Heterophyllie nicht ausgeprägt

*var. glaucifolium*

Beide Formen werden für den Garg. genannt

**1+** Do.str. >30-str., zur Fr.zeit verdickt und ± nestförm. aufgerichtet. Fr. kaum lger als br. Zipfel aller B. linealisch bis fädlich, ganzrandig (v) *A. visnaga*

## AMMOIDES Vgl. **C V 8+** bzw. **D V 20+** *A. pusilla*

## ANTHRISCUS

**1.** Do. (6-)7-15-str. Hch. 5-8-zlg. Krb. meist 2-4 mm. Schnabel der Fr. höchstens 1/5 des fertilen Teils ausmachend. Unterhalb der Fr. ein Haarkranz. Pfl. zwei- oder mehrj., oft >1 m groß, mit Rübenwurzel

**2.** Reife Fr. glatt, glänzend, ± dunkelbraun, 7 mm lg. F.1.O. lg ausgezogen zugespitzt 3-eckig (//;
mit der folgenden Art verwechselt?)                                                       *Anthriscus sylvestris*
Wenn B. beiderseits ± behaart                                                                        var. *mollis*
Nach dem B.schnitt werden ebenfalls einige var. unterschieden
**2+** Reife Fr. runzelig, matt grünl. bis hellbraun, 8-10 mm, (meist) mit Höckerchen oder Borstenhaaren                                                                                            **A. nemorosa**
Wenn Krb. randl. behaart, Do.str. mit Borsten (und Fr. ohne Schnabel!) vgl. auch *Chaerophyllum hirsutum*
**1+** Do. 2-7-str., b. gegenständig, bisw. sitzend, Hch. 1-4-b. Krb. 1-2 mm. Schnabel lger. Pfl. einj.
**3.** Fr. eiförm., grauschwarz, 4-5 mm. Do.str. kahl (//)                                          **A. caucalis**
Folgende Taxa sind möglich:
   **a.** Fr. mit Hakenborsten                                                                        var. *c.*
   **a+** Fr. ohne Hakenborsten                                     var. *gymnocarpa* (= var. *neglecta*)
**3+** Fr. linealisch, 7-11 mm. Do.str. dicht fein behaart (verwilderte Gewürzpfl.; //)    **A. cerefolium**
Folgende Taxa sind möglich:
   **a.** Fr. kahl, glänzend                                                                          var. *c.*
   **a+** Fr. mit aufwärts gekrümmten kurzen Borsten           var. *trichocarpa* (= ssp. *trichosperma*)


**APIUM**   Vgl. **C IV 6.** bzw. **D III 9.**                                              **A. graveolens**
*A. nodiflorum* vgl. *Helosciadium*


## ATHAMANTA

**1.** Hü. 1-3-b. Pfl. 40-70 cm. B. 3-4-f. gefied. F.l.O. 2-3x1-1,5 mm. Stylopodium breiter als lg
                                                                                                  **A. sicula**
**1+** Hü. 5-8-b. Pfl. 50-150 cm. B. 2-3-f. gefied., F.l.O. >8 mm br. Stylopodium lger als br.
                                                                                              **A. macedonica**


**BERULA**   Vgl. **C IV 4.** bzw. **D III 5+** (v)                                              **B. erecta**
                                                                                                = *Sium e.*


**BIFORA**   Vgl. **C V 6.** bzw. **D V 13+**                                                **B. testiculata**


## BUNIUM

**1.** Hü. und Hch. je 5-10-b. Do.str. 10-20. Dö.str. innen fein gezähnelt (v)      **B. bulbocastanum**
**1+** Hü. und Hch. je 1-5-b. Do.str. 3-8. (Garg. fragl.)                                        Or.-Lit.
Gemeldet wird noch *B. alpinum* (Dö.strahlen nicht gezähnelt), das in Italien aber nicht vorkommt


## BUPLEURUM
Lit.: Snogerup & Snogerup in Willdenowia **31**:205-308 (2001)

**1.** (Mittl. und obere) Stgb. extrem stg.umfassend (Stg. scheint das B. zu durchwachsen), eiförm.
Nur mit Hch.
   **2.** Do. 2-3(-5)-str. Hch.b. 8-13x7-11 mm. Fr. 3,5-5x3-3,5 mm, runzelig           **B. subovatum**
   Hierher gehören alle Meldungen von „*B. lancifolium*", das möglicherweise erst von Griechenland an nach
   Osten vorkommt. *B. subovatum* ist **kein** Synonym zu *B. lancifolium*; *B. lancifolium* ist durch eine kleinere Fr.
   (2-3x1,5-2 mm) und einen Gr., kürzer als das Stylopodium gekennzeichnet
   **2+** Do. (4-)5-6(-10)-str. Hch.b. 7-10x5-7 mm Fr. ±3-3,5 mm lg, glatt (///)       **B. rotundifolium**
**1+** Stgb. lanzettl. bis linealisch, nicht stg.umfassend. Mit Hü. (diese aber oft bald abfallend) und
Hch.

**3.** Hü. und Hch. mit 2-3 mm br., (1-)3-7-nervigen B., diese 1-2 mm bespitzt. Hch. 1/4-3/4 so lg wie br. Stg. oberwärts mit 2 schmalen Flügeln. Fr. 1,5 mm (*B. baldense* s.l.)

**4.** B. von Hü. und Hch. 5-7-nervig. Mittlere B. 3-6 mm br. 3-5 Do.-strahlen. Blü.stiel meist >1 mm. Pfl. bis 15 cm hoch, glauk *Bupleurum baldense* s.str.

**4+** Hü. und Hch. (1-)3-nervig. Mittlere B. 1-3 mm br. 4-7 Do.str. Blü.stiel meist <1 mm. Pfl. meist höher als 30 cm, hellgrün *B. gussonei*

Übergänge **4.** / **4+**; dass das „reine" *B. gussonei* am Garg. vorkommt ist unwahrscheinlich

**3+** Hü. und Hch. aus lineal. B. (<1mm br.) zus.gesetzt, diese mit 1-3 Nerven und zugespitzt. Do. 1-5-str.

**5.** Fr. elliptisch, glatt, 1,5-6 mm. Grundb. ca 70-120 mm lg. 10-100 cm

**6a** Fr. 4-6 mm. – (Größere) Stgb. -10 mm br., meist 7- oder mehrnervig, mit dicker Mittelrippe, gekielt. Zentrale Do. 2-4-str. Hch.b. 3-5x1-1,5 mm. Stg. 30-100 cm, basal bis 5 mm dick. V-IX *B. praealtum*

**6b** Zentrale Do. (3-)5-8-str. – B. -4 mm, plan, 5-7-nervig. Hch.b. 3-8x0,5-1 mm. Fr. (2-)3 mm. Stg. 10-50 cm hoch, basal -2 mm dick. VIII-IX (Garg. möglich) *B. gerardi*

**6c** Krb. an der apikalen Einkrümmungsstelle mit dtl. warzenartiger Ausbuchtung. – B. schmal-linealisch, 1-3(-5) mm br., 3-5-nervig. Do. 1-3(-4)-str., auf auffällig dünnen Stielen. Hch.b. 2-3x0,5-0,7 mm, 0,5-1 mm grannenartig ausgezogen. Fr. 1,5-3 mm. Stg. 30-90 cm. VIII-IX *B. rollii*

**5+** Fr. papillös oder warzig, 1-2,5 mm. B. 5-50 mm lg. Hch.b. 3-nervig, fein (!) gesägt. 3-50 cm

**7.** Do. meist nur 2-3-str. Fr. grau- oder braunwarzig, 1,5-2,5 mm, von den Hch.b. kaum überragt, mit dtl. Rippen. -50 cm hoch. VIII-IX *B. tenuissimum*

Im typischen Fall hat *B. t.* 4 dünne Hüllb., das Hch. überragt die Blü. (nicht die Fr.!). Wenn mit 3 Hüllb. und Hch. etwa gleich lg wie die Blü. (in S.-Ital. häufig) var. *columnae*

**7+** Do. meist 3-6-str. Fr. mit hellen Papillen, ca 1(-2) mm, von den Hch.b. dtl. überragt. Rippen undeutl. -25 cm hoch. IV-VI *B. semicompositum*

B.gestalt (spitz/stumpf) und Fr.farbe (braun/schwarz) sind als Unterscheidungsmerkmal nicht geeignet

# CACHRYS (incl. **Prangos**)

Beschreibung der Zähnung der Fr.rippen und die entsprechenden Abb. in Pg 2:209f decken sich nicht immer

**1.** F.I.O. 10-40x1 mm, am Rand behaart oder rau. Fr. (10-)15-30 mm lg, etwas schwammig, oft geflügelt. Stg. gerippt *(Prangos)* *C. ferulacea*

Formenreich (vgl. FIORI 2:97f, FE 2:344 und Pg 2:210). Möglich sind (Epitheta nach FIORI sub *Prangos*):

  **a.** Tlfr. mit 5 dtl., etwa gleichhohen Flügeln

    **b.** Fr. 10-14 mm. Flügel glatt typ. Form

    **b+** Fr. 20-25 mm, Flügel gewellt (var.) *cylindracea* (GL)

  **a+** Tlfr. gerippt, aber nicht eigentl. geflügelt (var.) *carinata* (GL)

**1+** Fiedern randl. kahl oder nur entfernt gezähnelt (aber bisw. rau), 1-2,5 mm br. Fr. 7-15 mm, ± nur gerippt *(Cachrys* s.str.)

  **2.** F.I.O. 5-15 mm lg, flach

    **3.** F.I.O. ca 10-15x1 mm br., randl. rau. Obere Verzweigungen quirlständig. Hüllb. stets ungeteilt. Fr.rippen fast kammförmig gezähnt. Stg. kantig (v) *C. cristata*

    **3+** F.I.O. 5-10x1,5-2,5 mm br. Hü. bisw. 2-3-zipfelig. Fr.rippen mit kurzen Papillen oder glatt. Stg. gerillt *C. libanotis*

  **2+** F.I.O. 30-50(-80)x1 mm, rinnig, mit glattem Rand. Hü. bisw. 2-3-zipfelig. Fr.rippen papillos. Obere Verzweigungen quirlständig *C. pungens*

**CAUCALIS**  Vgl. **C I 7.** bzw. **D IV 11+**                                                   *C. platycarpos* L.
Wenn Hüllb. 2-3, etwa so lg wie Do.strahlen, Hch.b. ovat, strahlende Krb. 5-7 mm (und Fr. mind. 10 mm) vgl.
auch                                                             *Orlaya kochii* (= *Caucalis platycarpos* auct. non L.!)

**CHAEROPHYLLUM**
Vgl. auch *Myrrhoides*

**1.** Krb. randl. bewimpert, oft rötl. Stylopodium allmählich in den Gr. verschmälert. Do. meist 9-12-
str. Stg. unter den Knoten nicht verdickt. Pfl. mehrj. (*//*)                                    *Ch. hirsutum*
Formenreich; nach Fen im Gebiet (vgl. auch Pg **2**:181):
Pfl. kahl, höchstens B.nerven spärl. behaart. B.abschnitte br. oval, wenig tief geteilt. Karpophor bis
zur Mitte geteilt                                                                      var. *calabricum*
**1+** Krb. kahl, stets weiß. Gr. dem Stylopodium aufsitzend. Do. meist 12-20-str. Hch. bewimpert.
Stg. unter den Knoten dtl. verdickt, oft rotfleckig. Ein- bis zweij.                             *Ch. temulum*
Wenn Fr. borstig behaart                                                                  fo. *eriocarpum*

**CNIDIUM**  Vgl. **C V 15.** bzw. **D V 10.** (*#*)                                      *C. silaifolium*

**CONIUM**  Vgl. **C VI 13.** bzw. **D VI 9.**                                              *C. maculatum*
Im Gebiet: Stg. rotfleckig, Hch. 2-6-b., Fr. 3,4-3,9x3,3-3,6                                    ssp. *m.*

**CONOPODIUM**  Vgl. **C V 14+** bzw. **D V 17.** (v)                                    *C. capillifolium*

**CORIANDRUM**  Vgl. **C V 8.** bzw. **D III 7.** (g)                                      *C. sativum*

**CRITHMUM**  Vgl. **C III 7.** bzw. **D II 10a**                                          *C. maritimum*

**DAUCUS**  (incl. **Pseudorlaya**)
Die uneinheitl. Gliederung der Gattung sowie eine ausgeuferte und vielfach irreführende Synonymie insbesondere von *D. carota* s. latiss. erschweren sehr die Zuordnung von Merkmalen zu bestimmten Taxa. Im
Folgenden wird die Nomenklatur der CL benutzt, die Merkmale sind kompilatorisch der genannten Literatur
entnommen. Sie sind alles andere als widerspruchsfrei, mit den in Pg angegebenen nicht immer in wün-
schenswerter Weise kompatibel und auf die garganischen Populationen offenbar nicht ausreichend anwend-
bar. – Im Gegensatz zu Pg und Fen betrachten wir den in CL nicht genannten (!) Namen *D. bicolor* als Synonym zu *D. broteri*, nicht zu *D. guttatus*. – Wegen dieser unbefriedigenden Situation sind hier alle nach CL in
Apulien vorkommenden Taxa genannt; welche davon nun tatsächlich am Garg. vorkommen, an welchen
Merkmalen sie zuverlässig zu erkennen und wie sie zu benennen sind, bedarf einer speziellen Bearbeitung
**Lit.:** THELLUNG in HEGI **V/2**:1501-1523 (1926); OKEKE in Actes 2e sympos. intern. sur les Ombellif. Perpignan
1977:161-174; SAENZ LAÍN in Anales Jard. Bot. Madrid **37**:481-534 (1981); REDURON l.c. (vgl. Familie)
Die Nebenblätter reifer Früchte sind bei Daucus mit meist widerhakigen Stacheln (Glochidien) besetzt. Zwi-
schen diesen Stachelreihen befinden sich – nicht immer dtl. sichtbar – die kurz behaarten Hauptrippen
*Dolde zusammengezogen:* Die Do.str. krümmen sich zur Fr.zeit leicht nach innen, die Oberfläche der Do. ist
± konkav (im Extremfall „vogelnestartig")
Die Fr.-Maße beziehen sich auf den Fr.körper ohne Stacheln. – Extremwerte sind nicht berücksichtigt

**1.** Hü. nicht gefiedert. Do. (2-)3(-5)-str. Pfl. des Sandstrandes, -20 cm                    *D. pumilus*
                                                                                    = *Pseudorlaya p.*
**1+** Hü. gefiedert (zumind. 3 Fiedern). Do.str. zahlreicher (*Daucus* s.str.)
  **2.** Fr. (4-)5-8(-10)x3 mm, unter dem K. dtl. verjüngt. Fr.stacheln pro Reihe 5-8, basal stets dtl.
  verbreitert und in ihrem unteren Viertel zu einem Kamm zusammenfließend. Hauptrippen dtl. Vittae quer-oval. Randl. Blü. ± strahlend (Krb. dann bis >4 mm). Gr. 2,5-3,5x so lg wie das Stylopodium. Do. 10-20-str., Do.str. ungleich lg. Blü.stiele kahl. B. nie dicklich und glänzend. 15-60 cm

**3.** Hüllb. 3-zipfelig, Endzipfel dtl. > als die Seitenzipfel. Do. ca 3(-5) cm DM, zur Fr.zeit nur wenig zusammengezogen. Nebenrippen mit meist 6-8 Stacheln, Hauptrippen mit 3-4 Haarreihen. Äußere Krb. wenig strahlend. F.l.O. linear-lanzeolat **Daucus broteri**
= *D. bicolor*

Die Synonymisierung der beiden Namen ist nicht gesichert, vgl. oben

**3+** Hüllb. gefiedert oder 3-zipfelig, dann aber Endzipfel nicht dtl. lger. Do. 6-9 cm DM, zuletzt mit zurückgeschlagener Hü. zusammengezogen. Nebenrippen mit 5-6 meist silbrig glänz. Stacheln, Hauptrippen mit 2 Haarreihen. Krb. auch getrocknet weiß, die äußeren dtl. strahlend. F.l.O. ovat-lanzeolat. Stg. stark borstig. Pfl. zur Fr.zeit oft dunkelrot überlaufen **D. muricatus**

**2+** Fr. 1,5-4 mm lg, unterhalb des K. kaum verjüngt. Fr.stacheln 6-13 pro Nebenrippe, oft (!) schlank, basal wenig verbreitet und nur dort zusammenfließend. Hauptrippen wenig auffällig. Vittae 3-eckig (vgl. aber Anm. zu **4+ d.**). B. bisw. dickl. und oberseits glänzend. 10-150 cm

**4.** Do. klein, 6-10-str. Hü. die Do. meist übergipfelnd, ihre Zipfel pfriemlich, bis zur Spitze kurz behaart. Krb. meist <2 mm. Fr. 2-3x1-2 mm. Fr.stacheln 6-9, ± weich, 1-2x so lg wie der DM der Fr., basal zusammenfließend. Hauptrippen mit 3(-4) Haarreihen. F.l.O. slt. >1 mm br. Pfl. einj., slt. >30 cm **D. guttatus**

**4+** Do. >10-str. Hüllb. mit lineal-lanzeolaten Zipfeln. Fr.stacheln 8-15, höchstens so lg wie der Fr.-DM. Hauptrippen mit 2 Haarreihen. F.l.O. >1 mm br. **D. carota** s.l.

**a.** B. glänzend, alle mit entfernt stehenden linealischen Zipfeln, diese bei den unteren B. ca 10x so lg wie br. Do. (2-)3(-5) cm DM, oft nur 10-15-str., zur Fr.zeit wenig zusammengezogen. Hch. oft > Dö.str. Krb. meist nur bis 2 mm. Fr.stacheln basal verbreitert, bisw. zusammenfließend. Pfl. fast kahl, ± aufrecht, dünn, 30-50 cm (Garg. mögl.) ssp. *maritimus*

**a+** Zumind. die unteren B. mit breiteren Abschnitten. Do. 5-14 cm DM, >20-str.; wenn Do. kleiner, Pfl. niederliegend-aufsteigend, meist <30 cm (vgl. **c.**)

**b.** B. oft dickl., glänzend, im frischen Zustand wie lackiert aussehend. Obere B. den unteren ähnl., F.l.O. im Umriss längl. oder oval. Do. dtl. gewölbt (bisw. fast halbkugelig), zur Fr.zeit nicht oder kaum zusammengezogen. Hch.b. oft ganzrandig oder nur 3-spitzig, br.-lanzettlich bis eiförm. Fr. <2x so lg wie br. Beim Abschneiden eine gummiartige Substanz absondernd, bisw. mehrj. Primäre Standorte der Küste (*D. gingidium* s. Pg.)

**c.** Alle B. <10 cm, kahl, meist 1-2-f. gefiedert. F.l.O. br.-oval. Do. 2-3(-5) cm DM. Hüllb. meist 3-zipfelig. Gr. 1,5x so lg wie das Stylopodium. Fr. 2-2,5 mm lg, die Stacheln basal ± dtl. zusammenfließend. Pfl. niederliegend-aufsteigend, -20(-30) cm ssp. *drepanensis*
= *D. gingidium* ssp. *polygamus* s. Pg

**c+** B. größer, am Rand und auf den Nerven oft behaart, meist 3-f. gefiedert mit ovat-lanzeolaten, meist gezähnelten F.l.O. Do. größer, bis >50-str. Hüllb. meist gefiedert. Gr. 1,5-3x so lg wie das Stylopodium. Fr. 2,5-4 mm, die Stacheln nicht oder nur wenig basal zusammenfließend. Pfl. meist größer ssp. *hispanicus* s. CL
= ssp. *hispidus* s. Fen = *D. gingidium* ssp. *fontanesii* s. Pg

**b+** B. dünn, mattgrün, die oberen mit ± entfernt stehenden linealisch-lanzettl. Zipfeln und damit von den unteren B. meist dtl. unterschieden. Do. zur Blü.zeit meist ± flach, zur Fr.zeit „vogelnestartig" zusammengezogen (nur wenig bei **e+** ssp. *major*). Hch.b. meist geteilt, mit linealischen Zipfeln. Fr. etwa 2x so lg wie br., Stacheln schmal, basal kaum zusammenfließend. Pfl. beim Abschneiden meist kein gummiartiges Harz ausscheidend. Ein- bis zweij. Rasengesellschaften, halbruderale Vegetation (sekundäre Standorte) (*D. carota* s.str. = s. Pg; Garg. mögl.)

Hierher gehört taxonomisch auch **a.** ssp. *maritimus*

**d.** Fr. 1,5-2(,5) mm lg. Stacheln an der Spitze meist mit mehreren Widerhaken. Do. 10-20 cm DM, 35-120-str., Strahlen sehr ungleich lg. Hüllb. bis 10 cm. Basale B. im Gesamtumriss 3-eckig, F.l.O. oval-rhombisch, oft mit grannenartiger Stachelspitze. Pfl. einj., 80-150 cm ssp. *maximus*

Nach REDURON sind die Vittae bei diesem Taxon als einzigem innerhalb von *D. carota* groß und oval (nicht klein und 3-eckig)

**d+** Fr. 2,3-4 mm. Stacheln hakenförm. gekrümmt oder nur mit 1-2 Widerhaken. Do. meist kleiner und nur 20-40-str., Strahlen nur wenig ungleich lg. B. eher längl.-eiförm., F.I.O. mit höchstens 0,5 mm lgem Stachelspitzchen. Pfl. meist zweij.

**e.** Do. 5-7 cm DM. Fr.stacheln oft nur hakenförm. F.I.O. fiederschnittig. Pfl. 30-80 cm, aufrecht ssp. *c.*

**e+** Do. meist 10-14 cm DM. Fr.stacheln oft gabelig oder mit Widerhaken. F.I.O. meist nur kurz 3-spitzig. Pfl. -150 cm, oft zick-zack-artig aufsteigend ssp. *major*

**ECHINOPHORA** Vgl. A 1. *E. spinosa*

**ELAEOSELINUM** Vgl. C II 12+ bzw. D I 5., D II 3. und 10b *E. asclepium*

**a.** Fr. oft nur mit Randflügeln, dorsale Rippen dann nicht oder kaum geflügelt, incl. Flügel meist 7-10x5-7 mm. Hü. und Hch. meist fehl., wenn vorhanden, borstlich. B. und B.nerven spärl. behaart, basale B. dem Boden aufliegend. Wurzel außen hell ssp. *a.*
Die Fr. *einer* Do. sind bisw. unterschiedl.

**a+** Auch die dorsalen Rippen (meist >1 mm) geflügelt. Fr. 11-19x7-11 mm. Hü. und Hch. stets vorhanden. B.(nerven) oft stärker behaart. Basale B. aufrecht. Wurzel dunkel (//) ssp. *meoides*

# ERYNGIUM

**1.** Köpfchen von 12 und mehr Hüllb. umgeben, diese bisw. mit 1-2 Seitendornen. Basale B. (nur) gezähnt, 7-10x1-1,5 cm. Ein- bis zweij., bis 30 cm. Auf winternassen Standorten (v) *E. barrelieri*

**1+** Hüllb. <10. Pfl. mehrj., oft größer. Basale B. oft tiefer geteilt

**2.** Hüllb. blattähnl., ca 2x so lg wie br., plan, oft mehrspitzig. In Meeresnähe *E. maritimum*

**2+** Hüllb. dornartig, 1(-3)-spitzig, mind. 8x so lg wie br.

**3.** Blü. grünl. Grundb. nicht d. B.stiel herablaufend. Stgb. mit 2 gezähnten B.zipfeln stg.umfassend. B.segmente bis 2 cm br. *E. campestre*

**3+** Blü. und meist auch Infl.stiele blauviolett. Grundb. am Stiel herablaufend. B.grund gelegentl. gezähnt, Zähne aber nicht stg.umfassend. B.segmente bis 5 mm br. *E. amethystinum*
Wenn F.2.O. der unteren B. verlängert und hfg 3-lappig und Zähnung wenig ausgeprägt var. *laxum*

**FALCARIA** Vgl. C VI 8. bzw. D VI 6+ (v) *F. vulgaris*

# FERULA

**Lit.:** ANZALONE & al. in Arch. Bot. Biogeogr. Ital. **67**:221-236 (1991)

**1.** F.I.O. 5-60x0,6-1 mm, beiderseits grün. F.1.O. zu 4(-8) am Rhachisknoten sitzend. Fr. (7-)9-12 mm br. Fr.flügel vom Fr.körper im Querschnitt durch eine Verengung getrennt. Obere Seitenzweige ± wirtelig stehend. Oft ruderale Standorte. IV *F. communis* [s.str.]

**a.** F.I.O. 40-60x0,6-0,7 mm var. *c.*

**a+** F.I.O. 5-30x0,8-1 mm. Zentrale Do. kürzer gestielt var. *brevifolia* = (var. *nodiflora*)

**1+** F.I.O. 5-10(-30)x1-3 mm, unterseits glauk, etwas fleischig. F.1.O. meist zu 2 am Rhachisknoten. Fr. 6-8 mm br. Fr.flügel nicht vom Fr.körper abgesetzt. Obere Äste meist wechselständig. Oft auf Mauern und felsigen Standorten. V *F. glauca*
= *F. communis* ssp. *g.*

# FERULAGO

**1.** B. lanzettl., größte B.breite in der Mitte. Fr. 6-8(-10) mm (v) *F. sylvatica*

**1+** B. ± 3-eckig, größte B.breite an der Basis. Fr. (8-)10-12 mm (Garg. mögl.) *F. campestris*

**FOENICULUM** Vgl. **C III 5.** bzw. **D I 6+** *F. vulgare*
Meist – nicht in CL – werden unterschieden:
**a.** Do. und Dö. je 12-25-str. (außer var. *dulce*, s.u.), Enddo. die Seitendo. meist überragend. Pfl. ±
grün. Fiedern >10 mm lg, weich. VI-VIII, urspr. nur kultiviert ssp. *v.*
Von diesem Taxon gibt es mehrere Kulturformen. Var. *azoricum* hat fleischige B.stiele („Knollenfenchel"); var.
*dulce* mit süßl. schmeckenden Fr. (und meist nur 7-10 Do.str.) liefert das Gewürz Fenchel„samen"
**a+** Do. 5-10-str., Enddo. meist übergipfelt. B. glauk, zur Blü.zeit oft fehlend. Fied. etwas fleischig,
steif, meist <10 mm lg. Wildpfl. VIII-IX ssp. *piperitum*

**HELOSCIADIUM** Vgl. **C IV 4+** bzw. **D III 10.** *H. nodiflorum*
= *Apium n.*
**a.** Do. sitzend oder mit einem Stiel < Do.str. Stg. meist aufsteigend typ. var.
**a+** Do. lger gestielt. Unterste Zweige ausläuferartig var. *stoloniferum* (= var. *intermedium*)

**HERACLEUM** Vgl. **C II 5+** bzw. **D III 11.** Or.-Lit
Genannt wurde *H. austriacum*, der dem Garg. aber mit Sicherheit fehlt. Mögl. ist jedoch ein Vertreter aus der
Artengruppe *H. sphondylium*

**HUETIA** Vgl. **C V 14+** bzw. **D V 17+** *H. cynapioides*

**HYDROCOTYLE**
Für den Garg. gemeldet ist **1.**, nach CL in Apulien vorkommend ist nur **1+**

**1.** Spr. nierenförm., d.h. mit basaler Bucht (*//*) *H. ranunculoides*
**1+** Spr. peltat (d.h. B.stiel in der Mitte der Unterseite inseriert)(Garg. mögl.) *H. vulgaris*

**KUNDMANNIA** Vgl. **C III 10+** bzw. **D II 8.** (v) *K. sicula*

**KRUBERA** Vgl. **C II 6.** bzw. **D V 13.** (v) *K. peregrina*
= *Capnophyllum p.*

**LASER** Vgl. **C II 2.** bzw. **D V 3.** (CL: nicht Italien; Verwechslung mit *Laserpitium*?) *L. trilobum*

**LASERPITIUM**
Vgl. Anm. zu *Laser*

**1.** F.I.O. mit keilförm. Basis, nicht oder nur sehr schwach gezähnelt. *L. siler* s.l. (= s. CL)
**a.** Do.str. meist 20-30. F.I.O. kurz gestielt, (3-)5x so lg wie br., mit knorpeligem, aber glattem
Rand, spitz, basal nicht verwachsen. Hüllb. 10-30x1-3 mm. 60-120 cm (*//*) ssp. *s.*
= *L. siler* s. Pg
**a+** Do.str. meist 10-20. F.I.O. 1,5-2x so lg wie br., mit feingezähntem Rand, stumpf, die drei ter-
minalen Fiedern oft verwachsen. 20-50 cm (*L. garganicum* s. Pg)
**b.** Hüllb. 6-12x3-4 mm, 1/4-1/3 so lg wie die Strahlen. F.I.O. 14-28x8-20 mm (v)
ssp. *garganicum*
**b+** Hüllb. 8-15x1-2 mm, 1/3-1/2 so lg wie Do. strahlen. F.I.O. 8-12x4-8 mm (*//*) ssp. *siculum*
**1+** F.I.O. an der Basis herzförm., am Rand dtl. gezähnt, jeder Zahn mit einem kleinen rötl. Stachelspitzchen (*//*) *L. latifolium*

**MAGYDARIS** Vgl. **C IV 2b** bzw. **D III 3b** (*//*) *M. pastinacea*

**MYRRHOIDES**  Vgl. **C VI 2.** bzw. **D IV 11.** ((v) *//*?)                    *M. nodosa*
Aus molekularer Sicht gehört *Myrrhoides* zu *Chaerophyllum*

## OENANTHE

**1.** Do.stiel meist >4 cm, lger als Do.str. Hüllb. 0-6. Obere Stgb. nur 1(-2)-f. gefiedert, mit breit hautrandiger Scheide. Gr. vom Stylopodium scharf abgesetzt, zuletzt zurückgebogen. Stg. nicht aufgeblasen (aber bisw. engröhrig-hohl). Pfl. mit ovoiden bis spindelförm. Speicherwurzeln (Alternativschlüssel beachten)
**2.** Hüllb. (1-)3-6. Do.str. meist 6-15. Stg. markig (nur ganz unten bisw. engröhrig), -100 cm.
  **3.** Grundb. von den Stgb. dtl. verschieden: Grdb. 2-f. gefiedert, F.l.O. ovat-keilförm., 4-8 mm br., randl. mit 2-3 Zähnen. Untere Stgb. meist 3-f. gefied. mit kurzen linealischen Zipfeln. Obere Stgb. 1-2-f. gefied., Fiedern 10-100x1-4 mm. Do.str. meist 6-12. Äußere Blü. strahlend. Fr.stiele apikal verdickt (verkehrt kegelförm.). Fr. 2-4 mm, ± zylindr., Fr.-Gr. >1/2 so lg. Wurzelknollen meist ± ovoid, vom Stg. entfernt („gestielt"). Oft in Gehölzen                 *Oe. pimpinelloides*
  **3+** Heterophyllie wenig ausgeprägt. Fiedern der Grundb. linealisch bis spathulat. Do.str. meist 10-15. Fr.stiele nicht verdickt. Fr. 2-3 mm, ± ovoid, Fr.-Gr. bis 1/2 so lg. Auch die äußeren Krb. nur -1,5 mm. Mit ± spindelförm. Speicherwurzeln (-10 cm lg). Feuchte bis nasse Standorte                          *Oe. lachenalii*
**2+** Hüllb. 0-1. Do.str. meist 4-8(-10). Fr.stiele verdickt. Fr. obkonisch-zylindrisch, 3-4 mm, Fr.-Gr. wenig kürzer. Äußere Blü. strahlend. Heterophyllie wenig ausgeprägt. Stg. engröhrig-hohl. Wurzelknollen ovoid, kaum gestielt. -60 cm. Feuchte bis nasse Standorte                  *Oe. silaifolia*
                                                                                      incl. var. *media*
**1+** Do.stiel meist <3 cm, meist < Doldenstr., Do. daher scheinbar blattgegenständig. Hüllb. 0. (Überwasser-)B. des oberen Stg. 2-4-f. gefiedert. F.l.O. (1-)2(-6)x0,5-1 mm. Scheiden s. schmal hautrandig. Unterwasserb. mit haarfeinen Zipfeln bisw. vorhanden. Gr. aufrechtbleibend. Fr. (ohne Stylopodium) 3,5-4,5 mm (getrocknet auch kürzer). Stg. hohl, basal bisw. bis >5 cm dick. Wasserpfl mit aufrechtem, gekammertem Rhizom, ohne Speicherwurzeln (v)           *Oe. aquatica*

*Alternativschlüssel zu 1.* (nach AMMANN in Candollea **45**:750-754, 1990):

**1.** s.o.
**2.** Stylopodium am Rand flach, nur in der Mitte kegelförm. erhöht. Gr. bis zum Grund frei. Äußere (geförderte) Krb. -3 mm. Do.str. 4-12. Fr.döldchen im Umriss flach bis halbkugelig. Reife Fr. walzl. oder kreiselförm., nach oben nicht verjüngt, am Grund (oft samt dem Fr.stiel) ringförm. verdickt
  **3.** Heterophyllie ausgeprägt (vgl. Hauptschlüssel **3.**). Hüllb. der später entwickelten Do. 4-5. Stg. massiv, 40-100 cm                                                      *Oe. pimpinelloides*
  **3+** Heterophyllie nicht ausgeprägt. Hüllb. 0-1. Stg. hohl, 30-60 cm        *Oe. silaifolia*
**2+** Stylopodium vom Rand an kegelförm. aufgewölbt. Gr. unten verbunden. Auch äußere Krb. nur -1,5 mm. Do.str. meist 12-15. Hüllb. an den später entwickelten Do. 4-6 (an den zuerst entwickelten bisw. fehlend). Fr.döldchen ± (halb-)kugelig. Fr.-Umriss obovat (im oberen Drittel am breitesten). 30-90 cm                                                        *Oe. lachenalii*
**1+** s.o.

## OPOPANAX

**1.** Fr. 6-7 mm (slt. größer), s. schmal (bis 0,7 mm), aber dick geflügelt. F.l.O. ovat, 4-12 cm lg, 1,5-2x so lg wie br. Do.str. 10-25                                                      *O. chironium*
Fen (nicht CL) unterscheidet:
  **a.** 3 Ölstriemen pro Vallecula zwischen den Hauptrippen                        typ. ssp.
  **a+** Meist nur 2 Ölstriemen                                              ssp. *garganicus*

**1+** Fr. 7-9 mm, ca 1,5(-3) mm geflügelt, Flügel dünn. Fiedern lanzeolat, 2,5-3,5x so lg wie br. Do.str. 6-12 (ob überhaupt Italien?) *Opopanax hispidus*

**OREOSELINUM** → **Peucedanum** s.l.

**ORLAYA**
Vgl. auch *Caucalis*

**1.** Do 2-4-str. Strahlende Krb. 2-3x so lg wie die übrigen, 5-7 mm. Fr. 10-15 mm. Fr.stacheln basal zusammenfließend, so lg wie der DM des Fr.körpers. Pfl. meist 10-30 cm *O. daucoides*
= *O. kochii*
**1+** Do. 5-8(-12)-str. Strahlende Krb. bis 8x so lg wie die übrigen, 8-12 mm. Fr. 5-8 mm. Fr.stacheln basal getrennt, < DM des Fr.körpers. Pfl. meist 20-50 cm *O. grandiflora*

**PETROSELINUM** Vgl. **C III 9. bzw. D II 9+** (*//*; (g)) *P. crispum*
= *P. sativum*

**PEUCEDANUM** s.l. (= **Peucedanum** s.str. und **Oreoselinum**)

**1.** Blü. gelbl. B. 2-6-f. dreiteilig, B.segmente linealisch (v) *P. officinale*
**1+** Blü. weiß. B. gefiedert, F.1.O. ± recht- (oder stumpf-)winkelig von der oft „geknieten" Rhachis abzweigend, F.l.O. meist 3-lappig. Mit schwach entwickelter, schwarzbrauner Tunika
*Oreoselinum nigrum*
= *P. oreoselinum*

**PHYSOSPERMUM** Vgl. **C VI 8+** bzw. **D VI 6.** *Ph. verticillatum*

**PIMPINELLA**

**1.** Fr.(kn.) behaart bis borstig
**2a** Do.str. 8-50, die Strahlen borstig. Unterste B. einf., aber meist abgestorben; folgende B. 1-f.-gefied. Fied. oft tief eingeschnitten (B. dann scheinbar 2-f. gefiedert); (obere) Stgb. 2-f. gefied. Fr. ca 2 mm, abstehend behaart. Fr.gr. 1/4 so lg wie d. Fr. Pfl. rein krautig (meist zweij.), oft ruderal, 50-100 cm. V-VII *P. peregrina*
**2b** Do.str. 7-15. Unterste B. wie **2a**, die folgenden B. mit 3-5 ovaten Fiedern, obere B. mit lanzettlichen Segmenten. Fr. 3-5 mm, stark duftend (Anis!), dicht anliegend behaart. Pfl. einj., 10-40 cm. VII-VIII (verwilderte Kulturpfl.) *P. anisum*
**2c** Do.str. 5-7(-15), kahl od. behaart. Untere B. mit 5-7 ovaten Segmenten, basal bisw. paarig genähert (dann scheinbar bis zu 4 Fiedern an einem Rhachisknoten). Krb. außen behaart. Fr. 2 mm, kurzborstig, Fr.gr. >1/2 so lg wie Fr. Pfl. mehrj., basal verholzt mit zahlreichen Rhachisresten. 20-60 cm. An xerischen Standorten. VI-VII *P. tragium*
Im Gebiet (das Taxon wird in CL nicht mehr unterschieden):
Segmente der basalen B. tief gesägt ssp. *lithophila* s. FE
**1+** Frkn. kahl. Pfl. stets mehrj. Do. str. (meist) 9-13. VI-VIII
**3.** Stg. stets kantig gefurcht, meist hohl. Stgb. meist nicht wesentl. von den Grundb. unterschieden, alle mit spitz-ovaten bis eiförm., dtl. gesägten Fied., diese an den Grundb. zu 9-13. Auch Tragb. noch mit (gefied.) Spreitenresten. Fr. 2,5-4 mm. Pfl. 50-120 cm, mit Rübe, meist ohne Tunika (v) *P. major*

**3+** Stg. ± glatt (nur gestreift). Obere Stgb. stets mit linealen B.zipfeln, oft 2(-3)f. gefied., zuletzt nur noch verbreiterte B.stiele („B.scheiden") vorhanden. Grundb. anders, meist nur mit 5-9 F. 1. O. Fr. meist 2-2,5 mm. Pfl. 30-60 cm, mit schiefem Rhizom und meist wohl ausgebildeter Tunika (//)                                                                                    ***Pimpinella saxifraga***

## PSEUDORLAYA → Daucus

**RIDOLFIA** Vgl. C III 3. bzw. D I 4. (v)                                                   *R. segetum*

**SANICULA** Vgl. B 2.                                                                      *S. europaea*

## SCANDIX
*Scandix*-Arten lassen sich nur mit reifen Fr. sicher bestimmen

**1.** Schnabel zusammengedrückt, dtl. abgesetzt, (1-)3-6 cm lg, dorsal meist ± kahl. Lgere Krb. bis 4 mm. Hch. schmal hautrandig. Zentrale Fr. eines Dö. ± wie die seitl. gestielt   ***S. pecten-veneris***
   **a.** Schnabel 3-4(-7)x so lg wie restl. Fr. Fr. insges. 2-8 cm. Gr. 1-2,5 mm        ssp. *p.-v.*
   **a+** Schnabel <2x so lg wie die Fr., diese insges. 1-2 cm lg. Gr. <0,5 mm (v)   ssp. *brachycarpa*
**1+** Schnabel ± prismatisch, nicht dtl. abgesetzt, 1-2(-3) cm lg, 2-3,5x so lg wie die restl. Fr., ± gleichmäßig rauhaarig. Hch. br. hautrandig. Zentrale Fr. fast sitzend                ***S. australis***
Im Gebiet zu erwarten:
Blü. nicht strahlend (lgere Krb. nur bis ca 2 mm). Do. 1-3-str.                          ssp. *a.*

**SELINUM** Vgl. C V 10. bzw. D V 15+ (//)                                            *S. carvifolium*

## SESELI

**1.** Krb. spärl. behaart, auch Fr. behaart. Vittae sehr groß. Do. sehr zahlreich, 3-10-str. Stg. oft zick-zack-förmig. B. im Umriss 3-eckig (basale F.1.O. also am größten)               ***S. tortuosum***
**1+** Krb. außen kahl. Fr. kahl oder verkahlend. Vittae klein. Do. 10-20-str. B. im Umriss lanzeolat, basale Fieder also nicht größer als die folgenden. Hfg küstennah (//)                ***S. polyphyllum***
                                                                          = *S. montanum* ssp. *polyphyllum*

**SIUM** Vgl. C IV 3+ bzw. D III 5. (//)                                                *S. latifolium*
*S. erectum* vgl. *Berula*

## SMYRNIUM

**1.** Auch obere B. zumind. 3-fiedrig, nicht stg.umgreifend. Meist 1-wenige Hü.- u./od. Hch.b. Do. 10-20-str. Fr. schwarz, 3-rippig. Ab I                                                  ***S. olusatrum***
**1+** Obere B. ungeteilt, vom Stg. gewissermaßen durchwachsen. Stets ohne Hü. und Hch. Do. 5-12-str. III-V                                                                            ***S. perfoliatum***
   **a.** Obere B. dtl. gezähnt. Fr. 3x5 mm. Gr. > Stylopodium. Stg. zumind. in der Mitte ± geflügelt, auf den Flügeln meist zahlreiche Sternhaare. Wurzel kurz, knollig. Pfl. hellgrün, 30-120 cm. Oft schattige Standorte (//)                                                                      ssp. *p.*
   **a+** Obere B. ± ganzrandig, höchstens schwach gekerbt. Fr. 2x3 mm. Gr. < Stylopodium. Stg. (nur) gerippt, Sternhaare spärl. Wurzel spindelförmig verdickt, quergeringelt. Pfl. 20-60 cm, oft glauk, aromatisch riechend. Sonnige Standorte                                          ssp. *rotundifolium*
Die beiden ssp. werden häufig auch als Arten geführt; Übergänge kommen vor

**THAPSIA**  Vgl. **C II 12.** bzw. **D I 3+**                                    *Th. garganica*

**TORDYLIUM**

**1.** Stg. mit kräftigen Borsten. Basale B. mit 2-3 Paar lanzeolater (ca 2-3x so lg wie br.) Fiedern mit keilförm. Grund. Do.str. 5-15. An jeder randständigen Blü. meist 3 Krb. strahlend. Fr. ca 3 mm DM, zuletzt rauhaarig, Flügel nicht gekerbt                                    *T. maximum*

**1+** Stg. (zumind. unten) weichbehaart, oben (zusätzl.) kurz rauhaarig. Basale B. mit bis zu 4 Paaren ± ovater Fiedern (Endfieder auch herzförm.). Fr. zuletzt weichhaarig, Fr.flügel gekerbt

**2.** An jeder randständigen Blü. meist 2 (slt. 3) Krb. strahlend. Fr. 2-3 mm DM. Do. 8-14-str., Hü. anfangs etwa so lg, Hch. dtl. lger als die jeweiligen Strahlen. Vor allem an den oberen B. oft nur eine lanzettl., grob gezähnte Endfieder entwickelt                                    *T. officinale*

**2+** Jeweils 1 Krb. mit 2 Lappen strahlend. Fr. 4-8 mm DM. Do. 6-8-str. Hü. und Hch. kürzer bis wenig lger als die Strahlen                                    *T. apulum*

**TORILIS**

**1.** Do. (scheinbar) b.gegenständig, <5 cm lg gestielt, 2-3-str. Hü. 0-1(-2)-b.

**2.** Do. slt. >1 cm gestielt. Do.str. meist stark verkürzt, Do. daher bisw. fast kopfig. Fr. 2-4(,5) mm. III-VIII (*T. nodosa*-Gruppe; vgl. BRULLO & GIUSSO DEL GALDO in Inform. Bot. Ital. **35**:235-240, 2003)

**3.** Die äußere Tlfr. d. äußeren Fr. mit widerhakigen Borsten, die innere nur höckrig. Do. fast kopfig, meist 1-5 mm gestielt. B. 2-3-f. gefiedert, mit Grundb.-Rosette. Stg. meist ± niederliegend. III-VIII                                    *T. nodosa* s.str.

**3+** Tlfr. alle ± gleich stachelborstig. Do. lockerer, 3-10(-20) mm gestielt. B. 1-2-f. gefiedert, meist keine Rosette bildend. Stg. ± aufrecht (bisher nur Tremiti)                                    *T. webbii*
                                    = *T. nodosa* fo. *homoeocarpa*

**2+** Do. 1-5 cm gestielt. Do.str. nicht dtl. verkürzt. Fr. 4-6 mm, Tlfr. ± gleich. Fr.borsten in Reihen angeordnet. V-VI (v)                                    *T. leptophylla*

**1+** Do. endständig, >5 cm gestielt. Fr.borsten nicht dtl. gereiht

**4.** Hü. 3-mehrb., linealisch. Fr.borsten gekrümmt, aber nicht widerhakig. Stylopodium kahl. Ab VI
                                    *T. japonica*

**4+** Hü. 0-2-b. Fr.borsten ± widerhakig. Stylopodium behaart. Ab IV                                    *T. arvensis*

**a.** Do.str. 3-12. Krb. weiß

**b.** Äußere Krb. 1,5 mm, kaum strahlend. Gr. 0,5-0,7 mm. Do. meist 3-7-str.                     ssp. *a.*

**b+** Äußere Krb. 2 mm, dtl. strahlend. Gr. 1-1,5 mm. Do. meist 6-12-str. (Garg. mögl.)
                                    ssp. *neglecta*

**a+** Do. str. 2-3(-4). Krb. oft rötl.

**c.** Do.str. meist 3, mit ca 45-60° spreizend. Fiedern der oberen B. dtl. schmäler als der unteren. Fr. 4-5 mm                                    ssp. *purpurea* s. Pg, CL usw. incl. ssp. *heterophylla*
                                    = ssp. *heterophylla* s. Fen?

**c+** Do.str. meist 2, mit ca 90° spreizend. Obere B. den unteren ähnl., nur kleiner. Fr. 5-6 mm
                                    ssp. *elongata* (= *T. purpurea* auct. non Ten)
                                    = ssp. *purpurea* s. Fen?

**TRINIA**  Vgl. **C V 12.** bzw. **D V 6.** (*H*)                                    *T. glauca*

**TURGENIA**  Vgl. **C I 5+** bzw. **D III 4.**                                    *T. latifolia*

# URTICACEAE

**1.** B. gegenständig, gesägt, mit Brennhaaren                    *Urtica*

**1+** B. wechselständig, ganzrandig, ohne Brennhaare              *Parietaria*

## PARIETARIA

Ein Blü.büschel enthält meist zwittrige, staminate und karpellate Blü., die sich in ihren Perianth-Maßen unterscheiden können. Das Perianth von *P.* ist einfach und 4-zlg. Unmittelbar unterhalb des Per. finden sich, einem 3-zlgen K. ähnl., das Tragb. und die beiden Vorb. (im Folgenden, wie üblich, allesamt als „Tragblätter" bezeichnet). Das Merkmal „Tragb. verwachsen" bzw. „frei" (z.B. Pg **1**:127) ist nicht immer zuverlässig

**1.** B. über 2 cm lg, meist mit ausgezogener Spitze. Per. zur Blü.zeit 2(-3) mm, später bis 4(-5) mm. Tragb. zur Fr.zeit kürzer als das Per. Reife Nüsse zumind. großenteils schwarz. Pfl. mehrj., 20-100 cm

**2.** Per. der zwittr. Blü. zur Fr.zeit tubular, vergrößert, 3-4 mm. Tragb. am Grund ca 0,3-1 mm verwachsen. Karpellate Blü. die Tragb. höchstens wenig überragend. Nüsse 1,0-1,(1,5) mm. B. an Mauer-Exemplaren slt. >3 cm, sonst bis 6 cm lg, wintergrün, oberseits dtl. dunkler als unterseits. Stg. meist rötl. (an schattigen Standorten nicht dtl.), DM 2-3 mm, außer in dichten Beständen ± reich verzweigt, mit bogig aufsteigenden Ästen. Seitenäste mit Blüten. Stg. 20-40 cm

***P. judaica***
= *P. diffusa*

An schattig-feuchten Standorten kann *P. j.* der folgenden Art habituell sehr ähneln!

**2+** Per. der zwittr. Blü. zur Fr.zeit campanulat, wenig vergrößert, 2-3 mm. Tragb. bis (fast) zum Grund getrennt. Karpellate Blü. die Tragb. dtl. überragend. Nüsse 1,5-1,8 mm. Normal entwickelte B. stets >5 cm, im Herbst vergilbend. Stg. grün, aufrecht, DM 3-5 mm, kaum verzweigt (und dann Seitenäste ohne Blü.). Nicht in Mauerfugen (aber an Mauerfüßen!) 30-100 cm

***P. officinalis***

**1+** B. 1-2(-3) cm lg, spitzl. oder (v.a. die kleineren) stumpf, unterseits nicht dtl. heller als oberseits (vgl. *P. judaica*). Per. 1-1,7 mm. Reife Nüsse (grünl.-)braun. Tragb. basal verwachsen, zur Fr.zeit mind. so lg wie das Per. Pfl. einj. (aber bisw. etwas holzig), meist 10-20 cm und reich verzweigt

***P. lusitanica***

*Alternativschlüssel:*

**1.** Tragb. basal verwachsen. Fr. 1,0-1,3(-1,5) mm. Stg. -40 cm, meist verzweigt. Gerne auf Mauern

**2.** B. -2 cm, unterseits nicht dtl. heller als oberseits. Tragb. zur Fr.zeit mind. so lg wie das Per. Pfl. einj., -20 cm

*P. lusitanica*

**2+** B. oft >2 cm, unterseits heller als oberseits. Tragb. < Per. Pfl. mehrj., meist >20 cm

*P. judaica*

**1+** Tragb. ± bis zum Grund frei. Fr. 1,5-1,8 mm. Stg. 30-100 cm, kaum verzweigt, basal meist 3-5 mm DM

*P. officinalis*

## URTICA

Lit.: CORSI & al. in Webbia **53**:193-239 (1999)

**1.** Karpellate Infloreszenz ausgeprägt kugelig. Endzahn der B. dtl. lger als Seitenzähne

***U. pilulifera***

**1+** Infl. stets mehrfach lger als br.

**2.** Stp. paarweise mind. zu 3/4 verwachsen. B.stiel meist ca so lg wie die Spr. Karpellate Infl. dtl. bogenförmig, meist unverzweigt **Urtica membranacea**
= *U. dubia*
**2+** Stp. höchstens am Grund verbunden. B.stiel meist dtl. kürzer als die Spr.
**3.** Rhizomstaude, meist herdenbildend, 30-80 cm, zweihäusig. B. 5-10x3-6 cm, im untersten Viertel am breitesten. Karp. Infl. meist verzweigt **U. dioica**
**3+** Pfl. einj., slt. >30 cm, einhäusig. B. 2-3x1-2 cm, meist ± in der Mitte am breitesten **U. urens**

## VALERIANACEAE

**1.** Pfl. einj., meist gabelig verzweigt und 10-30 cm hoch. B. ganzrandig bis gelappt, auch die oberen höchstens am Spr.grund fiederschnittig. Fr. oft von einem häutigen K. gekrönt, ohne Haarkrone (Pappus) **Valerianella**
**1+** Pfl. – außer *Centranthus calcitrapa* mit fiederschnittigen Stgb. – mehrj., mit durchgehender Hauptachse. Fr. mit Pappus
**2.** Blü. kurz ausgesackt. Staubb. 3. Zumind. obere B. gefiedert. Pfl. mehrj. **Valeriana**
**2+** Blü. dtl. gespornt. Staubb. 1. B. ungeteilt oder Pfl. einj. **Centranthus**

## CENTRANTHUS  (= Kentranthus)

**1.** Pfl. mehrj., 30-70 cm. B. ungeteilt. Hfg auf frischen Mauern und Felsen **C. ruber**
**1+** Pfl. einj., 10-50 cm. Zumind. mittl. und obere B. fiederschnittig mit großem Endabschnitt. Meist trockene u./od. sandige Standorte **C. calcitrapa**

## VALERIANA

**1.** Basale B. ungeteilt (bisw. früh vertrocknend). Stg. slt. >50 cm, einem kurzen, verdickten Rhizom entspringend, auch basal kahl. Höhere Lagen **V. tuberosa**
Im Gegensatz zu Pg 2:656 erreicht die Pfl. Höhen bis 60 (statt 25) cm, und die Infl. kann zumind. postfloral sehr locker sein
**1+** Alle B. ± gefiedert. Stg. basal meist behaart. Pfl. meist >50 cm, oft mit ober- oder unterirdischen Stolonen **Valeriana officinalis** s.l.
Zu den Kleinarten vgl. Spezial-Lit. Es erscheint aber fragl., ob damit die süditalienischen Arten richtig angesprochen werden können. Zumind. teilweise gehören die garg. Populationen wohl zu *V. wallrothii* (= *V. collina* = *V. pratensis* = *V. officinalis* ssp. *tenuifolia*) (ca 7 Internodien, Fiedern herablaufend und kaum gezähnt usw.), trotz (*//*)

## VALERIANELLA

Die Arten sind nur mit reifen Fr. sicher zu bestimmen. Or.-Lit. wird empfohlen (gute Abb. in Pg!)
*Krö.:* „Krönchen", der auf d. reifen Fr. persistierende K.
Die Fr. ist 3-fächrig, wobei aber nur 1 Fach (das rückseitige) fertil ist
Wenn Blü. 8-16 mm, rot und Kr.röhre >2x so lg wie der Saum: vgl. *Fedia graciliflora* (= *F. cornucopiae*; Garg. mögl. und einer *Valerianella* habituell sehr ähnl.)

**1a** Fr. kahl, mit 3 auffälligen hakenförmigen Zähnen, einer davon 2-3x so lg wie die anderen und mind. 1/2 so lg wie das Ovar; Ovar (nicht Gesamtfrucht!) der geknäuelten Fr. 4(-6) mm, das der vereinzelten Fr. in den Verzweigungswinkeln oft noch lger. Mittl. Stgb. ± dtl. gebuchtet. Internodien der Infl. apikal verdickt **V. echinata**

**1b** Fr. behaart, stumpf vierkantig. Krö. breiter als das Ovar und mit 2-4 mm Lge mind. ebenso lg wie dieses (2-2,5 mm), mit 5-15 meist hakenförmigen Zähnen. Tragb. bewimpert, 1,5-2x so lg wie br. Stg. kurzhaarig, obere B. zumind. basal fiederschnittig

  **2.** Ovar 1,5-2x so hoch wie br. Krö. ca 2,5 mm, kahl, meist mit 6 Zähnen. Unterhalb der Blü.-knäuel meist 2x dichotom verzweigt *Valerianella coronata*

  **2+** Ovar etwa so hoch wie br. Krö. 3-4 mm, innen meist dicht behaart, mit (6-)8-15 ungleich lgen Zähnen. Meist 3-4x dichotom verzweigt (Garg. fragl.) *V. discoidea*

**1c.** Fr. kahl oder behaart. Krö. kleiner (mit 0-6 Zähnen) oder ± fehlend (vgl. Alternativschlüssel*)*

  **3.** Tragb. oval bis eiförm., ±2x so lg wie br., hautrandig, dtl. bewimpert. Fr. halbkugelig-dreiteilig, meist kahl. Ovar 2,5 mm. Krö. meist nur als schmaler Saum entwickelt, bisw. auch größer und dann oft mit Zähnen (vgl. Pg 2:648) *V. pumila*
    = *V. membranacea*

  **3+** Tragb. >2x so lg wie br., häutiger Rand schmal oder fehlend. Wimpern spärl.

    **4.** Krö. kaum erkennbar. Ovar 2-2,5 mm, apikal (meist) mit kurzem Höcker, (außer der unwahrscheinl. *V. turgida*) fast immer kahl. In den unteren Verzweigungswinkeln nur slt. Einzelfrüchte. Stg. meist rau oder bewimpert

      **5.** Fr. höchstens schwach rinnig, von den Seiten zusammengedrückt und infolge einer schwammigen Wucherung am Rücken des fertilen Faches in Seitenansicht oft breiter als hoch. Grundb. 40-70x10-15 mm *V. locusta*

      **5+** Zwischen den sterilen Fächern der Fr. eine tiefe Längsfurche. Fr. in Seitenansicht höher als br. oder rundlich. Grundb. 30-40x<10

        **6.** Fr. (meist) kahl, dtl. höher als br. *V. carinata*

        **6+** Fr. behaart, in Seitenansicht rundl. (//) *V. turgida*

    **4+** Krö. dtl., meist als asymmetrischer Kragen ausgebildet, ca 1/5 bis fast so lg wie das (meist) behaarte, 1-2 mm lge Ovar. In den unteren Verzweigungswinkeln oft Einzelfrüchte (außer *V. microcarpa*)

      **7.** Der schief abgeschnittene Rand des Krö. ganzrandig, nur slt. mit 1(-2) Zähnchen

        **8.** Krö. >1/2 so lg wie das 1,5-2 mm lge Ovar. Obere fruchttragende Internodien geflügelt. Stg. ± glatt *V. muricata*
          = *V. truncata*

        **8+** Krö. <1/2 so lg wie das 1-1,5 mm lge Ovar
          **9.** Stg. ± glatt. Tragb. d. Fr. anliegend. Sterile Kanäle an der reifen Fr. ein auffälliges weißl. „O" bildend *V. microcarpa*
          **9+** Stg. rau bewimpert. Tragb. der Fr. abstehend vgl. **11+** *V. puberula*

      **7+** Krö. randl. gezähnelt. Ovar 1,3-2 mm. Stg. rau bewimpert
        **10.** Krö. >1/2 so lg wie das Ovar (Fr. insges. damit 2,5-3 mm) und fast ebenso br. Obere fruchttragende Internodien geflügelt. Tragb. der Fr. aufrecht *V. eriocarpa*
        Im typischen Fall ist das Krö. oben gerade mit ±6 Zähnen. Am Garg. scheinen jedoch Formen mit schief abgeschnittenen Krö. und <6 Zähnen zu überwiegen. Sie werden als „Übergang" zu *V. murica-ta* gewertet (vgl. Pg 2:649)

        **10+** Krö. dtl. schmäler als Ovar, stets schräg abgeschnitten. Tragb. von der Fr. abstehend
          **11.** Fr. insges. >2 mm, meist > Tragb. *V. dentata*
          **11+** Fr. insges. -1,5 mm, < Tragb. (//) *V. puberula*

*Alternativschlüssel:*
Für diesen Schlüssel ist ein Fr.-Querschnitt erforderlich

**1a** s.o.
**1b** s.o.
**1c** s.o. (Krö. der Fr. nicht auffällig oder fehlend)

**2.** Fr. im Querschnitt dtl. 3-fächrig; Fächer von unterschiedlicher oder gleicher Größe. Krö. auf 1-6 (oft stumpfe) Zähnchen reduziert

    **3.** Rücken des fertilen Fachs dick und schwammig, Fr. daher seitwärts zusammengedrückt (tiefer als br.), fast immer kahl, an der Spitze mit einem kurzen stumpfen Höcker. Furche zwischen den sterilen Fächern kaum ausgeprägt     *Valerianella locusta*

    **3+** Fr. ohne schwammiges Gewebe, ± isodiametrisch (etwa so br. wie tief) oder dorsiventral abgeflacht (breiter als tief)

        **4a** Sterile Fächer dtl. größer als das fertile, zwischen ihnen eine dtl. Längsrille. Fr. 2-2,5 mm, dorsiventral abgeflacht, mit 1 undeutl. Zahn

            **5.** Fr. behaart. Tragb. stumpf gerundet, >2x so lg wie br., ohne Hautrand, spärl. bewimpert     *V. turgida*

            **5+** Fr. meist kahl. Tragb. ±2x so lg wie br., hautrandig, dtl. bewimpert     *V. pumila*

        **4b** Sterile Fächer etwa so groß wie oder wenig größer als das fertile, zwischen ihnen eine dtl. Längsrille. Fr. ca 2 mm, abgesehen von der Lgsrille isodiametrisch, mit 1 undeutl. Zahn, meist kahl     *V. carinata*

        **4c** Sterile Fächer klein, aber dtl., die Spitze des ± 3-eckigen Fr.-Querschnitts bildend, ohne Lgsfurche dazwischen. Fr. 1-1,5 mm, behaart. Krö. 2-lippig: die Lippe über dem fertilen Fach ein stumpfer Zahn, die andere Lippe kurz stumpf 3-zähnig     *V. puberula*

**2+** Fr. quer ± oval, scheinbar einfächrig, d.h. die sterilen Fächer auf kaum sichtbare Kanäle reduziert, (meist) behaart. Krö. meist dtl.

    **6.** Krö. nur 1/5-1/3 so lg wie das 1-1,5 mm lge Ovar. Sterile Kanäle an der reifen Fr. ein auffälliges weißl. „O" bildend. Stg. glatt. Tragb. d. Fr. anliegend. Meist ohne Einzelfr. in den Stg.gabelungen     *V. microcarpa*

    **6+** Krö. 1/3 bis fast so lg wie das 1,5-2 mm lge Ovar. Fr. ohne „O". Obere fruchttragende Internodien meist geflügelt. Meist mit Einzelfrüchten

        **7.** Krö. mit 0-1(-2) Zähnen     *V. muricata*

        **7+** Krö. mit bis zu 6 Zähnen, diese aber (zumind. im Gebiet, vgl. oben Anm. zu **10.**) meist ungleich lg und somit einen schiefen Kragen bildend

            **8.** Krö. mind. 2/3 des Ovars erreichend und fast ebenso breit wie dieses     *V. eriocarpa*

            **8+** Krö. kürzer, meist nur 3-zähnig und nur ca 1/2 so br. wie das Ovar     *V. dentata*


## VERBENACEAE

**1.** Strauch. B. 5(-7)-zlg gefingert, 4-5 cm gestielt. Blü. 5-7 mm, weiß (v)     **Vitex agnus-castus**
**1+** Pfl. krautig. B. fiederschnittig. Blü. 4-5 mm, ± hellviolett     **Verbena**

    **2.** Infl. verzweigt, zur Fr.zeit >10 cm lg. B. einfach fiederschnittig. Kr. ca 2x so lg wie der K. Wuchs aufrecht. Pfl. oft mehrj.     **V. officinalis**

    **2+** Infl. unverzweigt, kürzer. B. doppelt fiederschnittig. Kr. etwa so lg wie d. K. Wuchs meist prostrat. Stets einj. (Garg. mögl.)     **V. supina**


## VIOLACEAE   VIOLA
Angaben zur Blü.größe: vom oberen zum unteren Blü.rand gemessen


**1.** Blü. zumind. teilweise gelb, höchstens Einzelexemplare einer Population rein blau. Seitl. Krb. ± aufwärts gerichtet, den Rand der oberen zumind. berührend. Blü. 10-30 mm. Spr.grund nicht herzförmig. Stp. der Spr. oft ähnlich. Nicht im Wald

    **2.** Pfl. mehrj. Spr. der basalen B. ± oval, die der Stgb. wie deren Stp. ± linealisch. Blü. 20-30 mm, im Gesamtumriss ± 4-eckig. Pfl. oft in größeren Populationen, dabei Blü. von fast reinem

Gelb bis fast reinem Blau auftretend                                      ***Viola merxmuelleri***
= *V. (heterophylla* ssp.*) graeca* s. Fen, Pg, CL (nicht CL2!) usw.

**2+** Pfl. einj. Spr. der Grund- und Stgb. einander ähnlich. Stp. zumind mit ± laubigem Endabschnitt. Blü. meist kleiner, im Umriss ± 5-eckig

**3.** Mittellappen der Stp. der Stgb. deren Spr. s. ähnl. (nur kleiner), dtl. gekerbt. Blü. meist 10-15 mm, vorwiegend gelb. Untere Krb. etwa so lg wie der K.                              ***V. arvensis***

Bisher nachgewiesen:                                                                   ssp. *a.*

Wenn jge Blü. teilweise blau *und* >17 mm groß                                         Or.-Lit

**3+** Mittellappen der Stp. d. Stgb. nicht b.ähnlich, ganzrandig bis seicht gewellt. Blü. meist 15-25 mm. Untere Krb. dtl. lger als Kb. (*//*)                                          ***V. tricolor*** s.str.

**1+** Blü. blau (oder weißl., slt. rosa), jedenfalls ohne Gelb. Seitl. Krb. dtl. abwärts gerichtet. Spr.-grund meist herzförmig. Stp. nicht laubig

**4.** Blü.stiele einer Grundb.rosette entspringend (d.h. kein beblätterter Stg. ausgebildet, Blü.stiele nur mit 2 schuppigen Vorb.). Kb. stumpf. II-IV

**5.** Vorb. in der Mitte des Blü.stiels oder darüber. B. spärl. behaart bis fast kahl

**6.** Stp. eiförm., 3-4 mm br., ganzrandig oder kurz gefranst. Spr. stumpf, rundl. Wurzelnde Ausläufer stets vorhanden. Blü. (auch Sporn) tief violett, duftend. Fr. behaart      ***V. odorata***

**6+** Stp. lanzettl., 2 mm br., lg gefranst. Spr. herzförm. oder längl. Blühende Ausläufer fehlend oder nicht wurzelnd. Blü. meist blassviolett (nur Sporn meist kräftiger gefärbt), fast geruchlos. Fr. verkahlend                                                                        ***V. alba*** ssp. *dehnhardtii*

**5+** Vorb. unterhalb der Mitte des Blü.stiels

**7.** Pfl. stets ohne Ausläufer (aber Wurzelstock bisw. verzweigt). Sommer(!)b. steif behaart. Stp. ganzrandig oder kurz gefranst. Blü. blau, geruchlos. Fr. stets fein behaart (*//*)   ***V. hirta***

**7+** Pfl. mit kurzen, ± dicklichen Ausläufern. Sommerb. meist kahl. Stp. 1-2 mm gefranst. Blü. mit weißem Fleck, wohlriechend. Fr. oft kahl (*//*)                                      ***V. suavis***

**4+** Pfl. mit beblätt. Stg. Kb. spitz. Pfl. meist ± kahl. Blü. stets geruchlos

**8.** Neben den Stgb. auch ± lg gestielte Grundb. vorhanden. Deren Spr. kaum lger als br., mit ± dtl. herzförm. Grund

**9.** Kb. basal mit einem Anhängsel von 2-3 mm Lge. Sporn dick, kaum lger als br., weißl., unterseits gefurcht, an der Spitze ausgerandet. Kr. 15-25 mm. Stp.fransen meist < als ungeteilter Mittelteil                                                                               ***V. riviniana***

**9+** K.anhängsel bis 1 mm. Sporn dtl. lger als br., violett, zylindrisch, an der Spitze abgerundet. Kr. 12-18 mm. Stp.fransen meist > als der ungeteilte Mittelteil      ***V. reichenbachiana***

Zwischen **9.** und **9+** treten alle Zwischenformen auf („*V.* x *bavarica*" = „*V.* x *dubia*")

**8+** B. alle stg.ständig, meist dtl. lger als br. Spr.grund gestutzt bis schwach herzförmig. Formenreich (*//*)                                                                         ***V. canina***

## ZANNICHELLIACEAE (incl. **Cymodoceacea**)

Die *Cymodoceaceae* werden heute wieder als eigene Familie betrachtet, die *Zannichelliaceae* hingegen den *Potamogetonaceae* zugeschlagen

**1.** Seitenzweige basal charakteristisch geringelt. B. 20-60x0,3-0,8 **cm**, vorne abgerundet, stumpf, apikaler B.rand fein gezähnelt (starke Lupe!). Alle Nerven (meist 5-7) gleichmäßig schwach. B.-scheide offen. Pfl. diözisch. Nur im Meer (*Cymodocaceae*)                  ***Cymodocea nodosa***

**1+** Seitenzweige nicht geringelt. B. 10-100x0,5-2 **mm**, Scheide geschlossen. Spr. mit Mittelnerv und bisw. 2 Submarginalnerven. Meist monözisch (*Zannichelliaceae* s.str.)

**2.** B. fast haarförm., -4 cm lg und 0,5 mm br., an der angeschwollenen Basis der B.scheide entspringend. Fr.schnabel mind. so lg wie Fr.körper. Brack- und Salzwasser

***Althenia filiformis*** s. CL

**2+** B. linealisch, -10 cm lg und 1(-2) mm br., ca in der Mitte der ± zylindrischen B.scheide entspringend, die oberen bisw. ± gegenständig. Fr.schnabel kürzer. Süß- und Brackwasser
*Zannichellia palustris*

Ssp. vgl. Or.-Lit. Die Verbreitung der ssp. ist ungeklärt

## ZOSTERACEAE (incl. Posidoniaceae)

**1.** B. (6-)8-15 mm br. und 10-130 cm lg, mit >10 parallelen Nerven und Quernerven, alle dem kräftigen, gedrungenen Rhizom direkt entspringend. B.reste als Faserhülle am Rhizom verbleibend oder, losgerissen, als „Seebälle" von 3-10 cm DM an die Küste gespült     *Posidonia oceanica*

**1+** B. 1-8 mm br. und 5-70 cm lg, stg.ständig. Rhizom mit langen Internodien, knotenbürtig bewurzelt und ohne Faserreste     *Zostera*

**2.** B. (3-)4-8 mm br. und 20-70 cm lg, dtl. 5-nervig, vorne gerundet (aber bisw. mit Stachelspitzchen). B.scheiden geschlossen, apikal mit oder ohne Öhrchen. Rhizom >2 mm DM   *Z. marina*

**2+** B. 1-2 mm br. und 5-15 cm lg, vorne ausgerandet. Mittel- und Randnerven dtl. B.scheide offen, mit Öhrchen. Rhizom <2 mm DM     *Z. noltii*

## ZYGOPHYLLACEAE

**1.** Fr. kugelig, glatt (nur mit persistierendem Gr.). B. wechselständig, Fiedern tief geteilt. Krb. 10 mm, grünl.-weiß. Pfl. mehrj., zumind. basal verholzt, wohlriechend     *Peganum harmala*

**1+** Fr. auffällig bestachelt. B. gegenst., Fiedern ganzrandig. Krb. 4 mm, gelb. Pfl. einj., ausgeprägt niederliegend. Sandstrand     *Tribulus terrestris*

# Register

Synonyme und includierte Taxa *kursiv*
Bei der Angabe mehrerer Seitenzahlen bezieht sich – soweit es sich nicht um ein Synonym handelt – der Fettdruck auf die Hauptstelle
Die Pteridophyten- und Gymnospermen-Familien sind unter „Pteridophyta" bzw. „Gymnospermae" zusammengefasst und nicht im Einzelnen angeführt

384